mathematics + art
수학과 예술

mathematics

MATHEMATICS AND ART : A CULTURAL HISTORY

+art 수학과 예술

린 갬웰 지음 | 김수환 옮김

이 책은 뉴욕에 있는 School of Visual Arts의 지원으로 번역되었습니다.

내 남편 찰스 브라운Charles Brown에게
한국어판 책을 우리의 친구 이용준에게 바친다.

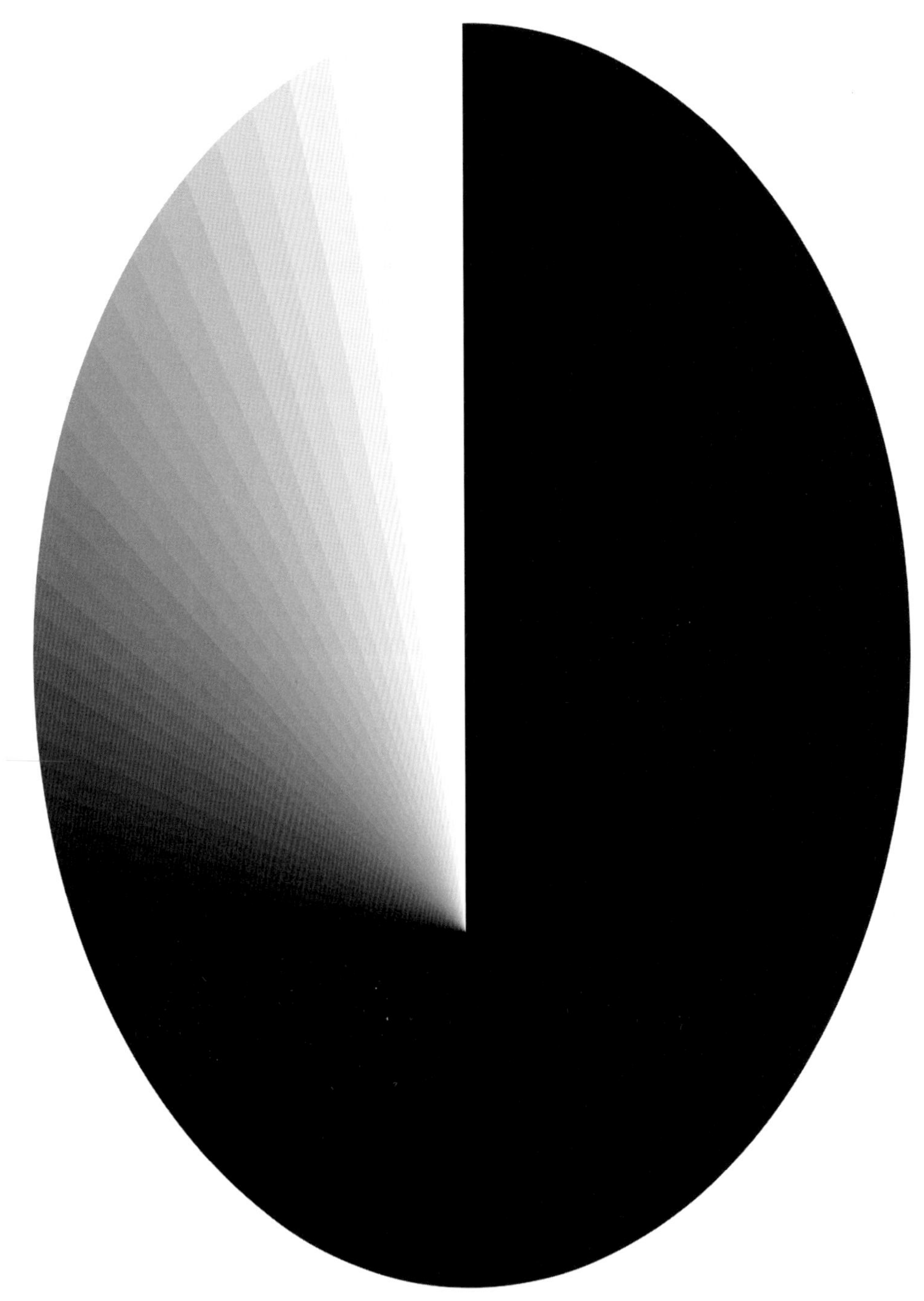

카를 게르스트너_Karl Gerstner_**, '빛을 잉태한 어둠**_Die Dunkelheit, die sich das Licht gebar_**', 2000년, 캔버스에 아크릴, 101.6cm.**
카를 게르스트너의 그림 제목은 괴테의 저서 《파우스트》에 나오는 문구다. 연구 중인 파우스트에게 악마가 나타나자 그는 "이름이 뭔가?" 하고 묻는다. 그 이방인은 자신이 "빛(질서, 이성)을 잉태한 어둠(카오스, 비이성)에서 왔다"고 대답한다. 악마는 파우스트에게 종국에는 모든 빛이 소멸할 거라고 경고하지만 본질을 발견하려는 열망으로 가득한 파우스트는 악마에게 자신의 영혼을 팔아 무한한 지식을 얻는다.
괴테는 독일 낭만주의 시대 작가다. 당시에는 계몽주의 시대가 시계태엽처럼 결정론적이고 비인간적인 우주론을 신봉하느라 지나치게 많은 지식을 필요로 한 나머지 영혼 같은 인간적 가치를 잃어버렸다고 여겼다. 이 낭만주의의 정서는 근대수학과 추상예술 발상지인 게르만 문화의 금욕주의 특성과 비교해도 결코 뒤떨어지지 않는다.

목차

5. 논리

6. 직관주의

7. 대칭성

8. 1차 세계대전 이후의 유토피아 세계관

9. 수학의 불완전성

10. 계산

11. 2차 세계대전 이후의 기하추상

12. 수학과 예술에서의 컴퓨터

13. 탈근대 시대의 플라톤주의

순수수학은 그 나름대로의 논리적 아이디어로 기록한 시다.
가능한 한 모든 공식 관계에서
가장 단순하고 논리적이며 통합 형태로 종합하는,
가장 일반적인 아이디어를 찾는 작업이다.
논리적 아름다움을 향해 노력하는 가운데
자연법칙을 더 깊이 파고 들어가는 데 필요한
고상한 공식을 발견한다.

— 알베르트 아인슈타인,
〈뉴욕타임스〉 에디터에게 보내는 편지, 1935년 5월 4일.

추천사

수학은 우주의 언어다

수학은 우주의 언어다.

수학의 교육 순서를 전통 방식으로 정렬해보면 산술, 대수학, 기하학, 삼각법, 미적분 등 수학 애호가를 들뜨게 할 만한 수십 가지 분야가 존재한다. 우리는 이들 공식과 개념에 빠져 수학을 어떻게 발견했는지 쉽게 잊거나 아예 알지 못한 채 넘어간다. 수학은 세상의 작동원리를 알아내고자 노력하는 과정에서 발견한 산물이다. 예를 들어 아이작 뉴턴이 개발한 기초미적분은 당시 수학으로 행성궤도를 충분히 예측할 수 없자 이를 해결하고자 연구하는 과정에서 만들어진 것이다.

때로는 특별히 관찰한 현상 없이 수학 분야를 개발하기도 한다. 호기심으로 발견한 수학 분야가 이후 물리학에 완전히 편입된 것이 그 예다. 굽은 표면의 기하학으로 볼 수 있는 비유클리드 기하학은 아직 누구에게도 필요치 않던 1800년대 초반 성문화했고, 100년 뒤 아인슈타인은 이 이론을 사용해 일반상대성이론의 질량으로 인해 굽은 시공간을 묘사했다.

실제로 우리는 실존하는 것을 순수논리 표현으로 추상화하고자 머릿속에서 기호를 그리고 조작한다. 우리는 머릿속에 숫자와 도형이 존재한다고 상상하는 사고실험도 하며, 이는 원자핵 단위부터 우주 구성물과 구조 단위까지 모든 자연 현상을 묘사하는 데 놀랍도록 비합리적이면서도 효과적인 도구다.

이 생각을 철학적으로 살펴보면 숫자나 원이 무엇인지 궁금할 수 있다. 그것은 어디서 온 것일까? 어쩌면 수학은 단순히 우주를 묘사하는 것이 아니라 우주 그 자체일지도 모른다. 수천 행의 코드를 생성하는 몰입형 비디오게임 세계처럼 우주의 베일을 벗기면 우리가 경험하는 모든 현상을 맹렬히 계산하는 수식을 찾을 수 있을까?

과학자에게 수학의 가치는 명확하고 실존한다. 과학자가 자연작용에 접근하도록 해주는 도구가 수학이기 때문이다. 이러한 수학의 효능과 편재성을 고려하면 그간 수학이 철학자와 예술가에게 도저히 뿌리칠 수 없는 뮤즈였다는 것은 놀랍고도 당연한 일이다. 예술가의 본무 중 하나는 비예술가인 우리가 경험하는 세계와 우리 안의 세계를 해석하도록 돕는 게 아닐까? 수학이 이 세계를 묘사하는 이상 관찰력 있는 예술가는 수학을 받아들여 표현할 수밖에 없고 이는 모두에게 영향을 미친다.

– 닐 디그래스 타이슨Neil deGrasse Tyson, 천체물리학자

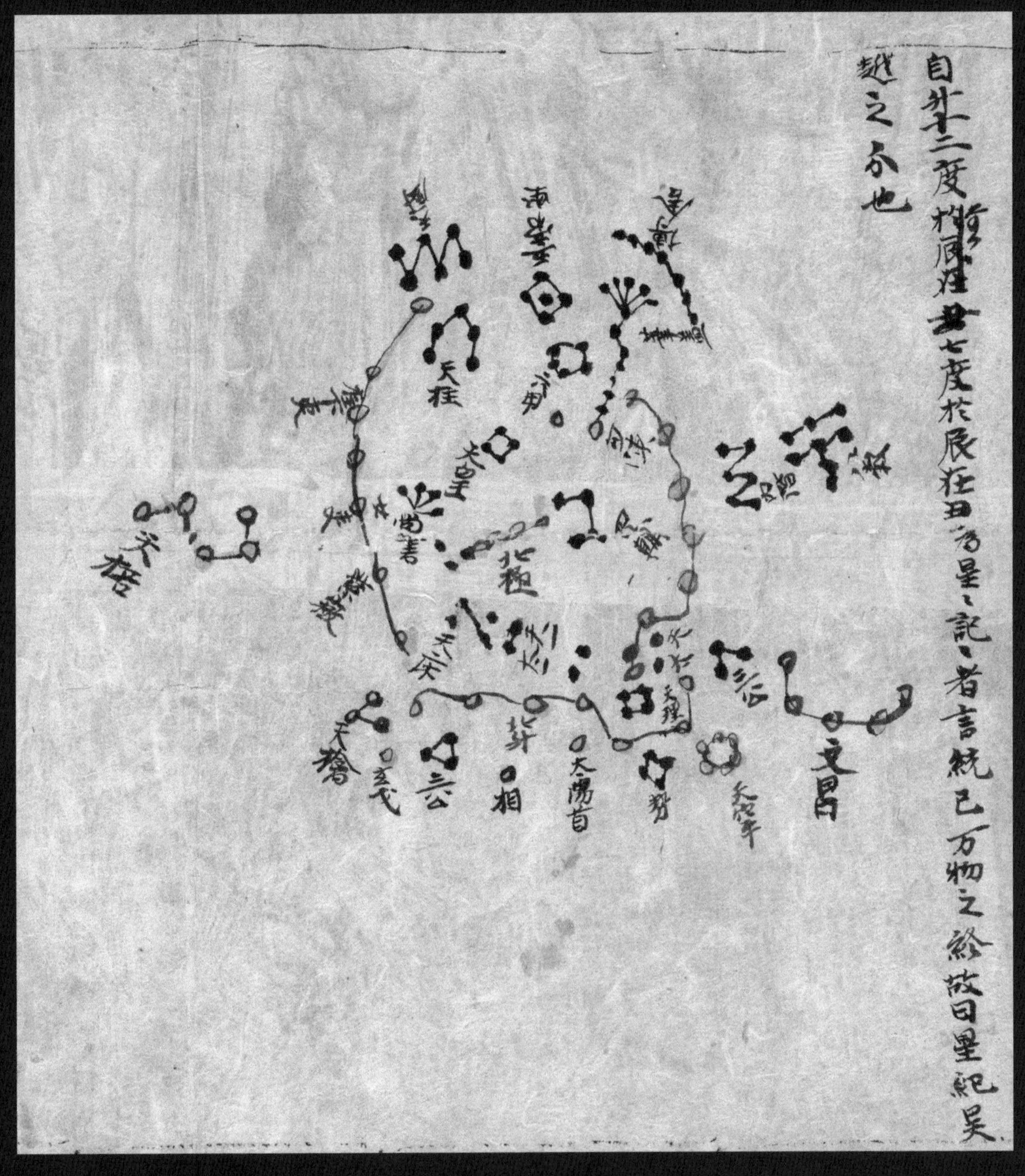
自斗十二度女七度於辰在丑為星、紀、者言統己万物之終故曰星紀吳
越之分也
天柱
天皇
尚書
北極
文昌
三公
天牢
太陽首
相
天槍
天棓

수학자와 예술가, 그들의 상호작용 역사

그 누구도 기호를 멸시하지 못하게 하라! (…) 기호 없이 우리가 개념적 사고를 할 가능성은 거의 없다. 우리는 '다르지만 유사한 사물'에 같은 기호를 적용해 단일 사물을 상징화하는 것이 아니라 그것에 공통적으로 내재된 개념을 상징화해야 한다.

— 고틀로프 프레게*Gottlob Frege*, 《개념적 기호의 과학적인 타당성*On the Scientific Justification of a Conceptual Notation*》, 1882년.

수학 관련 책을 읽는 비전공자는 보통 수학의 비밀이 이해할 수 없는 기술언어로 쓰여 있다는 점에 실망한다. 내 목표는 명확한 기호와 일치하는 도해나 숫자, 무한대, 기하학 패턴 같은 수학의 핵심 아이디어를 명확한 언어로 설명하는 데 있다. 또 역사적으로 수학 기호·도해·패턴이 어떻게 그림을 사용한 추상 개념의 시각화에 영향을 미치고 예술가에게 영감을 주었는지, 어떻게 전 세계 건축가가 이 소박한 어휘로 우뚝 솟은 도시를 설계했는지 탐험한다. 나아가 수학이 그 추상적인 성질로 인해 정확한 사고력의 국제언어로 쓰이게 된 과정을 살펴본다.

실천수학은 석기시대 초기 사람들이 돌을 깨던 것으로 출발해 지구와 하늘에서 숫자나 기하학 형태를 찾는 행위로 이어졌다(그림 0-1). 고대부터 현대까지 수학의 역사를 이어가는 실마리는 수학철학과 실천수학으로 구분할 수 있다. '확실한 지식이란 무엇인가?'(인식론), '숫자란 무엇인가?' 또는 '숫자는 어떻게 존재하는가?'(형이상학) 등을 질문한 플라톤 같은 이들은 수학철학을 연구했다. 반면 '삼각형 세 각의 합은 180°인가?'(기하학) 혹은 '소수에 패턴이 있는가?'(산술)라는 질문을 던진 유클리드를 비롯한 수학자는 실천수학 쪽이었다. 계몽주의 시대 학자이자 플라톤 전통의 형이상학 저서 《모나드론Monadology》(1714년)을 집필한 고트프리트 라이프니츠 같은 수학자는 양쪽 모두에 해당한다.

단순한 추상화와 일반화에 의지한 고대수학은 문화사상에 쉽게 흡수되었다. 그러나 수 세기에 걸쳐 실천수학이 보다 기술적으로 변하면서 일반 대중이 수학의 세부 내용을 이해하는 것은 더 어려워졌다. 이 책의 내용은 대부분 수학적 사고력을 내포한 수학철학의 문화적 영향을 다루고 있다. 물론 실천수학도 일상생활에 스며들어 간접적으로 대중의 관심을 받고 있긴 하다. 예를 들어 라이프니츠 시대에 '이진법'은 몇몇 학자에게만 알려진 개념이었으나 지금은 거의 모두가 그것이 컴퓨터에 쓰이고 있음을 알고 있다. 일상에 적용한 실천수학이 대중화할 때 수학 개념은 스튜디오에 들어와 예술가에게 영감을 준다.

수학의 역사를 이어가는 두 번째 실마리는 자연계가 결정론적 인과에 따라 작용한다고

0-1. '둔황 별자리표(확대)*Dunhuang Star Chart (detail)***', AD 649~684년, 종이에 잉크, 24.4×20cm.**
이 천문지도는 천구 북극(밤하늘의 정지점) 주변의 눈에 보이는 하늘을 기록하고 있다. 큰곰자리가 아래에 그려져 있는데 밝은 별 7개가 모인 것이 북두칠성이다. 이 천문지도는 북반구에서 보이는 전체 하늘의 별 1,339개를 기록한 천문 지도책 중 일부다. 중국 당대(618~907년)에 작성한 이 지도는 전 세계 모든 문명 중 가장 오래 보존해 전해진 천문지도로 알려져 있다.

설명하는 이성주의자와 그 모형을(그에 따른 수학도) 비인간적이라고 여겨 반대하는 이들 사이의 갈등이다. 이 갈등은 고대 그리스의 데모크리토스와 플라톤 사이에도 존재했다. 이성주의자 데모크리토스는 우주가 비활성화한 원자로 이뤄졌다고 설명한 반면, 플라톤은 우주가 살아 있으며 목적을 지니고 있다고 했다. 이후 계몽주의 시대에 미적분이 등장하고 이마누엘 칸트의 독일 이상주의에서 이성을 신뢰하는 것이 절정에 달했다. 그러나 2세대 이상주의자이자 칸트의 철학적 후계자인 프리드리히 셸링과 헤겔은 이성주의에 반대하고 감정과 직관을 신뢰했다.

이 책의 1장에서는 선사시대부터 이어져온 수학과 예술이 계몽주의 시대에 합리성과 객관성, 보편성을 갖춘 고전적 이상을 달성하게 된 개요를 다룬다. 나는 서양의 전통 사상, 즉 추상물체(숫자나 구체球體)가 인간의 정신과 독립적으로 존재한다는 플라톤의 주장을 따르기 때문에 그를 중점적으로 다뤘다. 플라톤주의 세계관은 수학·과학의 철학과 실천에서 지배적인 역할을 해왔다. 이 책에서는 플라톤주의의 고전적·중세적 기원을 다루는데 특히 인류의 지식 탐구 역사에서 이것이 고대 신학과 기독교 신학, 현대의 여러 플라톤주의 그리고 국제 세속주의 문화와 어떻게 연관되어왔는지 다룬다.

찰스 다윈의 《종의 기원On the Origin of Species by Means of Natural Selection》(1859년)은 서양에서 조직화한 종교의 쇠락과 반형이상학의 지적 풍조를 촉발했다. 수학자들은 오랫동안 종교적 교리와 연관되어온 플라톤주의를 경계했으나 그래도 근대수학은 플라톤주의에 뿌리를 두고 있으며 오늘날 대다수 실천 수학자는 그런 철학적 관점을 보인다.

플라톤은 세계가 두 종류로 나뉜다고 선언했다.

첫째는 시간과 공간에 존재하는 사과나 오렌지 같은 물리적 사물의 자연계다. 이 자연계는 시각, 청각, 촉각 등의 감각으로 알 수 있다. 둘째는 숫자나 구체 등을 포함한 추상물체 형태의 세계로 시간과 공간 바깥에 존재한다. 이 세계는 인지와 직감, 신비로운 경험으로 알 수 있다. 사과와 오렌지가 인간의 정신에서 독립적인 '물리세계'에 존재하듯 숫자와 구체는 '수학세계'에 존재한다. 숫자나 삼각형 등은 완전하고 영원하므로 인류는 이 추상(수학)물체를 객관적으로 확실히 안다고 확신하지만, 사실 이것은 사람의 주관적 확실성에서 기인한다. 일시적이고 불완전한 식물과 동물, 지구와 하늘은 영원한 숫자와 완벽한 기하학을 구현해 자연이 근본적으로 통합하게 만든다. 그러나 자연계의 사물은 추상물체가 불완전하게 구현한 것이므로 인간의 자연(과학) 지식은 본질적으로 부분적이고 변화한다.

더 나아가 플라톤은 두 세계 위에 초월적이고 신성한 이성(선善)이 군림하는 세계가 존재한다고 했다. 이 신성한 이성은 태곳적 혼돈에 플라토닉 형상을 부여해 지구와 하늘을 만든 신화 속 장인匠人으로 여겨진다. 플라톤은 이 '선'이 우주에 더 높은 목적을 부여했다고 보았다. 플라톤의 관점과 달리 데모크리토스와 그의 추종자 루크레티우스는 우주가 결정론적 사물의 움직임으로 구성되어 있다고 묘사했다. 루크레티우스는 원자가 무작위로 방향을 바꾼다고 보고 자유의지에 필요한 공간을 두었다("지배받는 사물처럼 제한적이라고" 느끼지 않는 정신, 《사물의 본성De Rerum Natura》, BC 1세기). 하지만 플라톤은 비활성화한 원자가 때로 무작위로 방향을 바꿔 움직일지라도 그것이 물리세계를 설명하기에 충분치 않다는 것을 발견했다. 이에 따라 그는 세계영혼과 신성한 이성이 부여한 감성(살아 있고 감정을 느끼는) 입자 모나드monad(그리스어로 '하나'를 뜻한다)가 우주를 구성한다고 선언했다.

나는 플라톤의 추종자 유클리드가 《원론Elements》(BC 300년경)에서 공리 증명법을 개발한 것과 예술을 자연의 모방이라고 한 플라톤의 관점을 강조했다. 또한 로마 패망 이후 서양의 이 고전적 수학관과 예술관이 어떻게 변해왔는지 살펴보고 AD 4세기 유대-기독교 신학이 합해진 배경, 중세 이슬람 학자가 아랍어로 번역한 그리스 문헌도 다뤘다.

BC 1세기 이전 익명의 편집자가 246개의 수학 문제를 다룬 《구장산술九章算術》을 바탕으로 고대 아시아 수학의 발전 과정도 살펴보았다. 《구장산술》은 유클리드의 《원론》과 같은 역할을 하며 2,000여 년간 동양의 기본수학 교과서로 쓰였다. 그리스 수학이 추상적인 것에 비해 중국 수학은 사례로 가득한데, 근래 수학사학자들은 동양수학이 일반적인 증명법을 개발하지는 않았지만 사례로 일반화 없는 추상화를 달성했다고 평가한다.

나는 영국 학자 조지프 니덤Joseph Needham을 비롯한 중국학 학자들의 의견에 따라 두 지역이 우주론 차이로 동양은 특정 예제(추상적 양식)에, 서양은 추상화·일반화한 공리적 접근방식에 중점을 두는 차이가 발생했다는 데 동의한다. 불가해한 미스터리나 세계영혼, 모나드, 원자 등의 궁극적 현실을 이해하려는 사람들의 노력은 수학적인 사고방식과 직접 연관되어 있다. 그런데 중국 사상에서는 궁극적으로 불가사의한 자연의 도를 따르는 부분이 조화로운 전체를 이뤄 자연계를 구성한다고 봤다. 이런 까닭에 도교에서 수학세계와 자연법칙은 탐구할 수 없다고 여겨 초기 왕조시대(BC 2100~2256년)는 물론 그 이후 황제시대에도 수학과 과학이 기본단계 이상으로 발전하지 않았다.

서양의 창조신화에는 혼돈에 질서를 부여하고 자연법칙을 만든 신성한 인물이 등장한다(바빌론의 마르두크Marduk, 유대인 아브라함의 하느님, 플라톤의 장인). 수 세기 동안 신성한 인물이 확립한 질서를 찾고자 노력한 서양인은 몇 가지 자연법칙 지식을 얻었다. 고대 바빌론의 천문학자는 일식과 월식을 발견했고 계몽주의 시대의 요하네스 케플러는 행성이 기하학 패턴으로 움직인다는 것을 알아냈으며(그림 0-2) 아이작 뉴턴은 만유인력법칙을 발견했다.

이러한 배경을 바탕으로 이 책은 근대와 현대로 진입한다. 2장은 유클리드의 외중비(약 1.618)가 아름다운 비율(황금분할이라 불리는)의 열쇠이고 예술사에 중요한 건물과 작품(피라미드, 파르테논, 레오나르도 다빈치의 '모나리자')에 쓰였다고 널리 알려졌지만 실제로는 그렇지 않다는 것을 다루고 있다. 가령 신체가 정형적인 것이 아니라 세월의 흐름과 함께 진화한다는 다윈의 압도적인 증거가 등장한 이후, 인체의 비율체계가 무용화한 과정을 2장에 요약했다.

생물학, 현상학, 심리학이 인간의 육체와 정신의 여러 특징을 더 많이 설명하면서 신학은 과학에 자리를 내주었고 4,000년간 서양수학의 발전을 견인해온 신성한 인물 또는 창조자의 존재를 부인하는 엄청난 변화가 일어났다. 그 격변의 방향전환에 따라 세속주의 시대에 걸맞은 교리를 만들려는 여러 가지 시도가 있었다.

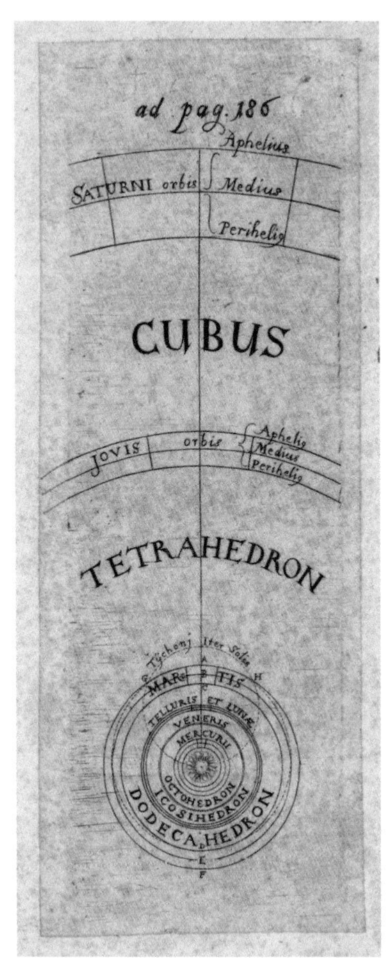

0-2. '태양계의 기하학 구조 도해', 요하네스 케플러의 《우주의 조화*Harmonices Mundi*》(1619년)에 수록(pp.186~187).
1596년 독일 천문학자 케플러는 행성이 보이지 않는 정육면체*cubic*(라틴어cubus에서 유래)와 4면체, 그 밖에 다른 정다면체에 내접하는 원형궤도를 따라 움직인다는 가설을 세웠다. 그러나 자신이 관찰한 데이터가 그 가설을 증명하지 못하자 케플러는 다른 기하학 형태를 궁리했고 1609년 행성궤도가 타원형임을 알아냈다.

3장부터 10장까지는 근대수학과 추상화가 등장한 독일 문화권에 초점을 두었다. 독일, 오스트리아, 러시아, 동유럽, 스위스, 네덜란드, 스칸디나비아반도의 학자와 예술가 그룹은 독일어가 공통어고 독일의 이상주의까지 물려받았다는 점에서 '독일 문화권'이라 할 수 있다.

3장에서는 계몽주의의 이성(칸트)이 낭만주의의 상상(셸링과 헤겔)으로 이어지면서 불거진 독일의 이성과 직관 사이의 갈등을 따로 다뤘다. 르네 데카르트가 정신과 사물을 구분하고 계몽주의 시대의 탁월한 철학자 칸트가 사람은 오직 정신(자신의 사상)만 알 뿐 사물(물리세계의 달)은 알 수 없다고 선언하면서 두 사상 사이에 전선이 그어졌다.

칸트의 선언에 반응해 2세대 독일 이상주의자이자 자연철학자Naturphilosophen인 셸링과 헤겔이 독일 낭만주의를 이끌었다. 그들은 칸트의 유아론唯我論을 거부하고 계몽주의 정신(물질 이원론)을 부인하면서 모든 것은 하나의 지각 있는 물질(모나드)로 이뤄졌다는 고대 플라톤의 세계관을 부활시켰다. 이들 자연철학자는 모나드 계층의 맨 위에 비인간적이고 무상의 지성인 '절대영혼'이 존재한다고 설명했다. 그들은 이 모나드 계층이 우주를 구성하는 모든 지각 있는 입자의 논리구조와 동일하다고 보았다.

생철학자Lebensphilosophen로 알려진 또 다른 19세기 독일 철학자 아르투르 쇼펜하우어와 쇠렌 키르케고르, 프리드리히 니체는 철학의 관심을 무미건조한 추상화가 아니라 생명의 객관적 가치와 목적에 두어야 한다고 주장했다. 19세기의 다른 사상가는 결정론적 미적분에 등을 돌리고 확률이론을 개발했는데, 그들은 이것이 무작위적이고 불확실한 사람의 인생사를 설명한다고 보았다. 또한 게오르크 칸토어Georg Cantor가 부상하는 합리주의 과학에 대응해 제시한 '신성한 절대 무한대' 철학과 집합론 발명도 다뤘다.

1910년대 러시아에서도 영혼 없는 미적분에 반발해 비슷한 낭만주의 운동이 일어났고 수학자 파벨 네크라소프Pavel Nekrasov는 확률론으로 인류에게 자유의지가 있다는 것을 '증명'하려 했다. 러시아정교회 수도승이자 수학자인 파벨 플로렌스키Pavel Florensky는 모스크바에서 칸토어의 '초한수Transfinite Number'이론을 널리 대중화했는데, 이후 절대주의 시인과 화가가 여기에서 영감을 받아 무한대를 상징화하고자 했다.

독일과 러시아의 수학자들이 비유클리드 기하학을 발견하고 칸토어가 비유클리드 무한급수의 산술을 개발하면서 19세기에 기초수학이 흔들리는 위기가 찾아왔다. 3장에서는 이 결정적 전환기에 다르게 반응한 3가지 주요 그룹을 다뤘다. 형식주의와 논리주의, 직관주의가 그것이다.

4장에서는 다비트 힐베르트David Hilbert의 형식주의를 다뤘다. 힐베르트는 수학을 의미가 정해지지 않고 추상적이며 대체가능한 기호를 내부적으로 일관성 있게 자율적으로 배치한 '공리체계'로 보았다. 여기서는 이 개념이 러시아 문학계에 들어온 과정을 자세히 설명한 뒤, 러시아 구성주의 예술가들이 어떻게 형식주의 미학을 채택해 의미가 정해지지 않은 색상과 형태를 자율적으로 배치해 공상 영역을 표현했는지 살펴본다.

논리에 기반한 수학적 논리주의는 독일 논리학자 고틀로프 프레게와 그의 후계자인 영국 수학자 버트런드 러셀이 개발한 근대논리학의 전제가 되었다(5장). 논리주의는 영국의 분석 철학으로 발전했는데 조각가 헨리 무어Henry Moore와 바버라 헵워스Barbara Hepworth, 작가 토머스 스턴스 엘리엇Thomas Stearns Eliot과 제임스 조이스James Joyce의 작품에서 그 표현을 볼 수 있다.

힐베르트와 러셀은 현대판 플라톤주의(칸토어의 집합 맥락에서 플라톤의 형상론 해석)를 사용했지만 직관주의 수학자 L. E. J. 브라우어르L. E. J. Brouwer는 추상물체(원과 삼각형)가 인간의 마음에만 존재한다고 선언했다(6장). 위상기하학을 창시한 브라우어르는 세기말 네덜란드를 휩쓴 독일 낭만주의의 일원이었다. 이들은 수학자와 예술가에게 도시를 떠나 농촌 공동체와 함께하며 자연과 하나가 되어 본능에 따라 작품활동을 하라고 권장했다. 아마추어 수학자 M. H. J. 스훈마르케스M. H. J. Schoenmaekers는 브라우어르와 알고 지내며 예술가 공동체를 자주 드나들었고, 테오 반 두스브르흐Theo van Doesburg와 피터 몬드리안Pieter Mondriaan 같은 데스틸De Stijl(더 스타일) 화가에게 직관주의 개념을 전달했다.

20세기 초 수학자가 자기 분야의 기초를 발견하는 동안 아인슈타인이 이끄는 과학자는 수학의 집합이론으로 질량과 에너지의 대칭처럼(에너지와 질량이 상호 변환하는 것, $E=mc^2$) 자연에 있는 대칭구조를 탐구했다(7장). 취리히에서 활동한 두 수학자 헤르만 바일Hermann Weyl과 안드레아스 스페이저Andreas Speiser는 대중적인 그룹이론 책을 집필해 막스 빌Max Bill이 이끈 스위스 구성주의 화가들이 놀라운 대칭구조 작품을 창작하도록 영감을 주었다.

산수(1889년), 기하학(1899년), 집합이론(1908년), 논리(1910~1913년)의 기본공리를 수립하면서 수학의 기본을 찾고자 하는 노력은 계속 이어졌다. 힐베르트는 이것이 성공하는 것을 보며 더 깊은 곳에 수학의 모든 분야를 포괄하는 기본 공리집합이 있을지도 모른다고 의심했고 동료들과 함께 이것을 찾기 시작했다(8장). 1차 세계대전에서 독일이 패해 정밀과학에 반하는 낭만주의 정서가 퍼져 나가자 수학자들은 이 탐색에 참여했다.

8장에서는 1920년대에 출현한 양자물리학을 다루며 막스 야머Max Jammer와 폴 포먼Paul Forman 등 과학역사학자의 주장에 따라 '아원자 영역의 코펜하겐 해석Copenhagen interpretation of the subatomic realm'이라 불리는 낭만주의의 영향을 설명한다. 그때는(혹은 지금도) 모두가 오늘날의 컴퓨터와 스마트폰의 기술세계를 만들어낸 양자역학을 실천하자는 데 의견을 모았으나, 닐스 보어Niels Bohr와 그의 후배 베르너 하이젠베르크Werner Heisenberg 등 몇몇 주요 과학자는 오늘날까지도 논란이 일고 있는 철학적 해석을 제시했다.

이성에 저항하는 낭만주의가 팽배하던 당대의 경향을 보여주는 이들 물리학자는 자신의 데이터에 개연성이 내재되어 있고 현실의 가장 근본적 차원에서 운이 모든 것을 결정한다고 해석했다. 하이젠베르크는 "양자역학은 최종적으로 인과율 실패를 확정했다"라고 선언했다(하이젠베르크, 《불확정성 원리Uncertainty Principle》, 1927년).

나는 보어와 하이젠베르크처럼 자연이 근본적으로 비결정적이며 현실은 관측자 마음에 존재한다고 선언한 독일 물리학자 사이에서 벌어진 논쟁을 기술했다. 이와 함께 프랑스의 루이 드브로이Louis de Broglie와 아인슈타인을 포함해 결정론이나 인간이 관찰한 것에 영향을 받지 않고 독립적으로 존재하는 세계를 믿은 이들 사이의 논쟁을 설명했다. 당시 아인슈타인은 "내가 보지 않을 때도 달은 거기에 있다"라는 유명한 말을 남겼다. 8장 마무리 부분은 이성과 직관 모두에 기반해 1920년대의 독일 예술가와 바우하우스 디자인스쿨 디자이너의 유토피아 세계관을 다루었다.

힐베르트의 도전을 받아들인 수학자들은 수학의 기저에 공리집합이 존재한다는 것과 그것을 발견할 수 있음을 결코 의심하지 않았다. 그러나 1931년 빈의 젊은 논리학자 쿠르트 괴델Kurt Gödel은 인위적인 상징언어에 내재한 한계 때문에 그런 공리집합이 존재할 수 없음을 증명했다(9장). 직관주의자 브라우어르와 생철학을 좋아한 빈의 루트비히 비트겐슈타인Ludwig Wittgenstein은 《논리철학 논고Tractatus Logico-Philosophicus》(1921년)에서 구어에도 유사한 결과가 성립된다는 것을 증명했다.

이러한 결과가 나온 시대에 활동한 마우리츠 코르넬리우스 에스헤르Maurits Cornelius Escher와 르네 마그리트René Magritte의 작품은 괴델이나 비트겐슈타인의 증명과 유사한 역설적 그림을 담아냈다. 그렇지만 나는 에스헤르와 마그리트가 괴델이나 비트겐슈타인에게 영감을 받았다는 일반적 주장을 지지할 만한 역사적 근거가 없다고 생각한다. 오히려 이들 화가와 수학자는 체계화를 맹렬히 비판하고 수수께끼를 즐긴 니체 같은 19세기 철학자에게 공통적으로 영감을 얻었다. 물론 괴델과 비트겐슈타인의 증명이 20세기 중반 대중화하면서 그들의 저서가 미국의 재스퍼 존스Jasper Johns나 중국의 구웬다Gu Wenda를 포함한 많은 예술가에게 영감을 준 것은 사실이다.

10장은 괴델의 1931년 정리가 그 자체로 놀라운 결과일 뿐 아니라 그가 고안한 계산증명법이 컴퓨터 개발을 앞당겼다는 점을 관찰하며 시작한다. 괴델은 고전적 연역증명을 사용하지 않고 수학명제를 숫자로 전환한 후 자신의 정리를 계산했다. 영국 수학자 앨런 튜링Alan Turing은 이 새로운 증명법에서 영감을 얻어 계산을 대신 처리해줄 기계를 사고실험했다(〈계산 가능한 수On Computable Numbers〉, 1936년). 3년 후 영국이 독일에 전쟁을 선포하자 튜링은 영국 정부의 비밀기지 블레츨리 파크Bletchley Park의 암호해독가 팀에 합류해 독일의 군용 암호 에니그마를 해독하는 계산기계를 만들었다. 튜링은 2차 세계대전 이후 이 초기 기계를 컴퓨터 산업으로 확장하는 데 앞장섰다.

11장은 2차 세계대전 중 독일 문화권의 지식사회가 붕괴한 것과 전쟁에서 피해를 본 이들이 계몽주의의 이상적인 합리성, 객관성, 보편지식을 신뢰하지 않게 된 것을 다룬다. 반면 프랑스, 영국, 아메리카대륙 국가에서는 계몽주의 시대의 이상이 완전히 파괴되지 않았다. 비록 독일의 이상주의 전통을 따른 것은 아니지만 1945년 이후 예술가들은 계속해서 질서 정연하고 객관적인 기하학적 추상예술 작품을 창작해 계몽주의 시대의 이상에 신뢰를 보였

0-3. '고양이 눈 성운의 광륜*Halo of the Cat's Eye Nebula'*, **NGC 6543, 2008년.**
고양이 눈 성운은 알 수 없는 어떤 이유로 외부 껍데기를 잃어버린 태양 같은 행성으로 그림처럼 광륜을 형성한다. 이 성운은 용자리에서 3,000광년 떨어진 곳에 위치해 있다.

고 인간의 이성의 힘을 표현했다. 이들 국가의 전후 세대 과학자는 아원자의 미시세계와 우주의 거시세계에서 안정적이고 예측 가능한 패턴을 찾을 수 있을 거라고 확신했다(그림 0-3, 0-4).

또한 나는 전쟁 이후 영국과 미국에서 빠르게 발달한 컴퓨터 산업을 설명하고 수학자와 예술가가 어떻게 프랙탈 기하학(1975년), 컴퓨터를 이용한 증명(1976년), 디지털 사진, 영화의 특수효과를 위한 컴퓨터 애니메이션 등을 도구로 사용했는지 다뤘다.

이와 대조적으로 수학과 과학의 중심지였던 베를린과 괴팅겐은 1945년 이후 혼란에 빠졌다. 독일계 유대인 테오도르 아도르노Theodor Adorno와 막스 호르크하이머Max Horkheimer는 전쟁 기간 동안 망명생활을 하다가 고국으로 돌아와 최초로 계몽주의 이상을 신뢰하지 않는 상태를 심도 있게 분석했고(《계몽의 변증법Dialectic of Enlightenment》, 1947년, 13장) 이는 나중에 포스트모더니즘으로 불렸다.

'진실'이나 '확실성' 같은 용어가 수학사에 너무 깊이 뿌리내려 이어져온 까닭에 나는 수학이 (완전히는 아니지만) 많은 부분에서 이 포스트모던 비평에서 자유롭다는 것을 관찰하며 이 책을 마무리했다. 수학은 그 확실성 덕분에 근대문화에서 고유한 지위를 얻었는데 실제로 수학과 자연계 사이의 상호작용은 모든 과학과 기술에서 찾아볼 수 있다.

이 책에서 설명한 거의 모든 수학과 예술 사이의 상호작용 사례는 예술가가 수학에서 영감을 얻은 것이지 그 반대의 경우가 아니다(아름다움이나 우아함 같은 미적 특성을 추구하는 수학자도 있지만 이들은 특정 작품에서 영감을 얻은 게 아니므로 제외한다). 르네상스 시대의 건축가 필리포 브루넬레스코의 선원근법Linear Perspective을 사영기하학Projective Geometry으로 일반화한 19세기 프랑스 엔지니어 장 빅토르 퐁슬레Jean-Victor Poncelet 같은 드문 예외도 이 책에 담았다. 이런 상호작용을 묘사할 때는 역사상의 기록이나 수학자의 대중저서를 예술가가 알게 된 경위처럼 지적 분위기의 모호한 표현을 넘어 수학자의 연구과제가 예술가의 스튜디오와 직접 연결된 사례를 제시하고자 노력했다. 때로 기록으로 알려져 있고 또 그것이 주제와 관련된 경우 수학자나 예술가의 성격과 지적 환경을 묘사하기 위해 심리학적 접근방식을 사용했다. 다른 이들의 경우 더 사회적인 접근방식으로 수학자나 예술가를 특정 문화지형의 결과물로 간주했다.

0-4. '고양이 눈 성운의 중심부*Center of the Cat's Eye Nebula'*, **NGC 6543, 2004년.**
고양이 눈 성운의 중심부에서 구름처럼 발광하는 물체는 1,500년 간격으로 발생하는 펄스의 결과로 형성된 것이다. 이 펄스는 성운이 11개 이상의 가스로 이뤄진 고리를 분출하면서 발생한다. 가장 바깥에 위치한 가시적인 고리는 그 지름이 1.2광년 길이에 달한다.

ICI CRIE DEX CIEL ET TERRE SOLEIL ET LUNE ET TOZ ELEMENZ

1
산수와 기하학

내가 말하는 형태의 아름다움은 동물이나 그림이 아름다운 것을 말하는 게 아니라
선반 위에 자와 각도기를 사용해 형태를 완성한 직선, 원, 평면, 입체도형 들의 아름다움을 뜻한다.
나는 이러한 것이 다른 것에 비해 상대적으로 아름다울 뿐 아니라
영원토록 완벽하게 아름답다고 단언한다.
— 플라톤, 《필레보스*Philebus*》, BC 360~347년.

숫자란 무엇일까? 인류는 어떻게 숫자를 알게 되었을까? 예술이란 무엇일까? 왜 사람들은 노래하고 춤추고 그림을 그릴까? 생물학자와 인류학자는 그 답을 호모 사피엔스가 '패턴을 인식하고 즐거움을 찾는 종'으로 진화한 과정에서 찾고자 노력해왔다.

숫자를 인식하는 능력(가령 나무 위의 바나나 수를 세거나 무리지은 포식자 수를 세는 것)은 생존 싸움에서 유리한 고지를 차지하게 한다. 생물학자는 젖먹이 아기를 포함해 오늘날의 많은 새와 포유류가 작은 수의 개별 물체를 구별하는 능력(1, 2, 3, 4와 '많은 것' 구별)을 비롯해 단순한 숫자를 더하고 빼는 능력을 타고난다는 것을 입증했다.[1] 호모 사피엔스가 수리에 능숙한 것은 계산과 추리 능력에 필요한 신경회로를 갖췄기 때문인데, 종種 분류상 새나 설치류 등 인간과 가까운 종은 공통적으로 이런 능력을 어느 정도 갖추고 있다. 이는 초기 인류가 진화하던 시절 그들이 유아기에 기본적인 셈과 덧셈, 뺄셈을 하는 수학 능력을 물려받았음을 의미한다.

인류의 조상과 마찬가지로 오늘날 유인원은 여전히 돌의 모서리를 깨뜨려 도구를 만드는데 그 도구는 대칭 형태가 아니다(그림 1-2). 140만 년 전쯤 현대인의 조상인 호모 에렉투스는 나무에서 내려와 아프리카의 열대 풀밭에서 직립 자세로 살아갔고, 최초로 균형 잡히고 대칭적인 석기를 만들어 사용했다(그림 1-3).[2] 그로부터 100만 년 후 호모 사피엔스는 돌 파편으로 3차원적 대칭 도구를 사용하기 시작했고, 30만 년 전 어떤 호모 사피엔스는 놀라울 정도로 대칭하는 둥근 도구를 조각했다(그림 1-4).

이것은 인간의 지각과 인지 시스템이 140만 년 전에서 30만 년 전 사이에 발달했음을 의미한다. 호모 에렉투스가 대칭구조의 도구를 만들 때 필요했던 평평한 2D 모양을 인지하는 능력은 오늘날 인류의 대뇌피질에 큰 부하를 주지 않는다. 하지만 호모 사피엔스가 원형의 돌 도구를 깎는 데 필요했던 좌우를 분간하고 3차원 형태를 인식하며 그것을 머릿속에서 회전하고 겹쳐 이해하는 능력은 다르다. 이는 뇌의 부위 중 가장 최근에 진화한 대뇌피질에서 고도의 처리 과정을 거쳐야 한다.[3]

1-1. '창세기의 천지창조 이야기' 그림, 《비블 모랄리제*Bible moralisée*》에 수록, 1208~1215년. 창조주가 혼돈 속에서 각도기로 우주의 구형 경계를 그린 뒤 붉은 태양과 금색 달을 그린다. 이어 각도기로 우주 중심에 지구를 그린다. 이것이 《비블 모랄리제》의 첫머리 그림이다. 《비블 모랄리제》는 성경 구절에 도덕적인 설명을 덧붙여 의역하고 재구성한 내용을 담고 있다. 이 작품은 13세기 초 파리의 수도승들이 프랑스 왕족을 위해 만들었다. 작품 윗부분에는 성상聖像학자가 왕족에게 말하고자 하는 구절이 쓰여 있다. 오직 전지전능하신 하느님만(천문학자와 대조적으로) 전 우주를 아우를 수 있다며 프랑스 고어로 '하느님이 하늘과 땅과 해와 달과 모든 만물을 창조하셨다(ici crie dex ciel et terre soleil et lune et toz elemenz)'라고 적고 있다.

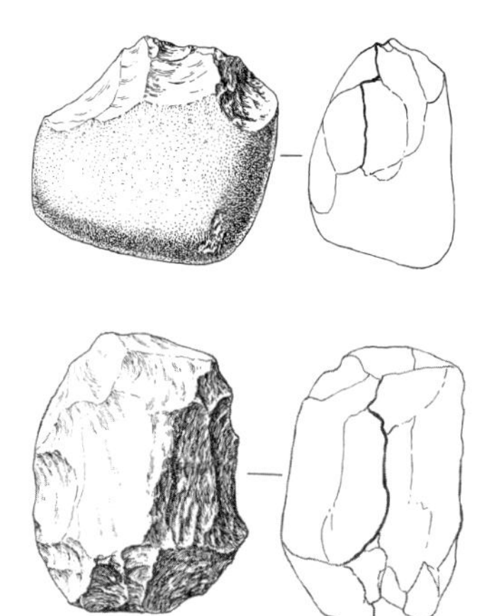

1-2. 비대칭 도구, 180만 년 전으로 추정.
메리 D. 리키*Mary D. Leakey*, 《올두바이 협곡 *Olduvai Gorge*》(1971년), 3, 27쪽의 도표 9, 29쪽의 도표 11.
침식한 화강암으로 만든 날도끼의 정면과 측면(위).
화강암으로 만든 양날도끼 (아래).

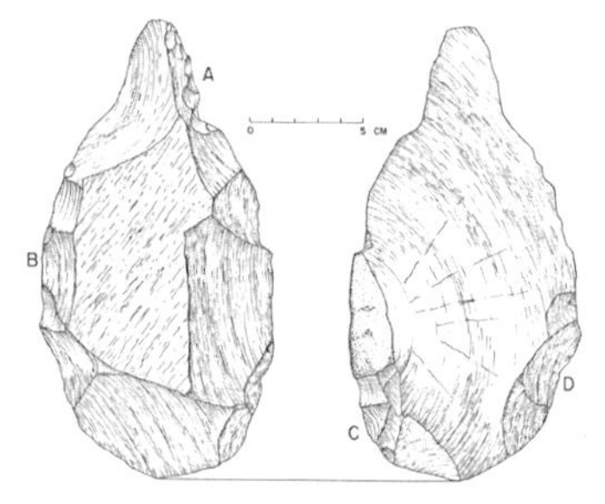

1-3. 대칭구조 손도끼. 140만 년 전으로 추정.

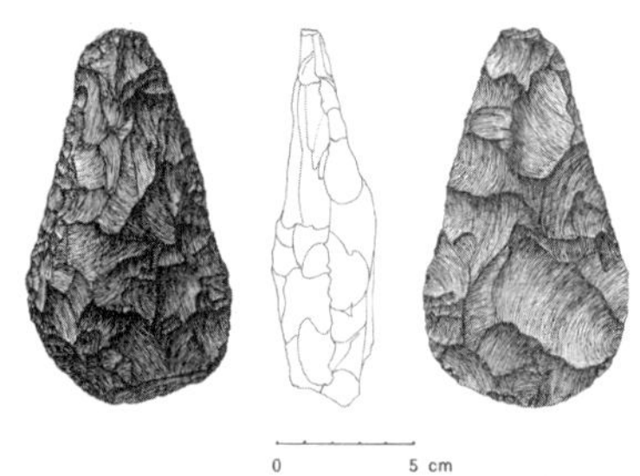

1-4. 원형 대칭 도구. 15~30만 년 전으로 추정.

이러한 공간지각과 인지체계 진화를 보편적 지능 향상의 일부로 보는 인류학자는 잠재적인 짝이 도구를 대칭적으로 잘 만드는 이를 총명하고 건강하다고 보아 선택한 덕분에 그 재능이 후대로 이어져왔다고 가정한다.[4] 오늘날 신생아는 단순한 모양과 형태를 인식하고 머릿속에서 조작하는 신경학적 기술을 타고나며 자라면서 더 복잡한 패턴의 모양과 형태를 구분하는 능력을 기른다. 즉, 기하학의 기초를 배운다.

인류학에 따르면 호모 에렉투스가 직립보행을 시작했을 때, 몸의 자세 변화가 지각과 인지 시스템 발달을 비롯해 미적 행동의 진화를 촉진했다고 한다.[5] 2족 인류 여성의 자궁과 산도가 세로로 위치하면서(수평으로 위치한 4족 포유류와 대조적) 진화한 호모 사피엔스의 뇌는 더 무거워졌고 중력의 영향을 받은 태아는 자궁에서 '이른 시기에' 나오게 되었다. 출산한 뒤에도 신생 호모 사피엔스의 뇌는 계속 자라고 두개골은 이후 12개월 동안 자리를 잡는다.

이 기간에 어머니는 아이를 돌보기 위해 막대한 시간과 에너지를 쓴다. 아이는 다른 가족이나 친구와 상호작용할 때 큰 소리를 내기도 하고 박수, 손 흔들기 등의 반응을 보인다. 이런 '활동'에 참여하는 유아는 웃음과 옹알이로 어른들의 말과 행동에 반응하는데 이 모든 것은 미적 행동으로 아이는 함께하는 삼촌, 이모, 사촌, 이웃에게 더 오랫동안 관심을 받는다. 이렇게 반응하는 아이는 생의 첫 한 해 동안 더 많은 보살핌을 받고 그만큼 생존 확률이 높아진다. 미적 행동은 이런 방식으로 사람의 선천적 특성으로 진화해왔다.

인류의 뇌는 수백만 년 전부터 단순 연산기능을 수행했다. 그러나 인지기능을 담당하는 뇌가 기초기하학인 모양과 형태를 인지하고 구성하거나 언어 습득 이전에 기초예술인 즐거움과 인간 사이의 유대관계를 욕망한 것은 고작 30만 년 전의 일이다. 나아가 호모 사피엔스의 뇌가 크기와 모양 면에서 최대로 발전한 시기는 약 20만 년 전의 일이다.

아프리카와 동유럽, 유럽, 아시아 전체에 걸쳐 발견한 약 4만 년에서 1만 년 전 유물은 인류가 갑자기 광범위하게 상징적 사고를 하게 되었음을 보여준다(그림 1-7, 1-8). 인류는 뼈에 구멍을 뚫어 무늬를 만드는(그림 1-6) 알고리즘도 사용했는데 이는 과제를 단계적 과정으로 해결했음을 나타낸다.[6] 이런 추상 시스템은 문화의 맥락에서 발전하는 것으로 한 세대에서 다음 세대로 전해진다. 이것은 신생아가 3차원 모양을 인지하고 즐거움을 추구하며 문장을 만드는 과정을 거쳐 수학, 예술, 언어를 배우는 신경회로를 타고나는 결과로 이어졌다. 이 추상인지 능력을 계발하기 위해 아이는 공동체 내의 다른 사람을 모방한다. 복잡한 사회가 영구적 공동체를 형성하던 BC 1만~2500년의 신석기시대에 인류는 알고리즘을 사용해 장식 패턴을 만들었다(그림 1-5). 그렇게 진화의 움직임은 생물학에서 문화로 옮겨갔다.

고대 수학의 기반: 추상적 관념과 일반화

BC 3000년 나일강과 티그리스강, 유프라테스강, 황허강 골짜기의 정착지를 살펴보면 여러 가지 숫자 표시를 발견할 수 있다. 예를 들어 하나·둘·셋은 |, ||, |||으로 표기했다. 너무

상단 좌측 **1-5. 저장 용기, 간쑤 양사오 문화, 반산 형태, 중국 감숙성 또는 청해성, BC 3000~1000년경, 지름 35cm, 높이 40cm.**
토기를 빨간색으로 칠했으며 손잡이가 없는 형태다.

상단 중앙 **1-6. 플루트, 4만 3000~4만 2000년 전, 뼈 재질, 길이 21.6cm.**
독일 울름 지역 다뉴브강 계곡의 홀레 펠스 동굴에서 발견했다. 유럽 중부에 살던 초기의 해부학적 현대인류가 큰 맹금류인 그리폰 독수리 날개 뼈에 손가락 구멍을 일렬로 새겨 만든 플루트다. 얇고 속이 비었지만 매우 견고하다. 특히 새의 뼈는 플루트를 만드는 데 적합하다. 뼈의 한쪽 끝에 있는 양날의 V자 구멍은 입을 대는 부분으로 보이는데, 이 구조는 플루트를 현대의 리코더와 유사하게 직각 자세로 연주했음을 암시한다. 이 외에 다른 플루트들(비슷한 패턴의 구멍이 있는 뼈)도 다뉴브강 주변의 다른 동굴에서 나왔는데 이것은 세상에 알려진 가장 오래된 악기다.

상단 우측 **1-7. 후기 구석기시대 동굴 벽에 그린 들소, BC 1만 5000년경, 프랑스 라스코 지역.**

우측 **1-8. 러시아 성기르 지역에 매장된 크로마뇽인, 3만~2만 8000년 전.**
이 초기의 근대인류는 상아를 깎아 만든 3,000개의 구슬로 기운 의복을 입은 채 매장되었다. 그는 유럽과 러시아에 살았던 호모 사피엔스의 크로마뇽인이다.

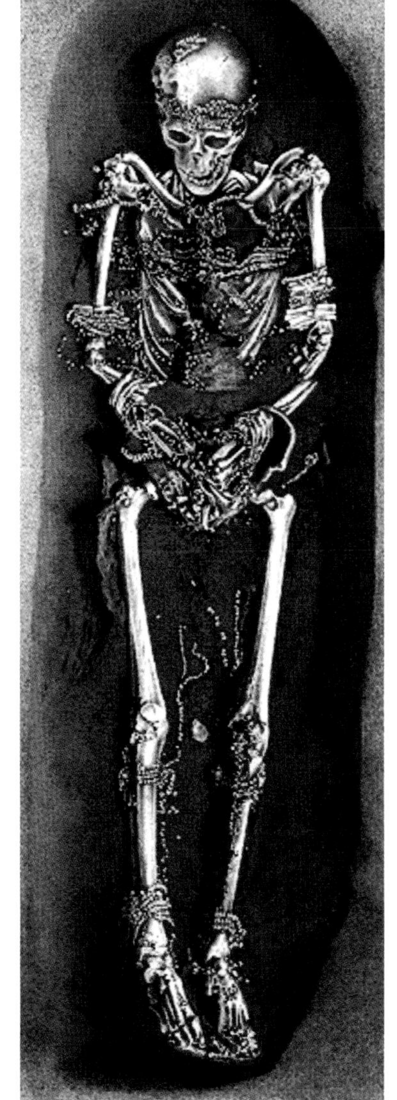

많은 표시를 사용하지 않도록 특수기호도 썼는데, 이를테면 이집트 문명은 10을 뜻하는 ∩로 20을 ||∩라고 적었다. 다른 표시는 빵을 뜻하는 ⌓처럼 단순한 그림으로 물체를 형상화했다(이집트 상형문자 ||⌓은 '빵 두 덩어리'를 뜻한다). 고대 숫자체계에서 10이라는 숫자가 지배적으로 나타나는 이유는 당연하게도 사람들이 숫자를 셀 때 사용한 손가락이 10개이기 때문이다.

이집트를 비롯한 다른 고대문명은 정수(1, 2, 3…)를 비롯해 오늘날 우리가 1:2, 1:3, 1:4…로 나타내는 숫자 비율과 1/2, 1/3, 1/4 등의 분수 그리고 사칙연산 같은 기본산수를 사용했다. 또한 고대인은 삼각형과 사각형으로 땅의 크기를 재고 건물 모서리를 정확히 설계했다. 가령 이집트 측량사는 나일강 주변 농지의 면적을 기록한 내용을 잘 보관했다가 나일강이 범람한 뒤 기하학으로 농지를 재분배했다(기하학을 나타내는 그리스어 Geometry는 '땅 측정'을

메나 고분

메나*Menna*는 두 지역의 땅을 소유한 지배자의 서기이자 농토 감독자로 상단과 중단의 그림에서 좌상단에 앉아 지켜보는 이가 바로 그다. 그는 농부가 곡식을 심고 수확하고 운반하는 것을 감독한다. 중간 그림의 상단 중앙을 보면 휘하의 측량사가 농부에게 세금을 거두기 전 땅을 측정하는 모습을 볼 수 있다. 세금을 다 내지 못한 농부는 매를 맞는다(상단 우측). 측량사는 줄의 앞뒤를 잡고 있는데 그 어깨에는 줄이 감겨 있다(컬러 그림 상단). 이들은 일정 간격으로 매듭을 묶은 줄을 사용해 땅의 길이를 측정한다. 이 줄의 앞부분은 부분적으로 감겨 있는데 앞선 측량사가 그 매듭을 잡고 나아간다. 줄의 끝에는 약간의 길이가 남아 있음을 볼 수 있다. 이집트인은 큐빗*cubit*을 길이 단위로 사용했으며 이는 가운뎃손가락에서 팔꿈치까지의 길이를 뜻한다. 정확한 큐빗은 보통사람의 이 길이보다 약간 긴 52cm 정도였다. 큐빗은 7뼘과 손가락 4마디 길이로 세분했으나 이 예시에 나타난 매듭은 3큐빗 길이(약 152cm)를 사이에 두고 묶었다. 측량사 옆에는 가방을 든 아이가 보이는데 이 가방은 밧줄을 담는 용도로 추정된다. 또한 2명의 필기사가 판을 들고 따라다니며 밭의 크기를 기록한다. 지팡이를 든 노인과 두 남자아이가 측량 팀을 따라 걷고 반대편에는 음식과 음료를 가져오는 남녀가 있다.

26쪽

1-9. 메나 고분, 이집트 신왕국 18왕조 시기 BC 1400~1390년, 세이크 아브드 엘 쿠르나 언덕에 위치.

상단 **1920년대에 촬영해 메트로폴리탄 미술관 전시회(1907~1935년)에 전시한 메나 고분 흑백 사진.**

중단 **로버트 L. 몬드*Robert L. Mond*가 영국 전시회(1902~1925년)를 위해 1920년경 찍은 메나 고분의 좌측 벽 흑백 사진.**

하단 **찰스 K. 윌킨슨*Charles K. Wilkinson*, 메나 고분의 수확 벽화, 1930년, 템페라화, 76×186cm.**
메트로폴리탄 미술관의 일원이자 미국 예술가인 찰스 K. 윌킨슨은 고대 벽화에 색을 입히는 작업을 했다. 윌킨슨은 메나 고분의 왼쪽 벽 상단에 있는 이 수확 벽화를 그림으로 그렸다.

상단

1-10. 린드 파피루스*Rhind papyrus* 두루마리. BC 1650년경. 파피루스에 잉크를 사용한 문헌, 높이 31.7cm.
사진이 보여주는 파피루스 두루마리 우측은 49~55 문제, 좌측은 56~60 문제를 나타낸다. 테베에서 발견한 린드 파피루스 두루마리는 신관문체로 쓰여 있고(상형문자를 요약한 형태) 알려진 것 중 가장 오래된 기하학 도형을 포함하고 있다. 이집트 학자들은 이 도형에 구현한 기하학 지식이 작성 시기로부터 1,000년 이상 이전에 존재한 고대왕국 피라미드 건설자에게서 이어져온 거라고 추정한다.

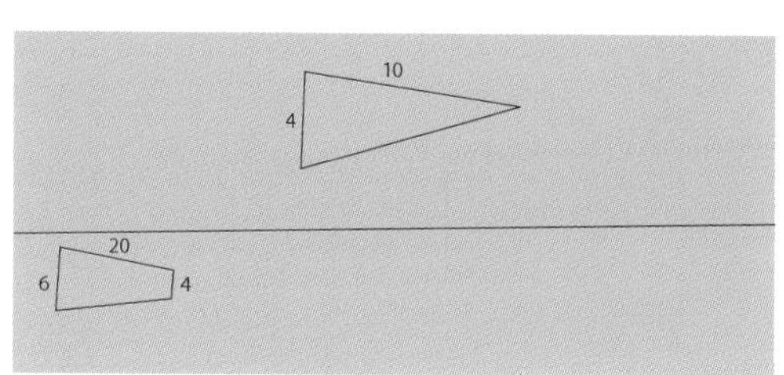

1-11. 린드 파피루스에서 발견한 문제 51과 52의 도표.
이 문제를 보면 밭의 구역 넓이를 어떻게 계산했는지 알 수 있다. 상단 그림은 밑변 길이가 4단위이고 높이가 10단위인 삼각형이다. 두 변 사이의 각이 직각이라고 가정할 때(린드 파피루스의 도형은 약간 다르다) 이 문헌은 직각삼각형 넓이를 20단위라고 계산한다. 이는 오늘날 사용하는 공식 $A=\frac{1}{2}bh$ 'A는 b와 h의 곱의 절반이다'와 같다. 여기서 A는 넓이, b는 밑변, h는 높이를 나타낸다.
하단 그림은 측량학을 배우는 학생들에게 끝이 잘린 삼각형(부등변사각형)의 넓이를 구하는 법을 가르치고 있다. 이 부등변사각형의 밑변 길이는 6이고 높이는 20이며 두 번째 밑변(잘린 면) 길이는 4다. 계산한 부등변사각형의 넓이는 100인데 이것 역시 현대의 부등변사각형 넓이 공식과 값이 같다.

$$A=\left(\frac{b_1+b_2}{2}\right)h$$

이 식에서 b_1과 b_2는 두 밑변의 길이를 나타내고 h는 부등변사각형의 높이를 나타낸다.

우측

1-12. 임호텝*Imhotep*
(이집트인, BC 2650~2600년), 조세르 왕의 계단 피라미드, BC 2630~2611년, 이집트 사카라.
초기 이집트의 사카라 계단 피라미드는 현존하는 가장 오래된 석조구조 유적이다. 건축가 임호텝은 점점 크기를 작게 자른 피라미드(마스타바*mastabas*)를 쌓는 방식으로 무덤을 디자인했다. 그 토대인 마스타바는 좌우로 길게 놓였고 이어 각각의 마스타바 '계단'을 수직으로 올렸다. 이집트 측량사는 린드 파피루스에 부등변사각형의 넓이를 구하는 방식을 기록해놨는데, 필경사들은 이집트 건축가가 부등변 형태의 피라미드 부피를 구하는 방법을 알고 있었다고 기록했다. 이 점을 고려할 때 고왕조 시기 건축가는 마스타바 방식의 피라미드에 필요한 재료의 양을 계산할 수 있었을 것이다.

하단

1-13. 일반적인 고왕조 시기의 마스타바 무덤으로 각뿔대 형태의 피라미드.

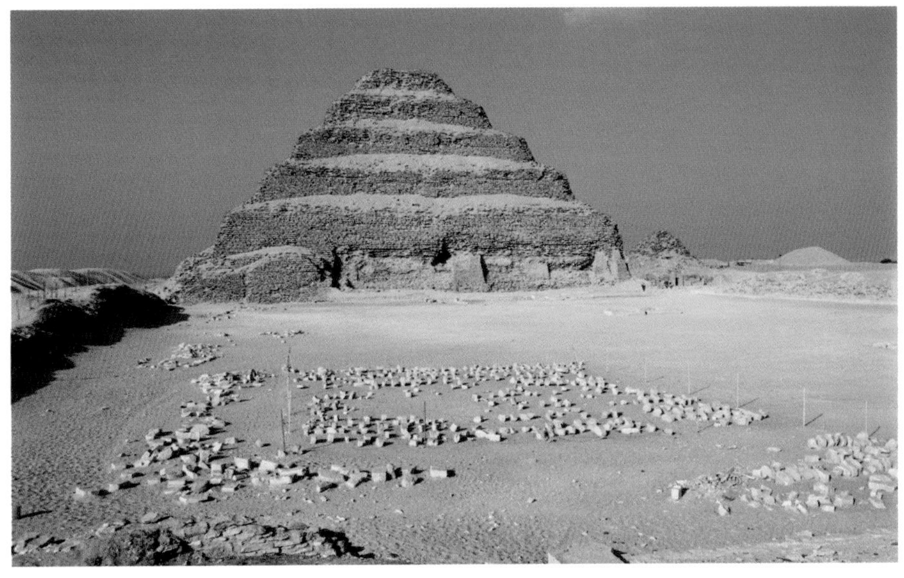

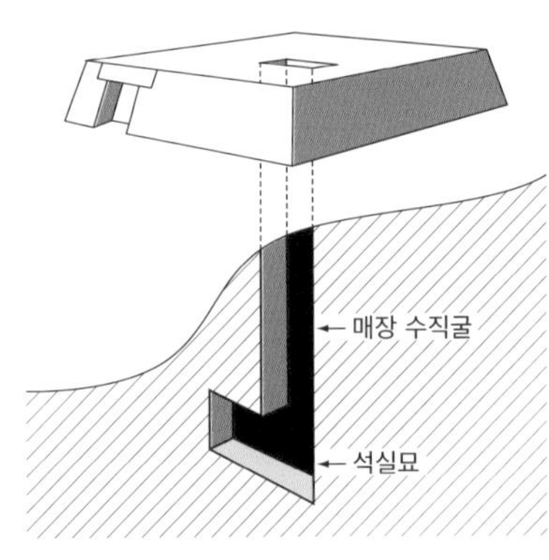

뜻한다). 당시 측량사는 땅의 면적과 건축물의 부피를 계산하는 법을 알았다(그림 1-9, 1-10, 1-11, 1-12, 1-13).

BC 6세기부터 4세기 사이 그리스에서 손가락을 사용해 숫자를 세고 길이를 재는 과정을 넘어 체계적인 일반해법 또는 증명 방법이 등장했다. 이집트 측량사는 특정한 밭의 넓이는 구했으나 추상 개념을 벗어나 모든 삼각형과 사각형의 넓이를 구하는 방법은 체계화하지 않았다.[7]

BC 6세기경 밀레투스Miletus(오늘날 터키 지역)의 이오니아인 그리스 철학자 탈레스가 특정 경우에만 적용한 추상적 수학 개념에서 벗어나 수식화를 실현했다. 그는 이집트 측량사의 기법을 이오니아로 가져와 모든 직각삼각형과 이등변삼각형(이등변삼각형은 '다리가 같은'이라는 뜻의 그리스어 isosceles에서 파생했다)의 성질을 증명했다(그림 1-14).[8]

고대문헌은 그의 업적을 "몇 가지 수학문제를 일반적인 방식으로 다루었다"라고 기록했다.[9] BC 6세기경 탈레스의 제자 아낙시만드로스는 우주의 구조가 대칭적·비율적이며 태양과 달과 별의 위치를 숫자로 나타낼 수 있다는 중요한 자연계 법칙을 밝혔다.[10] 이 이오니아인의 관점이 바로 자연을 사람이 인식할 수 있는 수학구조로 구현해 이해하는 과학적 세계관의 시작이다.

이등변삼각형의 성질을
처음 증명한 사람
(탈레스 혹은 다른 누군가)의 업적은
세상에 새로운 빛을 비춘 것과도 같다.
— 이마누엘 칸트,
《순수이성비판》, 1781년.

인류가 특정 형태의 사물을 바라보는 것을 넘어 거기에 담긴 형태를 이해할 만큼 도약한 계기는 무엇일까? 그리스 철학자들은 혼돈을 이겨낸 하늘의 신을 찬양하는 고대신화에서 자연계가 수학구조로 이뤄져 있음을 감지했다. 고대신화에 따르면 절대이성(영혼)이 형태 없는 공허한 태곳적 물질에 구조와 법칙을 부여해 세상이 탄생했다고 한다. 바빌로니아인은 주신 마르두크가 혼돈의 여신 티아마트Tiamat를 반으로 찢어 땅과 하늘을 만들고 여기에 태양과 달과 별을 두었으며 "1년을 12달로 하도록 명하고 3개의 별을 고정했다"고 믿었다(에

누마 엘리시Enûma Eliš, BC 1500~1100년).

유대인 선지자의 하느님은 "땅의 기초를 놓으시고", 강과 바다를 가두기 위해 "경계를 정하여 넘치지 못하게 하시고" 자연계를 주관하는 법칙을 만들었다(《시편》 104:5, 9. BC 1000년, 그림 1-1 참고).[11] BC 8세기 말 그리스 서사시인 헤시오도스는 어떻게 에로스(성적 욕망)가 닫아둔 근원의 심연(혼돈의 틈)에 떨어져 하늘과 땅이 되어 우주 조화를 불러왔는지 설명한다(《신통기》, BC 700년경).

바빌로니아인, 유대인, 그리스인은 형태 없는 혼돈에 담긴 자연구조를 찾는 여정을 시작했고 점차 별의 움직임과 숫자 패턴을 하나둘 알아갔다. 비록 고대인은 문화적 관점이 달랐지만 같은 자연계에서 같은 수학세계를 보았다. 이들이 관찰한 자연과 이해한 수학은 여러 문화권에서 수 세기에 걸쳐 교류가 이뤄졌고 덕분에 서양과학과 수학의 기반 지식을 축적할 수 있었다.

1-14. 탈레스의 정리

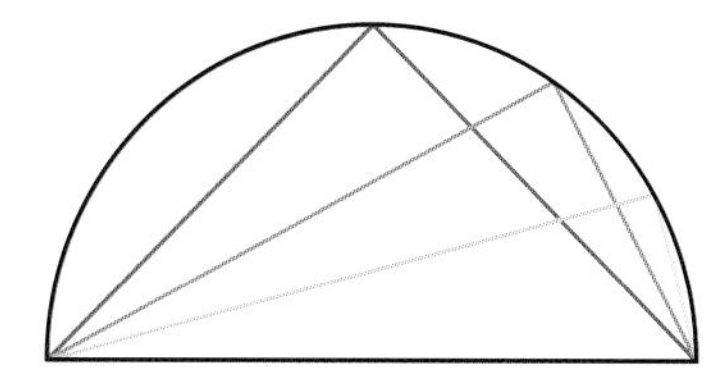

반원에 내접하는 모든 삼각형에는 직각이 있다.

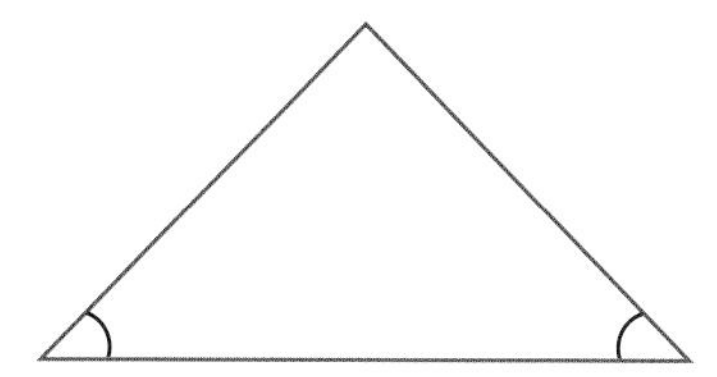

이등변삼각형의 두 밑각은 서로 같다.

BC 6세기 말 클레이스테네스와 그리스의 아테네 시민은 권력을 상속하는 귀족과 힘을 독점한 독재자를 몰아내고 새로운 형태의 정부인 민주주의(Democracy는 그리스어 '민중에 의한 정치'에서 유래했다)를 고안했다. 민주주의는 모든 사람은 동등하다는 반권위주의를 전제한다는 것과 이성적인 타당성 측면에서 과학적 접근방식과 역사적으로 연관성이 있다.

BC 508~507년 클레이스테네스가 시행한 정치개혁은 모든 사람의 능력이 동등하다는 전제 아래 남성 그리스 시민을 추첨으로 선택해 공직을 맡기는 것이었다. 그리스 시민은 '법 앞에 평등하다'는 권리평등의 법칙을 따랐고 재판관을 따로 두지 않은 채 시민들 중에서 뽑힌 사람이 재판관 역할을 했다.

공공정책은 모든 시민이 참여할 수 있는 민회에서 결정했는데 이 회의에 참가한 모두가 자기 의견을 말하고 투표할 권리를 누렸다. 수학, 과학, 그리스의 민주주의는 모두 정권의 권위나 지역의 관습이 아닌 이성적 토론에 기반을 두고 사실을 판단했다.

이러한 정치풍토에서 자란 차세대 그리스 시민은 아테네의 황금시기를 연 예술적·문학적 업적을 달성하기 시작했다. 이들 업적 중에는 피디아스Phidias가 조각한 파르테논 신전과 아이스킬로스, 소포클레스, 에우리피데스의 시도 있다. 이후 BC 5세기 말부터 4세기까지 이오니아인 탈레스와 아낙시만드로스의 과학적 접근방식이 아테네에서 발전해 소크라테스, 플라톤, 아리스토텔레스의 놀라운 추상 개념화와 일반화를 낳았고 이는 유클리드에 이르러 정점에 다다랐다.

BC 6세기와 5세기의 그리스 종교는 신화 속 영웅 헤라클레스, 자연신인 하늘과 벼락의 신 제우스, 제우스의 딸 아테나(처녀 신 아테나를 위한 파르테논) 같은 여신을 숭상하는 데 중점을 두었다. 하지만 이 황금기에 아테네인의 우주를 이해하는 방식에 변화가 일어났다. 예측할 수 없는 신들의 변덕으로 우주가 변한다는 기존 관점에서 벗어나 사람이 이해 가능한 비인간적인 힘의 결과로 우주가 변한다고 여긴 것이다. 수십 년에 걸친 내전과 펠로폰네소스 전쟁(BC 431~404년), 그리스 섬 전체에 퍼진 빈곤 때문에 아테나의 파르테논을 향한 신뢰는 현저히 줄어들었다.

다수결의 원칙은 가장 공평한 원리다.
여기에는 법 이전에 평등이 존재한다.
다수결의 원칙은 관직을 추첨으로
부여하므로 그들은 자신의 행위를 책임
지며 의사결정을 공개적으로 진행한다.
이런 이유로 독재자는 다수결의 원칙을
절대 허용하지 않는다.
우리의 힘은 다수일 때 나타나므로
나는 군주제를 폐지하고
시민의 힘을 증대할 것을 제안한다.

— 헤로도토스, 《역사》, BC 450~420년.

그리스 신화를 믿는 마음이 흔들리면서 그리스 철학자들 사이에 회의론이 암암리에 퍼져갔다. 헤라클레이토스는 이미 BC 6세기 말에 불변하는 진리는 없으며 "모든 것은 흐른다"라고 주장했고, 그의 제자 프로타고라스는 어떤 사건을 바라보는 모든 사람의 시각이 동등하게 올바르다고 결론을 내렸다. 프로타고라스는 "인간이 만물의 척도다"라고 선언하면서 공개적으로 제우스와 아테나의 존재에 의심을 표했다.

"내게는 신이 존재하는지 그렇지 않은지 알 방법이 없다. 이 질문은 너무 모호하고 인간의 삶은 짧기에 그런 질문이 지식을 얻는 것을 방해하기도 한다."[12]

심지어 정치인이자 시인인 크리티아스Critias(플라톤의 친척)는 과거의 정치인이 시민을 지배하기 위해 신과 그리스 신화를 지어냈다고 주장했다.

하늘에 신이 있다고
말하는 자가 있는가? 그렇지 않다!
오래된 이야기를 믿을 만큼
어리석은 이가 아니면
신이 있다고 믿지 않을 것이다.
내 말을 믿을 것이 아니라
당신이 직접 보고 판단해보라.
독재자는 수천 명을 살해하고
재물을 빼앗으며 자신의 맹세를
어긴 자는 도시를 멸망하게 한다.
그런 자들이 하루하루를 독실하게
살아가는 이보다 더 행복한 것을 보라.
— 에우리피데스,
《벨레로폰*Bellerophon*》, BC 430년경.

"법도가 인간의 폭력 행위를 막았지만 인간은 비밀리에 범죄 행위를 저질렀다. 그러자 어떤 영리하고 현명한 이가 남몰래 신을 만들었고 그 때문에 몰래 악한 행위와 말과 생각을 하는 이들은 두려움에 떨었다. (…) 그가 고른 신의 거처를 보면 사람들에게 가장 뚜렷하게 영향을 미칠 장소를 선택했음을 알 수 있다. (…) 머리 위의 둥근 하늘에서 내려오는 번개와 공포감을 주는 천둥소리를 들어보라."[13]

이처럼 헤라클레스와 제우스, 아테나를 의심하는 분위기 속에서 몇몇 아테네 시민은 과학적 세계관이 올림포스 신전을 위협한다고 생각했다. 일례로 BC 5세기 클라조메나이Clazomenae(오늘날의 터키)에서 아테네로 이주한 이오니아 철학자 아낙사고라스는 공공연히 이성적 현실구조를 강의했다. 그는 목적이 있는 정신(누스Nous)이 우주를 움직이는데, 자연계는 사람이 이해하고 예측 가능한 방법으로 움직이고 그 움직임을 신의 언어가 아닌 물질언어로 설명할 수 있다고 주장했다. 그는 태양을 붉고 뜨거운 돌, 달을 흙으로 보았다.[14] 그런 가르침이 그리스 신화 속 신들의 신성한 권위를 중대하게 위협한다며 두려워한 시민 지도자들은 아낙사고라스를 체포해 아테네에서 추방했다.[15] 50년 후 아테네인은 태양은 돌이고 달은 흙이라고 주장하며 다른 이들처럼 태양과 달을 신으로 믿지 않은 철학자 소크라테스를 재판정에 세웠다.[16] 아테네를 떠나 도주하기를 거절한 소크라테스는 BC 399년 사약을 받았다.

그리스 문화권에는 자연계를 이해하려는 과학적 접근방식 외에 신비종교라 불리는 문화도 등장했다. 신비종교란 지식 추론이 아니라 순간적이고 신비한 통찰과 직관으로 얻는 것을 추구하는 집단을 뜻한다. 과학적인 방식과 신비종교는 모두 추론과 직감을 사용했지만 그 둘의 초점은 달랐다.

디오니소스·오르페우스·피타고라스 신비주의자들은 자연의 낮밤, 새벽의 순환, 여름·겨울·봄의 순환을 관찰하면서 사람의 삶도 죽음과 부활의 순환이라고 믿었다. 디오니소스 신비주의자는 삶의 순환을 포도덩굴에 비유했는데, 생기 넘치는 달콤한 포도를 생산하는 것은 삶에 해당하고 이후 떨어져 나간 과실이 발효되어 영혼을 취하게 만들면 사람들이 사후세계를 느낀다고 보았다. 이에 따라 그들은 땅에 와인을 붓는 행위가 새로운 삶의 순환을 시작하게 만

무슨 목적으로 신을 모욕하며
달에 거주하는 이들을 염탐하려 하는가?
— 아리스토파네스, 《구름*Clouds*》,
BC 5세기 말.

든다고 믿었다. 사랑하는 아내 에우리디케를 찾으러 저승의 신 하데스에게 갔다가 돌아오는 음악가 오르페우스의 전설도 삶과 죽음의 순환을 다루고 있다.

1-15. 음악 속의 조화로운 비율*Harmonic ratios in music*, 프란키누스 가푸리우스*Franchinus Gaffurius*, 《음악이론*Theorica Musicae*》에 수록된 그림.
르네상스 시대의 이 음악 이론서에서 성경에 나오는 대장장이 투발카인*Tubal-Cain*(상단 좌측)이 다른 대장장이가 여러 망치로 모루를 때려 음악을 만드는 것을 보고 있다. 피타고라스(상단 우측)는 점점 더 적은 양의 물을 숫자로 나타낸 유리잔을 쳐서 소리를 내고 있다. 하단 좌측의 피타고라스는 현 6개에 무게 추를 매달아 만든 악기를 연주하고 있으며 이때 무게는 숫자로 적혀 있다. 무게 추는 4에서 16으로 증가하는 순서로 매달려 있고 무거울수록 줄이 팽팽하게 당겨져 더 높은 음을 만든다. 하단 우측의 피타고라스는 자신의 제자 필로라우스와 함께 연주하는데 필로라우스의 플루트가 2배 더 길다. 이 두 플루트로 만족스러운 1옥타브 화음을 만들어낸다.

BC 6세기 이탈리아반도 사모스에서 살았던 피타고라스는 신비종교의 교주였는데, 그의 추종자들은 사회생활을 하지 않고 엄격한 금욕주의를 실천했다. 피타고라스는 다른 신비종교의 교주와 달리 숫자의 숨은 의미에 관심을 두었고, 그의 추종자들은 BC 5세기와 4세기에 걸쳐 수학 발전에 크게 이바지했다.[17]

사실 피타고라스 자신은 저서를 전혀 남기지 않았지만 그의 사상은 추종자들의 저서 속에서 살아남았다. 예를 들어 남부 이탈리아 크로톤의 필로라우스는 우주가 불·물·공간·시간 같이 한정적인 것의 무한한 연속체로 구성되어 있고, 이것이 모여 하르모니아Harmonia(조화)를 구성한다고 주장했다(《자연On Nature》, BC 5세기).

필로라우스는 이 과정을 증명하기 위해 피타고라스학파가 발견한 음악적 예시를 제시했다. 음악가가 스틱을 위아래로 움직여 악기의 현이 진동하게 할 때 소리의 연속체가 발생한다는 것이었다(그림 1-15, 하단 좌측). 그러나 이 무한한 연속체는 주요 화음(옥타브, 4화음, 5화음)이 낮은 정수Whole Numbers 비율(1:2, 2:3, 3:4 등)로 나타나기 때문에 그 비율에 따라 제한을 받는다. 만약 어떤 이가 현을 뽑아 가운데를 잘라 반으로 나누고 다시 그 현을 켠다면 청자聽者는 거기서 발생하는 화음을 들어야 한다. 필로라우스에 따르면 정수비율이 아닌 음을 같이 연주하면 불협화음이 만들어진다. 그는 자연계와 인간 내면의 존재(영혼)는 모두 숫자구조로 되어 있으므로 우리가 진실한 지식을 얻는 유일한 방법은 숫자를 연구하는 것이라고 생각했다.

반면 과학적 접근방식을 택한 철학자는 인간의 이성을 신뢰했다. 그리스의 신비주의자는 목적이 없고 그 운명을 예측할 수도 없는 비이성적인 힘이 삶을 지배한다고 믿었다. 따라서 그들은 자신의 삶을 이성적으로 지배하려는 노력 자체를 의미 없게 여겼고 술의 신 디오니소스 같은 신을 믿으며 쾌락과 광신에 빠졌다. 자신의 삶에 숨은 신비한 의미가 있고 그것이 수수께끼나 우스꽝스러운 구절처럼 심오한 형태로 드러날 것이라는 약속을 믿으며, 삶의 고통을 견뎌내고자 신비종교에 입문한 것이다. 그들은 추론이 아닌 직관이나 섬광 같은 통찰력으로 이 신비스러운 미스터리를 이해하고자 했다. 이러한 신비종교 창시자들은 추종자에게 선을 행하면 죽음 이후 내세에서 보상받을 것이라고 약속하기도 했다.

농경의 여신 데메테르와 그녀의 딸로 저승의 신 하데스에게 납치당한 풍요의 여신 페르세포네를 믿는 엘레우시스교는 아마 봄의 파종축제나 가을의 수확축제에서 비롯되었을 것이다. 데메테르가 그녀의 남편 제우스에게 간청하자 이 벼락의 신은 봄이 오면 풍요의 여신이

1-16. 표도르 브로니코프*Fyodor Bronnikov* **(러시아인, 1827~1902년), '피타고라스교의 떠오르는 해 찬양***Pythagorean Hymn to the Rising Sun*', **1869년, 캔버스에 유채, 99.7×161cm.** 러시아의 낭만주의 화가 표도르 브로니코프는 피타고라스교도가 자연에서 관찰할 수 있는 주기적인 음률을 현악기로 다루며 화음을 이루는 그림을 그렸다. 태양이 동쪽에서 떠오르고 머리 위의 구부러진 경로를 따라 서쪽으로 진다.

그녀의 어머니에게 돌아가도록 허락한다. 가을이 오면 페르세포네는 다시 지하세계로 돌아갔는데 이렇게 추운 계절이 온다는 신화로 세상의 사계절을 설명한다.

BC 6세기 엘레우시스교를 믿은 아테네인은 제우스와 아테나를 따르면서도 데메테르와 페르세포네에게 공물을 바쳤다. 당시 정치 지도자들은 올림포스 신전의 영향력을 유지하는 데만 관심이 있었기 때문에 이 신비종교를 배척하지 않았다. BC 5세기의 펠로폰네소스 전쟁 이후 많은 아테네인이 가난에 허덕이자 엘레우시스교는 풍요로운 가을 수확을 즐기는 것에서 죽은 뒤 천국에서 사는 것으로 초점을 옮겼다. 그 뒤 많은 신비종교가 상황이 어려워질 때마다 유사한 모습을 보였다.[18]

여러 신비종교는 페르세포네와 오르페우스 같이 저세상을 방문하고도 살아 돌아온 신과 인물을 내세워 영생을 약속했다. 엘레우시스교와 디오니소스교, 오르페우스교 등이 비이성적이고 허황된 이야기를 전달한 것에 반해 피타고라스교는 숫자에 관한 비밀스러운 구절에 관심을 두었다.

피타고라스교도들은 음악에서 기초수학을 찾는 등 충격적이고 놀라운 것을 발견했고, 필로라우스는 피타고라스주의와 유사하게 음악적 화음과 영혼의 화음을 비유하기도 했다. 피타고라스교 수학자 중에서 가장 큰 업적을 쌓은 사람은 필로라우스의 제자 아르키타스인데, 그는 플라톤과 동시대에 살았고 BC 4세기 초반 활발하게 활동했다. 아르키타스는 그 시대 연주자들이 현악기를 어떻게 조율하는지 관찰해 여러 음계의 비율을 계산함으로써 스승의 업적을 한 단계 더 향상시켰다.[19]

알려진 만물에는 모두 숫자가 있다.
숫자가 없는 것은 그 무엇도 알려지거나
이해하는 것이 불가능하다.
— 필로라우스, 《자연》, BC 5세기.

플라톤은 소크라테스 철학의 이성적·과학적 접근방식을 피타고라스교와 결합했다. 소크라테스의 이성적 접근방식을 배운 플라톤이 젊은 날에 주장한 것(특히 감각에 따른 인식으로 자연계를 이해하는 것에는 한계가 있다는 주장) 중에는 소크라테스와 유사한 점이 많다. 플라톤은 일시적이고 불완전한 일상 속에서 감각으로 얻은 자연계 지식은 틀릴 수 있으므로 그것을 넘어 불변하고 완벽한 추상물체 세계에서 추론으로 숫자와 도형 지식을 얻고자 했다.

또한 플라톤은 심오한 정치철학자로서 젊은 시절 펠로폰네소스 전쟁에 참여해 스파르타와 싸우기도 했다. 그는 어린 시절부터 소크라테스를 알았고 소크라테스의 재판에도 참여했다. 당시 그는 제비뽑기로 선출한 재판관들이 지혜롭고 고결한 스승을 규탄하는 민주주의 관행을 신뢰하지 않았다. 그러던 중 피타고라스교의 사후관에서 확실성과 공평성을 발견한 플라톤은 소크라테스와 피타고라스의 관점을 결합해 자신이 원하던 확실성과 공평성을 달성했다.

플라톤은 이탈리아반도를 여러 차례 여행했고 시라쿠사의 독재자 디온Dion을 만나 지역정치에 참여하기도 했다. 그뿐 아니라 근교도시 타렌툼의 정치지도자이자 피타고라스교도인 수학자 아르키타스와도 교류했다. BC 361년 디온의 뒤를 이은 디오니시우스 2세가 플라톤을 협박하자 아르키타스는 배를 보내 플라톤을 구출했다.

플라톤은 아르키타스와의 지적 교류로 음악의 화음과 영혼의 화음 사이의 유사점을 배웠다. 플라톤이 이탈리아에서 돌아온 뒤 저술한 《국가론》[20]과 《티마이오스》[21]에 도형의 조화에 관한 상대적인 시각이 처음 등장하는 것으로 보아 이는 피타고라스가 아니라 플라톤 고유의 사상이었을지도 모른다.

플라톤은 이 대화록에서 두 세상에 관한 자신의 원숙한 원칙을 묘사했다. 그것은 감각으로 인지하는 일시적이고 구체적인 세상과 이성으로 알아내는 추상적이고 영원한 세상을 말한다. 이 점에서 플라톤은 감각세계의 숫자만 연구한 피타고라스교와 차이가 있다. 그런 이유로 플라톤은 아르키타스가 음악의 특정 예제에만(음악가가 실제로 리라를 어떻게 조율하느냐에 따라 달라지는 '들려오는 화음에만') 중점을 두는 것과 특정 음악의 수학비율에 집중하는 것에서 벗어나 이 이론을 최대한 일반화하지 않는 것을 비판했다(《국가론》, 530d-531c).

플라톤은 《국가론》에서 자신의 성숙한 정치철학을 설명하고 있다. 그는 "정의로운 이에게는 훌륭한 도덕성과 바른 영혼이 있고 그 영혼은 전체를 구성하는 여러 부분이 잘 조화를 이루면서 통합되어 있다"라고 표현한다(《국가론》, 443e-444b, 462a-b). 이로써 바른 영혼에는 수학비율이 있으므로 조화로운 사회도 전체를 이루는 부분(바른 영혼)이 조화를 이루며 통합된다고 추론할 수 있다.

플라톤은 "그러므로 지혜로운 지도자(철인왕)가 되려는 자는 10년의 수학 과정을 포함해 교육을 받아야 한다"라고 말했다(《국가론》, 537e). 그는 사람의 영혼은 소멸하지 않고 사후 그 선행에 따라 보상받는다고 생각했다. 또한 소크라테스 같은 선한 이가 처벌당하는 것처럼 선행이 그에 합당한 보상을 가져오는 것은 아니며, 정의란 합당하지 않은 벌을 감수하면서까지 선을 행하는 것이라고 주장했다.

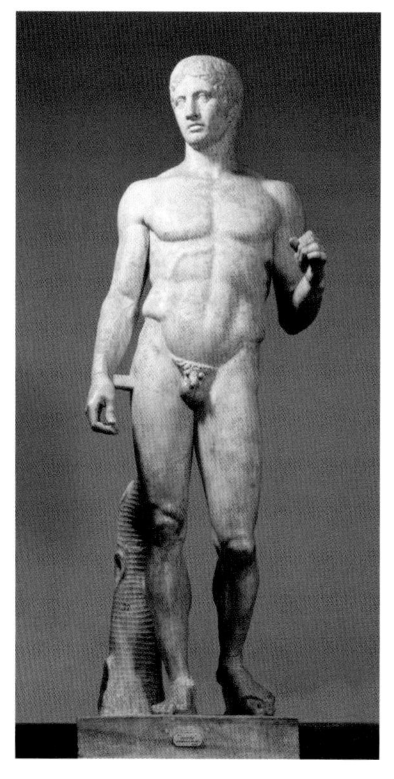

1-17. 아르고스의 폴리클레이토스*Polykleitos of Argos*, '도리포로스*Doryphoros*', 폴리클레이토스의 청동 오리지널을 카피함, BC 440년, 대리석, 2.12m.
폴리클레이토스는 자신의 저서 《표준율*The Canon*》에서 완벽한 인간의 비율을 다뤘지만 이 저서는 로마 멸망 후 일부만 남고 소실되었다. 남아 있는 부분에는 "많은 숫자가 아름다움을 조금씩, 조금씩 만들어간다"라는 문구가 들어 있다(Die Fragmente der Vorsokratiker, ed. Hermann Diels와 Walter Krantz의 번역본 6판, Berlin: Weidmann, 1951–1952, 40B2). 버가모의 갈레노스는 폴리클레이토스가 자신의 비율 시스템을 나타내기 위해 조각상을 만들었다고 기록했다(De placitis Hippocratis et Platonis, 서기 2세기, bk. 5, 3.16–17). 오늘날 학자들은 이 로마시대 조각상을 "마치 법칙을 따르듯 동상의 윤곽을 그려 표준법칙을 얻었기에 표준율이라 불린" 폴리클레이토스의 도리포로스 원본 청동동상을 거의 완벽하게 복제한 대리석 조각으로 받아들이고 있다(플리니우스, 《박물지*Naturalis historia*》, AD 77–79, bk. 31, 19.55).

플라톤의 《국가론》은 소크라테스가 살해당한 군병 이야기를 하는 것으로 끝마친다. 이 군병은 장작 위에서 불에 타 죽었는데 장작에 불이 붙기 전 눈을 뜨고 자신이 본 사후세계를 이야기한다. 그에 따르면 사람은 죽은 후 자신의 행위에 따라 재판을 받는다. 정의로운 이는 하늘에서 놀라운 곳으로 인도를 받고 악한 이는 지하의 처참한 곳으로 떨어진다. 소크라테스는 "만약 나처럼 영혼이 영원하다는 것과 그 영혼이 모든 선악을 견뎌낼 수 있다고 믿는다면, 우리는 항상 하늘을 향해 나아가고 모든 일에서 지혜의 도움을 받아 정의를 추구할 것이다. 그리하여 우리가 이 땅에 거할 때나 친구와의 게임에서 이겨 상금을 받는 것처럼 정의의 상금을 받는 그때 서로 화평하며 하늘과도 화평해진다"라고 이야기를 마친다.[22]

그리스인은 음악비율에서 아름다움을 추구했을 뿐 아니라 수학에서 시각미술을 이해할 미적 열쇠를 찾으려 했다. 그 대표적인 예가 조각가 폴리클레이토스가 창작한 남성 조각상으로(그림 1-17) 이것은 신체비율이 완벽한 것으로 알려져 있다.[23] 실제로 여러 문화권의 많은 예술가가 수 세기 동안 아름다움을 만들어내는 수학 시스템을 찾기 위해 노력했다(2장 참고).

플라톤의 형상론

아테네의 플라톤 아카데미 철학자들은 수 세대에 걸쳐 모든 지식이 수학적 물체와 다른 형태로만 이뤄져 있다고 배웠다. 이 관점은 서양수학의 중심이었고 오늘날 흔히 사용하는 수학의 관점이기도 하다. 플라톤은 시간과 공간에 존재하는 사과나 오렌지 같은 사물을 우리가 시각과 촉각으로 인식해 알 수 있다고 주장했다. 또한 그는 정사각형이나 정육면체 같은 추상물체는 시간과 공간 밖에 존재하며 인지로 안다고 했다.

사과와 오렌지는 사람의 마음과 독립적인 세상에 존재한다. 마찬가지로 정사각형과 정육면체도 사람의 마음과 독립적으로 수학세계에 존재한다. 인류가 객관적 확실성과 주관적 확신으로 정사각형이나 정육면체 같은 형태를 알 수 있는 이유는 그것이 완벽하고 영원하기 때문이다.[24]

플라톤은 수학적 물체가 실제로 존재하지만 본질적으로 비물질적이라 자연의 물질세계와 상호작용하지 않는다고 주장했다. 수학세계에는 기하학처럼 사람들이 연구한 수학 분야나 그것을 연구하기 위해 고안한 알고리즘과 완전히 다른 것이 존재한다. 인류의 탐험과 발명은 문화 역사의 일부지만 수학의 현실은 역사, 시간, 공간 밖에 존재한다. 결국 플라톤이 말한 수학세계는 동물과 인간이 머릿속으로 도형을 그리는 능력을 기르게 한 진화 과정과 별개로 존재한다. 원시시대 바다에서 아메바가 두 원생동물을 만났다면 생명체 3개가 존재한 셈이다. 당시 3이 자신과 1로만 나눠지는 소수임을 아는 진화한 생명체가 존재하지 않았더라도 그 숫자가 소수라는 것은 여전히 불변의 진리다.

플라톤의 이 관점은 곧 고전수학의 관점이다. 또한 플라톤의 접근법은 그와 연관된 고전과학 관점의 바탕을 이루기도 한다. 자연에는 근본적인 일치성이 있는데 수학 패턴이 여

그들은 눈으로 볼 수 있는 도형으로
형태 이야기를 나누지만
그 형태의 원본은 머릿속에 존재하고,
눈에 보이는 도형은
그 원본의 이미지다.
예를 들면 어떤 정사각형을
그리고 거기에 대각선을 표시한 뒤
이를 추론하는 것이 아니라
머릿속에 있는 정사각형과
그 대각선을 추론하는 것이다.
어떤 학생이 도형을 그리거나
모형을 만들면 그것이 실재하는 까닭에
물에 비출 경우 그림자가 생기고
반사 이미지가 보이기도 한다.
하지만 그 학생이 실재하는 이 물체로
머릿속 사고로만 이해할 수 있는
현실을 바라보고자 할 때는
그저 이미지의 역할만 한다.

— 플라톤, 《국가론》, BC 380~367년.

플라톤 아카데미

이 모자이크에서 플라톤은 그의 연구자들과 함께 이야기를 나누고 있다. 과일 그림에는 우스운 얼굴이 여럿 그려져 있다. 이 그림은 BC 1세기 폼페이에 사는 어느 부유한 그리스 시민이 주문해 그린 것으로, 꽃병이 놓인 입구는 플라톤 아카데미의 입구를 상징한다. 그 입구에는 플라톤이 이런 구절을 적었다고 전해져온다.

ΑΓΕΩΜΕΤΡΗΤΟΣ ΜΗΔΕΙΣ ΕΙΣΙΤΩ

기하학을 모르는 자, 이 문을 들어올 수 없다.

박식한 폼페이 주민은 올리브나무를 보고 플라톤 아카데미가 아테네 주변 올리브나무 숲 근처에 있고, 오른쪽 위의 벽이 아크로폴리스 성벽임을 알아차렸을 것이다. 수염이 난 철학자 7명이 기하학 물체(중앙에 있는 상자 안의 격자무늬 지구본)를 보며 논의하고 있다. 학자들은 대부분 파피루스 두루마리를 펼쳐 들고 앉아 있는 왼쪽에서 세 번째 인물을 플라톤으로 추측한다. 그림에서 플라톤은 긴 갈색 막대기로 지구본을 가리키고 있고 그 왼쪽에 앉아 있는 학자도 지구본을 향해 손짓하고 있다. 이들 철학자 위에는 해시계가 달린 기둥이 있으며 그들과 지구본에 그림자가 드리워져 있다.

하단

1-18. 플라톤 아카데미, BC 1세기, 모자이크화, 이탈리아 폼페이의 T. 시미니우스 스테파누스*T. Siminius Stephanus* **빌라.**

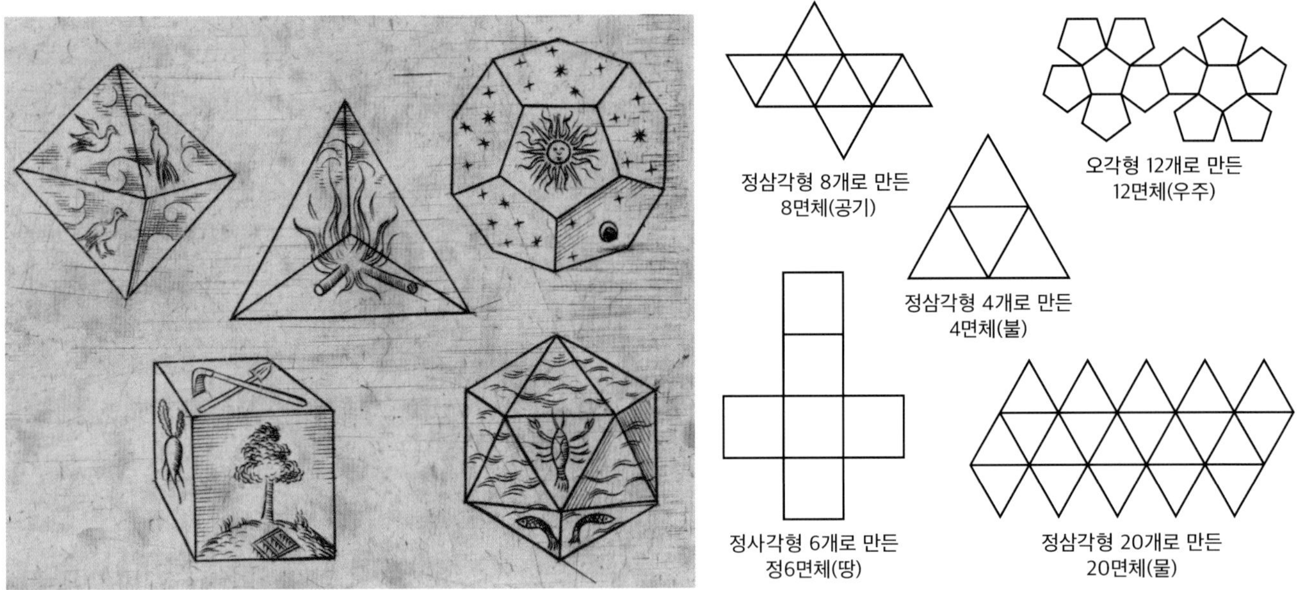

1-19. 플라톤의 입체(상단 우측)**와 요하네스 케플러**(상단 좌측)**의 《우주의 조화》**(52-53p)**에 수록된 그림.** 동일한 정다각형이 플라톤의 입체 5면을 형성한다. 플라톤 이전에 이미 몇몇 도형이 알려져 있었지만 처음 그 도형들을 합쳐 입체를 만든 사람은 플라톤이고, 이것이 그가 우주론에서 다루는 정5면체다. 그는 《티마이오스》(BC 366~360년)에서 입체와 연관된 요소로 하늘과 땅의 창조를 설명했다. 케플러는 플라톤이 어떻게 4개의 입체를 땅, 공기, 불, 물과 연관짓고 또 구형에 가장 가까운 12면체를 우주 전체와 연관지었는지 보여주기 위해 이 그림을 그렸다.

기에 속한다는 것이다. 자연계를 숫자와 기하학 형태를 불완전하게 구현한 존재로 볼 때 인간이 아는 땅과 하늘의 지식은 부분적이고 가변적이다. 플라톤은 시각예술은 자연 모방, 즉 불완전하게 구현한 형태를 다시 모방하는 것이라 불변의 완전성에서 두 차례에 걸쳐 멀어지는 행위라고 정의했다.

더 나아가 플라톤은 위대하고 신성한 이성이 자연계와 수학세계 위에 군림한다고 선언했는데, 그는 우주의 위대한 목적이 그 이성에서 나온다고 생각했다. 과학적·신화적 사고방식에 따라 신성한 정신 개념을 도입한 이전의 철학자들은 아낙사고라스라는 뛰어난 목적이 있는 이오니아 철학자의 위대한 정신이 우주를 움직인다고 상정했다. 이에 따라 태양과 달과 별이 완전히 비인간적이고 기계적인 방식으로 움직인다고 주장했다. 엘레아 출신의 신비주의 피타고라스교도 파르메니데스는 신성한 지성(일자The One)을 합하면 10이 되는 1, 2, 3, 4 숫자를 창조해 태초의 텅 빈 공간에 한계를 두었고 이로써 자연계가 탄생했다고 믿었다.

그러나 소크라테스 이전의 이들 철학자는 신성한 지성이 어떻게 지구의 생명을 창조했는가 같은 우주론의 기본문제는 해결하지 못했다. 변치 않고 완벽한 정신이 어떻게 지속적으로 변화하고 흠이 있는 물리세계를 창조했을까? 플라톤은 이 문제를 해결하기 위해 선한 정신이 온전히 지성(추상적 사고구조)으로만 이뤄진 것이 아니라 신화적 인물이라고 보았다. 즉, 플라톤은 정신·이성을 신격화해 감정(기분과 욕구)이 있는 신인으로서 인간이 이성과 자연계를 연결한다고 보았다.

플라톤은 《티마이오스》에서 데미우르고스Demiurge(그리스어로 '장인Craftsman'이란 뜻)라 명명한 신화적 창조주 이야기로 신성한 이성 개념을 소개하고 있다. 플라톤의 창조주, 즉 장인은 '선한' 존재로 만물이 최대한 자신과 비슷한 상태가 되기를 바랐다. 이 창조주는 태고의 혼돈에 완벽하고 이상적인 패턴(플라토닉 형상)을 부여해 땅과 하늘을 창조했다.

"모든 면에서 질서정연한 것이 더 낫다고 판단한 신은 모든 것을 선하게 하려 했다. 이에 따라 쉬지 않고 보이는 모든 불일치와 무질서를 취해 정렬했다."[25]

1-20. 루네 밀츠*Rune Mields*(독일인, 1935년 출생), **'플라톤의 입체** *The Platonic Solids*' **전시뷰**(상단), **2002년. 린넨에 수성페인트, 각 100×100cm,** (좌측에서 우측으로) **4면체, 6면체**(정육면체), **20면체, 8면체, 12면체, 6면체 지구**(좌측).
6면체는 면이 6개인 다면체로 왼쪽에 나타낸 정육면체 또한 6면체에 속한다. 독일의 현대화가 루네 밀츠는 어둠 속에서 빛을 내며 떠 있는 정육면체를 묘사하는 방식으로 플라톤이 느꼈을 기이하고 천상의 것 같은 추상물체의 감각을 그림에 담아냈다.

플라톤의 이 신성한 장인은 조화, 한계, 질서를 선한 것으로 본 셈이다. 그는 선을 향한 자신의 갈망을 채우기 위해 아름답고 평등하고 웅대한 형상과 5가지 정다면체, 플라톤의 입체(그림 1-19, 1-20)의 불완전한 복사본인 자연계를 창조했다. 그 목적은 사물에 기하학 형상에 이어 궁극적인 형상, 즉 선을 부여해 우주를 완전하게 하려는 데 있었다.[26]

데모크리토스의 기계적 우주

이오니아의 그리스인은 과학적 세계관을 창시했지만 BC 5세기 말 신비종교인 피타고라스교의 데모크리토스는 가장 영향력 있는 형태의 자연주의 관점인 원자론을 정립했다. 피타고라스학파의 사상에서 숫자는 경계 없는 태초의 텅 빈 공간에 한계를 정한 덕분에 특별한 의미를 지닌다. 우주의 조화로운 질서를 이해하는 열쇠는 수학 관계의 구조를 이해하는 데 있다.

피타고라스학파는 하늘과 땅의 만물은 지각 있는 입자로 구성되어 있고, 이들 입자는 하나의 물질(모나드)로 구성되어 있다고 여겼다. 이 물질은 더 복잡한 패턴으로 결합해 자연계를 형성한다. 피타고라스의 추종자 파르메니데스는 이 하나의 물질이 온 우주를 구성하므로 우주는 단일체, 즉 '유일자'라고 믿었다. 또한 그는 우주는 단일체라 변할 수 없다고 주장했다.

뜨겁다 혹은 차갑다 같이
여러 사람의 의견이 어떠하든
현실은 그저 원자들과 텅 빈 공간이다.
— 데모크리토스,
BC 5세기 말~4세기 초.

그러면 지속적으로 변화하는 이 세계는 어떻게 이해해야 할까? 파르메니데스의 추종자 데모크리토스는 자연은 미세하고 나눌 수 없으며 영원한 입자(원자)로 이뤄져 있는데, 이들 입자는 변하지 않고 단지 텅 빈 공간에서 재배열될 뿐이라고 답했다. 나아가 데모크리토스는 그와 교류하던 피타고라스학파 철학자들과 결정적으로 다른 견해를 도입했다.

파르메니데스의 모나드는 지각(생명)이 있지만 데모크리토스의 원자는 불활성화한 상태로 생명이 없다. 데모크리토스와 다른 원자론자는 변하지 않는 원자가 텅 빈 공간에서 움직인다는 일관성 있는 견해로 모든 현실을 설명하려 했다. 예를 들어 우주에 목적이 없다고 주장한 데모크리토스는 사람의 정신(프시케Psyche, 영혼)이 불의 원자와 유사하게 구형 원자로 이뤄져 있고, 그것이 따뜻한 온도와 생기를 만들어낸다고 했다.[27] 즉, 원자론자는 변화하는 모든 현상은 근본적으로 변하지 않으며 보편적이면서도 불변하는 법칙 아래 단일 세상 안에서 일어나는 과정으로 설명할 수 있다고 주장했다. 이 원자론은 하나의 과학적 관점으로 서양사상에 커다란 영향을 미쳤다(그림 1-21). 고대 원자론자는 수학에 관심을 표하긴 했으나 원자론적 자연계와 연관된 추상적·수학적 물체에 관한 견해를 더 확장하지는 못했다.

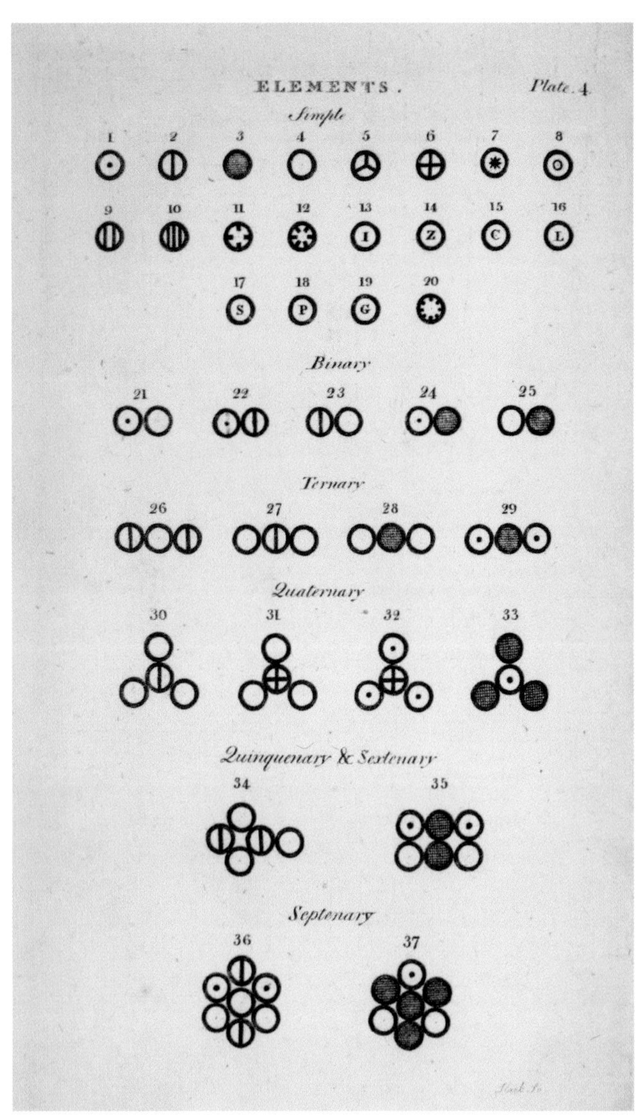

1-21. 존 돌턴_John Dalton_**의 '원소**_Elements_**', 《화학철학의 새로운 체계**_A New System of Chemical Philosophy_**》에 수록된 그림 4.**

19세기 초 영국 화학자 존 돌턴은 사물이 나눌 수 없는 동일하고 변하지 않는 개별 단위(원자)로 이뤄져 있다는 데모크리토스의 철학 관점을 되살려 현대 원자이론의 기초를 마련했다. 돌턴은 "모든 동질 물체의 궁극적 입자는 무게와 모양이 완벽하게 같으며, 모든 수소 입자는 다른 모든 수소 입자와 동일하다"라는 말을 남겼다(143쪽).

플라톤은 만물이 서로 다른 패턴으로 배열된 하나의 물질로 이뤄져 있다고 주장했다. 그러나 플라톤의 우주는 피타고라스학파와 파르메니데스 같이 불활성화한 물질 조각이 아니라 살아 있고 지각 있는 입자(모나드)로 만들어져 있었다. 그는 전 우주가 이 공통의 물질(모나드)로 이뤄져 있으며 사람은 그 축소판인 소우주고, 공통의 영혼인 세계정신이 인간에게 생기를 불어넣었다고 생각했다.

피타고라스학파와 플라톤에 따르면 그 세계정신은 초자연적이고 영원불멸한 존재다.[28] 많은 사람이 이 살아 있는 우주와 결합하려 했고 그로부터 범신론과 관련된 오래된 전통이 이어져왔다. 고대 범신론은 만물이 같은 물질로 이뤄져 있으므로 덧없는 자연계는 하나이며, 신성한 이성이 가장 작은 자갈부터 가장 큰 별에 이르기까지 모든 것에 생기를 불어넣으니 자연 또한 신성하다고 주장했다.

다른 한편으로 죽은 입자를 기계적으로 움직이는 세계와 연관지은 이가 없었기에 원자론과 관련이 있는 범신론적 전통은 존재하지 않았다. 또한 원자주의에서 우주에는 목적이나 신성한 정신이 없었기 때문에 원자배열은 가치를 지니지 않았다. 즉, 아름답지도 선하지도 않았다. 움직이는 비활성화 입자로 이뤄진 데모크리토스의 기계적 우주모델은 목적을 지닌 채 수세기 동안 유기적으로 이어져왔고 세계정신과 신성한 이성이 살아 있는 플라톤의 우주론과 경쟁했다. 원자론의 과학적 접근방식 그리고 이성과 신비를 결합한 플라톤의 접근방식은 모두 자연계를 추상 패턴의 구현이라며 수학적으로 설명했으나 그중 수학을 신성한 것에 연관 지은 사람은 플라톤뿐이었다.

공리 방법: 유클리드의 원론

플라톤 아카데미에서 10년간 수학한 철학자 아리스토텔레스는 원과 삼각형이 인간의 마음과 독립적으로 존재한다는 플라톤의 주장에는 동의했지만, 그것을 구현하는 특정 물체와 독립적으로 존재하는 것은 아니라고 말했다.[29] 그는 기본진리('첫 번째 원칙')는 감각을 초월한 세계(형태 영역)를 관조할 때 발견하는 것이 아니라 매일 눈에 보이는 세계를 귀납하는 과정 중에 발견한다고 주장했다.

지식의 한 분야에서 감각으로 느끼는 물체(땅과 하늘 등)를 관찰함으로써 첫 번째 원칙을 추론하고, 그 핵심 명제로 다른 모든 진리를 추론할 수 있다는 얘기다. 또한 그는 플라톤의 신성한 장인이 우주를 창조한 것이 아니라 다른 신성한 존재인 시동자Prime Mover가 우주를 움직인다고 선언했다.[30]

어떤 지식이 플라톤의 형상론에 기반을 둔 것이든 아니면 아리스토텔레스의 첫 번째 원칙에서 차차 추론하는 과정에 얻은 것이든 그것이 확실하게 자리 잡으면 플라톤과 아리스토텔레스는 모두 주어진 전제 아래 추론과 변증법으로 더 다양한 지식을 얻는 데 초점을 두었다. BC 4세기 초반부터 중반의 플라톤의 대화록을 보면 철학적 주장의 정확성을 보증하고자 그 전제를 만들고(가정) 추론 과정을 표준화하는 단계를 거쳤음을 볼 수 있다. 가정을 명확히 명시한 후에는 그 가정을 검사하고 만약 어긋난 경우 재고하는 과정을 거친다.

유클리드의 공리 방법

유클리드는 BC 300년경 집필한 《원론》에서 용어와 상식(통념), 공리(또는 공준)로 이뤄진 공리 시스템을 만들려고 했다. 공리는 시스템의 기본추정을 뜻한다. 통상적으로 사용하는 수학용어와 공리는 용어로 정의한다. 공리로 정리를 증명하고 그 정리를 확립한 뒤에는 이를 다른 것을 증명하는 데 사용할 수 있다.

용어

유클리드는 다음과 같이 23가지 용어를 정의했다.

1. 점은 부분으로 나눠지지 않는 것이다.
2. 선은 끊임없이 이어진 길이다.
3. 선의 양끝은 모두 점이다.

⋮

23. 평행선은 같은 평면에 있는 두 직선이며 양방향으로 무한대로 늘려도 서로 만나지 않는다.

상식

1. 같은 것은 서로 같다.
2. 같은 것을 더한 합이 같으면 서로 같다.
3. 같은 것을 뺀 것이 같으면 서로 같다.
4. 서로 완벽하게 대응하는 것은 서로 같다.
5. 전체는 부분보다 크다.

공리(공준)

다음과 같이 상정해보자.

1. 두 점을 연결해 직선을 그릴 수 있다.
2. 임의의 유한한 직선을 무한하게 연장할 수 있다.
3. 임의의 점을 중심으로 임의의 반지름이 있는 원을 그릴 수 있다.
4. 모든 직각은 서로 같다.
5. 두 직선이 한 직선과 만날 때 같은 쪽에 있는 내각의 합이 2직각(180도)보다 작으면, 이 두 직선을 연장할 경우 2직각보다 더 작은 내각을 이루는 쪽에서 반드시 서로 만난다.

1-22 유클리드의 피타고라스정리 증명에 다음과 같이 적혀 있다. 직각삼각형에서 빗변의 제곱은 다른 두 변의 제곱의 합과 같다(《원론》 1권, 47번 명제). 유클리드의 증명은 고전적 개념화와 일반화의 예시로 풍차 그림을 사용해 설명한 까닭에 오늘날 '풍차 증명'으로 알려져 있다. 그는 직각삼각형을 그리고 세 변에 맞닿는 정사각형 3개를 그렸다(x, y, z). 유클리드는 작은 두 정사각형의 넓이의 합이 가장 큰 정사각형의 넓이와 같다는 것을 보여주려 했다. 대수식으로는 $x^2+y^2=z^2$이라고 적는다.

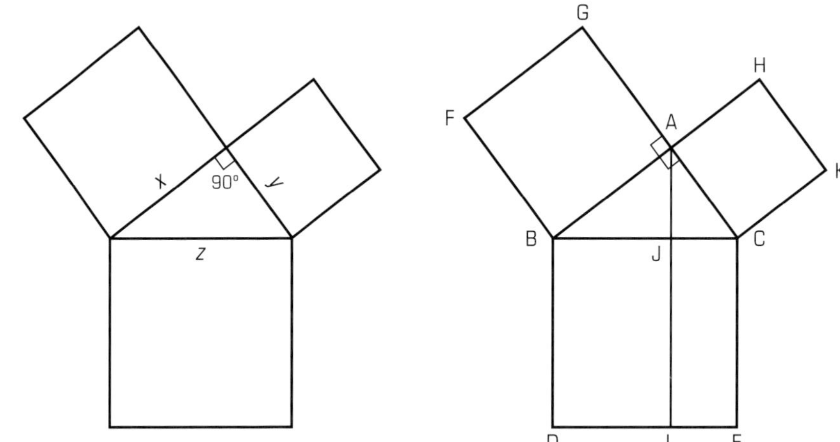

유클리드는 GAB와 BAC가 모두 직각이라는 점을 이용해 GAC가 직선임을 확립하며 증명을 시작한다(이 증명의 후반부에 필요). 이후 점 A에서 직선을 내려 그어 평행사변형 BJLD와 JCEL을 만든다. 그는 BJLD의 넓이가 좌측 위 평행사변형(사각형 FGAB) 넓이와 같다는 것과 JCEL이 오른쪽 위 평행사변형(사각형 AHKC)과 같다는 것을 증명하려 했다.

유클리드는 좌측에서 시작해 삼각형 FBC와 DBA를 만들었다. 동일한 각 ABC를 직각에 넣어 만들었기 때문에 각 FBC와 DBA는 서로 같다. 각이 같은 두 변의 길이 역시 같다. 즉, FB와 BA는 BC와 BD에 일치하고 네 변이 사각형을 이룬다. 따라서 (앞에 증명한) 명제4의 정리를 사용해 이들 삼각형이 서로 같다는 것을 알 수 있다. 만약 두 삼각형의 두 변이 같고 그 끼인 각이 같다면 두 삼각형은 같다.

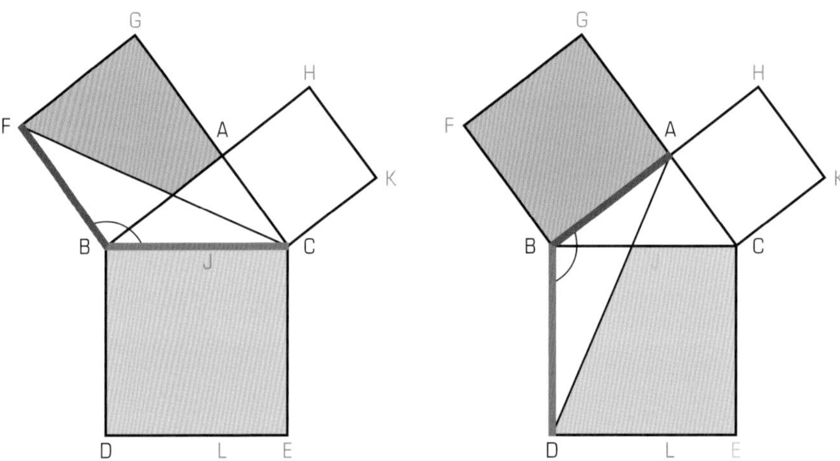

이후 유클리드는 삼각형 넓이가 밑변이 같은 평행사변형 넓이의 절반이라는 것을 추론했다. 그는 직선 GAC에 다른 직선 AL을 그려 이것을 알 수 있었다. 이는 한 쌍의 삼각형(FBC와 DBA)과 평행사변형(FGAB와 BJLD)이 같은 평행선상에 놓여 있으면 명제41을 사용할 수 있음을 뜻한다. 평행사변형과 삼각형의 밑변이 같고 둘이 평행선상에 있을 경우 평행사변형의 넓이는 삼각형의 2배다.

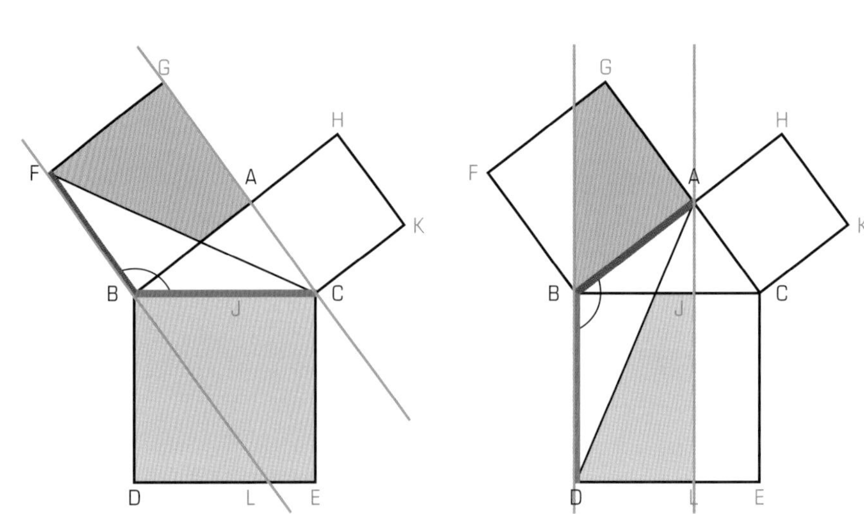

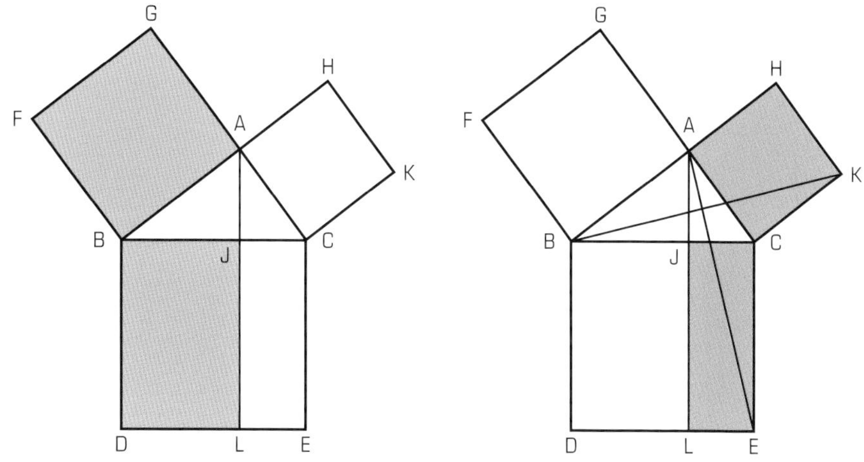

만약 두 도형의 절반이 서로 같다면 두 도형 또한 서로 같다. 그러므로 평행사변형 BJLD와 FGAB는 서로 같다. 유클리드는 도표 우측의 평행사변형도 이처럼 서로 같다는 것을 증명했다.

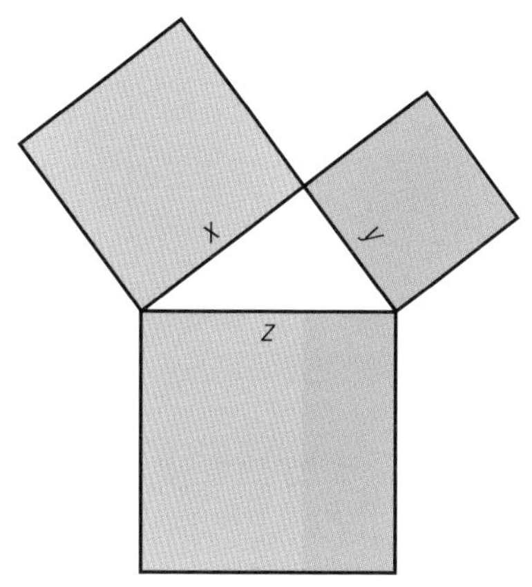

결국 바닥의 정사각형 넓이는 위의 두 정사각형 넓이의 합과 같다. 현대에 이것은 $x^2+y^2=z^2$이라고 적는다. Q.E.D.('이상이 내가 증명한 내용'이라는 뜻의 라틴어 quod erat demonstrandum을 뜻한다)

하단

1-23. 벤 샨*Ben Shahn***(리투아니아계 미국인, 1898~1969년), '피타고라스 아카데미***At the Pythagorean School***', 1953년, 수묵화, 21.6×48.3cm.**

1-24. 루네 밀츠, '에라토스테네스의 체*The Sieve of Eratosthenes***', 1971년, 린넨에 잉크.**

BC 3세기 그리스의 도시 알렉산드리아에서 키레네 출신의 에라토스테네스가 그 도시의 위대한 고대 도서관 관장으로 있으면서 소수를 찾는 방법을 가르쳤다. 1보다 큰 가장 작은 첫 소수인 2에 원을 그리고 2보다 큰 수 중 2배수 숫자에 모두 선을 그어 지웠다. 그 다음으로 3에 원을 그린 뒤 3배수 숫자를 모두 지웠다. 4는 이미 지워졌으니 넘어가고(즉, 4는 합성수다) 5에 원을 그리고 5배수 숫자를 모두 지웠다. 이것이 에라토스테네스가 가르친 소수를 찾는 방법이다. 이 과정의 결과물은 원을 그린 소수와 선으로 지운 합성수를 거르는 체 역할을 했다(에라토스테네스가 발견한 또 다른 것은 51쪽 하단 박스 참고).

수학자들은 고대부터 소수 패턴을 관찰해왔다. 만약 도표처럼 1줄당 10개의 정수를 배열하면 짝수와 5의 배수 사이에 원을 그린 소수의 열을 볼 수 있다. 밀츠의 작품 하단 중앙 판에 그녀가 1, 2, 3의 숫자로 시작해 90개의 정수를 한 행으로 배열한 것을 볼 수 있다. 소수는 하얀색 네모로, 합성수는 검은색 네모로 표현했다. 90은 짝수라 소수를 하얀색 수직 띠 모양으로 배치했다. 하단 좌측의 판은 89의 배수로, 하단 우측 판은 91의 배수로 되어 있다. 이 두 판은 비스듬히 기운 하얀색 수직 띠 모양을 보인다. 중단의 중앙 판은 큰 숫자로 시작하고 상단의 중앙 판은 더 큰 숫자로 시작한다. 그렇지만 두 패널 모두 1열당 10의 배수로 배열했다. 9개의 판을 보면 정수가 커질수록 소수(하얀색 네모)가 적게 나타나는 패턴을 볼 수 있다. 이것을 포함해 여러 패턴을 관찰했지만 여전히 전체 패턴을 이해하고 다음 소수를 예측하는 것은 쉽지 않다.

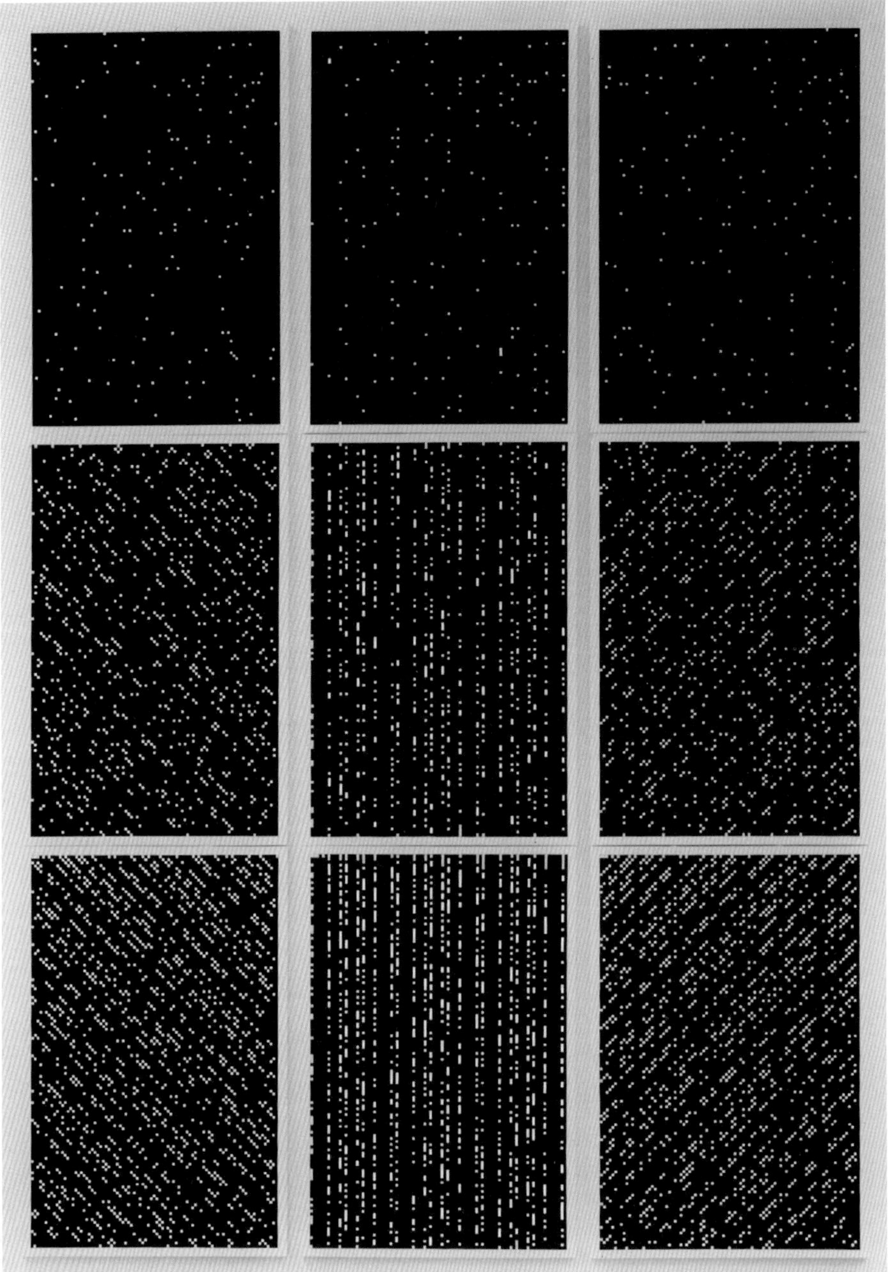

1	2	3	~~4~~	5	~~6~~	7	~~8~~	~~9~~	~~10~~
11	~~12~~	13	~~14~~	~~15~~	~~16~~	17	~~18~~	19	~~20~~
~~21~~	~~22~~	23	~~24~~	~~25~~	~~26~~	~~27~~	~~28~~	29	~~30~~
31	~~32~~	~~33~~	~~34~~	~~35~~	~~36~~	37	~~38~~	~~39~~	~~40~~
41	~~42~~	43	~~44~~	~~45~~	~~46~~	47	~~48~~	~~49~~	~~50~~
~~51~~	~~52~~	53	~~54~~	~~55~~	~~56~~	~~57~~	~~58~~	59	~~60~~
61	~~62~~	~~63~~	~~64~~	~~65~~	~~66~~	67	~~68~~	~~69~~	~~70~~
71	~~72~~	73	~~74~~	~~75~~	~~76~~	~~77~~	~~78~~	79	~~80~~
~~81~~	~~82~~	83	~~84~~	~~85~~	~~86~~	~~87~~	~~88~~	89	~~90~~
~~91~~	~~92~~	~~93~~	~~94~~	~~95~~	~~96~~	97	~~98~~	~~99~~	~~100~~

복합수와 소인수분해

1보다 큰 정수를 보면 12 같은 수는 정수의 곱으로 나타낼 수 있다(12=3×4=3×2×2). 반면 숫자 5는 정수의 곱으로 나타낼 수 없다. 1보다 큰 정수 중 다른 정수의 곱으로 나타낼 수 있는 수를 복합수라 하고, 그럴 수 없는 수를 소수라고 부른다. 첫 10개의 소수를 적으면 다음과 같다.

2, 3, 5, 7, 11, 13, 17, 19, 23, 29

1보다 큰 모든 정수는 복합수거나 소수다. 복합수의 경우 2개의 더 작은 정수의 곱으로 나타낼 수 있는데 이들 수를 인수라고 부른다(어떤 수의 인수란 그 수를 나머지 없이 딱 맞게 나눌 수 있는 수를 말한다). 이들 인수 역시 소수거나 복합수인데 복합수는 다시 1보다 큰 2개의 정수의 곱으로 나타낼 수 있다. 유클리드는 이 과정이 복합수의 소수의 곱으로만 나타낼 수 있을 때까지 이어진다는 것을 증명했다. 예를 들면 다음과 같다.

복합수		소인수
6	=	**2×3**
15	=	**3×5**
46	=	**2×23**
19,110	=	**2×3×5×7×7×13**

유클리드는 소인수분해 과정으로 얻는 어떤 수의 분해식은 고유하다는 것을 증명했다(BC 3세기, 《원론》 7권, 30번과 32번 명제). 현대에는 이 증명을 초등정수론의 기본정리라고 부른다(카를 프리드리히 가우스*Carl Friedrich Gauss*, 《산술 연구*Disquisitiones Arithmeticae*》, 1801년).

알렉산드리아의 유클리드는 BC 4세기 말에서 3세기 초반 플라톤 사상에 따라 활발히 활동했다. 그는 플라톤이 달성하려 한 철학추론의 명확성과 절차를 숫자와 기하학에 적용했고 전제에서 증명으로 이어지는 수학적 추론방식인 공리 방법을 개발했다(44쪽 박스 참고).[31]

유클리드의 기하학 증명에는 19세기부터 '사고실험Thought Experiment'이라 불린 특성이 있다. 사고실험이란 상상으로 원이나 삼각형 같은 추상물체를 도표로 표현하는 실험을 진행하는 것을 말한다. 유클리드의 증명은 이런 도표를 어떻게 그리는지 설명하고 있는데, 정리가 주장하는 핵심 개념을 시각화하는 방법을 알려준다. 플라톤과 마찬가지로 유클리드는 이들 도표가 시간과 공간 밖에 존재하면서 자연계에 한시적으로 나타나는 이상적 형태를 상징한다는 것을 이해했다. 유클리드와 그의 동료들은 자연계와 불변하는 형태를 올바르게 결론짓기 위해《원론》에 나오는 공리체계의 전제가 옳다는 것을 증명해야 했다.

유클리드는 그 자체로 명확히 사실처럼 보이는 전제, 즉 이성적인 사람이면 누구나 경험과 정신의 추리 능력에 기반해 직감적으로 사실임을 알 수 있는 전제로 출발했다. 전제를 명료하게 정리해 많은 사람이 검토하고 여기에 동의함으로써 널리 쓰이기를 바랐기 때문이다. 유클리드의 수학구조 초석은 용어의 뜻을 정의하고(선의 양끝은 점들이다) 공준(모든 직각은 서로 같다)과 상식을 세우는 것이었다(전체는 부분보다 크다).[32]

그는 자신이 세운 전제(정의, 상식, 공리)와 이전에 증명한 정리를 이용해 단계별로 명제(정리)를 증명했다. 마치 석공이 주춧돌을 하나씩 쌓듯 유클리드는 단계마다 타당성을 유지

소수가 무한히 존재한다는 유클리드의 증명

유클리드는 어떤 유한한 소수집합이 주어졌을 때 항상 그 집합에 포함되지 않은 소수가 존재한다는 것을 증명하려 했다. 그는 3개의 임의의 소수집합 *A*, *B*, *C*로 설명하지만 실제로 이 방법은 모든 유한한 소수집합에 적용할 수 있다.

유클리드를 따라가 보자. 우선 $N=A\times B\times C+1$을 살펴보자. N은 소수거나 복합수다. 만약 N이 소수면 이 집합의 요소인 *A*, *B*, *C*보다 큰 숫자라 이 집합에 포함되지 않는다. 만약 N이 복합수면 소인수분해로 소수의 곱으로 나타낼 수 있으나 N을 *A*, *B*, *C* 중 하나의 숫자로 나눌 경우 나머지가 1이 되므로 *A*, *B*, *C*는 N의 인수가 될 수 없다. 결국 임의의 유한한 소수집합에 포함되지 않는 소수는 이렇게 찾을 수 있다(BC 3세기, 《원론》 9권, 20번 명제).

예를 들어 첫 세 소수인 **2, 3, 5**를 보자.

$$N=2\times3\times5+1$$
$$=30+1=31$$

31은 소수다(그리고 집합의 세 소수보다 크다).

이제 첫 일곱 소수인 **2, 3, 5, 7, 11, 13, 17**을 보자.

$$N=2\times3\times5\times7\times11\times13\times17+1$$
$$=510{,}510+1=510{,}511$$

510,511은 복합수다(**510,511**의 소인수는 **19×97×277**이고, 이 셋 모두 기존 집합에 포함되지 않는다).

하며 추론 단계를 거쳐 위대한 수학의 탑을 건설했다. 예를 들어 유클리드는 모든 직각삼각형에서 빗변 길이의 제곱은 다른 변의 제곱의 합과 같다는 피타고라스정리를 증명했다(오늘날의 표기법으로 $x^2+y^2=z^2$이라고 쓰는데, 여기서 x와 y는 작은 변을 뜻하고 z는 빗변을 나타낸다. 그림 1-22와 1-23 참고).[33]

13권으로 이뤄진 《원론》은 평면기하학(사각형, 삼각형, 원)과 숫자(정수, 비율), 입체(정육면체, 피라미드, 구형 입체)를 다룬다. 유클리드는 소수(자신과 1만으로 나누어떨어지는 수)를 일컬어 숫자의 기초단위라고 표현했다(43쪽 박스, 그림 1-24 참고). 그는 모든 소수를 포함하는 유한한 집합이 존재하지 않는다는 것을 증명했다. 즉, 무한히 많은 소수가 존재한다(상단 박스 참고).

기하학적 우주모형

티그리스-유프라테스강 계곡에 자리 잡은 바빌론의 천문학자들은 BC 700년경 눈에 보이는 하늘을 상세히 기록해 보관했는데 이 기록물은 더 오래된 기록물을 기반으로 하고 있다.[34] 바빌론 사람들은 천체가 움직이는 패턴을 알아냈고 이것을 이용해 하지와 동지를 예측했다(그림 1-25).

BC 5세기에 이르러 그들은 달도 해처럼 동쪽에서 떠서 서쪽으로 지고 그 움직임이 낮에 해가 이동하는 경로와 유사하다는 것을 알아냈다(그림 1-26). 달의 그 넓은 움직임 경로를 '황도'라고 부른다. 해와 달이 비슷한 위치에서 움직일 때 하나가 다른 하나에 가리기도

하는데, 바빌론인은 이 사건을 예측하는 방법도 알게 되었다.

또한 그들은 별자리가 매년 해와 달, 행성을 따라 황도 경로로 움직인다는 것도 알아차렸다(그림 1-27, 1-28). 이 패턴을 관찰한 바빌론의 천문학자들은 황도를 12개로 등분해(12개월에 해당한다) 12궁도 별자리를 확립했다(그림 1-29, 1-30, 1-31).[35]

플라톤은 연구자들에게 수학의 관점에서 우주 설계를 이해할 때는 관찰이 차지하는 비중이 낮다고 조언했지만, 결국에는 이론모형은 관찰한 사실로 뒷받침해야 한다고 주장했다. 플라톤·아르키타스의 수학과 철학을 공부한 크니도스의 에우독서스Eudoxus는 처음 정교한 기하학 우주모형을 구상했는데, 그의 모형은 지구가 중앙에 정지한 상태로 있기 때문에 다른 행성의 역행운동을 설명할 수 있다는 것이었다(그림 1-32).[36] 에우독서스와 동시대에 살았던 아리스타르코스Aristarchus는 지구가 아니라 태양이 우주의 중심이며 지구와 다른 행성이 그 주변을 돈다고 주장했다. 그렇지만 아리스토텔레스가 에우독서스의 기본원칙을 지지한 까닭에 아리스타르코스는 잊혔고 이후 에우독서스의 모형이 1,000년간 살아남았다.

유클리드의 공리가 수학적으로 큰 성공을 거둔 후 헬레니즘 시대의 일부 그리스인은 추론이 지식을 얻는 유일한 길이라고 믿었다. 그들은 사실을 관측해 자연세계를 확인하지 않고 원칙과 공리를 추론하는 실수를 범했다. 그리스 철학자는 자신들이 저속하다고 여기는 육체적 노동에 순수수학을 적용하길 꺼려했고 사색으로만 진정한 지식을 얻을 수 있다고 믿었는데 이는 과학과 공학의 진보를 지연하는 요소로 작용했다.

BC 3세기에 이르러 이 편견을 극복한 시라쿠사의 아르키메데스는 공리를 자연계를 설명하는 불변의 진리로 믿은 것이 아니라 자연계의 사실을 예측하는 가설로 여겼다. 그렇게 가설을 세운 뒤 시행착오를 거쳐 예측을 확증하거나 반박했다. BC 260년경 아르키메데스는 '지렛대의 균형 원리'를 증명했다. 무게가 나가는 어떤 돌이 주어졌을 때 그 돌을 운반하는 데 드는 힘과 필요한 지렛대의 길이, 지렛대 뒤에 두는 두 번째 돌의 가장 효율적인 위치를 계산해낸 것이다(그림 1-33). 아르키메데스와 동시대에 살았던 키레네 출신의 에라토스테네스는 막대기의 그림자를 관찰한 후 유클리드정리 중 하나를 사용해 지구둘레를 올바르게 계산함으로써 관찰과 수학을 같이할 때의 놀라운 위력을 보여주었다(51쪽 박스 참고).

BC 2세기 로도스섬의 히파르코스Hipparchus는 바빌론인의 천체기록과 자신의 광범위한 관찰기록을 집대성했다(그림 1-34). 그 전에 유클리드는 저서 《원론》에서 삼각형의 각과 변으로 알지 못하는 부분을 계산하는 방법을 설명했다. 예를 들어 두 각과 그 사이의 변을 알면 나머지 한 각과 두 변의 길이를 구하는 방법은 하나밖에 없다. 하늘에 삼각형의 '누락 부분'이 생기면 이 삼각형 정리로 천체들 사이의 거리를 구할 수 있었기에 이것은 천문학자들에게 무척 중요했다. 두 천체를 볼 때 움직이는 머리의 각도로 두 천체 사이의 거리를 측정할 수 있었으므로 학자들은 각도를 연구했다. 만약 그 각도를 직각삼각형의 한 각으로 보면 삼각형의 세 변은 서로 고정된 비율로 나타난다. 히파르코스는 삼각형 각도와 길이의 비율을 담은 표를 만들었는데 이것이 삼각함수Trigonometry(그리스어로 '삼각형 측정'이라는 뜻)의 시작이다.

히파르코스는 삼각함수를 사용해 지구와 달 사이의 거리를 계산했다. 먼저 그는 명백

상단

1-25. 해의 경로.

해는 매일 하늘에서 큰 반원을 그리며 움직인다. 알다시피 해는 동쪽에서 떠서 서쪽으로 진다. 날이 길어지는 여름에는 해가 더 일찍 뜨고 더 늦게 지면서 하지(해가 가장 오래 떠 있는 날)에 이른다. 하지 때 적도에서는 해시계 바늘에 그림자가 생기지 않는다. 겨울에는 날이 점점 짧아지고 태양의 경로가 수평선에 가까워지면서 해시계 바늘에 긴 그림자가 생긴다. 날이 가장 짧은 날을 동지라고 한다.

하단

1-26. 달의 경로.

달도 매일 태양과 유사한 경로를 따라 동쪽에서 떠서 서쪽으로 진다. 달은 여러 단계를 거치는데 얇은 초승달에서 보름달로 점점 커진 뒤 그믐달로 작아지고 하루 사이에 사라져 '초승달' 또는 '새로운 달'이 된다. 바빌론의 천문학자들은 천체 역시 해와 달의 경로를 따라 움직인다고 기록했다. 해와 달과 천체궤도는 서로 겹치는데 그 결과 우리 머리 위로 황도면이 형성된다.

47쪽

1-27. BC 5세기 말 바빌론에서 볼 수 있던 태양.

4개 도표는 BC 5세기 말 바빌론(오늘날의 이라크)에서 볼 수 있던 태양의 모습이다. 오늘날에는 2만 6,000년마다 하늘 위에서 원을 그리는 자전축의 세차운동, 즉 점진적인 지축의 방향 전환 때문에 당시와 조금 다르게 보인다.

BC 4세기 에우독서스는 일련의 동심원으로 이뤄진 구체형 우주모형을 제시했다. 그에 따르면 별은 가장 큰 구체의 표면 안에 끼워진 것이고 해와 달과 천체는 투명한 구체다. 해와 달과 별은 고정된 지구를 중심으로 회전하는데 이 모든 것은 행성의 역행운동을 설명한다(그림 1-36).

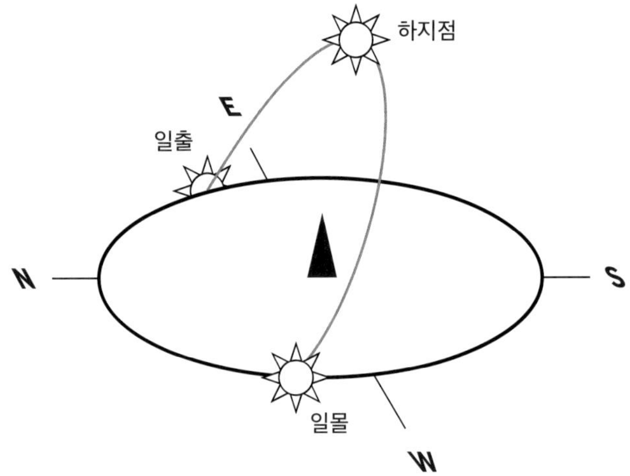

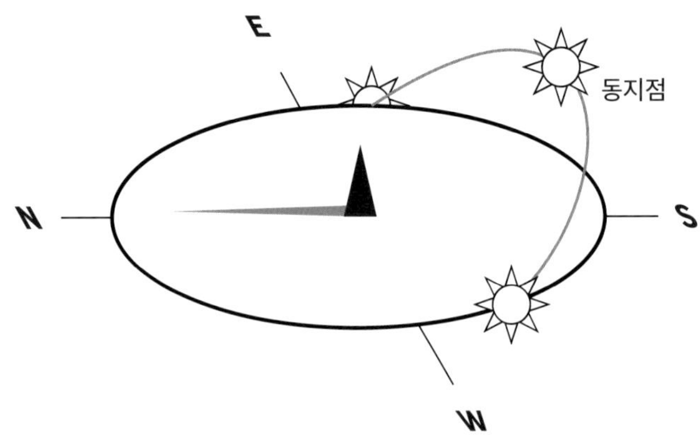

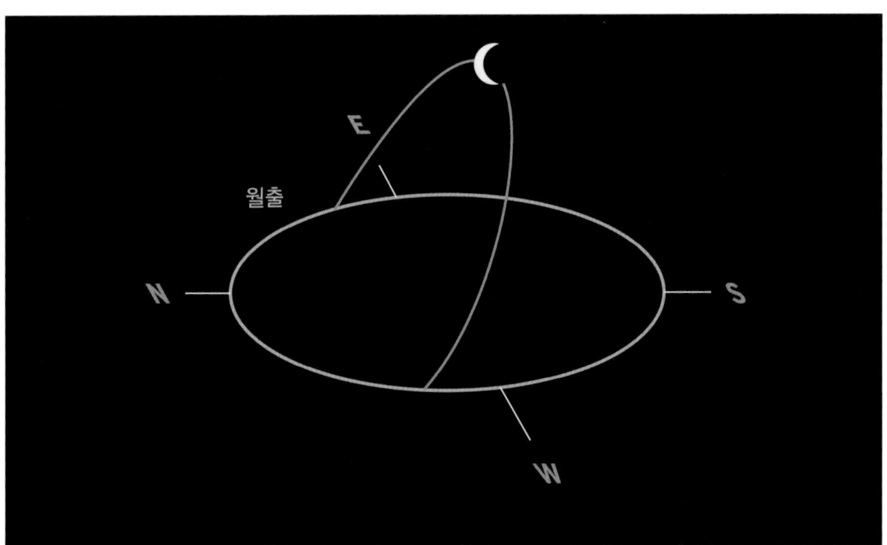

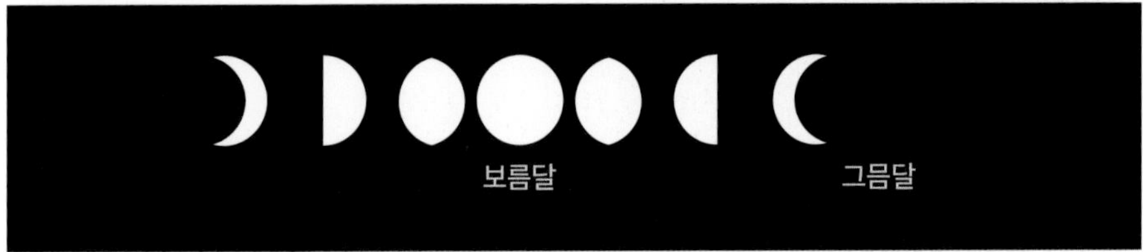

A. 바빌론의 천문학자들은 6월 말 초승달 이후 아침에 일출을 볼 때, 여명 직전 수평선 너머로 몇 개의 별을 보았는데 그것은 바로 쌍둥이자리다.

B. 그 뒤 쌍둥이자리는 1시간 동안 우측으로 움직여 위로 떠오르고 태양이 게자리로 떠오르면서 별은 더 이상 보이지 않는다.

C. 30일쯤 후 7월 말의 초승달 다음 날 아침, 바빌론의 천문학자들은 다시 여명 직전에 게자리가 수평선 너머에 떠오르는 것을 관찰한다.

D. 게자리는 1시간 동안 쌍둥이자리를 따라 우측으로 움직여 위로 떠오르고 태양은 사자자리로 떠오른다.

1-28. 별자리 순서.
바빌론인은 해를 따라 움직이는 별자리 패턴이 새로운 달이 12번 뜨는 것을 기점으로 반복된다는 것을 발견했다. 이에 따라 황도에 있는 둥근 별의 띠를 별자리 12개로 나누었는데 이것이 각 1개월에 해당하는 황도 12궁도 별자리다. 360개 단위로 나눈 원은 1년 날수의 근사치를 계산한 결과가 아닌가 싶다. 여기서 한 달 30일, 1년 12개월이 비롯되었다. 실제로 영어 'months'는 그리스어 '달*moons*'에서 파생되었다(도표는 밤하늘의 별자리 순서를 보여주기 위한 것이며 실제로 하늘의 별자리를 그린 것은 아니다).
바빌론인은 순환하는 시간의 본질을 관측했고 이 개념은 오늘날 둥근 시계와 1시간을 60분으로, 1분을 60초로 나누는 60 시스템으로 이어졌다.

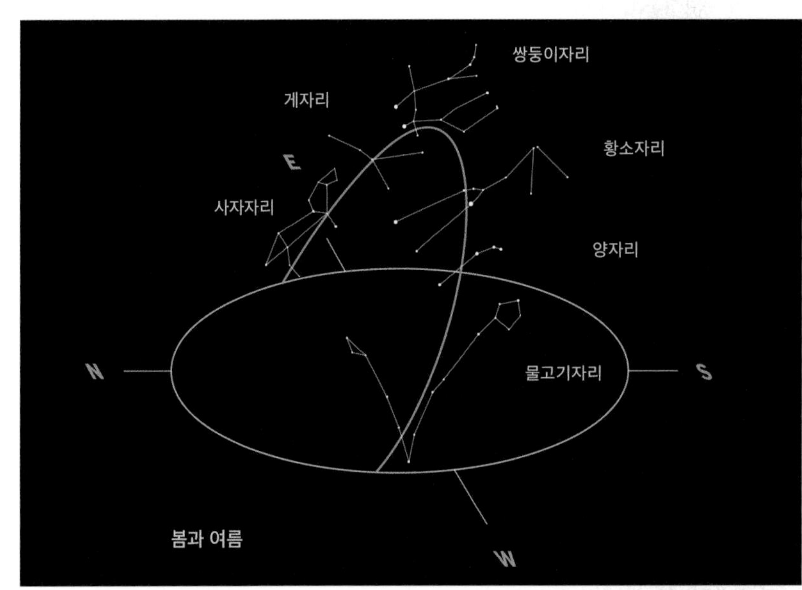

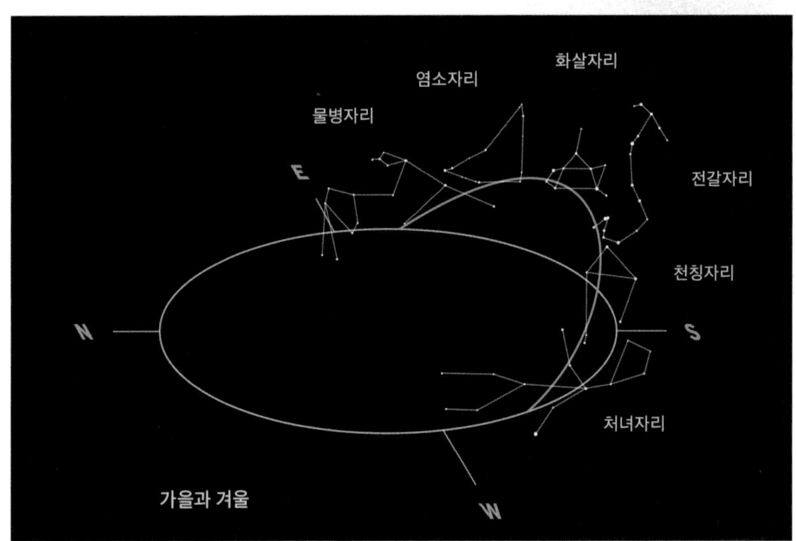

49쪽

1-29. 황도 12궁.
이 도표는 밤하늘에 나타나는 별자리를 시계 반대방향으로 배열한 것이다(즉, 5월의 쌍둥이자리에서 6월의 게자리, 7월의 사자자리로 이어진다). 지구 자전축의 세차운동 때문에 고대 별자리의 날짜는 오늘날과 약간 다르다(가령 오늘날 해가 게자리에서 뜨는 날짜는 7월 말인데 고대에는 6월 말이었다). 이 12개 별자리 사진은 이탈리아 천문학자 귀도 보나티*Guido Bonatti*의 저서 《천문학의 서*Liber Astronomiae*》에 실린 초판 목판화로, 이 책은 바이에른의 인쇄가 에르하르트 라트돌트*Erhard Ratdolt*가 1491년 아우구스부르크에서 출판한 《10가지 천문학 개요*Decem Tractatus Astronomiae*》의 일부다. 에르하르트 라트돌트는 유클리드의 저서 《원론》을 초판 발행하기도 했다(2장의 그림 2-19 참고). 이 황도 12궁도 도표 중에는 그림 1-35에서 설명하는 프톨레마이오스의 우주론(천동설)에 입각한 지구도 있다.

하게 고정적인 별과 달의 위치를 다양한 관점에서 관찰해 기록했다. 시점이 바뀌면 가까운 물체는 먼 물체에 비해 더 많이 움직인 것처럼 보인다. 이 현상을 시차(패럴랙스Parallax)라고 부른다. 이것은 보는 사람의 시각에 따라 가까운 물체는 더 많이 움직이고 먼 물체는 더 적게 움직인 것처럼 보이는 것을 말한다. 히파르코스는 달의 시차를 계산한 후 삼각함수로 달과 지구의 거리가 지구지름의 30배라는 것을 알아냈다.

그보다 50여 년 전 에라토스테네스는 지구둘레가 약 2만 5,000마일(약 4만 ㎞)이라는 것을 계산해냈는데, 이걸 이용해 지구지름이 약 8,000마일(약 1만 2,800㎞)이라는 것을 알 수 있다. 결국 지구와 달의 거리는 30×8,000=24만 마일로 이 올바른 값은 당시 천문학자들에게 우주가 매우 크다는 것을 증명한 첫 번째 증거였다.
AD 2세기 히파르코스의 추종자였던 알렉산드리아의 천문학자 프톨레마이오스는 하늘이

Cancer
June 22—July 22
Gemini
May 23—June 21
Taurus
Apr. 21—May 22
Aries
Mar. 21—Apr. 20
Pisces
Feb. 20—Mar. 20
Aquarius
Jan. 21—Feb. 19
Capricornus
Dec. 23—Jan. 20
Sagittarius
Nov. 22—Dec. 22
Scorpius
Oct. 23—Nov. 21
Libra
Sept. 23—Oct. 22
Virgo
Aug. 23—Sept. 22
Leo
July 23—Aug. 22
CRAB
TWINS
BULL
RAM
FISH
WATER-BEARER
GOAT
ARCHER
SCORPION
BALANCE
VIRGIN
LION

상단

1-30. 이집트 덴데라*Dendera* 신전에 있는 12궁도, BC 1세기 중반, 돌에 조각한 후 동판에 조각.
이집트인은 그리스-로마의 영향을 받은 프톨레마이오스 시대(BC 305~330년)에 바빌론인의 12궁도를 도입했다. 얕게 양각한 덴데라의 신전 천장은 4명의 여신이 동서남북에서 떠받치고 매의 머리를 한 8명의 인간이 무릎을 꿇고 원형 천장을 지탱하는 모습이다. 이 둥근 천장 둘레에는 36개의 데칸*decan*(10도를 나타내며 각각 10일을 뜻한다)이 있는데 이것은 모두 합쳐 1년 360일을 나타낸다. 이집트인의 데칸은 천장 중앙에 있는 바빌론인의 12궁도 별자리를 둘러싼다. 천장 중앙에서 약간 왼쪽 아래에 게자리가 있고 그 왼쪽으로 뱀과 비슷한 썰매를 탄 사자자리가 있다. 또한 행성과 별자리를 나타내는 상징물이 황도 12궁도의 원 주변을 둘러싸고 있다.

하단

1-31. 이스라엘 이스르엘 골짜기*Jezreel Valley*의 베트 알파 회당에 위치한 12궁도, 모자이크화, AD 6세기.
모자이크 형태의 이 12궁도는 이스라엘 회당의 바닥에 배치되어 있다. 비잔틴제국이 근동 지역을 지배하면서 유대 문화와 그리스-로마 문화가 섞이던 AD 6세기에 만들어져 히브리어로 쓴 12별자리가 태양 빛 왕관을 쓰고 4두 전차에 올라 창공을 나는 고대 태양신 헬리오스를 둘러싼 모습이다. 모서리의 날개 달린 인물들은 1년 중 가장 긴 날과 짧은 날(하지와 동지), 밤과 낮이 거의 같은 날(추분점과 춘분점)을 나타낸다.

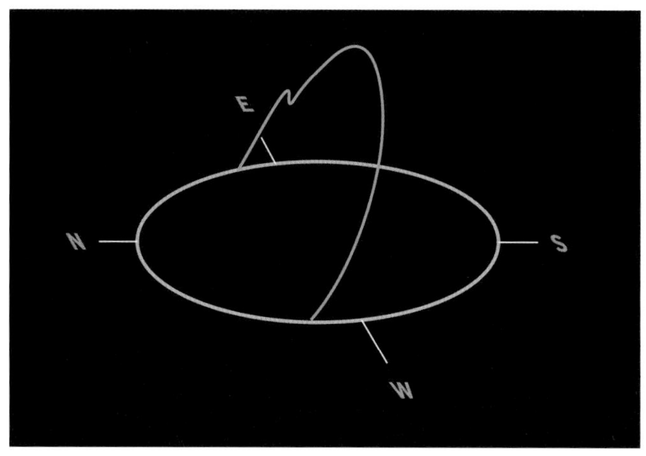

상단

1-32. 행성의 명확한 역행운동.
태양과 마찬가지로 행성도 동쪽에서 떠서 서쪽으로 진다. 그러나 각각의 행성에는 고유의 역행운동 패턴이 있다. 역행운동이란 행성이 움직임을 잠시 멈췄다가 반대방향으로 움직이는 것처럼 보이다 다시 황도 길을 따라 움직이는 것을 말한다.

하단

1-33. 〈메카닉스 매거진*Mechanics Magazine*〉 2의 표지, 런던, 1824년.
알렉산드리아 회당에 남겨진 파피루스에 따르면 아르키메데스는 "내게 서 있을 공간을 주면 지구를 움직일 수 있다"라고 말했다고 한다(AD 340년경).

에라토스테네스의 지구 원주 측정

에라토스테네스는 지구의 원주를 구할 때, 한 직선이 두 평행선을 가르면 두 쌍의 각이 생기고 그 내각은 서로 같다는 유클리드의 정리를 사용했다. 에라토스테네스는 지구가 원형이라는 것을 알았고 지구로 오는 태양광선이 거의 평행하다는 것을 올바르게 추정했다. BC 3세기 알렉산드리아에 살았던 그는 알렉산드리아 남쪽 500마일(약 800㎞) 거리에 있는 도시 시에네*Syene*(오늘날의 아스완)에서는 하지 정오에 해시계 바늘에 그림자가 생기지 않는다는 사실을 알게 되었다. 그는 같은 날 정오 알렉산드리아에서는 해시계 바늘에 그림자가 생기는 것을 관측하고 태양광선 각도가 7도임을 측정했다. 또한 그는 삼각형의 정점이 지구 중심과 알렉산드리아, 시에네에 위치한다고 상상하면서 유클리드의 정리를 사용해 알렉산드리아와 시에네 사이의 각도가 7도라는 것을 알아냈다.

나아가 그는 바빌론인이 원을 360단위로 나누는 것을 적용해 지구 중심에서 7도는 원의 7/360 또는 약 1/50이라고 보았다. 알렉산드리아와 시에네 사이의 거리가 500마일이고 이것이 원둘레의 1/50 정도라면 전체 원은 50×500마일, 즉 2만 5,000마일이라는 계산이 나온다(당시에는 마일 단위가 없었고 스타디아*Stadia*라는 단위를 사용했기 때문에 위 계산 값은 실제 값과 약간 오차가 있다. 그러나 계산방식은 위와 같다). 적도를 기준으로 실제 지구둘레는 약 2만 4,902마일이다. 그는 원과 지구둘레 지식으로 지구의 지름이 약 8,000마일이라는 것을 계산했는데 이 역시 상당히 정확하다.

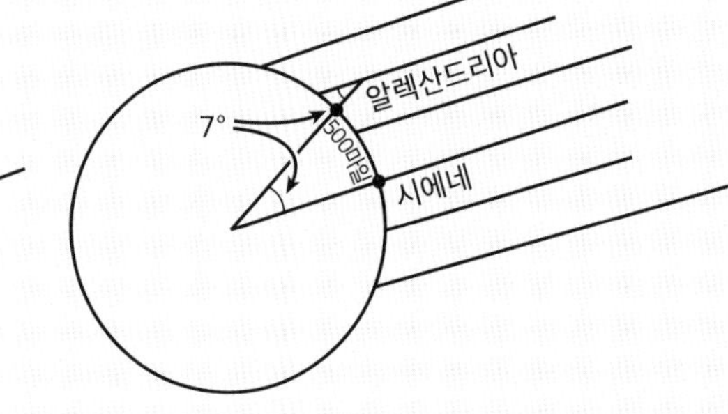

1-34. '파르네세 아틀라스The Farnese Atlas', AD 150년, BC 2세기 말에 제작된 그리스의 원본을 로마에서 복제해 보관, 대리석, 높이 213cm.

BC 129년 히파르코스는 별의 목록을 완성했는데 이를 위해 천체 적도와 황도를 포함한 좌표계를 고안해 사용했다. 그의 목록과 그가 만든 천구의는 고대에 매우 유명했으나 로마 멸망 후 사라졌다. 2005년 미국의 천문학자 브래들리 E. 섀퍼Bradley E. Schaefer는 이 아틀라스(그리스 로마 신화에서 어깨에 지구를 짊어지고 있는 거인) 동상이 지고 있는 천구의가 바로 히파르코스의 잃어버린 천구의 중 하나의 복제품임을 증명했다. 그리스 조각가가 만든 이 동상의 천구의 별자리가 BC 125년의 별자리와 일치하고 그 천구의가 히파르코스의 특징적 좌표계를 사용한 것을 볼 때, 조각가는 동시대 히파르코스의 천구의를 참조한 것으로 보인다.

완전한 영역이라면 천체는 구체이고 균일한 속력으로 원형 경로를 따라 움직일 것이라고 추측했다(그림 1-35). 프톨레마이오스는 에우독서스와 히파르코스의 지구 중심 모형에다 자신이 발견한 것과 고대 알렉산드리아 도서관에서 얻은 그리스 천문학자의 방대한 천문학 자료를 요약해 《13권의 수학적 개요Mathematical Compendium in Thirteen Volumes》를 집필했다. 그리스 문명 쇠퇴, 로마제국 멸망, 알렉산드리아 도서관 파괴라는 변화 뒤[37]에도 유클리드와 프톨레마이오스의 그리스어 원본은 동쪽의 비잔틴제국으로 옮겨져 제국이 이슬람 부흥으로 점차 약해질 때까지 계속 연구가 이뤄졌다.

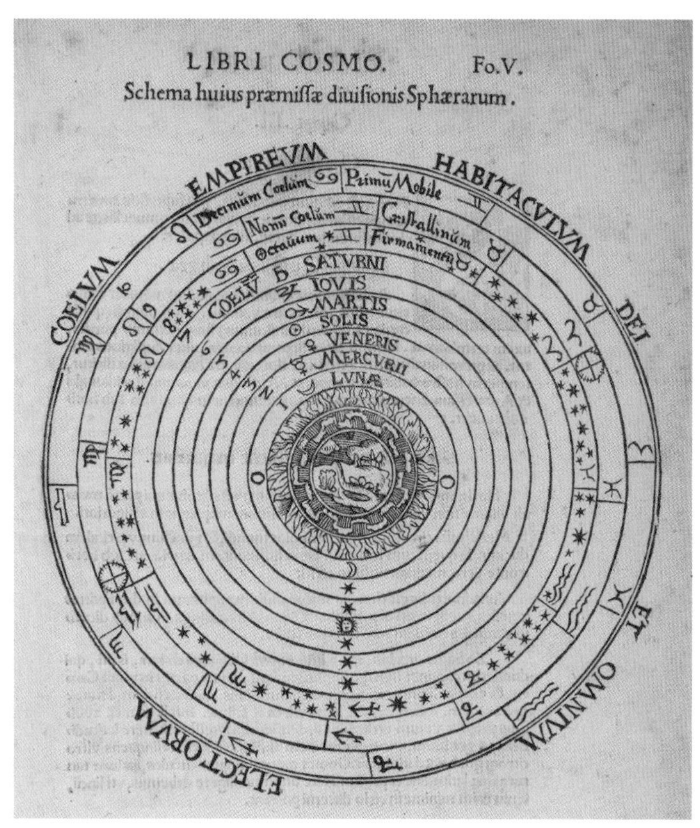

상단

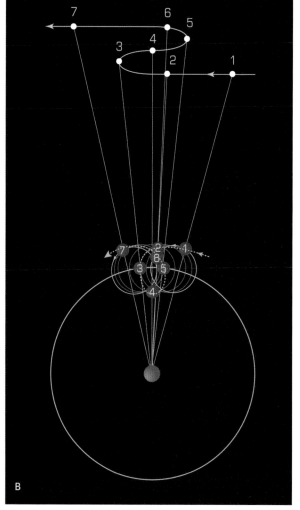

1-35. 프톨레마이오스의 우주모형, 페터 아피안*Peter Apian*의 《코스모그라피아*Cosmographia*》에 수록.

프톨레마이오스의 우주 중심에는 고정된 지구가 여러 동심원의 투명한 구체(아리스토텔레스의 에테르로 구성됨)에 둘러싸여 있다. 이들 구체는 달(원1), 내부 행성(원2~3), 태양(원4), 외부 행성(원5~7)으로 이뤄져 있다. 그다음으로 고정된 별들의 궤도가 있고(원8) 12궁도 별자리에 따라 12개로 나뉜 궁창*Firmamentu*(하늘)이 있다. 상단의 ♊(쌍둥이자리)로 시작해 시계 반대방향으로 ♋(게자리)와 ♌(사자자리)로 이어진다. 아리스토텔레스-프톨레마이오스의 우주에서는 이 궁창이 가장 끝에 존재하는데 이는 물리세계의 경계 밖에는 공간이나 시간, 공허가 존재하지 않는다는 아리스토텔레스의 격언에 따른 것이다. 그리스의 모형을 받아들인 초기 기독교는 하늘 위에 두 겹의 천국*Coelum*을 두고 창조신화를 설명했다.

"하느님이 궁창을 만드사 궁창 아래의 물과 궁창 위의 물로 나뉘게 하시니 그대로 되니라."(창세기 1:7)

이러한 물의 원 중 하나는 수정으로 이뤄져 있고(Cristallinum, 원9) 다른 하나는 먼저 움직이는 원(Primu Mobile 원10)이다. 기독교인은 이 마지막 원 밖에 "하느님과 선택받은 이들이 머무는 가장 높은 하늘(coelvm empirevm habitacvlvm dei et omnivm electorvm)"을 두었다.

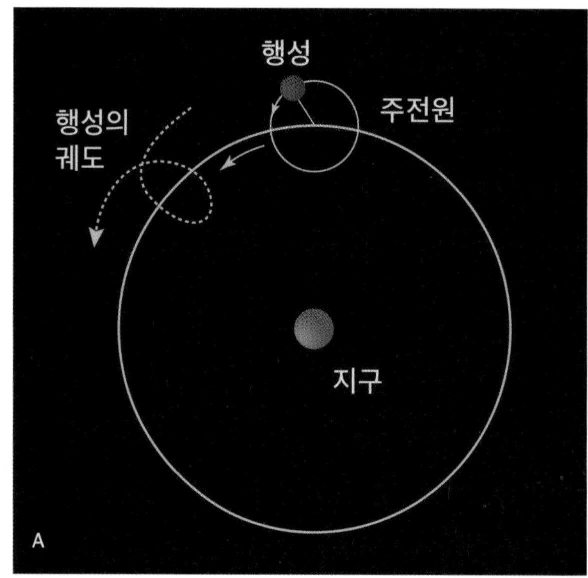

우측, 상단, 하단

1-36. 히파르코스의 관찰 가능한 화성의 역행운동.

A 히파르코스는 각 행성이 작은 원(주전원)을 그리며 공전하고, 그 주전원은 중심에 고정된 지구를 두고 공전한다고 가정했다.

B 화성의 주전원 움직임(1~7까지 번호를 매긴 노란색 점선)과 더 큰 원의 궤도. 히파르코스는 이것이 역행운동을 설명한다고 주장했다.

이슬람의 수학: 대수학과 아라비아 숫자

중세유럽은 결국 유클리드와 프톨레마이오스의 지식을 잃어버렸지만 이슬람 학자들은 비잔틴의 그리스어 문헌을 아랍어로 번역해 보존했다(그림 1-39). 9세기 칼리프들은 학자들이 해외(특히 그리스)의 수학과 철학 지식을 번역하고 자신의 고유 사상을 표현하도록 바그다드에 지혜의 집을 건설했다. 프톨레마이오스의 저서 13권은 오늘날 아랍 학자들이 명명한 《알마게스트Almagest》(아랍어로 '가장 위대한'이라는 뜻)로 알려져 있다.[38] 그리스 수학을 토대로 중요하고 획기적인 것도 발견했는데, 그중에는 이슬람 학자들이 인도 수학에서 0과 숫자 자리를 받아들인 것도 포함되어 있다(그림 1-37).

유클리드에게는 일반적인 산술 연산을 다루는 표기법이 없었다. 이슬람 수학자 알 콰리즈미는 AD 825년쯤 숫자의 일반적인 속성을 표현하는 데 숫자 대신 알파벳을 사용할 수

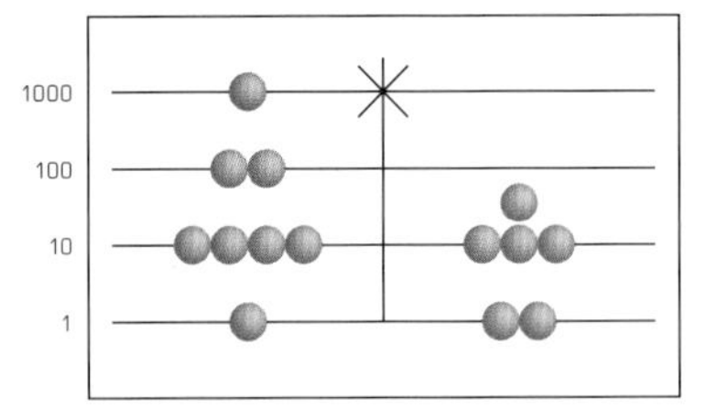

상단

1-37. 셈판(셈을 위한 일종의 주판).
움직이는 계산 도구로 각각 1의 자리와 10의 자리, 100의 자리, 1,000의 자리를 뜻한다. 이들 계산 도구는 구슬이나 돌로 만들었고 종종 끈에 매달기도 했다. 인도 수학자들이 0과 소수, 10의 자리 개념을 발명하기 수 세기 전부터 인류는 이런 도구를 사용했고 이 셈판에는 숫자 자리 표기법이 내포되어 있다. 이 예시와 그림 1-38에서 구슬을 줄 가운데 두는 것은 절반의 값을 나타낸다(5, 50 또는 500). 그러므로 상단 좌측 구슬들은 1,241, 우측은 82를 나타낸다.

우측

1-38. '산수의 의인화*Typus Arithmeticae***', 그레고르 라이슈***Gregor Reisch***의 《마르가리타 필로소피카***Margarita Philosophica***》에 수록된 그림.**
산수의 의인화는 수학과 음악 책을 저술한 초기 기독교 학자 보에티우스*Boethius*와 피타고라스 사이의 계산 경합을 묘사하고 있다. 그림에서 아라비아 숫자를 사용하는 보에티우스는 웃고 있고 구식 주판으로 1,241과 82를 계산하는 피타고라스는 슬픈 표정이다. 산수는 3, 9, 27과 2, 4, 8의 숫자가 적힌 스커트의 가운데에 아라비아 숫자 1을 수놓은 최신 패션의 옷을 입고 있다.

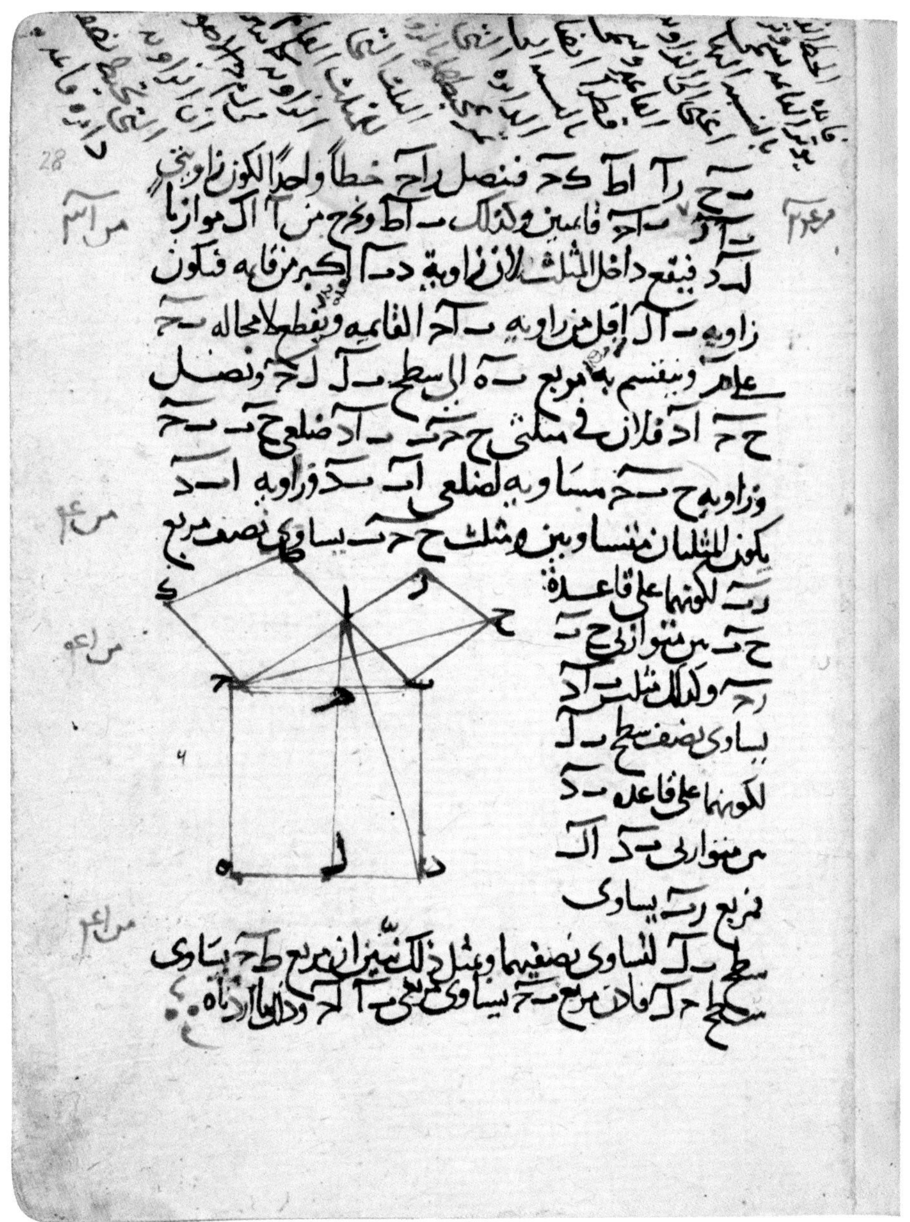

과학을 향한 그 애정, (…)
신이 지식이 있는 자들에게 보여주는
친절함과 정중함,
불확실성을 신속히 해명하고
어려움을 제거해 그들을 보호하고
지지하시는 것이 내가 산수에서
가장 쉽고 유용한 덧셈·뺄셈 법칙에
따라 계산에 관한 짧은 작품을 만드는
동기가 되었다.

— 알 콰리즈미*Al-Khwarizmi*,
《인도 수학에 따른 계산법*Book of Addition and Subtraction According to the Hindu Calculations*》,
AD 825년경.

있음을 깨달았다. 예를 들어 $x+y=y+x$는 두 숫자의 합은 순서와 상관없이 같다는 사실을 표현한다. 여기에서 x와 y는 변수로 임의의 두 숫자를 대신 사용할 수 있다. 결국 알 콰리즈미는 산술을 일반화하고 대수학(대수학Algebra은 아랍어로 '복원'을 뜻하는 'al-jabr'가 그 어원이다)을 창시했다.[39] 우리는 이 대수학을 이용해 '$2+x=5$일 때 x의 값은 무엇인가?'라고 물을 수 있다.

알 콰리즈미의 저서《인도 수학에 따른 계산법》은 커다란 영향을 미쳤는데 그는 이 책에서 인도의 상형문자를 이용해 긴 숫자를 쉽게 더하는 방법을 보여준다(이 상형문자는 흔히 '아라비아 숫자'라고 불리지만 실제로는 인도 문자다. 그림 1-38 참고). 또한 알 콰리즈미는 13세기까지 지식의 중심지로 자리 잡은 지혜의 집(그림 1-40)에서 연구하며 소수값 사용을 장려했다.

유럽인이 로마 숫자를 버리고 아라비아 숫자를 채택하기까지는 수 세기가 걸렸고

상단

1-39. 유클리드의《원론》(BC 300년), 나시르 알딘 알투시*Nasir al-Din al-Tusi* 역, AD 1258년, 양피지에 잉크, 높이 17cm.
13세기 이슬람 학자 나시르 알딘 알투시는 비잔틴의 그리스어로 쓴 유클리드의《원론》을 번역하고 자신의 해설을 덧붙여 아랍어본을 완성했다.

1-40. 레자 사르한기*Reza Sarhangi*(이란계 미국인, 1952년 출생), **로버트 파타우어***Robert Fathauer* (미국인, 1960년 출생), **'부차니의 7각형***Būzjānī's Heptagon*', **2007년, 디지털프린트, 33×33cm.**
이 작품은 동시대의 두 수학자 레자 사르한기와 로버트 파타우어가 이슬람의 수학자 아부 알와파 부차니*Abū al-Wafā' Būzjānī*(AD 940~998년)에게 경의를 표하기 위해 만든 작품이다. 아부 알와파 부차니는 알 콰리즈미보다 한 세기 후 바그다드에서 활동했는데, 지혜의 집은 여전히 번성하는 학문의 중심지였다. 부차니는 바그다드 천문대에서 일하며 삼각함수 연구에 크게 기여했고 그 결과를 천문학에 적용했다. 또한 《장인에게 필요한 기하학 부분*On Those Parts of Geometry Needed by Craftsmen*》을 집필했는데 이 책에는 정7각형을 만드는 방법이 담겨 있다. 그것이 그림의 중앙에 나타낸 내용이다. 사르한기와 파타우어는 7각형 둘레에 페르시아어(오늘날의 이란어)로 부차니의 이름을 7번 적었다.

1500년대에 이르러서야 근동과 북아프리카, 유럽 전체가 아라비아 숫자와 소수를 사용하게 되었다. 초기 르네상스 건축가 필리포 브루넬레스코는 이븐 알하이삼Ibn al-Haytham(라틴어로는 '알하젠Alhazen', AD 965~1040년)이 저술한 7권의 광학 서적에 기반해 선원근법을 개발했다. 이븐 알하이삼은 최초로 시각을 정확히 설명한 학자다(2장 그림 2-7 참고).

신플라톤주의와 초기 기독교

수학 문화의 역사를 추적할 때는 실천수학과 수학철학의 차이점을 잊지 않는 것이 유용하다. 플라톤의 다음 질문은 수학철학과 관련된 것이다. 생각만으로 확신을 얻을 수 있는가?(인식론). 또한 그는 '구체란 무엇인가?', '어떤 구체가 완벽하다는 것은 무엇을 뜻하는가?'(형이상학) 등을 물었다. 반면 실천 수학자 유클리드가 한 질문은 실천수학의 관점이었다. '모든 직각은 서로 같은가?'(기하학), '소수는 유한한가, 아니면 무한한가?'(산술). 수학철학과 실천수학은 모두 더 큰 문화 범위에서 여러 예술가, 작가, 이론가, 다른 많은 이에게 영감을 주었다. 그런데 수 세기를 거치는 동안 실천수학은 더 전문화했고 일반 대중은 그 세부사항을 쉽게 이해하지 못했다. 그 결과 철학적 주제가 더 인기를 얻었다.

플라톤은 위대한 이성을 신격화하며 선을 감정과 욕망을 소유한 신격 존재로 여겼고 수학에 가치(윤리와 미학)를 도입했다.[40] 플라톤에 따르면 좋은 비율과 나쁜 비율이 있는데(일치하거나 일치하지 않거나) 이는 개인과 사회의 윤리적 선함은 그 개체의 부분에 일치하는 비율이 있는가에 상응한다는 것이다(《국가론》, 443e~444b, 462a~b). 가치 판단은 사람의 마음에 달린 것이라고 보는 오늘날의 독자는 플라톤이 수학에 윤리와 미학을 도입한 것이 이상하게 보일 수도 있다. 하지만 현대인의 정신은 미학 판단과 윤리 판단을 따로 하도록 진화해온 결과다. 태곳적 바다에서 아메바가 2개의 원생동물을 만났을 때 세 생물은 서로 아름답거나 선하다고 느끼지 않았다. 그저 거기에 존재했을 뿐이다.

플라톤은 수학(형상)과 가치(선)를 섞었고 이런 현상은 AD 4세기 고전철학이 서구사회에서 유대교-기독교 신학에 동화된 이후로도 이어졌다. 그에게 영감을 받은 신학자들은 플라톤처럼 수학철학 주제를 논의했을 뿐 수학을 실천하지는 않았다.

유대인과 그리스인 학자는 후기 헬레니즘 그리스 문화와 초기 기독교 문화를 결합해 플라톤의 신성한 이성을 해석했다. 기존에 상당히 달랐던 아브라함의 하느님과 플라톤의 선을 섞은 것이다. 구약의 선지자들은 일신론자로서 단 하나의 전지전능한 창조자이자 자연의 법을 정하는 입법자가 존재한다고 믿었고, 이 아브라함의 하느님은 유대교·기독교·이슬람 문화에서 유일신으로 섬김을 받았다. 반면 다신론자인 플라톤은 태양과 행성, 선 모두를 신성한 존재로 여겼다. 아브라함의 하느님과 달리 플라톤의 신성한 장인은 전지전능하지 않았으며 비록 혼돈의 물질이 형상을 갖게 했으나 자연계는 불완전한 형상으로 구현된 것이었다. 유대인은 솔로몬 신전에서 아브라함의 하느님을 섬겼지만 그리스인은 아테네 여신을 위한 파르테논을 건설했다. 플라톤은 유대인과 달리 선이라는 신적 존재를 숭배하지는 않았다. 그의 아카데미에서 선은 지식의 대상이었다.

플라톤은 확실한 형상 지식은 즉각적인 직관으로 얻을 수 있다고 했다.

"다른 종류의 배움처럼 말로 옮길 수 있는 게 아니다. 삶에서 긴 시간을 이 분야에 헌신하고 나서야 불을 피우는 불꽃이 번뜩이는 것처럼 진실이 영혼의 뇌리에 떠오른다. 그렇게 태어난 진실은 이후 자신을 키워간다."[41]

수학 방법, 특히 비율로 일상적인 것을 추상적인 것과 사후세계의 것에 연결할 수 있다. 어떤 이의 리라 연주를 듣는 것(현실세계에서 현이 조화로운 비율로 진동하는 것)은 그 리라의 진동과 같은 음이 우주 멀리 떨어진 세계에서도 펼쳐지고 있으니 우주의 화음을 듣는 것이나 마찬가지다. 어떤 이가 일상적인 기하학 도형인 삼각형을 공부한다면 그는 삼각형 형상(초자연적 형상)을 안다고 할 수 있다. 숫자와 원을 배우는 것은 수학적 형상의 확실한 지식을 얻는 발판이고 그다음으로 이것은 선 지식의 통로다.

BC 348년 플라톤이 죽자 그의 조카 스페우시포스가 아카데미에서 플라톤의 뒤를 이었다. 스페우시포스는 수학적인 일치와 비율이 선이고 피타고라스학파 파르메니데스의 주장처럼 자연계는 숫자에서 창조되었으며 그 숫자는 일자로부터 유래했으니 그 일자를 선으로

어쩌면 하늘에는 그것을 보기를 원하고
또 그것을 봄으로써
자신을 알고자 하는 이들을 위한
형상이 존재하는지도 모른다.
— 플라톤, 《국가론》, BC 380~367년.

여겼는데, 이것이 플라톤학파의 신조가 되었다.[42] 플라톤이 피타고라스학파의 정통성을 갖췄다고 본 스페우시포스는 플라톤 사상을 BC 5세기 당시 저명했던 파르메니데스의 사상과 연결하려고 수차례 시도했다.

플라톤 주변에서는 누구도 그 관점을 받아들이지 않았고 AD 3세기 신플라톤주의 철학자 플로티노스가 되살릴 때까지 그것은 관심을 받지 못했다. 플라톤의 가장 위대한 추종자 아리스토텔레스는 자신의 고유 개념인 신성한 정신(시동자)을 전개했는데, 이 신성한 정신은 일자와 유사하게 완벽하고 변하지 않는 위인으로 우주에 시동을 건 뒤 자연계에서 떠난 것으로 여겨졌다.

현실을 하계(인간 세계)와 상계(신성한 세계)로 나눈 플라톤은 제자들에게 순수수학을 연구하고 오랜 시간 사색하면서 상계에 중점을 두라고 충고했다.

"있는 그대로의 현실에 사상을 고정한 이는 인간의 일을 내려다보고 그들의 싸움에 끼어들어 그들의 시기와 미움을 공유하지만 즐거움을 찾지 못한다. 그는 변화하지 않고 조화로운 질서가 있는 세상을 곰곰 사색하는데, 그 세상은 이성이 지배하고 그 무엇도 악한 일을 행하거나 악의 피해를 받지 않는다. 사람이 동료를 존경하면 모방하듯 그도 스스로 이러한 방식을 닮아간다."[43]

아리스토텔레스도 사람의 가장 높은 열망은 시동자를 사색하는 것이라는 유사한 관점을 제시했다.

"만약 이성이 신성하다면 인간과 비교할 때 이성을 따른 삶은 인간의 삶보다 신성할 것이다. 우리는 인간으로서 우리에게 인간의 것을 생각하고 현세의 존재로서 현세의 것을 생각하라 권하는 이들을 따르지 말고, 우리가 할 수 있는 만큼 스스로 영원성을 추구하고 우리 안의 가장 좋은 것에 따라 살도록 필사적으로 노력해야 한다. 설령 이런 일이 소소할지라도 그 위력과 가치는 모든 것을 능가한다."[44]

이러한 플라톤과 아리스토텔레스의 인용구는 마치 고전 사상과 기독교 사상이 합쳐진 유럽의 수도원에서 신자들이 경건하게 기도를 올리게 한 출발점이 아닌가 하는 생각이 들게 한다. 신플라톤주의 철학자 플로티노스는 스페우시포스와 마찬가지로 플라톤의 선 형상을 파르메니데스의 일자 개념과 동일시했다. 플로티노스는 플라톤이 파르메니데스에 관해 남긴 대화문을 읽었는데, 여기에서 플라톤은 파르메니데스가 간과한 '일자' 개념의 불명료한 부분을 지적하고 있다.

일자는 완전히 균일한 단일체인가, 아니면 여러 부분을 통합한 것인가? 플라톤은 두 가지 가설과 그 결과를 설명한다. 그는 만약 첫 번째 가설처럼 일자가 완전히 균일한 하나의 단일체라면 거기에는 특성이 없고 그 존재 자체도 특성이 될 수 없다고 말한다.

"이러한 일자는 결코 존재하지 않으며 (…) 만약 사물이 존재하지 않으면 어떤 것을 '소유'하거나 그 사물로 '이뤄진' 것도 존재할 수 없다. 그 결과 이름이 붙거나 불릴 수 없으며 그에 따른 지식과 지각, 의견이 있을 수 없다."[45]

플라톤에 따르면 두 번째 가설 역시 유사한 논리적 결과에 이른다. 플로티노스는 이런 가설을 고려해 선과 플라톤의 첫 번째 가설에 따른 일자를 동일시했는데, 이는 플라톤의 첫 번째 가설을 사실로 잘못 이해한 것이다. 플로티노스 시대는 로마의 속주인 그리스가 외세의 지배와 야만족의 침입 위협을 받던 시기로 인간의 이성을 그다지 신뢰하지 않았다. 이에 따라 철학의 중요한 진실은 말로 옮길 수 없다던 플라톤의 주장으로 돌아가 인간의 정신은 일자를 설명하는 언어를 찾을 수 없다는 주장으로 신성한 정신의 형언할 수 없는 특성을 강화한 플로티노스는 다른 그리스인의 심금을 울렸다.[46]

AD 5세기 플로티노스의 추종자이자 마지막 그리스 철학자에 속하는 프로클로스는 아테네 학생들에게 기하학 연구로 개인의 영혼(프시케 또는 정신)이 일자와 일체가 될 수 있다고 가르쳤다. 또한 그는 유클리드의 《원론》을 해설해 지혜를 갈구하는 자들이 순수 사상인 형상을 반영하는 원과 삼각형의 기하학 도형에 집중하게 했다. 이 과정에서 정신(영혼)은 순수한 추상적 실재를 알게(결합하게) 된다.[47]

후기 로마시대와 초기 기독교시대 학자들은 피타고라스가 처음 제시하고 플라톤이 자신의 아카데미에서 받아들인 산술·기하학·음악·천문학을 뜻하는 4학과(quadrivium, 라틴어로 quadri와 via의 합성어로 '4개의 길이 만나는 곳'을 뜻함)를 계속 연구했다. BC 1세기 로마 학자 마르쿠스 테렌티우스는 자신이 배운 것 중 학자들에게 꼭 필요한 것으로 보이는 3가지 기술, 즉 문법, 수사법, 논리의 3학과를 4학과에 더해 자유7과를 완성했다.

초기 기독교인과 중세 신학자는 수학을 실천하지 않았으나 신학적 의미를 찾기 위해 고전문헌을 연구했다. 이로써 추상물체의 존재론적 지위에 관한 철학 논쟁과 '숫자와 구체가 존재한다는 것은 무엇인가?' 같은 질문의 답을 찾는 노력이 근대 수학철학의 기반을 형성했다. 이들 질문의 답변은 세 가지 전통적인 것으로 나뉜다. 첫 번째는 초기 기독교시대 성 아우구스티누스가 선언한 사실주의 관점으로 이를 따른 플라톤학파는 추상물체가 존재한다고 보았다. 이후 중세 프랑스 신학자 피에르 아벨라르Peter Abelard는 추상 개념이 오직 마음에만 존재한다는 관점의 개념론을 선언했다. 이어 14세기 초반 영국의 수사이자 논리학자인 오컴의 윌리엄William of Ockham은 추상물체를 그저 단순한 표식이나 명칭으로 보는 유명론을 주장했다. 이 세 학문 전통(사실주의, 개념주의, 유명주의) 이후 현대에는 논리주의(5장)와 직관주의(6장), 형식주의(4장) 같이 다른 이름으로 불리는 현대 토론의 기반이 형성되었다.[48]

히포의 아우구스티누스Augustine of Hippo(성 아우구스티누스)는 자유7과를 공부했는데 특히 플라톤과 플로티노스의 저서를 많이 읽었다. 오늘날 북아프리카의 알제리 안나바에 해당하는 히포 레기우스Hippo Regius에 살았던 그는 '사막 교부들Desert Fathers'(기독교 금욕주의자들로 AD 3세기부터 이집트 북서부의 나일강 삼각지대 사막에서 수도승의 삶을 살았다)과 동시대 인물이다.

기독교로 개종한 아우구스티누스는 사제가 된 뒤 주교 자리에 올랐고 고전적 세계관과 기독교적 세계관을 융합한 신학관을 확립했다.

알리피우스*Alypius*:
피타고라스가 시작해 갈고닦은
숭엄하고 거의 신성하다시피 한
수학이라는 학문이
우리 눈앞에 있지 않습니까?
당신은 우리에게 그 삶의 법칙을
가르쳐주었고 과학으로 가는 길보다
순수한 그 학문 자체와
티 없이 맑은 학문의
바다를 가르쳐주었습니다. …
아우구스티누스:
자네가 옳다는 것을 인정하네.

— 성 아우구스티누스,
《질서*De Ordine*》, AD 386년.

1-41. 산드로 보티첼리*Sandro Botticelli*(이탈리아인, 1445~1510년으로 추정), '**공부하는 성 아우구스티누스***Saint Augustine in his Study*', 1480년, 프레스코화, 152×112cm.
성직자 가운을 입은 아우구스티누스가 성자나 학자 같은 모습으로 연구에 매진하는 듯한 모습이다. 그는 프톨레마이오스의 지구 중심적인 혼천의(좌측 상단)와 추시계(우측 상단) 등의 고전적 학습도구에 둘러싸여 있고 시선은 하늘을 향하고 있다. 책꽂이에는 책이 꽂혀 있으며 우측에는 기하학 논문이 펼쳐져 있다. 미술 역사학자 리처드 스테이플포드*Richard Stapleford*가 번역하지 않았다면 읽을 수 없었을 이 책에 그림의 전체적 주제는 '아우구스티누스의 개종*Conversion*'이라고 나온다.
산드로 보티첼리는 메디치 가문의 도서관에서 가문의 규칙에 따라 책을 주제별로 정리하다가 이 책을 보았을 것이다. 값비싼 라피스라줄리 색료로 칠한 파란색 바인딩은 《성서》에, 검붉은 가죽은 시집에 사용하던 재료다. 책상 위에는 양면 독서대와 함께 한쪽에는 《성서》가, 다른 쪽에는 시집이 있다. 이처럼 보티첼리는 기독교와 고전, 성스러운 것과 세속적인 것, 직관과 추론을 균형 있게 설정해 아우구스티누스를 묘사했다. 르네상스 시대의 연대기 작가 조르조 바사리*Giorgio Vasari*는 보티첼리가 아우구스티누스의 경건한 시선과 학자적 몰입을 잘 포착했다고 칭찬했다.
"그는 성자의 얼굴에 고귀한 주제를 끊임없이 탐구하는 사람의 날카로운 인지력과 사상의 힘을 가득 표현해 냈다."(산드로 보티첼리, 《가장 저명한 화가, 조각가, 건축가의 삶*Lives of the most Eminent Painters, Sculptors, and Architects*》, 1568년)

우리는 윤리적·종교적 표현이 의미하는 바를
논리적으로 정확히 분석하는 데 성공하지 못했다.
이제 그 과업이 내게 던져졌지만
나는 빛의 섬광처럼
아주 짧은 시간 동안 명확히 본 것,
내가 절대가치라고 생각하는 그것을
설명할 언어를 찾을 수 없다.
이 과업의 중대성을 고려할 때
다른 이들의 해석을 받아들이는 것 또한 거부한다.
나는 이 불합리한 표현이
아직 올바른 표현을 찾지 못해
불합리한 것이 아니라 본질적으로
매우 불합리하다는 것을 알게 되었다.

— 루트비히 비트겐슈타인,
《윤리학 강의*A Lecture on Ethics*》, 1929년.

"만약 철학자라 불리는 이들, 특히 플라톤주의자가 정말로 진실을 말하고 우리의 믿음을 잘 수용했다면 그들은 두려워할 필요가 없다. 오히려 부당한 소유자에게 돌려받는 것처럼 그들이 말한 것을 가져와 우리가 사용할 수 있도록 바꿔야 한다."[49]

아우구스티누스는 이교도의 문헌을 연구하는 것은 연구 그 자체로 끝나는 것이 아니라 기독교 신학을 더 깊이 아는 방법이라고 설명했다.

"진정 지식을 갖춘 이들은 다른 모든 현실에 좌우되지 않고 단순하고 확실한 전체 진리로 통일하고자 시도한다. 이로써 그들은 분별 있는 사색과 이해, 마음속에 간직한 믿음만으로 신성한 현실에 다다를 수 있다."[50](그림 1-41)

아우구스티누스는 오직 사고해야 불변하고 필연적인 진실(추상물체)을 알 수 있다는 플라톤의 관점을 옹호했다. 그는 플라톤과 마찬가지로 사람은 눈으로 물리세계를 인지하지만 신성한 수학 영역은 영혼(프시케 또는 정신)으로 사색해야 한다고 주장했다.[51] 아우구스티누스는 신성한 것이 자연에서 기하학 형태로 자신을 드러낸다고 믿었기에 숫자와 형상을 고찰했다.

"사람의 이성이 지구와 궁창을 조사할 때는 오직 아름다움만 찾아야 즐거워진다. 아름다움 속에 형상이 있고 형상 속에 비율이 있으며 비율 속에 숫자가 있다. 이성은 지성적으로 상상하는 저 직선과 곡선, 그 밖에 다른 선이 실제 세상의 어디에 있을지 스스로 탐색하는 과정에서 현실이 훨씬 열등한 것임을 발견한다. 그 어떤 실제의 것도 마음이 볼 수 있는 것에 비견할 수 없다. 이성은 이런 형상을 하나하나 분석한 뒤 우리가 기하학이라고 부르는 질서로 정리한다."[52]

아우구스티누스는 선을 말로 표현할 수는 없지만 가장 대칭적인 기하학 모양인 원을 최고 수준의 현실을 나타내는 가장 좋은 도형이라고 한다.[53]

고대부터 합리적인 생각을 넘어서는 지식을 인식하지 못한 사상가들은 플라톤과 그의 추종자가 모순적인 주장을 한다고 여겨왔다. 플라톤은 "선은 말로 표현할 수 없다"고 주장했고 유사하게 플로티노스는 "일자는 형언할 수 없다"고 했다. 두 사람 모두 이 신성한 존재를 역설적이고 시적인 언어로 표현했음에도 불구하고 궁극적인 존재는 말로 표현할 수 없다는 믿음이 서양사상에 깊이 뿌리내렸다.

구고정리

중국어로 직각삼각형을 '구고'라고 한다(중국어로 '갈고리와 넓적다리'라는 뜻). 이 용어는 목수용 직각자의 두 팔에서 파생했다. 중국인은 3, 4, 5의 정해진 길이 단위가 있는 삼각형에 기반을 두고 이 정리를 증명했다. BC 11세기 주나라 주공과 수학자 상고의 대화에 묘사된 도표가 이 증명의 모든 것이다.

좌측

1-42. 《주비산경》(해시계와 천체의 원형궤도를 다룬 고대 산술책)의 구고정리(피타고라스정리), 한나라 BC 206~AD 220년.

아래 도표의 색이 그 증명식을 설명한다. 세 변의 길이가 각각 3, 4, 5인 직각삼각형 4개로 중심이 빈 큰 정사각형을 만든다. 이 정사각형의 중심은 삼각형들의 변의 길이 차이 때문에 빈 공간으로 두었다. 오늘날의 기호를 사용하면 이 정리는 $x^2+y^2=z^2$이라고 쓸 수 있고 이때 z는 빗변을 뜻한다. 큰 정사각형의 넓이는 $25(z^2)$다.

2개의 삼각형을 화살표 방향으로 움직이면 작은 2개의 정사각형을 만들 수 있는데, 각각의 넓이는 9와 16이다. 즉, $x^2+y^2=z^2$이 된다.

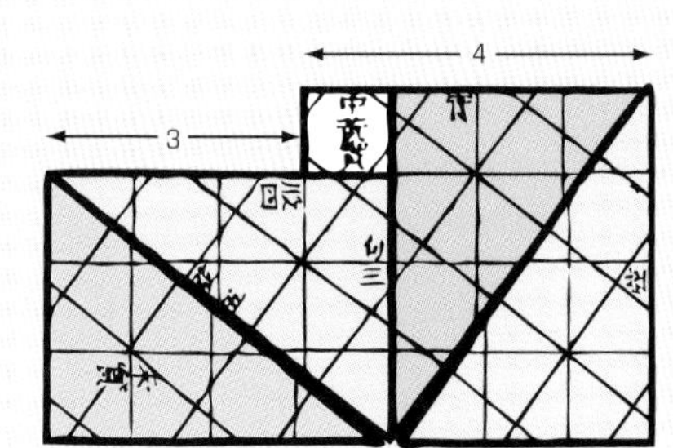

아시아의 수학: 추상화하지 않은 일반화

오래된 수학책《주비산경》은 한나라 때 편찬한 것으로 저자는 알려지지 않았다. 이 책은 훨씬 이전에 정리한 천문학적 계산과 삼각형을 이용한 거리 측정 방법, 구고정리를 다루고 있다.

고대중국의 가장 중요한 수학책은《구장산술》(9장의 수학적 기술)로 서구 유클리드의《원론》처럼 2,000년 동안 아시아 전체에서 기초수학 교재로 쓰였다. 이 책 9장에는 246개의 수학문제가 나오는데 이들 문제는 BC 100년 이전에 등장해 BC 200~AD 50년에 편찬되었지만 저자가 누구인지 알려지지 않았다. 이후 AD 3~7세기에 이 문제의 해설이 추가되었다. 9장의 문제는 평면도형으로 육지를 측량하는 '직사각형 들판', 비율법칙으로 교환비율을 구하는 '작은 수수와 현미' 같은 수학적 기법과 적용 사례로 이뤄져 있다. 각 장은 간단한 문제로 시작해 점차 더 복잡한 응용문제로 이어진다.

중국인은 특히 숫자 조합에 강했고 이는 낙서洛書(마법의 정사각형) 도형에 잘 나타나 있다. 이 도형의 가로, 세로 대각선 숫자를 더하면 그 값이 같다. 전설에 따르면 한 거북이가 뤄허강에서 기어 나왔는데 그 거북이의 등껍질에 이 도형이 그려져 있었다고 한다. 이 기적의 동물은 하나라(BC 2070~1600년경)를 건국해 중국을 다스린 전설적인 황제 우왕에게 낙서를 주었다. 이 마법의 정사각형 세 자리(각 행은 숫자 3개로 이루어짐)는 반대되는 두 힘인 음양과 5가지 원소 철·불·물·나무·땅으로 이뤄진 중국의 현실관을 상징한다(그림 1-43, 1-44, 1-45).

이러한 현실관은 자연계 사물을 범주에 따라 나누려 한 다른 여러 고대 문화와 유사하다. 예를 들어 피타고라스는 서로 반대되는 쌍(무한-유한, 홀수-짝수, 단수-복수, 남자-여자 등)을 이용했고, 아리스토텔레스는 4원소(땅·공기·불·물)와 함께 다섯 번째로 '제5원소(에테르æther)'를 사용해 세계를 설명했다. 이 도형을 만든 시기는 전설 속으로 사라져 전해지지 않지만 세 숫자로 이뤄진 낙서는 최소 BC 5세기 중국의 수학자에게 알려진 것으로 보인다. AD 13세기에 이르면서 이들은 더 복잡한 자릿수의 마법의 정사각형과 3차원의 '마법의 정육면체'를 다뤘다.

1954년 영국 학자 조지프 니덤이 중국의 수학과 과학, 기술 역사를 다룬《중국의 과학과 문명Science and Civilization in China》(1954+) 1권을 출판하면서 동서양 연구자들은 중국이 방대한 분야에서 수학에 기여한 것에 관심을 기울였다. 정치적으로 활발히 활동한 인문주의자 니덤은 자신의 방대한 연구 프로젝트를 간행했는데, 그는 국경을 넘어 전 세계적으로 상호 교환하며 축적해온 지식체인 수학과 과학이 온 세상 사람을 결속할 것이라는 희망을 품었다.[54] 니덤은 사회적·정치적·경제적 요소를 배제하고 왜 아시아와 유럽의 학자들이 같은 내용의 수학과 과학을 다른 시대에 발견했는지 설명하고자 했다. 그는 중국의 수학자가 육지 측량, 달력 제조, 기록보관 같은 실천적 응용지식에 중점을 둔 이유는 중국이 군벌이나 왕의 지배를 받은 초기 왕조시대(BC 2100~256년)와 진시황으로 시작해 황제의 지배를 받은 황제시대(BC 221~AD 1911년) 동안 관료제 사회였기 때문이라고 했다.

니덤이 책 1권을 발행하고 반세기 정도 지난 지금, 각각의 경우에 다른 법칙을 적용해 많은 알고리즘을 모으는 중국의 실천적인 접근방식과 유클리드의 연역증명법처럼 특정 경우를 전체로 일반화하는 그리스의 이론적 접근방식을 비교하는 것이 보편화되었다. 근래에 학자들은 《구장산술》의 첫 영문 번역본(1999년)과 프랑스어 번역본(2004년)을 발행하면서 더 미묘한 차이를 발견했다.[55]

《구장산술》의 프랑스어 번역가 카린 쳄라Karine Chemla는 중국 문헌은 실천적인 규칙의 타당성을 논의하고 있는데, 그 논의를 일종의 '비격식적 증명'으로 간주할 수 있다고 주장했다. 그리스 수학에서 일반화는 항상 추상화를 동반하지만 쳄라는 그 둘을 구분해야 한다고 말했다. 그녀는 중국 수학자들이 추상화 없이 일반화를 했다고 설명한다. 어떤 특정 경우를 도형으로 제시할 때 수학자가 그 수학법칙에 추상적인 용어를 쓰지 않아도 이들 도형이 더 일반적인 결론을 암시한다는 것이다.[56] 실제로 중국인이 철저한 증명 방식을 고안하거나 유클리드의 공리와 비교할 수 있는 수학 시스템을 정리했다고 증명할 만한 문헌은 없다. 그렇지만 그들은 《구고정리》의 도표 같이 명확한 예시를 제시했다. 아마 그 책으로 배운 이들은 그 예시로 명시적 '증명'을 알았을 가능성이 크다. 그 도표로 유추할 수 있는 일반화된 결론의 예시는 《구고정리》의 마지막 부분 대화에 나온다. 상고는 《구고정리》를 규명한 뒤 다음과 같은 결론을 내렸다.

"지구를 이해하는 이는 지혜로운 자고, 하늘을 이해하는 이는 현자다. 지식은 직선(그림자)에서 파생한다. 직선은 직각(시곗바늘)에서 파생한다. 그리고 직각과 숫자의 조합이 수만 가지 사물을 이끌고 지배한다."[57]

중국인의 사상에서 '수만 가지'는 우주만물을 뜻한다. 니덤의 주장에 동의하는 것과 별개로 그 이후의 동서양 학자들은 아시아 수학을 더 큰 역사적 문맥에서 다룬 그의 발자국을 따랐다.[58]

니덤은 사람이 궁극적인 현실을 상상하는 방식은 수학을 생각하는 방식과 직접 연관되어 있다고 봤다. 또한 그는 중국의 수학 발전에 영향을 미친 사회적, 정치적, 경제적 요인을 분리하는 동시에 중국의 종교와 철학적 믿음을 고려했다. 고대 아시아의 창조신화나 우주론 등을 다루는 종교와 철학에서 그는 질서를 부여하고 자연법칙을 집행하는 신적 존재를 찾지 못했다. 이에 따라 니덤과 이후 학자들은 아시아의 수학과 과학이 기초 수준 이상으로 발전하지 못한 이유는 영원하고 초월적인 수학세계가 존재하며 탐구할 자연법칙이 있다는 가설이 유교, 도교, 힌두교, 불교의 교리에 존재하지 않기 때문이라고 했다.[59]

BC 6세기 공자는 타인을 대하는 올바른 행동윤리 철학을 전파했다. 이 철학은 도덕 교리로 그 자체에는 수학요소가 없다. 그러나 공자의 글에는 사람이 엄격한 계급과 조화로운 질서를 이루고 개개인이 협력해 집단을 이루는 것에 관한 이야기가 가득하다.[60] 공자의 철학에는 전통 점성술책 《주역》(역경易經)이 설명하는 마법적 체계도 담겨 있다.

'역경'이라는 점성체계는 동물, 날씨, 사람의 감정에 따른 징조와 속담 등으로 시작했

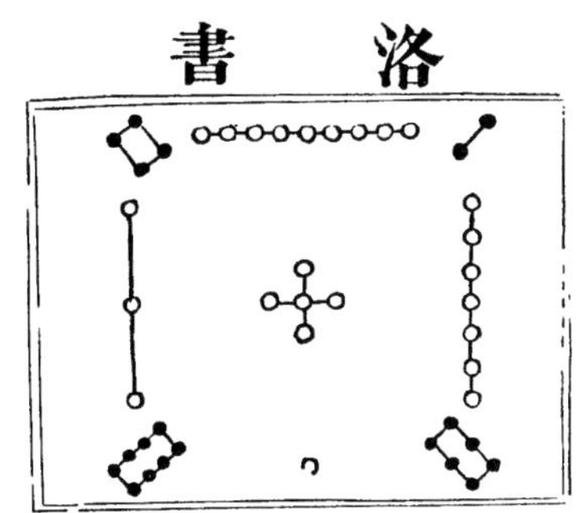

1-43. 주희의 하도낙서河圖洛書, **《주역》, AD 12세기, 호위의 역도명변**易圖明辨**(《역경》의 도표 해석, AD 1706년)에 실린 복사본, 1장.**
하도낙서(마법의 정사각형)는 음(여성적 기운으로 짝수와 검은색 점으로 표시)과 양(남성적 기운으로 홀수와 흰색 점으로 표시)의 반대되는 힘이 존재한다고 보는 고대 중국의 현실관을 나타낸다.

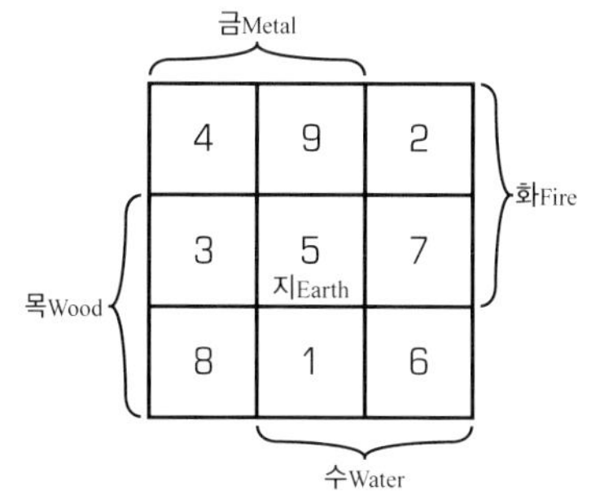

1-44. 이 하도낙서의 도표는(상단) 중국인이 음양(짝수와 홀수)이라는 마법의 정사각형 모서리에 원소를 어떻게 배치했는지 보여준다. 철, 불, 물, 나무가 있고 중앙의 5는 땅을 의미한다.

1-45. 음양.
음은 여성적 또는 부정적 기운이고(수동성, 차가움, 어두움) 양은 남성적 또는 긍정적 기운이다(활동성, 따뜻함, 빛). 이 2개의 우주 기운이 합쳐지고 나뉘면서 현상계가 생겨났다.

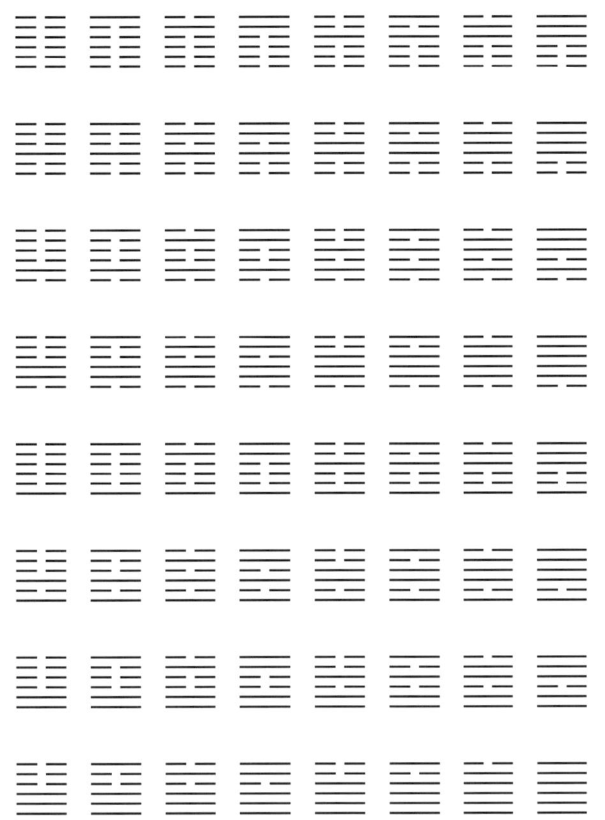

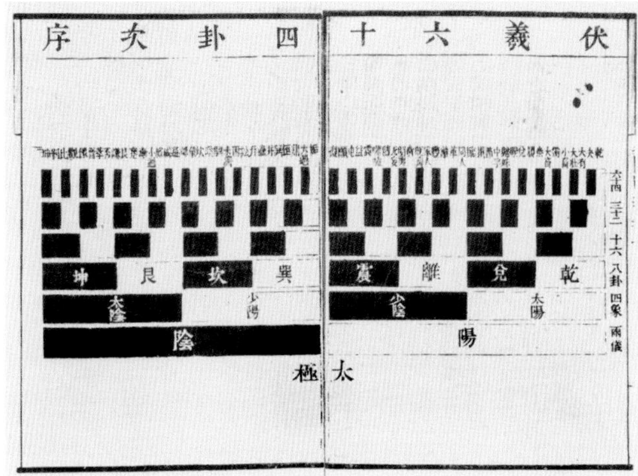

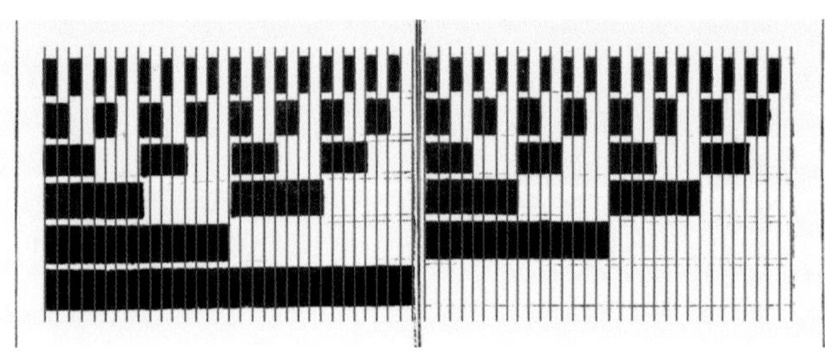

상단 좌측

1-46. 복희씨의 《역경》 패턴 순서 도표.

《역경》은 64괘로 구성되어 있는데(6선형이라 부름) 그 각각은 6개의 평행한 선으로 이뤄져 있다. 이들 선은 끊어진 것도 있고 이어진 것도 있다. 각 괘에는 공자가 쓴 간단한 글귀가 있다. 전통 《역경》은 공들여 긴 의식을 치르는데 의식 도중 특수한 나무 막대기들을 던지면 64괘 중 하나가 나온다.

지금은 그런 의식을 치르지 않고 빠르게 동전을 던져 숫자를 뽑으며 《역경》은 아시아 전역에서 길가의 운세 점으로 인기가 많다. 숫자가 나오면 점쟁이가 고객의 질문에 따라 글귀의 뜻을 해석해준다. 예를 들어 첫 괘와 연관된 글귀는(우측 하단의 직선 6개) "중요한 일을 새로 시작하고 만사형통하며 일이 길하고 바르며 굳건하다"는 미래를 예지한다(《역경》, 제임스 레그 번역본, 1899). 이처럼 64괘의 문구는 모두 비슷하면서도 불특정한 유형으로 적혀 있기 때문에 특정 상황에 맞게 해석할 필요가 있다.

상단 우측, 위

1-47. 주희(12세기), 《역경》에서 괘를 나누는 표,
호위의 역도명변(《역경》의 도표 해석, AD 1706년)에 실린 복사본, 7장.

상단 우측, 아래

1-48. 64괘를 만드는 분리표.

64괘의 순서는 우측 하단 모서리부터 오른쪽에서 왼쪽으로, 아래에서 위로 읽는다. 이 배치는 전설적인 중국의 시조 복희씨를 따른 전통이다. 패턴은 그림 1-47에 나타낸 분리표에 따라 배열되어 있다. 가장 아래층(흰색)은 형태 없는 우주의 텅 빈 공간(태극)을 상징하며 1층은 음(어둠)과 양(빛)으로 나눈다. 2층에서 음양은 서로 닿아 있는데 2층의 각 음양을 나누면 3층에서 또 음양이 닿아 있다. 이처럼 논리적 종단점 없이 계속 음양으로 나뉜다. 주로 6층에서 이 과정을 마치고 그 결과 64괘 부분으로 나뉜다.

이 도표에서 흰색을 끊어지지 않은 선으로 보고 검은색을 끊어진 선으로 보면 64괘가 어떻게 생겨났는지 알 수 있다. 우선 64괘의 수직 열을 나누는 선을 그린 뒤 우측 하단 모서리부터 각 첫 열의 패턴을 읽는다(아래에서 위로). 그 후 좌측으로 이동해 두 번째 열의 패턴을 읽는다. 그렇게 계속 좌측으로 진행하면 행에 있는 모든 패턴을 읽을 수 있는데 이것이 복희씨의 64괘 순서다.

65쪽

1-49. 범관范寬**(중국인, AD 990~1020년에 활약), '계산행려도**溪山行旅圖**(산과 계곡을 유람하는 이들)', 1000~1020년경. 족자, 비단화, 206.3×103.3cm.**

범관은 자신의 모습도 거대한 산 아래 길을 걷는 유람객 중(우측 하단) 하나로 묘사했다는 말을 우측 상단 모서리에 적었다.

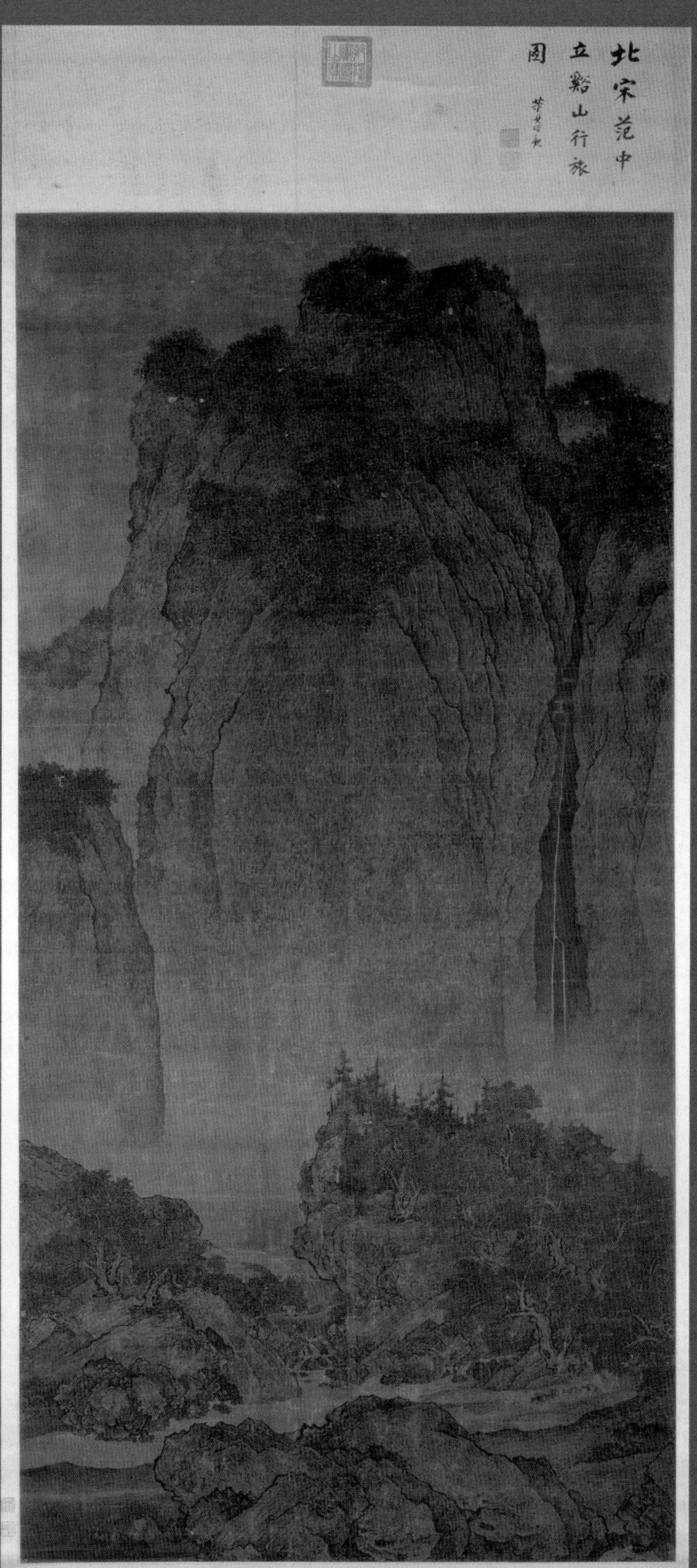

인간의 법칙은 땅을 따르고
땅의 법칙은 하늘을 따른다.
하늘의 법칙은 도를 따르고
도의 법칙은 도 그 자체다.
—노자, 《도덕경》, BC 4세기

지만 공자 시대에 이르러 사건의 숨은 뜻을 찾고 미래를 예지하는 방법으로 집대성되었다. 《역경》은 '괘'라 불리는 64개 패턴으로 구성되어 있다(그림 1-46, 1-47, 1-48). 이들 패턴을 정리하는 방법에는 여러 가지가 있으나 공자의 윤리에서 다루고 현대까지 이어져온 것은 복희씨의 방법이다.

복희씨는 BC 29세기 지배자로 이집트 사카라의 피라미드보다 200년 정도 앞선 인물로 추정된다. 고대 《역경》은 피타고라스나 플라톤처럼 자연계의 수학 패턴을 이해하려는 노력으로 출발했지만, 새로운 사건에 숫자를 부여하고 그 사건을 주어진 글에 맞춰 설명하는 방식으로 퇴보했다. 결국 《역경》으로는 더 이상 자연을 탐험하지 못했으나 《역경》의 추상 형태에서 나오는 권위는 2,000년 동안 아시아인의 마음을 끌었다.

도교는 중국 정치가 불안정하던 전국시대에 등장했는데(BC 475~221년경) 당시 사람들은 도시를 벗어나 시골에서 자연과 조화를 이루며 평화롭게 살고자 했다. 유클리드와 마찬가지로 BC 4세기 사람으로 보이는 전설적인 도교 창시자 노자는 어떤 초자연적 존재의 도움 없이 자연법칙에 따라 형태 없는 텅 빈 공간에서 하늘과 땅이 자연스럽게 생겨났다고 주장했다.

'도道'는 글자 그대로 '길'을 뜻하지만 자연 질서라는 더 큰 범위의 의미로 쓰이고 있다. 도를 알려면 조화를 이뤄야 하는데 이때 인간은 우주만물의 하나로서 스스로 충분히 자연 시스템과 하나가 된다. 송나라의 풍경화는 이 관점을 아름답게 표현하고 있다(960~1279년, 그림 1-49와 1-50 참고).

도교에는 초월적 정신이 질서를 부여했다는 식의 창조신화가 없다. 또한 도교는 자연은 매우 복잡하며 인간이 알아낼 수 있는 단순한 패턴은 존재하지 않는다고 말한다. 실제로 궁극적 현실은 알 수 없으니 말이다. 노자의 추종자이자 철학자인 장자는 인간의 요소가 개입되지 않은 결정론적이며 자동적인 어떤 장치(숨은 본질적 고리)가 자연계를 움직인다고 주장했다.

"끊임없이 회전하는 하늘을 보라! 평안하게 움직이지 않는 땅을 보라! 해와 달이 자신의 자리를 두고 싸우는가? 누가 이 모든 것을 주재하며 하늘과 땅과 해와 달에게 명령을 내리는가? 누가 그것을 묶고 또 연결하는가? 누가 수고로움 없이 이것을 야기하고 또 유지하는가? 존재할 수 없는 무언가가 존재해 그 결과로 어떤 숨은 고리가 나타나는 것 아니겠는가?"[61]

그리스 수학이 발전하던 거의 동시대에 인도에서 힌두교가 발생했다. 인도 철학자들은 비현실적이고 잠시 느낄 뿐인 물리세계와 단지 사람의 생각에서만 존재하는 완벽하고 무한하며 순수한 정신세계(성별이 없는 우주의 영혼, 즉 브라흐마)를 구분했다. 그러나 플라톤의 형상세계와 달리 힌두교의 브라흐마(순수하고 육체가 없으며 인간의 요소가 개입되지 않은 정신)에는 원시적 형태가 없고 텅 비어 있다. 이에 따라 수학세계는 사고로만 이해할 수 있다는 유럽의 전통과 유사하게 형태 없는 우주의 영혼(브라흐마)은 명상으로만 알 수 있다는 인도의 전통이 생겨났다.

1-50. 미야지마 타츠오(일본인, 1957년 출생), **'끊임없는 변화, 만물과의 연결, 영원한 지속', 1998년. LED, IC, 전선, 플라스틱과 알루미늄 패널, 철, 288×384×13cm.**

중국 송나라의 풍경화 작가들처럼 일본의 현대미술가 미야지마 타츠오는 도교철학을 표현했다. 관람객은 반짝이며 깜빡이는 격자무늬 빛 앞에 선다. 격자에 있는 각 LED는 다른 LED와 연결되어 있고 하나가 꺼지면 다른 하나가 켜진다. 관람객은 그 모습을 보며 감춰진 패턴이 있음을 직감적으로 깨닫지만 이를 알아보기에는 패턴이 너무 복잡하다. 이러한 예술작품은 나무, 돌, 구름 등 변화무쌍하고 역동적인 부분과 그 사이의 조화로운 집합인 자연을 상징한다.

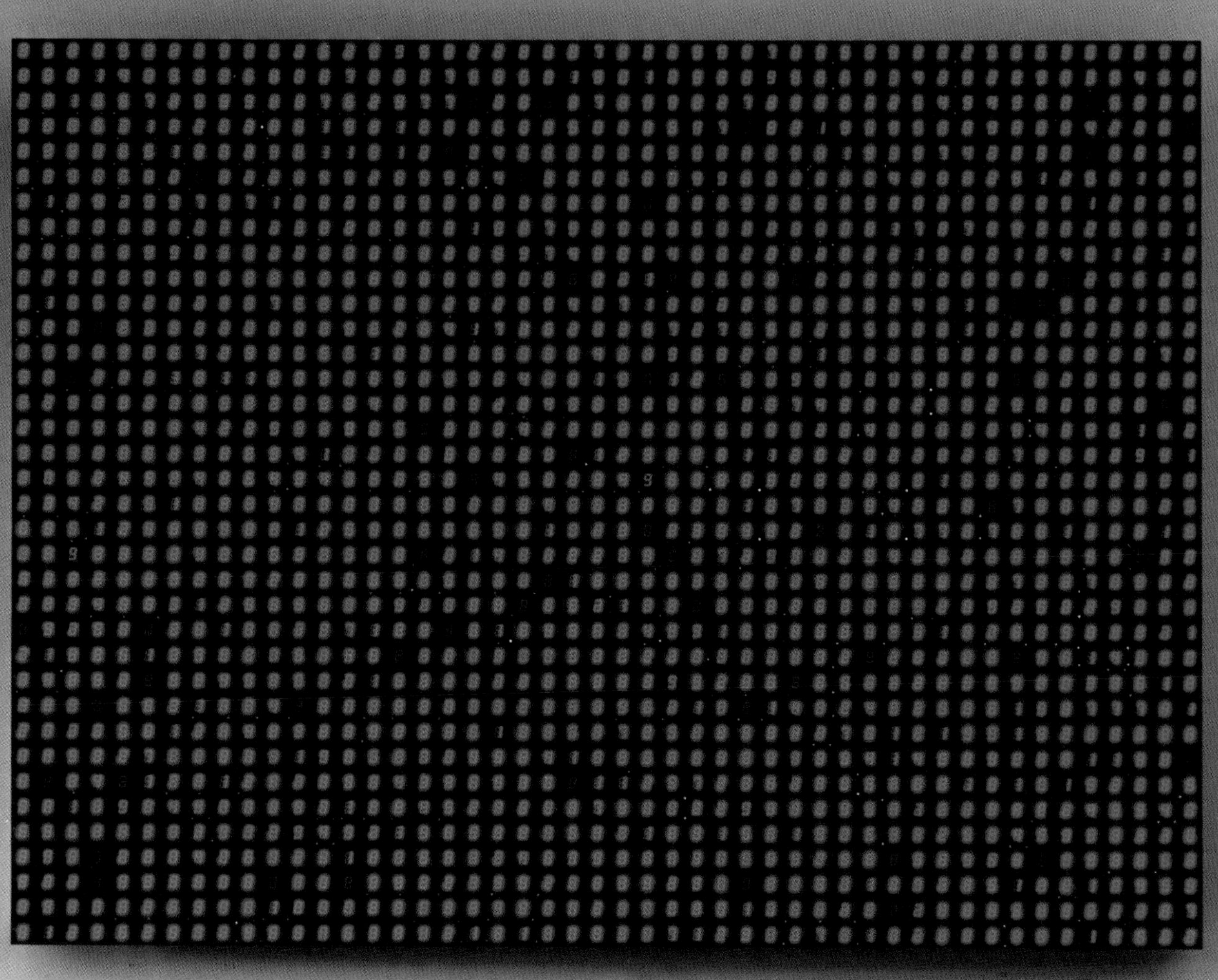

1-51. 유클리드의 《원론》, BC 300년경, 마테오 리치*Matteo Ricci*와 서광계 번역, AD 1607년, 1607년 원고의 19세기 복사본, 1권, 47번 명제.

중국 수학자들이 구고정리(그림 1-42)를 증명한 지 1,500년쯤 후 예수회 선교사 마테오 리치와 중국인 학자 서광계가 그리스 버전의 증명을 소개했다. 서광계는 1607년 유클리드의 《원론》 첫 6권을 중국어로 번역했다.

AD 7세기 중동의 이슬람 세력이 커지면서 동양과 서양의 무역로는 가로막혔고 재화와 지적 교류의 문도 닫혀버렸다. 르네상스 시대에 무역이 재개되자 16세기 예수회 선교사들이 중국과 일본으로 건너가 유럽의 기술이 따라가지 못하던 송나라 시대의 인쇄기법과 명나라 자기 등의 기술을 배웠다. 그 대가로 그들은 아시아인에게 유클리드의 《원론》을 소개했다. 혹은 서양 버전을 다시 소개한 것이라고 볼 수도 있다(그림 1-51).

힌두교의 브라흐마는 BC 800년경부터 범어로 쓴 여러 문헌에 묘사되어 있는데 이들 문헌을 모은 경전을 우파니샤드라고 부른다. 이 문헌은 사제를 양성하고 이후 카스트 제도로 정착한 세습적 사회계급 구조를 형성하는 기반이 되었다. BC 6세기 말~5세기 초 네팔에 있는 한 왕국의 왕자 싯다르타는 자신의 지위와 재산을 포기하고 수행에 들어가 깨달음을 얻은 부처가 되었다. 그 후 그는 사람은 계급에 따라 깨달음을 얻는 게 아니라 누구나 깨달을 수 있다고 주장하는 개혁가가 되었다. 모든 사람은 물리계에서 태어나 죽고 환생하는데 명상과 금욕적인 삶으로 누구나 이 순환적 물질세계 경험에서 벗어나 우주의 영혼(브라흐마)과 영원히 결합할 수 있다고 선언한 것이다.

부처의 권고에 따라 그의 제자들은 출가를 했고 불교의 중들은 인도에 절을 지었다. 이들이 실크로드를 따라 중국으로 포교하면서 그곳에도 절이 지어졌다. 이때 중국에서는 도와 브라흐마 개념이 합쳐져 자연과의 소통(도교)으로 깨달음을 얻는(불교) 개념이 등장했다.

무역로를 따라 페르시아에 도교와 불교가 전해졌고, 페르시아의 그 문화가 그리스에 미친 영향은 무시할 수 없을 정도다. 인격적 신성을 특징으로 하는 서양 종교와 동양 종교 사이에는 큰 차이가 있지만 그래도 학자들은 서양의 신비주의 전통(그리스의 신비 종교나 신플라톤주의, 초기 기독교)과 도교나 불교의 자연 신비주의, 명상, 고행, 환생의 믿음 사이에서 유사점을 찾았다. 이들 주제를 놓고 방대한 연구가 이뤄졌고 다수가 고대 동서양이 교류했음을 보여주는 충분한 증거가 있으며 동양의 신비주의 전통이 서양에 영향을 미쳤을 가능성이 적게나마 존재한다고 보았다.[62]

그리스 역사학자 헤로도토스는 BC 5세기 그리스 철학자들이 이집트로 가서 (인도의) 영혼 환생 교리를 배웠다고 보고했다. 그는 소크라테스와 동시대 사람으로 피타고라스를 포함한 소크라테스 이전의 철학자들이 그런 내용을 배웠을 것으로 추측했을 수 있다.[63] BC 327년 알렉산드로스가 인도를 침공한 이후 인도 사상을 포함해 고전문헌이 상당량 증가했다. 그리스와 로마의 철학자들은 특히 '벌거벗은 고행자'라 불리는 인도의 고행자에게 관심을 보였는데, 이들은 깨달음을 얻고자 음식이나 옷에서 얻는 육체적 편안함을 버린 사람들이었다.

AD 3세기 그리스 철학사가 디오게네스 라에르티오스Diogenes Laërtius는 자신이 알고 있는 모든 그리스와 로마 철학자 정보를 집대성했다. 이때 그는 벌거벗은 고행자를 하나의 철학사조로 보고 여기에 포함했다.[64] AD 3세기의 신플라톤주의 철학자 포르피리오스는 알렉산드리아에서 수학한 자신의 스승 플로티노스가 (여행이나 문헌으로) 동쪽의 지혜를 얻기 위해 노력했다고 적었다.[65] 동서양이 어떻게 영향을 주고받았는지 또 어느 쪽이 상대에게 영향을 주었는지 직접적으로 정확히 알기는 어렵지만 다수의 역사학자는 그리스의 신비주의 종교, 초기 기독교, 불교, 도교가 큰 맥락에서 지중해와 동양사상을 공유한다는 점에 동의한다.

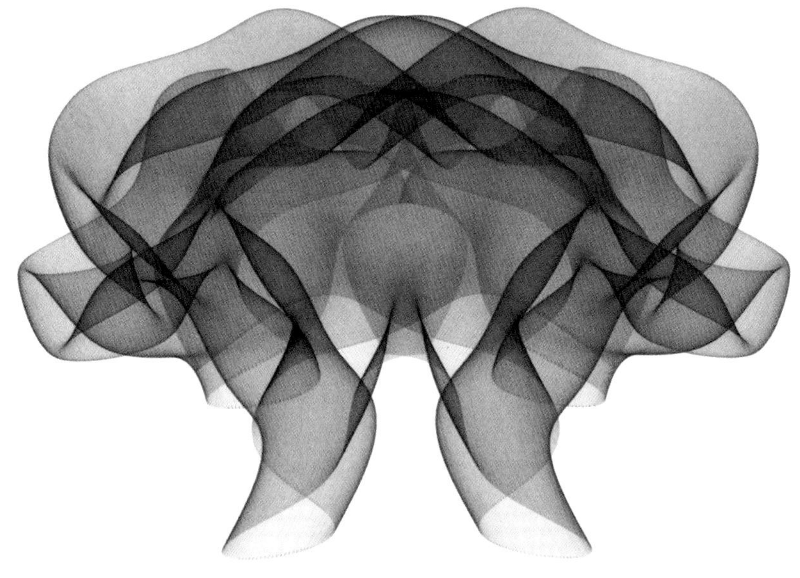

1-52. 로만 베로스트코*Roman Verostko*(미국인, 1929년 출생), '무지의 구름*The Cloud of Unknowing*', 1998년, 펜-플로터, 29.2×36.8cm.
미국의 현대화가 로만 베로스트코는 《무지의 구름》을 쓴 무명의 14세기 영국 수도승에게 경의를 표하기 위해 컴퓨터로 생성한 이 그림을 제작했다. 《무지의 구름》은 위-디오니시우스의 신비주의 전통에 따라 사색하는 방법을 다룬 영적 지침서다. 이 수도승은 순수함은 확고한 이미지나 확실한 형상이 없기 때문에 궁극적으로 이해를 벗어난 것이라고 설명했다. 베로스트코는 1955년 펜실베이니아에 위치한 성 빈센트 베네딕트회 신학대학에서 철학 학사학위를 받았다. 그 후에도 계속 철학과 신학에 관심을 기울이며 컴퓨터 프로그래밍과 미술수업을 들었다. 1995년 베로스트코는 단순한 규칙을 반복해 예술작품(중세 성가와 컴퓨터그래픽)을 제작하는 국제예술가 모임 '알고리스트'를 공동 창립했다.

서양 학문의 부활

초기 기독교 시절 그리스가 로마의 속주가 되면서 인간의 이성을 그리 신뢰하지 않은 그리스인은 이후 로마가 야만인에게 무너지자 그 신뢰를 완전히 잃어버렸다. AD 500년 동방정교회 수도승 위僞-디오니시우스 아레오파기타Pseudo-Dionysius Areopagite(위-디오니시우스라는 가명을 사용해 이런 이름이 붙었다)는 형언할 수 없는 성질을 극단적으로 표현했다. 그에 따르면 일자는 너무 초월적이고 알 수 없는 존재라 그가 아닌 것을 부정하는 방법으로만 간접적으로나마 그를 알 수 있다.

이 이론을 '부정신학'이라 하는데 이는 일자가 아닌 것을 명시하는 방식이다. 일자를 탐구하는 자는 부정하는 방법으로(via negative, 라틴어로 '부정의 길'을 뜻한다) 자신의 내면여행에 빠져 모든 선입견을 씻어내는데, 이는 그렇게 해야 성스러운 진실이 모습을 드러내기 때문이다(그림 1-52). 위-디오니시우스는 아우구스티누스처럼 수학적 유사점을 찾아 무한한 신(일자)을 숫자 1에 비교했다. 그의 신학적 관점에서 그는 숫자 1을 '모나드'로 보았고 그 모나드에서 모든 숫자가 나온다고 여겼다.

"모든 숫자는 이전부터 모나드에 단위 형태로 존재했고 그 모나드에는 모든 개별 숫자가 있다."[66]

위-디오니시우스는 물질계에서 아름다운 사물을 보고 듣고 느끼는 것이 비물리적이고 보이지 않는 세계로 승천하는 데 도움을 준다고 보았다. 그는 이 현상을 '이상추구 접근방식anagogicus mos'이라 불렀다.

"보이지 않는 아름다움이 가시적 아름다움에 비춰지고, 우리의 정신은 천상에 합당한 가시적 아름다움을 봄으로써 비물리적인 천상의 계급을 표현하며 그것을 생각할 수 있는 수준에 올라서도록 도움을 받는다."[67]

그림이나 기하학 형태처럼 빛을 통해 우리 눈이 인지하는 가시적인 사물이 특히 우리에게 큰 감정을 전해주는 이유는 그것이 신성한 빛을 반영하기 때문이다.

"모든 좋은 선물과 모든 완벽한 선물은 하늘에서 온다. 그리고 빛의 아버지로부터 온다."[68]

상단과 71쪽

1-53. 12세기 아랍어판 유클리드의《원론》(BC 300년)을 라틴어로 번역한 번역본의 수사본 첫 장과 확대한 이미지. 바스의 애덜라드*Adelard of Bath*.

이 그림은 그리스 문헌의 아랍어 번역본을 다시 번역한 영국 바스 출신의 수도승 애덜라드의 작품이다. 1120년경 완성한 라틴어 번역본의 수사본 중 살아남은 가장 오래된 것으로 14세기경에 작성했다. 그림 상단 여백에는 '유클리드의 첫 기하학*pmvs geomete evclid*'이라 쓰여 있고 우측 여백에는 기하학 도형이 그려져 있다.

이 책은 "점은 부분으로 나눠지지 않는 것이다*Punctus est cuius pars non est*"로 시작하며 여성으로 의인화한 기하학이 채색한 'P'에 나타난다(확대한 그림 참고). 그녀는 유클리드의 도구로 불리는 삼각자(직선)와 분도기(컴퍼스)로 여러 수도승을 가르치고 있다. 그중 경청하던 두 수도승이 그녀가 컴퍼스로 측정하고 있는 도형을 가리킨다. 그런데 애덜라드의 번역본을 채색한 수도승은 그 기하학 도형에서 벗어나 모서리의 장식무늬에 집중해 새와 토끼를 그린 것 같다. 하단을 보면 두 흉측한 괴인이 서로 싸우며 꼬리로 균형을 잡는 것을 볼 수 있다. 상단에는 말발굽이 있는 괴인이 회색 여우를 향해 활을 쏘고 그 괴인의 사냥개가 여우를 추격하는 그림이 있다.

1100년대 초반 서양에서 학문이 되살아나자 이성을 신뢰하는 분위기도 회복되기 시작했다. 서양은 고대 고전문헌을 잃었지만 바그다드 지혜의 집에서(그림 1-53) 아랍어로 보존하

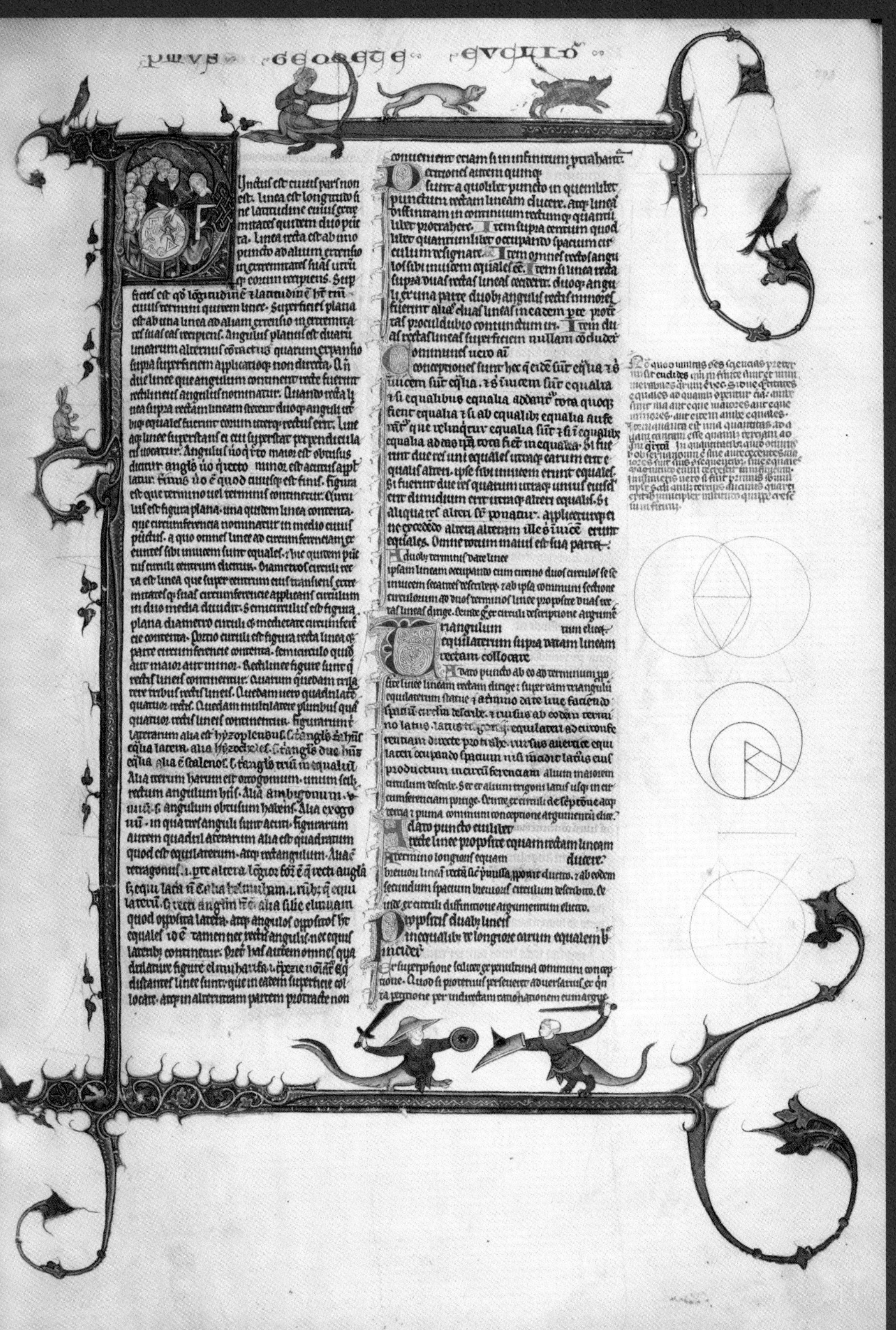

1-54. 프랑스의 샤르트르 대성당 서쪽 면, 12세기 건설.

73쪽

1-55. 샤르트르 대성당의 서쪽 면 남문, 1145~1155년.
샤르트르의 티에리는 성당학교 고문으로서 서쪽 면 건설을 감독했다. 남문(우측)의 장식 창도리에는 티에리 가르침의 핵심이던 자유7과를 의인화해 배치했다. 이 중에는 논리학(아리스토텔레스, A)과 기하학(유클리드, C), 음악(피타고라스, G)이 포함되어 있다. 자유7과를 로마네스크 양식의 성당과 고딕 양식의 성당에 전시한 것은 샤르트르 성당이 처음이자 유일한 경우다. 이후 이것은 착색 유리창이나 채색한 서적처럼 조금 덜 중요한 물건에 그려졌다.

A 아리스토텔레스(변증법)
B 키케로(수사법)
C 유클리드(기하학)
D 보에티우스(산술)
E 톨레미(천문학)
F 도나투스(문법)
G 피타고라스(음악)

만물의 형상에
신성함이 있다는 것은
신성함이 물질 상태로
존재한다는 것이 아니라
삼각형이나 사각형처럼
존재함을 의미한다.
— 샤르트르의 티에리, 12세기.

A

C

G

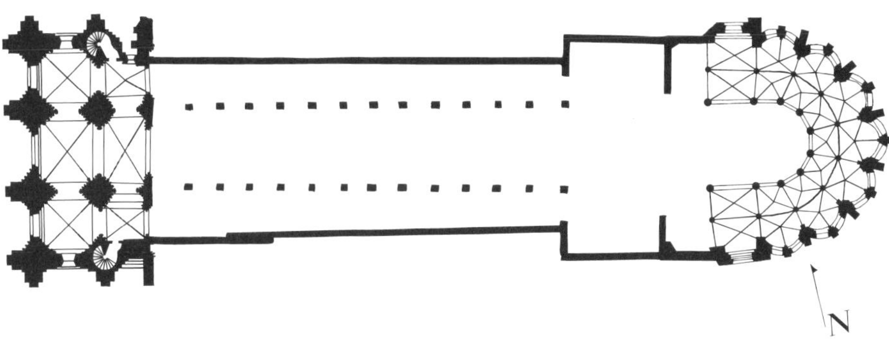

74쪽

1-56. 생 드니 성당의 지붕이 달린 복도, 1140~1144년.

수도원장 쉬제*Suger*가 12세기에 복도를 완공했고, 좌측 상단의 높은 성가대석 상단 부분[유리창이 달린 트라이포리엄(아치와 지붕 사이), 클리어스토리(높은 창이 일렬로 달린 부분), 맨 안쪽 아치형 천장]은 13세기와 그 이후에 완성했다.

상단

1-57. 생 드니 성당의 복도에 위치한 성 바울이 채색한 유리창, 1130~1140년대.

2명의 구약시대 선지자가 예수의 추종자 사도 바울에게 곡물자루를 가져오고 있고, 사도 바울은 우측에서 맷돌을 돌리는 중이다. 바울은 굵은 낟알을 소화하기 쉬운 가루로 만들고 있는 것이다. 이는 바울이 자신의 여러 편지에서 10계명을 재해석해 기독교인이 모세의 유대교법을 담은 《구약성서》를 더 잘 소화하도록 한 것을 나타낸다. 바울의 편지는 《신약성서》에 보존되어 있다.

하단

1-58. 12세기에 만든 파리의 생 드니 성당 도면.

12세기 초반 생 드니 성당 내부는 로마네스크 양식의 무거운 석조 벽과 반 원통형의 둥근 천장으로 둘러싸여 있었다. 수도원장 쉬제는 1135~1140년 성당 서쪽 끝에 표시한 두 구역에 새로운 출입구와 연결통로를 지었다. 이후 동쪽 끝에 새로운 성가대석을 짓기 시작했는데, 그 공사는 1층 바닥과 통로에서 시작했다. 이 그림이 그 도면이다. 1140~1144년에 지은 가벼운 리브 볼트와 크고 넓은 채색 유리창, 통로의 단일화한 공간(그림 1-56)이 고딕양식의 시작이었다.

던 유클리드의 《원론》과 프톨레마이오스의 《알마게스트》를 라틴어로 번역한 이후 고전을 향한 관심을 다시 활발하게 표출하기 시작했다.

파리 근처 샤르트르에서는 마을 일꾼들이 새로운 성당의 기반을 다졌다. 1142년 이 성당학교의 교장이 된 샤르트르의 티에리Thierry of Chartres는 이 도시를 인문학 연구와 고전지식 부활의 중심지로 만들었다. 티에리는 성서를 공부하려는 이들에게 먼저 고전문헌을 꼼꼼히 읽을 것을 추천했다.

"인간이 창조주에 관한 지식을 얻는 데 필요한 4종류의 이성이 존재한다. 산술, 음악, 기하학 그리고 천문학이 그것이다."[69](그림 1-54, 1-55).

티에리의 저서는 수학 지식을 참고로 한 신학론으로 가득하고 위-디오니시우스처럼 그도 신을 일자(숫자 1)와 동일하다고 여겼다.

"1이 모든 숫자를 만들고 숫자는 무한하므로 숫자 1의 힘은 끝이 없다. 고로 1은 전지

우측

1-59. 게르하르트 리히터*Gerhard Richter* (독일인, 1932년 출생), **'영원을 향한 창문***Window for Eternity***', 2007년, 채색 유리, 1248년 시공한 쾰른 성당의 남쪽 익랑**(트랜셉트).

77쪽

1-60. 토마스 스트루스*Thomas Struth* (독일인, 1954년 출생), **'쾰른 성당***Cologne Cathedral***', 쾰른, 2007년, 크로마제닉 프린트 10, 200.34×161.29cm.**

쾰른은 2차 세계대전 당시 심한 폭격을 받았지만 연합군 조종사들은 이 중세시대 성당을 폭격하지 않았다. 그러나 남쪽 익랑의 채색 창이 충격으로 부서졌다. 2007년 쾰른 대교구는 독일 화가 게르하르트 리히터에게 전쟁 이후 달아둔 일반 유리창을 대신할 새로운 창을 의뢰했다. 다채로운 색상의 불변하는 모형(정사각형과 사각형)으로 만든 이 작품을 '영원을 향한 창문'이라 이름 지었다.

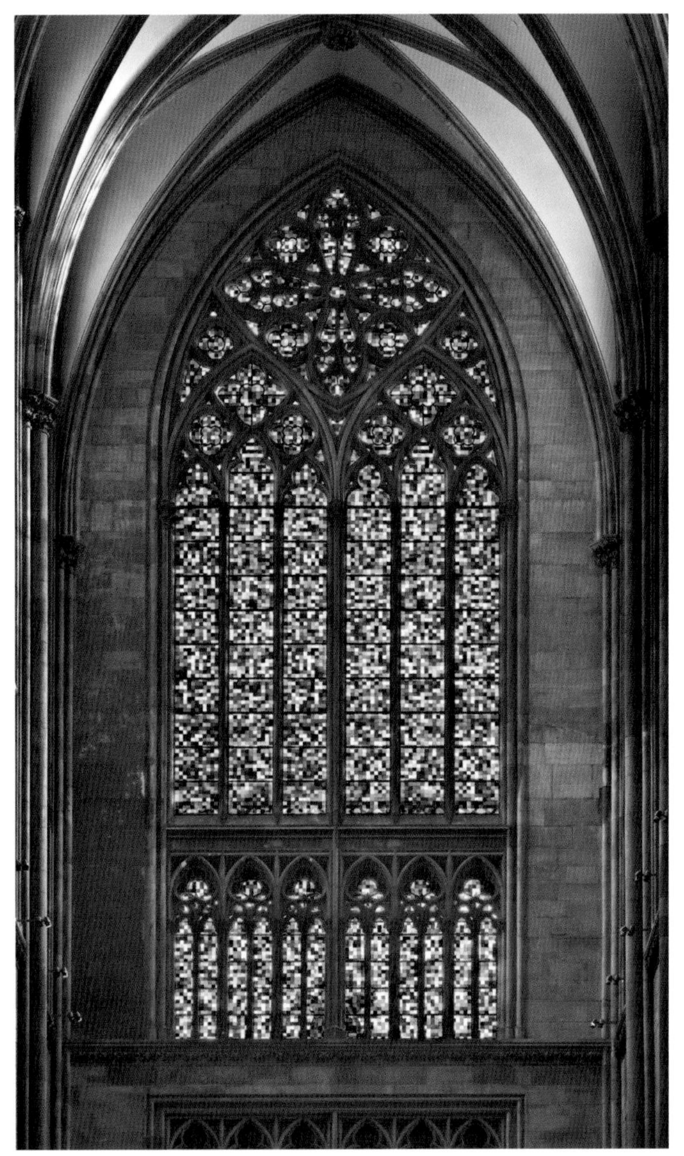

전능하다."[70]

중세 서양 건축가들은 로마네스크식 성당의 천장을 천국의 계곡을 상징하는 것으로 묘사했다. 그중 비잔틴제국의 아야소피아 성당(532~537년) 천장에 묘사한 정사각형은 현세를 뜻하고 그 위로 신성한 반구형 지붕은 천국을 상징한다. 기존 로마네스크식 성당은 큰 돌로 만든 천장을 두꺼운 벽이 떠받치는 구조라 어두운 동굴 같은 느낌을 주었다. 12세기 프랑스는 아치형 구조의 서까래와 플라잉 버트레스 위에 가벼운 천장을 올리고 그 아래에 넓은 회중석을 둔 고딕건축 양식을 도입했다. 고딕 성당은 천장을 벽으로 지탱하지 않으므로 벽에 구멍을 뚫고 착색 유리창을 달아 빛이 성당 안으로 들어오게 했다. 프랑스 북부에서 시작된 이 극적 변화는 1130년대와 1140년대에 수도원장 쉬제가 파리 근교의 생 드니 성당을 재건축하는 것으로 이어졌다(그림 1-56과 1-58).

마침 공교롭게도 생 드니의 수호성인 위-디오니시우스의 그리스 문헌 원본이 라틴어

상단

1-61. 라파엘로*Raphael*(이탈리아인, 1483~1520년), '아테네 학당*School of Athens*', 바티칸 서명의 방, 1508~1511년, 프레스코화.

하단 좌측

1-62. 라파엘로의 아테네 학당에 그려진 피타고라스의 필기용 석판.

아래

1-63. 피타고라스의 음악적 비율.

피타고라스가 보여주는 4현 리라의 도형 상단에는 '음ΕΠΟΓΛΟΩΝ'이 적혀 있다. 각 현 위에는 조율을 VI, VII, VIII, XII 등의 비율로 나타냈는데 이러한 비율은 옥타브의 음정을 의미한다. 현 사이에 알파벳으로 적은 5도 음정과 4도 음정을 모으면 디아파손*diapason*(1:2)과 디아펜테*diapente*(2:3, 완전 5도), 디아테사론*diatessaron*(3:4)이 된다. 피타고라스의 리라 아래에는 음정과 관련된 숫자가 삼각형을 이루고 있는데 그 숫자를 다 더하면 10이 나온다.

피타고라스교도는 이 모양을 신성시했다. 한때 유럽에서는 피타고라스의 조율법을 널리 사용했지만 18세기 이후 음악가들이 옥타브의 12음표를 나눠 완전 8도(1:2), 완전 5도(2:3), 완전 4도(3:4) 등의 화음을 사용하면서 사라졌다.

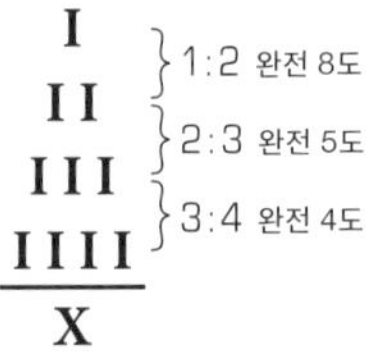

하단 우측

1-64. 라파엘로의 '아테네 학당'에 그려진 유클리드의 칠판 그림.

라파엘로는 자신과 동시대에 성 베드로 성당을 재건축한 건축가 도나토 브라만테를 유클리드의 모델로 삼았다. 유클리드 · 브라만테는 서로 겹치는 2개의 이등변삼각형을 그리고 있다. 유클리드의 《원론》에는 이 대칭도형이 나오지 않지만 라파엘로는 브라만테가 성 베드로 성당의 대칭적 평면도를 만든 기원이 고대 기하학이라는 것을 암시한 듯하다(2장 그림 2-6 참고).

번역본을 모아둔 수도원의 도서관에 보관되어 있었다.[71] 쉬제는 이 저자들의 저서를 '부정의 길Via Negativa' 관점에서 읽은 뒤 영감을 받아 돌과 유리 건축물 같이 눈에 보이는 물질적 사물로 초월적이고 고차원이며 눈에 보이지 않는 신성의 실재를 표현하고자 했다. 쉬제는 위-디오니시우스의 신비주의적 접근방식을 반영해 성가대석 색유리 창문을 보며 고민하면 믿음이 불완전한 물질세계에서 완벽한 비물질세계로 전송된다고 선언했다.

"우리는 여러 지역 장인이 그들의 아름다운 손으로 하늘과 땅 모두에 속하는 다양하고 훌륭한 새 창문을 그리게 했다. (…) 이 중 하나는 사도 바울이 맷돌을 돌리고 선지자들이 곡물자루를 들고 그 맷돌로 다가오는 그림이다. 이들 그림은 우리가 물질세계에서 비물질세계로 나아갈 것을 재촉한다."[72](그림 1-57)

쉬제는 석주와 아치를 바라보기만 해도 마찬가지로 변화를 일으키는 힘이 생긴다는 것을 발견했다.[73]

빛이 뿜어져 나오는 예배당과 그 성가대석의 도면도 수학을 신성한 것으로 여긴 고대 지식에서 영감을 받아 도출한 결과물인지도 모른다. 이는 천체가 완벽한 원과 주전원의 궤도를 따라 움직인다는 발상으로 프톨레마이오스의 《알마게스트》에 그 행성궤도가 기록되어 있다.[74]

1194년 샤르트르 성당이 불타고 난 뒤 이 성당을 재건축한 건축가들은 생 드니 성당의 고딕양식을 기반으로 북쪽 타워를 건설했다. 이 고딕양식은 13세기 아미앵 성당과 쾰른 성당에서 정점에 이른다(그림 1-59, 1-60).

이탈리아 르네상스 시대의 정점에 로마 바티칸에서 기독교적 플라톤주의가 나타났는데, 이는 라파엘로가 '아테네 학당'을 그릴 때 기독교 신학이 그리스 로마의 영향을 받았음을 함축해 그린 것에서 볼 수 있다. 그림 중앙에는 플라톤(붉은색 토가)과 아리스토텔레스(파란색 토가)가 확실한 지식을 얻는 방법을 놓고 논쟁하는 모습을 묘사했다. 이것은 형상을 관찰하고 사색하면서 지식을 얻을 수 있다는 플라톤의 주장(플라톤의 손가락은 위를 가리킨다)과, 자연계를 관찰하고 그것을 일반화하면서 지식을 얻을 수 있다는 아리스토텔레스의 주장(아리스토텔레스의 손가락은 아래를 가리킨다)이 상충하고 있음을 의미한다. 또한 숫자를 나타내는 피타고라스를 좌측에 배치하고(그림 1-62, 1-63) 기하학을 대변하는 유클리드를 우측에 두어(그림 1-64) 경쟁구도를 만들었다.

과학법칙: 갈릴레오의 운동법칙과 케플러의 천체운동법칙

라파엘로는 플라톤과 아리스토텔레스가 (르네상스 스타일로) 제본한 자신들의 책을 들고 있는 것으로 묘사했다. 'TIMEO(Timaeus, 《티마이오스》)'라고 적힌 플라톤의 책에는 플라톤이 우주론에 관해 남론한 것을 담고 있다. 아리스토텔레스는 'ETICA(Nicomachean Ethics, 《니코마코스 윤리학》)'를 들고 있는데 그는 이 책에서 다음과 같이 말한다.

"정치적으로 올바른 것은 진정 자연적으로 올바른 것과 관례상 올바른 것으로 나뉜다. 자연적으로 올바른 것은 어디에서나 같은 힘이 있으며 우리가 올바르다고 생각하는 것이나 그렇지 않다고 생각하는 것에 영향을 받지 않는다. (…) 이제 몇몇 사람은 그리스나 페르시아에서 모두 불이 붙고 타는 것을 볼 수 있는 것처럼 자연적으로 올바른 것은 변하지 않고 모든 곳에서 같은 힘이 있지만, 올바르다고 생각하는 관념은 시간에 따라 변하므로 관례적으로 올바른 것만 존재한다고 생각할 수 있다."[75]

이처럼 불변하는 법칙과 관념을 분리하는 것은 13세기 토마스 아퀴나스가 《신학대전 Summa Theologiae》에서 요약한 기독교적 윤리의 기반을 형성했다. 아퀴나스는 아리스토텔레스의 자연법칙(불변의 법칙, lex aeterna)이 모든 사람이 만든 관례적인 법을 초월한다고 보았다.

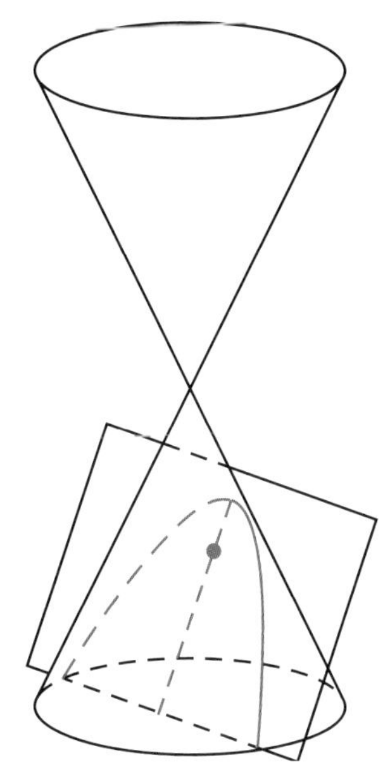

1-65. 포물선.
페르가 출신의 아폴로니오스*Apollonius*는 그의 저서 《원뿔곡선론*Conica*》(Conica는 라틴어로 '원뿔'을 뜻한다. BC 200년경)에서 원뿔을 잘라('절편') 원뿔곡선이라 부르는 여러 곡선을 만드는 방법을 서술했다. 그림처럼 평면을 기준으로 원뿔을 자르면 포물선이 만들어진다.

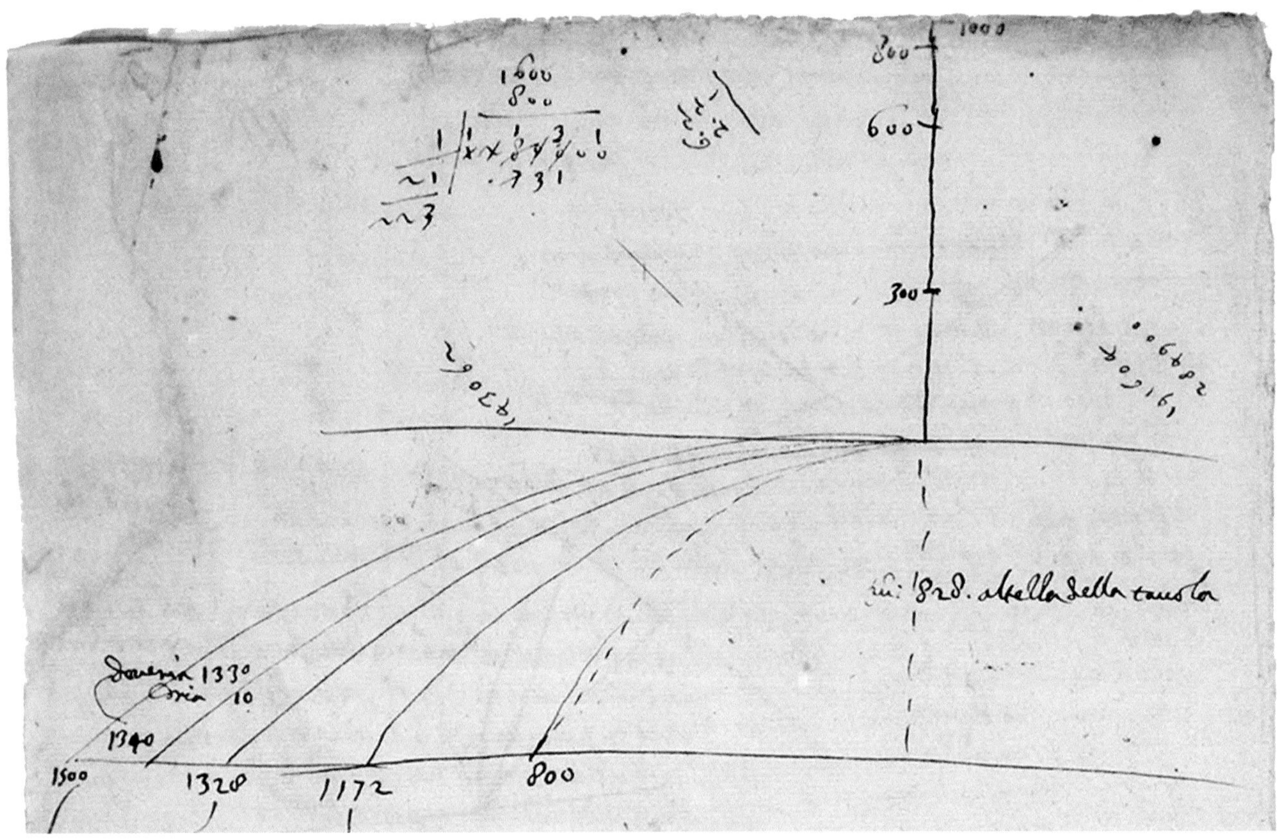

상단

1-66. 갈릴레오 갈릴레이(이탈리아인, 1564~1642년), **발사체의 포물선 궤적에 관한 메모, 1608년.**

갈릴레오는 구리공이 경사로를 따라 굴러가다가 경사로 끝에서 직각으로 떨어지게 하는 방식으로 발사체의 포물선 궤적을 측정했다. 그는 1608년 여름 이 도표를 작성했다. 갈릴레오는 그 거리를 푼티*punti*(0.94mm) 단위로 측정했고 땅에서 828푼티(약 30인치, 우측 하단 점선으로 수직선에 표시) 높이의 책상 위에 실험기구를 놓았다. 우선 경사로를 300푼티 높이에서 실험했는데 공이 경사로에서 약간 구른 후 땅으로 떨어졌고 800푼티 거리에서 땅과 접촉했다. 갈릴레오는 경사로 높이를 점점 올리면서 그 높이를 수직선에 표시했는데(600푼티, 800푼티, 1,000푼티) 공의 운동량이 클수록 더 큰 포물선을 그리고 더 멀리 날아가는 것으로 표시했다(1,172푼티, 1,328푼티, 1,500푼티에서 땅과 접촉). 갈릴레오가 이 원고에서 계산한 내용을 자세히 보고 싶다면 스틸먼 드레이크*Stillman Drake*의 《자유낙하의 역사*History of Free Fall*》(1989년) 51~65쪽을 읽어보기 바란다.

81쪽

1-67. 아르테미시아 젠틸레스키(이탈리아인, 1593~1652년), **'홀로페우스의 머리를 베는 유디트*Judith Slaying Holofernes*', 1620년경, 캔버스에 유채, 199×162cm.**

아르테미시아 젠틸레스키와 갈릴레오는 1611년에 만나 수십 년간 교류했다. 작가는 아름다운 유대인 과부 유디트와 그녀의 하녀가 새벽에 자신들의 도시 베툴리아를 파괴할 계획을 세운 아시리아의 장수 홀로페우스의 천막에 들어간 것을 묘사했다. 술에 취한 홀로페우스를 유혹한 유디트는 그의 검으로 그의 목을 벤다(유디트 13:7-8). 젠틸레스키는 갈릴레오의 발사체 운동법칙에 따라 죽은 장수의 피가 포물선을 그리며 뿜어져 나가도록 표현했다.

"인간법칙은 올바른 이성을 보일 때만 자연법칙을 포함한다. 이 관점에서 인간법칙은 영원한 법칙에서 비롯된 것임이 틀림없다. 그러나 이성에서 벗어나면 부당한 법이라 불리고 자연의 성질이 아니라 폭력의 성질을 지닌다."[76]

르네상스시대의 이탈리아인 갈릴레오 갈릴레이와 독일인 요하네스 케플러는 자연계를 지배하는 불변의 법칙을 이해하기 시작했다. 갈릴레오와 케플러는 신성한 의지의 영역인 자연법칙을 인간 이성의 영역으로 이해할 수 있다는 확신을 확인했고, 이는 서양의 과학과 기술 발전에 원동력으로 작용했다.

고대의 플라톤과 아리스토텔레스의 추종자들은 첫 번째 원칙 혹은 다른 법칙에서 지구와 천체의 진실을 추론해냈지만 그들은 진실을 증명했다고 생각했기에 거기에서 멈추었다. 하지만 갈릴레오와 케플러는 각각의 물리법칙과 천문학법칙을 가설로 여기고 현실을 예측하는 아르키메데스의 법칙을 되살렸다. 더 나아가 이 예측을 실제 관찰한 결과나 손으로 한 실험 결과와 비교해서 확인하는 중요한 추가적 단

아치의 응력선은 무엇인가?

갈릴레오는 매달린 사슬이 만드는 곡선을 규정하려는(역사상 처음 기록하는) 첫 시도를 한다. 그가 내린 답이 옳지는 않았지만 중요한 것은 그가 올바른 질문을 던졌다는 점이다. 곧 다른 이들이 매달린 사슬이 형성하는 모양은 (영국의 자연철학자 로버트 훅*Robert Hooke*의 도표에서 볼 수 있듯) 포물선과 비슷하게 생긴 현수곡선*Catenary*임을 밝혀냈다. 로버트 훅은 매달린 사슬이 자신의 무게가 가하는 장력 때문에 형성하는 모양이 자신의 무게로 인해 압축되어 나타나는 석공 아치의 모양과 유사하다는 것을 밝혀냈다(《태양 관측 망원경에 관한 고찰*A Description of Helioscopes*》, 1675년).

현수곡선의 수학식을 처음 발견한 사람은 스코틀랜드 수학자 데이비드 그레고리*David Gregory*인데 그는 이렇게 말했다.

"이 사슬은 떨어지지 않고 그 상태를 유지하며 얇은 아치를 형성한다. 이것을 반대로 돌려보면 어떤 아치가 떨어지지 않고 유지되는 것은 그 두께 사이에 어떤 현수선이 존재하기 때문임을 알 수 있다."[데이비드 그레고리, '현수선', 〈영국 학술원 철학 회보*Royal Society's Philosophical Transactions*〉 231(1697), 637]

즉, 아치와 지지대를 형성하는 돌덩어리 안에 현수선이 존재해서 아치가 선다는 것이다. 로마의 거대한 콜로세움부터 쾰른 성당의 아치에 이르기까지 17세기 이전의 모든 석조 건축물은 갈릴레오와 훅, 그레고리가 발견한 아치 안의 응력선*Stress Line*을 수학적으로 이해하지 못한 상태에서 시행착오를 겪어가며 건설한 것이다. 그 결과 오래된 아치형 돌 천장에는 현수선이 존재하지 않았고 비잔티움의 아야소피아 돔 지붕(558년)과 프랑스의 보베 생 피에르 대성당의 성가대석(1284년)은 무너져버렸다.

1666년 런던 대화재가 런던을 휩쓸고 성 베드로 성당을 돌무더기로 만들었을 때, 새로 지을 성당의 건축가 크리스토퍼 렌*Christopher Wren*은 친구 로버트 훅의 조언을 받아 지름 102ft에 달하는 돔형 지붕에 현수선을 넣어 건축했다. 덕분에 성 베드로 성당의 지붕과 그 규격에 맞춰 지은 이후의 모든 석조 건축물은 오늘날까지 안정적으로 유지되고 있다.

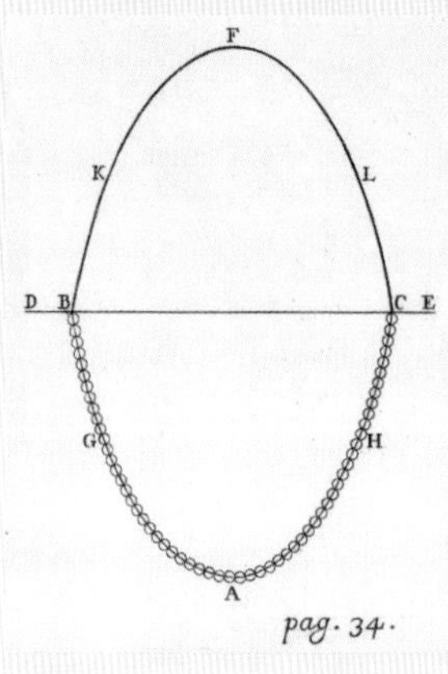

1-68. 로버트 훅의 매달린 사슬, 조반니 폴레니*Giovanni Poleni*의 《바티칸 사원 위대한 돔의 역사적 추억*Memorie istoriche della gran cupola del Tempio Vaticano*》에 수록된 그림 12.

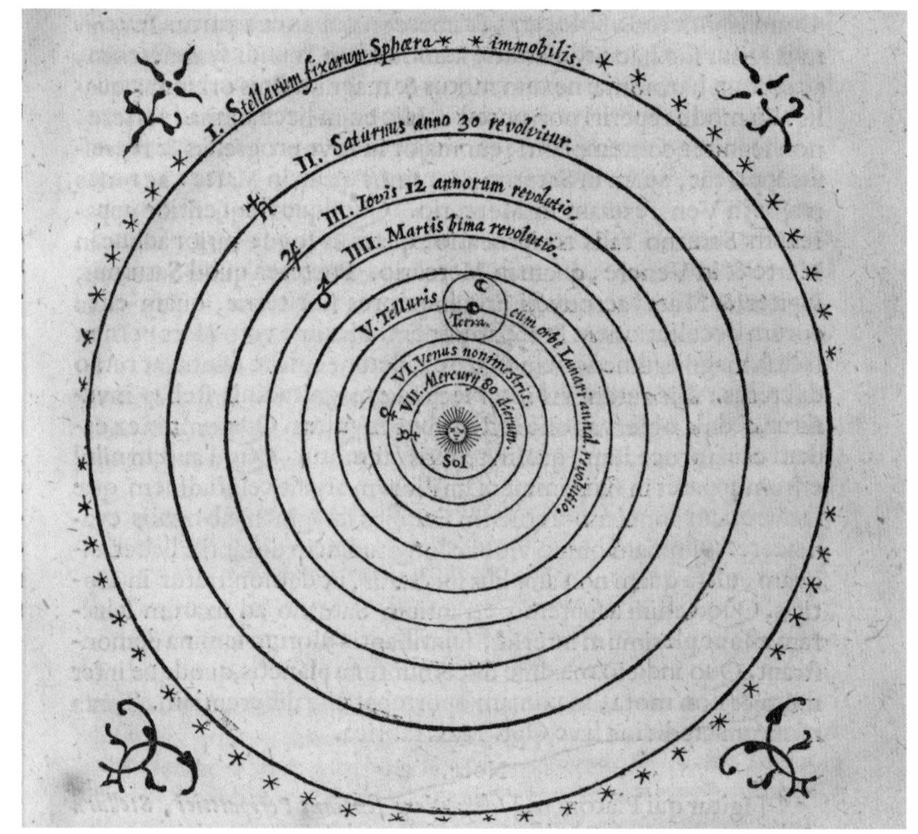

1-69. 니콜라우스 코페르니쿠스, 《우주의 모형, 천구의 회전에 관하여*De Revolutionibus Oribium Coelestium*》(1543년)에 수록된 그림.

코페르니쿠스는 태양*Sol*을 우주의 중심에 두고 그 주변을 수성, 금성, 테라*Terra*(지구와 달), 화성, 목성, 토성이 둘러싼 모형을 만들었다. 그에 따르면 우주의 가장 바깥쪽에는 고정된 별들로 이뤄진 '움직이지 않는 구체'가 존재한다*Stellarum fixarum sphaera immobilis*. 아리스토텔레스와 프톨레마이오스의 우주모형을 받아들여 기독교의 우주론에 익숙했던 이들에게 코페르니쿠스의 모형은 지구를 행성으로 격하하는 것뿐 아니라 "가장 높은 곳에 계신 하느님의 공간"이 존재하지 않는다는 주장인 셈이었다.

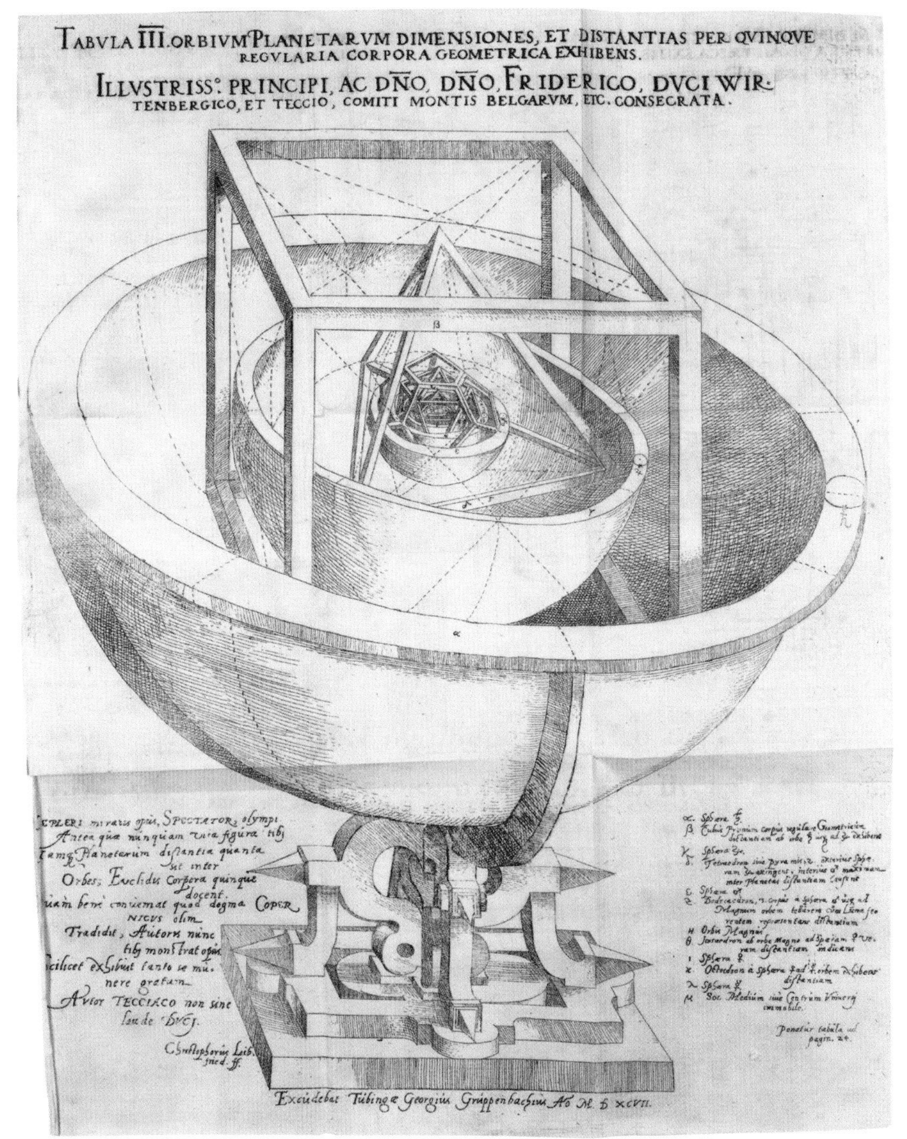

1-70. 요하네스 케플러의 《우주의 신비》에 수록된 우주모형, 그림 3.

케플러는 플라톤 고체 5개와 행성 6개(당시에 알려진)가 존재한다는 것을 알고 있었고 그 두 숫자가 서로 관련이 있을 거라고 추론했다. 어쩌면 행성 '사이에' 고체가 존재해 행성 6개가 원을 그리며 태양 주변을 돌고, 플라톤 고체가 형상으로 그 궤도의 지름을 결정할지도 모른다! 정육각형 안에는 목성궤도가 새겨져 있는데 그것이 목성의 4면체를 둘러싸고 있고 그 4면체는 화성궤도를 결정한다. 화성과 지구 사이에는 12면체가 있고 지구와 금성 사이에는 20면체가 존재하며 금성과 수성 사이에는 8면체가 있다. 케플러는 주전원이 있는 원형궤도를 가정해 계산했다(서문의 그림 0-2 참고). 1596년 논문을 발표한 그는 이후 자신의 모형이 관찰 결과와 일치하지 않아 이 우주모형 이론을 버렸다.

계를 거쳤다.

갈릴레오는 1,000년 동안 누구도 반론을 제기하지 않은 "무거운 물체가 가벼운 물체보다 더 빨리 떨어진다"는 아리스토텔레스의 '자명한' 첫 번째 원칙을 극적으로 반증했다. 그는 피사의 사탑에서 크기는 같지만 무게가 다른 2개의 공을 떨어뜨렸고 그 아래에 모인 사람들은 2개의 공이 동시에 떨어지는 것을 목격했다.

1589년 갈릴레오는 큰 물병에서 물 컵으로 물이 떨어지는 물시계를 사용해 경사면에서 구리공이 굴러 떨어지는 속도를 계산하는 실험을 했으며, 그런 일련의 실험을 기반으로 운동 가설을 정립하기 시작했다. 그는 우주가 태엽 같은 물질로 이뤄져 있어서 힘을 가하지 않으면 비활성화한다는 것을 이해했다. 또한 움직이지 않는 공은 정지해 있고 만약 공이 움직일 때 어떠한 힘도 작용하지 않으면 그 공은 동일한 속도로 일직선으로 움직인다는 것을 발견했다. 그뿐 아니라 일정 시간 동안 공이 움직이는 거리를 재는 실험을 고안했다. 그 실

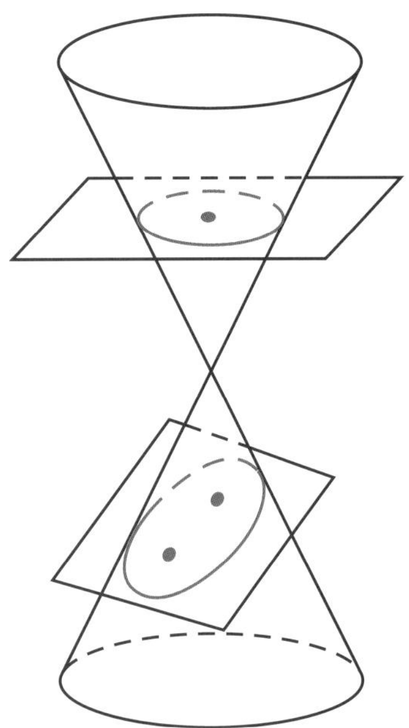

1-71. 타원.
아폴로니오스의 원뿔을 자르는 방식은 타원을 만들어낸다(두 '초점'에서의 거리의 합이 같은 모든 점의 집합을 뜻한다). 원은 두 초점이 같은 타원의 특별한 경우다. 즉, 원은 한 점에서 거리가 같은 모든 점들의 집합이다(하나의 '초점', 《원뿔곡선론》, BC 200년경).

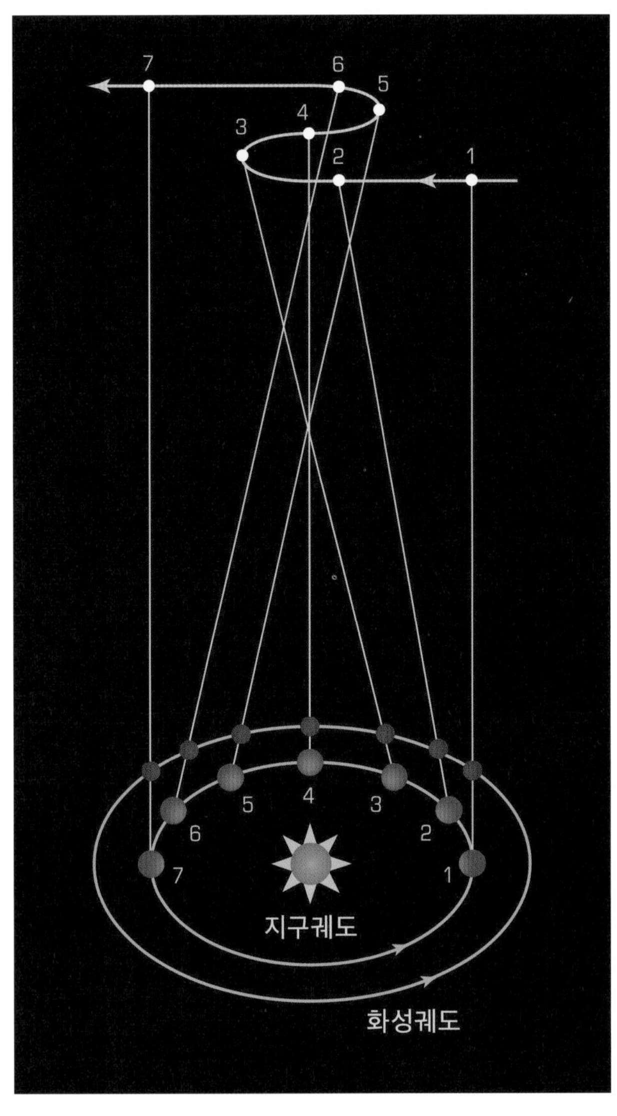

우측
1-72. 케플러의 관찰 가능한 화성의 역행운동 설명.
지구의 공전시간이 화성의 공전시간보다 짧아 지구가 주기적으로 외행성을 추월하는데, 지구의 별자리를 기준으로 이는 화성이 멈춰 뒤로 이동하는 것처럼 보인다. 지구가 화성을 추월한 뒤에는 이 붉은 행성(화성)이 다시 원래 방향으로 움직이는 것처럼 보인다.

험 결과 그는 거리가 시간의 제곱에 비례한다는 것을 알아냈다(즉, 어떤 공이 2초 동안 4ft를 구르면 3초에는 9ft를 구르고 4초에는 16ft를 구른다).

갈릴레오는 물체를 떨어뜨리면 점차 속도가 증가한다는 것을 추측했으며 자신이 만든 물시계와 낙하하는 물체로 정확한 시간을 측정했다.

갈릴레오 시대 사람들은 대포를 쏘면 직선으로 날아가 아래로 떨어진다고 생각했다. 갈릴레오는 그런 발사체의 경로를 생각하며 직선으로 일정하게 움직이는 운동과 아래를 향해 가속하는 운동을 결합해 포물선의 원호를 발견했다(그림 1-66). 고대 그리스의 아폴로니오스도 포물선의 성질을 다뤘지만 그는 이런 적용 방법은 생각해내지 못했다(《원뿔곡선론》, BC 200년경, 그림 1-65 참고). 1,000년이 지난 후에야 갈릴레오가 발사체의 경로가 포물선을 그린다는 것을 발견했다. 갈릴레오는 그의 친구이자 궁정화가인 아르테미시아 젠틸레스키 Artemisia Gentileschi에게 이를 보여주었고, 그녀는 갈릴레오의 이 발견을 '홀로페우스의 머리

를 베는 유디트'에 담아냈다(1620년경, 그림 1-67 참고).[77]

갈릴레오는 운동을 수학적으로 설명하고 건축물을 분석하기도 했는데 그의 연구는 근대 구조공학의 기반이 되었다. 그는 캔틸레버 빔beam의 파괴점이 그 높이와 너비의 함수임을 (정확히) 밝혀냈고 이후 건축가들은 갈릴레오의 공식을 사용해 어떤 재질의 직사각형 횡단면이 있는 캔틸레버도 파괴점을 계산해낼 수 있었다(《새로운 두 과학에 관한 대화록Dialogues Concerning Two New Sciences》, 1638년). 갈릴레오는 이 대화록에서 매달린 사슬의 곡선을 예측했고 이것이 포물선을 형성할 거라는 (잘못된) 가설을 세웠다(82쪽 상단 박스 참고).

케플러의 놀라운 업적은 경험만으로는 지식을 얻을 수 없고 관찰한 사실에 지성을 결합해 비교할 때만 지식을 얻는다는 진실을 잘 설명했다는 점이다.

— 알베르트 아인슈타인, '요하네스 케플러', 1930년.

16세기 초 폴란드 천문학자 니콜라우스 코페르니쿠스는 아리스토텔레스의 첫 번째 원칙을 대체하는 이론을 제시했는데, 그것은 지구가 아니라 태양이 우주의 중심에 위치한다는 것이었다(그림 1-69). 여기서 영감을 얻은 케플러는 행성이 원을 그리며 태양 주위를 돈다는

케플러의 3가지 행성운동법칙

1609년 케플러는 행성운동법칙들 중 태양을 공전하는 행성에 적용되는 처음 두 가지 법칙을 발견했다. 그가 세 번째 법칙을 발견한 것이 1618년 5월 15일이니 거의 10년이 걸린 셈이다. 세 번째 법칙은 이들 행성을 하나의 시스템, 즉 태양계와 결합한다는 점에서 매우 중요하다. 태양계의 나이를 약 6,000년으로 생각한 케플러는 이 법칙을 발견한 극도의 희열을 《우주의 조화》에 다음과 같이 적었다.

"25년 전 내가 희미하게 예감하기만 한 그것, 16년 전 내가 연구의 전체 목표로 삼은 그것, 내 인생의 대부분을 바친 그것을 마침내 밝혀냈다. 완전한 태양이 내 놀라운 예측을 명확히 설명한 18개월 전의 새벽부터 또 3개월 전의 대낮부터 또 며칠 전부터 그 무엇도 나를 방해할 수 없다. (…) 주사위는 던져졌고 내가 쓰고 있는 이 책을 오늘날의 독자뿐 아니라 후대의 독자도 읽을 수 있지만 그것은 중요하지 않다. 창조주 하느님께서 6,000년 동안 목격자를 기다리신 것처럼 한 세기가 지나 읽힌다고 해도 기다릴 수 있다."

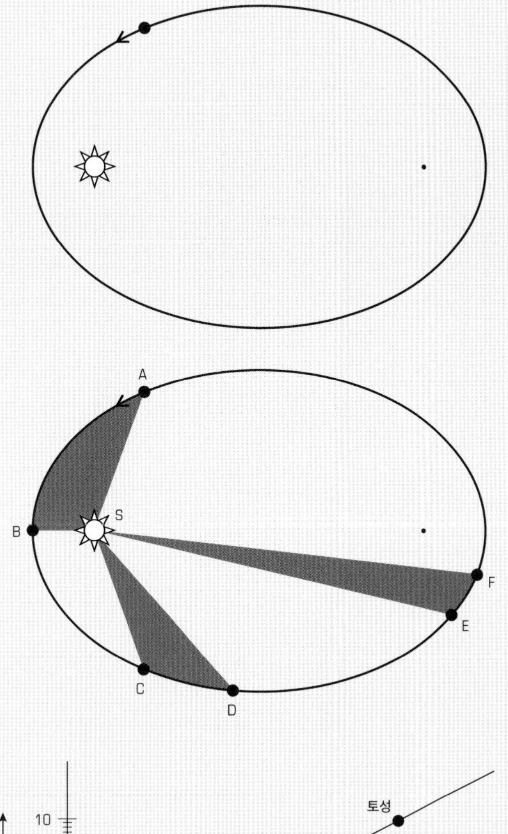

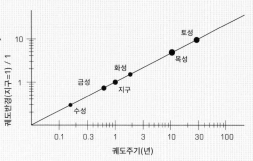

첫 번째 법칙. 행성은 태양을 한 초점으로 하는 타원을 그리며 움직인다.

두 번째 법칙. 행성은 태양에 가까워질수록 가속하고 멀어질수록 감속하며 행성이 A에서 B까지 이동하는 데 걸리는 시간은 C에서 D와 E에서 F로 이동하는 데 걸리는 시간과 같다. 추가하자면 회색으로 칠한 ABS와 CDS와 EFS의 넓이는 모두 같다.

세 번째 법칙. 행성궤도의 평균 반지름은 행성이 태양을 공전하는 데 걸리는 시간과 정확히 비례한다. 각 행성궤도의 평균 반지름을 세제곱한 후 시간제곱으로 나누면 같은 숫자를 얻는다. 즉, 크기와 속력과 궤도가 다른 여러 행성의 T^2/R^3 값은 같다.

상단

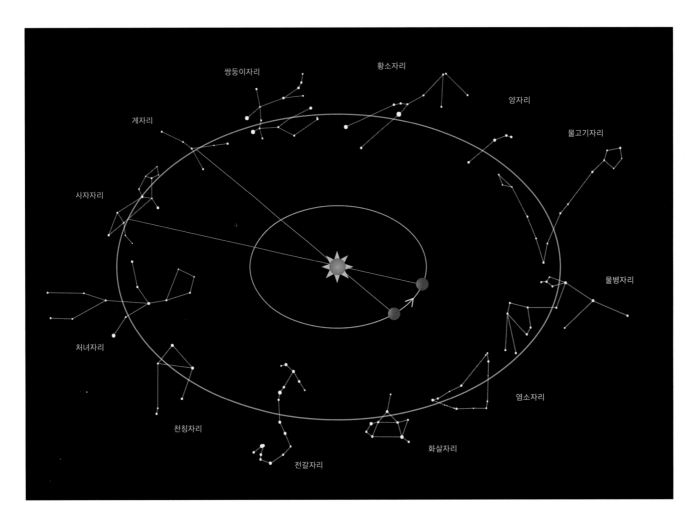

1-73. 케플러의 태양 중심 모형.

태양과 달, 행성, 12궁도가 이동하는 하늘을 자른 단면을 상상해 그린 것이다(그림의 별자리 순서는 맞지만 우주에서 이 별자리를 보면 그 모양이 지금과 다르다).

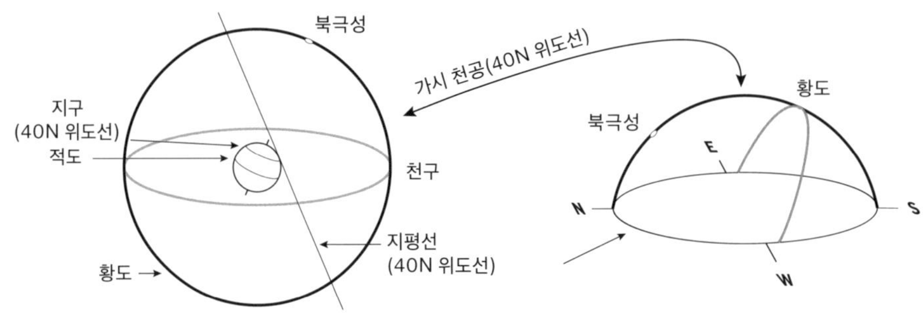

1-74. 가시 천공.

이 도표는 북반구의 스페인, 그리스, 터키, 중국, 북한, 일본, 미국 북부를 지나는 북위 40도 선에서 본 가시 천공이다. 전체 천체 구는 지구에서 볼 수 있는 가시 천공을 상상해서 그린 것이다.

것을 증명하려 했다. 그는 이 가설을 시험하기 위해 천체가 회전하게 하는 동심원 모양의 구체로 이뤄진 코페르니쿠스의 태양계 모형을 만들었다(《우주의 신비Mysterium Cosmographicum》,1596년, 그림 1-70).

여기서 포기하지 않은 케플러는 튀코 브라헤Tycho Brahe가 프라하 관측소에서 20년간 행성 운동을 관찰해 상세하게 기록한 결과물을 얻었다. 브라헤의 데이터에서 그는 각 행성궤도가 원형이 아니라 아폴로니오스의 원뿔형 절편 같은 타원형과 일치한다는 것을 발견했다(그림

1-71). 이 새로운 이론에 도달한 케플러는 타원의 한 초점에 태양을 배치했다(85쪽 박스 참고).

그는 각각의 행성과 태양을 연결하는 가상적 선분이 같은 시간 동안 휩쓸고 지나가는 면적이 같다고 주장했다. 또한 태양에 가까워질수록 속도가 빨라지고 태양에서 멀어질수록 느려진다고 했다. 행성궤도의 크기와 태양을 공전하는 데 걸리는 시간 사이의 연관성도 발견했다. '천체운동은 영원히 반복되는 조화'라고 생각했던 케플러는 이 비율을 '조화법칙'이라 불렀다.[78] 즉, 그는 공전하는 행성이 만들어내는 천체 패턴을 구체의 음악적 조화에 비유했다.

태양을 중심으로 한 케플러 모델 이후 다른 천문학자들이 개선한 태양 중심 모형으로 이전의 천문학자들이 설명하지 못한 '가시 천공Visible Sky'의 기하학적 특징을 설명했다. 태양계는 디스크처럼 생겼고 타원형의 행성궤도는 황도면에 가깝다. 행성은 그 자신의 축을 중심으로 자전하며 태양을 중심으로 공전하는데 대부분 시계 반대방향으로 움직인다. 태양은 매년 12궁도를 지나 서쪽으로 움직이는 것처럼 보이지만 실은 지구가 태양을 중심으로 1년간 공전하며 움직이는 것이다(그림 1-73).

밤하늘을 보면 별이 빛나는 천장이 북쪽 하늘의 어떤 점을 기준으로 회전하는 것처럼 보인다. 이는 지구가 그 축을 기준으로 자전하기 때문이다. 이 별이 북극성이고 지구의 북극에서 하늘의 북극성에 이르는 선이 지구의 축이다. 관찰자가 적도에서 얼마만큼 북쪽으로 또는 남쪽으로 위치해 있는가에 따라 하늘의 황도는 다른 각도로 보인다(그림 1-74). 케플러 모형은 황도에서 보이는 몇몇 행성의 역행운동도 설명한다(그림 1-72).

케플러와 갈릴레오는 현대 과학적 세계관의 핵심 사상을 선언한 셈이다. 자연은 수학구조로 이뤄져 있고 사람은 그것을 발견할 수 있다. 계몽주의 시기 초반부터 오늘날에 이르기까지 어떤 현상의 물리적 특성을 이해하지 못한 과학자는 데이터에서 패턴을 찾고 또 그것을 수학적으로 설명하는 방식으로 연구를 시작한다.

뉴턴의 만유인력법칙

갈릴레오는 구리공이 땅으로 떨어지는 이유를 알지 못했고, 케플러는 행성궤도에 어떤 힘이 있는지 추측할 수밖에 없었다. 지구 내의 궤적과 우주에서의 궤적 모두 원뿔곡선 모양이다. 혹시 이 둘은 서로 연결되어 있지 않을까? 이 둘의 원인이 같을 수 있을까? 뉴턴은 이들 질문의 답을 찾기 위해 갈릴레오의 실험 결과에 케플러의 발견을 더해 3가지 운동법칙을 정립했고 지구 투사체, 행성과 달의 타원형 궤도가 중력이라는 같은 힘 때문에 발생한다는 것을 증명했다.

전해오는 이야기에 따르면 뉴턴은 사과가 땅에 떨어지는 것을 보고 만유인력 아이디어를 얻었다고 한다. 그는 달과 사과를 지구로 끌어당기는 동일한 힘이 존재하지 않을까 하는 의심을 품었다. 그렇다면 달이 땅에 떨어지지 않는 이유는 무엇일까?

뉴턴은 산 정상에서 대포알을 발사하는 실험을 상상했다. 대포에 약간의 화약을 넣고 쏘면 그 대포알은 거의 완벽한 포물선을 그리며 날아가 주변 계곡에 떨어진다. 더 많은 화약을 넣으면 대포알은 더 먼 거리를 날아간 후 땅에 떨어진다. 만약 화약을 충분히 사용하면 굽은 궤적을 그리는 대포알이 굽은 지구의 표면에 떨어지지 않을 수도 있지 않을까? 즉, 대포알이 지구를 중심으로 공전할지도 모른다. 뉴턴은 달이 마지막 대포알과 같다고 추측했다. 달은 모멘텀으로 앞을 향해 움직이고 지구의 중력으로 아래로 당겨지기 때문에 지구를 중심으로 거의 원에 가까운 타원을 따라 움직인다.

뉴턴은 특정한 공과 행성, 달을 넘어 이 현상을 일반화해 자연의 일반법칙이라고 선언했다. 모래알부터 가장 멀리 위치한 별에 이르기까지 우주의 모든 입자는 중력에 이끌린다. 다시 말해 중력이 우주를 하나로 뭉쳐 유지되도록 만든다. 뉴턴은 중력을 수학적으로 설명하며 물체의 인력은 그 질량의 곱과 정비례하고 두 물체 사이의 거리의 제곱과 반비례한다고 말했다. 오늘날 우리는 뉴턴이 말한 우주의 만유인력법칙을 다음과 같은 대수 형태로 사용한다.

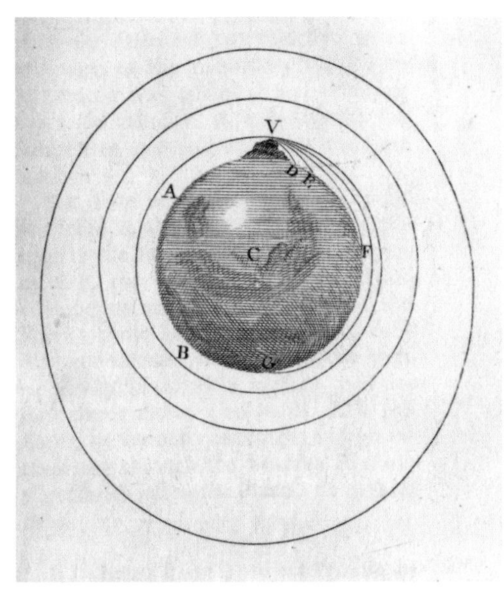

1-75. 높은 산꼭대기에서 여러 속력으로 발사한 발사체의 경로.
아이작 뉴턴의 《세상 체계에 관한 논문 *A Treatise on the System of the World*》(1728년)에 수록된 6장과 7장 사이의 번호표시가 없는 그림.

$$F = G\left(\frac{m_1 m_2}{d^2}\right)$$

여기서 F는 중력을 뜻하고 m_1과 m_2는 두 물체의 질량을, d는 두 물체의 중심 사이의 거리를, G는 중력상수를 뜻한다.[79] 이처럼 중력을 수학적으로 설명하면서 과학자들은 강력한 도구를 얻었다. 이들 변수를 현실의 물체 정보(가령 달의 질량)로 대체하면 발사체 경로를 구할 수 있다. 1968년 미국의 엔지니어들은 로켓 경로를 계획하고 사람이 달에 착륙하도록 할 때 어떤 새로운 물리학적 지식이 아니라 뉴턴의 만유인력법칙을 사용했다.

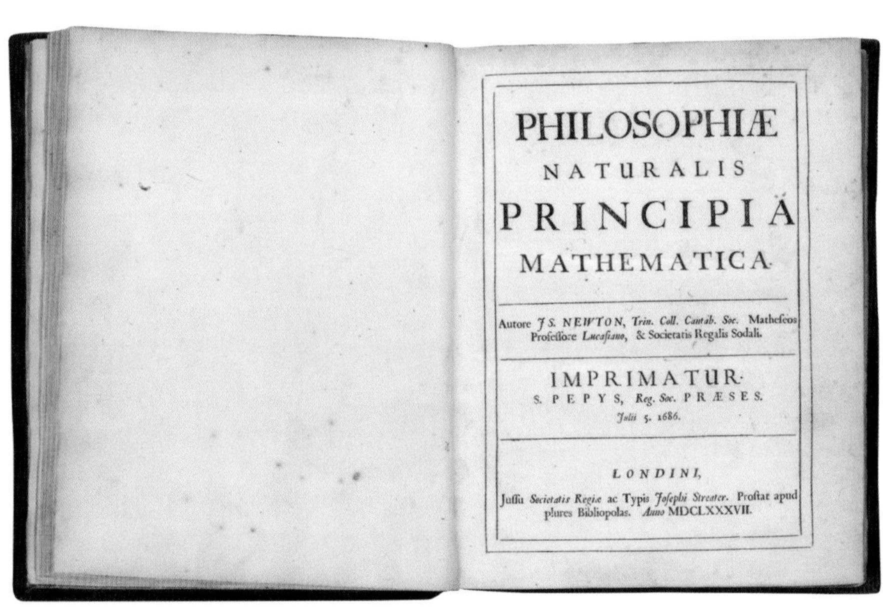
PHILOSOPHIÆ
NATURALIS
PRINCIPIA
MATHEMATICA.

Autore *J S.* NEWTON, *Trin. Coll. Cantab. Soc.* Matheseos Professore *Lucasiano*, & Societatis Regalis Sodali.

IMPRIMATUR.
S. PEPYS, *Reg. Soc.* PRÆSES.
Julii 5. 1686.

LONDINI,
Jussu *Societatis Regiæ* ac Typis *Josephi Streater*. Prostat apud plures Bibliopolas. *Anno* MDCLXXXVII.

1-76. 아이작 뉴턴, 《자연철학의 수학적 원리》.

갈릴레오가 낙하하는 물체를 설명한 것과 케플러의 행성운동법칙, 뉴턴의 만유인력법칙은 모두 수학과 과학 사이의 중요한 차이점을 강조한다. 과학법칙(예를 들어 뉴턴의 중력법칙)은 관찰한 (물리적) 데이터를 설명하는 반면, 수학 공리(예를 들어 $x+y=y+x$)는 특정 수학 시스템 안에서 만든 가정이다. 이 차이점은 고대에는 크게 나타나지 않았지만 근대사상에서는 잘 드러나는 특징이다.

만약 수학 시스템 내에서 수학 공리가 옳고 그 공리의 추론이 옳다면 그 결론이 성립할 것이다. 갈릴레오, 케플러, 뉴턴의 연구는 과학에 수학을 사용하는 주요 예이기도 하다. 먼저 주의 깊게 관찰한 현상을 수학으로 기술해 공식화한 후 과학법칙으로 관찰 가능한 사건을 예측한다. 마지막으로 관찰 결과에 따라 법칙을 확증하거나 반증한다. 과학자는 대개 추후에라도 관찰한 현상을 예측하는 물리 메커니즘을 결국 설명하지만, 수학으로 설명하는 현상의 물리 메커니즘은 때로 밝혀지지 않기도 한다.[80] 갈릴레오와 케플러, 뉴턴은 각각 물리 현상(공이 낙하하는 것과 행성이 회전하는 것)의 원인을 수학으로 설명했으나 중력의 원인을 물리로 설명하지는 못했다.

기하학은 (…) 하느님과 공존한다.
이것은 신성한 정신에서 빛나며
하느님의 패턴을 제공한다. (…)
기하학은 가장 위대하고 아름답게,
무엇보다 창조주와 가장 비슷하게
세상을 만든다.
— 요하네스 케플러, 《우주의 조화》.

중력이란 무엇일까? 달에서 나와 비어 있는 우주를 건너 지구의 바다를 잡아당기는 무언가가 존재할까? 뉴턴은 중력의 영향을 정확히 계산했지만 중력이라는 힘 그 자체의 물리적 본질은 알아내지 못한 채 미스터리로 남았다.

"나는 중력에 내포된 특성의 원인으로 보이는 현상을 발견하지도, 어떠한 가설도 세우지 못했다."[81]

그러나 '힘' 또는 '중력'이라 불리는 것은 대양의 조수를 일으키고 행성을 움직이게 한다. 뉴턴은 중력을 물리로 설명하지는 못하지만 최소한 그것을 측정하고 그 움직임을 수학으로 설명할 수는 있다고 주장했다.

"중력은 실제로 존재하고 내가 설명한 법칙에 따라 작용하며 모든 천체 움직임의 원인이라는 것으로 충분하다."[82]

이는 우주가 마치 중력이라는 힘이 존재하는 것처럼 움직인다는 얘기다. 뉴턴은 자신의 연구가 중력이 물체에 어떻게 영향을 미치는지 수학으로 설명한 것이며 중력 메커니즘을 물리로 설명한 게 아니라는 것을 강조하고자 1687년 출판한 자신의 전문서에 《자연철학의 수학적 원리Philosophiæ Naturalis Principia Mathematica》(1687년, 그림 1-76 참고)라는 제목을 붙이고 첫 장에 "나는 물리적 원인을 고려하지 않고 그 힘의 수학 개념을 제공하고자 한다"라고 밝혔다.

그리고 이 우주와 모든 창조물의
경계를 정하기 위해
신은 황금 컴퍼스를 손에 들고
영원히 창조한다.
한 발은 중심에 두고 다른 한 발은
광막하고 깊은 미지를 향해 돌리고
여기까지가 네 경계고
너는 이곳까지 확장한다고 하시니,
세계여 이것이 네 영역이 될지라.
— 존 밀턴John Milton, 《실낙원》, 1667년.

유신론과 무신론과 세속주의

계몽주의 시대에 부상하기 시작한 과학은 전통적으로 수학과 신성을 연관지어온 서양의 종교적 신념에 중대한 변화를 촉발했다. 역사적으로 유신론(유일신을 향한 믿음)이 존재하던 지

우측

1-77. 프란체스코 보로미니의 산티보 알라 사피엔차*Sant'Ivo alla Sapienza***, 실내 투시도와 도면, 로마, 판화.**

로마의 번화가에 맞춰 마당이 작은 대칭형 구조의 교회 하단부, 돌림띠로 연결한 벽기둥은 도시생활의 복잡성을 나타내듯 패턴이 복잡하다.

하단

1-78. 보로미니의 산티보 돔 구조 도면.

보로미니의 건축물 기저에는 기하학이 담겨 있다. 비록 최종 디자인에는 명확히 나타나지 않지만 우주의 성스러운 기하학 구조처럼 수학구조가 숨어 있다. 볼록한 선과 오목한 선, 직선이 산티보의 돔 구조를 구성한다. 이 도면을 보면 정삼각형의 세 모서리와 선의 중앙점에 원이 위치하는 것을 볼 수 있다.

91쪽

1-79. 프란체스코 보로미니의 산티보 알라 사피엔차의 돔, 로마, 1642~1660년.

작은 성당의 중심에서 위를 바라보면 별과 빛으로 가득한 단순한 기하학 형태를 볼 수 있다. 6개의 창문 꼭대기에는 케루빔(지식에 능한 날개 2쌍의 천사)이 있고, 그 위로 세라핌(사랑에 능한 날개 6쌍의 천사)이 채광창을 둘러싸고 있다. 중앙에서 황금색 빛이 터져 나오는 것은 성스러운 성령을 상징하며 또한 천상의 빛(케플러와 갈릴레오의 우주 중심인 태양)을 상기하게 한다.

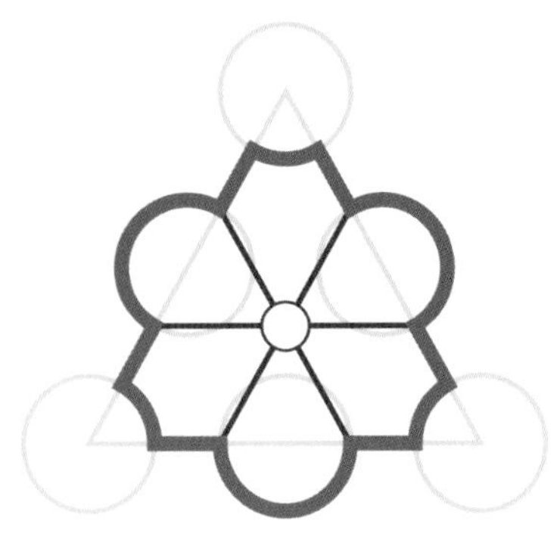

역마다 무신론(그 신의 존재를 불신함)이 발생했다. 특히 찰스 다윈이 아브라함의 하느님이 인간을 창조한 것이 아니라 인간은 "털이 많고 꼬리가 있으며 어쩌면 나무 위에서 생활했을지도 모를 사지동물"[83]에서 진화했다는 압도적 증거를 제시한 19세기 이후 서양 기독교 지역에 무신론이 퍼져갔다. 케플러와 갈릴레오, 뉴턴은 다윈 이전에 살았고 주로 천문학을 연구했기에 그들의 연구 결과는 신성한 창조자가 우주에 질서를 부여했다는 유대-기독교-이슬람의 문화와 직접적이고 명백한 방식으로 충돌하지 않았다. 갈릴레오에게 벌어진 악명 높

INITIVM SAPIENTIAE
TIMOR DOMINI

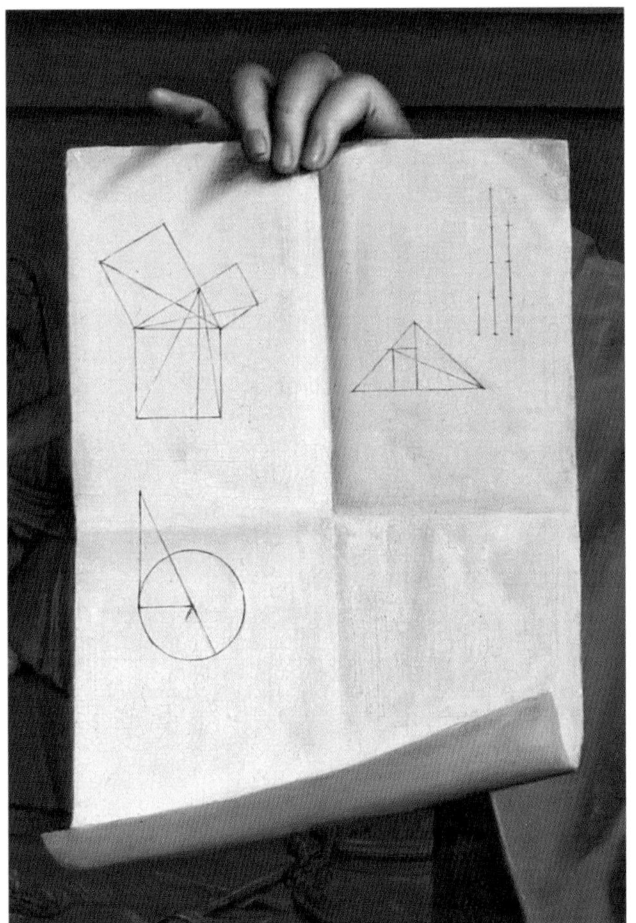

1-80. 로랑 드 라 이르*Laurent de la Hyre*의 추종자, '기하학 풍자*Allegory of Geometry*', 1649년 이후, 캔버스에 유채, 101.6×158.6cm.
고전적인 차림으로 (직각) 자와 컴퍼스를 든 의인화한 기하학이 17세기 중반 계몽주의의 새벽의 신호를 보낸다. 그녀는 유클리드의 《원론》 중 3가지 도형을 밝혀낼 종이를 들고 있다. 1권 47번 명제(피타고라스정리, 상단 좌측), 2권 9번 명제(상단 우측), 3권 36번 명제(하단). 배경에 나오는 이집트 스타일의 스핑크스 아래 기단 수직선은 추상적인 그리스 기하학이 실용적인 이집트에 기반을 두고 있음을 나타낸다. 경도와 위도가 적힌 지구본은 기하학이 17, 18세기 탐험기에 지도학과 항해학에 쓰였음을 의미한다. 지구본의 뱀 장식은 그 의미가 알려지지 않았다.

은 가톨릭의 종교재판은 무신론 관련 혐의가 아니었다(갈릴레오를 포함해 재판에 참가한 모든 이가 독실한 신앙인이었다). 그 사건은 로마교황 우르바노 8세가 코페르니쿠스의 견해에 금지령을 내렸음에도 불구하고 갈릴레오가 그에 대립하는 자신의 연구를 발표해 발생한 것이다.[84] 사실 케플러와 갈릴레오, 뉴턴은 자신이 발견한 것을 기독교 하느님이 만든 자연의 기하학 패턴으로 보았다.[85]

로마가톨릭교도 갈릴레오는 하느님이 2가지 책을 썼다고 주장했는데, 그것은 히브리어와 그리스어로 쓴 성경과 수학으로 쓴 자연의 책이다. 갈릴레오는 후자의 책에 이런 주장을 했다.

"우리가 볼 수 있게 계속 존재하지만 먼저 그 책에 담긴 언어와 글자를 파악하지 않고는 이해할 수 없다. 이 책은 수학언어로 쓰였고 그 글자는 삼각형과 원, 다른 기하학 도형으로 인간의 힘으로는 단 한 단어도 이해할 수 없다. 사전 지식 없이 이 책을 읽는 것은 어두운 미궁에서 방황하는 것과 같다."[86]

이는 갈릴레오가 생각하는 자연세계는 수학자의 영역이고 우르바노 8세의 신학자들은 그것을 관할할 수 없다는 말이다. 또한 갈릴레오는 수학이 확실성을 부여하므로 그가 아는 삼각형과 원의 지식이 신학적 지식과 품격 면에서 동등하다고 주장했다.

"오직 수리과학만, 즉 기하학과 산술만 (…) 모든 것을 아는 신은 무한히 많은 명제를 알 것이다. 하지만 나는 사람의 지성이 이해하는 그중 몇 가지 지식은 더는 확실한 것이 존재하지 않는 것이므로 객관적 확실성이라는 부분에서 신의 지식과 같다고 믿는다."[87]

케플러나 갈릴레오와 동시대에 활동한 바로크 건축가 프란체스코 보로미니는 교회를 우주의 신성한 기하학의 축소판이라 여기고 설계했는데, 그가 말하는 '우주의 신성한 기하학'은 하늘의 단순한 천체 형태와 지상의 복잡한 패턴으로 이뤄져 있다(그림 1-77, 1-78, 1-79).[88]

1-81. 조반니 프란체스코 바르비에리*Giovanni Francesco Barbieri*(게르치노*Guercino*라고도 불림), '마리아의 승천' 중 천사 그림, 1650년, 종이에 붉은 초크, 30.5×22.2cm.
이탈리아의 바로크 화가 게르치노는 성스러운 것과 세속적인 것 사이에 위치한 아기천사를 그렸다. 초자연적 영역에서 내려오는 천사 같기도 하지만 날개가 없고 덥수룩한 머리카락과 통통한 몸매의 어린아이 같기도 하다.

영국성공회 신도 뉴턴은 우주의 사건이 절대시간과 절대공간이라는 궁극적 기준 안에서 발생한다고 보았다. 그는 이것을 하느님의 영원과 보편성으로 이해했다.

"태양과 행성, 혜성의 완벽한 체계는 지적이고 강한 존재의 계획과 통치 없이는 이어갈 수 없으며 (…) 지상신은 영원하고 무한하며 절대적으로 완벽한 존재다."[89]

뉴턴은 신성한 수학구조를 설명하고자 했으나 그가 발견한 만유인력법칙은 역사상 처음 세속적이고 과학적인 문화의 급격한 발전 그리고 전통적인 수학과 신성 분리의 기초가 되었다.

다윈이 《종의 기원》(1859년)과 《인간의 유래The Descent of Man》(1871년)를 출간한 후 과학자들은 절대존재뿐 아니라 뉴턴의 절대시간과 절대공간에도 의문을 제기하기 시작했다(3장 참고). 19세기와 20세기에 걸쳐 수학은 종교와 서서히 분리되었지만 여전히 수학은 숫자, 원, 구체 같은 추상적 사물의 지식을 확실히 전달하는 역할을 하며 세속적인 사회에서 특수한 지위를 유지했다. 인류가 순수수학과 자연구조 사이의 상호작용으로 쌓아온 지식은 인간의 문화 중 가장 깊이가 있고 이것은 모든 과학과 기술의 근간을 이루고 있다.

상식: 한 사물과 같은 다른 사물들은 서로 같다. *Things which are equal to the same thing are also equal to one other*

— 유클리드, 《원론》, BC 300년경.

역사적으로 과학의 부상은 단순히 종교적 신념에만 변화를 일으킨 게 아니며 민주주의 부상이나 세속주의와도 관련이 깊다. 이때 도덕과 정의는 신을 향한 믿음이나 죽음 이후의 삶에 근거해 고려하는 것이 아니라 현재의 삶에서 인류의 복지에만 근거해야 한다는 정치적 신조가 등장했다. 민주주의는 BC 6세기 후반 아테네에서 처음 등장했다. 이후 헬레니즘 그

우리는 모든 사람이 평등하게 창조되었다는 자명한 진실을 신봉한다.

— 토머스 제퍼슨, '독립선언문', 1776년 7월 4일.

리스인의 민주주의 형식의 정부를 거쳐 로마에 이르러 권력을 분립하고 견제와 균형의 원칙을 갖춘 공화주의 헌법으로 발전했다.

하지만 BC 44년 로마의 상원이 율리우스 카이사르를 종신 독재관에 임명하고, 그가 암살된 뒤 그의 입양아 아우구스투스가 첫 세습 황제 자리에 오르면서 고대 민주주의는 끝났다. 로마 멸망 후에는 왕이나 교황, 황제, 독재자 같이 강력한 힘을 쥔 소수가 지배했고 계몽주의에 이르러서야 사상가들은 사람의 이성에 관심을 두었다. 이 시기에 군주제는 약화하고 민주주의 사상이 부활했다(그림 1-80과 1-81).

영국·미국·프랑스 혁명은 근대수학과 근대과학, 세속주의 부상에 따른 정치적 시작점이었다. 1642년, 1776년, 1789년 혁명의 결과로 서양은 민주주의 개혁에 휩쓸렸는데(오늘날 북아프리카와 아시아도 개혁을 겪는다) 학식 있는 대중은 권위에 주의를 기울였고 신이 예정한 자연법은 존재하지 않는다고 주장했다. 수학적 진실은 관심이 있는 사람이면 누구라도 그 진위를 확인할 수 있는 합리적인 논증과 증명 과정으로 수립되며, 자연의 진리는 모든 사람이 똑같이 관찰 가능한 실험으로 밝혀진다. 보스턴, 파리, 카이로, 베이징 등에서 일어난 민주주의 혁명은 현대인의 핵심 조건이라 할 수 있는 자유와 개인주의의 열망을 불러일으켰다는 점에서 현대문화의 영적 시작점이라고 할 수 있다.

오늘날 세속적 관점을 드러내는 이들은 더 이상 플라톤적 종교관(신성한 이성이 자연을 인도한다는 믿음)을 따르지 않는다. 그러나 대부분 전통 과학관(자연이 수학 패턴을 구현한다는 믿음)과 수학관(수학적 물체를 영원하고 완벽하다고 여기는 것)을 인정한다는 점에서 플라톤적 사고방식을 갖춘 셈이라고 할 수 있다. 숫자와 기하학 형태를 알고 그것에 의미를 더하면서 직감적으로 수학세계의 초월적 영역과 정신적 연결을 유지하려 하는 자연적인 인간의 욕망은 현대사회에도 강하게 남아 있다. 플라톤이 말한 것처럼 추상물체는 "영원하고 절대적으로 아름답기" 때문에 수학은 오늘날에도 여전히 위대한 예술에 영감을 불어넣고 있다.

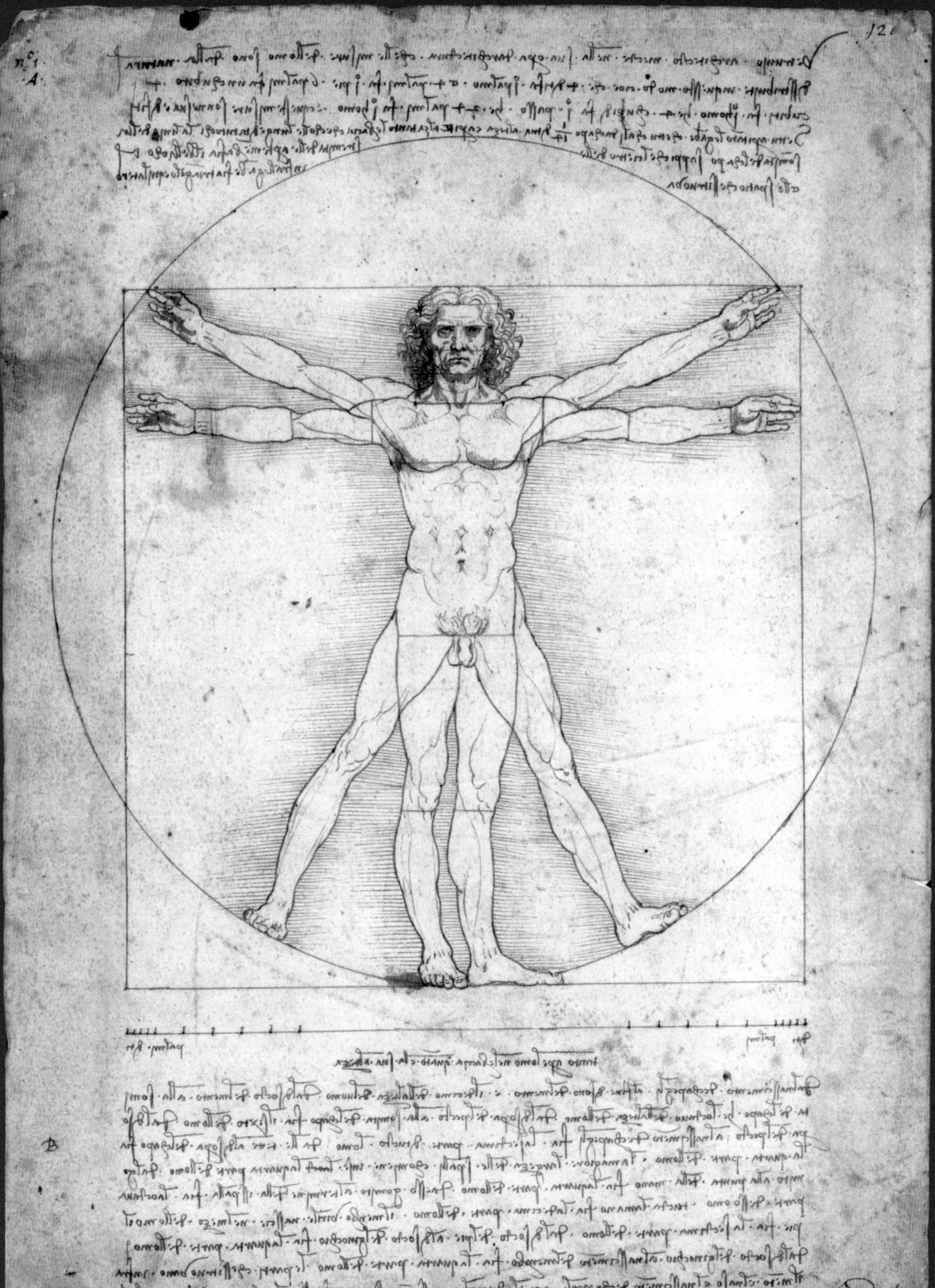

2
비율

우리의 비율은 우리가 아는 숫자로 결정하거나 어떤 수량으로 설명할 수 없어 언제나 미스터리한 비밀로 남아 있으며 수학자들은 이 비율을 무리수로 수량화한다.

— 루카 파치올리*Luca Pacioli*, 《신성한 비율*Divine Proportion*》, 1509년

사물에는 세포와 조직, 껍질과 뼈, 잎과 꽃 등 여러 부분이 있는데 그 입자는 물리법칙에 따라 움직이고 형성되며 모양을 띤다. 그런 형상 문제는 수학문제로 시작한다.

— 다시 웬트워스 톰프슨*D'Arcy Wentworth Thompson*, 《성장과 형태*On Growth and Form*》, 1917년.

고대 피타고라스 추종자들과 플라톤은 우주에 품위 있는 기하학 질서가 있다고 묘사했다. 그들은 음악 화음의 수리 기반을 발견한 후 이것이 우주의 조화를 반영한다는 결론 아래 전체 내에서 부분이 조화로운 관계를 이루는 고전적 아름다움의 이상을 확립했다. 고대와 르네상스 시대의 비율체계는 부분적으로 인체 측정에 기반을 두었는데, 인체의 조화로운 부분은 신성한 창조주 형상의 불변하는 아름다움을 구체화한 것으로 여겼다.

유클리드는 《원론》에서 정수의 분수로 나타낼 수 없는 많은 무리수의 비율을 찾는 방법을 보여주었다. 르네상스 시대의 수사 루카 파치올리는 인간의 이성으로는 신의 본질을 이해할 수 없으며 유클리드의 무리수 비율 중 선을 외중비(황금비)로 나누는 방법이 전능자를 은유적으로 표현한 것이라고 선언했다. 파치올리는 유클리드의 비율을 신학과 연관지은 것이다. 그러나 파치올리와 고대인은 비율을 미술이나 아름다움과 연관지어 생각하지는 않았다.

그 연관성은 1800년대 초반 독일 수학자들이 처음 유클리드의 '황금'비율을 나누는 방법을 언급하면서 등장한다. 아돌프 차이징Adolf Zeising은 《인체 비율에 관한 새로운 체계New System of Human Proportions》(1854년)에서 그 개념을 채택해 보급했다. 이 '황금비율'이라는 용어는 고대와 중세, 르네상스 시대 예술가와 건축가가 이상적인 비율을 찾는 데 그것을 사용했다는 잘못된 역사적 주장으로 생겨난 것이다. 계몽주의 시대에 부상한 과학이 신의 형상을 구현했다고 알려진 인류의 특권적 지위를 위협한다고 생각한 독일 낭만주의 시대 대중에게 황금비율은 상당히 유혹적인 아이디어를 제시했다. 그들은 유클리드에게서 기원한 이 단순한 비율을 인간이 우주, 자연, 예술을 통합한 완벽한 비율로 창조의 핵심에 존재한다는 증거로 여긴 것이다.

2-1. 레오나르도 다빈치(이탈리아인, 1452~1519년), **'비트루비안 맨***Vitruvian Man***'**, **1492년, 종이에 펜과 잉크, 34.4×25.5cm.**
레오나르도는 비트루비안 본문에 이상적인 비율에 관한 글을 적어놓았다. "인체의 중심과 중앙은 당연히 배꼽이라 할 수 있다. 사람이 배꼽을 중심으로 한 원 안에서 팔과 발을 뻗은 채 누워 있다고 상상하면 손가락과 발가락이 이 원의 둘레에 닿는다. 손과 발을 직각으로 펼 경우 사각형 안에 들어가는데, 인간의 발바닥에서 머리 꼭대기까지의 거리를 측정하고 뻗은 손의 길이와 비교해보면 정사각형처럼 길이와 높이가 같다." 비트루비우스*Vitruvius*, 《건축*On Architecture*》(BC 1세기), III, i. 3, 《비트루비우스, 건축십서*Vitruvius, Ten Book on Architecture*》(1999년), 47.
레오나르도는 인체가 원과 정사각형에 모두 내접한다는 것을 보여주기 위해 이 복합적인 그림을 그렸다. 이때 인체에 맞추고자 정사각형을 원 아래로 내려 겹치게 만든 까닭에 원과 정사각형 중앙이 서로 맞지 않는다. 레오나르도는 그림 위의 글에 비트루비우스가 계산한 인체비율 내용을 적고, 아래에는 그가 스스로 측정한 비율을 적은 다음 남자의 머리와 팔과 다리에 괘선으로 표시해두었다(레오나르도는 이 글을 좌우대칭 상황에서 오른쪽에서 왼쪽 방향으로 직접 적었다). 그림 아래에는 선을 단위로 나눈 것을 볼 수 있다. 양끝에는 6개 마디를 두었고 끝마디에 4개의 작은 마디를 두었다.

차이징이 새 체계를 출판하고 나서 10년도 채 지나지 않아 찰스 다윈은 호모 사피엔스의 비율이 시간에 따라 변화했다고 발표했다. 1900년에 이르러 아르누보 건축가와 디자이너는 영원불변하는 인간의 이상적 비율을 찾는 것을 멈추고, 오랜 세월 동안 자연선택의 시행착오를 거치며 진화한 식물과 동물의 유기적인 패턴을 찾고자 했다.

과학적 세계관이 서양의 전통적인 유대교-기독교-이슬람 신학에 의문을 제기하는 시대가 오자 소위 황금비율 개념은 그 전통을 향한 향수를 불러일으켰고 게르만 학계 학자들의 상상력을 집요하게 가로막았다. 19세기 후반 야코프 부르크하르트Jacob Burckhardt와 하인리히 뵐플린Heinrich Wölfflin 같이 영향력 있는 미술사학자들은 차이징의 길을 추종했다. 이들은 예술가와 건축가가 이집트 피라미드, 이탈리아 르네상스, 바로크 고전 건축물을 포함해 예술역사상 가장 위대한 기념비를 디자인하는 데 황금분할을 사용했다고 주장했으나 실은 그렇지 않다.

1900년에는 그리스 조각가 피디아스가 아테네의 파르테논 조각물을 조각할 때도 황금비율을 사용했다고 착각해 이것을 '피Phi'라고 불렀다. 페터 베렌스Peter Behrens와 발터 그로피우스Walter Gropius, 바우하우스 디자인스쿨의 독일 건축학자들은 현대건축 교과서에 황금비율을 넣었다. 결국 이 잘못된 개념은 오늘날의 건축 교과서에도 남게 되었다.

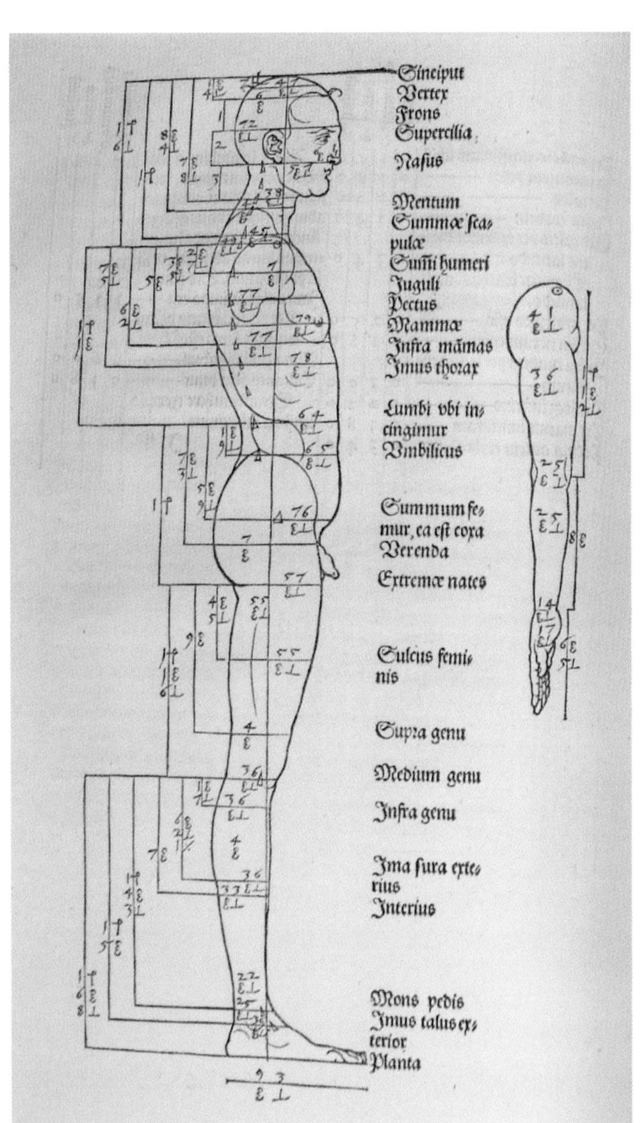

2-2. 알브레히트 뒤러(독일인, 1471~1528년), 비율의 남자, 《인체비율에 관한 4권의 책》에 수록된 그림.

고전미술의 비율

고대 그리스 조각가 폴리클레이토스(BC 5세기)는 자신의 논문에 이상적인 남성의 비율을 묘사했으나 이 논문은 오늘날 소실되었다. 그러나 그가 이 이상적인 비율을 적용해 조각한 청동상의 대리석 복제품은 오늘날까지 전해졌다(1장 그림 1-17). 로마 건축가 비트루비우스(BC 1세기)는 폴리클레이토스처럼 인체를 부분과 전체의 조화로운 관계에 관한 패러다임으로 보았다. 그는 얼굴, 손, 머리를 키와 연관해 설명했다.

"자연적으로 사람의 턱에서 머리카락이 자라는 라인까지의 길이는 전체 키의 10분의 1이고, 중지부터 손목까지의 길이 또한 그와 같다. 턱에서 정수리까지의 길이는 키의 8분의 1이다."(《건축》, BC 1세기, 그림 2-1 참고).[1]

사람의 키는 머리의 8배라는 단순한 규칙은 중세시대 전반에 걸쳐 적용되었다.

르네상스 시대 초기 이탈리아의 건축가 레온 바티스타 알베르티

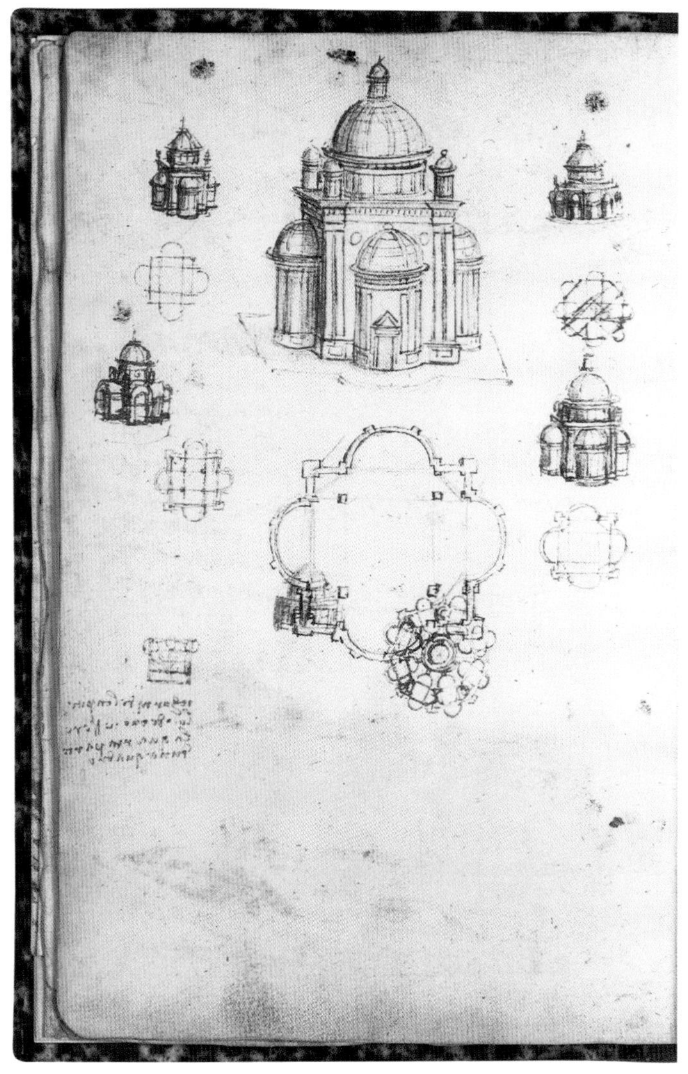

좌측

2-3. 레오나르도 다빈치의 성당 디자인, 1487~1490년.

레오나르도 다빈치는 여러 대칭적 성당을 디자인했으나 그중 어느 것도 실제로 건축되지는 않았다. 1975년 미국 수학자 조지 E. 마틴*George E. Martin*은 레오나르도가 이탈리아 르네상스 시대의 건축가가 알 수 있는 모든 단어로 도면 대칭을 유지하면서 성당을 짓는 가능한 방법을 체계적으로 밝혀냈다고 했다. '레오나르도의 정리', 조지 E. 마틴, 《기하학과 비유클리드 평면의 기초*The Foundations of Geometry and the Non-Euclidean Plane*》(1975년), 386~392.

하단

2-4. 원과 내접하는 다각형을 만드는 법, 레온 바티스타 알베르티의 《건물의 예술*De Re Aedificatoria*》(1485년), 207, 208.

알베르티는 1452년 《건물의 예술》 집필을 마쳤는데 당시 독일 마인츠에서 가동활자를 이용해 첫 성경을 인쇄했다. 구텐베르크의 기술은 피렌체로 빠르게 퍼져갔고 알베르티의 저서 초판본 역시 1485년 목판화를 적용해 인쇄했다.

는 머리의 길이로 이상적인 비율을 찾는 비트루비우스의 방식에 이의를 세기했다. 그는 이상적인 남자는 키가 6ft(발길이의 6배)라고 주장했다(《조각상On Sculpture》,1464년경). 르네상스 전성기 시절 독일의 알브레히트 뒤러Albrecht Dürer는 200명의 신체를 공들여 측정한 후 알베르티의 주장인 1:6 비율을 확인했고 이 비율은 19세기까지 표준으로 쓰였다(《인체비율에 관한 4권의 책Vier Bucher von menschlicher Proportion》,1528년, 그림 2-2 참고).

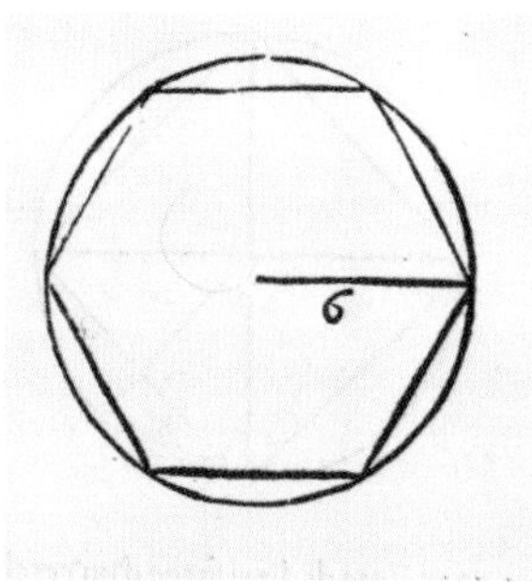

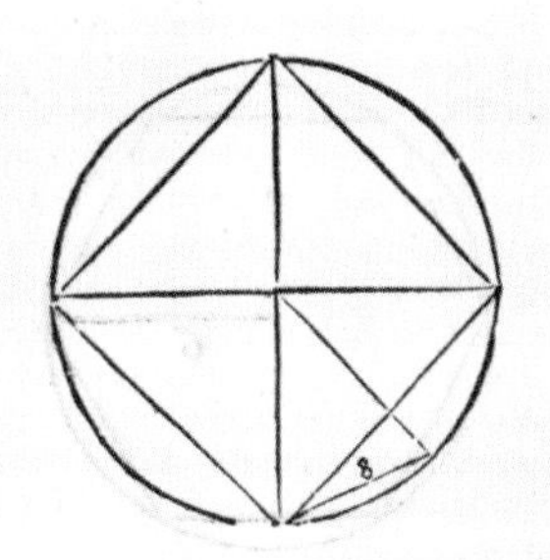

알베르티는 비트루비우스가 이상적인 인체는 원에 내접한다고 주장한 것에 영향을 받아 원형이나 동일한 기둥 4개가 지탱하는 것 같은 대칭구조 건물을 선호했다. 그는 원이 가장 완벽한 모양이며 원에 내접하는 다른 다각형 역시 건물구조로 사용할 수 있다고 말했다(그림 2-4). 레오나르도 다빈치는 교회를 반정다각형(그림 2-3) 구조로 디자인했고 르네상스 절정기의 가장 중요한 건축물인 로마 성 베드로 성당의 재건축을 의뢰받은 도나토 브라만테의 원본 디자인 역시 대칭구조다(그림 2-6).

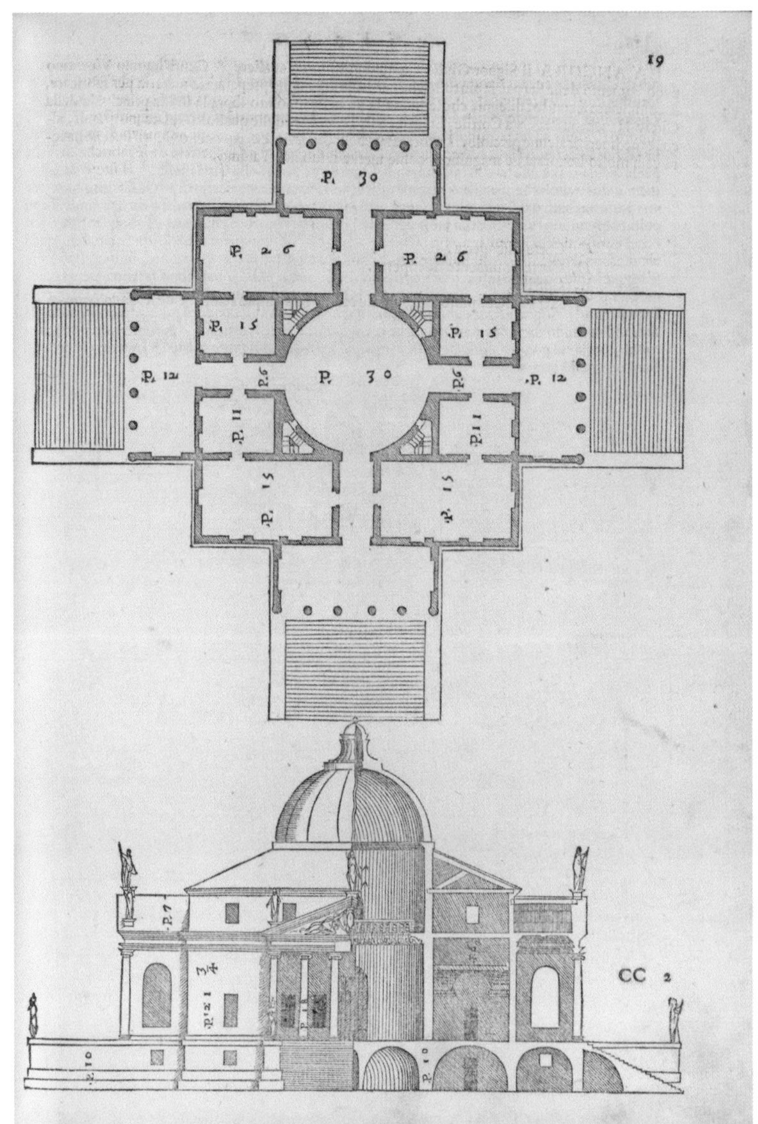

2-5. 팔라디오(이탈리아인, 1508~1580년), **빌라 카프라 '라 로톤다***La Rotonda*'**의 도면과 절단면, 1566년 시공해 팔라디오 사후 빈첸초 스카모치** *Vincenzo Scamozzi*가 **1585년 완공.**

알베르티의 추종자 중 가장 영향력 있는 건축가는 안드레아 팔라디오라고 할 수 있다. 그는 다양한 빌라, 궁전, 공공건물, 성당을 포함해 여러 석조건물과 벽돌건물을 디자인했는데 이들 건물에는 대칭구조와 측면이 있다. 19세기 강철이 등장하면서 석조건축이 쇠퇴하기 전까지 많은 사람이 그의 고전적 스타일을 광범위하게 모방했다.

하단

2-6. 도나토 브라만테(이탈리아인, 1444~1514년경), **성 베드로 성당 도면, 로마, 1505년 디자인, 1506년 시공.**

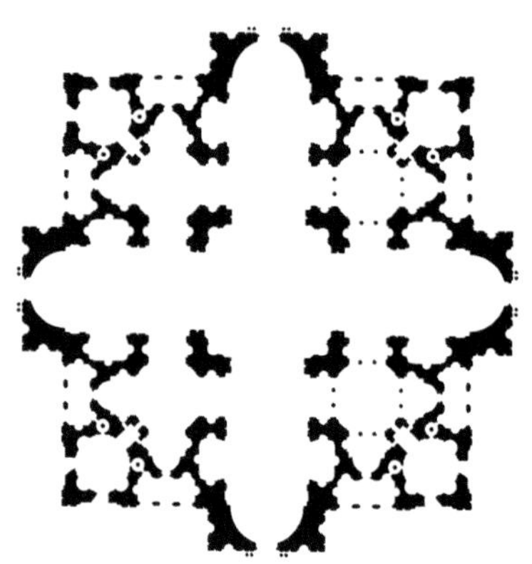

비트루비우스는 건축이 인간의 이상적인 비율을 반영해야 한다고 주장했지만 그 비율을 정확히 명시하지는 않았다. 르네상스 건축가들은 역사적인 고대 건축물을 측정해 고대에 존재했을 비율을 복구하고자 했으나 어떠한 결론에도 이르지 못했다. 르네상스 시대의 디자이너는 건물비율이 얼마나 정확해야 하는가를 놓고 토론했는데 여기에는 2가지 쟁점이 있었다. 1:2 옥타브의 음악비율처럼 정확히 수치로 측정할 수 있는 비율을 사용해야 할까? 원의 지름과 둘레 사이의 관계인 무리수 파이처럼 근사치만 구할 수 있는 비율을 사용해야 할까?

초기 르네상스의 수학자들은 이 2가지 접근방식을 모두 알고 있었다. 알베르티는 건물을 정수 단위를 합해 디자인하는 방식을 기준으로 제안했다. 이탈리아 르네상스 시대 내내 사용한 그의 시스템은 19세기 고전주의 부흥의 기반이 되었다(그림 2-5).

선원근법

초기 르네상스 시대 건축가 필리포 브루넬레스코는 3차원 건물을 2차원 도면에 그리기 위해 선원근법을 고안했다. 이 선원근법을 사용하면 점에 따라 변하는 왜곡현상을 해결할 수 있다. 알베르티는 자신의 전문서적 《회화론De Pictura》(1435년)에서 브루넬레스코의 선원근법을 체계적으로 정리했다. 또한 그는 관찰자의 눈과 사물 사이에 시각적 피라미드가 형성되고 여기에 수직 '화면'이 교차한다는 것을 보여주었다. 르네상스 시대의 이 광학이론은 11세기 이슬람의 수학자 이븐 알하이삼의 광학 서적에 기초한다. 알하이삼은 최초로 광원(불 또는 태양)에서 분출되거나 다른 사물(사과나 달, 그림 2-7)에 반사된 광선을 눈이 어떻게 수동적으로 받아들이는지 그 올바른 모형을 세웠다. 브루넬레스코는 3차원 공간에서 관찰자 눈의 위치의 영향을 발견했다는 점에서 광학 발전에 기여했다.

그가 어린 학생이었을 때 학자들은 이미 관찰자 눈의 위치가 위-아래나 좌-우로 움직일 때 나타나는 현상을 수평선과 소멸점을 사용해 설명했다. 브루넬레스코는 3차원에서 관찰자가 앞뒤로 움직일 때 시각적으로 보이는 사물의 감소율을 측정하는 방법을 찾아냈고 이는 이후 변혁의 씨앗이 되었다. 초기 르네상스 화가들은 먼 곳의 황금빛 안개 속을 떠다니는 성인이 아니라 선원근법을 사용해 예수와 제자들이 마치 그들 앞의 자연계에 있는 것처럼 묘사할 수 있었다(그림 2-8과 102-103쪽 참고).

피에로 델라 프란체스카는 젊었을 적 수학자로서 《회화에서의 원근법론De Prospectiva pingendi》과 《산술론Trattato d'abaco》, 《오정다면체론De quinque corpo-

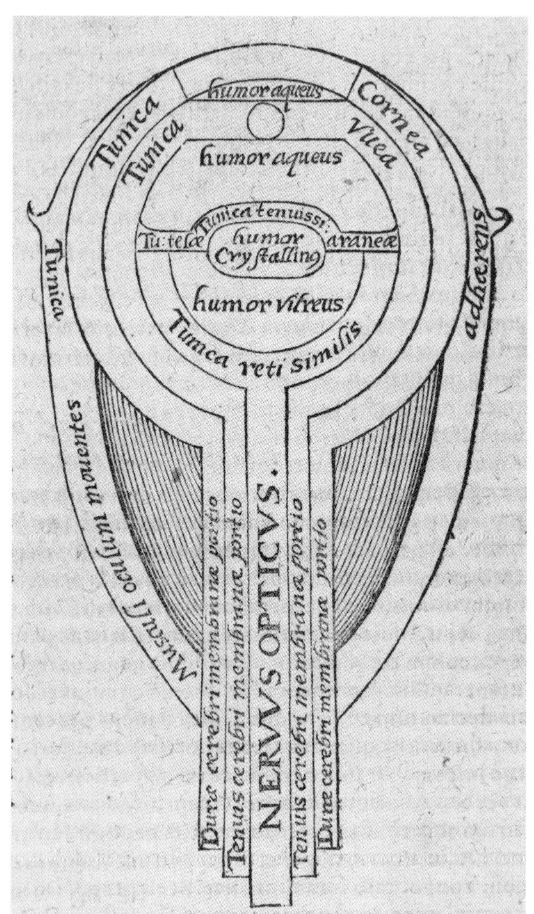

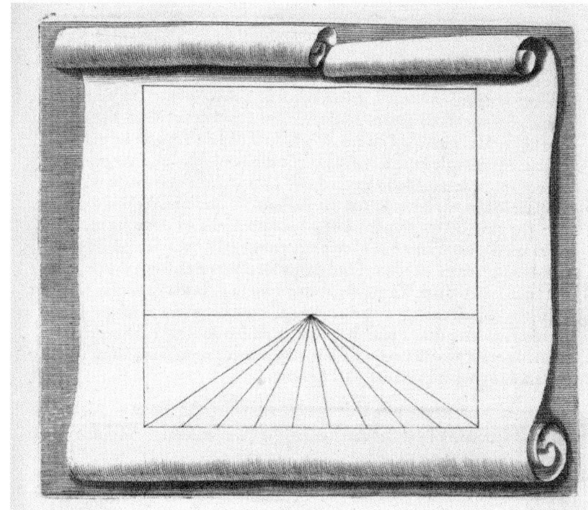

상단

2-7. 이븐 알하이삼, '눈 해부도*Kitab al-Manazir*', 11세기 초반, 라틴어 번역본
《알하젠의 광학서*Opticæ Thesaurus: Alhazeni Arabis Libri Septem*》 7권에 수록.
이븐 알하이삼은 광선이 각막, 동공, 홍채, 수정체, 눈방수를 거쳐 시신경과 연결된 망막에 닿으면서 시각이 발생한다고 주장했다. 그는 광학뿐 아니라 카메라 옵스큐라 현상과 무지개도 연구했다. 7권의 그의 광학 저서*Kitab al-Manazir*는 1200년경 라틴어로 광학책을 뜻하는 《광학서*Opticæ Thesaurus*》로 번역되었고 15세기 초반 이탈리아 전국으로 퍼져갔다. 현존하는 책 20부는 D. C. 린드버그*D. C. Lindberg*의 《르네상스와 중세 광학논문 요람*Catalogue of Renaissance and Medieval Optical Manuscripts: Toronto: Pontifical Institute of Medieval Studies*》(1975년) 17~18쪽 참고. 이븐 알하이삼의 논문은 16세기 독일 수학자 프리드리히 리스너*Friedrich Risner*가 처음 출판했다.

하단

2-8. 레온 바티스타 알베르티의 《회화론》, 1435년, 코시모 바르톨리*Cosimo Bartoli*의
이탈리아 번역본(1651년), 17.
알베르티가 1435년에 작성한 스튜디오 지침서는 이 이론을 그림 없이 글로만 설명했다. 이 그림은 익명의 화가가 초기 출판본(1651년)에 삽입한 것으로 평행선이 점점 멀어지면서 수평선의 소멸점에서 만나고 있음을 보여준다.

줄어드는 격자무늬를 어떻게 그릴까?

알베르티는 화가들에게 정육면체 같은 사물을 한쪽 눈을 감고 보는 것을 상상해보라고 조언했다. 이것은 19세기 이후 '사고실험'이라 불린 실험 중 하나다. 눈에서부터 시야를 나타내는 선을 그려보면 흔히 '시각 피라미드'라 불리는 모양이 나온다. 투명한 '화면'은 시각 피라미드를 교차하고(하단 좌측) 그 결과 정육면체 이미지가 투영되어 나타난다. 만약 관찰자가 움직이면 그 움직이는 위치에 따라 정육면체도 다른 방식으로 비틀려 보인다. 그러니 물체를 올바르게 그리려면 3차원 공간에서의 관찰자 위치(상-하, 좌-우, 앞-뒤)를 고려해야 한다.

A 상-하 해변에서는 지구와 하늘이 수평선에서 만나는 것을 볼 수 있다. 관찰자는 구 모양의 지구 위에 있는 것이므로 수평선은 관찰자의 눈높이에 맞춰져 있다. 만약 관찰자가 위로 움직이면 더 멀리 볼 수 있고 수평선 역시 높아진다. 반대로 관찰자가 아래로 움직이면 수평선 역시 낮아진다. 그림 A를 보면 회색으로 그린 관찰자의 눈높이와 수평선이 일치한다.

좌-우 2×2ft 크기의 격자무늬 타일바닥을 그린다고 상상해보자. 우선 타일의 왼쪽과 오른쪽 모서리를 그린다. 멀리 위치한 타일일수록 더 작게 보인다. 만약 바닥이 평평하면 격자무늬 평행선이 수평선의 한 점에 수렴하는 것을 볼 수 있다. 이것이 바로 소멸점이다. 이 점은 관찰자의 눈과 직선에 위치해 있다. 만약 관찰자가 좌측으로 움직이면 소멸점도 좌측으로 움직이고, 관찰자가 우측으로 움직이면 소멸점도 우측으로 움직인다. 그림 A의 화가는 정중앙에 서 있는 관찰자 시각에서 소멸점을 그렸다.

B와 C 앞-뒤 점점 멀어질수록 타일은 더 작아지는데 과연 얼마나 작아질까? 타일바닥을 걸어본 브루넬레스코는 관찰자가 타일에서 가까워지거나 멀어질 때 이 감소율이 변한다는 것을 확인했다. 만약 관찰자가 타일에 가까이 있으면 타일은 빠른 속도로 감소한다. 관찰자가 뒤로 물러서면 감소율은 점차 줄어든다. 브루넬레스코는 이 그림에서 감소율을 구하기 위해(B의 우측 그림) 화가에게 그림의 바탕 선을 한 방향으로 연장하고 2ft 단위로 격자무늬처럼 표시하라고 했다. 이제 그림 화면을 90° 회전해 그림 공간과 관찰자의 실제 공간 조감도를 그린다고 상상해보자(C). 먼저 B에서 옆으로 보이고 C에서는 위로 보이는 관찰자가 서 있다고 가정한다. 측면에서 볼 때 그의 키는 6ft인데 관찰자 눈높이에서 첫 번째 타일 모서리(2ft 거리)와 두 번째 타일 모서리(4ft 거리), 세 번째 타일 모서리(6ft 거리) 등의 시선을 그려보자.
이제 감소율을 계산할 준비가 되었는가? 먼저 관찰자가 화면에서 얼마나 떨어져 있는지 결정한다. 만약 관찰자가 8ft 거리에 서 있다면 8ft 거리에서 시각 피라미드와 교차하는 선을 그린다(B의 선). 이것은 그림 화면을 8ft 표시로 옮기는 것과 같다(C). 이 시각 피라미드와의 교차선에서 감소율을 계산할 수 있다. 그림으로 이어지는 수평선을 타일바닥으로 연장한다. 그림 표면을 관찰자에게 더 가깝게 움직이면(예를 들어 4ft) 감소율은 극적으로 증가한다. 관찰자로부터 더 멀리 떨어뜨리면 감소율은 줄어든다.

D 예술가는 선원근법을 사용해 무늬가 있는 타일바닥처럼 모든 종류의 형태를 축소할 수 있다. 우선 그 모양에 격자무늬를 넣은 다음 격자를 투사한다. 또한 두 남성 같이 환상 공간 물체의 정확한 크기를 계산한다. 예술가가 사물의 실제 크기를 알면(그림 평면에서의 크기) 축소한 단위를 사용해 환상 공간에서의 크기를 계산할 수 있다. 브루넬레스코와 알베르티의 설명은 알베르티가 그림 없이 글로만 작성한 스튜디오 지침서의 선원근법에 기반하고 있다. 레온 바티스타 알베르티, 《회화론》, 57~58쪽과 역자 주석 110~117쪽 참고.

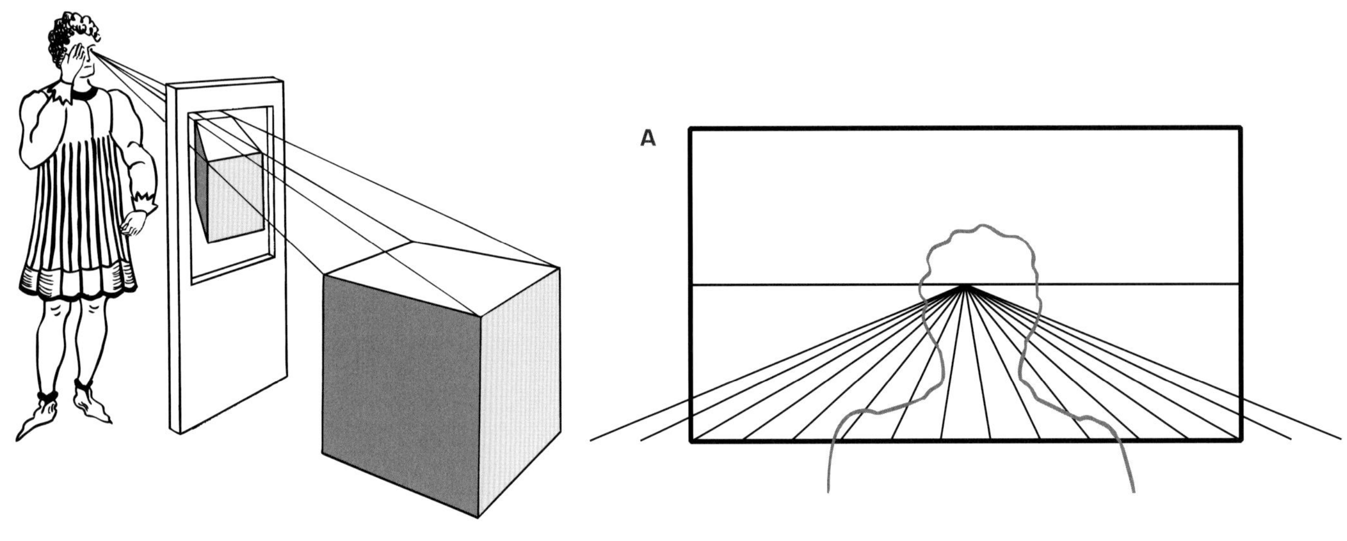

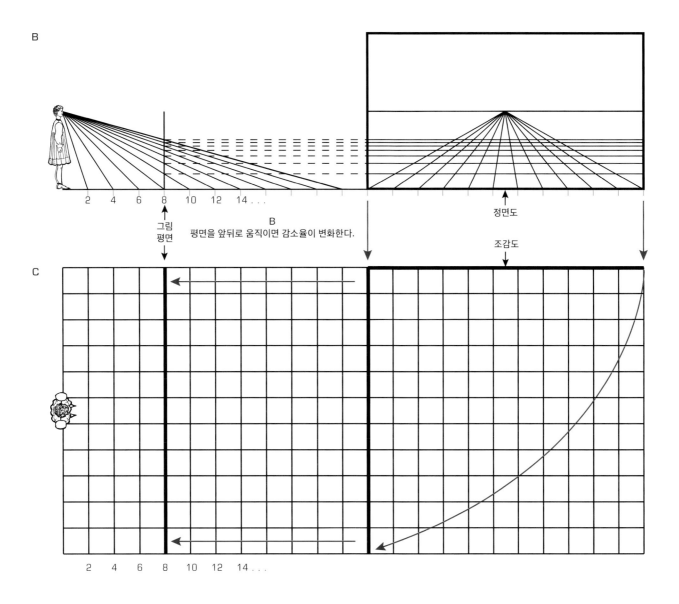

B

2 4 6 8 10 12 14 . . .

정면도

그림
평면

B
평면을 앞뒤로 움직이면 감소율이 변화한다.

조감도

C

2 4 6 8 10 12 14 . . .

D

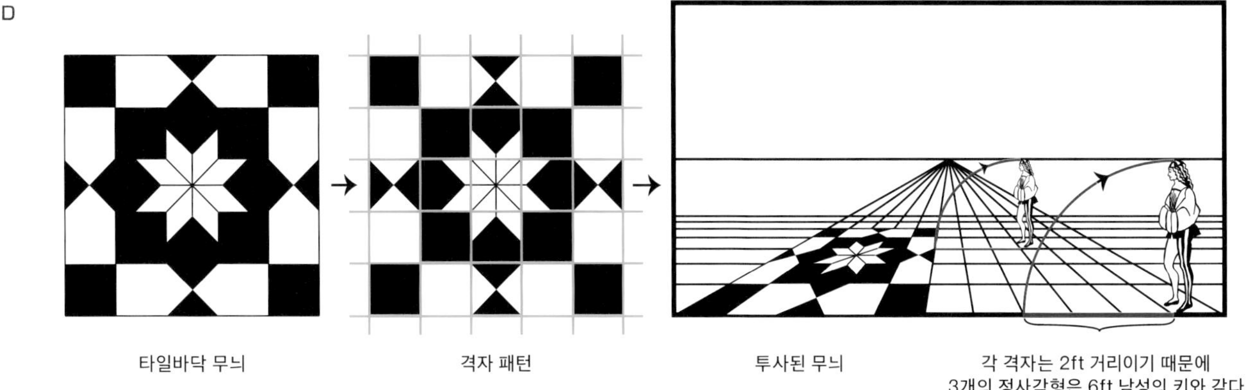

타일바닥 무늬

격자 패턴

투사된 무늬

각 격자는 2ft 거리이기 때문에
3개의 정사각형은 6ft 남성의 키와 같다.

2-9. 피에로 델라 프란체스카(이탈리아인, 1415~1492년경),
'예수 책형', 1455~1460년경, 패널에 유채와 템페라, 58.4×81.5cm.
피에로의 원근법 기술은 타일바닥, 격자천장, 배경 좌측의 계단, 우측 구석의 건물에 잘 나타나 있다. 등장인물 8명의 머리는 모두 정확히 일정 비율을 보이는데 이는 피에로가 사물의 감소율을 얼마나 세심하게 계산했는지 알게 해준다. 이 그림이 자아내는 고요한 분위기는 그리스도가 십자가에 못 박히기 전날 밤 매질을 당하는 폭력적인 주제와 대조적이다. 앉아 있는 로마 관리는 고문을 지켜보고 있지만 오른쪽의 신원을 알 수 없는 세 인물은 그런 모습에 관심을 두지 않는다.
1953년 그림의 건축 공간을 세부적으로 재구성해본 루돌프 뷔트코버*Rudolf Wittkower*와 B. A. R. 카터*B. A. R. Carter*는 "피에로는 3차원 설계를 수학적으로 정확히 묘사하기 위해 그림에 원근법을 적용했고, 나아가 설계 과정에 수학적 상징주의의 영향을 받았다"라는 결론을 내렸다. 가령 원과 넓이가 같은 정사각형, 그리스도가 사각형 안의 원에 서 있는 것 등이 있다. 피에로와 동시대에 살았던 쿠사의 니콜라스*Nicholas of Cusa* 작품에서도 신비한 전통에 수학을 상징적으로 사용한 다른 예시를 찾을 수 있다. 피에로는 니콜라스의 저서를 읽은 것으로 전해진다. 뷔트코버와 카터의 '예수 책형에 나타낸 피에로 델라 프란체스카의 원근법*The Perspective of Piero della Francesca's Flagellation*' 〈바르부르크와 코톨드연구소 저널*Journal of the Warburg and Courtauld Institutes*〉(1953년), 292~302쪽 참고.

ribus regularibus》을 집필했다. 《회화에서의 원근법론》은 타일바닥 같은 평면 패턴과 집 등의 단순한 입체, 사람의 두뇌처럼 복잡한 입체를 그리는 데 필요한 지침을 세심하게 담고 있는 작업 매뉴얼이다. 1480년경 집필한 피에로의 전문서는 그 분야 최초의 작업 매뉴얼로 16세기 여러 미술 작업실에 보급되었다.

'예수 책형The Flagellation of Christ' 같은 피에로의 그림은 여러 요소에 정확히 원근감을 계산한 것과 강한 질서의식이 특징이다. 그의 《산술론》은 초등 교과서로 대수학과 기하학, 산술이 주요 내용이며 자신의 후원자나 친구를 위해 쓴 것 같다(그림 2-11)[2]. 피에로는 《오정다면체론》을 우르바노의 공작 구이도발도 1세Guidobaldo I에게 헌정했는데 구이도발도가 공작에 오른 것이 1482년이니 이것은 피에로의 생애 후반부에 썼다고 유추할 수 있다. 이 저작은 오직 기하학만 다루었고 주어진 입체와 부피가 같은 구를 만드는 등 여러 창의적인 문제를 담고 있다.

알베르티는 대칭 디자인을 선호하는 전통에 따라 레오나르도 다빈치의 '최후의 만찬'(그림 2-10, 106쪽 박스도 참고)처럼 그림 중앙에 소멸점을 두어 '좌-우'와 '위-아래' 균형을 맞출 것을 제안했다. 그리고 이탈리아의 선원근법은 1세기도 채 지나기 전에 북유럽과 서양 전반으로 퍼져갔다(그림 2-12). 독일 화가 한스 홀바인은 극도로 기울인 각도에서만 그림의 일부분을 정확히 볼 수 있는 그림을 완성해 자신의 선원근법 능력을 과시했다. 이런 작품을 '왜상'이라 부른다(그림 2-14). 1600년에는 선원근법 실력이 그 화가의 명예를 높이는 수단처럼 여겨질 정도로 유럽 전체에 선원근법이 퍼져갔다. 오늘날 전 세계 화가는 여전히 르네상스 시대에 고안한 선원근법으로 공간의 환상적인 착시현상을 만들고(그림 2-16, 2-18), 때로는 거울을 사용해 착시현상을 더 강하게 제작하기도 한다(그림 2-15, 2-17).

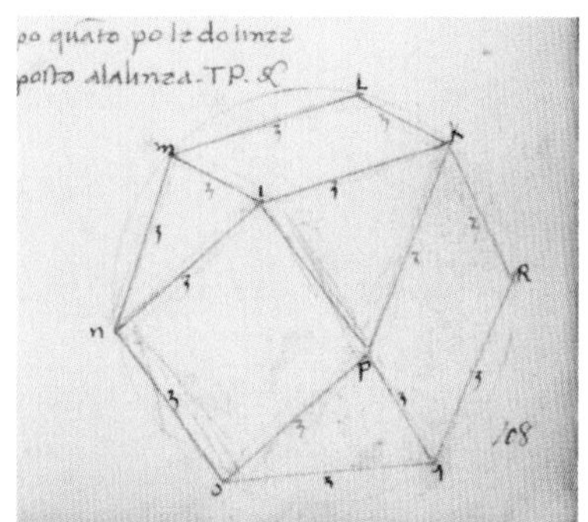

상단

2-11. 피에로 델라 프란체스카
(이탈리아인, 1415~1492년경), 《산술론》, 15세기 중반.
피에로는 알렉산드리아의 파푸스*Pappus*(AD 5세기)가 아르키메데스에 관해 남긴 글을 기반으로 아르키메데스의 다면체 4개를 설명한다. 파푸스에 따르면 아르키메데스는 각 다면체의 삼각형, 사각형, 오각형 숫자를 이용해 3차원 고체를 설명했다고 한다. 피에로는 이 그림에서 더 나아가 입체의 모서리 주변 면의 배치를 나타내 아르키메데스의 반정다면체 중 하나(삼각형 8개와 정사각형 6개로 만든 입방 8면체)를 시각화했다.

하단

2-10. 레오나르도 다빈치, '최후의 만찬', 1494~1498년, 석고에 템페라와 유채, 4.6×8.8m.
화가들이 선원근법을 사용하면서부터 건축구조 환경에 인물의 비율을 유지하게 되었다. 그러나 그림의 전면에 펼쳐지는 이야기를 읽는 데 방해가 되지 않도록 움푹한 모양의 건축 구조물 배경을 다뤄야 하는 문제가 생겼다. 레오나르도는 (벽걸이 융단처럼 보이는) 검은색의 깊은 사각형 공간을 우벽과 좌벽에 배치하고 예수를 중심으로 멀어지는 선이 소멸점에 수렴하게 하여 관찰자가 전면에 집중하도록 했다. 또한 빛이 들어오는 창문을 배경에 두어 앞으로 기대앉은 예수와 손을 흔드는 베드로를 같은 틀에 넣었다. 결국 관찰자는 깊은 배경을 보면서 인물들의 검은 윤곽을 보고, 다시 예수가 제자들에게 "너희 중 하나가 나를 배신할 것이다"라고 말해 제자들을 놀라게 할 때 베드로가 손짓으로 부인하는 전면 그림을 보게 된다.

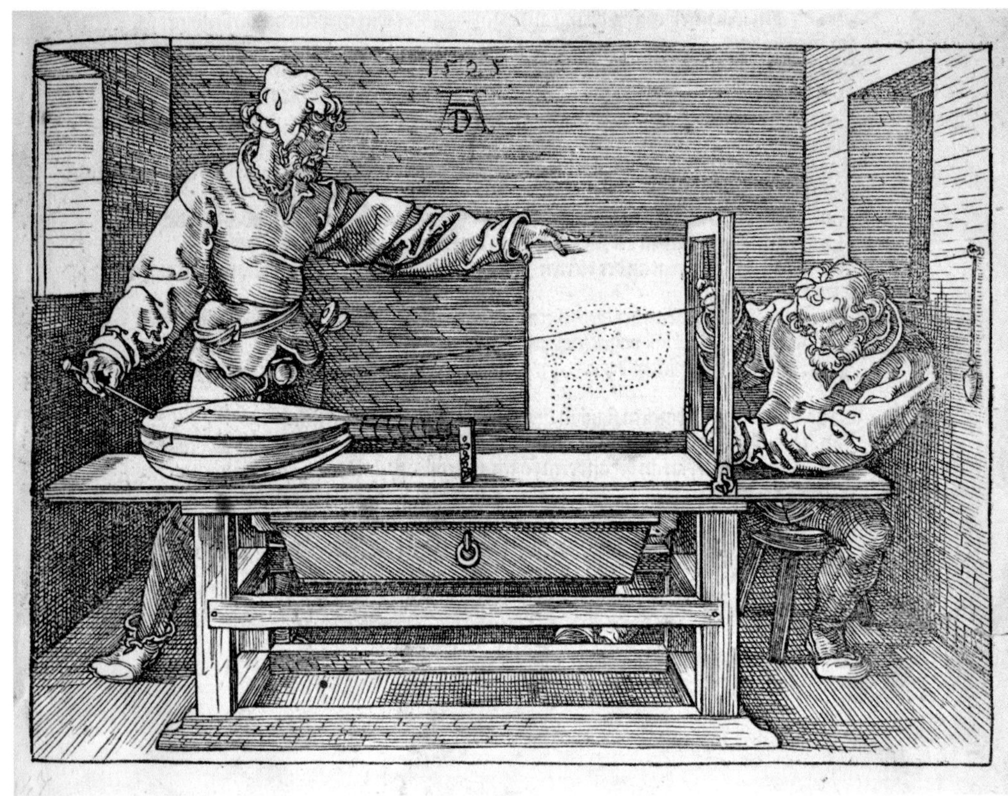

이런 그림에 관한 간략한
설명을 명확하게 글로
나타내기 위해서는,
우선 이 문제와 연관된
수학 지식을 이해해야 한다.
이것의 이해를 돕고 난 후
회화 예술을
상세히 설명하고자 한다.
— 레온 바티스타 알베르티,
《회화론》.

2-12. 알브레히트 뒤러, 선원근법을 사용해 류트를 그리는 법, 《컴퍼스와 직선자를 사용한 측정법에 관한 논문*Underweysung der Messung mit dem Zirckel und Richtschey*》(1525년).

뒤러는 1494~1495년과 1505~1507년에 이탈리아를 방문해 르네상스 시대의 원근법 법칙을 배웠다. 그는 두 번째로 이탈리아를 다녀온 뒤 뉘른베르크에서 '류트를 그리는 방법'을 담은 이 매뉴얼을 출판했다. 우선 그림의 우측 벽에 고리를 두고 속이 뚫린 격자로 류트에 연결된 선을 매달아 시각과 시선을 설정한다. 서 있는 사람이 막대를 움직여 팽팽한 줄이 늘어지게 하면 앉아 있는 사람은 격자로 된 그림판에 그 지점을 표시한다. 이 과정을 반복해 주어진 시점에 따라 올바르게 축소되는 류트의 모양을 그릴 수 있다.

선원근법 비평

레오나르도는 '최후의 만찬'을 완성한 뒤 브루넬레스코와 알베르티의 이론에서 모순적인 부분을 발견하고 더는 선원근법을 사용하지 않았다. 그림의 평면은 평평하다. 하지만 관찰자의 눈에서(시점) 동일한 거리에 위치한 모든 점이 시계 또는 시야를 뜻한다면 화면은 구형이어야 한다. 레오나르도는 평평한 화면과 구형 화면을 비교하기 위해 관찰자가 한 점(h)에서 3개의 기둥을 보는(a, b, c) 조감도 도표를 그렸다. 보다시피 관찰자 시선에서 평면(d–e)과 곡선(f–g)의 2개 화면이 교차한다. 브루넬레스코와 알베르티의 주장처럼 화면이 평평하다면 이 기둥들은 멀어질수록 더 크게(더 두껍게) 보일 것이다(잘못된 주장). 레오나르도의 주장에 따르면 이 기둥들은 점점 멀어질수록 더 작게(더 얇게) 보인다(올바른 주장). 카를로 페드레티*Carlo Pedretti*의 《레오나르도의 곡선원근법 25*Bibliothèque d'humanisme et Renaissance 25*》(1963년), 69~87쪽 참고.

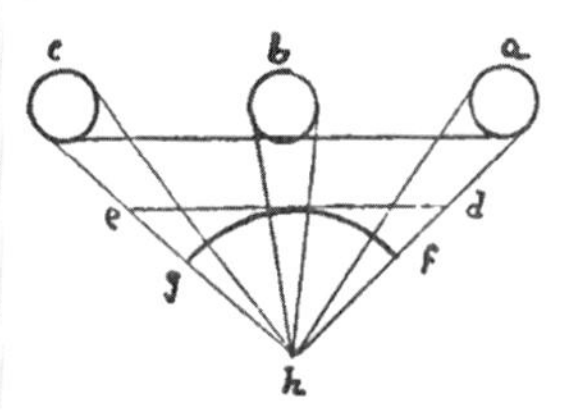

2-13. 레오나르도 다빈치, 원근법 도해, 1513~1514년, 장 폴 리히터의 1881년 복사본. 레오나르도의 이탈리아어 원본과 영어 번역본에 수록한 도해의 a–h 알파벳 좌우대칭이 맞지 않아 역사학자 리히터가 도해를 다시 그려 수록했다.

2-14. 한스 홀바인*Hans Holbein***(독일인, 1460~1534년경), '대사들', 1533년, 오크 패널에 유채, 207×209.5cm.**

한스 홀바인은 이 이중 초상화의 전면 아래에 일그러진 두개골 그림을 그려 넣었다. 눈높이와 그림을 수평으로 유지하고 한쪽 눈을 감은 상태로 그림의 왼쪽 하단 모서리에서 보면 이 일그러진 그림을 제대로 볼 수 있다. 이 그림은 프랑스의 댕트빌가家가 영국에 있는 프랑스 대사관에 걸어두기 위해 의뢰했다. 그림을 보면 프랑스의 주 영국대사 장 드 댕트빌*Jean de Dinteville*이 빨간색 비단 셔츠 차림에 단검을 들고 있고, 그의 친구이자 라보르의 주교인 조르주 드 셀브*Georges de Selve*는 위엄이 넘치는 다마스크직 사무복을 입고 있다.

이 그림의 두개골은 북부 르네상스 전통의 바니타스*Vanitas* 양식으로 잠시 누리는 예술과 과학의 즐거움 속에서도 인간은 죽음을 면할 수 없음을 엄중히 깨닫게 한다. 하단 선반에는 신교도의 개혁 찬송가가 펼쳐져 있고 그 옆에 류트와 피리가 놓여 있다. 이것은 헨리 8세(홀바인의 후원자)가 1533년 재혼하는 바람에 로마와 반목하면서 일어난 정치적, 종교적 혼란을 일깨워준다. 좌측에는 T자 형태의 책갈피를 끼워놓은 산출책이 있고 그 뒤에는 지구본이 있다. 탁상 위에는 (좌측에서 우측으로) 지구본과 측정 장치가 몇 개 놓여 있다. 기둥 모양의 주머니 크기 해시계('셰퍼드의 해시계')와 함께 왼쪽에 다림추가 매달린 목재 주야평분 시계, 천체 각도 측정에 사용하는 하얀색 사분의*quadrant*, 다면체 해시계(자세한 내용 참고)가 놓여 있다. 뒤쪽에 있는 큰 원형 물체는 르네상스 시대 (천동설을 믿은) 천문학자들이 황도에 비례해 별과 행성의 위치를 찾기 위해 고안한 도구다.

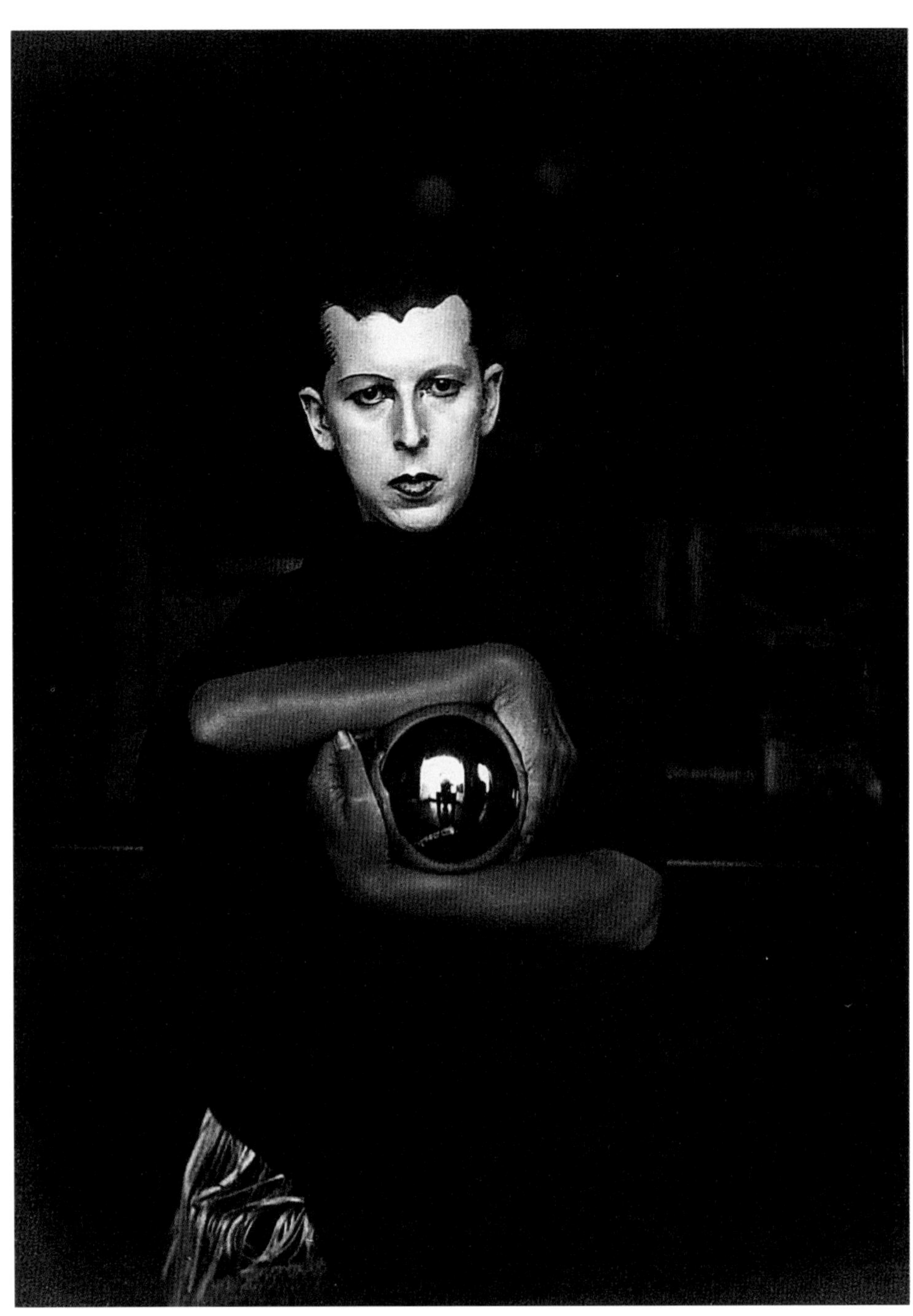

상단

2-15. 클로드 카훈*Claude Cahun***(프랑스인, 1894~1954년), '자화상***Self-Portrait***', 1927년경, 젤라틴 실버 프린트, 11.7×8.8cm.**
본래 이름은 루시 슈보브*Lucy Schwob*지만 이 예술가는 25세 때 성적으로 모호한 이름인 '클로드 카훈'으로 개명하고 초현실주의 사회에 입문했다. 그녀는 남성 헤어스타일과 여성 메이크업을 동시에 하거나 멋진 남자 스타일, 님프, 양성애자 모습으로 여러 사진을 다양하게 촬영했다. 관객이 카훈을 볼 때, 그녀는 방을 구형으로 투영해 기록하는 볼록거울을 들고 다시 관객을 쳐다본다. 관객은 거울 안에 반사되는 자신의 모습을 보는데 이는 은유적 의미에서의 자화상이자 얀 반 에이크*Jan van Eyck*가 '아르놀피니의 약혼*The Arnolfini Portrait*'(1434년)에서 볼록거울을 사용한 것을 떠올리게 한다.

109쪽

2-16. 실비 돈무아예*Sylvie Donmoyer* **(프랑스인, 1959년 출생), '마방진 정물화***Still Life with Magic Square***', 2011년, 캔버스에 유채, 66×50.8cm.**
프랑스의 현대예술가 실비 돈무아예는 수학과 관련이 있는 알브레히트 뒤러의 '멜랑콜리아 I*Melencolia I*'(1514년)과 벤첼 잠니처*Wenzel Jamnitzer*의 《정방면체 원근법*Perspectiva Corporum Regularium*》(1568년)을 배경에 두고 퍼즐과 기하학 물체를 그렸다. 뒤러의 조각은 '아름다움은 정의할 수 없다'는 플라톤의 대화록(대 히피아스*Hippias Major*, BC 380~367년경)과 연관된 것으로 해석되어왔다.
나침반(기하학을 인격화한 것)을 들고 있는 천사는 완전한 우주를 상징하는 플라톤의 12면체를 만드는 데 실패하고 좌측에 크고 불규칙한 다각형이 만들어졌다. 뒤러는 이런 방식으로 플라톤의 기하학을 비관적인 모토로 표현했다. 뒤러와 마찬가지로 뉘른베르크에 살았던 잠니처는 독일 황제 궁전의 금세공사였다. 그는 1568년 우주론에 관한 플라톤의 대화 《티마이오스》와 유클리드의 《원론》에 기반을 둔 기하학 패턴 책을 출판했다. 그의 책에는 플라톤의 고체 5개에 기반을 둔 120가지 기하학 형태가 수록되어 있다.

1 14 7 12
15 4 9 6
10 5 16 3

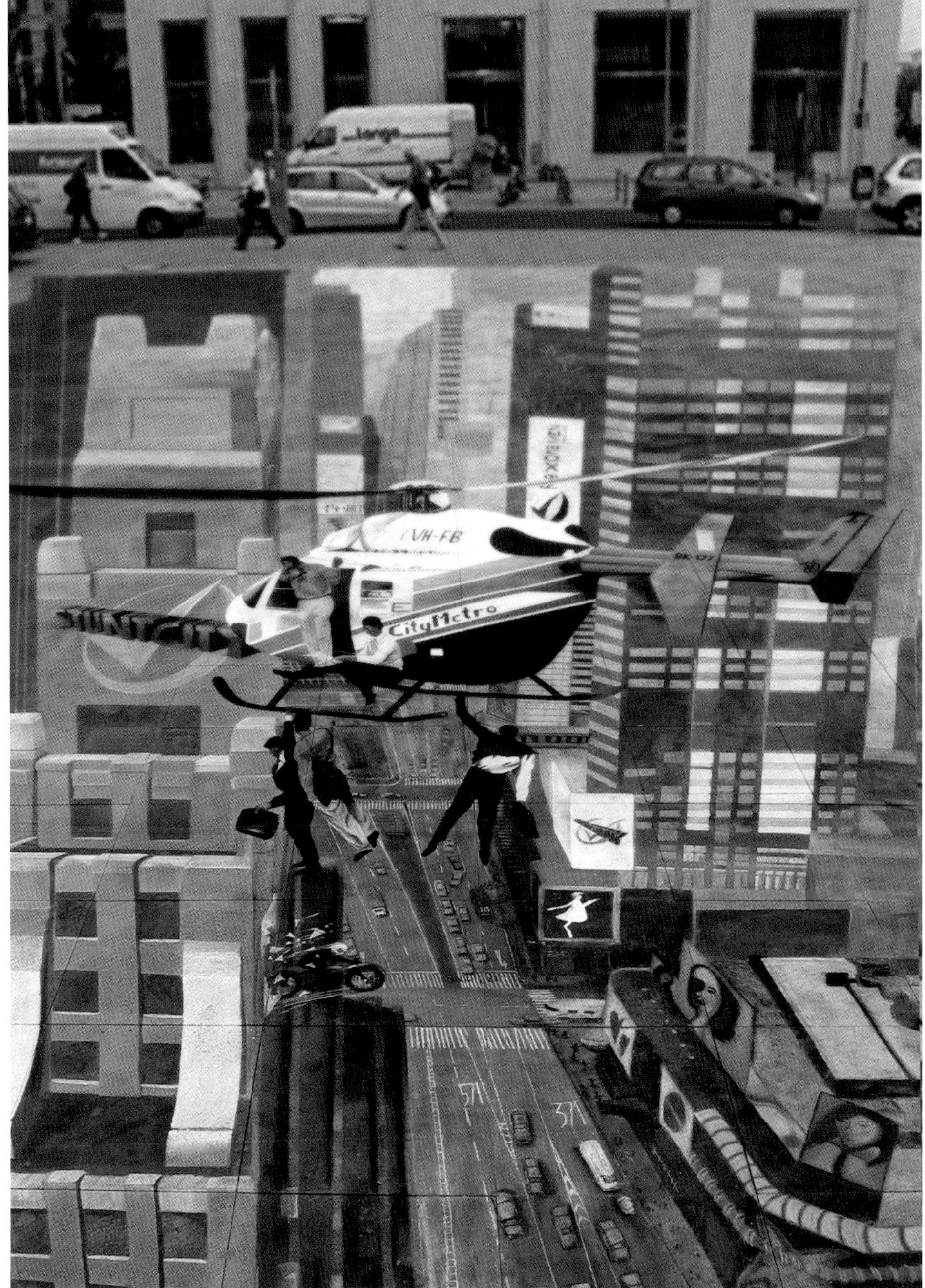

110쪽

2-17. 올라퍼 엘리아슨*Olafur Eliasson* **(아이슬란드계 덴마크인, 1967년 출생), '프로스트 액티비티***Frost Activity***', 2004년, 포일, 알루미늄, 석회암과 현무암 설치.**
아이슬란드의 현대예술가 올라퍼 엘리아슨은 현무암과 석회암으로 레이캬비크 미술관 바닥을 뒤집을 수 있는 기하학 모양으로 만들었다(네커큐브). 이 그림은 마치 바닥과 천장에서 같은 것이 동시에 튀어나온 것처럼 보인다. 이것은 '평행투사'라는 선원근법으로 입방면체의 면을 지속적으로 평행한 것처럼 그렸다. 네커큐브와 동일하게 뒤집을 수 있는 정육면체는 고대부터 바닥 타일로 사용했지만(이탈리아 폼페이의 파우누스 저택 바닥, BC 200년) 1832년 이 도형 관련 논문을 처음 출판한 스위스의 결정체학자 루이스 네커의 이름을 따서 명명했다. 엘리아슨은 천장이 마치 바닥을 반사하는 유리로 뒤덮인 것 같은 광학적 착시현상을 일으키는 작품을 만들었다.

상단

2-18. 에드가 뮐러*Edgar Müller***(독일인, 1968년 출생)와 만프레트 스타더***Manfred Stader***(독일인, 1958년 출생), '스턴트 시티***Stunt City***', 2005년 5월, 그래피티, 시멘트에 분필, 베를린의 포스트다머 플라츠로 런던의 광고사 DLKW Lowe가 광고를 찍고 난 후를 그린 그림.**
시멘트에 색분필을 사용해 그린 그림이다. 독일의 그래피티 예술가 에드가 뮐러와 만프레트 스타더는 베를린의 포스트다머 플라츠 위로 길가가 튀어나온 것 같은 착시현상을 그렸다. 관객은 아래의 도로를 지나가는 여러 노란색 택시와 서류가방을 손에 들고 헬리콥터에 매달린 채 출근하는 용감한 스턴트맨을 볼 수 있다.

신성한 비율

유클리드는《원론》에서 선을 둘로 나눠 긴 부분과 짧은 부분의 비율이 선 전체와 긴 부분의 비율과 같게 하는 방법을 설명했다.[3] 수학에서 이 비율은 약 1.618에 근사하는 상수로 계산할 수 있다(아래 박스 참고). 유클리드는 그 상수에 어떤 특별한 의미를 두지는 않았고 그저 '외중비'라고 불렀다. 르네상스 시대 들어 수학자들은 수학으로는 이 비율을 예전 그대로 사용하고 철학으로는 이 비율과 관련된 새로운 학문을 만들어 헌정했다.

13세기 이탈리아의 수학자이자 천문학자인 요하네스 캄파누스Johannes Campanus는 12세기에 라틴어로 번역한 유클리드의《원론》아랍어판을 재검토했다. 그는 여러 정리 중 하나에 해석을 남기면서 최초로 외중비를 철학과 연관지었다.

"그런 이유로 중앙과 양끝의 비율에 따라 나눠지는 선의 능력은 감탄스럽다. 철학자들이 경탄할 만큼 많은 것이 이 비율과 조화를 이룬다. 이 비율의 원리는 고등 원리의 불변하는 성질에서 나온 것이 분명하며 더없이 다양한 고체의 크기와 밑변의 수, 모양, 특정 종류 무리수의 조화를 이성적으로 통합한다."[4]

캄파누스는 이 비율이 5각형과 12면체를 포함해 특정 기하학 도형을 구성하는 데 쓰이고 있음을 설명한다. 다양한 기하학 물체를 만들 때 이 무리수 비율을 공통적으로 적용하는 까닭에 그는 이 비율이 이질적인 부분의 조화(무리수에서 나오는 조화)를 이뤄낸다고 결론지었다.

113쪽

2-19. 유클리드가 저술한《원론》의 첫 출판본 권두(1482년).

그리스어 원본의 아라비아어 번역본을 12세기에 라틴어로 번역한《기하원본*Elementa Geometriae*》(바스의 애덜라드가 번역한 것을 노바라의 요하네스 캄파누스가 1260년에 수정한 버전)을 바탕으로 출판했다.

요하네스 구텐베르크는 1440년대에 가동 인쇄기를 발명했으나 당대 인쇄가들은 수학 도해를 재생산하는 문제에 직면했다. 바이에른의 인쇄가 에르하르트 라트돌트(1442~1528년)는 베니스에서 활동하며 유클리드의《원론》첫 인쇄판을 출판했다. 이 책에 헌신적으로 전념한 라트돌트는 자신의 후원자인 베니스 총독 모체니고*Mocenigo*에게 이 책의 중요성과 기하학 도형을 인쇄하는 것의 어려움을 강조하기도 했다. 그런데 그는 도형을 인쇄한 방법을 밝히지 않았고 오늘날까지도 알려지지 않았다.

이후 유클리드가 르네상스 시대에 저술한 다른 저서들도 출판되었는데 이때 수학 도해는 목판을 사용해 인쇄했다. 이 도해에는 위에서 아래 방향으로 선, 점, 평면, 각도(예각, 직각, 수직선, 비수직선), 원, 원의 부분(지름, 반원), 삼각형(이등변삼각형, 직각삼각형, 둔각삼각형), 사각형, 정사각형, 평행사변형이 담겨 있다.

유클리드의 외중법

긴 부분과 짧은 부분의 비율이 선 전체와 긴 부분의 비율과 같도록 선을 나눌 수 있다(유클리드, 《원론》, BC 300, 6권, 30번 명제). 이 분선을 '외중비*extreme and mean ratio*'라 부르는데, 이는 2개의 극값*extreme*(우측 끝에서 y까지의 거리와 우측 끝에서 $x+y$까지의 거리)과 중간값*mean*(그 극값 사이의 거리 x)이 존재하기 때문이다.

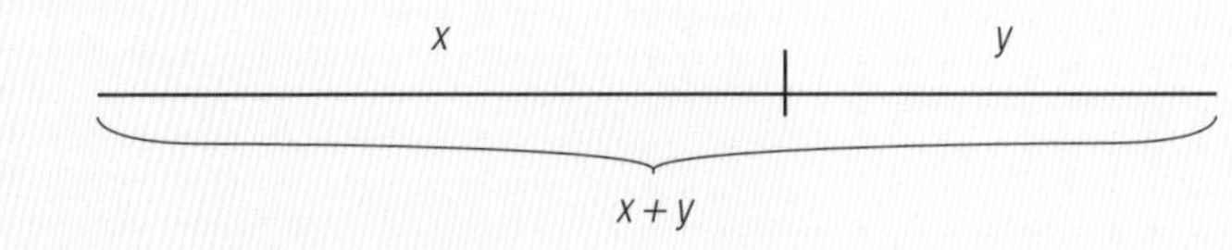

두 비율은 수학식으로 다음과 같이 나타내며

$$x / y = (x + y) / x$$

"x와 y의 비율은 $(x+y)$와 x의 비율과 같다"라고 읽는다. 길이 x와 y는 약분 가능한 숫자가 아니라서 긴 부분을 짧은 부분으로 나누면 유리수로 나누어떨어지지 않는다. 긴 부분은 짧은 부분보다 절반 조금 넘게 길지만 정확한 유리수 비율이 있는 게 아니라 소수점 아래로 순환하지 않는 숫자가 이어진다. 1.6180339887498948482….

이 비율을 '무리수'라고 부르는데 무리수는 두 정수의 비율로 나타낼 수 없는 숫자를 뜻한다. 다시 말해 8을 5로 나눠 이 외중비의 근사치를(1.6) 구할 수는 있지만 정확히 동일한 정수의 비율을 찾을 수는 없다. 이와 비슷하게 8 나누기 5는 13을 8로 나눈 것(13/8=1.625)에 근사한다.

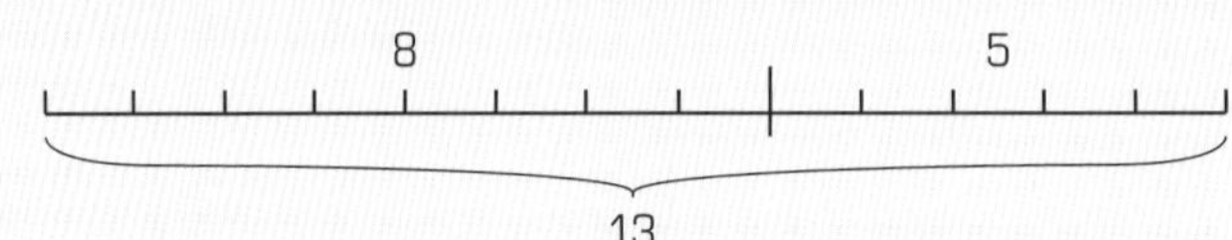

Preclarissimus liber elementorum Euclidis perspi/
cacissimi: in artem Geometrie incipit quã foelicissime:

Punctus est cuius ps nõ est. ¶ Linea est
lõgitudo sine latitudine cuiꝰ quidẽ ex/
tremitates sũt duo pũcta. ¶ Linea recta
ẽ ab vno pũcto ad aliũ breuissima extẽ/
sio ĩ extremitates suas vtrũqȝ eoꝝ reci
piens. ¶ Supficies ẽ q̃ lõgitudinẽ ⁊ lati
tudinẽ tm̃ hȝ: cuiꝰ termĩ quidẽ sũt linee.
¶ Supficies plana ẽ ab vna linea ad a/
liã extẽsio ĩ extremitates suas recipiẽs
¶ Angulus planus ẽ duarũ linearũ al/
ternus ꝯtactus: quaꝝ expãsio ẽ sup sup/
ficiẽ applicatioqȝ nõ directa. ¶ Quãdo aũt angulum ꝯtinẽt due
linee recte rectilineꝰ angulus noiat̃. ¶ Qñ recta linea sup rectã
steterit duoqȝ anguli vtrobiqȝ fuerĩt eq̃les: eoꝝ vterqȝ rectꝰ erit
¶ Lineaqȝ linee supstãs ei cui supstat ꝑpendicularis vocat̃. ¶ An
gulus võ qui recto maior ẽ obtusus dicit̃. ¶ Angulꝰ võ minor re
cto acutꝰ appellat̃. ¶ Terminꝰ ẽ qd̓ vniuscuiusqȝ finis ẽ. ¶ Figura
ẽ q̃ t̃mino vl' termĩs ꝯtinet̃. ¶ Circulꝰ ẽ figura plana vna q̃dem li/
nea ꝯtẽta: q̃ circũferentia noiat̃: in cuiꝰ medio pũctꝰ ẽ: a quo oẽs
linee recte ad circũferẽtiã exeũtes sibiĩuicẽ sũt equales. Et hic
quidẽ pũctꝰ cẽtrũ circuli dr̃. ¶ Diameter circuli ẽ linea recta que
sup eiꝰ centꝝ trãsiens extremitatesqȝ suas circũferẽtie applicans
circulũ ĩ duo media diuidit. ¶ Semicirculus ẽ figura plana dia/
metro circuli ⁊ medietate circũferentie ꝯtenta. ¶ Portio circu/
li ẽ figura plana recta linea ⁊ parte circũferẽtie ꝯtẽta: semicircu/
lo quidẽ aut maior aut minor. ¶ Rectilinee figure sũt q̃ rectis li/
neis cõtinent̃ quarũ quedã trilatere q̃ tribꝰ rectis lineis: quedã
quadrilatere q̃ q̃tuor rectis lineis. q̃dã mltilatere que pluribus
q̃ȝ quatuor rectis lineis continent̃. ¶ Figurarũ trilaterarũ: alia
est triangulus hñs tria latera equalia. Alia triangulus duo hñs
eq̃lia latera. Alia triangulus triũ inequalium laterũ. Haꝝ iterũ
alia est orthogoniũ: vnũ .s. rectum angulum habens. Alia ẽ am/
bligonium aliquem obtusum angulum habens. Alia est oxigoni
um: in qua tres anguli sunt acuti. ¶ Figurarũ autẽ quadrilateraꝝ
Alia est q̃dratum quod est equilaterũ atqȝ rectangulũ. Alia est
tetragonꝰ longꝰ: q̃ est figura rectangula: sed equilatera non est.
Alia est helmuaym: que est equilatera: sed rectangula non est.

De principijs ꝑ se notis: ⁊ p̃mo de diffini/
tionibus earundem.

상단

2-20. 야코포 데 바르바리*Jakopo de Barbari*(이탈리아인, 1460~1516년경), **'루카 파치올리', 1495년, 캔버스에 유채, 99×120cm.**

프란시스코의 수사 루카 파치올리가 칠판의 기하학 도해를 가리키고 있는데 그 모서리에 '유클리데스*euclides*'라고 적혀 있다. 탁자 위에는 분도기나 나침반 같은 기하학 도구와 펜, 분필조각, 칠판을 닦는 스펀지, 제목을 알 수 없는 책들이 놓여 있다. 왼쪽에는 납을 넣은 유리로 만든 삼각형 8개와 정사각형의 면 18개가 있는 아르키메데스의 반정다면체가 있고 물이 절반 정도 채워져 있다. 잘 차려입은 파치올리의 동행인은 누구인지 알 수 없다.

좌측

2-21. 야코포 데 바르바리의 '루카 파치올리'에 나오는 12면체를 확대한 것, 1495년.

플라톤의 정다면체 중 하나인 12면체는 유클리드의 '외중비'를 사용해 만든 12개의 5각형으로 만들었다.

에르하르트 라트돌트는 1482년 캄파누스가 개역한 유클리드의 《원론》을 처음 출판했다(그림 2-19). 이 첫 인쇄본은 빠른 속도로 팔려 나갔고 캄파누스의 개역본은 수차례 인쇄를 했다. 이탈리아 프란체스코 수도회의 수사이자 수학자인 프라 루카 파치올리도 1509년 인쇄본을 발행했다. 캄파누스가 외중비를 묵상하다가 영감을 받은 것처럼 그는 외중비가 '전능한 하느님의 상징'이라 주장했다. 그리고 무리수와 변칙적, 비이성적이라는 뜻의 라틴어 'irrationalis'의 수학적·음악적·신학적 의미 사이에서 언어적 유희를 하기도 했다.

파치올리는 이 비율은 정수의 비율로 나타내지 못하므로 이성과 사람의 언어로 표현할 수 없는 '신의 상징'이라고 주장했다. 또한 그는 12면체의 5각형이 외중비로 이뤄져 있다는 것은 12면체가 천국을 상징한다는 증거라고 주장했다(그림 2-20, 2-21). 이것은 12면체가 신이 창조한 우주를 나타낸다는 플라톤의 주장과도 연관이 있다(《티마이오스》, BC 366~360년).

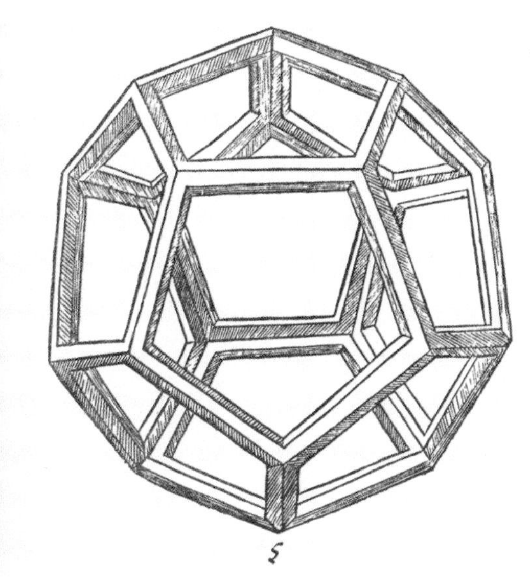

2-22. 안이 빈 12면체, 루카 파치올리의 《신성한 비율》에 수록된 레오나르도 다빈치의 목판 그림, 1509년, 그림 28.

파치올리는 《신성한 비율》에서 신성한 비율의 관점으로 그의 스승 피에로 델라 프란체스카의 수학 논문을 라틴어로 번역해 발표했다.[5] 그는 1496년 스포르차의 저택에서 일하기 위해 밀라노에 갔는데, 그때 책의 내용을 취합해 정리했다. 바로 그곳에서 그는 1482년 정착한 레오나르도 다빈치를 만난다. 우연의 일치로 레오나르도가 루도비코 스포르차Ludovico Sforza가 의뢰한 벽화 디자인에 선원근법을 사용하고자 이것을 이해하려 노력하던 때 파치올리가 밀라노에 도착한 것이다. 그 결과로 나온 작품이 산타 마리아 델라 그라치에Santa Maria della Grazie 성당의 '최후의 만찬'이다(1495년 시작, 그림 2-10 참고).

파치올리는 레오나르도에게 선원근법을 가르쳤고 레오나르도는 파치올리의 책에 여러 기하학 도형을 그려주었다. 파치올리는 오랜 기간 신성한 비율의 숭고한 성질을 찬양했는데, 그것은 모두 신학적 상징주의를 중심으로 이뤄졌다. 그는 아름다움과 연관짓지도 않았고 예술가들이 이 비율을 사용해야 한다고 주장하지도 않았다. 레오나르도가 이 비율을 사용했다는 증거도 존재하지 않는다. 파치올리는 저서의 건축 관련 장에서 설계자들이 나누어떨어지는 비율을 단위로 사용해야 한다는 알베르티의 주장에 명쾌하게 동의했다. 즉, 파치올리는 예술가들이 이 신성한 비율을 사용하지 않아야 한다고 생각했다.

황금분할

고대부터 예술가들이 유클리드의 비율을 사용했다는 일반적인 오해가 있지만 실은 19세기 중반에야 독일에서 유클리드의 비율을 예술이나 아름다움과 연관지어 표현했다. 독일 수학자 마르틴 옴Martin Ohm이 자신의 《순수 초등수학Aline Elementar-Mathematik》(1835년) 2판에서 유클리드의 비율을 처음 '황금분할'이라 불렀고, 이후 이 용어는 1940년대까지 다른 수학

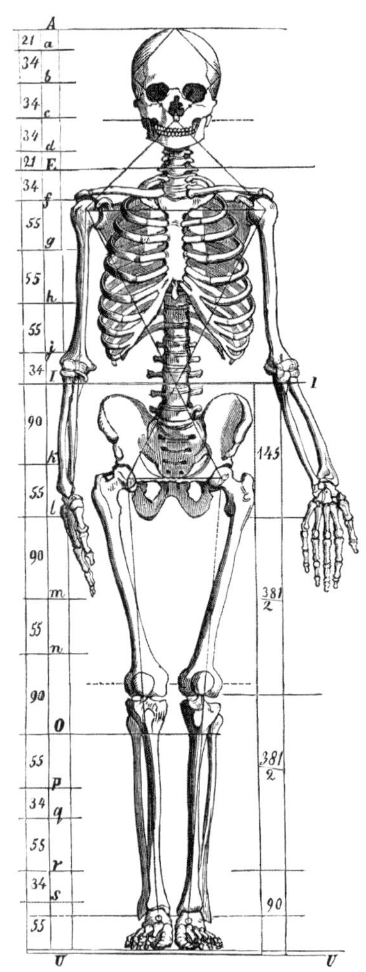

출판물에 반복적으로 쓰였다.[6]

독일의 심리학자이자 인문학자인 아돌프 차이징은 이들 수학책에서 용어를 가져와 사용했고 1854년에는 외중비가 전체의 부분들의 조화로운 관계를 달성하는 핵심 역할을 한다고 주장했다. 차이징은 철학자와 예술가가 연구한 비율의 내용을 상세히 정리해 그 역사를 논문으로 집필하면서 플라톤, 플로티노스, 알베르티, 레오나르도, 칸트, 헤겔을 비롯한 수십 명의 저자를 언급했다. 그러나 그는 캄파누스와 파치올리를 빠뜨렸는데 이로 미뤄볼 때 차이징은 많은 학자를 알았지만, 유독 유클리드의 비율을 신성하게 여기지 않은 학자들은 몰랐던 것이 분명하다.

차이징은 《인체비율에 관한 새로운 체계》에서 "자연이나 회화예술의 아름다움과 온전함의 기저에는 황금분할이 있으며 이것은 태초부터 모든 우주와 사물, 유기체와 무기체, 음악과 시각에 관한 표현 그리고 관계의 모형을 제공했다. 이 황금분할은 사람의 모습에 가장 완벽하게 구현되었다"라고 주장했다.[7] 즉, 차이징은 황금분할이 인간의 태생적 자연법칙이고 인류 역사 내내 많은 예술가가 (의식적으로든 무의식적으로든) 이 비율을 사용했다고 주장했다. 그는 이 관점을 증명하기 위해 고전적인 동상과 고딕양식의 성당(그림 2-23)을 포함해 다양한 예술 및 건축물에서 그 비율을 발견할 수 있다고 말했다.

그러나 예술가들이 황금분할을 사용했는지는 예술가의 진술이나 건축가의 그림처럼 역사적 증거의 뒷받침을 받아야 하는 질문이다. 차이징은 원하는 데이터는 취하고 반박 증거인 나머지는 무시했다. 이런 방식으로 물리적인 물체에서 어떤 특정 비율을 '찾은' 것만으로 동상이나 건축물에 황금비율을 적용했다고 볼 수는 없다.[8] 19세기 이전에 건축가나 예술가가 황금분할을 사용했다는 역사적 증거는 아직 하나도 없다.[9]

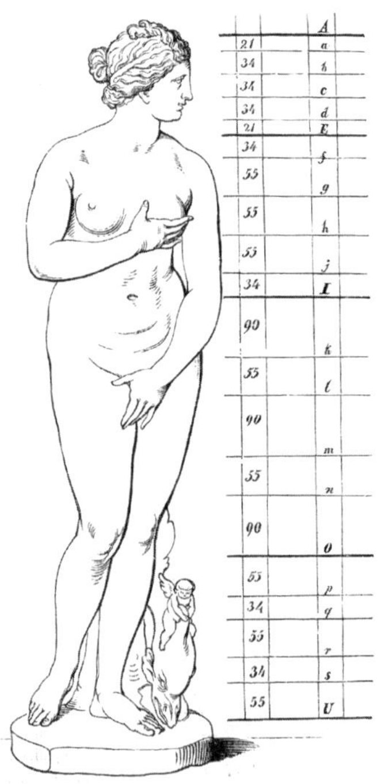

2-23. 인체비율(상단), **헬레니즘 또는 로마 시대 메디치 비너스 동상**(하단 좌측), **마르부르크의 성 엘리자베스 성당**(하단 우측). **아돌프 차이징, 《인체비율에 관한 새로운 체계》**(1854년), **214, 그림 49; 284, 그림 89; 407, 그림 165.**
차이징의 저서는 이론을 가설이 아니라 필연적 결론으로 간주하는 역사가의 고전적 예시다. 그는 황금비율을 찾기 위해 골격, 동상, 교회 정면 등을 측정했다. 일단 그 비율을 찾으면 이론에 맞지 않는 부분은 무시하고 맞는 부분만 기록했다. 거리를 나타내는 그림의 숫자는 피보나치수열이다(1, 1, 2, 3, 5, 8, 13, 21, 34, 55, 89…. 이때 89를 90으로 반올림했다고 가정). 피보나치수열 정의는 128쪽 박스 참고.

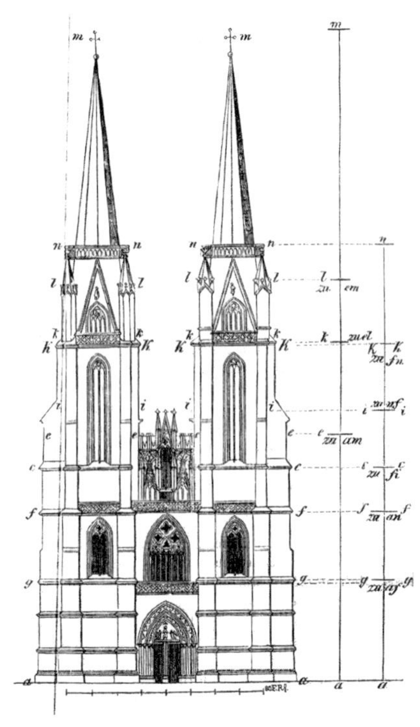

물론 이 비율이 본유적인 것이라면 예술가나 건축가가 그것을 무의식적으로 사용했을 수도 있다. 예술가의 진술과 그림 형태로 남은 역사적 증거는 그들이 의식적으로 사용했음을 의미하니 그런 증거가 존재하지 않을 수도 있다. 그러면 이 비율은 본유적인 것일까? 1870년대의 실험심리학 창시자 구스타프 페히너Gustav Fechner는 차이징의 가설을 검증하기 위해 사람이 1.618 비율로 나타낸 모양을 더 좋아하는지 확인하는 실험을 했다.

페히너는 실험 참가자에게 여러 나눈 선을 보여주었다. 실험 결과 사람들은 1.618 비율, 즉 황금분할로 나눈 선을 선호하지 않았다. 또 다른 실험에서는 참가자들에게 정사각형을 보여주었는데 응답자의 35%(절반 미만)가 1.618 비율의 사각형을 선호했다('황금사각형', 《실험 미학Zur experimentellen Ästhetik》, 1871년). 페히너의 실험 데이터는 1.618 비율이 더 큰 미적 쾌감을 준다는 가설을 증명하기는커녕 뒷받침하지도 못했다. 그럼에도 불구하고 1.618 비율에 본유의 미적 매력이 존재한다는 페히너의 '증명'은 오늘날까지도 심리학계에 논쟁 대상으로 남아 있다.[10]

19세기 후반 독일 학자들이 기자의 쿠푸왕 대피라미드 같이 중요한 건축물에서 황금분할을 발견할 수 있다고 주장했다. 이에 따라 황금분할에 관한 근거 없는 믿음은 급격히 성장하던 당시 미술사와 떼려야 뗄 수 없는 관계에 놓였다.[11] 건축역사학자이자 명망 있는 뮌헨공과대학 교수인 아우구스트 티르슈August Thiersch는 차이징의 이론을 고전과 르네상스 건축 설계에 적용했다. 그는 《건축학 비율Archproktion in der Architektur》(1883년)에서 건물 안에서의 형태 반복(황금사각형과 다른 황금비율 형태)이 완벽한 비율을 만든다고 주장했다. 그는 자신의 주장을 증명하기 위해 '규준선regulating lines'(작도선)으로 파르테논과 성 베드로 대성당을 분석했다.[12] 그런데 티르슈도 차이징과 마찬가지로 역사적 주장을 뒷받침할 증거를 제시하지 않았고, 파르테논 신전과 성 베드로 대성당에서 특정 정사각형을 "발견했다"고 말하며 자기 이론을 확증하는 것만 취하고 나머지는 묵살했다(그림 2-24, 2-25).

1844~1893년 취리히의 바젤대학교와 취리히연방공학대학에서 사학과 미술사 교수로 있던 야코프 브루크하르트는 티르슈에게 그의 논문을 읽고 "충분히 납득이 가서 감격했다überzeugt und mitgerissen"라고 편지를 보냈다.[13] 젊은 스위스 미술사학자 하인리히 뵐플린은 티르슈의 논문을 '티르슈 법칙'(라틴어로 Lex

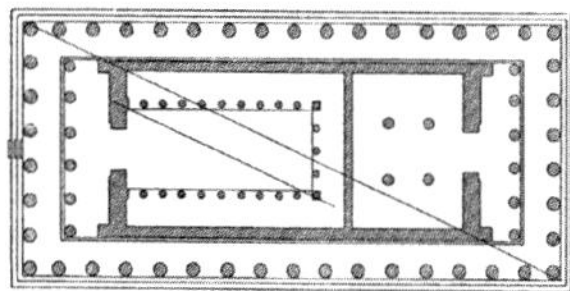
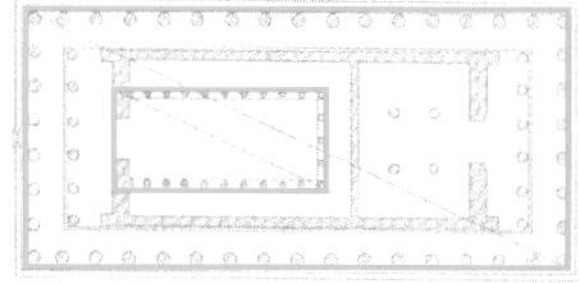

2-24. 아테네 파르테논의 도면, 아우구스트 티르슈, 건축학에서의 비율, 《건축편람*Handbuch der Architektur*》 4, no. 1(1883), 46, 그림 15.
티르슈는 파르테논의 도면(좌측)에 규준선을 그려 두 직사각형을 추려냈다. 그런 다음 건축가 이크티노스*Iktinos*와 칼리크라테스*Kallikrates*가 이 두 직사각형을 사용해 고대 건축을 완성했다고 주장했다. 두 직사각형 중 하나는 대좌이고 다른 하나는 신상 안치소로 비율이 같다(우측).

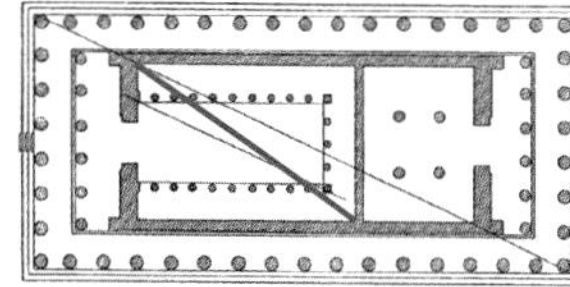
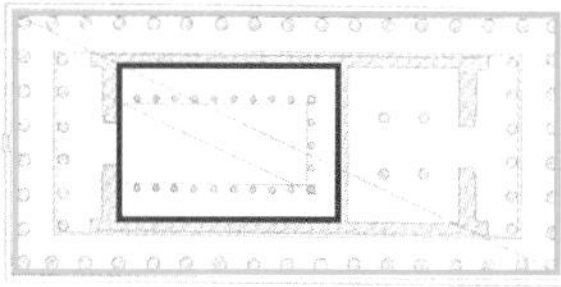

이 직사각형은 티르슈가 고려하지 않은 많은 직사각형 중 하나다.

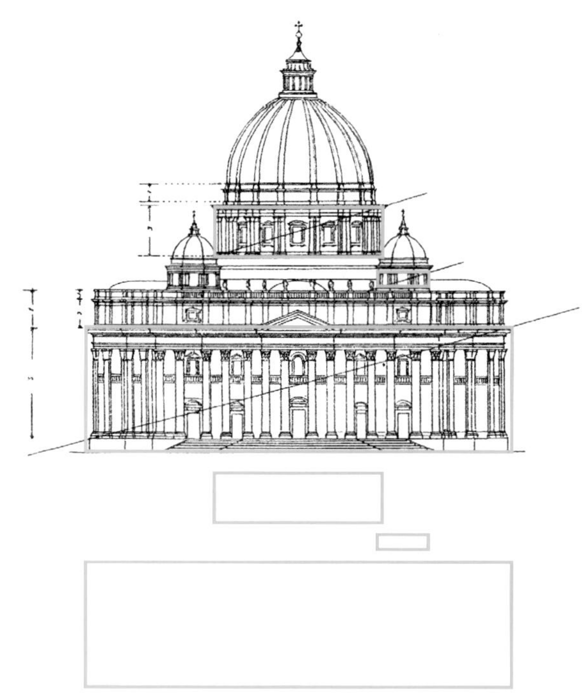

2-25. 로마의 성 베드로 대성당, 아우구스트 티르슈 《건축학 비율》(1883년): 68, 그림 60; 야코프 부르크하르트의 《이탈리아 르네상스 시대의 역사》 3판(1891)에 수록, 100.
티르슈는 성 베드로 대성당의 건축가들이 규준선을 사용해 황금비율의 직사각형으로 성당 정면을 디자인했을 것이라고 주장했다. 그가 많은 것을 무시하고 원하는 것만 찾아낸 직사각형을 볼 수 있다. 도면 좌편을 보면 티르슈가 1:3 비율이 정면의 여러 부분에 나타난다는 것을 입증하려 했음을 알 수 있다.

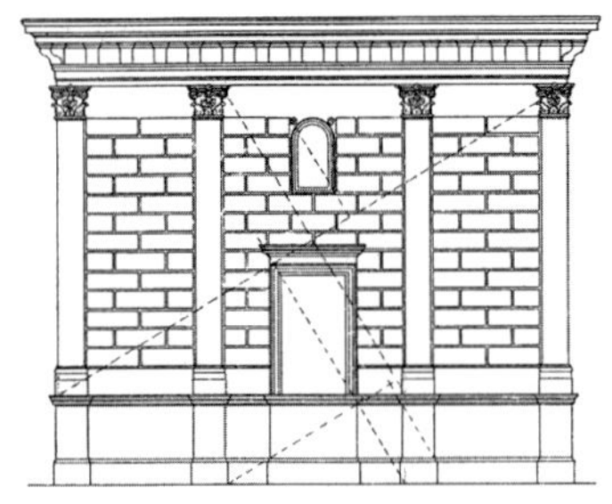

2-26. '칸첼레리아'라고 알려진 리아리오 궁전의 최상층, 로마, 하인리히 뵐플린, 《르네상스와 바로크》(1888년), 54.
티르슈는 대각선 규준선을 사용해 수평의 직사각형이 서로 비율이 같다는 것을 입증했다. 뵐플린은 이 아이디어를 확장해 문과 창문에 반대방향으로 규준선을 그리면 티르슈의 선과 90°로 만나는 것을 보여주었다. 뵐플린은 이것이 균형 잡힌 건물을 객관적으로 측정하는 방법이라고 주장했다.

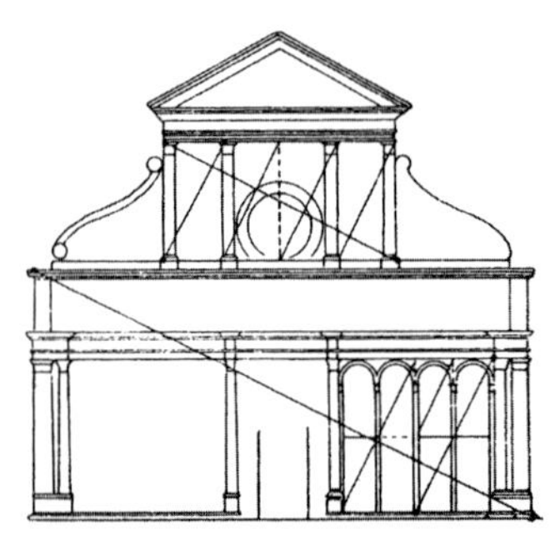

2-27. 산타 마리아 노벨라 성당, 하인리히 뵐플린, 《비율론*Deutsche Bauzeitung*》(1889년), 278.
브루크하르트는 1888년 뵐플린에게 편지를 보내며 뵐플린이 그린 피렌체의 산타 마리아 노벨라 성당의 정면 도면과 로마 빌라 파르네시아의 도면을 이렇게 칭찬했다.
"참으로 아름다운 결과일세! 파르네시아의 두 부속 건물이 본 건물과 동일성을 유지하고 있음을 나타냈군! 또 산타 마리아 노벨라 성당의 정면에서는 티르슈 법칙을 증명했구먼! 자네의 연구가 시사하는 것 이상이 존재하고 있을 걸세!" – 부르크하르트가 뵐플린에게 1888년 12월 12일에 보낸 편지.

Thierschica)이라 부르며 티르슈가 로마의 칸첼레리아Cancelleria(그림 2-26, 2-27)를 포함해 여러 건축물을 연구하는 데 사용한 규준선에 기여했다고 했다.[14] 1888년 그가 집필한 고전 미술사 저서 《르네상스와 바로크Renaissance und Barock》에는 다음과 같은 글이 있다.

"비율의 조화는 (···) 결코 임의의 결과가 아니며, 우리가 완전한 만족을 느끼도록 완벽하게 자연스러운 '순수한' 황금비율로 정해진다."[15]

몇 년 후 부르크하르트는 《이탈리아 르네상스 시대의 역사Geschichte der Renaissance in Italien》 3판에서(1891년) 비율을 다루는 장을 늘려 티르슈의 논문을 담았고 티르슈의 르네상스 도형을 재현해 수록했다(그림 2-25).[16] 부르크하르트는 이렇게 적었다.

"순수수학 수단은 결코 불변하는 원칙을 선도할 수 없다. (···) 그러나 최근 다양한 조건에서도 잘 성립하는 비율의 법칙을 발견했다. (···) 유클리드가 가르친 일정 비율인 '황금비율'에 기반을 둔 법칙은 (···) 유클리드가 보여준 것처럼 황금비율은 일정 비율이자 기하학 도형에서 공통적으로 나타나는 법칙이며 (···) 그리스와 로마의 건물에서 찾아볼 수 있는 근본적인 건축 비율로 르네상스 시대가 열리면서 부활해 새로운 중요성을 부여받았다."[17]

부르크하르트는 차이징처럼 본유의 황금분할을 주장했고 이런 결론을 내렸다.

"건축가가 실제로 혹은 이론적으로 사용했는지 아니면 의식적으로 사용했는지 알지 못한 채 남겨질 수 있다. 하지만 이 비율이 이탈리아 르네상스의 가장 훌륭한 건축물에서 빛나고 있다는 것만은 확실하다."[18]

사실 이탈리아 르네상스 시대 건축가들이 1.618 비율을 사용했다는 역사적 증거는 없다. 뵐플린은 부르크하르트를 이어 바젤대학교 교수가 되었고 베를린과 취리히의 여러 대학에서 강의하며 20세기 초반 영향력 있는 미술사학자로 거듭났다. 그는 1914년에도 여전히 전체 안의 부분의 조화법칙을 공식화한 티르슈를 높이 평가했다.[19] 그러나 20세기 초반 20여 년간 게슈탈트 심리학을 공부하면서 르네상스부터 바로크까지 건축양식이 5번의 변화를 거쳤음을 분석한(수학의 그룹이론으로 설명한다. 7장 참고) 뒤 결국 황금분할을 향한 열정을 잃었다. 뵐플린은 자신의 저서 《미술사의 기초 개념》(1915년)에서 칸첼레리아를 다루며 '티르슈 법칙'이나 황금분할을 언급하지 않았고, 건축에 사용한 비율을 황금분할이 아닌 고전적 알베르티의 정의(전체 내 부분의 결합의 아름다움)에 따라 설명했다.[20]

20세기 초반 황금분할은 피디아스 이름의 앞 글자를 따와 피(Phi, φ)라고 불렀다. 이후 바우하우스(8장 참고) 초대학장 발터 그로피우스의 영향으로 근대주의자들이 티르슈의 비율을 사용했다. 뮌헨에서 공과대학에 재학 중이던 20세의 그로피우스는 1903년 티르슈의 강의를 들었다.[21] 티르슈의 아들로 건축가였던 파울 티르슈Paul Thiersch는 그로피우스의 스승인 페터 베렌스 건축회사의 뒤셀도르프 사무소에서 1906년부터 1907년까지 근무했다. 바우하우스의 졸업생이자 그로피우스가 데사우에 바우하우스를 건설할 때 그의 조수로 활동한 에른스트 노이페르트Ernst Neufert는 황금비율과 차이징의 도해를 연구해 《고전건축 편람Bauentwurfslehre》(1936년)(그림 2-28 참고)을 집필했다. 여러 판으로 출판한 《고전건축 편람》은 오늘날에도 새로운 세대 건축가에게 황금분할의 신화를 가르치는 교과서로 쓰이고 있다. 그림 2-28의 1936년 도해는 2002년 노이페르트의 저서를 문고판 《건축가의 데이터Architects' Data》로 출판할 때 표지로 사용했다.

근래 서적에 황금분할을 사용한 또 다른 예로는 킴벌리 엘람Kimberly Elam의 그래픽 디자인 교과서 《디자인 기하학》(2001년)이 있다.[22] 오늘날 황금분할을 사용하는 이들은 그것이 모든 시대에 걸쳐 지속적으로 쓰였다는 주장을 이어가며 유클리드의 비율에 기반을 둔 새로운 체계를 고안하기 위해 노력하고 있다.

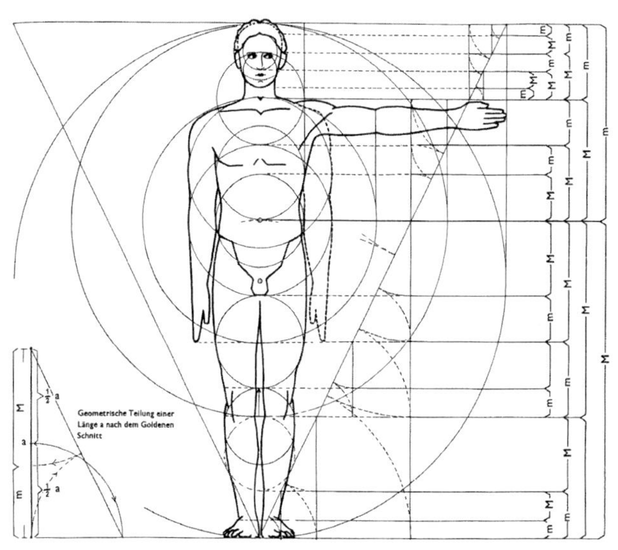

2-28. 'A. 차이징의 연구에 따른 인간비율 측정', 에른스트 노이페르트, 《고전건축 편람》(1936년), 23.
하단 좌측에 "황금분할에 따라 길이를 기하학적으로 나눈 것*Geometrische Teilung einer Lange nach dem Goldenen Schnitt*"이라고 적혀 있다. 우측에서 선을 황금분힐에 따라 나눈 것을 볼 수 있는데 m은 비율이 낮은 부분을, M은 높은 부분을 나타낸다. 인체의 배꼽을 중심으로 비율을 나누고 그렇게 나눈 것을 다시 여러 개의 낮은 비율로 나눴다. 노이페르트는 다른 건축가에게 (그의 주장에 따르면) 이집트의 피라미드와 레오나르도 다빈치 같은 이전 시대 건축가들이 건축물에 황금비율을 사용한 전통을 따르라고 권고했다.

독일의 가톨릭 신학자 페터 렌츠Peter Lenz(데시데리우스Desiderius 신부)도 차이징의 이론을 지지했다. 렌츠와 다른 수도승 화가들은 1868년 독일 투틀링겐 근방의 보이론에 있는 베네딕틴 성당에 수도승을 대상으로 제단화와 프레스코화, 모자이크화를 가르치는 학교를 설립했다. 렌츠는 19세기 말 가톨릭의 세계교회주의(에큐메니칼) 정신을 천명하며 세계 모든 종교에서 신비한 통찰의 순간에 신이 드러났고 시대를 초월한 기하학 형태가 영원불변하는 진실을 가장 잘 상징한다고 주장했다. 1860년대에 베를린에서 이집트 동상을 연구한 렌츠는 동상의 비율을 측정해 황금분할을 찾고자 했다. 이 시기에 그는 차이징의 인체비율에서 새로운 체계를 발견했는데 여기에 기독교와 이집트 도상학을 결합해 교회법에 포함했다(그림 2-29).[23] 1870년대 초반 렌츠가 음악 화음의 수학원리를 연구하던 동료 신부 P. 요하네스 블레싱P. Johannes Blessing에게 보낸 서신을 보면 베네딕트회 신부들이 예배예술의 기반인 수학구조를 발견하는 데 관심을 기울였음을 알 수 있다.[24]

조르주 쇠라 같이 수학과 과학에 관심을 보인 19세기 후반 프랑스 예술가들은 독일에서 전해진 황금분할을 받아들이지 않았다. 쇠라의 친구이자 《과학적 미학개론Introduction a une esthetique scientifique》(1885년)의 저자인 샤를 앙리Charles Henry는 파치올리와 차이징, 페히너가 모두 같은 비율을 이야기하고 있음을 알아차린 초기 예술가였다.[25] 그는 "현대예술가들은 황금분할과 조화로운 비율을 완전히 무시하고 있다"라고 강조했다.[26]

반면 성스러운 주제에 관심을 기울인 프랑스의 나비파Nabis 화가들은 황금분할과 신학의 연관성을 보고 이 비율을 사용하기 시작했다. 나비파 화가들의 미학적 목적은 다양했지만 지도자 폴 세뤼지에Paul Sérusicr와 몇몇 화가는 자신의 신앙과 예술을 강하게 연관지었다. 그들은 모세와 피타고라스, 예수와 부처를 포함한 모든 위대한 영적 지도자의 가르침에 공통적으로 나타나는 범신론적 주제를 발견한 프랑스의 신지론자 에두아르 쉬레Édouard Schuré의 주장에 이목을 집중했다.[27] 폴 랑송Paul Ranson의 '예수와 부처Christ and Buddha'(1890년경) 등의 작품을 보면 세계의 여러 종교가 혼합되어 있음을 알 수 있다.

프랑스에 살던 네덜란드 화가 얀 베르카데Jan Verkade는 폴 고갱과 나비파에 합류했다

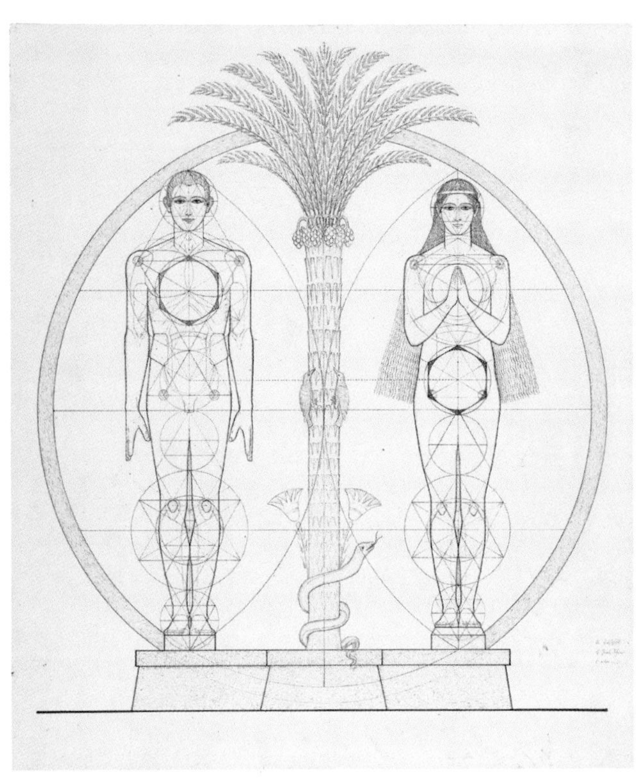

2-29. 페터 렌츠(데시데리우스 신부), '남자와 여자의 비율체계', 1871년, 종이에 연필과 잉크.

가 보이론의 수도원에 들어가 베네딕트회 수도승이 되어 페터 렌츠와 수학했다. 1890년대 초 프랑스 북서부의 브르타뉴를 떠난 세뤼지에는 보이론 미술학교Beuroner Kunstschule 출신 예술가들이 작품에서 강하게 표현한 경건하고 화려한 장식무늬에 빠졌고, 수도원에서 렌츠의 색채이론과 시스템을 연구했다.[28]

그는 1896년과 1904년 또 다른 나비파 예술가 모리스 드니Maurice Denis(그림 2-30)와 함께 다시 보이론을 방문했다. 드니는 자신의 친구 세뤼지에가 이 수도원에서 받은 영향을 이렇게 묘사했다.

"세뤼지에는 본질이나 브르타뉴풍을 버리지 않았지만 보이론에서 미학의 새로운 수학요소 개념을 배웠고 이것이 그의 머릿속에서 떠나지 않았다."[29]

1910년 세뤼지에는 플라톤의 기하학이 신성함을 품고 하늘에서 금색으로 빛나는 기하학 형태의 그림을 그렸는데 근대 세속주의 시대에 이런 그림은 드문 것이었다(그림 2-31, 1장 그림 1-20과 비교).

외면의 모습을 넘어 그 근원에 숨은 추상적 규칙을 찾는 예술을 원한 드니는 기하학을 활용하는 페터 렌츠에게 깊은 인상을 받았던 것 같다.[30] 그는 1890년 다음과 같은 글을 남겼다.

"그림은 전투마나 나체의 여인 혹은 어떤 일화이기 이전에 본질적으로 평평한 표면에 특정 규칙에 따라 색을 배열해놓은 것이다."[31]

드니는 1914년 파리 근교에 있는 생제르맹앙레의 작은 성당을 구입했고, 1919년에는 프랑스 버전의 보이론 학교를 설립해 '아르 사크레 아틀리에Ateliers d'Art Sacré'(신성한 예술의 스튜디오)라고 이름 지었다. 세뤼지에는 1921년 영향력 있는 작업 입문서 《그림의 ABCABC de la peinture》를 출판하면서 황금분할을 예술가의 '보편적 언어'에 포함했다. 같은 맥락에서 그는 실제로 그림을 그리는 실용적인 방법이 아니라 아름다움의 기하학 법칙과 영감을 주고 철학적 이상이기도 한 황금분할의 아름다움을 강조했다.[32]

카리스마 넘치는 루마니아의 작가 마틸라 기카Matila Ghyka는 파리에서 황금분할을 향한 열정을 불러일으켰다. 그는 1927년과 1931년에 출판한 책에서 차이징과 티르슈, 쿡Cook, 그 밖에 다른 이들의 주장을 그대로 반복했다. 기카가 기여한 부분은 파치올리의 신성한 비율과 차이징의 황금분할이 같은 비율이면서 이름만 다르다는 것을 올바르게 관찰한 점이다. 그런데 그는 《자연과 예술의 비율 미학Esthétique des proportions dans la nature et dans les》(1927년)에서 레오나르도가 이 비율을 사용했다는 (옳지 않은) 주장을 했다.

1948년 로스앤젤레스에서 기카를 만난 스페인 화가 살바도르 달리는 당시 서던캘리포니아대학교의 순수예술학과 학과장이던 기카의 마법에 빠졌다.[33] 달리는 파리의 명망 있는 '에콜 데 보자르École des Beaux-Arts'에서 학술교육을 받으며 옛 거장들처럼 유화를 배운 소수

내가 예술에서 수학을 말했을 때
사람들은 나를 바보라며 비웃었다.
예술가 사회에서는 수학과 예술을
마치 과학과 종교처럼
서로 반대되는 것으로 여긴다.
— 폴 세뤼지에가 얀 베르카데에게 보낸 편지, 1902년 8월 25일.

상단

2-30. 모리스 드니(프랑스인, 1870~1943년), **'보이론의 수도승들***Moines de Beuron***', 1904년, 캔버스에 유채, 97×147cm.**

보이론 성당의 얀 베르카데를 방문한 드니는 세 수도승이 스튜디오에 앉아 있는 초상화를 그렸다. 하얀 수염을 기른 늙은 페터 렌츠가 후드를 쓴 바르셀로나 출신의 프랑케사 아달베르트 *Franquesa Adalbert*와 하얀색 성직자복을 입은 베르카데에게 컴퍼스로 기하학 도형을 그리는 방법을 가르치고 있다. 배경에 있는 제도용 책상 위에는 성모마리아 조각상이 놓여 있고(우측) 벽에는 소묘화가 걸려 있다. 창문으로 햇빛이 들어와 이젤 위에 놓인 성 베네딕트의 그림과 두 젊은 학생을 비추고 있다. 그림 대상인 베네딕트 수도승과 두 제자에게 빛이 비추도록 한 것이다.

우측

2-31. 폴 세뤼지에(프랑스인, 1864~1927년), **'황금 원통', 1910년경. 카드보드에 유채, 38.2×27.7cm.**

의 전위 예술가 중 하나였다. 1930년대 내내 기술적으로 능력이 떨어지는 초현실주의자들을 경멸한 그가 스튜디오 지침서를 집필하던 기카와 만난 것이다.

"45세가 되면 걸작을 완성해 혼돈과 게으름에서 현대미술을 구하고 싶다. 이 책을 그 신성한 목적에 바치고, 진정한 회화를 믿는 모든 젊은이에게 바친다."[34]

달리는 옛 거장들, 특히 레오나르도가 미술에서 아름다움을 구현하는 수학적 열쇠를 쥐고 있었다는 기카의 주장에 끌렸다. 기카는 달리에게 자신의 책을 선물했고 두 사람은 서신을 왕래하며 친구가 되었다. 달리는 자신의 작업 입문서

에 기카의 논문을 요약해 넣었다.[35]

달리는 1940년대 후반 프로이트의 무의식 주제에서 벗어나 핵물리학에 관심을 두었다. 그는 '비키니섬의 세 스핑크스Three Sphinxes of Bikini' 같이 원자탄과 신비주의적 요소를 섞은 그림을 그렸다. 이 그림은 1946년부터 원자탄 무기 실험을 진행한 태평양 남쪽 비키니 환초를 배경으로 그렸다.

달리는 물리학을 공부하면서 고체가 전자기력으로 결합한 양전하 입자로 이뤄져 있다는 것과 아원자 영역에서는 물질이 대개 텅 비어 있음을 이미 배웠다. 그는 영성과 물리적 비물질화를 관련지었고(반물질 선언, 1958년) 기카에게 수학과 영성을 연관지을 수 있음을 배웠다. 파치올리의 책을 읽은 달리는 레오나르도 다빈치가 단순히 책에 넣을 그림을 그리기 위해 기하학 도형을 그린 것에 불과하며 '최후의 만찬'을 그릴 때 황금분할을 지지하지도, 사용하지도 않았다는 것을 명확히 알았다.[36]

루카 파치올리는 모든 미학 서적 중
가장 중요한 자신의 저서에서
황금분할을
'신성한 비율'이라고 불렀다.
— 살바도르 달리,
《마법 같은 기교의 50가지 비밀*50 Secrets of Magic Craftsmanship*》, 1948년.

그럼에도 불구하고 달리는 레오나르도가 자신의 작품에 황금분할을 사용했다는 전설을 마음속으로 믿었다. 달리는 레오나르도를 존경했고 그의 회화 능력과 기법이 유지되길 바라는 마음에서 "근대예술을 구할 명작 그리기"를 목표로 삼았다. 그는 파치올리가 "언제나 미스터리하고 비밀스러우며 수학자들이 무리수로 수량화한다"라고 설명한 비율을 구현해 시간이 흘러도 변치 않는 진실을 상징하고자 했다.

달리는 레오나르도가 파치올리와 함께 공부하면서 작업한 까닭에 그의 작품 중 유일하게 선원근법을 사용한 '최후의 만찬'에 기반을 두고(그림 2-10) '최후의 성찬식'(1955년, 그림 2-32)을 완성했다. 이 작품에 1:1.618 비율의 정사각형 캔버스를 사용한 달리는 황금분할에 기반을 둔 기카의 도해(그림 2-33)를 이용해 제자들을 피라미드 모양으로 배치할 것을 결정했다. 그림 배경의 기하학 구조는 레오나르도가 파치올리의 책에 그린 텅 빈 12면체(그림 2-22)인데 이것은 플라톤의 《티마이오스》에서 우주를 상징하는 모양으로 쓰였다.[37]

로마가톨릭 성찬식에서 사용하는 (달리의 그림에서는 식탁 위에 놓인) 빵과 포도주는 (문자 그대로) 그리스도의 몸과 피로 변형했다. 달리는 원근감을 설정할 때 그리스도의 몸이 중앙(소멸점)에서 투명해지는 방식으로 성변화聖變化를 표현했다. 그 위로 천국의 12면체 안에는 십자가에 못 박힘과 승천을 암시하는 양쪽으로 뻗은 두 손이 놓여 있다. 이는 불멸하는 무한한 하느님의 유한한 아들인 예수의 이중적인(물리적·정신적) 본질을 나타낸다.

달리는 자신의 스타일을 '핵 신비주의'라고 불렀는데 이것은 현대의 과학적 세계관과 전통적인 종교적 도상학을 합쳤음을 의미한다. 그는 차이징과 기카가 권고한 것처럼 황금분할로 아름다움이나 완벽한 비율을 확보하기보다 파치올리의 주장대로 황금분할을 이용해 신성을 상징화하려 했다. 현대예술에서 '최후의 성찬식' 같은 신성한 기하학을 찾는 것은 어렵다. 달리는 신앙 시대에 옛 거장들이 창작한 예술을 향한 향수 어린 존경의 표시로 이 같은 작품을 그렸으나 아내 갈라를 성모마리아로 그렸듯 성스러운 것과 불경한 것을 섞은 그림을 그리기도 했다('포트리가트의 성모마리아The Madonna of Portlligat', 1950년경). 달리는 자신

과 다른 화가들이 핵시대에 걸맞은 예술을 창조하도록 새로운 시기의 '혼란'을 몰아내려 했지만, 영적인 닻이 없는 탓에 오히려 혼란을 더 키우는 데 기여하고 말았다.

기카의 또 다른 학생인 스위스의 건축가 르코르뷔지에는 1923~1925년 파리의 메종 라 로슈Maison La Roche에서 간단한 기하학 형태를 사용해 자신의 경력을 시작했다. 기카가 1927년에 쓴 책을 얻은 그는 건물을 디자인할 때가 아니라 일단 디자인한 뒤 그 디자인을 확인하기 위해 1.618 비율을 사용했다(가령 '가르슈 빌라Villa at Garches', 1927년).[38]

1946년 르코르뷔지에는 모듈러Modulor라는 도구를 디자인했다. 이것은 한 면에는 영국 단위, 다른 면에는 미터 단위를 둔 줄자로 양면의 숫자를 피보나치수열에 맞춰 표시했다. 이는 영국과 유럽의 건축가들이 1.618 비율에 따른 숫자 패턴을 배치할 수 있도록 고안한 것이다.

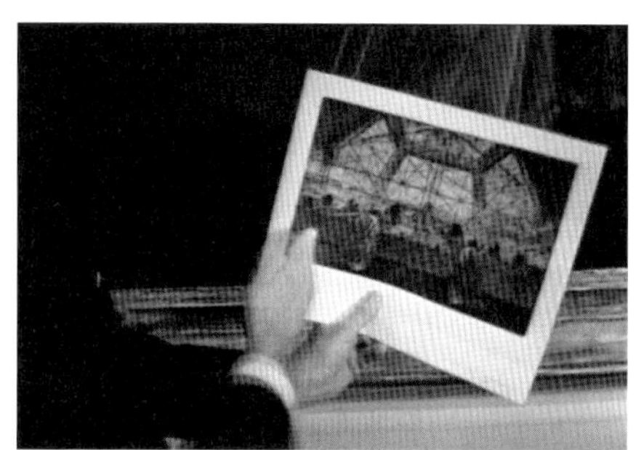

상단

2-32. 살바도르 달리
(스페인인, 1904~1989년), **'최후의 성찬식', 1955년. 캔버스에 유채, 166.7×267cm.**

하단 좌측과 우측

2-33. 달리가 1955년 워싱턴 DC의 국립예술박물관에 전시한 '최후의 성찬식' 앞에 서서 기카에게 자신의 비율 그림을 보여주고 있다.

상단

2-34. 르코르뷔지에(샤를-에두아르 잔느레*Charles-Édouard Jeanneret*, 스위스인, 1887~1965년)와 그의 사촌 피에르 잔느레*Pierre Jeanneret*(스위스인, 1896~1967년), 메종 라 로슈, 1923~1925년.

하단

2-35. 르코르뷔지에, 모듈러, 1945년, 마틸라 기카, "르코르뷔지에의 모듈러와 황금분할 개념", 《건축평론》 103, no.614 (1948년 2월): 39-42; 도표는 40쪽에 수록.

르코르뷔지에는 평범한 남자의 신장(왼쪽 그림의 AB, 1.829m)과 머리 위로 손을 든 남성의 키(AC, 2.26m)를 기준으로 피보나치수열을 기록한 비율체계를 디자인해 '모듈러'라고 명명했다. 이어 인체의 네 부분, 즉 발, 배꼽, 정수리, 팔이 황금비율과 연관되어 있다는 기하학적 '증거'를 제시했다. 유클리드의 외중비를 사용할 경우 선을 기하학적으로 나눌 수 있다. 중간 그림을 보면 *AD*의 거리(배꼽에서 다리까지의 길이)가 주어져 있다. 그 *AD*를 한 변으로 하는 정사각형을 만들어보자. 보다시피 *AD*의 중점에서 원의 활꼴을 그리면 *AD*의 직선 지점에 B가 위치한다(사람의 정수리). 그러면 *AD*:*BD*=*AB*:*AD*가 된다.

오른쪽 그림처럼 *A'C'*(팔을 올린 사람의 키)를 그려 시작해보자. *D'*(배꼽)는 중점이다. 그림과 같이 직사각형을 만들고 모서리를 대각선으로 연결한 뒤 절반으로 접어 정사각형 2개를 만들어보자. 직사각형의 왼쪽 위 모서리를 중심으로 *C'*에서 대각선으로 원호를 그리면 대각선상의 한 점과 만난다. 그 점에서 *A'*를 중점으로 두고 원호를 그릴 경우 *A'C'* 선상에서 E를 찾을 수 있다. 이때 *A'E*:*EC'*=*A'C'*:*A'E*가 된다.

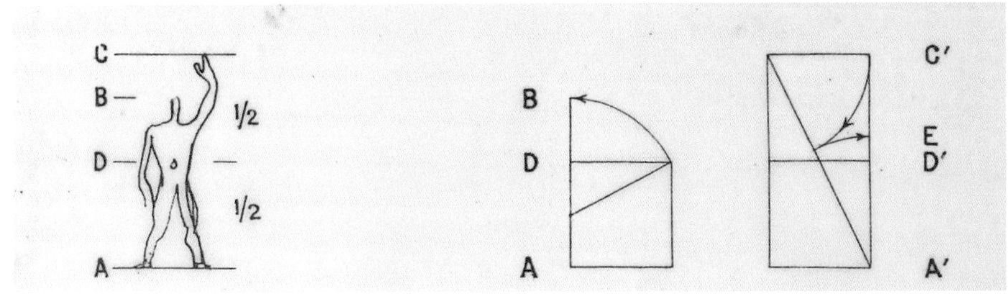

르코르뷔지에에 따르면 피보나치수열의 숫자는 인체에서 중요한 지점의 평균 비율에 해당한다(발과 배꼽, 정수리, 펼친 손. 그림 2-35 참고).[39] 르코르뷔지에는 건축디자이너에게 건물 구조에 자연스럽게 1.618 비율이 들어가도록 이 도구를 사용할 것을 추천했다. 예를 들어 이 도구로 문의 높이와 길이를 정하면 그 문은 저절로 황금비율이 된다. 그의 기대와 달리 현장의 건축디자이너들은 이 도구를 사용하지 않았고 현대 들어 대부분 이 도구를 잊었다. 그러다가 20세기 중반인 1951년 밀라노에서 열린 '비율의 건축사'에서 알베르티의 《건축의 예술》(1485년, 그림 2-4 참고)과 함께 주요 전시품으로 전시되었다.[40]

달리와 마찬가지로 르코르뷔지에는 1.618 비율에 초월적 힘이 있다고 믿었다. 마르세유에 집합주택Unite d'Habitation(1947~1952년)을 지은 그는 모듈러 건축을 의인화 대상처럼 묘사했다.

"건물 전체 공사를 지휘한 모듈러에 바친다. (…) 건물의 모든 치수가 15세기와 같도록 해서 조화로운 비율의 품위가 깃들도록 한 모듈러에 감사를 표한다."[41]

르코르뷔지에는 자신의 커리어를 쌓아가는 내내 좋은 디자인의 열쇠는 황금분할에 있다고 믿었다.

다윈 이후의 비율

19세기 후반 대중과학 저자들은 1859년 출판한 찰스 다윈의《종의 기원》에서 영감을 받아 사람들이 모형을 찾을 수 있는 동식물 안의 공학구조를 찬미했다. 예를 들어 영국 성직자 J. G. 우드J. G. Wood는《자연의 가르침: 자연이 예측한 인류의 발명Nature's Teachings: Human Invention Anticipated by Nature》(1877년)에서 "인간의 발명 중 자연에서 원형을 찾을 수 없는 것이 없다"라고 선언했다.

독일에서는 헝가리 출신의 식물학자 라울 프랑스Raoul Francé가《식물이라는 발명가Die Pflanze als Erfinder》(1877년)에서 건축가들에게 자연을 연구해 형태를 이해하라고 권고했다. 1890년대에 원생동물과 다른 해양미생물 관련 책을 집필한 그는 이후 자신의 유명한 생물 그림집을《코스모스Kosmos》에 실었다. 프랑스는 꽃가루가 고르게 분포하도록 만드는 양귀비꽃이나 물속에서 나선 모양으로 움직이는 해양미생물 같이 특정 기능을 수행하도록 진화한 생물학 시스템의 기하학 구조에 중점을 두었다(그림 2-36, 2-37, 2-38). 그는 그런 자연구조를 인간이 만든 유사 기술과 구분하기 위해 '생공학' 구조라고 불렀다. 나아가 자연이 무게를 지탱하거나 유체가 흐르는 것 같은 문제를 해결하기 위해 진화 과정에서 7가지 기본 기하학 구조를 선택했다고 주장했다. 그 대표적인 것이 크리스털, 구체, 원뿔, 평면, 끈, 막대기, 나선이다(8장 그림 8-15 참고).

19세기 영국 식물학자들 역시 다윈의 진화론에서 용기를 얻어 식물의 성장을 관리하

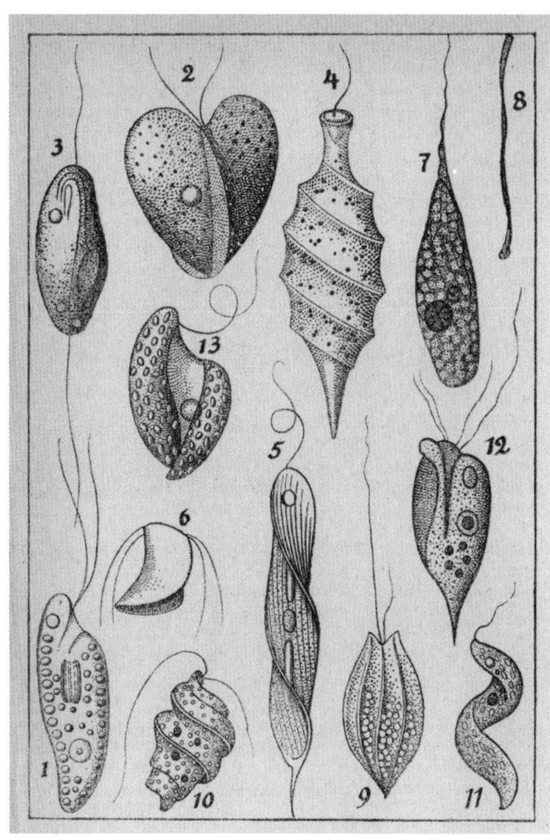

우측 상단

2-36. 편모가 있는 해양미생물과 배의 프로펠러, 라울 프랑스,《식물이라는 발명가》, 32, 그림 10.

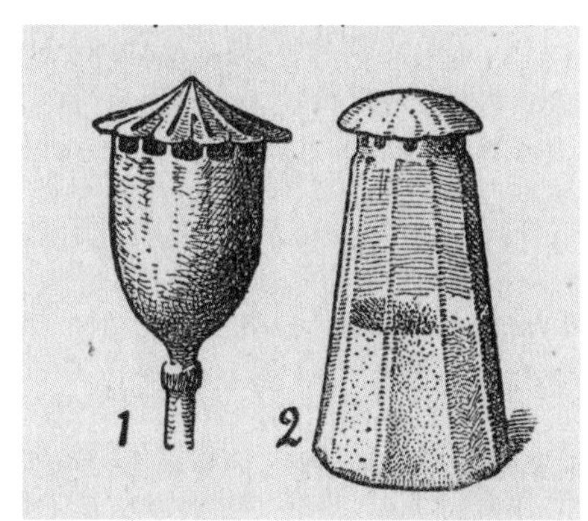

우측 하단

2-37. 양귀비와 식탁용 소금통, 라울 프랑스,《식물이라는 발명가》(1920년), 8, 그림 1.

는 자연법칙을 찾으려 했다. 그들은 식물이 제한된 공간 내에서 점진적으로 자라게 하면 피보나치수열 패턴이 나타나고 1.618을 향해 수렴한다는 것을 발견했다(128쪽 박스 참고). 그 패턴으로 자라는 식물에는 해바라기, 데이지, 파인애플, 솔방울, 브로콜리 등의 잎차례 식물이 있다.[42] 영국 식물학자 아서 해리 처치Arthur Harry Church(《잎차례 식물과 역학법칙의 관계On the Relation of Phyllotaxis to Mechanical Laws》, 1901년)와 다시 웬트워스 톰프슨(《성장과 형태》)은 잎차례 식물과 동물의 껍질, 뿔 패턴은 역학적 힘과 유기물의 기하학적 제약을 받아 그러한 패턴을 형성한 것이라고 설명했다(그림 2-41, 2-42).

피보나치수열(산술)과 외중비(기하학)

요하네스 케플러는 최초로 피보나치수열(산술)과 유클리드의 외중비(기하학) 사이의 유사점을 기록으로 남겼다. 가령 피보나치수열의 숫자를 그 전 숫자로 나누면 1.618에 가까운 숫자가 나오고, 숫자가 커질수록 점점 더 외중비에 가까워진다(케플러, 《우주의 조화》).

이와 유사하게 피보나치수열의 숫자를 1변의 길이로 하는 직사각형을 연속적으로 만들면 직사각형의 변의 비율이 1.618에 가까워진다. 이 수열의 숫자를 반지름으로 하는 원호를 그릴 경우 아래와 같이 자기유사적*Self-Similar* 나선을 만들 수 있다.

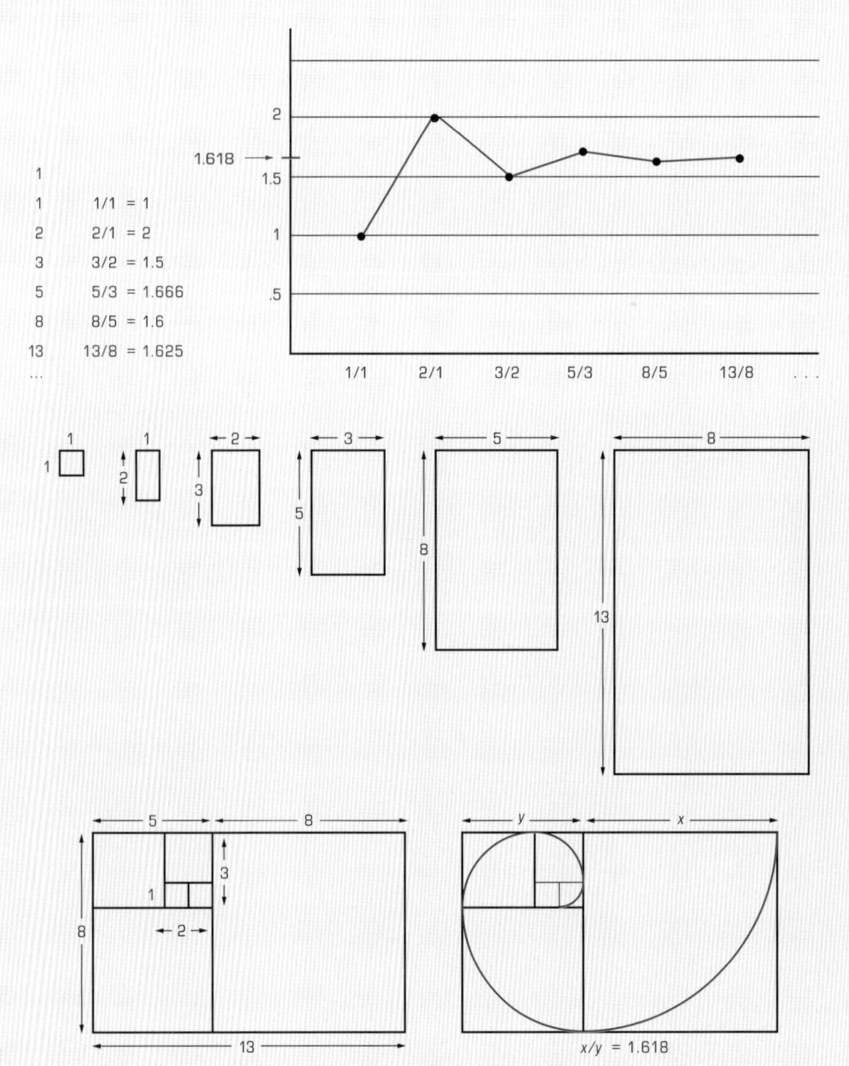

127쪽

2-38. 프란츠 크사버 루츠*Franz Xaver Lutz* **(오스트리아인, 1941년 출생), '물고기와 체펠린 비행기의 부피***Volumes of a Fish and a Zeppelin***', 1993년, 글레이즈 페인팅.**
공학자와 화가의 교육을 받은 프란츠 크사버 루츠는 라울 프랑스와 에른스트 헤켈*Ernst Haeckel*의 전통에 따라 작업했다.
"자연은 기술이 발전하기 오래전부터 이미 이상적인 형태를 찾았다. (…) 물고기와 체펠린 비행기 모두 해류와 기류의 저항을 최소화하는 최적의 형태를 찾았다."

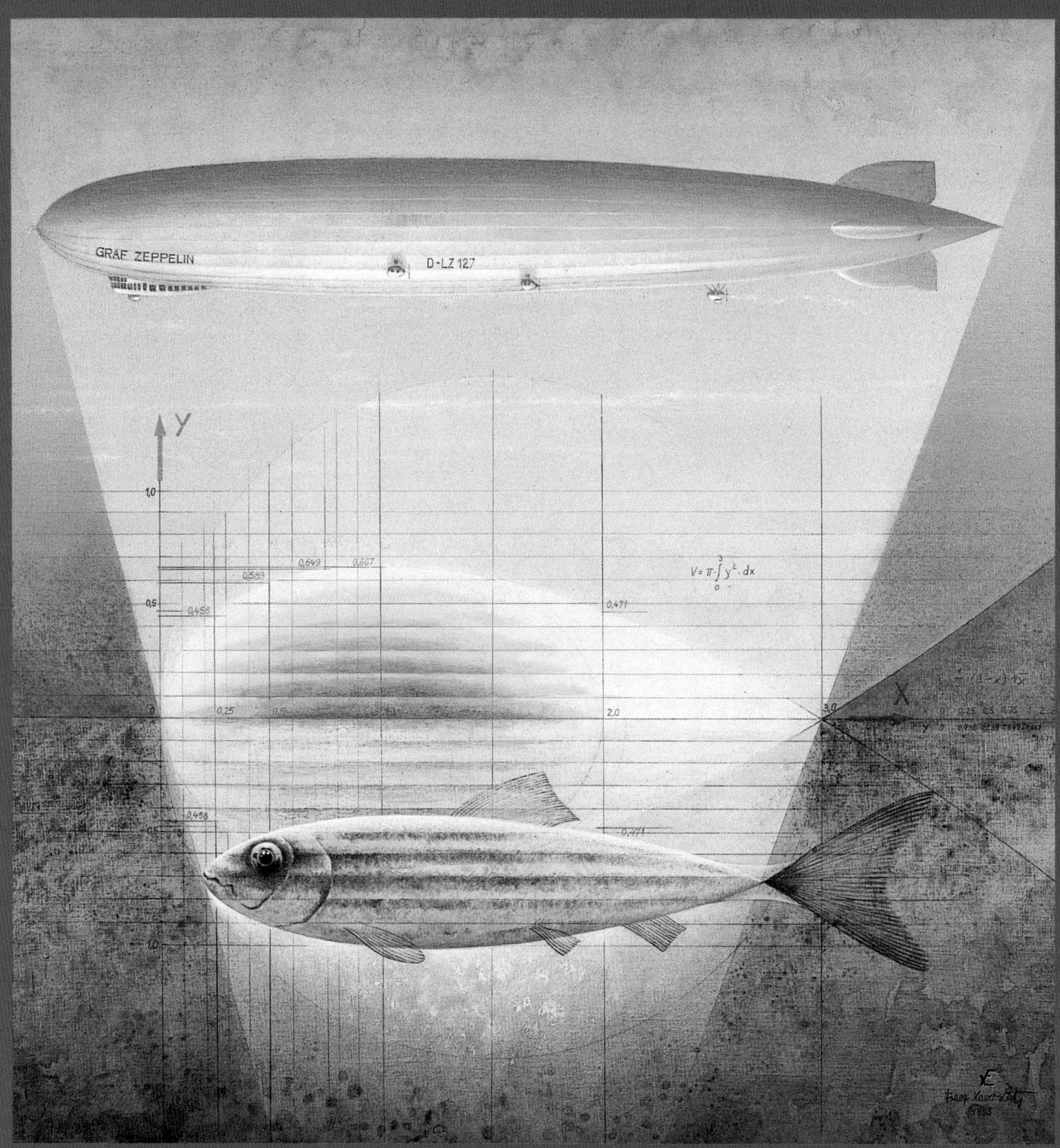

GRAF ZEPPELIN
D-LZ 127

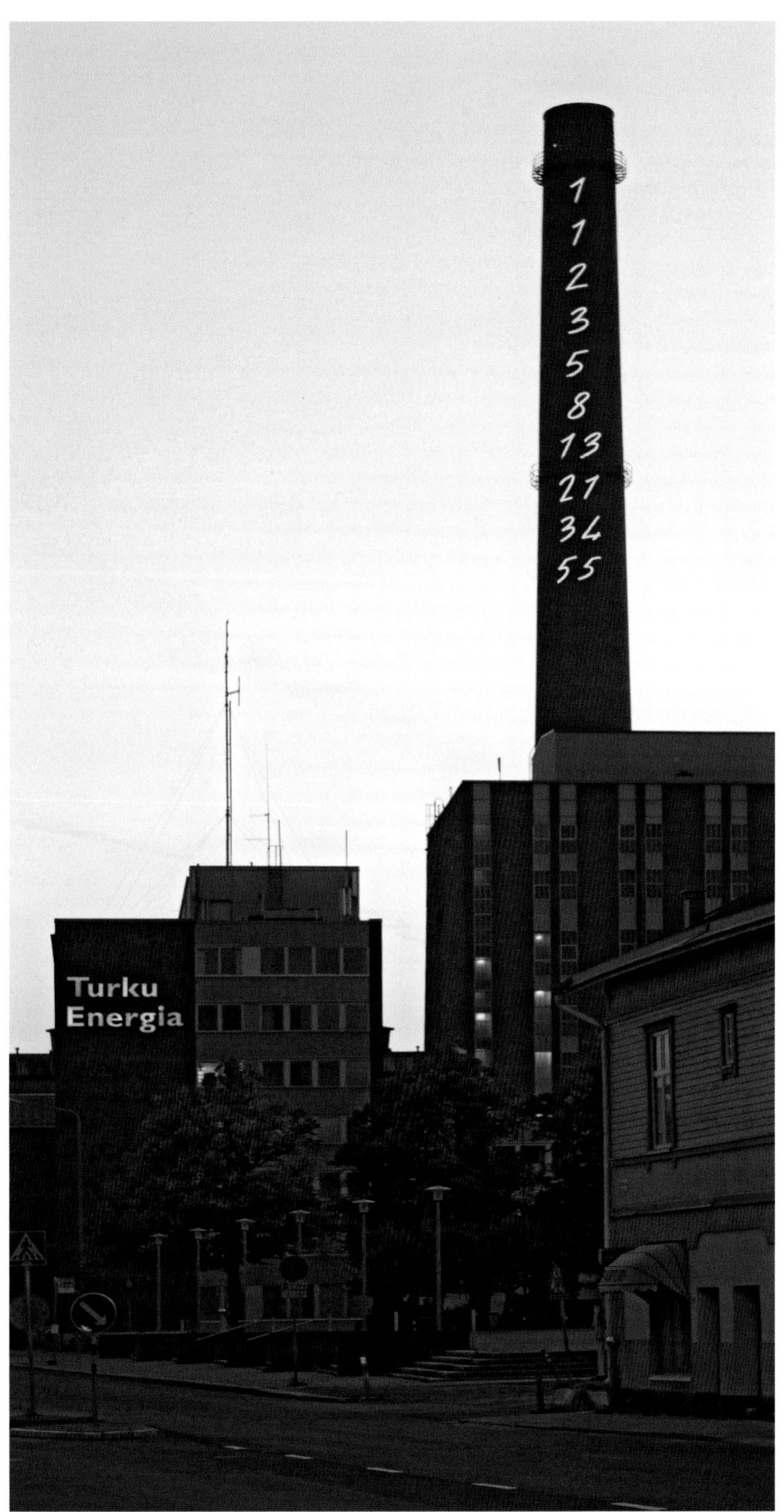

피보나치수열

중세 수학자 레오나르도 피보나치*Leonardo Fibonacci*(1170~1250년경)는 피사의 항구도시에서 살았다. 북아프리카의 이슬람과 크게 교역하던 상인의 아들로 태어난 피보나치는 인도–아라비아 숫자와 로마 숫자를 모두 배웠다. 수학자가 된 뒤 그는 서양에서 아라비아 숫자체계를 받아들여야 한다고 주장했다. 특히 자신의 저서에서 아라비아 숫자를 사용하는 것이 계산에 더 용이하다는 점을 피력했고 결국 서양은 아라비아 숫자와 소수체계를 도입했다(《산술교본*Liber abaci*》, 1202년). 피보나치는 (이후 '피보나치수열'로 불리는) 0과 1로 시작해 이전 두 숫자를 더해서 다음 숫자를 만드는 수열을 제시해 계산의 용이함을 설명했다. **0+1=1, 1+1=2, 1+2=3, 2+3=5,...** 이 과정을 따라 **1, 1, 2, 3, 5, 8, 13, 21...**의 수열이 만들어진다.

이러한 피보나치의 노력에도 불구하고 서양에서 로마 숫자를 포기하고 아라비아 숫자를 도입하는 데는 무려 1세기 가까이 걸렸다. 하지만 1500년에 이르러 극동과 북아프리카, 유럽 전반에서 아라비아 숫자를 사용했다(1장 그림 1–38 참고).

2-39. 마리오 메르츠*Mario Merz*(이탈리아인, 1925~2003년), '숫자의 비행*Flight of Numbers*', 1994년, 각각 198.12cm 높이로 만든 네온사인 숫자, 핀란드 투르쿠의 투르쿠 에너지 발전소 굴뚝.
이탈리아의 현대화가 마리오 메르츠는 자신의 조각 작품에 그의 동포인 피보나치의 이름을 새겼다. 또한 그는 핀란드의 투르쿠 에너지 발전소 굴뚝에 설치한 오렌지색–빨간색의 네온사인으로 숫자의 비물질적인 본질을 암시했다.

129쪽

2-40. 마리오 메르츠, '피보나치 테이블*Fibonacci Tables*', 1974~1976년, 캔버스에 목탄, 아크릴 페인트, 메탈릭 페인트, 발광 가스가 든 튜브, 267×382cm.

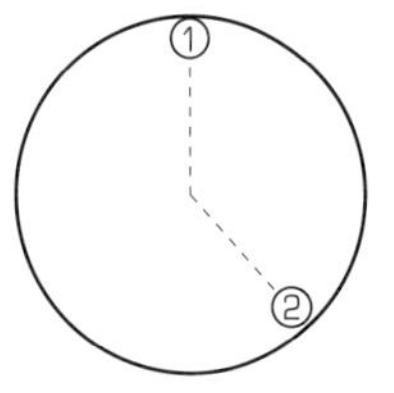

처음 씨앗 2개

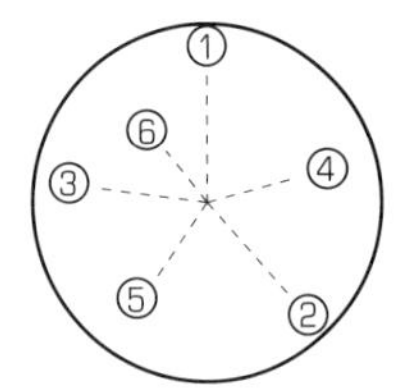

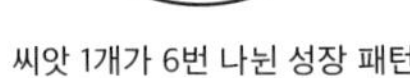

씨앗 1개가 6번 나뉜 성장 패턴

2-41. 해바라기의 잎차례.

잎차례는 동일한 단위(씨앗, 꽃잎, 잔가지)가 제한된 공간에서 축 주위로 계속 자라나며 나타나는 성장 패턴이다. 전부는 아니지만 일부 특정 식물에서 이 성장 패턴 단위가 1.618 비율로 나타나는 것을 볼 수 있다(약 1.62). 처음 두 단위가 제한된 공간을 어떻게 나누는가가 1.62 성장 패턴을 결정한다. 가령 해바라기는 중앙에서 처음 2개의 씨앗이 나오면서 원을 2개의 '파이조각'으로 나눈다. 이 조각의 비율이 1.62다(더 큰 '조각'의 면적은 '작은' 조각 면적의 1.62배다).
처음 두 단위의 위치는 각 식물종의 DNA에 잎차례로 입력되어 있다. 추가로 해바라기 씨앗이 나뉜 공간에 들어오는데 가장 덜 밀집된 공간으로 움직이면서 '잎차례' 패턴을 만든다(잎차례*Phyllotaxis*는 '잎'을 뜻하는 라틴어와 '배열'을 뜻하는 그리스어의 합성어다). 이 패턴은 보통 반대방향으로 가는 씨앗, 잎, 잔가지의 2개 패턴으로 이뤄진다. 처음 공간을 1.62 비율에 맞춰 나누기 때문에 식물이 자라면서 그 두 시스템이 이 비율을 유지하는 것이다. 시계방향과 시계 반대방향으로 도는 두 나선 시스템의 숫자는 1.62 비율을 유지하고, 그 숫자는 지속적으로 피보나치수열을 따른다.

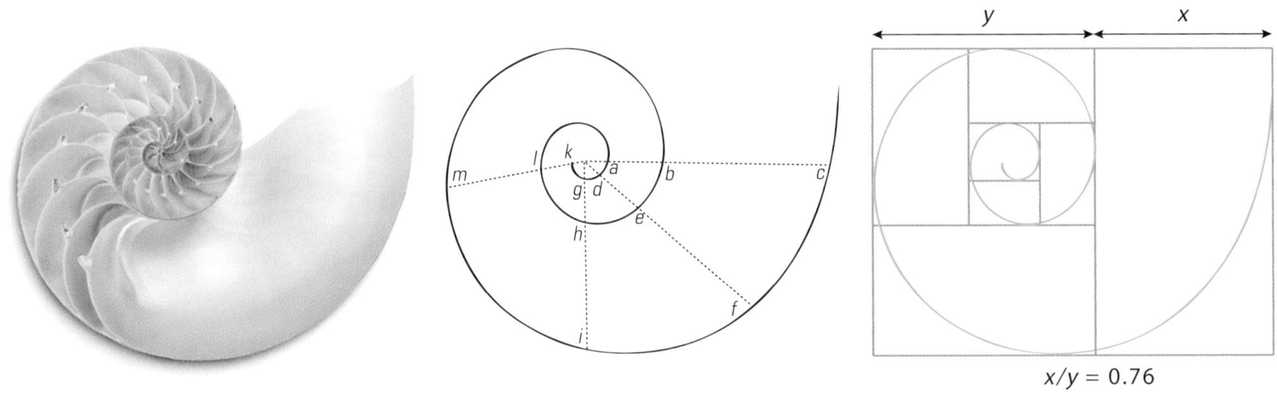

2-42. 노틸러스 조개(좌측)와 노틸러스의 나선 도표(중앙), 다시 웬트워스 톰프슨, 《성장과 형태》(1917), 도표 367.

(껍질과 뿔 등에 나타나는) 동물의 성장 패턴이 동일한 단위를 더해 만들어지는 경우 약 1.62 비율로 패턴이 형성되기도 하고(잎차례 식물) 노틸러스 껍질처럼 그렇지 않은 경우도 있다. 이 껍질의 길이와 입구 길이의 비율을 구하면 (톰슨의 그림에 나타난 것 같이) 1.62가 아니라 0.76이다(우측).

다윈 이전의 예술가들은 완벽한 원에 내접해 신성을 내비치는 레오나르도의 '비트루비우스의 영원히 움직이지 않는 남자' 그림 등 고전 그림에 보이는 이상적인 비율을 찾기 위해 노력했다(그림 2-1). 그렇지만 오늘날 다문화적 환경에서 진화생물학을 배운 예술가들은 모든 사람이 생명나무Tree of Life의 고유한 자리에 위치해 있고 시간의 흐름에 따라 몸이 변한다는 것을 알고 있다(그림 2-43).

예술가와 건축가가 긴 진화 과정에서 자연도태에 따라 형성된 자연 패턴과 비율을 이해하면서 이상적이고 변하지 않는 인체 비율 가설은 점차 역사 속으로 사라져갔다.[43]

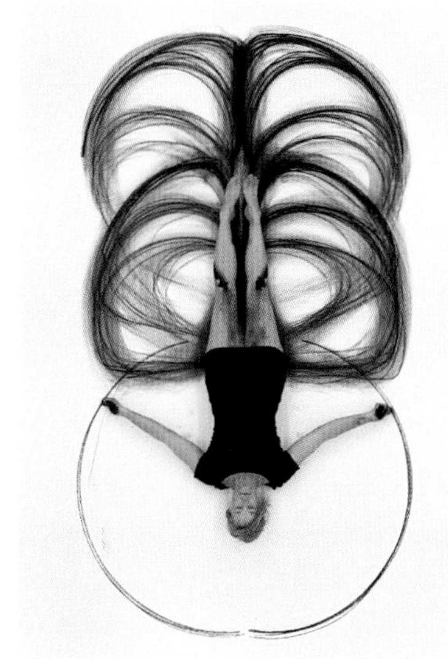

상단과 우측

2-43. 헤더 한센*Heather Hansen***(미국인, 1970년 출생), '엠프티드 제스처***Emptied Gestures***'의 움직임으로 생성되는 그림들, 2013년, 종이에 목탄, 355.6×355.6cm.**

헤더 한센은 큰 종이 위에 누워 목탄을 칠한 손과 발, 몸이 움직이는 것을 기록했다. 그녀의 동적인 몸짓은 자유로운 패턴으로 추상화했고 이 패턴은 완전한 좌우대칭에서 살짝 벗어나 그녀의 고유한 신체 특징을 구체화하고 있다.

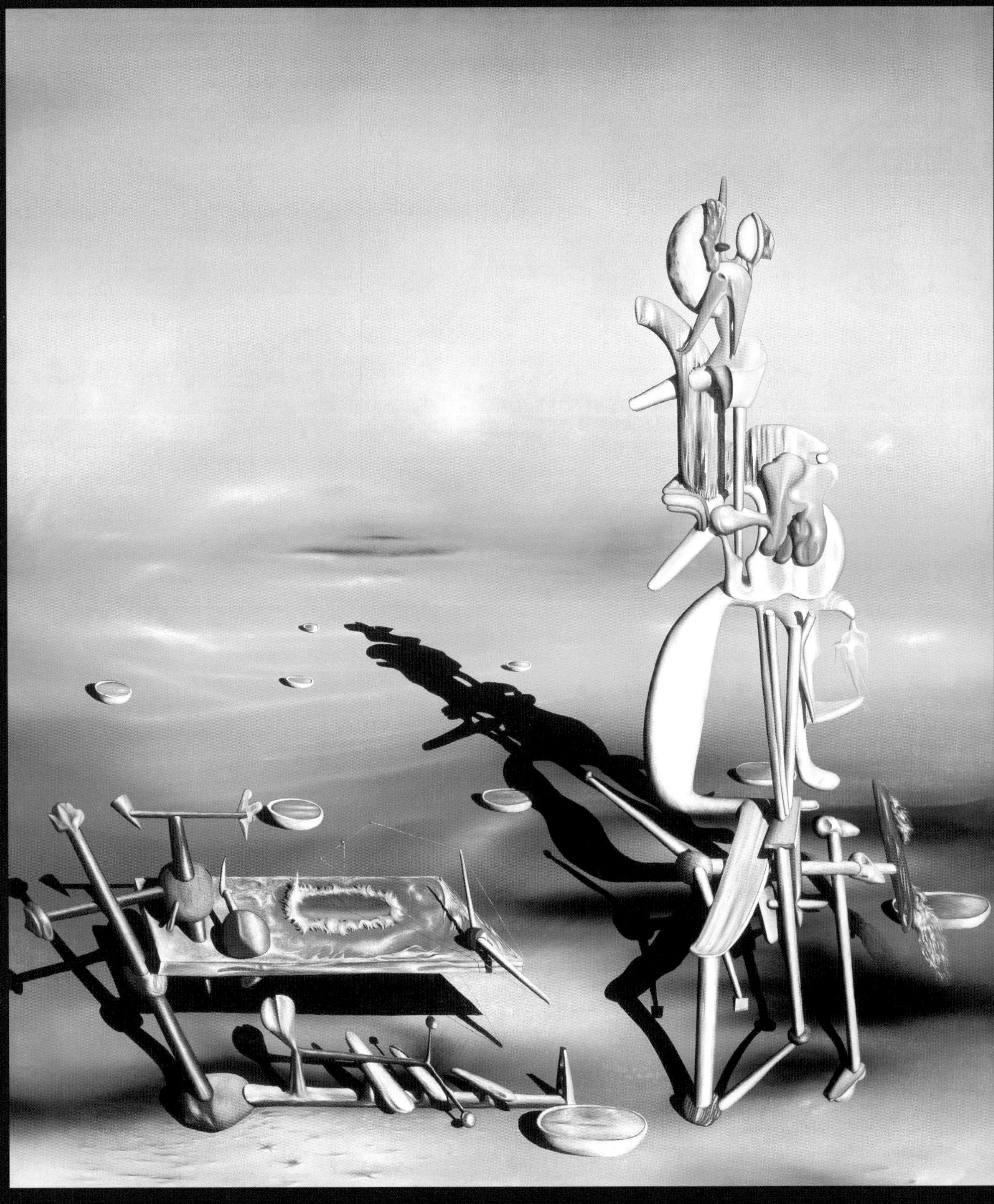

3
무한대

상상이나 꿈속 여행이 아니라 현실에서 안전하게 산책하며 돌아다니려면 단단한 기반과 땅이 필요하다.
또한 여행이 이끄는 방향으로 늘 막히지 않는 순조로운 길이 필요하다.
— 게오르크 칸토어, 〈초한수 기초이론 기고 Contributions to the Theory of the Transfinite**〉, 1887년.**

무한대를 다루는 것을 매우 조심스러워한 그리스 철학자들은 '유한하지 않음'이라는 개념을 사용했다. 예를 들어 유클리드는 소수의 개수가 무한하다는 것을 증명했다. 중세 학자들은 '영원' 같은 개념을 다룰 때 잠재적 무한대(내일과 모레의 순서로 무한한 미래를 향해 이어지는 날들)는 가능하지만 물리적인 실제 무한대(모든 날이 오늘날 같은 시간에 존재하는 것)는 존재할 수 없다는 아리스토텔레스의 조언을 따랐다. 그런데 초기 르네상스 시대 학자이자 가톨릭 추기경인 니콜라우스 쿠사누스Nicolaus Cusanus는 미스터리로 남아 있던 실제 무한대의 정확한 개념에 관심을 기울였고, 이것을 사용해 기독교 하느님의 무한한 특성을 설명했다.

17세기 아이작 뉴턴과 고트프리트 빌헬름 라이프니츠는 무한한 시간과 공간에서 움직이는 물체를 측정하기 위해 미적분을 고안했다. 그들은 무한하게 이어지는 어떤 과정을 완벽하게 계산할 수 있는지 증명했고 그 계산은 정확했다. 그러나 그들이 생각하는 무한의 극한 개념은 알려지지 않았다. 러시아 출신의 독일 수학자 게오르크 칸토어가 19세기 무한집합의 크기를 정확히 수학으로 정의하고 무한값을 포함하는 산술 계산법을 설명했다. 이 초한적 산술은 수학계에 완전히 새롭고 놀라운 아이디어로 받아들여졌다. 칸토어는 무한집합에 원소를 더하면 그 집합의 원소 숫자를 나타내는 수(기수)가 변치 않는다는 것을 관찰했다. 즉, 유클리드의 산술과 달리 칸토어의 초한산술은 전체가 부분보다 크다고 보지 않는다.

다른 그리스 철학자들이 예술의 본질을 숙고할 때 몇몇 철학자는 무한함을 숙고했다. 플라톤은 시와 그림을 이렇게 정의했다.

"시적 모사Mimesis는 회화와 유사하게 겉모습을 흉내 낸 것이다."(《국가론》, 596e~602c)

시나 회화는 나무 같은 물체를 묘사(모방)하는데 그 나무조차 실제 나무(완벽한 형태)의 불완전한 모방품(겉모습)이라는 얘기다. 플라톤은 '모방은 영원한 형상에서 두 차례에 걸쳐 퇴화하는 것'으로 "그 결과물은 진실에 비해 매우 질이 떨어진다"라고 말하며 모방을 낮게 평가했다. 아리스토텔레스는 플라톤의 모방 개념을 채택했지만 그는 특정 물체의 형상이

3-1. 이브 탕기*Yves Tanguy* **(프랑스인, 1900~1955년), '무한한 가분성** *Divisibilité indefinite***', 1942년, 캔버스에 유채, 101.6×88.9cm.**
프랑스의 초현실주의 화가 이브 탕기의 작품으로 푸른 물질로 채운 흰색 그릇이 앙상한 탑과 함께 놓여 있고, 그 뒤로 현실적인 그늘과 그림자가 드리워져 있는데 이는 꿈을 상징한다. 이 그림에서 그늘과 그림자는 안개 낀 수평선으로 갈수록 점점 더 작게 무한히 분할한다.

현실에 나타난 겉모습과 독립적으로 존재하지 않는다고 믿었기 때문에 묘사 예술을 낮게 평가하지 않았다.

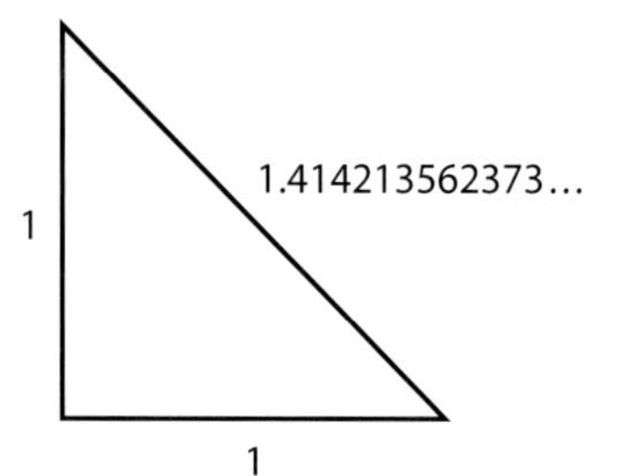

3-2. 무리수: $\sqrt{2}$

플라톤은 자연 모방을 상징하는 모방 예술을 부정적으로 평가했으나 이는 아리스토텔레스의 재평가로 효력을 잃었고, 모방 예술은 서양 고전 미학의 토대로 자리를 잡았다. 식물과 동물은 변치 않는 신의 창조물로 여겨졌지만, 1859년 자연을 미리 결정된 목적이나 의미가 없는 동적 힘의 작용으로 설명하는 다윈의 《종의 기원》이 출판되면서 그 관점은 극적으로 바뀌었다. 1890년대 예술가들은 자연을 새로운 관점으로 관찰했고 색과 형태의 단어를 사용해 보이지 않는 유기체와 자연적인 변화의 에너지, 숨겨진 정신 물리학적 힘을 상징화했다(그림 3-1).[1] 서양에서 수학은 숫자 패턴과 기하학 형태 연구로 출발했기에 시작부터 추상적인 것으로 여겨졌으나 예술은 2,000년 동안 자연세계 모방으로 받아들여졌다. 겨우 수백 년 된 과학적 세계관의 표현이자 사물을 묘사하지 않는 비사실적 예술 표현으로 나타난 추상미술은 현대에 발생한 독특한 현상이다.

현대의 많은 추상예술가가 추상화 과정을 경험하며 추상적 수학에 강한 애착을 보였다. 그러한 예술과 수학 간 융합의 초기 사례는 20세기 초반 모스크바에서 찾을 수 있다. 무한집합이론을 발표한 후 철학적 함축을 사색한 칸토어는 무한수를 '절대적 무한성'이라 명명하고 절대존재로 여기며 무한집합을 종교적으로 해석했다. 그의 독일 학계 동료들은 칸토어의 무한성 연구를 비판했지만, 모스크바는 칸토어의 실천수학과 철학적·신학적 관점을 환영했다. 모스크바의 수학자 파벨 플로렌스키와 시인 알렉세이 크루체니크Aleksei Kruchenykh, 화가 카지미르 말레비치Kazimir Malevich는 절대자를 이해하기 위해 자신의 정신을 확장하려 했고 그 노력의 일환으로 작품을 만들었다.

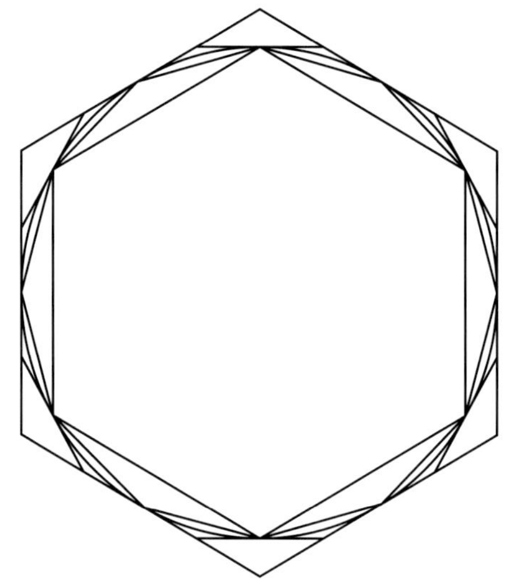

3-3. 아르키메데스가 파이π를 추산한 방법(소진법), **BC 3세기.** 기원전 4세기 크니도스의 에우독서스는 유클리드의 기하학으로 면적 측정이 가능한 다각형(직사각형 등)을 곡면에 채워 그 곡면도형 면적을 근사화하는 방법을 개발했다. 여기서 다각형의 면의 수를 늘릴수록 곡면을 더 소진한(채운)다. 그 결과 곡면도형 넓이에 더 가까운 근삿값을 구할 수 있다. 다음 세기 아르키메데스는 이 방법을 도입해 6각형에 내접하는 원의 넓이를 추산하려 했다.
그는 원 내부와 외부에 접하는 2개의 6각형 넓이를 계산했고, 이를 둘러싼 원의 넓이가 두 6각형 넓이의 중간값일 것이라고 추정했다. 그는 더 정확한 근삿값을 구하기 위해 6면체를 12면체로 늘려 다시 계산했다. 그리고 면의 수를 계속 2배로 늘리면서 정확도를 더했다. 아르키메데스는 자신의 상계값과 하계값을 가장 근사한 유리수로 반올림해 근삿값을 계산했다. 그 넓이를 구한 후 아르키메데스는 π 값이 3과 1/7(약 3.1429), 3과 10/71(약 3.1408) 사이에 있다고 증명했다. 이 값은 오늘날 알려진 원주율의 실제 값 3.1416과 상당히 근사하다.

19세기 수학자와 과학자는 사람의 행동이 행성궤도처럼 엄밀하게 원인과 결과로 결정되는지 혹은 자유의지에 이끌려 결정되는지(이를테면 격렬한 와류의 흐름처럼)를 놓고 논쟁했다. 인간의 삶은 운명으로 결정될까, 아니면 자유롭게 선택하고 그 선택에 책임을 지는 걸까? 그들 중에서 일신론적 관점과 일관성 있게 유대-기독교적 세계관을 유지한 유럽인, 러시아인은 자유의지를 지지했다. 특히 러시아 수학자 파벨 네크라소프는 확률론으로 그 논쟁을 마치고자 했다.

유리수와 무리수

그리스인은 이집트인이 사용한 정수(1, 2, 3, 4,…)와 그 정수로 나타낼 수 있는 1/2, 3/4, 5/16 등의 분수를 받아들였다. 이 정수와 분수를 유리수(정수의 비율로 나타낼 수 있는 수)라 부르며 정수에 특별한 의미를 부여한 피타고라스학파는 자연스럽게 '존재하는 모든 수는 유리수'라고 생각했다.

그러면 짧은 두 변의 길이가 1인 직각삼각형은 그 빗변의 길이가 얼마일까? 피타고라스정리를 사용하면($x^2+y^2=z^2$) 빗변의 제곱이 다른 2변의 제곱의 합과 같다는 것을 알 수 있다. 각 변의 제곱이 1이니 빗변의 제곱은 2다. 이때 빗변의 길이는 2의 제곱근이다(제곱하면 2가 되는 수).[2] 분수 7/5(소수로는 1.4)을 제곱하면 1.4×1.4=1.96으로 거의 2에 가깝다. 1.41을 제곱하면(1.41×1.41=1.9881)로 2에 좀 더 가까워진다. 이렇게 점점 더 가까워지는 소수를 구하면 1.414213562373이 되고 그 제곱은 2.000000001131102011499가 나온다(그림 3-2).

그런데 제곱했을 때 정확히 2가 되는 분수나 유한한 자릿수의 소수는 존재하지 않는다. BC 3세기 유클리드는 두 정수의 비율로 나타낼 수 없는 숫자를 '무리수'라 불렀는데, 이는 인간의 지성으로 이해하기 어렵다는 경멸적인 의미를 담은 이름이다. 고대 수학자들은 곧 정사각형의 대각선 길이와 그 1변의 길이의 비율 혹은 원의 원주와 지름 사이의 비율(파이)처럼 여러 가지 다른 무리수를 발견했다. 바빌로니아인은 3과 1/8을 사용해 파이를 추산했고 그리스 수학자 아르키메데스는 3과 1/7(약 3.1429), 3과 10/71(약 3.1408) 사이의 수를 찾아냈지만 여전히 파이를 정수의 비율로 나타낼 수는 없었다. 여기에다 파이의 소수점 자릿수는 반복되지 않고 계속 이어지는 것으로 밝혀졌다(3.14159…). 여러 무한한 수학 과정을 거치면 파이의 근삿값을 점점 더 정확히 구할 수 있다(그림 3-3, 3-4).

기원전 5세기 제논은 공간과 시간을 분리 가능한 단위(원자)로 나누는 데모크리토스의 원자론을 비판하면서 무한성과 관련해 여러 가지 역설을 제시했다.

무한한 공간 단위로 구성된 경기장에서 거북이와 아킬레우스가 경주를 하는데, 거북이가 앞선 지점에서 출발한다고 가정해보자. 그는 아킬레우스가 거북이보다 훨씬 더 빨라도 거북이를 따라잡을 수 없다고 말한다. 아킬레우스가 거북이를 따라잡으려면 우선 거북이가 시작한 출발점까지 이동해야 한다. 그동안 거북이는 일정 거리만큼 앞으로 나아간다. 또다시 아킬레우스는 거북이가 도착한 새로운 지점까지 움직여야 하는데 이때 걸리는 시간은 처음보다는 짧다. 아킬레우스가 움직이는 동안 거북이 또한 움직이며 이전에 이동한 것보다는 적게 이동한다. 그렇게 둘은 무한히 움직인다(그림 3-5). 그리스인은 실제 세상에서는 아킬레우스가 거북이를 따라잡고 경주에서 이긴다는 것을 알고 있었으나, 위에서 설명한 것처럼 무한히 반

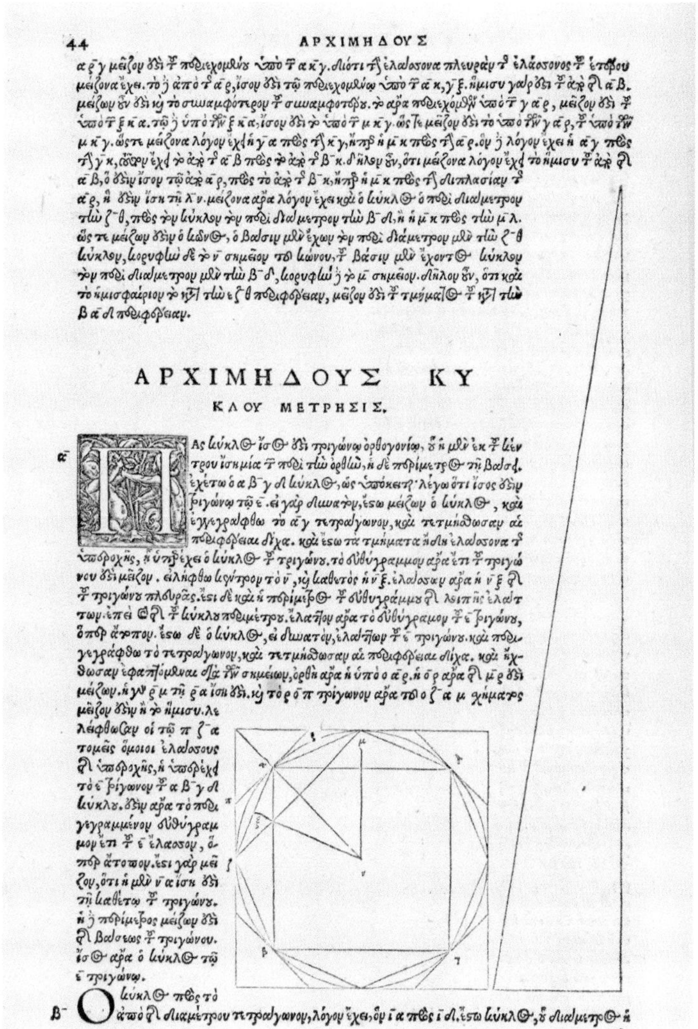
44 ΑΡΧΙΜΗΔΟΥΣ

ΑΡΧΙΜΗΔΟΥΣ ΚΥΚΛΟΥ ΜΕΤΡΗΣΙΣ.

3-4. 아르키메데스의 소진법, 그리스어와 라틴어로 쓴 아르키메데스의 《전집Opera Omnia》(1544년).
아르키메데스의 《전집》 초판에 익명의 화가가 그려 넣은 도표로 아르키메데스의 소진법에 극한 개념이 담겨 있음을 알 수 있다. 이 도표는 면의 수를 2배로 늘리면 둘러싸인 원에 더 가까워지는 것을 보여준다(극한). 아르키메데스는 96각형을 사용하기 위해 정사각형 대신 정육각형으로 소진법을 시작했다.

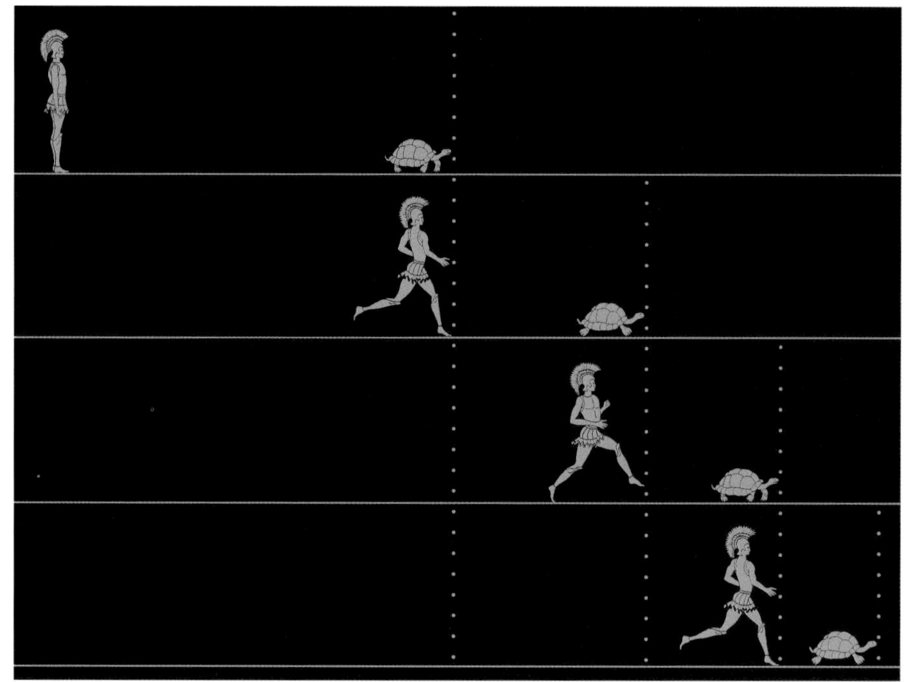

3-5. 제논의 아킬레우스와 거북이의 역설. 무한한 공간의 점으로 이뤄진 경기장에서 아킬레우스는 거북이를 따라잡을 수 없다. 이산 개념과 연속 개념은 제논의 시간과 공간에 관한 역설에서 공통적으로 발견된다. 이 (공간의) 역설에서 핵심은 사람이 움직이는 공간을 이산적, 개별적인 점이 무한히 모여 이뤄진 것으로 다룰 수 없다는 것이다.

복되는 과정을 해결하는 메커니즘은 알지 못했다. 이런 이유로 그리스 수학자들은 가급적 '무한'이라는 주제를 피했다.

기하학과 대수학의 융합

9세기 이슬람 수학자 알 콰리즈미는 시공간에서 움직이는 물체를 측정하는 데 유용한 도구 '대수학'을 발명했다. 15세기 중반에 이르자 선원들은 주위에 참고할 만한 지형물이 존재하지 않는 공해를 탐험하기 시작했다. 이때 초기의 위치운항학 분야에서 선원들이 두 좌표에 의지해 자신의 위치를 알아내도록 해주는 해도를 만들었다. 이것은 적도에서 남쪽이나 북쪽으로의 거리를 나타내는 위도와 약속 지점(영국의 그리니치)부터 동쪽이나 서쪽으로의 거리를 뜻하는 경도로 이뤄진 해도다. 그러나 이 해도는 지구가 얼마나 둥근지 정확히 표현하지 못했다. 선원에게는 나침반 방향과 직선으로 일치하는 항해지도가 필요했다. 1569년 플랑드르의 지도 제작자 헤라르뒤스 메르카토르Gerardus Mercator는 나침반 방향에 따라 직선을 그어 항해 경로를 표시한 지구본을 평평한 표면에 나타내는 수학 방법을 고안했다(그림 3-6, 3-7).

17세기 르네 데카르트는 이 지도 제작자의 좌표 시스템을 채택했고 대수(직교Cartesian) 좌표계를 만들어 움직이는 물체를 측정하는 첫걸음을 내디뎠다(138쪽 상단 박스 참고). 데카르트는 항해하는 선박의 위치를 변화하는 좌표로 지정하듯 $y=2x$ 같은 두 변수 공식의 해를 순서쌍 목록으로 나타낼 수 있다는 것을 발견했다. 그는 이 순서쌍을 점으로 표현하고(방정식을 그래프로 나타냄으로써) 그 점들을 연결해 x에 대응하여 y값이 변화하는(움직이는) 것을 기

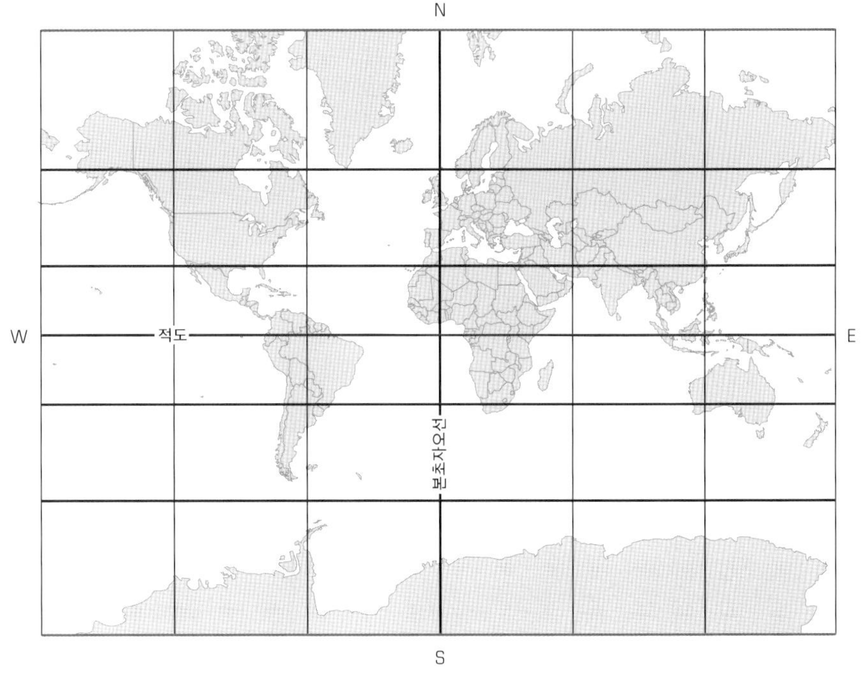

3-6. 메르카토르의 세계전도.

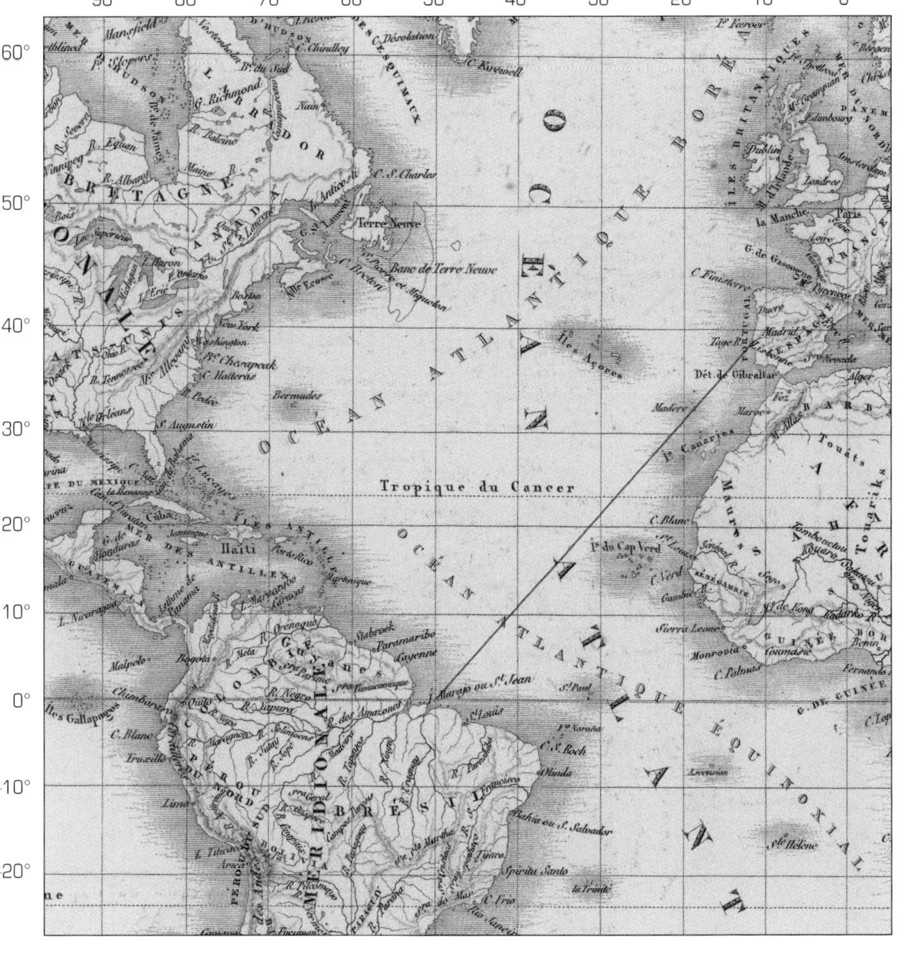

3-7. '메르카토르 도법을 사용한 세계지도 *Mappemonde aux la projection de Mercator*'에 나타낸 세부항목 항해도, 아드리앙 위베르 브루*Adrien-Hubert Brué*, 《아틀라스 유니버설*Atlas Universal*》(1842년), 15, 손으로 채색한 판화, 39×52cm.
메르카토르의 지도는 양극에 가까워질수록 면적이 왜곡되지만 그 결과로 각도는 보존한다. 즉, 지도에서 직선을 그리면 나침반 바늘을 따라 이동해서 측정한 것과 같은 경로를 따른다. 가령 포르투갈에서 브라질로 향하는 공해를 항해하는 항해자는 지도에 그려진 직선을 따라가면 나침반 바늘을 따라가는 것과 동일한 경로로 이동한다. 이 세계지도를 제작한 프랑스의 지도 제작자는 애국심 때문인지 본초자오선이 프랑스 파리를 지나도록 만들었다.

브라질에서 포르투갈까지

위도	경도
0°	50° W
10° N	42° W
20° N	33° W
30° N	22° W
38° N	12° W

데카르트 좌표계

데카르트는 지도 제작자의 지도 좌표계를 대수학 방정식의 해에 도입했다. 아래의 박스처럼 숫자쌍을 나열해 두 변수 방정식의 해를 나타낼 수 있다. 데카르트는 이 숫자쌍을 점으로 나타내고 그 점들을 연결해 방정식을 기하학 그림(지도 또는 그래프)으로 나타냈다.

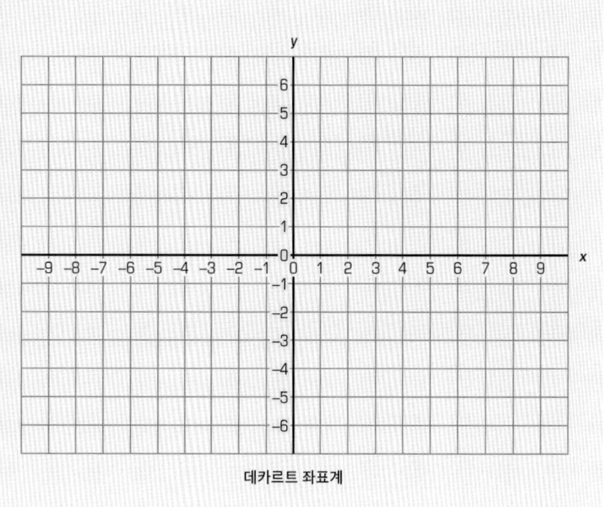

데카르트 좌표계

선형(1차) 방정식과 제곱(2차) 방정식의 그래프

A. 선형방정식

$y=2x$ 같이 x와 y의 지수가 모두 1이면 그 방정식은 직선 그래프로 나타나므로 선형(1차)방정식이라고 부른다.

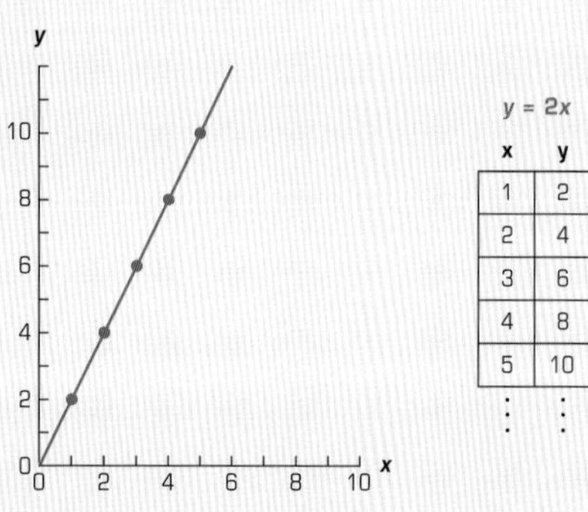

x	y
1	2
2	4
3	6
4	8
5	10
⋮	⋮

B. 제곱방정식

만약 $y=x^2$ 같이 한 변수가 제곱이면 이 방정식은 제곱방정식이고, 곡선 그래프로 나타난다(이 경우 포물선이 된다).

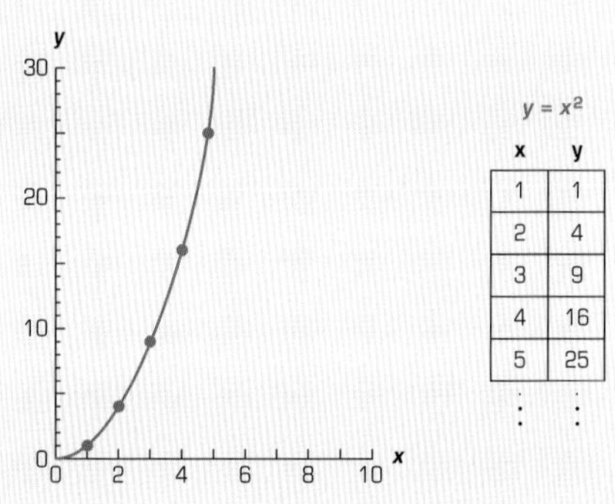

x	y
1	1
2	4
3	9
4	16
5	25
⋮	⋮

포물선과 타원

A. 포물선

포물선은 준선*Directrix*과 어떤 고정된 점(포물선의 초점)에서 동일한 거리에 있는 점들의 집합을 선으로 그어 나타낸 것인데, 이때 초점은 포물선 위에 위치하지 않는다. 이 도표를 보면 초점에서 포물선 위 점까지의 거리 d_1은 준선에서 그 점까지의 거리 d_2와 같다.

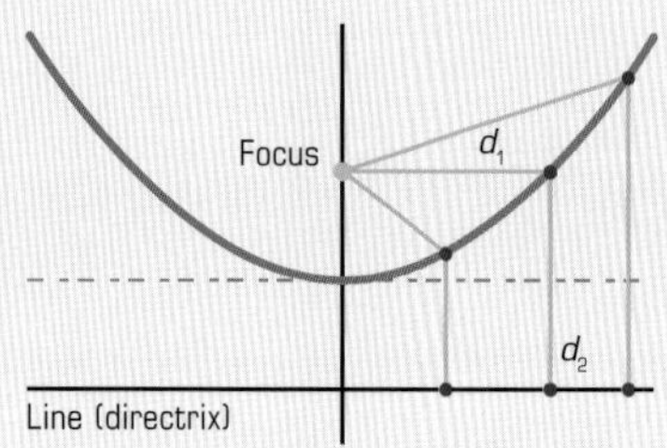

B. 타원

타원은 두 고정된 초점에서 거리의 합이 동일한 점들의 집합이다. 즉, 타원 위 점에서 각 초점까지의 거리를 d_1과 d_2라고 할 때 그 합이 모두 같다.

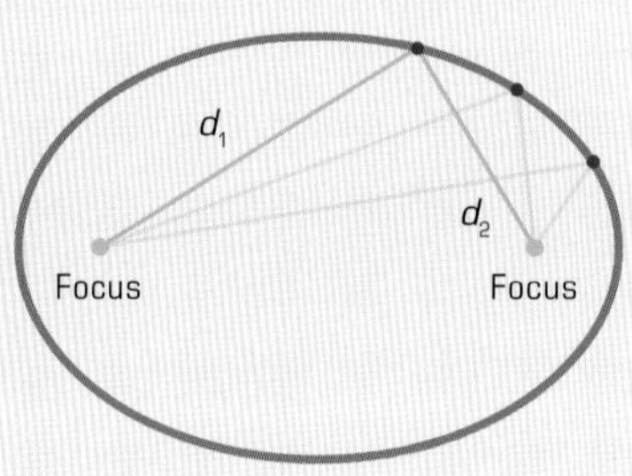

하학 그림으로 나타냈다.

데카르트는 《방법서설》(1637년) 부록에서 방정식과 해당 그래프 사이의 관계를 일반화했다. $y=2x$처럼 x와 y가 모두 1의 지수인 경우 직선 그래프로 나타내고, 다른 한 변수가 제곱이면[$y=x^2$ 같이 2차(제곱)방정식] 곡선 그래프로 나타내는 방식으로 일반화한 것이다(138쪽 중단 박스 참고).

데카르트는 역으로 기하학의 선과 각도, 곡선을 그래프로 그리고 그 점들을 숫자쌍(좌표)으로 적은 다음 이것을 사용해 x, y 좌표의 관계를 수식으로 나타낼 수 있음에 주목했다. 고대 그리스에서는 원뿔과 평면을 교차해 포물선과 타원 등의 곡선을 구하는 법을 연구했다(1장 그림 1-65, 1-71과 85쪽 박스 참고). 페르가의 아폴로니오스(AD 1세기)는 유클리드가 《원론》에서 컴퍼스를 사용해 그린 곡선(원호)을 연구한 정리를 요약했다. 데카르트는 곡선을 그린 후 그 숫자쌍을 x, y 좌표로 적어 공식으로 옮길 수 있음을 증명했다. 실제로 데카르트의 새로운 방법으로 원뿔곡선 그래프를 그리고 숫자로 표현할 수 있게 되었다(x, y 좌표를 나타내는 숫자쌍. 138쪽 중단 박스의 방정식은 포물선을 나타낸다). 간단히 말해 데카르트는 산술과 기하학을 융합해 대수(또는 '해석')기하학이라 불리는 새로운 수학 분야를 창시했다. 대수기하학 덕분에 방정식을 기하학으로 풀고 기하학 정리를 대수학으로 증명할 수 있게 되었다.

미적분: 변화하는 현상을 측정하는 도구

17세기 수학자들은 달의 움직임을 측정하는 데 관심을 기울였다. 달의 움직임이 바다의 항해자들에게 중대한 영향을 미쳤기 때문이다. 항해자들은 메르카토르의 지도를 사용해 낮의 태양의 정점과 밤의 극성(북극성 또는 남극성)을 관찰해 배의 위도를 추산했다. 그러나 배의 자오선에서 동쪽이나 서쪽으로의 거리를 나타내는 경도를 구하려면 시간과 달의 위치를 정확히 관찰해야 했다.

아쉽게도 중력에 기반을 둔 물시계나 진자시계는 흔들리는 배 위에서는 정확도가 떨어졌다(18세기 중반 해양 시계학자가 거친 바다에서도 영향을 받지 않는 시계를 개발하기 전까지 경도를 정확히 계산할 수 없었다. 이러한 발명 이전에는 달의 위치를 이용해 경도를 계산했다). 유클리드의 불변하는 완벽한 구체 기하학도 지구와 바다의 중력 때문에 가속과 감속을 반복하며 타원형 궤적을 그리는 달의 움직임을 계산하기에 적절치 않았다.

1669년 아이작 뉴턴은 미적분이라는 새로운 수학도구를 고안해 움직이는 물체를 설명했다. 라이프니츠 역시 독자적으로 미적분의 대체 버전을 공식화한 까닭에 역사적으로 이 두 사람을 공동 발명자로 기록하고 있다. 이번 장에서는 뉴턴이 미적분을 발견한 이야기와 이후 미적분을 개량해 새로운 기호로써 근대에 적용한 사례를 살펴보고자 한다.

처음에 뉴턴은 데카르트의 좌표계를 사용해 시간에 따라 변화하는 현상을 곡선 그래프로

변화하는 현상 측정하기

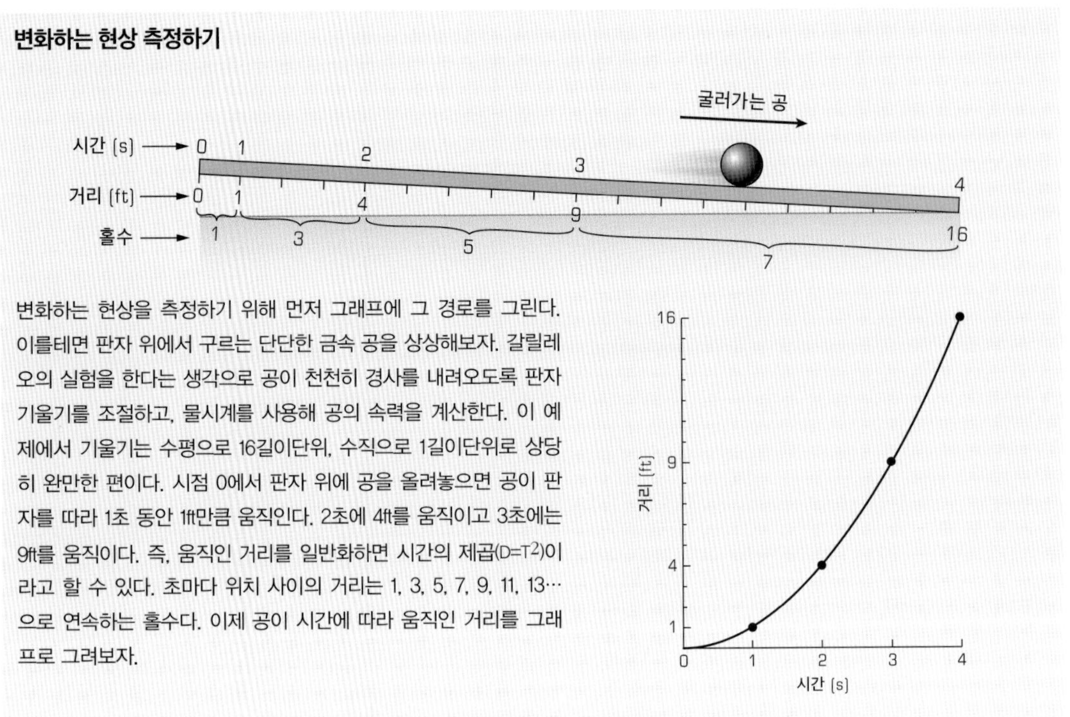

변화하는 현상을 측정하기 위해 먼저 그래프에 그 경로를 그린다. 이를테면 판자 위에서 구르는 단단한 금속 공을 상상해보자. 갈릴레오의 실험을 한다는 생각으로 공이 천천히 경사를 내려오도록 판자 기울기를 조절하고, 물시계를 사용해 공의 속력을 계산한다. 이 예제에서 기울기는 수평으로 16길이단위, 수직으로 1길이단위로 상당히 완만한 편이다. 시점 0에서 판자 위에 공을 올려놓으면 공이 판자를 따라 1초 동안 1ft만큼 움직인다. 2초에 4ft를 움직이고 3초에는 9ft를 움직이다. 즉, 움직인 거리를 일반화하면 시간의 제곱($D=T^2$)이라고 할 수 있다. 초마다 위치 사이의 거리는 1, 3, 5, 7, 9, 11, 13…으로 연속하는 홀수다. 이제 공이 시간에 따라 움직인 거리를 그래프로 그려보자.

나타내고, 어떤 순간의 현상을 그래프의 점으로 정의했다(상단 박스 참고). 그 후 뉴턴은 어떤 점(어떤 순간)의 변화율이 그 점과 접하는 선의 기울기와 같다고 정의했다. 시간의 한 순간이나 공간의 한 점은 이상적인 단위로 사실 지속적으로 움직이는 물체의 정확한 위치를 완벽하게 측정할 수는 없다. 뉴턴의 핵심 아이디어는 주어진 문제에서 필요한 만큼 어떤 순간(그래프의 점)에 최대한 가까워지는 방법으로 '극한'을 도입하는 것이었다.

예를 들어 어떤 항해사가 정확한 경로를 따라 배를 운항하려면 자정에 배가 놓인 위치를 정확히 알아야 한다. 뉴턴은 그때 필요한 정확도를 이렇게 생각했다. 자정에서 1초 전이나 1초 후의 위치는 큰 차이가 없을 테고, 10분의 1초나 100분의 1초 역시 위치에 큰 차이가 없을 것이다(141쪽 상단 박스 참고).

또한 뉴턴의 미적분은 곡선 아래 면적(곡선하면적)을 계산해 총 변화량을 측정할 수 있었다(141쪽 하단 박스 참고). 이 방법은 극한 개념을 내포하고 있던 아르키메데스의 소진법과 유사하다. 오늘날 고전(뉴턴) 물리학과 아인슈타인의 상대성이론, 20세기의 아원자 영역(양자물리학) 이론은 모두 미적분에 뿌리를 두고 있다.

뉴턴과 라이프니츠는 미적분을 연구하는 과정에서 '무한성'에 관한 오래된 문제를 해결해야 했다. 자정에 달의 좌표를 정확히 알아냈을 때, 그 직후 달은 어느 방향으로 이동할까? 자정(12시)부터 12시 1분 사이에는 무한히 많은 시간을 기록할 수 있다. 12시 1초, 12시 0.1초 등. 이 문제를 해결하기 위해 라이프니츠는 공간을 확대하거나 지속시간을 확대해 0보다 크고 다른 모든 수보다는 작은 '무한소'의 시간이 존재한다고 가정했다. 뉴턴은 '유율(어떤 것이 '유동'한다는 것을 제시하는)'이라 부르는 수렴하는 비율을 사용했다. 다시 말해 무한

미분학

미분학은 주어진 점의 기울기를 측정한다. 이는 어떤 시점의 변화율을 측정하는 것과 같다. 곡선의 한 점에서 기울기를 구하는 것은 그 점에 접하는 직선의 기울기를 구하는 것과 같다.

한 점(I)의 기울기를 구하기 위해 조금 떨어진 곡선의 다른 점(J)을 그린다. 이 예시에서 두 점은 3초만큼 떨어져 있다. 두 점을 연결하면 I 기울기의 근사치를 대략 구할 수 있다.

공이 지나는 시간(1초에서 4초까지, x의 증가량) 동안(x좌표) 굴러간 거리(y좌표)는 15다. 이것을 곡선 'y의 증가량'이라고 부른다. 공이 지나는 시간 동안 이동한 평균거리는 y의 증가량/x의 증가량으로 15ft/3초=5ft/1초다.

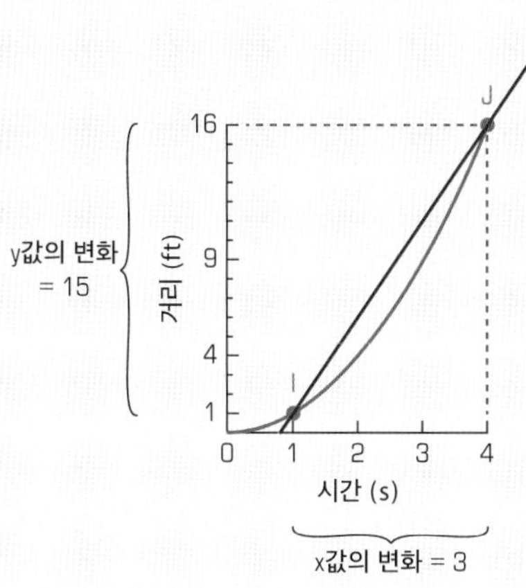

$$\frac{\text{Rise}}{\text{Run}} = \frac{16-1}{4-1} = \frac{15}{3} = \frac{5}{1} = 5\text{ft}/1\text{ s}$$

더 정확한 접선을 구하기 위해 J를 I로 더 가깝게 이동한다.

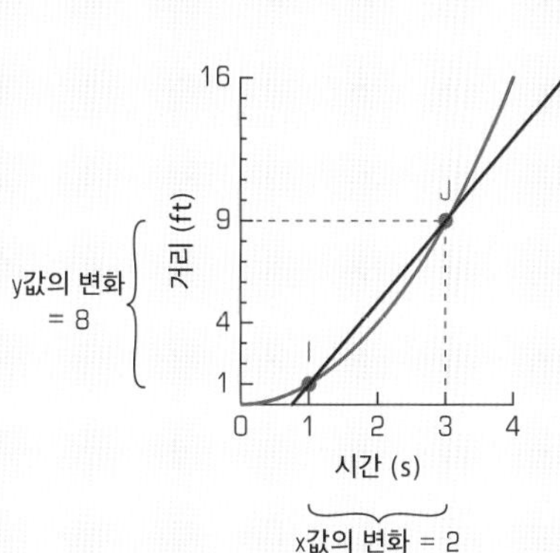

$$\frac{\text{Rise}}{\text{Run}} = \frac{9-1}{3-1} = \frac{8}{2} = \frac{4}{1} = 4\text{ft}/1\text{ s}$$

J를 I로 가깝게 이동하면 더 정확한 접선을 구할 수 있다.

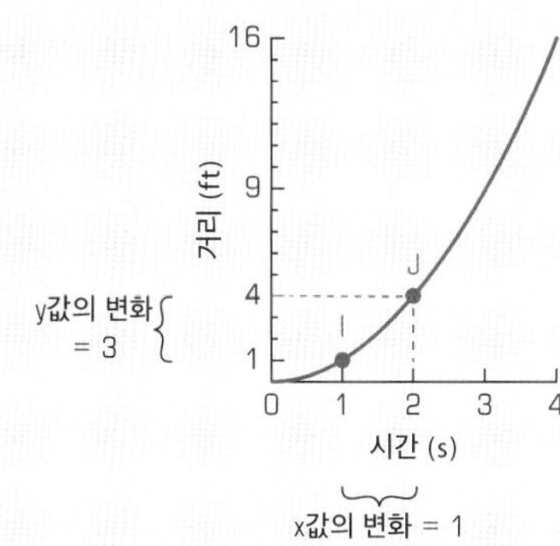

$$\frac{\text{Rise}}{\text{Run}} = \frac{4-1}{2-1} = \frac{3}{1} = 3\text{ft}/1\text{s}$$

J가 I로 이동할 경우 r(x의 증가량)이 **0**에 수렴해 극한값을 구할 수 있다.

(이상적인) 일반식은 : $\lim_{r \to 0} \frac{\Delta y}{\Delta x} = \text{Slope at I}$

여기서 Δx는 'x의 증가량'을 의미하고 Δy는 'y의 증가량'을 의미한다. 즉 "I에서의 접선의 기울기(I에서의 증가율)는 r이 **0**으로 수렴할 때 y좌표의 변화를 x좌표로 나눈 비율과 같다"고 읽을 수 있다.

적분학

적분은 곡선 아래 면적을 측정하기 위해 고안한 것인데 이는 전체 변화량을 더한 것과 같다. 기본 발상은 유클리드 기하학을 사용해 면적을 계산할 수 있는 직사각형 같은 다면체로 곡선 아래 면적을 채우는 것이다. 직사각형의 넓이는 밑변과 높이를 곱한 값이다. 모든 직사각형의 넓이를 더해 총면적 근삿값을 구할 수 있다. (이상적인) 일반식은 아래와 같다.

$$\lim_{WIDTH \to 0} \sum_k \left(width_k \times height_k \right) = \text{Area}$$

이 식은 "직사각형 밑변이 0에 수렴할수록(그리스 기호 시그마 Σ로 나타낸) k개의 밑변과 높이의 곱의 합이 곡선하면적과 같다"는 것이다.

밑변 길이를 절반으로 줄이면 실제로 넓이에 더 가까운 근삿값을 구할 수 있다. 그 과정을 무한히 반복한다고 상상해보자. 실은 작업에 필요한 정확도에 따라 이 밑변 길이를 정할 수 있다. 밑변 길이가 0에 가까워질수록 직사각형 넓이의 합이 곡선하면적에 가까워진다.

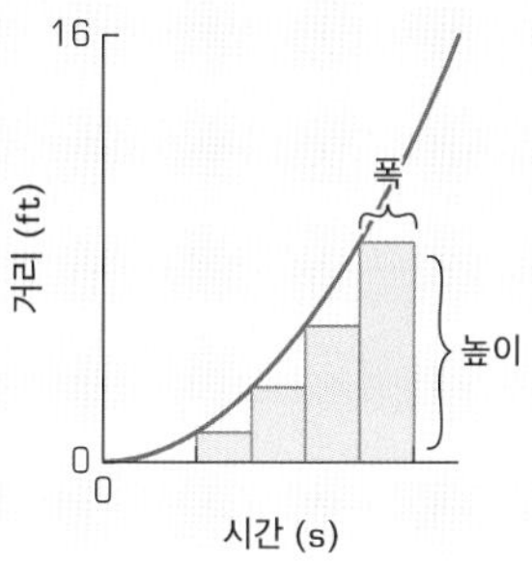

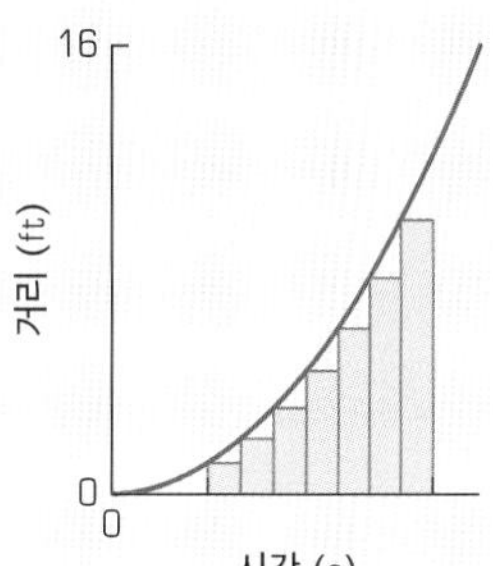

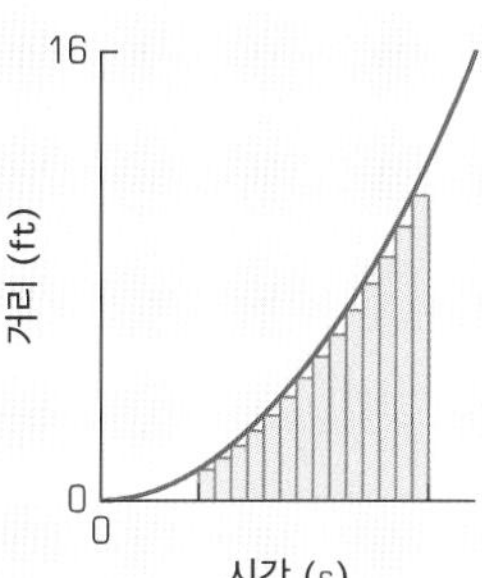

그렇다면 우리는 우주의 현재 상태를
그 이전 상태의 결과이자
다음 상태의 원인으로 간주할 수 있다.
자연을 살아 움직이게 하는 모든 힘과
자연을 구성하는 각 현상의 데이터를
분석할 정도로 광대한 지능을 갖췄다면,
우주의 가장 큰 천체와
가장 작은 원자가 단 하나의 공식을 따라
움직인다는 것을 알 수 있을 것이다.
그런 지능에 불확실한 것은 없으며
과거와 미래를 같이 볼 수 있다.

— 피에르 시몽 라플라스,
《확률에 관한 철학적 논문Philosophical Essay on Probabilities》, 1812년.

그렇지만 내가 볼 때
두 번째 유율과 세 번째 유율을
완전히 이해하는 사람은
신성에 예민하게 대응할 필요가 없
다.(…) 그 어떤 이성적인 이가
불확실하고 신비로운 것을
스스로 과학의 연구 대상이라고
시인하는 동시에 어떤 신비로운 것은
믿음의 대상이 될 수 없다고
간주할 수 있겠는가?

— 조지 버클리George Berkeley 주교,
《분석: 신앙이 없는 수학자에게 보내는 담론The Analyst: a Discourse Addressed to an Infidel Mathematician》, 1734년.

소는 공간과 시간 개념에서 완전히 크기를 갖지 않는 게 아니었다. 주어진 문제에 대비해 충분히 작은 숫자를 대입할 수 있었던 것이다.

뉴턴과 라이프니츠의 접근방식은 다소 다르지만 그 둘의 결과는 같았다. 비평가들은 뉴턴의 유율을 실체 없는 개념이라며 비웃었으나, 뉴턴은 그 모호성을 알면서도 항해자들이 더 쉽게 이해하고 이것으로 배의 위치를 정확히 계산해 암석과 충돌하는 것을 피할 수 있었기에 이 용어를 사용했다.

다차원 기하학

뉴턴과 라이프니츠가 시간이 흐르면서 일어나는 사건을 표현하기 위해 데카르트의 좌표계를 채택하고 나서 한 세기 후, 독일 수학자 카를 프리드리히 가우스는 데카르트의 좌표계를 일반화했다. 그는 선 위의 점 위치를 하나의 좌표로 나타낼 수 있다는 점에서 선을 1차원 '공간'으로 보았다. 평면의 점은 x와 y의 좌표로 나타낼 수 있으므로 2차원 '공간'이다. 그는 z좌표를 x와 y의 2차원 평면 공간에 추가해 정육면체 같은 3차원 공간을 나타낼 수 있다고 주장했다.

이후 가우스는 w라는 좌표로 시간을 나타내 물체가 3차원 공간에서 시간이 지남에 따라 움직이는 것을 나타냈다. 19세기 중반 스코틀랜드 과학자 제임스 클러크 맥스웰James Clerk Maxwell은 4차원 기하학을 사용해 3차원 기체 부피 내 분자들이 시간에 따라 움직이는 것을 나타냈다(《기체 분자 운동론Kinetic Theory of Gas》, 1866년).[3]

이론적으로는 임의의 좌표 수 n을 갖는 공간(n차원 공간)이 존재할 수 있다. 1840년대까지 몇몇 수학자는 이 공간체계를 개발해 4차원 공간, 더 나아가 'n차원 공간'을 설명했다.[4] 이들의 공간체계가 유클리드의 5가지 공리를 사용하는 까닭에(1장 39쪽 박스 참고) 유클리드의 《원론》을 일반화한 것으로 간주해 '다차원 유클리드 기하학'이라 부른다. n차원 기하학은 여러 변수가 있는 시스템의 데이터를 기록하는 데 사용할 수 있다. 가령 '6차원 기하학'으로 고도와 남북 위치, 동서 위치, 시간, 습도, 온도를 포함한 날씨를 기록할 수 있다.

확률론

1866년 맥스웰은 기체의 운동이론을 설명하면서 4차원 기하학을 사용했고 같은 해에 출판한 책에서는 원자와 분자를 측정하는 물리실험에 통계적 방법을 도입했다. 17세기 통계학이 등장한 직후 도시 관리자와 보험계리사는 통계를 채택해 이용했지만 당시 임의의 사건이 일어나지 않는 결정론적 우주를 믿은 과학자들은 그 우주와 통계의 연관성을 찾지 못했다.

19세기에 물질의 원자이론이 개발되자 프랑스의 수학자이자 천문학자인 피에르 시몽 라플라스Pierre-Simon Laplace는 미시세계에서도 거시세계의 측정 정확도를 유지하려 노력했다. 하지만 맥스웰은 곧 구름의 물 분자를 추적하는 것은 비현실적이라 여겨 모든 통계학의 기초인 확률론을 과학의 전당으로 가져왔다.

17세기 프랑스인 앙투안 공보Antoine Gombaud는 오래된 퍼즐게임에 관심을 기울이다 확률 이론을 개발했다. 가령 2명의 플레이어가 같은 액수의 돈을 내고 그 합을 상금으로 가져가는 복불복 게임을 한다고 해보자. 지정된 라운드가 끝나면 우승자를 선정하며 총 5라운드를 진행한다. 승자가 나오기 전에 게임이 중단되면 상금을 어떻게 나눠야 할까? 슈발리에 드 메레Chevalier de Méré는 말뚝 나누기 게임에 수학 방법을 도입한 자신의 친구인 수학자 블레즈 파스칼에게 이 문제를 해결해달라고 요청했다.

1654년 수학자 피에르 드 페르마는 조국의 수학자들과 편지로 교류한 후, 무작위 사건을 임의로 많이 모아 사건의 평균 결과를 계산할 수 있음을 밝혀냈다. 동전을 한 번 던지는 것은 예측할 수 없고(앞면일 수도 있고 뒷면일 수도 있다) 동전을 던질 때마다 그 각각은 서로 분리된 사건이다. 반면 동전을 여러 번 던진 후 그 사건들의 평균 결과를 계산해보면 예측이 가능하다(앞면이 나온 경우의 수를 동전을 던진 총 횟수로 나누면 0.5에 가까운 비율이 나올 확률이 높다). 파스칼은 점점 커져가는 삼각형 형태의 나뭇가지를 그려 이러한 무작위 사건을 시각화했다.

파스칼과 페르마 시대 수학자들은 자연언어(일상언어)의 모호성과 변질성을 우려해 과학에

분자과학에 적용한 통계 방법에서
사용하는 데이터는
많은 분자량의 합이다.
이러한 수량 사이의 관계를 연구하면서
우리는 평균의 규칙이라 부르는
새로운 종류의 규칙을 다룬다.
평균의 규칙은 추상역학의
절대적 정밀성은 다룰 수 없지만
모든 실용적 목적에서는
충분히 신뢰받고 사용할 수 있다.

— 제임스 클러크 맥스웰, '분자Molecules', 〈네이처Nature〉, 1873년.

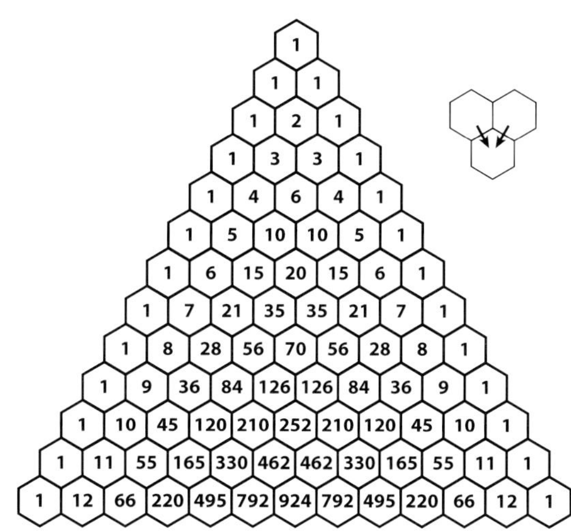

3-8. 파스칼의 삼각형, 17세기.
각 형의 각 숫자쌍의 합은 그 숫자 사이에 접하는 수와 같다. 17세기 파스칼은 동전 던지기 같이 2개의 결과가 있는 복불복 게임의 확률을 계산하는 과정에서 이 패턴을 작성해 《수 삼각형론*Traité du triangle arithmétique*》(1653년)에 수록했다.

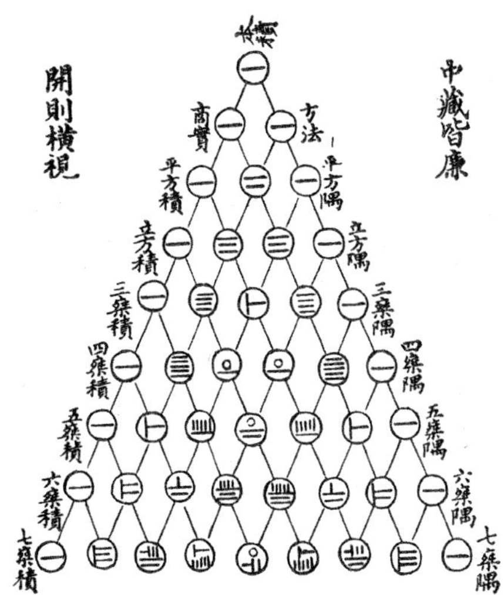

3-9. 양휘楊輝의 삼각형, 주세걸朱世傑의 《사원옥감四元玉鑑》, 1303년.
서양에서 파스칼의 삼각형이라 명명한 이 동일한 삼각형을 중국에서는 송나라 수학자 양휘(1238~1298년)의 이름을 따 '양휘의 삼각형'이라 불렀다. 그림에서 삼각형 우측의 글은 도해구조를 설명하는 것이고, 좌측의 글은 삼각형의 꼭짓점을 기준으로 도해를 읽는 법을 나타낸 것이다. 이보다 더 전에 페르시아(오늘날의 이란) 수학자 오마르 하이얌*Omar Khayyām*(1048~1131년)이 같은 패턴을 발견하고 그에 관해 시를 남겼는데, 그중 일부가 영어로 번역되어 〈오마르 하이얌의 루바이야트*The Rubáiyát of Omar Khayyām*〉로 알려져 있다.

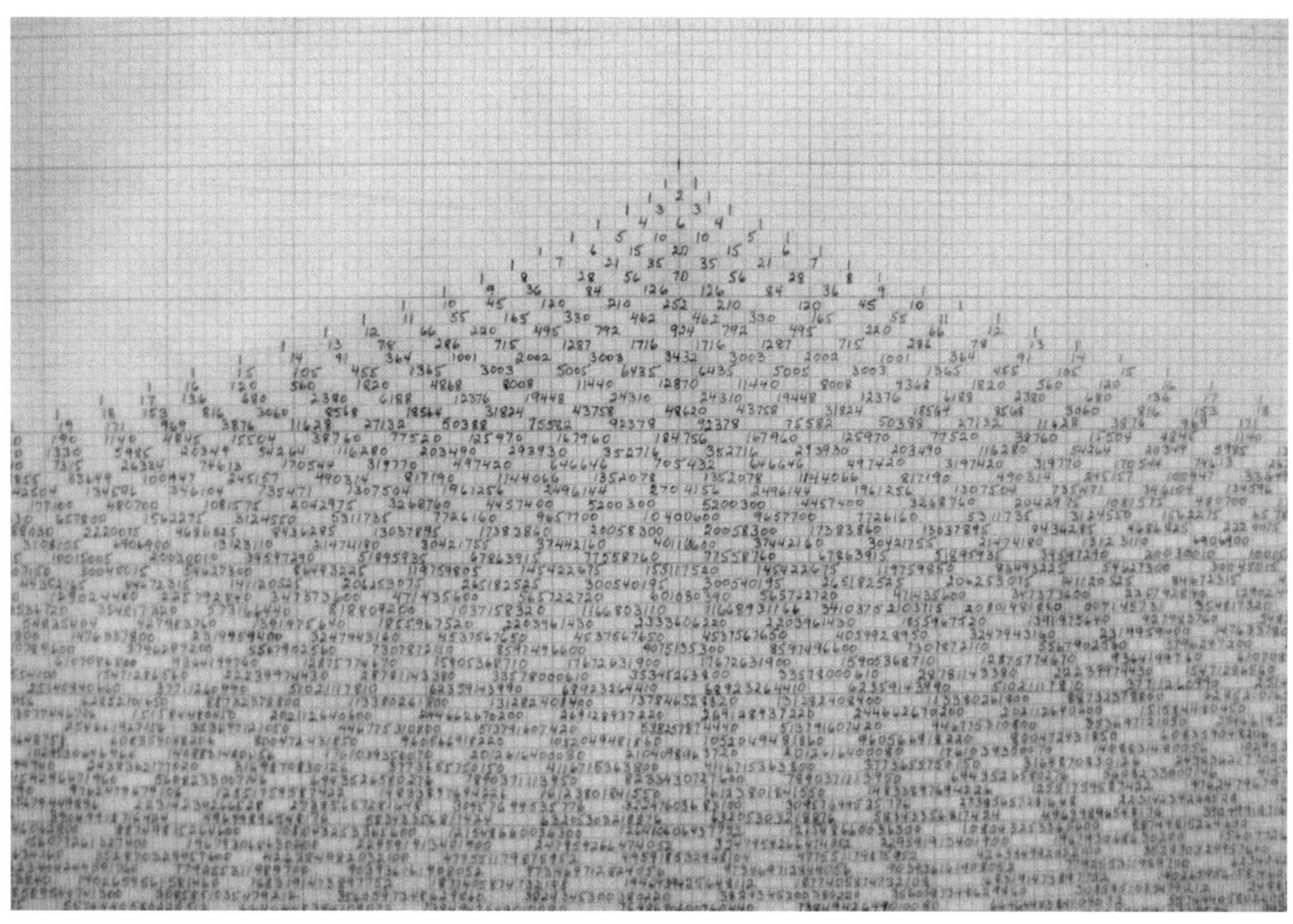

3-10. 아그네스 데네스*Agnes Denes* (헝가리계 미국인, 1931년 출생), '파스칼의 삼각형', 피라미드 시리즈의 3번 작품, 1974년, 종이에 먹물, 38.1cm×4.87m.

서 사용할 최초의 인공언어를 개발했다. 1685년 라이프니츠는 계산을 수행해 명제가 진실인지 거짓인지 결정할 수 있도록 정확한 기호 집합과 그 기호를 사용하는 일련의 기계적 규칙을 발명해 현대논리학을 창시했다(《발견의 미학The Art of Discovery》, 1685년, 5장 참고). 라이프니츠는 자신의 체계에서는 명제가 사실(100%) 또는 거짓(100%)으로 결정되기 때문에 '내일 비가 내릴 것이다' 같은 명제처럼 100% 사실이거나 100% 거짓이라고 결정하기 곤란한 명제를 다룰 수 없음을 깨달았다.

그는 파스칼의 연구에서 영감을 얻어 확률추론을 개발하고 자신의 친구인 스위스 수학자 자코브 베르누이Jacob Bernoulli에게 '파스칼의 삼각형' 사본을 보냈다. 베르누이는 1684년과 1689년 사이에 '파스칼의 삼각형'을 대수법칙이라 불리는 정리로 추상화하고 일반화했다(《추론의 예술Ars Conjectandi》, 베르누이 사후 1713년에 출판).

그의 대수법칙에 따르면 사건을 반복할수록 동전을 던지는 것 같은 사건의 상대도수는 안정화하는 경향이 있다. 베르누이는 동일한 조건에서 동전 던지기를 오래 반복할 경우 상대도수가 안정화한다고 구상했고(50% 앞면, 50% 뒷면), 더 일반적으로 시행(사건)을 반복할 때 그 산술평균이 안정화한다는 것을 이해했다. 베르누이는 이 확률이론을 계리학의 생명표(생명보험)나 세금 부과 같은 현실 분야에 적용하고자 했다. 통계학Statistics이라는 용어(독일어 Statistik, 프랑스어 Statistique)는 '국가의'를 뜻하는 라틴어 'Statisticus'에서 유래했다. 베르누이는 날씨를 예측하거나 도덕적 판단을 하는 것처럼 어떤 명제가 사실(또는 거짓)이라는 것을 결정할 증거가 부분적으로만 존재할 때, 그 확률을 계산하기 위해 철저한 확률 논리를 개발했다.[5]

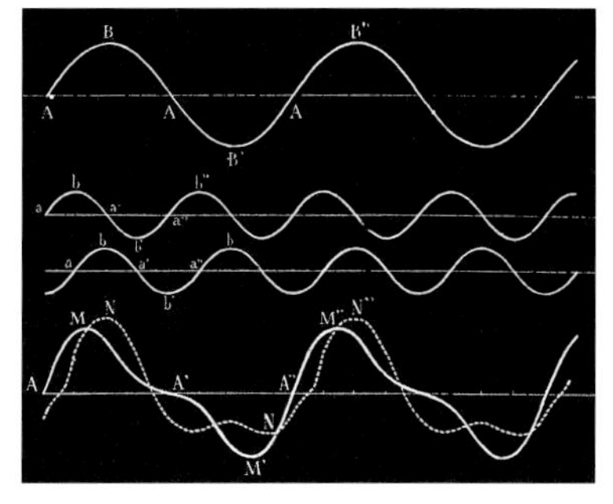

상단

3-11. 순수 소리파동과 복합 소리파동, 아메데 기유맹*Amédée Guillemin*, **《물리학 세계***Le Monde Physique***》(1882년), 1:635.** 위의 세 소리파동은 피아노 건빈을 눌렀을 때 소리가 울리듯 '순수' 소리파동이다. 하나는 긴 파동의 저음이고 다른 두 짧은 파동은 높은 음을 나타낸다. 세 음을 같이 누르면 순수음 파동이 복합파동으로 합쳐진다(하단). 푸리에는 (이런 복합 소리파동 같은) 모든 주기함수를 그 함수를 구성하는 단순한 파동으로 분해할 수 있음을 발견했다.

칸토어의 실무한과 집합론

19세기 과학자들이 열과 빛, 전기의 미시세계를 탐험하기 시작하면서 진동하는 파동 같이 여러 종류의 움직이는 현상을 묘사할 수학도구가 필요해졌다. 프랑스의 수학자이자 물리학자인 조제프 푸리에Joseph Fourier는 프라이팬처럼 단단한 물체의 열전달 과정을 설명하는 수학수열을 정의했다. 이후 푸리에의 결과는 모든 주기적 진동 현상에 적용하도록 확대되었다.

푸리에는 (피아노를 연주해 울려 나오는 소리 같이) 모든 복합적인 파동 패턴을 '순수한' 파동(소리굽쇠를 쳐서 울려 나오는 소리)으로 분석할 수 있음을 증명했다. 그는 복합적인 소리 파동을 수학으로 설명하는 것처럼 모든 주기함수를 그것을 이루는 단순한 진동함수의 집합으로 분해하는 수학수열을 정의했다(《고체의 열전달Memoire on the Propagation of Heat in Solid Bodies》, 1807년). 푸리에 수열은 그래프에 기하학으로 나타내거나(그림 3-11) 각을 설명하는 삼각함수를 사용해 대수학으로 나타낼 수 있다.

칸토어는 푸리에 수열을 접하고 집합론을 개발하려 했다. 그는 '언제 두 푸리에 수열이 모두 동일한가?'라는 질문의 답을 찾고자 삼각함수를 연구했고, 그 결과 초한수와 초한

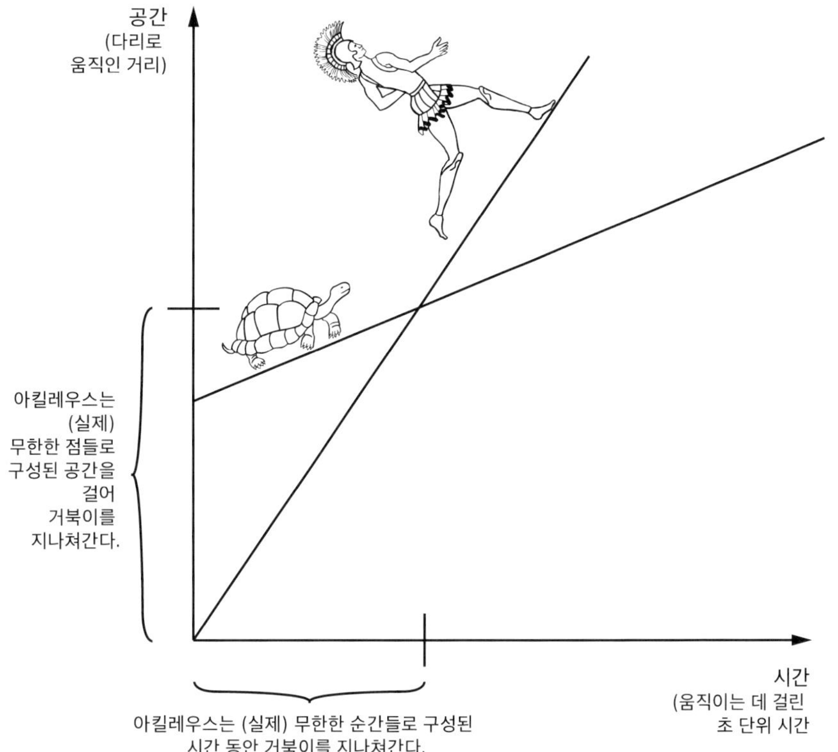

공간
(다리로
움직인 거리)
아킬레우스는
(실제)
무한한 점들로
구성된 공간을
걸어
거북이를
지나쳐간다.
시간
(움직이는 데 걸린
초 단위 시간
아킬레우스는 (실제) 무한한 순간들로 구성된
시간 동안 거북이를 지나쳐간다.

좌측

3-12. 거북이를 제치는 아킬레우스.

아킬레우스는 거북이를 제치고
편안히 등을 대고 앉아 있다.
거북이가 "그래서 우리의 경주가
끝난 건가요?"라고 묻자
아킬레우스가 대답한다.
"경주트랙이 무한수열 길이로
이뤄져 있었지만 이제 끝났군.
아는 체하는 어떤 사람들은 이 경주가
끝나지 않을 거라고 하지 않았나?"
아킬레우스가 덧붙인다.
"나는 이 경주를 끝마칠 수 있고,
끝마쳤네."

— 루이스 캐럴*Lewis Carroll*,
'거북이가 아킬레우스에게 한 말
What the Tortoise Said to the Achilles',
〈마인드*Mind*〉, 1895년.

3-13. 칸토어의 숫자 집합.

3-14. 칸토어의 집합요소 숫자를 나타내는 기수를 비교하는 방법.

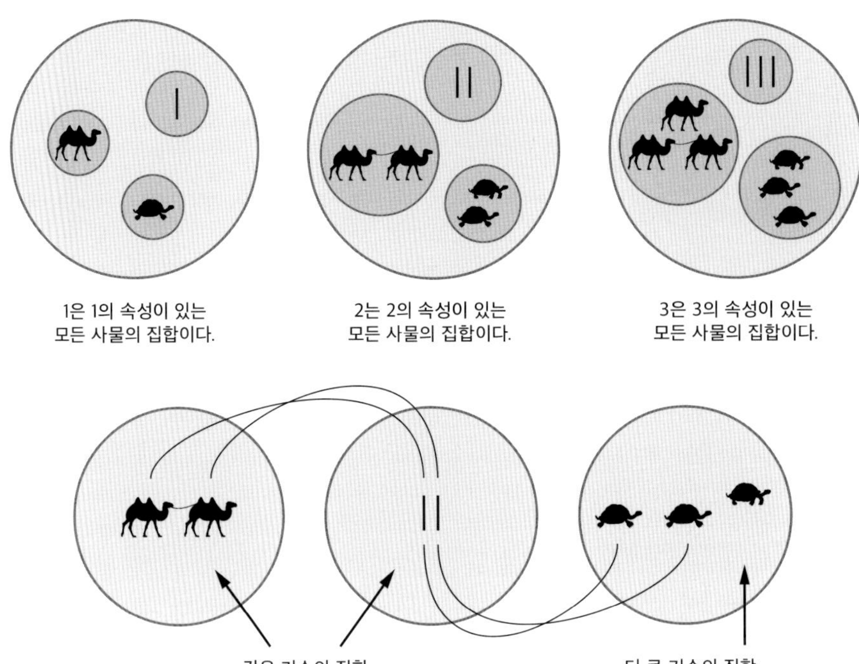
1은 1의 속성이 있는
모든 사물의 집합이다.
2는 2의 속성이 있는
모든 사물의 집합이다.
3은 3의 속성이 있는
모든 사물의 집합이다.
같은 기수의 집합
더 큰 기수의 집합

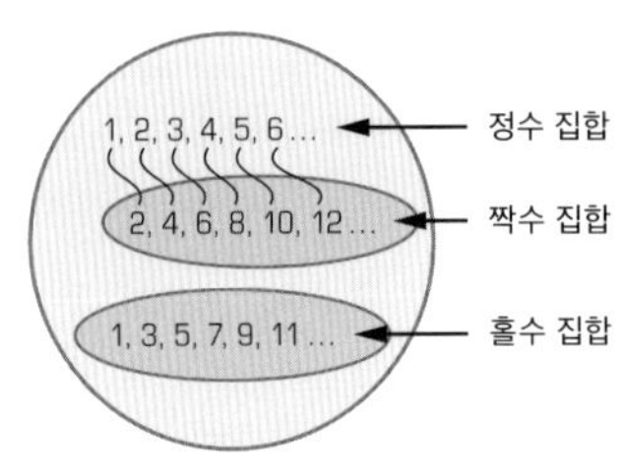
1, 2, 3, 4, 5, 6...
정수 집합
2, 4, 6, 8, 10, 12...
짝수 집합
1, 3, 5, 7, 9, 11...
홀수 집합

3-15. 같은 크기의 무한(또는 '초한') 집합.

수 산술 등의 무한성 개념을 정리했다. 칸토어는 연구의 일환으로 수학에서 가장 기본개념인 숫자를 재정의했고 어떻게 집합요소를 세어 숫자로 나타낼 수 있는지 보여주었다(그림 3-13). 19세기 초반 영국 수학자 조지 불George Boole과 다른 이들은 사물의 집합을 논의했으나[6] 집합론이라 불리게 된 이론을 핵심 통찰한 이는 칸토어였다. 칸토어는 다른 두 집합요소를 일대일로 대응시켜 그 두 집합의 크기를 비교했다(그림 3-14, 3-16). 그는 무한한 자연수 집합(1, 2, 3…)과 짝수 집합(2, 4, 6…)을 비교해 자연수 집합과 짝수 집합의 크기가 같다는 것을 증명했다(그림 3-15, 3-19). 실제로 칸토어는 자신의 진부분집합(짝수)과 일대일 대응하는 집합(자연수의 집합)이 무한한 집합이라고 정의했다.

제논과 유클리드는 전체가 그 어떤 부분보다 더 크다고 이해했다. 칸토어는 이 원리는 유한집합에서는 참이지만(그리스인의 숫자는 전체 사람 숫자보다 적다) 무한집합에서는 거짓임(자연수 집합과 짝수 집합의 크기는 같다)을 지적했다. 그리스 원자론자들은 분리된 시간에 어떤 공간의 점에서 일어나는 사건이 모여 시공간을 이룬다고 보았다(잠재적 무한성). 제논은 이처럼 공간을 점이 모여 만나는 것으로 가정하면 거리가 점점 줄어들어도 아킬레우스가 거북이를 따라잡는 경주가 끝없이 계속될 것 같은 역설이 발생한다는 것을 지적했다.

칸토어의 무한한 공간의 점(또는 시간의 순간) 집합은 각 무한집합이 완전한 전체(실무한)이므로 제논의 역설에서 벗어날 수 있다. 제논의 역설을 해결하려면 극한값을 구하고 무한수열을 완전한 전체로 보아야 한다. 시공간을 분리하는 그래프(데카르트 좌표계)로도 이 역설을 해결할 수 있다. 또한 아킬레우스가 어떻게 거북이를 따라잡는지 나타낼 수 있다(《다양체 이론의 기초Foundations of a General Theory of Manifolds》, 1883년, 그림 3-12 참고).

나는 영원한 삶을 다 바쳐도 셀 수 없고
히브리 알파벳 글자로 암호가 걸려 있는
그 상상의 영역을 상정하고 탐험하는
집합론의 집합이론을 발견했다.
이 집합론으로 그러한 셈의 미궁에
빠지지 않을 수 있었다.
— 호르헤 루이스 보르헤스*Jorge Luis Borges*,
《암호*La cifra*》, 1981년.

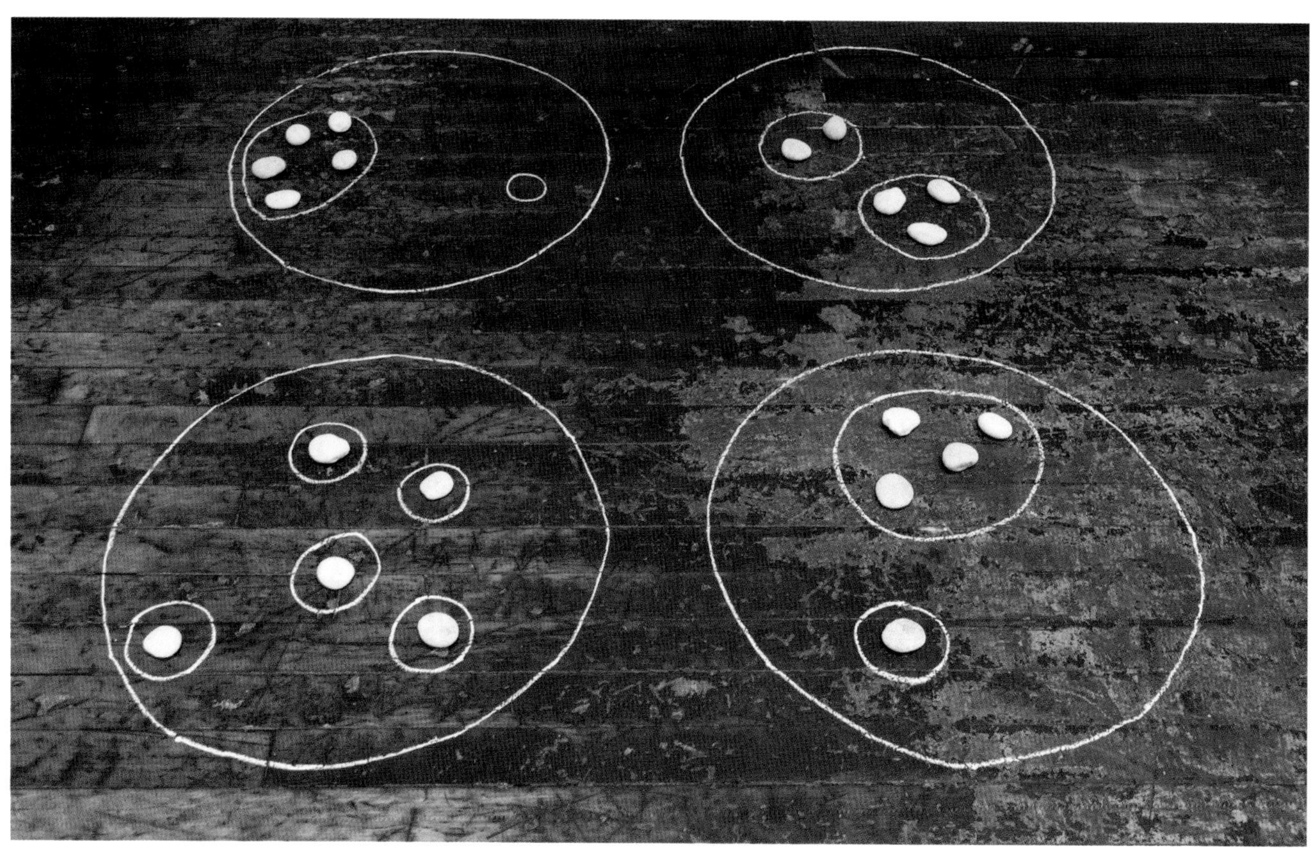

3-16. 멜 보크너*Mel Bochner*(미국인, 1940년 출생), '5를 나누는 4가지 방법*Five by Four*', 1972년, 바닥 위에 돌과 분필.
미국 화가 멜 보크너는 땅에 5개의 돌을 여러 집합으로 나누는 4가지 방법을 그렸다(상단 좌측부터 시계 방향으로).
5+0=2+3=4+1=1+1+1+1+1. 이 4집합의 돌은 일대일 대응하기 때문에 서로 기수가 같다고 할 수 있다.

나아가 칸토어는 특정 무한수열의 크기가 다르다는 것을 증명해 여러 종류의 무한이 존재한다는 것을 밝혀냈다. 우선 그는 정수와 분수로 이뤄진 유리수가 '가부번 집합Enumerable Set'이라는 것을 증명했다. 이후 모든 유리수가 나타나는 도해를 그리고 각 유리수를 정수와 짝을 맺어 화살표 방향으로 그것을 '세는' 방법을 제시했다(그림 3-18). 결국 모든 정수 집합과 모든 유리수 집합은 일대일 대응하므로 서로 크기가 같다는 것이다.

집합의 기수는 그 집합요소의 수를 나타낸다. 예를 들어 단어 'square'의 알파벳 집합의 기수는 6이다. 유한집합은 유한기수를, 무한집합은 무한기수를 갖는다. 칸토어는 기수가 서로 다른 무한집합을 발견했다. 히브리 알파벳 알레프(ℵ)로 무한집합 기수를 나타낸(무한의 '단계') 그는 자연수 집합의 기수를 알레프제로($\aleph_0$)라고 불렀다. 알레프제로가 바로 가장 작은 무한기수다. 자연수의 기수는 짝수의 기수와 같으므로 짝수의 기수 역시 알레프제로다.

유리수와 무리수 집합을 결합하면 '실수' 집합이 된다. 실제로 두 숫자 간의 차이가 두 점 사이의 거리와 일치하게 기하학 선에 실수를 배열한 것을 실수축이라 부른다. 실수축에는 빈 공간이 없으며(실선이 조밀해) 어떤 두 점(두 숫자)을 골라도 그 사이에 다른 점(다른 숫자)이 존재한다. 결국 실수축은 점이 연속되는 선이라고 할 수 있다. 칸토어는 실수축을 '연속체'라 불렀다.

$\aleph_0 + 1 = \aleph_0$

— 제임스 조이스,
《율리시스*Ulysses*》의 주석, 1922년.

우측

3-17. 칸토어의 사다리.
칸토어는 $\aleph_0$의 집합을 **2**의 지수로 사용하고 또 그 집합을 2의 지수로 사용하는 방식으로 더 큰 기수를 갖는 집합을 만들어 '사다리'로 표현했다.

하단

3-18. 유리수가 가부번하다는 칸토어의 증명.
칸토어는 모든 유리수(분수로 나타낼 수 있는 수)를 도해에 그려 나타냈다. 이어 화살표에 따라 유리수를 세는 법을 표현했다.

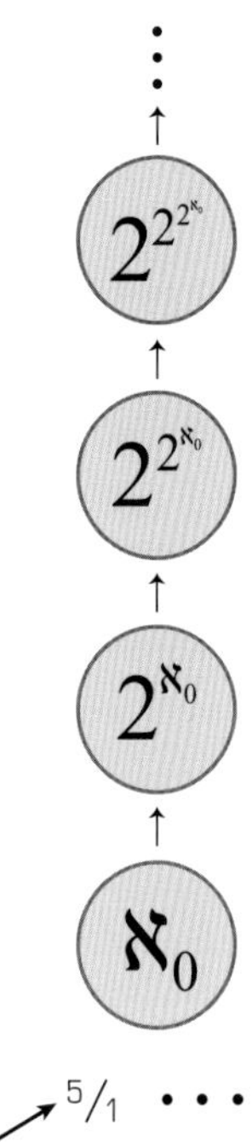

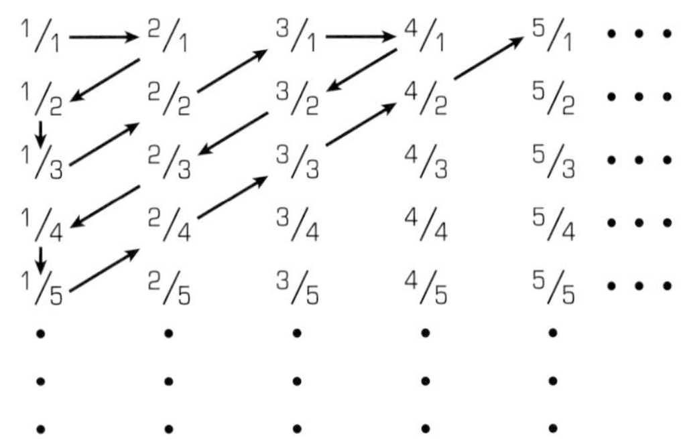

칸토어는 실수가 '자연수'와 일대일 대응하지 않아 실수의 무한이 단계가 더 높고 실수는 비가부번 집합임을 증명했다. 실수는 셀 수 없이 많다. 칸토어는 알레프원($\aleph_1$)이 알레프제로($\aleph_0$)보다 큰 가장 작은 초한기수라고 믿었다. 그의 추측은 '연속체 가설'로 알려졌고 그는 나머지 생애 내내 그 추측을 증명하려 노력했지만 증명하지 못했다. 수십 년 후 수학자 쿠르트 괴델과 폴 코헨Paul Cohen이 칸토어가 알고 있던 집합론으로는 그 추측을 증명할 수 없음을 보여주면서 증명했다.[7]

또한 칸토어는 알레프를 2의 지수로 할 때 어떤 숫자가 발생하는지 연구했다. 알레프를 지수로 만들면 $2^{\aleph}$으로 적고 '2를 알레프만큼 제곱한 것'이라고 읽는다($2\times2\times2\times\cdots$). 칸토어는 2의 $\aleph_0$제곱을 하면 $\aleph_0$보다 더 기수가 높은 무한수를 얻을 수 있다는 것을 증명했다. 이는 $\aleph_0$보다 큰 수다. 2를 큰 기수($2^{\aleph_0}$)를 갖는 무한대만큼 제곱하면 더욱 큰 무한수를 생성하고, 이 과정을 반복해 무한대로 더 큰 무한수를 만들 수 있다(그림 3-17).

무한과 '절대성'

르네상스 시대 가톨릭 신학자와 철학자는 유대-기독교의 하느님과 세계를 뒤덮은 보편적인 현실을 가리켜 '절대자'라고 불렀다. 절대자라는 이름은 신과 존재의 근원이 상대적, 의존적으로 존재하는 것이 아니라 서로 분리되어 존재한다는 것을 강조한다. '절대자'와 '무한'이라는 용어는 신과 존재의 근원이 모두 무한한 특성을 지녔다는 점에서 연관을 지었다.

15세기 독일의 가톨릭 추기경 니콜라우스 쿠사누스는 무한에 관한 철학사상을 신성에 적용해 '무한한 절대자'라는 신학 개념을 형성했다. 아리스토텔레스는 미래의 모든 날은 같은 순간에 존재하지 않으므로 그 미래의 날의 수는 잠재적인 무한대일 뿐이라고 지적했다. 그는 같은 시간에 함께 존재하는 무한집합, 즉 실무한(제논의 경주트랙은 무한한 공간의 점으로 이뤄져 있다)은 존재할 수 없다고 경고했다. 중세 학자는 대부분 아리스토텔레스의 충고에 따라 영원을 논의할 때 실무한을 언급하지 않았지만, 초기 르네상스 시대 니콜라우스 쿠사누스는 실무한을 자기 신학의 중심으로 삼았다. 그는 모든 순간에 전지전능하게 편재하는 영혼적 존재로서 실무한을 사용해 하느님을 묘사했다. 이를테면 가장 큰 숫자 'maximum(최대)'을 언급하면서 이 영적 존재를 '절대최대'라고 명명했다.[8]

149쪽

3-19. 파울 클레*Paul Klee* **(스위스인, 1879~1940년), '무한대와 동일***Equals Infinity***', 1932년, 나무 위에 올린 캔버스에 유채, 51.4×68.3cm.**
클레는 17세기 존 월리스*John Wallis*가 무한대를 나타내기 위해 도입하고 렘니스쿠스('리본'을 뜻하는 라틴어 lemniscus)라고 부른 ∞를 변형해 '무한대와 동일한 것'을 상징하는 데 사용했다.

우리가 아는 모든 수학은 가장 큰 숫자가 없다고 말한다. 가장 큰 숫자가 존재한다는 니콜라우스의 주장으로 볼 때, 그가 신학 개념을 설명하는 데 수학적 유추를 사용하긴 했지만 실제로 수학을 연구하거나 수학에 기여하지는 않았음을 알 수 있다. 오히려 니콜라우스에

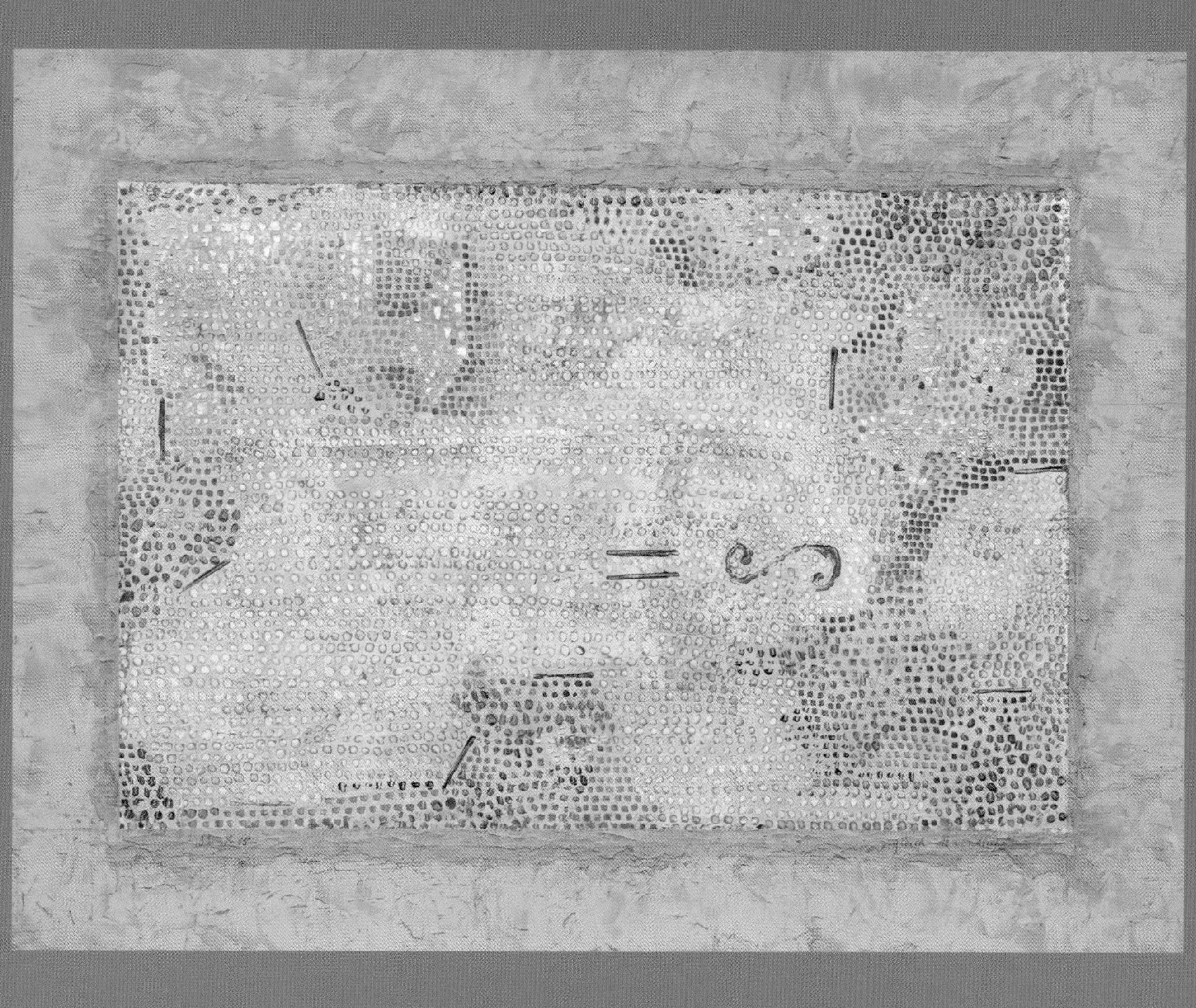

3-20. '지평선 너머를 바라보는 남자*A man looking beyond the horizon*',
카미유 플라마리옹*Camille Flammarion*,
《대기: 대중 기상학*L'Atmosphere: Météorologie Populaire*》(1888년), 163.
19세기의 유명한 기상학 책에 익명의 판화가가 그린 그림이다. 브루노처럼 하늘의 고정된 별들 너머에 다른 태양과 다른 세상, 유대의 예언자 에스겔이 본 4방향으로 움직이도록 '바퀴 안에 바퀴가 있는' 영혼으로 가득한 전차(상단 좌측 구석)를 상상하는 중세 시대 성직자의 모습이다(에스겔 1:16-21).

게 수학 도형을 사용해 절대최대를 상상하도록 제안한 신학자가 유한한 숫자와 형태를 연구한 후 무한한 합과 확장을 고려해야 한다고 주장했다.[9]

그는 최대를 이해하기 위해 무한한 지름에다 모든 곳에 중심이 있는 무한한 구체의 비유를 활용했다. 니콜라우스는 이 물체의 자기모순적 성질(가령 지름과 반지름이 모두 무한하면 서로 같다고 할 수 있다)이 최대의 궁극적 불가해성과 일치한다고 주장했다.[10] 니콜라우스는 실무한이 존재하지 않는다는 아리스토텔레스의 주장을 기반으로 인간이 자신의 유한성과 절대최대에 관한 본질적 무지를 받아들이기 위해 떠나는 영적 여행을 설명하며, 인간은 지구에 거하는 유한한 시간 동안 언젠가는 죽는다는 마음으로 살아가면서 무한성을 단편적으로만 이해한다고 주장했다(《박학한 무지De Docta Ignorantia》, 1440년).

또한 니콜라우스는 절대최대가 '무수한 세계'로 가득한 무한한 우주를 창조했다고 주장했다. 니콜라우스가 죽고 나서 1세기 후 도미니카 수도사 조르다노 브루노Giordano Bruno는 최대 존재가 밤하늘의 경계를 넘어 확장하는 우주를 창조했다고 주장했다(《무한한 우주와 세상De l'Infinito Universo et Mondi》, 1584년, 그림 3-20 참고).[11] 가톨릭 종교재판관들은 다수의 세계가 존재한다는 믿음을 포함해 브루노의 사상이 이단이라고 판결해 1600년 그를 화형에 처했다.

지성에게 진실은 (내접하는)
다각형에게 (외접하는) 원과 같다.
내접하는 다각형의 각이 많을수록
원과 더 비슷해진다.
그러나 각도의 수가 무한대로 증가해도
모든 각이 깎여 원이 되지 않는 한
다각형은 원과 같지 않다.
— 니콜라우스 쿠사누스, 《박학한 무지》, 1440년.

브루노가 죽고 10여 년이 지난 후 망원경을 발명한 갈릴레오는 신학적 추측에 따라 형성된 우주론을 수정하기 시작했다. 하지만 뉴턴 같은 초기 과학자들은 여전히 '절대자' 등 신학 용어를 사용했다. 뉴턴은 우주에서 벌어지는 사건의 궁극적 기준은 절대시간과 절대공간이라고 묘사했는데, 그는 이것을 불변하는 신성한 것으로 간주했다.[12] 절대시간은 실무한대다. 뉴턴은 시간을 과거와 미래로 무한하게 뻗어가는 긴 선이라고 상상했다. 절대공간은 활성화하지 않은 고정된 틀이다. 뉴턴은 실용적 목적을 위해 절대공간을 '행성과 다른 움직이는 천체 안에 있는 고정된 별'이라는 천체 지붕의 틀로 바라봤다.

케플러와 갈릴레오, 뉴턴은 유대-기독교의 하느님이 자연에 부여한 수학구조를 발견했다고 믿었지만 그들의 새로운 법칙(초자연적 힘이 아닌)이 자연법칙을 묘사한 까닭에 '자연철학'이라 불렸다. 케플러의 행성운동법칙과 갈릴레오의 지구운동법칙, 뉴턴의 우주만유인력법칙은 (고대 그리스의 원자론자 데모크리토스의 전통에서) 움직이는 불활성 물질로 구성된 우주를 완전히 기계적이고 비인간적으로 묘사한다. 결정론적 세계에서 자유의지와 가치(윤리와 미학)를 보존하는 방법을 두고 동시대의 많은 사람이 문제를 제기했다.

이 주제는 데모크리토스의 추종자이자 원자론자인 루크레티우스(BC 1세기 중반)가 이미 고대에 다룬 내용이다. 루크레티우스는 결정론적 세계에서 움직이는 물체의 자유의지를 만들고자 (라틴어로 '기울기'를 뜻하는) 클리나멘Clinamen을 도입해 원자가 무작위로 방향을 바꾼다는 개념을 도입했다(《만물의 본성De rerum natura》, BC 1세기).[13] 17세기 케플러, 갈릴레오와 동시대를 살아간 데카르트는 움직이는 물질(궤도를 도는 행성이나 경사진 평면을 구르는 구리공)은 새로운 자연철학의 결정론적 법칙을 따르지만, 언젠가는 죽는 인간의 영원한 정신은 물질적인 것이 아니라 영혼적인 것이라는 새로운 해답을 제시했다.

데카르트는 인간이 초자연적 영역에서 비결정적이고 윤리 규칙을 따르는 정신을 부여받는데, 이것은 육체 밖에 독립적으로 존재한다고 주장했다(《제1철학에 관한 성찰Meditations on First Philosophy》, 1641년). 마음과 육체가 서로 다른 물질로 이뤄져 있다면 그 둘은 어떻게 상호작용할까? 이 책의 책장을 넘기고 싶다는 생각(정신)이 어떻게 손(물질)을 움직이게 만들까? 계몽주의 시대 철학자 이마누엘 칸트는 데카르트가 마음과 육체가 메우지 못할 만큼 갈라져 있다고 여겨 그 답을 구할 수 없을 거라고 했다. 엄밀히 말해 사람은 '지각적 직관'(눈이나 접촉으로)에서 일어나는 정신 감각만 느끼고(비가 내리는 것을 보고 축축함을 느끼는 것) 물질적으로 '초월한 대상'(다른 세상에서 내리는 비)은 느낄 수 없다는 것이다.

라이프니츠도 뉴턴처럼 기독교인으로서 데모크리토스의 기계적 우주론을 우려했으나 데카르트가 도입한 이원론, 즉 마음과 몸의 분리나 유아론을 피하려 했다. 라이프니츠의 해답은 데모크리토스의 우주론을 버리고 세계영혼과 신성한 이성이 존재하는 피타고라스와 플라톤의 유기적이고 살아 있으며 의지를 지닌 우주론을 도입하는 것이었다. 피타고라스학파는 천지의 모든 것이 지각 있는 입자인 모나드(1장 참고)로 이뤄져 있다고 믿었다. 라이프니츠는 이와 유사하게 우주가 정신과 물질이라는 2가지로 구성된 것이 아니라 정신적·물질적 성질을 모두 지닌 모나드라는 하나의 물질로 이뤄져 있다고 선언했다. 라이프니츠에 따르면 암석부터 식물, 동물, 인간의 마음, 궁극적으로는 신에 이르기까지 모나드는 점점 더 복잡한 계층구조로 배열되어 있다. 또한 그는 신성한 절대성은 모든 모나드의 무한한 전체를 나타낸다고 했다(우주의 모든 것, 《단자론Monadology》, 1714년).

빗방울은
단순한 겉모습에 불과할 뿐 아니라 (…)
그것의 둥근 모양조차,
아니 그 빗방울이 떨어지는 공간조차
그 자체로는 그저 우리의 합리적 직관의
근본 형태가 변화한 것에 불과하다. (…)
그리고 우리는 초월적 대상을
여전히 알지 못한다.

— 이마누엘 칸트,
《순수이성비판》, 1781년.

3-21. 호계삼소, 송대(960~1279년), 비단 위에 잉크와 채색.
송나라 초기의 학자와 관료들은 중국의 세 종교를 하나로 합쳐 우주에서 인간의 위치를 나타내는 우주적 시야뿐 아니라 실용적 조언을 주는 포괄적인 세계관도 달성하고자 노력했다. 이러한 종교 결합의 모토는 '유교, 도교, 불교는 하나다'였고 깨달음의 길로 권장한 것 중에는 자연과의 소통도 있었다.
이 송대 그림은 왼쪽에서 오른쪽으로 도가 학자 육수정(407~477년)과 불교승려 혜원(334~416년), 도교 학자이자 법관으로 유교에 기반을 둔 조언을 남긴 도연명(456~536년)을 그렸다. 마음이 통한 이 친우들은 이야기에 빠져 호랑이로 가득한 숲을 못 보고 지나간다. 그들은 빈터에 도착하고서야 그 행동을 깨닫고 자신들이 얼마나 운이 좋은가를 이야기하며 함께 웃는다. 6세기 후 중국에 찾아온 예수회 선교사들은 이러한 유교, 도교, 불교의 결합을 '신유교주의'라고 불렀다.

라이프니츠는 중국 철학이 처음 유럽에 소개되었을 때 《단자론》을 집필했다. 극동으로 향하는 무역선마다 자기나침반과 메르카토르의 지도를 사용했고, 예수회 선교사들이 영혼을 찾아 그 여정에 동참했다. 중국으로 향한 예수회 선교사들은 그곳에서 11세기 무렵 형성된 유교, 도교, 불교가 혼합된 정치적·철학적 세계관을 접했다(그림 3-21). 가톨릭 성직자들은 (도교와 불교를 이교도의 사교로 여기고) 주로 유교에 관심이 있었는데 예수회 선교사들도 중국 철학을 '신유교주의'라고 불렀다. 신유교주의는 유교와 도교, 불교 교리를 합친 것으로 라이프니츠 같은 서구 학자들은 그 셋을 잘 구분하지 못하고 그저 중국철학으로 여겼다.

1687년 라이프니츠는 예수회 중국 선교사 요아킴 부베Joachim Bouvet를 만난 뒤 중국 철학을 깊이 연구했다. 1701년 부베는 라이프니츠에게 《역경》 사본을 보냈다(그림 3-22).[14] 라이프니츠는 수년 전 모든 수를 0과 1로 나타내는 이진법 체계를 개발했는데, 부베가 《역경》의 64괘에서 비슷한 것을 관찰했다는 편지를 보고 매우 놀라워했다(1장 그림 1-46, 1-47, 1-48 참고). 라이프니츠는 전설의 중국 황제 복희씨가 이진법을 발명했다고 믿었지만[15] 사실 그것을 뒷받침하는 증거는 없다. 고대중국 학자들은 그저 6선 선형을 구성하는 자연스러운 방법을 찾은 것이고, 그것이 이진법과 구조적으로 모양이 같았을 뿐이다.

또한 라이프니츠는 자신이 부활을 꾀하던 서양의 피타고라스와 플라톤식 세계관, 동양의 신유교주의의 도교적 특성 사이에 유사점이 있음을 발견했다.[16] 라이프니츠는 (데모크리토스의 기계적 우주론이나 데카르트의 사물처럼) 초자연적 신(데우스Deus)이나 정신Mind이 불활성 기계 같은 식물과 동물에 생기를 불어넣는 데카르트의 자연관이 아니라, 완전히 자연적이고 유기적인 중국인의 대자연 관점을 칭찬했다.

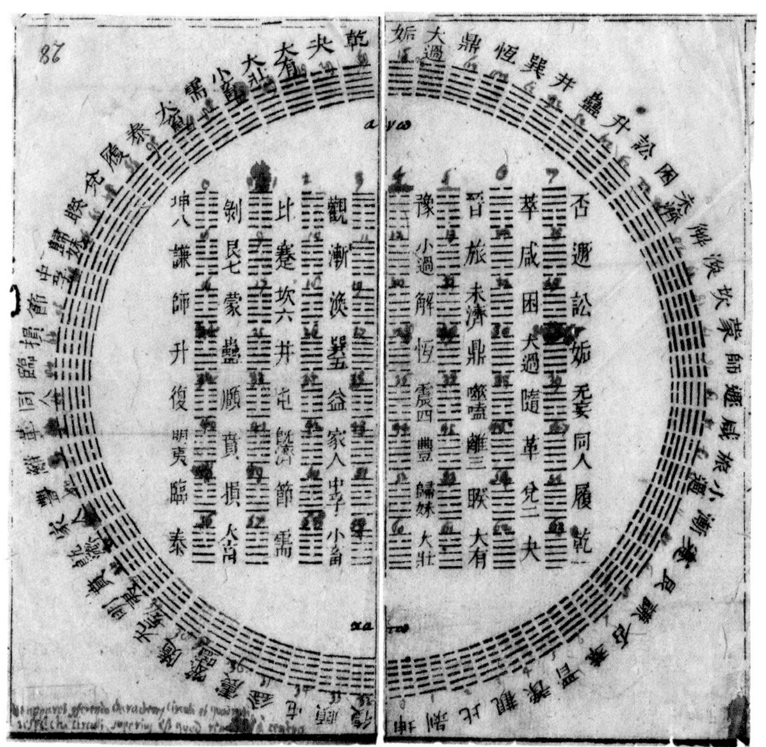

3-22. 고트프리트 라이프니츠의 《역경》 사본. 64괘 위에 갈색 잉크로 쓴 라이프니츠의 숫자를 보면 라이프니츠가 서양식으로 좌에서 우로 그리고 위에서 아래로 읽으면서 끊어진 선에는 0을 두고 이어진 선에는 1을 두어 (0을 포함한) 64괘를 이진법으로 나타낸 것을 볼 수 있다(000000=0, 000001=1, 000010=2, 000011=3,… 111111=63). 중국에서 살던 부베는 동양식으로 우에서 좌로 읽었을지도 모르지만 이어진 선을 0으로 두고 끊어진 선을 1로 두면 같은 패턴이 나타난다.

"따라서 천국 통치나 다른 것을 자연의 원인으로 보기보다 물질에 관한 무지함에서 오는 초자연적 기적, 초물질적 기적, 데우스 엑스 마키나Deus ex Machina(신의 기계적 출현) 같은 영혼을 찾는 데서 스스로를 멀리하는 현대 중국인의 해설을 칭찬하고 싶다."[17]

피타고라스학파와 플라톤학파 그리고 도교 신자에게 자연의 상호작용은 뉴턴의 시계태엽처럼 기계적인 인과관계로 일어나는 것이 아니라 현악기 소리 같이 서로 닮은 것이 공명하면서 발생한다.

모든 것은 자신과 다른 것을 배척하고
자신과 유사한 것을 따른다.
그러므로 (각각의) 필수 에너지가
유사하면 합쳐질 것이다:
음은 조화를 이뤄 화음을 만들어낸다.

— 동중서, 《같은 종류의 사물은 서로의 기운을 북돋운다》, BC 2세기.

라이프니츠와 동시대에 살았던 네덜란드계 유대인 철학자 바루흐 스피노자는 범신론적 형태의 단자론을 만들었는데, 이에 따르면 모든 것은 스피노자가 '신·자연'이라 부르는 물질로 이뤄져 있고 우주를 감싸는 질서는 완전히 예측 가능하며 사람의 지성으로 발견할 수 있다. 스피노자는 자신의 주요 저서인 《기하학 방식으로 입증한 윤리학Ethics Demonstrated in a Geometrical Manner》(1677년)에서 유클리드가 저술한 《원론》의 구성방식과 같이 전제, 공리, 정의를 증거로 사용해 학설을 제시했다.

사물의 모든 부분이
식물로 가득한 정원이나
물고기로 가득한 연못으로
여겨질 수 있다.
하지만 식물 각각의 나뭇가지나
동물 각각의 사지 혹은
그 체액 한 방울조차 여전히 그러한
정원이나 연못으로 여겨질 수 있다.

— 고트프리트 라이프니츠, 《단자론》, 1714년.

계몽주의의 이성주의에서 자연철학과 생철학까지

라이프니츠나 스피노자와 마찬가지로 2세대 독일의 이상주의자 헤겔과 프리드리히 셸링은 자연철학자를 뜻하는 독일어 'Naturphilosophen(자연철학)'으로 알려져 있다. 이들은 계몽주의 시대의 정신과 신체의 이원주의를 부정하고 모든 것이 지각 있는 입자인 모나드 형태로 동일하게 이뤄져 있다는 고대 고전주의 관점을 되살렸다. 헤겔과 셸링은 모나드의 위계 중 가장 위에 비인간적인 정신이나 절대영혼 혹은 우주영혼이 위치해 있고 그것이 우주의 논리구조에 상당한 것이라고 여겼다.

뉴턴의 절대시간과 절대공간은 시간과 공간의 기준 좌표점과 유사하다. 자연철학의 절대자 역시 우주구조를 제공하지만 그들은 더 비유적으로 이것을 존재의 근원으로 받아들였다. 니콜라우스 쿠사누스의 절대신성 같이 그들은 절대자가 모든 정신적인 개체(그런 구조로 배열된 모든 모나드)의 실무한적 전체이며 인간의 정신은 그 유한한 부분만 알 수 있다고 여겼다.

자연철학자 헤겔이 1816년 강의에서 언급한 것처럼 셸링과 헤겔은 도교의 궁극적 현실(노자의 도)과 플라톤의 일자, 자연철학의 절대정신 사이의 유사점을 인정했다.

"중국인의 관점에서 사물의 근원에는 공허만 존재하고 모든 것이 결정되지 않은 추상적 우주에는 '도'나 지성이 존재한다. (…) 그리스인이 일자를 절대자라고 주장했을 때 또는 현대인이 가장 높은 존재라고 주장할 때, (…) 모두 그런 종류의 비존재성으로 표현한다."[18]

니콜라우스 쿠사누스에 따르면 우리는 분명 모든 말과 일에서 절대자에 관한 근래 철학을 확실히 찾을 수 있다. 절대자*Absolutum*라는 용어처럼 그는 모든 곳에 임한다.

— 윌리엄 해밀턴*William Hamilton*, 《철학과 문학 논고*Discussions of Philosophy and Literature*》, 1853년.

19세기 후반 캐나다의 정신과의사 리처드 버크Richard Bucke는 더 높은 '우주'의식을 묘사하면서 헤겔의 절대영혼과 불교의 브라흐마를 세속적으로 해석했다. 버크는 19세기 후반 다윈주의 진화 관점에서 교육을 받은 의사로 그 교육이 이러한 관점을 만들었다. 버크는 자신의 독자들에게 종의 진화가 계속되고 있음을 강조하며 인간이 (이성, 직감, 상상력을 포함한) 자기의식 수준에 따라 진화해왔다고 주장했다. 그리고 다음 단계 진화로 인간이 더 복잡한 수준의 지적 기능인 궁극적 현실의 '우주의식'을 갖게 될 것이라고 예측했다(《우주의식: 인간의 지성 진화에 관한 연구Cosmic Consciousness: A Study in the Evolution of the Human Mind》, 1901년).

생철학자 아서 쇼펜하우어와 쇠렌 키르케고르, 프리드리히 니체는 지식을 비평하면서 칸트의 위대한 세계관Weltanschauung 같은 개념적 체계에서 파악할 수 있는 것에는 한계가 있다고 주장했다. 그들은 철학자가 추상적 이론을 토론하지 말고 삶에 가치와 목적을 부여하는 즉각적이고 특별한 경험에 집중해야 한다고 했다. 또한 쇼펜하우어와 키르케고르, 니체는 '실증적' 지식을 주는 과학 원리를 바탕으로 사회를 세워야 한다는 19세기 실증주의의 부상에 저항했다. 그들은 이성을 의심했고 직관에 의존해 지식의 전체성과 단일성을 강조했으며 도교의 명상수행에 개방적이었다. 그런 맥락에서 쇼펜하우어는 자신의 저서에서 동양철학을 자주 언급하고 있다.[19]

러시아에 기반을 둔 신지학(신학과 철학의 축약어)에서는 동양과 서양 사상이 섞인다. 헬레나 페트로브나 블라바츠키Helena Petrovna Blavatsky는 인간의 지성이 절대영혼의 지식을 향해 진화해간다는 독일 철학자의 이상주의적 견해와 개개인이 육체를 벗어나 브라흐마와 연합하고자 하는 불교 교리를 서로 섞었다(《비경The Secret Doctrine》, 1888년).

블라바츠키는 자신의 접근방식을 '신지학'이라 명명하고 불교체계를 도입했다. 19세기 학자들은 그녀를 아시아 종교를 신비주의 관점에서 왜곡한 비전문가라고 일축했지만, 신지학은 블라바츠키의 고향인 러시아와 그 제자들이 활동한 서양문화권에 아시아 사상을 대중화하는 데 일조했다.

영국의 수학자 찰스 H. 힌턴Charles H. Hinton은 수학적 세계관으로 4차원 물체를 묘사하는 가우스의 다차원 구조를 배운 뒤 4차원 물체가 물리세계에 존재한다고 선언했다('4차원이란 무엇인가?', 1888년). 블라바츠키의 제자 중 하나인 러시아의 신지학자 페테르 우스펜스키Peter Ouspensky는 힌턴의 가설인 4차원 공간을 절대자의 신비로운 공간으로 여겼다. 우리는 3차원 세계에 살고 있는데 어떻게 4차원 공간을 인지할 수 있을까? 우스펜스키는 버크의 '우주의식'을 빌려와 4차원 공간의 절대자를 인지하려면 더 높은 의식형태인 새로운 종류의 초자연적 지각을 계발해야(진화해야) 한다고 주장했다(《제3차 논리학Tertium Organum》, 1911년). 1880년대와 1919년 사이에 크루체니크, 말레비치 같은 초기 근대화가가 신지론에서 영감을 얻어 우스펜스키의 4차원 절대자의 상징을 만들었다.[20]

칸토어의 무한성 철학

칸토어는 기계적 시계태엽 같은 과학적 우주세계관이 부상하고, 자연철학자가 주장하는 모나드로 구성된 유기적이고 목적이 있는 우주와 그 우주에 거하는 절대정신을 구식으로 여기던 19세기 후반에 자랐다. 신실한 루터교도 칸토어는 독일의 지식인 사회가 영혼이 없고 기계적인 과학에 위협을 느껴 그 반대급부로 시작한 낭만주의 부활에 참여했다.

칸토어는 수학을 연구하는 한편 철학적 질문의 답을 찾았는데 이는 집합론의 기반 텍스트인 《다양체 이론의 기초》의 부제를 '무한성 이론의 수학철학 탐구A Mathematico-Philosophical Investigation into the Theory of the Infinite'로 지은 것에 잘 드러난다.[21] 칸토어는 이 획기적인 글에서 고전 플라톤 철학의 유기적이고 살아 있으며 목적이 있는 우주를 지지하는 것은 물론, 자신이 플라톤·스피노자·라이프니츠의 '우리가 소속된 모든 사물의 조화'에 나타나는 근본적 믿음을 공유한다고 표명했다.[22] 또한 칸토어는 불활성 물질로 구성된 기계적 우주의 원자모형이 철학 문제에서도(데카르트의 정신-신체 이원론) 강력한 결실(뉴턴의 만유인력법칙)을 맺은 점에서 플라톤의 주 경쟁자 데모크리토스에게 감사를 표했다.

그는 여기서 그친 것이 아니라 플라톤의 유기적인 우주를 묘사하는 수학도구를 만들겠다고 선언했다.

"(절절한 영역에서는 동원 가능한 모든 수학 분석의 도움과 이점이 존재하지만 칸트가 밝힌 것 같이 눈에 띄게 일방적이고 불충분하게도) 자연을 기계적으로 설명하고 있고(또는 그것을 대신하고), 오늘날까지 동등한 수준의 수학적 정밀성으로 자연을 유기적으로 설명하려는 시도조차 제대로 이뤄지지 않았다. 나는 그 사상가들(플라톤, 스피노자, 라이프니츠)의 연구와 노력을 새롭게 꾸준히 이어가야 유기적으로 설명하는 연구가 이뤄질 수 있을 것이라고 믿는다."[23]

고전수학은 유클리드의 직선과 구, 타원으로 달이나 태양계처럼 원활하게 움직이는 자연의 사물과 기자 피라미드 같이 인간이 만든 사물을 "기계적으로 설명"했다는 얘기다. 칸토어는 "자연을 유기적으로 설명하는" 집합이론 도구를 개발하겠다고 맹세했는데, 이는 곧

유클리드의 전통 수학이 묘사하지 않은 산·식물·동물처럼 거친 사물의 비정형적이고 복합적인 형태를 설명하려 한 것이다.

1883년《다양체 이론의 기초》를 출간한 다음 해에 칸토어는 입원이 필요할 만큼 심각한 우울증을 앓았다. 사실 그는 여생 동안 수차례나 우울증으로 고통을 받았다.[24] 스웨덴의 학술지 〈수학동향Acta Mathematica〉의 편집자이자 수학자로 칸토어의 친구인 예스타 미타그레플레르Gösta Mittag-Leffler는 칸토어에게 과학연구에 쓸 수 있는 '초한집합론'을 추론해달라고 부탁했다.[25] 칸토어는 1884년 가을 답변을 보내며 유기적이고 살아 있는 우주를 설명하는 수학도구를 찾고자 하는 자신의 희망을 표현했다.

"나는 전통 역학원리를 적용하지 않은 유기물 연구에 집합이론을 적용하고자 연구하고 있네. (…) 그것에 필요한 수학도구를 내가 이미 개발한 집합론에서 반드시 찾을 수 있을 것이라고 생각하네."[26]

그는 친구 미타그레플레르에게 보내는 편지에서 집합론을 유기물에 적용하는 것이 자신의 연구를 견인한 열정의 근원임을 털어놓았다.

"지난 14년간 나는 모든 유기적 형태를 지닌 자연을 더 자세히 설명하기 위해 전념했네. 이것이 내가 지루하고 보상 없는 집합론을 연구하고 그것을 잊지 못한 진정한 이유die eigentliche Veranlassung일세."[27]

칸토어는 19세기 우주론을 반영해 자연계가 물질과 에테르로 구성되어 있다고 설명했다. 지질학자 찰스 라이엘Charles Lyell과 생물학자 찰스 다윈처럼 칸토어는 사물이 원자와 세포 또는 모나드(칸토어는 라이프니츠의 용어를 사용해 자연을 설명했다) 같은 기본단위로 구성되어 있다고 설명했다.[28] 19세기 과학자들은 에테르를 뉴턴의 절대공간을 채우고 (움직이지는 않지만 진동운동에 민감한) 온 우주에 만연하는 매개물로 상상했다. 전기, 자력, 빛 같이 우주의 대기와 우주공간에서 주기적으로 진동하는 파장을 연구하는 물리학자는 어떤 것이 '진동'하게 하는 매체의 필요성을 느껴 에테르 개념을 개발했다. 칸토어는 분리된 원자, 세포, 모나드의 집합체인 모든 물질이 알레프제로($\aleph_0$)와 같다는 가설을 세웠다.

"주어진 시간에 우주의 살아 있는 모든 세포 수를 생각해보면 모든 방향으로 무한히 확장될 것이다. 이것이 무한하게 존재하는 개체의 완벽한 예시다. 이런 집합의 '지수'(기수)가 무엇인지 의문을 제기할 수 있는데 이 집합이 알레프제로이며 그보다 크지 않다는 것을 정확히 증명할 수 있다."[29]

또한 칸토어는 연속적인 모든 에테르 원자와 모나드의 집합인 에테르('연속 운동의 거대한 운동장'[30])가 한 단계 높은 알레프원($\aleph_1$)의 무한대와 같다는 가설을 세웠다.

"물질 원자의 총합은 1을 지수로 하는 알레프제로고 에테르 원자의 총합은 2를 지수로 하는 알레프원이다."[31]

모나드와 에테르는 과학의 쓰레기통에 버려졌지만 복잡한 유기체를 수학으로 설명하려 하는 욕망은 오늘날까지 살아남았다. 사실 칸토어가 한 주장은 1세기 후 폴란드계 프랑스 수학자 브누아 망델브로Benoît Mandelbrot가 표현한 과학 정서와 일치한다.

"모든 실용적인 용도로 구분하는 길이가 있는 자연 패턴의 수는 무한하다. 이 패턴의 존재는 유클리드가 '무형체'라며 버려둔 형태를 연구해 '무정형'을 탐구하려는 우리의 도전 의식을 북돋운다."[32]

망델브로는 산·식물·동물 같은 무정형 개체를 보는 것이 아니라 그 무정형 개체(결정의 성장 패턴, 세포분할 등)를 만드는 단순하고 반복 가능한 프로세스를 조사하는 처리 방법을 사용했다. 그 결과 그런 프로세스를 설명하는 '프랙탈 기하학'이라는 새로운 수학 분야를 발명했다(《자연의 프랙탈 기하학The Fractal Geometry of Nature》, 1977년, 12장 참고). 망델브로는 간단한 알고리즘(12장 그림 12-32)을 반복 적용했을 때 생성되는 첫 프랙탈 기하학 구조의 초한집합을 발명한 공을 칸토어에게 돌렸다.[33] 칸토어는 종이와 연필로 연구했고 그 시대에는 빠르게 계산할 수 있는 도구(컴퓨터)가 없었다. 하지만 망델브로는 컴퓨터를 사용해 진화 과정에서 수억만 번 이상 적용한 알고리즘들을 조사했다.

칸토어가 자신의 집합론을 유기적 우주에 적용하는 동안 교황 레오 13세의 '영원하신 아버지Aeterni Patris'(1879년) 회칙 정신으로 무한과 관련된 기독교 교리를 접하던 가톨릭 신학자들은 칸토어의 알레프에 관심을 보였다. '영원하신 아버지' 회칙은 토마스 아퀴나스 스타일로 중세 스콜라 철학의 부활을 장려하고 자연과학 발전을 지지했다. 칸토어는 루터교에서 세례를 받았지만 가톨릭 학자들과 열린 자세로 대화를 나누었다.

칸토어의 원칙과 가톨릭의 조화로운 교리에 관심을 보인 신학자 중에는 독일 성직자이자 신新스콜라주의 사상을 전파하는 데 앞장선 콘스탄틴 구트베를레트Constantin Gutberlet도 포함되어 있었다. 구트베를레트는 초한집합과 하느님의 무한성 교리 사이의 연관성을 두고 칸토어와 서신 교류를 했고, 칸토어는 자신의 연구가 신학에 미치는 결과에 깊은 관심을 보였다.[34]

비평가들은 알레프의 존재에 의문을 제기했지만 1896년 구트베를레트는 이렇게 대답했다. 무한집합은 하느님의 마음에 영원히 존재하는데 그 이유는 "절대정신은 모든 수열을 항상 현재 형태로 지각하기 때문이다."[35] 그 선언을 읽은 예수회 추기경 요하네스 프란젤린Johannes Franzelin은 칸토어의 초월수로 신을 인식하는 것은 과학적 세계관의 부상과 함께 널리 퍼진 일종의 범신론이라며 우려를 표했고, 교황 비오 9세는 이러한 세계관을 즉각 규탄했다(《오류의 목록Syllabus of Errors》, 1864년). 칸토어는 집합이론 계층에 유대-기독교 하느님을 위한 무한성 차원을 마련해 추기경의 우려에 답했다. 그의 알레프 계층에는 우주의 모든 것이 포함된다. 칸토어는 쿠사누스와 뉴턴, 헤겔의 용어를 빌려 그 집합을 '절대적 무한성Absolut Unendlichen'이라 명명하고 모든 유한집합과 무한집합을 초월하는 영역에 하느님을 두었다.[36]

집합이론 창시자 게오르크 칸토어는 사실 스콜라 철학으로 교육받았다.

— 펠릭스 클라인*Felix Klein*, 《19세기의 수학 발전*The Development of Mathematics in the Nineteenth Century*》, 1926년.

모스크바의 수학: 환영받는 칸토어

아리스토텔레스 이후의 학자와 신학자는 논리적 모순 때문에 실무한 개념을 인정하지 않았다. 칸토어는 이 전통에 급진적으로 도전했고 이전까지는 알려지지 않았지만 그가 주장한 더 높은 수준의 무한 개념은 보다 심각한 문제로 받아들여졌다. 칸토어의 스승인 독일 수학자 레오폴트 크로네커Leopold Kronecker는 알레프가 칸토어 상상의 일부라고 생각해 초한수를 격렬하게 반대했다.

"하느님은 숫자를 만들었다. 다른 모든 것은 사람의 업적이다."[37]

유럽인이 칸토어 개념을 고심하고 있을 때 러시아 수학자들은 이 새로운 집합론을 쉽게 받아들였다. 러시아 예술가와 시인은 절대자를 표현하는 방법을 찾는 데 동참했다.

1864년 창립한 모스크바 수학협회는 수학, 철학, 신학을 연결하는 주제를 연구하는 중심 단체로 러시아정교회의 전통에 따라 수학 대상을 신비주의 관점에서 해석했다. 이들 수학자는 고전수학을 반대했는데 특히 뉴턴의 기계론적·결정론적 시계태엽처럼 우주와 연관된 정확하고 예측 가능한 미적분 측정에 이의를 제기했다. 그들은 확률론 같이 소위 자유 수학 방법으로 자연과 문화 현상을 확률적으로 설명했다. 그들은 황제를 지지하면서 군주를 기독교나 자유의지와 연관짓고 세속적·결정론적인 마르크스주의를 좋지 않게 여겼다.[38] 모스크바의 수학자들은 비유클리드 기하학을 고안한 니콜라이 로바쳅스키Nikolai Lobachevsky를 자랑스럽게 여겼다(《가상기하학Imaginary Geometry》,1826년, 4장 참고).

1891년부터 1903년까지 모스크바 수학협회 회장이던 니콜라이 부가예프Nikolai Bugayev는 19세기 후반 모스크바에서 가장 저명한 수학자였다. 부가예프는 철학자로서 라이프니츠가 헤겔과 칸토어를 따라 플라톤의 살아 있는 우주를 현대적으로 표현한 것을 지지했다.[39] 수학자의 입장에서는 비정형적이고 측정 불가능한 불연속함수(그림 3-23)를 연구했는데 그는 "불연속성은 독립적인 개성과 자율성의 발현이다"라며 철학적으로 해석했고, "불연속성은 목적(아리스토텔레스가 말한 운동의 원인인 목적)과 윤리적 문제와 미적 문제에서 다룬다"라고 했다.[40] 부가예프는 자유의지를 굳게 믿었고 러시아정교회 신부들과 지속적으로 신학을 논의했다.[41]

모스크바대학교에서 수학교수로 재직할 때 부가예프는 다음 세대 수학자들에게 수학에 실용과 철학을 혼합하라고 가르쳤다. 1887년과 1891년 부가예프에게 배운 드미트리 예고로프Dmitrii Egorov는 불연속함수를 주제로 논문을 썼고 1903년 모스크바대학교 수학과에 재직하게 되었다. 예고로프와 그의 제자들 덕분에 모스크바대학교는 함수와 집합론 연구의 중심지로 부상했다. 또한 예고로프는 생애 내내 러시아정교회의 민간지도자로 활동했다.[42]

수학이나 물리학 같은 정밀과학이 제시하는 진리는 단일성과 조화를 염원하는 우리의 이상을 부정하지 않고 오히려 흔들리지 않는 근거에 기반을 두어 그것을 찬성한다. (…) 우주작용을 깊이 이해하는 인간은 무자비한 자연에 대응해 자기 운명의 특징을 다음 구절로 설명한다. "고개를 높이 들고 자유를 외쳐라!"

— 니콜라이 부가예프, '과학철학의 시각으로 바라본 수학과 세계의 개념', 취리히 국제수학회의 강연, 1897년.

1900년 젊은 파벨 플로렌스키는 모스크바대학교에 등록해 부가예프에게 배웠다.[43] 플로렌스키는 스승의 아들로 시인인 보리스 부가예프Boris Bugayev와 친구로 지냈는데, 보리스는 안드레이 벨리Andrei Bely라는 필명으로 속세의 냉혹한 현실을 외면하고 꿈과 판타지에 몰두한 상징주의 세대의 선두적인 시인이 되었다.

벨리의 첫 주요 창작물은 상징주의풍 언어와 음악을 결합한 산문시 〈북쪽의 화음The Northern Symphony〉(1902년)이다. 플로렌스키는 벨리와의 우정으로 상징주의 문학계에 가입했고 1904년 러시아에서 처음 칸토어의 초한적 산술 해설문을 발표했다. 하지만 학술지에 게재한 것이 아니라 모스크바 종교철학협회에서 정기적으로 발행하는 상징주의 간행물에 게재했다. 당시 22세의 수학과 졸업생이던 플로렌스키는 이 간행물에서 칸토어가 어떻게 정수 집합(1, 2, 3,⋯)요소의 (무한)수를 히브리 알파벳 알레프(ℵ)로 나타냈는지 설명했다. 그리고 무한수의 덧셈과 곱셈의 규칙도 다뤘다.

$$\aleph + 1 = \aleph$$
$$\aleph + \aleph = \aleph$$

플로렌스키는 일반 대중을 위해 이 과도기적 산술을 명쾌하게 설명한 논문을 제공했고, 불연속 수학을 사용해 수학·예술·시에서 쓰는 기호와 상징물을 해석하면서 자신의 이상을 담아 기술했다('무한 상징: G. 칸토어의 견해에 관한 평론On Symbols of the Infinite: An Essay on the Ideas of G. Cantor', 〈노비 푸트Novyi Put〉, 1904년).

1904년 플로렌스키는 모스크바대학교의 수학대학원 연구 장학금을 거절하고 모스크바 신학대학에 등록해 러시아정교회 신부가 되었다. 그는 신학대학에서 석사 과정 학위 논문으로 〈진실의 기둥과 주춧돌The Pillar and Ground of the Truth〉(1914년)을 집필했다. 칸토어를 비롯해 이탈리아의 정수론 수학자 주세페 페아노Giuseppe Peano, 영국의 논리학자 버트런드 러셀Bertrand Russell 같은 당대 지식인의 박식한 논의를 다룬 이 학술 깊은 논문은 서양철학과 신학에 관한 플로렌스키의 광범위한 지식을 보여준다. 서기 3세기 이집트에 있는 사막 교부들 수도원에서 기원한 부정신학 전통을 따른 플로렌스키의 주제는 신비주의 직감은 'A와 ¬A' 같은 역설적 진리를 만들어낸다는 것이다. 즉, 명제와 그 명제의 부정은 같이 성립한다.

이 시대 독일과 영국에서 등장한 현대논리학(5장 참고)은 모순된 명제에서 어떤 것도 추론할 수 있다고 보았다. 하지만 A와 ¬A가 모든 것을 함축한다고 가정하면 어떤 전제와 그 전제에서 추론한 결론 사이의 추론 관계는 증명할 필요 없이 자명하다. 한데 역설적이게도 일관성 없는 정보에서도 정보를 얻을 수 있다고 취급해 그 전제들의 불일치를 수용하는 논리체계를 정의하려는 시도가 있었다. 결국 플로렌스키의 종교 신념이나 정신질환을 앓는 환자의 뒤틀린 현실관, 과학역사에서 해결하지 못하고 이어져온 불일치 이론처럼 불일치하지만 그 증명이 자명하지 않은 신념체계를 연구하기 위해 '초일관 논리Paraconsistent Logic'라 불리는 논리의 세부 분야가 개발되었다.[44]

수학을 종교적·철학적 연구에 사용한 플로렌스키의 드문 사례는 러시아 지식인의 주목을 끌었다. 플로렌스키의 사상은 19세기 말 상징주의 예술가와 시인 사이에 만연한 이성을 향한 불신, 다시 말해 삶의 진실(사람과 마음, 인격적 신에 관한 진실)이 이성의 범위를 넘어선다는 의식을 반영하고 있다.

"이성은 동시에 설명할 수 없는 성질을 지니고 있다. A를 설명하려면 '다른 것', 즉 A가

3-23. 연속함수와 불연속함수.

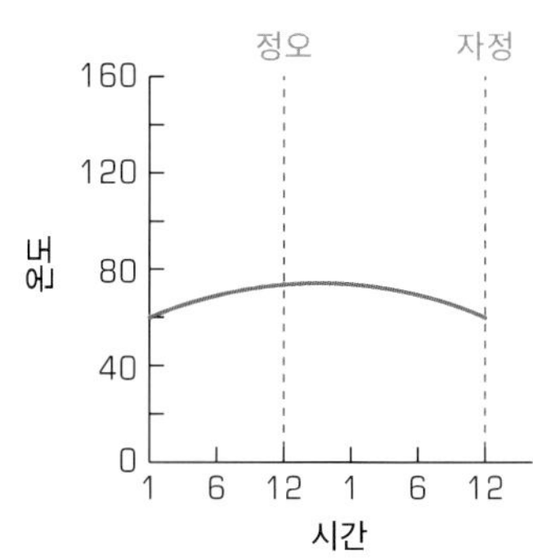

연속함수: 공기 온도는 시간의 함수다. 해당하는 날의 공기 온도를 살펴보면 자정에는 낮고 정오에는 높은데, 모든 온도는 둘 사이를 거치면서 변화한다.

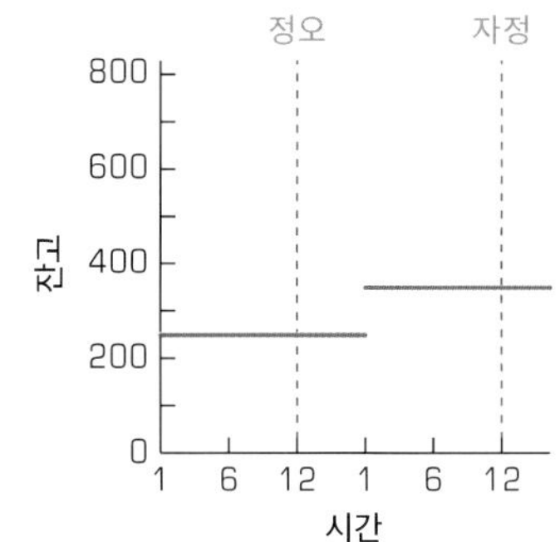

불연속함수: 은행잔고는 예금하는 시간의 함수다. 어떤 여성이 정확히 오후 1시에 100달러를 예금한다고 가정해보자. 이 계좌의 잔고가 250달러였다면 1시에는 350달러로 증가하는데, 돈은 두 잔고 사이의 금액을 거치지 않고 점프하듯 변화한다.

아닌 것으로 환원하고 또 그것을 A가 아닌 것으로 환원하는 것과 같다. (…) 흐름과 자기동일성이 없는 인생은 추론이 가능할지도 모른다. 이성이 보기에 인생이 알기 쉬울 수도 있다(이 경우인지는 아직 밝혀내지 못함). 그러나 인생은 그런 이성에 순응하지 않으며 이성을 반대한다. 인생은 이성의 제한성을 산산조각 낼 것이다."[45]

또한 플로렌스키는 유한한 사람과 무한한 신 사이의 "사랑"을 논의하며 초자연적 영역과 소통하기 위한 '더 높은 수준의 논리'를 새로 정의해야 이 사랑을 표현할 수 있다고 주장했다.[46]

드미트리 예고로프의 제자로 1905년 잔혹한 러시아 혁명 여파로 영적 위기를 겪은 니콜라이 루진Nikolai Luzin은 수학을 포기할까 고민했다. 그러나 플로렌스키의 〈진실의 기둥과 주춧돌〉을 읽고 러시아정교회로 개종한 뒤 신플라톤주의자 플로티노스(AD 3세기)를 연구했다.[47] 플로티노스는 궁극적인 영혼(정신)의 존재인 '일자'는 무한하며 인간의 유한한 정신으로는 그것을 형언할 수 없다고 주장했다. 루진의 시대에 러시아정교회에서 널리 사용한 중세의 신비주의 '부정신학' 전통에서 이 무한한 신은 궁극적으로 형언할 수 없지만, 그 신이 아닌 것을 명시하는 부정 방법으로 부분적이고 불완전하게나마 설명할 수 있었다.

칸토어와 루진은 모두 플라톤주의자로 무한집합이 인간의 정신과 독립적으로 존재한다고 믿었다.[48] 인간의 유한한 정신은 무한한 정신과 무한집합을 완전히 이해할 수 없으나 간접적, 부분적으로 묘사할 수는 있다.[49] 루진은 특정 집합을 기술해 칸토어의 집합론에 기여했고 이후 모스크바대학교는 기술적 집합론 연구소로 알려졌다.

절대주의

독일 과학자 구스타프 페히너는 뇌에 '진화하는 의식'이 있다는 것(《정신물리학Psychophysics》, 1860년), 인간이 생존과 생식을 위한 동물적 욕구로 아름다운 소리를 듣거나(가사가 없는 음악) 아름다운 색 혹은 형태를 봄으로써(추상적 디자인, 《미학Aesthetics》, 1876년) 다양한 쾌락을 추구한다는 것을 증명하고자 실험심리학 도구를 개발했다.[50] 러시아의 과학자, 시인, 화가들은 색과 형태를 보며 즐거움을 느낌으로써 정신이 더 높은 수준의 의식으로 진화한다는 페히너의 이론을 받아들였다.

그들은 그런 의식 상태에서 플로렌스키가 논문에 기술한 칸토어의 초한적 산술과 절대자의 무한성 같은 무한 대상의 지식을 얻을 수 있으리라고 상상했다.[51] 아방가르드 작가는 절대영역 같은 높은 수준의 지식을 표현할 때 이해할 수 없는 단어로 시를 썼고, 화가는 아무것도 묘사하지 않은 추상적인 그림을 그렸다.

상트페테르부르크의 신경학 전문의이자 독학한 화가인 니콜라이 쿨빈Nikolai Kulbin은 화가 바실리 칸딘스키와 시인 벨레미르 흘레브니코프Velimir Khlebnikov를 포함한 모임을 창립했는데, 이들은 정신의 진화에서 예술가가 특별한 역할을 한다고 인식했다.[52] 쿨빈은 이 모임의 명칭을 삼각형 꼭대기를 향해 정신이 승천하는 것을 연상하도록 '삼각형'이라 지었다. 이후 칸딘스키는 그 진화 개념을 옹호하는 자신의 저서 《예술에서 정신적인 것Concerning the Spiritual in Art》(1911년)에 그 그림을 사용했다. 화가 다비드 불뤼크David Burliuk도 당대의 걸출한 아방가르드 화가와 시인을 모아 이탈리아의 미래파를 우크라이나의 전통문화와 융합해 전혀 새로운 예술을 창조하고자 했다. 불뤼크는 그 모임의 이름을 12세기 초반 우크라이나의 일부였던 스키타이의 옛 고대 그리스 이름인 히라이아Hylaea라고 지었다.

시인 알렉세이 크루체니크도 삼각형 모임의 일원이었는데, 예술가의 의식을 확장하는 일에 앞장선 그는 예술가의 역할은 상식을 무시하는 역설적 명제로 가득한 더 높은 현실을 묘사하는 것이라는 쿨빈과 칸딘스키의 주장에 동의했다. 크루체니크는 평범한 담화에서 벗어나고자 문법구조가 없는 문자열을 구슬을 끈으로 묶은 것처럼 엮어 글을 썼고 난해한 단어로 시를 지었다.

1912년 크루체니크는 《거꾸로 가는 세상Mirskontsa》이라는 시집을 출간하는 데 앞장섰다. 이 시집에는 크루체니크와 흘레브니코프의 시를 비롯해 미하일 라리오노프Mikhail Larionov, 나탈리아 곤차로바Natalia Goncharova, 블라디미르 타틀린Vladimir Tatlin의 그림이 담겨 있다. 그는 독자들의 기대에 부응하지 않기 위해 매 쪽마다 종이의 재질과 크기를 다르게 했으며, 가로쓰기와 세로쓰기가 번갈아 나타나도록 배치했다. 또한 글과 그림의 색이 변하게 했으며, 글도 어떤 부분은 자필로 적고 어떤 부분은 조판 상태 그대로 두거나 고무도장을 사용했다.

크루체니크에 따르면 불뤼크는 존재하는 모든 단어를 사용해 시를 쓰자고 제안함으로써 시의 독해 난이도를 높였다고 한다.[53] 억지로 그 제안에 따른 크루체니크는 1913년 번역할 수 없는 'Dyr bul shchyl'이라는 단어를 쓰고, 당황할 독자들을 위해 그 위에 "정확한 의미가 없는 단어로" 3개의 시를 썼다고 알려주었다(그림 3-24). 이 새로운 언어는 상식과 일상의 논리를 뛰어넘는 영역을 묘사했기에 크루체니크는 이 언어에 ('초이성적'을 뜻하는 러시아어) '자움zaum'이라는 이름을 붙였다.[54]

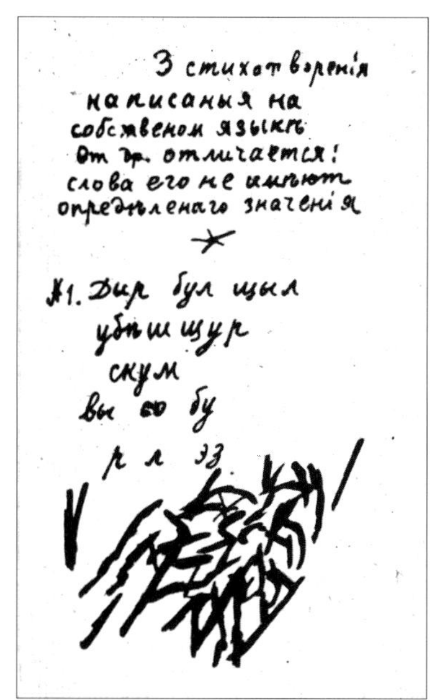

3-24. 알렉세이 크루체니크(러시아인, 1886~1968년), **'Dyr bul shchyl'**(시), **미하일 라리오노프**(러시아인, 1881~1964년)(그림), **《포마다*The Pomada*》**(1913년)**에 수록한 석판 인쇄물과 육필 문구.**

상단 크루체니크는 별표 위에 다음 문구를 적어두었다.
"다른 단어와 다른 내 고유의 단어로 3개의 시를 썼다. 이 단어에는 정확한 의미가 없다."
중단 크루체니크가 자신이 만든 단어로 적은 시.
하단 미하일 라리오노프의 그림.

크루체니크는 누구를 위해 이 시를 쓴 걸까? 바로 다른 시인들을 위해서다. 그는 시인들을 위한 시인이었다. 19세기 말 그의 생물학적 세계관에 따라 그의 독자인 시인들은 더 확장한(더 진화한) 정신을 소유하고 있었다. 크루체니크는 일상적인 관념으로 소통하지 않고 모호하게 만들기 위해 의도적으로 자기가 만든 단어를 사용했다. 그가 생각할 때 그는 실무한(절대자)을 이해할 정도로 뇌가 진화한 소수의 예술 엘리트를 위한 시를 썼다. 다시 말해 그의 시는 난센스도 아니고 신비주의도 아닌, 그가 주장하는 더 높은 '초이성적' 수준의 주제를 다뤘다.

모스크바 전위예술문학계의 일원인 크루체니크는 칸토어의 초한적 산술을 다룬 플로렌스키의 논문과 진화하는 의식을 설명한 쿨빈의 논문을 알고 있었을 것이다. 여기에다 그는 우스펜스키가 절대자를 신지학적으로 설명한 글을 읽고 4차원 공간의 초자연적 영역을 절대자의 공간으로 생각했다. 우스펜스키는 모든 것이 양쪽, 즉 "A이면서 A가 아닌 혹은 모든 것이 전부인", "무한성 논리이자 망아지경 논리인 직관적 논리"로 확장한 의식 상태에서 절대자를 인지할 수 있다고 주장했다.[55] 허세를 수식하느라 우스펜스키는 연역논리학을 다룬 아리스토텔레스의 논문 《기관론Organon》(BC 4세기)과 귀납논리학을 서술한 영국 철학자 프랜시스 베이컨Francis Bacon의 《신기관론Novum Organum》(1620년) 전통을 따라 자신의 책에 《제3기관론Tertium Organum》(1911년)이란 제목을 붙였다.

1913년 크루체니크는 우스펜스키의 고등 직관Higher Intuition이란 구절을 인용하며 자신의 소논문 '단어의 새로운 사용법'의 연구주제를 설명했다.

> 과거의 시인은 합리적인 사고로 단어를 만들었기에 우리는 그 단어를 깊이 생각하지 않아도 이해할 수 있었다. 우리는 미술로 이미 미래언어의 첫 실험을 마친 셈이다. 예술은 진화한 정신의 전위예술을 필두로 진전하고 있다. 현재 우리의 정신생활에는 3가지 구성단위가 있는데 그것은 감각과 표현과 개념이다. 이제 네 번째 단위인 '고등 직관'이 형성되기 시작했다.
>
> — P. 우스펜스키, 《제3기관론》.[56]

크루체니크가 이 글을 쓴 목적은 신경학자 쿨빈과 신학자 플로렌스키, 신지론자 우스펜스키를 따라 진화생물로 예측되는 초자연적 영역을 이해할 수 있는 자신의 확장된 의식을 묘사하는 데 있다. 그는 1913년 자신이 발표한 '그런 종류의 단어 발표' 선언문에 "나는 새로운 단어를 도입함으로써 시간과 공간 개념을 포함해 모든 것이 상식과 다르게 작용하는 철학적 개념을 세웠다(여기서 내 관점은 N. 쿨빈과 일치한다.)"[57]라고 적었다. 새로 발명한 언어로 글을 쓰는 방식은 러시아 문학계 전역에 빠르게 퍼져갔고, 전위예술 시인들은 향후 10년간 수십 가지의 자움(초이성적 언어)을 발명했다.[58]

말레비치는 크루체니크의 'Dyr bul shchyl'에 영감을 받아 자움과 상응하는 회화적 기법을 개발했다. 그리고 그것으로 초월적 영역을 인지하는 자신의 확장된 시각적 인식을 묘사했다. 이 초월적 영역은 근본적으로 더 진화한 뇌로 인지 가능한 칸토어와 플로렌스키의 절대무한에 불교적 의미를 함축한 우스펜스키의 4차원 공간 절대자를 혼합한 것이다.[59]

1913~1915년 그가 작업한 입체파 작품과 미래파 작품의 제목은 초이성적 영역과 관련되어 있다. 이는 말레비치의 사상이 신지론에 기반을 두고 있었음을 드러내지만 1915년에 이르자 그는 신지론적 용어를 버리고 더 신학적이고 철학적인 용어로 영적·우주적 주제를 다뤘다.[60] 아방가르드 사회에서는 플로렌스키처럼 러시아정교회 신앙을 경건하게 표현하는 것이 유행하지 않았으나 아방가르드 화가들은 전통 러시아 종교화가를 예술적 형제로 여겼다(그림 3-25).[61]

말레비치는 1911~1913년 풍경화와 농민 유화를 논하면서 19세기 '방랑자들Wanderers'이라고 알려진 모임의 화가들이 그린 비슷한 주제의 현실적인 그림과, 달걀 템페라나 나무에 금박을 씌운 전통 비잔틴식 정교회 성상 그림을 비교했다.

3-25. '블라디미르의 성모*Our Lady of Vladimir*', 12세기 초반, 우드 패널에 템페라와 금박, 104×69cm.

“성상화가들의 작품을 통해 나는 이전부터 굉장히 좋아했지만 그 깊은 감정을 제대로 이해하지 못했던 농민미술의 정서적 특성을 이해했다. (…) 대기원근법이나 선원근법을 사용하지 않고 수준 높은 기교를 달성한 성상화가는 방랑자들의 모든 자연주의에 좌절감을 안겨주었다. 그들은 색과 형태를 사용해 그 주제의 순수한 정서적 인식을 전달했다.”[62]

키예프 근처의 폴란드 출신 이민자 부모를 둔 말레비치는 로마가톨릭에서 세례를 받았지만, 어릴 때부터 다른 러시아인처럼 단순히 비물리적인 영적 존재의 상징이 아니라 독실한 신도들이 영혼 그 자체라고 하는 정교회의 성상에 익숙했다. 성상화가는 초자연적 영역에서의 믿음을 나타내고자 성자들의 그림을 그렸다. 말레비치는 기하학 형태로 자움을 상징화하고 새로운 과학과 기술 시대의 영혼을 표현했다. 또한 그는 신성한 것과 세속적인 것의 교차로에서 ‘사막 교부들’의 신비주의를 유지했다.

말레비치는 초이성적 언어 자움과의 유사성을 강조하기 위해 자신의 스타일을 비논리적이라는 뜻의 ‘알고이즘algoism’이라 불렀다.[63] 그는 ‘암소와 바이올린’(1913년) 같이 일상적 맥락에서 이미지의 연관성이 없는 그림을 나란히 두는 방식으로 그림을 그리기 시작했다.

3-26. 카지미르 말레비치
(러시아인, 1879~1935년), ‘모스크바의 영국인’, 1914년, 캔버스에 유채, 88×57cm.

이후에는 ‘모스크바의 영국인’(1914년, 그림 3-26 참고)처럼 글과 그림을 같이 사용했다. 보다시피 그림의 상단과 하단의 큰 음절을 쉽게 모아 읽을 수 있다. ЗАТМЕНІЕ ЧАСТиЧНОЕ(부분 일·월식). 우측의 작은 갈색 글자는 СКАКОВОЕ ОБЩЕСТВО(‘경마 집단’의)라는 뜻이다. 남자와 물고기 그림 사이에는 명백한 연관성이 존재하지 않고, 그림과 글 사이의 연관성도 찾을 수 없다. 그러나 말레비치는 큰 의미는 없어도 작은 연관성은 있는(일·월식과 영국인 등) 그림과 글을 사용한 까닭에 크루체니크의 자움에 시각적으로 상응하지는 못했다.

그는 이내 바깥세상과 관련된 것을 모두 지우고 이런 글을 남겼다.

“자연주의는 내 비판을 견디지 못했고 나는 그림 바깥이 아니라 그림의 핵심 감정에서 가능성을 추구하고자 했다. 늦든 빠르든 그림 자체가 회화 고유의 성질로 형태를 생성하고 물체 사이의 전자력과 비회화적 연관성을 벗어날 것이라는 기대를 하고 있다. 이러한 내 입장 때문에 자연을 연구하는 학문과 자연주의, 환각법 등에서 점점 더 멀어졌다. 성상화가의 작품을 보며 나는 이것이 물체구조와 원근법을 완벽히 익히는 것이나 자연을 그대로 재현하는 것의 문제가 아니라, 미술의 직관과 실재 필요성의 문제임을 확신했다. 다시 말해 나는 이상적 형태로 진화하는 데 필요한 실재가 깊은 미학에서 비롯된다는 것을 알았다.”[64]

1915년 말레비치는 그림이나 단어가 아니라 완전히 창작한 시각적 표식을 사용하는 단계를 밟았다. 말레비치는 '태양 너머의 승리Victory over the Sun'라고 불린 공연을 위해 의상과 무대장치를 디자인했다. 흘레브니코프가 크루체니크의 대본 서문을 쓰고 미하일 마츄신Mikhail Matyu-shin(1881년부터 상트페테르부르크 궁정악단의 바이올리니스트로 활약함)이 음악을 작곡했다.

1913년 여름 이들 협력자는 "인과관계법칙과 힘없는 상식, '대칭논리'를 따르는 모든 고풍스런 사유운동을 파괴하려는" 자신들의 의도를 명시하는 선언문을 발표했다.[65] 크루체니크는 자움 같은 제목으로 '모두 투덜거립시다!'라는 소책자를 만들었는데, 여기에는 대략적이지만 인상적인 공연 스케치를 수록했다. 무대가 열리면 2명의 강인한 남성이 무대에 서 있고 그중 하나가 이렇게 선언한다.

3-27. 카지미르 말레비치 (러시아인, 1879~1935년), '산술-숫자의 과학 *Arithmetic-The Science of Numbers*', 알렉세이 크루체니크의 〈보즈로프세첌*Vozropsshchem*〉(1913년) 그림, 석판화, 12.7×9cm.

> 태양이여, 당신은 열정을 낳았고
> 불타는 광선으로 불태웠소.
> 우리는 먼지 장막으로 당신을 둘러싸고
> 콘크리트 하우스에 가둬두겠소![66]

후에 합창단이 태양이 파괴되었음을 상세히 알려준다.

> 우리는 태양의 뿌리를 잡아 태양을 멈추었네.
> 그들의 머릿속은 산술로 가득했고 그들의 몸은 기름투성이였다네.[67]

계몽주의를 상징하는 '태양의 패배'를 다루는 이 공연에는 논리적 산술이 들어 있지 않았고, 말레비치는 선의 망web 안에 숫자를 비스듬하게 그린 그림을 크루체니크의 대본 표지로 사용했다(그림 3-27). 또한 말레비치는 커튼과 각 배경을 정사각형 안의 정사각형 형태로 디자인하고 그 정사각형을 창문과 굴뚝, 나선형 계단이 있는 독특한 건물 같은 자신의 알고이스트풍 이미지와 디자인 소재로 채웠다(그림 3-28). 그렇지만 '태양의 패배'는 그림이나 문자를 사용하지 않고 완전히 창작한 부호만 사용해 배경을 디자인했다. 바로 정사각형 안의 대각선이다(그림 3-29). 이 공연은 빛을 상대로 승리한 것을 축하하는 합창단의 노래로 마무리한다.

> 우리는 자유를 얻었다네.
> 태양은 무너졌고
> 어둠이여 어서 오시게![68]

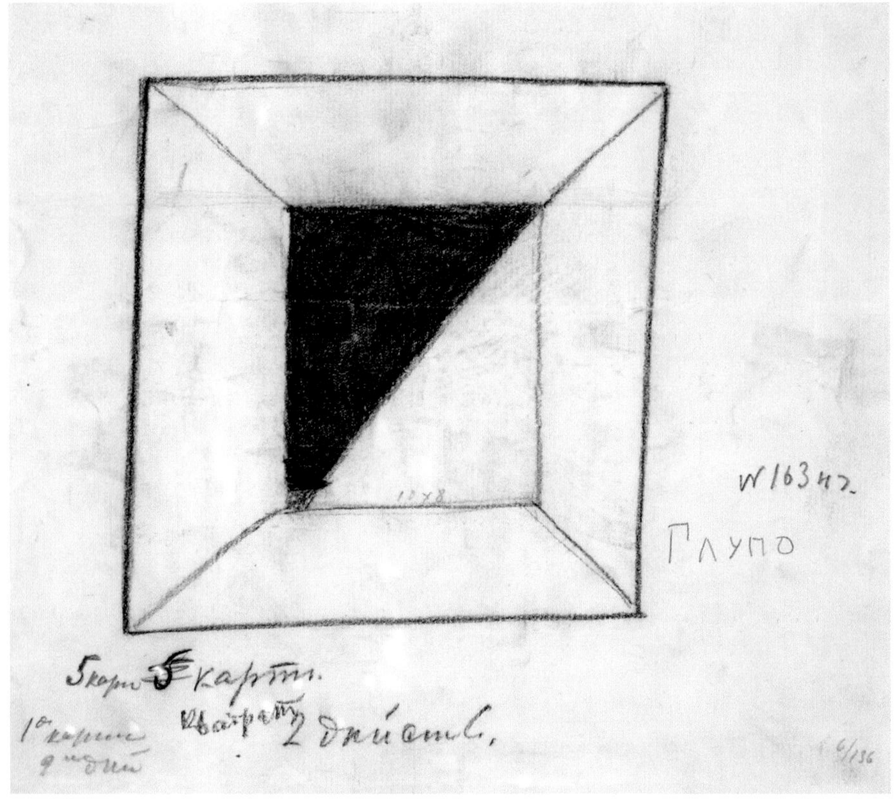

상단

3-28. 카지미르 말레비치, '태양 너머의 승리' 2막 장면 6, 1913년, 미하일 마츄신과 알렉세이 크루체니크, 종이에 연필, 21.4×27.2cm.

하단

3-29. 카지미르 말레비치, '태양 너머의 승리' 2막 장면 5, 1913년, 미하일 마츄신과 알렉세이 크루체니크, 종이에 연필, 21.5×27.5cm.

167쪽

3-30. 카지미르 말레비치, '검은 정사각형', 1915년, 캔버스에 유채, 79.5×79.5cm.
말레비치는 이 정사각형을 그릴 때 검은 유화로 일정하게 층을 만들었는데 시간이 지나면서 표면이 갈라지며 그 아래 숨은 색의 연결망이 나타났다. 말레비치가 이전에 그린 그림 위에 검은 정사각형을 덧칠한 것이라고 추론할 수 있다. 실제로 1990년 엑스레이 검사로 그 추측을 확인했다. 안드레이 나코프 *Andréi Nakov*의 《카지미르 말레비치: 분류 목록 *Kazimir Malewicz: Catalog raisonné*》(2002년), 205쪽 참고.

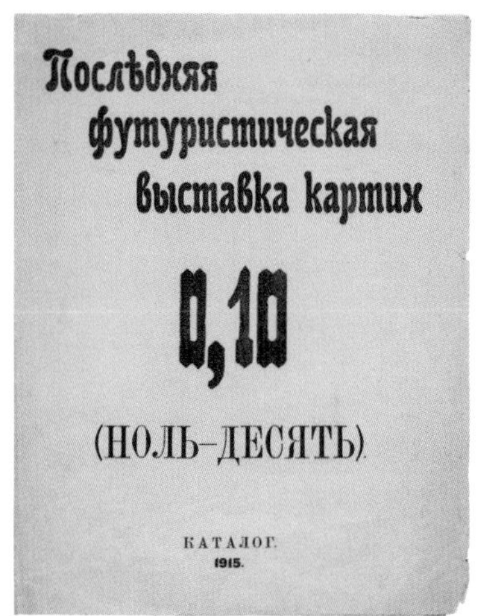

3-31. 0,10(НОЛЬ-ДЕСЯТЬ), Послѣдняя футуристическая выставка картин(마지막 미래파 전시회), 1915년, 전시회 브로슈어 표지, 29×22.8cm.
НОЛЬ-ДЕСЯТЬ(러시아어로 '제로-텐')이라고 쓴 이유는 '0.10'은 불명확하고 오류로 받아들여지기 쉬워서다. 러시아어로 0,10(영어로 0.10으로 표기)은 제로-텐*zero-ten*이 아니라 원-텐스*one-tenth*(1/10)로 읽는다.

말레비치는 1915년 봄 색칠한 사각형처럼 스스로 창안한 부호로 이뤄진 완전히 추상적인 화풍을 개발했다. 그의 작품 '검은 정사각형'(1915년, 그림 3-30)을 보면 그가 크루체니크의 자움에 시각적으로 상응하고 있음을 알 수 있다. 미술역사학자 샬럿 더글러스Charlotte Douglas는 1915년 작품이 1913년에 기획한 공연 '태양 너머의 승리'보다 더 이전에 작업한 것이라고 말레비치가 즉각 주장했음을 기록으로 남겼다. 사실 그에게는 평생 영광스러운 경력 신화를 남기기 위해 자기 작품의 완성 연도를 뒤바꾸는 노골적인 조작 버릇이 있었기 때문에 작품의 정확한 연대기를 확립하는 게 매우 어렵다.[69] 말레비치는 자신의 비구상적 화풍이 다른 형태의 추상미술보다 우월하다고 선언하면서 자신의 화풍을 '절대주의Suprematism'라고 불렀다.

말레비치는 바깥세상 물체를 언급하지 않으면서 내면세계를 인식하기 시작했고 그것이 순수한 감정과 같다고 여겼다.

"비구상 미술의 고지로 올라가는 것은 힘들고 고통스럽다. (…) '우리가 사랑하고 우리를 살게 하는 모든 것', 즉 객관적인 세계의 윤곽이 더는 눈에 보이지 않는다. 흰 바탕 위에 놓인 검은 정사각형은 비구상적 감정을 표현하는 첫 형태다. 정사각형=감정이고 흰 바탕=공허다."[70]

자각이 가능한 바깥세상과 일상생활의 모든 연결을 잘라냄으로써 그는 1915년 봄의 작품을 완성했다. 말레비치는 자신이 수학적 표현을 차용해 다각형(주로 사각형)으로 상징화한 초월적이고 초자연적인 영역의 지식을 달성했다고 믿었다. 플로렌스키는 성상 관련 저서 《성화벽Iconostasis》(1922년)에 성상을 명상하다가 더 이상 물리적 물체를 보는 것이 아니라 초월적 현실을 직감한 경험을 묘사했다.

"물질적 성화벽(성화를 그린 벽)은 그 자체로 살아 있는 증인 대신 존재하면서 그 증인을 대신하지 않는다. 오히려 그것은 살아 있는 증인을 가리키며 거기에 기도하는 이들이 관심을 집중하게 한다. 관심 집중은 영적 시각을 계발하는 데 필수적이다. 이런 일이 일어날 때 물질적 성화벽은 세상의 모든 영역을 파괴할 엄청난 소용돌이 속에서 스스로를 파괴하고 심지어 신앙과 희망까지 파괴하는데, 이때 우리는 진실한 사랑과 하느님의 영원한 영광을 생각한다."[71]

말레비치는 플로렌스키와 독일의 낭만주의 철학자 아서 쇼펜하우어가 현실의 본질을 집필한 1819년 저서 《의지와 표상으로서의 세계》를 상기하며[72] 자신이 '사막 교부들'처럼 메마른 초월적 영역으로 이끌려갔다고 적었다.

"내가 살고 일해 오면서 진실이라고 믿은 '의지와 표상으로서의 세계'를 떠날 때 나는 두려움을 접하고 자신감을 잃은 듯한 상태였다. 하지만 더 없이 행복한 비구상적인 자유감각이 나를 '사막'으로 이끌었고 그곳에는 감정 외에 그 어떤 것도 실재하지 않았다. (…) 결국 감정이 내 삶의 본질이 되었다."[73]

말레비치는 1915년 12월 오늘날 상트페테르부르크에서 자신의 새로운 화풍을 처음 공개

하는 전시회를 열었는데, 이때 39점의 극단주의풍 그림을 전시했다. 그중에는 '0, 10'(0과 10)과 마지막 미래파 전시회(그림 3-31, 그림 3-32)도 포함되었다. 말레비치는 (마치 성화벽처럼) 벽에 그림을 위에서 아래로 걸어두었다. 러시아정교회 교도는 집에 성상을 구석 높이 매달아놓고 종종 천으로 가린 채 촛불을 켜둔다. 전해지는 바로는 검은 정사각형을 자신의 가장 중요한 극단주의 그림이라 믿은 말레비치는 이것을 가장 성스러운 구석의 가장 높은 곳에 걸어두었다.

말레비치가 1920년대 초반에 한 말은 그가 이 성스러운 구석을 어떻게 생각하는지 알려준다.

"나는 성상을 모서리에 걸어두는 정교회 교도의 모습에서 죄인의 그림이나 표현과 대조적으로 그들의 정당성과 진실한 중요성을 볼 수 있었다. 가장 거룩한 것이 모서리의 중심을 차지하고 다른 것은 그 양면의 벽에 걸려 있다. 이 모서리는 모서리로 향하는 길 외에는 완벽에 이르는 다른 길이 없음을 상징한다."[74]

비평가 알렉산드르 브누아Alexander Benois는 전시된 '0, 10'을 검토하면서 말레비치가 검은 정사각형을 걸어둔 것은 신성모독이라고 비난했다.

"천장 바로 밑의 높은 '성스러운 공간'에 걸어둔 것은 (…) 의심할 여지없이 미래파 화가들이 성모를 대신해 제안한 것으로 '우상'과도 같다."[75]

어떤 면에서 보면 세련된 화가이자 작가인 브누아의 주장에 일리가 있다. 말레비치는 '검은 정사각형'을 현대 세속주의 시대의 성상으로 제시한 것이다. 교회가 성상을 내세워 신앙을 '광고'하는 것처럼 그 또한 검은 정사각형을 자신의 로고로 삼고 4가지 다른 버전으로 그려 여러 회화 맥락에 사용했다.[76] 종교와 세속 사이에서 찬반을 분명히 하지 않은 말레비치는 자신이 죽었을 때 검은 정사각형의 한 버전을 걸어두고(그림 3-33) 그 그림의 사본을 자신의 관에 넣어 지옥까지 가져가도록 준비했다.

비록 말레비치가 이기적인 독단주의자였다 해도 그가 스스로 현대주의의 상징을 만들었다고 주장한 것은 인정할 수밖에 없다. 이 현대주의는 2007년 함부르크 쿤스트할레에서 열린 전시회 '검은 정사각형: 말레비치에게 바치는 경의Das schwarze Quadrat: Hommage an

상단 좌측

3-32. 0.10(제로-텐), 마지막 미래파 전, 페트로그라드, 1915년 12월 개관, 사진.
말레비치는 0.10(제로-텐) 전시회에서 자신의 새로운 절대주의풍 그림을 전시했고 이들 그림은 주로 색칠한 사각형으로 이뤄져 있었다. 전시회 카탈로그에는 말레비치의 작품 39점이 적혀 있는데 그중 21점을 이 사진에서 볼 수 있다.

상단 우측

3-33. 자신의 레닌그라드 아파트에 정장 안치된 말레비치, 1935년 5월 17~18일, 사진.
말레비치의 시신이 벽에 걸린 '검은 정사각형' 아래 위치한 구도는 상을 당한 정교회 신도의 안치 방식을 변형한 것으로, 정교회 신도들은 성상이 걸려 있는 성스러운 구석으로 향하도록 관을 둔다.

되돌 없이 치는 진자시계 같이
신이 존재하지 않는 자연은
맹목적으로 중력법칙을 따른다.

— 프리드리히 실러*Friedrich Schiller*,
'그리스의 신*The Gods of Greece*', 1788년.

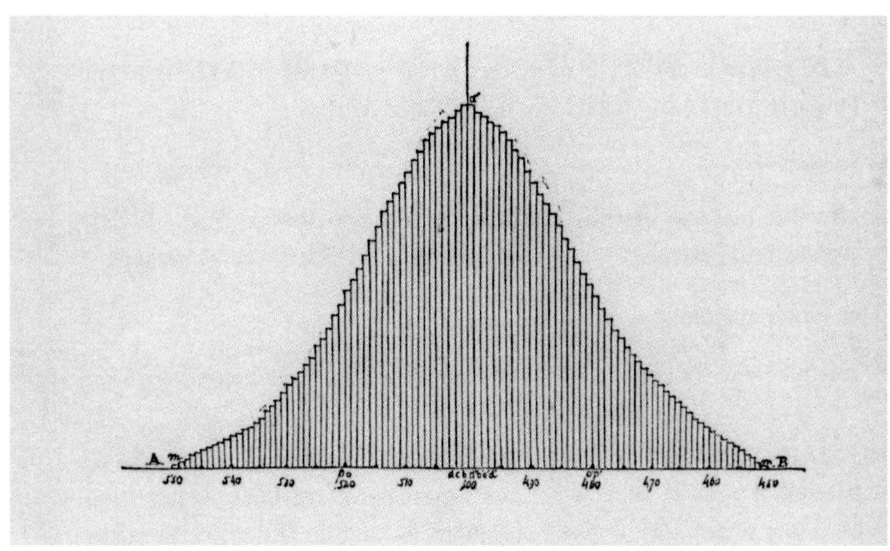

3-34. 아돌프 케틀레의 정규분포, 《우연과 확률이론 해설*Lettres sur la théorie des probabilités, appliquée aux sciences morales et politiques*》 **(1846년), 396.**

케틀레는 〈에딘버그 의학 외과 학술지*Edinburgh Medical and Surgical Journal*〉에서 찾은 스코틀랜드 군인 5,738명의 가슴둘레 데이터로 이 정규분포 그래프를 그렸다. 그들의 가슴둘레는 최소 33인치(3인)에서 최대 48인치(1명)로 나타났고 대부분의 군인이 39인치(1,075명)와 40인치(1,079명)였다.

케틀레는 각 둘레의 빈도(0에서 100% 범위로)를 계산한 후 이항분포 데이터(가슴둘레와 빈도)를 그래프로 나타냈다. 이 그래프를 보면 대다수 군인이 중간값 둘레고 양극단 값은 빠르게 0으로 떨어진다. 케틀레의 이항분포 극한은 대칭적인 '벨(종형) 곡선'으로 나타나는데 이것이 정규분포 곡선이라고 불리는 모양이다.

Malewitsch'에서 1915년과 2000년대 사이에 검은 정사각형을 보고 영감을 받은 세계 화가들의 작품 수백여 점으로 반복 표현되었다.[77] 러시아정교회의 상징물은 지나간 시대의 성자를 묘사하지만 말레비치의 검은 정사각형은 새로운 시대의 정신을 상징한다. 절대주의자의 '절대자'는 점점 과학에 밀려 자리를 잃었으나 신화성을 제거한 말레비치의 검은 정사각형은 수학, 과학, 기술에 쓰이는 국제언어 정사각형·원·숫자로 이뤄져 오늘날 세속주의 시대 화가들에게 지속적으로 반향을 불러일으키고 있다.

'0, 10' 밑에 러시아어로 제로-텐을 뜻하는 НОЛЬ-ДЕСЯТЬ을 적은 이유는 알려지지 않았지만 어쩌면 그냥 실수일지도 모른다. 러시아어로 0, 10은 영어로 0.10을 뜻하기 때문에 실제로는 0과 10이 아니라 '10분의 1'을 의미한다.

자유의지와 확률

우리는 빠르게 죽고
또다시 타오르는 불꽃이다.

— 니콜라이 바실리예프, 《영원을 향한 염원》, 1900년경.

벨기에의 수학자 아돌프 케틀레Adolphe Quetelet는 베르누이의 대수법칙을 사람의 행동에 적용해 자유의지와 운명론 사이의 논쟁을 끝내려 했다. 사람에게는 고유한 선택을 할 자유의지가 있지만 그런 추측이 불가능한 선택이 많이 모이면 서로 상쇄된다는 것이었다. 그렇게 사람들의 많은 행동을 합치면 사회적 관습을 반영하는 통계적 규칙성만 남는다.

"도덕적 현상을 큰 규모로 관찰할 경우 어떤 측면에서 물리적 현상과의 유사성을 발견할 수 있다. (…) 관찰하는 개개인의 수가 늘어날수록 개인의 특이성(물리적 또는 도덕적)은 사라지고 사회가 존재하고 존속하는 중요한 일반적 사실만 남는다."[78](《사람과 사람의 지적 능력On Man and the Development of His Faculties》 또는 《사회물리학Essay on Social Physics》,1835년 참고)

케틀레는 사회물리학 분야를 개발할 때 결정론자의 비난에 부딪히자 통계학을 사용해 결정론적 대수법칙이 자유의지를 지킨다고 변론했다.

"인간은 자유의지를 실행하기에 적합하지 않다고 여기는 눈먼 운명론에서 얼마나 멀리 떨어져 있는가."[79]

케틀레는 사람의 통계적 규칙성을 나타내는 데이터와 사회학 데이터를 그래프로 제시하고(그림 3-34) 그것이 파스칼의 비활성 물리 데이터와 같은 패턴(그림 3-8)을 보인다는 것을 제시했다.

러시아의 부가예프학파는 확률과 자유의지를 연결하는 케틀레의 아이디어를 받아들였는데, 특히 부가예프를 이어 모스크바 수학협회 회장이 된 젊은 동료 파벨 네크라소프가 이 이론에 많은 관심을 보였다. 네크라소프는 1902년 '자유' 수학(확률론)과 관련해 방대한 연구 프로젝트를 발표했다. 그는 여기에서 자유의지를 러시아정교회 신앙과 관련지었고 대조적으로 '결정론적' 수학(미적분)을 운명론과 신을 믿지 않는 마르크스주의와 연관지었다. 네크라소프는 스스로를 케틀레의 사회물리학 계승자로 여겼다(신랑이 신부를 선택하는 것처럼).

케틀레는 자신이 자유결정이라고 여긴 행동을 '기록'했지만 네크라소프 자신은 그것을 넘어서서 통계로 자유의지가 있음을 '입증'했다고 주장했다.[80] 러시아와 독일의 여러 수학자는 곧 수학의 정리를 사용해 사람의 상태에 담긴 특징을 증명할 수 없다고 지적했다.[81] 그럼에도 불구하고 확률론과 자유의지의 연관성은 1세기 동안 독일 낭만주의 정신에 깊게 뿌리내렸다.

신은 죽었다.
신은 죽어 있다.
우리가 신을 죽였다.
- 프리드리히 니체,
《즐거운 학문*The Gay Science*》, 1882년.

플로렌스키와 동시대에 활동한 니콜라이 바실리예프Nikolai Vasiliev는 카잔대학교 수학교수 알렉산더 바실리예프Aleksandr Vasiliev의 아들로 경력을 상징주의 시인으로 시작했다(《영원을 향한 염원The Longing for Eternity》, 1900년경). 니콜라이 바실리예프는 1910년부터 논리학에 빠져 근대 최초로 초일관논리를 개발했는데, 로바쳅스키의 가상기하학(1826년)을 기려 가상논리학(1912년)이라 명명했다.

1차 세계대전이 발발하자 니콜라이 바실리예프는 징집되었지만 깊은 우울증에 빠져 군복무에서 면직되었다. 그 후 카잔대학교에서 1922년까지 수학교수로 재직하다 볼셰비키의 강요로 사임한 뒤 건강이 급격히 나빠졌다. 결국 정신병원에 입원한 그는 1940년 사망했다. 니콜라이 바실리예프의 초일관논리 연구는 1960년대에 재발견되었고 오늘날 다치논리학(퍼지논리학) 분야의 선구자로 여겨지고 있다. 다치논리학이란 명제의 진실성이 확률에 따라 0(거짓)과 1(참) 사이의 값으로 나오게 두어 부분적 진실을 다루는 논리학을 말한다.[82]

20세기 초반 20년 동안 모스크바 수학협회에서 황제(차르)의 군주정을 지지해온 수학자들과 정치적으로 활발하게 활동하는 마르크스주의자 사이에 당장이라도 폭발할 것 같은 적대감이 감돌았다. 1917년 혁명에서 공산주의가 승리하고 1920년대 들어 스탈린주의자가 반혁명주의자를 탄압하기 시작하면서 볼셰비키가 악으로 간주한 신학과 형이상학에 연관되어 특정 수학 대상(불연속함수, 통계, 비유클리드 기하학 등)을 신비주의적·영적으로 해석한 모스크바 수학협회 구성원이 위험한 상황에 처하고 말았다. 《공산당 선언》의 공동저자 프리드리히 엥겔스는 1883년 이렇게 적었다.

"평범한 형이상학 수학자들은 절대로 반박이 불가능한 과학적인 결과의 특성에 엄청난 자부심을 보인다. 그러나 이러한 결과에는 가상의 양이 포함되기 때문에 특정한 현실이

무신론에서 기인한 주요 철학과 문학,
음악, 예술이 존재할 수 있는가?
혹은 미래에 존재할 것인가?
— 조지 스테이너*George Steiner*,
《창조의 원리Grammars of Creation》, 2001년.

필요하다. $\sqrt{-1}$(-1의 제곱근으로 허수라 불리는 수)이나 4차원 같이 어떤 종류의 실재가 우리 마음 밖에 존재하는 실재에서 비롯된다고 생각하는 데 익숙해지면, 한 걸음 더 나아가 삼단논법으로 영혼세계를 받아들이는 것이 크게 어렵지 않다."[83]

권력을 과시하고 싶어 한 스탈린의 마르크스 신봉자들은 1933년 여전히 반항적으로 수도승 복장을 한 플로렌스키를 근거 없이 반정부 사상 혐의로 체포해 강제노동수용소로 보냈고, 1937년 12월 8일 총살했다.[84]

상단

3-35. 콘스탄틴 브랑쿠시*Constantin Brancusi*(루마니아인, 1876~1957년), '끝없는 기둥*Endless Column*', 1938년, 주철*Cast iron*, 높이 29.33m.

브랑쿠시는 1차 세계대전에서 사망한 루마니아 군인들을 기리기 위해 자신의 고향 고르지주의 주도인 트르구 지우에 끝없는 기둥을 만들었다. 이 기둥은 17개의 마름모 모양으로 이뤄져 있다. 이 기둥은 불완전하지만 보는 이가 그 위를 상상하도록 가장 높이 위치한 마름모를 맨 아래 마름모의 절반 크기로 디자인했다.

173쪽

3-36. '빛의 헌사*Tribute in Light*', 2013년, 88개의 탐조등, 15.2×15.2m, 세계무역센터가 있던 그라운드 제로, 뉴욕.

빛의 헌사(올라가는 쌍둥이 빛의 광선)는 2001년 9월 11일 뉴욕 세계무역센터에서 희생된 이들을 기리기 위한 임시적인 위령비로 시작되었다. 여러 건축가와 디자이너가 피해 추모일에 헌사하기 위해 이 추모작품을 다시 만들었다.

절대자의 종말

19세기 천문학자들은 천체가 뉴턴의 절대공간인 정지된 에테르 안에서 궤도를 따라 움직이며, 우주의 시간은 절대시간에 따라 흐른다고 생각했다. 1887년 미국 물리학자 앨버트 마이컬슨Albert Michelson과 에드워드 몰리Edward Morley는 에테르를 기반으로 지구의 움직임을 측정하려 했지만, 수차례에 걸쳐 더 정밀한 측정도구를 사용한 끝에 지구의 움직임을 확인할 수 없다는 결론을 내렸다.

1905년 알베르트 아인슈타인은 마이컬슨과 몰리의 결과를 설명하는 전체적인 우주이론을 제시했다. 그들의 실험이 실패한 이유는 절대공간(정지된 에테르)이 존재하지 않아 그 속도를 구하지 못했기 때문이라는 얘기였다. 우주의 모든 물체는 아인슈타인이 고안한 좌표계에 서로 대응해 움직이며 그가 정의했듯 그 속도는 관찰자에 따라 달라진다. 아인슈타인의 우주에서는 그 어떤 것도 빛의 속도보다 빠르게 움직일 수 없는 탓에 절대시간 또한 존재하지 않는다. 만약 어떤 물체가 이 우주의 제한속도에 가까운 속도로 움직이면 시간(움직이는 물체의 시간)은 느려진다(특수상대성이론, 1905년).

1910년대에 크루체니크와 말레비치는 신지론자 우스펜스키의 '절대자의 4차원 공간'을 의식하기 위해 자신들의 정신이 확장하기를 열망했다. 그러나 영국 천문학자 아서 에딩턴Arthur Eddington이 이끄는 원정대가 1919년 아인슈타인의 시공간 우주모형을 확인하면서 4차원이 바로 시간임을 확인했다(일반상대성이론, 1916년).

러시아 아방가르드 화가들의 방향전환은 어떤 형태의 초자연적 4차원 영역에서 벗어나 과학의 능력(관찰과 실험)으로 자연계 사건을 설명하는 방향으로 전환한 서양사상의 일면이다. 1920년대 초반 예술가들은 숫자의 상징학이나 신비주의 학문(연금술, 점성술, 초감각, 죽은 이들의 영혼과 소통한다는 측면에서의 '강신론' 등)에 관심을 잃고 과학(천문학, 화학, 물리학)과 연

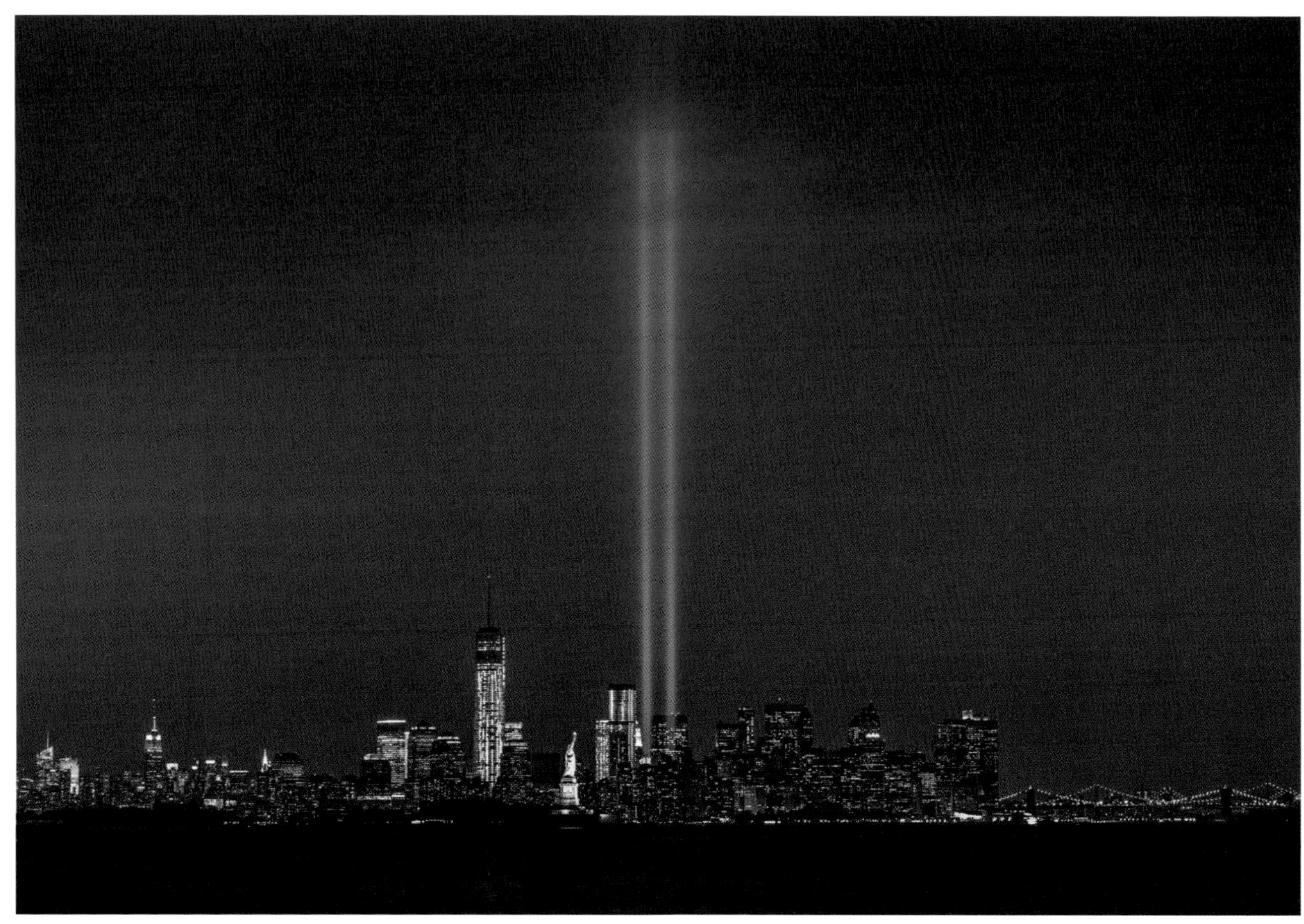

관된 수학에 더욱 관심을 보였다.

비록 수학세계는 완전하고 영원한 것으로 여기고 자연계는 불완전하고 임시적이라 여기는 고전적 견해는 그대로 유지되었으나, 정신을 이해하는 방식은 영원히 달라졌다. 새로운 정신과학(심리학)은 계시로 알아낸 초자연적이고 무한한 영혼 또는 정신(플라톤의 절대선, 유대-기독교-이슬람의 신, 헤겔의 절대영혼, 칸토어의 절대무한 등)을 대신해 오직 자연적이고 유한한 정신만 존재하며 그 정신이 개개인의 내면세계를 형성하는데, 그 내면세계는 자기성찰로 알아갈 수 있다고 선언했다.[85] 이러한 과학 영역 변화는 서양문화에 엄청난 변화를 일으켰다. 무엇보다 4,000년간 서양수학 발전의 동력이던 입법자를 향한 믿음이 사라지고 창조자의 존재도 부정했다.

이 대격변 속의 세속주의 시대에 종교적·정신적 신념을 확장하기 위한 여러 시도가 이뤄졌다. 여기에는 자연을 성스럽게 여기는 범신론적 전통도 포함된다. 예를 들어 루터교 신학자 프리드리히 슐라이어마허Friedrich Schleiermacher는 과학과 공존할 수 있는 개신교 형태를 찾기 위해 인류가 무한성과 관련해 사색해온 것을 담은 영향력 있는 저서 《종교론On Religion: Speeches to Its Cultured Despisers》(1799년)에서 범신론적 세계관을 이렇게 설명했다.

"우리는 종교적으로 선명하게 묘사한 우리 자신의 인격을 확장한다. 또한 점차 무한성

내 인생의 짧은 시간
전후에 닿은 영원 속에
'단 하루를 묵고 간 길손의 추억memoria hospitis unius diei praetereuntis'에 잠긴 것과
내가 채우고 있는 작은 공간이
내가 알지 못하고 또 나를 알지 못하는
무한한 공간 안에
잠겨 있음을 생각할 때,
왜 나는 이 시간 이곳에 있는가?
왜 저곳이 아니라 이곳에 있는가?
그 이유가 없기에 무섭고 또 놀랍다. (…)
이 무한한 공간의 영원한 침묵이
나를 겁먹게 한다.

— 블레즈 파스칼, 《팡세》, 1669년.

에서 놓여나 우주를 직관하고 우리의 인격이 그 우주와 최대한 닮아가도록 노력한다. (…) 유한한 우리가 무한한 존재와 하나가 되는 것 그리고 영원히 살 수 없는 우리가 영생을 얻는 것, 그것이 바로 종교에서 말하는 불멸이다."[86]

20세기의 몇몇 서양 예술가는 동양의 도교와 불교 교리에 우주법칙을 정하는 입법자가 존재하지 않고, 그 교리가 과학적 세계관과 매끄럽게 융합되자 자연의 신비를 강조하는 도교와 불교를 차용했다(10장 참고).

아주 오래된 일자(정신 또는 영혼)는 세속주의로 변화하는 격변에서도 살아남았다. 중세 사람들은 일자를 하나의 말이나 상징물로 묘사하지 못했고 현대인은 자신의 내면세계를 형언할 수 없다고 여겼다. 20세기 초 현상론의 창시자 에드문트 후설Edmund Husserl은 이론적으로 인간의 정신에는 끝없는 관념연합 능력이 있지만(8장 참고) 사람은 언젠가 죽기 때문에 인간의 관념연합은 유한하다고 선언했다. 인류가 지속적으로 무한의 주제에 매료된 것은 자신의 유한성과 무한성 사이의 차이 때문이다. 죽음과 관련된 여러 건축물을 지어온 이유도 육신의 필멸성과 시공간의 분명한 무한성 차이 때문이다(그림 3-35, 3-36).

다윈이 1859년 《종의 기원》을 발표했을 때 그는 대를 이어 특성을 전달하는 어떤 물리적 메커니즘이 존재한다는 것을 알고 있었다. 그는 죽기 전에 이 존재를 알았으나 연구는 이뤄지지 않았고 1900년 유전학 분야에서 재발견했다. 1940년대에는 DNA가 유전정보를 운반한다는 결정적 증거를 발견했고, 1953년에는 분자의 이중나선 구조를 확인했으며, 1970년대에는 4개의 뉴클레오티드가 차례로 배열되어 있음을 발견했다. 2003년 인간게놈 프로젝트를 완료했고 이후 에피게놈Epigenome(유전자 위의 유전자) 연구를 시작했다. 이 연구는 유전자를 활성화하거나 비활성화하는 분자를 찾아 사람의 유전자(고정적이고 변하지 않는)와 그 사람의 환경(항상 변하는 변수) 사이의 잃어버린 고리를 제시하고자 했다.

진화 메커니즘을 이해하는 폭이 넓어지면서 과학자들은 인류의 조상이 한 생애 동안 자신의 부모보다 의미 있게 더 복잡한(더 고차원 의식이 가능한) 뇌로 진화하는 것이 불가능하다는 것을 밝혀냈다. 또한 뇌과학은 고등의식을 달성하는 것에서 변성의식(식단, 약물, 스트레스, 운동, 그 밖에 중추신경계의 화학적 영향으로 변성된 의식)을 연구하는 것으로 관심을 옮겨갔다.

20세기 초 진화생물학이 발전하면서 독일 문화권의 여러 수학자와 예술가는 점점 의식의 진화를 기반으로 한 절대영혼 인식을 다루지 않았다. 하지만 절대자 형상을 향한 믿음은 2차 세계대전 이전까지 이어지다가 중단되었다. 2차 세계대전 당시 근대의 절대자 연구를 지적으로 뒷받침하던 독일의 관념론 학계가 무너졌기 때문이다. 그사이 20세기 초 수학자와 물리학자는 아원자 영역에 들어서서 확률론과 인간의 자유의지 사이의 연결고리로 움직이는 미립자와 힘을 설명하는 식을 만들기 위해 노력했다.

4
형식주의

여기에 표현한 것 같이 공리 방법 절차는 개별 지식 영역의 기반을 심화하는 데 이르렀다. 이 심화 과정은 그 지식의 안정성을 유지하면서 지식을 확장하고 더 높이 쌓아가는 데 꼭 필요한 체계다.
— 다비트 힐베르트, 〈공리적 사고*Axiomatic Thought*〉, 1918년.

그림으로 완전한 균일성을 달성하려면 그림 본유의 특성이 완전한 균일성(평평한 표면과 직각 모서리)을 지녀야 한다.
— 브와디스와프 스체민스키*Władysław Strzeminski*, 《회화의 우니즘*Unism in Painting*》, 1928년.

유클리드가 《원론》을 집필했을 때(BC 300년경) 그의 5번 공준은 다음과 같았다.

> 만약 두 직선이 다른 한 직선과 만날 때 같은 쪽에 있는 내각의 합이 2직각(180도)보다 작으면, 그 두 직선을 무한히 연장했을 때 2직각보다 더 작은 내각을 이루는 쪽에서 반드시 서로 만난다.

수학자들은 처음부터 이 공준에 의문을 제기했다. 유클리드의 다른 4개 공준과 달리 5번 공준은 자명하지 않았고 누구도 다른 공준으로 이것을 증명할 수 없었다. 그러다가 19세기 초 2명의 젊은 수학자, 러시아의 니콜라이 로바쳅스키와 헝가리의 야노시 보여이János Bolyai가 5번 공준의 부정을 가정해 유클리드 기하학의 완전한 합리적 대안인 '비유클리드 기하학'을 발견했다.

19세기 독일 생리학자 헤르만 폰 헬름홀츠Hermann von Helmholtz도 직관이 아닌 실험과 경험으로 유클리드와 비유클리드 기하학 중 어느 것이 오늘날 우리가 사는 세상을 더 잘 설명하는지 보여주면서 유클리드 기하학의 아성을 다시 한 번 흔들었다. 헬름홀츠는 이마누엘 칸트가 《순수이성비판》에서 선언한 것처럼 공간을 지각하는 능력은 선천적인 것이지만 유클리드 기하학과 비유클리드 기하학은 모두 '선험적인 것'(라틴어로 a priori)이 아님을 증명했다. 오히려 사람은 세상에서 움직이고 관찰하는 것 같은 경험으로 자신이 사는 공간의 기하학 구조를 알아낸다. 19세기 후반 들어 세상과 기하학을 연관짓는 연결고리는 약해졌고 그 연결고리를 당연시하던 수학자들의 자신감 또한 흔들렸다.

이때 수학의 근간이 위협받자 수학자들은 자기 학문의 확실성을 확보해 분류하려는 노력으로 대응했다. 여기서는 역사학자의 일반적인 분류에 따라 그 시도를 3가지로 그룹으로 나눠 설명하겠다. 바로 형식주의와 논리주의, 직관주의가 그것이다. 이 3그룹은 인간의 정신

4-1. 알렉산드르 로드첸코*Aleksandr Rodchenko*
(러시아인, 1891~1956년),
'붉은색'(Чистый красный цвет, 순수한 붉은색),
1921년, 캔버스에 유채, 62.5×52.5cm.
로드첸코는 기초회화를 찾기 위해 근대회화의 첫 단색회화를 만들었다. 그는 '붉은색'(그림 4-1), '푸른색'(그림 4-16), '노란색'(그림 4-17) 세 작품을 전시하면서 "나는 이 전시회에서 최초로 3원색으로 만든 예술을 발표한다"라고 선언했다(전시회 '5×5=25', 1921년).

과 독립적으로 존재하는 완벽하고 시간을 초월한 추상물체(칸토어의 집합)를 묘사하는 근대 플라톤주의를 다루는 데서 차이를 보였다.

형식주의의 지도자인 독일 수학자 다비트 힐베르트와 논리주의의 지도자인 영국 논리학자 버트런드 러셀은 모두 근대 플라톤주의를 따랐고, 전통 수학(기하학, 산술 등)의 확실한 토대를 만든다는 공통의 목적의식이 있었다. 그들은 이 목적을 위해 새롭고 혁신적인 방법을 개발했다. 즉, 힐베르트는 기하학의 추상 형태를 조사했고 러셀은 산술의 논리구조에 집중했다(5장 참고). 하지만 직관주의의 지도자인 네덜란드 수학자 L. E. J. 브라우어르는 플라톤주의를 거부하고 수학적 물체가 인간의 정신에서 창조된 것이라는 관점을 유지했다(6장 참고).

한편 19세기 후반 화가와 디자이너는 최초이자 완전한 추상예술을 개발함으로써 이 위기를 잠재웠다. 고대 서양화는 무언가를 그린 그림이었으나 추상화는 단지 색과 형태뿐이다. 이것을 예술로 볼 수 있을까? 근대수학자처럼 근대화가 역시 자기 분야의 토대를 만드는 데 사로잡혀 있었고 그 반응으로 다양한 화풍을 만들어냈다.

근대예술가가 제안한 예술의 많은 정의 중 핵심 구분선은 예술이 자연계의 미메시스Mimesis(모방)인가 아닌가다. 몇몇 화가는 예술을 자연의 모방으로 본 전통 시각을 보존해야 한다고 주장했고, 다른 이들은 더 이상 자연을 묘사할 필요가 없으며 오직 형식적 성질(색과 형태)만 회화와 조각의 근본요소라고 했다. 과학이 부상하는 동안 등장한 이 모방과 추상 예술 사이의 논쟁은 대중문화로 스며든 과학 문제를 반영하는 동시에 시각 기반의 화풍과 이론 기반의 화풍을 낳았다.

19세기에 과학적 세계관이 등장했을 때, 프랑스의 실험과학은 관찰을 기반으로 경험주의 철학 전통에서 발전했다(가령 루이 파스퇴르는 최초로 데이터를 모으고 그 데이터에 패턴이 나타나는지 관찰한 후 이론의 논거를 제시했다). 반면 독일 문화권 과학은 이상적 철학에서 발전해 이론적으로 발전했다(예를 들어 구스타프 페히너는 최초로 이론을 정립하고 그 이론을 확증하거나 부인하는 데 필요한 현상을 관찰하는 실험을 고안했다). 과학이 대중화하면서 이런 사고방식은 예술가의 작업실에도 스며들었다. 프랑스의 관찰과학을 반영한 파리의 근대예술은 시각을 기반으로 했다. 궁극적으로 인상파의 풍경화나 야수파의 초상화, 입체파의 정물화는 추상적 모방이지만 모두 자연계 물체를 모방한 '그림'이다. 독일의 이론과학을 반영한 뮌헨과 모스크바 등의 독일 문화권 예술가들은 아우구스트 엔델August Endell의 순수한 감정과 말레비치의 절대영혼 같이 보이지 않는 관념을 상징화하거나 이론적으로 접근해 의미가 정해지지 않은 기호를 만듦으로써(러시아의 구성주의자 알렉산드르 로드첸코가 색과 형태로 그림을 그린 것처럼) 시각예술의 형식주의를 시작했다.[1]

로드첸코와 블라디미르 타틀린 등 다른 예술가들은 형식주의 수학을 알고 난 후 수학 개념들을 적용해 예술의 근간을 찾고자 했다. 이후 근대미술은 '순수한 형태'라는 예술의 본질로 환원하는 것이라고 정의한 화가 브와디스와프 스체민스키의 관점이 거대서사(모든 사건을 이어주는 커다란 이야기의 틀)가 되었다.

형식주의와 논리주의, 직관주의는 기초수학에 접근하는 3가지 방식이다. 이 중 형식주의는 1910년대에는 러시아 구성주의에, 1920년대에는 서구 전역의 시각예술에 그리고 1945년 이후에는 전 세계에 깊은 영향을 미쳤다. 시각예술이 형식주의를 채택한 것은 예술가가 수학을 실제로 사용했다는 것이 아니라 수학철학에 관심이 있었음을 보여준다. 예술가들은 환원주의의 철학적 목적을 도입하면서 단순한 그림과 조각을 창조했다. 반면 실천수학 측면에서 형식주의 수학은 (예술과 달리) 기존 공리체계처럼 극도로 복잡한 이론으로 이어졌다.

오늘날에는 수학과 예술 모두 형태 분리(추상구조) 행위라는 뜻으로 '형식주의Formalism'라는 용어를 사용하지만, 이 용어는 두 분야에서 그 어원이 서로 다르다. 시각예술에서는 고대 플라톤이 사용한 사물의 모양(색이 아닌)을 뜻하는 단어를 영어로 'form'이라 번역한 것에서 기원했다. 플라톤은 위대한 장인이 지구를 창조하는 것을 묘사하면서 'form'을 사용했다.

"무슨 이유로 세상을 창조할 때 선반을 고르게 만들어 중심에서 모든 방향으로 끝에 위치한 공간이 등거리를 갖는 구체 형상(form)으로 만들었는가."(플라톤, 《티마이오스》, BC 366~360년, 33b).[2]

19세기에 추상예술이 떠오르고 존 러스킨이 적은 글이 알려지면서 '형식'이라는 용어는 예술가 사회에서 일반화했다.

"색상과 형태를 따로 고려하기 위해 색과 형상을 분리하는 능력은 분명 존재한다. 조각가들은 우리가 찾는 형식을 추상적으로 발견했다."(《근대의 화가들》, 1846년).[3]

1920년대 러시아 문학계 시인과 비평가는 급성장하던 언어학계에서 형식주의(러시아어 формализм, 독일어 Formalismus)를 받아들였는데, 이때 언어학자들은 언어의 의미 연구(의미론)와 대조적이라는 것을 강조하기 위해 형식(구문론) 연구방식을 형식주의라고 불렀다. 19세기 중반 들어 형식주의는 추상구조를 강조하는(모방, 해석, 의미와 반대되는) 모든 미술의 접근방식을 부르는 이름으로 쓰였다.[4]

수학은 항상 형식을 연구해왔으면서도 형식주의라는 용어를 쓰지 않았으나, 1912년 브라우어르가 기초수학에 접근하는 힐베르트의 방식을 조롱할 때 사용하고부터 퍼져갔다.

"형식주의는 수학이 환원되어 의미를 잃은 일련의 관계다."('직관주의와 형식주의', 1912년).[5]

힐베르트 자신은 이 용어를 사용하지 않았지만 그의 동료들은 힐베르트의 접근방식을 '형식주의'라 불렀고 곧 이 명칭이 받아들여졌다.

근대의 많은 수학자가 추상예술과 수학 사이에 유사성이 있다고 생각했다. 어떤 수학자는 예술가와 대화를 나눴고(7장과 11장) 또 어떤 수학자는 스스로 추상미술 작품을 만들었다. 이런 현상은 컴퓨터 그래픽과 3D프린팅 기술이 등장하면서(12장 참고) 더 자주 발생했는데, 이는 그보다 1세기 전에 카메라 발명으로 아마추어 사실주의 화가가 널리 퍼져 나간 것과 유사하다.

수학자들은 공통적으로 미학(아름다움과 순수성)의 철학적 관념을 실천수학에 적용했다.

그렇지만 주로 단순한 산술과 기하학을 사용한 화가들은 수학을 실용적으로 사용하길 원하는 수학자들의 관점에 크게 관심을 기울이지 않았다.

수학은 항상 추상적이었다. 이전의 많은 수학자가 수학을 형식구조 연구로 여겼으나 힐베르트는 최초로 기하학을 일관성 있고 자립구조를 갖춘 추상적이면서 정해진 의미가 없는 대체 가능한 기호들의 형식적 배열이라고 여겼다. 형식주의 수학자(그리고 언어학자)와 목적이 같다고 생각한 모스크바, 상트페테르부르크, 카잔의 러시아 구성주의 화가와 시인은 자신들의 시각적·운문적 단어를 의미가 정해지지 않은 기호로 환원하고 그것이 자립구조를 갖추도록 만들었다.

20세기 초반에 이뤄진 수학과 예술의 근간 탐색은 '의미'라는 주제에 관한 관심을 불러일으켰다. 수학자는 칠판에 사각형을 그리고 예술가는 캔버스에 사각형을 그린다. 무엇이 이 사각형의 의미를 결정하는 것일까? 둘 다 동일하게 플라톤의 형상을 나타낸 걸까? 이 철학적 질문은 고대부터 이어져왔지만 근대수학과 언어학에 형식주의가 출현하고 다양한 추상적 스타일이 발달하면서 언어학자, 심리학자, 철학자 들에게 자연언어(구어)·인공언어(수학)·시각언어(그림)에 관한 막대한 연구과제가 주어진 셈이다.

이 기호와 상징물 연구는 독일의 지식인 사회에서 형식주의라 불렸다. 또 프랑스에서는 '구조주의'라 불리고 영미권 대학에서는 '기호학'이라 불렸다. 상징물과 언어를 이해하려는 여러 공존하는 접근방식에는 서로 얽힌 긴 역사가 있지만 이 책의 목적이 그런 논쟁의 맥락을 추적하는 데 있지 않으니 더 깊이 다루지는 않을 것이다. 그렇지만 곳곳에서 형식주의자와 구조주의자, 기호주의자가 '의미'를 논하는 대목을 다루고 있다.

비유클리드 기하학

수 세기 동안 많은 수학자가 유클리드의 5번 가정을 공준으로 여기는 것은 잘못되었다고 여기며 다른 네 공리로 그것을 추론해야 한다고 생각했다. 11세기 페르시아 수학자 오마르 하이얌을 비롯해 많은 학자가 그것을 입증하려 노력했으나 그들의 추론에는 항상 결함이 있었다.[6]

유클리드의 5번 공준이 복잡한 까닭에 몇몇 수학자는 더 간단한 버전으로 동일한 공준을 작성하려 했다. 가장 잘 알려진 대안 공준은 18세기 스코틀랜드 수학자 존 플레이페어 John Playfair의 이름을 따서 '플레이페어의 공준'이라 불리지만 '평행선 공리'라는 별명으로 더 잘 알려져 있다. l이라는 직선 위에 있지 않은 점 P를 지나고, 그 l과 평행한 직선은 오직 하나만 존재한다.

나는 인간의 지성으로는 영원히 유클리드 기하학의 필요성을 증명하지도, 반증하지도 못할 거라고 확신하게 되었네.

— 카를 프리드리히 가우스, 독일 천문학자 빌헬름 올베르스 *Wilhelm Olbers* **에게 보낸 편지,** 1817년 4월 28일.

19세기 초 카를 프리드리히 가우스를 포함한 괴팅겐대학교의 여러 수학자가 이 문제를 해결했다. 가우스는 평행선 공리를 증명하려는 시도에 실패한 후 유클리드의 다른 네 공리를

유클리드 기하학과 비유클리드 기하학

모든 기하학 구조는 유클리드의 처음 4개 공준을 따르지만 5번 공준에서는 차이를 보인다(유클리드의 공준은 1장 39쪽 박스 참고).

A. 유클리드 기하학은 곡선이 없는 공간을 설명한다. 유클리드의 5번 공준은 '두 직선을 가로지르는 선이 있을 때 한 편의 내각의 합이 2직각(180도)보다 작을 경우 두 직선을 양옆으로 연장하면 그 방향에서 서로 만난다'라고 명시한다. 이 도표에서 $x+y$가 180도보다 작을 경우 아래의 선을 기준으로 그 위쪽에서 두 직선이 만난다. 평면기하학으로 발전한 이 공준은 평평한 표면을 설명한다. 유클리드 기하학에서 삼각형 세 각의 합은 180도다.

B. 가우스와 로바쳅스키, 보여이의 비유클리드 기하학은 음의 곡률이 있는 공간을 설명한다. 이 세 수학자는 플레이페어가 제시한 유클리드의 5번 공준을 다음과 같이 바꾸었다.

'한 직선 위에 있지 않은 점을 지나면서 그 직선에 평행한 직선이 많이(무수히 많이) 존재한다.'

쌍곡선 기하학으로 이어진 이 공준은 의구*Pseudosphere*의 표면을 설명하는데, 의구란 모든 곳에서 동일한 음의 곡률이 있는 표면을 말한다. 쌍곡선 기하학에서 삼각형 세 각의 합은 180도보다 작다.

C. 리만의 비유클리드 기하학은 양의 곡률이 있는 공간을 설명한다. 리만의 5번 공준은 '한 직선 위에 있지 않은 점을 지나는 선은 그 직선과 반드시 만난다'고 정의한다. 이 공준은 타원기하학으로 이어져 구의 표면 같이 일정한 양의 곡률이 있는 표면을 설명한다. 타원기하학에서 삼각형 세 각의 합은 180도보다 크다.

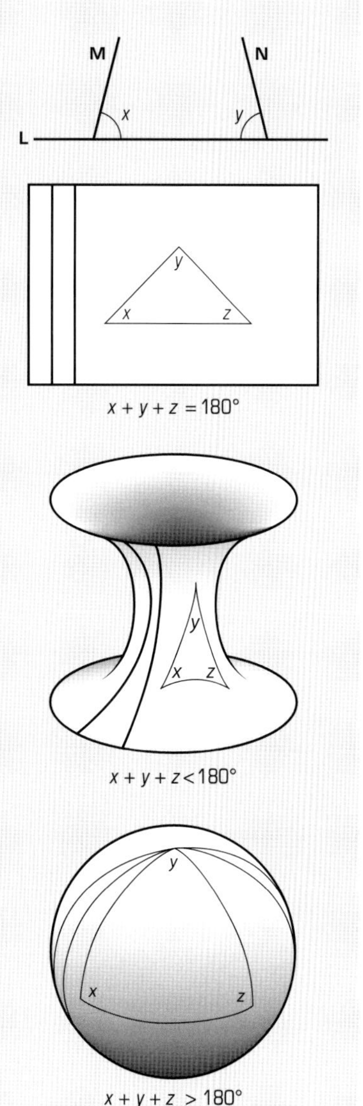

사용해 5번 공리를 추론할 수 있다는 믿음을 의심하기 시작했다. 즉, 평행선 공리가 독립적인 주장일 수도 있었다. 이는 처음의 네 공리만 사용해 대체 기하학을 개발할 수 있음을 의미한다.

이 생각은 굉장히 급진적이라 가우스는 이를 발표하지 않았고 그 예감을 강의시간에 학생들과 나누거나 동료 수학자들과 서한으로 뜻을 교환했다. 그사이 이 주장의 급진적인 본질에 구애받지 않은 젊은 러시아 수학자 니콜라이 로바쳅스키가 비유클리드 기하학을 계산해 발표했다(《가상기하학》, 1826년). 곧이어 1831년에는 헝가리의 젊은 수학자 야노시 보여이가 고유한 비유클리드 기하학을 고안했는데, 이것을 수학자였던 자신의 아버지 파르카스 보여이Farkas Bolyai의 교과서 부록에 넣어 발표했다.[7]

가우스와 로바쳅스키, 보여이는 각각 귀류법이라 불리는 증명방식으로 평행선 공준을

저는 무에서 새로운 세계를 창조했습니다.

— 야노시 보여이, 아버지에게 보내는 편지에서, 1823년 11월 3일.

증명하려 했다. 가령 독자 여러분이 **A**라는 명제를 증명한다고 가정해보자. 귀류법에서는 자신이 증명하려는 명제의 부정 ¬**A**(A의 부정)를 가정하고 추론 과정에서 모순이 생기는 것을 증명한다. 오직 거짓 명제만 모순에 이를 수 있으므로 ¬**A**가 거짓이면 **A**는 참이라는 결론을 내릴 수 있다.

가우스와 로바쳅스키, 보여이는 유클리드의 처음 4개 공리에 5번 공리의 부정을 명제로 삼고 '한 직선 위에 있지 않은 점을 지나면서 그 직선에 평행한 직선이 많이(무수히 많이) 존재한다'는 명제를 증명하려 했다.[8] 이때 그들은 모순에 이르지 않았고 각 정리는 자기모순 없는 구조로 증명되었다. 결국 가우스와 로바쳅스키, 보여이는 각 유클리드의 처음 4개 공준은 성립하지만 5번 공준은 성립하지 않는 비유클리드 기하학을 개발했다.

가우스가 죽기 전인 1854년 그의 제자이자 괴팅겐대학교 교수로 부임한 베른하르트 리만Bernhard Riemann은 또 다른 비유클리드 기하학을 주제로 박사 논문을 썼다. 리만은 어떤 주어진 선과 그 선 밖에 점이 있을 때 이 점을 지나면서 선에 평행한 선이 존재하지 않는다고 가정했다. 이는 모든 선이 그 주어진 선과 교차한다는 말이다.

가우스와 로바쳅스키, 보여이, 리만의 연구가 보여주듯 누구도 평행선 공준을 증명하지도 반증하지도 못했다. 이것은 유클리드 체계에서는 증명이 불가능한 것이었다. 유클리드의 평행선 공준은 다른 4가지 공준과 독립적인 것으로 다른 가능성으로 대체할 수 있었다.

이 분류는 유클리드 기하학과 비유클리드 기하학을 구분한다. 칸토어가 연속체 가설(실수 집합이 알레프원이라는 추측)을 발표하고 1세기가 지난 19세기 중반에도 상황은 달라지지 않았다. 그런 이유로 오늘날 집합론은 실수 집합이 자연수 집합($\aleph_0$)보다 크다고 가정하는 칸토어의 집합론과 $\aleph_0$와 $\aleph_1$ 사이에 무한히 많은 초한수가 존재한다는 비칸토어 집합론으로 나뉜다.

공간 인식: 헬름홀츠의 기하학

> 그렇지만 기하학은 걱정할 것 없이 완전히 선험적인 지식을 다루며 근본적인 공간 개념에서 발생하는 순수하고 합당한 개념의 증명을 찾는 데 철학을 필요로 하지 않는다.
>
> — 이마누엘 칸트, 《순수이성비판》

이마누엘 칸트는 유클리드의 기하학법칙이 인간의 뇌에서 직관적 기초기하학을 형성하는 타고난 공간의 뼈대를 설명한다는 가설을 세웠다.[9] 갓난아이가 눈을 떴을 때 보는 풍경은 뇌 공간의 뼈대에 쌓이고 시간이 흐름에 따라 아이는 3차원 세계를 인지하게 된다. 칸트는 이와 유사하게 시간이 흐르면서 정신에 뼈대가 쌓이고 이것이 직관적 기초산술을 제공한다고 보았다.[10] 칸트에 따르면 시간과 공간 지식은 인간의 마음에서 기인하므로 순수수학(기하학과 산술) 지식은 언제나 변함없이 선험적이다.

독일의 이상주의와 생리학을 배운 헬름홀츠는 아주 오래된 질문 '어떻게 실험실에서 세상을 알 수 있는가?'에 답하려 했다. 시각과 다른 감각기관을 연구한 그의 결과물(《생물학적 광학개론Handbook of Physiological Optics》, 1856~1867년)은 인상파 화가들이 세상의 정물화나 풍경화를 그리는 것에서 벗어나 자신의 객관적 색상 경험에 집중하고 빠른 붓놀림으로 빛

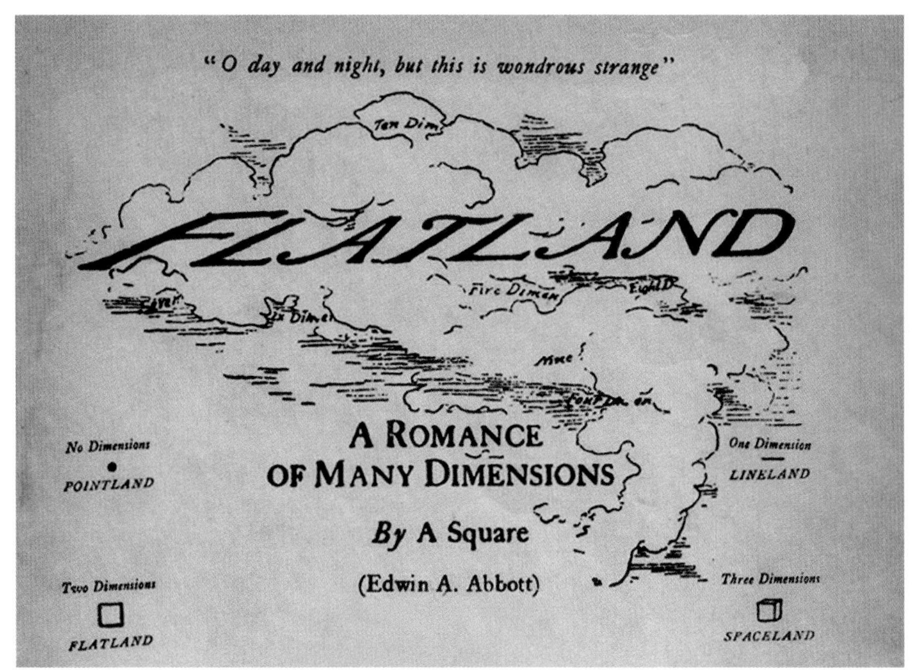

4-2. 에드윈 A. 애벗*Edwin A. Abbott*(필명 *A. Square*), **《평평한 나라: 여러 차원의 이야기***Flatland: A Romance of Many Dimensions*》(1884년) (한국어판 제목은 《이상한 나라의 사각형》), 표지.
헬름홀츠는 1876년 '기하학 공준의 기원과 의미'라는 유명한 강연을 한다. 에드윈 A. 애벗은 이 강의에서 영감을 받아 빅토리아 시대의 사회계급을 풍자한 《평평한 나라》를 집필했다. 애벗의 이야기는 면의 수가 사회적 지위를 나타내는 다각형들이 사는 2차원 세계로 시작한다. 화자는 '정사각형(*A. Square*)'이라는 이름의 하층민이다. 6각형과 8각형은 지배계급에 들어가며 가장 높은 계급은 무한한 수의 변을 갖는 원이다. 이들은 평평한 나라의 신성한 성직자다. 편협하고 권위적인 원은 사상경찰로 활동하며 평평한 나라 국민이 3차원 세계를 상상하는 것을 금지한다. 애벗의 풍자에서 영감을 얻은 화가 도로시아 록번*Dorothea Rockburne*은 모조 피지를 접어 대담하게 높이를 오르내리는 여러 '구역'을 형성한 작품을 만들어 애벗의 풍자에 비유적으로 도전하기도 했다(그림 4-18 참고). 록번은 표면을 연구하는 위상기하학을 기반으로 자신의 작품을 만들었다(6장 259-263쪽 참고).

이 망막에 들어오는 그 찰나 간의 인상을 담아내게 했다. 또한 헬름홀츠는 청각을 설명했는데('음악 속 화음의 생리학적 원인On the Physiological Causes of Harmony in Music', 1857년) 덕분에 유겐트풍Jugendstil 화가들은 신경세포가 활동하게 하는 물결모양 자극(광파와 음파)으로 우리가 음악과 색을 인지한다는 것을 발견했다. 1860년대에 시각이 공간을 인지하는 방식을 연구하는 동안 헬름홀츠는 유클리드 기하학과 비유클리드 기하학 중 어느 것이 자연세계를 더 잘 설명하는지 경험으로 밝혀낼 수 있다고 결론지었다.

그는 인간이 3차원 공간에 있음을 어떻게 인지하는지 이해하기 위해 사고실험을 했다. 먼저 평평한 평면(곡률 없는 2차원 표면)으로 만든 세상에 지성을 갖춘 평평한 존재들이 살아간다고 상정했다. 이 평평한 세상의 주민은 각의 합이 180도인 삼각형, 원, 정사각형 등 평면기하학의 발전을 꾀할 수도 있다. 그렇지만 헬름홀츠는 그들이 3차원 세계를 경험하지 못해 구체나 정육면체 등은 개발할 수 없을 거라고 주장했다. 이후 그는 계란 모양(양의 곡률이 있는 2차원 공간)의 세상에 평평한 존재들이 살고 있다고 상상했다. 그는 이 세상에 사는 평평한 존재들이 삼각형 세 각의 합이 180도가 넘는 일종의 구면기하학을 개발할 것이라고 말했다.[11]

헬름홀츠는 이런 논리로 인간이 3차원 세계에서 사는 까닭에 3차원 기하학을 발전시켰다고 추론했다. 그는 실험실 시험에서 인간이 형상과 거리를 판단하는 데 사용하는 공간 신호를 확인해 그 가설을 증명했다. 괴팅겐대학교의 수학교수이자 가우스의 작품을 편집한 헬름홀츠의 친구 언스트 셰링Ernst Schering은 1868년 초 헬름홀츠에게 1866년에 사망한 베른하르트 리만이 1854년 박사학위 논문에서 이 주제를 다뤘고, 그 논문이 그의 사후 〈기초기하학 가설Uber die Hypothesen, welche der Geometrie zugrunde liegen〉(1854~1867년)이라는 제목으

기하학의 공리는 (…)
실제 사물의 관계를 나타내지 않는다.
칸트가 그렇게 분리하고 나서야
그것을 초월적으로 주어진
직관 형태로 간주한 것처럼,
어떤 실증적 증명이든
옳은 것에 따라 형태를 이루며
이것은 어떠한 방법으로도
그 증명의 본질을 제한하거나
사전에 결정할 수 없다.
이는 유클리드의 공준뿐 아니라
구면기하학과 의구기하학의
공준에도 해당된다.

— 헤르만 폰 헬름홀츠,
〈기하학 공준의 기원과 의미*The Origin and Meaning of the Geometrical Axioms*〉 1876년.

로 발표되었다는 사실을 전해주었다.[12] 깜짝 놀란 헬름홀츠가 이 사실을 몰랐기에 셰링은 리만의 1854년 학위논문을 보내주었다. 헬름홀츠는 자신의 결과물을 보내며 리만에게 경의를 표하는 의미로 그의 논문 제목을 따서 자기 논문을 명명했다(《기초기하학 진실Uber die Tatsachen, die der Geometrie zugrunde liegen》,1868년, 그림 4-2 참고).

헬름홀츠는 서론에 이런 글을 남겼다.

"나는 리만의 연구물을 보고 이 주제를 다룬 내 연구가 그보다 늦다는 것을 알았다. 그러나 그처럼 저명한 수학자가 이런 특이하고 신뢰받지 못하는 주제에 관심을 기울일 가치가 있다고 생각했다는 점에서 그는 나와 동지Gefährten인 셈이다. 내가 선택한 길이 올바른 길이었다는 확신을 얻었으며 내 연구가 선행하지 않았다는 점은 전혀 중요하지 않다."[13]

헬름홀츠는 자신의 생리학연구소에서 리만이 수학적 추론으로 얻은 결론과 똑같은 결론을 독립적으로 내렸다. 그것은 유클리드 기하학은 공간을 설명할 수 있는 유일한 방법이 아니라는 점이다. 실제로 알베르트 아인슈타인은 1905년에 발표한 특수상대성이론에서 공간에 중력을 포함했는데, 그는 공간이 별이나 은하계 같은 거대한 천체의 중력장으로 변형된다는 것을 일반화했다. 직선(우주에서 두 점 사이의 최단거리를 이동하는 광파)은 굽은 경로를 따라 이동한다. 아인슈타인은 리만의 비유클리드 기하학을 사용해 비틀린 우주의 시공간을 설명했다(《일반상대성이론》, 1916년).

칸토어의 집합과 같은 플라톤의 형상

고대부터 수학 개체를 향한 플라톤의 관점은 서양수학의 중심이었고, 오늘날에도 수학자들의 일반적·공통적인 관점으로 남아 있다. 이 관점에서 숫자나 구 같은 추상물체는 인간의 정신과 독립적으로 존재한다. 수학적 물체는 실재하지만 비물질적이고 시간과 공간 밖에 존재하기 때문에 자연적이며 물질세계와의 인과관계는 없다. 인류는 이런 추상물체를 인지한다. 수리과학은 수학자들이 그 물체의 객관적 실재(수학세계)를 설명하면서 누적되어왔다.

숫자나 삼각형은 완전하고 영원하기 때문에 그와 관련된 인류의 지식은 일정하다. 그런데 플라톤주의는 수 세기 동안 헬레니즘과 기독교, 이슬람 문화가 채택하면서 많이 변해왔다(1장 참고). 19세기 후반 독일의 수학자이자 철학자인 고틀로프 프레게는 숫자도 형상으로 본 플라톤의 견해를 칸토어의 집합론 관점에서 고치며 근대 플라톤주의를 시작했다(《산술개론The Foundations of Arithmetic》, 1884년). 프레게는 집합론에서 정의하는 숫자를 어떻게 산수에 사용할 수 있는지 보여주었다. 이 집합은 어떻게 형성될까? 프레게는 숫자 3을 '3개의' 라는 서술어를 포함한 모든 사물의 집합으로 보았다. 그는 칸토어가 제시한 동등한 집합을 확인하는 방법으로 두 숫자 사이의 '동등성'을 정의했다. 이에 따르면 두 숫자가 같다는 것을 증명하는 필요충분조건은 그 집합요소가 일대일 대응하는 것이다.

1890년대에 유클리드의《원론》이 빛을 잃은 후 힐베르트가 흔들리는 기초수학을 재구성하기 위해 노력할 무렵 그는 괴팅겐대학교에서 수학교수로 재직 중이었다. 힐베르트는 프레게를 따라 수학이 완벽하고 영원하며 정신과 독립적인 '집합'이라는 추상물체를 설명한다는 근대 플라톤주의를 믿었다.

기하학을 위한 힐베르트의 형식주의 공리: 유클리드 기하학에 숨은 가정

힐베르트는 이 새로운 플라톤주의 집합이론의 근거를 확보하기 위해 유클리드 기하학을 연구하기 시작했다. 유클리드는 《원론》을 쓰면서 그 이전 철학자나 동시대 철학자와 자신의 증명을 집대성하고 궁극적으로 모든 정리를 자신의 기본 공준과 용어, 상식으로 추론하길 원했다. 2세기 동안 유클리드는 그 목적을 이룬 것으로 여겨졌지만 가우스로 시작해 힐베르트에서 정점에 이른 근대수학자들은 유클리드의 여러 가정(실제로 가장 심오한 것)이 공표되지 않았음을 발견했다.

가령 4번 공준에서 숨은 가정의 예를 찾아볼 수 있는데, 이 공준은 모든 직각은 동일하다고 정의한다. 만약 4번 공준을 자명한 것으로 여긴다면 그건 우리가 (유클리드가 그랬듯) 공간이 모든 곳에서 같고, 직각의 기하학 구조가 어느 곳에서든 또는 어떤 방향으로 놓이든 일정하다고 가정하기 때문이다. 실제로 공간의 동일성은 유클리드 기하학의 가장 강력하고 기본적인 가정이다.[14]

유클리드가 4번 공준을 5번 공준 앞에 둔 이유는 평행선 공준은 모든 직각이 동일할 때만 의미가 있어서다.[15] 힐베르트는 유클리드가 4번 공준에서 모든 곳의 공간이 동일하다고 가정한 것과 지구의 모든 공간이 동일한 중력장의 영향을 받는다는 것을 명시하지 않아 5번 공준에서 결점이 발생했다고 보았다. 덧붙이자면 유클리드 기하학은 우리가 살고 있는 지구를 설명하고 있다.

밤하늘의 태양계 밖을 바라볼 때 우리는 동일하지 않고 무수히 많은 별의 중력으로 굽은 공간을 보고 있는 것이다. 헬름홀츠가 주장했듯 지구에서의 실질적인 기하학은 과학으로 밝힌 것이지(실험과 경험) 수학자가 밝혀낸 게 아니다. 계란 표면에 살고 있는 2차원의 지적 생명체에게는 모든 직각이 같지 않다. 계란에 사는 존재는 계란의 표면 곡률이 (구체와 달리) 각 지점마다 다르므로 직각을 이동하거나 회전시킬 수 없다.

이에 따라 힐베르트는 기하학과 세계(지구와 태양계) 사이의 연결고리를 자르는 것으로 기하학을 재구성했다. 그런 다음 어떤 세계의 사물도 나타내지 않는, 즉 의미 없는 부호들을 사용해 체계의 추상구조만 설명하는 '형식적' 공준을 확립했다. 힐베르트는 유클리드가 그랬듯 공리 증명 방법으로 중요한 주장을 분리했고 이것을 논리체계로 정리했으나 세계와 어떠한 연결고리도 만들지 않았다. 그는 자신의 기하학을 형식화한 후 그것을 읽고 이해하려는 이들에게 명확하고 분명하게 전달하는 측면에서 그 체계에 일관성이 있다고(역설적인 것이 없다고) 여겼다.

페아노의 공준

이탈리아 수학자 주세페 페아노의 형식체계는 영, 숫자, 세 가지 정의하지 않은 것(영-숫자-다음 수), 등식의 정의, 5가지 공리를 포함하고 있다. 그는 형식적 상징주의로 공리를 적었고 그 공리에는 다음과 같은 의미가 있다.

1. 영은 자연수다.
2. 모든 자연수는 다음 수를 갖는다.
3. 영은 어떠한 수의 다음 수도 아니다.
4. 서로 다른 숫자들은 서로 다른 다음 수를 갖는다.
5. 만약 어떤 수의 집합이 0을 포함하고 또 포함하는 모든 수의 그다음 수를 포함한다면 이 집합은 모든 수의 집합이다.

4-3. 기하학의 추상체계, '뮌헨의 선술집', 1832년경, 판화.
탁 트인 선술집에서 웨이터가 고객을 대접하고 있다. 그들은 만약 1, 2, 3번 식탁이 직선으로 놓여 있으면 2번 식탁은 1번과 3번 가운데 혹은 3번과 1번 가운데에 있음을 의심하지 않는다. 그들이 확신하는 것은 'A, B, C가 한 직선 위에 놓인 점이고 B가 A와 C 사이에 있다면 또한 B는 C와 A 사이에 놓여 있다'라는 공준에 기반을 두고 있다(다비트 힐베르트, 《기초기하학론》 공리 2:1).

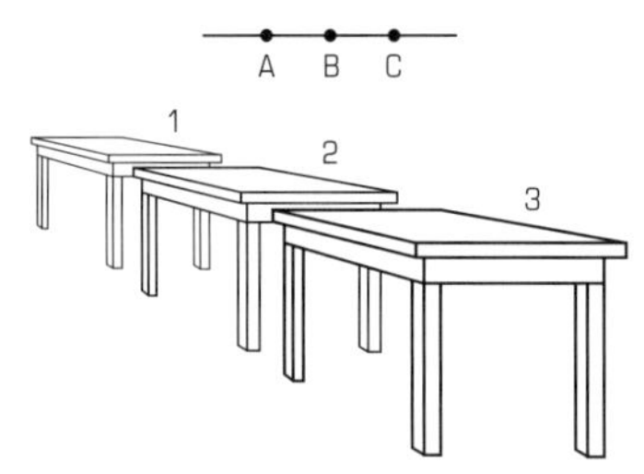

이탈리아 수학자 주세페 페아노는 1889년 단순하고 명확한 산술의 형식적 공리를 확립하며 힐베르트의 접근방식을 예견했다. 그의 2번 공리는 모든 자연수는 그다음 수를 갖는다고 명시하면서 무한한 자연수가 생성될 수 있음을 암시한다('페아노의 공준', 《산술원리Arithmetices principia》, 1889년). 이후 힐베르트는 유클리드의 숨은 가정들을 나타내고 수학적 물체를 사용한 20개의 공리로 오직 추상(형식)구조로만 유클리드 기하학을 다시 공준화했다.

그는 유클리드와 달리 자신이 사용한 점, 선, 평면 같은 기하학 용어의 정의는 제시하지 않았다. 오히려 그는 다음과 같이 주장하며 자신의 기하학을 포함해 모든 것에 적용 가능한 추상체계를 설명했다.

"3가지 서로 다른 사물체계가 존재한다고 상상해보자."

그는 이들 사물을 "점, 직선, 평면 들"이라고 명명했다.[16]

또 다른 곳에서는 "모든 기하학 명제에서 점·선·평면을 식탁, 의자, 컵이라는 단어로 대체할 수 있다"[17]라고 적기도 했다.

그가 용어를 정의하지 않은(정해진 의미가 없는 기호) 것은 추상적 뼈대(이론-형식)에 어떠한 단어를 대신 사용해도 그 추론의 타당성에 영향을 미치지 않는다는 것을 의미한다. 가령 수학책에서 점의 관계를 설명한 내용이 옳다면 그것을 선술집으로 가져와 선술집 식탁에도 적용할 수 있다(그림 4-3). 또한 힐베르트는 점, 직선, 평면 사이의 상호관계를 공리 형태로 정의하고 그것을 5개 그룹으로 정리했다. 연결공리, 순서공리, 평행공리, 합동공리, 연속공리가 그것이다.[18]

우연의 요소가 없는 순수한 추론게임 중 가장 오래된 것이 체스인데, 이 또한 하나의 예시가 될 수 있다. 체스는 정사각형 64개로 이뤄진 보드에서 32개의 말로 하는 게임으로 특정 용어를 사용해 연역적 증명을 하는 것과 같은 방법으로 진행한다. 체스 말의 시작지점은 증명의 첫 부분에 명시하는 공리와 유사하다. 이 게임의 규칙은 추론 규칙과 같고 합법적인 말의 움직임은 증명한 정리와 같다. 어떤 형식주의자가 백을 잡고 체스를 둔다면 그는 이 게임을 추상적 규칙에 따라 격자를 건너가 하얀 말을 움직임으로써 검은 말을 제거하는 게임으로 여길 수 있다. 그러나 반대편 플레이어는 보드 위의 게임을 검은 말이 하얀 말의 왕을 잡고자 하는 전쟁터로 해석할지도 모른다.

오늘날의 컴퓨터도 형식적 공리체계의 또 다른 예시다. 0과 1의 언어로 쓰인 컴퓨터 프로그램은 추론의 공리나 규칙과 유사한 점이 있다. 시작점과 키보드를 눌러 데이터를 입력하면 기계적인 규칙에 따라 정확한 결과물이 나온다. 실제로 컴퓨터는 수학자 앨런 튜링이 형식주의의 범위와 제한을 숙고하는 배경을 거쳐 개발되었다(10장 참고).

유클리드와 힐베르트의 공리구조에는 두드러진 차이가 존재한다. 유클리드는 공리를 필요한 사실로 제시하고 자연계와 이상화한 수학세계 영역을 올바르게 설명하려 했다. 반면 힐베르트는 공리를 해석에 따라 참이나 거짓이 될 수 있는 가설로 제시하고, 자신의 공리가 내부적으로 일관성 있는 구조를 형성하고 있음을 증명하고자 했다. 힐베르트는 수학과 세계 사이의 연결을 끊으면서 기하학을 내적으로 일관성 있고 자립구조를 갖춘, 추상적이면서 정해진 의미가 없는 대체 가능한 기호들의 형식적 배열로 본 최초의 수학자다(《기초기하학론Grundlagen der Geometrie》,1899년, 1902년 영어로 번역한 《기초기하학Foundation of Geometry》이 나왔다). 힐베르트는 형식적 기하학 공리로 세계에서 가장 선두적인 형식주의 수학의 권위자로 부상했는데, 그는 괴팅겐대학교를 형식주의 수학의 본거지로 삼았다.

일관성은 실재를 수반한다

프레게가 칸토어의 집합이론 용어로 근대판 플라톤주의를 만들 때, 그는 '플라톤의 형상은 그저 개념일 뿐인가, 아니면 독립적 실재가 있는가?'라는 아주 오래된 철학적 질문을 근대판으로 번역했다.

"칸토어의 집합은 정신에 의존해 존재하는가, 아니면 사람의 사고와 독립적으로 존재하는가?"

플라톤주의자 프레게는 집합은 독립적인 실재라면서 수학언어는 추상물체(숫자, 원, 집합)를 사용하고 상당히 많은 수학의 정리가 사실이라고 주장한다. 어떤 명제가 사실이려면 사건의 실재 상태를 나타내야 한다. 그러므로 프레게에 따르면 올바른 수학의 정리는 그것이 가리키는 숫자, 원, 집합 같은 수학적 물체가 실재한다는 것을 밝힌다.[19]

지리학자가 사물을 창조할 수 없듯
수학자도 사물을
마음대로 창조할 수 없다.
수학자는 그저 존재하는 것을 발견하고
거기에 이름을 붙일 뿐이다.
— 고틀로프 프레게, 《산술개론》

칸토어는 기초이론서 《다양체 이론의 기초》에서 '내재한 실재'(정신의 사상)와 '일시적 실재'(정신과 독립적으로 존재하는 사물)를 구별했다. 칸토어에 따르면 잘 정리하고 논리적으로 일관성 있는 생각(정신에 내재한 실재)은 수학세계에 존재하는 추상물체(일시적인 실재)에 상응한다고 한다.

"개념으로 존재하는 것이 항상 특정(심지어 무한히 많은) 방법으로 현실에 일시적으로 존재한다는 측면에서 두 종류의 실재가 항상 같이 일어난다는 것을 의심하지 않는다. (…) 수학 관념을 개발하는 과정에서 수학은 오직 그 개념의 내재적 실재만 고려할 뿐이며, 그것의 일시적인 실재를 조사할 의무는 전혀 없다."[20]

그렇다면 유클리드는 '구'나 '3차원 공간에서 등거리를 갖는 모든 점' 같이 잘 정의하고 논리적으로도 일관성 있는 수학 개념을 형식화한 뒤, 구체가 수학적 물체로 존재한다는 것을 증명하려는 추가 과정을 취할 필요가 없었던 셈이다. 유클리드의 정의에 담긴 일관성 자체가 구가 존재한다는 증명이라는 얘기다. 그럼 구는 어디에 존재하는가? 플라톤과 유클리드, 칸토어, 프레게에 따르면 구는 사람의 정신과 독립적으로 수학세계에 존재한다.

칸토어가 집합론을 공식화하고 나서 몇 년 뒤 수학자들은 그 이론에서 역설을 발견하기 시작했다. 예를 들어 프레게는 칸토어의 집합론 관점에서 숫자를 정의했을 때, 젊은 버트런드 러셀은 자신을 원소로 포함하지 않는 모든 집합의 집합을 고려했을 때 역설이 발생한다는 것을 발견했다(5장 참고). 그러나 칸토어의 내재적 실재에 역설 개념이 존재한다면 추상물체(내재하는 실재)에도 역설이 존재해야 한다. 어떻게 그럴 수 있을까? 그럴 수 없어서 수학자들은 그 역설을 제거하고자 집합론을 수정하기 시작했다.

그 수정 과정에서 힐베르트는 일관성을 수학적 물체의 존재를 확립하는 개념의 특성으로 분류했다. 이런 내용은 힐베르트가 1903년 프레게에게 보낸 편지에 잘 나타나 있다.

"개념을 정의하는 공리에 모순이 없다고 인식하는 것이 결정적인 부분이다."[21]

근대 플라톤주의 집합이론자에게 일관성은 실재를 수반한다.

존재한다는 것은 경계가 있다는 것이다.
— W. V. 콰인,
〈존재하는 것*On What There Is*〉, 1961년.

1960년대 미국 철학자 폴 베나세라프Paul Benacerraf는 추상적인 수학 대상에 이의를 제기했다. 그는 수학의 정의에 따르면 그런 사물을 지각적으로 감지하지 못하므로 우리가 이해할 수 없다고 주장했다. 즉, 수학적 물체는 관찰이 불가능하기 때문에 과학적인 방법으로 알 수 없다는 것이다('숫자가 변할 수 없는 것들', 1965년). 그러나 2명의 미국 철학자 W. V. 콰인W. V. Quine과 힐러리 퍼트넘Hilary Putnam은 1970년대와 1980년대에 여러 편의 출판물에서 숫자, 기하학 구조, 통계, 미적분을 자연과학에 다양하게 적용해왔다는 점에서 수학적 물체가 과학에 필수적이라고 반박했고 또한 그렇기 때문에 수학적 물체는 존재한다고 반증했다. 이 주장은 근대 플라톤주의 수학자 사이에 '콰인-퍼트넘의 필수불가결성 논증'으로 알려져 있다.[22]

플라톤주의 전통에서 수학적 물체 지식은 '긴 시간을 이 주제에 헌신하고 나서야 불꽃이 번뜩이는 것처럼 영혼의 뇌리에 진리가 떠오른다'로 이해했다.[23] 근대 세속주의 맥락에서는 추상물체 지식을 '직관'이라는 인지로 얻는다.

오늘날 플라톤주의 수학은 숫자가 실재한다는 의미로 '실재론'이라 불린다. 이 책에서는 전통적으로 사용해온 '플라톤주의'라고 부르겠다. 무한성을 연구한 칸토어는 초기에 반발에 부딪혔고 프레게의 산술로 세부적인 내용에 다툼이 있었으나, 오늘날 압도적인 수학자가 집합론 맥락에서 이 근대 숫자와 산술의 정의를 완전히 받아들이고 있다.

근대에는 플라톤주의의 변형이 여럿 존재했는데 이들 관점은 어떤 추상물체를 실재 존재하는 사물로 간주하는가에 서로 다른 견해를 보인다. 보수적인 견해로 대부분의 수학자가 자연수 집합(1, 2, 3,… 칸토어의 알레프제로)이 존재한다고 여겼다. 진보적인 플라톤주의자는 더 높은 기수의 무한대(칸토어의 알레프원 등)도 존재한다고 보았다. 오직 철저한 '절대 플라톤주의자(absolute Platonismus, 힐베르트의 동료 파울 베르나이스Paul Bernays의 단어 차용)'[24]들만 상상 가능한 모든 수학적 물체를 포함한 집합이 존재한다고 믿었다.

후자는 칸토어의 절대무한 같은 집합으로 대부분의 플라톤주의자는 이것이 모순적이라 꺼렸다. 이 책의 목적은 그 추상물체의 존재론적 상태를 폭넓게 조사하는 데 있는 것이 아니므로 앞으로 언급하는 몇몇을 제외한 대다수 근대수학자는 집합론 측면에서 플라톤주의자라 할 수 있다. 이들은 칸토어의 집합론과 프레게의 산술에 기반한 고전적 플라톤주의 세계관을 지니고 있다. 예외 그룹 중 중요한 이들은 L. E. J. 브라우어르와 함께 직관주의를 형성했는데 이들은 숫자와 형상이 정신에만 존재한다고 여겼다. 즉, 수학자들이 상상으로 그것을 창조한 것이라고 믿었다(6장 참고).

형이상학의 종말

만약 수학적 추상물체가 존재한다면 이것은 어떤 종류일까? 고대와 중세의 플라톤주의 전통에서는 추상물체가 형상의 성스러운 영역이나 천국에 존재한다고 여겼다. 그러나 근대 세속주의 시대의 집합론적 플라톤주의자는 형상과 집합을 (문자 그대로) 신학과 연결짓지 않았다. 이 책에 반복적으로 나오지만 근대 세속주의 사고에는 강한 반형이상학 경향이 존재한다. 형이상학이란 무엇일까?

아리스토텔레스는 《물리학Physics》에서 지구, 공기, 불, 물의 물리세계를 기술했다. 《물리학》은 우주의 제1원칙과 제1원인을 다룬 14권의 책이다. 그는 이 책에서 존재, 시간, 공간을 비롯해 신학의 주제인 '신성한 존재'와 관련된 질문을 다뤘다. 아리스토텔레스가 죽고 나서 1세기 뒤 익명의 편집자가 이 14권의 책에 '형이상학Metaphysics'(물리학 이후)이라는 이름을 붙였다.

중세에도 형이상학은 계속 우주의 제1원인과 신성한 존재에 던져진 질문을 다뤘다. 그러다가 계몽주의 시대에 과학이 발전하면서 물리학은 오늘날처럼 새로운 양적 연구 분야로 영역을 옮겼다. 시간과 공간 같은 특정 주제는 형이상학에서 물리학으로 넘어갔지만, 자유의지나 결정론으로 발전하는 주제를 포함해 새로 발생한 가치이론(윤리와 미학) 등의 주제는 물리학에서 형이상학 영역으로 넘어갔다. 오늘날 새로운 '근대' 형이상학은 가장 보편적 의미에서 궁극적 실재를 설명하려는 모든 시도를 포함한다.[25]

형이상학을 일축한 근대 지식인은 일반적으로 뉴턴이나 아인슈타인이 연구한 세속세계 너머에 존재하는 '신성한 것'이나 자연 위에 존재하는('초자연적') 존재와 관련된 질문이라는 중세의 의미로 형이상학을 사용했다. 나아가 '물리학의 위와 너머에'라는 뜻의 형이상학을 적용해 메타언어(초언어)와 메타수학(초수학)이라는 용어가 생겨났다.

형이상학이 '초자연적인' 것을 의미한다고 보아 2000년 된 플라톤주의와 종교가 결합한 것이 바로 현대 세속주의 문화의 수학과 과학에서 반형이상학 분위기가 그토록 강렬하게 나타난 이유다. 현대 세속주의자들은 이 오래된 연관관계를 깨고 싶어 했다. 예를 들어 1950년대 버트런드 러셀은 어린 시절 플라톤주의와 종교 사이의 은유적 연관성을 발견했다고 회상했다(추후에 그것을 부정했지만).

"나는 사람들이 바라는 종교적 신뢰와 같은 종류의 확신을 바랐다. 나는 그런 확신을 다른 곳보다 수학에서 발견할 가능성이 높다고 생각했다."[26]

더 최근에는 미국 수학자 피터 렌츠Peter Renz가 마음속에 있는 추상적 수학 대상의 비물질성을 종교와 연관지어 표현하기도 했다.

"사물의 실재를 향한 믿음은 알 수 없는 신성을 믿는 것과 동등한 행위다."[27]

한편 영국 수학자 E. 브라이언 데이비스E. Brian Davies는 "공간과 시간의 한계를 벗어난 수학 영역"을 두고 직관적으로 획득하는 지식이 오히려 근대과학보다 더 신비주의 종교와 유사하다고 불평했다.[28] 실제로 집합론적 플라톤주의 창시자 칸토어는 절대무한을 신학적으로 해석했다. 이 때문에 집합 같은 추상물체의 형이상학적(초자연적) 존재를 설명하는 것이 세속주의 시대 수학자들에게 반감을 불러일으켰다.

형이상학에 적대감을 표시한 세속주의 수학자들은 두 그룹에게 지속적으로 공격을 당했다. 하나는 헤겔의 절대영혼처럼 초자연적 존재를 지지하는 독일 낭만주의 자연철학자고, 다른 하나는 사람의 삶(윤리)과 감정(미학)에 중점을 둔 니체의 생철학 추종자다. 두 19세기 철학 주제는 과학적 측정이나 분석 방법과 어울리지 않아 형이상학 분야에 포함되었다.

우리가 누리는 경험 중
가장 아름다운 것은
미스터리 경험이다.
이것이 진정한 예술과 과학의
요람에 있는 근본적인 감정이다.
— 알베르트 아인슈타인,
〈내가 믿는 것*What I Believe*〉, 1930년.

오늘날 수학자들은 일반적으로 집합론을 사용하지만 (중세와 현대) 형이상학과 관련된 철학사상과는 거리를 두고 있다. 사람들이 더 이상 플라톤의 장인이나 유대-기독교-이슬람의 창조주가 숫자와 형상을 만들었다고 믿지 않는다면, 이것은 대체 어디에서 온 걸까? 근대 직관주의자에 따르면 수학은 인간 정신의 창조물이다. 반면 근대 플라톤주의자는 이것이 숫자와 형상을 정의하고 구성하는 인간(또는 기계)의 능력과 별개로 수학세계에 존재한다고 믿었으나, 추상물체가 어떤 종류의 형이상학(초자연) 존재를 내포한다는 의미는 아니라고 덧붙였다. 그런데 이 주장은 (근대적 의미의) 형이상학을 벗어나지 못한다. 추상물체가 주어진 것이라는 형이상학의 주장은 추상물체의 기원이 알려지지 않았음을 인정하는 것이나 마찬가지다. 실제로 수학적 물체의 기원은 근대 형이상학의 최대 미스터리 중 하나다.[29]

형이상학을 몹시 싫어하는 실용적인 사람에게는 추상물체의 기원과 존재를 철학적으로 고민하는 것이 부적절하고 약간은 과장처럼 보일 수 있다. "'점이란 무엇인가?'라는 질문이 우리와 무슨 상관이죠?" 하면서 말이다. 최근에 나온 《실재하는 수학철학Towards a Philosophy of Real Mathematics》은 힐베르트가 수학의 근간에 관해 제기한 철학적 질문은 '실재'하는 수학과 연관이 없고 저자가 말하는 실천수학과 관련이 있다고 주장했다.[30] 학문의 철학과 실천을 통합하려는 이들에게 이런 질문은 의미가 없다. 고대와 중세의 많은 사람이 답이 불가능하거나 심지어 이해할 수도 없는 철학적 질문에 사로잡혀 있었지만, 오늘날 이러한 질문을 이어받은 몇몇 세속주의 수학자와 화가는 직관이나 신비주의로 수학세계와 정신적으로 연결되려는 강한 열망을 표현하고 있다. 칸토어가 푸리에 수열과 관련된 질문을 하고 힐베르트가 유클리드 공리에 의문을 표한 것 같은 실용적인 질문이 수학 연구를 이끌었다는 것은 누구도 의심하지 않는다. 그와 함께 철학적 질문 역시 수학 연구를 이끌어왔다. 근대수학자들이 수학에서 형이상학을 없앤 것이 과학 탐구에 동기를 부여하고 그것을 지속해 궁극적 실재를 이해하려는 열망을 억압하거나 위협하지는 않을까?

형식주의 미학: 수학과 예술의 자율성

독일 철학자 요한 프리드리히 헤르바르트Johann Friedrich Herbart는 힐베르트보다 거의 1세기 전에 형식주의 관점으로 과학적 세계관을 표현했다. 그는 수학이나 미술을 공부하는 목적은 그 주제의 중심 개념을 구분한 후 자신 같은 철학자가 개념을 통합하는 데 있다고 주장했다(《철학적 학문On Philosophical Studies》, 1807년).[31] 헤르바르트는 쾨니히스베르크대학에서 커다란 학문적 영향력을 발휘했다. 1809년부터 그는 칸트의 철학과 교수직을 물려받아 철학을 가르쳤고, 1834년부터 사망한 해인 1841년까지는 괴팅겐대학교에서 철학을 가르쳤다. 헤르바르트의 분석적 접근 방법은 1840년대에 괴팅겐대학교의 가우스 밑에서 수학한 젊은 베른하르트 리만이 기본개념을 분리하는 수학철학을 개발하는 데 영감을 주었으며, 이후에는 힐베르트가 그런 접근방식을 개발했다.[32]

헤르바르트와 리만, 힐베르트는 모두 이마누엘 칸트가 창안한 독일의 이상주의 관점에서 철학을 연구했다. 이 독일 이상주의는 학자들에게 포괄적·통합적인 세계관과 생철학을 구축하고 거기에 각자 공통된 거대구조를 갖춘 수학, 과학, 가치(미학과 윤리)를 포함하라고 권고했다.[33] 칸트는 이 3가지 분야의 지식을 얻는 방법과 관련해 3개의 논문을 썼다. 《순수이성비판》은 수학 지식을 다루고 《실천이성비판Critique of Practical Reason》(1788년)은 과학 지식을 다루며 《판단력비판Critique of Judgment》(1790년)은 철저하게 미적 지식을 다루고 있다. 칸트는 미적 영역을 자주적이라 정의했고 '별이 총총한 하늘은 아름답다' 같은 미적 판단의 진실은 논리나 도덕적 고려사항과 독립적이라고 주장했다. 미적 지식은 즉각적이고 주관적인 직관력으로 얻는다.[34]

1900년 힐베르트는 자신이 바라보는 수학의 결합을 설명했다.

"내가 생각할 때 수리과학은 불가분의 전체이며 그 부분의 연결로 활력을 얻는 유기체와 같다. 다양한 수학 지식에서 우리는 전체로 작용하는 수학 개념은 물론, 다른 많은 학문과 논리가 공통적인 도구를 명확히 의식하고 있다."35

또한 힐베르트는 자연은 근본적으로 그 속성이 단일한데 바로 그것이 수학 패턴을 구현한다는 연관된 과학관을 보였다.

"모든 자연 현상에 담긴 정확한 지식의 토대는 수학이다. 따라서 수학의 유기적 결합은 과학의 본질에 내재한다."36

헤르바르트도 형식주의 접근법을 예술에 적용해 각 예술 형태가 통합적, 자율적인 분야를 형성한다고 보았다. 과학자가 데이터로 그 안에 숨은 수학 패턴을 발견하려 하듯 예술가는 건축의 형태와 구조, 음악의 멜로디와 리듬처럼 자기 매체의 기본요소에 집중한다. 헤르바르트가 1831년에 기록한 글에 따르면 순수한 미적 판단을 내리기 위해서는 우연의 산물이나 가변적 특성(가사의 뜻 같은)이 아니라, 예술작품의 필수요소(음악에서 음의 패턴이나 템포 등)에 기반해야 한다.

"푸가 형식을 개발한 옛 예술가나 건축 질서를 확립한 건축가가 표현하려 한 것은 무엇인가? 아무것도 아니다. 그들은 단지 각 예술 분야의 본질을 탐구했을 뿐이다. 의미에 의존하는 것은 그들이 예술의 본질을 두려워하고 표면적 화려함을 선호한다는 것을 드러낸다."37

체코의 음악 평론가 에두아르트 한슬리크Eduard Hanslick는 헤르바르트 사상에서 영감을 얻어 음악과 관련된 최초의 형식주의 논문을 집필하기 시작했다.

"음악은 소리의 흐름과 형식으로 이뤄져 있으며 이것만이 음악의 유일한 주제를 구성한다."(《음악의 미The Beautiful in Music》, 1854년)

몇 년 뒤 헬름홀츠는 왜 인간이라는 존재가 음악에 나타나는 특정 수학비율을 아름답다고 느끼는지 설명했다. 고대 피타고라스주의자는 정밀한 수학비율로 만든 음표의 집합(옥타브 등)을 들으면 조화로운 화음이라 느끼고, 그런 비율이 없는 소리는 불쾌한 불협화음으로 느껴진다는 것을 발견했다(옥타브의 경우 1:2 비율, 1장 참고). 헬름홀츠는 감각기관(귀와 청각피질)이 주관적으로 경험하는 화음을 설명했는데, 피타고라스의 수학비율이 인간 신경회로의 고유 특성과 같다는 것을 확인했다. 그는 1857년 발표한 고전적 음악 소논문 〈조화로운 음악의 생리적 원인On the Physiological Causes of Harmony in Music〉에서 사람들이 (의식하지 않고도) '소리의 흐름과 형식'을 조화롭다고(즐겁다고) 느끼는 이유는 소리 패턴이 사람의 귀나 청각피질에 내재한 구조와 공명하기 때문이라고 설명했다.

> 나는 자음 조합의 적합성과 관련해 숨은 법칙을 밝히고자 노력했다. 그것은 사람이 신경으로 감지해 마음속에 의식적으로 드러나지 않는 부분 음색에 따라 무의식적으로 따르는 단어의 진정한 의미다. 청력은 자신이 경험한 느낌의 원인을 알지 못한 채 그러한 적합성 혹은 비적합성을 느낀다.
>
> 음색 적합성에 따른 이런 현상은 지각만 결정하므로 이는 음악의 아름다움으로 향하는 첫 단계에 불과하다. 화음과 불협화음은 지성인의 호감을 끄는 고차원 음악의 아름다움을 실현하는 데 필수적인 강력한 수단이다. 불협화음을 들으면 청신경은 부적합한 음의 비트

를 고통으로 느낀다. 시청각은 조화롭게 발산하는 음을 갈망한다. 만족과 휴식을 위해 조화를 원하는 것이다. 다시 말해 화음과 불협화음으로 번갈아 가며 음의 흐름을 조정하길 요구하는데 정신은 그러한 비물질적 움직임에서 영원히 흐르는 사고와 감정을 느낀다.

이 움직임은 바다의 파도처럼 리드미컬하게 반복되지만 항상 변하고 집중을 요구하며 때로 우리를 초조하게 한다. 바다에는 인간이 영향을 미칠 수 없는 물리적 힘만 작용하는 까닭에 그것을 보는 관찰자의 마지막 인상은 그저 고독할 뿐이며, 음악 예술작품에서 그 움직임은 예술가 고유의 감정 흐름을 따른다. 부드럽게 미끄러지듯, 우아하게 뛰어넘듯, 격렬하게 흔들리듯 열정적인 자연의 몸짓이 전달해주는 원초적 생기가 음의 흐름을 타면 듣는 이의 영혼이 상상하지 못한 감정으로 전해진다. 예술가 또한 자신의 음악을 듣고 감정을 느껴 결국 신이 소수에게만 허락한 영원한 아름다움의 안식에 이른다. 그렇지만 나는 물리과학의 한계에 도달했기에 여기에서 마쳐야 한다.[38]

헤르바르트와 헬름홀츠의 전통에 따라 힐베르트는 '간소함'이나 '순수성' 같은 용어를 사용하고, 가능한 한 적은 수의 공준을 최대한 정밀하게 적었다. 그리고 일관성 있게 잘 정돈하고 조화로운 구조를 중요시하는 방법으로 미학의 공리구조를 설명하면서 미학을 형식주의로 설명하려는 욕구를 드러냈다.[39] 형식주의가 러시아의 언어학에 이어 문학, 시각예술에 도입되면서 순수성에 관한 환원주의 욕구는 지속적으로 나타났다.

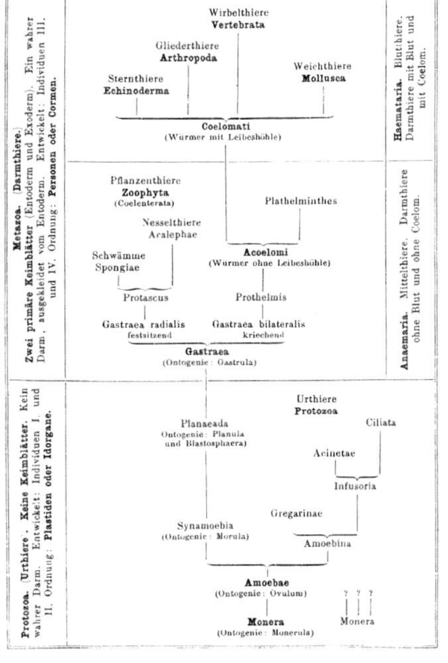

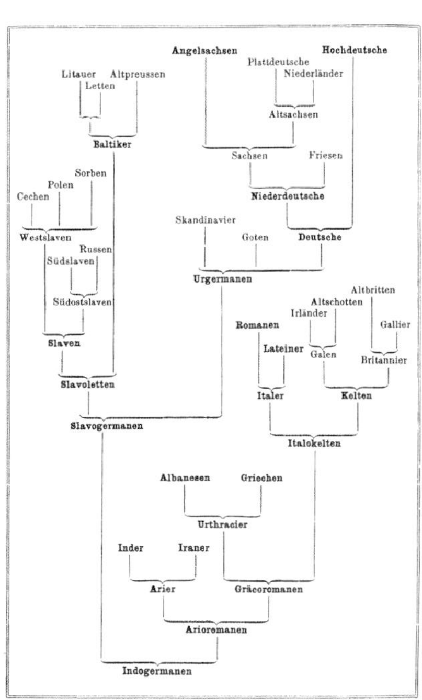

좌측 첫 번째

4-4. '생명나무', 에른스트 헤켈, 《인류 발생론 또는 인류 발달 역사*Anthropogenie, oder Entwicklungsgeschichte des Menschen*》(1874년), 473p, 그림 14.**

독일의 생물학자 에른스트 헤켈은 찰스 다윈의 추종자였다.

좌측 두 번째

4-5. '언어나무*Tree of languages*', 에른스트 헤켈, 《인류 발생론 또는 인류 발달 역사》, 360p, 그림 10.**

19세기 언어학자들은 서양과 근동지역 언어가 문헌 이전에 인도 아대륙부터 유럽까지 펼쳐진 땅에서 사용한 공통적인 언어(잃어버린 인도-유럽어*Indogermanen*)로부터 진화했다는 가설을 세웠다.

러시아 수학과 언어학의 형식주의

19세기 말과 20세기 초 니콜라이 부가예프의 지도를 받은 모스크바의 수학자들은 숫자와 기하학 형태를 철학적·종교적으로 해석했다(3장 참고). 하지만 알렉산더 바실리예프는 1880년대 카잔대학교에서 형식주의 접근방식의 기반을 다지며 카잔에 살던 니콜라이 로바쳅스키의 첫 러시아어판 전집을 출판했다. 이후 이곳은 로바쳅스키의 비유클리드 기하학 연구의 중심지로 부상했다.

한편 상트페테르부르크에서는 파프누티 L. 체비쇼프Pafnutii L. Chebyshev를 중심으로 한 수학자들이 자신의 도시를 세계적인 확률론 연구의 중심지로 만들었다. 사실 1866년 제임스 클러크 맥스웰은 기체운동이론을 연구할 때 통계 방법을 적용했는데, 이때 서양학자의 연구방식을 따르지 않고 오히려 확률론을 해석되지 않은 형식구조로 여겼다. 그러나 1910년대에 이르러 체비쇼프의 추종자들은 새로운 아원자 물리학에 확률론 방법이 필요함을 느꼈고, 이후 통계 방법을 연구에 적용하기 시작했다.[40]

20세기 초반 독일과 러시아의 언어학자는 형식주의 접근방식을 쓰고 있었다. 초기 언어학자는 고대에 사용한 언어와 그 언어의 근대 후손 사이의 기본 음조, 문법, 단어를 비교해 언어 가계도를 만들고자 했다. 찰스 다윈이 진화 가계도(《종의 기원》)를 발표한 후 생물학적 유사성에 관심이 커졌고, 인간을 다른 종과 구분하는 특성은 언어라고 보았기 때문이다(《인간의 유래》, 그림 4-4와 4-5 참고).[41]

그렇지만 19세기 말 죽은 언어를 연구하던 언어학자들은 형식주의 수학에서 새로운 비유를 발견하고, 해석되지 않은 문헌의 기호(그림이나 단어)를 의미가 자유로운 변수이자 패턴으로 바라봤다. 그들은 표식으로 가득한 점토판처럼 죽은 언어의 잔재에만 형식주의 수학을 적용했다. 형식주의 언어학자들이 점토판 위에서 죽은 언어의 기호가 의미하는 바를 알아내기보다(의미론) 그 해석 불가능한 기호 패턴을 연구하는(구문론) 더 제한적인 목표를 설정했기 때문이다.

1870년대 독일 라이프치히대학교 언어학자들은 형식주의 접근방식을 확장해 살아 있는 언어를 묘사하고자 했다. 소위 젊은 문법학자라고 불린 이들은 영어의 'o'(no의 경우), 'oi'(loin의 경우), 'p'(pit의 경우), 'th'(thus의 경우) 같이 구어를 구성하는 음소에 중점을 두었다. 그들은 음소를 선택할 때 의미 없는 변수로 취급될 수 있는 것을 중점으로 했다. 이 젊은 문법학자들은 시간의 흐름에 따라 구어에서 변화하는 음운은 기하학의 추론법칙처럼 완전히 결정론적 법칙을 따른다는 이론을 세웠다.

폴란드 언어학자 얀 보두앵 드 쿠르트네Jan Baudouin de Courtenay는 젊은 문법학자들과 함께 배우고 1870년 라이프니츠대학교에서 박사학위를 받은 후 형식주의 접근방식으로 비유클리드 기하학을 연구하던 카잔대학교에서 1875~1883년까지 산스크리트어와 인도-유럽어 교수로 재직했다. 그는 카잔대학교에서 젊은 문법학자들이 예측한 결정론적 법칙을 찾는 일생의 여정을 시작했다. 예를 들어 보두앵은 로망스어가 진화하는 과정에서 모음이 따라오면 항상 b가 v로 바뀐다고 주장했다. 연역추론 규칙처럼 외부 역사에 구어가 변화한 것을 설명할 법칙이 존재하지 않는 듯했으나, 보두앵의 접근방식은 19세기에 잃어버린 인도-유럽어의 단어를 재구성하고 구어 변화를 설명하는 데 광범위하게 쓰였다.[42] 시간이 지나면서 보두앵은 결정론적 음법칙에 보인 엄격한 태도를 누그러뜨렸고 1910년에는 자신의 예측이 기상예보와 유사하게 개연론적이었다고 적기도 했다.[43]

보두앵이 러시아 카잔언어학대학으로 알려진 곳에서 언어학의 형식주의 접근방식을 확립하고 있을 때 프랑스와 스위스에서도 형식주의 언어학이 부상했다. 이 접근방식은 프랑스와 스위스에서 '구조주의Structuralisme'라고 불렸는데, 이는 스위스의 언어학자이자 젊은 문법학자인 페르디낭 드 소쉬르Ferdinand de Saussure의 연구와 관련이 있다. 소쉬르는 라이프니츠대학교에서 1880년 박사학위를 받은 뒤 파리와 제네바 대학교에서 교수로 재직했다. 1913년 그의 사후 제자인 알베르 세슈에Albert Sechehaye와 샤를 발리Charles Bally는 소쉬르가 제네바에서 강의한 내용을 정리해 발표했는데, 이것은 구조주의 언어학의 기초교재로 쓰였다(《일반언어학 강의Cours de linguistique Générale》, 1916년).

1900년 보두앵이 상트페테르부르크대학으로 옮겼을 때, 이 대학의 수학과는 이미 형식주의 접근방식을 확립한 상태였다. 그는 1918년까지 언어학 교수로 재직하면서 젊은 러시아 시인들에게 막대한 영향을 끼쳤다. 보두앵은 러시아 문학계의 아방가르드풍 시를 보고 이것이 현재 빠르게 변하고 있는 음소의 예시로 보았다.[44]

형식주의 비평과 문학

형식주의 시인과 소설가는 일반적으로 언어구조(구문론)를 강조했지만 소리 자체는 언어가 아니며 시는 소리(음소)구조에 불과하다고 주장하지는 않았다. 구문론(문법구조)과 의미론(의미) 이 2가지가 합쳐져 언어를 이룬다.

20세기가 시작될 무렵 모스크바의 저명한 수학자 니콜라이 부가예프는 수학방정식을 철저히 철학의 의미로 다뤘다. 그런데 아이러니하게도 그의 아들 보리스 부가예프는 시의 의미를 분해하는 러시아 형식주의 문학비평을 창시했다. 안드레이 벨리라는 필명을 사용한 보리스는 굴지의 상징주의 시인이 되었다.

자신의 아버지에게 수학을 폭넓은 문화 관점에서 해석하는 법을 배운 이 젊은 시인은 시의 추상구조를 강조하는 방식으로 형식주의를 문학비평에 적용했다. 벨리는 형식주의 언어학자와 마찬가지로 시의 의미가 아니라 구절의 선율과 (강조하거나 아예 강

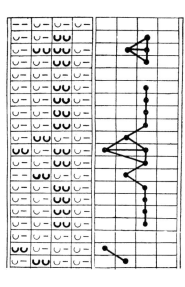

Да, я не Пиндаръ: мнѣ страшнѣй
Всего—торжественная ода,
Березовецъ и юбилей
Рожденья конскаго завода.
Когда бъ слова въ стихахъ моихъ
Ложились выпуклы и ковки,
Вставали разомъ бы изъ нихъ
Копыта, шейки и головки.
Слѣдя за каждою чертой,
Знатокъ не проходилъ бы мимо,
Не восхитившись красотой
Любимца или Ибрагима.
Я, лавры оглася твои
И всѣ стяжанныя награды,
Въ заводѣ конскомъ Иліи
Нашелъ бы звуки Иліады.
Но этихъ звуковъ-то и нѣтъ,
И я, гремѣть безсильный оду,
Лишь пожелаю много лѣтъ
Тебѣ и твоему народу!

(Ф е т ъ).

4-6. 《상징주의*символизм*》의 구절 선율에 나타나는 안드레이 벨리의 강조 패턴 도표, 《상징주의》(1910년), 260.
고대부터 서양의 구절은 강조하지 않은 음소 υ와 강조한 음소 — (toDAY 같은 υ— 구조)로 이뤄진 '계량 단위(약강, iam)'의 전통 형식으로 작성해왔다. 19세기 후반과 20세기 초반 러시아 문학의 구절은 υ—υ—υ—υ— 패턴의 약강 4보격 구조로 작성했다. 벨리는 이 도표 좌측에 아파나시 페트*Afanasy Fet*의 운율을 나타내고 그가 비강조 음소 자리에 강조 음소를 두어 규칙을 어겼다고 기록했다. 좌측의 4개 세로열은 각 시구의 강조 패턴을 나타내고 우측의 4개열은 약강 4보격 구조를 어긴 경우 점으로 표시한 것이다. 그 후 점을 연결해 기하학 도형을 만들었다.

조하지 않는) 음절 패턴을 분석하는 방식으로 의미 없는 소리 패턴에 관심을 기울였다. 그는 리듬을 기준에서 벗어난 패턴으로 정의했고 도표를 이용해 이것이 기하학 도형을 만들어낸다는 것을 나타냈다(그림 4-6).[45]

벨리는 이 기하학 도형이 시의 형식적(리드미컬한) 본질을 나타낸다고 보았으며, 그 기하학 도형으로 표현한 수십 명의 러시아 시인 스타일을 비교했다(그림 4-7). 벨리의 성과는 취향을 기반으로 한 수년간의 경험으로 미적 판단을 얻은 다른 비평가와 달리 통계 방법으로 그것을 얻었다는 데 있다. 계량법을 너무 면밀하게 따르는 시인(톨스토이나 초기의 푸슈킨)은 예측 가능한 단조로운 가락의 시가형식 운율을 쓰지만, 이 규칙을 따르지 않는 시인(후기 푸슈킨)은 더 새롭고 풍부한 운율을 창작한다(《상징주의》, 1910년).[46]

1914년 18세의 로만 야콥슨Roman Jakobson은 모스크바대학교 언어학과에 입학해 벨리의 문학계에 입문했다. 그는 다양한 언어의 음소를 조합해 시를 창작하기 시작했다. 그의 시는 의미 없는 음소 단위로 구성했다는 점에서 드물게 형식주의가 완전히 나타나는 경우다. 이 시는 구술예술의 일종으로 무언의 음악과 비교할 만하다. 이것을 문학이라고 봐야 할까? 만약 문학이 언어(구문론과 의미론 포함)로 이뤄지는 것이라면 이것은 문학이라고 볼 수 없다. 야콥슨은 학생시절인 1914년에서 1920년 사이에 로만 알자그로프Roman Aljagrov라는 필명으로 미래파 정기간행물에 자신의 형식주의 시를 출판했다.

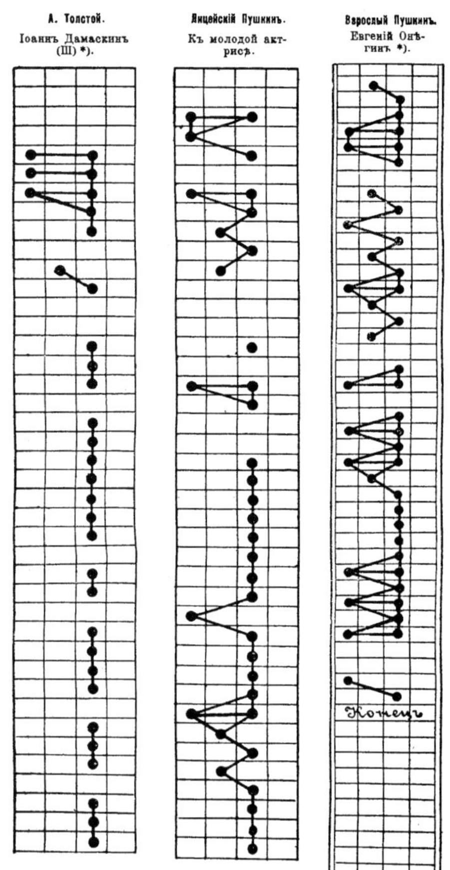

4-7. 안드레이 벨리의 운율 패턴, (좌측에서 우측으로) **톨스토이의 〈다마스쿠스의 요한***John Danascene*〉**, 푸슈킨의 초기 시 〈젊은 여배우에게***To a Young Actress*〉**, 푸슈킨의 후기 시 〈예프게니 오네긴***Eugene Onegin*〉**, 《상징주의》(1910년), 268, 270.**
벨리가 시 3개의 형식적 본질을 이처럼 기하학 도형으로 묘사한 것을 보면 마치 그 생명을 앗아가는 것처럼 느껴진다. "풍요로운 운율의 예시(우측 푸슈킨의 후기 작품)를 빈약한 운율의 예시(좌측의 톨스토이와 중간의 푸슈킨 초기 작품)와 비교하면 풍요로운 운율의 도형이 더 복잡한 형태로 나타나는 것을 볼 수 있다. 이들 작품의 선은 직선이 아니라 중간 중간 끊어져 있고 단순한 도형이 여기저기에서 합쳐져 더욱 복잡한 도형을 만든다. (…) 푸슈킨의 운율은 끊어진 선을 묘사하는데 우리는 여기에서 각(직각)과 '지붕'(수평선), 글자 M 모양과 유사한 도형이 형성된 것을 볼 수 있다(2번째 보격과 3번째 보격의 반강조 패턴에서 형성). 푸슈킨의 후기 작품에 나타나는 풍부한 직각은 이후 작품을 기대하게 한다." 여기서 잠깐 생각해보자. 이 시들은 무엇을 의미할까? 벨리의 형식주의 접근방식은 의미(의미론)를 고려하지 않는다.

1915년 야콥슨은 모스크바에 알렉세이 크루체니크, 벨레미르 흘레브니코프와 연관된 언어학 모임을 새로 조직했고 상트페테르부르크에는 오시프 브리크Osip Brik나 빅토르 슈클로프스키Viktor Shklovskii 등의 비평가가 포함된 자매단체를 조직했다. 야콥슨의 친한 친구인 슈클로프스키는 《단어의 부활The Resurrection of the Word》(1914년)을 집필했는데, 이 책은 단어의 물리적 성질(소리와 운율)에 중점을 둔 러시아 형식주의 문학비평의 중요한 초기 저서다. 그는 자연계(일상의 현실세계)와 문학작품으로 창조하는 상상의 세상(자족적이고 자주적인)을 구분했다. 더 나아가 슈클로프스키는 시의 단어는 저자의 의도나 과거 문학의 전통을 고려하지 않고 오직 상상의 세계와 연관되어 있다고 선언했다.

야콥슨과 슈클로프스키 같은 러시아의 형식주의자는 자신들의 경쟁자로 마르크스주의 비평가들의 주요 관심사인 사회세력의 영향을 무시했다. 언어는 아무리 복잡해도 단 하나의 의미론만 지닌다. 따라서 만약 형식주의 시인과 그 옆집의 식료품 주인이 모두 러시아어를 사용한다면 시인이 사용하는 단어는 그 의미가 진화해온 자연계(일상생활)와 간접적으로 연관되어 있음을 뜻한다. 그 점에서 야콥슨과 슈클로프스키의 형식주의 접근방식은 결국 이 세상과 단어를 완전히 분리하지 않고 문학의 고유한 의미를 강조한 사례로 볼 수 있다.

형식주의 접근방식을 채택한 초기 시인 중 하나인 흘레브니코프는 1903년 카잔대학교

수학과에 입학했다. 그는 비유클리드 기하학과 자연과학을 전공하면서 지속적으로 시를 썼고 1908년 첫 시를 출판했다. 이어 1908~1911년에는 보드앵이 이끌던 상트페테르부르크 대학 언어학과에서 산스크리트어와 슬라브어를 공부했다.

학생이던 흘레브니코프는 시인 알렉세이 크루체니크·블라디미르 마야코프스키, 음악가 미하일 마츄신, 화가이자 비평가인 다비드 불뤼크, 화가 바실리 칸딘스키·엘레나 구로 Elena Guro·블라디미르 타틀린, 신경학자이자 아마추어 화가인 니콜라이 쿨빈을 만났다. 흘레브니코프는 1910년경 처음 화가들과 산문시를 작업했는데 구로와 마츄신이 그 시에 그림을 그려 넣었다. 흘레브니코프는 단어의 의문론이나 구문론에 중점을 두지 않고 소리에 관심을 보였다. 대학을 마친 그는 자기 고유의 소리요소(음소) 구조 디자인에서 보두앵과 다른 언어학자가 잃어버린 인도-유럽어를 재창조하기 위해 사용한 것과 유사한 '새로운 보편언어'를 만들기 시작했다. 러시아 혁명과 1차 세계대전 시대에 살았던 흘레브니코프는 평화롭고 조화로운 사회를 만들 공통언어를 만들겠다는 이상적인 목적을 세웠다. 그는 에덴동산에 살던 아담과 이브의 언어나 바벨탑 이전의 통일언어를 그리워한 것이 아니라, 통합된 과학적 세계관을 지닌 전 세계인이 모든 사람에게 개념을 명확히 설명하는 그림문자처럼 같은 수학언어를 사용하는 것을 꿈꿨다.

내 목표는 이 태양계의
세 번째 위성에 사는 모든 사람이
사용할 공통문자를 창조하고,
우리 별에 거주하는 모든 인류가
우주에서 잃어버린 이해 가능하고
수용할 수 있는 기호문자를
고안하는 것이다.

— 벨레미르 흘레브니코프, '세상의 예술가들! *Artists of the World!*', 1919년.

보편언어의 정확성은 어디에서 나오는 것일까? 흘레브니코프는 19개의 자음으로 구성한 문자를('우리 행성에 사는 사람들을 위해 고안한 공통 상형문자 시스템'[47]) 제안했다. 그는 모음을 부수적인 것으로 보았기에 그저 발음을 돕는 문자로 포함시켰다. 흘레브니코프는 각 자음에 기하학 기호를 할당했는데, 이를테면 키릴문자 B(라틴문자 V)에 해당하는 기호는 한 점이 다른 점 둘레로 원을 그리는 것(원 또는 원호)이었다.[48] 그는 화가들에게 자신이 개발한 언어의 활자체를 만들어달라고 부탁했다.

"화가의 역할은 정신 과정의 기본단위에 그림 상징물을 부여하는 것으로 (…) 그 화가의 과제는 각 종류의 공간에 특별한 표시를 제공하는 것이다. 각 표시는 단순하고 다른 표시와 명백히 구분되어야 한다. M을 진한 파란색으로 지정하고 B를 녹색으로 지정하는 식으로 색을 사용할 수도 있다."[49]

단어 자체는 원자처럼 자체 과정과
구조를 지닌 것으로 여겨진다.
흘레브니코프는
단어를 수집하는 사람도 아니고,
부동산을 소유한 지주도 아니고,
세상을 깜짝 놀라게 할 만큼
현명한 이도 아니다.
그는 과학자의 관점에서
단어를 고려한다.

— 로만 야콥슨, '근대 러시아 시: 벨레미르 흘레브니코프 *Modern Russian Poetry: Velimir Khlebnikov*', 1921년.

흘레브니코프는 야콥슨이나 슈클로프스키와 마찬가지로 시가 실용적 수단으로 쓰이는 게 아니라, 문학적 의미를 지닌 자율적이고 자립적인 세계에 존재한다고 믿었다. 시 안의 상상의 세계는 비유클리드 기하학처럼 내부적으로 일관성이 존재하는(즉, 모순이 없는) 자율적인 영역이었다.

"만약 사람들의 입속에 살아 있는 언어를 유클리드 기하학에 비유할 수 있다면, 러시아인은 로바쳅스키의 기하학 같이 다른 세계의 형상을 나타내는 언어를 창조하는 호사를 누릴 수 없는 것인가? 러시아인에게는 그런 호사를 누릴 자격이 없는가?"[50]

흘레브니코프는 이 목적을 위해 시 〈시작начало〉(1908)의 종결 부분에 적은 것처럼 느긋한 분위기에서 노래하는 이른바 '주조한 단어'라고 불리는 단어를 만들었다.

어서 가자, 낭랑한 소리로 노래하자Ну же, звонкие поюны,

편안한 순간이 영원하길! Славу легких времирей!

흘레브니코프가 만든 단어의 의미는 그 맥락을 쉽게 이해할 수 있다. 예를 들어 단어 поюны는 '나는 노래를 부른다'를 뜻하는 пою와 함께 묶여 동사가 아니라 명사로 쓰인다. 그렇지 않을 때는 поюны를 '노래하는 것'이나 '노래'로 번역할 수 있다. 마찬가지로 времирей는 실제 러시아 단어인 врем(время의 시간격 조사)과 만든 접미사를 결합한 단어다.

흘레브니코프는 자신의 시 〈웃음의 주문〉(1908~1909년)에서 접두사와 접미사를 웃음을 뜻하는 러시아 단어 смех에 더해 여러 단어를 만들고 смех와 발음이 비슷한 단어를 웃음소리와 함께 사용했다(하하, 호호, 히히 등에 해당하는 러시아어). 흘레브니코프는 마치 웃음소리를 생각나게 하는 주문처럼 11행의 시에 웃음과 관련해 만든 단어를 여러 형태로 계속 반복했다.

세기 말에 비교문화를 연구한 다른 학생들처럼 흘레브니코프도 보편적이고 명확한 미래언어를 상상했다. 하지만 그는 이 꿈을 이루지 못하고 36세의 젊은 나이에 가난 속에서 사망했다. 한편 야콥슨은 1916년 혁명의 급격한 여파가 미치던 1920년대에 모스크바를 떠나 헤르바르트의 형식주의 철학이 언어학과 예술 비평학의 사고에 전반적으로 퍼져 있던 프라하로 갔다. 헤르바르트는 이미 1850년대부터 체코 평론가 에두아르트 한슬리크의 첫 형식주의 음악 분석을 집필하도록 영감을 주었다. 1926년 야콥슨은 체코의 동료들과 함께 프라하 언어학자 단체를 만들었는데, 이것은 이후 10여 년간 언어학자와 문학연구자가 형식주의 논쟁을 활기차게 펼치는 국제적인 연구 중심 단체가 되었다.

러시아 구성주의 예술: 타틀린과 로드첸코

젊은 블라디미르 타틀린은 흘레브니코프의 시에 매력을 느끼고 시의 형식적 접근방식을 처음 시각예술에 적용했다.[51] 1908년 그는 상트페테르부르크에서 불류크의 아방가르드 집단에 들어가 러시아 미래주의의 반추상적 화풍으로 도형과 정물화를 그렸으나, 이내 정밀묘사 화법을 버리고 형식주의 예술의 본질을 추구하기 시작했다. 불류크는 1912년에 작성한 2편의 소논문에서 흘레브니코프의 형식주의가 시각예술로 확장된 과정을 설명하고 있는데, 특히 그는 그 시대 화가들이 매체의 본질에 집중하는 것을 관찰했다.

"그림이 오직 회화적 목적만 추구하기 시작했다. 그림 그 자체만을 위해 존재하기 시작한 것이다."[52]

화가들에게 그러한 본질은 표면에 색칠한 부분이다.

"그림은 색칠한 공간이다. (…) 그림의 필수적인 특성으로 볼 수 있는 구성요소는 다음과 같다. (1) 선, (2) 표면, (3) 색, (4) 팍투라Faktura(재질)."[53]

4-8. **블라디미르 타틀린**(러시아인, 1885~1953년), **'모서리 역부조', 1914~1915년, 나무, 철, 케이블.**
타틀린의 역부조는 모두 소실되었다. 이 작품은 1915년 상트페테르부르크에서 열린 0.10 전시회에 전시했을 때 찍은 사진이다.

불뤼크에게 팍투라는 물리적 사물로서의 그림이나 조각품을 의미한다. 그는 시의 본질을 나타내는 '주조한 단어와 소리'라는 동일한 목표를 추구한 흘레브니코프를 현대시를 가장 훌륭하게 대표하는 이로 선정했다.[54]

1914년 여름 타틀린은 파리의 스튜디오로 파블로 피카소를 방문했다. '기타'(1914년) 같이 판금과 철사로 만든 피카소의 양각 조각품에서 영감을 받은 타틀린은 유화에서 벗어나 흘레브니코프의 시와 유사한 방식으로 조각의 물리적 본질을 강조하는 '카운터 릴리프(역부조)'를 창조했다(모서리 역부조Corner Counter-Relief, 1914~1915년, 그림 4-8 참고).[55] 타틀린은 흘레브니코프의 보편언어와 유사하게 판금을 잘라 만든 단순한 평면과 물체를 철사로 꿰뚫어 철사가 장력을 받아 늘어나도록 정리했다. 각 모서리에는 관찰자가 자세히 봐야 이해할 수 있는 인간적이지 않은 모양과 정밀구조의 역부조를 두었다. 1921년 러시아 예술가들은 타틀린이 이 조각품을 '구성'했다는 점에서 이 기법을 '구성주의'라고 불렀다. 힐베르트의 '이론-형태'나 벨리의 대칭그래프처럼 타틀린의 역부조는 힘(대칭, 장력, 중력)으로 결합된 조각

4-9. 알렉산드르 로드첸코
(러시아인, 1891~1956년), '추상화 80번'(검은색 위의 검은색), 1918년, 캔버스에 유채, 81.9×79.4cm.

형식의 본질적 표시(평면, 각도, 형상)를 창조했다. 1912년 불뤼크가 명시했듯 형식주의자가 생각하는 시각예술의 본질은 물리적 물체로서의 성질(재질)이다. 비평가 빅토르 슈클로프스키는 평론 〈재질Faktura과 역부조에 관하여〉에서 타틀린이 조각을 물리적 물체로서의 본질로 환원했다고 평가했다.

"한 시인과 한 화가는 온갖 노력을 다해 다른 무엇보다 연속적이고 완벽히 뚜렷한 사물(재질을 갖춘 사물)을 창조하는 목표를 이루고자 했다."[56]

그렇게 1920년대 러시아에서 예술의 의미를 반대로 바라보는 절대주의와 구성주의의 두 관점이 등장했다. 모스크바의 시인 알렉세이 크루체니흐와 니콜라이 부가예프의 철학-신학적 수학 해석을 따르는 절대주의자 카지미르 말레비치는 형언할 수 없는 절대영혼을 나타내는 역설적이고 비논리적인 표시에 관심을 기울였다. 상트페테르부르크의 시인 흘레브니코프와 구성주의자 타틀린은 형식주의 수학과 언어학의 의미가 담기지 않은 구조에서 영감을 받아 모순 없고 내적 일관성이 있는 예술을 창조하고자 했다.

1915년 상트페테르부르크 전시 0.10(제로-텐), 즉 미래파의 마지막 전시회를 방문한 이들은 말레비치와 타틀린의 접근방식을 비교해볼 수 있었다. 러시아 신지론자 페테르 우스펜스키의 우주적 인식을 얻고자 하는 이들에게 말레비치의 검은 상자 그림(3장 그림 3-30 참고)은 우주에서 가장 의미 있는 존재인 절대자를 상징했다. 그러나 (모스크바주립대학에서 수학과 물리학 학위를 받은) 미술비평가 세르게이 이자코프Sergei Isakov는 타틀린의 '모서리 역부조'

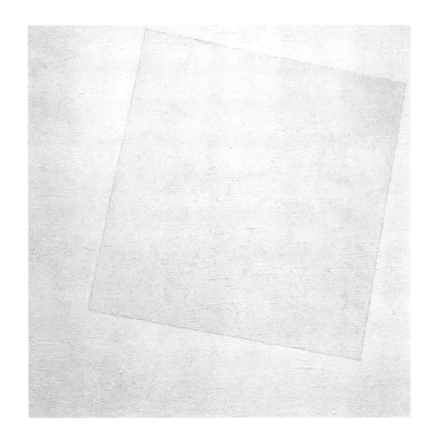

4-10. 카지미르 말레비치(러시아인, 1879~1935년), '절대주의 작품: 흰색 위의 흰색*White on White*', 1918년, 캔버스에 유채, 79.4×79.4cm.

를 오직 물리적 성질만으로 설명했다.

"그의 작품이 진지하고 긴 생각과 수고로 물질이나 장력이라는 어려운 문제를 해결하기 위한 노력의 산물이라는 것은 명백하다."[57]

알렉산드르 로드첸코는 카잔대학 미술학과에서 형식주의를 배웠고, 1914년에는 그곳에서 다비드 불뤼크의 수업과 마야코프스키의 시 공연을 참관했다.[58] 그다음 해에 모스크바로 이사한 로드첸코는 타틀린의 '모서리 역부조'에서 영감을 받아 구성주의 미학을 받아들였다. 그는 기하학자처럼 컴퍼스와 자를 사용해 그림을 그렸고 1916년 타틀린이 조직한 '더 스토어The Store' 전시회에서 작품을 발표했다.

1917년 혁명 이후 아방가르드 예술가와 작가는 새로운 공산주의 사회에서 자신의 역할을 재정의했다. 로드첸코는 볼셰비키를 지지하면서 그 논쟁에 활발히 참여하는[59] 한편 규칙에 따라 배열한 요소로 구성한 자립구조의 그림을 계속 창작했다. 1917~1921년 그는 이러한 시각예술의 형식주의 관점을 외골수로 나타내려 노력했고, 예술 대상물을 물질적 본질로 환원하는 것에 특별한 관심을 보였다. 로드첸코는 수학이나 언어학을 공부하지는 않았지만 타틀린, 흘레브니코프, 그 밖에 다른 이들의 형식주의 관점을 빠르게 흡수했다. 결국 형식미학은 미술과 조각에 의미를 담지 않은 표시들로 환원된다는 논리적 결론은 로드첸코 덕분에 이뤄졌다.

1918년 로드첸코는 '검은색 위의 검은색'(그림 4-9)에서 색상을 검은색과 회색으로 제한

상단

4-11. 알렉산드르 로드첸코(러시아인, 1891~1956년), **'공간구조 12번', 1920년경, 합판과 전선에 채색, 61×83.7×47cm, 1920년경 사진.** 로드첸코는 평평한 원과 정사각형, 삼각형을 동심원 띠 모양으로 잘라서 달면 모빌이 되는 방식으로 자신의 공간구조 시리즈를 창작했다.

하단 좌측

4-12. 알렉산드르 로드첸코, '공간구조 11번', 1920년경, 합판과 전선에 채색, 1920년경 촬영한 소실된 작품의 사진.

하단 우측

4-13. 알렉산드르 로드첸코, '공간구조 13번', 1920년경, 합판과 전선에 채색, 사진촬영 연도 미상.

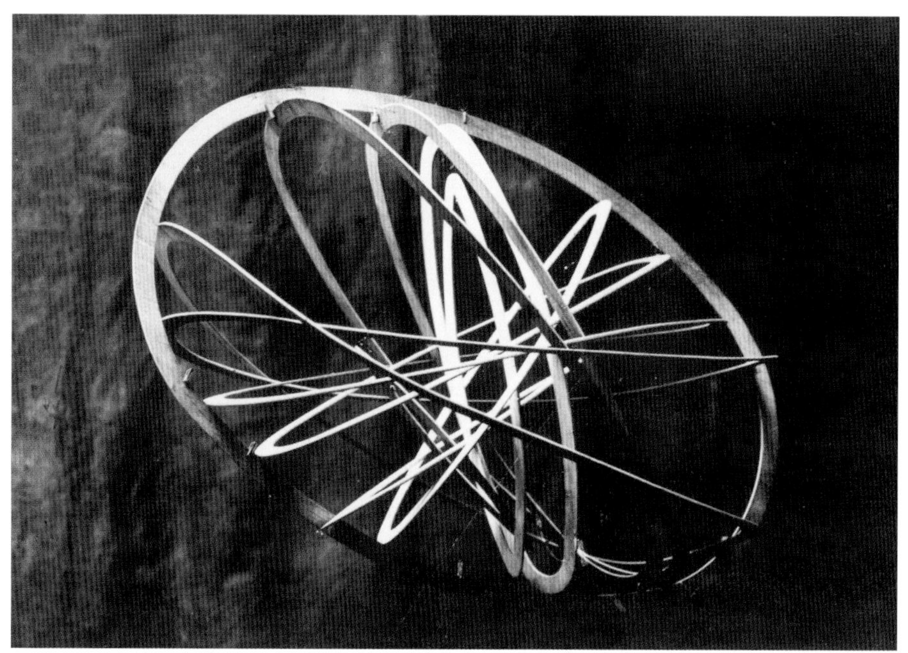

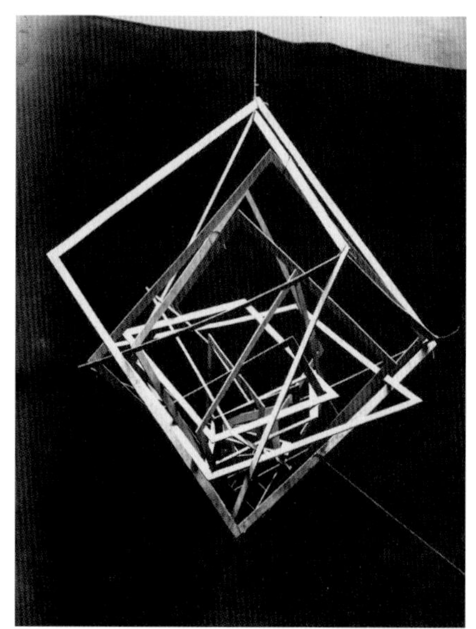

해 사용했다. 그는 1919년 모스크바에서 열린 '제10회 주립전시회: 비객관적 창조와 절대주의'에서 '흰색 위의 흰색'(그림 4-10) 시리즈와 함께 자신의 작품을 전시했다. 이러한 극적 대조는 타틀린이 1915년에 짝을 이뤘던 것을 떠올리게 한다.

말레비치는 '흰색 위의 흰색'을 절대영혼에 다가가는 길로 보았다. 로드첸코는 '검은색 위의 검은색'을 정해진 의미가 없는 형태 배열로 이해했다. 그는 선 개념을 칸토어의 연속체 개념(실수 선 위의 두 숫자 차이는 그 두 점의 거리와 같다)에 연결했다. 연속체에는 간격이 없기 때문에 조밀하다고 할 수 있다(두 점 사이에서 항상 다른 점을 찾을 수 있다). 로드첸코는 선을 나눠도 그 부분을 이루는 점의 수는 여전히 무한하다는 것을 다음과 같이 설명했다.

"전체 선을 이루는 점의 숫자는 그 선을 나눈 것을 이루는 점의 숫자와 같다. 이것은 무

좌측 첫 번째

4-14. 알렉산드르 로드첸코, '공간구조 20번', 1920~1921년, 1924년경 촬영한 소실된 작품 사진.

로드첸코는 동일한 20개의 T-모양 부품을 사용해 '공간구조 20번'을 만들었다.

좌측 두 번째

4-15. 알렉산드르 로드첸코, '공간구조 21번', 1920~1921년, 1920년경 촬영한 소실된 작품 사진.

204쪽

4-16. 알렉산드르 로드첸코, '푸른색'(*Чистый синий цвет*, 순수한 푸른색), 1921년, 캔버스에 유채, 62.5×52.5cm.

205쪽

4-17. 알렉산드르 로드첸코, '노란색'(*Чистый желтый цвет*, 순수한 노란색), 1921년, 캔버스에 유채, 62.5×52.5cm.

한한 행성, 태양, 은하수로 이뤄진 우주 전체에 적용되어 가장 작은 직선의 한 부분도 그 부분을 이루는 점의 숫자는 같다. 작은 직선을 가지고 그 점을 다른 방법으로 배열해 온 우주를 창조할 수 있다."[60]

무한성에 세속주의 관점을 보인 로드첸코는 무한성이 "추상예술 단계the heights of non-objective art"(《추상세계The Non-Objective World》, 1927년)[61]에서 신지론적 우주의식과 연관되어 있다고 여긴 말레비치와 차이가 있다. 1918~1920년 로드첸코는 선만 사용해 작품을 제작하는 화풍을 만들었다. 그는 이것을 '선형주의'라 명명하고 원, 정사각형, 삼각형을 포함해(그림 4-11, 4-12, 4-13) 여러 모양의 기본 기하학 형태를 연구하기 시작했다.

이들 작품은 나무에 은색 금속성 페인트를 덮어 만들었기 때문에 회전하면서 빛을 반사한다. 또한 그는 1921년 연속해서 반복적으로 여러 조립부품을 사용해 기하학 조각품을 창작했다(그림 4-14, 4-15).[62] 그런 연구는 이후 그가 디자인하는 건축과 공업, 여러 실용적인 분야의 사물에 적용했으나 그는 붉은색·푸른색·노란색처럼 단색으로 그리는 순수한 형태의 예술을 위해 여기에 작별을 고하고 극적인 형태로 돌아섰다.

1918년 로드첸코는 '검은색 위의 검은색' 시리즈에서 검은 배경에 회색 형태를 배치했다. 그러나 1921년에는 캔버스 표면 전체에 단색을 사용해 모노크롬 유화를 만들었고 이것을 '붉은색'(Чистый красный цвет, 순수한 붉은색, 4장 그림 4-1 참고)이라고 이름 지었다. 그는 유사한 모노크롬화('푸른색', '노란색', 그림 4-16, 4-17)를 만들고 모스크바의 '5×5=25' 전시회에서(세 폭 제단화가 아닌[63]) 3개의 개별 전시품을 전시했다.

로드첸코는 이들 작품으로 형식주의 관점에서 회화의 본질로 여기던 평평하고 색칠한 사각형 모양의 표면으로 환원했다. 그는 그것이 자신의 마지막 작품일 것이라고 선언했다.

"나는 회화의 논리적 결론에 이르렀고 그것을 세 유화에 담았다. '붉은색'과 '푸른색', '노란색'은 모든 것이 끝났음을 의미한다."[64]

로드첸코의 이런 표현은 그가 자신을 회화의 기초를 탐구하는 연구자로 여기고 있음을

어떻게 그림이 다른 어떤 것이 아니라 그 자체로 존재할 수 있는가? — 도로시아 록번, 1973년.

상단

4-18. 도로시아 록번(캐나다인, 1932년 출생), **'스스로를 만드는 그림: 근접성', 1973년, 피지에 연필, 색연필, 벽에 펠트팁 팬.**

록번은 1950년대에 노스캐롤라이나주 블랙마운틴대학에서 형식주의 미학을 배웠는데, 이때 독일 피난민 출신이자 괴팅겐대학교에서 다비트 힐베르트의 지도 아래 수학 박사학위를 받은 막스 덴*Max Dehn*이 그녀를 가르쳤다. 덴이 아직 학생이던 1900년 그의 지도교수 다비트 힐베르트는 파리국제수학자대회에서 청중에게 문제 23개를 내주며 20세기 수학의 연구과제를 제시했다. 덴은 '힐베르트의 문제'라고 불린 그 23개 문제 중 하나를 가장 먼저 푼 수학자였다. 오늘날에도 여전히 5가지가 미제로 남아 해답을 기다리고 있다(이 숫자는 '증명'을 어떻게 정의하느냐에 따라 달라질 수 있다).

유대인인 덴은 나치에게 쫓기다 1935년 아내와 함께 유럽을 떠나 시베리아 횡단열차를 타고 동해로 탈출했다. 그 전까지 그는 프랑크푸르트괴테대학교 수학교수로 재직했다. 그들은 동해에서 배를 타고 일본으로 넘어갔고 이후 1942년 돈 한 푼 없이 미국에 도착했다. 덴과 그의 아내는 수년간 이런저런 일을 하며 이사를 다니다가 1945년 덴이 블랙마운틴대학에서 그리스어, 라틴어, 철학을 비롯해 그가 '예술가를 위한 기하학'이라 명명한 과목의 종신교수가 되면서 그곳에 정착했다.

록번은 덴에게 의미가 담기지 않은 점, 선, 평면 들의 어휘로 디자인하는 방법을 배웠다. 그녀는 1973년 뉴욕 바이커트 갤러리*Bykert Gallery*의 벽에 커다란 탄산지를 두고 종이를 접은 후 모서리를 표시하면서 탄산지의 탄소를 벽으로 옮겼다. 이런 방법으로 그녀는 검은색과 붉은색 탄산지로 반복해서 패턴을 만들어냈다. 록번은 위 그림에서 대각선으로 종이를 접었는데 그 결과로 × 모양 주름이 나타났다. 록번은 탄소선과 주름을 그린 것이 아니라 힐베르트와 덴의 형식주의 전통에 따라 종이를 접고 모서리를 표시하는 비인간적이고 알고리즘적인(마치 형식적 공리 시스템과 유사한) 과정으로 패턴을 생성한 것이다. 즉, 그림 자체가 스스로를 만든 셈이다.

207쪽

4-19. 앤서니 맥콜*Anthony McCall***(영국인, 1946년 출생), '숨결***Breath***', 2004년, 비디오 프로젝터, 컴퓨터, 디지털 파일, 헤이즈머신, 한 사이클 6분.**

1973년 맥콜은 암실에서 16mm 프로젝터로 관람자가 스크린 위의 이미지가 아니라 투사되는 빛의 원뿔에 관심을 갖도록 만들려고 했다. 그는《원뿔을 묘사하는 선*Line Describing a Cone*》(1973년)에서 이렇게 투사한 빛의 원뿔이 영상의 본질이라고 주장했다.

이후 맥콜은 이 그림 같이 위에서 선형 패턴을 투사하는 수직영상 디지털 기술을 받아들였다. 보다시피 엷은 안개로 채운 어두운 공간에 빛이 내려오면서 안개의 물 입자에 부딪혀 빛의 파동을 연장한다. 이 투사 '숨결'에서 2개의 타원형 곡선과 하나의 물결모양 선 패턴이 땅에 투사된다. 곡선이 서로를 향해 혹은 서로에게서 멀어지려 천천히 움직이는 6분의 사이클 동안 빛의 파동이 연장되고 줄어드는 것이 반복된다. 이때 물결모양 선은 두 곡선 사이에서 천천히 움직인다.

정해진 의미가 없는 영상을 만들고자 한 맥콜은 하늘에서 땅으로 내려오는 빛의 종교적 연관성을 불편하게 여겼다. 그러나 그가 작품 이름을 '숨결'이라고 지으면서 이 수학적 물체를 플라톤의 '살아 있는 숨 쉬는 우주'와 연관짓는 것을 피할 수 없게 되었다(플라톤, 《티마이오스》, BC 366~360년).

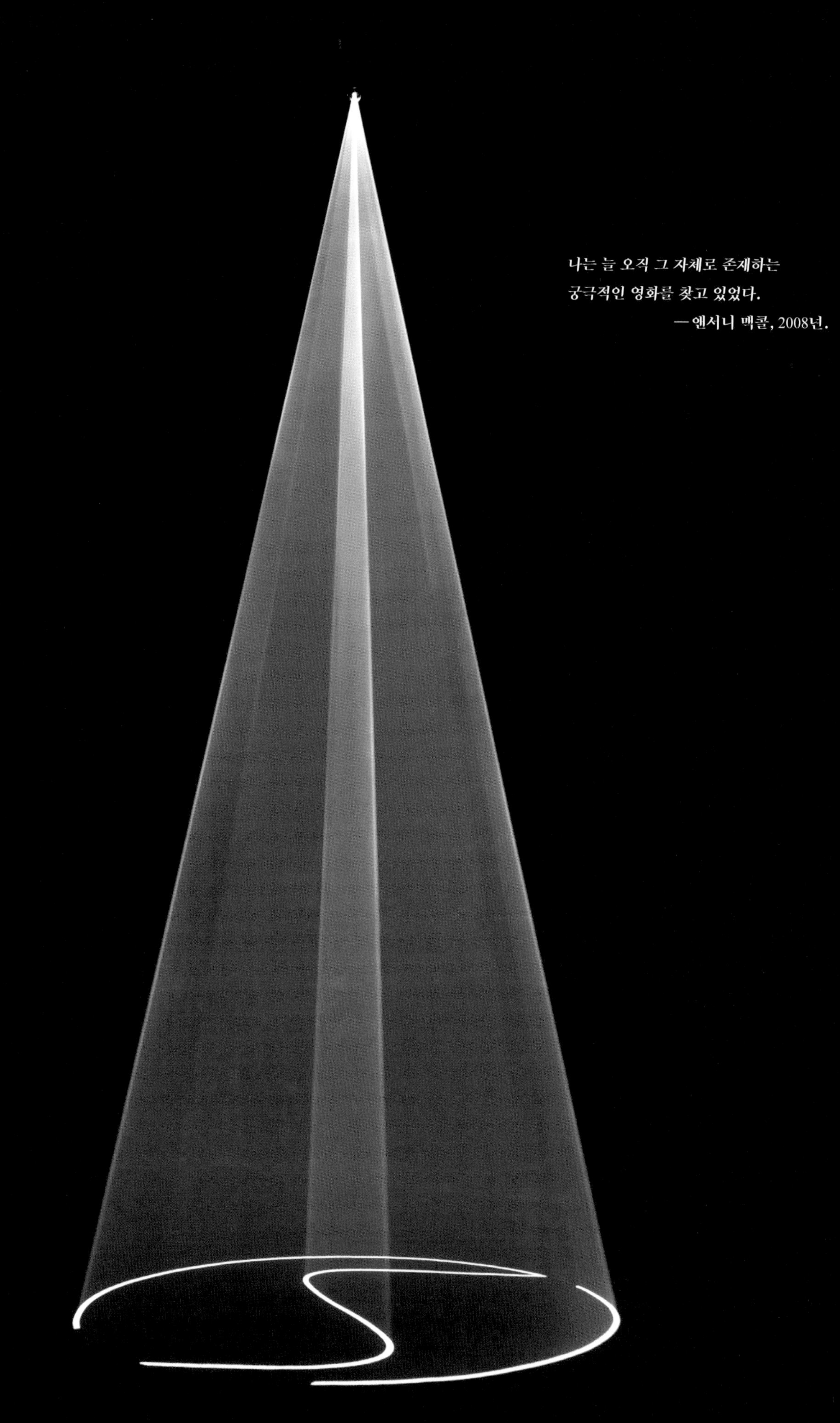

나는 늘 오직 그 자체로 존재하는
궁극적인 영화를 찾고 있었다.
—앤서니 맥콜, 2008년.

상단, 209쪽

4-20. 조시아 맥엘헤니*Josiah McElheny*(미국인, 1966년 출생), **'체코의 모더니즘을 비추고 반영한 무한성***Czech Modernism Mirrored and Reflected Infinitely*', **2005년, 확대 사진, 핸드-블론 거울유리 오브젝트가 든 거울유리 케이스, 47×143.5×77.5cm.**

힐베르트의 《기초기하학론》과 로드첸코의 '붉은색'(1921년) 같이 맥엘헤니의 조각품은 추상적이고 의미를 담고 있지 않으며 대체 가능한 기호를 내적으로 일관성 있게 자립적으로 배열했다. 20세기 게르만 문화권에서 이상적이고 순수한 디자인 형태로 여겨온 것과 유사한 8개의 뚜껑이 달린 병의 형태는 체코슬로바키아 지역에서 1930~1990년대에 디자인한 물병에서 모티브를 가져왔다.

맥엘헤니는 병에 액체 질산은을 넣은 후 다시 빼는 방식으로 내부에 얇은 필름을 만들어 투명한 병을 거울로 바꿔놓았다. 거울로 둘러싸인 상자 안에 병을 넣고 위에서 빛이 비춰질 때 그 빛이 병을 통해 무한 반사하는 것을 볼 수 있다. 맥엘헤니는 이 상상세계가 자립적인지 확인하기 위해 부분적으로 반사하고 또 부분적으로 투명한 '일방향' 거울을 상자 앞에 두었다. 만약 한쪽에 빛이 비추고 다른 한쪽은 어둡다면 이 거울은 어두운 면에서만 볼 수 있다. 위에서 빛이 비추면 병은 밝은 쪽에 위치하면서 빛이 상자 안으로 반사된다 (209쪽의 확대 사진 중 왼쪽에서 두 번째 병에 나타난다).

관람객은 희미하게 불이 켜진 미술관의 어두운 면에서 마치 평범한 창유리를 보는 것 같이 일방향 거울을 통해 본다. 어두운 쪽에서 오는 빛이 일방향 거울을 통해 관람객이 서 있는 공간으로 반사되기 때문에 일반 거울 같이 관람객의 얼굴이 거울에 비치지 않고, 형식주의 아름다움처럼 오직 스스로 갇힌 공간의 오염되지 않은 깨끗한 병을 볼 수 있다.

확인해준다. 그렇게 그의 과제는 자연적인 종점에 이르렀다. 힐베르트가 1899년 기하학의 형식적 공리를 기록하면서 기초기하학 찾기를 마친 것처럼 로드첸코는 자신의 1921년 그림들로 그림의 형식적 특징을 분리하는 과업을 마쳤다.

타틀린의 1915년 역부조부터 로드첸코의 1921년 모노크롬화까지 모스크바 구성주의의 발전을 지켜본 비평가 니콜라이 타라부킨Nikolai Tarabukin은 결론에 이르렀다고 선언한 로드첸코에게 동의했다. 타라부킨은 로드첸코의 '붉은색'을 이렇게 묘사했다.

"단 하나의 붉은색으로 칠한 작고 거의 정사각형에 가까운 유화로 이것은 지난 10년 동안 진행되어온 예술 형태 진화에서 중요한 역할을 한다. 이는 새로운 것이 등장하게 하는 무대일 뿐 아니라 긴 여정의 마지막 단계이자 궁극적 단계다. 또한 이것은 침묵을 앞둔 회화의 마지막 말이며 화가가 그리는 마지막 '그림'이다."[65]

로드첸코의 몇 가지 발언 때문에 그의 작품은 절망감과 부정적 성향, 죽음 등을 나타내는 허무주의적 관점으로 해석되기도 했다.[66] 하지만 이 중요한 시기에 작가가 직접 자기 작품을 설명한 글을 보면 그가 감정적으로 중립을 지키며 형식주의 의도만 지니고 있었음을 확인할 수 있다.

1920년대 초까지 예술가들은 수십 년 동안 추상화를 그려왔으나 그들의 유화는 여전히 공간의 그림자와 겹치는 평면을 향한 환상, 작가의 감정, 철학적 절대자와의 상징적 연관성을 띠고 있었다. 로드첸코는 그런 표현의 마지막 흔적을 제거함으로써 형식주의적 환원의 끝에 도달한 것이다. 그의 모노크롬화 '붉은색'은 그저 그 자체로 존재한다. 로드첸코가 만든 자급자족하는 예술 시스템은 오늘날까지 이어지는 형식주의 예술의 토대를 놓았다(그림 4-18, 4-19, 4-20).

폴란드의 우니즘: 스체민스키와 코브로

러시아 화가 브와디스와프 스체민스키가 정의한 형식주의 시각미술은 이후 거대서사가 되었다. 로드첸코와 타틀린의 동료로 그들에게 좋은 가르침을 준 스체민스키는 민스크의 러시아 귀족 집안에서 태어나 저명한 차르 군사학교에서 공학을 전공했고 1911년 졸업 후 장교로 임관했다. 그는 1차 세계대전 때 수류탄 폭발로 한 팔과 한 다리를 잃었다. 모스크바의 병원에서 치료하던 중 그는 부유한 집안 출신의 미술학도로 봉사활동을 자원해 간호조무사로 일하던 가타르치나 코브로Katarzyna Kobro를 만났다. 1918년 스체민스키는 코브로를 따라 예술을 배운 뒤 그녀와 함께 모스크바와 비텝스크의 아방가르드 예술계에 입문해 구성주의를 깊이 공부했다. 스체민스키는 로드첸코를 따라 회화를 그 본질로 줄이려 노력했는데 그의 작품 '우니즘 구성 10'(그림 4-21)이 보여주듯 그는 모든 부분에서 '결합한' 평평한 표면(우니즘)을 그런 회화의 본질로 여겼다.[67]

러시아에서 직업을 구하지 못한 스체민스키와 코브로는 폴란드로 이민을 가 1924년

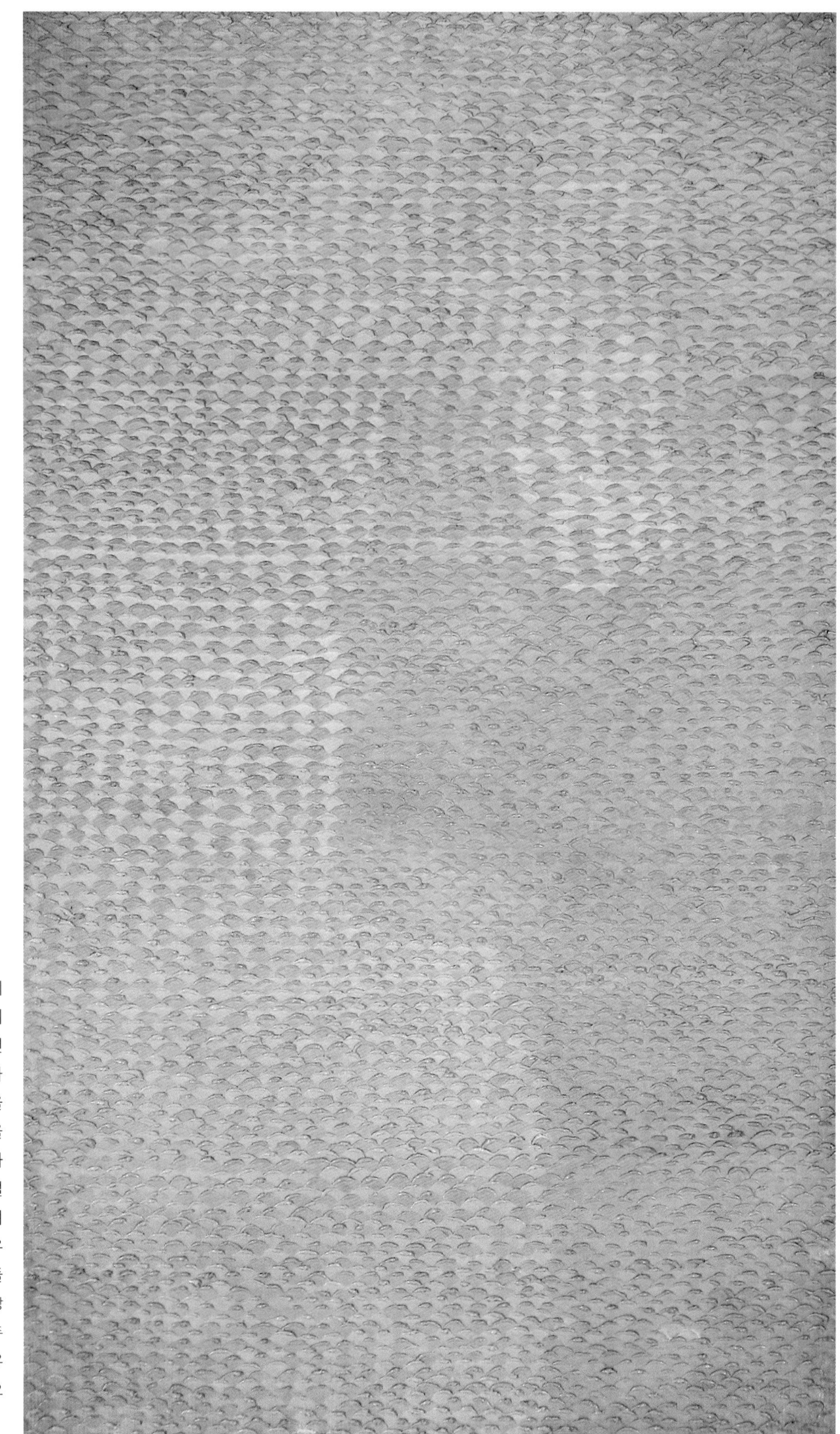

4-21. 브와디스와프 스체민스키(러시아계 폴란드인, 1893~1952년), **'우니즘 구성 10번', 1931년, 캔버스에 유채.** 스체민스키는 '우니즘 구성 10번'에서 두껍게 칠한 채료와 팔레트 나이프를 사용해 칠하는 방식으로 표면을 평평하게 만들었다. 관람객은 다른 세계를 향해 열려 있는 창문을 보는 것이 아니라 그림자를 드리울 만큼 충분히 두꺼운 페인트 굴곡과 그 불투명한 패턴 앞에 선다. 이 얼룩진 표면은 완전한 단색이 아니며 우측의 약간 더 어두운 부분에 겨우 인지 가능한 실체 없는 모양이 만들어져 있다. 스체민스키는 색조(색상환에서의 위치)와 밝기 값(밝거나 어두움을 나타내는 값), 강도(색소의 양)가 유사한 장미색 · 오렌지색 · 황토색으로 일관성 있는 모양을 창조했다.

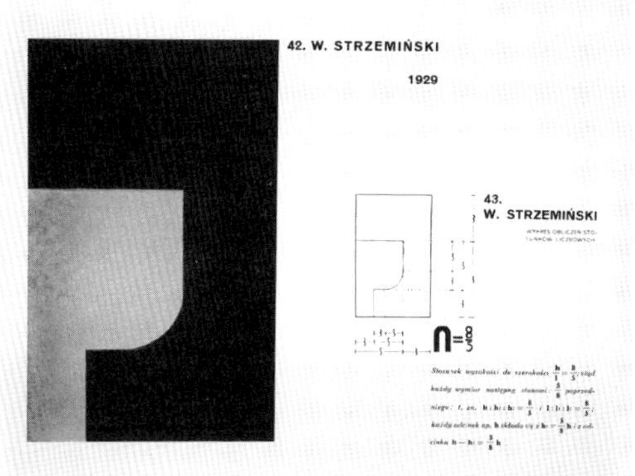

좌측

4-22. 가타르치나 코브로(러시아계 폴란드인, 1898~1951년), **'공간 구성 3번', 1928년, 강철에 채색, 40×64×40cm.**

우측 상단과 우측

4-23. 가타르치나 코브로와 브와디스와프 스체민스키, 《공간 구성: 시공간적 리듬의 계산법》(1931년), **그림 39, 42.**
코브로와 스체민스키는 자신들의 소책자 《공간 구성》에서 어떻게 ∩로 상징하고 8/5로 나타낸(8을 5로 나눈 비율로 1.6의 값을 무리수 1.618…의 근사치로 사용) 황금분할을 사용했는지 기술했다. 코브로의 조각에서 바닥의 수평 막대기(8유닛 길이)와 우측의 4각형 모양 평면(5유닛 높이)이 8 대 5의 비율을 만들어낸다. 스체민스키도 이 비율을 자신의 그림을 디자인하는 데 사용했다.

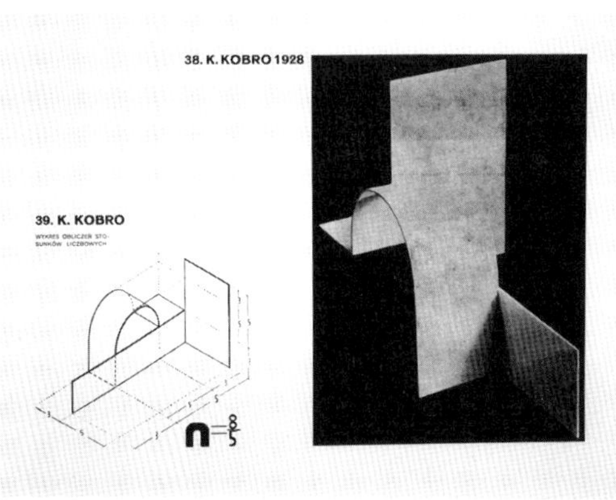

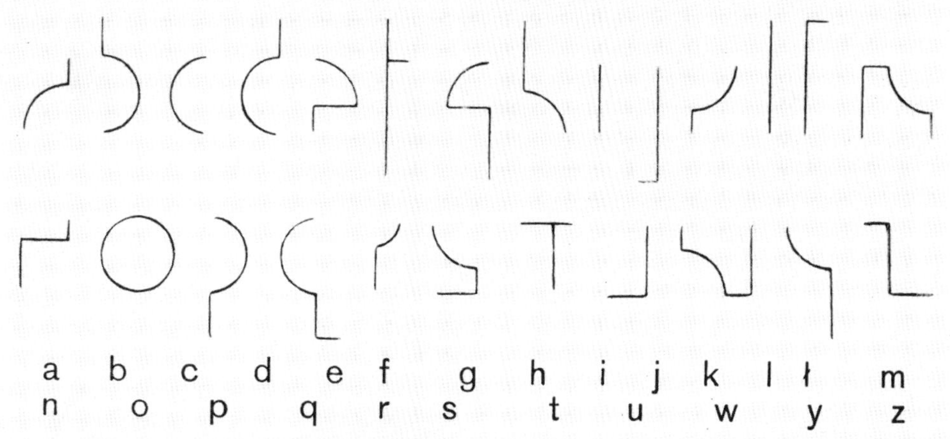

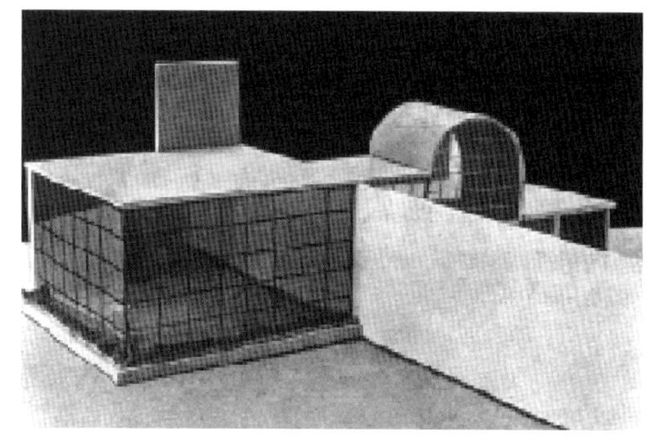

상단

4-24. 브와디스와프 스체민스키, 활자체, 1930년경, 종이에 잉크.

좌측

4-25. 가타르치나 코브로, 보육원 디자인, 1932년경.

4-26. 브와디스와프 스체민스키, '건축구조 9c', 1929년, 캔버스에 유채, 96×60cm.

폴란드 시민이 되었다. 그해 폴란드 예술가들은 자체 발행물과 단체 전시회를 여는 구성주의 예술인 블록을 형성했다. 스체민스키와 코브로는 예술가의 역할을 근본적으로 실용적인 과제에 적용할 수 있는 추상구조를 창조하는 것으로 보았다. 폴란드 공산당에 가입한 블록의 다른 멤버는 예술가의 역할을 사회혁명을 촉진하는 대량생산에 쓸 기능적 대상(건축, 가구, 포스터와 인쇄물) 등을 만드는 것이라고 보았다. 이러한 관점 차이는 결국 1926년 블록 해체로 이어졌으나 구성주의 주제는 여러 예술가 사회에서 그대로 유지되었고, 이후 10여 년간 바르샤바와 크라쿠프, 우치 등에서 번성했다.

코브로는 1925년 조각의 우니즘을 개발했다. 그녀는 단일화한 대상을 만들기 위해 조각을 부품 단위로 나눴고 익명의 수학자인 듯 보이려 당시 여러 예술가가 아름답다고 여긴 황금분할(1.618)을 비롯해 여러 정확한 비율로 작품을 만들었다(그림 4-22). 코브로와 스체민스키는《공간 구성: 시공간적 리듬의 계산법Composition of Space: Calculations of a Spatio-Temporal Rhythm》(1931년)을 집필해 황금분할로 자신들의 작품을 포함한 여러 디자인 레이아웃을 구성하는 방법을 보여주었다(그림 4-23).

스체민스키와 코브로는 문제를 해결하는 연구자의 정신으로 여러 회화와 조각 시리즈를 만들었다. 스체민스키는 폴란드의 구성주의를 다룬 1934년의 소논문에서 자신들이 전체 안에 부품을 배열해 작품을 만드는 목적을 설명했다.

"근대 기술에 적용하는 기본방식은 정규화와 모델의 표준화, 생산이다. 이는 단일화한 구성요소와 수학적 계산법을 사용한다는 것을 뜻한다."[68]

두 사람은 로드첸코와 유사하게 자신들의 디자인을 실용적인 물건을 생산하는 데 적용했다. 스체민스키는 활자체를 개발했고(그림 4-24) 코브로는 보육원을 디자인했다(그림 4-25).

러시아의 형식주의 비평가 빅토르 슈클로프스키와 다비드 불뤼크, 니콜라이 타라부킨은 초기 근대미술의 주류 형식주의 시각예술을 정의했다. 그들의 관점은 게르만 문화의 지적 전통에 따라 헤르바르트의 형식주의 미학을 반영했다. 그들은 헤르바르트 같은 형식주의 수학자가 어떤 분야를 '공리화'[그 분야의 기본가정(공리)을 밝혀내는 것]라고 부른 것을 설명하고자 했다. 슈클로프스키, 불뤼크, 타라부킨은 (헤르바르트와 유사한) 형식주의 관점에서 이 환원주의 분석 과정을 수행하며 예술 형태의 본질은 그 물리적(형식적) 특징에 있다고 주장했다. 회화의 본질은 전체 구도의 평면이고 조각의 본질은 단순한 기하학 형태라는 얘기다.

1924년 형식주의 거대서사를 간결하게 요약한 스체민스키는 회화가 르네상스 시대부터 근대에 이르기까지 사각형 형태(사각형 틀에 올린 캔버스)에 평평한 표면으로 환원하는 방식으로 끊임없이 발전해왔다고 주장했다.[69] 형식주의 미학에 따르면 르네상스 시대 화가들이 선형원근법으로 공간을 착각하게 만든 것은 "회화의 본질과 양립할 수 없는 행위"다. 스체민스키는 인상파 화가가 "동일한 색채의 강도로 무질서한 그림과 공간적 형태를 연결했다"는 이유에서 그들을 최초로 그림을 평평한 표면으로 인지한 화가로 보았다. 입체파와 미래파 화가는 얕고 착각을 불러일으키는 공간과 '그림 전체에 역동적인 긴장을 퍼뜨리는 방식'을 제시해 그림의 본질인 평평한 표면에 더 가까이 다가갔다.

스체민스키는 "입체파와 미래파의 형태는 (…) 미끄러지는 것 같이 느껴지며 그런 이유로 평면과 충분히 결합되지 않는다"라고 적었다. 그리고 그처럼 요동치듯 "미끄러지는" 평면이 나타나는 까닭은 입체파와 미래파 화가가 풍경, 초상, 정물을 모사해야 한다는 지엽적 과제에 집착하기 때문이라고 설명했다.

스체민스키가 볼 때 그림을 더욱더 환원하는 열쇠는 자연계 묘사를 멈추고 완전히 추상적이고 비구상적인 예술을 시작하는 데 있었다.

"조형미술이 그 자체 방법에 의존해 진정 자립적으로 존재한다는 것을 선언할 때가 되었다. (…) 예술은 오직 그 작품을 탄력적으로 자급자족할 때만 본질에 이를 수 있다. 작품 내에서 모든 것을 종결해야 하며 그 그림의 타당한 가치는 그림 밖에 존재하는 것이 아닌, 그림 자체에서 찾을 수 있어야 한다."

스체민스키는 말레비치를 비구상 회화의 선구자로 여겼으나 색칠한 형태의 그의 작품에서 여러 가지 형태 균형을 맞추느라 "비스듬히 기운 방향이 너무 많이" 나타나는 걸 보고 말레비치가 완전한 평면성을 달성하지는 못했다고 주장했다. 로드첸코는 모노크롬 유화에 균일한 색을 적용해 평면성을 달성했고 스체민스키도 유사하게 자신의 유화를 균일한 임파스토Impasto로 덮었다. 스체민스키가 '건축구조 9c'(그림 4-26)에서처럼 색칠한 표면을 나누었을 때, 그는 그것이 유화의 가장자리와 평행하도록 두었다. 근대회화의 거대서사 목적은 균일한 요소로 이뤄진 전체 표면과 평면성을 달성하는 것이었다.

"회화는 상호작용하는 형태가 아니라 형태와 동시에 존재하는 현상이어야 한다."

형식주의, 의미론 그리고 형식주의의 의미론

**과학처럼 수학에도 2가지 경향이 있다.
하나는 연구하는 물질의 복잡한 미로에
내재된 논리관계를 발견하고,
그 물질로 체계적이고 질서정연한
방식으로 연관성을 찾고자 하는
추상화 경향이다.
다른 하나는 연구하는 사물을
즉각 이해하도록 돕는
직관적 이해 경향이다.
이것은 사물과의 활발한 관계로
그 관계의 구체적인 의미를 강조한다.**
— 다비트 힐베르트, 《기하학과 상상력 *Geometry and the Imagination*》, 1932년.

1890년대에 힐베르트가 형식주의를 창안한 이후 그를 단순히 형식주의자로만 본 수학자들은 그가 수학에서 의미를 제거한 것과 수학을 의미 없는 기계 절차로 환원한 것을 비난했다. 예를 들어 힐베르트의 《기초기하학론》을 논평한 프랑스 수학자 앙리 푸앵카레는 이렇게 한탄했다.

"힐베르트에 따르면 추론을 완벽하게 기계적인 규칙으로 줄이는 것이 가능하다. 공리의 의미를 알지 못해도 그저 비굴하게 이런 규칙만 적용해 기하학 구조를 만들라고 한다."[70]

형식주의를 바라보는 이 부정적 태도는 오늘날까지 이어졌고 영국 출신의 미국 수학자 프리먼 다이슨Freeman Dyson은 2006년 다음과 같이 말했다.

"위대한 다비트 힐베르트는 (…) 수학 전체를 유한한 알파벳과 기호, 유한한 공리, 추론 규칙의 집합으로 환원하려는 형식화 과정을 지지했다. 이것은 문자 그대로 환원주의라고 볼 수 있는데 수학을 종이 위에 적은 기호의 집합으로 환원하고 그런 기호에 의미를 부여하는 아이디어와 응용의 전후 사정은 '의도적인 무시'다."[71]

4-27. 나움 가보(1890~1977년), **'물리학과 수학 연구소를 위한 기념비의 첫 스케치***First Sketch for a Monument for an Institute of Physics and Mathematics***', 1919년, 종이 위에 흑연, 33×22.9cm.**
가보는 혁명으로 황제의 권한은 과거로 사라지고 사람의 이성에 기반을 둔 세상이 될 것이라고 약속한 러시아의 새로운 정밀과학을 기리기 위해 이 (비현실적인) 기념비를 디자인했다.

이런 잘못된 비판은 힐베르트가 추상구조를 연구하는 데 사용한 도구인 형식주의를 기계과정(수학자가 아닌 기계가 계산하는 것)으로 지루하게 추론하는 형식주의와 혼동한 것에서 비롯되었다. 비평가들은 힐베르트가 (고전 플라톤 수학의 단단한 기반을 만들겠다는) 특정 목적을 실현하기 위해 그저 때때로(1890년대와 1920년대) 형식주의 절차를 따랐다는 것을 간과했다.[72]

힐베르트를 비난한 이들은 종종 '정해진 의미가 없는' 변수를 '의미가 없는' 변수로 혼동해 감정도, 해석할 수도 없는(정해진 의미가 없는) 변수구조를 인신공격에 불과한 가치 없는 헛소리(의미가 없는)로 여겼다. 형식주의 공리구조는 다른 순수수학 분야처럼 구성을 마친 뒤 의미를 부여받고 그에 따른 해석으로 세상과 관련을 맺는데, 힐베르트는 이 추상구조를 '이론-형태'라고 불렀다. 그는 이런 구조물이 의미를 부여받기 전에는 불완전하고 별로 흥미를 끌지 못한다고 보았다. 아인슈타인이 1905년 발표한 상대성이론에서 영감을 받은 힐베르트는 10여 년 동안 수리물리학을 연구하며 자신의 정해진 의미가 없는 변수를 아원자 입자와 힘으로 표현했다.[73]

우리는 손에 올려놓은 다림줄과
자처럼 정확한 눈
그리고 나침반 같이 팽팽한 영혼으로
우주가 스스로를 구성하듯,
기술자가 다리를 건설하듯
수학자가 자신의 궤도 공식을 만들 듯
작품을 제작한다.

— 나움 가보와 앙투안 페프스너*Antoine Pevsner*,
《현실주의 선언문*The Realist Manifesto*》,
1920년.

한편 로드첸코와 타틀린, 스체민스키, 코브로는 예술의 내용을 비우고 회화와 조각을 장식

상단

4-28. 알렉산드르 로드첸코, '노동자 클럽의 모형*model for a Worker's Club***', 파리에서 열린 국제예술박람회의 소련 코너, 사진.**

219쪽

4-29. 알렉산드르 로드첸코, '라이카를 입은 여인*Woman with Leica***', 1934년, 사진.** 1924년 레닌이 죽고 나서 정부의 예술 지원은 줄어들었고 로드첸코는 사진으로 전향해 '사람과 여자와 사물의 새로운 관계'를 놀랍도록 추상적인 디자인의 흑백조합으로 표현하고자 했다.

품 형태로 환원했다고 비난을 받았다.[74] 이들 비평가는 간혹 형식주의 예술과 표현주의 예술 사이의 형태-내용 차이를 혼동해 추상예술은 아무것도 없이 그저 형태만 존재하는(내용이 없는) 것이라고 잘못된 결론을 내렸다. 힐베르트의 형식주의 수학처럼 모든 예술 형태에는 의미를 부여할 수 있다.

러시아 혁명이라는 정치적 혼란과 그 여파로 러시아 예술가들은 블라디미르 레닌이 지배하는 공산당에 필요한 작품을 만드는 데 적응했다. 가령 로드첸코는 포스터와 섬유, 식기를 디자인하는 등 일상생활을 보다 효율적이고 쾌적하게 만들기 위한 실용적인 디자인에 자신의 색칠 형태를 적용했다. 1920년 이후 그는 젊은 예술가들이 아방가르드 양식의 추상적 색상과 형태를 기능적인 사물에 적용하고 순조로운 생산을 위해 산업계와 협업하도록 레닌이 만든 '고등예술-기술연구회(VKhUTEMAS, 러시아어 두문자)'에서 기초 구성주의 과목을 가르쳤다.

독일에서 수학한 러시아 예술가 나움 가보Naum Gabo는 과학과 수학을 높이 평가하는 새로운 혁명사회에 공공예술로 기여하고자 1917년 고국으로 돌아왔고, 이후 고등예술-기술연구회에서 일하며 로드첸코와 협업했다(그림 4-27). 혁명 이전 아방가르드 화가들은 정치적으로 활발하게 활동하지 않았는데, 1917년 10월 이후 러시아 정부는 예술가를 개개인의 성격을 표현하는(이젤리즘easelism) 전문 예술가로 여기지 않고 그저 공장처럼 유용한 물건을 찍어내는 이름 없는 일꾼으로 여겼다. 아방가르드 화가들은 그런 기조 아래에서도 자신의 역할을 재정립하고자 노력했다.[75] 발명가나 창작자의 이름을 없앤다고 그 작품의 의미가 사라지는 것은 아니다.

1925년 로드첸코는 파리에서 열린 국제박람회 장식전시회에서 소련 코너를 전시할 '노동자 클럽의 모형' 인테리어 작업을 위해 파리를 방문했다. 그것을 경험하며 그는 잘 만들어 합리적인 가격에 판매하는 기능적인 사물이 많은 것을 말해준다는 사실을 깨달았다(그림 4-28). '노동자 클럽의 모형'은 고등예술-기술연구회가 서양사회에 처음 선보인 작품이었다. 러시아 밖으로 여행한 적이 없던 로드첸코는 파리의 상점가에서 판매하는 실크스카프와 보석, 유명 디자이너가 만든 의상을 포함해 호화롭고 값비싼 소비재에 압도되었다. 그는 아내 바바라 스테파노바Varvara Stepanova(그녀 역시 화가다)에게 쓴 편지에서 "파리 사람들이 그런 사물의 노예가 된 것 같다"라고 표현했다.

로드첸코의 '노동자 클럽의 모형'은 평범한 나무로 만든 단순한 형태였는데 이것은 퇴폐적인 서구인에게 이런 메시지를 전달했다.

"빛은 동쪽에서 온다. (…) 그뿐 아니라 노동계급 해방이라는 빛도 동쪽에서 온다. 이 빛은 사람과 여자와 사물의 새로운 관계에서 비롯된다. 우리는 물건을 동일하게 소유해야 하고 서로에게 동지가 되어주어야 한다. 우리는 여기에 있는 어둡고 우울한 노예들과는 다르

우측

4-30. 블라디미르 타틀린(우크라이나인, 1885~1953년), **니콜라이 푸닌의 《Pamiatnik III Internatsionala》**(1920년)**에 수록된** (실현되지 않은) **'제3인터내셔널 기념탑'**(타틀린의 탑) **그림.**
지구가 24시간마다 축을 기준으로 자전하면서 북반구의 별자리가 북극성인 폴라리스를 도는 것이 보인다. 타틀린의 외부 강철골조는 북극성을 가리키는 나선형 형태인데 탑과 북극성은 서로 비례해서 움직이지 않는다. 모든 천체가 북극성을 중심으로 회전하는 것이 레닌의 눈에는 지상의 모든 일이 모스크바 공산당 본부에 위치한 탑을 중심으로 도는 것처럼 보였을 것이다. 이 탑은 파리의 에펠탑보다 1/3 정도 더 크고 뉴욕 엠파이어스테이트 빌딩의 3배에 달한다.
타틀린은 우주와 조화롭게 움직이는 이 나선형 구조물 내에 강철과 유리로 만든 3개의 사무실 건물을 설계했다. 바닥에는(A) 원통형 강당이 있는데 눈으로 감지할 수는 없지만 1년 내내 회전하며 조금씩 움직이고 있다. 중간에서는(B) 원뿔 모양 사무실 구조가 1개월을 기준으로 회전한다. 맨 위는(C) 매일 회전하는 정보센터(전신, 전화, 라디오 포함)가 있는 입방면체다. 그 위의 뉴스 게시판을 투영하는 야외 스크린은 최신 날씨 정보를 제공한다.

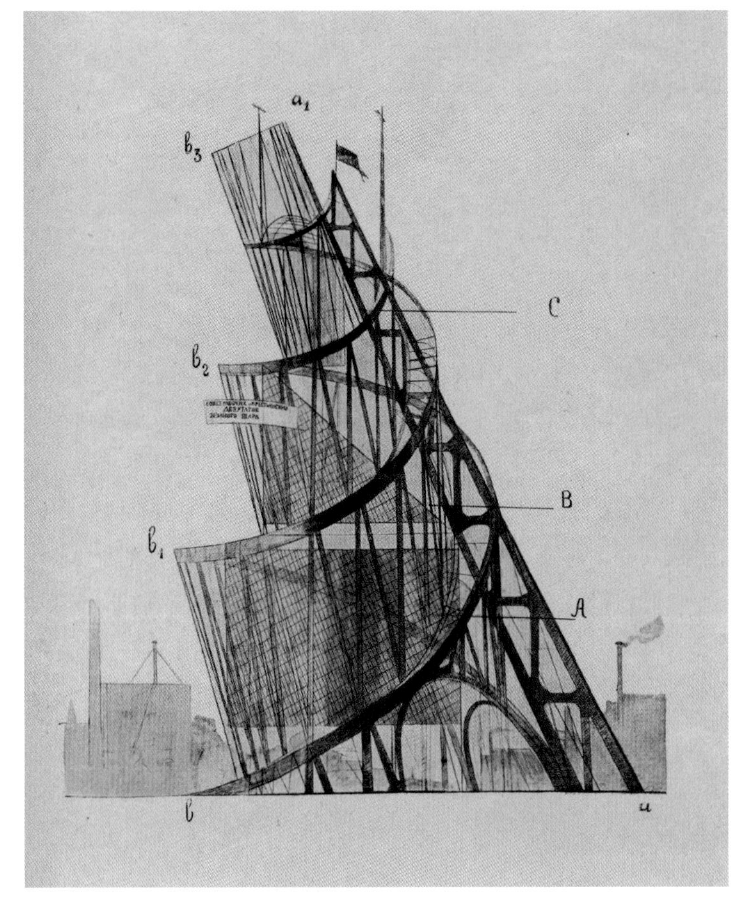

221쪽

4-31. 아이 웨이웨이*Ai Weiwei* **(중국인, 1957년 출생), '빛의 근본***Fountain of Lights***', 2007년, 나무받침 위에 강철과 크리스털 유리, 높이 7m.**
아이 웨이웨이가 아직 아기였을 때 시인이던 그의 아버지는 가족과 함께 아이가 태어난 중국 북서부의 노동수용소로 가야 했다. 아이가 16세가 되자 그의 부모는 허가를 받아 베이징으로 돌아왔고 그는 베이징에서 영화를 공부했다. 1981~1993년 뉴욕에서 공부한 그는 다시 중국으로 돌아왔다. 아이는 2008베이징올림픽 때 미술 컨설턴트로 활동했으나 2008년 쓰촨성 대지진 당시 허술하게 지은 공립학교가 무너지면서 사망한 아이들 5,385명의 리스트를 작성해 발표했다가 경찰서에 구금되어 심하게 구타를 당했다. 그는 타틀린의 탑을 기리며 빛의 샘을 만들었다.

다."(그림 4-29)

로드첸코가 디자인한 노동자 클럽의 식탁과 의자는 "의미 있게 사람들의 친구와 동지가 된다"[76]는 뜻을 전해주고 있다.

1925년 국제박람회의 소련 전시관은 새로운 공산주의 정부의 복합건물에 구성주의 관점과 타틀린의 건축 모형을 적용한 또 다른 중요한 예시를 보여주었다('타틀린의 탑'으로 알려진 제3인터내셔널 기념탑, 1919년, 그림 4-30 참고). 레닌은 과학이 이끄는 세속주의 시대에 균등한 부를 달성하기 위해 오래된 군주제 정부와 부유한 은행가, 고착화한 교회를 쓸어버리는 (아마도 곧 일어날 것 같은) 전 세계적인 공산주의 혁명 이후 생길 세계 정부의 복합 중심지를 만들고자 했다. 여기에 부응해 타틀린은 완벽한 형태의 원통과 원주, 입방체 형태로 건물을 만들어 시대를 초월한 진리인 낙원주의 이상을 상징화했다. 그러나 이 정부는 정지한 것이 아니라 역동적이었으므로 별을 향한 나선형 강철 틀 안에서 축을 중심으로 회전하는 모양으로 건물을 설계했다.[77] 미술비평가 니콜라이 푸닌Nikolai Punin은 1919년 다음과 같이 표현했다.

"나선형은 인민해방의 이상적인 표현이다. 그 기초는 땅에 놓여 있지만 땅에서 떠나려 하므로 모든 육욕적이고 세속적이며 비천한 것을 향한 관심을 멈추는 상징이다."[78]

그런데 통찰력 넘치던 레닌이 죽고 나서 이 모형은 폐기되었고 밝은 미래라는 희망은 사라졌다. 과격한 이오시프 스탈린이 레닌을 계승한 뒤 소비에트연방은 황폐기와 사상탄압기로 들어갔던 것이다. 1927년 말레비치는 자신의 그림을 전시하고 바우하우스의 발터 그로피우스와 라슬로 모호이너지László Moholy-Nagy를 만나기 위해 허가를 받고 베를린으로 떠났다. 그러나 스탈린의 예술행정부가 아방가르드 화가의 활동을 더욱 억압하면서 여행은 취소되고 그는 모스크바로 소환되었다.[79]

러시아인은 황제와 공산주의 독재자를 교환한 셈이었다. 인접한 중국에서도 혁명(1911년의 중국 혁명)이 일어났는데 당시 중국인은 러시아인과 유사하게 황제를 몰아내고 독재자를 옹립해 개개인의 인권을 보장받지 못하는 사회를 만들었다. 그래도 시민들은 1917년 10월 예술이 사회 변화의 도구였던 그 짧은 시간을 잊지 않았고, 로드첸코와 타틀린은 추상적 색상과 형태를 실용적인 물체에 적용해 세상을 더 나은 곳으로 만들고자 노력했다(그림 4-30).

플라톤주의자 힐베르트는 플라톤주의가 근본적인 위기에 빠진 상황에서 형식주의라는 도구를 발명했다. 1920년대와 1930년대 초반 힐베르트의 조수이자 협력자로 활동한 파울 베르나이스는 1935년대 수학자는 대부분 플라톤주의자라고 말했다.[80] 그런데 대다수 수학자가 자신의 플라톤주의 사상을 방어할 준비를 갖추지 못했고 그런 공격을 받으면 추상구조로만 존재하는 형식주의 입장을 고백할 가능성이 컸다(이것이 “수학자들은 주중에는 플라톤주의자고 주일에는 형식주의자가 된다”라는 널리 알려진 말이 나온 배경이다).[81] 힐베르트는 온전한 형식주의자와는 거리가 멀었고 수학을 완전하고 불변하며 추상적인 사물로(칸토어의 집합론) 인식한 근대 플라톤주의 수학관의 기반을 세우기 위한 도구로 형식주의를 사용한 것뿐이다. 그는 이렇게 선언했다.

“누구도 칸토어가 우리를 위해 만든 천국에서 우리를 끌어낼 수 없다.”[82]

5
논리

수학을 올바르게 바라보면 거기에는 진리뿐 아니라 조각 같이 냉철하고 엄격한 궁극의 미가 담겨 있음을 알 수 있다. 그러한 미는 우리 본성의 약한 부분을 파고들지 않으며 그림이나 음악처럼 호화로운 모습도 아니다. 오직 초연하게 순수하고 가장 위대한 예술이 보여주는 것과 동일한 엄격한 완전성만 갖추고 있다.
— 버트런드 러셀, 〈수학 연구*The Study of Mathematics*〉, 1907년.

비유클리드 기하학을 발견하고 나서 수학자들은 이 학문의 기초를 다시 검토해야 했다. 다비트 힐베르트가 이끄는 형식주의 수학자들은 기하학과 자연계 사이의 연결고리를 끊는 것으로 기초수학을 재정립하려 했다. 그들은 기하학에 자주적 공리구조가 있다고 보았다. 독일 수학자 고틀로프 프레게와 그의 영국인 동료 버트런드 러셀은 힐베르트처럼 근대 플라톤주의자였으나 힐베르트와 달리 전통 수학언어를 주관해온 논리법칙에서 수학에 가장 적합한 기초를 찾을 수 있을 거라고 믿었다. 프레게와 러셀은 근대 플라톤주의의 기초를 확립하고자 수학을 논리로 환원한 후 그 논리에 일관성이 있는지(모순이 없는지) 증명하려 했다. 이때 그들은 유클리드 기하학이 아니라 삼단논법을 처음 사용한 아리스토텔레스의 저서와 《아리아드네의 실타래Filum Ariadnes》라는 논리연산 책을 집필한 계몽주의 시대 철학자 고트프리트 라이프니츠의 연구를 살펴보았다(그림 5-1). 프레게는 이런 전통 연구물을 토대로 근대논리학을 열기 위한 새로운 도구를 개발했다.

프레게와 러셀의 관점에서 수학 산술에 사용하는 '+' 같은 수학기호에는 정해진 의미가 없었다. 반면 두 집합 '더하기'(합집합)와 마찬가지로 일상생활 언어에서 사용하는 '그리고'는 의미가 담긴 수학적 연산자였다. 힐베르트는 '더하기' 또는 '그리고'라는 단어를 사용하지 않고 + 기호를 사용하는 방법의 기계적 규칙을 정리했다. 프레게와 러셀은 그런 방식 대신 산술에서 사용하는 '더하기'의 의미와 일상대화에서 '그리고'가 어떻게 쓰이는지에 집중해 더 기술적으로 분석하고자 했다. 나아가 그 의미를 동등하게 기계적인 법칙에 담으려 했다. 즉, 프레게와 러셀은 '더하기' 또는 '그리고'로 해석할 수 있는 + 기호의 기계적 규칙을 정리하려 했다. 인공언어인 수학과 자연스럽게 발생한 구어를 혼합한 그들의 법칙은 이후 '논리주의'라고 불렸다.

5-1. '크레타의 미궁', AD 1세기(혹은 4세기), 모자이크, 5.48×4.57m.
이 모자이크는 오늘날 오스트리아 잘츠부르크 근교의 로마식 빌라 바닥을 덮고 있다. 아테네의 영웅 테세우스는 크레타의 왕 미노스의 딸인 아리아드네에게 자신이 떠날 때 그녀를 배에 태워 같이 가겠다고 약속했고, 그녀는 그 대가로 그가 미궁에 들어갈 때 실타래를 건네주었다. 모자이크 중앙에 위치한 테세우스(인격화한 이성)는 미노타우로스(야성적 열정)를 죽이고 아리아드네가 건네준 실타래(상징화한 논리)로 자신이 왔던 길을 되짚어 미궁을 빠져나온다. 테세우스는 약속대로 아리아드네와 함께 크레타섬을 떠나지만(상단) 이후 가까운 낙소스섬(우측)에 그녀를 버리고 간다.

체스게임에서도 형식주의와 논리주의의 차이점과 유사한 것을 발견할 수 있다. 논리학자는 이 게임 규칙이 서로 왕을 잡기 위해 싸우는 양쪽 군대 병사들의 움직임을 상징한다고 이해한다. 보병인 폰은 한 걸음씩 단계적으로 움직여야 하지만(한 번에 1칸씩 이동), 말을 탄 기사 나이트는 다른 게임 말을 뛰어넘을 수 있다. 형식주의자가 볼 때 이 게임 말에는 정해진 의미가 없고 그 움직임은 일련의 추상적 규칙에 따라 이뤄진다. 여하튼 체스를 어떤 방식으로 바라봐도 체스 규칙은 동일하게 기계적이다. 즉, 형식주의와 논리주의의 차이점은 철학적 문제일 뿐 게임 진행이나 실질적인 결과와는 상관이 없다.

프레게와 러셀은 (힐베르트처럼) 수학세계에서 칸토어의 집합 개념으로 존재하는 추상물체를 상상했다. 1910년대에 러셀이 이끌던 영국 케임브리지대학교 수학과에서는 숫자에 관한 주장의 논리구조를 찾는 것이 중요한 연구과제였다. 러셀은 철학자 조지 에드워드 무어George Edward Moore와 함께 그저 수학적 물체를 고찰해 설명하는 것이던 논리의 적용범위를 식물이나 동물 같은 일상생활은 물론, 원자 등 여러 힘이 작용하는 과학세계처럼 직접 경험해 아는 세계로 확대했다. 러셀과 무어는 오래된 철학적 질문 '어떻게 세계를 아는가?'를 재해석해 '어떻게 세계를 말하는가?'로 제시했고 수학적 주장의 논리구조를 분석하기 시작했다.

영국의 실증주의 철학자 데이비드 흄과 존 로크, 존 스튜어트 밀의 전통에 따라 명쾌한 영어구절로 쓰던 영미권 철학은 논리적 실증주의 또는 분석적 철학이라 불리는 철학학파 고유의 어려운 기법과 수학적 상징주의의 영향을 받았다. 그 결과 철학은 식견 있는 대중조차 읽기 어려운 학문이 되고 말았다. 무어, 러셀과 관계가 있던 비평가 로저 프라이Roger Fry는 논리적 세계관을 런던의 블룸즈버리 지역 작가, 예술가, 지식인 들에게 알렸다. 그 후 버네사 벨Vanessa Bell과 덩컨 그랜트Duncan Grant 등의 예술가가 시각세계 아래에 존재하는 형태를 밝히고자 노력했고, 버지니아 울프Virginia Woolf 같은 창의적인 작가는 논리구조로 스토리를 만들기 시작했다. 1920~1930년대를 거치며 논리주의는 영국 문학계와 예술계에 더 광범위하게 스며들었고 그 결과는 헨리 무어와 바버라 헵워스의 조각이나 토머스 스턴스 엘리엇, 제임스 조이스의 저서로 나타났다.

주장의 귀납논리: 아리스토텔레스의 삼단논법

BC 4세기경 아리스토텔레스는 유클리드가 수학적으로 증명한 것을 구두로 주장했다. 기록에 따르면 아리스토텔레스는 공식 형태의 논쟁, 즉 삼단논법[《오르가논(도구)Organon(Instrument)》, BC 4세기]을 개발해 최초로 유효한 이성적 시스템인 논리(logic, 단어를 뜻하는 그리스어 'logos'에서 파생)를 사용한 것으로 알려져 있다.

어떤 주장을 하려면 먼저 옳다고 가정하는 2가지 사실(보통명사를 공유하는 전제)을 명시해야 한다. 만약 이 가정이 옳은지 따지고 들어가면 계속 기본가정을 논쟁해야 하므로 일단 이것이 옳다고 가정하고 넘어가겠다. 이때 주장의 결론은 그 두 전제를 따른다. 예를 들어 이런 예시를 생각해보자.

모든 남자는 언젠가 죽는다. 소크라테스는 남자다. 그러므로 소크라테스 역시 언젠가는 죽는다.

이런 삼단논법은 다음의 형식을 보인다.

모든 A는 B다. C는 A다. 그러므로 C는 B다.

전제가 옳으면 그 전제를 따라 내린 결론도 옳다. 만약 전제가 틀리면(가령 모든 남자는 이집트인이다) 주장의 구조가 옳더라도 결론이 반드시 옳은 것은 아니다. 유클리드가 하나의 직각삼각형을 모든 삼각형의 추상 형태로 일반화한 것처럼 아리스토텔레스는 자신이 정한 형식을 따르는 모든 주장의 구조는 옳다고 일반화했다.

2,000년간 아리스토텔레스의 삼단논법은 일반적인 전제를 사용해 올바른 결론을 내리는 연역법으로 쓰였다. 너무 엄격한 논법이라는 비판도 받았지만 아리스토텔레스의 삼단논법은 사실상 19세기 초반까지 살아남았다.

라이프니츠의 보편언어와 추론연산학

만약 논리(단어)로 지식을 추구한다면 어떻게 그 단어를 이해한다고 확신할 수 있을까? 모든 사람이 이해하는 명료한 언어와 관련된 서양사상은 각 동물에게 고유한 이름을 준 《성경》 속 아담에게서 기인한다(그림 5-2). 아담과 이브가 선악과를 먹고 낙원에서 추방된 후 그들의 자손은 여전히 공통 언어를 사용했다. 그러나 하느님이 "그 끝이 하늘에 닿도록 높은 탑을 세우려고 하던 오만한 사람들을 보시고 그들의 언어를 혼란하게 하고 서로가 서로의 말을 이해 못하게 하시기로 결정하셨는데" 《성경》은 이 탑의 이름을 '혼란'을 뜻하는 히브리어 'balal'에서 따와 바벨탑이라 불렀다(창세기 11:1-9 참고, 그림 5-3 참고).

플라톤의 스승 크라티루스Cratylus는 사물의 이름이 그 사물을 모사하거나 단어가 의미하는 것을 가리킨다고 보고, 이 방식으로 사물의 본질을 담아내는 진실하고 완전한 언어를 창조하려 했다. 플라톤은 특정한 소리가 어떤 사물과 유사하다는 것을 예시로 제시했다.

"글자 ρ(로, rho)는 민첩함과 동작을 표현한다."[1] [영어로 예를 들면 r에서 들리는 소리가 'race(경주하다)', 'rush(서두르다)', 'run(달리다)' 같은 움직임을 표현한다고 볼 수 있다].

플라톤은 자연계에서 '모든 사물이 변하고 그 어떤 것도 지속되지 않는다면' 이름을 짓는 것(그에 따라 지식을 얻는 것)은 불가능하다고 지적하면서 크라티루스의 사물 이름은 안정적이고 불변하는 형태이며 진정한 지식의 산물이라고 주장했다.[2] 그러나 "모든 것은 흐른다"라고 믿은 헤라클레이토스의 추종자 크라티루스는 제자의 사상을 극단적으로 받아들여 어떤 종류의 동일성이 결여된 모든 사물의 총체적 흐름을 주장했다. 안정적인 의미가 담긴 단어를 찾을 수 없었던 크라티루스는 "마침내 아무 말도 하지 않고 손가락만 움직였다"라고 전해진다.[3]

17세기의 과학 담론으로 정확한 언어의 중요성을 더욱더 인식하게 되자 고트프리트

헤라클레이토스는 같은 강을 두 번 건너는 것은 불가능하다고 말했는데, 크라티루스는 그 강을 한 번 건너는 것조차 불가능하다고 여겨 헤라클레이토스를 비난했다.

— 아리스토텔레스, 《형이상학》, BC 4세기.

라이프니츠와 그의 동시대 학자들은 자연언어나 구어의 다의성과 부정확성, 변화가능성을 극복하기 위해 최초의 인공언어를 개발했다. 당시 여러 학자가 각기 다른 방법으로 노력했으나 라이프니츠의 노력이 가장 오래 살아남았다.

라이프니츠는 이미 10대 시절에 모든 과학지식을 방대한 시스템으로 편성하겠다는 목표를 세웠고 평생 그 구조를 만들었다. 그는 그 목적을 달성하기 위해 2가지 도구를 개발했는데 첫 번째 도구는 '보편문자언어linga characteristica universalis'다.

젊은 시절 라이프니츠는 열정을 바쳐 모든 학문 분야의 각 기본개념에 소수를 배정했다. 복잡한 개념은 그것을 구성하는 기초 개념에 해당하는 소수의 곱으로 합성수를 구해 배정했는데, 이런 부호화(숫자화)에는 해당 복합번호를 인수로 사용해 복잡한 개념을 기본개념으로 분석할 수 있는 장점이 있었다.

유클리드가 증명한 것처럼 모든 합성수에는 고유한 요소의 집합이 있어서 부호를 명확히 해독할 수 있다(1장 43쪽 박스 참고). 그런데 라이프니츠의 보편문자에는 큰 합성수를 다루는 것이 악명 높을 정도로 어렵다는 단점이 있었다(오늘날에도 소수를 사용해 정보를 숫자코드로 암호화한 다음 전자식으로 전송하는 암호체계는 보안을 유지하기가 매우 어렵다).

라이프니츠가 '보편문자언어'를 완성한 것은 글자구조가 현실구조를 반영하는 《성경》 속 신화에서 아담의 언어를 창조했음을 의미한다. 그렇지만 그는 20대 중반이 되자 모든 학문 분야의 기초 개념을 독립적으로 보고, 그 개념에 소수를 배정하는 것은 인간의 정신능력 밖의 일이라고 결론을 내렸다.[4]

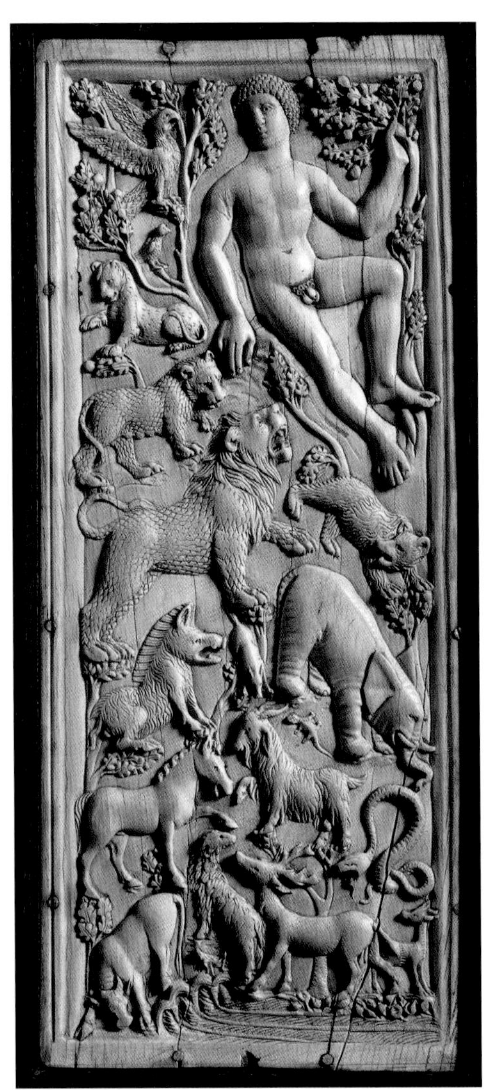

5-2. '동물의 이름을 짓는 아담*Adam naming the animals*', AD 400년경, 상아.
이 상아 조각은 "여호와 하느님이 흙으로 각종 들짐승과 각종 새를 지으시고 아담이 무엇이라 부르나 보시려고 그것들을 그에게 이끌어 가시니 아담이 각 생물을 부르는 것이 곧 그 이름이 되었더라"라는 《성경》의 창세기 2장 19절 문헌을 표현한 것이다.

라이프니츠의 두 번째 도구는 '추론연산학Calculus Ratiocinator'이다. 이 기계적 규칙의 집합은 명제의 주제와 술어에 포함된 기초적·복합적인 개념의 소수와 합성수 관점에서 명제의 진실 여부를 결정한다. 그 명제가 사실이려면 술어 개념이 주어에 포함되어야 한다. 술어 개념에 해당하는 복합수를 소인수분해하기 위해서는 주어의 기본개념을 나타내는 소수를 산출해야 한다.

라이프니츠는 자신이 정확한 기호 집합과 기계적 규칙을 다룰 수 있다면 계산으로 명제의 진위를 판단할 수 있을 거라고 생각했다. 실제로 라이프니츠는 금속 기어로 계산기를 만들려고 했는데, 이를 위해 모든 숫자를 0과 1의 2자리 숫자로 나타내는 2진수를 개발했다.

라이프니츠의 보편문자언어는 극단적으로 이상적이었으나 그의 추론연산학은 근대논리학의 미래를 예언했다. 그는 논리학을 인간의 몸과 소의 머리를 한 비이성적인 괴물 미노타우로스가 살던 크레타섬의 전설적인 미궁을 탈출한 이성적인 테세우스에 비교했다. 미궁에 들어간 사람은 누구나 복잡한 미로에서 길을 잃고 헤매다 그 괴물에게 죽임을 당한다. 그리스 신화에 따르면 전사 테세우스는 미노타우로스를 죽이고 크레타의 공주 아리아드네가 준 실타래('아리아드네의 실타래'[5])를 사용해 미궁을 빠져나왔다.

5-3. 대 피테르 브뢰헬*Pieter Bruegel the Elder*(플랑드르인, 1525~1569년경), '바벨탑', 1563년, 오크 패널에 유채, 114×155cm.

논리학은 시작부터 논리에 상징주의를 적용했다. 아리스토텔레스는 자신의 삼단논법에 명사名辭라는 문자로 상징성을 부여했는데 라이프니츠는 추론 패턴을 더 쉽게 파악하도록 논리학의 상징주의를 개량했다. 그의 연산학은 단편적이었지만 많은 사람이 여기에서 영감을 받았고 시간의 흐름과 함께 개선한 상징주의로 전통 논리에서 오류를 밝혀내 일반화가 가능해졌다. 결국 라이프니츠의 추론연산학은 19세기에 상징주의 논리학의 발전을 불러온 '아리아드네의 실타래'가 되었다.

하느님은 사람을 말씀으로 창조하지 않았고 이름을 지어주지도 않으셨다. 하느님은 사람을 언어로 지배하려 하지 않았고 인간이 창조의 매체로 사용한 언어를 자유롭게 사용하도록 두셨다. 하느님은 자신의 창조적인 힘을 남겨두고 쉬셨다. 신성한 실재에서 벗어난 이러한 창조성은 지식이 되었다. (…) 인간이 낙원에서 사용한 언어는 완벽한 지식일 것이며 (…) 선악과나무(지식나무) 또한 낙원의 언어가 완벽하게 인지하는 형태의 언어라는 사실을 숨길 수는 없다. (…) 타락은 이름에 온전하게 의미가 담기지 않은 인간의 언어가 탄생했음을 의미한다. (…) 타락 이후 언어의 다양성에 필요한 기초를 마련했고 언어적 혼란은 한 걸음 앞으로 다가왔다.

— 발터 벤야민*Walter Benjamin*,
〈엄밀한 의미의 언어와 인간의 언어On Language as Such and on the Language of Man〉, 1916년.

상징주의 논리학

x + y
덧셈
합집합에 해당

x · y
곱셈
교집합에 해당

x
(전체 집합 안의 일부)

¬x

부정
여집합에 해당

19세기 영국에서 일반 대중을 대상으로 쓴 논리학 입문서가 인기를 끌었다. 영국 시민이 스스로 합리성을 깨우쳐 비합리적인 충동에 따른 행동을 피할 것이라는 확신 아래 쓴 이런 책은 비교와 비유를 기반으로 한 논증처럼 비공식적인 논리학과 삼단논법, 귀납법 등을 가르쳤다. 명료한 산문체로 쓴 존 스튜어트 밀의 《논리학 체계A System of Logic》(1843년)는 100년 동안 영어권에서 가장 유명한 논리학 서적이었다. 그와 동시대를 살아간 영국인 조지 불은 상당 부분 스스로 독학한 수학자로 논리의 일부를 대수학에 처음 적용한 추론연산학을 성공적으로 설계했다.

아리스토텔레스는 명제(삼단논법의 전제와 결론)에 나타나는 '명사'에 초점을 두었고, 불은 명제논리학을 발견해 논리학에 기여했다. 명제논리학이란 문자로 명제를 상징화하는 '불대수학'과 논리학에 공통적으로 나타나는 단순한 구조적 유사성을 말한다(그림 5-5). 불은 라이프니츠의 2진수 체계를 받아들여 숫자 1은 옳은 명제, 0은 옳지 않은 명제를 상징하게 한 후 수학기호를 사용해 올바른 결론에 이를 수 있음을 증명했다. 그는 상징주의 논리의 기초입문서 《논리의 수학적 분석The Mathematical Analysis》(1847년)과 《생각의 법칙The Laws of Thought》(1854년)에 자신의 추론연산학을 발표했다.

불의 방법은 본질적으로 2진수 대수학으로 명제논리학을 재작성하는 것이었고, 1882년 영국 수학자 존 벤John Venn은 논리관계를 집합과 명제가 교차하는 타원으로 나타내 기하학적으로 표현했다(그림 5-4). 당시 교육 과정에는 기하학이 있었고 이 다이어그램은 추론력 향상을 위해 교육 과정에 포함되었다(그림 5-6).

벤과 동시대에 살았고 옥스퍼드대학교에서 수학을 가르친 루이스 캐럴은 교차하는 직사각형을 사용한 대안적인 방법을 제시하기도 했다. 캐럴은 논리학을 게임으로 보고 오락용 수학 소책자를 썼고 직사각형 9개의 게임 말이 계급을 나타내는 보드게임도 개발했다(《논리학 게임The Game of Logic》, 1886년 참고). 캐럴은 자신이 개발한 게임으로 "퍼즐을 이용해 자기 길을 보는 능력과 생각을 규칙적인 방식으로 정리하는 습관 그리고 다른 무엇보다 더 가치 있는 오류를 발견하는 능력"을 키울 수 있다고 여겼다.[6]

그의 본명은 찰스 L. 도지슨Charles L. Dodgson으로 그는 기하학과 삼각함수 책은 본명으로 출판했지만, 체스를 하다가 거울을 통과해 유머러스한

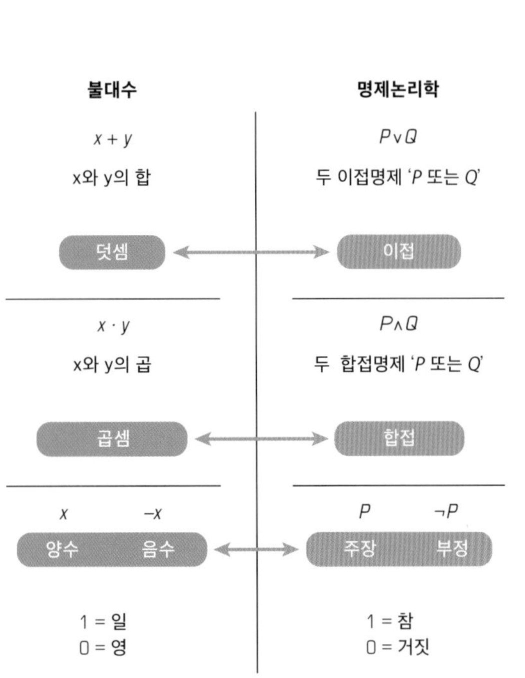

상단
5-4. 벤 다이어그램.

하단
5-5. 불대수와 명제논리학 비교.
불대수는 단순한 2진수 0과 1을 사용한 산술법이다.

231쪽
5-6. 윈슬로 호머*Winslow Homer*(미국인, 1836~1910년), '칠판*Blackboard*', 1877년, 종이에 수채, 49×32cm.

생각을 모호하게 만드는 말이여,
그것으로 희미하게 빛나는
이슬 안개가 자욱이 일어나고
그것으로 하얀 호수와
푸른 하늘이 그려진다.
그 얇은 가면과
가지각각의 빛깔이 사라지고
웃음을 잃고 찡그리며 그 장려함이 사라지고
거짓과 참이 벌거숭이처럼 드러나면
그들은 각기 주 앞에 서서
자신이 받아 마땅한 상이나
벌을 받으리라!

—퍼시 비시 셸리*Percy Bysshe Shelley*,
〈자유예찬*Ode to Liberty*〉, 1820년.

우측

5-7. 루이스 캐럴의 《거울나라의 앨리스》에 나오는 삽화 '트위들덤과 트위들디*Tweedledum and Tweedledee*', 그림 존 테니엘*John Tenniel*(1871년), 67.

하단

5-8. 불대수, 평면기하학, 집합론, 명제논리학 비교.

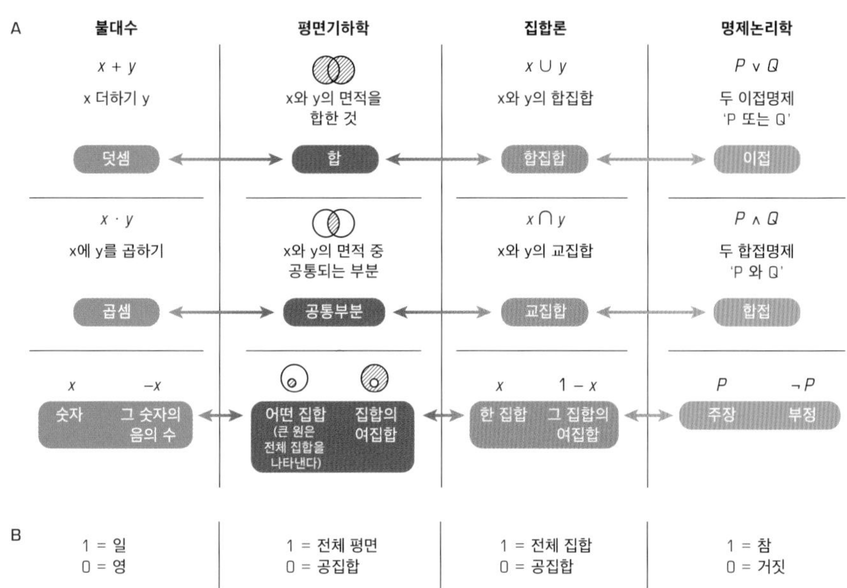

A
불대수
평면기하학
집합론
명제논리학
x + y
x 더하기 y
덧셈
x와 y의 면적을 합한 것
합
x ∪ y
x와 y의 합집합
합집합
P ∨ Q
두 이접명제 'P 또는 Q'
이접
x · y
x에 y를 곱하기
곱셈
x와 y의 면적 중 공통되는 부분
공통부분
x ∩ y
x와 y의 교집합
교집합
P ∧ Q
두 합접명제 'P 와 Q'
합접
x
−x
숫자
그 숫자의 음의 수
어떤 집합 (큰 원은 전체 집합을 나타낸다)
집합의 여집합
x
1 − x
한 집합
그 집합의 여집합
P
¬P
주장
부정
B
1 = 일
0 = 영
1 = 전체 평면
0 = 공집합
1 = 전체 집합
0 = 공집합
1 = 참
0 = 거짓

논리적 수수께끼로 가득한 세상을 만난다는 내용의 논리학 서적 《거울나라의 앨리스Alice Through the Looking Glass》 등은 가명으로 출판했다(그림 5-7). 불·벤·캐롤이 노력한 결과 불대수와 기하학, 집합론, 명제논리학 사이의 구조적 유사성이 밝혀졌고(그림 5-8 A) 2진수 체계를 다른 것에 적용해 사용할 수 있다는 것도 알게 되었다(그림 5-8 B). 그로부터 반세기 후 개발한 전류 계산기는 불대수(2진 부호, 1=켜짐, 0=꺼짐)에 기반을 둔 기계언어를 사용해 2가지 상태(켜거나 끄거나)를 갖췄다.

프레게의 산술과 술어논리학

고틀로프 프레게는 전통 논리를 개선하기 위해 상징주의 체계를 개발했다. 그의 표기법은 '언젠가는 죽는다'처럼 술어를 상징해 문장의 내부(논리)구조를 표현했다(그런 이유로 프레게의 논리체계는 '술어논리학'이라 불린다). 프레게는 비록 술어에 초점을 두었지만 주어-술어 사이의 문법을 고려하지 않고 오히려 문장의 논리구조에 관심을 기울였다. 그는 자신의 논리학에서 '양화사Quantifiers(수량사)'를 사용할 때 전통(아리스토텔레스의) 논리학에 나타나는 '모든 것

삼단논법, 명제논리학, 술어논리학

A. 삼단논법

아리스토텔레스는 범주를 상징하는 글자(**A**, **B**, **C**)를 사용했다.

모든 그리스인은 인간이다.	모든 **A**는 **B**다.
모든 인간은 반드시 죽는다.	모든 **B**는 **C**다.
그러므로	
모든 그리스인은 반드시 죽는다.	모든 **A**는 **C**다.

B. 명제논리학

P와 **Q** 같은 글자를 사용해 명제를 상징화했는데 여기에서 명제란 참이거나 거짓인 주장을 말한다.

명제의 예시	표기법	읽는 법
모든 그리스인은 반드시 죽는다.	**P**	**P**
소크라테스는 그리스인이다.	**Q**	**Q**
몇몇 장미는 붉은색이다.	**R**	**R**

추리의 예시		
만약 그리스인은 반드시 죽고 소크라테스가 그리스인이라면 몇몇 장미꽃은 붉은색이다.	$(\mathbf{P} \wedge \mathbf{Q}) \rightarrow \mathbf{R}$	**P**가 **Q**이고 **Q**가 **R**이면 **P**는 **R**이다.

이 예시에서 **P**, **Q**, **R**은 모두 참인 명제다. 따라서 $(\mathbf{P} \wedge \mathbf{Q}) \rightarrow \mathbf{R}$ 또한 참이 된다. 명제논리학의 단점은 명제가 서로 어떻게 논리적으로 연관되어 있는지 사람이 관여할 수 없다는 점이다. 술어논리학이 등장해 이 문제를 해결했다.

C. 술어논리학

프레게는 '모든'과 '몇몇'을 가리키는 표기법을 사용하면 논리학이 더 유용해질 것이라고 보았다. 그는 다른 이들의 그런 생각을 받아들여 '모든'을 뜻하는 기호 ∀와 '몇몇'(또는 하나 이상이 존재하는)을 뜻하는 기호 ∃를 도입했다.

예시	읽는 법:
$\forall x$	모든 x, 또는 모든 x에 대하여
$\exists x$	몇몇의 x, 또는 하나 이상의 x가 존재한다.

프레게는 주장을 분석하기 위해 그 주장의 구조를 상징화했다. 소문자는 변수(x, y, z)와 상수(a, b, c)를, 대문자는 술어를 나타낸다(G, H, P, Q). 이에 따라 '그 사람은 그리스인이다'라는 명제는 $\exists x(Px \wedge Gx)$라고 쓰고 '그것은 P(사람) 그리고 G(그리스인)다'라고 읽는다. 프레게의 이 표기법은 살아남았지만 다른 표기법은 대부분 받아들여지지 않았다. 다음은 오늘날 사용하는 기준이 된 주세페 페아노의 표기법이다.

연역법 예시	표기법	읽는 법
모든 그리스인은 사람이다.	$\forall x(Gx \rightarrow Hx)$	모든 x에서 x가 G면 x는 H다.
모든 사람은 반드시 죽는다.	$\forall x(Hx \rightarrow Mx)$	모든 x에서 x가 H면 x는 M이다.
그러므로		
모든 그리스인은 반드시 죽는다.	$\forall x(Gx \rightarrow Mx)$	모든 x에서 x가 G면 x는 M이다.

다른 예시	표기법	읽는 법
모든 그리스인은 반드시 죽는다.	$\forall x(Gx \rightarrow Mx)$	모든 x에서 x가 G면 x는 M이다.
소크라테스는 그리스인이다.	Gs	s는 G다.
그러므로 소크라테스는 반드시 죽는다.	Ms	s는 M이다.

명제논리학과 술어논리학에 쓰인 결합자와 추리 법칙:

결합자	읽는 법	예시	읽는 법:
∧	그리고	$P \wedge Q$	P 그리고 Q
∨	또는	$\forall x(Fx \vee Gx)$	모든 x에서 x는 F 또는 G다.
→	면	$P \rightarrow Q$	P면 Q다.
↔	등가	$P \leftrightarrow Q$	P면 Q고, Q면 P다.
¬	아니다	$\exists x(\neg Fx)$	F가 아닌 x가 존재한다

추리규칙 예시	읽는 법
$((P \rightarrow Q) \wedge P) \rightarrow Q$	(P면 Q다) 그리고 P면 Q다.
$\forall x((Fx \rightarrow Gx) \wedge Fx) \rightarrow \forall x(Gx)$	모든 x에서 (x가 F면 x가 G다) 그리고 x가 F면 모든 x는 G다.
$((P \vee Q) \wedge \neg P) \rightarrow Q$	(P 또는 Q) 그리고 P가 아니면 Q다.

술어논리학에서의 관계

관계

두 사물(또는 더 많은 사물) 사이의 관계는 2개의(또는 더 많은 수의) 변수나 상수로 나타낼 수 있다.

예시	**표기법**	**읽는 법**
모든 사람은 다른 모든 사람을 두려워한다.	$\forall x, y(Fxy)$	모든 x와 y에서 x와 y는 F의 관계를 갖는다.
어떤 이가 다른 어떤 이를 사랑한다.	$\exists a, b(Lab)$	a가 b와 L의 관계를 갖는 a와 b가 존재한다.

양화사 ∀와 ∃는 주장의 구조를 확인하는 데 사용할 수 있다. 어떤 명제는 양화사를 사용해 나타낼 때 모호성이 드러나기도 한다.

모호한 주장: 모든 이가 어떤 이를 사랑한다.

대안적인 논리적 구조	**읽는 법**
$\forall x \exists y(Lxy)$	모든 x에서 x는 사랑하는 사람 y를 갖는다.

즉, 모든 사람에게 (다를 수도 있는) 사랑하는 사람이 있다.

$\exists a \forall x(Lxa)$	모든 x에 사랑하는 a라는 사람이 존재한다.

다시 말해 모든 사람에게 사랑받는 어떤 사랑스러운 사람이 존재한다.

산술을 논리로 환원할 수 있다

논리주의의 목적은 모든 수학을 논리학으로 환원하는 데 있다. 러셀과 화이트헤드는 3가지 공리(무한공리, 환원공리, 선출공리)에 의존하긴 했어도 산술을 논리로 환원할 수 있음을 증명했다(《수학원리Principia Mathematica》, 1910~1913년). 하지만 이 증명의 논리적 진위는 오늘날까지 논란의 대상이다.

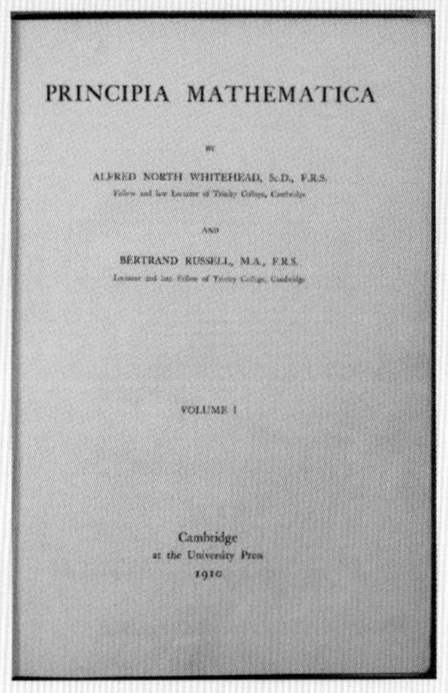

우측

5-9. 앨프리드 노스 화이트헤드*Alfred North Whitehead*와 버트런드 러셀, 《수학원리》(1910년).

all'과 '몇몇some'의 차이를 그대로 따랐다.

오늘날 논리학자들은 ∀로 '모든 것'을 나타내고 ∃로 '몇몇' 또는 '존재한다'를 표현한다.[7] 또한 프레게는 전통 논리학을 넘어서서 'x가 y를 사랑한다' 같이 관계를 상징화하는 방법을 개발했다.

프레게의 술어논리학에서 변수는 숫자 같은 개별 단위를 말한다. 프레게는 술어논리학이 형식언어 계급의 가장 아래쪽에 위치해 있다고 여겼다. 술어논리학은 '1차 논리학'이다(235쪽 박스 참고). 그 위에 2차 논리학이 있는데 여기에서는 변수의 역을 홀수나 짝수 같이 개별 단위 집합으로 확장해 다룬다. 3차 논리학은 변수의 역이 개별 단위 집합의 집합이 되는 식으로 늘어난다.

프레게는 유클리드 기하학과 비유클리드 기하학 모두 경험으로 학습한 공간에 관한 직감에 기반을 둔 지식이므로 수학의 기본이 되어서는 안 된다고 결론을 내렸다. 그는 산수 특히 자연수(1, 2, 3…) 지식은 온전히 추론(논리)에 기반하고 있다고 생각했다. 이에 따라 그는 칸토어의 집합이론(3장)에서 숫자를 다룰 때 사용하는 언어를 분석해 산술개론을 집필하기 시작했다. 숫자 1은 무엇일까? 바로 하나의 요소를 갖는 모든 집합의 집합이다.

프레게의 명확한 목표는 모든 수학 분야를 논리법칙으로 도출할 수 있음을 증명하는

프레게의 형식언어 계급

N차 논리(그리고 더 높은 차원의 논리)
역: 집합의 집합의 집합의 집합을 구하는 것으로 개별요소에서 N차원 안에 존재하는 모든 집합을 역으로 갖는다.

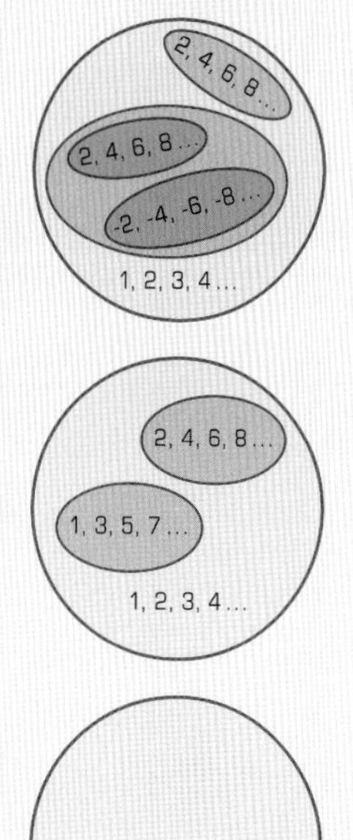

3차 논리
역: 개별요소, 개별요소 집합, 개별요소 집합의 집합

2차 논리
역: 개별요소와 개별요소의 집합
2차 논리에서 참인 명제: $\exists a(Oa)$
'모든 요소가 O의 성질(홀수의 성질)을 갖는 집합 a가 존재한다.'
즉, '홀수의 집합이 존재한다'로 읽을 수 있다.

1차 논리
역: 개별요소
1차 논리에서 참인 명제: $\exists a$, $\exists b(Ta \wedge Fb)$
'T의 성질을 갖는(2) a와 F의 성질을 갖는(4) b가 존재한다.'
즉, '2와 4가 있다'로 읽을 수 있다.

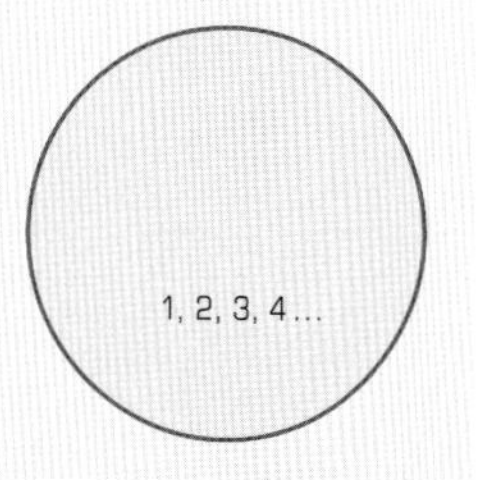

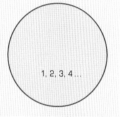

것이었다. 숫자와 산술은 수학의 핵심이므로 논리학의 원초적 기호('그리고'와 '아니다' 같은 기호)를 사용해 숫자와 숫자 패턴을 구성할 수 있다는 것을 증명하면 그 후에는 사람들이 자연스럽게 따른다.

프레게는 우선 칸토어의 집합이론으로 집합의 구성요소 사이에 일대일 대응이 존재할 때만 숫자(집합으로 이해하는 숫자)가 서로 동일하다는 것을 증명했다. 그는 18세기 철학자 데이비드 흄이 정의한 '동일' 개념을 인용하며 그와의 유사성을 표현했고, 결국 프레게의 숫자의 동일성은 '흄의 원리'로 불리고 있다. 이후 그는 술어논리학에서만 사용하는 자신의 단일 원리를 적용해(숫자의 동일성 원리, 흄의 원리) 페아노의 공준(4장 185쪽 박스 참고)을 유도할 수 있음을 발견했다(프레게 정리, 《기초산술학의 법칙Basic Laws of Arithmetic》, 1893년). 어떤 이들은 흄의 원리는 진정한 논리학 개념이 아니라고 주장했다. 그렇지만 프레게 정리는 이것이 근본 정의이고 산술이 논리학이라는 것과 논리학이 수학의 새로운 기초라는 관점을 뒷받침했다.

언어학

술어논리학을 개발할 때 프레게는 주장의 논리구조를 이해하기 위해 구어를 연구했는데, 이것은 그의 훌륭한 통찰력과 절묘한 사고방식을 잘 보여준다. 프레게는 산술의 논리적 기반을 찾는 것을 넘어 평행선 공준이 유클리드의 다른 4가지 공준과 무관한 것으로 밝혀지면서 흔들리고 있던 수학적 직관에 관한 확신을 회복하려 했다. 힐베르트는 점, 선 같은 기하학 용어에서 의미를 비워냈지만 반대로 프레게는 일상생활 언어에 담긴 산술용어의 의미에 흥미를 보였다.

'그릇에 사과 3개가 있다'고 말하는 것은 무엇을 뜻할까? 프레게의 스타일은 플라톤이 자신의 대화에서 원과 선 같은 용어의 의미를 찾고자 한 것과 유사하다. 프레게는 평범한 사람들이 일상생활에서 보편적인 숫자를 주시하는 것부터 보편적인 원리 그 자체를 분리해 이해하려 하는 것까지 일상생활 언어로 사용하는 숫자 관련 주장의 미묘한 차이점을 분석하기 시작했다.

프레게는 사람들이 숫자를 이야기하는 방식에 주목하며 기초수학을 찾기 위해 '언어적 전환Linguistic Turn'이라는 것을 시작했고 결국 새로운 학문 언어철학을 창안했다.[8] 프레게가 개발한 술어논리학은 아리스토텔레스 이후 연역적 추리 분야에서 가장 위대한 진보라고 할 수 있다. 그것과 함께 언어적 전환은 1920~1930년대 게르만 지식계에 논리실증주의를 꽃피웠다. 나아가 영어권 학계에 오늘날까지 주류로 자리 잡은 언어분석철학의 촉매가 되었다. 논리실증주의는 논리적 상징주의 기술 방식에 따라 언어철학을 나타낸 것을 말한다.

영국의 분석철학

단어는 오직 명제의 문맥에서만 의미를 지니므로 우리가 직면한 문제는 어떤 숫자 단어가 생겼을 때 명제를 정의하는 감각이다.
— 고틀로프 프레게, 《산술개론》

그사이 케임브리지대학교 수학자 앨프리드 노스 화이트헤드는 논리와 수학의 관련성을 연구하기 시작했다. 1891년 화이트헤드는 불의 상징주의 논리(대수)에서 영감을 받아 모든 형태의 추론을 포함하는 상징주의 체계를 설계하기 시작했다(《보편적 대수에 관한 논문A Treatise on Universal Algebra》, 1898년). 1890년대에 화이트헤드는 총명한 수학 학도 버트런드 러셀을 가르쳤는데, 당시 러셀은 조지 에드워드 무어와 함께 학부에서 철학을 공부했다. 러셀과 무어는 졸업 후 케임브리지에서 연구비를 받으며 연구했고, 주기적으로 만나 케임브리지와 옥스퍼드 철학과를 침략한 독일의 이상주의를 뒤엎을 계획을 세웠다.

19세기 후반 옥스퍼드에서 공부한 뒤 그곳에서 연구자가 된 영국 철학자 프랜시스 허버트 브래들리Francis Herbert Bradley는 헤겔의 절대영혼 지식을 얻겠다는 목표를 세웠고 독일 2세대 이상주의 철학자들의 세계관도 받아들였다. 헤겔주의 정신에서 그는 일상적인 지각과 측정이 정신에 모순을 제시할 수 있지만(한 물체를 서로 다른 각도에서 보았을 때 정사각형으로 보이기도 하고 직사각형으로 보이기도 하는 것) 최고 수준의 의식(통합된 의식)에서는 모든 모순적인 것을 해결하는 조화로운 전체(절대영혼)를 알 수 있다고 보았다.

케임브리지대학교 철학교수 존 M. E. 맥타가트John M. E. McTaggart도 헤겔의 추종자였으나(《헤겔의 논평에 관한 주석Commentary on Hegel's Logic》, 1910년) 브래들리가 주장한 지식 축적으로 비인간적(무신론적) 절대영혼으로 향하는 방식에는 반대했다. 1910년 그는 여러 편을 묶은 방대한 논문을 작성했는데, 여기에서 그는 사랑의 힘으로 영원히 함께하는 모든 불멸의 영혼(이제까지 살았던 모든 인간의 정신 개념 내용)으로 이뤄진 절대자를 제시했다(《존재의 본질The Nature of Existence》, 1921~1927년).

러셀과 무어는 모두 맥타가트의 제자로 독어권 사람들의 감정에 불을 일으킨 독일 이상주의와 낭만주의에 심취했다. 그렇지만 그들은 감정에 좌우되지 않는 영국인이라 곧 낭만주의에서 빠져나왔다. 1890년대 후반 그들은 개념을 명백히 정리하고 자신이 직접 본 것에 의지하는 영국 철학과 과학으로 돌아갈 것을 촉구했다('보는 것이 믿는 것이다Seeing is believing'). 러셀은 언어에 초점을 둔 프레게의 관점에 끌렸고 그것은 무어와 함께 분석 방법을 고안하는 결과로 이어졌다. 그런데 그는 숫자가 집합이라는 프레게의 이론을 연구하던 중 모순을 발견했다. 1902년 《기초산술학의 법칙》 2판을 인쇄하기 직전, 프레게는 '그 자신이 집합요소가 아닌 모든 집합의 집합'을 고려했는지 묻는 러셀의 편지를 받았다.[9] 이 집합은 그 자신을 집합요소로 포함할까? 만약 포함하면 그 집합의 조건을 충족하지 못하고, 포함하지 않으면 그 집합의 조건을 충족한다. 프레게는 자신이 발표한 공리에 이런 치명적 모순이 있다는 것에 충격을 받았고 이후 이 공리를 수정해야 했다(그림 5-10).[10]

'그 자신이 집합요소가 아닌 모든 집합의 집합'이라는 정의는 논리에서 말하는 자기언급Self-Reference 모순으로 이어졌다. 가령 AD 1세기 사도 바울이 크레타의 에피메니데스를 가리키며 "크레타인 중 어떤 선지자가 말하되 '모든 크레타인은 거짓말쟁이라'"(디도서 1:12)라고 말한 것은 오랫동안 자기언급의 논리적 위험성 사례로 알려져 왔다. 자연수 집합 같이 어떠한 수학자도 받아들일 수 있을 만큼 보수적인 정의의 집합부터 수많은 범위의 집합이 존재한다. 러셀의 역설은 그 자체로 집합으로 여길 수 있는 상상 가능한 모든 수학적 물체의 집합처럼 좀 더 근본적인 집합에 숨어 있다. 러셀이 《수학원리》에서 수학을 논리로 환원하려 했을 때 그는 모든 집합이 자기언급을 할 수 없도록 서술했다.[11]

5-10. 1902년 러셀의 편지를 받은 후 예나의 자택에 머물던 프레게, 《로지코믹스*Logicomix*》, 아포스톨로스 독시아디스*Apostolos Doxiadis*와 크리스토스 H. 파파디미트리우*Christos H. Papadimitriou*(글), 알레코스 파파다토스*Alecos Papadatos*(그림), 애니 디 도나*Annie di Donna*(채색)(2009년), 170.
소설 속의 버트런드 러셀이 말하는 만화 에피소드는 프레게가 자신의 저서 《기초산술학의 법칙》 2판을 발행하기 전날의 운명적인 순간을 그리고 있다. 체코 수학자 베른하르트 볼차노*Bernard Bolzano*는 집합론 이론을 정리해 게오르크 칸토어의 선구자라고도 불린다(독시아디스와 파파디미트리우는 허용 가능한 선에서 이야기를 더 드라마틱하게 만들려고 책 제목을 1884년 출판한 독일어 'Die Grundlagen der Arithmetik'가 아니라 이후 존 랭쇼 오스틴*John Langshaw Austin*이 영어로 번역한 'Foundations of Arithmetic'으로 채택한 것이 분명하다).

러셀이 《원론》을 출판한 해에 무어도 《윤리학원론Principia Ethica》을 출판했는데, 그는 이 책에서 '인간의 성교가 주는 즐거움과 미적 물체의 즐거움'을 인정하는 것에 기반한 윤리학과 미학을 제시했다.[12] 무어는 여기에 원 같이 프레게와 러셀이 작성한 완벽한 수학적 물체에 플라톤의 윤리적 개념인 선을 자신의 버전으로 바꿔 포함시켰다. 무어는 이 논문에서 완벽한 원처럼 순수한 선은 절대로 세상에서 인식하지 못하고 오직 직관으로만 알 수 있다고 주장했다. 러셀의 《수학원리》와 무어의 《윤리학원론》을 바탕으로 영국 철학계에 분석 방법이

자리를 잡았다.

러셀과 화이트헤드의《수학원론》

몇몇 수학자는 새로운 수학의 기반을 탐색하면서 수학을 몇 가지 사고법칙으로 추론할 수 있는가 하는 질문을 던졌지만, 프레게가 술어논리학을 발견한 뒤에야 엄밀하게 그런 추론 과정을 시도했다. 러셀이 프레게의 체계에서 역설을 발견한 후 많은 수학자가 프레게의 도구(술어논리학)를 개선해 모순 없는 구조의 논리적 공리에서 산술학을 구성하고자 했다. 러셀과 화이트헤드는 논리학의 3가지 원초적 기호[P(명제), V(또는), ¬(부정)]를 사용하는 5가지 추론법칙으로 산술학을 추론하는 막대한 작업을 시작했다.[13]

그들은 자신의 목적을 달성하기 위해 3가지 추가적인 공리를 가정했는데, 몇몇 비평가는 그것이 논리학 자체의 문제와 마찬가지로 사실이 아닌 것에 기반을 두고 있다고 했다. 그 3가지 공리는 바로 무한공리, 선출공리, 환원공리다.[14] 이러한 의구심에도 불구하고《수학원론Principia Mathematica》(1910~1913년)은 산술학을 논리로 환원하는 추론 과정을 이뤘고, 술어논리학의 힘을 입증함으로써 수학 외에 언어학경제학컴퓨터공학 등 다른 여러 분야에서 광범위하게 쓰이기 시작했다.

러셀과 화이트헤드는 케임브리지대학교 대선배 아이작 뉴턴이 지구와 하늘의 모든 움직임은 단일한 힘(중력)으로 환원된다는 내용을 담아 발표한《자연철학의 수학적 원리》를 따라 자신들의 저서를《수학원론》이라 명명했다. 또한 그들은 논리학의 몇 가지 원초적 기호와 가정으로 산술(숫자와 숫자 패턴)을 구성할 수 있다는 점에서 인간의 추리법칙이 수학의 토대라는 것을 증명했다.

논리적 원자론

러셀과 화이트헤드가 몇 가지 논리적인 구성요소로 수학체계를 세우는 실용적인 작업을 완수한 후, 러셀과 무어는 다른 철학적 주제에 이 새로운 논리도구를 적용했다. 그들은 아주 오래된 질문 '사람은 어떻게 세상을 알게 되는가?'로 시작했다. 감각인지를 근본적인 지식의 출처로 본 두 사람은 인지와 관련된 사실(사과를 인지하는 것)을 분석해 부분으로 나누었는데(붉은색을 본다, 둥근 물체를 만진다, 단 냄새를 맡는다), 이것을 '감각-자료Sense-Data'라고 불렀다(오늘날 철학자들은 그러한 정신 경험을 '감각질Qualia'이라 부른다).

러셀과 무어는 1897년 조지프 존 톰슨Joseph John Thomson이 전자를 발견하고 이후 사물 구조를 적극 토론하던 세기 말의 케임브리지에서 이 논문을 작성하기 시작했다. 그들은 물리학 실험 용어를 빌려와 감각-자료를 '원자적 사실'이라 부르고 감각-자료 서술을 '원자적 명제'라고 했다. 나아가 그들은 지식이론에서 발생한 문제를 해결하기 위해 이러한 구성요소에 논리도구를 적용했다. 이를테면 '진리대응론Correspondence Theory of Truth'으로 알려진 이론에서는 원자적 명제(감각-자료 기술)와 원자적 사실(세상 바깥에 존재하는 사건) 사이에 일대일 대응이 존재할 때만 그 명제는 참이 된다. 추가적으로 복잡한 명제(분자적 명제)는 참인 원자명제를 적절히 사용해 구성할 때만 참이 된다.[15]

1930년대 초 폴란드 논리학자 알프레드 타르스키Alfred Tarski는 프레게와 러셀, 화이트헤드가 고안한 논리도구를 사용해 정확한 진리대응론의 정의를 발표했고 이것이 널리 받아들여졌다. 타르스키는 논리구조 결과로 단순한 명제가 그 자체로 참과 거짓을 언급할 수 있는 모순을 피하고자 프레게의 형식언어계급과 유사한 무한한 계층구조를 사용했다. 이때 각 언어는 바로 위 계급에 있는 메타언어의 역이 된다. 즉, 한 계급 위의 메타언어로만 명제의 참과 거짓을 말할 수 있다(《형식화한 언어에서의 참의 개념》, 1933년).

'지금 눈이 온다'는
눈이 오고 있을 때만 참이다.
— 알프레드 타르스키,
《형식화한 언어에서의 참의 개념*The Concept of Truth in Formalized Languages*》, 1933년.

논리와 예술: 로저 프라이의 형식주의적 비평

영국의 산업화가 진행되면서 19세기 말 영국 예술가들은 런던의 공기와 물을 엉망으로 만든 굴뚝, 증기기관, 공장에서 대량생산한 저질 공산품에 등을 돌렸다. 1870년대와 1880년대에 절정기를 누린 제임스 맥닐 휘슬러James McNeill Whistler와 탐미주의 예술가들은 장식용처럼 보이는 도시나 목가적 장르의 그림을 그렸고, 예술을 위해 나머지 사회와 예술을 격리하는 미적 벙커로 후퇴했다. 세기 말 윌리엄 모리스William Morris가 이끈 미술공예운동 디자이너들은 고딕과 르네상스 건축가에게 영감을 얻어 손수 제작해 놋쇠로 장식한 나무가구를 만들고 조각한 목판으로 다채로운 벽지를 인쇄했다.

케임브리지대학교에서 공부한 로저 프라이는 이러한 감성적 향수에 반발해 영국 미술을 근대화하겠다고 맹세했고, 그 예시로 1910년대에 조직한 전시회를 위해 파리에서 아방가르드 작품을 들여왔다.[16] 러셀과 화이트헤드의 지식인 사회로 들어간 프라이는 분석철학 관점에서 프랑스 스타일을 탐구했다. 그는 케임브리지대학교의 엘리트 학자 클럽 '아리스토텔레스'에 가입했고 1889년 졸업한 뒤에도 지속적으로 활동하며 화이트헤드, 러셀, 무어와 교류했다. 이 클럽 활동은 그의 생애 내내 이어졌다.[17]

1894년 러셀은 미국인으로 미술사학자 메리 스미스Mary Smith의 자매인 알리스 피어설 스미스Alys Pearsall Smith와 결혼했다. 메리는 미국 미술사학자 버나드 베런슨Bernard Berenson의 아내다. 러셀과 베런슨 부부, 프라이와 그의 아내 헬렌 쿰Helen Coombe은 자주 만나 교류했다.[18] 1903년 미술학회지 〈벌링턴 매거진The Burlington Magazine〉 창간을 도운 프라이는 미술과 미에 관한 여러 편의 기사를 작성했고[19] 1906~1910년에는 뉴욕 메트로폴리탄 미술관의 회화 큐레이터로 일하기도 했다.

또한 프라이는 런던 블룸즈버리 지역에서 정기적으로 토론을 하던 그룹에 참여하고 있었다. 그 그룹에는 케임브리지대학교에서 무어와 함께 철학을 공부한 클라이브 벨Clive Bell,

그의 아내이자 화가인 버네사 벨, 그녀의 언니 버지니아 울프, 예술가 덩컨 그랜트도 소속되어 있었다. 울프는 1908년 무어의 《윤리학원론》을 읽었고[20] 1910년 출판한 러셀과 화이트헤드의 《수학원론》도 읽었다. 블룸즈버리 그룹 회원들은 이 획기적인 연구물이 불러올 변화를 놓고 토론했다. 《수학원론》은 상징주의 논리학의 전문용어로 쓴 것이라 그것을 배우지 않은 블룸즈버리 회원이 이를 이해하기는 어려웠다. 그러나 그들은 러셀이 첫 출판본(1910년)에서 설명한 이 책의 일반적인 주제를 알고 있었고, 1911년 9월 7일자 〈더 타임스 리터러리 서플먼트The Times Literary Supplement〉 1면에 실린 것 같은 저명한 서평을 보고 내용을 이해했다.

이름을 밝히지 않은 한 평론가는 "아마 20~30명의 영국인이 이 책을 읽어야 할 것이다"라는 말로 서평을 시작하면서 명쾌하고 비전문적인 언어로 책의 논지와 의미를 요약했다.[21] 덕분에 블룸즈버리 그룹 회원처럼 수학기호를 잘 알지 못했던 이들까지도 블룸즈버리에서 다룬 핵심 주제인 아름다움과 윤리 관련 명제를 분석한 술어논리학의 힘을 쉽게 인식할 수 있었다.

프라이는 분석철학과 함께 그림과 조각의 기본구조를 분석한다는 의미에서 논리를 기반으로 예술에 접근하는 방식을 개발했다. 1901년 《신비주의와 논리학Mysticism and Logic》[22]이라는 전문서에서 자신의 지적 스타일은 '직관(신비주의)과 논리를 통합한 것'이라고 설명한 러셀과 마찬가지로 프라이도 논리를 더 직관적인 접근방식과 혼합했다. 러셀은 논리학자로서 자신이 어떻게 신비한 직감(순수한 인지)으로 수학세계를 알 수 있었는지 설명했다. 궁극적인 현실 질서를 통찰한 후 그는 자신의 통찰이 확실한 지식인지 확인하는 증명을 어떻게 구성했는지 논리적 추론 과정으로 설명했다.

프라이는 《근대화가Modern Painters》(1846년)에서 예술가는 (자신의 추론으로) 추상 형태를 구성하고 (직관으로) 강한 도덕적 함축이 담긴(러셀의 연구에는 포함되지 않은) 영적 내용을 창작한다고 주장한 존 러스킨의 전통 영국 미학을 향한 직관과 논리가 유사하게 섞여 있는 것을 발견했다.[23] 프라이는 러스킨과 러셀이 그랬듯 사람은 직관으로 지식을 얻을 수 있다고 믿었고, 어떤 예술가는 궁극적인 현실 질서를 직관할지도 모른다고 추측했다.

"만약 예술가가 신비주의적 태도를 택한다면 그것이 직관으로 궁극적인 현실 질서를 알고 상상 속의 충만한 삶과 완전함이 필멸하는 삶 속에서 알아내는 모든 것보다 더 현실적이고 중요한 실재라고 선언할지도 모른다고 생각한다."[24]

어떻게 비물질적이고 초자연적인 진리를 물질적이고 세속적인 그림에 담아낼 수 있을까? 프라이는 1905년 발표한 논문 〈신비주의자 만테냐Mantegna as a Mystic〉에서 어떻게 이탈리아 르네상스 화가들이 완벽한 이해, 정신과 사물의 결합, 신성, 필멸성, "말씀이 육신이 되어"(요한복음 1:14) 같은 신비한 사상을 그림에 담아냈는지 설명한다.

"신비주의가 고차원적 발전 과정 중에 조형미술에 영감을 주기는 어렵다. 신비주의는

5-11. 안드레아 만테냐(이탈리아인, 1431~1506년),
'동방박사의 경배', 1495~1500년, 린넨에 수성도료, 54.6×70.7cm.
프라이는 "신비한 생각의 강렬함과 기묘한 정도"를 전하기 위해 부드러운 색조를 나타낸 만테냐와 범관范寬 같은 송나라 도교 풍경화가가 사용한 기법을 비교했다. "만테냐는 더 선명하고 고혹적인 성질의 색상을 사용하지 않았고 약간 대조적인 단순한 색상으로 표현했다. 그리고 그 주변을 극도로 순수하고 완벽한 윤곽으로 경계를 만드는 기법으로 그림의 인물에 신비한 영적 삶을 정확히 부여했다. 이러한 독창성이 중국의 위대한 종교화가 작품과 거의 동일한 기법, 동일한 색감 효과, 심지어 동일한 표면의 질을 나타내는 것을 볼 때 우리의 본능은 옳았다고 할 수 있다. 그들의 작품에서는 신비한 생각의 강렬함과 기묘함의 정도도 비슷한 방식으로 명확히 나타나고 있다." – 로저 프라이 '신비주의자 만테냐', 〈벌링턴 매거진〉 8, no. 32(1905년).

차이와 구별을 제거하고자 신성한 결합을 제외한 모든 것을 환상적·경이적인 것으로 간주하는 경향이 있는 반면 회화는 온전히 사물의 차이점에 의존한다. 회화는 사물의 중요성을 강조하고 절대실체와 비교할 때 나타나는 본질적 무의미함은 고려하지 않는다. 회화에서는 오직 비유로만 신비주의를 다루고 예술가들은 오직 은유로만 신비적으로 이해한 사실을 전달한다. 그럼에도 불구하고 우리는 몇몇 화가가 사물을 투명하게 해서 그 사물과 관련해 희미하게 추측하던 영적 실재를 더욱 명확히 느끼도록 하는 작품을 만든다고 생각한다."[25]

프라이가 생각한 그 몇몇 화가는 바로 알브레히트 뒤러와 안드레아 만테냐Andrea Mantegna다.

"형식을 표현할 때 모호하고 막연한 방식을 멀리한 이들이 모든 화가 중 가장 정확하고 확실한 형태를 묘사했다. (…) 뒤러의 '멜랑콜리아'와 만테냐의 '마돈나'에서 볼 수 있듯 (…)

신비주의적 이상주의는 솔직하고 엄격한 사실주의와 일치한다."[26](그림 5-11과 뒤러의 '멜랑콜리아', 2장 그림 2-16 참고).

프라이는 프랑스와 영국의 사실주의(초상화, 풍경화, 정물화)가 논리를 사용해 세속주의 시대에 적합한 방식으로 초자연적 영역을 구현할 수 있었다고 보았다. 1910년 11월 프라이는 런던에서 처음 에두아르 마네와 클로드 모네, 폴 세잔의 프랑스 현대회화 전시회(마네와 후기 인상주의 화가들)를 개최했고, 1912년에는 파블로 피카소와 앙리 마티스까지 포함해 전시회(2차 후기 인상주의 전시회)를 열었다.

프라이는 이 작업을 설명하고 분석할 때 영국의 분석철학 용어를 차용했다. 1910년 전시회 카탈로그에서는 모네는 '외형'(감각-자료)에 중점을 두고 세잔은 '디자인'(논리적 형태, 그림 5-12 참고)에 초점을 두었다고 설명했다.

"인상주의 화가의 주목을 끈 자연의 새로운 면을 다룰 때, 세잔은 사물 외형의 복잡성을 어떻게 설계에서 요구하는 단순한 기하학 형태로 나타낼 수 있는지 보여주었다."[27]

프라이는 본질적으로 러셀의 논리적 원자론을 회화와 조각이 세계를 표현하는 방법을 설명하는 미적 이론으로 번역했다. 세잔이 자신의 스튜디오에서 정물을 바라볼 때 처음 하는 일은 과일과 접시, 식탁보, 나이프를 원자적 사실에 맞춰 분석하는 것이다. 그는 그런 과정으로 7개의 붉은색 원, 3개의 초록색 원, 여러 개의 보라색 원, 얇은 갈색의 사각형(사과와 포도와 나이프)이 하얀 평면(그릇과 식탁) 위에 놓인 것을 인식한다.

세잔은 이런 사실로 '회화의' 원자적 명제를 만들어 일종의 동형이성Isomorphism(구조의 동일성)을 만들어냈다(이 그림은 사과 10개가 식탁보 위에 놓여 있음을 '주장'한다). 그는 자신의 감각-자료를 디자인의 기본요소(형태, 색상)로 분석했으나 프라이는 이것을 세잔이 보는 이의 감정에 영향을 주는 논리구조를 부여한 것으로 판단했다.

"그렇다면 우리는 마지막으로 한 번 더 자연의 유사성에 관한 생각이 올바른지 그렇지 않은지 확인하는 것에서 벗어나 자연 형태에 내재하는 정서적 요소를 충분히 발견했는지 고려해야 한다."[28]

프라이가 말하는 감정을 일으키는 디자인의 '정서적 요소'란 무엇일까? 논리적이고 이성적인 질서를 선善과 동일시하는 무어의 《윤리학원론》을 공부한 프라이는 디자인에 프랑스 예술에서 찾을 수 없는 도덕적 논조를 부여했다. 런던에서 본 것은 도덕적 향상 경험이지만 프랑스 화가 세잔의 정물화에서는 감각적 즐거움을 보았기 때문이다.

1912년 벨의 후원을 받아 전시회를 개최한 프라이는 입체파 화가인 피카소와 조르주 브라크Georges Braque, 야수파 화가인 마티스와 앙드레 드렝André Derain의 작품을 전시했다. 그는 이들 예술가가 실용적인 목적의 단순한 외형(감각-자료)과 대조적으로 관조觀照를 위한 추상적·논리적 형태를 만들었다고 보았다.

"그들은 명확한 논리구조와 빈틈없는 질감으로 실제 삶에서 실용적으로 쓰이는 것의 생생함을 나타내 우리의 무관심하고 관조적인 상상력의 관심을 끌고자 한다."[29]

5-12. 폴 세잔(프랑스인, 1839~1906), '과일 접시 정물화', 1879~1880년, 캔버스에 유채, 46.4×54.6cm.

여기서 말하는 논리구조의 예로는 입체파 화가 피카소의 유화 '여자의 머리'와 마티스의 '춤'(1909년)이 있다. 버네사 벨과 던컨 그랜트는 프랑스 근대주의자를 접한 이후 자신의 작품에서 형식을 강조했다. 예를 들어 벨은 '버지니아 울프'(1911~1912년경)에서 인물, 의자, 배경을 야수파 화풍처럼 평평한 색의 평면으로 환원했다(그림 5-13). 또한 벨과 그랜트는 완전한 추상화를 실험하기도 했다(버네사 벨, '추상화', 1914년경, 던컨 그랜트, '추상화', 1915년). 회화 그림을 선호한 프라이는 추상예술에 열광하지 않았으나 그에게 시각예술의 미적 핵심은 자연 모방이 아니라 디자인의 정서요소였다.[30]

1913년 현대예술과 관련된 책을 쓰기 위한 위원회의 제안을 받았을 때 프라이는 너무 바쁜 나머지 자신과 공동견해를 요약하고 자신이 말한 '디자인의 정서요소'를 '의미 있는 형식'으로 묘사한(《예술》, 1914년) 클라이브 벨을 그 자리에 추천했다.[31] 벨은 자신의 유명한 논문에서 프라이의 미묘한 수사학을 단순한 도그마로 축소한 뒤 이렇게 선언했다.

"예술작품의 표현요소는 해로울 수도 있고 그렇지 않을 수도 있다. 그것은 항상 현실과 관계가 없다."[32]

프라이는 이 책의 서평에서 벨에게 '내게 없는 확신'이 있다고 점잖게 평가했다.[33] 이후 그는 벨의 여러 논문을 편집해 자신의 논문을 썼는데 여기에서 감각-자료와 그 자료를 캔버스에 표현하는 것은 시각의 일부라고 주장했다. 이러한 시각과 그림의 원자를 논리적인 분자의 무대에 배열하는 것이 디자인이다(《시각과 디자인Vision and Design》, 1920년). 프레게와 러셀에게 수학의 본질은 논리적 형태고, 프라이에게 예술의 본질은 그 디자인(합리적인 순서)

그녀는 그의 아버지가
무슨 책을 썼는지 물어봤다.
앤드루는 '주제와 객체와 현실의 본질'에
관해 썼다고 답했다.
그녀가 천국 이야기를 했을 때
그녀는 그것이 무엇을 뜻하는지
전혀 알지 못했다.
"그렇다면 당신이 없을 때의
식탁을 생각해보시오"라고
앤드루가 그녀에게 말했다.

— 버지니아 울프,
《등대로*To the Lighthouse*》, 1927년.

이었다.

프라이의 예술비평은 형식주의로 알려졌는데 이는 동시대 러시아의 문학 형식주의자들이 사용한 것과 같은 용어다. 힐베르트와 프레게, 러셀은 모두 (서로 다른 길을 통해) 공리구조라는 같은 생각에 이르렀던 것 같다. 벨, 슈클로프스키, 프라이도 (다른 추론으로) 그림의 내용보다 형태를 강조하는 것에 이르렀으니 용어 사용이 적절했다고 할 수 있다.

힐베르트가 수학의 형식주의 공리구조에 중점을 둔 것처럼 러시아·독일의 형식주의 화가와 시인은 자연계와 상관없는 형태, 소리를 사용해 작품을 만들었다. 그리고 프레게와 러셀이 논리학과 구어에 중점을 두었듯 영국 형식주의 화가는 형태로 자연계의 '사진'을 묘사했다. 이것은 블룸즈버리 그룹의 인물화와 풍경화에 잘 나타나 있고 이후 1920년대부터는 헨리 무어와 바바라 헵워스의 조각에서도 발견할 수 있다.

버지니아 울프

언어에 커다란 영향을 미친 프레게와 러셀의 논리학, 분석철학은 20세기 초 영국 소설가와 시인, 비평가에게도 큰 관심을 받았다. 그러나 이들의 연구 성과는 분석철학과 정반대 위치에 있는 심리학 발전에 영향을 주었다. 프레게와 러셀은 관측 가능한 자연세계를 표현하기 위해 단어와 기호를 사용했으나 파리의 신경학자 장 마르탱 샤르코Jean-Martin Charcot와 빈의 지그문트 프로이트는 내면세계를 설명하기 위한 언어를 찾고자 했다.

5-13. 버네사 벨(영국인, 1879~1961년), '버지니아 울프', 1912년, 보드에 유채, 40×34cm.

내면을 강조한 심리학은 특정 순간의 의식적인 사고 흐름을 완전하게 기록하는 것으로 알려진 새로운 문학 형태인 '내적 독백'에 영감을 주었다. 파리의 에두아르 뒤자르댕Édouard Dujardin이 쓴 소설 《월계수는 마차다Les Lauriers sont coupés》(1888년)와 빈의 아르투어 슈니츨러Arthur Schnitzler의 연극 '파라켈수스Paracelsus'(1899년)가 대표적이다. 또한 미국의 철학자이자 심리학자인 윌리엄 제임스William James는 '의식의 흐름'(《심리학 원리Principles of Psychology》, 1890년, 그림 8-6 참고)이라고 명명한 기법으로 평범한 사람들이 평온한 삶을 기대하는 자신의 생각을 말하는 형식의 이야기를 썼다.[34] 슈니츨러의 연극에서 빈 출신 결손가정 구성원들의 내적 독백을 본 프로이트는 슈니츨러의 작품을 매우 좋아한 것으로 알려져 있다.[35]

런던에서는 버지니아 울프가 프랑스-오스트리아의 내적 독백을 영국 분석철학의 논리적 원자론과 결합했다. 그녀의 작품에서 등장인물은 자신의 주관적 경험을 객관적 사실로 보고, 자신의 개인적인 감정을 극도로 냉정하고 객관적으로 표현하고 있다.[36] 논리적 원자론에 따르면 사람들이 자신의 '내적'(주관적) 감각-자료를 표현한 결과로 '외적'세계가 구성된다.

이와 유사하게 울프는 자기 생각과 감정을 원자적 사실로 표현하는 등장인물의 관점으로 자신의 허구세상을 구성했다. 이를테면 램지 가족이 배를 타고 해변 근처의 등대를 찾아가는 이야기에서는 저녁파티를 각각의 손님이 내적 독백을 하는 객관적인 사건으로 구성했다. 소설에서 해당 부분은 테이블 상석에 앉은 램지 부인의 "하지만 내가 내 인생에서 무엇을 잘못했다는 것인가요?"라는 생각으로 시작된다.[37] 그리고 (램지 부인을 가리키며) "'그녀는 나이가 얼마나 되었을까? 그녀는 몹시 수척하고 쌀쌀맞아 보여'라고 릴리는 생각했다"[38]나 (식탁에서 여인들의 점잖은 재잘거림을 묘사하며) "그녀들은 무슨 지긋지긋한 헛소리를 하는가. 자신의 접시 정중앙에 스푼을 놓으며 찰스 탠슬리는 생각했다"[39] 같이 저녁에 초대받은 손님들이 서로를 관찰하고 사색하는 것을 볼 수 있다(《등대로》, 1927년).

가치 있는 작품에는 디자인의
추상적 성질이 필수로 따르지만
내게는 사람의 요소인
심리적 성질도 똑같이 중요하다.
추상요소와 인간요소가
작품 내에서 서로 잘 결합하면
보다 완전해지고 의미가 깊어질 것이다.
— 헨리 무어, 1934년.

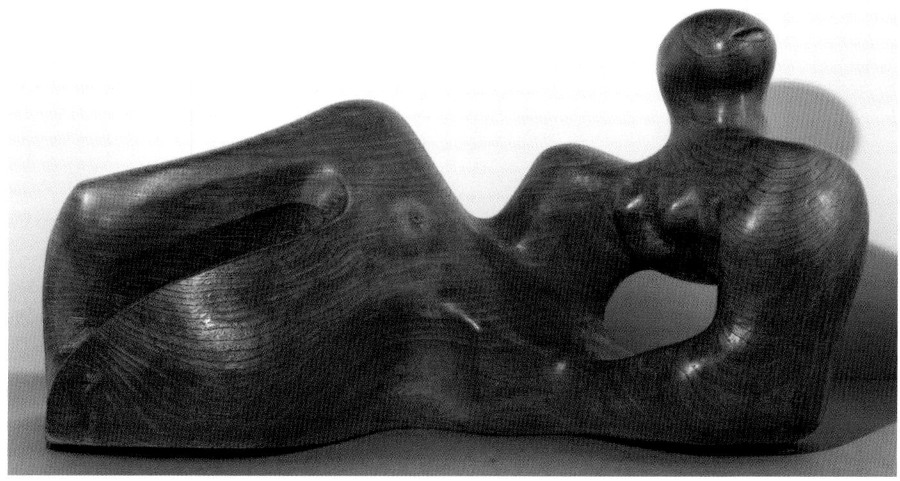

좌측 상단

5-14. 헨리 무어(영국인, 1898~1986년), **'옆으로 누운 사람***Reclining Figure***', 1935~1936년, 느릅나무, 48.3×93.3×44.4cm.**
무어는 나뭇결이 독특한 영국의 느릅나무 같은 현지 재료를 사용해 수평 중심의 누운 자세 모양을 강조했다.

좌측 하단

5-15. 바버라 헵워스(영국인, 1903~1975년), **'상***Figure***', 1933년, 회색 석고, 점판암 바닥, 19×14.6×6.3cm.**
바버라 헵워스는 곡선 형태를 대리석의 얼룩 패턴과 조화롭게 조각해 스스로 수차례 명시한 목표인 '형태와 재료의 결합'을 달성했다.

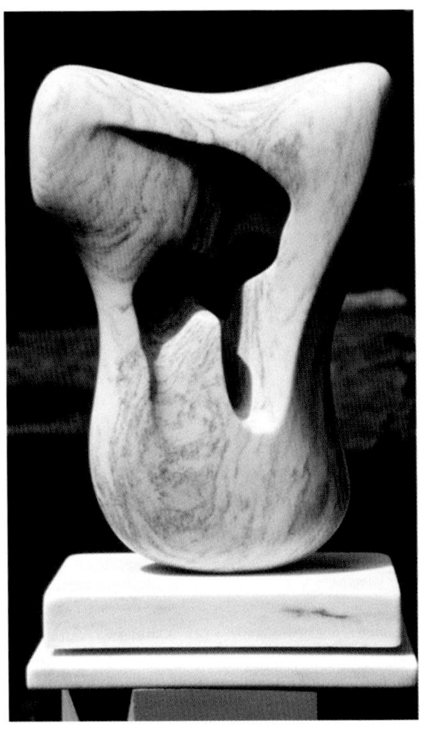

우측

5-16. 너대니얼 프리드먼*Nathaniel Friedman* **(미국인, 1938년 출생),**
'삼엽형 무늬 토르소: 빛이 내리는 협곡*Trefoil Torso: Canyon Light***'(그리고 확대 사진),**
1995년, 버몬트 대리석, 50.8×35.6×10.2cm.
너대니얼 프리드먼은 무어와 헵워스에게 영감을 받아 대리석 덩어리로 3차원 형태와 공백의 미학적 특징을 탐구했다. 수학자이자 예술가인 프리드먼은 자신의 조각법을 이렇게 묘사했다. "수학과 마찬가지로 조각은 형태와 공간에 관한 것이다. 또 빛이 들어오게 돌을 조각하는 방법을 찾도록 영감을 준 바버라 헵워스와 헨리 무어의 작품처럼 조각은 빛과 색에 관한 것이기도 하다. 나는 이 조각의 중심에 삼엽형 무늬를 조각했고 모서리를 협곡 모양으로 표현했다. 태양의 각도에 따라 직사광선과 반사한 빛이 빈 공간을 비추는 범위는 달라지며 모든 실용적 목적에 따라 수없이 다양한 디자인을 만들 수 있다."

247쪽 상단

5-17. 바버라 헵워스, '3가지 형태', 1935년, 대리석.

247쪽 하단

5-18. 벤 니컬슨(영국인, 1894~1982년), '1934'(부조), 1934년. 나무에 유채, 71.8×96.5×33.2cm.

영국의 조각: 헨리 무어와 바버라 헵워스

20세기 초반 조각가들은 여전히 그리스인처럼 고전적 전통에서 영감을 얻어 자연을 모방하고 있었다. 리즈예술학교의 젊은 학생 헨리 무어도 그런 흔하고 낡은 진로를 따랐을지 모르지만, 1921년 우연히 자연 속의 디자인과 정서 요소를 강조하는 프라이의 글을 만났다.

"로저 프라이의 시각과 디자인은 내 삶에서 가장 운 좋은 발견이었다. 나는 리즈예술학교 도서관에서 다른 책을 찾던 중 이 책을 발견했다. 프라이는 자신의 소논문 〈흑인 조각상Negro Sculpture〉에서 아프리카 예술의 특징이자 '재료를 진실하게 나타내는' '3차원적 실현'을 강조했다. 프라이는 거기에서 더 나아가 다른 책으로 이어지는 문을 열어주었고 대영박물관을 자각하도록 이끌었다. 그것이 진정한 시작이었다."[40]

무어는 순수한 기하학과 반대로 유기적 형태의 어휘를 개발했다.

"직선과 순수한 곡선, 기하학 고형체(완벽한 구, 원뿔, 원통, 정육면체)는 아름답게 여겨지지만(플라톤주의) 기계가 아닌 사람은 그것을 완벽하게 만들 수 없다. 예술은 인간적인 것이라 실수할 수도 있고 완벽에서 벗어날 수도 있다."[41]

1930년대 중반 무어는 바다에 던져진 유목 같이 단순하고 부드러운 형태를 상상했다('옆으로 누운 사람', 1935~1936년, 그림 5-14 참고). 프라이에 이어 무어도 현실적인 주제 묘사보다 추상적·유기적 형태가 더 큰 '정서적 중요성'을 담고 있다고 선언했다.

"현대조각가의 눈에서 그리스 시대의 인상적인 모습을 제거하면 비로소 표현적 가치가 아니라 형태에 내재한 정서적 중요성을 다시 깨달을 것이다."[42]

무어는 고전 전통을 버리고 콜럼버스가 미국을 탐험하기 이전의 아메리카대륙과 아프

리카대륙의 조각을 연구하기 시작했고, 주제에 기하학 구조를 담은 세잔 같은 근대화가의 작품도 연구했다.

광부의 일곱 번째 아들로 태어나 독학한 무어는 평생 편협하지 않았고 호기심 많은 자세로 책읽기를 즐겼다. 한편 부유한 토목공학자의 딸로 태어나 고등교육을 받은 바버라 헵워스는 아버지의 권유로 대학에 진학했다. 일반대학 대신 리즈예술대학에 진학한 그녀는 케임브리지 출신의 블룸즈버리 그룹에 반감을 품었다.[43] 이로 인해 헵워스는 프라이나 무어의 글이 아니라 무어의 작품을 포함해 다른 조각가의 작품과 자연에서 영감을 얻었다.

1920년 리즈예술대학에서 학생으로 만난 두 사람은 1921년에서 1924년까지 런던의 왕립예술학교에서 같이 공부했다. 1929년 두 사람 모두 예술가로서 런던 햄스테드 지역에 자리를 잡았고 서로의 스튜디오를 주기적으로 방문했다. 헵워스는 자신의 작품 '상'(1933년)에서 무어의 조각처럼 누워 있는 어머니와 아이를 조각했는데 어깨와 손, 발을 단순한 형태로 축소해 작품에 구불구불한 높낮이를 나타냈다(그림 5-14, 5-15).[44]

현대미술의 너무 많은 기법이
무의식적 삶을 숭배하는 행위에
가까운데 이는 터무니없는 일이다.
우리의 의식적 지성과 질서 있는 삶에
긴밀하게 접하는 것은
오직 고차원 의식뿐이며
이곳에서만 과학과 예술의
유익한 결합이 이뤄진다.

— 로저 프라이,
1934년 〈벌링턴 매거진〉에 수록한
허버트 리드의 《오늘날의 예술》
(1933년) 비평.

1930년대 영국에서 헵워스와 그녀의 남편인 화가 벤 니컬슨Ben Nicholson은 망명한 이탈리아 구성주의자 라슬로 모호이너지와 나움 가보의 간결한 기하학 구조를 접했고 이후 그들의 작품에 평범한 흰색 사각형과 원형, 구체가 등장하기 시작했다.[45] 1933년 헵워스와 니컬슨은 파리에 있는 한스 아르프Hans Arp(독일 출신. 프랑스로 귀화해 장Jean 아르프로 개명)와 콘스탄틴 브랑쿠시의 스튜디오를 방문했다. 그 후 헵워스는 콘스탄틴 브랑쿠시를 따라 완벽한 추상화에 빠져들었다('3가지 형태', 1935년, 그림 5-17 참고).

니컬슨은 프랑스의 정기간행물 〈구체미술Art Concret〉에서 네덜란드 데스틸De Stijl풍(네덜란드어로 '스타일'이라는 뜻)의 기하학적 추상화 형식 지도자 테오 반 두스브르흐가 오직 하얀색만 사용해 그림을 그릴 것을 제안한 '하얀 회화를 향하여Towards White Painting'(1930년)를 읽었다.

"하얀색! 이것은 완벽성과 순수성과 확실성 세대인 우리의 영혼의 색상이다."[46]

니컬슨은 1934년 자신의 첫 순백색 콜라주 작품을 완성했고 이후 반세기 동안 오직 하얀색만 사용해 종이 콜라주와 나무 양각작품을 만들었다(그림 5-18).

1930년대에 헨리 무어의 조각을 평론한 허버트 리드Herbert Read는 영어권에서 프라이 다음 세대 중 가장 영향력 있는 비평가였다. 런던 빅토리아 앨버트 박물관의 도자기 부문 큐레이터였던 리드는 박물관 일로 독일을 방문하면서 새로운 형태의 표현 방식을 배웠다. 독일을 방문했을 때 그는 〈추상화와 공감Abstraktion und Einfühlung〉(1907년)이라는 제목으로 박사논문을 쓴 미술사학자 빌헬름 보링거Wilhelm Worringer를 만났다. 테오도어 립스Theodor Lipps의 공감이론에서 직접 영향을 받은 보링거는 관람객은 예술작품을 공유하는 감정을 느낄 때 공감한다고 주장했다. 나아가 그는 평화와 번영의 시대에는 예술가들이 자연계를 재현하고 공포의 시대에는 현실에서 멀어지는 모습을 보인다는 이론을 정립했다.

리드는 보링거의 논문을 읽고 1차 세계대전 이후 영국에서 추상화가 확산되는 이유를 이해했고, 그런 이유로 이 이론에 감명을 받았다.[47] 또한 리드는 전쟁 이후 트라우마를 겪는 영국 군인을 대상으로 한 치료법으로 명성을 얻은 프로이트 심리학에 개방적이었다. 그는 정신분석을 기반으로 독일 표현파에게 국제 초현실주의 운동으로 발전해온 예술을 설명하려 했다. 그리고 자신의 저명한 저서 《예술의 의미The Meaning of Art》(1931년)와 《오늘날의 예술Art Now》(1933년)에서 무어의 조각 형태를 찬양했다.[48] 그러나 리드는 형태로 추론을 구현한 것(프라이)이 아니라 역사(보링거)와 예술가의 감정(프로이트)을 표현한 것으로 이해했다. 독일 표현주의에 무관심했던 프라이는 추론의 결과물이 아닌 모든 형태의 예술을 혐오했다. 그는 독일의 표현주의를 "일종의 예술적 비매너"[49]라고 폄하하며 리드가 지지한 역사적, 심리분석적 접근방식을 한탄했다. 그런데 아이러니하게도 리드는 1933년부터 1939년까지 프라이의 미학적 예법의 보고寶庫라고 할 수 있는 〈벌링턴 매거진〉에서 편집자로 일했다.

영국 문학 형식주의: 토머스 스턴스 엘리엇과 새로운 비평문화

39세에 영국으로 귀화한 미국의 토머스 스턴스 엘리엇은 1914년 하버드대학교 철학과 대학원생 시절, 교환교수로 와 있던 버트런드 러셀의 상징주의 논리학 수업을 들으며 처음 영국의 분석철학을 배웠다. 하지만 그는 수학과 정밀과학이라는 배경지식이 부족해 그 수업에서 탁월한 성과를 거두지는 못했다. 그해 말 그는 영국에서 다시 러셀을 만났고 러셀의 사상을 정확히 알고 난 뒤 영감을 받아 분석철학을 더 깊이 공부했다.[50]

1915년 6월, 26세가 된 엘리엇은 부모의 반대를 무릅쓰고 영국인 비비언 헤이우드Vivienne Haigh-Wood와 결혼했고 그의 부모는 재정적 지원을 끊어버렸다. 러셀은 이 젊은 부부에게 자신의 런던 연립주택 방과 재정적 지원을 제공했다.[51] 이 시절에 쓴 〈J. 알프레드 프루프록의 연가The Love Song of J. Alfred Prufrock〉(1917년) 등 엘리엇의 초기 시를 보면 그가 분석철학 사상을 받아들이기 시작했고 반복적으로 러셀의 지성에 감탄하고 있음을 볼 수 있다.[52]

엘리엇은 프라이가 예술비평에 논리적 원자론을 적용한 것과 유사하게 시 언어가 그 주제를 어떻게 표현하는지 설명하는 데 논리적 원자론을 사용했다. 단어는 자연세계에 있는 것에 이름을 붙이고 말은 내면세계 감정의 이름을 짓는다. 엘리엇은 이런 감정을 (울프와 마찬가지로) 객관적인 사실로 보았다.

엘리엇에 따르면 예술작품은 그 작품이 일으키는 감정과 연관되어 있다. 즉, 시나 연극은 물리적 물체(종이에 적힌 단어, 무대 위의 연기자)고 그 물체 형태는 그것이 전달하는 감정과 유사하다(동형이성). 그는 이렇게 선언했다.

"감정을 예술 형태로 표현하는 유일한 방법은 그 감정과 '객관적 연관성'이 있는 것을 찾는 길밖에 없다. 즉, 일련의 물체와 상황, 여러 사건이 특정 감정을 일으키는 공식이다.

그 외부적 사실이 감각적 경험으로 주어지면 바로 그 감정이 일어난다."[53]

프레게와 러셀이 사용한 '원자'(모든 과학자가 같은 사물을 가리키는 이름)의 의미처럼 엘리엇은 문학작품이 모든 독자의 내면에 동일한 감정을 불러일으킨다고 보았다. 이것이 엘리엇이 말한 (자연) 언어에 수학적(인공적) 표현의 정밀도를 도입하는 방법이었다. 그는 "러셀은 영어로 모든 주제를 명확하고 정확히 생각하게 하는 언어를 만드는 데 도움을 주었고, 그의 《수학원론》은 그 어떤 수학자의 이론보다 우리 언어에 큰 기여를 하고 있다"라고 러셀에게 공을 돌렸다.[54]

엘리엇과 러셀의 관계는 1918년에 끝났지만[55] 엘리엇은 분석철학에서 지속적으로 영감을 얻었다.[56] 1922년 《황무지》를 출간한 그는 폭넓은 암시와 참고문헌을 각주에 담는 특별한 방법을 택했다. 엘리엇은 이들 각주에서 시가 자신이나 등장인물들의 고유한 내적 세계를 표현하는 게 아니라 문학세계의 공통적인 감정, 즉 객관적 연관성을 포함하고 있음을 나타내려 했다. 다시 말해 엘리엇은 각주에서 자신의 시가 모든 이에게 주는 동일한 감정적 내용을 의도적으로 제시했다.

1927년 엘리엇은 성공회로 개종하고 '상징적 논리'로 요약할 수 있는 과학적 세계관을 포함해 세속주의를 버렸다. 그의 작품에서는 분석적 주제가 사라졌고 〈재의 수요일Ash Wednesday〉(1930년)에 나타나듯 그는 인간 구원으로 관심을 돌렸다.

한편 엘리엇의 동시대 영국인 아이버 암스트롱 리처즈Ivor Armstrong Richards는 케임브리지에서 조지 에드워드 무어와 함께 공부하고 논리적 원자론을 흡수했다. 리처즈는 1922~1939년까지 케임브리지대학교에서 영국문학을 가르쳤고 이후 1963년 은퇴할 때까지 하버드대학교에서 영국문학을 가르쳤다. 그는 학생들에게 글을 가장 작은 단위('원자')로 분해한 다음 각 부분의 의미를 분석하는 '자세히 읽기' 방식을 가르쳤다. 아리스토텔레스의 《시학Poetics》 이후 철학자들은 문학과 어휘 선택의 형식적 특성을 강조했으나, 시인과 문학평론가는 영국의 분석철학이 등장하고 나서야 미세하게나마 형식을 분석할 수 있었다. 언어학자 찰스 케이 오그던Charles Kay Ogden과 공저한 《의미의 의미Meaning of Meaning》(1923년)에서 리처즈는 감정을 자극하는 감정적 의미(감정을 표현하는 시구)와 지시적 의미(사물을 가리키는 과학용어)를 포함해 8가지 종류의 의미를 구분했다. 리처즈는 미묘하고 더욱 미묘한 의미를 구분하는 방식으로 자신의 분석철학 기술을 보여주었다.

1937년부터 오하이오의 케니언대학에서 학생들을 가르친 미국의 시인이자 비평가 존 크로 랜섬John Crowe Ransom은 이 대학에서 잡지 〈케니언 리뷰The Kenyon Review〉를 창간했고, '자세히 읽기'라는 용어를 처음 사용한 자신의 저서 《새로운 비평》(1941년)을 출간했다. 그의 이런 노력으로 1920년대와 1930년대에 영미권에서 자세히 읽기가 크게 유행했다. 2차 세계대전 이후 《새로운 비평》은 영어권 전역의 학계에서 주도적 위치를 차지했으며 1940년대와 1950년대에는 학부생 문학수업에 포함되었다. 1960년대의 불안정한 정치 환경에서 자란 세대는 역사와 정치의 비평을 요구했고 새로운 비평을 지지한 사람들은 초점을 인종, 성별, 권력의 '담론'을 다루는 것으로 옮겼다.

제임스 조이스

나는 수학적 교리문답 형식으로 '이타카'를 쓰고 있다.
— 제임스 조이스가 프랭크 버젠*Frank Budgen*에게 보낸 편지, 1921년 2월.

프레게와 러셀의 논리학에서 영감을 받은 아일랜드 작가 제임스 조이스도 규칙에 따라 어휘를 만들고 소설을 쓴다는 의미에서 공리구조로 소설을 다뤘다.[57] 조이스는 《율리시스》에서 여느 평범한 날과 다를 것 없는 1904년 6월 16일 더블린에 거주하는 레오폴드 블룸과 그의 아내 몰리 블룸, 그의 젊은 지인 스티븐 디덜러스가 생각한 내적 독백을 기록했다. 《율리시스》 독자 중 일부는 조이스의 자전적 소설 《젊은 예술가의 초상Portrait of the Artist as a Young Man》(1916년)에서 무엇이 예술작품을 아름답게 만드는지 표현하는 인물로 나오는 디덜러스를 이미 만나보았을 것이다.

> "예술가가 표현하는 아름다움은 (…) 이제까지 지연되어 오다가 내가 아름다움의 리듬이라 부르는 것으로 이상적이면서 유감스럽고 이상적이면서도 두려운 미적 균형 상태를 일깨우거나 일깨워야 하거나, 유발하거나 유발해야만 드러나오."
> "그게 정확히 무엇인가요?"
> 린치가 묻자 "전체로서의 미학, 부분과 부분 사이의 미학, 전체와 부분 사이의 미학은 모두 리듬이라는 형식적·미적 관계를 내포하고 있소"라고 스티븐이 답했다.[58]

결국 아름다움은 전체 내 부분들의 조화로운 관계라는 말이다. 조이스는 자신이 《율리시스》를 집필한 방법이 마치 '모자이크'를 만드는 것과 같았다고 묘사했다.[59] 오늘날까지 남아 있는 원고와 노트, 원고 필사본, 수정한 교정쇄를 보면 그가 등장인물들의 생각을 먼저 쓰고 이후 그 연결고리를 추가했음을 알 수 있다.

소설을 절반 넘게 썼을 때 조이스는 자신의 무정형 원고를 질서 있게 정리하는 도식을 발명했는데, 그 도식은 내용을 정리하는 방법일 뿐 소설에 의미를 불어넣는 열쇠는 사고 과정이 맡는다.

조이스는 자신의 책을 호머의 《오디세이》(BC 8세기)에 해당하는 18개의 에피소드로 구성했고 각 에피소드에 특정 시간, 몸의 기관, 그림, 상징기호를 부여했다. 각각의 에피소드는 서로 느슨하게 은유적으로 관련된 문어체로 쓰였다. 집필 도중 도식을 고안한 그는 이전의 에피소드를 도식에 맞춰 수정했다. 그 결과 이전 장에 실은 장기臟器와 그림, 기호, 기법으로 돌아가서 보라고 언급하는 것이 자주 나온다.

이후 그는 자신의 '공리'가 책의 마지막 에피소드의 상상세계를 만들어냈다고 적은 것처럼 이 도식을 일종의 창작 뼈대로 사용했다. 그 도식은 알려진 어떤 세계(블룸의 더블린이나 오디세우스의 에게해, 독자의 세상)와 관련이 없는 일관성 있는 규칙의 집합이라는 의미에서 소설의 공리집합에 해당한다고 볼 수 있다. 마치 러셀과 화이트헤드의 공리처럼 조이스의 공

리 또한 자주적인 세상을 정의한다.[60]

조이스는 소설의 등장인물을 주체적 경험이 있는 복잡한 성격의 소유자로 묘사했고, 겹겹이 엮인 그들의 연관성을 세부적인 내용까지 꼼꼼하게 기록했다. 그렇지만 그의 등장인물들은 기묘하게 이해하기 힘든 편이라 수다스럽게 늘어놓긴 해도 잘 알지 못하는 사람 같은 느낌을 준다. 이를테면 조이스는 제3자를 백과사전 스타일로 쓰면서 왜 이 남자와 여자가 서로 바람을 피우는지 이해가 가는 내용 없이 그저 레오폴드 블룸과 몰리 블룸의 불륜으로 가득한 결혼생활의 특징을 무수히 묘사한다.

조이스가 수학을 다룬 것은 대부분 원작《오디세이》에서 오디세우스가 집으로 돌아오는 부분에 해당하는 에피소드 '이타카'에 나온다. 블룸과 디덜러스는 자정이 넘은 시간에 블룸의 집에 도착하는데 이 장면은 뼈(장기), 과학(예술), 유성(상징)을 관련지어 교리 문답서 형식으로(문학기법) 썼다.

그는 '이타카'를 쓸 때 여러 과학책과 수학책에서 데이터를 끌어 모았고, 이 과정에서 러셀의《기초수리철학Introduction to Mathematical Philosophy》(1919년)을 폭넓게 정리한 것으로 알려져 있다.[61] 나아가 조이스는 교리문답 기법을 유지하면서 블룸과 스티븐의 행동을 기초 가톨릭 교리책의 관행적인 교리문답 형식으로 묘사했다. 예를 들어 "그들이 어떻게 작별했는가? 1명씩 따로 떠났는가?"(스티븐과 블룸이 밤에 어떻게 헤어져 다른 길로 가게 되었는가?)를 물은 뒤 수학적 정확성을 가미해 그들이 헤어지는 것을 묘사했다(서로 어깨를 평행하게 한 채 서 있던 그들은 포옹했고 팔을 한곳으로 수렴했다).

"동일한 문에 밑면이 서로 다르게 수직으로 서서 고별을 말하는 그들의 팔은 중간에서 만나 2직각(180도)보다 작은 각도를 이루었다."[62]

조이스는 수학적 의미를 고려하지 않고 단순히 개념과 용어만 차용해 '이타카'에 조화를 부여했다. 대대로 여러 작가가 내적 독백이나 세부적인 표현으로 묘사의 질을 높이고 그들의 플롯에 구조를 가미했다. 조이스는《율리시스》에서 등장인물의 검증하지 않은 난해한 생각과 매우 세밀한 주변 환경 기록, 레오폴드 블룸과 몰리 블룸, 스티븐 디덜러스의 상상세계를 만들어낸 엄격한 도식을 결합했다. 그야말로 그는 심리학을 자유롭게 사용하는 시대이자 정보화 시대의 새벽과도 같은 공리적 수학 시대를 대표하는 소설가다.

무어와 헵워스 같은 조각가는 프레게와 러셀의 이상적인 수학적 물체에서 영감을 얻어 개인의 일시적인 외형을 무시하고 인물의 기본 형태를 담아내고자 했다. 영국의 시인과 소설가는 숫자나 집합의 정의에 기반한 수학이 아니라, 숫자와 수학이 어떻게 작용하는가를 공리화한 것에 기반을 둔 수학에 공감했다. 이 구문론적 접근방식에서 영감을 얻은 울프와 엘리엇, 조이스 등의 작가는 자기 작품의 등장인물이 누구인지 또 그들이 어떤 감정을 느끼는지 설명하기보다 그들이 어떻게 행동하고 무엇을 말하는지 묘사했다.

6
직관주의

스스로 아무것도 갖고 있지 않으며, 아무것도 가질 수 없으며, 절대적인 확실성은 얻을 수 없는 것임을 인정하며, 자신을 완전히 내려놓으며, 모든 것을 희생하며, 모든 것을 제공하며, 아무것도 알지 못하며, 아무것도 원하지 않으며, 아무것도 알고자 하지 않으며, 모든 것을 버리고 게을리 하는 이는 모든 것을 받을 것이다.

— L. E. J. 브라우어르, 《삶과 예술과 신비주의*Life, Art, and Mysticism*》, 1905년.

20세기 초반 네덜란드 수학자와 예술가는 부활한 독일 낭만주의에 휩쓸렸다. 과학과 기술에 연관된 결정론적 유물론에 반응한 지식인, 물리학자, 화가, 시인 들은 암스테르담을 떠나 전원의 지역공동체에 터전을 잡고 자연 속에 살면서 자신의 본능을 따르고(논리와 추론을 경계하며) 직관으로 지식을 얻고자 했다.

20세기 네덜란드 수학계를 선도한 L. E. J. 브라우어르는 한 초가집에 머물면서 오랫동안 침묵 명상을 하며 숫자를 고민했다. 바로 그런 그의 사고방식이 직관주의의 중심이 되었다. 브라우어르는 숫자와 원, 삼각형을 인간의 마음이 빚어낸 창조물로 이해했고 근대 플라톤주의를 노골적으로 비판했다. 브라우어르의 방식은 숫자로 수학적 물체를 구성하기 때문에 오늘날 '구성주의'라고 불린다. 그는 수학철학은 물론 연속적으로 변형되는 기하학 모양의 성질을 다루는 위상기하학을 개발하는 등 실천수학에도 참여했다.

브라우어르의 광범위한 모임에 소속된 네덜란드의 예술가들은 직감과 명상을 신뢰하는 그의 주장을 믿었다(그림 6-1). 성직자였다가 아마추어 수학철학자가 된 M. H. J. 스훈마르케스가 브라우어르와 예술가들 사이에서 생각의 연결고리 역할을 했다. 그는 개인적으로 브라우어르와 친분이 있었고 예술가들의 모임에 자주 참여했다. 피터 몬드리안과 테오 반 두스브르흐는 스훈마르케스에게 영감을 받아 기하학 형태와 기본색채로 자연계의 수학적 물체를 상징화했다.

6-1. 피터 몬드리안(네덜란드인, 1872~1944년), **'시계초***Passion Flower*', **1901년경, 종이에 수채, 72.5×47.5cm.**
몬드리안은 그의 오랜 경력 내내 영적 여행을 이어갔다. 그의 초기 회화는 금욕적인 생활방식을 선포한 16세기 개신교 개혁 지도자 장 칼뱅을 따른 부모의 종교적 표현이다. 29세가 되었을 때 그는 '십자가에 못 박히기 전의 예수의 고난*Passion*'이라는 이름을 딴 두 열정의 꽃 사이에서 명상하는 여성을 그렸다. 꽃 수술 3개는 예수의 손과 발에 박힌 못을 나타내고 덩굴손은 가시 면류관을 의미한다. 30대에 그는 칼뱅주의를 버리고 신지론으로 개종했고, 40세에는 신지론을 버리고 기하학 모형과 원색으로 상징화한 자연의 영적인 힘을 믿었다.

네덜란드의 월든

정신과의사이자 작가인 프레데리크 반 에덴Frederik van Eeden은 매사추세츠 콩코드 근처의 월든 호수 기슭에서 홀로 지낸 미국의 정치철학자 헨리 데이비드 소로Henry David Thoreau의 글을 읽고(《월든, 숲 속의 삶Walden, or Life in the Woods》, 1854년) 영감을 받아 자신도 비슷한 공동체를 만들기로 마음먹었다. 소로는 수필가이자 시인인 랠프 월도 에머슨Ralph Waldo Emerson이 묘사한 미국 버전의 독일 이상주의인 뉴잉글랜드 초월주의를 시작했다. 그는 자연에 가까운 단순한 삶을 살면서 직관으로 가장 높은 영역(절대영혼)의 지식을 얻는 것을 목표로 했다.

에머슨은 (삼위일체와 반대로) 신은 단일하고 자연은 신성하다는 의미에서 범신론적 개신론 종파인 일신교의 사제 서품을 받았다. 그는 공간과 시간은 세상을 경험하는 초월적이고 (선험적인) 전제조건이라는 칸트의 '초월주의'를 받아들였지만 무엇이든 직관에 따른 것이면 초월주의에 해당한다는 더 모호한 의미를 부여했다.

"직관적인 생각에 포함된 모든 것은 오늘날 초월주의적인 것이라고 알려져 있다."[1]

반 에덴은 1898년 자신의 공동체를 열고 소로를 기념하기 위해 '월든'이라고 이름 지었다.

네덜란드의 '월든' 거주자들은 엄격한 칼뱅주의 유산을 거부하고 초기 기독교와 불교처럼 강한 신비주의 전통의 영적 세계관을 택해 세계의 모든 종교를 하나의 글로벌 철학으로 통합하길 원했다. 그들은 인도의 채식을 따르고 명상수련을 했으며 플라톤의 《대화록》, 《성경》, 불교와 도교의 교리를 읽었다. 이들 활기찬 예술가와 지식인의 지도자 반 에덴은 공동체를 세우기 전 정신의학을 수련했다. 그는 정신건강과 질병의 원인, 예술적 창의력의 근원, 명상으로 지식을 얻는 방법을 연구했고 브라우어르가 공동체에 들어온 뒤에는 수학적 물체를 창조하는 정신의 힘을 연구했다.

지그문트 프로이트와 거의 동시대에 활동한 반 에덴은 히스테리(신경질환)가 신체적 혹은 정신적 영향인가를 두고 논란을 벌이던 1880년대 초반 의학을 공부했다. 그는 살페트리에르 병원의 저명한 신경학자이자 히스테리가 육체적 원인으로 나타난다고 주장한 장 마르탱 샤르코의 강의를 듣기 위해 파리를 방문했다. 당시 샤르코는 암시와 최면을 포함한 심리적 방법으로 경련 같은 히스테리 증상을 치료할 수 있다고 주장했다.

의대를 졸업한 후 반 에덴은 네덜란드의 젊은 신경학자 알베르트 빌렘 반 렌트게르헴Albert Willem van Renterghem과 함께 파리로 돌아와 샤르코의 이론을 공부했다. 그들은 샤르코의 경쟁자 앙브루아즈 오귀스트 리보Ambroise-Auguste Liébeault와 이폴리트 베른하임Hippolyte Bernheim의 강의를 듣기 위해 낭시로 갔다. 낭시 학계는 히스테리의 원인이 온전히 정신적인 것이라고 여겼지만 그들도 암시와 최면을 치료에 사용했다.

이 문제의 양면을 연구한 반 에덴과 반 렌트게르헴은 낭시학파 진영에 합류했다. 1887년 그들은 암스테르담으로 돌아와 심리장애를 전문으로 치료하는 유럽 최초의 클리닉기관 리볼트를 설립했고,[2] 덕분에 네덜란드에서 낭시학파가 번성했다.[3] 1889년 반 에덴과 반 렌트게르헴은 새로운 에펠탑을 선보이는 파리만국박람회에 참가해 샤르코가 명예회장으로 임명된 국제최면회의에 참석했다. 리볼트에서 연구한 내용을 발표한 반 에덴과 반 렌트게르헴은 이탈리아의 범죄심리학자 체사레 롬브로소Cesare Lombroso, 철학자이자 심리학자인 윌리엄 제임스, 심리분석의 아버지 지그문트 프로이트와 함께 연단에 섰다.[4]

6-2. **빈센트 반 고흐**(네덜란드인, 1853~1890년), **'까마귀가 있는 밀밭***Wheatfield with Crows*', **1890년, 캔버스에 유채, 50.5×103cm.**
반 고흐는 자기 삶의 마지막 주였던 1890년 7월 중순 이 풍경화를 그렸다.

다윈이 《종의 기원》을 출판한 이후 신경학자들은 정신질환이 유전에 따른 뇌의 물리적 퇴행인지 연구하기 시작했다. 대표적으로 범죄행동을 연구한 롬브로소는 자연스럽게 정신적 퇴행 개념에 관심을 보였다. 그는 모든 창조적인 사람은 퇴행성 정신병을 앓았다고 선언하고(《천재L'uomo di genio》, 1888년) 창의성과 광기 사이의 연관성을 진화론 용어로 재정의했다.

이 책은 1888년부터 1900년까지 독일어, 프랑스어, 영어로 수십 번 재판될 정도로 엄청난 인기를 끌었다. 동시에 세기말 화가들 사이에 미친 척하는 것이 유행했고 미술비평가들은 추상미술이 정신병 증상이라 고려할 가치가 없다고 묵살하며 희희낙락했다.[5] 하지만 반 에덴은 빈센트 반 고흐가 1890년 7월 29일 37세의 나이로 자살하고 나서 4개월 후 진지한 논조로 고흐의 이야기를 글로 썼다(그림 6-2). 고흐의 격정적 열정에 감탄한 반 에덴은 롬브로소의 관점을 반영해 반 고흐의 정신질환이 그의 그림에 어떻게 나타나는지 설명했다.[6]

반 에덴은 암스테르담의 클리닉에서 7년간 환자를 치료한 뒤 자신의 공동체와 문학적 커리어를 위해 사임했다. 그러나 그는 평생 심리학과 함께했고 특히 꿈에 큰 관심을 보였다.[7] 네덜란드에 월든을 열고 2년이 지난 후 파리국제심리학회에 참석한 그는 인도의 불교도 자가디샤 차토바드히아이Jagadisha Chattopadhyaya의 강의를 들었다. 이때 그는 서양사상과 동양사상 사이의 간극을 연결하겠다는 의지를 다졌다.

"오직 두 문명이 결합해야 인류에게 이제껏 결핍되었던 진정한 문화에 다다를 수 있다."[8]

수학자 게릿 마누리Gerrit Mannoury와 그의 제자 L. E. J. 브라우어르도 네덜란드의 월든에서 지식인의 토론에 참여했다. 독일 2세대 자연철학의 이상주의를 공부한 마누리는 유기적인 우주가 헤겔의 절대영혼으로 막을 내리는 신비한 범신론적 우주관을 주장했다. 또한 그는 절대영혼과 불교 브라흐마의 우주적 영혼을 비교하는 책을 쓰면서(《불교: 그 교리와 역사 개요

Het Boeddhisme: Overzicht van leer en geschiedenis》, 1907년) 동양사상에 관심을 기울였다.

20세기 초반 동양사상이 네덜란드 문화에 미친 영향을 이해하려면 11세기경 중국인이 도道(자연의 길) 개념을 인도의 브라흐마 개념과 결합해 자연과의 소통으로 (불교적) 깨달음을 얻는 도교가 탄생했음을 기억하면 도움이 된다. 다시 말해 19세기와 20세기 서양인(마누리 같은)은 도교적(자연주의적) 요소를 강하게 내포한 불교 문헌을 읽었다.

마누리는 1902년부터 1937년까지 암스테르담대학교 수학교수로 재직하며 브라우어르를 포함해 여러 세대의 학생에게 자신의 세계관을 가르쳤다. 그와 브라우어르는 단어 '정신'을 이상주의자나 불교 혹은 도교주의자 관점에서 사용했다. 이와 함께 정신이 선험적 직관으로 공간과 시간의 뼈대를 이해한다는 칸트의 주장을 언급하며 사람들은 숫자를 자신의 정신에 반영해 즉각 확실하게 안다고 주장했다. 그러나 마누리와 브라우어르는 신성한 정신(이상주의의 절대영혼 또는 불교의 브라흐마)을 만나는 경험은 말이나 상징으로 전달할 수 없으며 사람은 그런 생각을 감당하지 못한다고 했다.

마누리와 브라우어르는 이 접근법(형언할 수 없는 궁극적 특성)을 숫자와 삼각형 같은 수학적 물체에 관한 지식으로 연장했다. 대학교수가 언어로 수학적 물체를 설명할 수 없다면 어떻게 학생들에게 수학을 가르칠 것인가? 교실에서 무엇을 할까? 마누리는 칠판에 공식이나 증명을 적어 설명하는 방식 같이 통찰을 얻는 데 필요한 정신 상태를 달성하는 방법을 제자들에게 장려했다.[9] 나아가 마누리와 브라우어르는 다른 사람에게 수학에 관한 깊은 통찰을 이야기하는 것은 불가능하다고 주장했다. 특히 브라우어르는 1905년 "누구도 언어로 자기 영혼을 말할 수 없다"라고 적었다.[10]

정신학자 반 에덴은 진정한 지식의 궁극적 원천을 '정신'이라고 생각해 정신에 또 다른 의미를 부여했다. 마누리와 브라우어르가 자연언어와 인공언어를 믿지 않은 것처럼 반 에덴은 인간의 내면세계나 무의식적 사고 작용을 설명하는 말의 능력에 똑같이 비관적 견해를 보였다. 1897년 반 에덴은 언어의 한계에 관한 자신의 견해를 유클리드의 《원론》처럼 일련의 정리로 요약했다.[11]

브라우어르의 근본적 시간직관

'동일하다'나 '삼각형' 같은 단어의 의미는 크게 혼동할 여지가 없지만 그런 단어마저 두 사람이 완전히 같은 방식으로 생각하는 것은 아니다.
— L. E. J. 브라우어르, 《삶, 예술 그리고 신비주의》, 1905년.

유토피아에 가까운 반 에덴의 글을 집중해서 읽은[12] 브라우어르는 대학원 재학 시절 암스테르담 근처에 작은 땅을 사서 오두막을 짓고 고행을 시작했다. 그는 격렬한 운동, 채식, 명상으로 하루하루를 보냈다. 학업을 마친 뒤 괴팅겐과 베를린 대학교를 포함한 여러 유명대학에서 수학 교수직을 제안받았으나 그는 수십 년 동안 오두막을 떠나지도, 엄격한 일상을 포기하지도 않았다.

수학 지식은 본질적으로 불완전하고 형언할 수 없다고 확신한 마누리는 학생들에게 의구심을 품으라고 가르쳤다(《기초수학의 방법론과 철학적 해설Methodological and Philosophical Comments on Elementary》, 1909년). 브라우어르는 그의 스승에게 낭만주의 지식인을 향한 반감, 동양사상에 보인 관심, 수학적 물체의 정신의존성 관점을 배웠다. 그는 학생시절에 수학철학 논문을 발표했는데 그 견해를 평생 유지했다(《삶, 예술 그리고 신비주의Life, Art, and Mysticism》, 1905년). 젊은 시절에 쓴 이 논문의 중심 주제는 중세기독교 신비주의자 야코프 뵈메Jakob Böhme와 마이스터 에크하르트Meister Eckhart, 불교에서 영감을 받은 것인데 그는 사람이 직관으로 지식을 얻는다고 주장했다.[13]

사람에게 적합한 기능이란 자연과 상호작용하는 모든 것, 즉 그 삶에 수학적 견해가 있는 기능을 말한다. (…) 그 안에 내재된 기본현상은 삶의 순간이 단순한 시간직관을 통해 질적으로 서로 다른 일련의 사물로 나눠진 결과다. 이는 '시간 속에서 반복적으로 나타난다.' 이 일련의 사건은 지성인이 수학적 배열에 온 정신을 쏟게 한다.

— L. E. J. 브라우어르, 《수학원론*Foundations of Mathematics*》, 1907년.

브라우어르는 어떻게 계산이 시간의 경과 속에서 사람이 경험하는 것에 기반하는지 설명했다.

"시간이 지나면 현재는 또 다른 현재 감각에 자리를 내주는데, 이때 의식은 이전 현재를 과거의 감각으로 기억한다. 이러한 현재와 과거의 구별, 희미해짐, 고요에서 정신이 생겨난다."[14]

그에 따르면 "고요한 상태"의 순수한 생각에 빠지면 단어나 기호의 도움 없이 "근본적인 시간직관"을 한다. 그 후 정신이 작용해 "그것이 머무는 공간의 가장 깊은 구석에서 우리가 협력하고 서로 이해하고자 하는 바깥세상으로 이동한다"는 것이다.[15] 브라우어르는 명상으로 "고요한 상태"에 들어가 숫자의 질서와 패턴을 탐험하는 수학 연구방식을 택했다. 그는 자신의 핵심 통찰력이 어떤 종류의 개념도 담아낼 수 없으리라고 생각했기에 아무런 단어와 기호도 사용하지 않았다.

위상기하학

1909~1913년 수학철학에서 실천수학으로 관심을 돌린 브라우어르는 브루넬레스코와 알베르티가 15세기 초반 기하학 형태를 평면에 담고 시각에 따른 형태 변형을 계산하기 위해 고안한 선원근법을 일반화한 위상기하학을 창시했다(2장 102~103쪽 참고). 브라우어르는 프랑스 수학자 장 빅토르 퐁슬레와 함께 작업했는데 그는 1812년 나폴레옹이 러시아를 침공했을 때 유격대 지휘관으로 참전했다. 프랑스 군대가 모스크바에서 처참하게 후퇴하던 중(그림 6-3) 심한 부상을 당한 퐁슬레는 버려졌고 러시아 병사들이 그를 생포했다.

러시아 포로수용소에서 회복 중이던 퐁슬레는 선형기하학을 사영기하학으로 일반화하는 일에 빠져 있었다. 퐁슬레는 벽에 그림자를 드리우거나 선원근법에 따라 그린 건축물을 포함한 온갖 종류의 사영물을 생각하며 지냈다(그림 6-4). 그는 각 물체와 그 사영물(그림자)의 공통점을 자문하며 르네상스의 그림평면(수평선의 평면에 수직으로 직립 배치한 그림)뿐 아니라 기울거나 회전한 평면으로 사영하는 것도 고려했다(그림 6-5). 퐁슬레는 직선 그림자는 항상 직선이지만 그 길이는 달라진다는 것을 발견했다. 타원형 물체의 그림자는 줄어들거나 늘어나기는 해도 그 그림자가 여전히 타원형을 유지한다는 것도 알아냈다. 곡선에 접하는 선 그림자는 그 곡선의 그림자와 접한다. 일반적으로 퐁슬레는 사영 변형을 했을 때

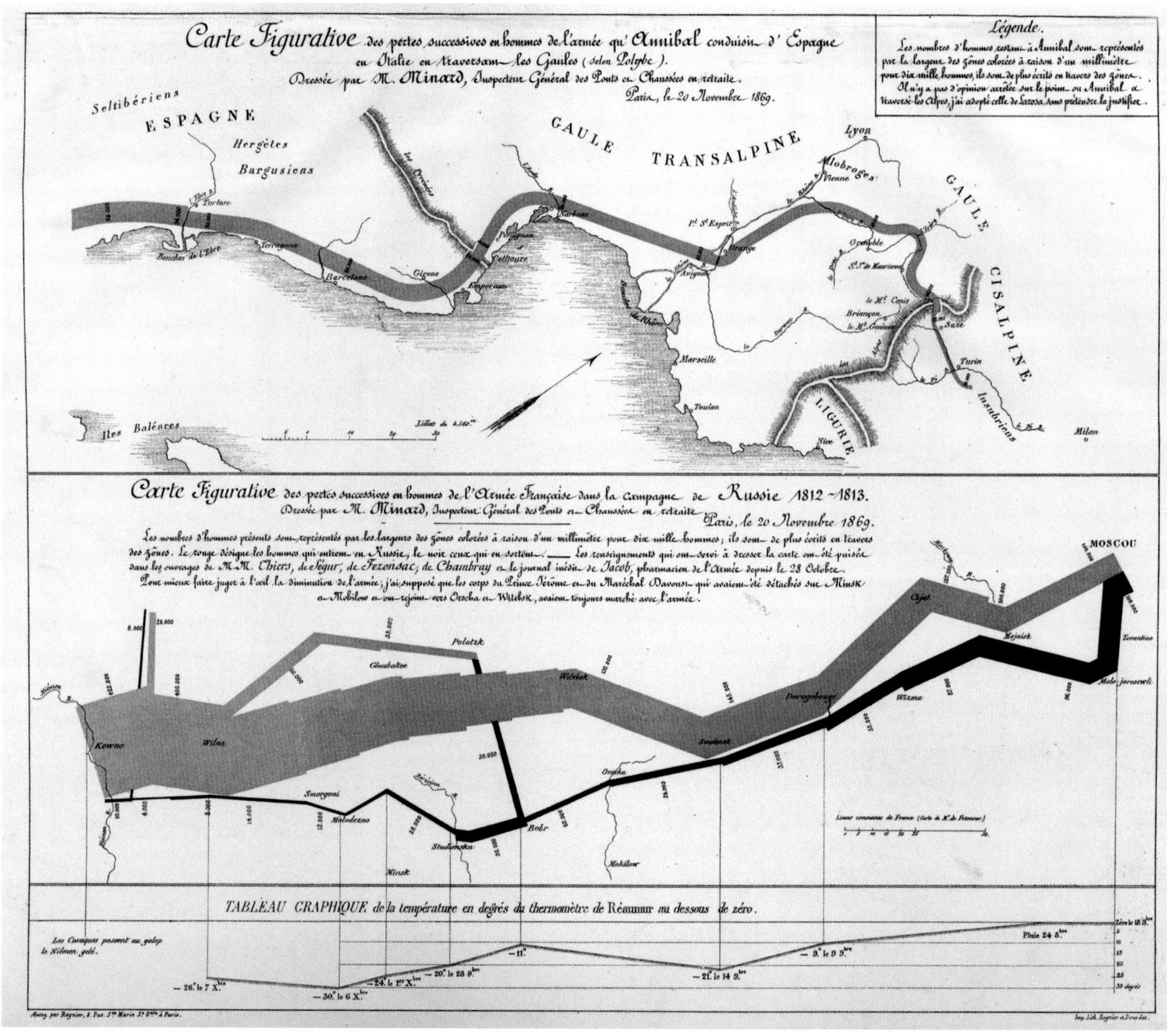

6-3. 한 쌍의 유선도, 약 50×60cm,
샤를 조셉 미나르_Charles Joseph Minard_, **'지도 모형의 그래픽 시각화**_Tableaux graphiques et cartes figuratives_**'(1844~1870년), 28.**

수치 데이터를 그래픽으로 시각화한 초기 예제로 프랑스 기술자 샤를 조셉 미나르가 만든 '한 쌍의 유선도'가 있다. 이 그림은 인류 역사상 가장 피해가 컸던 두 전쟁을 치르는 동안 남성의 숫자가 어떻게 감소했는지 나타내고 있다. 라틴어로 '페니키아 출신의 정착자'라는 뜻의 '푸닉인_Punics_'의 도시 카르타고의 한니발이 로마를 함락하려 한(상단) 2차 포에니 전쟁(BC 218~201년)과 프랑스의 원수 나폴레옹이 모스크바를 함락하려 한(하단) 러시아 원정을 나타낸 그림이다. 미나르의 표기에 따르면(상단 우측) 갈색과 검은색의 1mm 폭은 1,000명의 군사를 의미한다.

미나르는 스페인에서 이탈리아로 행군한 한니발의 군대가 9만 4,000명으로 시작해 2만 6,000명으로 줄어든 것을 보여주고 있다. 보다시피 피레네 산맥과 프랑스 방향의 알프스를 건너면서 군대가 급격히 감소하고 있다. 그래프에 포함하지 않았지만 한니발의 아프리카 코끼리 37마리도 암석지대를 횡단하는 도중 높은 고도와 낮은 온도 때문에 모두 죽었다.

미나르는 프랑스 대군 42만 2,000명이 네만강을 건너 러시아로 들어갔다가 1만 명만 돌아왔다고 밝혔다. 그는 아래에 나폴레옹군이 회군하는 동안 온도가 얼마나 내려갔는지 도표로 나타냈다. 오늘날 역사가들은 한니발의 손실을 훨씬 더 높게 평가하고 나폴레옹의 손실은 약간 낮게 평가한다.

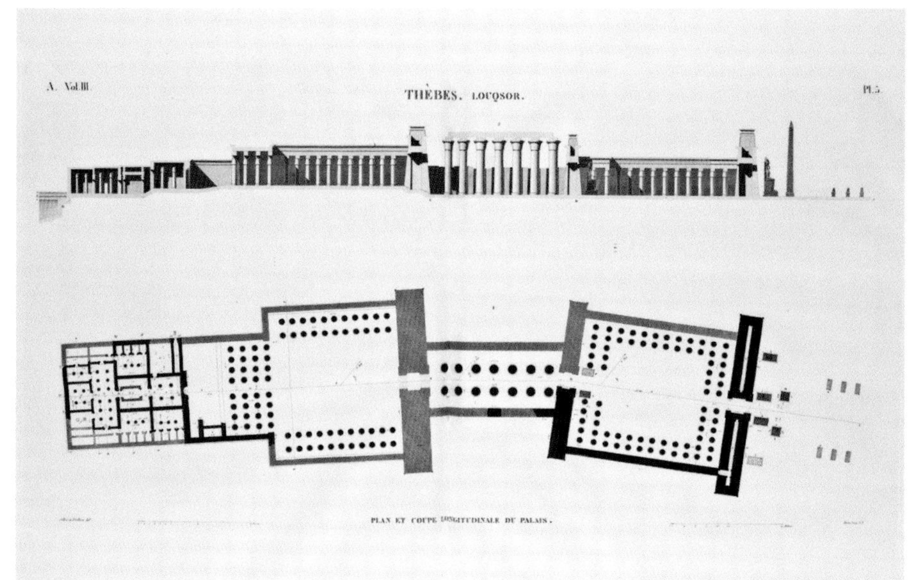

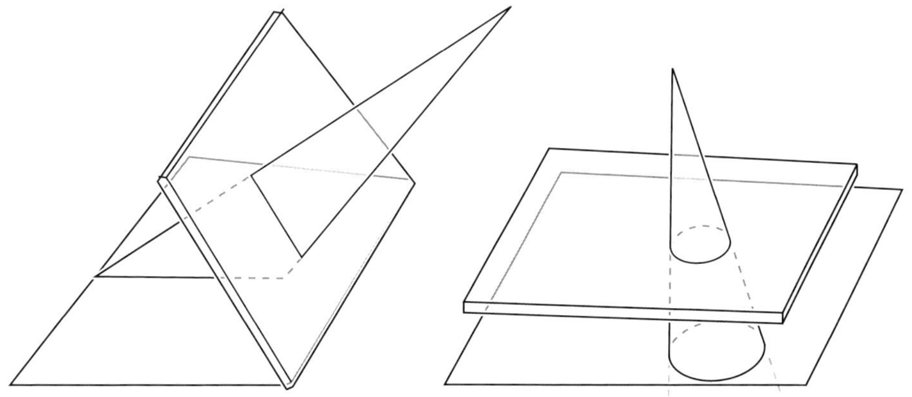

좌측 상단과 중단

6-4. 테베의 룩소르 신전.

나폴레옹군은 한 나라를 정복하면 군종화가와 공학자를 데려와 포획한 예술품이나 건축물을 기록하게 했다. 그들은 프랑스의 이집트 원정 때 정복한(1798~1801년) 테베의 룩소르 신전 단면도와 도면, 3차원 사영도를 그렸다. 장 빅토르 퐁슬레는 불운하게도 나폴레옹의 러시아 원정에 합류하라는 임무를 부여받았다.

좌측 하단

6-5. 사영기하학.

선분은 선분의 사영으로, 타원은 타원의 사영으로 나타난다.

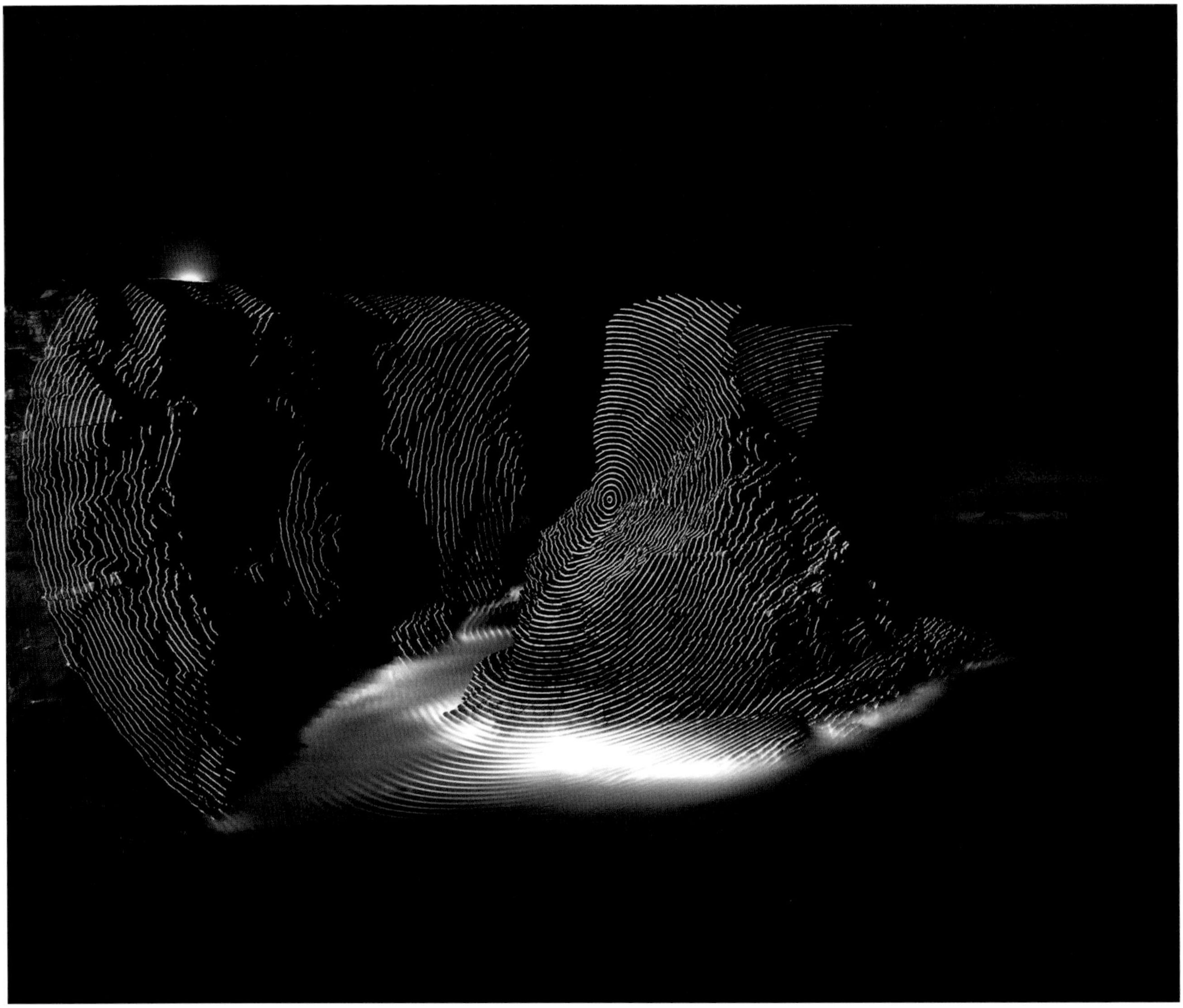

상단

6-6. 짐 샌본*Jim Sanborn***(미국인, 1945년 출생),**
'킬키 카운티 클레어, 아일랜드*Kilkee County Clare, Ireland***', 1997년, 대형 프로젝션, 디지털 프린트, 76.2×91.4cm.**
현대예술가 짐 샌본은 동심원 패턴을 약 0.8킬로미터 거리에 위치한 큰 돌 형태에 사영하는 방식으로 이 작품을 만들었다. 그 후 월출에 긴 시간을 노출해 이 사진을 찍었다.

하단

6-7. 위상기하학.
브라우어르의 위상기하학은 표면이 찢어지거나 잘리는 게 아니라 펴지거나 당겨질 때(고무처럼) 표면 왜곡이 일어나지만 그럼에도 불구하고 변하지 않는 표면의 성질을 묘사한다. 이 도표의 모형처럼 허용 가능한 왜곡이 일어날 때 본래 평면의 한 점은 늘어난 평면의 한 점으로 변형되고, 그 점에 인접한 점은 왜곡된 점에 인접하도록 변형이 일어난다. 변형과 그 역변형(반대방향으로 늘어나는 것)은 동일한 성질을 갖는다. 윌리엄 제임스는 자신의 1890년 의식 흐름 모형에서 브라우어르의 '고무판기하학'을 예측했다(그림 8–6 참고).

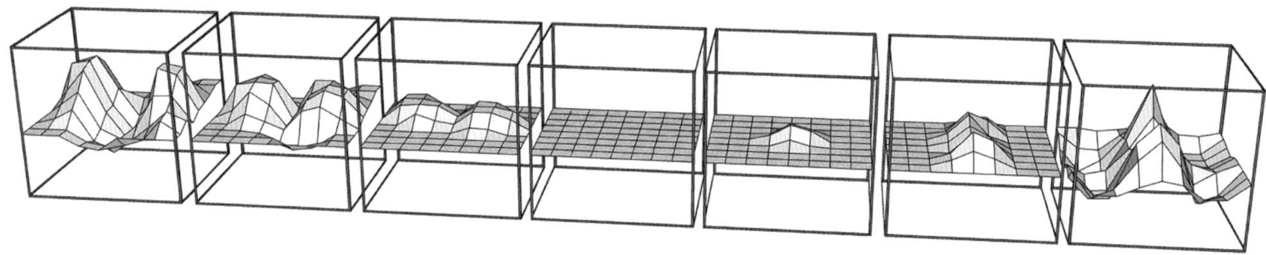

불변하는 기하학 특성을 연구했다(《형태의 사영성 논문Traité des propriétés projectives des figures》, 1822년).

브라우어르는 퐁슬레의 사영기하학을 찢어지거나 구멍이 나지 않고 연속하되 늘어나거나 왜곡된 모든 형태의 표면 사영으로 일반화한 뒤 이를 고무판기하학이라 불렀다(그림 6-6, 6-7). 또한 그는 퐁슬레의 3차원 기하학을 모든 차원으로 일반화했다. 즉, 거의 모든 차원에서 상상 가능한 모든 연속 공간에 위치한 물체를 설명하는 기하학을 창시한 것이다. 새롭게 개발한 이 분야는 '위상기하학'이라 불린다. 일반적으로 많은 예술가가 수학에서 영감을 얻는다. 그러나 그 반대의 경우는 거의 없었기에 수학과 예술 사이의 상호교류는 일방적이었다고 볼 수 있다. 건축가 브루넬레스코가 선원근법을 개발하고 후대 수학자 퐁슬레와 브라우어르가 원근법을 사영기하학과 위상기하학으로 일반화한 것은 드문 예에 속한다.

브라우어르는 실용적인 측면에서 위상기하학 연구를 마친 뒤 기초수학철학 주제로 돌아왔고 직관론적 접근방식을 개발했다. 그는 숫자를 세는 것(1, 2, 3…)만이 우리가 직관으로 즉각적이고 확실하게 아는 유일한 수학적 물체라고 주장했다. 모든 (합리적인) 수학적 물체를 숫자로 구성하는 방법을 보여줄 수 있다는 점에서 숫자야말로 모든 수학을 구성하는 기본요소다. 예를 들어 10까지 수를 세는 방법으로 처음 10개의 자연수를 생성하고, 여기에 유한한 방법(마지막 숫자에 1을 더하는 것)을 반복해 무한한 급수(정수)를 생성할 수 있다.

브라우어르는 유한한 절차를 따라 숫자로 구성할 수 없는 수학의 많은 영역을 버렸다. 그는 'P 또는 ¬P'(P거나 또는 P가 아니다)를 공리라고 주장할 경우 모든 수학명제를 증명하거나 증명하지 못한다고 가정했는데, 실제로 P 증명이나 ¬P 증명이 있을 때만 허용 가능한 가설로 보고 이를 공리로 인정하지 않았다. 예를 들어 P의 명제가 'π의 소수 전개가 무한히 많은 7을 갖는다'일 때, 대부분의 수학자는 P가 참이라는 데 동의한다. 그러나 브라우어르에 따르면 P 또는 ¬P를 증명하는 유일한 방법은 π의 소수 전개에 무한한 7이 있음을 증명하거나 유한한 수 7이 존재한다는 것을 증명하는 것이고, 그 증명은 엄격한 구성주의적 기준을 충족해야 한다.

셈어와 기호학

1914년 1차 세계대전이 일어나자 반 에덴은 프로이트와 무력분쟁의 원인을 두고 의견을 나누었고 프로이트는 이것을 주제로 논문을 작성했다(《전쟁과 죽음에 관한 고찰Thoughts for the Times on War and Death》, 1915년).[16] 적대행위의 원인 중 하나가 유럽대륙 전쟁국가 사이의 의사소통 붕괴라고 확신한 반 에덴은 세계평화 증진을 위한 국제언어를 만들고자 지식인을 모았다. 폴란드 학자 라자루스 루드비크 자멘호프Lazarus Ludwig Zamenhof는 비슷한 동기로 로망스어를 기초로 한 '에스페란토어'를 만들고자 했다(《기초에스페란토Fundamento de Esperanto》, 1905년). 이탈리아의 수학자 주세페 페아노는 라틴어, 프랑스어, 독일어, 영어에서 단순한 문법과 단어를 차용한 '인터링구아Interlingua'를 만들려고 했다(《인터링구아 어휘Vocabulario de Interlingua》, 1915년).

반 에덴의 연구그룹은 1860년대에 세상의 모든 지식은 단어, 그림, 기호 같은 표시의 패턴에서 나온다고 주장한 미국의 철학자이자 수학자인 찰스 샌더스 퍼스Charles Sanders Peirce의 이론에 기반한 접근방식을 취했다. 그는 '중요한'을 뜻하는 그리스어에서 파생해 '기호학'이라 불린 이론에서 각각의 표시를 표시 그 자체(기표)와 그것이 지칭하는 것(기의記意) 사이의 연결고리(해석)로 나눠 분석했다(〈4가지 무능으로 인한 몇몇 결과Some Consequences of Four Incapacities〉, 1868년).

퍼스는 용어의 의미를 분석해 언어를 보다 더 정확히 만들기를 희망했다. 퍼스의 추종자로 영국 작가인 빅토리아 웰비Victoria Welby는 '의미론적 기호Significs'(의미의 과학)라 불리는 용어를 주제로 책을 출판했고, 반 에덴은 그 책을 보고 퍼스의 기호학을 간접적으로 알고 있었다.[17] 웰비는 시시각각 변하는 영어의 언어체계를 연구해야 언어의 모호성과 오해를 피할 수 있다고 주장했다(《의미란 무엇인가?What is Meaning?》, 1903년).[18]

1900년 가톨릭 사제 서품을 받은 신학학생 M. H. J. 스훈마르케스는 반 에덴의 그룹에 속해 있었다. 하지만 스훈마르케스는 서임 후 2년이 지나기도 전에 자신의 서약을 철회하고 새로운 영적 세계관을 찾으려 했다. 그는 반 에덴이 조성한 네덜란드의 월든에 마음이 끌렸고 반 에덴은 웰비를 기릴 목적으로 '의미의 과학'이라 이름 지은 보편언어 창조 작업에 스훈마르케스를 초대했다.[19]

1915년 반 에덴은 당시 위상기하학을 창시해 세계적 유명세를 얻은 브라우어르를 만났다. 반 에덴은 브라우어르에게 의미의 과학을 설계하는 작업을 도와달라고 했다.[20] 오랫동안 인간 사이의 의사소통은 피상적 수준에서만 가능하다고 생각해온 브라우어르는 언어 연구라는 주어진 운명에 순응해 그 요청을 받아들였고, 반 에덴의 활기찬 예술가·지식인 그룹의 중심에 극도로 단절된 초가집을 지었다. 브라우어르의 《기초수학On the Foundation of Mathematics》(1907년)은 사상의 기초 구성요소(숫자)를 찾는 내용으로 '의미의 과학'을 실천하는 첫 시도로써 환영받았다. 그런 이유로 마누리를 포함한 이 그룹은 그 책을 알고 있었다. 1915년 브라우어르는 '직관적인 의미의 과학'이라 불리는 새로운 언어코드를 발명했고 여기에는 숫자가 수학의 기초인 것처럼 브라우어르가 정치적으로 해석한 기초단어가 존재한다.

"신성하지 않은 사회에서는 누구도 선을 행하거나 행복할 수 없다. 이러한 활동 밖에서 행복을 찾는 이들은 현존 언어로 이뤄진 단어에서 활발한 사고를 자극하는 요소를 찾을 수 없고, 최후의 분석은 노동에 관한 사회의 규정에 따른 요구 표시일 뿐이다. (…) 직관적 의미의 과학은 새롭고 더 성스러운 사회에서 조직화한 활동을 서로 이해하는 기본적인 방법의 기호체계로 스스로 단어를 생성하는 데 관심을 기울인다."[21]

반 에덴은 1차 세계대전 기간 동안 학생들이 조화로운 사회를 만들 수 있도록 그들에게 (이루지 못한) 더 높은 지혜를 가르칠 계획을 세웠다.

"일부 종파나 당사자의 영향을 배제하고 보편적으로 모든 종교의 통합과 자연과학 증대를 위해 지금까지 서구의 대학에서 방법론으로 연구하지 않은 인간의 모든 정신적 기능을 깊이 있게 연구한다. 거기에는 신비주의, 오컬트, 종교, 미술철학을 포함한다."[22]

반 에덴은 스훈마르케스가 자신의 교수단에 참여하길 바랐다.

"그는 우리의 고차원적 지혜의 학원에 적합한 교사다."[23]

그러나 반 에덴이 아메르스포르트의 시청 공무원들과 학교 설립을 두고 벌인 협상이 결렬되면서 그의 계획은 무산되고 말았다.

몬드리안과 상징주의

반 에덴과 마찬가지로 다른 예술가들도 유토피아 공동체를 설립했다. 네덜란드의 상징주의자 얀 토로프Jan Toorop는 돔뷔르흐 지방에 있는 예술가 부락을 이끌었고 그곳을 자주 드나든 반 에덴과 서로 좋은 친구가 되었다. 반 에덴은 토로프의 작품을 "확실히 좋다"고 여겼으며 1891년에는 그의 그림을 구입하기도 했다.[24]

젊은 시절 피터 몬드리안은 '시계초'(1901년)처럼 캘빈주의 가정환경에서 자란 자신의 성장 과정을 반영한 그림을 그렸다(그림 6-1 참고).[25] 이 작품은 기도하거나 명상하는 듯 눈을 감은 여성을 그린 그림이다. 1909년 몬드리안은 화가 코르넬리스 스포어Cornelis Spoor, 얀 슬뤼터스Jan Sluyters와 함께 암스테르담 시립 박물관에서 전시회를 열었다. 몬드리안은 주로 풍경화를 전시했는데 그중에 '시계초'가 있었는지는 모르겠지만 기도하는 소녀를 묘사한 '기도'(1908년)는 포함된 것으로 알려져 있다.[26]

1909년 1월 8일 비평가 C. L. 데이크C. L. Dake는 유명한 조간신문 〈데 텔레그라프De Telegraaf〉의 전시회 리뷰에 '붉은 나무'(1908~1910년)를 포함한 몬드리안의 풍경화를 "미친 이의 시점"이라 묘사하며 롬브로소의 창의성이나 광기와의 연관성을 언급했다.[27] 같은 날 반 에덴은 자신의 일기에 몬드리안이 "완전히 중심을 잃었고 이제는 심각하게 타락했다"[28]라고 적었다. 한 달 후 반 에덴은 직접 몬드리안-스포어-슬뤼터스 전시회의 비평문을 발표하며 다시 그런 의견을 남겼다.[29]

이때 프로이트는 정신분석 관점에서 예술관(〈창의적인 작가들과 백일몽Creative Writers and Daydreaming〉, 1908년)을 정리했다. 당시 프로이트식 정신분석학은 네덜란드를 휩쓸었고 억압된 욕망을 표현하는(그리고 그것을 치유하는) 예술이 롬브로소의 시각에서 퇴행성 정신병 증상으로 나타나는 예술관(병리학적)을 대체했다. 반 에덴은 1914년 빈에서 프로이트를 만난 이후 프로이트식 미학을 받아들이고 야누스 데 빈테르Janus de Winter의 그림을 포함해 추상 예술을 이해하기 시작했다.[30]

몬드리안은 프랑스의 신지론자 에두아르 쉬레가 집필하고 그의 동료 루돌프 슈타이너Rudolph Steiner가 서론을 쓴 종교사 서적 《위대한 시작The Great Initiates》(1889년)의 독일어 번역본을 읽은 후 개신교에서 멀어졌다.[31] 1890년대 슈타이너는 독일 낭만주의 철학자이자 시

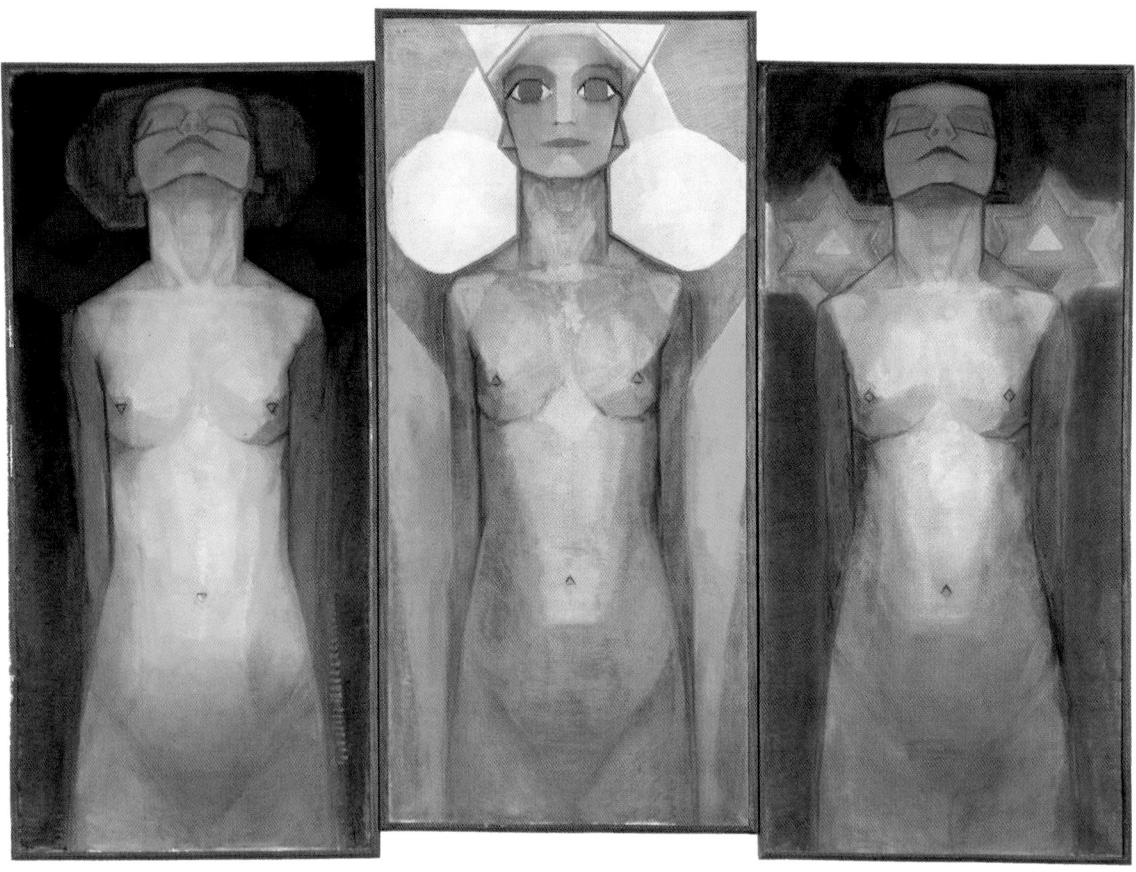

상단

6-8. 피터 몬드리안, '진화*Evolution*', 1911년경, 캔버스에 유채, 가운데 패널 183×87.6cm, 바깥 패널 178×85cm.

하단

6-9. 알렉스 그레이*Alex Grey*(미국인, 1953년 출생), '신학자: 자신과 주변 환경을 둘러싼 시간과 공간의 천을 엮는 인간과 신의 의식의 결합*Theologue: The Union of Human and Divine Consciousness Weaving the Fabric of Space and Time in Which the Self and Its Surroundings Are Embedded*', 1986년, 린넨에 아크릴, 152×457cm.

미국의 현대화가 알렉스 그레이 같은 현대 신지론자와 뉴에이지 사상가는 명상과 약물의 결합으로 확장된 의식 상태를 달성했다. 1953년 최초로 중증 정신질환에 효과가 있는 약품 클로르프로마진(상표명은 소라진)이 출시되었고 1960년대에는 다양한 항정신성 약물이 등장했다. 그레이는 그림에서 사람이 요가와 명상, 실로시빈 약물(버섯에서 추출)로 얻을 수 있는 자연의 모든 것과 자신이 하나가 되는 범신론적 관점을 표현했다. 2006년 존스홉킨스대학교 의대의 R. 그리피스*R. Griffiths*, W. 리처즈*W. Richards*, U. 맥칸*U. McCann*, R. 제시*R. Jesse*는 연구논문 〈실로시빈은 본질적이고 일관성 있는 사적, 영적 의미를 주는 신비한 경험의 원인일 수 있다*Psilocybin Can Occasion Mystical Experiences Having Substantial and Sustained Personal Meaning and Spiritual Significance*〉[Psychopharmacology 187(2006): 268–83]에서 실로시빈이 그와 유사한 효과를 낸다고 밝혔다.

인인 괴테의 과학저서들을 편집했는데, 자연철학의 영적 세계관을 받아들인 다른 많은 사람처럼 슈타이너도 사람의 지적 계단이 극에 이르면 절대영혼을 직관할 수 있다고 이해했다.

신지론 창시자 헬레나 페트로브나 블라바츠키처럼 슈타이너는 불교의 윤회 개념을 도입해 윤회할 때마다 더 진화한 의식을 소유한다고 주장했다. 그는 1909년《신지론》에서 수학 패턴을 생각하는 것은 의식주의 행동이 주는 진정 효과와 함께 더 높은 곳으로 향하는 사다리를 놓는 효과가 있다고 했다(물론 이것은 수학에만 해당하는 것이 아니다).

"엄격한 법칙을 따르는 수학은 평범한 감각 현상의 흐름에 영향을 받지 않으면서 구도자의 준비를 돕는다. (…) 삶에 관한 그의 생각은 그 자체로 전제를 두고 결론을 내는 변치 않는 수학 방법을 따른 것이다. 그는 자신이 가는 모든 곳, 하는 모든 행동에서 이것을 고려해야 한다. 그럴 때라야 영적 세계 고유한 법칙의 성질이 그에게 흘러들어 온다."[32]

6-10. 피터 몬드리안, '거대한 누드화', 1912년. 캔버스에 유채, 140×98cm.

1908년 돔뷔르흐로 이사한 몬드리안은 1916년까지 그곳과 파리를 오가며 지내는 동안 토로프와 깊은 우정을 맺었다. 1908년 가을 슈타이너는 네덜란드에서 여러 번 강의한 내용을 토대로 책을 편집했는데 몬드리안도 그것을 읽었다.[33] 슈타이너에 따르면 눈을 뜬 채로 자신의 정신을 완전히 의식하는 긍정적 신비주의자는 통찰로 사물이 영적 외피나 아우라로 둘러싸인 '고등 영역'을 볼 수 있다.[34] 1909년 5월 몬드리안은 암스테르담의 신지학협회에 가입했고[35] 신지론적 세계관을 1910~1911년 작품 '진화'에 요약했다(그림 6-8). 좌측의 붉은 아마릴리스 꽃에 둘러싸인 세속적 환경에서 (시계초에 둘러싸인 여성을 그린 그림 6-1의 1901년 작품을 떠올리게 하는) 한 여성이 명상으로 우측의 6각형 별로 둘러싸인 여성으로(신지학협회의 상징) 변하는 영적인 진화를 겪는다.

피타고라스와 노자 시대부터 이어진 범신론적 문화에서 (절대영혼과 도道) 지식의 목적은 반대되는 것과의 통합에 있다(두 삼각형으로 만든 6각형 별은 그러한 통합의 상징이다). 이는 남자와 여자, 음과 양, 마음과 정신의 통합을 말한다. 블라바츠키에 따르면 "꼭짓점이 위로 향하는 삼각형은 남성의 법칙을, 아래로 향하는 삼각형은 여성의 원칙을 나타낸다. 이처럼 대칭하는 물체의 전형적인 예로 정신과 육체가 있다"고 한다.[36] 중앙의 여성은 슈타이너가 말한 긍정적 신비주의자 중 하나다. 그녀는 정확한 분별력으로 깨달음에 도달한다. 몬드리안은 그녀의 머리를 둘러싼 작은 삼각형과 하얀색 형태로 그 현상을 상징화했다(그림 6-8, 6-9).

슈타이너는 이내 블라바츠키의 신지론이 너무 신비주의에 치우친다고 생각해 그녀와의 관계를 단절했다. 이후 그는 서양과학의 연구 방법을 받아들였는데 1913년 영적 문제를 실증적으로 연구하기 위해 (인류학과 철학의 연구 방법을 결합한) 인지학협회를 창립했다.

예술이 인간의 영역을 초월할 때 인류는 초월적 요소를 함양하고 예술은 종교처럼 인류 진화를 위한 수단이 된다.

— 피터 몬드리안, 스케치북의 메모, 1913~1914년.

1911년 몬드리안은 암스테르담 전시회에서 입체파 화가 피카소와 브라크의 작품을 보았고 돔뷔르흐와 파리를 오가며 지내는 동안 입체파 화풍을 익혔다. 이후 몬드리안은 입체파 화풍을 따라 상징주의의 함정이나 지루한 기하학 평면으로 축소하지 않은 여성을 그렸다(그림 6-10). 피카소와 브라크는 (눈에 보이는) 풍경과 초상, 정물을 현실주의 전통에 따라 묘사했고 세잔처럼 완전히 추상화로 선을 넘지는 않았다. 그들과 다른 목적으로 파리에 도착한 몬드리안은 비물질적 절대영혼을 표현하고자 했다. 그는 입체파 화가들이 그림의 논리적 결론에 이르지 못했다고 언급하며[37] 자신의 목적이 거기에 있음을 드러냈다. 그는 자신이 목적으로 삼은 논리적 결론, 즉 절대자를 표현하는 데 입체파 화풍의 표면을 사용했다.

1914년 몬드리안은 예술철학 관련 논문을 쓰면서 '위대한 영혼'을 상징하는 기하학 형식을 포함해 상징주의 시대에 발전한 세계관을 요약했다.

"영혼으로 향하는 2가지 길이 있다. 그것은 직접적인 행위(명상 등)로 교리의 가르침을 얻는 길과 느리지만 확실한 진화의 길이다. 예술가는 의식하지 못할 수 있으나 그 예술 창작물에서 영성이 천천히 성장해가는 것을 볼 수 있다. (…) 예술로 영성을 기르려면 영혼과 반대되는 현실을 최소화해야 한다. 따라서 기초 형태를 사용하는 것이 가장 논리적이다. 이런 형태는 추상적이기 때문에 우리 또한 추상적 예술과 만난다."[38]

스훈마르케스

신지론을 받아들인 스훈마르케스는 블라바츠키와 슈타이너처럼 연금술, 점성술 같은 신비주의 견해와 생각만으로 깨달음을 얻을 수 있다는 불교적 교리를 이해했고 여기에다 과학을 포함해 권위 있는 학계의 지지를 얻고자 했다. 스훈마르케스가 살았던 시대의 천문학자나 물리학자는 중력과 전자기학으로 알려진 2가지 힘을 연구했다. 17세기 뉴턴이 중력을 수학적으로 기술했을 때 광대한 거리에서 태양계를 유지하는 힘의 물리적 본질은 그에게도 수수께끼로 남았다.

19세기 초반 과학자들은 가까운 거리에서 물질 사이에 작용하는 2가지 다른 힘, 즉 전기와 자력을 연구했다. 그러다가 1865년 제임스 클러크 맥스웰이 전기와 자기가 실제로는 하나의 힘(전자기학)의 양면임을 수학적으로 증명하면서 이제까지 관찰한 것을 설명했다. 맥스웰은 뉴턴과 마찬가지로 현상을 물리적으로 설명하지 못하는 수학적 증명은 불완전하다고 느꼈다. 나중에 그는 자신의 심경을 다음과 같이 고백했다.

"오직 자연에서 정보를 얻는 이들만 수학이론이 제시하는 질문의 진정한 답을 찾을 수 있고, 물리적 사실을 물리적으로 설명하는 성숙한 이론도 만들 수 있다."[39]

그러나 스훈마르케스 시대에는 중력과 전자기력을 오직 수학으로만 설명했다(이 물리적 힘이 왜 그렇게 작용하는지는 오늘날까지도 알려지지 않았다).

스훈마르케스는 뉴턴과 맥스웰의 수학이론에 달려들어 그들이 대자연의 영적 영역을 간과했다고 주장했다(《세계의 새로운 이미지Het nieuwe Wereldbeeld》). 반 에덴은 스훈마르케스를 이렇게 평가했다.

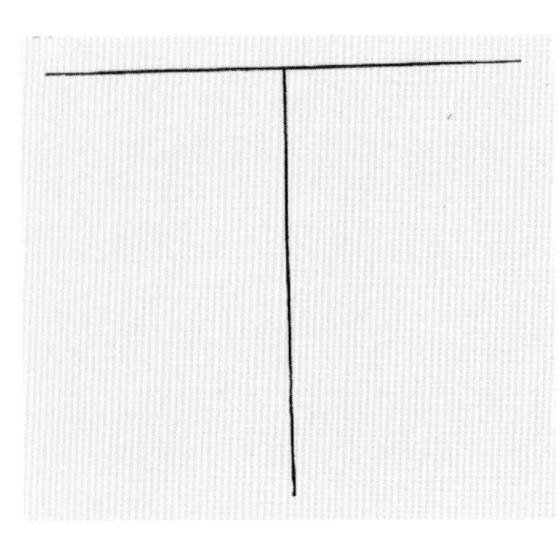

6-11. '십자가', M. H. J. 스훈마르케스, 《조형수학 원리》(1916년), 72p.

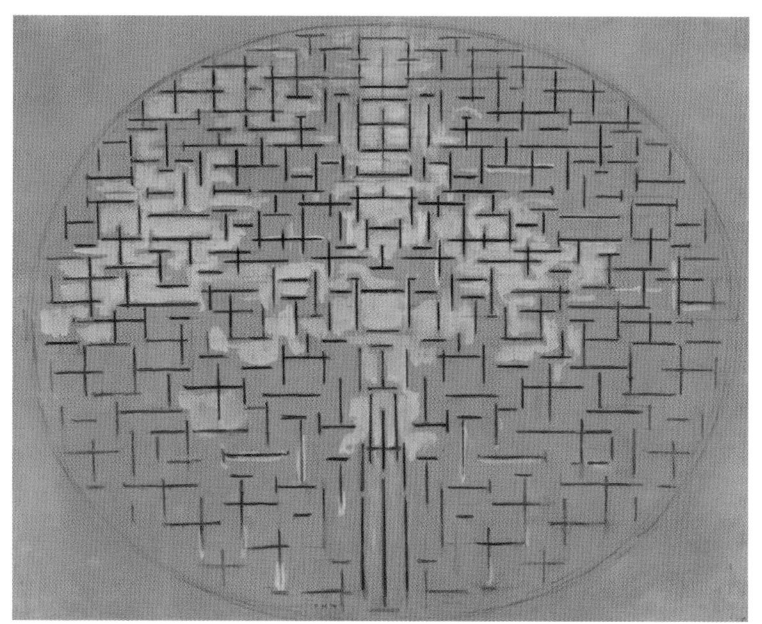

좌측 상단

6-12. 피터 몬드리안, '부두와 바다 5' (바다와 별이 빛나는 하늘)*Pier and Ocean 5 (Sea and Starry Sky)*, 1915년, 종이에 목탄과 구아슈, 87.9×111.7cm.

좌측 하단

6-13. 피터 몬드리안, '선 구성'(두 번째 상태) *Composition in Line (second state)*, 1916~1917년, 캔버스에 유채, 108×108cm.

"그는 삶의 현상을 과학적, 시적, 종교적 방식으로 동시에 해석했다. (…) 나는 그가 말하는 것을 듣고 시조 괴테가 즐거워했을 것이라고 생각했다. 그는 케플러와 뉴턴이 멈춘 곳으로 돌아갔다."[40]

케플러와 뉴턴은 구형 행성이 비활성화 상태고 생명 없는 물질로 이뤄져 있으며 물리적인 힘으로만 움직인다고 여겼다. 반 에덴에 따르면 스훈마르케스는 뉴턴과 케플러가 '중단한' 곳에 중력 같은 물리적 힘뿐 아니라 정신적(영적) 힘도 작용할 것이라고 생각했다.

19세기말 전자기학은 과학계의 핵심 주제였고 전구, 전신 같은 발명품이 등장해 일상생활을 바꿔놓았다. 물리학자가 양과 음의 전기력, 북극과 남극의 균형을 설명하자 스훈마르케스는 서로 반대되는 힘(수평-수직, 남자-여자, 음-양, 영혼-물질)이 결합한다고 본 그의 자연주의 철학관이 과학적으로 입증되었다고 여겼다. 그는 1916년 집필한 저서 《조형수학 원리 Beginselen der Beeldende Wiskunde》에서 수직선과 수평선으로 균형을 시각화했다(그림 6-11).

"본질적으로 그 선은 '수평적'이고 그 반지름은 '수직적'이다. (…) 수평성은 선의 특징으로 기대거나 부서지거나 가로로 놓이거나 연장되거나 수동적이다. 수직성은 반지름의 특성으로 팽팽하거나 거칠거나 똑바로 서 있거나 위로 향하거나 연장되거나 능동적이다."

그는 수동적인(여성적인) 수평선과 능동적인(남성적인) 수직선이 결합해 전체를 형성한다고 보았다.

"반대되는 것은 하나의 현실이 분리된 일부분이다. 그것은 모두 상호관계 속에서 실재한다. (…) 이런 방식으로 여자는 남자와의 관계 속에서만 여자일 수 있고, 남자는 여자와의 관계 속에서만 남자일 수 있다."[41]

1914년 몬드리안은 철학에 관한 소논문을 집필했다(1917년 이 논문에 '회화의 신조형주의'라는 제목을 붙였다). 1915~1916년 그 논문을 책으로 출간하기 위해 수정하던 중[42] 몬드리안은 라렌의 이웃이던 스훈마르케스를 만났다. 몬드리안은 신지학회지 〈통합Eenheid〉을 구독했으니 어쩌면 스훈마르케스의 이름을 알고 있었을지도 모른다. 그는 자연의 힘과 수직선, 수평선을 영적으로 해석하는 스훈마르케스의 이론을 곧바로 받아들였다. 스훈마르케스와 만난 이후 몬드리안은 자연의 힘이라고 부른 힘을 포함해 '정신적인 것'을 더 과학적인 용어로 묘사했다.

"보편적이고 능동적으로 이해할 수 없는 힘이기에 우리는 그것을 '보편적인 힘'이라 부른다."[43]

이 힘을 표현하기 위해 그는 새로운 화풍을 개발했는데 이는 직선과 90도 각도로 구성한다는 점에서 더더욱 수학에 중점을 둔 것으로 볼 수 있다. 몬드리안이 1915년에 그린 '부두와 바다 5'에서 수직선과 수평선은 바다를, 중앙의 수직선은 부두를 의미한다(그림 6-12). 몬드리안은 그림을 더욱 추상화했고 '선 구성Composition in Line'(1916~1917년, 그림 6-13)에서는 더 곧은 직선을 그렸다. 인지 가능한 세상을 최대한 묘사하지 않으려 한 몬드리안은 스훈마르케스처럼 수평선과 수직선의 균형으로 수평-수직 그리고 여자-남자가 결합하는 우주를 상징화했다.

반 에덴이 세운 공동체의 일원이던 스훈마르케스는 직관과 명상이 확실한 지식을 얻는 길이라고 믿은 브라우어르를 따랐다. 그는 몬드리안이 브라우어르를 따라 직관과 명상을 믿는 다리 역할도 했다. 그러나 스훈마르케스와 몬드리안은 추상물체의 기원에 관한 철학에서 브라우어르와 다른 의견을 개진했다. 브라우어르에게 숫자와 형태는 정신에 의존하는 지성의 창조물이었지만, 근본적으로 플라톤주의자인 스훈마르케스와 몬드리안은 수평선과 수직선을 자연계에 구현된 영원한 형태라고 믿었다.

데스틸

몬드리안이 스훈마르케스에게 수직선과 수평선을 나타내는 수학용어를 받아들인 이후 이것은 몬드리안이 테오 반 두스브르흐의 지도 아래 다른 여러 화가와 함께 만든 데스틸 화풍의 핵심이 되었다. 몬드리안보다 11세 어린 반 두스브르흐는 독학으로 미술을 배웠고 1909년부터 표현파 화풍의 그림을 그려왔다. 헤겔 철학을 읽고 절대영혼을 표현하려는 목적을 받아들인 그는 1912년 스훈마르케스의 〈통합〉에도 기여했다.

1차 세계대전 때 네덜란드는 중립을 유지했으나 청년들은 여전히 국가의 부름을 받아 국경을 지켜야 했고, 반 두스브르흐는 1914년 네덜란드-벨기에의 국경인 프란츠부르크 전선에 주둔했다. 그곳에서 그는 예술이 영적 영역을 표현한다는 바실리 칸딘스키의 전문서 《예술에서 정신적인 것》(1911년)을 읽고 열렬한 지지를 보냈다. 전선에서 동료병사이자 시인인 안토니 코크Antony Kok를 만난 반 두스브르흐는 그에게 미술지를 창간하려는 자신의 꿈을 털어놓았다. 1915년 가을 암스테르담을 떠날 때 반 두스브르흐는 몬드리안의 그림을 포함한 단체 전시회를 보았다. 그는 〈통합〉에 실은 리뷰에서 몬드리안의 작품이 평온과 영성의 느낌을 전해주었다고 밝혔다.[44] 1915년 11월 그는 몬드리안에게 첫 편지를 보냈고 이후 둘은 공동작업을 시작했다.

6-14. 피터 몬드리안, '구성*Composition*', 1916년. 캔버스에 유채와 나무, 119×75.1cm.

1916년 2월 반 두스브르흐는 라렌의 스튜디오에서 몬드리안을 만났는데 그 자리에는 스훈마르케스와 작곡가 야코프 반 돔세라르Jakob van Domselaer도 있었다. 세 사람은 두스브르흐가 〈통합〉에 실은 비평을 이미 알고 있었다. 반 두스브르흐는 몬드리안을 만난 다음 날 코크에게 보내는 편지에 이렇게 적었다.

"반 돔세라르와 몬드리안이 스훈마르케스 박사의 법칙에 완전히 빠져 있다는 생각이 들었네. 그는 근래에 조형수학 관련 책을 출판했고 수학적 접근방식으로 오로지 수학만 우리의 감정을 재는 완전한 척도라고 여기고 있네. 그래서 예술작품이 항상 수학에 기반해야 한다고 생각하고 있지. 몬드리안은 자신의 감정을 2개의 가장 완전한 형태인 수평선과 수직선으로 표현하면서 이 원칙을 활용하고 있네."[45]

이때 반 두스브르흐는 정신분석 스타일로 미술비평을 쓰려 하고 있었다. 그는 반 에덴과 야누스 데 빈테르가 지지하는 전시회 팸플릿을 디자인하면서 억압된 욕망을 치유하는 표현으로 캔버스를 단순한 색채로 묘사했다(테오 반 두스브르흐, 《데 빈테르와 그의 작품: 정신분석 연구De Winter en zijn werk: Psychoanalytische studie》, 1916년).[46] 반 두스브르흐는 몬드리안의 스튜디오

우측 상단

6-15. 테오 반 두스브르흐
(네덜란드인, 1883~1931년), '구성 III', 1917년, 스테인드글라스.

우측 하단

6-16. 바르트 반 데르 레크
(네덜란드인, 1876~1958년), '구성 IV', 1918년, 캔버스에 유채, 56×46cm.

하단

6-17. 조르주 반통겔루*Georges Vantongerloo*
(벨기에인, 1886~1965년), '구의 구성', 1917년, 나무에 채색, 17×17×17cm, 구조설계도.

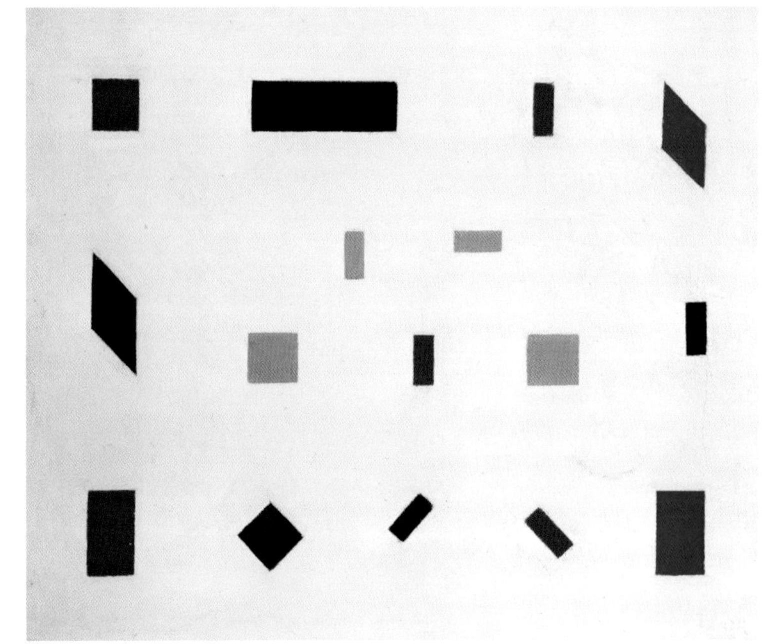

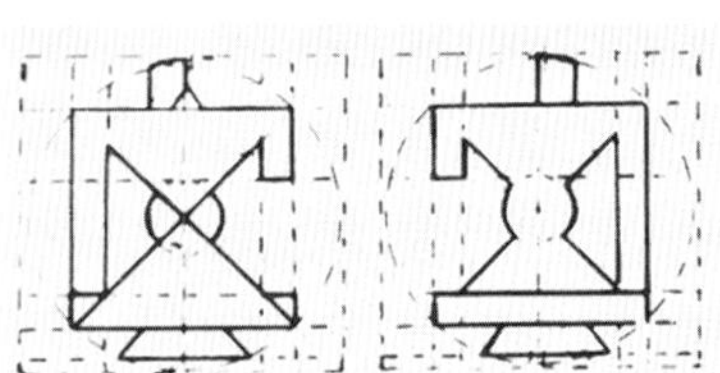

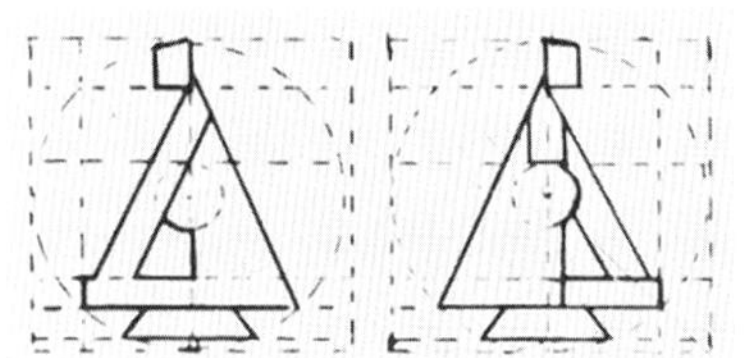

에 갈 때 데 빈테르의 그림을 몇 점 가져갔다. 스훈마르케스는 데 빈테르의 작품을 보고 "단순히 영적세계(아스트랄)의 환상적 표현"이라고 일축하며('아스트랄'은 신비한 초감각적 물질을 뜻하는 신지론 용어다) 그가 신지론을 넘어 나아가고 있음을 암시했다. 몬드리안도 그 그림들이 "아름답긴 하지만 영적이지는 않다"고 말하며('영적'이라는 말을 과학과 연관지어 사용했다) 그에 동의했다.[47]

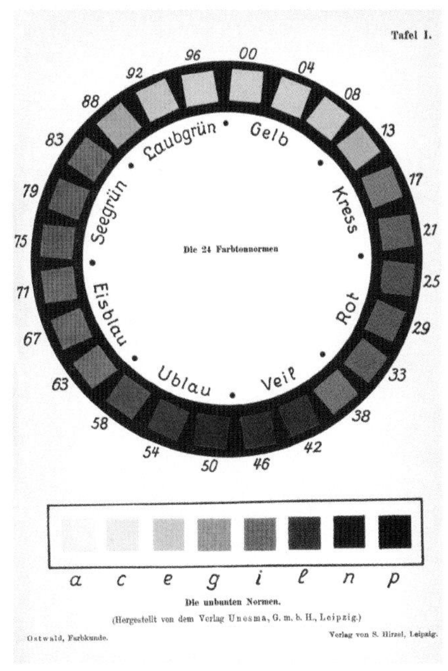

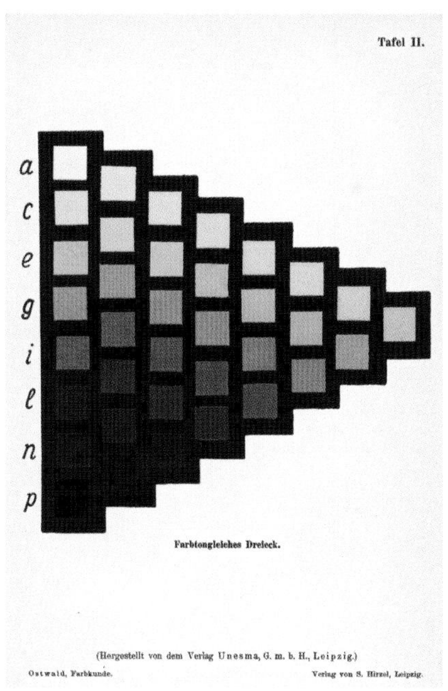

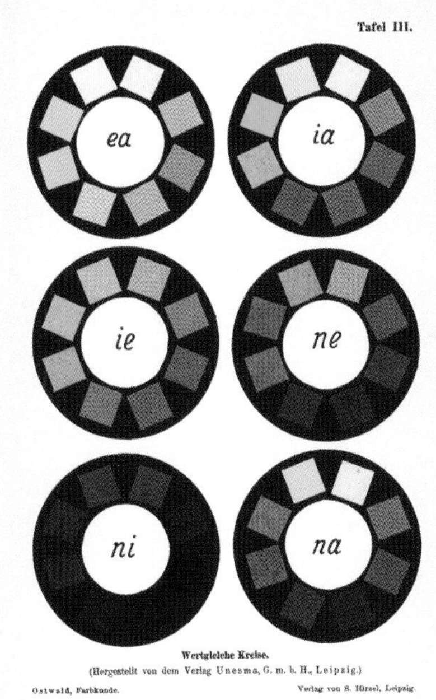

상단 좌측

6-18. 표준 회색 색표와 24개 표준색*The Grey Scale and The 24 Standard Colors*, **빌헬름 오스트발트***Wilhelm Ostwald*, **《색의 정보***Farbkunde*》(1923년), 그림 1.

오스트발트는 인식 가능한 최소한의 차이를 나타내는 단계를 찾기 위해 흰색에서 검은색까지 8개 값(a, c, e, g, i, l, n, p로 차트 하단에 표시)을 사용했다. 단계를 올릴 때마다 흰색과 검은색의 비율이 일정하게 올라간다(이때 각 단계는 '뛰어넘듯' 증가하지 않는다). 또한 색상환을 100개 색깔로 나누고 차트 둘레에 숫자로 나타냈다. 메인 색조는 24개 견본으로 제시했다. 오스트발트는 1916년 《색의 기본 입문서*Die Farbenfibel*》에서 자신의 혼합색상 분류 체계를 발표했다.

상단 중앙

6-19. 같은 색조의 삼각형*Triangle with the Same Hue*, **빌헬름 오스트발트, 《색의 정보》, 그림 2.**

오스트발트는 메인 색조 24개를 평분선에 배치하고 수직 축에 명도 단계를 두어 3차원의 컬러 고체를 만들었다. 이때 하얀색은 가장 위에, 검은색은 가장 아래에 있다. 쐐기모양 끝부분에는 채도가 높은 색조를 배치했고(no. 8 오렌지색) 검은색, 흰색, 회색을 다양한 비율로 섞어 글자로 나타냈다. 오스트발트의 컬러 고체에서 삼각형 모양은 36개의 혼합 색으로 이뤄져 있는데, 이 모든 것은 세 숫자(총 100%가 되는 하얀색과 검은색 그리고 색조의 비율)로 나타낼 수 있다.

상단 우측

6-20. 같은 색조의 원*Circles with the Same Value*, **빌헬름 오스트발트, 《색의 정보》, 그림 3.**

오스트발트는 자신의 색상환에 3, 4, 6, 8 또는 12의 간격으로 배치한 색을 혼합해 조화로운 색상을 만들 수 있다고 제시했다. 예를 들어 오른쪽 아래 원(na)에서 다음의 8개 색조는 3의 간격으로 일어난다(시계방향으로 읽어 00, 13, 25, 38, 50, 63, 75, 88). 오스트발트는 그 색조에 해당하는 값을 가까운 색조와 혼합할 때 조화를 이룬다고 생각했다. 'na'로 나타낸 순수한 색조는 밝은 노란색부터 검고 푸르스름한 보라색으로 이뤄져 있으며 각기 값이 다르다. 색상을 균등하게 만들어 조화로운 색을 혼합하려면 흰색과 검정색을 추가해 순수한 색의 값을 조정해야 한다. 이 차트의 왼쪽에 있는 세 원 또한 'na'와 유사하게 색상 배열을 나타내지만, 상단 원의 밝은 파스텔 톤부터 하단 원의 검은 색조 모두 원 안의 다른 색과 값이 유사하다(오스트발트의 제시로 시작된 색조화 관련 주장을 입증하는 연구는 없다).

6-21. 피터 몬드리안, '6 그리드 구성: 컬러 마름모꼴 구성*Composition with Grid 6: Lozenge Composition with Colors*', 1919년, 캔버스에 유채, 49×49cm.

추상화는 수학처럼 실제로
모든 것으로 표현된다. (…)
새로운 화풍은 드러나지 않고
숨어 있는 보편성을
사물의 타고난 모양의 조형으로
표현하는 데 합의했다.

— 피터 몬드리안, '회화의 신조형주의*Neo-plasticism in Painting*', 〈데스틸〉, 1917년.

6-22. 빌모스 후사르*Vilmos Huszár*(헝가리인, 1884~1960년), '데스틸 구성', 로고 디자인, 1917년, 〈데스틸〉 창간호 표지로 디자인한 뒤 1921년 이후 채색, 캔버스에 유채, 60×50cm.

몬드리안은 스훈마르케스의 수학용어를 채택한 후 1916년 '구성'(그림 6-14)에서 자로 선을 그리기 시작했다. 이 작품은 바다 같이 관찰한 물체를 추상화한 것이 아니라 자연의 보편적 힘으로 보이지 않는 실재를 상징화한다는 점에서 비구현적이라 할 수 있다. 몬드리안이 상징주의에 수학용어를 사용한 것은 블라바츠키를 따라 공공연하게 동양의 불교철학을 따르는 게르만 문화권이 슈타이너가 묘사한 서양과학 미스터리에 관심을 보이게 된 변화를 반영한다. 1921년 몬드리안은 슈타이너에게 보낸 편지에서 존경심을 담아 그의 "신조형주의를 인지학과 신지학의 미래를 위한 예술"이라고 표현했다.[48] 데스틸은 우주의 영혼(절대자, 도, 브라흐마)을 표현하는 동시에 수학으로 우주를 하나로 잇는 자연의 힘을 설명하는 과학적 세계관을 표현했다.

1917년 반 두스브르흐는 수평선과 수직선 패턴에 거울반사나 패턴 회전으로 변화를 주는 작업을 직접 실행하면서 "J. S. 바흐J. S. Bach와 같은 작업을 하고 있다"고 언급했다('구성 III', 1917년, 그림 6-15). 데스틸 사회 예술가들은 자신의 디자인을 실질적인 프로젝트에 응용했는데 반 두스브르흐는 '구성 IV'를 건축가 J. J. P. 오우드J. J. P. Oud의 건물 스테인드글라스에 적용했다. 유리 제작을 배운 바르트 반 데르 레크Bart van der Leck는 자신의 추상화를 양탄자에 적용했다(그림 6-16).

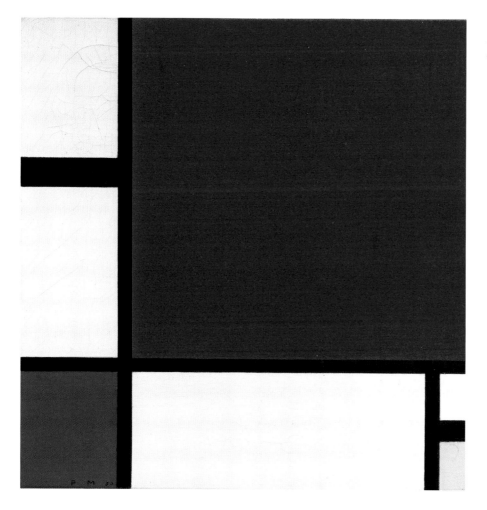

6-23. 피터 몬드리안, '빨간색과 파란색과 노란색을 사용한 구성*Composition with Red, Blue, and Yellow*', 1930년, 캔버스에 유채, 46×46cm.

몬드리안과 반 두스브르흐는 1915~1916년 스훈마르케스의 모호한 수학적 상징주의에서 가치 있는 생각을 발견했으나, 1917년 10월 출판한 〈데스틸〉 창간호를 준비하는 과정에서 그에게 환멸을 느꼈다. 반 두스브르흐는 스훈마르케스를 잡지에 초대한 것을 철회했고 몬드리안은 이렇게 불평했다.

"스훈마르케스가 도움을 줄 것을 생각할 때 그를 초청하는 것이 맞지만, 그는 너무 부패했고 나는 여전히 그가 진실하다고 믿지 않는다."[49]

위대한 역사의 시대에
수학은 모든 과학의 바탕이자
예술의 토대가 되었다.
예술가가 기본 기하학 형태로
자신을 표현할 때
그의 작품은 '현대적'인 것이 아니라
보편적인 작품이 된다.
— 테오 반 두스브르흐, '직관에서 확신까지*From Intuition to Certitude*', 1930년.

1916년 2월 라렌으로 몬드리안을 방문한 반 두스브르흐는 그곳에서 오우드도 만났는데 이후 준비하던 새 잡지에 건축을 포함할 계획을 세웠다.[50] 이 모임을 완성하기 위해 조각가를 찾던 그는 1918년 벨기에의 예술가 조르주 반통겔루를 만났다. 이때 이미 스훈마르케스와는 친밀한 관계가 깨졌으나 그는 조르주에게 스훈마르케스가 1916년에 집필한 책을 선물했다. 로댕 스타일로 조각을 해오던 반통겔루는 데스틸 미학을 받아들여 각기 정6면체나 구체에 들어 있는 4가지 대칭작품을 조각했다(그림 6-17). 반통겔루는 스훈마르케스의 세계관을 담은 여러 편의 글을 통해 자신의 목표는 자연계 음양의 힘의 결합을 상징하는 입체감과 공허감이 균형 잡힌 조각품을 만드는 것이라고 밝혔다('숙고Reflections', 〈데스틸〉, 1918년).

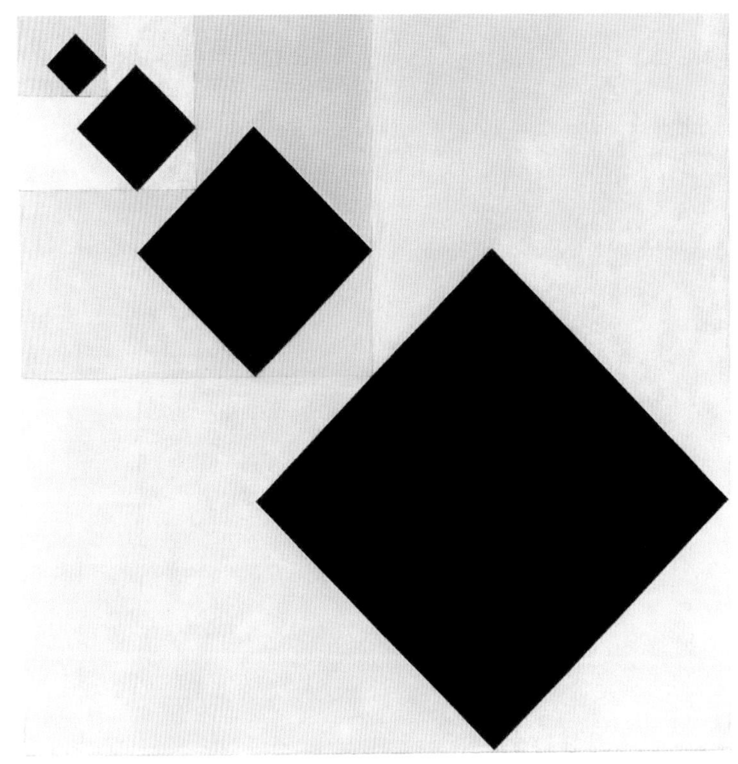

6-24. 테오 반 두스브르흐, '산술구성*Arithmetic Composition*', 1929~1930년, 캔버스에 유채, 101×101cm.
이 구성은 검은 정사각형 면적을 2배로 늘려가는 기하학 구조로 이뤄져 있다. 숫자를 2배로 늘려가는 급수 같은(2, 4, 8, 16…) 산술 증가 과정은 일반적으로 선을 사용해 나타낸다. 미국 수학자 데이비드 핌*David Pimm*은 반 두스브르흐에게 '무죄 추정의 원칙'을 적용해(그가 용어를 혼용하지 않았다고 가정했을 때) 이 예술가가 기하학 구성을 산술로 접근한 방법을 연구했다. 데이비드 핌, '테오 반 두스브르흐(1883~1931년)와 그의 산술구성 1의 주석', 미국 학회지 〈수학학습*For the Learning of Mathematics*〉 21, no. 2 (2001): 31–36.

예술가는 대부분 제빵사나 여성용 모자 판매원과 같다. 반면 우리는 (유클리드 수학과 비유클리드 수학을 모두 포함한) 수학 데이터와 과학, 즉 지적 수단을 사용한다.

— 테오 반 두스브르흐, '구체 미술*Comments on the Basis of Concrete Painting*', 〈구체 예술Art Concret〉, 1930년.

데스틸 예술가들은 색상에도 수학적으로 접근할 수 있음을 배웠다. 1909년 노벨 화학상 수상자이자 아마추어 화가인 독일계 화학자 빌헬름 오스트발트는 색과 색조(검은색과 흰색이 섞인 것)를 정밀하게 측정하는 숫자 시스템을 고안했다. 특히 그는 지각하는 주체인 피실험자가 구별할 수 있는 최소 강도 차이가 자극 강도 비율과 일정한 관계에 있음을 밝혀낸 구스타프 페히너의 발견을 인상 깊게 여겼다(페히너의 법칙, 1860년). 오스트발트는 색의 강도를 최소한으로 인식하도록 그레이 스케일을 디자인했다(그림 6-18). 그 후 그는 색상환의 모든 색조에 유사한 스케일을 설계했고(그림 6-19) 그 색상체계로 색 혼합물(흑백이 혼합된 색)을 정량화해 숫자로 나타낼 수 있다고 선언했다. 더 나아가 그는 색의 조화로운 혼합을 달성하기 위한 수학공식을 제안했다(그림 6-20).

〈데스틸〉의 로고를 디자인한 헝가리 화가 빌모스 후사르는 1916년 오스트발트가 《색의 기본 입문서》에서 밝힌 색체계에 관한 긍정적 평론을 〈데스틸〉에 실었다(그림 6-22).[51] 오스트발트 자신도 1920년 〈데스틸〉에 '색의 조화'라는 제목의 글을 발표했다.[52] 몬드리안은 스스로 색을 제한해 원색조인 빨간색, 파란색, 노란색만 사용했고 검은색과 흰색을 빨간색·파란색·노란색에 섞었을 때 나오는 색조도 원색으로 볼 수 있다며 오스트발트의 주장을 지지했다.[53] 몬드리안은 색의 조화를 위해 색조 값이 서로 비슷하도록 만들라는 오스트발트의 조언에 따라(그림 6-20) '6 그리드 구성'(1919년, 그림 6-21 참고) 같이 여러 회색과 검은색, 흰색으로 색조를 낮춘 원색으로 그림을 그렸다.[54]

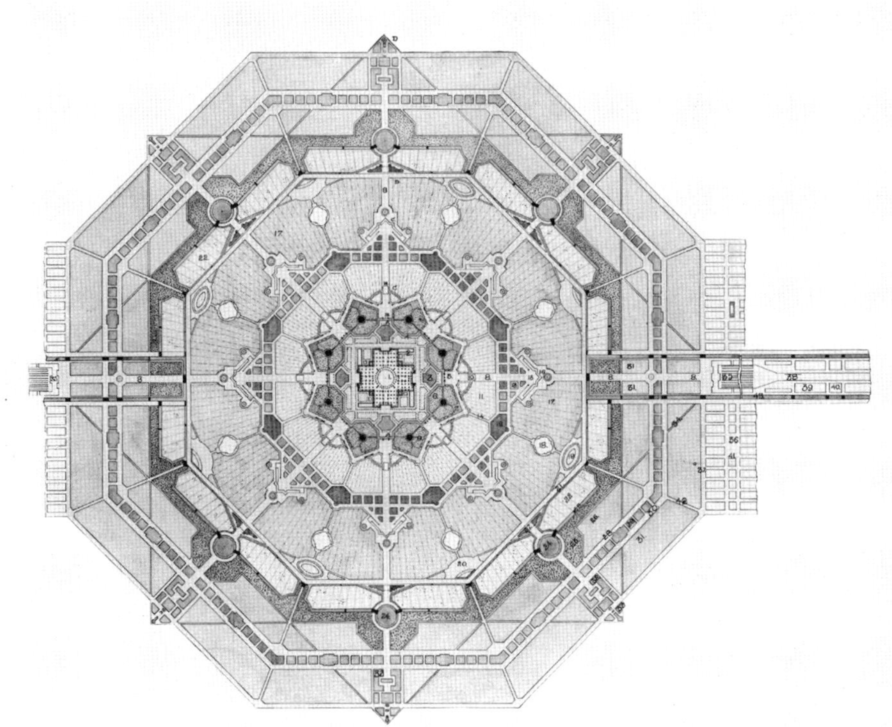

6-25. 프리드리히 반 에덴과 야프 론돈*Jaap London*, 이상적인 도시의 도면(좌측)과 조감도, 《빛의 도시의 신의 집*Het Godshuis in de Lichtstad*》(1921년).
반 에덴과 론돈은 네덜란드에서 일어난 불교에 관한 관심을 반영하여 '빛의 도시*Lichtstad*'를 만다라 형태로 배치했다. 만다라는 중앙에 순수한 정신(우주정신)을 나타내는 점을 가진 대칭적인 기하학 구조로 명상에 사용했다. 반 에덴과 론돈은 그들의 이상적 도시의 중앙에 8개의 돔 형태 신전을 8각형 모양으로 배치했다. 이 신전들은 각기 세상의 위대한 종교들을 나타낸다. 그 8각형 중앙에는 8개의 역사적 신학을 뒤덮는 거대한 돔 형태의 신전을 두었다. 이 중앙의 신전은 순수한 사색을 위해 준비한 곳이다.

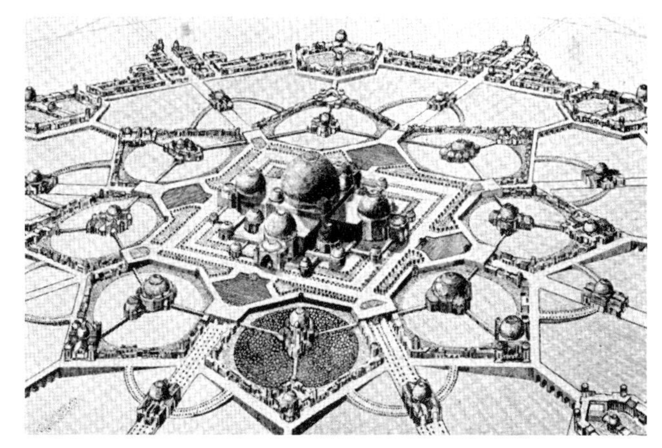

1차 세계대전 중 서로 비슷한 스타일에 도달한 몬드리안과 반 두스브르흐 그리고 다른 '데스틸' 예술가들은 이후 각자의 길을 갔다. 〈데스틸〉의 편집자 반 두스브르흐는 이탈리아의 미래파 화가 지노 세베리니Gino Severini가 1918년 연재한 4차원 기하학 사본을 읽었다. 세베리니는 시간의 흐름과 함께 공간에서 움직이는 물체를 표현하는 방법을 제시해 입체파와 미래파의 기하학 기반을 확립하려 노력했다.[55] 반 두스브르흐는 미래파의 역동성과 그 4차원 기하학에 관심을 보였고, 1918년 6월 스훈마르케스를 데스틸로 초청한 것을 철회했음에도 불구하고 그가 관여한 세계의 '새로운 이미지New Image of the World'를 열성적으로 읽었다.

"그의 공간과 시간 개념 그리고 그 시각적 표현은 최고 수준으로 보인다."[56]

또한 반 두스브르흐는 스훈마르케스의 《조형수학 원리》를 읽었고[57] 기하학을 주제로 작업하기 시작했다(그림 6-24). 1918년 전쟁이 끝나고 여행 제한이 풀리자 반 두스브르흐는 '데스틸'의 원칙을 전파하기 위해 독일로 향했다.

한편 몬드리안은 〈회화의 신조형주의Neo-plasticism in Painting〉라는 제목의 논문을 발표해 스훈마르케스의 주장을 지지했다.[58] 나아가 그는 1921년의 구성처럼 수직선과 수평선, 검은 선, 여러 원색 직사각형으로 그린 자신의 신조형주의 스타일에 원숙미를 더했다(그림 6-23). 이후 20년간 몬드리안은 이 스타일로 그림을 그렸고 종종 회색으로 원색의 채도를 낮추기도 했다. 그는 모든 캔버스에서 선과 색의 평형과 자연의 보편적 힘을 표현하기 위해 노력했다.

신지학을 선택한 후 청년 시절 철저하게 지켰던 칼뱅주의 도덕성을 버린 몬드리안은 새로운 영적 여정을 시작했다. 그때부터 그는 기하학의 추상예술이 신지론을 대신해 자연의 보편적 힘을 표현할 수 있다고 믿었고 그 종교관을 예술생활에 적용했다. 그는 자신의 신념을 수차례 바꾸었으나 분석론적 합리주의와 직관을 향한 믿음에 대립하는 몬드리안의 예술은 브라우어르의 수학철학처럼 독일 낭만주의에 굳게 뿌리내렸다.

1921년 네덜란드의 '의미의 과학' 그룹은 국제언어를 만들어 유토피아 공동체를 설립하려는 최후의 시도를 했다. 이를 계기로 반 에덴은 종교에 부정적 태도를 보인 프로이트의 정신분석학을 분쟁 해결 도구로 사용하는 것을 포기했다.[59] 그는 네덜란드의 건축가 야프 론돈과 협력해 이상적인 도시를 설계하고자 했으나 그것을 현실화하지는 못했다(그림 6-25).[60] 마누리는 레닌의 공산주의를 이상적인 사회구조로 선언한 러시아의 1917년 혁명에서 영감을 받아 자신의 동포들에게 현대시대를 위한 새로운 공산주의를 믿으라고 권했다(《수학과 신비주의: 공산주의 관점의 '의미의 과학' 연구Mathematics and Mysticism: A Signific Study from a Communist Point of View》, 1925년).

전쟁이 끝나갈 무렵 반 에덴과 브라우어르는 정치인이 아니라 지식인이 전쟁하는 국가 사이에서만 지속적인 평화를 이룰 수 있다고 확신했다. 이에 따라 이 둘은 1918년 헤이그로 가서 미국 영사와 그 직원을 만나 독일의 항복 조건을 협상할 때 모든 교전국과 중립국의 학자들이 만날 것을 제안했다.[61] 그 제안을 거절당한 후 반 에덴과 브라우어르는 '의미의 과학' 프로젝트를 포기했다.[62]

기초수학의 철학적 논쟁에서 브라우어르의 직관주의(구성주의) 수학은 항상 소수 견해였으나 지금도 여전히 연구가 이뤄지고 있다.[63] 1920년대 독일 패전 이후 괴팅겐, 베를린에서 헤겔과 괴테의 낭만주의적 정서가 터져 나오면서 브라우어르의 이론은 큰 인기를 끌었다.

7
대칭성

우리는 지금까지의 경험으로 자연이 생각할 수 있는 가장 단순한 수학적 아이디어를 실현했다는 믿음을 정당화했다. 나는 우리가 순전히 수학구조로 연결되는 개념과 법칙을 발견해 자연 현상을 이해할 수 있을 거라고 확신한다. (…) 물론 경험은 수학구조를 물리적으로 활용하는 유일한 기준이지만 창의적 원칙은 수학에 귀속된다. 그러므로 나는 어떤 의미에서 고대인이 꿈꾼 것 같은 순수한 사고로 현실을 이해할 수 있다는 주장이 옳다고 생각한다.

— 알베르트 아인슈타인, 《이론물리학 방법》, 1934년.

자연세계의 가장 깊은 수준까지 과학적으로 통찰하는 것은 대칭을 토대로 설명할 수 있다. 고대부터 동식물 연구자는 식물과 동물의 좌우 대칭요소를 발견했고 얼음과 눈에서 대칭적 6각형 구조를 관찰하기도 했다. '대칭Symmetry'이라는 용어는 선이나 평면을 나누는 관점에서 이런 모양과 형태를 묘사하는 말이다. 19세기 과학자들은 왜 자연계의 많은 부분이 대칭구조를 보이는지 이해하기 시작했다. 그들은 현미경으로 자연의 구성요소(세포 또는 결정)가 대칭 패턴으로 배열되어 있고 좌우측 쌍을 이룬다는 것을 관찰했다.

더 넓은 의미에서 '대칭'은 어떤 작업을 진행할 때 그 시스템의 성질이 변하지 않고 유지되는 것(불변성)을 뜻한다. 예를 들어 과학자는 중력의 힘과 빛의 속도 같은 자연법칙이 우주 전체에 똑같이 적용된다는 점에서 이를 불변성, 즉 대칭이라고 믿는다.

3차원 공간에서 한 점을 중심으로 같은 거리에 위치한 모든 점으로 이뤄진 구체는 가장 대칭적인 기하학 형태다. 20세기 후반 과학자들은 한 점에서 플라즈마 구체가 폭발하는 과정을 거쳐 우주가 완전한 대칭구조로 시작되었다고 결론지었다. 초기 우주가 확장하면서 원시의 구가 냉각되고 플라즈마가 응축해 첫 번째 입자와 이후 원자, 가스 구름, 별이 형성되었다. 어느 시점에 본래 우주의 대칭이 깨졌고 그 결과로 나타난 비대칭은 진화 과정에 일어난 돌연변이처럼 무작위 변화의 산물로 여겨진다. 오늘날 물리학자들은 현재의 우주가 기존 대칭을 어느 정도까지 유지하고 있는지 그 흔적을 찾기 위해 원시 구체 플라즈마의 샘플을 재구성하고 있다.

과학자는 수학의 '그룹이론'으로 자연의 좌우대칭(좁은 의미)과 불변성(넓은 의미)을 설명한다. 20세기 초반 알베르트 아인슈타인과 안드레아스 스페이저, 헤르만 바일을 비롯한 취리히의 물리학자와 수학자는 자연의 힘을 통합적으로 묘사하려 할 때 그룹이론을 사용했다. 이 시대 생물학자들도 그룹이론을 토대로 포도당 분자부터 DNA에 이르는 수많은 생명체 물질에 나타나는 대칭 패턴을 설명했다.

7-1. 막스 빌(스위스인, 1908~1994년), 《한 주제의 15가지 변형*Fifteen Variations on a Theme*》 시리즈의 6판 표지들, 1935~1938년 (그림 7-18 참고).

스위스 예술가들은 1930년대부터 자연을 수학으로 설명하는 것과 유사한 느낌을 주는 대칭 측면의 패턴을 만들기 시작했다. 구체예술가라 불리는 이들은 수학자나 과학자 같이 미학의 기본 구성요소를 확립했고(색과 형태 단위) 그것을 비율과 균형을 유지하는 법칙에 따라 배열했다(그림 7-1). 이들 예술가는 자신의 예술이 조화롭다는 점에서 '대칭주의'라고 불렀다.

결정학

사람들은 지난 수 세기 동안 결정의 독특한 기하학 형태에 초점을 맞춰 자연의 기초를 추측해왔다. 1660년대 영국 자연철학자 로버트 훅은 현미경으로 바위에서 떨어져 나온 작은 조각을 살펴보았고 그 조각의 표면이 독특한 기하학 형태임을 알아냈다. 그는 이 관찰로 결정들이 눈으로 보기에는 너무 작은 '구형입자' 패턴으로 구성되어 있다고 추측했다(그림 7-2).

19세기 초 영국 화학자 존 돌턴은 소크라테스 이전의 철학자 데모크리토스의 원자론을 되살리며(1장 참고) 이 가설적 '구형입자'에 이름을 붙였다. 그는 서로 무게가 다른 원자들이 결합해 분자를 형성한다고 주장했다. 돌턴과 동시대에 살았던 프랑스 화학자 르네 쥐스트 아위René Just Haüy는 이들 기본요소가 구형이 아니라 다면체라고 했다(그림 7-3). 그런데 독일 광물학자 크리스티안 바이스Christian Weiss는 결정의 기하학 형태가 아니라 그 대칭의 축으로 서로 구분할 수 있다는 핵심 내용을 이해했다.

7-2. 로버트 훅의 《마이크로그라피아; 또는 관찰과 탐구를 위해 유리를 확대해 만든 극소물체의 생리학적 묘사》(1665년), 7판, 그림 1, 82쪽.

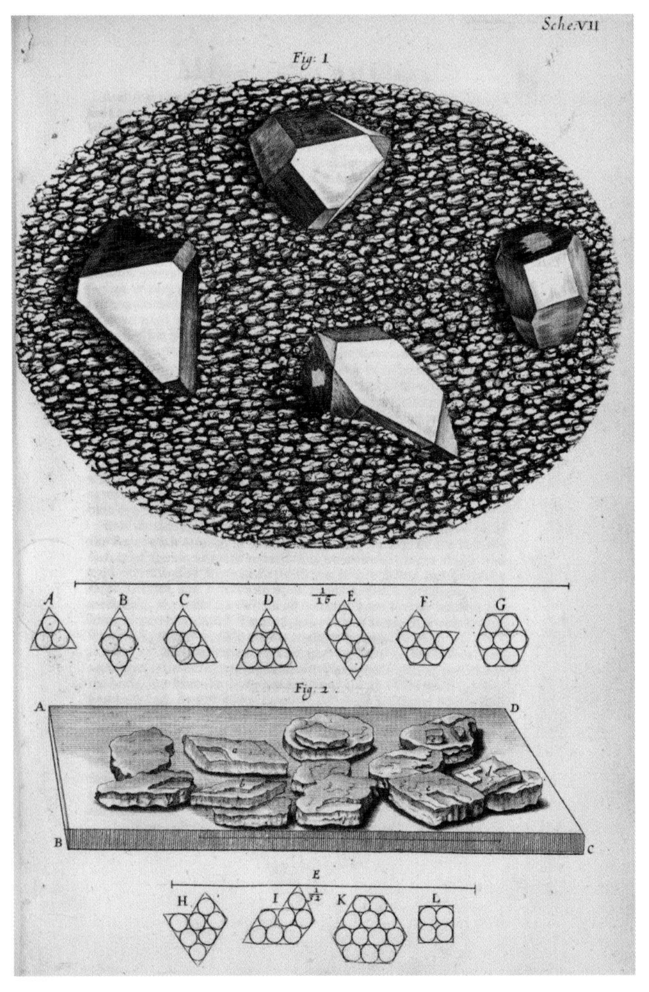

대칭축은 정육면체 같은 기하학 형태를 통과하는 보이지 않는 선이다. 하나 또는 여러 개의 대칭축을 묘사해 기하학 형태를 나타낼 수 있는데 이 축을 기준으로 기하학 형태를 회전시키면 원래 형태가 변하지 않고 유지된다(불변성, 283쪽 박스 참고).

바이스는 꼬인 격자구조와 점(원자)으로 결정 내의 분자 그리고 분자 내의 보이지 않는 원자를 상징화했다. 이 모형은 수학자에게 유클리드 기하학으로 결정과 플라톤의 5가지 고체를 연구하는 동기를 제공했다. 유클리드는 고체가 고정되어 있다고(즉, 회전하지 않는다고) 보고 그 고체의 대칭을 묘사하지 않았다. 19세기 결정학자는 결정을 축을 중심으로 회전하는 기하학 형태로 설명하기 위해 새로운 수학도구를 찾았는데 그것이 바로 '그룹이론'이다.

정6면체의 회전대칭

정6면체에는 13개의 회전 대칭축이 있다. 그중 3개는 정6면체 반대면의 중앙을 통과한다. 그 세 축을 네 방향(90°, 180°, 270°, 360°)으로 회전시켜도 정6면체 형태는 변하지 않는다(불변성). 그룹이론 언어에서 정6면체는 각각의 세 축에 4중 회전대칭 구조를 보인다(총 12개의 대칭구조).

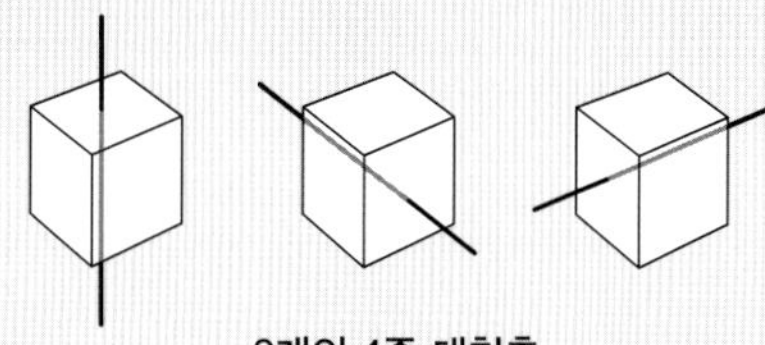

3개의 4중 대칭축

정6면체의 반대 꼭짓점을 통과하는 선에서 추가로 4개의 회전대칭축을 찾을 수 있다. 정6면체는 각각의 네 축에 3중 회전대칭 구조를 보인다(총 12개의 대칭구조).

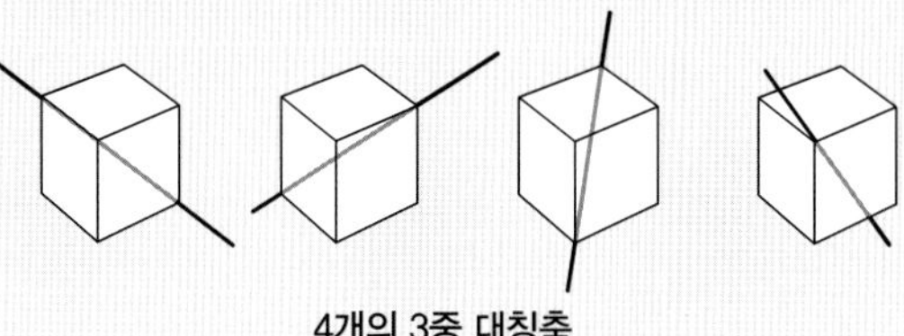

4개의 3중 대칭축

정6면체 모서리의 중심점을 통과하는 선에서 추가로 6개의 회전대칭축을 찾을 수 있다. 정6면체는 각각의 여섯 축에 2중 회전대칭 구조를 보인다(총 12개의 대칭구조).

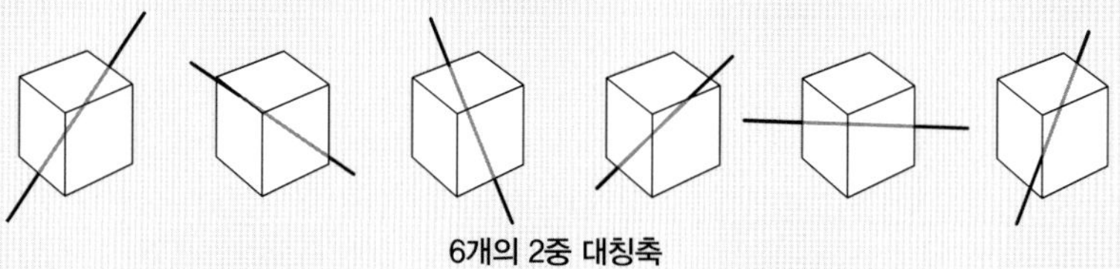

6개의 2중 대칭축

정6면체에서 총 36개의 대칭구조를 찾을 수 있다. 구에는 무한히 많은 회전축이 있고 그 모든 회전축은 불변성이기 때문에 구는 가장 대칭적인 기하학 형태다.

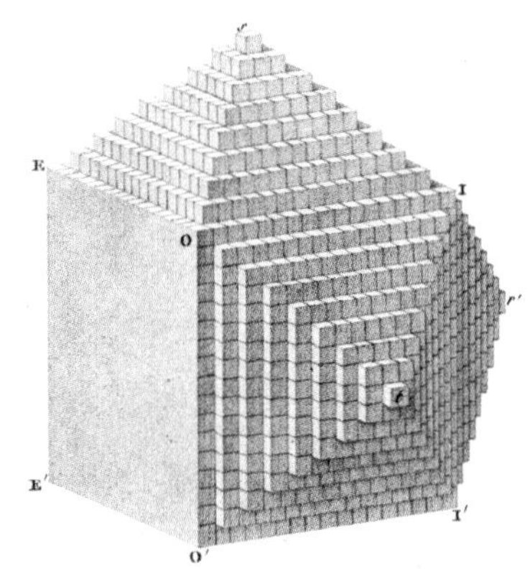

7-3. 르네 쥐스트 아위의 《광물학 논문*Traité de minéralogie*》(1801년)에 실린 분자다면체로 구성한 마름모꼴의 12면체, 5판, 그림 2, 도표 13. 아위는 결정의 구성요소가 6가지 기본 형태로 이뤄져 있다고 주장했다. 평행 6면체, 사방 12면체, 삼각 12면체, 6면체 각기둥, 8면체 그리고 4면체가 그것이다.

그룹이론

프랑스 수학자 에바리스트 갈루아Évariste Galois는 1832년 20세의 나이에 결투를 하다 사망했다. 1830년 특정 대수방정식의 해를 찾다가 대수이론을 개발한 이 젊은 수학자는 연구를 끝마치지 못했고, 결국 조제프 리우빌Joseph Liouville이 1846년 이것을 편집해 '갈루아이론'으로 발표했다.

수십 년 후 프랑스 수학자 카미유 조르당Camille Jordan은 갈루아의 대수그룹이론이 시스템의 구조(추상적 형태)만 고려하기 때문에 결정뿐 아니라 모든 대칭 시스템을 묘사할 수 있음을 발견했다. 조르당은 그룹이론을 결정 분류에 적용한 것을 포함해 자신의 첫 주요 연구를 발표했다(《대입과 대수방정식 논고Treatise on Substitutions and Algebraic Equations》, 1870년). 조르당이 그룹이론으로 결정을 성공적으로 분류한 이후 다른 기하학자들이 공간격자에 기반해 대칭구조가 있는 기하학 형태를 묘사하는 과제를 이어받았다.

친애하는 오귀스트,
자네도 알다시피
나는 많은 과목을 탐구했지만 (…)
이제 내게 남은 시간이 없고
이 거대 분야에 관한 내 생각은
충분히 무르익지 못했네.

— 에바리스트 갈루아, 자신의 운명적인 결투 전야에 오귀스트 슈발리에Auguste Chevalier에게 보낸 편지, 1832년 5월 29일.

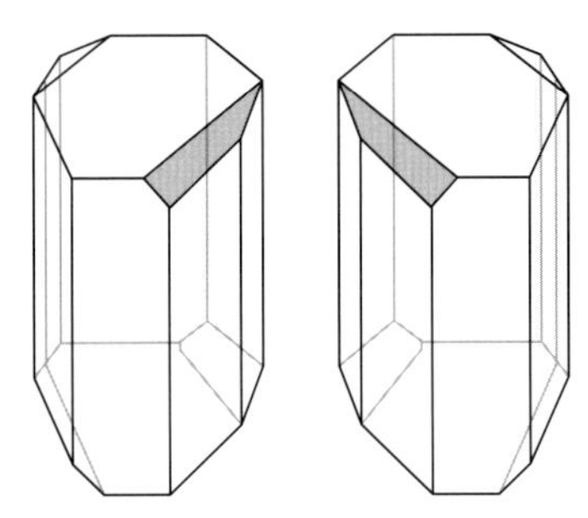

7-4. 라세미산 결정.
라세미산 결정은 서로의 이미지를 거울처럼 반영한다.

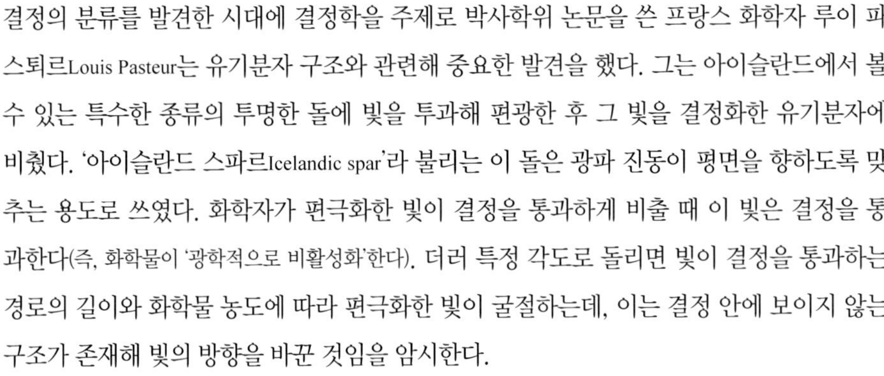

결정의 분류를 발견한 시대에 결정학을 주제로 박사학위 논문을 쓴 프랑스 화학자 루이 파스퇴르Louis Pasteur는 유기분자 구조와 관련해 중요한 발견을 했다. 그는 아이슬란드에서 볼 수 있는 특수한 종류의 투명한 돌에 빛을 투과해 편광한 후 그 빛을 결정화한 유기분자에 비췄다. '아이슬란드 스파르Icelandic spar'라 불리는 이 돌은 광파 진동이 평면을 향하도록 맞추는 용도로 쓰였다. 화학자가 편극화한 빛이 결정을 통과하게 비출 때 이 빛은 결정을 통과한다(즉, 화학물이 '광학적으로 비활성화'한다). 더러 특정 각도로 돌리면 빛이 결정을 통과하는 경로의 길이와 화학물 농도에 따라 편극화한 빛이 굴절하는데, 이는 결정 안에 보이지 않는 구조가 존재해 빛의 방향을 바꾼 것임을 암시한다.

1849년 파스퇴르는 타르타르산의 일종인 화학적 라세미산 결정을 연구했다. 그는 편광한 빛이 결정체를 통과하게 해 광학적으로 비활성임을 확인했다. 이어 그는 현미경으로 같은 결정의 라세미산을 검사해 좌우 한 켤레 장갑(그림 7-4)과 유사한 2개의 비대칭 경상Mirror-Image Form이 존재한다는 것을 발견했다. 이것을 결정의 좌우상이라 부른다. 파스퇴르는 꼼꼼하게 좌우상의 결정을 2개로 분류하고, 그 각각에서 용액을 만들어 결정화한 뒤 편광한 빛을 비췄다. 각 결정체로 빛은 회전했지만 서로 반대방향으로 회전했다. 이때 파스퇴르는 거울상체(거울에 비춘 것처럼 좌우만 바뀐 것)를 발견했다. 그는 라세미산이 우분자와 좌분자의 혼합으로 구성되어 있다고 정확히 추론했고, 그 2가지가 존재할 때 편극화한 빛이 회전하는 현상을 서로 상쇄한다고 추론했다. 즉, 좌우분자가 혼합되면 광학적으로 비활성화하는 것이다. 1900년 생물학자들은 다른 경상분자를 연구하며 그것이 살아 있는(유기적) 시스템에서 하는 역할을 알아내고자 했다.

호랑이야, 호랑이야.
활활 불타는 밤의 숲 속 호랑이야,
어떤 불사신의 손과 발이 네 무서운
대칭을 만들어냈단 말이냐?

— 윌리엄 블레이크*William Blake*, '호랑이*The Tyger*', 1794년.

가장 추상적인 기하학: 리군과 클라인의 에를랑겐 프로그램

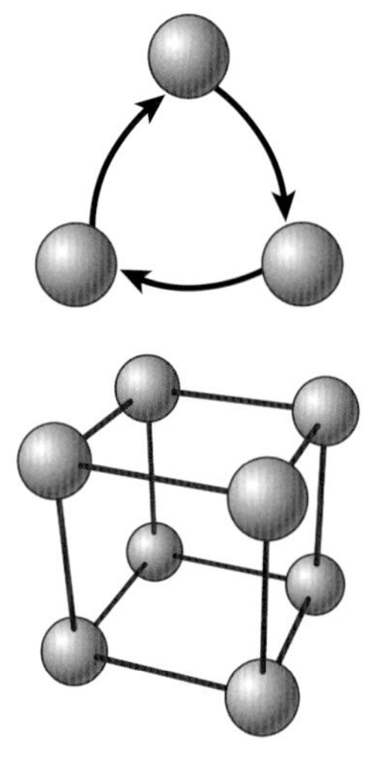

7-5. 그룹이론에 따른 두 시스템의 다이어그램.
위 시스템은 3가지 부분(노드)과 오직 한 방향으로만 진행할 수 있는 하나의 변형으로 이뤄져 있다. 아래 시스템은 8개의 노드와 양방향으로 진행하는 하나의 변형으로 이뤄져 있다.

그룹이론은 비유클리드 기하학과 n-차원 구조를 발견한 뒤 따라온 '수학 격변기' 이후 수학 질서를 회복하고자 도입한 이론이다. 독일 수학자 펠릭스 클라인은 '특정 과정을 거쳐도 변하지 않고 유지되는 시스템의 성질'이라는 광범위한 대칭 의미를 사용해 모든 기하학 형태(유클리드 기하학, 비유클리드 기하학, n-차원 기하학)에서 특정 변형에도 변하지 않는 불변성을 공통적으로 찾을 수 있음을 증명했다.

클라인은 대상의 사영(그림자, 6장 그림 6-5)에 변형이 일어날 때도 변하지 않는 기하학 특성을 '투영기하학'이라 여긴 퐁슬레의 아이디어를 확장했다. 그는 기하학 구조의 대칭을 그룹이론으로 설명하는 다른 여러 투영과 이것을 연관지어 이해했다. 그의 목적은 어떤 특성이 여러 종류의 변형에도 불구하고 불변성을 보이는지 알아내는 데 있었다. 1869년 노르웨이의 숍후스 리Sophus Lie는 베를린에서 클라인의 연구에 합류해 그룹이론에 기반한 기하학을 개발하고자 노력했고, 1870년대 초반 둘은 카미유 조르당의 이론을 공부하기 위해 함께 파리로 떠났다. 클라인은 특정 형태에 변화를 일으키지 않는 변형을 구분하는 데 중점을

클라인 사원군

그룹이론은 물체나 시스템의 대칭구조를 설명하는 데 쓰였다. 예를 들어 직사각형의 대칭을 측정한다고 해보자.
직사각형의 부분으로 이뤄진 '지도'를 만든 다음 직사각형 모양에 변화를 일으키지 않고 움직일 방법(변형)을 찾아보자. 이 지도는 직사각형의 그룹 다이어그램인데 다음 과정으로 만들 수 있다.

1단계: 서로 비슷한 사물의 부분을 확인한다. 직사각형 모양은 그 꼭짓점의 위치에 따라 결정된다. 즉, 우리가 번호를 붙인 꼭짓점을 유지하는 기하학 변형은 그 모양을 보존한다.

2단계: 이제 사물 형태에 변화를 일으키지 않는 특정 변형을 확인한다. 이 직사각형 모양이 변하지 않는 기하학 변형을 찾아보자. 숫자를 붙인 꼭짓점을 순열하는 것도 그런 변형에 속한다.

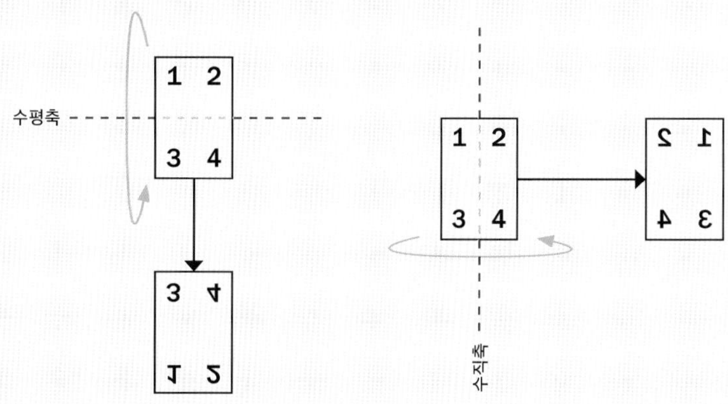

3단계: 가능한 행동 조합의 지도 만들기
아무것도 하지 않는 것 = 일치
수평선을 축으로 회전 = HFlip
수직선을 축으로 회전 = VFlip
수평선 회전과 수직선 회전 모두 = HFlip VFlip
이 지도는 직사각형의 4가지 대칭을 하나의 그룹으로 여기는 것을 설명한다.

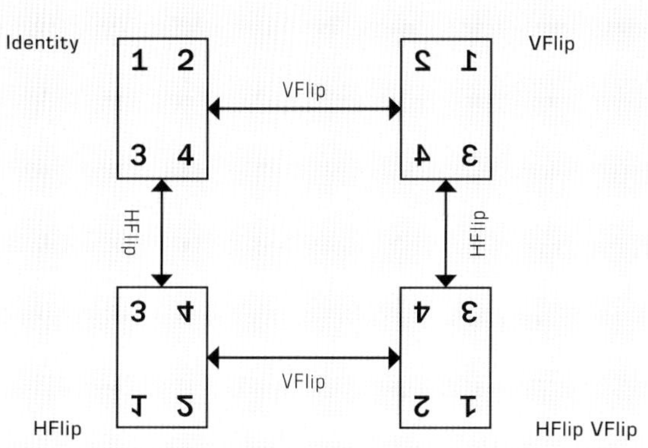

옆 도해는 단어와 숫자를 제거하고 오직 기본적이고 추상적인 그룹이론의 용어만 남겨둔 지도다. 이 도해는 4개의 부분(노드)과 2가지 변형을 포함하는데 그중 하나는 점선으로 나타냈고 다른 하나는 실선으로 나타냈다. 화살표가 없는 선은 변형이 양방향으로 진행될 수 있음을 뜻한다. 이러한 변형은 결정론적이고(다른 확률의 여지가 없고) 되돌리는 것이 가능하며 어떤 순서로 반복해도 모양이 변하지 않는다는 점에서 누적된다고 볼 수 있다. 1884년 펠릭스 클라인은 4개의 대칭이 있는 그룹을 '사원군(독일어 Vierergruppe)'이라고 정의했다.

두었고 그 구조를 '클라인 사원군Klein fourgroup'이라 정의했다(285쪽 박스 참고).

1870년 7월 프랑코-프러시아 전쟁이 발발하면서 클라인과 리의 공동 작업은 끝이 났다. 클라인은 독일로 돌아가 에를랑겐대학교 교수로 재직했고, 리는 그의 수학방정식을 군사적 암호로 착각한 독일 침공군에게 잠시 억류당했다가 노르웨이로 돌아갔다. 1871년 리는 점에 변화를 일으키지 않고 한 좌표계에서 다른 좌표계로 변형하는 그룹을 설명하는 논문을 발표했다(《리의 그룹; 기하학 변형의 종류에 관하여Lie group; On a class of geometric transformations》, 1871년). 그다음 해 클라인은 기하학을 가장 일반적 형태로 통일하기 위해 에를랑겐 프로그램을 발표했다(투영기하학). 이 프로그램의 특징은 다양한 변형을 거쳐도 변하지 않는 기하학적 사물의 불변성을 설명하는 것이다.

물리학과 우주론의 대칭

1905년 아인슈타인은 빛과 같은 속도로 움직이는 사람에게 광파가 어떻게 보일지 상상했다. 그는 이 상상을 토대로 과학의 새로운 공리를 제안했다. 이는 누구도 빛의 속도보다 빠르게 이동할 수 없다(광속은 1초당 약 30만 km)는 것이다. 우주를 비행하는 사물이 이 속도에 가깝게 가속하면 그 사물의 길이는 늘어나고 질량도 증가하며 시간 척도가 확장되므로 광속에 이를 수 없다(《특수상대성이론Special Theory of Relativity》, 1905년).[1]

1907년 러시아 출신의 독일 물리학자 헤르만 민코프스키Hermann Minkowski는 아인슈타인에게 그의 이론에 따르면 매우 빠른 속도로 이동하는 질량의 위치로 볼 때 늘 시간을 함께 고려해야 한다고 지적하며, 시간과 공간을 하나의 개념(시공간)으로 결합해 그 사건을 4차원 기하학으로 설명할 것을 제시했다. 이때 3차원 공간과 시간이 합쳐져 4차원이 된다.

아인슈타인은 그 제안을 받아들였고 이후 우주를 4차원 시공간 격자 개념으로 설명했다. 아인슈타인의 우주는 어떤 기준틀에서도 세상을 정확히 설명할 수 있다는 점에서 대칭적이다. 4차원 좌표를 다른 좌표의 집합으로 변형하려면 두 좌표집합이 상대적으로 같은 속력으로 이동하고 있어야 한다. 모든 좌표시스템은 우주라는 전체 공간에서 서로 관계가 있다. 한 시공간 체계에서 어떤 관찰자가 측정한 것을 또 다른 시공간 체계에서 한 관찰자의 관점으로 측정값을 바꿀 수 있다. 반면 사람이 관성적인(비가속적인) 4차원 시공간 격자에서 또 다른 4차원으로 이동할 때 물리학 법칙과 물리적으로 관찰되는 것은 변하지 않는다(불변성).

힐베르트를 포함한 많은 수학자가 아인슈타인이 1905년에 발표한 상대성이론에 흥미를 보였고, 이 이론은 서로 같은 속도로 이동하는 물체들만 설명한 까닭에 '특수'상대성이론이라 불렸다. 힐베르트는 즉각 아인슈타인의 이론을 연장해 서로 가속하거나 감속하는 기준틀 체계를 기술하려 했으나 아인슈타인이 최초로 중력의 영향에 따라 가속하거나 감속하는 사물에 적용할 수 있는 일반화한 이론을 발견했다(《일반상대성이론General Theory of Relativity》, 1916년). 이 상대성이론의 결론은 질량과 에너지는 상호 전환이 가능하다는 점이다. 질량은 에너지로 변환할 수 있고 그 반대도 가능하다. 이 전환을 식으로 나타내면 다음과 같다.

$$E = mc^2$$

여기서 E는 에너지를, m은 질량을, c^2은 광속의 제곱을 나타낸다.

18세기 후반 프랑스 화학자 앙투안 라부아지에Antoine Lavoisier는 화학반응에도 질량이 보존된다는 것을 증명했다(질량 보존Conservation of Mass, 1789년). 19세기 중반 헤르만 폰 헬름홀츠는 근육과 신진대사에 관한 의학 연구를 토대로 에너지 보존 아이디어(에너지 보존 Conservation of Energy, 1847년)를 주장했다. 아인슈타인은 질량과 에너지는 한 물체의 양면이므로(질량 에너지) 이전의 두 보존 법칙을 하나의 법칙으로 포괄해야 한다고 보았다(질량 에너지 보존Conservation of Mass-Energy, 1905년).

1918년 힐베르트의 동료인 독일 수학자 에미 뇌터Emmy Noether는 위의 3법칙과 다른 보존 법칙이 질량, 에너지, 질량에너지에 변화를 일으키지 않는 그룹이론의 변형으로 쓰일 수 있음을 증명했다(뇌터 정리, 1918년). 이는 넓은 의미에서 불변성을 나타내는 대칭이 과학에 널리 퍼져 있는 원칙이라는 것을 의미한다.

자연의 힘의 통합

1919년 일반상대성이론을 확정한 아인슈타인은 이후 자신이 아는 두 힘을 하나로 통합하려 노력했다. 중력은 우주를 하나로 묶고 전자기력(가시 스펙트럼을 포함한 모든 형태의 빛)은 원자를 결합한다. 물리학자들은 중력과 전자기력이 결정론적이고 기준계에 상관없이 우주 전체에 동일한 물리학 법칙이 작용한다는 가정 아래 우주 규모의 중력과 원자 규모의 전자기력을 하나로 아우르며 설명할 수 있는 기하학을 찾고자 노력했다.

그들은 관찰과 이론에 나타난 중력과 전자기력의 유사성에 용기를 얻어 연구를 진행했다. 행성과 그 위성 같은 두 물체 사이의 중력의 세기와 두 하전입자 사이의 전자기력에 따른 인력의 세기는 모두 둘 사이의 거리의 제곱에 비례해 감소한다.[2] 모든 질량은 중력장을 생성하고 모든 하전입자는 전자기장을 생성한다. 물론 두 역장의 세기는 어마어마하게 다르며 중력은 전자기력의 1/1,036배다. 뉴턴은 중력을 우주 전체에 순간적으로 작용하는 힘이라고 설명했으나, 아인슈타인은 그것이 우주 곡률의 영향이라고 묘사했다. 전자기 효과처럼 빛의 속도로 전파되는 곡률의 교란이라는 설명이다. 즉, 중력과 전자기력은 모두 관련 파장이 같은 속도로 이동하는(1초당 약 30만 km) 동적인 힘이라고 할 수 있다.

아인슈타인이 이 두 힘의 통합을 시도하고 있을 때 두 젊은 수학자 스위스의 안드레아스 스페이저와 독일의 헤르만 바일은 아인슈타인과 다른 사람들이 힘의 통합에 사용할 수 있는 그룹이론을 다듬고 있었다. 스페이저와 바일이 괴팅겐대학교에서 공부할 때 교수로 재직한 힐베르트는 아인슈타인의 상대성이론을 일반화하기 위해 노력하던 중이었고, 그런 이유로 학생들은 계속해서 물리학 발전 정보를 접할 수 있었다.

바일은 1908년, 스페이저는 1909년에 박사학위를 받았는데 둘 다 그룹이론을 전공했다.[3] 1913년 취리히연방공과대학교ETH에 수학교수로 임용된 바일은 1912~1914년 물리학 교수로 재직한 아인슈타인과 함께 일했다. 그는 수학과 물리학 전공자로서 장(중력장 또는 전자기장) 대칭을 이해하는 것의 중요성을 인지했고 중력과 전자기력을 통합하는 과제에 참여했다. 1916년 스페이저도 취리히대학교 교수로 임용되어 스위스로 돌아왔다. 그는 그룹이론을 물리학에 적용하지는 않았지만 바일에게 전해 들어 통합 과정의 진척을 알고 있었다.

비록 바일은 두 힘을 통합하는 데 실패했으나 그룹이론이 두 힘을 통합할 적합한 도구라고 (올바르게) 판단했고 이후 이 작업에 긴 시간 동안 영향을 끼쳤다. 1930년대 물리학자들은 원자의 핵 안에서 작용하는 2가지 다른 힘이 존재한다는 것을 발견했다. 강한 핵력은 핵을 하나로 묶고 약한 핵력은 핵을 붕괴시킨다는 것이었다. 물리학자들은 그룹이론을 기본 수학도구로 삼아 자연의 4가지 힘을 통합하려는 노력을 이어갔다. 아직도 그 통합은 이뤄지지 않았고 여전히 물리학의 핵심 목표로 남아 있다.

장식예술의 대칭

스페이저와 바일은 물리학의 수학적 기반을 추구하는 과정에서 대칭을 음악과 예술에 적용했다. 자신의 친구보다 예술에 더 깊게 심취한 스페이저가 처음 그룹이론을 예술에 적용한 이후 바일과 다른 이들이 그 뒤를 이었다.

바젤의 음악가 가정에서 성장한 스페이저는 작곡가이자 바젤음악원장이던 한스 후버Hans Huber에게 피아노를 배웠고 그 후 평생 피아노를 연주했다. 또한 스페이저의 어린 시절은 시각예술로 가득했다. 그의 외할머니는 스위스의 상징주의자 아르놀트 뵈클린Arnold Böcklin에게 집 정원을 장식할 여러 편의 벽화를 의뢰했다.[4] 바젤에서 지낸 스페이저는 어린 시절부터 미술사를 학문으로 정립한 19~20세기 초반 학자들의 책을 열렬히 읽었다. 야코프 부르크하르트와 하인리히 뵐플린, 에른스트 카시러Ernst Cassirer, 에르빈 파노프스키Erwin Panofsky의 책이었다. 스페이저는 그림, 조각, 건축을 더 넓은 문화적 맥락에서 고려하라고 장려한 부르크하르트의 가르침을 흡수해 고대 그리스나 이탈리아 르네상스 같은 각각의 시대를 하나의 통합적인 문화로 보았고 각 스타일이 비율체계를 담아냈다고 판단했다(2장 참고).

문화적 시야가 넓었던 스페이저는 부르크하르트의 제자 하인리히 뵐플린을 찾아갔다. 그러던 중 1924년 뵐플린은 취리히대학교 미술사 교수로 임용되어 스페이저의 동료가 되었다. 처음에 19세기 비율이론(2장)에 사로잡힌 뵐플린은 당대의 심리학을 공부해 르네상스

Bronzino

haben die Muster ihre Klarheit verloren, ohne doch undeutlich zu wirken. Man sieht durchaus, was gemeint ist, aber die Formen sind nicht zu fassen, sie kommen und gehen, sie werden überspielt von den Glanzlichtern des Stoffes, und für das Ganze ist der Rhythmus der Lichtwellen entscheidend, der auch noch (in der Abbildung unerkennbar) den Grund erfüllt.

Man weiß, daß das klassische 16. Jahrhundert Stoffe nicht immer so gemalt hat wie Bronzino, und daß auch Velasquez nur eine Möglichkeit malerischer Interpretation darstellt, aber neben dem großen Stilkontrast spielen die einzelnen Varianten keine große Rolle. Grünewald ist innerhalb seiner Zeit ein Wunder malerischen Stils, und die Disputation des heiligen Erasmus mit Mauritius (in München) gehört zu seinen letzten Bildern, aber vergleicht man die goldgestickte Kasula dieses Erasmus auch nur mit Rubens, so ist die Kontrastwirkung so stark, daß man nicht daran denkt, Grünewald vom Boden des 16. Jahrhunderts ablösen zu wollen.

50

Velasquez

Die Haare bei Velasquez wirken mit vollendeter Stofflichkeit, dargestellt ist aber weder die einzelne Locke noch das einzelne Haar, sondern eine Lichterscheinung, die zu dem objektiven Substrat nur noch eine ganz lose Beziehung hat. So ist die Materie nie vollkommener dargestellt worden, als wenn der alte Rembrandt einen Greisenbart mit breit hingestrichenen Pigmenten gemalt hat, und doch fehlt jene greifbare Ähnlichkeit der Form vollständig, um die sich Dürer und Holbein bemüht haben. Auch im graphischen Werk, wo die Versuchung nahe liegt, mit dem einzelnen Strich das einzelne Haar – wenigstens da und dort – herauszuholen, entfernen sich die späteren Radierungen Rembrandts durchaus von jeder Vergleichbarkeit mit dem Faßbar-Wirklichen und halten sich lediglich an den Schein des Ganzen.

4*

51

7-6. 하인리히 뵐플린, 《기초미술사》, 50-51.
브론치노*Bronzino*는 톨레도의 엘레아노르를 르네상스 선형 스타일로 묘사했고, 매끄러운 물감을 사용해 인물의 윤곽이 명확히 드러나게 함으로써 형태 사이에 선명한 테두리가 나타났다(좌측). 반면 뵐플린에 따르면 벨라스케스는 바로크 회화풍으로 스페인의 마르가리타를 그릴 때 빽빽하게 붓질해 배경과 자연스럽게 섞이도록 했다.

와 바로크 예술을 이해하고자 했다. 그의 초기 집필 활동에는 그가 19세기 독일 심리학의 공감 개념을 받아들였다는 것이 드러난다. 인체는 대칭적이라 대칭 건물 앞에 선 사람은 건물에 투영된 대칭성에 공감해 미적 즐거움을 경험한다는 것이다(《건축심리학 서론Prolegomena to a Psychology of Architecture》, 1886년).[5] 그런데 뵐플린의 가장 영향력 있는 저서 《기초미술사Kunstgeschichtliche Grundbegriffe》(1915년)를 보면 독일 심리학이 중점을 관찰자의 주관적 감정을 분석하는 것에서 예술작품의 객관적 패턴(게슈탈트, 형태)을 분석하는 것으로 옮겼음을 알 수 있다.

뵐플린은 이를테면 회화 예술에서 선형 관점으로 변화한 것처럼 르네상스부터 바로크 시대 화풍이 변화한 것을 5가지 변형으로 설명했다. 그는 이 변화를 "대개 법칙에 의거해 밝혀진 질문이나 심리학 혹은 이론적 해석과 연관된 영향"으로 여겼다.[6] 1945년 사망할 때까지 취리히대학교에 재직한 그는 인기 많은 교수였고 스페이저는 주기적으로 그의 강의를 들었다.[7] 뵐플린은 프로젝터 2대를 사용해 미술사 강의의 중요한 주제로 부상한 기법을 개발했다. 이는 동일한 주제를 다른 스타일로 나타낸 한 쌍의 그림을 보여주는 것이었다(슬라이드 비교). 스페이저는 동일한 주제(가령 인물의 초상화)를 르네상스 시대에는 선형 기법으로 그리고 바로크 시대에는 회화풍으로 그리는 변형 속에서 뵐플린이 변하지 않는 불변성을 시각화하는 것을 보며 즐거워했다(또 다른 시공간 체계, 그림 7-6 참고).[8]

스페이저는 취리히대학교에서 수학철학을 가르쳤다. 토론 주제에는 1920년대와 1930년대 초 함부르크에서 활동한 독일 학자 에른스트 카시러의 사상도 포함되어 있었다. 20세기 초 힐베르트의 형식주의 수학을 연구한 카시러는 역사학자들에게 추상구조를 분석하는 힐베르트의 형식주의 방법을 받아들일 것을 제안했다. 즉, 카시러는 힐베르트가 '이론 형태'라고

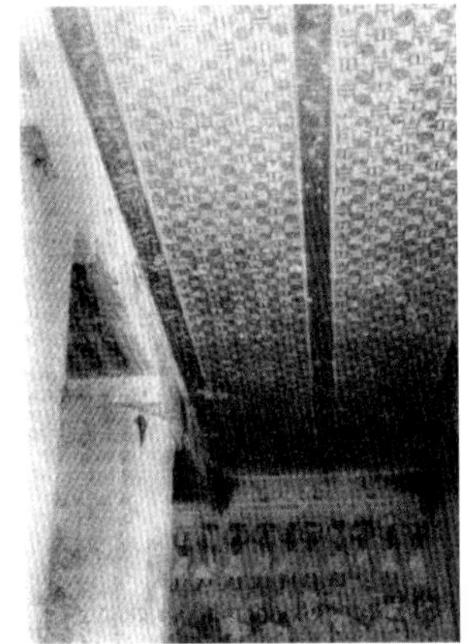

상단

7-7. 테베의 네크로폴리스 천장 패턴*Ceiling patterns from the Necropolis of Thebes*, **18세기와 19세기, 에밀 프리세 다벤***Émile Prisse d'Avennes*, **다색 석판.**
스페이저는 《유한계수 그룹이론*Die Theorie der Gruppen von endlicher Ordnung*》에서 검정색과 하얀색으로 이 천장 패턴을 재현했다(1923년, 2판, 1927년, 91–93). 메나 고분 천장의 유물에도 비슷한 패턴이 부분적으로 남아 있는 것을 볼 수 있다(1장 그림 1–9 참고).

좌측

7-8. 이집트 고분의 천장, 안드레아스 스페이저, 《수학적 사고방식*Die mathematische Denkweise***》(1945년), 그림 1.**
스페이저가 이 책에서 말한 바(118)에 따르면 그는 1928년 이집트에 방문했을 때 이 사진을 찍었다.

부른 것을 이해하려 애썼고 이후 이것은 문화의 '상징적 형태'로 불렸다. 그는 과학적 세계관뿐 아니라 미학이론과 윤리, 종교적 신념의 추상적 발판을 분석하는 야심찬 작업에 착수했다(《실체와 함수Substance and Function》, 1910년).

1919년 아인슈타인의 상대성이론이 확정되자 카시러는 그 이론의 핵심 내용을 받아들였다. 이에 따라 그는 어떤 기준틀에서도(어떤 좌표계를 사용해도) 자연계를 정확히 기술할 수 있고 모든 좌표계는 (함께 우주를 구성한다는 점에서) 서로 밀접한 연관관계가 있다고 여겼다. 카시러는 이와 유사하게 자신의 미적, 윤리적, 종교적, 과학적 상징주의 형태를 통합해 모든 것을 아우르는 문화상대성이론을 정립하는 것을 꿈꿨다.

카시러는 함부르크대학교 바르부르크 인문과학도서관에서 이 목표를 추구하는 데 필요한 훌륭한 자료를 찾았다. 미술사학자 아비 바르부르크Aby Warburg가 창립한 이 도서관은 고대와 르네상스의 미술, 신화, 종교, 역사에 관해 풍부한 그림과 문헌을 보관하고 있었다. 1920년대 중반 카시러는 바르부르크 도서관에서 문화적 상대성이론을 주제로 수차례 강의를 했고, 이후 이 강의를 3권으로 구성해 《상징적 형태철학Philosophy of Symbolic Forms》(1923년, 1925년, 1929년)으로 출판했다. 1926년 젊은 에르빈 파노프스키가 함부르크대학교

미술사 교수로 오면서 카시러와 친밀한 관계를 다졌다. 다음 해 르네상스 미술사학자 파노프스키는 그림 공간 표현이 예술가의 세계관(시공간 좌표)을 반영한다는 카시러의 세계관을 자신의 연구에 반영했다(〈상징적 형태의 원근법Perspective as Symbolic Form〉, 1927년).

스페이저는 1923년 수학자를 위한 그룹이론의 기술 연구를 발표했다(《유한계수 그룹이론》). 1927년 그는 이 책의 2판을 출판할 때 이집트와 근동의 장식예술에 그룹이론을 적용해 예술이 수학 내용을 포함하고 있음을 보여주는 챕터를 추가했다. 그리고 몇 년 후에는 일반 대중을 대상으로 집필한 책에서 이 주제를 확장했다(《수학적 사고방식》). 그는 총 17가지 패턴이 생성되는 반복적인 모양의 타일로 이뤄진 평면(모자이크 세공)을 묘사하며 어떻게 규칙을 반복 적용해(90° 회전 같은 알고리즘) 이집트의 장식 패턴을 만들었는지 설명했다.

바로 이것이 추상적인 사고의 특징이다. 그는 익명의 이집트 직물과 매트 제작자, 무덤의 천장 장식 제작자가 17가지 반복 패턴을 직관적으로 이해하고 있었다고 주장했다. 유물을 토대로 이집트의 장인들이 19세기 그룹이론 정리로 알려진 원리를 이미 이해했다고 논리적으로 주장한 것이다(그림 7-7, 7-8). 실제로 이집트의 기하학 장식은 유클리드가 《원론》에 삽입한 기하학 도형, 즉 그의 증명의 본질인 수학 패턴을 포함하고 있다. 스페이저에게 영감을 받은 바일은 프린스턴대학교에서 대칭과 예술을 주제로 여러 편의 강의를 하고 이후 《대칭Symmetry》(1938년)을 출판했다.[9]

우리는 이집트에서 가장 오래된
표면장식의 예를 찾을 수 있다.
이집트인이 수학의 그룹이론을
알았는지는 알 수 없지만,
그들의 장식이
기하학 도형이라는 것만은 확실하다.
오늘날 우리의 수학이론은
그리스 수학의 영향을 받아
정리와 증명의 형태로 쓰여 있다.
그렇지만 기하학 이미지야말로
논리적 추론의 진정한 본질이다.
— 안드레아스 스페이저,
《수학적 사고방식》, 1932년.

스페이저는 수학자 볼프강 그라이존Wolfgang Greison과 함께 14세기 무어인의 성이자 요새인 알함브라에 가기 위해 스페인 그라나다로 여행을 떠났다. 이슬람의 장식 패턴을 찾아보기 위해서였다. 그라이존은 요한 세바스티안 바흐Johann Sebastian Bach의 푸가 기법을 수학적으로 분석했고 스페이저는 거기서 영감을 얻어 그룹이론을 바흐의 푸가에 적용했다. 그 결과 바흐가 음표의 멜로디 패턴을 명시한 뒤 악보에서 여러 변형(거울상, 회전, 반사)을 시도했음을 알아냈다. 바흐에게 영감을 받은 젊은 모차르트도 유사하게 대칭 패턴이 담긴 음악을 작곡했다(스페이저, 《음악과 수학Musik und Mathematik》, 1926년).

스페이저는 이집트와 이슬람의 예술 패턴을 묘사한 뒤 폼페이의 모자이크와 중세 시대 장식용 단풍, 카이로의 15세기 회교 사원과 이슬람 사원의 패턴에 그룹이론을 적용했다(그림 7-9). 그는 자신의 제자들에게도 장식예술에 그룹이론을 적용해볼 것을 권했는데 그중 에디트 뮐러Edith Müller는 알함브라의 이슬람 타일 패턴을 주제로 박사논문을 썼다(《그라나다 알함브라의 무어식 장식의 그룹이론과 구조 분석Gruppentheoretische und Strukturanalytische Untersuchungen der Maurischen Ornamente aus der Alhambra in Granada》, 1944년).[10] 1936년 알함브라를 방문한 마우리츠 코르넬리우스 에스헤르도 같은 타일에서 영감을 받아 모자이크 세공의 수학을 연구하고, 상징적 내용이 담긴 서로 연결된 타일을 직접 디자인했다(그림 7-10, 7-11).[11]

장식미술에는
우리가 아는 고등수학 중
가장 오래된 부분이 담겨 있다.
19세기 이전 사람들은 이 근본 문제를
완전히 추상적으로 정리하는 방법,
즉 그룹 변형의 수학 개념을
알지 못했던 것이 확실하다.
그 확신에 기반해 이집트 장인이
가능한 한 모든 패턴을 사용하면서
17개의 대칭을 이미 함축적으로
알고 있었음을 증명할 수 있다.
— 헤르만 바일, 《대칭》, 1938년.

인류학자는 공예품의 장식 패턴을 분류할 때 장식예술에 그룹이론을 적용한 스페이저의 방식을 채택했다. 스페이저는 인류학자인 형제 펠릭스 스페이저Felix Speiser 덕분에 성장하던

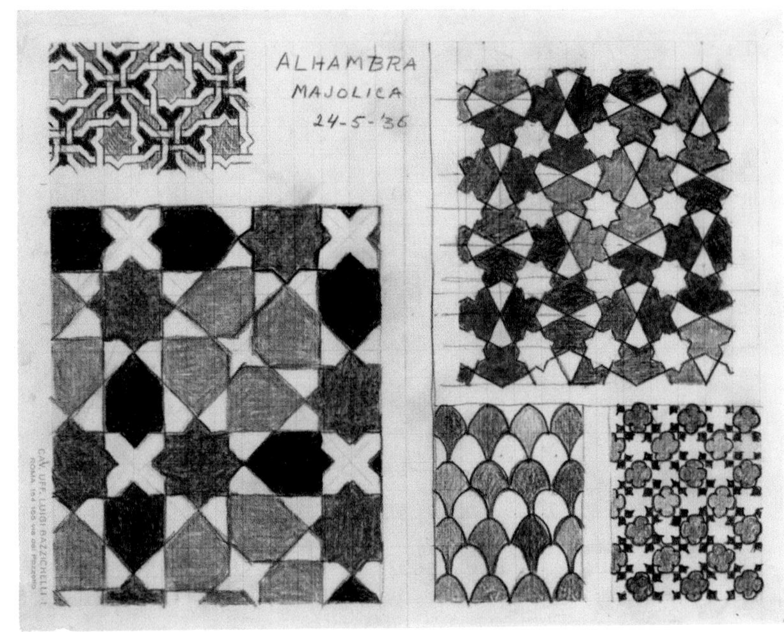

상단 좌측

7-9. 이슬람식 타일 패턴, 안드레아스 스페이저, 《수학적 사고방식》, 그림 7.

상단 우측

7-10. 마우리츠 코르넬리우스 에스헤르(네덜란드인, 1898~1972년), '알함브라의 모자이크를 본 후 그린 그림', 1936년, 연필과 크레용

우측

7-11. 마우리츠 코르넬리우스 에스헤르, '하늘과 물 I*Sky and Water I*', 1938년. 목판화, 44.1×44.1cm.

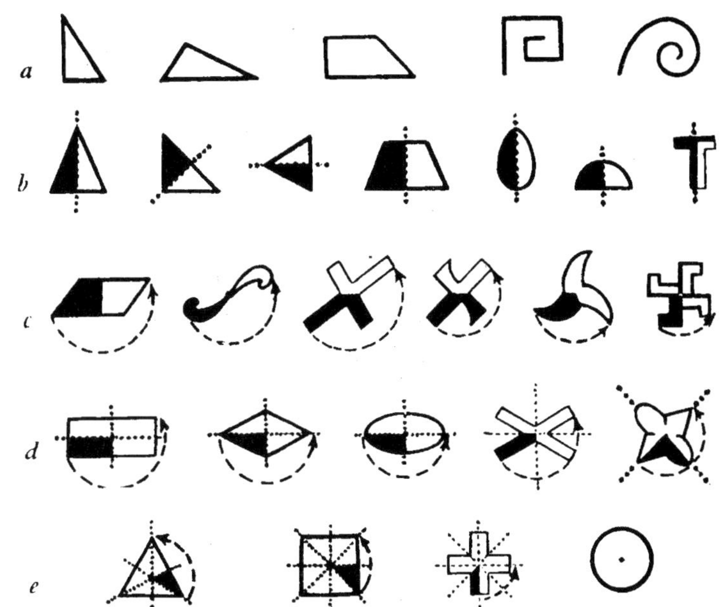

좌측

7-12. '단순한 도형으로 나타낸 유한한 디자인의 대칭*The Symmetry of Finite Design Illustrated by Simple Figures***', 안나 O. 셰퍼드, 《도자기 장식과 관련된 추상적 디자인의 대칭》(1948년), 218, 도표 1.**

셰퍼드의 분류체계에 따르면 맨 위 (a) 도형은 비대칭적이고 (b) 도형에는 좌우대칭축이 있다. (c) 도형은 회전대칭적이며 (d) 도형은 방사대칭적이자 2축대칭적이다. (e) 도형은 방사대칭적이고 3축대칭적(또는 다축대칭적)이다.

하단

7-13. 클로드 레비스트로스의 결혼관계 도형, 《친족의 기본구조》, 178.

레비스트로스는 A와 C로 남성을, B와 D로 여성을 표시했고 모든 가능한 (이성적) 결혼관계를 도표로 나타냈다. (좌측) A가 B와 결혼하고 B가 C와 결혼하며, C는 D와 결혼하고 D는 A와 결혼한다. (우측) 결혼이 대칭적이라 B가 A와 결혼할 수 있고 계속 그 방향으로 이어진다.

이 분야를 알고 있었다. 펠릭스는 1910년부터 1912년까지 남태평양 바누아투의 뉴헤브리디스 군도에서 석기시대 문화를 연구했다(오늘날의 바누아투공화국. 펠릭스 스페이저, 《바누아투 민족학Ethnology of Vanuatu》, 1923년). 바젤대학교 인류학 교수로 임용된 펠릭스 스페이저는 자기 형제에게 인류학 발전 소식을 지속적으로 전해주었다. 장식예술의 대칭 패턴을 연구하기 위해 그룹이론을 사용한 안드레아스 스페이저(1927년, 1932년)와 바일(1938년), 뮐러(1944년)의 연구는 독일과 영어권 지식인 사회에 널리 알려졌다.

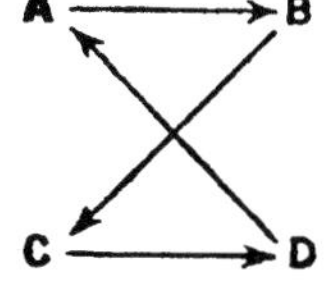

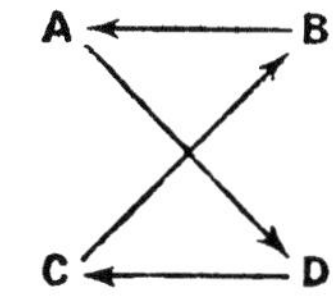

1940년대 미국의 인류학자는 그룹이론으로 북미 원주민 도자기의 장식무늬를 구분했다. 조지 브레이너드George Brainerd는 선사시대 도기를 분석했고('원시시대 전통 디자인의 대칭', 《미국의 고대유물American Antiquity》, 1942년), 자신의 그리스학 저서 《도자기 장식과 관련된 추상적 디자인의 대칭The Symmetry of Abstract Design with Special Reference to Ceramic Decoration》(1948년, 그림 7-12)에서 대칭 패턴 목록을 만든 안나 O. 셰퍼드Anna O. Shepard는 스페이저의 선구적인 연구에 공을 돌렸다.

1941년 유대계 프랑스 인류학자 클로드 레비스트로스Claude Lévi-Strauss는 나치가 점령한 프랑스를 떠나 미국으로 향했고, 전쟁 기간 동안 뉴욕공립도서관에서 연구에 매진했다. 다른 연구자들이 수집한 현장 데이터를 분석한 레비스트로스는 브레이너드와 셰퍼드가 사용한 그룹이론으로 자신이 데이터에서 찾아낸 패턴을 분석했고, 각 사회가 클라인 사원군 대칭구조를 구현하고 있음을 증명할 수 있다고 주장했다(《친족의 기본구조Les structures élémentaires de la parenté》, 1949년, 그림 7-13과 285쪽 박스 비교).

정신의 대칭: 게슈탈트 심리학

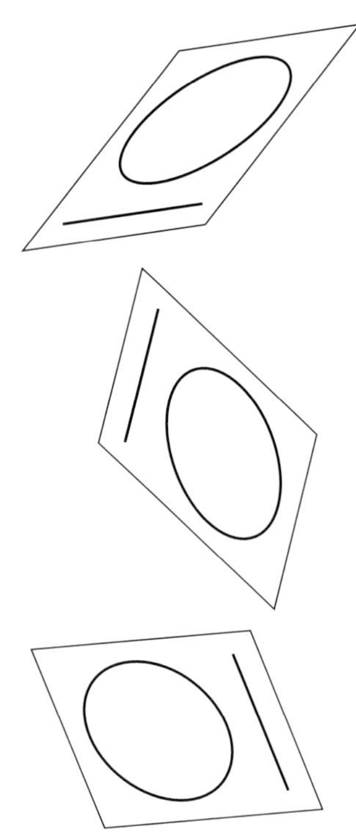

7-14. 다른 각도에서 본 원과 선.

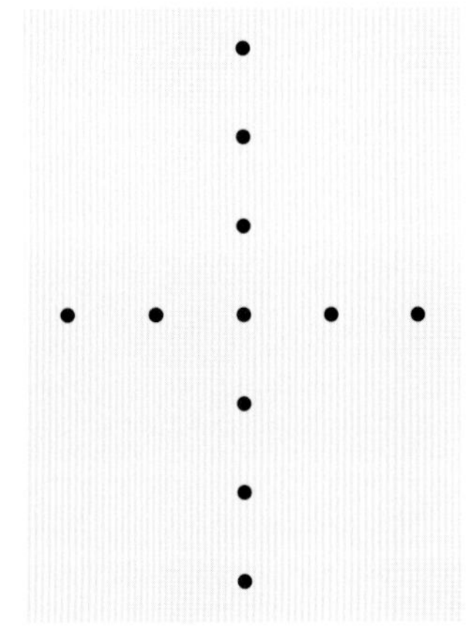

7-15. 점 패턴을 사용한 게슈탈트 실험.

과학 논리에 따라 자연계의 대칭 패턴을 발견한 20세기 초반 심리학자들은 사람의 눈, 귀, 뇌가 패턴(독일어로 모양 혹은 형태를 뜻하는 게슈탈트Gestalt)을 인지하는 메커니즘과 대칭을 구분하는 능력을 타고났음을 발견했다. 심지어 일부 과학자는 물리학자, 화학자, 생물학자, 심리학자 들이 발견한 모든 대칭적인 것이 자연의 전체와 개체를 포괄한다고 추측하기도 했다.

1890년대 펠릭스 클라인은 타원과 직선을 서로 다른 시점에서 투영할 때 어떤 변형이 불변성을 보이는지 연구했다. 클라인과 동시대에 활동한 철학자 크리스티안 폰 에렌펠스Christian von Ehrenfels는 인간의 정신을 질문했다. 사람이 각기 다른 각도에서 같은 기하학 형태를 볼 때 어떻게 정신은 곧바로 비뚤어진 이미지가 모두 같은 형상을 나타낸다는 것을 인식할까?(그림 7-14) 에렌펠스는 정신이 그런 그림들을 통합한다고 추론했고 그것을 행하는 정신 기능을 발견하기 위해 연구를 시작했다. 그는 원과 선 같은 단순한 기하학 물체의 회전, 반사, 크기에 변형이 일어날 때도 유지되는 불변성의 원칙을 공식화했다.

그와 동시대를 살아간 오스트리아 물리학자 에른스트 마흐Ernst Mach는 색채의 부분이나 소리의 순간 같은 감각 자료가 별개의 '원자'로 축적되고 사람은 그것으로 세계를 인지한다고 주장했다(8장 참고). 에렌펠스는 마흐의 주장에 반대하는 입장에서 자신의 이론을 연구했다. 그에 따르면 눈, 귀, 뇌는 함께 빛이나 소리의 패턴을 통합적인 것으로 인식한다. 가령 멜로디 인식은 소리 원자(음표)의 합을 듣는 것이 아니라 음표 조합을 음악적 패턴, 즉 게슈탈트(멜로디)로 인지하는 것이다. 멜로디의 옥타브를 높이거나 다른 장조로 바꿔도 그런 변형에 불변성이 있기 때문에 여전히 그 멜로디를 인지할 수 있다(《게슈탈트의 성질에 관하여On Gestalt Qualities》, 1890년).

1910년대와 1920년대에 에렌펠스의 제자 막스 베르트하이머Max Wertheimer는 볼프강 쾰러Wolfgang Köhler, 쿠르트 코프카Kurt Koffka와 함께 에렌펠스의 직관을 게슈탈트 심리학으로 발전시켰고 이것이 베를린에서 널리 받아들여졌다. 젊은 게슈탈트 심리학자들은 19세기 구스타프 페히너가 창시한 실험심리학 방법으로 실험참가자에게 사진을 보여주고 그들의 주관적인 반응을 설명하게 했다.

예를 들어 참가자에게 점의 배열을 보여주었을 때(그림 7-15) 대부분의 참가자가 "11개의 점을 보았다"고 답하는 게 아니라 "십자가를 보았다"고 했다. 베르트하이머는 이 실험을 정신이 즉각 패턴을 인식한 후 개별 점을 분석하는 것이지 마흐의 주장처럼 그 반대의 순서가 아니라는 증거로 삼았다.[12] 페히너와 그의 제자 빌헬름 분트Wilhelm Wundt는 헬름홀츠가 처음 묘사한 착시현상을 시각생리학 용어로 설명했다(《생물학적 광학개론Handbook of Physiological Optics》, 1856~1867년). 베르트하이머와 쾰러, 코프카는 이전 학자들의 시각 설명을 눈에서 뇌로 연장해 패턴을 기록하는 신경기질이 선천적으로 존재한다는 (올바른) 가설을 세웠다.

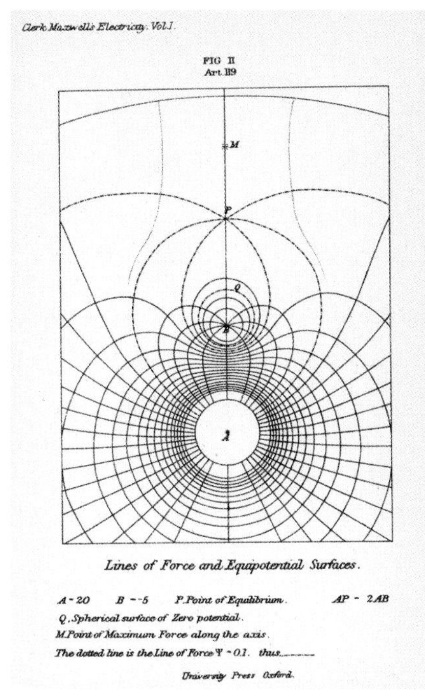

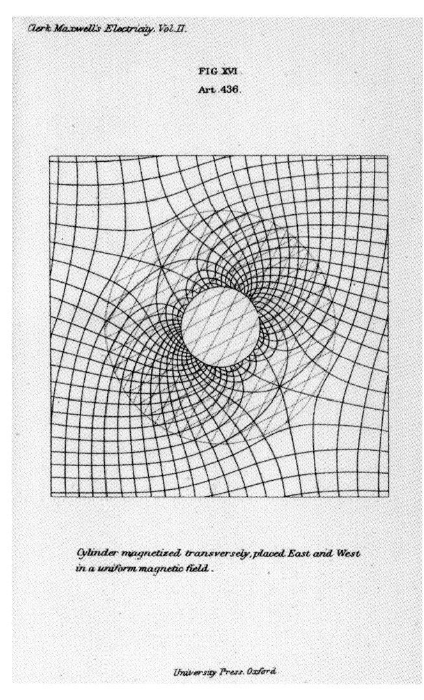

7-16. 전자기장 도해, 제임스 클러크 맥스웰, 《전자기학*A Treatise on Electricity and Magnetism*》(1873년), 왼쪽부터 오른쪽으로: 그림 1:2, 2:16, 2:17.

쾰러는 베를린대학교에서 공부하던 시절 심리학과 함께 물리학도 공부했다. 그의 스승인 물리학자 막스 플랑크Max Planck는 아인슈타인처럼 우주의 통합적인 모습을 만들어내기 위해 노력했다. 쾰러는 '게슈탈트' 개념이 심리학뿐 아니라 우주론과 물리학을 통합한 자연관에 연결짓는 방법을 제시할 것이라 추측했고, 베를린의 심리연구소 소장으로 재직하는 동안 게슈탈트 개념을 심리학에서 물리학으로 확장하려고 애썼다.

19세기 후반과 20세기 후반 대중이 제임스 클러크 맥스웰의 전자기장(그림 7-16)과 아인슈타인의 중력장을 이해하게 되면서 과거에 뉴턴이 주장한 힘에 따라 움직이는 점-입자로서의 질량 개념은 대체되었다. 쾰러는 점을 인식하는 것으로 시각을 설명한 마흐의 감각-자료에서 게슈탈트 패턴(점의 장場)으로 유사하게 전환한 점을 발견했다. 물리학과 심리학 모두 근본 패턴을 찾는 과정에서 물리적·심리적 데이터로 가장 단순한 형태를 추정하는 경향이 있었던 것이다. 쾰러는 맥스웰의 전자기장 도해를 에너지 분포의 균등성과 단순성, 대칭성의 예시로 사용했다(《정지한 상태나 정상 상태에서의 물리적 게슈탈트Physical Gestalten at Rest and in a Stationary State》, 1924년).

1920년대 초 스위스 심리학자 장 피아제Jean Piaget는 당시 베를린에서 개발된 게슈탈트 원리를 입증하기 위해 제네바에서 인간의 인지를 연구하기 시작했다. 그는 1918년 생물학 박사논문 주제를 연구하며 각 유기체가 감각경험의 단편 부분에서 통합된(전체) 세계관을 구성한다는 가설을 세웠다. 또한 그는 대학에서 여러 수학과목을 들었고 그와 관련해 "전체와 부분을 통합하는 문제를 다루던 내게 그룹이론은 특히 중요했다"라고 회상했다.[13]

피아제는 유아기부터 사춘기까지 다양한 연령층이 서로 다른 논리적·표현적 능력을 갖추는 인지성숙 과정은 세상을 더 추상적으로 인식할 점진적인 능력을 필요로 한다는 이론을 세웠다. 1929년 그는 자신의 첫 연구결과를 《아동의 세상 개념The Child's Conception of the World》으로 출판했는데, 이는 아동발달의 기초서적이 되었다. 같은 해 피아제는 제네바 대학교에 교수로 임용되었고 이곳에서 청소년기에 세상을 이해하는 능력이 발달하는 것의 개념적 틀을 구성하기 위해 10년 동안 생물학과 수학, 물리학의 중요 개념을 연구했다.

막스 베르트하이머와 절친했던 아인슈타인은[14] 게슈탈트 심리학 발전에 관심을 보였고, 1928년 피아제에게 아이들이 시간과 속도 개념을 형성하는 것에 관한 발달 연구를 제안하기도 했다.[15] 아인슈타인은 시간이 뉴턴 물리학의 기본요소이고 이것에 기반해 속도를 정의한다는 것을 지적했다(시속 50km는 이동한 거리를 시간으로 나눈 값을 나타낸다). 아인슈타인의 우주에서는 속도(광속)가 기본요소(상수)고 시간의 흐름은 상대적이다. 아인슈타인의 제안에 따라 피아제는 1946년 아이들의 시간, 움직임, 속도 개념을 다룬 두 권의 책을 출판했다.[16]

피아제의 인지발달 연구는 많은 비판을 받았으나 아동의 공간과 시간 개념 발달을 설명한 내용은 여전히 정설로 남아 있다.[17] 피아제는 2차 세계대전 중 중립국 스위스에 남아 있었다. 베르트하이머와 쾰러, 코프카는 1930년대 중반 이후 나치정권이 부상하자 고향 독일을 떠나 게슈탈트 심리학을 일반 심리학으로 통합한 미국으로 향했다.

1930년대와 1940년대 스위스의 구체미술

1930년대부터 취리히의 한 예술가 그룹이 데스틸과 러시아 구성주의 미학에 대칭 패턴을 부여한 화풍을 만들었다. 당시 스위스에서는 네덜란드의 표현주의와 러시아의 구성주의 그림을 주기적으로 볼 수 있었는데, 대표적인 예가 1937년 바젤에서 열린 대규모 국제구성주의Die Konstruktivisten 전시회다. 이 전시회에는 몬드리안, 로드첸코, 타틀린, 스체민스키, 엘리시츠키El Lissitzky의 작품을 전시했다. 또한 스위스 화가들은 자연의 통합구조를 주장한 아인슈타인의 자연관과 그룹이론에 관한 스페이저의 글에서 영감을 받았다.

막스 빌, 카밀 그레저Camille Graeser, 리하르트 폴 로제Richard Paul Lohse, 베레나 뢰벤스베르그Verena Loewensberg는 예술작품을 정해진 의미가 없는 기호의 자율적 시스템이라 보는 형식주의 미학을 채택했다. 이들은 1937년 알리안츠Allianz라는 그룹을 만들었고 다음해 바젤에서 첫 공동 전시회를 주최했다(스위스의 새로운 예술Neue Kunst in der Schweiz, 1938년)[18].

2차 세계대전 이후 젊은 예술가 카를 게르스트너가 이 그룹에 참여해 색상 패턴을 생성하는 알고리즘을 도입했다(11장 참고). 일부 스위스 구체미술가는 그래픽 디자이너로 일했고 게슈탈트 심리학과 대칭 패턴의 시각적 인지를 배웠다.[19] 그들은 대칭과 그룹이론에 관한 아인슈타인, 스페이저, 웨인의 유명한 저서를 알고 있었다. 이들 화가는 함께 모여 대칭을 구현하는 독특한 화풍을 만들었다. 그들은 균형이 잘 잡힌(보통 좌우대칭) 작품을 만들었고 몇몇 작품은 알고리즘으로 특정 변형을 진행해도 불변하는 특징을 보였다.

7-17. 막스 빌, '변형', 1934년, 캔버스에 유채. 그림 하단의 보라색 마름모 모양과 2개의 검은색 다이아몬드, 둥근 '눈'이 있는 진한 파란색 원이 관찰자의 관심을 끈다. 그림 상단에는 이들 모양의 '쌍둥이'를 그려 균형을 잡았다. 다이아몬드 모양의 구멍이 있는 빨간색 정사각형, 하얀색 '눈'이 있는 검정색 정사각형 그리고 우측에 갈색 H 모양이 있다.

구체미술가들이 형태를 생성하는 알고리즘을 도입한 결과로 나타난 패턴은 독일, 네덜란드, 러시아 화가의 작품보다 더 정확하고 균일한 모양이었다. 예를 들어 리시츠키의 '프룬Proun'(1922~1923년, 8장 그림 8-8 참고)에서 화가는 정해진 의미가 없는 직사각형과 선, 곡선을 배치해 (시각) 경험에 기반한 직관으로 인지할 수 있는 작품을 만들었다. 좌측으로 눕힌 굵은 검정색 직사각형은 관심의 중심점을 형성하고 이는 긴 녹색 직사각형과 굵은 선으로 균형을 잡고 있다. 상단의 곡선은 하단의 곡선과 균형을 이룬다. 리시츠키의 형태 배열 방법은 이들 형태를 여전히 균형 잡힌 모양으로 재배치할 수 있다는 점에서 어느 정도 임의성을 띤다.

1927~1928년 독일의 바우하우스 디자인학교에서 공부한 막스 빌은 초기 작품을 그릴 때 눈으로 균형을 잡았다('변형Variation', 1934년, 그림 7-17).[20] 하지만 1930년대 들어 판화 작품집 '한 주제의 15가지 변형Fifteen Variations on a Theme'(1938년, 그림 7-18) 같이 작품의 구성요소를 결정하는 알고리즘을 도입했다. 이들 판화는 아인슈타인의 우주론이나 게슈탈트 심리학과 유사한 주제로 가득 차 있다. 이것은 기존 디자인을 유지하는 (불변성) 규칙으로 한 패

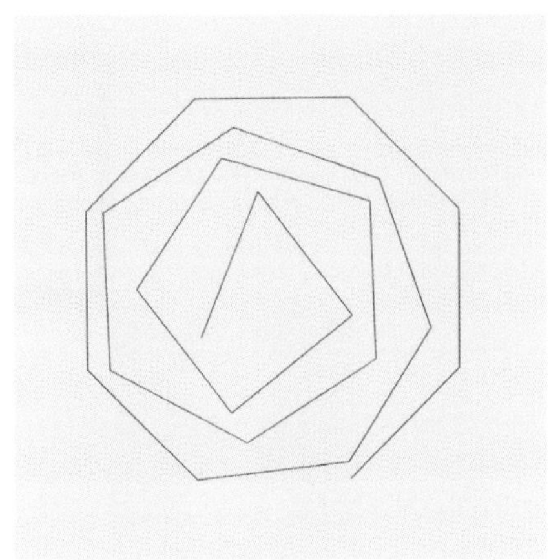

7-18. 막스 빌, '한 주제의 15가지 변형', 1935~1938년, 12점의 석판화, 약 30×32cm.
빌은 점과 직선, 곡선, 색상의 배치를 바꾸는 변형으로 주제 변경 없이 15개의 작품을 만들었다.

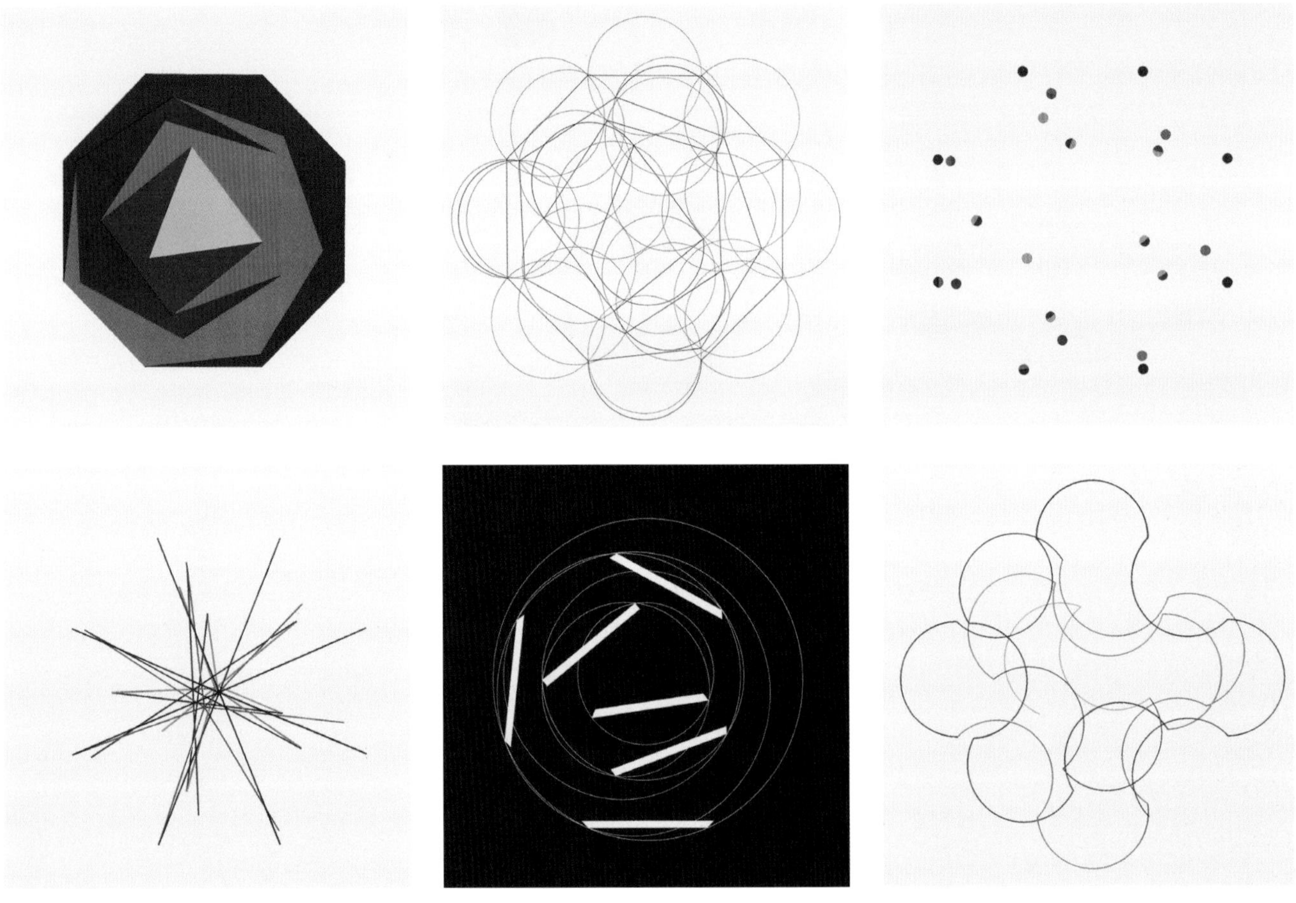

턴을 다른 패턴으로 변형할 수 있다.

게르만 문화권 예술가들은 아인슈타인의 저서(《상대성: 특수이론과 일반이론Relativity: The Special and General Theory, a Popular Exposition》, 1917년)로 시작해 여러 곳에서 명료하게 설명을 들어 그의 시공간 우주에 관한 기본 아이디어를 갖고 있었다.[21] 빌이 바우하우스에서 공부하던 시절 물리학과 게슈탈트 심리학 강의를 포함한 그래픽디자인 수업이 교과 과정에 포함되어 있었다. 바우하우스의 교장 발터 그로피우스는 1924년 아인슈타인을 학교 이사회로 초청했다. 1929년에는 쾰러의 동료이자 게슈탈트 심리학자인 카를 던커Karl Duncker를

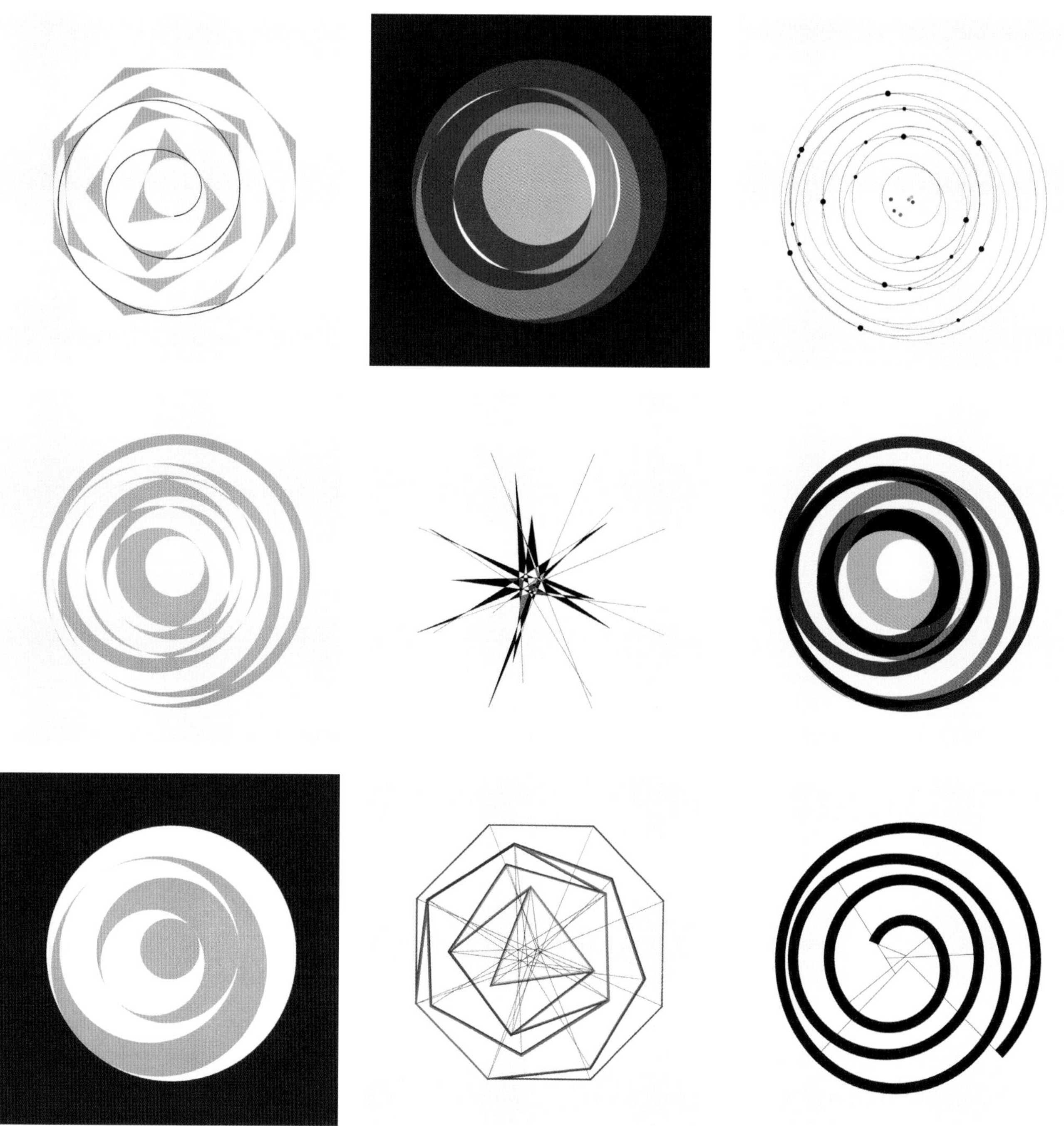

초청했는데 그는 1930~1931년 게슈탈트 심리학을 강의하기도 했다.[22] 이것은 빌이 공부를 마친 이후의 이야기지만 아무튼 바우하우스가 심리학을 가르치는 데 관심이 있었음을 보여준다. 빌이 공부하던 시절 기초수업을 가르친 파울 클레는 자신의 수업노트에 게슈탈트 형태를 사용한 연습문제를 기록해두었다(그림 7-19).

빌은 '한 주제의 15가지 변형'을 작업할 때 스위스의 건축가 르코르뷔지에를 비롯한 미술계의 여러 인물 덕분에 스페이저를 알고 있었다.[23] 스페이저는 1916년 에미 라 로슈Emmy

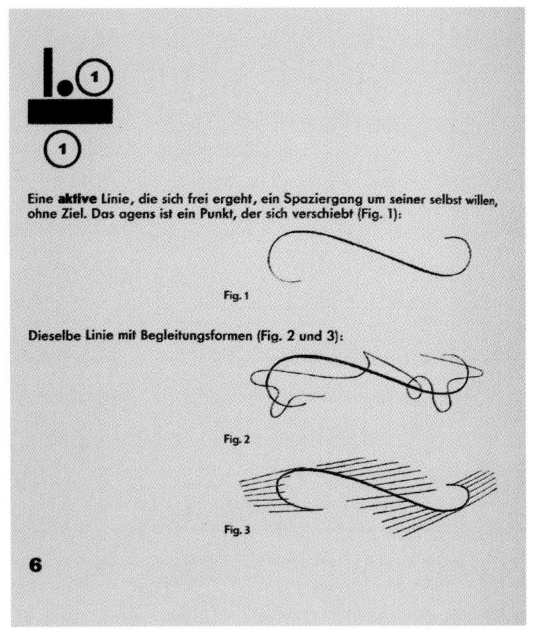

7-19. 파울 클레, 《교육적인 스케치북 *Pädagogisches Skizzenbuch*》, 바우하우스 총서 2(1925년), 6.
클레는 활동선*Eine Aktive Linie*(도표 1)을 그렸는데 이것은 특별히 어느 곳을 향하지 않고 한가로이 걷는 것과 같은 경로다. 이후 클레는 어떻게 사람이 인물과 그 배경을 결합한 장(게슈탈트)으로 인식하는지 나타내기 위해 동일한 활동선을 불투명하게 해서(도표 2) 혹은 강조해서(도표 3) 보여주었다.

La Roche와 결혼한 뒤 근대미술가 사회로 들어왔는데 그의 처남이자 스위스의 은행가인 라울 라 로슈Raoul La Roche는 파리에서 근대미술품을 수집했다. 1차 세계대전 발발 후 프랑스 정부가 독일 정부 소유물을 압수해서 판매하자 라 로슈는 피카소와 브라크 작품을 소장한 다니엘-헨리 칸바일러Daniel-Henry Kahnweiler의 갤러리에서 주요 입체파 화가의 작품을 구입했다. 이어 후안 그리스Juan Gris, 페르낭 레제Fernand Léger, 아메데 오장팡Amédée Ozenfant, 르코르뷔지에의 대리자인 프랑스의 딜러 레옹스 로젠버그Léonce Rosenberg에게 추가로 작품을 구입했다.

1928년 라 로슈가 작품 수집을 중단했을 무렵 그는 약 160점의 훌륭한 작품을 보유하고 있었다.[24] 또한 그는 1920년 르코르뷔지에와 오장팡, 벨기에의 시인 폴 데르메Paul Dermée가 창립한 미술지 〈새로운 정신L'Esprit Nouveau〉에 자금을 지원했다. 1921년 라 로슈는 르코르뷔지에에게 자신의 수집품을 보관할 파리의 주택을 의뢰했다(메종 라 로슈, 파리, 1923년, 2장 그림 2-34 참고).

스페이저는 라 로슈의 소개로 파리의 예술가들을 만났고 브라크의 입체파 그림 중 하나를 소장했다.[25] 그는 예술과 기하학 쪽의 관심을 공유한 르코르뷔지에와 특별히 더 가깝게 지냈다. 스페이저는 취리히대학교에서 르코르뷔지에가 수학철학 명예박사학위를 받도록 추천했고 그것은 1931년 이뤄졌다.[26] 이 시기에 르코르뷔지에의 전집을 편집하던 빌은 예술가가 수학 명예박사학위를 받는 놀라운 사건을 접하고 스페이저에게 관심을 기울였다. 사실 르코르뷔지에는 황금비율에 확고부동한 의견을 보였고(2장 참고) 스페이저의 수학(그룹이론)에는 그다지 관심이 없었다.[27] 그렇지만 빌은 스페이저의 저서를 읽은 다른 두 동료(스위스의 정신분석학자 아드리엔 투렐Adrien Turel과[28] 역사학자 지그프리트 기디온Sigfried Giedion)의 도움으로 그룹이론을 접했다.

빌은 1936년 취리히미술관에서 스위스 화가들의 전시회를 개최했다(예술의 시간 의존적 난제Zeitproblem in der Kunst). 이 전시회에는 르코르뷔지에와 장·한스 아르프, 소피 타우버-아르프Sophie Täuber-Arp, 알베르토 자코메티Alberto Giacometti, 파울 클레, 리하르트 폴 로제와 베레나 뢰벤스베르그, 빌 자신을 포함한 41명의 화가가 160점의 작품을 전시했다. 당시 취리히에 거주한 스페이저도 전시회를 관람했음이 틀림없다.[29]

그때 빌의 1934년 '변형'도 전시했다. 이 그림은 (전시한 다른 100여 점의 작품처럼) 눈대중으로 배치한 단순한 기하학 형태로 구성하긴 했어도 알고리즘으로 그린 '한 주제의 15가지 변형' 같은 독특한 대칭구조를 보이지는 않았다.

스페이저는 《수학적 사고방식》에서 케플러의 행성운동 세 번째 법칙 이전에 축적된 고대 예술과 수학의 관계를 설명했다. 독일 천문학자는 이 법칙으로 궤도를 따라 움직이는 행성이 하나로 뭉쳐 상호 연관된 체계(태양계)를 형성한다는 것을 알아냈고 이것이 음악과 유사

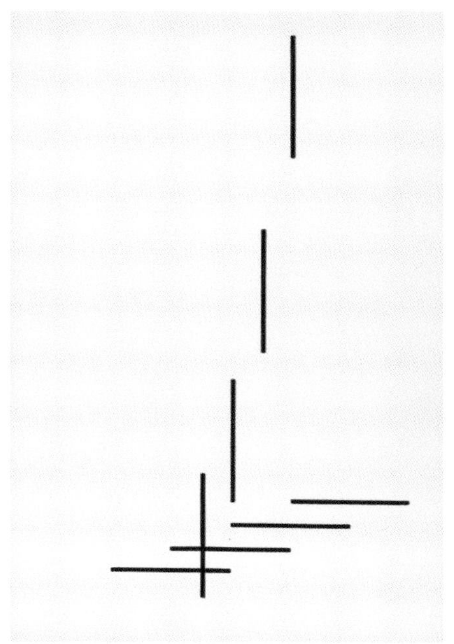

좌측

7-20. 막스 빌, '무제', X=X(취리히, 알리안츠, 1942년), 10점의 석판화, 약 21×15cm.

빌은 이들 판화 서문에 자신이 수학과 기하학에 기반한 석판인쇄법을 사용했지만 각 판화는 "스스로의 논리와 타당성을 지닌 새로운 형태"라고 적었다.

우측

7-21. 막스 빌, '정사각형 4개의 전개', 1942년, 린넨에 템페라, 120×30cm.

하다는 것도 발견했다(《우주의 조화》, 1장 85쪽 박스 참고). 18세기 과학이 부상하면서 예술과 수학은 분리되었고 그는 "현대예술은 더 이상 대칭을 알지 못한다"[30]라고 매도했다.

1932년 《수학적 사고방식》을 집필할 무렵 스페이저는 그동안 많은 비객관적 미술화풍을 보아왔지만 그 어떤 것도 대칭에 기반을 두지 않았음을 깨달았다. 그는 현대미술이 현대를 표현하려면 대칭성을 구현해야 한다고 주장했다.

"이 그룹은 고대에 '구의 조화'라고 시적으로 표현한 자연법칙 탐구를 관장하고, 세계의 기본법칙을 구성하는 자연에 내재된 케플러의 비율법칙을 나타낸다. 그리스인은 그 법칙을 '로고스logos'라고 불렀는데 이는 오늘날 자연에 접근하는 미시적, 거시적 방식을 모두 포함한다. 이것이 그룹의 개념이다. 이 개념으로 가능한 한 모든 결정의 원자 배치를 정하고 우주 형태도 기록할 수 있다. 미술 또한 대칭에 기반을 두어야 한다."[31]

빌은 형식주의 접근방식을 교육받았다. 그의 15가지 변형 디자인을 볼 때 그가 예술은 대칭에 기반을 두어야 한다는 스페이저의 요구에 귀를 기울여 '그룹 개념'과 게슈탈트 심리학의 평행이론을 연구했음을 알 수 있다. 빌은 전시회(Zeitproblem in der Kunst) 카탈로그에 구체예술을 짧게 묘사했는데, 이로써 추측하건대 그는 스페이저처럼 예술이 조화로운 법칙을 표현해야 한다고 여긴 것으로 보인다.

"우리는 자연의 추상화가 아닌 내재된 법칙에 기반을 두고 창조하는 것을 '구체'예술작품이라 부른다. 구체미술과 조각은 시각 인식 단위(색상, 공간, 빛, 움직임)로 이뤄지고 이러한 요소를 형성하면서 새로운 현실을 만든다. 구체예술은 이전에 오직 정신에만 존재하던 추상 개념을 가시적 형태로 구체화해 표현한다. 구체예술의 궁극적 결과는 조화로운 법칙과 비율을 순수하게 표현하는 것이다."[32]

우측

7-22. 막스 빌의 작품을 전시한 6번 갤러리, 구체예술 전시회 카탈로그에 수록(1944년), **56.** '뫼비우스 띠' 모양을 한 빌의 조각품이 스페이저의 관심을 끌었을 수도 있다(8장 그림 8-30 참고). 빌은 자신의 작품 시리즈를 무한대 기호 '∞'에서 이름을 따와 '끝없는 리본'이라 불렀다. 1972년의 인터뷰에서 그는 자신이 1858년 뫼비우스 띠를 발견한 독일의 수학자 아우구스트 뫼비우스*August Möbius*와 독립적으로 이 모양을 발견했다고 밝혔다.

"나는 단 하나의 테두리와 하나의 표면만 있는 고리를 발견하고 이것에 푹 빠졌다. 그것을 곧바로 사용할 기회가 있었지만 1935~1936년 겨울 밀라노 트리엔날레에서 스위스 작품을 전시하는 전시회 3구역의 특징을 표현하고 강조하는 조각상을 전시해야 했다. 그 중 하나가 내가 창안한 것이라 생각한 '끝없는 리본'이었다. 누군가가 내게 이집트인의 무한성 상징과 뫼비우스 띠를 새롭게 재해석한 것을 축하하기 전이었다."

이집트의 상징주의 형태와 닮은 것을 보고 빌에게 축하를 건넨 사람은 아마도 스스로의 꼬리를 먹는 뱀 모양의 원형기호를 생각했던 것 같다. 이 기호는 이집트의 《사자의 서*Book of the Dead*》(BC 1550년경)에서 영원한 생명을 상징하는 기호로 쓰였다.

303쪽

7-23. 카밀 그레저(스위스인, 1892~1980년), **'빨간색-노란색-파란색 전개***Progression Red-Yellow-Blue***', 1944년, 유채, 60×35cm.**

1936년 전시회 제목은 빌이 젊은 미술사학자 지그프리트 기디온의 의뢰를 받아 작업한 카탈로그 수필에서 나왔다. 뵐플린의 제자인 기디온은 "그 문화권의 시간과 공간에 관한 이해가 건축으로 표현된다"는 스승의 견해를 받아들여 1922년 자신의 박사논문 《바로크 후기와 낭만주의 논평Spätbarocker und romantischer Klassizismus》에서 이것을 다뤘다. 스페이저와 뵐플린이 취리히대학교 교수로 함께 재임하던 시절 스페이저도 뵐플린의 강의를 들었고, 1930년대 스페이저는 당시 과학을 반영해 예술을 묘사한 글을 발표했다. 기디온은 자신의 지도교수 친구이자 동료인 이 수학자의 글을 읽은 것이 틀림없다.

기디온은 파리의 르코르뷔지에와 친분을 맺었고 1928년 그와 함께 현대건축 증진을 목적으로 한 '근대국제건축회의CIAM, Congres Internationaux d'Architecture Moderne'를 개최했다. 프랑스와 스위스의 근대예술 대표자로 발돋움한 그는 1938~1939년 집필한 《공간, 시간 그리고 건축Space, Time, and Architecture》(1941년)에서 1919년 아인슈타인의 시공간 우주가 확증된 후 1930년대에 깊이 다룬 시간의 상대성, 즉 '시간문제Zeitproblem'를 언급하고 있다. 1938~1939년 그는 하버드대학교에서 현대건축을 강의했고(《공간, 시간 그리고 건축》) 근대건축은 아인슈타인의 새로운 시공간인 우주의 표현이라고 명시했다. 이처럼 기디온은 빌의 모임과 마찬가지로 스페이저의 세계관을 공유했다.

빌은 1940년대 초반까지 그림 7-21처럼 전적으로 알고리즘만으로 디자인을 만들었다. 그림 7-21은 정사각형으로 시작해 그것을 2개, 3개, 4개의 직사각형으로 나눈 것으로 X=X 라는 제목을 중복 사용했다(그림 7-20). 1944년에는 대형 국제비구상화풍 전시회 '구체미술 Konkrete Kunst'을 조직해 여러 나라 화가 57명의 작품 200여 점을 전시했다. 러시아(로드첸코, 타틀린, 스체민스키), 네덜란드(몬드리안, 반 두스브르흐), 프랑스(장 엘리옹Jean Hélion, 로베르 들로네 Robert Delaunay), 체코슬로바키아(프란티셰크 쿠프카František Kupka), 영국(헨리 무어, 바버라 헵워

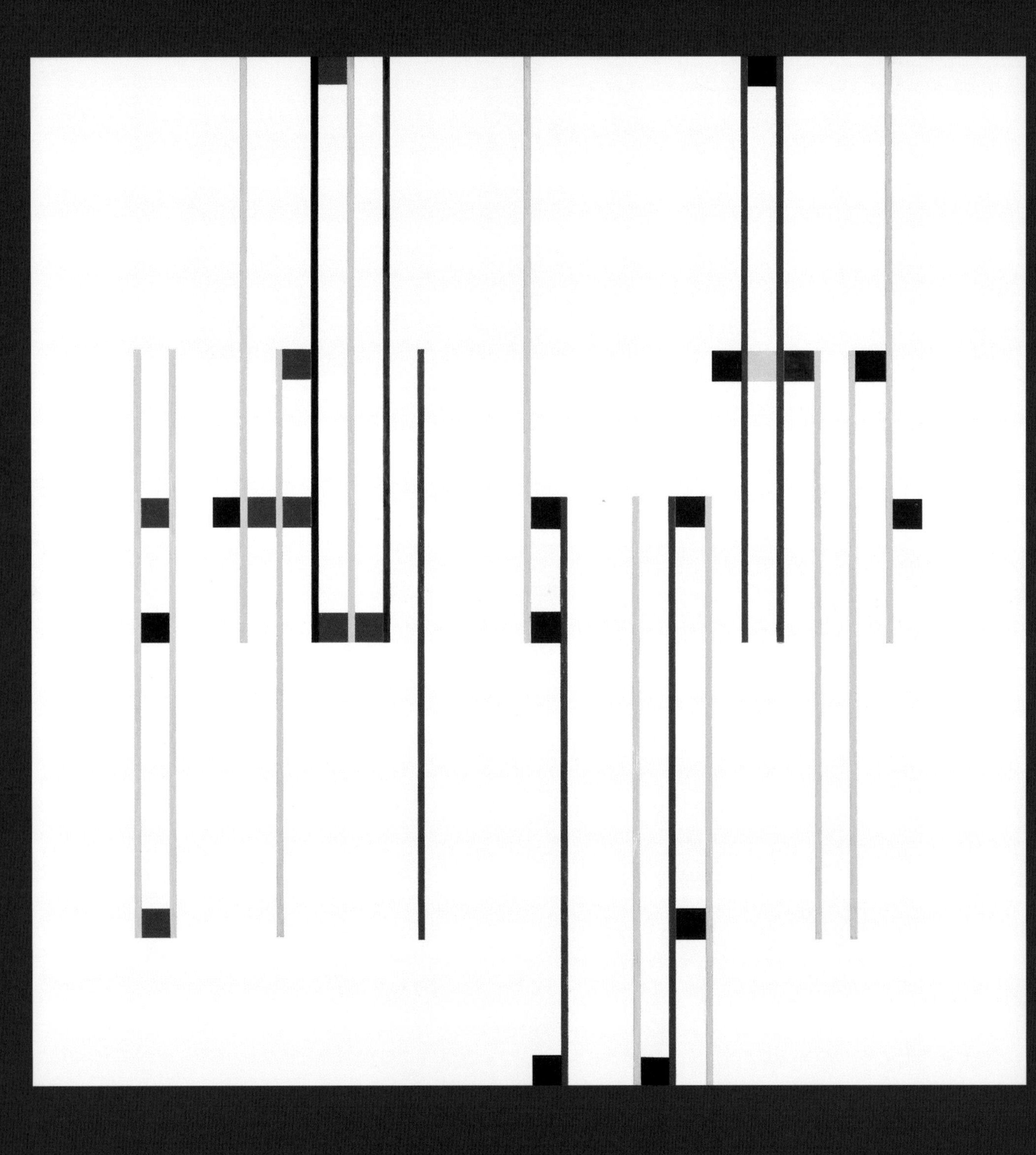

304쪽

7-24. 리하르트 폴 로제(스위스인, 1902~1988년), **'구체화 I', 1945~1946년, 파바텍스*Pavatex*에 유채, 70×70cm.**

'구체화 I'은 70×70cm로 그렸다. 로제는 처음 10×10cm 격자를 구성한 후 어떻게 각각 40cm 길이인 18개의 수직선을 그렸는지 설명했다(4단위 면적). "그림요소를 간략화해 분류하자 자연스럽게 그림 그룹의 문제가 드러났다. 그때 그 색과 위치와 크기를 변경해 변형할 수 있다."(《구체예술 형태의 기초 발전 *Die Entwicklung der Gestaltungsgrundlagen der konkreten Kunst*》, 1947년 10월 18일부터 11월 23일까지 열린 전시회 카탈로그에 수록.

좌측

7-25. 베레나 뢰벤스베르그(스위스인, 1912~1986년), **'무제', 1944년. 캔버스에 유채, 60×60cm.**

스), 미국(알렉산더 콜더Alexander Calder) 등이 참여했다.

전시회를 연 바젤미술관 관장 게오르크 슈미트Georg Schmidt는 전시회 개막식에서 참가자들에게 "예술 표현을 받아들이는 정신적, 지적 자세를 갖출 것"을 충고했다.[33] 슈미트는 스페이저와 라 로슈의 친구였다(슈미트는 라 로슈에게 소장품 중 중요한 작품 몇 점을 바젤미술관에 기증하도록 협상했다).[34] 1944년 취리히에서 바젤로 이사한 스페이저는 이 전시회를 참관했으나 대부분의 작품을 그다지 눈여겨보지 않았다(그림 7-22).

그레저와 로제, 뢰벤스베르그는 그룹이론과 게슈탈트 심리학의 디자인 개념을 채택했다. 그레저는 단순한 알고리즘을 사용했는데 예를 들어 '빨간색-노란색-파란색 전개'를 보면 파란색은 1단위, 노란색은 2단위, 빨간색은 4단위로 넓이가 2배로 늘어나는 그림을 디자인했다(1944년, 그림 7-23 참고).[35] 그레저는 스페이저의 《수학적 사고방식》과[36] 1955년 독일어로 번역한 바일의 《대칭》을 갖고 있었다.

로제는 그룹 개념과 그룹요소를 사용한 작업방식을 도입했고 1940년대 중반부터 그룹이론 용어로 자신의 작품을 설명하기 시작했다. 그는 단위면적에 해당하는 단위를 결정해 그룹을 형성했다. 즉, 전체 면적이 특정 단위로 나누어떨어지도록 정의했다. 그 후 '구체화

그림요소와 사실을 기계적으로 반복할 수 있는 것이 이 시대의 특징이다.

— 리하르트 폴 로제, '발전의 선*Lines of Development*', 1943~1984년.

구체예술의 클라인 사원군

빌은 이 도해를 다음과 같이 설명했다.

"이 도해는 구체미술의 4가지 주요 방향을 나타낸다. 구체미술의 절반은 기하학 부분에 속하고 나머지 절반은 비기하학 부분에 해당한다. 또한 구체미술의 절반은 유사 공간에 속하고 나머지 절반은 2차원에 해당한다. 이 트렌드를 섞어 수많은 복합 방향을 얻을 수 있지만 구체미술의 본질적 요인은 이 4가지 주요 방향으로 정리할 수 있다."

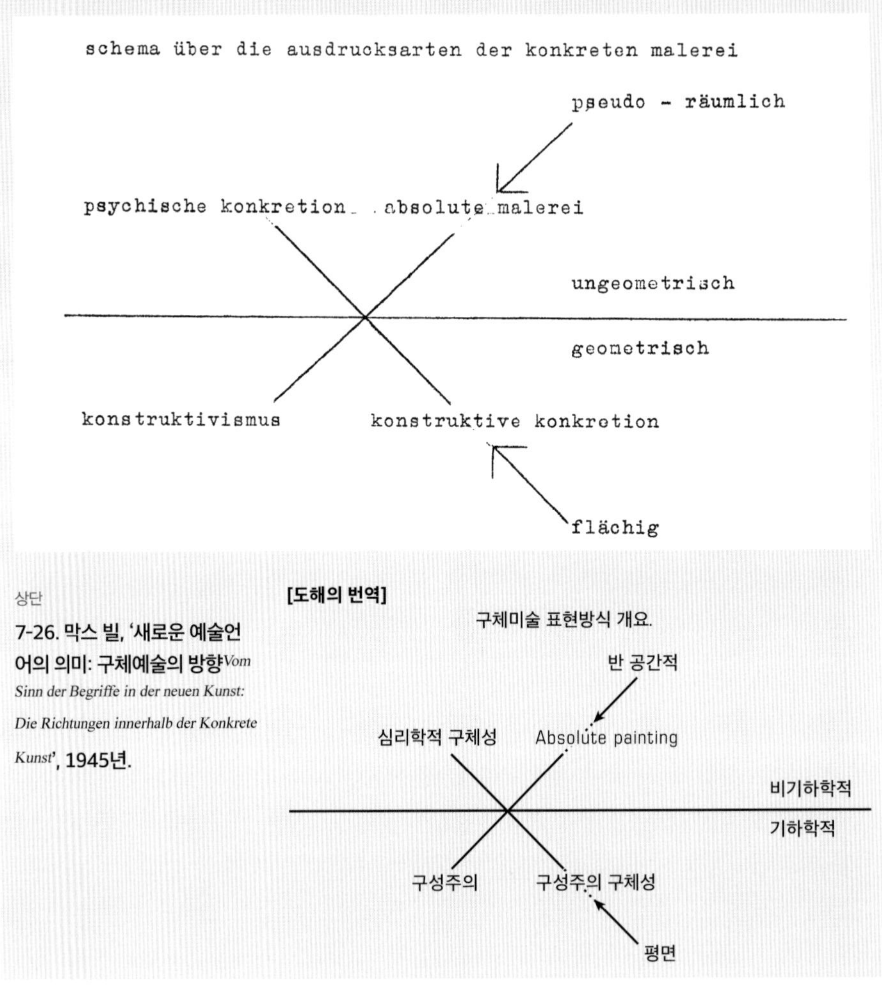

상단

7-26. 막스 빌, '새로운 예술언어의 의미: 구체예술의 방향 *Vom Sinn der Begriffe in der neuen Kunst: Die Richtungen innerhalb der Konkrete Kunst*', 1945년.

‘Concretion I’(1945~1946년, 그림 7-24)처럼 선 배열을 결정하기 위해 정확하고 기계적인 지침을 만들어 1947년 알리안츠 전시회에 공개했다. 로제는 색채를 선택하고 선의 좌우 위치를 정했으며 작은 정사각형 같은 다른 부분의 위치는 '눈'으로 결정했다. 다시 말해 로제는 기계적 방법(알고리즘)과 비형식적 방법(눈)을 결합해 작업했다.[37]

로제는 기하학적 추상예술 역사를 간략히 정리하면서 자신의 초기 작품처럼 몬드리안과 로드첸코도 자신의 작품을 직관적으로(눈을 사용해) 구성했음을 발견했다.

"그림요소의 크기와 숫자는 부분적으로만 합리적이고 숫자 체계화는 산발적으로 나타난다. 그림을 구성하는 획일적인 방법은 존재하지 않는다. 그림 구성은 주관적인 성향과 인

식에 기반한다."38

로제는 기하학적 추상화가 직관에 의존하는 전통(주관적 성향)을 떠나 획일적인 방법(알고리즘)으로 완전히 합리화(형식화)한 예술을 달성하는 것을 목표로 했다.

1940년대 중반 뢰벤스베르그는 자신의 작품에 규칙적인 패턴을 도입했으나 그림 7-25의 작품에서 보듯 붉은색 선과 면적 사이의 균형 같이 몇몇 요소를 눈으로 디자인해 늘 어느 정도 비대칭을 유지하는 형태를 고수했다. 그녀의 그림을 보는 이들이 퍼즐 같은 패턴을 '이해'하려 하면 패턴이 비규칙적이라 착각에 빠지기 쉽다.

빌은 1940년대 중반 구체미술 상태를 요약할 때 클라인의 사원군 도해를 사용했다(306쪽 박스 참고). 그는 반대되는 특성의 쌍(2개의 변형)으로 구체예술을 여러 종류로 구분했는데 수평선과 대각선에 기하학·비기하학, 착각을 일으키는 유사 공간·실제 평면을 두었다. 빌의 도해는 표현이 은유적이고 수학적 엄격성도 부족하지만 그래도 펠릭스 클라인이 정의한 4가지 변형그룹을 구현했다.

상단

7-27. 리하르트 폴 로제, 카롤라 기디온 웰커가 편집한 《시전집*Poètes à l'écart/Anthologie der Abseitigen*》(1946년).

우측

7-28. 막스 빌, '정사각형 5개의 전개*Progression in Five Squares*', 1942~1970년.

구체예술계의 여러 예술가는 그래픽 디자이너로 활동했고 빌의 작품 그림 7-28 같이 그들이 개발한 빈틈없는 디자인은 포스터와 안내책자, 책표지로 쓰였다. 지그프리트 기디온의 아내 카롤라 기디온 웰커Carola Giedion-Welcker가 편집한 이중언어 《시전집Poètes à l'écart》에 사용한 로제의 표지(그림 7-27)는 정사각형 모듈에 기반을 둔 디자인으로 '구체화 I'(그림 7-24) 그림의 특성을 반복했다.[39] 아인슈타인과 바일, 스페이저는 20세기 초 취리히에서 그룹이론으로 자연 패턴을 묘사했고 이후 순수하고 질서정연한 수학을 추구한 스위스의 구성주의 예술가들이 그 연구를 채택해 자신의 작품에 반영했다.

그다음 세대 화가인 카를 게르스트너가 스위스 구성예술의 창시자 4명에게 합류하면서 구성예술은 2차 세계대전 이후에도 계속 발전했다. 카를 게르스트너는 대칭적인 색상 패턴을 만드는 알고리즘을 추가해 스위스의 구성예술을 한 단계 더 높은 수준으로 끌어올렸다.

한편 1차 세계대전 당시 독일이 패배하면서 독일 낭만주의의 특징인 감정과 개성, 사상이 부활했다. 닐스보어학파의 물리학자들은 아원자 영역이 운과 불확실성에 따라 작용한다고 선포하며 인간의 자유의지와 관련된 물리적 근거를 제시했다. 아인슈타인은 이런 반주지주의 환경에서도 결정론과 확실성에 기반한 견해를 고수했고, 힐베르트는 위대한 이성의 탑을 상상했다. 그리고 예술가들은 강철과 유리로 만든 건물이 치솟은 미래 도시를 상상하며 디자인했다.

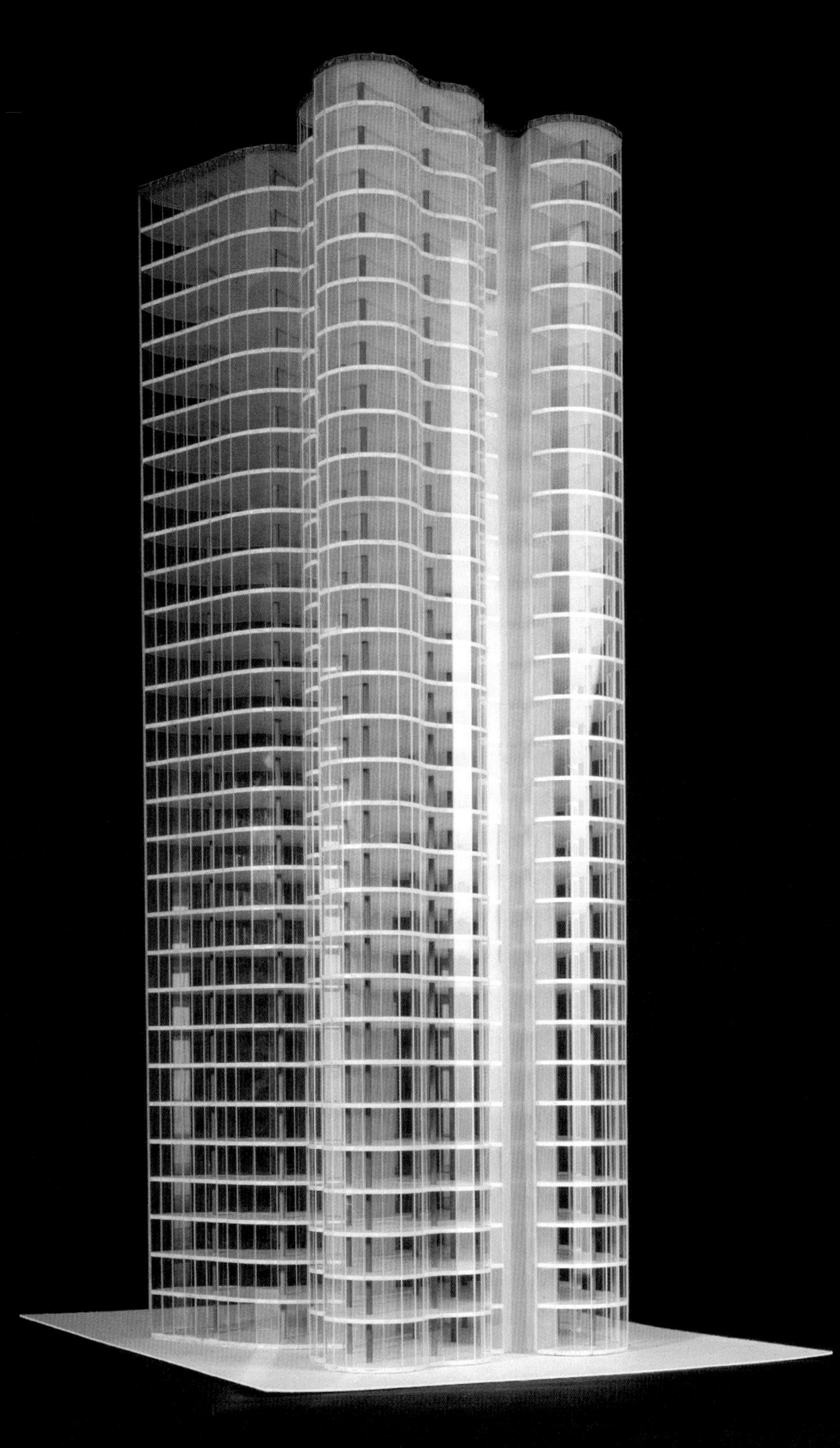

8
1차 세계대전 이후의 유토피아 세계관

내 증명이론의 근본 아이디어는 오직 우리의 이해와 행동을 묘사해
생각이 실제로 이뤄지는 규칙 프로토콜을 만드는 것이다.
— 다비트 힐베르트, 《수학원론*The Foundations of Mathematics*》, 1927년.

우리 함께 건축과 조각과 회화가 하나로 결합한 것을 받아들이고,
새로운 신념의 결정체 같은 상징처럼 수백만 노동자의 손에서
천국을 향해 떠오를 그 새로운 미래구조를 갈망하고 상상하고 창조해봅시다.
— 발터 그로피우스, 바우하우스 선언문, 1919년.

펠릭스 클라인은 괴팅겐대학교에서 은퇴한 1918년 봄 자신 있게 주장했다.

"우리가 참전한 어마어마한 전쟁이 마지막 승리Siegreichen Ende에 다다랐다는 사실이 우리의 모든 생각을 지배하고 있다. 그리고 전쟁에서 행복하게 승리한 후 평화 시대에 무엇을 할 것인지 묻고 있다."[1]

그러나 여름이 되자 1차 세계대전 승기는 뒤집혔고 가을에 독일군은 완전히 퇴각했다. 결국 11월 9일 황제 빌헬름 2세는 퇴위하고 독일제국은 패배했다. 이 패배로 1918년 바이마르공화국이 새로 들어선 이후 독일 사회의 모든 분야에서 낭만주의 감성이 쏟아져 나왔다. 한때 독일의 앞선 과학기술이 전쟁에 기여한 것을 자랑스러워한 독일 시민은 패전 이후 정밀과학을 영혼을 파괴하는 산업화의 기계적 결정론과 연관지었다. 지식인은 독일 낭만주의 철학자 헤겔과 셸링의 자연철학, 19세기 이성주의 비평가인 쇼펜하우어·키르케고르·니체의 생철학을 다시 끄집어냈다.

전쟁 이전 수십 년 동안 괴팅겐대학교에서 수학자로 활동한 에드문트 후설은 수학적 물체에 관한 자신의 의식 경험을 바탕으로 새로운 철학 접근방식인 '현상학'을 개발했다. 1918년 후설의 제자 마르틴 하이데거Martin Heidegger는 스승의 방법을 사람의 행동과 경험에 적용해 생철학의 학문적 버전인 '실존주의'를 창안했다.

독일 사학자 오스발트 슈펭글러Oswald Spengler는 1918~1922년 바이마르공화국의 비관적 분위기를 저서에 담아 《서구의 몰락》이라는 종말론적 제목으로 출판했다. 슈펭글러는 수학과 예술에 급진적 상대주의 관점을 보였다.

"각각의 새로운 문화는 그 고유한 표현에 새로운 가능성을 안고 있는데 그 가능성이 생성, 성숙, 쇠락을 거쳐 사라져 돌아오지 않는다. 단 하나의 조각·회화·수학·물리가 존재하는 게 아니다. 식물 종種에 성장과 쇠락을 나타내는 특유의 꽃이나 열매가 있는 것처럼 각기 다른 깊은 본질과 제한된 기간 그리고 자립적인 여러 조각, 회화, 수학, 물리학이 존재한다."[2]

슈펭글러는 각 문화 고유의 수학이 그 문화의 핵심이라고 선언했다. 유클리드의 《원

8-1. 루트비히 미스 반데어로에*Ludwig Mies van der Rohe*(독일인, 1886~1969년), 유리 고층건물 모형*model for a glass skyscraper*, 1920~1921년.

8-2. 오토 딕스(독일인, 1891~1969년), **'저널리스트 실비아 폰 하르덴의 초상화** *Bildnis der Journalistin Sylvia von Harden*', **1926년,**
나무에 유채와 템페라*Oil and tempera on wood*, **121×89cm.**
바이마르공화국 장교의 군복 액세서리 중에는 단안경도 있었는데 세련된 레즈비언이자 지식인인 실비아 폰 하르덴은 종종 남성의 힘의 상징인 단안경을 착용했다. 동반자 없이 베를린의 카페에서 칵테일을 마시며 담배를 피우는 모습이다. 길을 걷는 폰 하르덴을 본 딕스는 초면인 그녀에게 자신이 초상화를 그려도 되겠느냐고 물었다. "여성의 외적 아름다움을 묘사하는 게 아니라 심리 기질*ihre psychische Verfassung*을 그린 이 시대의 대표적인 초상화가 될 것이다."(실비아 폰 하르덴, 《오토 딕스를 추억하며*Erinnerungen an Otto Dix*》, 1959년)

론》에서는 추상 개념을 시각화하는 도해가 필수요소였다.

"고전수학의 시작과 끝은 시각화한 하나의 도표를 만들어내는(넓은 의미에서 기본산수를 포함해) 구성 과정이다."[3] 반면 근대수학의 비유클리드 공간은 시각화할 수 없다. 이것은 "순수하게 추상적이고 이상적이며 달성할 수 없는 영혼의 관념이다. 감각적 표현 수단으로는 점점 더 만족하기 어려우며 결국 무시된다."[4]

1918년 이후의 우울한 운명론적 세계관은 신즉물주의Neue Sachlichkeit 예술 표현과 오토 딕스Otto Dix, 게오르게 그로스George Grosz 같은 화가의 냉혹하고 잔인한 현실 묘사로 나타났다(그림 8-2, 8-3). 하지만 세상의 질서를 회복하고 더 나은 세상을 만들기 위해 (정확하고 객관적이며 타당한) 추상적 시각언어를 예술에 적용한 독일의 여러 예술가가 신즉물주의에 나타난 비관주의를 완화했다.[5]

이들 예술가는 활력 있는 독일의 산업 수도이자 전쟁 이후에도 세계의 수학과 물리학의 중심지였던 베를린으로 왔다. 반 두스브르흐는 네덜란드에서 자신의 데스틸 프로그램을 전하려 찾아왔고, 러시아의 리시츠키와 헝가리의 라슬로 모호이너지는 구성주의를 전파하고자 찾아왔다. 이들은 자신의 유토피아 세계관을 공유한 영화제작자 한스 리히터Hans Richter와 건축가 루트비히 미스 반데어로에, 발터 그로피우스 등을 포함한 여러 독일인을 만났다. 1919년 그로피우스는 추론과 낭만주의를 강하게 결합한 바우하우스 학교를 열었고 이 학교에서 공부한 학생들은 추론과 실용 기술로 그로피우스의 미래 도시를 구현하는 그림, 가구, 건축물 들을 디자인했다.

세기말 수학자들은 수학과 기하학, 그룹이론, 논리의 공리를 작성해 새로운 기반을 마련했다. 1920년대 초반 힐베르트는 전체 수학 분야가 가지처럼 뻗어가게 하는 뿌리인 근본 공리집합에 더 낮은 단계가 존재한다는 가설을 세웠고, 이것을 찾기 위해 힐베르트 프로그램이라 불리는 과정을 세웠다. 그러나 1차 세계대전 이후의 반이성주의 분위기 때문에 L. E. J. 브라우어르의 보다 직관적인 접근방식이 더 각광을 받았고 몇몇 수학자가 힐베르트의 진영을 떠나는 사건이 발생했다. 이 사건은 힐베르트와 브라우어르가 공개적으로 충돌하는 단초로 작용했다. 계몽주의 추론과 낭만주의 직관이 비유 대결을 벌인 것이다.

그런 숫자는 존재하지 않으며
존재할 수도 없다.
숫자 세계는 문화가
존재하는 수만큼 존재한다.
— 오스발트 슈펭글러, 《서구의 몰락》, 1918년.

힐베르트 프로그램과 동시대에 활동한 근대 물리학자들은 양자역학을 개선하고 동일한 실험 데이터에 2가지 경쟁적인 해석을 제시했다. 바로 게르만 코펜하겐 해석과 프랑스-미국

어떤 이가 전쟁을 시작할 때는
자신이 이기길 바란다.
그 후 적이 지기를 바라고
곧이어 적 또한 고통을
겪고 있다는 사실에 만족한다.
결국에는 승자는 없고
모두가 피해를 보았다는
사실에 놀란다.

— 카를 크라우스*Karl Kraus*,
《횃불*Die Fackel*》, 1917년 10월 9일.

8-3. 게오르게 그로스(독일인, 1893~1959년), **'사회의 기둥***Stützen der Gesellschaft***', 1926년, 캔버스에 유채, 200×108cm.**
그로스는 바이마르 사회를 구성하는 4가지 기둥인 군대, 언론, 정부, 교회를 상징화했다. 아래에는 만卍자 무늬 군복을 입고 단안경을 쓴 나치 장교가 있는데 이는 기병대가 말을 타고 병사들과 대면해 싸운 참호전 이전 시대의 향수를 표현한 것이다. 좌측에는 한 손에 연필을 들고 머리에 요강을 쓴 기자가 다른 손으로 신문과 평화를 위해 인간이 치른 값을 떠올리게 하는 피 묻은 종려나무를 들고 있다. 우측에는 비만에다 알코올에 중독된 정치인이 '사회주의는 노동이다*Sozialismus ist Arbeit*'라는 슬로건 앞에서 독일 국기를 흔들고 있는데 그의 생각을 따끈따끈한 똥덩어리로 묘사했다. 상단에는 피 묻은 총검, 권총, 삽을 들고 있는 군인과 자신이 축복하는 사회가 불구덩이에 빠져 있음을 알지 못하고 더 없이 행복한 표정으로 눈을 감고 기도하는 남성 성직자가 있다.

의 드브로이-봄 해석이다. 이 두 그룹은 관찰의 역할을 다르게 바라보았고 근본적으로 현실의 본질에서도 의견이 맞지 않았다.

코펜하겐학파는 덴마크 출신의 지도자 닐스 보어가 코펜하겐에 거주한 것에서 이름을 따왔다. 이 학파는 자연계가 확률 규칙을 따르며 현실은 관찰자의 정신에 존재한다고 주장했다. 반면 프랑스의 루이 드브로이와 미국의 데이비드 봄David Bohm은 행성과 별의 거시세계가 양자와 전자의 미시세계처럼 인간의 관찰과 독립적으로 결정론적 법칙을 따른다고 해석했다.

현상학에서 실존주의까지

1870년대 후반 라이프치히에서 수학과 철학을 전공한 에드문트 후설은 최초의 실험심리학 연구소 창립이사이자 구스타프 페히너의 제자인 빌헬름 분트의 강의를 들었다. 후설은 실험심리학의 실험기법과 논리를 심리학의 한 분야처럼 다뤄 어떻게 환자들이 산술을 하는지 설명하려 했다. 고틀로프 프레게는 심리학의 주제는 사상 영역이지만 (머릿속) 수학의 주제는 숫자와 형태 영역으로 보았기에(프레게 같은 플라톤주의자는 이 영역이 정신과 독립적으로 존재한다고 여겼기에) 그의 주장에 반대했다. 프레게는 후설이 1891년 집필한 《산술철학Philosophy of Arithmetic》을 평하며 이렇게 글을 마쳤다.

"이것을 읽고 난 후 논리학을 심리학으로 적용해 발생한 학문적 손실을 측정할 수 있었다."[6]

프레게의 비평에 낙담해 철학에 빠진 후설은 이후 10여 년간 현상학 접근방식을 개발하는 데 전념했다. 1900~1901년 그는 숫자와 논리구조의 인식을 다룬 첫 연구를 《논리적 탐구Logical Investigations》라는 제목으로 발표했다. 《산술철학》은 그가 여러 연구 주제에서 수집한 데이터에 기반했지만 이 새로운 책은 오직 그가 숫자와 관련해서 인식하는 것에만 근거를 두었다. 《논리적 탐구》를 읽은 힐베르트는 1901년 후설을 괴팅겐대학교 수학교수로 초빙했다.

1905년 괴팅겐에 머물던 후설은 어떤 현상에 관한 자신의 의식 경험을 연구하려면 그 경험의 밖에 서서 후설의 방법 또는 경험을 '괄호치기Bracketing'해야 한다고 핵심적으로 통찰했다. 이는 세상의 현상에 집중하기보다 그 세상을 향한 자신의 의식 경험에 중점을 두는 방식이다. 예를 들면 독자가 이 문단을 읽는 도중 잠깐 멈추고 이 독서 행위를 생각해보는 것이다(집중할 수 있는가, 아니면 머릿속이 어지러운가?). 이것이 눈앞에 문단을 두고 독자가 의식적 사고를 브래키팅하는 방법이다.

후설은 어린 시절에 배운 셈법에 성인이 된 자신의 경험을 비춰보며 자신이 공원의 나무를 처음 인식한 뒤 그것을 '하나'라고 생각했다는 것을 깨달았다. 즉, 후설에게 숫자는 인지적 경험에 기반한 추상화였다. 일반적으로 정신 경험은 'x에 관한 의식' 형태를 보이는데 이때 x는 감각이나 정신에 명확한 어떤 현상을 나타낸다. 후설은 의식을 이해하려면 현상을 접하는 정신 경험을 조사해야 한다고 확신했고, 그런 이유로 그의 접근방식을 '현상학'이라 부르게 되었다.

이론적으로 무한하게 표현하는 의식 경험을 끝없이 브래키팅할 수 있다고 한다(이를테면 단어 '나무'는 공원의 나무나 다윈이 종의 진화를 비유한 '생명나무' 혹은 무한히 많은 것을 나타낼 수 있다).[7] 처음에 그는 수학 지식을 설명하기 위해 현상학을 개발했지만 곧 자연계 지식까지 포괄하도록 접근방식을 확장했다(후설과 동시대를 살았던 영국 수학자 버트런드 러셀과 조지 에드워드 무어가 술어논리학 영역을 논리적 원자론이라고 알려진 지식이론으로 확장한 것과 유사하다). 1차 세계대전 직전 그는 현상학의 시초라 할 수 있는 교재 《아이디어스Ideas》(1913년)에 의식의 일반이론을 담아 출판했다.

1차 세계대전의 여파로 독일의 교육받은 대중은 이상적이고 추상적인 자기-인식 묘사를 넘어서는 철학을 원했고 그 결과 생철학으로 눈을 돌렸다. 19세기 키르케고르는 자신의 논리적 변증 과정을 따라올 수 있는 이들에게 헤겔이 약속한 절대영혼 지식이 무의미하다는 것을 보여주었다. 그는 헤겔의 지식체계에 대응해 정교한 패러디를 작성했는데 이것은 역변증법 방식이라 읽는 이들이 헤겔의 절대지식에 의구심이 들게 하고 그것에서 멀어지도록 설계했다(《양자택일Either-Or》, 1843년).[8]

사회는 과학의 지배를 받는 실증주의의 마지막 단계로 진보해간다는 오귀스트 콩트Auguste Comte의 주장과 반대로 니체는 사회가 모든 면에서 퇴화한다고 보았고[9], 표도르 도스토옙스키Fyodor Dostoevsky는 2와 2가 곱해져 5가 되는 비논리적 지하 세계를 묘사했다(《지하 생활자의 수기》, 1864년). 1920년대 후설의 제자이자 학문적 후계자인 마르틴 하이데거는 소위 실존주의에 개인의 존재를 묘사하기 위해 스승의 브래키팅 방법을 사용했다(《존재와 시간》, 1927년). 하이데거는 분석적 합리성에 낭만주의를 향한 적대감을 드러냈는데, 그것은 생명의 숨은 비밀을 찾는 데 절망적일 정도로 불충분한 도구라며 일축했다.[10]

2 곱하기 2가 4라는 것이 훌륭하다는 데는 동의하지만, 만약 우리가 모든 것에 찬사를 보내기 시작한다면 2 곱하기 2가 5라는 것 또한 가장 매력적인 작은 사실이다.
— 지하 생활자, 표도르 도스토옙스키의 《지하 생활자의 수기》, 1864년.

1930년대 프랑스 철학자 장 폴 사르트르Jean-Paul Sartre도 현상학적 방법을 받아들여 프랑스 실존주의의 지도자가 되었다(《존재와 무존재: 현상학적 존재론에 관한 에세이Being and Nothingness: An Essay on Phenomenological Ontology》, 1943년). 1938년의 《구토》를 포함한 그의 소설과 연극이 알려지면서 실존주의는 대중화했다. 모든 버전의 현상학과 실존주의를 연결하려면 인간의 정신작용을 이해해야 했고 그 목적으로 1인칭 관점의 의식 연구가 면밀하게 이뤄졌다.

힐베르트의 프로그램

다비트 힐베르트는 20여 년간 아인슈타인의 상대성이론과 다른 수리물리학 과제를 연구했고 1차 세계대전 이후 철학적 관심사로 돌아갔다. 이 시기에는 이미 수학 분야의 주요 공리가 등장해 있었다. 주세페 페아노의 산술공리(1889년), 힐베르트의 기하학 공리집합(1899년, 4장 참고), 에른스트 체르멜로Ernst Zermelo의 집합이론 공리(1908년), 앨프리드 노스 화이트헤드와 버트런드 러셀의 논리공리(1910~1913년, 5장 참고)가 그것이다.

1920년대에 힐베르트는 모든 수학 분야에 적용할 수 있는 단 하나의 공리집합을 찾아내 더 깊은 수준의 수학 토대를 확립하고 그것을 기반으로 전체를 통합한 웅장한 수학체계를 구성하려 했다. 그런데 힐베르트와 그의 프로그램에 참여한 수학자들은 매우 적대적인 게르만 체제와 그들의 분위기 속에서 프로그램을 시작했다.

나는 체계화하려는 이들을 모두 불신하며 피한다. 체계를 향한 욕구는 온전성이 결여되어 있음을 뜻한다.
— 프리드리히 니체, 《우상의 황혼》, 1888년.

이런 사건의 중요성은 아무리 강조해도 부족하다. 20세기 첫 30년 동안 수학 그 자체에 누구보다 뛰어나고 깊고 온전한 인식을 갖춘 두 수학자(브라우어르와 바일)는 실제로 수학의 정밀성 개념 혹은 정밀한 증명을 구성하는 것이 변해야 한다고 주장했다.
— 존 폰 노이만*John von Neumann*, 《수학자들*The Mathematician*》, 1947년.

전쟁 이전 브라우어르는 힐베르트의 형식주의 접근방식이 수학을 무의미하고 기계적인 것으로 만든다고 비판하며 조롱하는 의미로 '형식주의'라는 이름을 만들었다('직관주의와 형식주의', 1913년, 4장 참고). 1918년 이후 반이성주의 분위기에서 브라우어르는 힐베르트를 향한 공세를 재개했고 힐베르트가 수학공식을 갖고 노는 '공식게임'으로 만든다고 공격했다. 그는 힐베르트의 가장 촉망받는 제자 헤르만 바일에게 직관주의로 전향할 것을 권고하기도 했다.[11]

청소년기에 이마누엘 칸트의 저서를 읽은 바일은 직관이 가장 뛰어나다고 믿었고 괴팅겐에서 공부하는 동안 후셀학파의 자기성찰 철학자들을 알게 되었다.[12] 또한 그는 브라우어르처럼 신비주의에 관심이 있었기에 게르만 낭만주의 시절에 가장 사랑받은(6장 참고) 중세기독교 신비주의자 마이스터 에크하르트의 저서를 읽었다. 이때 그는 직관에 관한 자기성찰적 믿음을 강화했다. 그리고 평생 "불가해한 고요 속에 거하는 하느님in undurchdringlichem Schweigen wohnenden Gottheit"이라고 묘사한 이름 모를 정신적 힘을 찾기 위한 여정을 떠났다.[13]

전쟁 중에 바일은 아원자 물리학과 형식주의 논리학이 현실과 사실을 다루지 않는다고 여겨 불만을 품었고 이를 표현하기 시작했다.

"물리학은 물리적 물질과 현실 내용을 전혀 다루지 않는다. 오히려 그것의 형식적 구성만 인식할 뿐이다. 동일한 의미에서 형식주의 논리는 사실 영역을 다루지 않고 그것의 형식적 구성만 인식할 뿐이다."[14]

종전 후 바일은 직관으로 수학을 탐구하기 위해 브라우어르의 진영에 합류했다(바일, 〈기초수학의 새로운 위기The New Crisis in the Foundations of Mathematics〉, 1921년).

힐베르트는 자신의 우수한 학생이 브라우어르 대열에 합류했다는 것에 격분해 "브라우어르는 바일이 믿는 혁명적 주장을 하는 게 아니라 오래된 방식으로 잠깐 타오르는 또 다른 쿠데타를 시도Putschversuch하는 것뿐이며, 그 시도는 프레게와 칸토어의 강력한 무기로 무장하고 있어서 실패로 끝날 것이 자명하다"[15]라고 말했다.

바일은 스스로 공세에 참여해 힐베르트의 형식주의 수학을 "극단적인 현대미술 분파들이 제시한 공허하고 자의적인 게임"이라고 평했다.[16] 바일은 자신이 생각하는 '현대미술'이 무엇인지 명시하지 않았으나 1920년대 취리히에 머물던 중 이 글을 적은 것으로 보아 네덜란드 데스틸과 러시아 구성주의 화가들의 기하학 추상화를 접하지 않았을까 추론해볼 수 있다.

힐베르트는 '증명'을 완전히 문법 과정으로 재정의했고 이 때문에 브라우어르와 바일이 불만을 품었던 것도 어느 정도 사실이다. 그러나 힐베르트가 의미 없이 이런 과정을 택한 것이 아니라, 철학적 세련성에서 한 발 물러나 공리 방법 자체의 특성을 반영하기 위한 것이었다. 그의 광범위한 수학관에서 직관은 중요한 역할을 했고 공리 방법은 특정 목적에만 제한적으로 쓰였다. 같은 맥락에서 브라우어르가 힐베르트의 '형식주의'에 대항해 자신의 '직관주의'를 양극화한 것은 왜곡이다. 힐베르트는 스스로 메타수학(그의 '증명이론')이 기계적 유도와 달리 자신의 직관에 기반한다고 말했다.

"브라우어르가 그토록 비난하는 공식게임은 그 수학적 가치를 떠나 중대한 일반철학의 중요성을 지닌다. 이 공식게임은 우리의 사고기술을 표현하는 특정한 규칙에 따라 이뤄진다. 내 증명이론의 근본 아이디어는 오직 우리의 이해와 행동을 묘사해 생각이 실제로 이뤄지는 규칙 프로토콜을 만드는 것이다."[17]

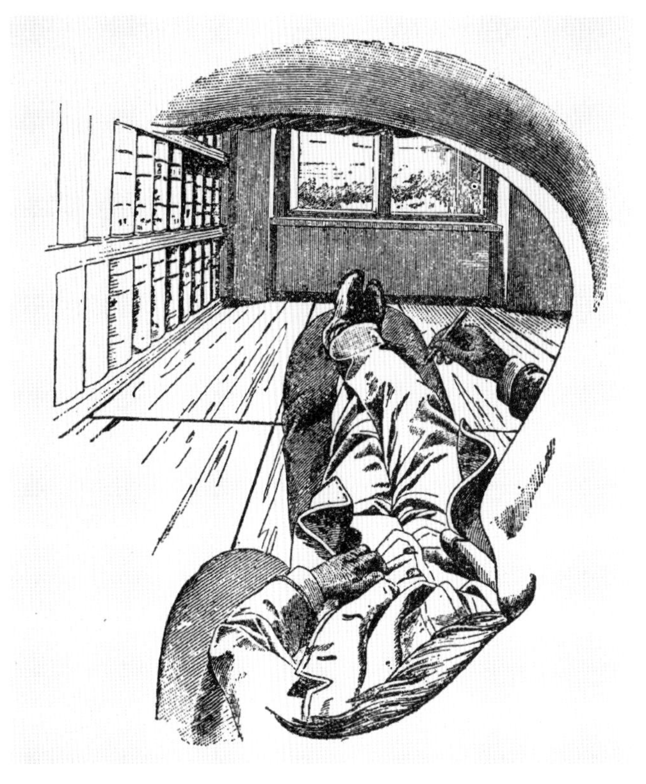

8-4. 가시범위, 에른스트 마흐, 《감각분석 연구》(1886년)의 영문판 《감각분석에 기여*Contribution to an Analysis of Sensations*》(1897년), 16, 그림 1.
이 남자의 가시범위는 마흐가 지식의 기초 구성요소라고 한 감각-자료로 가득 차 있다(빛과 어둠의 감각, 직선과 곡선, 정사각형과 직사각형). 마흐는 이 책의 서문에서 왜 물리학자가 지각의 생리학에 관심을 보이는지 설명했다. "나는 전체 과학의 기초 특히 물리학의 기초가 위대한 생물학의 해석, 그중에서도 감각분석에서 나오리라고 확실히 믿기 때문에 이 분야로 이토록 자주 외도를 했다."
마흐의 예측과 달리 20세기 물리학의 실천연구는 이 방향을 따르지 않았다. 그렇지만 그는 에른스트마흐연맹(빈학파)과 코펜하겐 해석을 주장한 닐스보어학파 물리학자들이 표현한 물리철학의 미래를 예언한 셈이다.

힐베르트 프로그램과 동시대에 근대 물리학자들은 과학에 그와 유사한 프로그램을 시작했다. 즉, 모든 과학 지식을 체계적으로 조직화하려 했다. 하지만 그들은 과학 지식의 기본 구성요소가 무엇인지를 놓고 모두 수긍할 만한 결론에 이르지 못했다. 19세기 후반 선두적인 독일 물리학자 막스 플랑크는 기본 구성요소가 원자라고 주장했지만 이내 과학자들은 전자, 양성자, 에너지 양자로 이뤄진 아원자 구조를 발견했다.

물리학자 에른스트 마흐는 가장 기초 단위는 물리적인 것이 아니라 정신적인 것이라고 반박했다(《감각분석 연구Beiträge zur Analyse der Empfindungen》, 1886년). 이상을 기본으로 삼은 독일 이상주의식 교육을 받은 마흐는 실험심리학자 구스타프 페히너가 주장한 대로 뜨거운 것을 느끼거나 붉은색을 보는 것 같은 단순한 감각이 지식의 구성요소라는 것을 받아들였다. 페히너는 그것을 경험의 '모나드'라고 불렀는데 이는 순수하게 물리적이지도 않고 정신적이지도 않으며 둘 모두의 특성이 있다는 점에서 중립적이라고 주장했다(《정신물리학Psychophysics》, 1860년). 20세기 첫 10년 동안 젊은 버트런드 러셀도 자신의 논리적 원자론에 페히너의 중립적 모나드를 받아들여 '감각-자료'라고 불렀다(5장 참고). 마흐는 감각을 지각하는 것이 가장 중요하다고 여겼고 지각한 사실, 즉 감각-자료(붉은색을 보는 것과 단 냄새를 맡는 것 등)가 과학 지식의 기본 구성요소라고 선언했다(그림 8-4).

과학의 보편언어를 찾으려는 이 2가지 중요한 시도의 중심에는 모두 수학적 내용이 있었다. 두 시도는 서로 다른 접근방식으로 발전했는데 플랑크와 아인슈타인을 비롯한 그 학파의 물리학자들은 전자, 양성자, 양자로 자연을 설명하려는 양자역학 쪽이었다. 마흐와 러셀의 추종자들은 감각-자료를 기반으로 한 과학언어를 연구하는 논리실증주의를 갈고닦았다. 양자물리학의 주제는 물리적 세상(전자, 양성자)으로 예를 들면 '탄소원자는 몇 개의 양성자를 갖는가?' 같은 질문의 해답을 찾았다. 반면 논리실증주의의 주제는 과학언어(전자와 양성자의 존재를 확인하는 감각-자료를 보고하는 것)로 '원자는 전자와 양성자로 나뉠 수 있는가?' 같은 질문의 해답을 찾았다. 즉, 양자물리학자는 실천과학을 연구하고 논리실증론자는 과학철학을 논의한 셈이다.

논리실증주의와 빈학파

물리학연구소에서 경력을 시작한 마흐는 그곳에서 1870년대에 음속보다 빠르게 움직이는 발사체가 충격파를 만들어낸다는 것을 밝혀냈다. 그는 초음속이나 그것에 가까운 속력으로 움직이는 물체의 속력을 그 속력을 음속으로 나눈 비율로 정의했는데 이것이 바로 마하다. 마흐는 그처럼 실용적인 물리학 연구뿐 아니라 '어떻게 반론의 여지가 없는 지식을 결정할 수 있는가?' 같은 철학적 질문의 답을 사색했다. 그는 19세기 정치 철학자 오귀스트 콩트의 글에 영향을 받았는데, 콩트는 프랑스 혁명가들이 옛 왕조를 무너뜨린 뒤 확실한(실증적인) 지식을 주는 과학 원칙 위에 새로운 민주주의를 세워야 한다고 주장했다. 마흐는 실증 지식을 얻기 위해 감각-자료에 관한 주장의 논리구조를 분석했고 결국 20세기 들어 콩트의 실증주의는 논리실증주의로 불렸다.

마흐는 과학을 '질서를 따르는 지식집합'으로 보았다. 그는 과학언어의 표현을 분석함으로써 그 주장의 논리구조와 상호관계를 밝혀내고자 했다. 마흐에게 의미 있는 과학 표현은 관찰로 입증할 수 있는 현상에 이름을 붙인 것이다. '이 사과는 빨갛다'는 눈으로 관찰 가능한 빨간색이라는 사실을 명명하므로 입증된 주장이다. 하지만 마흐는 관찰 가능한 사건이 아니라서 입증할 수 없는 '절대영혼은 무한하다' 같은 표현을 금하며 그런 것은 과학적 맥락에서 의미가 없다고 보았다. 또한 1887년 앨버트 마이컬슨과 에드워드 몰리가 절대공간을 채우고 있다고 알려진 에테르를 관찰하는 데 실패한 후 뉴턴의 '절대공간'을 버렸다.

1차 세계대전 이후 수학자, 논리학자, 철학자 들은 논리실증주의의 기치 아래 모여 언어의 논리구조가 모든 과학 지식을 취합하는 새로운 언어를 만들고자 했다. 이들은 마흐가 1916년 사망할 때까지 지낸 빈에서 모였기 때문에 이 프로젝트를 공식적으로 '빈 에른스트 마흐'(에른스트마흐연맹Association Ernst Mach)라고 불렀다. 보통 '빈학파'로 알려져 있다. 동시대에 활동한 네덜란드의 그룹 '의미의 과학'과 유사하게 빈학파도 이성적 담론으로 파멸적인 '모든 전쟁을 끝내기 위한 전쟁'(1차 세계대전의 별칭) 이후 평화가 찾아오기를 희망했다.

오직 간접적으로만 관찰 가능한 아원자 영역에 들어간 과학자들은 일상에서 지각이 어떻게 물리학과 연관되는지 새롭게 이해할 필요가 있었다. 독일 물리학자로 플랑크의 제자인 모리츠 슐리크Moritz Schlick는 1922년 과학철학을 가르치기 위해 빈으로 왔고 이후 빈학파의 주간 미팅을 이끌었다. 1926년에는 루돌프 카르납Rudolf Carnap이 이 학파에 가입했는데 그는 학파의 대변인으로 활동했다. 1910~1914년 예나대학교에서 고틀로프 프레게의 수학논리 수업을 들은 카르납은 1차 세계대전 이후 수학, 물리학, 심리학에서의 공간 개념을 주

제로 한 박사논문을 완성했다.[18]

슐리크의 이너서클에는 사회학자 오토 노이라트Otto Neurath와 빈대학교 수학교수 한스 한Hans Hahn, 그의 젊은 제자 쿠르트 괴델이 포함되어 있었다. 빈 출신의 논리학자 루트비히 비트겐슈타인은 미팅에는 몇 번 참석했으나 이 그룹과 거리를 두었다. 30명이 넘었던 빈학파는 서로 많은 의견차가 있고 공통 신조도 없었지만 모든 과학 지식을 하나의 체계로 정리하려는 열의가 있었다.

논리실증주의자의 목표는 과학 시대에 걸맞은 철학을 만드는 것이었기에 그들의 가장 큰 적은 형이상학과 심리학이었다. 그들은 형이상학과 심리학이 혼란스럽고 모호하기만 하다고 보았다. 철학에서 이런 오염물질을 제거하기 위해 슐리크는 마흐를 따라 의미 있는 주장과 의미 없는 주장을 구분하는 검증 과정을 만들었다.

"어떤 명제는 검증 규칙이 주어질 때만 의미를 갖는다."[19]

논리실증주의자는 아원자 영역에서 물리 주제를 해석하는 것에서 자극을 받았고 자신들 문제의 맥락에도 그 기준을 적용할 수 있으리라고 여겼다. 그러나 그것을 모든 과학에 적용해 자신들의 시험을 통과하지 못한 것은 모두 의미가 없다고 주장한 것은 도를 넘어선 것이었다. 그들은 궁극적 현실과 윤리학(형이상학 주제), 마음에 기반한 가치세계(미학 주제), 인간의 내면세계(심리학 주제)를 버렸다. 또한 "영혼은 영원불멸하며 모든 선과 악을 견딜 수 있다"(플라톤, 《국가론》, BC 380~367년) 같이 자신들의 검증원칙을 통과하지 못한 모든 주장은 옳지 않으며 의미가 없다고 간주했다.

그것은 옳지 않다.
그렇다고 틀린 것은 아니다.
— 볼프강 파울리*Wolfgang Pauli*, 1945년.

과학적 세계관이 시민사회 발전을 이끌 것이라고 확신한 카르납과 노이라트, 한은 1929년 '과학적 세계관: 빈학파'라는 제목의 성명서를 발표했다. 이 학파는 자신들이 소크라테스 이전 최초로 인간의 이성은 모든 질문에 답할 수 있다고 주장한 소피스트 집단의 지도자 프로타고라스의 전통을 이었고, 우주의 모든 것이 비활성화한 원자의 기계적 상호작용으로 축소될 수 있다고 주장한 데모크리토스와 그의 추종자 에피쿠로스를 계승했다고 주장했다. 카르납과 노이라트, 한은 인간의 이성적 힘에 자신감을 표현하며 동시대에 빈에서 활동한 지그문트 프로이트와 대조적으로 심리학의 비이성적이지만 심도 있는 '지식'을 낙관적으로 추방했다.

"각 연구자가 자신의 여러 과학 분야에서 달성한 것을 연결하고 조화롭게 하려는 노력이다. (…) 간결성과 명확성은 수용하고 멀고 어두운 곳에 위치하거나 불가해한 심도를 지닌 것은 거부한다. 과학에는 '심도'가 존재하지 않으며 모든 것은 표면에 위치한다. 경험이 복잡한 네트워크를 형성할 때 이것은 전체적으로 조사할 수 없고 부분적으로만 이해하는 경우가 많다. 인간은 만물의 척도로 모든 지식에 다가갈 수 있다. 이것은 소피스트와 연관되어 있고 플라톤과는 관련이 없으며 에피쿠로스와 연관되어 있고 피타고라스와는 관련이 없다. 나아가 세상의 모든 사람과 연관되어 있다. 세계에 관한 과학적 지각에는 해결하지 못할 수수께끼가 없다."[20]

Flectere si nequeo superos,
Acheronta movebo
만약 내가 천상을 흔들 수 없다면
나는 지하를 흔들 것이다.
— 베르길리우스*Virgil*,
《아이네이스 서사시*Aeneid*》, BC 1세기 말,
지그문트 프로이트의 《꿈의 해석》
제명*epigraph*, 1900년.

1928년 카르납은 경험과 과학 세계가 어떻게 논리로 연결된 감각-자료 명제로 구성될 수 있는지 자세히 설명한 논문을 발표했다(《세계의 논리적 구성Der logische Aufbau der Welt》, 1928년).

카르납은 어떻게 감각-자료(개인의 사적인 의식 경험 묘사)가 세계를 묘사하는 언어와 같은 내용을 표현할 수 있는지 설명했으나 그는 "나는 하얀색을 본다. 나는 예의바르다. 나는 욕구를 느낀다"라고 말하는 것보다 그냥 "소금 좀 주시겠어요?"라고 말하는 것이 더 편했기 때문에 후자의 언어를 선택했다.

양자역학

20세기 들어 물리학자들은 원자가 음전하를 띤 전자(1897년 발견)와 양전하를 띤 핵(1911년 발견)으로 구성되어 있다는 것을 밝혀냈다. 1899년 플랑크는 상온에서 불투명하고 반사하지 않는 물체(흑체)가 전자기 방사선(빛)을 방출하고 흡수하는 것이 정확한 양(양을 뜻하는 영어단어 Quantity로 라틴어 Quantum에서 유래)의 에너지 덩어리에서 나오는 것이라고 가정해 설명했다. 빛 에너지가 증가하면서 전자기파의 주파수도 증가하는데 이 두 값은 항상 서로 '동일한' 비율을 유지한다(이것은 플랑크상수로 알려진다). 1905년 빛이 에너지 양자를 가진 입자(광자)로 작용한다는 것을 통찰한 아인슈타인은 플랑크상수 h와 빛의 방사주파수 v를 사용해 이것을 hv로 설명했다(《빛의 광자론Photon Theory of Light》, 1905년).

1920년대 초반까지 물리학자들은 전자가 특정 지점에 위치하는 점입자와 달리 구름이나 물질의 파동처럼 펼쳐져 있다고 여겼다. 오스트리아의 에어빈 슈뢰딩거Erwin Schrödinger는 시간이 흐르면서 전개되는 물질 파동을 원자의 물리적 상태에 따라 변하는 ψ(프사이) 함수(슈뢰딩거 방정식)로 묘사했다. 그다음 해 막스 보른Max Born은 이 전자의 질량(물리적 사물)이 파장 같은 패턴으로 펼쳐진 것이 아니라 '슈뢰딩거 방정식'이 전자 위치의 확률분포(수학적 물체)를 설명한다고 보고 그 방정식을 개선했다. 즉, ψ 함수는 전자가 특정 영역에 위치할 확률을 계산한다. 따라서 막스 보른은 주어진 순간의 전자를 측정하기 위해 슈뢰딩거의 ψ 파장함수에서 계산한 확률범위에 따라 그 위치를 추산했다(그림 8-5).

뉴턴의 중력법칙과 고전 물리공식이 태양계의 움직임을 기술하고 맥스웰의 전자기장 방정식이 원자 영역을 묘사했듯, 슈뢰딩거 방정식처럼 양자물리학에서 사용한 수학공식은 아원자 영역을 묘사한다. 1920년대에 최초로 공식화한 이 양자역학 공식은 간접적으로만 관찰할 수 있는 아원자 영역에서 일어나는 사건을 예측한다. 75년 이상 수학으로 설명해온 아원자 영역 사건을 반복해서 정교한 실험으로 확인한 오늘날의 전 세계 물리학자는 그 공식을 고체 전자기기(컴퓨터, 휴대전화, 마이크로프로세서 칩, 트랜지스터)와 레이저(바코드 스캐너, CD) 같은 것을 디자인하는 실용적인 문제에 적용한다.

오늘날 양자 차원에서 원자에 작용하는 힘과 우주 차원에서 작용하는 중력의 힘은 모두 수학으로만 기술하고 있고 그 근원에 있는 물리적 메커니즘으로 알려져 있지 않다. 만약 당장 내일부터 물체가 아래로 떨어지는 게 아니라 위로 떠오르면 물리학자들은 뉴턴의 중력법칙에 의문을 보일 테고 고전물리가 옳았는지 의심할 것이다. 또한 원자가 분리된 전자기 방사선을 흡수하고 배출하는 것을 멈추면 물리학자들은 당연히 양자역학이 옳았는지 의

8-5. 안토니 곰리*Antony Gormley*(영국인, 1950년 출생), '양자 구름 XXXVIII'(아기), 2007년, 2mm 사각 스테인리스 막대, 65×65×70cm.

심하리라. 그러나 양자역학과 고전물리학의 수학공식이 미시세계와 거시세계를 예측하는 것은 관찰로 확인되고 있으므로 그 반대 증거가 나오기 전까지는 계속 유효하다.

1920년대에 양자역학이 발전한 이후 그 이론의 가장 놀라운(아니, 미친 것 같은) 특징 중 하나는 아무도 의심하지 않는 양자역학의 극도로 높은 정확성과 누구도 동의하지 않는 이상한 철학적 해석이다. 양자역학의 의미를 철학적으로 설명하는 코펜하겐 해석은 과학사에 기이한 에피소드를 남겼다.

코펜하겐 해석

뉴턴이 1687년 만유인력법칙을 발표한 후 과학자들은 자연계를 더 자세히 기술하기 위해 노력해왔다. 20세기 초반 물리학자, 천문학자, 생물학자 들은 자신이 하나의 완전한 그림에 접근하고 있다고 느꼈다. 자연의 가장 작은 구성요소를 가장 가까이에서 연구한 물리학자들은 자연은 궁극적으로 불가해하며 뉴턴부터 시작해 200년이 된 이 과학 과제는 구식이고 충분하지 않다고 주장했다. 닐스보어학파에 따르면 관찰자와 관찰 대상 사이에는 어떤 경계가 존재하는데 객관성과 주관성을 나누는 이 결정적인 선은 미스터리로 둘러싸인 과학의 탐구 영역이 아니며 모든 과학자가 알고자 희망하는 것은 그저 자신이 관찰한 것의 주관적·의식적 경험일 뿐이다. 또한 원자 수준에서는 원인과 결과의 사슬에 바로잡을 수 없는

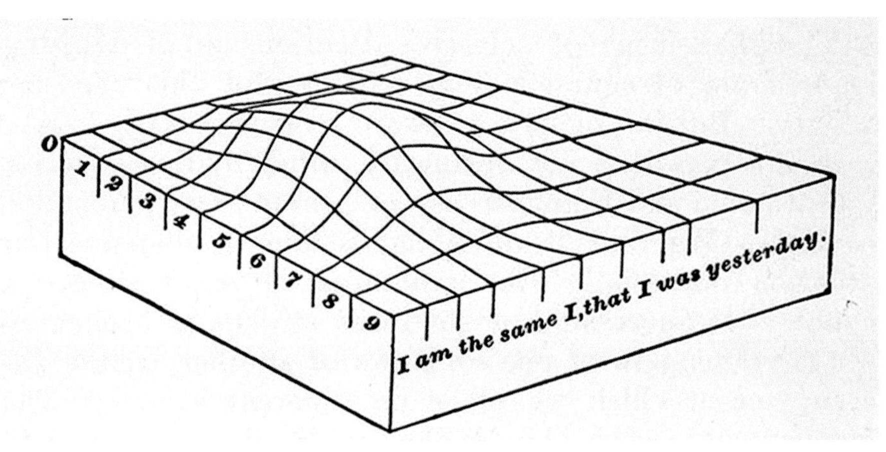

8-6. 윌리엄 제임스의 '사고의 흐름'에 나타낸 인식의 흐름 도해, 《심리학 원리》(1890년), 1:283, 그림 33.

제임스는 마음속 생각의 흐름을 흐르는 강물에 비유해 '의식의 흐름'이라는 관용구를 만들었고 다음 모형을 제안했다. "앞에 어떤 문장을 쓴 단단한 나무판을 만들고 그 판 옆에 시간을 적은 뒤 직각좌표를 그린 인도 고무를 그 위에 덮는다. 고무 아래에 부드러운 공을 0에서 '어제' 방향으로 굴린다.[9] 튀어나온 막은 우리의 생각이 변하는 것을 상징하고 (…) 각 시점에 생각의 상대적 강도를 의미하며 여러 생각의 객체 부분에 해당하는 신경세포돌기를 나타낸다."(1:283)

제임스는 생각을 측정하는 능력을 확신하는 한편 '내면 관찰'(자신의 사고 과정 숙고)은 궁극적으로 헛된 것이라고 믿었다. "누군가에게 사고의 중간을 잘라 그 안을 들여다보게 한다면 사고 전개를 살펴보는 내면 관찰이 얼마나 어려운 일인지 알 수 있을 것이다. 사고의 흐름은 너무 빨라서 우리가 그것을 붙잡기 전에 이미 결론이 내려진다. 또는 우리의 시도가 충분히 빨라 사고의 흐름을 붙잡으면 사고는 곧 스스로 멈춘다. (…) 이처럼 내면 분석을 시도하는 것은 팽이의 움직임을 보려고 팽이를 잡거나 어둠이 어떻게 보이는지 알기 위해 불을 빨리 켜는 것과 같다."(1:244)

틈이 존재하기 때문에 원론적으로 자연계에서 일어나는 사건을 완벽히 기술하는 것은 불가능하다. 1920년대에 나온 코펜하겐 해석은 양자역학 해석을 독점했고 1960년대까지 물리 교과서에서 절대적인 진리로 군림하다 이후 서서히 그 자리를 잃기 시작했다.

현대과학 발전이 이처럼 이상한 이유로 중단된 원인은 무엇일까? 코펜하겐 해석에 역사적 의미를 부여하려면 이 해석을 이상주의 전통과 새로운 정신과학(심리학) 용어로 설명한 막스 야머[21] 그리고 이것을 바이마르공화국의 정치적 맥락에서 고려한 폴 포먼의 접근방식을 결합해야 한다.[22] 실험실에서 발견한 신기한 전자와 양자의 새로운 세계를 실용적으로 사용하는 데 지대한 관심을 둔 물리학자들은 코펜하겐학파를 구성했다. 전부는 아니지만 그중 일부는 자신의 연구가 전통 철학 질문과 어떻게 관련되어 있는지에 관심을 보였다. 확실한 지식이란 무엇인가? 궁극적 현실은 무엇인가?

하지만 보어학파 구성원 중에는 인식론이나 형이상학을 심도 있게 공부한 이가 없었기 때문에 일관성 있는 과학철학을 공식화하기보다 독일의 이상주의와 생철학, 의식의 현상학적·심리학적 이론, 빈학파가 시작한 철학사상 같이 자신의 문화적 환경에서 견해의 가닥을 가져와 하나로 종합했다.

이 이야기는 코펜하겐대학교 철학학부에 재학 중이던 젊은 닐스 보어가 키르케고르의 덴마크 철학을 전공한 하랄드 회프딩Harald Høffding에게 배우면서 시작된다.[23] 보어는 사람도 자연의 일부이므로 사람은 전체 자연을 인식할 수 없다는 키르케고르의 반과학적 체계를 받아들였다.[24] 회프딩은 키르케고르의 세계관을 일컬어 "어떤 이가 (과학적) 체계를 이해하는 것은 완성된 실재를 되돌아볼 때만 가능하다. 그런데 이것은 그가 더 이상 존재하지 않는다고 상정하는 것이나 마찬가지다"[25]라고 표현했다. 이는 과학자는 '객관적 관찰자'가 될 수 없음을 뜻한다. 보어는 1905년 이전에 알게 된 윌리엄 제임스의 심리학에서도 영향을 받았다.[26] 아마도 1904년 매사추세츠의 케임브리지에서 윌리엄을 만난 회프딩의 소개로 그를 알게 되었을 가능성이 높다.[27] 보어는 제임스의 연구를 읽으며 명상으로는 인식 행위(자신을 관찰 대상에 연결하는 주관적 경험)를 고찰할 수 없다는 것을 배웠다(그림 8-6).

앞서 다룬 것처럼 20세기 초 물리학자들은 자연의 구성요소에 2가지 가설을 제시했다. 플랑크가 이끈 물리학자는 물리적 실재물(원자, 전자, 양성자, 양자)에 기반을 둔 자연관을 만들어야 한다고 주장했지만, 마흐가 이끈 철학자는 자연의 구성요소가 정신적 실재물(이상이나 감각-자료)이라고 선언했다. 보어와 그의 추종자는 마흐나 빈의 다른 논리실증주의자의 주장도 자신들의 세계관 중 일부로 차용했다. 이미 말했듯 바일의 아원자 물리학자 그룹은 1차 세계대전 이후 브라우어르가 제시한 독일 이상주의의 수학 버전을 알게 되었다. 보어는 1920년대 물리학 연구 언어에 맞게 마흐의 '모나드'를 '감각-자료'로 개정해 새로운 독일 이상주의의 과학적 해석을 제시했다. 보어에 따르면 자연세계의 기초 구성요소는 슈뢰딩거의 ψ와 일치하는 관찰이다(ψ는 물리체계의 양자 상태를 확률로 기술하는 함수다). 즉, 관찰자의 감각(관념)은 자연계의 구성요소다.

아인슈타인과 슈뢰딩거는 물리학의 초점을 ψ파동함수로 알려진 전자의 물리세계에서 ψ파동을 관찰하는 것으로 옮겨야 한다는 코펜하겐학파의 주장에 회의적이었다(보어는 모든 전자가 ψ방정식을 따른다고 주장했고 물리세계를 다루는 것은 의미가 없다고 했다). 슈뢰딩거는 이렇게 불평했다.

"우리는 자연의 물체 상태와 내가 그것을 아는 것 혹은 내가 노력해서 알게 되는 것 사이에 차이가 없다고 말한다. 그들에 따르면 실제로는 본질적으로 오직 인식과 관찰과 측정만 존재할 뿐이다."[28]

코펜하겐 해석은 실재(학문적 용어로)가 실험물리의 엄격한 합리성과 감정이 풍부한 생철학의 고뇌, 새로운 내성심리학 사이의 충돌에서 발생한 확률 파장의 인식으로 구성되어 있다고 보았다. 이 해석은 1900년경부터 존재했지만 바일, 보어, 하이젠베르크는 이성주의에 반발하고 직관(바일)과 비이성(보어[29]), 불확실성(하이젠베르크)에는 찬사를 보내는 낭만주의의 파도에 휩쓸렸다. 코펜하겐 접근방식의 요지는 그것을 해석한 실험실 실험 이전에 고안되었고 1925년부터 바일과 보어, 하이젠베르크는 자신들의 실험 데이터에 낭만주의 세계관과 일치하는 철학적 해석을 제시하기 시작했다. 1927년 이것은 양자역학에 관한 코펜하겐 해석으로 극에 달했다.[30]

통계적 지각의 우주 너머에는 인과관계에 따라 정해지는 숨겨진 '진짜' 세계가 존재할지도 모른다. 거듭 강조하건대 우리에게 그런 추측은 아무런 쓸모도 의미도 없다. 물리학은 지각 가능한 것 사이의 관계를 표면적으로 기술하는 것에 국한해야 한다.

— 베르너 하이젠베르크, 《양자운동학과 역학의 물리학적 주제*The Physical Content of Quantum Kinematics and Mechanics*》, 1927년.

수학과 물리학에서 두루 경력을 쌓은 바일은 이런 현상을 두고 명확한 예제를 제시했다. 앞 장에서 다룬 것처럼 괴팅겐대학교에서 공부할 때 바일은 인식 연구(현상학)와 신비주의(에크하르트), 수학(힐베르트의 지도 아래 1908년 수학 박사학위 취득)에 관심을 보였다. 전쟁 중에는 '실재'를 기술하는 도구라고 판단해 물리학에 불만족을 표시했고(1917년) 이후 수학적 물체는 실제 세계와 동떨어진 수학세계에 존재한다고 설명한 힐베르트의 형식주의를 맹렬히 비난했다. 1918년 그는 수학적 물체는 오직 관념으로 정신에만 존재한다는 브라우어르의 주장에 합류했다. 이에 따라 보어는 다른 동료들과 함께 양자역학을 공식화하기 이전에 이미 철학(실험이 아닌) 영역 물리학의 인과적 기초를 가치가 없다며 묵살했고 1921년 이런 글을 남겼다.

"지금의 물리학은 정확한 법칙에 기반을 둔 자연계의 인과관계가 존재한다는 믿음을 지지하지 않는 것이 분명하다."[31]

과학사학자들은 보어의 보편성 개념(자연의 본질적 이중성)이 젊은 시절 덴마크 철학자 키르케고르의 '양자택일Either-Or'[32] 주장에 요약된 '질적변증법'(모든 주장에는 반론이 있고 모든 사고는 실제와 대립한다) 지식 개념을 받아들인 것에서 비롯되었다고 보았다. 보어에 따르면 자연의 구성요소에는 파동과 입자의 성질이라는 이중적 본질이 있다.[33] 만약 그가 전자의 파동을 측정한다면 파동을 찾은 것이고, 그가 입자의 성질을 측정한다면 그 전자는 입자로 '붕괴'한 것이다.

바일과 보어, 하이젠베르크가 던진 질문의 답은 전후 독일의 철학적·정치적 환경의 영향을 받았다. 양자역학은 무엇을 의미하는가? 이것은 현실과 관련해 무엇을 말해주고 있는가?[34] 이들 질문의 답은 현상학과 심리학, 생철학, 빈학파의 엄격한 논리학을 반영했다. 실험물리학에 적용한 논리실증론자의 검증원칙은 'x에 위치한 전자'와 '과학자가 전자를 향해 감마선을 쏘았고 x구역에서 부딪혔다'가 동일하다는 것을 뜻한다. 극단적으로 (보어와 하이젠베르크가 그랬듯) 이 검증원칙에 따르면 전자는 관찰하고 측정하기 전까지 위치나 속력을 갖지 않는다(관찰하고 측정해야 확률 파장이 특정 시간과 장소에서 '붕괴'한다).

사람은 자신이 원하는 것을 할 수 있지만 미래에 무엇을 원할지 의도할 수는 없다.

— 아르투르 쇼펜하우어, 《자유의지*On the Freedom of the Will*》, 1839년.

이에 따라 보어는 객관적인 과학자나 관찰과 독립적으로 존재하는 자연계를 이야기할 필요가 없다고 주장했고 1927년 다음과 같은 글을 남겼다.

"일반물리학의 감각으로는 독립적인 현실이 현상이나 관찰 행위에서 기인하는 것으로 여겨지지 않는다."[35]

하이젠베르크는 슐리크와 카르납의 검증원칙을 받아들였지만 더 직관적인 빈의 논리학자 비트겐슈타인의 사상을 높게 평가했다.[36] 비트겐슈타인은 1921년 출판한 《논리철학 논고》에서 구어와 상징논리학의 언어적 한계를 설명하며 빈학파와 약간의 인연을 맺게 되었다(9장 참고).

비트겐슈타인은 키르케고르의 주장을 이어받아 누구도 우주 밖에 서서 전체 자연을 하나의 개체로 설명할 수 없다[37]고 적으며 자신의 《논리철학 논고》를 다음 구절로 마무리했다.

"말할 수 없는 것에는 침묵해야 한다."

하이젠베르크는 비트겐슈타인의 선언을 원자 현상에 적용해 '실제' 전자(침묵해야 하는 물리적 사물)를 다룬 것이 아니라 통계적 숫자 패턴으로 전자를 기술하는 행렬모형을 고안했다.[38]

또한 하이젠베르크는 용어 '불확실성Unsicherheit'에 새로운 의미를 부여했다.[39] 그는 먼저 논란의 여지가 적은 부분부터 다뤘는데 이는 물체를 측정하려면 관찰자가 그 물체와 어떤 방법으로든 상호작용해야 한다는 것이었다. 예를 들어 그릇에 담긴 사과의 숫자를 세기 위해서는 관찰자가 사과를 봐야 한다. 즉, 사과에 반사된 빛을 보면 그 빛이 관찰자의 망막에 부딪히면서 뇌신경이 자극을 받는 과정으로 사과가 3개임을 알아챈다.

과학자가 전자를 보려면 그것과 상호작용해야 하는데 전자는 가시광선 파장보다 작기 때문에 인간의 눈에는 보이지 않는다. 관찰자가 전자를 관찰하기 위해서는 감마선 같이 짧은 파장의 전자기 방사선을 이용해야 한다. 파장이 짧다는 것은 에너지가 높다는 것을 의미하므로 감마선이 전자와 상호작용할 때 전자를 흩뜨린다. 이 현상은 사람이 사과 3개의 위치를 보는 순간 그에게 오렌지를 던져 방해하는 것과 유사하다. 전자의 위치를 표시하는 감마선은 전자의 모멘텀Momentum을 변경한다. 감마선이 전자에 부딪힐 때 보이는 것으로 전자의 위치를 알 수 있지만, 모멘텀이 변경되면 전자의 이동경로가 바뀌므로 전자가 지금 위치한 장소를 알기 어렵다. 전자의 위치를 측정할 경우 그 전자 속도가 영향을 받기 때문에 전자의 모멘텀은 근사적으로만 알 수 있다. 유사하게 전자의 모멘텀을 측정하는 것은 그 전자의 위치에 영향을 미치는 까닭에 그 위치를 근사하게만 구할 수 있다. 하이젠베르크에 따르면 전자 측정 과정에는 어느 정도 불확실성이 내재되어 있다(《불확실성 원칙Uncertainty Principle》, 1927년).

이제까지 하이젠베르크의 원칙은 20세기 물리학에서 반박의 여지가 없는 자명한 이치로 여겨져 왔다. 위에 기술한 상황은 아인슈타인이 유체 안에서 움직이는 입자를 측정하는데 확률이론을 이용한 것과 비교할 수 있으며, 이 경우 관찰자가 데이터에 영향을 미치면서 각 입자의 위치를 알 수 없다(〈열의 분자운동 이론에 필요한 정지된 유체 안의 작은 입자 움직임 연구On the Movement of Small Particles Suspended in a Stationary Liquid demanded by the Molecular-Kinetic Theory of Heat〉, 브라운 운동 페이퍼Brownian Motion Paper, 1905년).

그런데 하이젠베르크는 단어 '불확실성'에 새로운 의미를 부여하며 아인슈타인과의 교제를 끊었다. 그는 물리학자들이 통계학으로 전자의 위치를 추산하는 탓에 정확한 위치를 알지 못한다는 측면에서 '불확실'할 뿐 아니라 관찰하기 전까지 정확한 위치를 모른다는 점에서 역시 불확실하다고 했다. 전자를 관찰하면 전자(확률론에 따른 ψ파장)는 특정 시간과 장소에 존재한다(붕괴된다). 아인슈타인이 1905년 발표한 논문에 따르면 각 입자에는 정확한 위치가 있지만 관찰자는 유체에서 움직이는 모든 입자의 위치를 알 수 없다(통계학을 이용하는 관찰자의 측정 행위가 입자의 위치에 영향을 준다).

하이젠베르크는 '불확실성'의 새로운 정의에 따라 물리학자가 모은 자료는 결정론적 인과법칙을 따르는 것이 아니라고 추론했고, 1927년에 쓴 《불확실성 원칙》에서 "양자역학이 인과관계의 최후의 파괴를 확증했다"라고 평했다.[40] 왜 하이젠베르크는 '인과관계 파괴'(인과관계의 결정론적 법칙이 존재하지 않는 상태)를 통계학과 연관지었을까?

이번 토요일은 2007년 7월 7일, 즉 7/7/7이다. 당신은 운이나 미신을 믿는가? 나는 수학을 믿는다.

— 마리오 디주세페*Mario DiGuiseppe*, 애틀랜틱시티의 트로피카나 카지노 부사장, 연합통신사*AP* 리포터 웨인 페리*Wayne Parry*가 던진 질문의 답변에서.

슈뢰딩거의 방정식(하이젠베르크가 전자의 위치를 기술하기 위해 사용한 확률분포 방정식)은 결정론적이다. 한 전자의 위치는 동전을 던지는 것처럼 확률요소를 수반하지만 평균적으로 볼 때는 파스칼이 17세기에 증명한 것 같이 필연적으로 패턴을 생성하는 확률법칙을 따른다. 아무 도박꾼이나 붙잡고 물어보라.[41]

1835년 케틀레는 통계학을 자유의지와 연관지었고 이후 19세기 말 모스크바의 수학협회 회원이 불연속 함수를 연구하는 과정에서 그 견해를 이어갔다(3장 참고). 하이젠베르크와 보어 역시 확률이 비결정론을 암시한다고 주장해 이 견해는 한 세기 동안 이어졌다. 또한 보어는 인과관계를 부인한 키르케고르의 주장도 받아들였다. 이 덴마크 철학자가 사람이 어떻게 자기 자신과 궁극적 실재(기독교의 하느님, "가장 높고 영원한 이"[42])를 알게 되는지 설명한 것을 보면 결정론적 원인과 결과가 존재하지 않는다.

"우리는 살아 있는 한 생성生成 과정에 갇혀 있다. 그런 이유로 우리의 과거가 미래와 같다는 보장은 없으며 우리는 언제나 미지의 존재다."[43] 어떤 선택을 할 때 "의지를 결정하는 선택은 갑자기 단번에 다가오기 때문에 매번 새로운 것이 자리 잡는다."[44]

보어는 1927년 코펜하겐 해석을 발표하면서 양자역학이 자유의지를 보장한다고 주장했다.

"이 이론의 본질은 모든 원자 과정에 필수적으로 따르는 불연속성이나 개별성의 결과로 나타나는 소위 양자공준으로 표현할 수 있다. 그 불연속성과 개별성은 고전 이론들과는 완전히 다르다."

이에 따라 보어는 결정론적 원인과 결과가 존재하지 않는다고 주장했다.

"이 공리는 우리가 원자 과정의 인과적 시공간 좌표를 사용할 수 없다는 것과 원자 과정에 '불합리성'이 내재되어 있다는 것을 뜻한다."[45]

2년 뒤 그는 도를 넘어서는 전형적인 언행으로 자유주의론자들에게 확신을 심어주었다.

"많은 사람이 정신생활을 지배하는 자유의지 견해와 그 생활에 따르는 생리학적 과정에 명확히 나타나는 인과관계 고리 사이의 대조를 주목했지만 (…) 우리는 양자의 행동을 발견해 원자가 근본적으로 통제 불가능한 영향을 받는 탓에 원자 과정의 인과관계를 정확히 추적하는 것은 불가능하다는 것을 알게 되었다. (…) 실제로 우리가 양자이론으로 일반철학 문제를 설명하는 도구를 발견했다고 확신하지 않을 수 없다."[46]

막스 보른은 1928년 독일의 일간지 〈포시쉐 자이퉁Vossische Zeitung〉에 실은 기사에서 보어의 주장을 반복했다. 그는 고전적인 라플라시안 결정론을 요약한 후 새로운 물리학에 자유의지와 '신'의 자리가 있음을 확언했다.

"한순간 닫힌계 상태가 정확히 알려지면 이후 모든 시점의 상태를 자연법칙으로 구할 수 있다. 이전의 물리학 법칙은 항상 자연을 이렇게 결정론적이고 기계적으로 해석해왔다. 이전 물리학에는 어떤 종류의 자유의지나 신의 자리가 존재하지 않는다(einer höheren Macht). 근래 물리학은 그런 결정론적 법칙에 속하지 않는 새로운 법칙을 발견했고 많은 실험 데이터가 이 새로운 법칙을 뒷받침한다."[47]

그 어떤 것도 측정하기 전에는 존재하지 않는다.

— 닐스 보어, 1930년경.

우리가 보지 않을 때도 달은 존재한다.

— 알베르트 아인슈타인, 1930년경.

관찰을 시작으로 주장을 펼친 보른과 보어가 인간의 자유의지의 증거를 물리학 실험실에서 찾는다는 게 아이러니하지 않은가. 보어와 보른은 닫힌계 전자의 아원자 입자가 이전 상태에 따라 완전하게 결정되지 않는 방식으로 움직인다는 점에서 '자유롭다'고 보았다. 하지만 이것은 사람이 의지대로 행동하고 결정하는 '자유의지'와 별로 관계가 없다. 자유의지는 관찰할 수 없는 현상이다. 보어와 보른이 미시세계의 무작위 운동을 거시세계의 자유의지와 연결한 것은 철학자들이 '범주 오류'라고 부르는 실수인 셈이다. 범주 오류에 해당하는 다른 예시로 '전자는 신경계'고 '양성자는 왕정복고주의자와 같다'[48]는 것이 있다. 그 오류를 못 견뎌한 아인슈타인은 보른에게 "나는 방사선에 노출된 전자의 모멘트가 증가할 뿐 아니라 그 방향 또한 자유롭게 선택한다는 주장을 받아들이기가 상당히 힘들다"[49]고 불평했다.

1927년 보어와 아인슈타인은 양자역학의 철학적 의미를 놓고 논쟁을 시작했고 이후 이것은 널리 알려졌다.[50] 결국 보어·하이젠베르크·바일·보른과 아인슈타인·슈뢰딩거는 무엇이 현재를 구성하는가를 두고 의견 차이를 좁히지 못했다. 달과 전자는 각기 독립적으로 존재하는 것일까, 아니면 누군가가 관찰할 때만 존재하는 것일까? 아인슈타인과 슈뢰딩거는 뉴턴 학설의 본질적인 부분을 지키고 싶었기에 전자가 옳다고 주장했다. 1933년 슈뢰딩거는 파장 방정식을 도입하면서 자신이 "옛 체계의 영혼을 구원해야 하는 어려운 과제에 직면했다"라고 표현했다.[51]

드브로이-봄 해석

코펜하겐 해석과 같은 시대인 1927년 프랑스 물리학자 루이 드브로이는 인과관계를 보존하는 양자역학 해석을 제시했다. 그는 파리에서 홀로 연구하며 이 해석을 다듬었기 때문에 독일 낭만주의의 영향을 받지 않았다. 그는 1927년 브뤼셀에서 열린 제5회 솔베이 회의(하이젠베르크가 '불확실성 원칙'을 발표하고 보어가 양자역학이 자유의지를 입증한다고 선언한 회의)에서 이 해석을 발표했다. 드브로이가 강단에서 발표한 뒤 코펜하겐 해석의 전형적 옹호자인 오스트리아의 물리학자 볼프강 파울리는 드브로이의 해석에 날카롭게 비난을 퍼부었다.[52] 이 인과관계 이론은 코펜하겐 해석이 거의 독점적으로 군림하던 20여 년간 무시되었다.

1932년 헝가리 출신 수학자 존 폰 노이만이 "양자론 현상을 결정론적으로 설명하는 것은 원칙적으로 불가능하다. 우리가 종종 가정하듯 이는 양자역학 재해석 문제가 아니다. 통계적 해석을 거절하고 새로운 원자 과정을 설명하려면 현재의 양자역학체계가 (실험 데이터로) 틀렸다는 객관적 증거가 있어야 한다"[53]라고 말한 것처럼, 대학교수들은 젊은 물리학도에게 결정론으로 양자현상을 설명하는 것은 원칙적으로 불가능하다고 가르쳤다.

그러나 1952년 미국 물리학자 데이비드 봄은 결정론을 기반으로 논리적 일관성과 적절한 경험을 갖춘 '양자역학 재해석'을 제시해 폰 노이만이 틀렸음을 증명했다. 그는 물리학을 토대로 객관적 실재를 관찰자와 독립적으로 기술했다. 세계 여러 나라의 많은 선배 물리학자가 그의 연구를 무시했으나 드브로이와 슈뢰딩거, 아인슈타인은 봄을 격려했다. 드브로이와 봄은 모두 독일 출신이 아니었고 각각 프랑스와 영국의 실증주의나 실용주의 문화에서 성장한 것으로 알려졌다.[54]

1905년 당시 드브로이와 봄은 아인슈타인이 발표한 광전효과 논문에 기반해 자신들의 연구를 해석했다. 아인슈타인은 이 논문에서 빛이 물질과 상호작용할 때 마치 질량이 있는 입자처럼(흔히 양성자라고 불리는 입자처럼) 행동한다는 것을 증명했다. 실제로 빛은 파동과 입

이중슬릿 실험

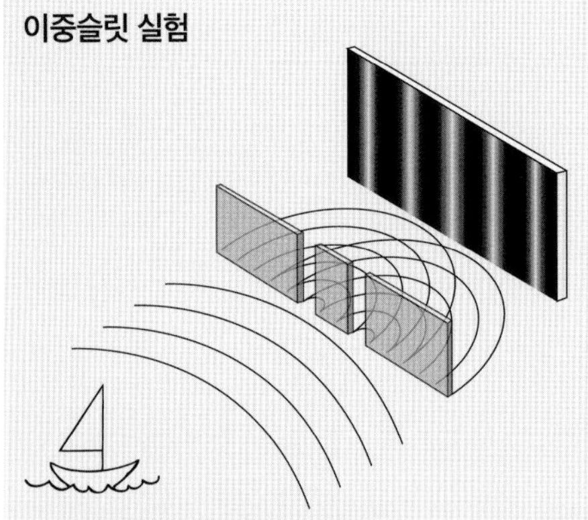

물의 파장이 구멍 2개를 통과하면서 새로운 파장이 생성된다. 파장의 마루와 골은 때로 서로를 강화하거나 상쇄하면서 간섭무늬를 만들어낸다.

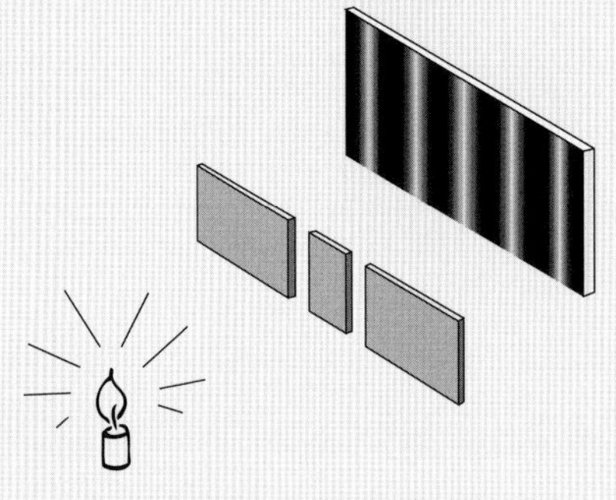

1800년경 영국 물리학자 토머스 영*Thomas Young*은 빛이 구멍 2개(슬릿)를 통과하게 했다. 그 결과 검출기 스크린에 나타난 간섭패턴으로 빛이 파장임을 증명했다.

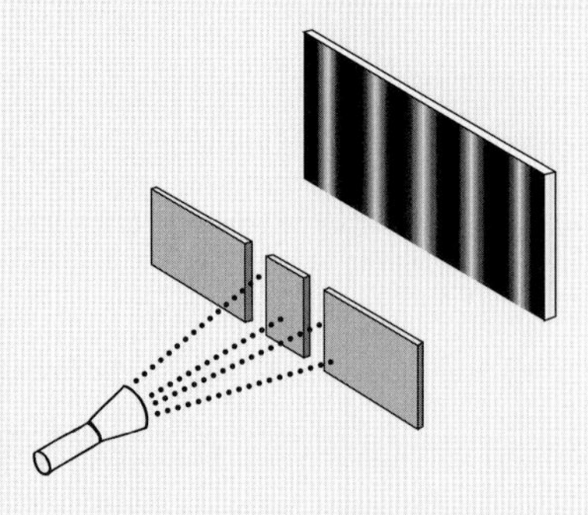

20세기 초반 물리학자들은 전자가 슬릿으로 흐르도록 해서 움직이는 전자가 물이나 빛 파장 같은 파장 패턴을 만들어낸다는 것을 발견했다.

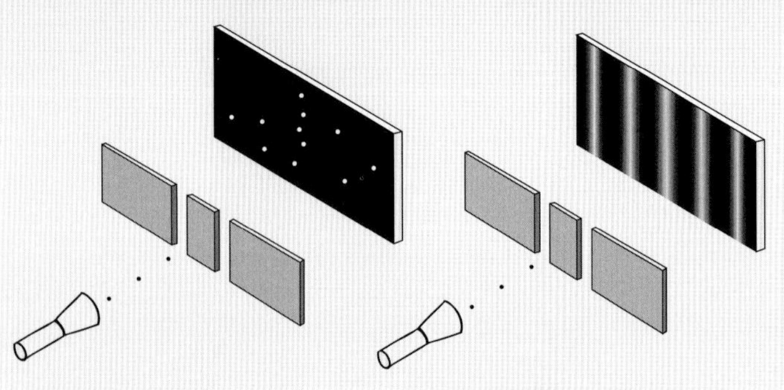

이후 물리학자들은 한 번에 구멍 2개를 통과하도록 전자를 발사했다(좌측). 시간이 경과하면서 쌓인 기록을 보면(우측) 간섭패턴이 나타난다. 무슨 일이 일어났을까? 각 전자가 하나의 구멍을 통과해 스스로 간섭한 것일까, 아니면 각 전자가 어떤 방법으로 두 구멍을 모두 통과한 것일까?

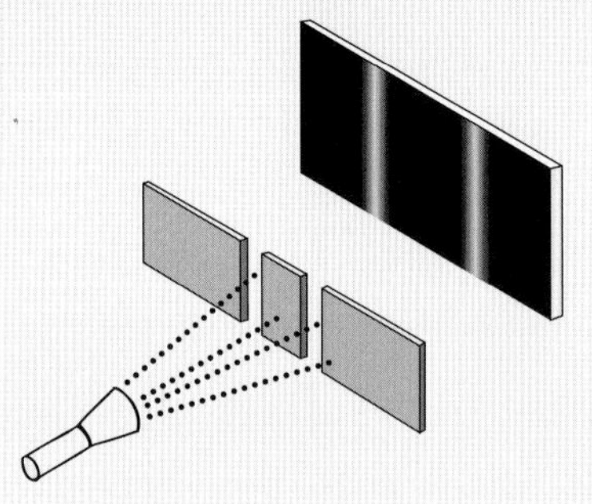

물리학자들은 이 질문의 답을 구하기 위해 이중슬릿 근처에 작은 검출기를 두고 기계로 전자의 흐름을 관찰했다. 이 실험 세팅에서 개별 전자는 단 하나의 구멍을 지났는데 검출기 스크린에 부딪힌 기록을 확인해본 결과 세로로 '구멍 모양' 띠를 형성했다. 그림에 나타난 것처럼 입자는 보통 파장의 간섭패턴을 만들지 않는다는 예측과 일치한다.

코펜하겐 해석에 따르면 각각의 단일전자는 구멍 2개를 모두 통과한다. 이는 소위 '중첩'이라 부르는 현상으로 동시에 다른 두 장소에 존재하는 것이다. 이후 전자는 스스로를 간섭해 동전 던지기를 측정하는 데 사용한 고전 확률과 근본적으로 다른 새로운 종류의 양자 확률을 형성한다. 고전 확률에서 각 동전의 궤도는 서로 독립적이다. 양자 확률에서 관찰 행위는 각 전자의 궤도에 영향을 미치고 이것이 파장 또는 입자로 행동하는 것을 결정한다. 미국 물리학자 리처드 파인먼*Richard Feynman*에게 이 이중슬릿 실험은 양자역학에서 가장 기이한 예시였다.

우리는 어떤 고전적인 방법으로도 설명이 불가능한,
절대로 불가능한 양자역학의 핵심 현상(이중슬릿 실험)을
연구하고자 한다. 실제로 그것은 미스터리로 가득 차 있다.

— 리처드 파인먼, 《물리학 강의Lectures on Physics》, 1963년.

드브로이-봄의 해석에 따르면 궤도로 간주하는 각 전자는 단 하나의 구멍을 통과하지만 전자와 관련된 파장은 양쪽 구멍을 모두 통과한다. 파동에서 발생한 간섭 패턴은 파동으로 유도한 궤적과 유사한 패턴을 생성한다. 결국 아인슈타인이 예측한 것처럼 양자역학 확률론과 고전통계학 확률론은 다르지 않다. 단 하나의 확률론이 두 영역을 모두 관장하는 셈이다. 명확하게 나타나는 관찰의 극적 영향(간섭패턴이 사라지게 만드는 영향)은 '어떤 구멍'이 기록기기와 상호작용하는지 결정한 결과로 그 상호작용은 '관찰자'가 없어도 실험결과에 영향을 미친다(이 과정을 '결 어긋남*Decoherence*' 현상이라 부른다).

이 실험 창시자들이 입자냐 물결이냐를 고민하던 중 1925년
드브로이는 입자이자 파장이라는 명확한 답을 제시했다. (…)
또한 영향을 받은 입자가 파장을 상쇄하는 곳으로 이동하는 게
아니라 파장이 서로 합쳐지는 곳으로 이끌린다는 것도 해설했다.
내가 볼 때 이 아이디어는 파장-입자의 딜레마를 명확하고
평범하게 풀어내는 자연스럽고도 단순한 방법이다.

— 존 스튜어트 벨*John Stewart Bell*, 《양자역학의 이야깃거리*Speakable and Unspeakable in Quantum Mechanics*》, 1987년.

자(파동입자)로 여겨진다. 드브로이(1924년)와 봄(1952년)은 전자도 파동입자의 이중적 성질을 지녔다고 주장했다. 이는 전자의 전달을 파장으로 보고 다뤄도 좋다는 의미다. 봄은 슈뢰딩거의 파장방정식(ψ, 전자의 위치와 모멘텀 기술)을 사용했고 전자파를 해석할 때는 이 궤도의 경계를 입자로 보고 설명했다. 파일럿파가 궤도를 따라 입자로 보이는 전자를 인도하며 움직이기 때문에 이것을 입자의 '양자포텐셜'이라 불렀다.[55] 그러니까 봄에 따르면 전자에는 잘 정의한 위치와 모멘텀이 있고 관찰자와 독립적으로 객관적 실체라는 것이다.

봄의 이론은 원자 수준 사건에서 일어나는 양자현상에 관해 논리적으로 일관성 있고 실증적으로 적절한 결정론적 해석을 제시했다. 봄은 몰랐지만 드브로이는 1927년 솔베이 회의에서 이와 비슷한 해석을 제안했다. 하지만 이내 그 해석을 포기한 탓에 1950년대 이 접근방식은 '드브로이-봄 해석'이라 불리게 되었다.

드브로이-봄의 해석은 전자와 광자의 이중슬릿 실험에 나타난 양자 영역의 기이한 현상과 관련해 상징적인 사고실험을 설명했다(328쪽 박스 참고). 그럼에도 불구하고 1950년대 국제 물리학계는 봄의 이론을 무시하거나 적극 배척했다. 1927년 드브로이의 이론을 묵살하고 철학적 변화의 흐름에 따른 파울리가 봄의 비판도 주도했다.[56] 하지만 1930년대 파울리가 취리히연방공과대학교에 재직하던 기간에 융 심리학으로 코펜하겐 해석을 가르친 것을 보면 실증주의자로서 그가 심리학에 보인 혐오가 사라졌다고 볼 수 있다. 신경쇠약으로 고생한 그는 카를 융의 도움을 받은 뒤 역할을 바꿔 동시성synchronicity에 초점을 둔 의사의 원형이론을 분석하기 시작했다. 융은 이 이론에서 두 사건이 인과관계가 아니라 의미로 정신과 연관된다고 정의했고[57] 신교도 목회자 아들인 파울리는 근대인의 정신질환은 과학(물질, 이성)과 종교(영혼, 직관)가 분리된 것에서 기인한다는 융의 의견에 동의했다(《영혼을 찾는 현대인》, 1933년).

파울리에게 코펜하겐 해석은 물질과 정신을 재결합하는 열쇠와 같았고, 그는 보어의 발자취를 따라 도가 넘치는 주장을 했다. 바로 양자역학을 윤리학과 심리학에 적용한 것이다.

"보어는 물리학에서 갈등을 해결하고 서로 반대되는 것이 짝을 이루는 '상호보완성'을 보고자 했다. 그는 이 개념을 윤리학(선-악, 정의-사랑)에도 적용하려 했다."(〈완전한 물리학을 향한 투쟁The Struggle for Wholeness in Physics〉, 1953년)[58]

1950년대 초 파울리는 코펜하겐 해석에 도전한 봄의 주장을 받아들이지 않은 이유를 이렇게 밝혔다.

"내 철학적 편견 때문이 아니라 물리학적으로 오직 보완성에 기반을 둔 양자역학 해석만 유일하게 허락받은 해석이라 생각해서다La Seule Admissible."[59]

그렇지만 파울리가 1955년 마인츠에서 한 강의를 보면 그저 물리학적 이유만 있었던 것은 아닌 듯하다. 파울리는 자신이 수용한 융의 생명철학(과학과 영혼의 재결합)을 방어하기 위해 보어의 보완성 개념을 채택했다. 곧이어 그는 피타고라스주의와 플라톤주의, 도교, 불교, 플로티노스, 성 어거스틴, 괴테, 융 그리고 보어에서 정점에 이른 반대되는 쌍(어둠-빛,

남자-여자, 홀수-짝수)에 기반한 실재이론의 기나긴 역사를 다시 서술하기 시작했다.

"닐스 보어의 보완성에 따르면 양자물리학에도 입자-파동이나 위치-모멘텀 같이 원자 물체에 반대되는 보완쌍 개념이 있고 또 관찰자의 자유를 염두에 두고 있다."

더 나아가 파울리는 어떤 이가 합리주의를 포기하면 그 반대 개념을 신비롭고 불가해하게 스스로 해결할 수 있다고 설명했다.

"이 가중된 반대 개념과 그 개념 사이의 충돌 앞에서 할 수 있는 일은 그저 자비를 구하는 것뿐이다. 연구자가 다소 의식적으로 내면의 구원에 이르는 길을 걷는 방법이 바로 이것이다(Heilserkenntnis). 이후 내면의 이미지나 판타지, 관념이 천천히 외면 상황에 따른 보상으로 진화하고 양극 같이 반대되는 개념을 사용한 접근방식이 가능하다는 것을 보여준다."

파울리는 코펜하겐 해석이 삶의 철학에 이르는 길을 제시한다고 선언하며 자신의 주장을 마쳤다.

"나는 반대되는 개념을 극복하는 상상의 목표를 고려한다. 결합에 관한 이성적 이해와 신비로운 경험으로 이뤄진 통합 과정을 포함하는 이 목표는 우리 시대의 외연·내연에 존재하는 신화다."[60]

요컨대 파울리가 봄의 주장을 인정하지 않은 이유는 최소한 드브로이-봄의 해석이 "결합에 관한 신비로운 경험"을 제공하고 "우리 시대의 신화"인 보어나 파울리의 철학과 대립하기 때문인 것으로 보인다.

자신의 주장을 놓고 다투던 1949년 봄은 하원비미활동조사위원회House Un-American Activities Committee에 출석하라는 조지프 매카시Joseph McCarthy 의원의 소환장을 받았다. 버클리에서 공부하던 시절 봄은 좌파적 성향을 보였고 공산당의 지역지부에 가입해 활동했다. 그는 다른 이들에게 불리한 증언을 거부한 탓에 의회 모독죄로 기소되었지만 재판을 받고 1951년 5월 무죄판결로 풀려났다. 재판 과정 동안 프린스턴대학교는 그에게 유급휴가를 주었지만 그는 무죄선고를 받은 뒤 계약을 갱신하지 않았다. 미국에서 적절한 일자리를 찾지 못한 봄은 브라질로 갔다가[61] 이후 이스라엘로 갔고, 1957년 마침내 영국에 자리를 잡았다. 그는 남은 생애 동안 물리학 발전의 중심부에서 벗어나 다소 고립되어 지냈다. 학자들은 봄을 향한 물리학계의 부정적 반응이 냉전에 따른 정치적 이유 때문인지 아니면 학계 내부의 정치행위 탓인지를 놓고 다퉜는데, 대다수 학자는 이것을 학계 내부 문제로 보았다.[62]

1950년대 아일랜드 물리학자 존 스튜어트 벨은 학생 시절 보른과 폰 노이만에게 전통 코펜하겐 해석 외에 다른 대안은 존재할 수 없다고 배웠다며 격렬하게 불평했다. 벨은 이렇게 기억했다.

"1952년 나는 데이비드 봄의 논문에서 불가능이 실현되는 것을 보았다. 봄은 어떻게 비결정론적 설명을 결정론적 설명으로 변형할 수 있는지 명백하게 증명했다. 내 생각에 중요한 것은 '관찰자'와 반드시 연관되는 부분을 제거하는 것이고, 나아가 더 핵심적인 아이디어는 1927년 드브로이가 '파일럿파' 사진을 이미 증명했다는 사실이었다. 왜 봄은 내게 '파일럿파'를 말해주지 않았는가? 무엇이 잘못되었는지 지적하기 위해서였나? 폰 노이만은 왜 이것을 고려하지 않았는가? (…) 왜 파일럿파 사진은 교과서에 실리지 않았는가? 그것이 가

8-7. 안토니 곰리(영국인, 1950년 출생), '양자 구름 V', 1999년, 4mm 사각 연강*mild steel* 막대, 274×155×119cm.

르치지 말아야 하는 것인가? 널리 알려진 것에 안주하는 이들에게 꼭 필요한 해독제인데 알려주는 것이 마땅하지 않은가? 우리가 실험으로 얻은 사실에서 모호성과 주관성, 비결정성을 받아들이는 것이 아니라 의도된 하나의 이론적 선택만 강요당하고 있는 것인가?"[63]

야머와 포먼은 자신들의 연구에서 이 좋은 질문을 언급하기 시작했고 이후 이 둘의 논문이 촉발한 막대한 연구도 이들 질문을 다뤘다.[64]

양자 얽힘

1920년대와 1930년대 물리학자들은 양자역학을 개발하던 중 특정 조건 아래에서 아원자 입자가 분해될 때 같은 무게의 쌍 특성을 보이는 쌍둥이 입자를 방출한다는 것을 발견했다.

가령 한 원자가 위로 스핀할 경우 그 쌍을 이루는 입자는 아래로 스핀했다. 이 두 입자를 서로 '얽혔다entangled'고 말한다. 아인슈타인에 따르면 쌍둥이 입자는 생성될 때부터 그런 쌍의 특성을 보인다. 하지만 보어는 각 자녀 입자를 측정하기 전까지 스핀 방향은 잠재적이며 측정 행위가 그 입자의 스핀 방향을 결정한다고 주장했다.[65]

아인슈타인은 보어가 주장한 관찰자 역할이 틀렸음을 증명하기 위해 사고실험을 제안했다. 한 쌍의 얽힌 입자가 반대 방향으로 날아가 관찰자의 좌우 방향에서 멀리 떨어져 있다고 가정해보자. 이때 관찰자가 오른쪽 입자의 스핀을 측정한다고 상상해보자. 보어의 코펜하겐 해석에 따르면 관찰자의 행위는 전자가 위쪽 방향으로 스핀하게 만들고, 멀리 떨어진 쌍둥이 전자는 즉각 아래로 향하는 것으로 나타나야 한다. 그러나 아인슈타인과 보어 시대 물리학자들은 한 영역 시스템에서 일어난 직접적인 행위로 멀리 떨어진 영역의 시스템 성질이 바뀌는 것은 불가능하다는 관점에서 세계를 지역적local이라고 여겼다. 세계의 지역성과 상대성이론을 가정하고(빛의 속도보다 빠르게 움직일 수 있는 것은 없다) 보어가 주장한 대로 쌍둥이 광양자를 측정하기 전까지 스핀이 없다고 할 때, 이 사고실험은 (논리적이지 않은) 물리적 역설로 끝난다. 아인슈타인은 프린스턴대학교 조교였던 보리스 포돌스키Boris Podolsky, 네이선 로젠Nathan Rosen과 함께 이 역설을 표현했다(아인슈타인, 포돌스키, 로젠, 〈양자역학이 기술하는 현실은 완벽한가?Can Quantum Mechanical Description of Reality be Considered Complete?〉, 1935년). 아인슈타인은 양자역학의 코펜하겐 해석이 역설적 상황을 예측하기 때문에 완벽하지 않다고 주장했다. 슈뢰딩거는 아인슈타인의 물리적 역설을 내포한 광양자를 "얽혔다Verschränkung"라고 표현했고 자신도 다른 버전의 양자측정 역설을 찾았다(《슈뢰딩거의 고양이Schrödinger's Cat》, 1935년).[66]

자네는 주사위를 던지는 신을 믿지만
나는 객관적으로 존재하는
완전한 법칙과 질서를 믿네.
그리고 극도로 추론적인 방법으로
그것을 포착하려 하네. (…)
초기 단계 양자이론은
훌륭하게 성공했지만
나는 근본적으로 주사위 게임 같은
이 주장을 믿지 않으며,
그런 나를 보고 자네의
젊은 동료 중 일부가
노망났다고 한다는 것도 알고 있다네.
— 알베르트 아인슈타인, 막스 보른에게
보낸 편지 중에서, 1994년 9월 7일.

보어는 결정론적 우주의 '객관적 관찰자'라는 구식 사고방식에 빠진 선배 과학자(아인슈타인)의 도전이라며 묵살했다. 젊은 물리학자들은 이 문제를 해결했다고 여기고 다른 문제로 넘어갔다.

1950년대 후반 봄과 이스라엘의 하이파에 거주하던 그의 동료 야키르 아하로노브Yakir Aharonov는 아인슈타인-포돌스키-로젠의 역설을 스핀 용어로 재구성해 새로운 버전을 발표했다(이전 버전, 〈아인슈타인과 로젠과 포돌스키의 역설에 관한 실험적 증명 고찰Discussion of Experimental Proof for the Paradox of Einstein, Rosen, and Podolsky〉, 1957년). 1960년대 초 존 스튜어트 벨은 봄-아인슈타인의 1935년 주장에 관한 봄-아하로노브 버전을 채택해 양성자가 알려지지 않은 어떤 방법으로 얽혀 있음을 수학적으로 지적하며 아인슈타인의 사고실험을 실제로 실험실에서 실행할 수 있다고 주장했다(《벨의 부등식Bell Inequalities》, 1964년). 1980년대 들어 이 기술을 개발한 물리학자들은 아인슈타인의 사고실험을 수행했고, 양자 얽힘의 불가해한 본질은 철학적 수수께끼에서 실험으로 확인한 사실로 바뀌었다. 이는 현재와 이후의 양자역학 해석은 입자 얽힘을 고려해야 한다는 것을 뜻한다.[67] 양자 얽힘의 물리적 메커니즘은 알려져 있지 않다. 또다시 수학으로만 설명할 수 있는 자연현상 예시가 등장한 것이다.

아인슈타인은 보어가 옳다면 광자가 빛보다 더 빠르게 멀리 떨어진 쌍둥이에게 어떻게

든 스핀 방향 정보를 전달해야 하므로 이 입자 얽힘을 "유령 같은 원격작용"이라 불렀다. 그러나 아인슈타인의 가정이 맞고 보어가 틀렸다면 "유령 같은" 원격작용은 사라지고 쌍둥이 입자는 생성될 때(실험실에서 만들어질 때) 이미 쌍 성질을 타고나는 것이며 이는 인간의 관찰과 독립적인 것이라 할 수 있다.

오늘날 용어 '유령 같은Spooky'은 양자 얽힘에 (신비스럽게도) 물리적으로 알려진 원인이 존재하지 않는다는 점에서 '유령 같다'는 의미로 사용한다. 이는 17세기 뉴턴이 또 다른 '원격작용'인 중력을 기술하면서 그 원리를 알지 못해 혼란스러운 반응을 보였던 것을 연상하게 한다. 지난 300여 년간 과학자들은 $F=G(m_1m_2/d^2)$ 공식으로 지구를 공전하는 달의 움직임이나 태양과 다른 별의 위치를 예측해왔고 이것을 더 이상 무서운 초자연적 현상으로 여기지 않는다. 그러나 양자 얽힘처럼 중력도 수학 측면에서만 설명할 수 있었고 그 현상의 저변에 위치한 물리적 메커니즘은 알려지지 않았다(오늘날에는 일반상대성이론으로 중력을 시공간 곡률에서 일어나는 현상으로 이해한다. 시공간은 수학으로 설명이 가능하므로 물리학자들은 어떻게 이것이 작용하는지 알지만 왜 그런 방법으로 움직이는지는 설명하지 못한다).

브라질 상파울루비엔날레, 이탈리아 베네치아비엔날레, 스위스 아트바젤, 마이애미와 홍콩의 아트바젤 같이 대형 미술전시회로 꼽히는 '도큐멘타Documenta'는 독일 카셀시에서 5년마다 한 번씩 열린다. 2012년 오스트리아 정부는 이 예술 이벤트에 자국 대표로 현대미술가가 아니라(다른 모든 참가국은 예술가를 보냈다) 빈대학교 물리학자 안톤 차일링거Anton Zeilinger를 보내 5가지 양자 얽힘 실험을 전시했다. 이는 오늘날 학제 간 문화적 교류의 징조를 보여준 셈이다(그림 8-7). 차일링거의 물리학 강의가 도큐멘타의 예술가에게 영감을 주었는지는 미래에 알 수 있을 것이다.

러시아 구성주의의 사절: 엘 리시츠키

계몽주의 합리성과 낭만주의 표현성 사이의 갈등은 바이마르공화국 예술계에도 나타났다. 이 갈등의 중심에는 바우하우스 디자인학교 창립자이자 이사장이던 발터 그로피우스가 있었다. 당시 리시츠키와 반 두스브르흐, 모호이너지 등 여러 영향력 있는 인물이 베를린에서 만났다.

1921년 베를린에 도착한 리시츠키의 초기 작품은 말레비치의 절대주의 영향을 받았다. 그렇지만 이후 원숙한 경지에 이르러서는 구성주의에 가까운 화풍으로 바뀌었다. 리시츠키는 러시아 서부 도시로 많은 유대인이 거주하던 비텝스크Vitebsk의 전통 유대인 사회에서 자랐다. 그는 건축과 공학을 공부하기 위해 독일로 유학을 갔으나 1914년 전쟁이 터지면서 고향 비텝스크로 돌아왔다. 1917년 혁명을 지지한 그는 다른 한편으로 단일민족 문화를 만들기 위해 민족 정체성을 없애려는 볼셰비키의 계획을 경계했다.[68] 리시츠키는 약간 비유적인 화풍으로 유대인을 주제로 한 미술작품을 그렸는데 그중에는 모이셰 브로데르존

8-8. 엘 리시츠키(러시아인, 1890~1941년), '프룬'(Entwurf zu Proun S.K.), 1922~1923년. 버프 페이퍼에 수채, 구아슈, 먹, 연필, 콩테 크레용, 바니시, 21.4×29.7cm.

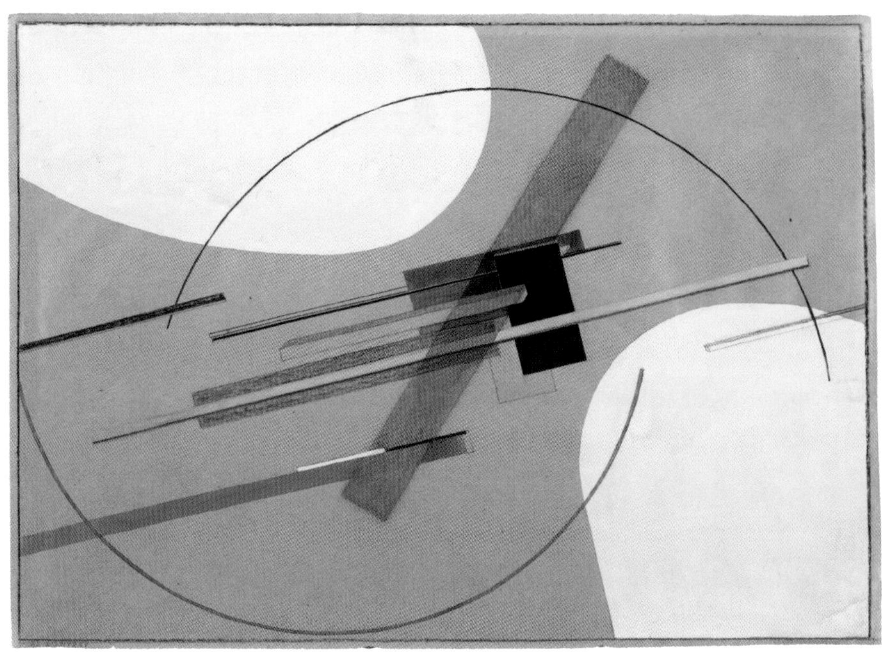

Moishe Broderzon이 16세기 프라하의 유대인 사회 기록을 바탕으로 쓴 설화 《프라하의 전설 The Legend of Prague》(1917년) 그림도 있다.

1918년 8월 비텝스크 출신의 또 다른 유대인 마르크 샤갈은 새 정부가 지원한 비텝스크 대중미술박물관 관장으로 임명되었다. 이 박물관의 목적은 새로운 사회를 위한 기능적 물체를 디자인하는 데 있었고 다음 해 샤갈은 리시츠키를 고용했다. 그리고 1919년 가을에는 예술학교를 조직하기 위해 말레비치를 초청했다.[69]

모스크바에서 인정받는 화가였던 말레비치는 이 제안을 받아들였고, 신속하게 리시츠키를 비롯한 여러 학생과 교수로 팀을 꾸려 기차부터 찻잔까지 모든 종류의 실용적인 물건에 자신의 절대주의 화풍을 적용하려 했다. 1920년 봄에는 러시아어로 '새로운 미술 챔피언'이라는 뜻의 단어를 축약해 이름을 지은 단체 'UNOVIS'를 조직했고, 말레비치의 제자들은 소매에 절대주의자 배지(검은색 정사각형)를 달고 다녔다.[70] 그런데 말레비치의 고압적인 성격과 독단적인 교수법 때문에 말레비치와 샤갈은 사이가 틀어지고 말았다. 모든 학생이 말레비치를 지지하고 자신의 교실이 텅 빈 것을 본 샤갈은 미술관장 자리에서 사임하고 모스크바로 떠났다.[71]

당시 유대교와 조화를 이루는 근대적 화풍을 찾던 리시츠키는 샤갈의 비유적 스토리텔링 화풍을 버리고 영적 함축을 담고 있는 말레비치의 기하학적 추상화를 선택했다. 1920년 리시츠키가 적은 글을 보면 그에게 절대주의 미술은 전통 유대교-기독교-이슬람교의 가장 높은(절대적) 존재를 뜻하는 것이 아니라 새로운 미래 관점과 인식의 일부였음을 알 수 있다.

"절대주의는 우주계의 일부로 이미 완성된 절대적 형태를 재인식하는 것에 중요한 의미를 부여하지 않는다. 그와는 반대로 이전에 누구도 경험하지 못한 명확한 신세계가 분명한 기호와 계획으로 순수하게 밝혀진 것을 의미한다. 이제야 형성되어 첫 단계를 맞은 세계

8-9. 엘 리시츠키, '두 정사각형의 6가지 구성: 절대주의자 이야기'(1922년),
레터프레스 일러스트레이션, 약 27.8×22.5cm.

To all, all children

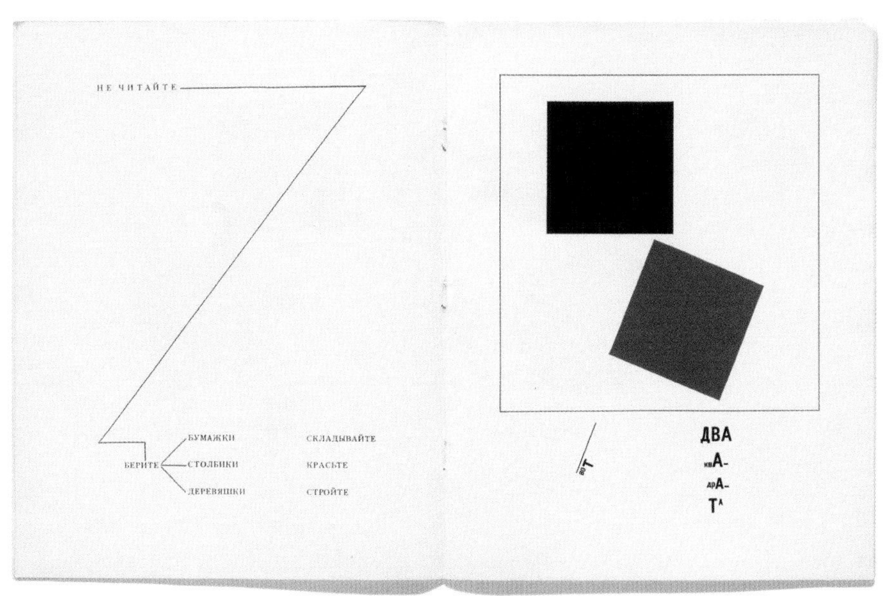

Do not read. Take paper, rods, blocks.
Lay out, color, build.

Here are two squares.

가 우리 내면의 존재에서 발생한 것이다. 이런 이유로 절대주의의 정사각형은 신호등으로 알려졌다."72

절대주의를 수용한 리시츠키는 그림을 건축도면과 결합한 비표현적 디자인으로 그리기 시작했다. 그리고 이것을 '새로운 것을 확인하기 위한 프로젝트'를 뜻하는 러시아어 약어로 '프룬'이라 불렀다. 리시츠키의 디자인은 말레비치와 마찬가지로 기하학 형태로 이뤄졌지만 구조가 훨씬 더 복잡했고 정규교육에서 배운 건축도면을 한껏 활용했다('프룬', 1922~

1923년, 그림 8-8 참고). 1920년대에 리시츠키가 작업한 책과 잡지, 포스터, 전시회 디자인, 건축물 들을 보면 그가 프룬 프로젝트에서 개발한 디자인 원칙을 적용했음을 알 수 있다. 그는 어린이 책을 디자인하면서 어린 동지들이 종이 1장으로 정사각형 2개에 생기를 불어넣는 법을 가르치기도 했다('두 정사각형의 6가지 구성: 절대주의자 이야기About Two Squares, in Six Constructions: A Suprematist Tale', 1922년, 그림 8-9 참고).[73]

독일에서 건축공학을 공부할 때 과학과 수학을 함께 배운 리시츠키는 1919년 아인슈타인의 일반상대성이론이 확증되자 여기에 적절히 반응했다. 1920년 그는 뉴턴의 오래된 절대자(시간과 공간)가 더는 존재하지 않는다고 평하며 이런 글을 남겼다.

"모든 측정과 기준의 절대기준이 무너졌다. 아인슈타인은 특수상대성이론과 일반상대성이론으로 우리가 특정 거리를 측정하는 데 사용하는 속도가 측정 단위의 크기에 영향을 미친다는 것을 증명했다."[74]

지구 생명체에게 위와 아래 개념은 중력장이 결정하지만 우주공간은 거대한 천체의 중력장이 이를 왜곡하기 때문에 우주체 방향이 바뀐다. 리시츠키는 자신의 3차원 작품이 시간이라는 4차원에서 움직이도록 디자인해 시공간을 상징화했다('프룬: 8가지 위치Proun: Eight positions', 1923년, National Gallery of Canada, Ottowa). 또한 그는 동포 로바쳅스키의 의견에 찬성하면서 1925년 수학사와 관련된 논문의 제목을 《K와 범기하학K. und Pangeometrie》이라고 지었다(여기서 K는 독일어로 예술을 뜻하는 Kunst의 약자고 Pangeometrie는 1855년 로바쳅스키의 저서 제목이다).[75]

리시츠키는 익명의 미술-노동자가 공동으로 새로운 공산주의를 표현하기 위한 새로운 미술운동을 전개하리라고 예측했다. 수학과 미술 조합에 관한 리시츠키의 관점은 1918년 서양문화의 종말과 볼셰비즘의 발흥을 예견한 슈펭글러의 저서로 형성되었다.[76] 그는 1920~1921년 슈펭글러의 말을 인용해 에세이 《프룬》을 썼고 이후 "우리는 수학이야말로 인간 창의성의 가장 순수한 결과물이라고 생각한다"라고 선언한 뒤 슈펭글러와 함께 수학사를 요약했다.

그는 프룬에 적용할 5개의 공리집합을 정의했는데 그중에는 '물질 밖의 형태=제로(0)'도 포함된다.[77] 그는 이 공리로 미술은 물질적인 것(종이나 나무 등)에서 만들어져야 한다고 추론했다. 이는 미술은 구현하지 않은 아이디어로 존재할 수 없다는 것을 뜻한다. 기하학 평면으로 이뤄진 그의 구성물은 건축이나 디자인에도 적용할 수 있었다. 실제로 새로운 공산주의 국가의 교사였던 리시츠키는 자기 제자들이 새로운 세계정부가 사용할 프룬을 무명으로 디자인할 것이라고 내다보았다. 그는 다음과 같은 글로 자신의 에세이를 마쳤다.

"우리는 새로운 화풍의 탄생을 목격하고 있다. 이것은 화가 개개인에게 속하는 것이 아니라 이름 없는 창시자에게 속한다. (…) 이제 생명은 지구인을 위한 공산주의 창설로 새롭게 실체를 강화해나갈 것이다. 프룬으로 하나의 세계도시, 모든 지구인을 위한 도시의 보편적 기반을 다질 수 있다."[78]

1년이 채 지나기도 전에 UNOVIS 조직은 영적 시각으로 명상 예술을 원하는 이들과 사회봉사를 위한 실제적·실용적 예술을 선호하는 그룹으로 나뉘었다. 두 그룹 모두에 발을 담갔던 리시츠키는 1921년 문화대사가 되어 서양 자본주의 국가에 공산주의를 전파하기 위해 베를린으로 떠났다.[79] 1925년 말레비치도 모스크바로 돌아가 로드첸코의 VKhUTEMAS(고등예술기술공방) 교수진에 합류했다.

1920년대 독일의 기하추상

1922년 독일에 도착한 테오 반 두스브르흐는 뒤셀도르프의 진보예술가회의에서 리시츠키, 독일의 영화제작자 한스 리히터와 함께 구성주의자 국제 분파를 조직했음을 발표했다. 이는 유럽에서의 자의식 운동으로 이 그룹은 구성주의의 형식적 미학을 시작했다. 같은 해 리시츠키는 소설가 일리야 에렌부르크Ilya Ehrenburg와 함께 베를린의 3개 언어로 쓴 잡지 〈사물Вещь/Gegenstand/Objet〉(각각 러시아어, 독일어, 프랑스어)의 공동편집자가 되었다.

리시츠키와 에렌부르크는 창간호 사설에서 유럽은 더 이상 러시아의 사상이 흘러들어오는 것을 막지 않으며 이제 구성주의 미학이 서양에 전해질 것이라고 했다.

"우리는 위대한 창작시대의 시작점에 서 있다. (…) '다다이스트'의 부정적 전술은 시대착오적인 것으로 보인다. 지금이야말로 깨끗한 토대에 예술을 쌓아올려야 할 때다. (…) 현대의 본질적 특징은 바로 구성주의 방법의 승리다."[80]

리시츠키는 러시아에서 소련 공산주의를 표현하기 위해 프룬 화풍을 개발했지만, 베를린에서는 이 화풍의 정치적 목적이 사람들이 미래로 나아가는 것을 돕는다고 기술하면서도 미래가 정확히 어떤 모습인지는 말하지 않는 모호한 태도를 보였다.

아인슈타인의 시공간 우주론이 확증된 후 반 두스브르흐는 몬드리안이 "상대적으로 고정되어 있고 수직인 중력 축"으로 위아래 방향을 계산한다고 비난하면서[81] 시간의 4차원을 포함한 새로운 화풍인 '엘리멘터리즘Elementarism'을 구축하겠다고 선언했다.

"신조형주의에 따른 새로운 표현 가능성은 2차원(평면)에 국한되지만 엘리멘터리즘은 시공간의 장에서 4차원 조형주의를 현실화한다."[82]

반 두스브르흐는 엘리멘터리즘을 홍보하고 〈데스틸〉을 독일 땅에서 출판하기 위해 암스테르담을 떠나 베를린으로 향했다.[83] 그는 프랑스-독일Alsatian의 화가 장·한스 아르프, 오스트리아의 라울 하우스만Raoul Hausmann, 러시아의 이반 푸니Ivan Puni와 함께 '기초미술 소명Aufruf zur elementaren Kunst'이라는 성명서를 작성한 모호이너지와 만

8-10. 라슬로 모호이너지(헝가리인, 1895~1946년), '니켈 구성*Nickel Construction*', 1921년, 니켈 도금한 철, 35.9×17.5×23.8cm.

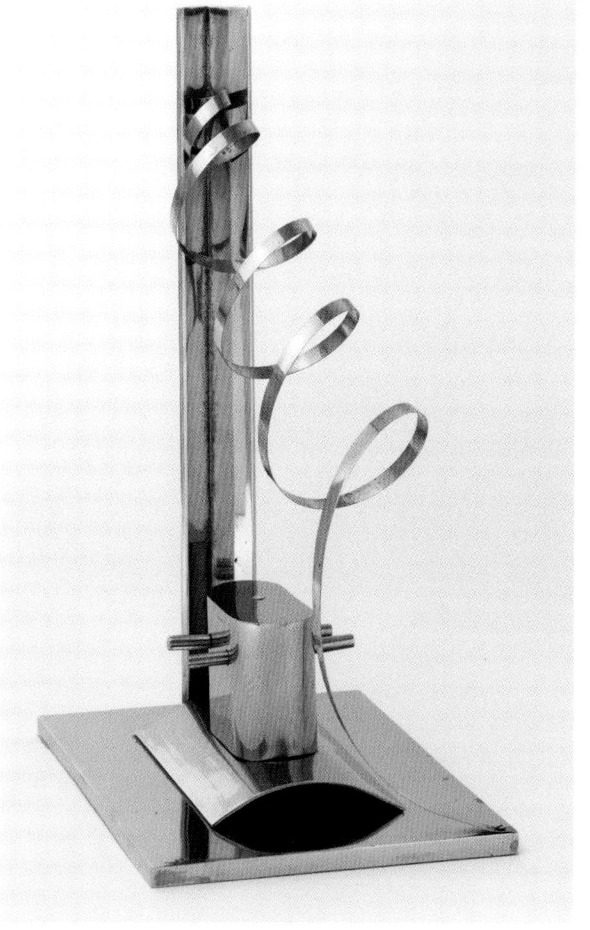

우측 상단

8-11. 얀 반 에이크(네덜란드인, 1390~1441년경), **'성 바르바라***Die heilige Barbara***',**
브루노 타우트의 《도시의 왕관*Die Stadtkrone***》**
(1919년) **권두그림, 7.**

식물과 동물은 본능적으로 따뜻하고 밝은 햇볕 쪽으로 향한다. 타우트는 인류가 빛에 원시적으로 대응하는 것을 기반으로 영적인 삶을 다시 불러오려 했다. 중세 유럽의 스카이라인은 첨탑과 종탑으로 이뤄져 있는데 그런 이유로 타우트는 자신의 1919년 저서 《도시의 왕관》 권두그림으로 반 에이크가 그린 건설 중인 탑 그림을 선택했다. 기독교 시대에 성 바르바라는 편견과 교리 때문에 그 탑에 갇혔지만 세속주의 시대의 인류는 수학과 과학으로 타우트의 '도시의 왕관'에서 자유를 얻었다.

우측 하단

8-12. '도시의 왕관'의 동쪽 면, 브루노 타우트, 《도시의 왕관》(1919년)**, 65, 그림 42.**

중세시대 예배자들이 자신의 교구 교회에서 아침햇살이 비치는 스테인드글라스를 본 것처럼 현대의 도시 거주자들은 각 도시의 왕관에 아침 해가 비치는 것을 볼 수 있다.

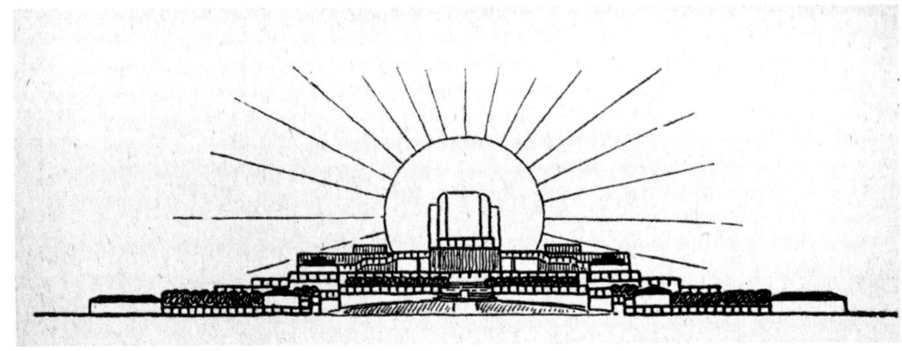

났다. 반 두스브르흐의 세계관에 동의한 이들 화가는 순수하고 단순한 형태의 미술로 시대정신을 표현하려 했고, 자신들의 논문을 1921년 〈데스틸〉에 실었다.

모호이너지는 1920년 베를린에 도착했다. 1차 세계대전 당시 오스트리아-헝가리군에 복무하다가 심각한 부상을 당한 그는 부다페스트에서 치료를 받던 중 잡지 〈마Ma〉('오늘'을 뜻하는 헝가리어)를 보며 유럽과 러시아 아방가르드 화풍을 익혔다. 1918년 23세의 나이로 퇴원한 그는 개인 미술수업을 들으며 헝가리 혁명을 지지했고 1919년 8월 벨라 쿤Béla Kun의 공산주의공화국이 무너지자 망명했다. 처음에 그는 빈으로 향했으나 이내 "오스트리아 수도의 바로크적 거만함보다 독일의 고도로 발달한 산업기술에 더 관심"이 가서 베를린으로 향했다.[84]

1920년 초반 모호이너지는 베를린에서 기계적인 사물로 작품을 만들기 시작했다('다리들Bridges', 1920~1921년). 1921년에는 '니켈 구성'(그림 8-10) 같이 의미가 정해지지 않은 형태로 작품을 만들기 시작했고, 그런 작품을 베를린의 첫 전시회에서 공개했다(갤러리 데어 슈투름Galerie der Sturm, 1922년 2월).

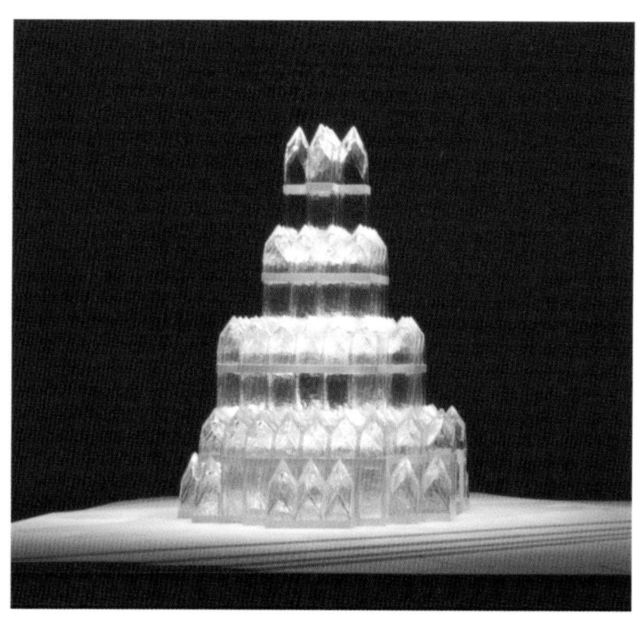

8-13. 조시아 맥엘헤니, '도시의 왕관', 2007년, 핸드 블론 글라스, 메탈, 채색한 나무, 아크릴, 전기 조명, 높이 4.26m.
조시아 맥엘헤니는 브루노 타우트의 '도시의 왕관'(1919년)을 기리며 이 유리탑을 만들었다.

1차 세계대전 후 베를린의 유토피아 분위기를 잘 표현한 것이 소위 '인터내셔널 스타일International Style'이라 불린 강철·유리 고층건물이다.[85] 1920년대 독일 도시들의 스카이라인(하늘과 맞닿아 보이는 건물의 윤곽선)은 주로 중세교회의 탑으로 이뤄져 있었고 그중에는 우뚝 솟은 쾰른대성당의 쌍둥이탑과 교구교회의 아담한 종탑도 있다. 독일 건축가 브루노 타우트Bruno Taut는 오래된 중세교회와 새로운 현대 고층건물이 모두 유리로 둘러싸여 있다는 공통점을 발견했다. 타우트는 모든 도시의 중심에 유리탑(도시의 왕관Stadtkrone)을 지으면 주민들의 영혼이 충만해지고 우주와 조화를 이루는 감각을 느껴 지나간 시대의 영성을 세속적인 현대에 부활시킬 수 있다고 선언했다(그림 8-11, 8-12, 8-13).[86]

19세기 중반 강철과 전기 승강기를 발명한 이후 고층건물이 들어서기 시작했지만 그 건물의 강철구조는 벽돌과 돌로 된 비지지벽non-supporting wall 안에 숨겨져 있었다. 이제 독일 건축가들은 유리 외판 아래 철제 골조를 드러내는 신기술을 기념했다(그림 8-1). 낭만주의 비전을 품은 발터 그로피우스는 1919년 바이마르에 설립한 바우하우스 디자인학교에서 제자들에게 체계적이고 이성적인 방법으로 디자인에 접근하는 방식을 가르쳤다. 그의 제자들은 중세시대의 이름 없는 장인 길드처럼 미래를 위한 건물을 세웠고, 그것은 타우트의 '도시의 왕관' 같이 인간 역사상 최초로 세속적이고 과학적인 시대정신을 나타냈다.

그로피우스는 리시츠키와 에렌부르크 등의 얘기를 듣고 러시아에서 발전한 미술교육을 알게 되었다.[87] 그로피우스를 만난 뒤 바우하우스를 방문한 반 두스브르흐는 그곳을 무척 좋

우측

8-14. 라슬로 모호이너지, '에나멜 3의 구성 *Construction in Enamel 3*'(말하는 전화 그림으로도 불림), 1923년, 철에 법랑, 24×15cm.

하단

8-15. 라슬로 모호이너지가 《새로운 비전: 디자인, 회화, 조각, 건축의 법칙*The New Vision: Fundamentals of Design, Painting, Sculpture, Architecture*》에서 기술한 프랑스의 7가지 생명공학 요소-크리스털, 구, 원뿔, 평면, 띠, 막대, 나선.

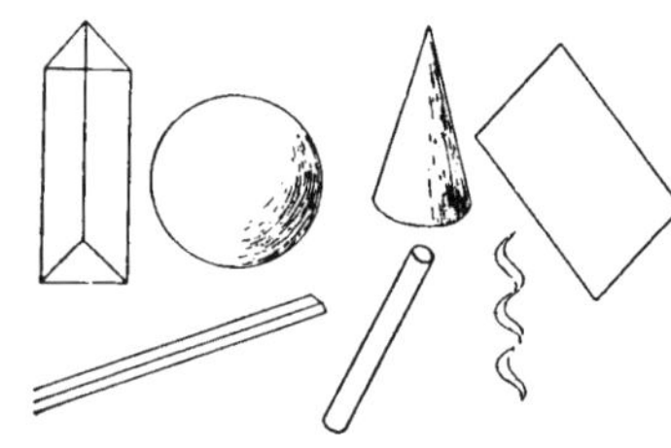

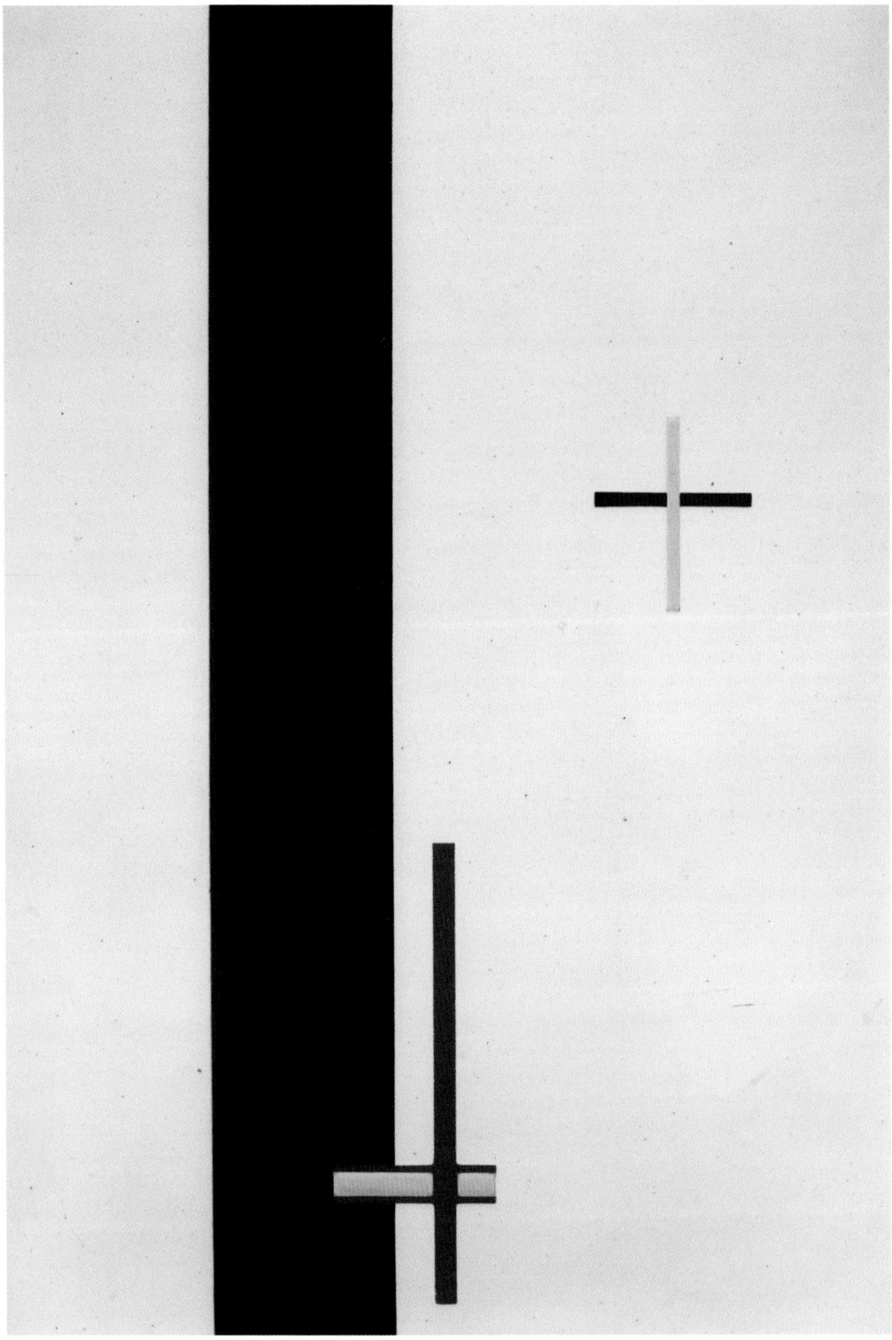

자연과학자 라울 프랑스는 스스로 창조적인 활동 방법이라고 본 생명공학 문제를 집중적으로 연구했다. 그는 자신의 연구방식과 그 결과를 '생명공학Biotechnics'이라 불렀다. 그 가르침의 가장 중요한 부분은 다음 인용구로 표현할 수 있다. "자연의 모든 작용은 자신에게 필요한 형태를 지니고 있다. 그 작용은 항상 기능적 형태로 일어난다. (…) 그러므로 사람은 이제까지와 상당히 다른 방식으로 자연의 힘을 제어할 수 있다. (…) 모든 덤불과 나무는 숫자를 사용하지 않고도 인간에게 가르침과 조언을 주며 발명품과 각종 장치와 기술기기를 보여준다."

— 라슬로 모호이너지, 《새로운 비전》, 1929년.

아했고 1921년 4월 바이마르로 이사했다. 그는 바우하우스에서 교사직을 맡고 싶어 했으나 그로피우스는 반 두스브르흐의 독선적인 성격을 경계해 그를 고용하지 않았다.[88] 호전적인 화풍과 성격이 일치했던 반 두스브르흐는 바우하우스의 경쟁 디자인학교에서 학생들을 가르치며 지나치게 표현주의 경향을 보이는 바우하우스를 비평하는 것으로 받아쳤다. 그는 1921~1923년 바이마르에서 〈데스틸〉을 출판하며 보편적 추상형태 미술을 요구했다. 또한 유럽과 소련의 정치를 "그저 언어에 불과한merely words"이라며 묵살해버린 반 두스브르흐는 예술가 조직이 만드는 미래를 옹호했다.

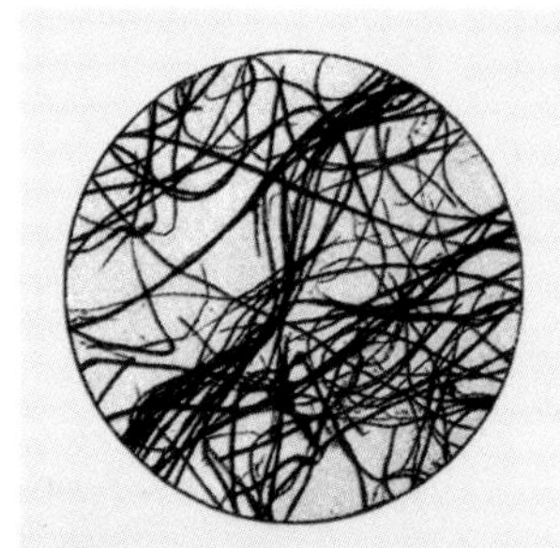

“정신의 인터내셔널International of the Mind(사회주의 단체)은 언어로 표현할 수 없는 내적 경험이다. 이것은 마구 쏟아지는 언어가 아니라 조형적·창의적 행동과 내적·지적 힘으로 구성되어 있기 때문에 새로운 형태의 세계를 창조한다.”[89]

아이러니하게도 다른 예술가들은 이 예측을 잘 받아들이지 않았고 그것을 본 그로피우스는 다음과 같이 논평했다.

“나는 그가 공격적이고 광적이며 의견의 다양성을 견디지 못할 만큼 편협한 이론적 관점을 보인다고 생각한다.”[90]

그로피우스가 바우하우스를 열자 진행 중이던 계몽주의 합리성과 낭만주의 표현성 사이의 전쟁이 한 지붕 아래로 들어왔다(때론 한 화가의 정신과 마음이 그런 싸움을 벌이기도 했다). 더 큰 맥락에서 보자면 이 문제는 바이마르 문화에 존재하는 갈등을 반영한다. 바우하

상단 좌측, 위아래

8-16. 라슬로 모호이너지, 섬유조직을 드러내는 종이의 현미경 사진(위), 카루소의 하이 C 축음기 기록(아래). 바우하우스 총서 14 《재질에서 건축까지*Von Material zu Architektur*》(1929년)에 수록, 35, 46.

상단 우측

8-17. 라슬로 모호이너지, '운동구성 체계*Kinetisches konstruktives System*', 1922년. 수채, 검은 잉크, 연필, 콜라주, 61×48cm.

이 그림은 무엇을 뜻할까? 미래지향적 건물인가? 놀이동산의 놀이기구인가? 그 기능은 알려지지 않았지만 모호이너지의 설명에 따르면 그는 사람들이 나선형 경사로를 사용하길 원했다. “이 경사로는 바깥쪽으로 도는 나선구조로 이뤄져 있는데 일반적인 기분전환 활동을 위해 고안했고 난간을 달아 안전성을 확보했다. 계단 대신 경사로를 사용했다.” 《새로운 비전》(1938년), 바우하우스 총서, 186. 또한 이 화가는 중앙의 막대기를 중심점으로 해서 전체 구조물이 회전하도록 디자인했다.

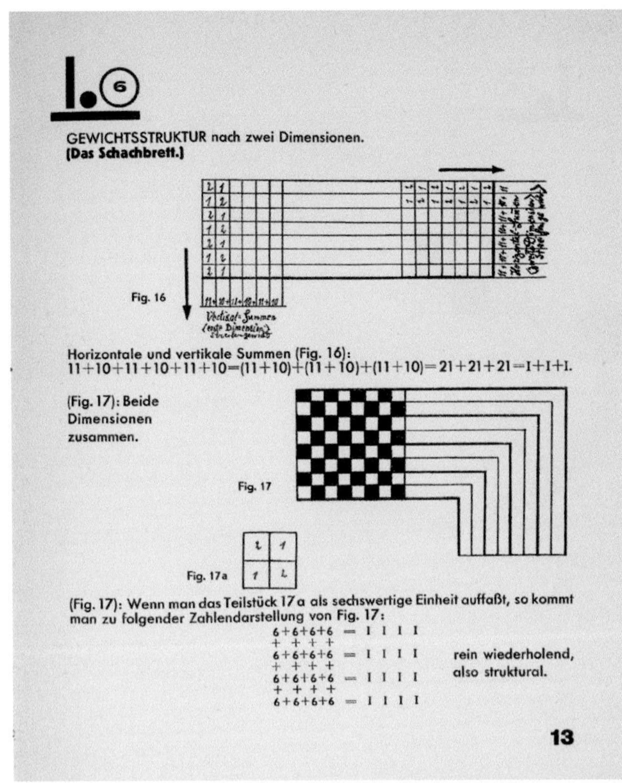

GEWICHTSSTRUKTUR nach zwei Dimensionen.
(Das Schachbrett.)

Fig. 16

Horizontale und vertikale Summen (Fig. 16):
11+10+11+10+11+10=(11+10)+(11+10)+(11+10)=21+21+21=I+I+I.

(Fig. 17): Beide Dimensionen zusammen.

Fig. 17

Fig. 17a

(Fig. 17): Wenn man das Teilstück 17a als sechswertige Einheit auffaßt, so kommt man zu folgender Zahlendarstellung von Fig. 17:

6+6+6+6 = I I I I
\+ + + +
6+6+6+6 = I I I I
\+ + + +
6+6+6+6 = I I I I
\+ + + +
6+6+6+6 = I I I I

rein wiederholend, also struktural.

13

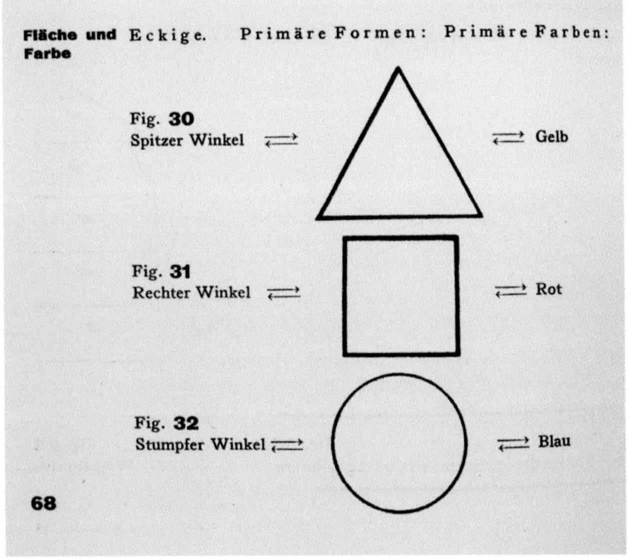

Fläche und Farbe Eckige. Primäre Formen: Primäre Farben:

Fig. 30 Spitzer Winkel ⇄ ⇄ Gelb

Fig. 31 Rechter Winkel ⇄ ⇄ Rot

Fig. 32 Stumpfer Winkel ⇄ ⇄ Blau

68

좌측 상단

8-18. 파울 클레, 《교육지침서》, 바우하우스 총서 2, 13.

클레는 '양적구조*Gewichtsstruktur*' 강의에서 1과 2를 반복하면 수평 행과 수직 열의 합이 11, 10, 11, 10, 11,…이 되면서 각기 다른 시각적 · 수치적 '비중'을 갖지만 1에 하얀색을 대입하고 2에 검은색을 대입하면 행과 열이 균일한 하나의 모양(체스판)을 만드는 패턴을 구성한다고 말했다(das Schachbrett, 도표 17). 이 격자무늬는 정사각형 4개로 이뤄져 있고 그 숫자의 합은 6이므로(도표 17a) 시각적 비중이 동일하면서도 완벽하게 반복되는*Rein Wiederholend* 6의 패턴을 형성한다.

좌측 중단

8-19. 바실리 칸딘스키(러시아인, 1866~1944년), 《점과 선에서 평면까지: 그림요소 분석》, 바우하우스 총서 9, 68.

칸딘스키는 실험심리학자처럼 바우하우스의 학생과 스태프에게 검은색 삼각형, 정사각형, 원을 프린트한 종이를 나눠주고 자신의 직관과 직감에 따라 가장 '적절한' 원색으로 모양을 칠하게 했다. 그 결과를 기록한 칸딘스키는 자신이 새로운 심리학 '법칙'을 증명했다고 주장했다. 사람들은 기본형태*Primäre Formen*를 원색*Primäre Farben*과 연관지어 생각한다. 삼각형 같이 뾰족한 각*Spitzer Winkel*은 '자연스럽게' 노란색*Gelb*과 연관짓고, 정사각형 같은 직각*Rechter Winkel*은 빨간색*Rot*과 연관지으며, 원 같은 둔각*Stumpfer Winkel*은 파란색*Blau*과 연관짓는다. 그러나 칸딘스키가 작은 표본을 바탕으로 제안한 '법칙'을 증명한 실험 결과는 존재하지 않는다.

하단, 좌에서 우로

8-20 오스카 슐레머*Oskar Schlemmer*(독일인, 1888~1943년), '사람과 예술적 도형 *Mensch und Kunstfigur*'에 삽입된 그림, 《Vivos voco 5》, no. 8-9(1926년), 281-92.

바우하우스의 연극 프로그램 책임자 오스카 슐레머는 춤의 본질은 단순한 동작에 있으며 이것은 기본 기하학 형태로 이루어져 있다고 가르쳤다. 그는 이 도형은 (좌측에서 우측 방향으로) 움직이는 건축물이자(wandelnde Architektur, "이 입방체는 인체의 부분에 대입할 수 있다", 287) 인체 모형이며(die Gliederpuppe, "공간에서의 인체의 기능적 법칙 (…) 곤봉 모양 팔과 다리, 구형 모양 관절들", 288) 비물질적이고(Entmaterialisierung, "인체의 부분으로 상징화한 형이상학 형태의 표현. 펼친 손은 별 모양, 교차한 팔은 ∞ 모양, 척추와 어깨는 십자가 모양을 이룬다", 289) 기술적 유기체(ein technischer Organismus, "인체 움직임의 법칙 (…) 회전과 방향", 288)라고 설명했다.

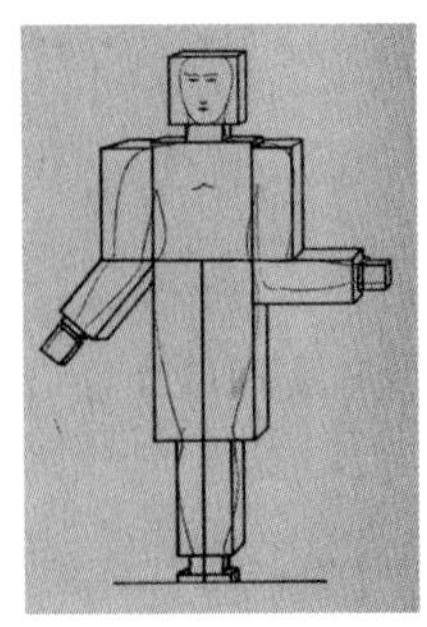

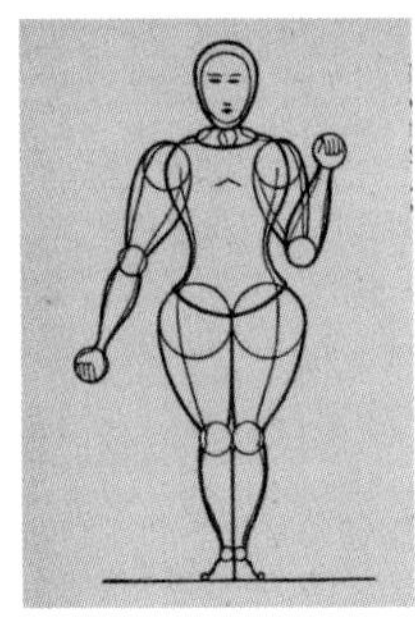

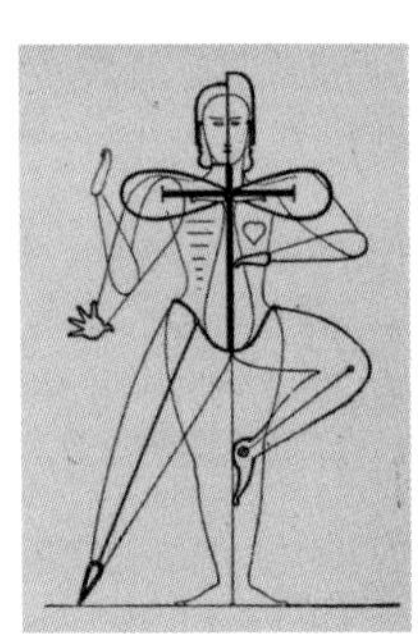

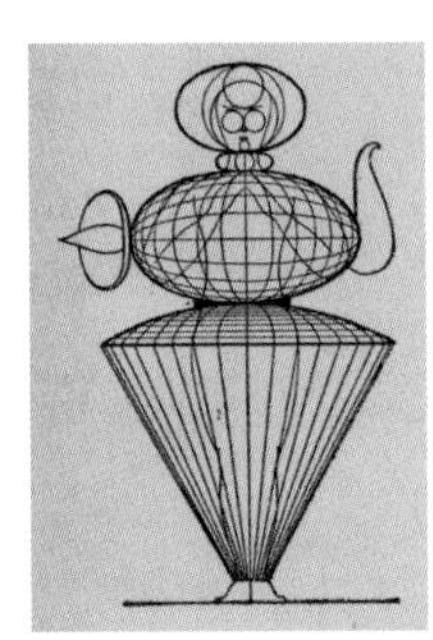

나는 근본 변화의 원인인 힘에서
단순한 법칙을 보았기 때문에
곱셈표와 ABC를 사용하는 것에
찬성한다.

— 오스카 슐레머, 〈춤의 수학*The Mathematics of Dance*〉, 1926년.

우스 화가인 파울 클레, 바실리 칸딘스키, 요하네스 이텐Johannes Itten은 모두 전쟁 이전의 독일 표현주의 '청기사파'와 관련이 있었고 이들의 미술은 감정·감각·절대영혼을 상징화했다.

그중에서도 이텐은 조로아스터(고대 페르시아의 예언자)의 가르침에 기반한 마즈다즈난Mazdaznan 교파의 보건운동을 따르며 살았다.[91] 마즈다즈난의 창시자 오토 하니슈Otto Hanisch에 관한 기록은 불확실하다. 그는 19세기 중반 러시아인 아버지와 독일인 어머니 사이에서 태어난 것으로 알려져 있으며, 나중에 시카고에 정착해 보편종교를 찾고자 동서양의 교리를 결합했다. 20세기 초반 하니슈는 '오토만 자르-아두스트 하니슈Otoman Zar-Adhust Ha'nisch'라는 이슬람식 가명으로 독일에서 순회강연을 했고 이텐과 이텐의 제자를 포함한 오토의 추종자는 그의 가르침에 따라 채식, 호흡운동, 장시간 산책 등을 실천하며 절대정신을 인식하려 노력했다. 이텐과 그로피우스가 주도권 싸움을 벌인 뒤 이텐은 바우하우스를 떠났고 그로피우스는 이텐을 대신해 모호이너지를 영입했다.[92]

기술에 열광한 모호이너지는 작가의 손을 거치지 않은 작품을 지지했는데 그것은 바로 전화로 그림을 주문하는 것이었다. 그는 3개의 그림형식을 구체적으로 설명하고 그림회사 색표에서 색조를 선택한 뒤 각 그림을 3가지 사이즈로 주문했다(그림 8-14).[93] 그로피우스는 이성적이고 과학적인 세계관을 기르기 위해 모든 신입생에게 비인칭(impersonal, 정해진 의미가 없는) 형태와 색의 어휘를 가르치는 핵심강좌를 개설했다.

모호이너지의 첫 과제는 이 기초수업을 수정하는 것이었다. 그는 형식주의 미학을 강력히 주장하면서 학생들에게 기초 시각요소(정해진 의미가 없는 형태와 색, 텍스처를 자주적인 체계로 결합하는 법칙)를 가르쳐야 한다고 선언했다. 그는 라울 프랑스의 생명공학(2장 그림 2-36, 2-37)에서 영감을 얻어 자연계에 7가지 기본형태가 구현되어 있다고 가르쳤다(그림 8-15). 특히 그는 생명공학 용어를 추상조각에 적용했는데 '니켈 구성'(그림 8-10)을 보면 나선을 막대기, 평면과 함께 사용했음을 볼 수 있다. 그는 나선, 막대, 구로 기능적인 물체를 디자인하기도 했다('운동구성 체계' 그림 8-17).[94] 또한 모호이너지는 프랑스에게 영감을 받아 그래픽 디자인에 과학사진을 도입했다(그림 8-16).[95]

우리 형식주의자들은
혁명 이전부터 서구의 형식주의를
모방해왔다. (…) 소련 예술에
형식주의가 등장한 것은
사회주의에 특히 적대적인
자본주의가 생존했음을 뜻한다.

— 폴리카르프 레베데프,
〈소련 예술의 형식주의에 반대하며〉,
1936년.

클레와 칸딘스키는 새로운 상사의 지침에 따라 학생들에게 보편적 '시각언어'를 가르쳤는데 이것은 바우하우스의 교과서에도 반영했다(클레의 《교육지침서Pädagogisches Skizzenbuch》, 1925년, 그림 8-18 그리고 칸딘스키의 《점과 선에서 평면까지: 그림요소 분석Punkt und Linie zu Fläche: Beitrag zur Analyse der malerischen Elemente》, 1926년, 그림 8-19).[96] 형식주의 미학은 바우하우스의 무대와 춤 공연으로도 확장되었다.

그사이 반 두스브르흐는 1924년 바이마르를 떠나 파리로 향했고 그곳에서 1931년 47세의 나이에 심장마비로 갑자기 죽기 전까지 〈데스틸〉을 출판했다. 리시츠키는 1923년 결핵에 걸려 독일을 떠났고 스위스의 요양원에서 치료받았다. 1924년 한쪽 폐를 제거하는 수술을 받은 그는 비자를 연장하지 못해 1925년 소련으로 돌아갔다. 시간이 흐르면서 정치적 관점이 변한 리시츠키는 스탈린의 지지자가 되었고, 로드첸코와 포토몽타주(기하학 형태와 사진의

이제 우리는 혁명가들이 반대해온 것,
즉 최종 업적만 평가하고
인간 자체의 발전은 간과하는
직업교육학교로 전락할 위험에
직면해 있다. 그에게는 시간도 돈도
공간도 이권도 의미가 없다. (…)
나와 다른 이들이 모든 것을
기꺼이 바친 구성 정신은 실용성만
바라는 경향으로 대체되었다. (…)
지금 학교는 흐름을
거슬러 올라가지 않는다.
그저 흐름에 따르고자 할 뿐이다.

— 라슬로 모호이너지,
바우하우스 사임 편지, 1928년.

결합)를 만들면서 러시아 아방가르드와 사회사실주의 사이의 타협점을 찾았다.[97]

1930년대 초반 폴리카르프 레베데프Polikarp Lebedev 같이 스탈린을 향한 충성심으로 가득한 예술고문들은 형식주의를 서구문화의 침투로 보았다. 그 후 순수 형태의 예술을 창작하는 것이 정치적으로 위험해졌으며 러시아에서 추상미술은 중단되었다. 1941년 리시츠키는 결핵으로 사망했다. 로드첸코는 1956년 64세의 나이로 사망했는데 이때 공산당 공무원이자 사회실증주의의 기탄없는 지지자였던 레베데프는 1954년 모스크바의 국립 트레차코프 갤러리 관장으로 임명되었다.[98]

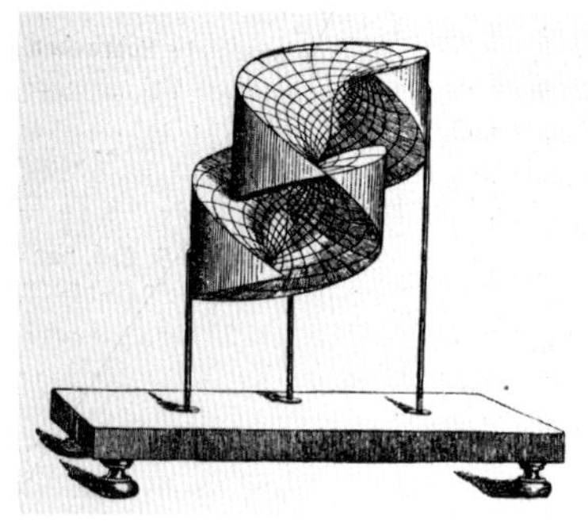

형이상학을 제거한 디자인

바우하우스의 건축가들은 건물과 기계를 문자 그대로 비교했다. 그로피우스는 은유적 관점에서 건물의 기능성 측면이 기계와 유사하다고 이해했지만 표현주의와 합리성의 균형을 맞추기를 원했기에 건물의 실용적·실질적 측면으로 세속주의 시대정신을 표현했다. 그리고 제자들에게 "새로운 신념의 결정체 같은 상징"을 창조하도록 요청했다.[99]

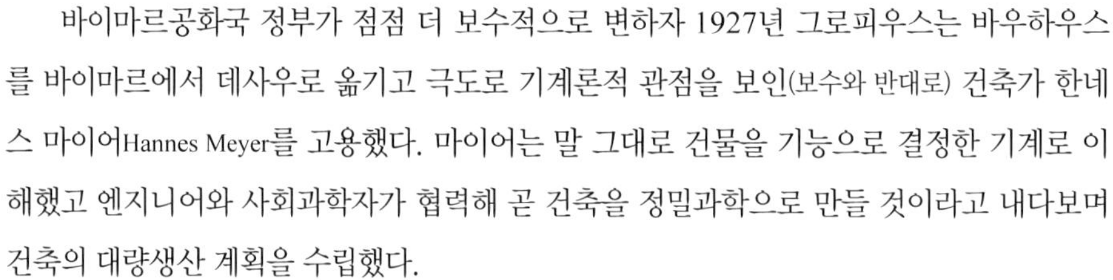

바이마르공화국 정부가 점점 더 보수적으로 변하자 1927년 그로피우스는 바우하우스를 바이마르에서 데사우로 옮기고 극도로 기계론적 관점을 보인(보수와 반대로) 건축가 한네스 마이어Hannes Meyer를 고용했다. 마이어는 말 그대로 건물을 기능으로 결정한 기계로 이해했고 엔지니어와 사회과학자가 협력해 곧 건축을 정밀과학으로 만들 것이라고 내다보며 건축의 대량생산 계획을 수립했다.

제네바 국제연맹본부를 디자인한 마이어는 가장 효율적인 건물구조를 '추론'할 데이터를 얻기 위해 여러 과학 분야 전문가(경제학자, 통계학자, 위생전문가, 기후학자)를 고용했다.

"건물은 미적 공정이 아니다. (…) 건축가란 누구인가? 건축가는 화가였고 이제는 구조 전문가가 되어가고 있다! (…) 건축물은 구조에 불과하다. 사회적, 기술적, 경제적, 정신적 구조."[100]

마이어는 극단적인 기능주의를 내세우고 그로피우스와 모호이너지는 좀 더 균형 잡힌 접근방식을 택해 건물의 기능과 그 건물 거주자를 함께 고려하도록 가르쳤기 때문에 그들 사이에 긴장감이 감돌았다. 1928년 초 그로피우스와 모호이너지는 모두 사임했고 결국 마이어가 학교 책임자가 되었다.

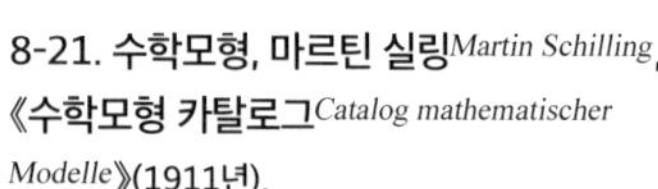

8-21. 수학모형, 마르틴 실링*Martin Schilling*, **《수학모형 카탈로그***Catalog mathematischer Modelle***》(1911년),**
위에서 아래로: 115, 그림 37; 123, 그림 83; 148, 그림 248; 144, 그림 232.

1929년 마이어는 디자인을 배우는 학생들에게 '세계의 과학' 개념을 가르치기 위해 루돌프 카르납을 초청했다. 마이어는 빈학파의 과학 관점에는 동의했으나 독일의 낭만주의 부활과 연관된 형이상학에는 적대적이었다. 카르납은 마이어에게 다음과 같이 선언했다.

"나는 과학을 연구하고 당신은 가시적 형태를 다루는데 이것은 한 생명의 2가지 다른 측면일 뿐이오."[101]

만약 '가시적 형태Sichtbare Form'가 마이어가 이해한 정밀과학이라면 그의 말이 맞지만,

좌측

8-22. 뮌헨 도이치박물관 가이드북의 수학 디스플레이(1907년), 62.

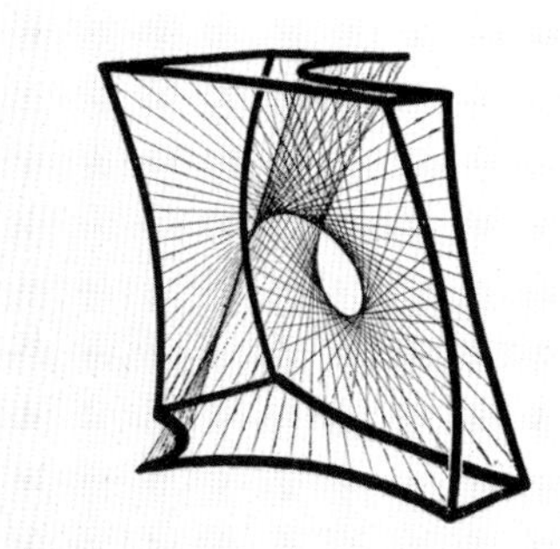

우측 상단

8-23. 마르틴 실링의 수학모형, 《수학 모형 카탈로그》, 13, 그림 156.

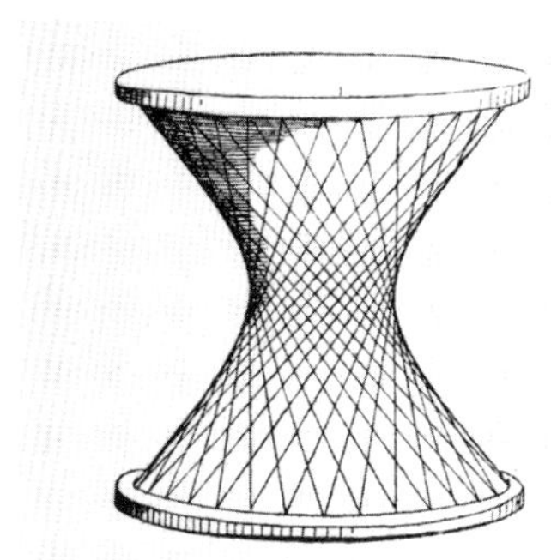

우측 하단

8-24. 마르틴 실링의 수학모형, 《수학 모형 카탈로그》, 112, 그림 11.

그로피우스처럼 시각디자인이 '새로운 신념의 결정체 같은 상징'이라고 생각한다면 그의 주장은 맞지 않다.

1920년 후반 많은 근대건축가(르코르뷔지에, J. J. P. 오우드, 미스 반데어로에 등)가 순수 형태로 건축물을 디자인했지만 마이어 같은 건축가가 볼 때 이 정사각형과 직사각형은 형이상학(영적)으로 오염된 것이었다. 마이어는 이 순수한 하얀색 형태를 없애버리고 논리적 실증주의처럼 형이상학 개념이 존재하지 않는 디자인을 만들고자 했다.[102]

하단 좌측

8-25. 헨리 무어(영국인, 1898~1986년), '현으로 된 엄마와 아이*Stringed Mother and Child*', 1938년, 브론즈와 끈, 길이 12.1cm.

무어는 수학모형에서 영감을 받아 이 조각을 작업했다. "현으로 된 내 모형은 과학박물관에서 영감을 받은 것이 분명하다. (…) 나는 그곳에서 본 사각형과 원 사이의 중간 형태의 차이를 설명하고자 만든 수학모형에 푹 빠졌다. (…) 그 모형을 과학적으로 연구한 것은 아니었지만 새장 같이 현 사이로 들여다볼 수 있고, 하나의 형태 안에 또 다른 형태가 존재하는 것이 놀라웠다." '헨리 무어, 자신이 만든 조각 설명', 존 헤지코*John Hedgecoe* 편, 《헨리 스펜서 무어》(1968년), 105.

하단 우측

8-26. 바버라 헵워스, '펠라고스', 1946년. 나무에 채색, 끈, 36.8×38.7×33cm.

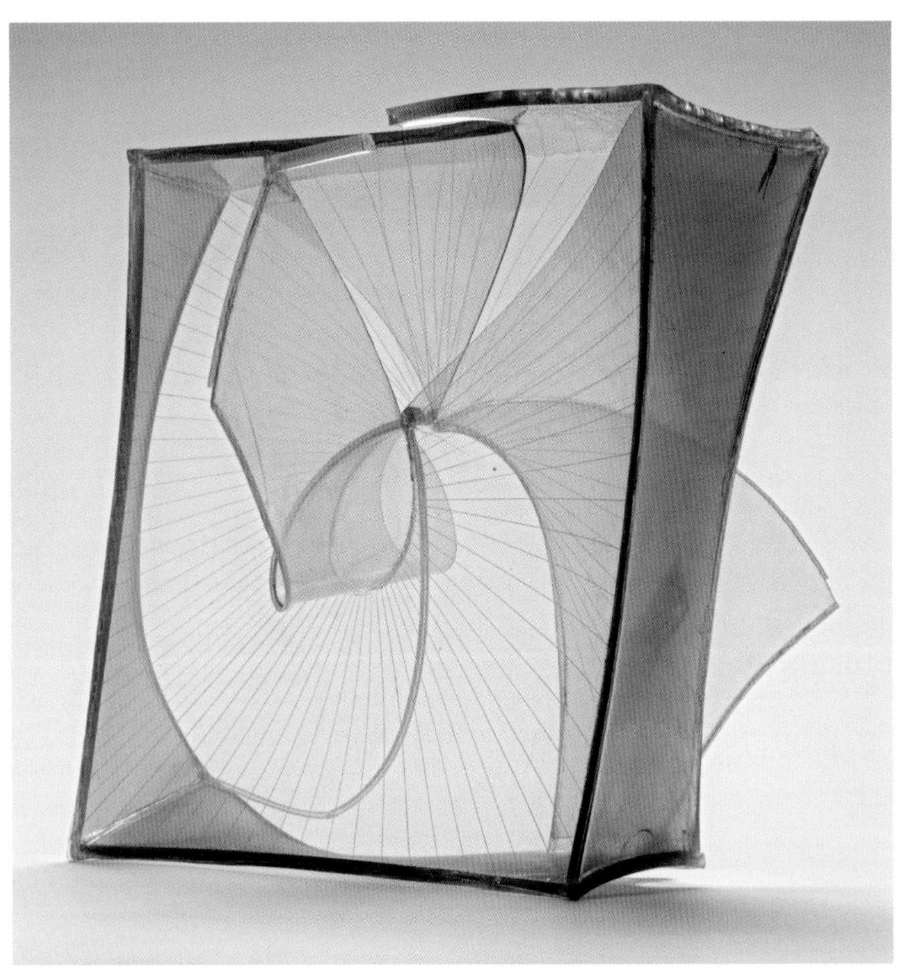

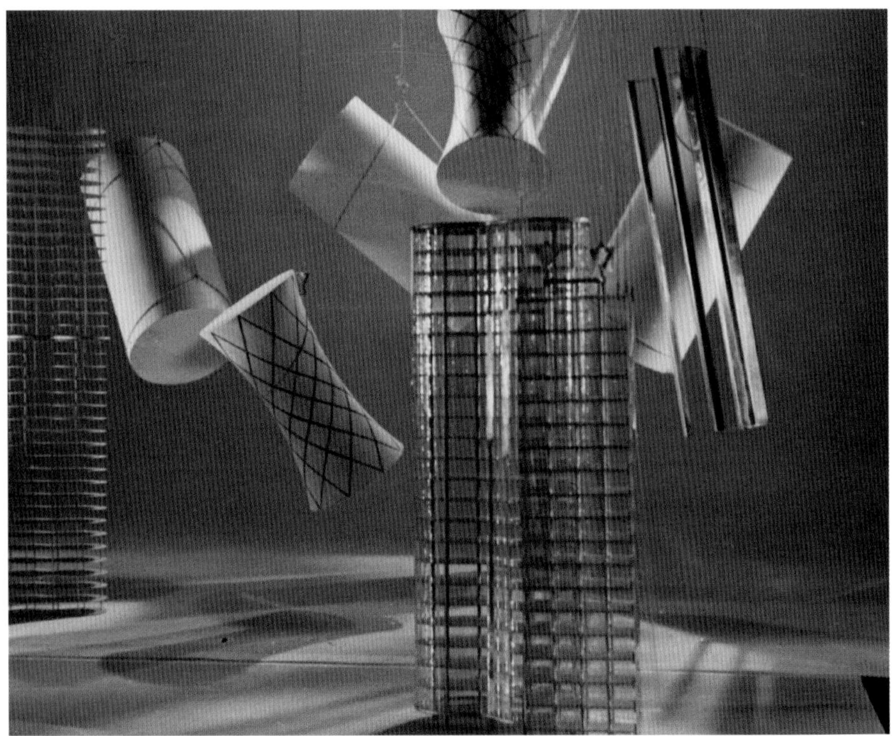

좌측 상단

8-27. 나움 가보(러시아인), **'공간 구성**(크리스털) *Construction in Space(Crystal)*', **1937~1939년, 셀룰로스 아세테이트, 22×27×18cm.**

가보는 이 작품의 플라스틱 표면에 금을 그어 자신이 본 수학모형과 비슷한 패턴을 만들었다(그림 8-23).

좌측 하단

8-28. 라슬로 모호이너지, 영국의 공상과학영화 〈다가올 세상〉의 특수 효과를 위한 디자인 (1936년), **감독 윌리엄 카메론 멘지스***William Cameron Menzies*, **시나리오 H. G. 웰스, 젤라틴 실버프린트, 18.6×23.4cm,**

347쪽

8-29. 만 레이(미국인, 1890~1976년), **'공식, 푸앵카레연구소, 파리***Equation, Poincaré Institute, Paris*', **1934년, 젤라틴 실버프린트, 30×23.3cm.**

3
2
1
00

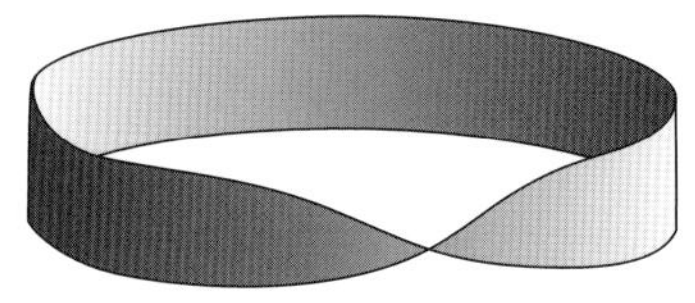

상단

8-30. 뫼비우스 띠.

밴드를 절반 뒤집은 다음 그 접점을 붙이면 뫼비우스 띠가 된다. 그 결과는 한 면으로만 이뤄진 2차원 표면으로 이는 위상기하학이 연구하는 형태다.

우측 상단

8-31. 막스 빌, '중앙으로 지나가는 등고선 *Contour Passes Through the Center*', **1971~1972년, 황동에 금박, 85×42×38cm.**

이 조각은 뫼비우스 띠에 기반한 단면으로 이뤄져 있다. 빌은 이 조각을 두고 "1968년 이후 5개의 새로운 단면 조각이 있었다. (…) 내가 중앙으로 지나가는 등고선을 작업할 때(1971~1972년) 다른 아이디어, 어쩌면 더 복잡할지도 모를 아이디어가 설득력 있는 법칙에 따라 실현되기만 기다리고 있었다"라고 말했다. 막스 빌, '내가 단면 조각을 시작한 이유*How I Started Making Single-Sided Surfaces*'(1972년), 《막스 빌: 끝이 없는 리본, 1935~1995년*Max Bill: Endless Ribbon, 1935-95*》(2000년), 89–90.

우측 하단

8-32. 힌케 오싱가*Hinke Osinga* **(네덜란드인, 1969년 출생), 베른트 크라우스코프** *Bernd Krauskopf***(독일인, 1964년 출생), '코바늘로 뜨개질한 로렌츠 다양체***Crocheted Lorenz Manifold*', **2004년, 면사, 철사, 지름 91.4cm.**

미국 수학자 에드워드 로렌츠*Edward Lorenz*는 불규칙한 날씨 패턴을 묘사하기 위해 이 특수한 쌍곡선 표면을 기술하는 방정식을 찾았다. 오싱가와 크라우스코프는 로렌츠의 알고리즘을 코바느질 교본으로 번역해 3차원 로렌츠 다양체로 나타냈다. 네덜란드 출신으로 어린 시절부터 코바늘 뜨개질을 배운 오싱가는 바늘로 2만 5,511개의 코를 떠 로렌츠 다양체를 짰다.

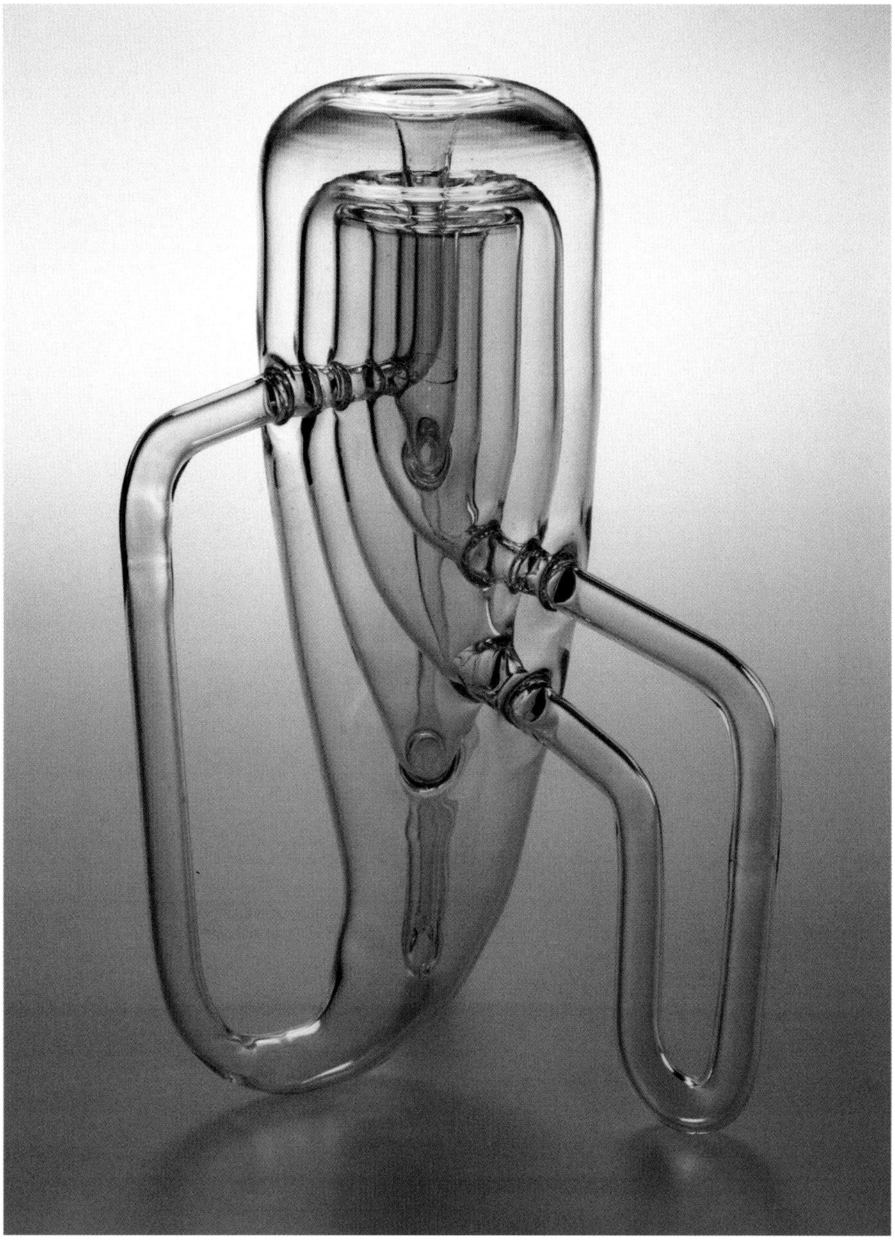

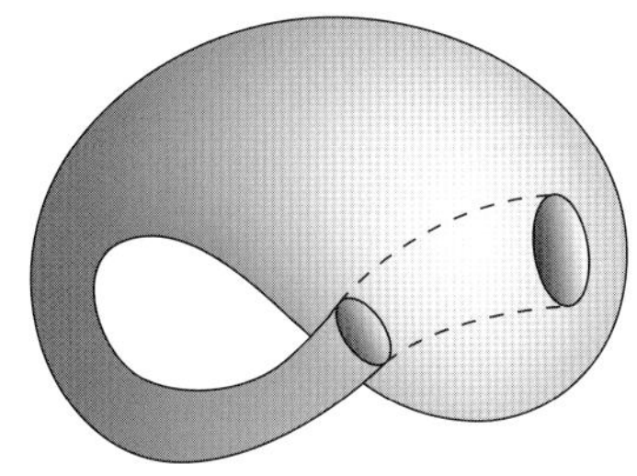

상단

8-33. 클라인 병.

원통의 끝을 꺾어 다시 본체와 연결하면 스스로 교차하는 3차원 단면 모양을 만들 수 있다. 이 폐쇄구조의 '병'에는 안이라는 개념이 없다. 이 기괴한 형태는 발견자 펠릭스 클라인의 이름을 따서 '클라인 병'이라 부른다.

좌측

8-34. 앨런 베넷*Alan Bennett*(영국인, 1939년 출생), '3중 클라인 병*Triple Klein Bottles*', 1995년, 블론 글라스, 높이 25cm.

앨런 베넷은 이 역작에서 클라인 병 안에 다른 클라인 병이 있는 3중 클라인 병을 만들었다. 클라인 병을 어떤 면에 대고 자르면 2개의 뫼비우스 띠가 나타난다고 알려져 있다. 베넷은 다이아몬드 톱으로 자신의 병을 다양한 각도에서 잘라내 여러 단면을 연구했다. 이안 스튜어트*Ian Stewart*의 '유리 클라인 병*Glass Klein Bottles*', 〈사이언티픽 아메리칸*Scientific American*〉 279, no.1(1998년 3월호), 100–101.

수학모형

결국 바우하우스는 1933년 나치가 폐쇄했고 교수들은 대부분 그 전에 독일을 떠났다. 그로피우스와 모호이너지는 러시아의 나움 가보를 비롯해 각국 망명 화가들의 공동체가 있던 런던으로 피신했다. 전쟁 기간 동안 이들이 교류하면서 연구한 주제 중 하나가 수학모형이었다. 수학 교육자 펠릭스 클라인은 1888년 괴팅겐대학교에서 수학 개념을 시각화하기 위해 3차원 형태를 처음 도입했다(그림 8-21). 파리의 앙리푸앵카레연구소 같은 많은 대학이 소장품을 모았고 이것을 뮌헨 도이치박물관(그림 8-22)과 런던 과학박물관에 공개 전시했다.

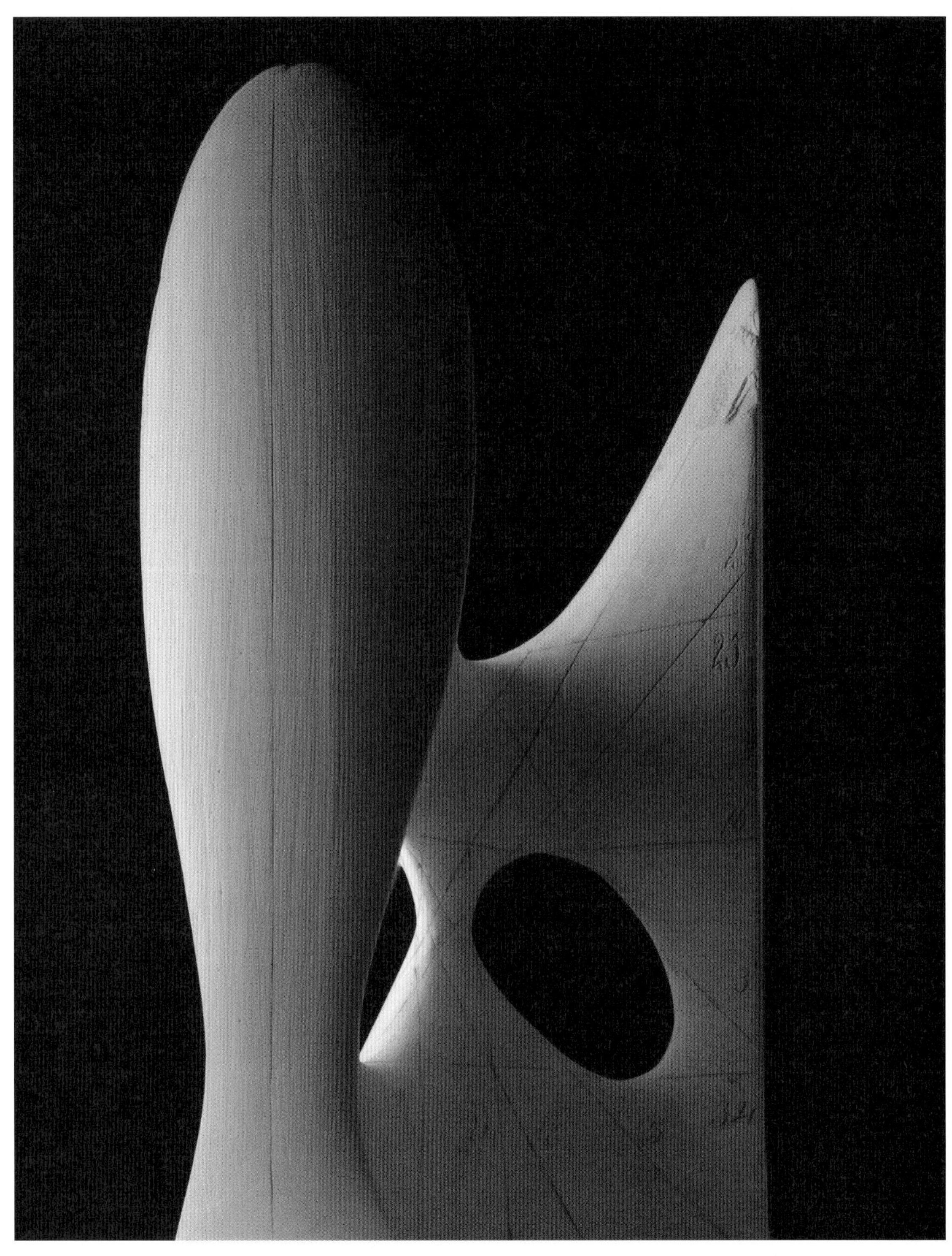

상단

8-35. 히로시 스기모토(일본인, 1948년 출생), '수학 모형 0012*Mathematical Form 0012*', 2004년, 젤라틴 실버프린트, 149.2×119.3cm.

351쪽

8-36. 히로시 스기모토, '수학 모형 0009', 2004년, 젤라틴 실버프린트, 149.2×119.3cm.

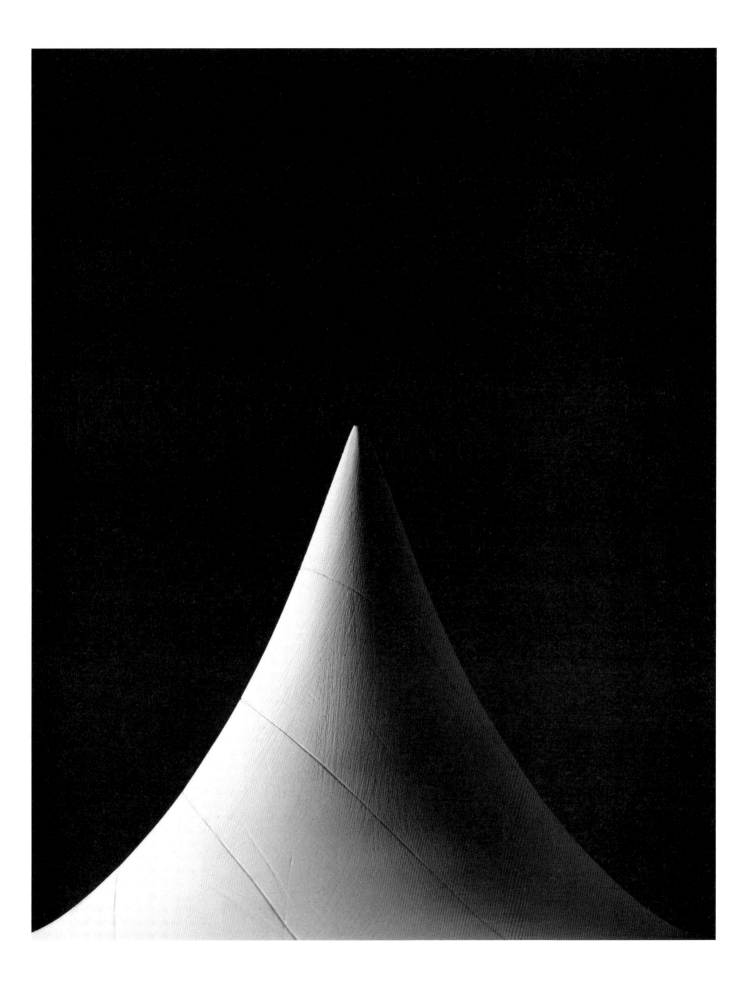

1930년대 후반 가보는 런던에서 투명 합성수지와 나일론 섬유 등 다양한 신소재에 수학모형을 가미한 조각을 만들었다(그림 8-23, 8-27). 1920년 사실주의 선언문을 비롯해 1940년대 런던의 평론가 허버트 리드와 교환한 편지에서 가보는 자신의 조각이 자연의 숨은 수학구조를 상징화한다고 선언했다.[103]

모호이너지는 영국의 공상과학영화 〈다가올 세상Things to Come〉(1936년)의 세트 디자인을 요청받았다. H. G. 웰스H. G. Wells는 각본에서 1936년부터 2036년까지 한 세기 동안 일어날 일을 묘사했다. 모호이너지는 웰스의 영화에 쓸 경이로운 공학과 기술을 묘사하기 위해 쌍곡선, 원통, 원뿔로 가득한 세트를 디자인했다. 런던에 망명해 있는 동안 모호이너지가 정해진 의미가 없는 조각을 만들고 때로 그것을 해석하면서 디자인한 수학모형 세트는 영국 예술가들에게 구상조각을 만들도록 영감을 불어넣었다.

런던의 과학박물관에서 이들 모형을 본 헨리 무어는 기울어진 두 모형이 서로를 지탱하는 '현으로 된 엄마와 아이'(1938년, 그림 8-25)를 디자인했다. 청동의 굽은 면에 끈이 그림자를 드리우는데 이것은 '투영기하학' 원리를 나타낸다. 끈 사이 공간 비율은 투영된 그림자에서도 유지된다. 바버라 헵워스도 '펠라고스'(Pelagos, 표영생물, '바다'를 뜻하는 그리스어, 그림 8-26) 같은 끈 모양 생물을 실험했는데 하얀 거품(하얀색 페인트)과 바다의 물보라(현)가 부딪쳐 파도를 만들어내는 것을 연상하게 했다. 영국 구성주의 미술은 1937년 가보와 벤 니컬슨, 건축가 레슬리 마틴Leslie Martin이 여러 예술가의 에세이와 의견을 모아 편집한 《원: 구성주의 예술의 국제적인 개관Circle: An International Survey of Constructivist Art》에서 정점에 이르렀다.[104]

미국인 만 레이Man Ray는 앙리푸앵카레연구소의 수학모형 사진을 촬영했다(그림 8-29). 이후 파리의 초현실주의 전시회에서 이들 사진을 전시한 후 1936년 파리의 예술간행물 〈카이에 다르Cahiers d'art〉에 수록했다. 영향력 있는 이 잡지의 창간인이자 고대 서양예술사학자인 크리스티앙 제르보스Christian Zervos는 이 기회에 기하학 형태로 창작한 1930년대 예술가들은 "세상의 미와 마음의 감정이 결여되어 있다"고 매도하는 에세이를 썼다.[105] 제르보스는 그 냉담한 영혼들의 이름을 밝히지는 않았지만 조심스럽게 자연에서 영감을 받아 창작활동을 한 칸딘스키는 아니라고 밝혔다(분명 칸딘스키는 1930년대 파리에서 현미경을 사용해 생물학적 추상작품 활동을 했다. '다채로운 앙상블Entassement réglé', 1938년). 제르보스에 따르면 기하학적 추상예술은 물질적인 산업사회의 표현이며 그는 현대 예술가가 피타고라스와 플라톤을 비롯한 신플라톤주의자의 전통을 따라 수학과 인간의 감정을 혼합하길("영혼을 수학화하길") 바랐다.[106]

여러 예술가가 수학모형에서 영감을 얻어 창작활동을 이어갔는데, 그중 막스 빌은 단면 구성의 무한히 이어지는 뫼비우스 띠 모양에 기반해 조각을 작업했다(그림 8-30, 8-31). 영국의 유리 장인 앨런 베넷은 뫼비우스 띠와 관련된 클라인 병 모형(그림 8-33)에서 영감을 얻어 여러 종류의 병을 만들었다(그림 8-34). 네덜란드 수학자 힌케 오싱가와 독일의 베른트 크

353쪽

8-37. 라슬로 모호이너지, 새로운 바우하우스의 브로슈어, 시카고, 1937~1938년..

the new bauhaus

AMERICAN SCHOOL of DESIGN

1905 Prairie Avenue

CHICAGO, ILLINOIS

Founded by the

ASSOCIATION of

ARTS and INDUSTRIES

라우스코프는 비유클리드적 쌍곡면의 평면 기하학 물체인 로렌츠 다양체를 연구했다(그림 8-32와 4장 181쪽 박스 참고). 이 시기 일본의 사진작가 히로시 스기모토는 1900년경 도쿄대학교에서 수집한 일련의 수학모형을 사진으로 남겼다(그림 8-35, 8-36).

시카고의 새로운 바우하우스

카르납은 1931년 빈을 떠나 프라하대학교에서 학생들을 가르치려 했지만 바이마르공화국이 무너지고 제3제국이 발흥하자 이내 프라하를 떠났다. 그는 미국 철학자 찰스 모리스 Charles Morris와 하버드 출신의 논리학자 W. V. 콰인의 도움을 받아 1935년 미국으로 이민을 갔다. 1936년부터 1952년까지 그는 모리스와 함께 시카고대학교에 재직했고 이때 시카고대학교 철학과는 국제 논리실증주의의 중심지로 부상했다. 카르납과 모리스는 오토 노이라트, 닐스 보어, 버트런드 러셀, 그 밖에 다른 사람의 도움을 받아 유럽 빈학파 멤버의 글을 편집한 《통합과학 국제백과사전International Encyclopedia of Unified Science》을 편찬했고 1938년 시카고대학교 출판사에서 첫 판을 출간했다.

이 시기(1937년) 라슬로 모호이너지도 시카고의 자선가 그룹에게서 디자인학교인 '새로운 바우하우스'의 학장이 되어달라는 제안을 받고 시카고에 도착했다(그림 8-37). 곧바로 카르납과 모리스를 알게 된 모호이너지는 모리스에게 새로운 바우하우스에서 철학을 가르쳐 달라고 요청했다. 기호학의 창시자인 미국 철학자 찰스 샌더스 퍼스의 학설을 신봉한 모리스는 당시 논리실증주의자와 바우하우스의 예술가가 통합한 기호이론을 만들고자 하는 목표를 공유했다.

"과학 통합 운동은 예술가에게도 의미가 있다. 통합한 기호이론으로 접근하는 방식은 과학적 미학과 문화요소를 단순하고 명백하게 관련지어 예술을 표현하는 언어의 가능성을 제시했다. (…) 과학기술 시대에 예술가가 자기 작품의 본질과 중요성을 알고 예술과 과학, 기술 사이에 줄일 수 없는 귀중한 차이가 있긴 해도 그것이 서로 보완하며 지지한다는 것을 이해할 때 작품을 제약하는 것으로부터 해방될 수 있다."[107]

1920년대 독일에서 유행한 기하학적 추상화의 국제 스타일은 정해진 의미가 없는 자주적인 체계에 색과 형태가 존재해 무한한 변형이 가능하다는 형식주의 미학을 공유했다. 오늘날 세계의 근대예술 박물관을 채우고 다국적기업과 여러 공항(시카고, 도쿄, 요하네스버그, 두바이 공항 등) 로비를 장식하는 색색의 정육면체와 구, 직사각형은 형식주의 미학과 도시의 스카이라인을 관통하는 강철이나 유리 빌딩에서도 찾아볼 수 있다. 하지만 바이마르공화국 유토피아 정치의 미래상은 1930년대 보어와 힐베르트, 카르납의 위대한 과학적·수학적 프로젝트로 인해 점차 사라졌다.

양자역학은 기술 진보를 불러왔지만 보어의 코펜하겐 해석은 자연계를 통합하는 관점을 약화했다. 또한 단 한 번도 완성되지 않은 힐베르트 프로그램과 카르납의 논리실증주의는 인공언어와 자연언어의 한계를 드러냈다.

Magritte

9
수학의 불완전성

말할 수 없는 것에는 침묵해야 한다.
— 루트비히 비트겐슈타인, 《논리철학 논고》, 1921년.

수수께끼 말고 무엇을 사랑할 수 있단 말인가?
— 조르조 데 키리코*Giorgio de Chirico*, 1910년.

1890년대 다비트 힐베르트는 새로운 형식주의 공리를 작성하며 기초기하학에서 성립 가능한 모든 올바른 명제를 자신의 공리체계에서 증명할 수 있으므로 이 공리는 완전하다고 선언했다. 이는 모든 가능한 게임에서 모든 가능한 위치를 (원론적으로) 계산할 수 있는 체스기계를 디자인한 것과 유사하다. 힐베르트는 기하학이론 같은 수학체계와 그 체계에 관한 '메타수학' 명제(가령 기하학체계가 완전하다는 주장) 사이의 중요한 차이를 처음 소개했다. 과학적 세계관이 등장하자 연구자들은 대부분 자신의 연구 분야와 관련된 질문의 답을 찾고자 했다.

'천문학의 주요 가정은 무엇인가?'

그러나 이들 질문은 그 분야에서 부수적인 내용이다. 만약 천문학자가 천문학의 본질을 논의하고 있다면 그는 천문학이 아니라 과학철학을 다루는 셈이다. 모든 과학 중에서 오직 수학만 수학언어로 수학의 본질을 질문했다. 이것이 가능한 이유는 모든 주제를 체계적이고 합리적으로 분석할 때 수학 방법을 적용할 수 있기 때문이다.

메타수학을 연구하는 수학자는 수학을 하는 것이며 근대 이후 자기관찰은 수학의 기본 특징이 되었다. 19세기 후반 추상(비표현적)예술이 등장하면서 예술가는 자의식적으로 '예술의 본질은 무엇인가?'를 물었다. 수학과 마찬가지로 그 질문은 예술언어로 표현했고 20세기 초반 '메타예술'(그림의 본질에 관한 그림 또는 영화제작에 관한 영화)이 등장했다. 근대수학과 근대예술에서 공통적으로 나타나는 내재된 자기성찰은 이 두 분야의 유사성을 보여준다.

1920년대 초반 독일 낭만주의가 재부상하고 반지적 수학자 L. E. J. 브라우어르가 폭발적인 인기를 구가하던 시절, 힐베르트는 수학자에게 기초수학에 존재하는 하나의 공리집합을 찾는 도전을 제시했다. 철학자 루트비히 비트겐슈타인과 수학자 쿠르트 괴델은 형식주의 공리체계를 비판한 브라우어르에게 영감을 받아 자연언어와 인공언어의 한계 밖에 존재하는 진실이 있음을 보여주었다. 절대적 명확성에 기반을 둔 힐베르트의 수학의 탑이 불가능한 바람으로 나타나자 많은 사람이 놀랐다. 비트겐슈타인과 괴델은 수학과 메타수학

9-1. 르네 마그리트(벨기에인, 1898~1967년), **'인간의 조건***La Condition Humaine***', 1933년, 캔버스에 유채, 100×81cm.**
서양에서는 전통적으로 금지된 상자를 열어 악이 세상 밖으로 나온 그리스 신화의 판도라처럼 고통으로 이어지는 호기심을 '인간의 조건'으로 여겼다. 마그리트는 근대정신의 철학 주제를 반영해 인간의 조건이 자기의식(자기 자신을 돌아보는 인간의 정신 능력)이며 이 그림 안의 그림처럼 현실과 환상이 역설적으로 섞이게 만든다고 정의했다.

의 차이 그리고 수학언어로 묘사하는 수학 자체의 특이한 능력에 기반한 증명을 제시했다. 그들의 증명처럼 자연언어나 인공언어가 어느 정도(매우 낮은 정도) 복잡한 단계에 이르면 그 언어체계 내에 자기언급이 내재되어 역설의 상자가 열린다.

한편 20세기 초반 예술가인 조르조 데 키리코와 르네 마그리트, 마우리츠 코르넬리우스 에스헤르는 르네상스 시대에 정연하고 조화로우며 이성적 공간을 디자인하기 위해 만든 선원근법으로 비이성적인 세계를 만들어냈다(그림 9-1). 이들은 비트겐슈타인과 괴델의 증명을 알지 못했지만 추상적·개념적 체계가 담아내는 것에는 한계가 있다고 주장한 헤겔과 셸링의 자연철학, 키르케고르와 니체의 생철학, 표도르 도스토옙스키의 소설을 공통적으로 참조해 그들의 증명과 유사한 수수께끼와 역설을 드러내는 작품을 창작했다. 이 철학적 비판 이후 가장 위대한 체계(힐베르트의 수학의 탑)를 무너뜨린 비트겐슈타인과 괴델이 등장해 문화적 지형의 일부를 형성했다.

메타수학, 완전성 그리고 일관성

힐베르트 프로그램의 과제는 수학의 모든 부분에 단 하나의 공리집합으로 이뤄진 체계를 설계하고, 나아가 이 체계에 관한 2개의 메타수학 명제를 증명하는 것이었다. 전자는 이 체계가 완전하다는 것이고(수학에서 공식화한 모든 올바른 명제가 이 체계 내에서 증명 가능하다는 것을 뜻함) 후자는 이 체계에 일관성이 있다는 것이다(이 공리집합이 절대 역설로 이어지지 않는다는 것을 뜻함).

19세기 이전 수학자들은 기하학과 산술에 '세계'라는 (역설이 없는) 모형이 있다고 가정했기 때문에 일관성 질문을 제기하지 않았다. 가령 쌀 포대를 세는 데 산술을 사용하면 그들은 명확히 존재하는(또는 존재하지 않는) 물리적 물체에 숫자를 적용한 셈이다. '이쪽 쌀 2포대와 저쪽 쌀 2포대를 합치면 4포대가 된다'는 명제는 이 세계의 사실을 나타낸다. 하지만 1800년대 중반 이후 수학자들이 세계와의 관계를 끊기 시작하면서 새로 발견한 공리체계의 일관성 관련 질문이 점점 커져갔다. 수학자가 공리체계의 일관성에 해석을 제시하는 방법으로 증명하는 것은 일관성 문제를 모형 문제로 옮긴 것이나 다름없다. 그러면 그 모형에는 일관성이 있는가?

결국 힐베르트는 수학자들에게 어떤 모형에도 의존하지 않고 절대적인 일관성을 증명하라는 과제를 제시했다. 그 체계의 언어 자체로 일관성을 증명하라는 얘기다. 체스의 절대적 일관성을 증명하는 것은 게임규칙과 언어(폰, 나이트, 정사각형 64개 격자 등)로 이것은 게임규칙에서 모순적인 움직임(가령 폰 같이 정사각형 안과 밖에 모두 존재하는 상태)이 발생할 수 없음을 증명한다.

**내게 그 모든 질문은
아직 개발하지 않은
중요한 새 연구 분야가
출현하는 것처럼 보인다.
나는 우리가 이 분야를 정복하려면
천문학자가 자신의
위치 움직임을 고려하고,
물리학자가 자신의
기기이론을 연구하며,
철학자가 이성 자체를
비판하는 것처럼
구체적인 수학 증명 자체를
연구대상으로 삼아야 한다고 믿는다.**
— 다비트 힐베르트,
〈공리적 사고〉, 1918년.

힐베르트는 이 주제를 다루기 위해 수학(산술, 기하학, 논리 등)과 메타수학(산술, 기하학, 논리 등의 명제)의 차이를 더 세밀하게 보완해 정의했다. 1899년 그는 말과 수학기호를 혼용해 기하학 책을 집필했으나 술어논리의 기술도구를 자유롭게 사용하게 된 것은 1910~1913년 러셀과 화이트헤드가 《수학원론》을 출판하면서부터다. 그제야 기계적인 방법으로 작용하는 추론법칙을 완전히 정의하고 수학을 형식적 기호언어로 적게 된 것이다. 예를 들어 술어논리로 'y보다 큰 숫자 x가 존재한다'는 문장은 '$\exists xy(Lxy)$'로 적을 수 있다. 이 수식은 'x가 y에 대해 L의 관계를 갖는 x와 y가 존재한다'라고 읽는다. 더 결정적으로 러셀과 화이트헤드의 체계로 'y의 증명이 되는 x가 존재한다' 같은 수학명제도 적게 되었다. $\exists xy(Dxy)$는 'x가 y에 대해 D의 관계를 갖는 (y의 증명이 되는) x와 y가 존재한다'라고 읽는다.

비트겐슈타인의 선언

루트비히 비트겐슈타인은 오스트리아에서 특권을 누리는 부유한 가문에서 태어나 개성 있는 성격에 열정이 강한 사람으로 자랐다. 1910년 영국 맨체스터대학교에서 공학을 공부하던 중 버트런드 러셀이 1903년 발표한 《수학원리》를 읽은 그는 그 안에 담긴 프레게의 언어와 논리 관점에 동의하지 않았다. 당시 21세였던 비트겐슈타인은 프레게에게 편지를 보내 반론을 펼쳤고, 프레게는 그 논리 문제를 토론하기 위해 비트겐슈타인을 독일 예나로 초대했다. 1911년 비트겐슈타인이 방문하자 프레게는 그에게 케임브리지대학교에서 러셀에게 배울 것을 권했다. 당시 러셀은 대표 저서인 《수학원론》 초판을 막 출판한 상태였다.

1912년 러셀은 새로 자신의 학생이 된 빈 출신 청년의 날카로운 질문에 답하기 위해 《수학원론》 2판 작업에 들어갔다. 그들의 토론은 비트겐슈타인이 러셀의 논리적 원자론을 개선하고자 1년간 케임브리지를 떠나 노르웨이에서 지낸 1913년 끝났다.[1] 1차 세계대전 당시 오스트리아군에 입대한 비트겐슈타인은 자신의 원고를 군장에 넣어 갖고 다녔다. 그는 1916년 러시아 전선에서 싸우고 1918년 이탈리아 전선에서 싸우다 붙잡혀 이탈리아 포로수용소에서 지내는 동안 《논리철학 논고》를 완성했다.

1921년 출간한 이 책은 80쪽 분량으로 비교적 얇았지만 조밀한 언어로 표현한 여러 견해를 정리처럼 제시했다. 그는 각 견해에 7개 공리에서 추론한 순서를 나타내는 10진수를 부여했다. 그중 첫 번째는 '세계는 사실의 전체다The World is all that is the case'이다. 비트겐슈타인의 논고 제목은 네덜란드 철학자 바루흐 스피노자의 《신학정치론》(1670년)을 연상하게 하고 그 연역적 형식은 스피노자의 《윤리론Ethics》(1677년)을 따르고 있다. 스피노자의 이 《윤리론》은 유클리드 《원론》의 연역적 형식을 본떠 만든 것이다.[2]

비트겐슈타인은 러셀의 논리적 원자론을 자기 식으로 해석한 버전을 발표했는데 그것이 바로 '의미의 그림 이론Picture Theory of Meaning'이다. 원자적 명제가 기술하는 논리구조가 그 주장을 반영하므로 원자적 명제는 원자적 사실을 '묘사한다'고 할 수 있다.[3] 예를 들어 그림 9-2의 남자가 자동차를 보고 '자동차'라고 말하는 것은 그가 자신의 기억에 저장된 언어와 이미지가 일치한다는 것을 추론 과정으로 알기 때문이다.

또한 언어의 한계에도 관심을 기울인 비트겐슈타인은 말이나 다른 기호로 표현하는 것 자체가 언어의 한계라고 정의했다. 그림의 남자가 자동차를 보면서 권위적인 아버지가 운전하던 검은 메르세데스가 생각나 불안한 감정을 느꼈다고 가정해보자. 그 불안감은 바깥 세계의 사물 인지가 아니라 감정이 신경회로를 타고 뇌간으로 전달되는 과정을 거쳐 내면 세계에서 일어나는 것에 기인한다. 그의 추론이 감정과 정확히 일치하는 단어를 찾지 못하는 이유는 감정을 담당하는 중뇌 영역(편도체)이 언어를 담당하는 대뇌피질(브로카 영역)보다 훨씬 이전에 진화했기 때문이다.

심리학자에 따르면 불안은 '말하기 이전'의 사고방식이다. 언어의 경계 밖에 위치한 감정과 직감은 단어로 표현할 수 없었기에 비트겐슈타인은 이것을 '신비한 것Das Mystische'이라 불렀다.

"진정 표현할 수 없는 신비한 것이 존재한다."[4]

더 나아가 비트겐슈타인은 완전한 현실이 존재한다고 확신하며 신비한 지식의 특성을 묘사했다.

"세계와 생명은 하나다. 내가 바로 내 세계다."[5]

이 문장으로 비트겐슈타인은 다신교 전통을 따라 (자연신비주의) '영원의 관점 아래Sub Specie Aeterni'를 다룬 피타고라스학파와 스피노자로 거슬러 올라갔다. 비트겐슈타인이 인용한 것을 보면 다음과 같다.

> 영원의 관점에서 세계를 사색하는 것은 제한된 전체를 사색하는 것이다. 제한된 전체 세계를 느끼는 것은 신비로운 감정이다.[6]

비트겐슈타인에 따르면 세계의 일부는 이야기할 수 있지만 '제한된 전체'는 이야기할 수 없다. '제한된'이라는 말은 '한계가 있는' 또는 '범위가 한정적인'을 뜻한다. 이것은 세계는 유한한(무한하지 않은) 수의 사실로 구성되어 있다는 말이다. 왜 '유한한 사실'의 집합인 세계를 형언할 수 없는 것일까? 왜 신비주의는 입을 열지 않는 것일까? 여기에는 2가지 이유가 있는데 하나는 세계와 관련된 것이고 다른 하나는 언어와 관련이 있다.

비트겐슈타인은 세계와 관련된 이유를 설명하면서 전 세계('우주')를 모든 사실의 집합으로 보았다. 이 집합을 인지하려면 키르케고르가 관찰한 것처럼 우주 "바깥으로 나가" 그 사실 중 하나로 남는 것을 멈춰야 한다. 이것은 인격적 신성이 시공간 제약 밖에서 우주를 내려다보는 서양의 전통 관점이었다. 비트겐슈타인이 정의한 모든 사실의 방대한 집합은 칸토어의 '절대적 무한성'(알레프 계층으로 나타내는 집합이론의 상향체계)을 떠올리게 한다. 유일신 전통에서 절대적 무한성은 절대존재의 전지전능한 정신에만 존재한다. 비트겐슈타인은 서양 유일신론의 형언하지 못하는 속성을 속세의 집합이론 언어로 이렇게 옮겼다. 영원히 살 수 없는 평범한 사람은 우주 바깥으로 나갈 수 없고 그 혹은 그녀는 우주를 전체로 설명할 수 없다!

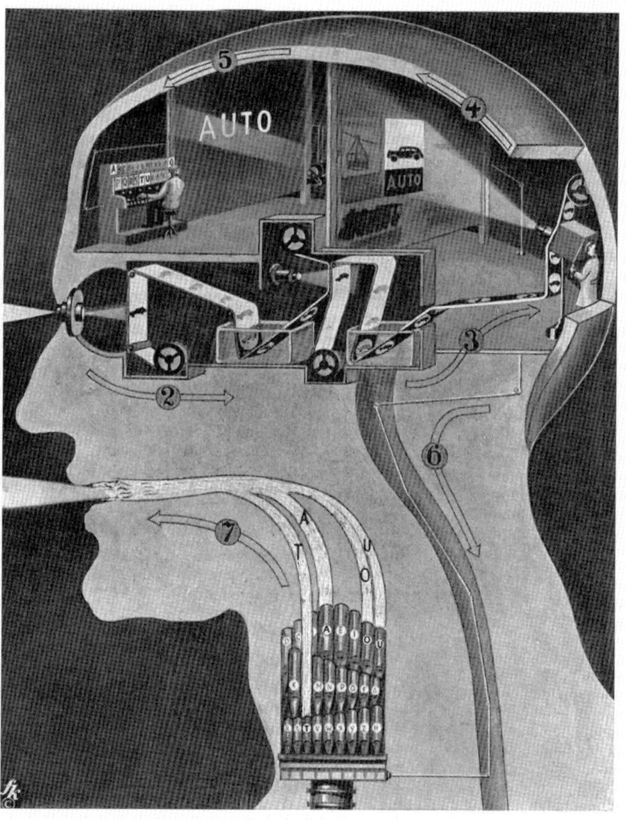

9-2. **'우리가 자동차를 보고 자동차라고 말할 때의 머릿속 현상', 프리츠 칸***Fritz Kahn*의 **《인간의 건강과 질병***Der Mensch Gesund und Krank***》(1939년).** 러셀과 비트겐슈타인, 프리츠 칸(유명한 과학그림을 디자인한 독일 의사)은 언어가 완전히 기계적인(논리적인) 방식으로 작용한다고 보았다. 사람 눈의 수정체가 빛에 민감한 표면(망막)으로 자동차의 모습을 투영하면, 망막은 이미지를 신경자극으로 변환하고 이것을 시신경이 뇌의 뒤편에 위치한 시각피질로 전달한다. 이때 흰 실험가운을 입은 기술자(인간화한 추론)는 저장한 기억을 확인해 이미지와 맞는 단어를 찾는다. 맞는 쌍을 찾은 기술자는 26글자(A~Z)로 이뤄진 교환대로 '자동차'라는 단어를 투영하고, 이것은 후두의 성대로 이어지는 파이프를 통해 전달되어 '자동차'에 해당하는 소리 패턴이 남자의 입에서 흘러나온다.

언어와 관련해 비트겐슈타인은 프레게의 언어계층 구조 개념을 빌려와 세계를 설명할 수 없는 이유를 말했다(5장 235쪽 박스 참고). 그의 '의미의 그림 이론'에 따르면 세계를 구성하는 사실은 단어(언어로 하는 주장)에 반영된다. 이 언어구조로 사실을 묘사할 수 있지만 언어구조 자체는 언어로 묘사할 수 없다. 하지만 영역을 확장해 2차언어(메타언어)를 창조할 경우 첫 언어구조를 설명할 수 있다(그림 9-3). 이것은 두 번째 언어구조를 설명하는 세 번째 언어를 창조하는 식으로 이어진다. 더 높은 차원으로 올라가는 언어의 전체 계층구조를 이해하려면 의미의 탑에서 '벗어나' 그 모든 언어를 사용하지 않아야 한다.

비트겐슈타인은 주장과 사실 사이의 관계를 묘사할 수 있지만 언어로 표현할 수는 없다며 마그리트가 제기한 역설을 피했는데(그림 9-4), 이는 말을 멈추고 손가락으로 가리키는 행동만 했던 고대 아테네의 크라틸로스Cratylus를 떠올리게 한다. 그는 사람이 전체 언어계층을 이해할 수는 있어도 그것을 단어로 표현할 수는 없다는 결론을 내리며 자신의 《논리철학 논고》를 7번째 공리로 마무리했다.

"말할 수 없는 것에는 침묵해야 한다."[7]

비트겐슈타인의 업적은 구어(분석철학에서 연구한 의미론과 구문론)는 인간의 경험 중 제한된 일부만 묘사가 가능하고 가치관(윤리학과 미학)을 직관하는 것이나 내면세계 감정(몇몇은 덜 구체적이고 더 시적인 언어로 표현하지만 나머지는 단어로 표현할 수 없다)은 구어로 표현할 수 없음을 설득력 있게 주장한 것이다.

9-3. 비트겐슈타인의 의미의 탑.
맨 아래 언어1에서 단어('점 2개가 있다')와 이미지(칠판 그림에 묘사한 두 점)는 검은색 점 2개가 있다는 사실(그림)을 나타낸다. 비트겐슈타인에 따르면 이 그림은 (단어와 사실 사이 혹은 이미지와 사실 사이) 관계를 나타낼 수는 있어도 언어1로는 설명할 수 없는데, 이는 언어1의 영역(단어와 이미지가 나타내는 것)이 세계의 사실이지 그 단어와 이미지와 사실 사이의 관계가 아니기 때문이다.
언어2: 묘사를 위해 체계 바깥으로 나가는 것. 그 관계를 담아내려면 영역이 사실의 그림을 담아내도록 확장한 2차언어(기호체계)를 창조해야 한다.
언어3: 계층 형성. 그런 다음 사실의 그림의 그림을 포함하도록 영역을 확장한 3차언어를 창조하고 그 방법을 계속 이어가 계층을 형성한다.
자기언급의 역설을 피하기. 이 체계에서는 자기언급(언어 내에서 그 언어를 언급하는 것)이 불가능하다. 예를 들어 거짓말쟁이의 역설('이 문장은 거짓이다')은 비트겐슈타인의 체계에서는 표현할 수 없고 마그리트의 (시각적 · 언어적) 수수께끼('이것은 파이프가 아니다Ceci n'est pas une pipe') 또한 비트겐슈타인의 체계에서는 표현이 불가능하다.

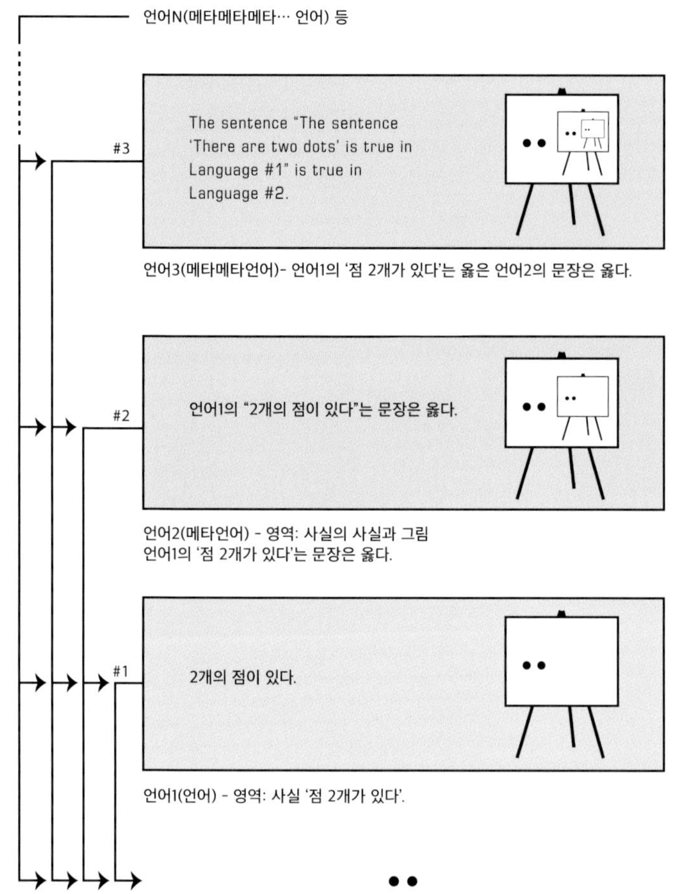

언어N(메타메타메타… 언어) 등
#3
The sentence "The sentence 'There are two dots' is true in Language #1" is true in Language #2.
언어3(메타메타언어)- 언어1의 '점 2개가 있다'는 옳은 언어2의 문장은 옳다.
#2
언어1의 "2개의 점이 있다"는 문장은 옳다.
언어2(메타언어) - 영역: 사실의 사실과 그림
언어1의 '점 2개가 있다'는 문장은 옳다.
#1
2개의 점이 있다.
언어1(언어) - 영역: 사실 '점 2개가 있다'.

비트겐슈타인은 자신의 《논리철학 논고》에서 자연신비주의의 또 다른 전통 주제를 다뤘다. 그것은 바로 세상과 하나가 되는 범신론적 느낌이다. 신비주의자는 영원히 살 수 없는 평범한 사람의 세속적 경계를 벗어나 모든 자연과 결합하는 것을 묘사했다. 피타고라스 추종자들의 '세계영혼'과 스피노자의 '절대자'가 여기에 해당한다. 비트겐슈타인은 세계와 하나가 되는 감정을 "매우 뛰어난 절대가치를 지닌 경험"이라 묘사했다(《철학일기Notebooks》, 1914~1916년). 나아가 그는 세속사회 삶을 절대적 안정감을 느낄 수 있는(현재를 소중히 간직하면서) 내재적 여정이라 묘사하며 "어떤 일이 일어나도 나를 해칠 수 없다"[8]는 글을 남겼다. 그는 전쟁 중 죽음의 위협에 직면했을 때조차 평화를 느낀다고 설명했다.

"영원성이 무한한 시간의 흐름이 아니라 시간이 없는 것을 의미한다면 현재를 사는 이들에게는 영원한 삶이 부여된 셈이다."[9]

이 관점은 화가 히에로니무스 보스Hieronymus Bosch의 작품 중 초기 기독교의 신비로운 성 안토니우스가 악마와 위험한 박해자들에게 둘러싸인 상황에서도 구름 한 점 없이 맑은 푸른 하늘을 바라보며 다리 아래에 있는 잔잔한 물에 그 모습이 투영되는 그림에 잘 나타나 있다(그림 9-6).

비트겐슈타인은 1차 세계대전이 끝난 뒤 루돌프 카르납이 이끌던 빈학파가 있는 고향 빈으로 돌아와 과학을 위한 새로운 보편언어를 만들고 있었다(8장 참고). 그는 자신의 《논리

9-4. 르네 마그리트,
'이미지의 반역*La Trahison des Images*', 1929년,
캔버스에 유채, 60×81cm.
마그리트는 캔버스에 파이프 그림을 그린 뒤 이 그림을 나타내는 문장을 썼다. '이것은 파이프가 아니다.' 이 작품은 예술가가 사실(이 세계의 파이프)을 반영하는 이미지를 그렸지만 작가의 설명문은 그린 파이프와 이 세계 파이프 사이의 관계를 설명하므로 비트겐슈타인의 탑 구성 법칙을 따르지 않는다. 비트겐슈타인에 따르면 그림과 사실 사이의 관계는 같은 언어(같은 캔버스)로 설명할 수 없다. 마그리트가 비트겐슈타인의 법칙을 따르기 위해서는 2차언어(메타언어)를 만들어야 한다. 만약 작가가 '이것은 파이프가 아니다'라는 문장을 캔버스에서 지우고 그림 제목으로 사용했다면, 그 방식으로 2차언어를 창조할 수 있었을 것이다. 마그리트는 역설을 피하길 바란 비트겐슈타인과 달리 관람자가 그림이 그것이 나타내는 것과 동일할 것이라고 믿는 순진한 생각(순진한 눈)이 '이미지의 반역'으로 이어진다는 것을 보여주고자 이 역설을 만들었다.

철학 논고》를 읽은 이 논리실증론자들의 모임에 몇 차례 참석했으나 그 그룹의 정규멤버는 아니었다. 자신의 《논리철학 논고》에서 증명 가능한 문장으로 명시하는 것의 한계를 설명한 비트겐슈타인은 명제가 그것을 증명하는 규칙을 제시할 때만 의미가 있다는 검증원칙을 따른 논리실증론자들과는 완전히 다른 태도를 취했다.

카르납은 이 기준을 적용해 마치 귀찮은 파리를 털어내듯 형이상학에 의미가 없다면서 무시했지만, 비트겐슈타인은 상실감을 느끼며 '신비로운 것'은 검증할 수 없다(단어나 기호로 나타낼 수 없다)고 결론지었다. 비트겐슈타인에 따르면 윤리학과 미학을 포함한 모든 형이상학 주제는 단순히 세계가 존재한다는 점에서 세계의 경계에 존재하지만, 가치판단은 인간의 마음이 결정하는 것이므로 무엇이 좋거나 나쁘거나 아름답다는 평가는 세계의 '바깥'에서 온다.[10]

비트겐슈타인은 1921년 《논리철학 논고》를 출판한 후 논리와 언어 연구를 마치고 오스트리아의 농촌지역에서 초등학생들을 가르쳤다. 1928년에는 철학에 심취했고 빈에서 직관주의 수학자 브라우어르가 논리와 언어에 접근하는 공리적 방식을 비판하는 수업을 듣기도 했다. 브라우어르의 비판은 힐베르트 프로그램을 향하고 있었으나 비트겐슈타인은 그것이 공리방식에 기반을 둔 자신의 《논리철학 논고》에도 적용된다는 것을 알고 있었다.[11]

9-5. 마르틴 숀가우어*Martin Schongauer* (독일인, 1435/50~1491년), '악마에게 고문당하는 성 안토니우스*Saint Anthony Tormented by Demons*', 1470~1475년경, 판화, 31.1×22.9cm.

그 수업을 들은 비트겐슈타인은 케임브리지로 돌아와 박사 과정을 마치고 다시 철학을 연구하기 시작했다.

브라우어르 역시 비트겐슈타인처럼 독일 낭만주의 학풍의 철학을 공부했고, 그 때문에 비트겐슈타인은 브라우어르의 비평에 공감했다.[12] 반면 러셀과 카르납은 주장이 참인 명제의 구조를 뒷받침하는 과학 학풍의 철학을 공부했다. 그들의 이론은 증거에 기반을 두었고 그들은 동료들과의 대화로 철학적 진보를 달성하길 열망했다.

그러나 비트겐슈타인은 자연철학(그리고 브라우어르)의 목표와 마찬가지로 자기이해를 얻기 위해 철학을 연구했다. 그가 사망한 후(1953년) 출간된 《철학적 탐구Philosophical Investigations》의 서문에 나오듯 그는 자기성찰을 하며 은자의 삶을 살았다.

"이 책의 철학적 발언은 이 길고 복잡한 여행 과정에서 작성한 것이다."[13]

한편 비트겐슈타인은 《생철학Lebensphilosophen》[14]을 읽었고 1947년에는 생철학이 자기 시대에 유행한 과학비평이 옳았을지도 모른다는 가능성을 열어두고 있다고 지적했다.

"과학과 기술 시대가 인류의 마지막의 시작이라고 믿는 것은 불합리하지 않다. 위대한 진전을 이룬 생각과 진실이 궁극적으로 알려질 것이라는 생각은 망상에 불과하다. 과학지식에는 좋거나 바람직한 것이 없으며 그것을 찾고자 하는 인간은 함정에 빠진다. 모든 과학지식이 그렇지 않다는 게 반드시 명확한 것은 아니다."[15]

카르납과 그의 동료들은 처음에는 빈에서, 이후에는 시카고로 옮겨가서 통합한 자연기술로 모든 참된 과학 명제를 담아내고자 했다. 그들은 구어에 한계가 있다는 비트겐슈타인의 설명에 과학의 손이 닿지 않는 곳에 있는 모든 주제를 무시하는 것으로 대응했다. 또 다른 젊은 오스트리아 수학자로 비트겐슈타인처럼 브라우어르의 반이성주의 원칙에 영향을 받은 쿠르트 괴델은 인공언어에 한계가 있음을 증명해 논리실증주의의 목적을 훼손하려 했다. 카르납은 괴델의 '수학의 불완전성' 증명을 "수학은 완전하게 형식화할 수 없다는 브라우어르 주장의 핵심 진실"을 표현한 것으로 보았다.[16] 논리실증론자들은 비트겐슈타인의 논고를 피할 방법은 찾았지만 괴델의 수학 증명은 철학적 궤변이라며 무시할 수 없었다.

내가 가야만 하는 곳은
지금 내가 이미 위치한 장소다.
나는 과학자들과 목표가 같지 않으며
내 사고방식도 그들과 다르다.
— 루트비히 비트겐슈타인, 1930년.

비트겐슈타인이 구어의 한계를 지적한 후 괴델은 수학으로 평행한 결과를 증명했다. 어떤 체계 내에서 사실인 것으로 나타낼 수는 있지만 그 체계 내에서 추론할 수는 없다. 비트겐슈타인은 자연언어 구조를 설명하려면 그 체계 바깥으로 나가야 한다고 설명했다. 괴델은 이것이 인공언어에도 마찬가지로 적용된다는 것을 증명했다. 자연수를 설명하기에 충분할 정도로 복잡한 수학체계에서도 자기언급을 피할 수 없다. 1차언어를 설명하기 위해서는 그것에서 벗어나 2차언어를 사용해야 한다.

크레타의 에피메니데스가 거짓말쟁이 역설을 언급한 이래 수학자는 역설로 이어질 수

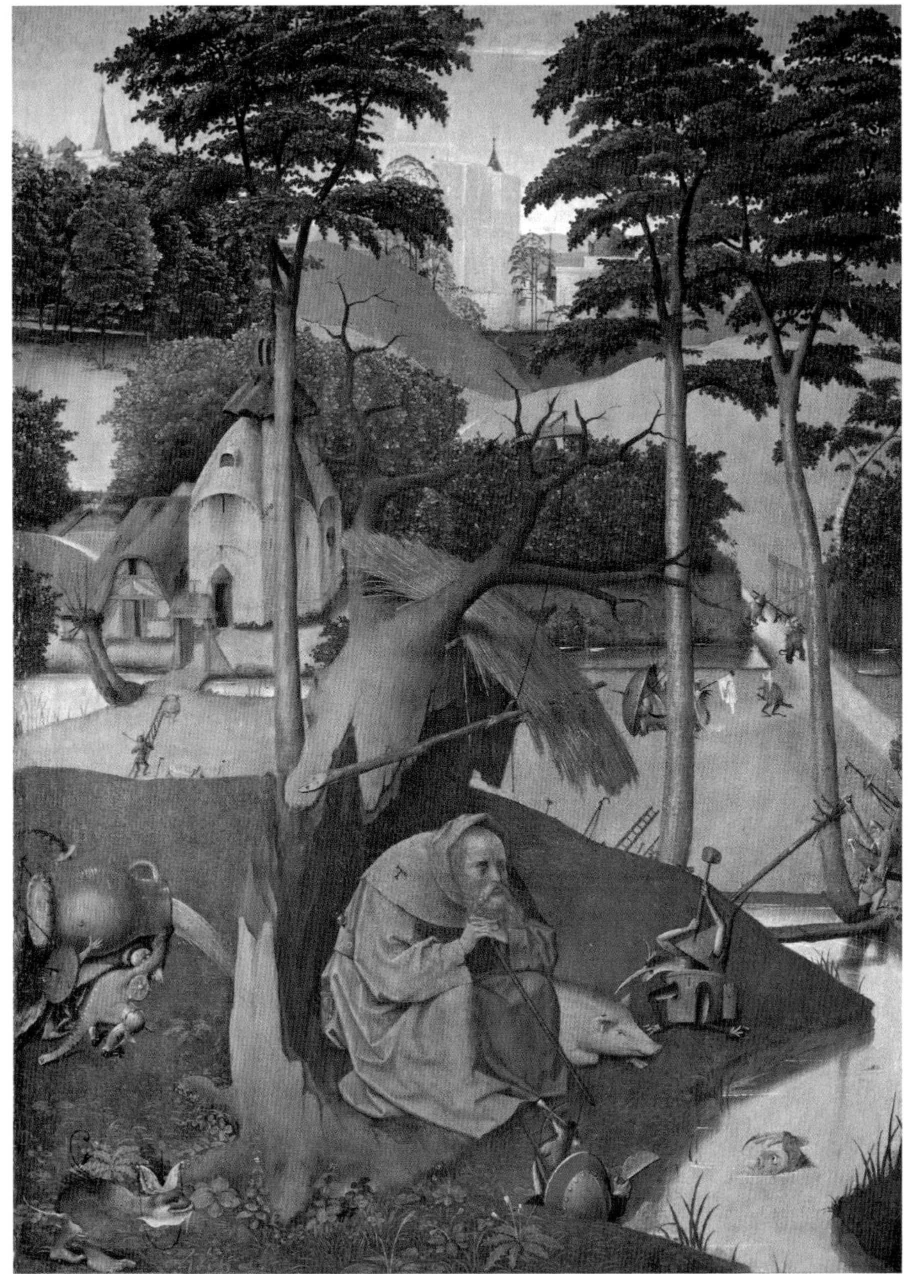

9-6. 히에로니무스 보스
(네덜란드인, 1450~1516년경), **'성 안토니우스의 유혹***The Temptation of Saint Anthony***', 1490년경, 우드 패널에 유채, 73×52.5cm.**
성 안토니우스(AD 251~235년)는 알렉산드리아 출신의 기독교인으로 '사막 교부들'의 일원으로서 은둔생활을 하며 마귀에게 고문을 당했다. 충격적이고 에로틱한 그 고문의 세부적인 내용 때문에 성 안토니우스는 마르틴 숀가우어 같은 화가가 좋아하는 주제였다(그림 9-5). 보스의 특이한 버전은 안토니우스의 평정심이 중점이고 치명적 위험은 조금 눈에 띄지 않는 위치에 놓여 있다. 우측 탑 안의 사람은 망치를 들고 있고 좌측 인물은 그에게 액체를 쏟아 부으며 앞의 인물은 그에게 활을 쏘고 있다. 그처럼 위험에 직면한 성 안토니우스는 푸른 하늘과 잔잔한 물이 상징하는, 즉 공격자의 손이 닿지 않는 시공간을 초월한 영역에 집중한다. 1차 세계대전 당시 비트겐슈타인은 그 강렬한 집중을 다음과 같이 묘사했다. "행복한 이에게는 두려움이 없다. 심지어 죽음이 다가온다 할지라도. 시간에 따라 살지 않고 현재를 사는 사람만 행복할 수 있다."(《철학일기》, 76, 13번 문단, 1916년 7월 14일).

있는 자기참조를 주의해야 했다. 그러나 괴델은 자기참조와 역설 가능성이 낮은 수준의 복잡성을 갖는 모든 정수를 기술할 수 있는 공리체계에 내재되어 있음을 증명했다. 결국 힐베르트의 우뚝 솟은 수학조직과 여러 권으로 이뤄진 카르납의 과학백과사전은 절대 완전하거나 일관성이 있다고 증명할 수 없다.

산술의 완전성을 증명하려 한 힐베르트의 도전을 받아들인 수학자들은 주세페 페아노가 1889년 작성한 공리를 채택했다(4장 185쪽 박스 참고). 러셀과 화이트헤드는 《수학원론》 1910년 초판본에 명제논리학과 술어논리학의 형식적 공리를 적었다. 그들은 페아노의 산술공리가 술어논리로 구성한 체계 내에 적용된다는 것을 증명했고 나아가 산술이 논리에 근거할 수 있음을 증명하고자 했다. 그렇지만 이것을 달성하려면 그들은 추가적인 논리(형이상학) 공리인 '무한공리'를 가정해야 했다. 무한공리는 정수집합 같이 무한집합이 최소한 하나는 존재한다고 주장한다. 러셀과 화이트헤드는 숫자 패턴과 다른 수학 분야를 자신들의 공리 범위 내에서 정립할 수 있는지 증명했다. 그들이 1910년 《수학원론》을 내놓자 힐베르트 프로그램에 참여한 수학자들은 그 명제논리학과 술어논리학에 완전한 논리적 공리와 일관성이 있는지 증명하는 데로 관심을 돌렸다.

1920년 스위스의 파울 베르나이스와 러시아계 미국인 에밀 포스트Emil Post는 독립적으로 명제논리학의 완전성을 증명했다.[17] 1929년에는 괴델이 숫자 같은 개별요소를 역으로 갖는 1차 술어논리학이 완전하다는 것을 증명했다. 그렇다면 산술 같은 2차 술어논리학은 어떨까?(2차 술어논리학은 정수집합 같이 개별요소의 집합을 역으로 갖는다). 괴델은 자신과 베르나이스, 포스트가 얻은 완전성의 증명으로 2차 술어논리학이 완전하다는 것을 증명할 수 있는지 의문을 품었다. 놀랍게도 괴델은 그렇지 않다는 것을 증명했다.

괴델수: 증명에서 계산까지

괴델은 형식적 산술언어로 작성한 모든 공식을 '괴델수'라 불리는 고유한 수로 번역하는 기계적인 과정을 고안했다(367쪽 박스 참고). 이어 증명의 전제와 결론 사이의 관계를 그 전제의 괴델수와 결론의 괴델수 사이의 관계로 나타낼 수 있음을 증명했다. 주어진 결론이 전제에서 이어질까? 괴델은 전제와 결론의 괴델수 사이의 산술관계로 이 질문의 답을 참 또는 거짓으로 얻는 방법을 찾았다. 즉, 괴델은 어떤 주어진 결론이 주어진 가정에서 이어지는지 묻는 질문의 답을 그 전제와 결론의 괴델수를 사용해 산술적 계산값으로 줄인 것이다.

괴델의 증명은 '무엇이 형식적 공리체계에서 증명 가능한가?'를 '무엇이 산술에서 계산 가능한가?'로 옮겨 그 결과보다 결과에 관한 방법으로 유명하다. 극적으로 새로운 증명방식 결과를 달성한 괴델은 수학자들이 계산에 집중하게 만들었고 이는 컴퓨터 개발을 앞당겼다.

수학의 불완전성을 증명한 괴델

괴델은 모두가 참이라고 동의할 만한 공식이 존재해도(주어진 일관성 있는 공리집합을 충족하는 산술모형에서 해석할 때) 이것을 이 공리에서 추론할 수 없으므로 러셀과 화이트헤드가 《수학원론》에서 작성한 공리와 규칙의 집합이 불완전하다는 것을 증명했다. 이 증명의 핵심은 괴델이 고유의 자기언급 체계를 구성한 것이었다(그림 9-7, 9-8). 그의 증명은 거짓말쟁이 역설의 현대 버전이라 할 수 있다.

괴델수

괴델은 형식언어에서 쓰는 공식과 명제를 러셀과 화이트헤드가 저술한 《수학원론》(이하 PM)의 고유 숫자로 번역하는 새로운 도구를 고안했는데, 이것을 '괴델수'라고 불렀다. 《수학원론》 언어는 상수기호 12개와 변수 3종류로 논리와 산술을 표현한다.

PM의 상수기호 12개는 첫 숫자 12개를 나타낸다.

PM의 상수기호	숫자	의미
¬	1	아니다
v	2	또는
→	3	의미한다
∃	4	~가 존재한다
=	5	같다
0	6	영
S	7	바로 전 요소
(	8	소괄호 열기
)	9	소괄호 닫기
,	10	쉼표
+	11	더하기
−	12	빼기

각 숫자 변수는 12보다 큰 소수를 배정했다.

x	13
y	17
z	19

각 문장 변수에는 12보다 큰 소수의 제곱을 배정했다.

p	132
q	172
r	192

각 술어 변수에는 12보다 큰 소수의 세제곱을 배정했다.

p	133
q	173
r	193

예시: S0=S0('0 바로 다음 숫자는 0 바로 다음 숫자와 같다' 또는 '1=1'이라고 읽는다) 공식의 기호에 다음 숫자를 배정한다.

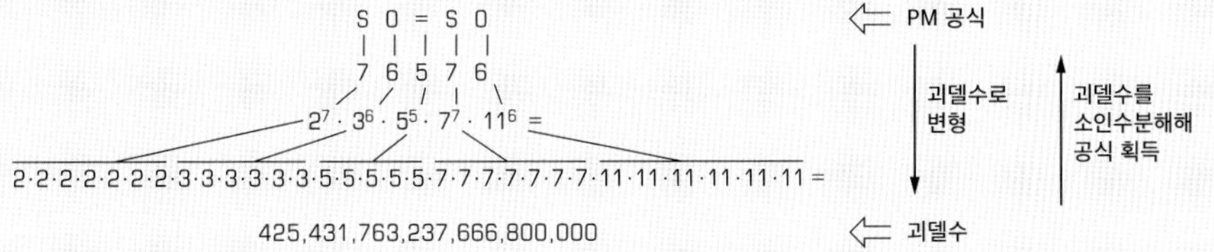

그런 다음 수식 고유의 괴델수를 계산하려면 소수에 해당하는 숫자의 거듭제곱 수를 서로 곱한다.
유클리드가 증명했듯 소수에 기반한 코드의 가장 큰 장점은 복합수를 소수의 인수로 축소하는 방법이 단 하나만 존재한다는 것이다(1장 43쪽 박스 참고). 이에 따라 괴델은 기존 PM 공식을 고유한 괴델수로 변환할 수 있었다.

'이 주장은 거짓이다.'

이러한 문장은 그 문장을 적은 언어 내에서 자기 자신을 언급한다. 괴델의 증명은《수학원론》의 공식언어와 괴델수라는 2가지 병렬언어를 연결하는 체계를 구성해 자기언급을 달성했다는 점이 다르다. 특히 괴델은 괴델수를 참조해《수학원론》공식을 메타수학 명제로 부호화하는 방법을 제시했다.

괴델은 '문장 Q는《수학원론》체계 내에서 증명이 불가능하다'라고 해석하는 산술 명제와 동등한 명제를《수학원론》언어로 구성하는 법을 보여주었다. 문장 Q는 참이거나 거짓이다(증명이 가능하거나 가능하지 않다).

첫 번째가 옳다고 가정할 때 어떤 일이 일어나는지 살펴보자. 만약 Q가 증명 가능하고(참이고)《수학원론》체계 내에서 Q가 증명 불가능하다고 주장하는 산술 명제와 논리적으로 동등하다면 이 체계는 논리적으로 모순이다. 첫 번째가 (받아들일 수 없는) 역설로 이어지므로 우리는 Q가 증명 불가능하다고 가정해야 한다.

이제 Q가 증명이 가능하지 않은(거짓인) 경우 어떤 일이 일어나는지 살펴보자. Q는 논리적으로(《수학원론》언어로) Q가 증명이 가능하지 않다고 주장하는 산술 명제와 동등하므로 Q가 증명 불가능하다는 명제는 참이다. 결국 괴델은 증명할 수 없지만 참인 명제를 만들어 낸 것이다. 이는《수학원론》규칙과 공리로는 어떠한 산술적 사실도 증명할 수 없음을 뜻하는 동시에 이 체계가 불완전하다는 것을 의미한다. 괴델이 정말로 증명한 것은《수학원론》뿐 아니라 자연수를 생성하는 모든 일관성 있는 산술의 공리집합이 다 불완전하다는 점이다(〈《수학원론》과 관련 체계의 형식적으로 논증이 불가능한 명제에 관하여〉, 1931년).[18]

괴델의 증명은 반세기 동안 형식주의 공리의 토대 위에 수학을 재구성하려던 힐베르트 프

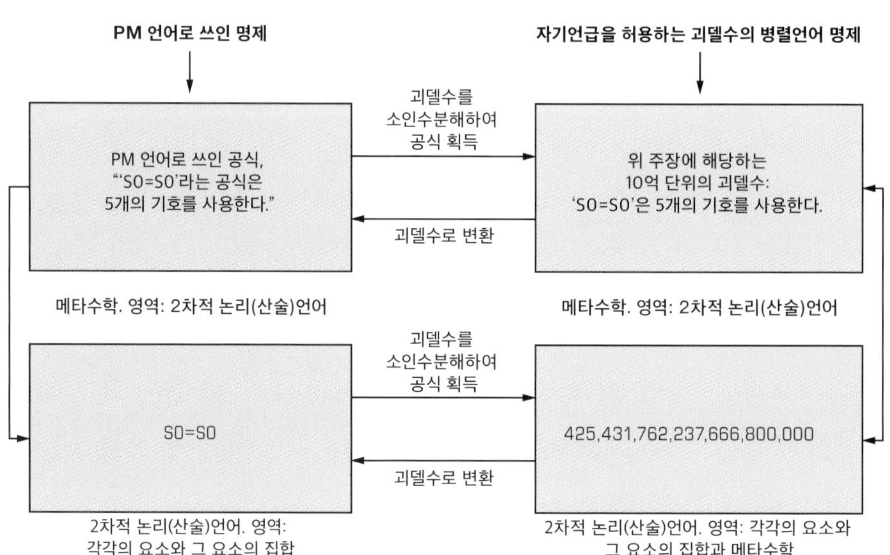

9-7. 괴델의 자기언급 체계, 'S0=S0'의 예시.

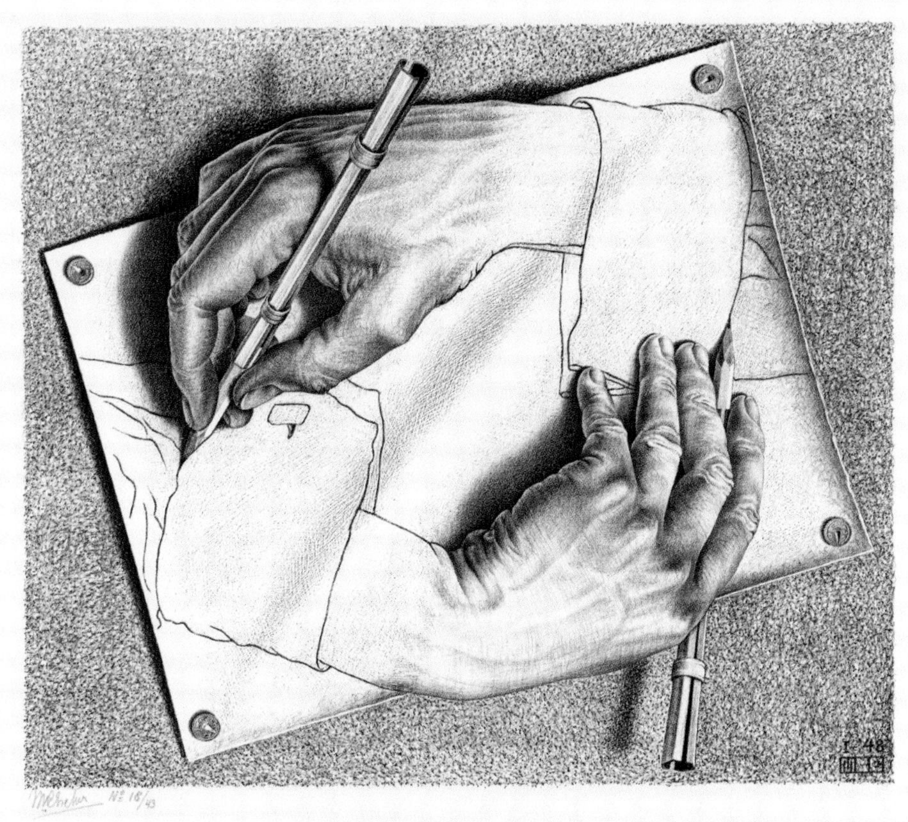

9-8. 마우리츠 코르넬리우스 에스헤르, '그리는 손*Drawing Hands*', 1948년, 석판화, 33×28cm. 괴델이 '괴델수'를 개발했을 때 그는 산술에 메타수학 명제를 반영하는 산술을 만들었다. 이는 서로가 서로를 포함하는 것이다. 괴델의 새로운 증명 방법처럼 에스헤르의 그림에도 손이 나타내는 '단계' 사이에 균형이 존재한다.

로그램에 치명적 타격을 가했다. 힐베르트와 러셀을 비롯한 많은 수학자가 수십 년간 산술의 올바른 공리집합을 구하려고 엄청나게 노력했고, 그런 집합이 존재한다는 것을 전혀 의심하지 않았다. 그들은 모두 공리체계를 괴롭히는 세기말의 역설은 정확하지 않은 사고에서 나온 것이라 믿었고, 그것이 공리적 접근방식 자체의 한계를 드러냈을지도 모른다는 가능성은 고려하지 않았다. 거짓말쟁이 역설과 다른 초기 역설은 수학의 불완전성을 증명하지 못했으나 괴델의 버전은 그것을 증명했다. 이로써 괴델은 예상과 달리 공식 증명과 형식체계에 내재하는 제약이 있음을 증명했다. 특히 그는 일관성 있고 완전한 산술의 공리집합은 존재하지 않는다는 것을 증명했다. 이는 인간이 추론한 산물은 결코 완벽하게 형식화할 수 없으며, 괴델의 증명처럼 새로운 수학 증명과 입증 원칙이 발견되길 기다리고 있음을 의미한다.

괴델은 비트겐슈타인이 구어에 구상한 언어의 계층구조 개념을 채택해 형식언어에 적용했는데 여기에는 중요한 차이점이 있었다. 비트겐슈타인은 자기언급을 피하려고 의미의 탑을 설계해 특정 언어 내에서 그 언어를 언급할 수 없게 만들었다(그림 9-3). 그러나 괴델은 산술 내에서 산술 메타언어의 모든 타당한 과정을 반영할 수 있는지 보여줌으로써 이러한 제약을 극복했다(그림 9-7).

비트겐슈타인은 무한히 올라가는 탑을 세우고 괴델은 2층짜리 거울의 전당을 지었는데 공리와 정리가 거주하는 1층에서는 산술언어를 사용한다. 이들 공리와 정리는 괴델수로 메타수학이 거주하는 2층을 반영하고, 2층의 메타수학은 산술언어로 다시 아래층을 반영한다.

20세기 초반 메타예술

20세기 초반 프랑스인이 '예술을 위한 예술'(예술지상주의, l'art pour l'art)을 보여준 중요한 2가지 예시가 있다. 그 메타예술(예술의 본질에 관한 예술)의 첫 번째(입체파) 예시는 19세기 생리학과 관련해 예술의 기초를 탐구하고 특히 인간의 눈과 두뇌가 세계의 그림을 형성하는 과정을 연구한 것이었다.[19] 헤르만 폰 헬름홀츠는 사람이 색을 보는 것은 빛의 파장이 망막을 때리면서 신경세포가 뇌 뒤쪽 시각피질에 전기 자극을 보낸 결과라고 선언했다. 그는 다윈의 진화론이 인간정신에 던져주는 시사점을 평가한 후 사람의 시각을 정신이 시각 표시로 세상을 꾸준히 구성해가는 생애 전체에 걸친 학습 과정으로 묘사했다.

세잔은 눈과 귀에 관한 이 유기적이고 진화적인 견해에서 영감을 받았다. 그는 빛이 망막(눈)에 부딪힐 뿐 아니라 정신적으로(뇌에서) 현장의 광경을 구성한다고 보고 "자연을 원통과 구와 원뿔로 다뤄야 한다"라고 주장했다.[20] 1906년 세잔이 사망한 후 피카소와 브라크, 그리스는 이 질문의 답을 찾는 과정을 이어갔다. 사람은 어떻게 세상을 인식하는가? 이들 화가는 정신이 현실의 착각을 만들어내는 여러 기호와 표시로 세계의 이미지를 창작한다고 보았다. 그들은 인지와 모방 사이의 유사점을 가리키는 모방품(그림)이자 모방에 관한 (시각적 착각과 장난을 특징으로 하는 묘사의 메타예술) 그림을 작업했다. 파리의 입체파 화가들은 관찰에 기반한 시각예술의 본질이 모방이라고 보았다.

메타예술의 두 번째(초현실주의) 예시는 비트겐슈타인과 괴델이 중요하게 여긴 독일 철학의 과학 비평에 대응하며 시작되었다. 이것이 데 키리코와 마그리트, 에스헤르 등의 예술가가 수학 논문을 직접 알았다는 증거가 없음에도 불구하고 그들의 예술이 비트겐슈타인과 괴델의 언어의 한계와 유사한 이유다.[21] 데 키리코와 마그리트, 에스헤르는 그림이면서 묘사한 작품으로 역설적인 '예술을 위한 예술'을 창안했다.

이탈리아인 부모를 둔 데 키리코는 그리스에서 태어나 17세에 뮌헨예술대학에 입학했다. 그는 그곳에서 독일의 낭만주의 화가 카스파르 다비트 프리드리히Caspar David Friedrich, 상징주의 화가 아르놀트 뵈클린Arnold Böcklin, 막스 클링거Max Klinger와 독일 문학에 심취했다. 1910년 플로렌스로 이사한 그는 1911년 다시 파리로 이사하면서 칸트와 헤겔, 쇼펜하우어, 니체를 포함해 이탈리아에서 인기를 끈 철학자의 저서를 읽었다.[22] 우울한 성격이던 그는 19세기 과학과 세속주의 부상으로 인류는 윤리적 정착지를 잃고 떠돌아다니게 되었다고 선언한 니체의 주장에 심취했다. 니체는 자기성찰을 내면에서 정신적 지주를 찾는 방법이라며 옹호했고 '좋다', '나쁘다' 같은 용어는 세계의 진실을 신중하게 조사하려는 것이 아니라 다른 이들 위에 설 권력을 얻기 위해 인간이 창조한 것이라고 보았다. 그는《선악의 저편》(1886년)에서 이성으로 알 수 있는 것에는 한계가 있으며, 그 한계 바깥은 진실의 요소를 포함해 수수께끼로 가득하다고 선언했다.

젊은 데 키리코는 1910년 자신의 자화상을 그릴 때 니체의 자세를 취하며 자신과 그를 동일시했다. 그 그림의 하단에는 라틴어로 '내가 수수께끼 이외에 무엇을 사랑할 수 있을까?et quid amabo nisi quod aenigma est?'라고 적혀 있는데 이는 "만약 사람이 수수께끼를 창조하고 또 그것을 추측해 맞히며 뜻밖의 사고를 구제하지 못한다면 어떻게 사람으로 지낼 수 있겠는가?"[23]라는 니체의 말을 떠올리게 한다(그림 9-9, 9-10 참고).[24]

밀라노에 거주한 동시대 아방가르드 화가이자 미래파 화가들은 이탈리아의 전통과 연결된 모든 것을 불태워버리려 했으나 데 키리코는 고대 신화를 현대문화에 다시 살려내 새로운 생명을 불어넣고자 했다. 그때 그는 니체가 미궁 신화를 새롭게 해석한 것에서 영감을 받았다. 아폴로(인간의 이성)가 크레타섬으로 보낸 전사 테세우스는 미노타우로스(비이성적이고 동물적인 충동)를 물리치기 위해 크레타의 공주 아리아드네에게 받은 실타래를 들고 미궁에 들어간다. 그리고 괴수를 무찌른 뒤 그 실을 따라 미궁을 빠져나온다(5장의 그림 5-1).

상단

9-9. 조르조 데 키리코
(그리스계 이탈리아인, 1888~1978년),
'자화상', 1911년, 캔버스에 유채, 72.5×55cm.
데 키리코는 액자의 일부가 아니라 그림에 갈색 모서리를 그리고 거기에 라틴어 구절을 적어 넣었다.

하단

9-10. 구스타프 슐체*Gustav Schultze*
(독일인, 1825~1897년),
'프리드리히 니체의 초상', 1882년, 사진.

라이프니츠가 자신의 논리적 미적분을 아리아드네의 실타래라고 선언한 것처럼 이 이야기는 주로 이성의 승리로 해석한다. 반면 이야기 후반부에 중점을 둔 니체는 일반적인 가치관을 뒤집어 오히려 '비이성의 승리'라고 했다. 아리아드네는 테세우스가 배를 타고 돌아갈 때 자신을 데려갈 것을 약속하는 조건으로 그에게 실타래를 건네주었다. 테세우스는 괴수를 무찌르고 약속대로 그녀를 데리고 떠났지만 아리아드네가 낙소스섬에서 자고 있을 때 그녀를 버리고 떠나버렸다. 테세우스가 떠난 뒤 와인의 신이자 호색한인 바쿠스가 지나가다가 자고 있는 젊은 여성의 모습에 흥분해 그녀를 취한다(그림 9-11).

니체가 좋아하는 버전의 결말에 따르면 아리아드네가 예상치 못한 남자의 팔에 안겨 자신이 버려졌음을 깨닫고 울부짖을 때 바쿠스는 "내가 네 미궁이다"라고 말한다.[25] 그 현실을 마주한 아리아드네는 바쿠스와 에로틱한 행복을 누리며 여생을 살기로 결정한다. 니체는 교활한 테세우스보다 열정적인 바쿠스를 선호했고 재빨리 이성에서 열정으로 마음을 바꾼 아리아드네를 가장 높게 평가했다.[26]

데 키리코는 니체가 아리아드네를 사색하는 것에서 영감을 받아 1912~1913년 고대 클래식 예술의 흔한 주제인 잠든 아리아드네의 하얀색 조각상을 주제로 한 작품 8점을 그렸다. 그림에서 그녀는 버려졌지만 아직 잠에서 깨지 않았는데 이는 이성과 열정 사이에 존재함을 나타낸다(그림 9-13).[27] 이성의 한계와 눈앞에 닥친 비이성의 두근거리는 비유를 드러내기 위해 아리아드네는 약간 정확하지 않은 기하학 공간 위에 위치해 있다. 작품 '이상한 시간의 즐거움과 수수께끼The Joys and Enigmas of a Strange Hour'에서 동상 뒤편 좌측에 위치한 로지아는 공통적인 소멸점이 없기 때문에 동상이 앞쪽으로 튀어나온 것처럼 보이게 한다

9-11. 티티안_Titian_**(베첼리오 티치아노**_Vecellio Tiziano_**, 이탈리아인, 1488/90~1576년경), '바쿠스와 아리아드네**_Bacchus and Ariadne_**', 1520~1523년, 캔버스에 유채, 176×191cm.** 두 마리 치타가 이끄는 전차에 탄 바쿠스는 즐겁게 뛰노는 난봉꾼들을 이끌고 섬에 도착해 수평선 멀리 떠나가는 배에 타고 있는 테세우스를 향해 절망의 몸짓을 하고 있는 아리아드네를 발견한다. 바쿠스는 그녀를 발견한 즉시 전차에서 뛰어내려 그녀가 열정에 타오르게 만드는데, 이는 그녀의 머리 위 하늘 높이 떠 있는 별자리(별들의 왕관)가 상징적으로 보여준다.

(그림 9-12). 괴델과 마찬가지로 데 키리코는 어휘와 규칙(선원근법, 이탈리아 르네상스 시대의 특징)으로 구성한 상징체계를 조사했고, 규칙에 따라 역설을 만들어내는 방법을 찾았다(아리아드네의 동상과 로지아는 같은 공간에 있으면서 같은 공간에 존재하지 않는다).

철학자들이 '마음이 세상을 어떻게 나타내는가?'라고 질문할 때 데 키리코도 유사한 질문을 던졌다.

"그림은 세상을 어떻게 묘사하는가?"

그는 칸트가 스스로 정신의 공간적·시간적 뼈대를 사색해 확실한 지식을 얻고자 노력한 이후, 독일 철학의 특징이 된 자의식을 드러내며 자신의 예술에 접근했다. '위대한 형이상학적 인테리어Great Metaphysical Interior'(그림 9-14)를 보면 여러 그림이 이젤 위에 올라가 있다. 그중 하나는 요양원이 있는 풍경화고 다른 하나는 실제 같아 보이는 물체를 묘사하고 있는데 마치 캔버스 표면에 올려놓은 듯 보인다. 검은색 벽의 창문 너머로 보이는 흐린 하늘은 관찰자의 공간을 하늘에 반영한 것이 아닐까? 비트겐슈타인의 탑에서 볼 수 있는 메타언어 계층 같이 회화언어(화가 고유의 화풍)로 모방을 표현한 데 키리코의 그림 역시 모든 그림체계 바깥에 존재할 수 없다.

그림이 우리를 사로잡았다.
이 그림은 우리의 언어로 그려졌고
언어가 계속해서 무자비하게
반복되는 것처럼 보인 까닭에
우리는 그 그림 바깥으로
나갈 수 없었다.

— 루트비히 비트겐슈타인,
《철학적 탐구》, 1953년.

1914년 1차 세계대전이 발발하자 데 키리코는 파리에서 이탈리아로 돌아왔다. 이후로 그

는 자신의 스타일을 받아들인 미래파 화가 카를로 카라Carlo Carrà와 함께 페라라에서 긴밀하게 협력하며 작업했다. 여기에 데 키리코의 형제 알베르토 사비니오Alberto Savinio가 합류했고 셋은 형이상학 회화Pittura Metafisica라는 그룹을 만들었다. 전쟁이 끝나자 이들은 기관지 〈조형의 가치Valori Plastici〉에 자신들의 화풍을 대변하는 글을 실었다. 1920년대 초반 데 키리코의 화풍은 잡지, 논문, 전시회를 거쳐 북유럽 전체로 알려졌고 상징체계를 무너뜨리고 싶어 한 벨기에 화가 르네 마그리트도 충실한 방법으로 데 키리코의 화풍을 채택했다.

1923년 마그리트가 키리코의 작품을 발견했을 때 그는 이미 혹독한 어린 시절을 견뎌낸 뒤였다. 그가 13세 되던 해 그의 어머니는 아버지의 패악을 견디다 못해 상브르강에 투신해 자살했다.[28] 18세에 그는 브뤼셀의 벨기에 왕립미술아카데미Academie Royale des Beaux-Arts에 입학했고, 1916~1918년 입체파와 미래파 화풍을 연습했다. 데 키리코처럼 철학에 이끌린 마그리트는 대중화한 니체의 글을 읽은 뒤[29] 헤겔과 프로이트의 저서까지 섭렵했다.[30] 데 키리코의 그림 '사랑의 노래The Song of Love'(1914년) 복사본을 보고 화가로서 자신의 방향성을 발견한[31] 그는 데 키리코의 다른 12가지 그림을 수록한 1919년의 논문을 구매했는데, 여기에는 '형이상학적 인테리어' 시리즈 3편을 비롯해 프랑스와 이탈리아 평론가의 해설이 담겨 있었다.[32]

마그리트는 데 키리코의 '위대한 형이상학적 인테리어'를 떠올리게 하는, 즉 그림 안의 그림 공간에 생기 없는 기계적 인물을 특이하게 배치한 '경탄의 시대L'age des merveilles'(그림

상단
9-12. 조르조 데 키리코,
'이상한 시간의 즐거움과 수수께끼', 1913년,
캔버스에 유채, 83.7×129.5cm.

하단
9-13. '잠자는 아리아드네*Sleeping Ariadne*',
AD 1~2세기, 대리석, 길이 238cm,
BC 3세기 그리스 원본의 로마시대 카피.

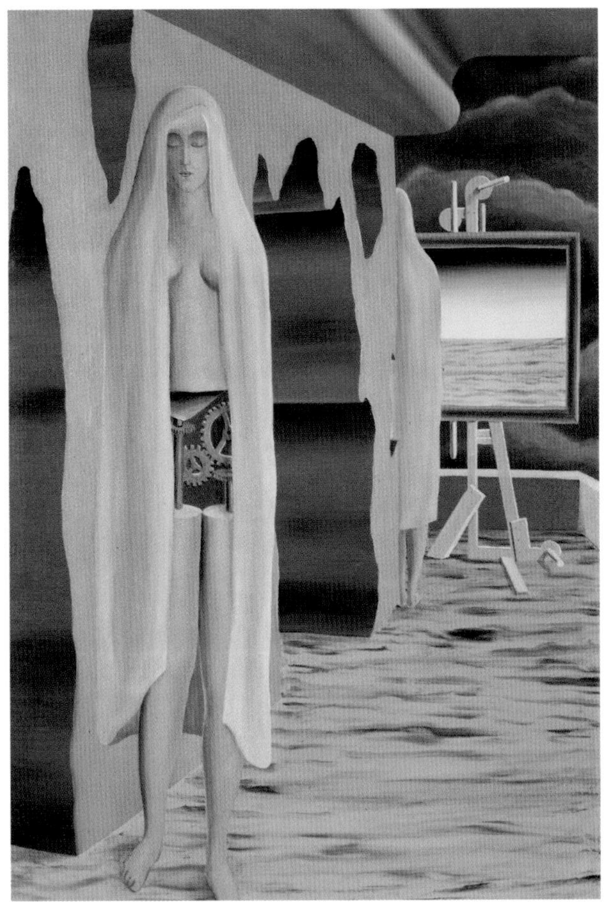

상단 좌측

9-14. 조르조 데 키리코, '위대한 형이상학적 인테리어', 1917년, 캔버스에 유채, 95.9×70.5cm.

상단 우측

9-15. 르네 마그리트(벨기에인, 1898~1967년), **'경탄의 시대', 1926년, 캔버스에 유채, 120×80cm.**

9-15 참고) 같은 작품에서 키리코에게 강한 영향을 받았음을 드러냈다. 마그리트는 그림과 그림 안의 그림에 같은 전경을 반복하는 방법으로 표현 단계의 긴장감을 극대화했다.

'인간의 조건'에 묘사한 표현 단계의 일치하지 않는 혼합은 그 자체의 그림을 포함하고 있다(그림 9-1). 수십 년 동안 상징주의자와 초현실주의자는 무의식의 미스터리를 표현하기 위해 회화의 관습을 의식적으로 무너뜨려왔다. 데 키리코와 마그리트는 대신 의식의 미스터리에 초점을 맞추었고 실제로 보이는 회화 관습을 뒤엎어 자신을 되돌아보는 정신 능력을 상징화했다.

1927년 마그리트는 파리로 이사해 그곳에서 단어를 포함한 그림 시리즈를 작업했다. 그는 1920년대 상류층 파리지앵이 '프로이트식 정신분석학'에서 꿈을 해석하는 데 사용한 자유연상에서 영감을 얻어 언어에 관심을 기울였다. 자유연상 기법에서 환자에게 그림이나 단어를 제시하면 환자는 자연스럽게 자신의 마음에 떠오르는 것을 말한다. 마그리트는 꿈을 해석하는 것처럼 그림과 매치되지 않는 단어를 짝지은 그림을 그려 자유연상을 나타냈다[예를 들어 '꿈의 실마리Key of Dreams'(1930년)에서 말 그림을 '문'이라는 단어와 짝지었다]. 하지만 마그리트는 프로이트의 무의식이 아니라 데 키리코 같은 화가들이 세계를 현실적으로 묘사하기 위해 고안한 실루엣, 그림자, 오버랩, 원근법 등으로 의식적 사고의 한계를 표현하는

좌측

9-16. 르네 마그리트, '말과 이미지'(확대), 〈초현실주의 혁명 5*La revolution surrealiste 5*〉 no. 12(1929년 12월 15일), 33.

말은 말의 그림 옆에 서 있고 남자는 '말*cheval*'이라는 단어를 말하고 있다. 마그리트는 캡션에서 '사물이 항상 그 사물의 이름이나 모습과 같은 기능*le même office*을 하는 것은 아니다'라고 경고하고 있다(33).

데 관심을 기울였다.[33]

마그리트는 초현실주의 잡지에 말과 이미지를 주제로 어떻게 마음과 사물의 아이디어를 표현하는지 보여주는 기사를 실었다['말과 이미지Les mots et les images'(1929년), 그림 9-16]. 수년 후인 1966년 프랑스 철학자 미셸 푸코Michel Foucault는 그와 유사한 제목인 《말과 사물Les mots et les choses》을 출판했다. 마그리트는 푸코의 책을 읽고 난 뒤 자신의 생각과 철학자가 이해하는 것이 유사하다는 점을 지적하는 편지를 보냈다.

푸코는 그 유사점이 하나가 다른 하나의 복사본인 두 사물 간의 관계와도 같다고 묘사했는데, 이는 나무 그림이 나무와 닮은 것과 같다. 날카로운 통찰력으로 푸코의 생각에서 주요 특징을 짚어낸 마그리트는 그 유사점이 세상에 존재하는 두 사물 간(그림과 나무)의 객관적 관계가 아니라 관찰자 정신의 주관적 판단에서 오는 것이라고 반박했다.[34] 마그리트는 '이것은 파이프가 아니다'라는(그림 9-4, 9-17) 구절이 담긴 버전의 그림을 포함해 몇몇 작

하단 좌측

9-17. 르네 마그리트, '2가지 미스터리*Les deux mysteres*', 캔버스에 유채, 65×80cm.

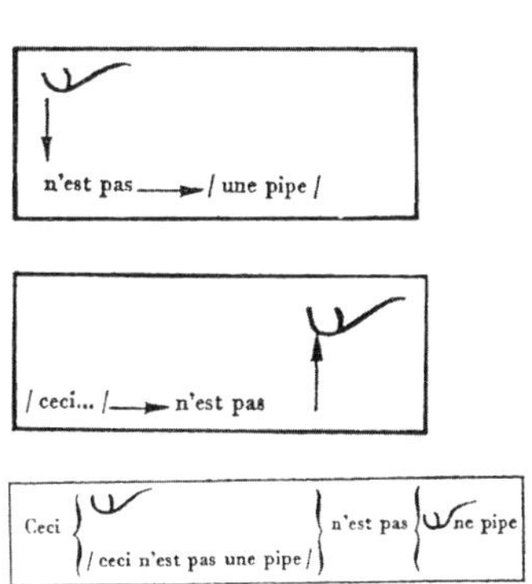

하단 우측

9-18. 마그리트의 '이것은 파이프가 아니다' 그림을 채택한 미셸 푸코의 도해. 같은 제목의 푸코의 짧은 에세이 《레 카이에 뒤 시네마 2*Les cahiers du chemin 2*》(1968년), 79-105에 수록.

푸코는 마그리트의 그림에 나타난 것처럼 '이것은 파이프가 아니다'라는 구절을 최소 3가지 방법으로 이해할 수 있다고 지적했다.

A: 파이프의 그림 이미지는 말(파이프, 31)이 아니다.

B: 말*ceci*은 이미지가 아니다(32).

C: 이미지와 문장(이것은 파이프가 아니다)을 총체적으로 고려할 때, 이것은 칼리그람(프랑스 시인 기욤 아폴리네르가 대중화한 이미지와 말의 혼합을 뜻함)이 아니다. 푸코는 une pipe의 u를 파이프 그림으로 대체하면 칼리그람으로 만들 수 있다고 제안했다(33).

품의 복제화를 푸코에게 보냈다. 푸코는 1968년 '이것은 파이프가 아니다'를 페르디낭 드 소쉬르의 구조언어학 스타일로 분석한 소논문을 마그리트에게 보냈고 이후 이 주제를 확장해 1973년 소책자로 펴냈다(그림 9-18).[35]

G라는 섬에는 항상
진실만 말하는 기사와
항상 거짓만 말하는
거짓말쟁이가 살고 있다.
기사 중 일부는 어떤 측면에서
스스로를 증명했기에
'인정받는 기사'라고 불린다.
— 레이먼드 스멀리언*Raymond Smullyan*,
《이 책의 제목은 무엇인가?*What is the Name of This Book?*》, 1978년.

이때 중남미에서는 마그리트와 동시대에 활동한 아르헨티나 작가 호르헤 루이스 보르헤스가 초현실주의와 실존주의 주제를 자신의 글에 담았다. 논리퍼즐을 좋아한 보르헤스는 거울과 미궁, 역설에 관한 책을 썼다. 그가 1941년 출판한 《바벨의 도서관La biblioteca de Babel》에서 화자는 모두 동일하게 410쪽의 책으로 채워진 책장을 따라 6각형 방이 맞물려 무한하게 연속되는 공간에서 살고 있다. 이 책들은 25개 기호집합의 가능한 모든 조합으로 기록했기 때문에 단어는 대부분 이해할 수 없다. 이 도서관에는 소장도서 목록이 있지만 어떻게 책을 찾아야 하는지 안내서는 존재하지 않는다. 그런 탓에 화자는 자신이 이해할 수 있는 책을 찾아 끊임없이 이어진 방들을 헤맨다. 모든 책은 25개 기호의 가능한 모든 조합으로 이뤄져 있으니 도서관 어딘가에는 그가 이해할 수 있는 책이 분명 있을 것이다.[36] 하지만 그 책은 어디에 있을까?

존재하는 것이 불가능한 사물

1958년 영국 수학자 로저 펜로즈Roger Penrose와 그의 아버지 유전학자 라이오넬 샤플스 펜로즈Lionel Sharples Penrose는 높이가 높아지지 않으면서 무한히 걸어 올라갈 수 있는 계단을 포함해 존재하는 것이 불가능한 사물을 발견했다(그림 9-25). 그림의 각 부분은 일견 가능한 듯하고 합당해 보이지만 전체구조는 가능하지 않고 뇌가 이것을 이해할 수 없다. 이런 종류의 시각적 착시현상은 거짓말쟁이 역설처럼 언어의 수수께끼에 대응하는 시각의 수수께끼다.

1920년대 초반 데스틸 미학이 조국 네덜란드 예술계를 지배하던 시절 공부를 마친 마우리츠 코르넬리우스 에스헤르는 펜로즈 부자의 불가능한 사물에서 영감을 얻었다. 데스틸에 동의하지 않고 조경과 인물 묘사에 관심이 많았던 에스헤르는 1922년 이탈리아에 정착해 10년 넘도록 비교적 고립된 생활을 하면서 자신의 구상화풍을 추구했다.

1936년 스페인 그라나다의 중세 무슬림 성이자 요새인 알함브라의 복잡한 이슬람 패턴 타일을 본 뒤 에스헤르는 예술적 지향성을 바꿨다(그림 7-9, 7-10 참고). 모자이크(타일링) 수학을 배우리라고 마음먹은 에스헤르는 수학원리 책의 삽화가로 활동하며 여러 수학 분야를 배우고 추상적 아이디어를 구상형태로 변형하는 법을 익혔다. 그는 옥상에 불가능한 계단이 위치한 탑을 그렸고('올라가기와 내려가기Ascending and Descending', 1960년, 그림 9-22, 9-25) 펜로즈 부자가 고안한 또 다른 도형(불가능한 삼각형)을 자신의 석판화 '폭포Waterfall'(1961년)에 사용했다(그림 9-24, 9-27). 또한 에스헤르는 원작자 미상의 불가능한 큐브 혹은 미친 상자Crazy Crate라고 불린 것에 관심을 보였으며 그 후 이것에 기반해 '전망대Belvedere'(1958년, 그림 9-23) 구조를 디자인했다. 로저 펜로즈는 암스테르담 시립미술관에서 1954년 국제수학자총회 모임에 부합하는 에스헤르의 작품을 전시했을 때 에스헤르를 알게 되었고, 이후 에스헤르는 수학자들 사이에서 큰 인기를 얻었다.

캐나다 기하학자 H. S. M. '도널드' 콕세터H. S. M. 'Donald' Coxeter는 이 전시회를 본 뒤 비유클리드 쌍곡선(안장 모양) 평면(4장 181쪽 박스 참고) 관련 기사를 쓰면서 에스헤르의 모자이크 중 하나를 인용했다.[37] 콕세터와 에스헤르는 긴 시간 동안 편지를 주고받았으나 결국 불만족스럽게 소통을 끝마쳤다.[38] 화가(에스헤르)는 특정 모양과 형태를 구성하는 방법을 '간단히 설명'해달라고 부탁했고, 이에 수학자(콕세터)는 화가가 이해할 수 없는 설명으로 가득한 편지로 답했다. 콕세터가 만든 비유클리드 평면의 타일링 도해 중 하나를 본(11장 그림 11-8의 펠릭스 클라인의 쌍곡선 평면 타일링 같은 패턴) 에스헤르는 곡선 패턴으로 물고기가 평평한(유클리드) 표면에서 굽은 경로를 따라 수영하는 것을 묘사했다. 에스헤르는 콕세터의 답신에 다음과 같이 설명했다.

"콕세터는 내가 그에게 보낸 채색한 물고기('원의 극한Circle Limit III', 1959년)에 열정적인 답신을 보내왔다. 그가 보낸 3쪽의 설명 중 내가 이해할 수 있는 것이 아무것도, 정말 전혀 아무것도 없다는 것이 유감스럽다."[39]

에스헤르는 아르키메데스의 소진법(3장 그림 3-3)과 뉴턴의 적분학(3장 141쪽 박스)처럼 도형에 "무한소의 한계에 이를 때까지 점점 작아지는"[40] 모양을 채워 넣는 세속적인 유클리드 세상의 수수께끼를 중점적으로 탐구했다. 이 관점은 '원의 극한' 시리즈(그림 9-19)를 포함한 그의 작품에서 확인할 수 있다. 그러나 콕세터는 비유클리드 연구 주제에 중점을 두었고[41] 결국

9-19. 마우리츠 코르넬리우스 에스헤르, '원의 극한 I*Circle Limit I*', 1958년, 우드컷, 이미지 지름 41.8cm.

좌측 상단

9-20. 마우리츠 코르넬리우스 에스헤르, '화랑*Print Gallery***', 1956년, 석판화, 38×38cm.**

이 화랑을 방문하는 이들은 오른쪽 하단의 아치형 출입구로 들어간다. 한 남자아이가 팔 오른쪽에 위치한 에스헤르의 작품 중 하나인 '3개의 구 I*Three Spheres I*'(1945년)을 지나 좌측 끝에 멈춰 있다. 아이는 고개를 들어 항만의 배 그림을 본다. 시계방향으로 시선을 옮기면 해안가 건물이 사라지면서 하단 우측에 아치형 문이 있는 화랑 내부로 변한다.

레이던대학교의 두 수학자 바르트 데스미트*Bart de Smit*와 헨드리크 W. 렌스트라 주니어*Hendrik W. Lenstra Jr*는 에스헤르가 두 단계가 만나는 중앙지점 문제를 해결하지 못해 중간에 '무화과나무'로 덮은 빈 공간을 두었다고 주장했다. 데스미트와 렌스트라가 에스헤르의 빈 중앙을 재구성한 그림은 그들의 에세이 〈에스헤르의 '화랑'의 수학구조*The Mathematical Structure of Escher's Print Gallery*〉에 수록되어 있다.

좌측 하단

9-21. 다비드 테니르스*David Teniers***(아들)(플랑드르인, 1610~1690년), '레오폴드 빌헬름 대공과 그의 브뤼셀 갤러리***Archduke Leopold Wilhelm in His Gallery in Brussels***', 1650년경, 캔버스에 유채, 123×163cm.**

379쪽 상단 좌측

9-22. 마우리츠 코르넬리우스 에스헤르, '올라가기와 내려가기', 1960년, 석판화, 28×35cm.

379쪽 상단 우측

9-23. 마우리츠 코르넬리우스 에스헤르, '전망대', 1958년, 석판화, 29×42cm.

좌측 하단에 3차원의 미친 상자를 든 아이가 앉아 있는 바닥은 2D 모양으로 스케치되어 있다. 뉴욕 센트럴파크의 벨베데레(전망대) 성과 마찬가지로 에스헤르의 전망대에도 망루가 있다. 망루 기둥은 미친 상자의 보드처럼 부분적으로는 일관성이 있지만 전체적으로는 모순적이다.

379쪽 하단 좌측

9-24. 마우리츠 코르넬리우스 에스헤르, '폭포', 1961년, 석판화, 30×38cm.

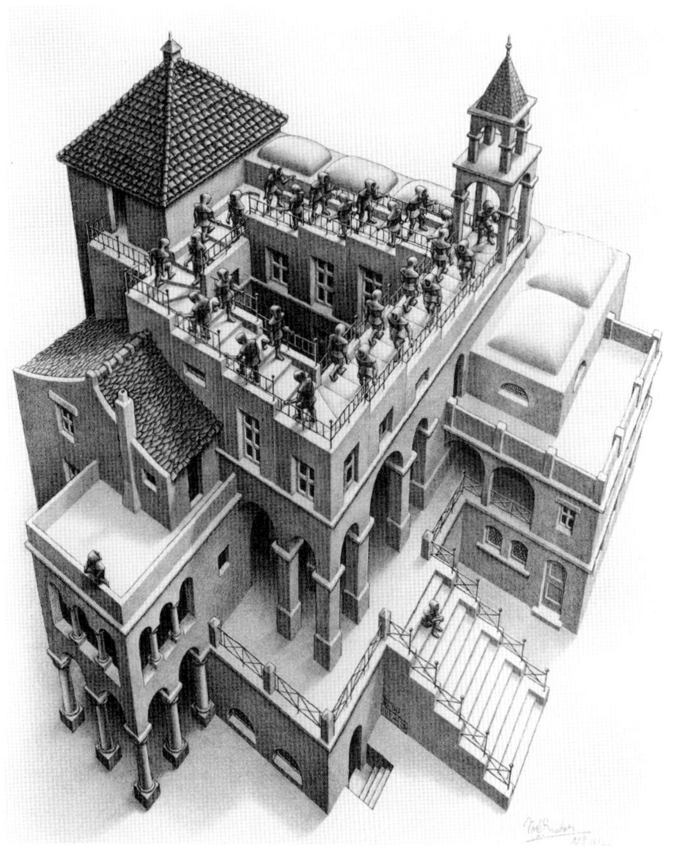

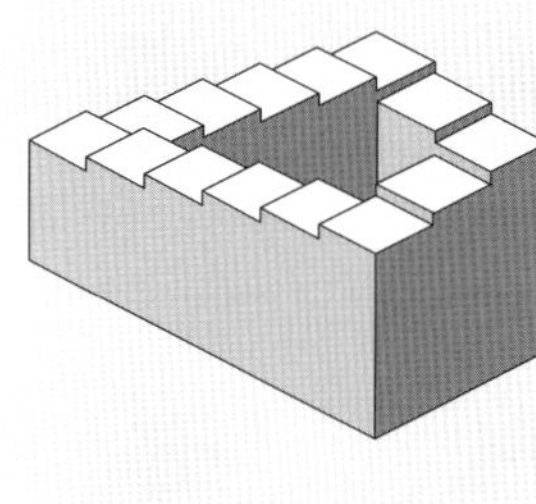

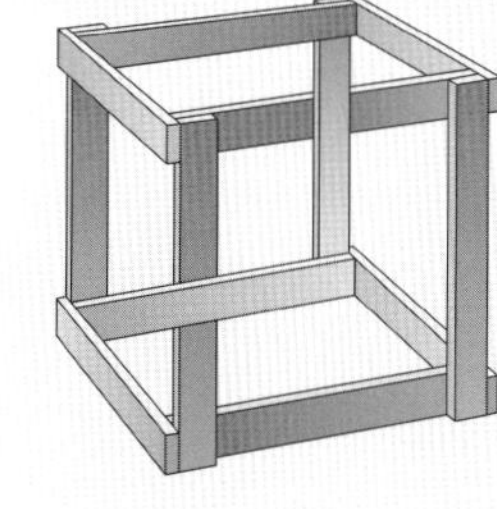

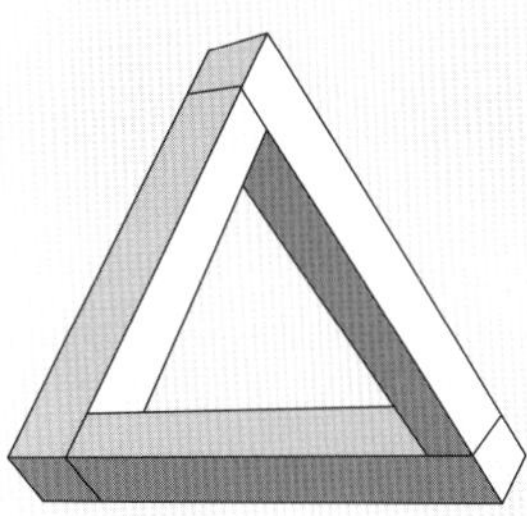

좌측 상단

9-25. 불가능한 계단.
로저 펜로즈와 라이오넬 샤플스 펜로즈가 자신들의 에세이 《불가능한 물체: 특수한 종류의 시각적 착시*Impossible Objects: A Special Type of Visual Illusion*》에서 불가능한 계단과 불가능한 삼각형(하단)을 처음 발표했다.

좌측 중단

9-26. 미친 상자.
어떤 판이 앞에 위치하고 어떤 것이 뒤에 위치할까? 시각적으로 얻는 정보는 부분적으로는 일관성이 있지만 서로 비교해 보면 모순을 만들기 때문에 전체 상자를 자기 모순적으로 만든다.

좌측 하단

9-27. 불가능한 삼각형*Impossible Triangle.*

문화의 진화는 일상생활에서 장식품을 제거하는 것과 같다.

— 아돌프 로스*Adolf Loos*, 《장식과 범죄*Ornament and Crime*》, 1908년.

각자 자기 시각에서 상대방을 보았기 때문에 서로의 작품이 왜곡되었다고 여겼다.

에스헤르와 마그리트는 불가능한 사물 외에도 현상학자 에드문트 후설이 제시한 관점의 정신 작용에서 영감을 받았다. 후설은 인식을 여러 단계로 표현할 수 있다고 했는데, 그는 다비드 테니르스(아들)의 화랑 그림을 묘사하며 누군가가 이 그림을 본다면 그는 화랑 안에 서서 화랑 안의 대공을 바라보는 것이기 때문에 이 그림을 또 다른 층에서 해석할 수 있다고 지적했다.[42] 또한 뉴욕 현대미술관에 서서 데 키리코의 '위대한 형이상학적 인테리어'(그림 9-14) 같은 자기관찰적 작품을 볼 때도 비슷한 현상이 일어난다. 에스헤르의 '화랑'(1956년, 그림 9-20)은 자기관찰적인 관찰자에게 더 많은 층의 그림을 볼 기회를 제공한다.

비트겐슈타인의 언어게임

비트겐슈타인은 1926~1929년 오스트리아 건축가 파울 엥겔만Paul Engelmann과 함께 여동생을 위해 빈의 연립주택을 디자인했다(그림 9-28, 9-29). 그는 이 건물을 디자인하던 중 브라우어르의 1928년 강의를 전해 들었고, 그 응답으로 철학 연구로 돌아와 자신이 이전에 제시한 '의미의 그림 이론'의 비평이자 격식 없는 대안인 언어이론을 개발했다.[43]

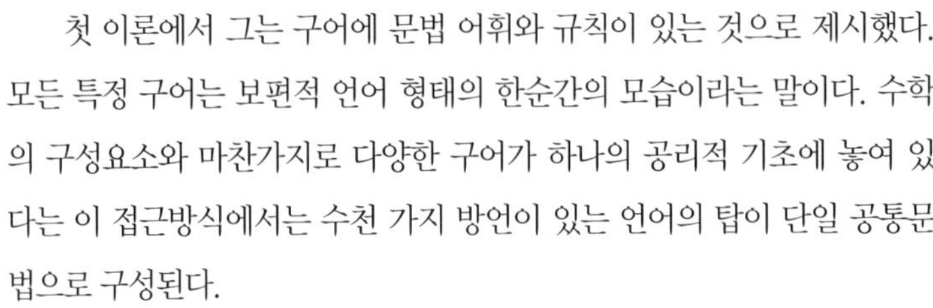

첫 이론에서 그는 구어에 문법 어휘와 규칙이 있는 것으로 제시했다. 모든 특정 구어는 보편적 언어 형태의 한순간의 모습이라는 말이다. 수학의 구성요소와 마찬가지로 다양한 구어가 하나의 공리적 기초에 놓여 있다는 이 접근방식에서는 수천 가지 방언이 있는 언어의 탑이 단일 공통문법으로 구성된다.

비트겐슈타인은 두 번째 이론에서 자연언어를 더 잘 이해하려면 활동지향적 관점이 필요하다고 선언하며 이것을 '언어게임'이라고 불렀다. 예를 들어 독일 건축가와 그의 폴란드인 조수가 건축재 블록과 기둥 가운데 서 있다고 해보자. 그들은 Block('덩어리'를 뜻하는 독일어)과 Belka('기둥'을 뜻하는 폴란드어)를 섞어 의사소통한다. 건축가가 'Block'이라고 말하면 조수가 그에게 블록을 주고 'Belka'라고 하면 기둥을 가져다준다. 이

좌측 위와 아래

9-28. 파울 엥겔만(오스트리아인, 1891~1965년),
루트비히 비트겐슈타인(오스트리아, 1889~1951년),
비트겐슈타인 저택(외부와 내부), **1926~1929년, 빈.**

엥겔만은 마가레트 스톤보로 비트겐슈타인(그림 9-29)의 의뢰를 받아 독일에서 유행한 바우하우스와 엥겔만의 스승인 건축가 아돌프 로스의 꾸밈없는 기하학 구조 건물을 디자인했다(아돌프 로스는 장식을 근대문화를 해치는 범죄로 보고 순수한 디자인에 도덕적 함축을 담은 것으로 알려져 있다. 그림 9-30). 여동생의 격려를 받은 비트겐슈타인은 엥겔만에게 프로젝트를 넘겨받아 문과 창문을 포함해 건물의 여러 디테일을 디자인했다. 그는 로스의 소박한 미학 기준에 따라 디자인의 순수성을 망치는 양탄자, 커튼, 실내용 화초 등을 들여놓지 못하게 했다.

몇 가지 단어와 행동이 그들이 진행하는 '게임'을 구성한다.[44] 이 말과 행동은 그 지역 건축업자들이 사용하는 공통언어일지도 모른다.

비트겐슈타인에 따르면 그 모든 방언과 언어에는 그가 '가족 유사성'이라 부르는 중첩 관계가 있으며, 가족구성원이라 서로 여러 특성(체구, 성질, 머리색 등)이 닮았지만 모두가 동일한 1가지 특성은 공유하지 않는다. 수학 연합(숫자로 진행하는 '게임')도 산수, 기하학, 대수학, 미적분 등이 단 하나의 규칙이나 공리를 공유하는 것이 아니라 가족 유사성 같이 연관된 분야의 유사성을 지닌다.[45]

비트겐슈타인은 공리체계에 기반한 언어모형에서 언어게임으로 관심사를 옮겼지만 언어게임 자체가 수학적 관심사를 포함하므로 그가 수학을 버린 것은 아니라고 할 수 있다. 비트겐슈타인이 언어게임을 사색하는 동안 수학자 존 폰 노이만과 오스카어 모르겐슈테른 Oskar Morgenstern은 경제에 참가하는 이들의 전략적 상호작용을 연구하는 '게임이론'을 개발했고(《게임이론과 행동경제학The Theory of Games and Economic Behavior》, 1944년), 그 적용 분야는 갈수록 확대되었다.[46]

비트겐슈타인이 논리(분석과 추론)를 떠나 일반언어(언어게임)에 관심을 둔 까닭에 언어적 의사소통에 더 격식 없이 접근한 것은 사실이다. 말년에 비트겐슈타인은 젊은 시절의 철저한 공리에서 떠나 더욱더 격식 없는 접근방식을 제안했다. 그는 "실제로는 수많은 방법과 서로 다른 요법이 있으며 단일한 철학 방법은 존재하지 않는다"라고 지적했다.[47]

상단

9-29. 구스타프 클림트*Gustav Klimt***(오스트리아인, 1862~1918년), '마가레트 스톤보로 비트겐슈타인', 1905년, 캔버스에 유채, 180×90.5cm.**
클림트는 마가레트가 1905년 미국인 제롬 스톤보로와 결혼하는 날 이 그림을 그렸다. 부부는 두 아들을 두었고 1923년 이혼했는데 그 후 마가레트가 단독주택을 의뢰했다.

좌측

9-30. 조시아 맥엘헤니, '아돌프 로스의 장식과 범죄*Adolf Loos's Ornament and Crime***', 2002년, 블론 글라스, 나무, 유리, 전기 조명, 케이스 크기 124.4×152.4×26.6cm.**

영미식 언어 예술

2차 세계대전 이후 비트겐슈타인의 저서는 영어로 번역되어 영어권 미술계에 광범위하게 퍼져 나갔다. 1950년대 미국 화가 재스퍼 존스는 비트겐슈타인의 저서를 읽고 상징주의 체계 예술을 창작하기 시작했다.[48] 존스는 대학과 예술학교에서 몇 개 수업을 들었지만 본질적으로 독학을 했고 엄격하면서도 명료하고 색다른 생각을 선보였다. 1954년부터 그는 미국 국기와 숫자 같이 흔하고 비인격적인 상징기호를 그리기 시작했다. 그의 작품을 관람하는 이들은 자신이 생각하는 상징기호의 의미와 작품에서 은근한 방법으로 제시하는 것 사이의 차이를 느낀다.

예를 들어 존스는 '채색한 숫자Numbers in Color'(그림 9-32)를 작업할 때 신문을 겹쳐 놓고 색색의 왁스로 숫자를 적었는데 숫자 아래서는 신문의 글자가 거의 보이지 않는다.[49] 데 키리코, 마그리트처럼 존스도 일상생활에서 볼 수 있는 기호와 사물에 중점을 두었지만 이전의 유럽 화가들이 독일 철학을 읽은 것에 반해 존스는 버트런드 러셀의 논리적 원자론에 기반을 둔 영미권 철학 전통에서 영감을 받았다. 그는 '의미의 그림 이론'을 설명하는 비트겐슈타인의 초기 글을 읽었다. 원자적 명제는 문장 자체가 자신이 묘사하는 것의 논리구조를 '반영한' 까닭에 그는 원자적 사실을 '그림으로' 그렸다. 이에 따라 존스의 숫자는 세계의 숫자와 동형이다.

손으로 만드는 장인정신과 해독할 수 없는 글, 그림의 미묘한 배치로 감정적 반응을 유발하는 존스의 작품은 언어 너머의 특정 진실은 그림 이론으로 담아낼 수 없다는 비트겐슈타인의 주장을 떠올리게 한다. 결국 존스는 비트겐슈타인의 후기 언어게임 철학과 상징 시스템이 어떻게 관련되어 있는지 묻는 철학적 질문에 관심을 기울이게 되었다.

하단

9-31. 재스퍼 존스(미국인, 1930년 출생), '무엇에 따르면*According to What*', 1964년, 캔버스에 유채와 오브제, 223.5×487.6cm.
존스는 마르셀 뒤샹*Marcel Duchamp*에게 이 작품을 헌정했는데 작품 주제는 뒤샹의 'Tu m''(11장 그림 11-20)과 공통적이다.

383쪽

9-32. 재스퍼 존스, '채색한 숫자', 1958~1959년, 캔버스에 납화와 신문지, 168.91×125.73cm.
존스의 패턴은 11×11격자에 쓰인 0에서 9까지의 숫자를 순환해 헤아린 것이다. 이때 좌측 상단 첫 칸은 비웠다. 역대각선 방향으로 각 숫자를 사용했고 수직선과 수평선을 따라 0~9까지 숫자가 이어진다.

9-35. 구웬다, '중국의 기념물: 천국의 사원', 국제연합 시리즈, 1998년.

것'과 구웬다의 '몰락한 왕조의 신화'를 상징한다.

1990년대 구웬다는 '국제연합 프로젝트'를 시작했다. 이것은 전 세계 여러 국가의 동네 미장원에서 사람의 머리카락을 수집한 뒤 그것으로 짠 장막에 읽을 수 없는 유사글자를 적어 지역 언어를 일깨우는 설치물을 만드는 작업이었다. 구웬다는 UN의 이름을 본떠 작품 시리즈의 이름을 지었다. 그는 모든 국가의 결합을 지향하는 UN의 목적이 정치적으로는 달성이 불가능해도 예술적으로는 가능하다고 보고 모든 사람의 생물학적 물질인 머리카락을 재료로 선택했다. 장소마다 조금씩 다르지만 베일을 구성하는 머리카락은 인류의 통합을 상징한다.

"지식을 넘어, 국적을 넘어, 문화와 종의 경계를 넘어."[61]

예를 들어 구웬다는 '중국의 기념물: 천국의 사원China Monument: Temple of Heaven'(1991년, 그림 9-35 참고)에서 중국어, 힌디어, 아랍어, 영어를 사용해 벽과 천장의 장막을 구성했다. 방 중앙에는 명나라 때의 다도용 가구를 놓아 전통적으로 사람들이 마음을 열고 대화하기 위해 모이던 장소를 나타냈다. 또한 그는 명상적 분위기를 강조하며 의자마다 자욱한 구름 그림을 표시한 TV 모니터를 두어 손님들이 지상의 걱정을 잊고 은유적으로 '구름 위에 떠

우측

9-36. 쉬빙의 '살아 있는 언어'.
바닥에서 천장으로 올라가는 鸟의 의미.

389쪽

9-37. 쉬빙(중국인, 1955년 출생), **'살아 있는 언어', 2001년, 혼합 미디어 설치 작품.**
쉬빙은 새를 뜻하는 한자 鸟의 의미를 아크릴로 조각해 바닥에 배치했다. 작가는 이 설치물을 다음과 같이 설명했다. "새를 나타내는 문자가 문자 그대로의 의미의 한계를 벗어나 하늘로 날아 올라간다. 글자가 높이 떠오를수록 문자는 간략해진 체계에서 표준화한 중국 글자체계로 '퇴화하고' 결국 새의 실제 모습에 기반한 고대 중국의 상형문자로 퇴화한다. 설치물의 가장 높은 지점에서 이 글자가 새와 언어 형태로 열린 창문을 향해 날아가는 것은 사람이 새를 분류하고 정의한 것에서 벗어나고자 하는 것을 뜻한다." 쉬빙의 그림 설명은 전시회 '새로운 세계에서 전통 재창조하기: 구웬다와 왕만셩, 쉬빙, 장홍투의 예술*Reinventing Tradition in a New World: The Arts of Gu Wenda, Wang Mansheng, Xu Bing, and Zhang Hongtu*' 카탈로그에 수록되었다.

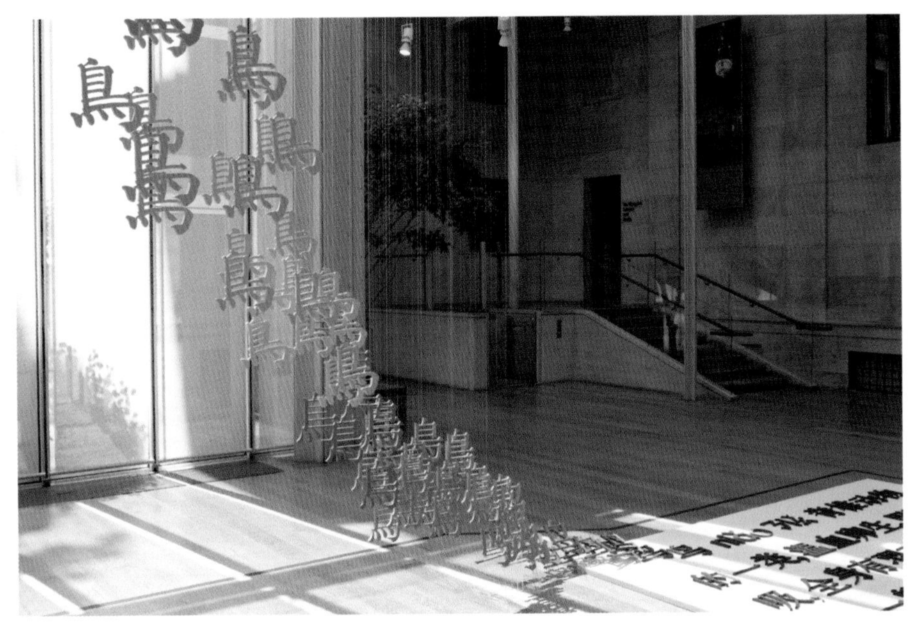

다니는 느낌'을 받으며 대화를 나누도록 설정했다. 부제 '천국의 사원'은 15세기 베이징의 도교 사찰인 천국의 사원 이름을 차용했다.[62]

쉬빙은 '살아 있는 언어The Living Word'(2001년, 그림 9-36, 9-37)에서 중국어의 진화를 표현했다. 그는 화랑 바닥에 鸟('새'를 뜻하는 한자)라는 마오 시대 간자를 배치했다. 이 근대의 추상적 글자는 일종의 역진화를 의미하며 보라색 스펙트럼으로 붉은 새가 살아서 날아가는 것처럼 (은유적으로) 표현해 언어의 경계가 사라지는 것을 나타냈다.[63]

1931년 이후 수학자들은 더 이상 과학을 하나의 공리적 토대 위에 자리 잡은 높은 탑과 같다고 묘사하지 않고, 오래된 도시의 구시가지에 산술과 기하학이 머무는 낡고 불규칙한 도시를 상상했다. 수 세기 동안 수학의 여러 분야가 영역다툼을 벌인 결과 도시(수학의 도시) 내에 대수학과 미적분, 투영기하학 등 여러 지역이 들어섰다. 비유클리드 기하학과 집합이론은 초기에는 외부인처럼 여겨졌지만 결국 시민권을 부여받았다. 가장 최근 이주한 이들은 공학에서 피난 온 로봇공학이다. 이 영혼 없는 기계들은 수학 분야 생활에 통합될 수 있을까?

u=10000000001011101001101000100101010110100011010001010000011010
10011010001010100101101000011010001010010101101001001110100101001001011101010
00111010101001001010111010101001101000101000101011010000011010010000010101101
00010011101001010000101011101001000111010010101000010111010010100110100001000
01110101000011101010000100100111010001010101101010010101101000001101010100101
101001001000110100000000110100000001110101001010101011101000010011101001010101
01010101110100001010101110100001010001011101000101001101001000010100110100101
00100110100100010110101000101110100100101011101001010001110101001010010011101
01010100001101001010101011101010010001011010100001011010100010011010101010100
01011010010101001001011010100100101110101010010101110101001010011010101000011
10100010010010101110101010010101110101010000011101010010000011010101010010111
010100101011010001001000111010000000011101001010010101010111010010100100101011
1010000001010111010000100011101000001010100111010000101001110100000010001011101
00010000111010000100101001110100010000101101000101001011101000101001011010010
000010110100010101001001101000101010101110100100000011101001001010101011101010
10100110100100010101101001001001011010000000101101000001000110100000100101101
00000000011010010100010111010010101000110100101001010110100000100111010010101
00101101001001110101000000101011101010000001101010100010101011010010101011010
10000101011101010010010101110101000100101101010010000101110100000011101010010
00101101010010100110101010001011101010010100101110101010000010111010101000001
01110100000011101010100001010111010010101011010101000010111010100010101011101
010100100101110101010100001110101000000001110100100100001101001001000101101010
101010011101000000000101101001000011010101010100101110100100001101001000101010
111010000100011101000100001110100001101000000001011010000010010111010101001010
10110100010001001011101000001001110101010011010000010101011010000100001110100
10000100011101010101010100111010000100100111010001001000011101000010100101101
00001010000111010101010101011101000100100110100010010011010100101001011101000
10001010111010000000111010001001001011101001101001001000010110101010100110100
01010001011101000011010100001000101101010011010101001010010110101010011010010
010101110100110100100000010110100010101010001110100100001010110100000010011010
01000100101110100100001101010000010010111010010010100110100100101010110100110
10010010100101101001101001010000010110100100000111010100100110101010100001011
10100101000010111010010101010111010100010010110100100111010010101000101110100
01001110101000010110100100111010010101010101110100100011101001010101001011101
00100011101010000010101011100110101000001011010010011101010000001011101001011
010100000010101101001010010111010100001001011101000011010100010000101101010011
01010001000101101010101001011101010001010010110100010101010111010010000101011
01010001011101010010010101011101010100100101110101000111010100011101010010010
01011101010001110101001010001011101010001011101010000100101110101000111010001
01000101110100101001011101010010101001011101001010101010101101010000101010101
101000001001110100001010101010111010101000101011101010100010101110100000011101
0101000100101110100000001110101010010001011101010000000110101000010110100000011
10100100000010111010100011101010010001010111010100110101010100010101101000001
10101010100101010110100000010011010101010010011101010011010101010010010110101
001101001001001110100000011010101010100101011010100010011010001010010101011101
00000110101010101010010110100010001110100010101010101011010001000111010000101
011101000100100001110100110100000000100111010000001001011101000100010100111010
00000100101110100101010101001011010000101010101110100010010100101110100000100
010111010101001011010001000100111010000001001010111010000001010101101000010001
1100111101000010000011101000001001001110100000010100101110100000101001011010000
10001010111010000100010011010001000011101011110100001001001011101000010010010
111010000000010101110100001010100011010001001011101000010000011101000010011101
000100000010111010101001011010001000001011101000010101010111010000001010101110
100010000010101110100010000101011101001000001110101001001001101000000101011101
000100010010111010101000011101010010101101001010101000011010000001010011010000
00011101000001001001110100101101001000101001011010101001101000101001001011010
10100110100010101000101100110101001001011101010100110100010101010101100110101
00010101011001101001000101010101110100010001110100100101010101011010010100101
000110100100000001011101000001101010100101010101101001010101101001000100010111
010001010101101010000001010110100010000011010010001010110100001001110101001010
10101011101001011010010010001010110011010010010010101011101001101001001001010
11010010110100100100100101101001011010010010100010110011010010010100101011101
00010101110100100101110011010010010101001011100110100101000101010111010001000
11101000010100101101001010001011101001010001010110100010011101001010001001011
10100010011101001010010001011100110100100010001110100010011101001010010101011
100110100101000001110011010101010101101000000001110100101010010101011101001000
11101001010100101011100110100001010010011001101010000011010000000111010010101
010010101110011010100010000110100000000111010001001010101011101000100011101010
10101010101011010000100111010010001001010111010010101000100110101000000010110
100100111010100001010111010010000110101000000001011010010001110101001001011101
00001101010000101010110101000101110101000010100101110101000101110101000101010
10111001101010001010110100001101010001001010

10
계산

기계가 작성한 소네트의 진가를 알아볼 수 있는 것은 기계뿐이다.
— 앨런 튜링, 1950년경.

1905년 아인슈타인은 사고실험을 진행했다. 관찰자가 빛과 같은 속도로 움직일 때 빛의 파장은 어떻게 보일까? 아인슈타인이 그 실험을 실제로 관찰할 수 있을 거라고 생각한 것은 아니다. 이것은 불가능하다. 1931년 괴델은 또 다른 사고실험을 했다. 그는 수학기호로 쓴 모든 공식을 숫자(그 공식의 괴델수)로 옮기는 기계적인 절차를 상상했다. 아인슈타인 같이 괴델도 이 막대한 숫자를 이용해 실제로 산술을 하려 한 것은 아니다. 이 또한 사람의 정신의 한계를 벗어난 일이다.

하지만 괴델이 그 숫자로 수학의 불완전성을 증명한 것은 수학자가 계산을 더 깊이 연구하는 결과를 낳았다. 2차 세계대전 당시 영국은 독일의 군사암호 에니그마를 해독하기 위해 초기의 계산 기계를 만들었다. 전쟁이 끝난 이후 엔지니어들은 전쟁에 사용한 기계를 컴퓨터 산업으로 확장했고 덕분에 수학자, 과학자, 예술가 들은 공통 언어를 사용하는 강력한 새로운 도구를 얻었다(그림 10-1).

1945년 핵의 시대로 접어든 세계는 많은 사람이 함께 살아갈 방법이 절실히 필요하다는 것을 느끼기 시작했다. 냉전시대에 핵 공포감이 퍼져가면서 동서양의 관계를 개선하려는 새로운 노력이 이뤄졌다. 몇몇은 '영원의 철학Philosophia Perennis'으로 자신이 모든 전통 철학·신학에서 찾았다고 주장하는 현실의 사실을 담고자 했다. 그들은 일본 학자 D. T. 스즈키와 미국 신학자 토머스 머튼Thomas Merton의 주장을 연구했다. 다른 이들은 인간의 형제애를 모든 호모사피엔스의 동물적 욕구로 본 심리학자 지그문트 프로이트와 카를 융의 주장을 연구했다. 지식인과 예술가는 국제주의 정신에서 영원의 진실을 찾기 위해 문화적 경계를 넘어 많은 전통 기호를 빌려왔는데 그중에는 수학기호도 포함되어 있었다.

10-1. 로만 베로스트코*Roman Verostko* (미국인, 1929년 출생), **'장식한 맨체스터 범용 튜링기계***The Manchester Illuminated Universal Turing Machine***'**, **1998년**(그림 10-2 참고).
로만 베로스트코는 튜링이 1948~1951년까지 근무한 맨체스터대학교에서 튜링기계 논리를 담은 기계를 처음 만든 후 50주년을 축하하기 위해 펜 플로터 작품을 제작했다. 작가는 컴퓨터 코드종이를 인쇄한 뒤 중세수도원 기록실의 수도승처럼 코드를 금박으로 '장식'했다. 그리고 "중세시대 장식 문서를 떠올리게 하는 이 그림으로 우리 시대의 귀중하고 소중한 문서를 제시한 앨런 튜링의 보편 튜링기계 개념을 기념한다"라고 적었다.

계산 가능성부터 컴퓨터에 이르기까지

1928년 힐베르트는 수학자들에게 '결정문제Entscheidungsproblem'로 알려진 문제를 제시했다. 이것은 모든 수학 명제에 적용해 그 명제가 참인지 거짓인지 결정하는 기계적 과정(단계적 알고리즘)을 디자인하는 것이었다. '기계적'이라는 용어는 힐베르트의 형식주의 이후 수십 년간 쓰였다. 1930년대 젊은 영국 수학자 앨런 튜링은 '기계적' 개념에 중점을 두고 사고실험을 진행했다. 무한히 연장 가능한 테이프를 사용하는 기계를 상상해보자. 이 테이프는 정사각형으로 나뉘는데 그 각각의 정사각형은 비어 있거나 유한한 어휘의 기호로 채워져 있다.

기계의 테이프헤드는 정사각형을 옮기기도 하고 정사각형 내의 기호를 바꾸기도 한다. 이 테이프헤드를 제어하는 메커니즘은 유한한 규칙을 따른 지시사항을 담고 있다. 기계는 작동을 멈춘 후 테이프를 읽고 그 계산 상태를 저장한다(현재 활동에 테이프에 적힌 모든 기호 배열을 더한다. 하단 박스 참고).

튜링기계

앨런 튜링은 모든 가능한 계산을 시행할 수 있는 기계적 과정을 제시하기 위해 1936년 튜링기계를 만들었다. 일단 튜링은 (가상의) 튜링기계를 (실제) 전신타자기 구조에 기반해 모형을 만들었다. 전신타자기는 19세기 말 전보처럼 데이터를 보내고 받기 위해 개발한 것으로 이후 통신원이 모스부호를 배울 필요가 없어졌다. 1930년대 여러 기업에서 널리 사용한 전신타자기도 데이터를 저장하는 데 천공테이프를 사용했다. 튜링은 유한한 테이프를 사용한 전신타자기 구조를 바꿔 튜링기계가 무한히 연장 가능한 테이프를 장착하도록 디자인했다.

튜링의 테이프는 사각형으로 나뉘는데 각 사각형은 공백으로 남거나 유한한 언어 기호로 채워진다(이 예에서는 0과 1을 나타낸다). 테이프헤드는 모든 단계에서 왼쪽 또는 오른쪽으로 움직이고 그 자리에 고정될 수도 있다. 또한 저장된 유한한 규칙목록에 따라 적힌 기호를 수정할 수도 있다. 가령 튜링기계에는 A, B, C라는 3종류의 규칙이 있는데 기계가 실행하는 규칙이 그 단계의 기계 상태를 말해준다(예를 들어 규칙 A를 실행하고 있다면 이 단계에서 기계 상태는 A다). 테이프헤드 위에 사각형 안의 기호가 주어지면 규칙에 따라 다음 과정을 거친다.

(1) 사각형 안의 기호를 어떻게 바꿀 것인가(0 또는 1)
(2) 어느 방향으로 움직일 것인가(좌측 L 또는 우측 R 또는 제자리 N)
(3) 어떤 상태로 진행할 것인가(상태 A 또는 상태 B 또는 상태 C)

테이프 기호	상태 A			상태 B			상태 C		
	타이핑하는 글자	테이프헤드 조작법	다음 상태	타이핑하는 글자	테이프헤드 조작법	다음 상태	타이핑하는 글자	테이프헤드 조작법	다음 상태
0	1	R	B	0	R	A	1	N	B
1	0	L	C	1	L	C	1	L	정지

이 예시에서 테이프헤드는 처음에 상태 A의 기호 0으로 시작해 규칙 A가 지시하는 과정을 거쳐 보이는 것 같은 결과를 얻는다.

기계가 멈추면 현재 상태와 기호가 결과지에 표시된다.

튜링기계에는 컴퓨터의 기본요소인 입출력 기기(테이프, 판독장치)와 소프트웨어(헤드에 입력한 규칙) 그리고 메모리(종이에 기록한 상태와 기호 저장)가 있다.

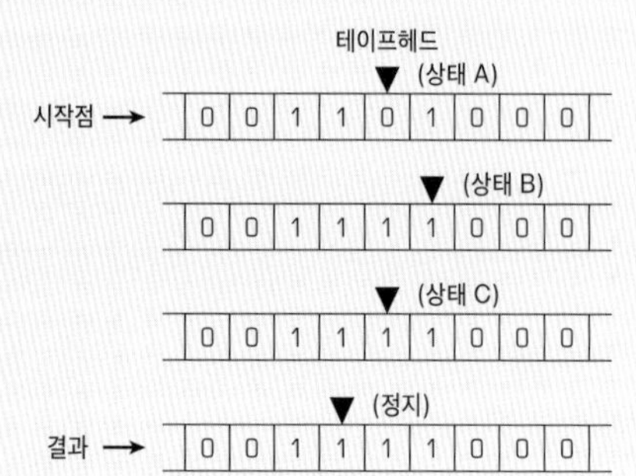

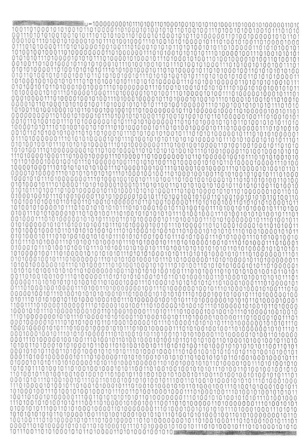

10-2. 로만 베로스트코, '장식한 맨체스터 범용 튜링기계', 1998년, 펜 플로트 드로잉에 금박, 76.2×55.8cm.

베로스트코는 이 그림 시리즈를 창작하기 위해 특정 종류의 형태를 생성하는 소프트웨어 코드를 작성했다. 이 예시(23번)에서 작가는 코드를 우측에 적은 후 그 코드와 연관된 형태를 좌측에 배치했다.

튜링은 사고실험으로 입출력 기기(테이프와 판독기)와 소프트웨어(테이프헤드의 규칙), 메모리(계산 상태 저장)를 갖춘 현대 컴퓨터의 필수요소를 디자인했다. 이후 이 튜링기계는 19세기 조지 불이 고안한 2대수의 대수학에 전기회로(on-off)를 설계해 만든 모든 컴퓨터의 기초가 되었다(그림 10-1과 10-2).

튜링은 자신이 고안한 기계 개념으로 힐베르트가 모든 수학 명제의 진위를 가릴 수 있다고 제시한 '결정문제'를 실현할 수 없음을 증명했다. 1931년 튜링은 괴델이 제시한 불완전 증명 방법을 채택해 기계가 숫자를 변환(사상寫像)하도록 했다. 그는 기호를 사용하는 기계는 그 기호로 설명할 수 있기 때문에 자기언급이 일어날 수 있다는 것을 알았다. 실제로 튜링기계는 그 기계의 설명에 따라 작동한다.

튜링은 힐베르트의 결정문제가 불가능하다는 것을 증명하기 위해 이렇게 주장했다. 예를 들어 한 튜링기계가 있다고 가정해보자(이 기계를 '원본'기계라고 하자). 다른 튜링기계를 설명하는 번호를 적용했을 때 원본기계가 작동하는지 살펴보면 어떤 주어진 숫자(수학 명제를 부호화한 양의 정수)에서 다른 기계가 작동을 멈추는지(결정에 도달한 것) 알 수 있다. 그런 원본기계가 정말 존재한다면 수학 명제의 기계적 결정 과정을 얻고 힐베르트의 결정문제도 풀 수 있다.

"The good news, Dave, is that the computer's passed the Turing test. The bad news is that you've failed. "

"We met online."

10-3. 튜링테스트.
튜링테스트는 주어진 기계(상단 좌측의 거대한 슈퍼컴퓨터나 상단 우측의 노트북)가 지능적인 동작을 나타내는지 확인한다. 튜링에 따르면 이 시험은 자연언어(예를 들어 영어)를 사용하는 인간 심판이 다른 한 사람 그리고 또 다른 기계와 대화하는 방식으로 진행한다. 셋은 따로 격리되어 서로를 볼 수 없고 대화는 오직 글로만 교환한다. 만약 심판이 어떤 참가자가 사람이고 어떤 참가자가 기계인지 구분할 수 없으면 이 기계는 튜링테스트를 통과한 것이다.
(좌측) 크리스 매든*Chris Madden*, 2000년경.
(우측) 데이비드 시프레스*David Sipress*, 2004년.

만약 그러한 기계(결정문제의 해답)가 존재한다면 튜링은 그것으로 자기모순적인 또 다른 튜링기계가 존재한다는 것을 증명해야 한다. 그렇지만 자기모순적인 기계 과정은 논리적으로 존재할 수 없으므로 원본기계도 존재할 수 없고, 결국 결정 과정은 존재하지 않으며 결정문제 역시 결정이 불가능한 문제다(〈계산 가능한 숫자, 결정문제 적용On Computable Numbers, with an Application to the Entscheidungsproblem〉, 1936).

튜링은 미국 프린스턴대학교에서 대학원생으로 공부하던 중 이 연구를 진행했고, 1938년 봄 수학 박사학위를 받은 후 고국인 영국으로 돌아갔다. 몇 개월 뒤 영국과 독일 간의 적대 행위가 폭발하자 영국 정부는 튜링을 독일의 군용암호 해독 팀에 초대했다. 1938년 9월 튜링은 영국의 일급 비밀시설이 있던 영국 남부의 블레츨리 파크로 이동했고, 팀의 리더로서 유보트 통신을 해석하는 업무를 맡았다.

당시 독일군은 에니그마 기계로 알려진 전기기기로 자신들의 메시지를 암호화했는데 이 기계는 메시지 안의 글자를 뒤죽박죽 섞는다. 블레츨리 파크 팀은 에니그마 메시지를 해독하기 위해 특별히 고안한 전자기기로 암호를 풀었고 전쟁이 끝날 때까지 연합군에 중요한 정보를 제공했다(그림 10-4와 395쪽 박스 참고).

1945년 이후 튜링은 영국 산업계에서 일하며 전자계산 기기들을 개발했다. 그는 1950년 발표한 논문 〈계산기계와 지성Computing Machinery and Intelligence〉에서 최초로 인공지능(사고 수학)을 개척했고, 기계가 생각할 수 있는지 확인하는 시험을 도입했다(튜링테스트, 그림 10-3).[1]

한편 존 폰 노이만은 튜링기계에 중요한 기능을 추가했다. 바로 자체 운영규칙(소프트웨어)을 저장해 기계가 켜질 때마다 다시 프로그래밍할 필요가 없게 한 것이다. 기계의 선과 스위치를 재설정하지 않아도 업데이트가 가능한 저장된 프로그램(소프트웨어)과 프로그래밍 언어는 범용 컴퓨터 개발에 중요한 과정이었다. 튜링과 폰 노이만을 제외하고 계산기계의 기초를 닦은 라이프니츠와 불, 프레게, 칸토어, 힐베르트, 괴델 중 누구도 자신들의 아이디어가 범용 디지털 컴퓨터를 구성하는 데 쓰일 거라고 예측한 사람은 없었다.[2]

에니그마 해법

제3국(히틀러 치하의 독일)은 무선통신 보안을 위해 에니그마 기계로 메시지의 글자를 다른 알파벳으로 교체하는 암호를 사용했다. 교환원이 에니그마 키보드에 평문(암호화하지 않은 원문)을 적기 위해 키를 누르면 여기서 발생하는 전기 임펄스가 각각 26개의 위치를 갖춘 3개의 로터로 흘러들어가 글자를 변경한다. 우측 로터로 입력한 원문 글자는 배선을 거쳐 좌측으로 움직인 뒤 반사되어 돌아오는데, 그 출력값인 암호문이 에니그마 전구판에 나타난다. 이후 교환원은 암호문을 수신자에게 보내고 3개의 로터 설정을 아는 수신자는 암호문을 역으로 해독한다.

암호해독자가 에니그마 메시지를 해독하려면 먼저 기계구조를 이해하고 주어진 메시지에 사용한 로터 설정을 밝혀내야 했다. 1933년 1월 히틀러가 독일 총리가 되기 직전인 1932년 말 젊은 폴란드 수학자 마리안 레예프스키*Marian Rejewski*는 아슈(Asche, 재를 뜻하는 독일어)라는 독일인이 독일을 배신하고 프랑스군에 팔아넘긴 에니그마 기계의 사용설명서를 얻는다. 레예프스키는 동료 수학자 헨리크 지갈스키*Henryk Zygalski*, 예르지 로지츠키*Jerzy Różycki*와 함께 그룹이론으로 에니그마 기계의 논리구조(배선과 로터 설정)를 재구성했다. 1939년 7월 전쟁이 가까워지자 이 3명의 폴란드 암호해독가는 바르샤바에서 프랑스와 영국 요원들에게 해독기법을 가르쳐주었다. 2개월 후 독일이 폴란드를 침공한 전격전(공중폭격을 가해 독일어로 '번갯불 같은 전쟁'을 뜻하는 'Blitzkrieg'라 불린다)이 벌어지자 레예프스키와 지갈스키, 로지츠키는 프랑스와 영국으로 피신해 전쟁 기간 동안 연합군에서 암호를 해독했다.

주어진 날의 로터 설정을 알아내는 게 어려운 이유는 가능한 모든 설정 수가 로터 위치의 수의 계승과 동일하기 때문이었다. 여기서 '수의 계승'이란 1부터 그 수까지 모든 정수를 곱한 값을 말한다. 만약 로터에 각각 5개의 위치가 있으면 총 120개의 가능한 조합이($1×2×3×4×5=120$) 존재하므로 어렵지 않게 해독할 수 있다. 하지만 계승은 숫자가 커질수록 기하급수적으로 증가하며 **10**의 계승은 $1×2×3×4×5×6×7×8×9×10=3,628,800$이다. 에니그마 기계의 로터에는 보통 각각 26개의 위치를 디자인했기 때문에(알파벳 글자의 수) **26**계승, 즉 **403**자(**10**의 **24**승) 개의 가능한 설정이 존재한다. 독일은 전쟁 도중 에니그마 기계에 로터와 배선판을 추가로 배치했고 암호를 해독하려면 막대한 수의 가능한 해석을 검사해야 했다.

독일이 전쟁을 선포한 다음 날인 1939년 9월 4일 블레츨리 파크에서 임무를 시작한 앨런 튜링은 폴란드인들이 발견한 에니그마 암호의 약점에 중점을 두었다. 바로 원문 글자는 같은 글자로 암호화할 수 없다는 것이었다. 튜링은 기계 절차를 디자인하는 과정에서 암호문에 존재할 것으로 보이는 지침서(짧은 평문의 일부)를 찾기 위해 노력했다. 가령 튜링은 어떤 군사령관이 거의 매일 보내는 '보고사항 없음*Keine besondere Ereignisse*'이라는 메시지를 발견했다. 주어진 날짜에 모든 사령관이 같은 로터 설정을 사용하므로 이는 지침서로 사용할 수 있었다. 이 구절은 *e*(_*_*_*____*_**_*_____*) 같은 패턴으로 나타난다. 그는 암호문의 이 패턴이 원문의 'e'를 뜻한다는 것을 알아냈다.

기계로 이런 지침서를 탐색한 결과 수천 가지 로터 세팅을 빠르게 시험할 수 있었다. 독일은 에니그마를 절대 해독할 수 없을 거라고 확신했지만 튜링은 블레츨리 파크의 수학자 팀, 연합군과 함께 전쟁 계획이나 부대 이동에 관한 중요한 메시지를 해독했고 평균 매달 3~8만 건을 도청해 해석했다. 1945년 전쟁이 끝나갈 즈음 연합군은 거의 모든 독일 에니그마 메시지를 하루나 이틀 내로 해독했다. 독일이 항복한 뒤 유보트의 사령관 카를 되니츠*Karl Dönitz* 제독과 독일 공군 사령관 헤르만 괴링*Hermann Göring*은 그들의 암호가 해독되었다는 사실을 통지받았다.

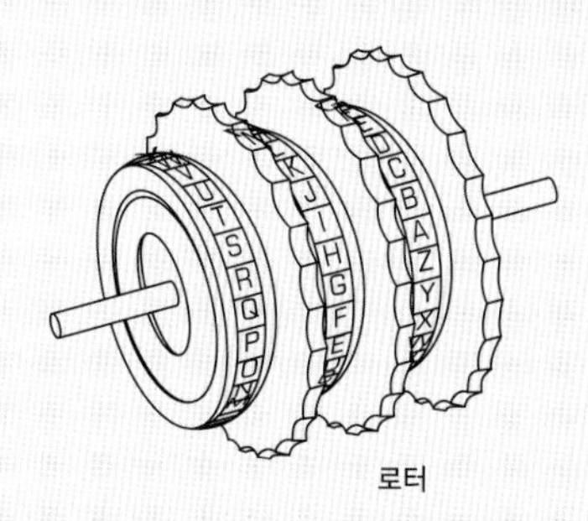
로터

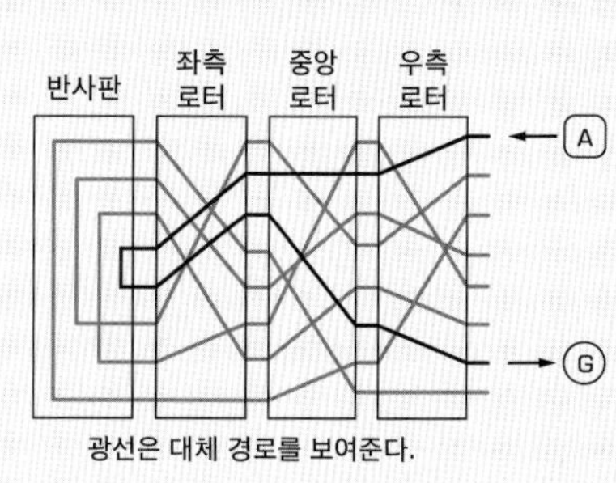

광선은 대체 경로를 보여준다.

수학의 지속적인 진보로 데이터 저장과 검색, 이미지 처리, 통계 등의 알고리즘이 등장했고 이것은 튜링과 폰 노이만 등이 개발한 컴퓨터의 진화를 도왔다. 컴퓨터 프로그래머는 갈수록 더 복잡한 소프트웨어를 고안했고 엔지니어는 튜브(1940년대)와 트랜지스터(1960년대), 집적회로, 마이크로프로세서(1970년대)로 더 작고 저렴하며 신뢰가 가는 컴퓨터를 개발했다. 그 결과 사무실과 실험실, 스튜디오 등에 개인용 컴퓨터를 보급하는 시대가 열렸다. 오늘날 컴퓨터는 하드웨어(영원히 변하지 않는 요소)와 운영체계(평소에는 변하지 않지만 업데이트할

우측

10-4. 짐 샌본, '크립토스*Kryptos*', 1989년, 화강암, 석영, 자철석, 구리, 암호화한 텍스트, 물, 3.6×6×3m.

1990년 짐 샌본은 버지니아에 있는 CIA 새 본부의 조각상을 의뢰받았다. '크립토스'는 4가지의 메시지를 새긴 스크롤 모양의 구리판으로 작가는 비밀요원의 정신을 살리고자 CIA 암호해독자들의 도움을 받아 알파벳 암호를 적었다. 이 조각상은 CIA 암호해독자들이 휴식을 즐기는 중앙공원에 위치해 있다. 이 부지런한 해독자들은 처음 3개의 암호를 해독하는 데 성공했다.

1. '미묘한 음영과 빛의 부재 사이에 미묘한 환상이 존재한다.'
2. (이 구절은 CIA 본부의 좌표와 위치를 제공한다.)
3. (영국 고고학자 하워드 카터*Howard Carter*가 투탕카멘 파라오의 묘지를 발굴한 것을 설명하는 인용구를 다르게 표현한 구절이다.) "천천히 절망적일 정도로 천천히 출입구 하단을 가리고 있던 과거의 유적을 제거했다. 나는 떨리는 손으로 상단 좌측 모서리에 작은 구멍을 뚫은 뒤 그 구멍을 좀 더 넓히고 그곳으로 양초를 넣어 안을 살펴보았다."
4. 마지막 97개 글자는 아직 해독하지 못했다.

때는 변하는 요소), 소프트웨어(켜거나 끄는 프로그램으로 자주 변하는 요소), 입출력 기기로 구성되어 있다.

음악에 공리적으로 접근하는 방식

컴퓨터를 미적으로 사용한 초창기 사례는 음악 작곡과 제작이다. 고대 피타고라스학파는 음악 화음의 기초수치를 발견했고 이것이 우주 조화를 반영한다고 결론지었다. 서양에서 음악과 수학을 연관짓는 접근방식은 음악을 천문학과 수학의 한 부분으로 연구한 17세기까지 이어졌다. 바흐의 푸가 같은 음악은 케플러와 뉴턴이 말한 우주의 신성한 질서를 반영하는 것으로 받아들여졌다.

그러나 18세기 들어 음악은 수학과 분리되었고 모차르트, 하이든, 베토벤을 포함한 빈 악파 작곡가들은 음악을 순수예술로 보기 시작했다. 선율음악(모차르트의 피아노 콘서트나 하이든의 현악 4중주)은 작곡가의 정신을 표현한 것으로 여겨졌고 낭만주의 시대의 조성음악(베토벤 교향곡 등)은 사람의 감정을 분출하는 것으로 해석했다.

20세기 초반 빈의 작곡가 아널드 쇤베르크Arnold Schönberg는 수학과 표현주의의 특징을 모두 갖춘 새로운 작곡 방식(무조성의 12음 음악)을 개발했다. 그는 우선 조성음악의 멜로디를 대체하기 위해 반음계 12음을 각기 1번씩만 사용해 무작위로 배열한 작곡의 '기초집합'을 만들었다. 그리고 그 기초집합의 '거울형태'[3]를 만들기 위한 3가지 규칙을 명시했다. 12음을 역으로 연주하기(역행), 음의 상하를 바꿔 연주하기(대칭진행 또는 자리바꿈), 그 2가지를 동시에 행하기가 그것이다(그림 10-5).

이후 그는 원본패턴과 3가지 변형패턴은 기초집합 12음 중 어떤 것으로든 시작할 수 있으므로 총 48개의 12음 배열이 가능하다는 마지막 규칙을 더했다. 실제로 이 작가는 48개 패턴의 팔레트를 원하는 순서로 배열해 곡을 만들었다.

쇤베르크의 12음 작곡법에는 형식적 공리체계와 놀라울 정도로 뚜렷한 유사점이 있다. 기초집합 12음은 공리, 기초집합을 변경하는 규칙은 추론규칙, 작곡한 곡은 정리에 해당한다. 물론 여러 음악 평론가가 수학도구로 12음 작곡을 평가하는 것이 유용하다고 주장했으나[4] 쇤베르크가 기초수학 교육만 받았음을 고려할 때 그가 동시대 수학에서 영감을 받았다고 볼 수는 없다.

그는 음악을 거의 독학했고 그것도 빈의 작곡가 알렉산더 폰 쳄린스키Alexander von Zemlinsky의 대위법만 공부했다. 쇤베르크는 초등학교 수준의 기하학으로 음악의 '공간'을 생각했다.

"음악사상이 존재하는 2차원 또는 그보다 높은 차원의 공간은 하나의 단위다. (…) 음악사상의 요소는 부분적으로는 연속하는 소리로 수평면에 위치하고 또 부분적으로는 동시에 발생하는 소리로 수직면에 위치한다."[5]

쇤베르크는 주제(연속하는 단일음)를 제시하는 방식으로 푸가를 작곡한 수학적 음악의 대가 J. S. 바흐의 아이디어에 귀를 기울였다. 쇤베르크와 바흐의 차이점은 바흐의 주제는 조성이고(조성으로 작성) 쇤베르크의 것은 무조성이라는 것이다(12음 기초집합 조성이나 음계를 따르지 않는다). 바흐는 기초주제에 여러 규칙을 적용해 푸가를 작곡했는데 쇤베르크는 그중 몇 가지만 채택했다.[6] 바흐는 역행과 자리바꿈, 역자리바꿈으로 선율을 바꾸었고 간격을 두고 같은 패턴의 다른 음으로 시작하는 방법을 택했다. 또한 그는 정해진 간격마다 패턴을 반복하는 식으로 선율에 시차를 두었다. 마지막으로 바흐는 선율을 2배 길이로 확대하거나 반으로 줄이는 작곡 방식을 사용했다.

음악에서 바흐보다 더 완벽한 작곡가는 없다! 베토벤이나 하이든, 심지어 그에 가장 가까웠던 모차르트조차 그 완벽성에 도달하지 못했다.
— 아널드 쇤베르크, 《대위법 예행연습 *Preliminary Exercises in Counterpoint*》, 1940년경.

쇤베르크 음악의 표현 측면은 근대생리학의 지각 관점에서 이해할 수 있다. 19세기 헤

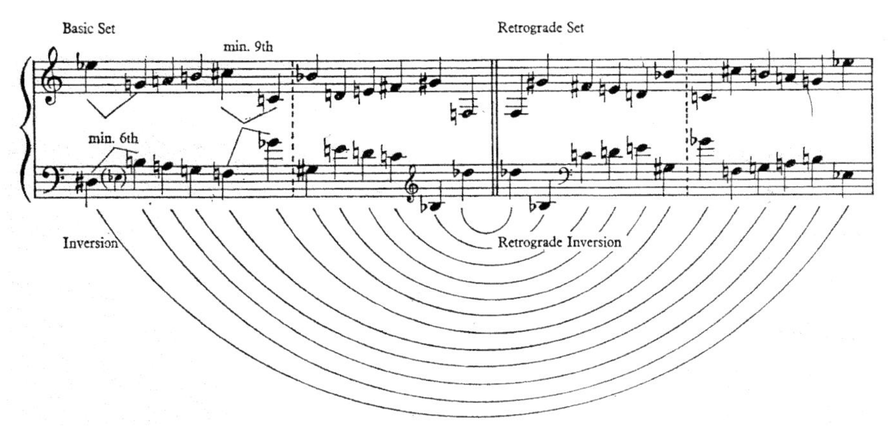

10-5. 기초집합과 그 집합의 역행, 자리바꿈과 역자리바꿈, 아널드 쇤베르크, '12음 작곡(I) *Composition with Twelve Tones (I)*'(1941년), 《작곡 스타일과 생각: 아널드 쇤베르크 선집 *Style and Idea: Selected Writings of Arnold Schoenberg*》 225쪽 다이어그램.

르만 폰 헬름홀츠는 1:2와 2:3, 3:4 등의 비율이 있는 음(옥타브, 5도 화음, 4도 화음)을 '화음'이라 여기고 그런 비율이 없는 음은 '불협화음'이라 느끼는 것이 인간의 귀에 내재한 특징임을 발견했다(〈음악 화음의 생리학적 원인On the Physiological Causes of Harmony in Music〉, 1857년, 4장 참고). 이는 화음으로 이뤄진 음악(바흐의 푸가나 모차르트의 미뉴에트)은 순수수학을 청자의 내적 세계와 공명하는 감각 형태로 담아낸다는 말이다.[7]

쇤베르크 시대 작곡가들은 대개 불협화음으로 표현을 마무리하려 했는데, 불협화음의 갈등을 화음의 피날레로 끝내면 음악을 강하게 표현할 수 있었다.

러시아의 알렉산드르 스크랴빈Alexander Scriabin과 헝가리의 벨러 버르토크Béla Bartók, 쇤베르크 같은 세기말 작곡가는 멜로디 조성에서 벗어나 무성조 부분으로 작곡했다. 1908년 쇤베르크는 최초로 화음을 완전히 버리고 화음이 맞지 않는 음만 사용해 작곡했다.

예술가의 작품은 직감적이며
잠재의식은 그 작품에
큰 영향을 미치지 않는다.
— 아널드 쇤베르크,
《화성학*Theory of Harmony*》, 1911년.

역사학자들은 보통 쇤베르크가 개인적으로 경험한 사건이 현대음악에서 중요한 순간이었다고 여긴다.[8] 쇤베르크는 두 젊은 오스트리아 화가 오스카어 코코슈카Oskar Kokoschka와 리하르트 게르스틀Richard Gerstl을 만났고, 1907년에는 직접 표현주의 화풍으로 진지하게 그림을 그렸다.[9] 쇤베르크의 아내 마틸드는 1908년 남편을 잠시 떠나 게르스틀과 지냈고 이후 다시 남편에게 돌아왔는데, 그때 게르스틀은 자신의 그림을 다 찢고 25세의 나이에 목을 매 자살했다. 이후 5년간 쇤베르크는 2편의 모노드라마(1인극 오페라) '기다림Erwartung'(1909년)과 '운명을 결정하는 손Die glückliche Hand'(1910~1913년)을 작곡했다. 그런데 이들 작품을 보면 그가 전혀 조성을 사용하지 않고 절망의 불협화음 표현으로 가득한 음악을 작곡했음을 알 수 있다(그림 10-6, 10-7).

이들 무조성 작품은 그의 불안정한 사생활의 표현이자 그와 동시대에 빈에서 활동한 지그문트 프로이트가 제기한 주제와도 연관된다. 프로이트는 1900년 《꿈의 해석》을 출판했는데 '기다림'의 오페라 대본작가 마리 파펜하임Marie Pappenheim은 프로이트가 초기에 《히스테리 연구Studies on Hysteria》(1895년)에서 발표한 사례 중 한 명인 환자 안나 오Anna O(베르타 파펜하임Bertha Pappenheim)의 친척이었다. 테오도르 아도르노가 1949년 주장한 것처럼 파펜하임은 '기다림'의 오페라 대본을 꿈에 관한 원고로 적었다(해석하지 않은 꿈의 징후에 관한 내용).

새로운 음악 창작과
완전히 단절된 대중은
그러한 음악의 외적 특성으로 인해
음악과 멀어진다.
그러나 음악에 존재하는 깊은 흐름은
대중의 특별한 사회적,
인류학적 경험에 기반을 두고 있다.
대중이 소름끼친다고 여기는
불협화음은 그 자체로
불협화음 문제를 드러낸다.
대중은 소름끼치는 불협화음을
견디기 어려워한다.
— 테오도르 W. 아도르노,
《근대음악 철학*Philosophy of Modern Music*》,
1948년.

"처음의 무성조 작품은 정신분석의 꿈이 쌓인다는 뜻에서 '퇴적 결과물Traumprotokollen'이라 할 수 있다."[10]

'기다림'과 '운명을 결정하는 손'은 사랑을 갈구하지만 찾지 못하는 이야기를 다룬다. 1차 세계대전이 발발한 후 쇤베르크는 이와 유사하게 진실을 추구하지만 찾지 못하는 신학적·철학적 주제를 다뤘다. 그는 유대인 가정에서 자랐으나 24세에 루터교로 개종했고 스웨덴의 신비주의자이자 범신론자인 에마누엘 스베덴보리Emanuel Swedenborg를 포함해 여러 종류의 종교적 세계관을 탐구했다. 1920년대에 그는 다시 유대교로 돌아왔고 1933년 유대인이라는 이유로 베를린의 프러시아 예술학교에서 해고당한 후 유대교로 공식 개종했다. 이후 그

상단 좌측

10-6. 아널드 쇤베르크, '기다림' 세트 디자인, no. 17, 1911년경, 종이에 수채, 파스텔, 잉크, 31.4×45cm.

오페라 '기다림'에서 젊은 여인은 애인을 찾기 위해 어두운 무대에서 방황하며 두려움을 노래한다. 시체를 발견한 후 그녀는 극심한 피로 속에서 연인이 없는 삶을 자신의 운명이라 여기며 "나는 찾고 있었네"라는 노래로 독백을 마친다.

상단 우측

10-7. 아널드 쇤베르크, '운명을 결정하는 손' 세트 디자인, no.18, 1910년, 카드보드 위에 유채, 22×30cm.

'운명을 결정하는 손'에서 남자는 자신을 버리고 다른 이에게로 간 여인을 향한 사랑을 노래한다. 그는 자신이 그녀를 되찾았다는 잘못된 믿음 아래 순금으로 장대한 예술작품을 만들려고 한다. 그러나 이 예술가는 이내 그녀가 여전히 자신을 사랑하지 않음을 알고 자신의 작품이 눈부신 망상이며 겉만 번지르르한 헛된 귀금속에 불과하다는 것을 깨닫는다.

는 미국으로 건너가 1951년 사망할 때까지 서던캘리포니아대학교와 UCLA에서 교수로 재직했다.[11]

1928년 쇤베르크는 2명의 배우와 코러스가 참여하는 오페라 '모세와 아론Moses und Aron' 대본을 썼다. 이 오페라의 소재는 성경 속 두 형제의 이야기다. 모세는 시나이산에 올라 "무한하고 편재하며 인지할 수도 상상할 수도 없는" 존재인 아브라함의 하느님을 만나 이스라엘 자손들에게 그의 말을 전하는 임무를 받았다. 그런데 대본에서 모세는 제대로 말을 하지 못하고 중얼거리다가 발을 헛디딘다. 아론은 말이 유창하지만 그는 산꼭대기에 있지 않았기에 이것을 말할 수 없었다. 심오한 진실은 이미지나 단어로 담아내기가 불가능한 속성이라는 것이 이 오페라의 주제다. 오페라에서 합창단은 우상숭배를 금지하는 노래를 부른다.

"우상을 만들지 말라. 하느님의 이미지를 만드는 것은 경계가 없고 상상할 수도 없는 하느님을 제한하고 국한해서 이해하려 하는 것이다."

1932년 쇤베르크는 자신의 12음 방법만 사용해 악보를 작곡하기 시작했다. 그는 표현할 수 없는 진실이 있음을 암묵적으로 인정하는 의미에서 1951년 죽을 때까지 이 악보를 완성하지 않았다. 이 미완성 오페라는 모세가 "그 말, 바로 내가 갖고 있지 않은 당신의 말"이라고 노래를 부르며 끝난다.

쇤베르크의 제자 알반 베르크Alban Berg와 안톤 베베른Anton Webern은 12음 방법 또는 '음렬주의'라 불리는 이 작곡법을 계승했고 세 사람은 '제2 빈악파'로 알려졌다. 1920~1930년대에 이 기법은 소수만 활용했는데 베르크와 베베른은 스승처럼 음렬주의와 수학의 명확한 유사점을 밝히지 않았다. 그렇지만 1950년대에 컴퓨터 기술이 발전하면서 그들의 작곡법이 기계언어로 쉽게 변형될 수 있다는 사실이 밝혀졌고, 12음 작곡법 유산은 결국 컴퓨터 음악에 남겨졌다.

제2 빈악파와 동시대에 활동한 러시아의 작곡가 조세프 실린저Joseph Schillinger는 직접 형식주의 수학에 기반한 작곡법을 개발했다. 실린저는 상트페테르부르크 음악원에서 작곡을 공부했고 1917년 혁명 이후 상트페테르부르크와 모스크바의 예술학교에서 학생들을 가

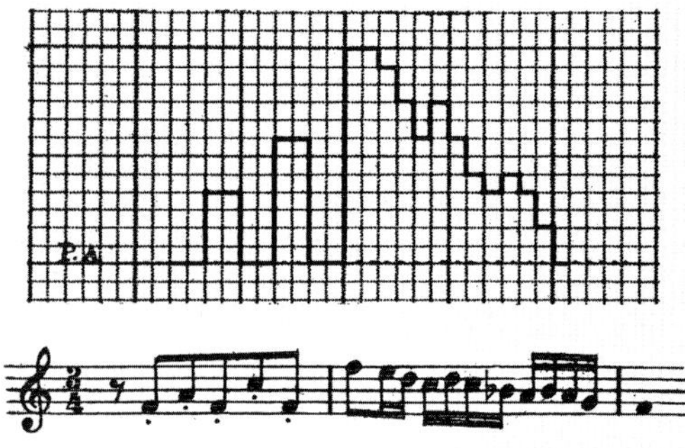

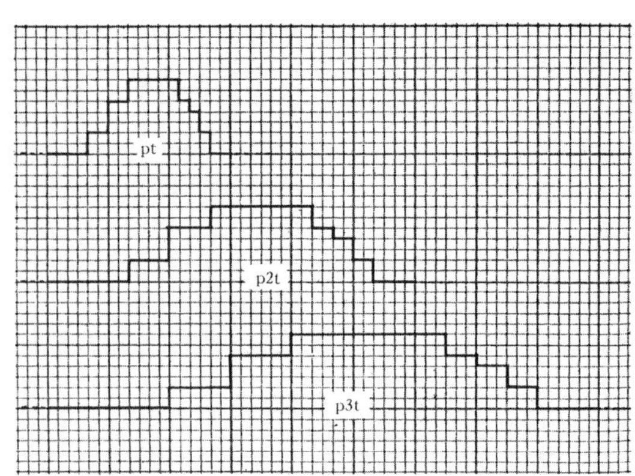

르쳤다. 그는 음악 선율을 추상 패턴으로 분석하기 위해 먼저 선율을 그래프종이에 그린 뒤(그림 10-8) 기계적 규칙에 따라 그 패턴을 변경했다(그림 10-9). 이처럼 그는 자신만의 방식으로 음악을 작곡한 후 종종 그것에 우주 질서의 표현이나 정치적 관점 등의 해석을 부여했다.[12] 실제로 실린저의 일생일대 목표는 자신의 공리적 작곡방식(실린저 체계)을 음악뿐 아니라 모든 예술에 적용할 수 있음을 증명하는 것이었기에 스스로 대칭과 연속성, 순열로 그림을 그렸다(그림 10-10, 10-11).[13]

영국 물리학자 마이클 패러데이Michael Faraday와 제임스 클러크 맥스웰이 전기와 자기 사이의 연관성(전자기학)을 발견한 이후 발명가들은 전기 충격에 모스부호를 담아 보내는 전신기, 소리파장 패턴을 전달하는 전화기(1876년), 소리를 녹음해 재생하는 축음기(1878년) 같은 전기기계를 만드는 데 전자기학을 적용했다. 19세기 말 음악가들은 자신의 작업과 연관된 음향 전자기기의 영향에 깊은 관심을 보였고, 몇몇은 인간의 목소리나 악기의 소리파장이 아닌 순전히 전자 소리파장을 생성하는 전자기계를 꿈꿨다.

그 최초의 발명품이 1920년 실린저와 동시대에 러시아에 살았던 레온 테레민Léon Theremin이 만든 전자악기 테레민이다. 그 후 주로 음악과 수학을 모두 교육받은 작곡가들이 음악기계를 디자인했다. 이처럼 여러 가지 음악기계를 형식주의 미학과 연관짓는 근본 아이디어는 음악작품(곡)을 어휘(음)와 공리(멜로디 또는 12음 기초집합) 알고리즘(변형 규칙)을 갖춘 형식주의 공리구조로 보는 개념이다.

상단

10-8. 바흐의 2부 자리바꿈, 8번, 조세프 실린저, 《실린저의 음악 작곡체계*The Schillinger System of Musical Composition***》(1941년), 1:312.**

실린저는 이 그래프에서 가로의 정사각형에 음 16개를 나타내고 세로의 정사각형에 반음을 나타냈다.

하단

10-9. 시간에 따른 음높이의 진행, 조세프 실린저, 《실린저의 음악 작곡체계》(1941년), 1:212.

테레민은 1916년 상트페테르부르크 음악원에서 첼로를 전공한 후 차르 니콜라스 2세 제국군대의 라디오 엔지니어 장교로 임관하는 데 필요한 장교용 전기기술학교에 다녔다. 그러나 1917년 10월 그는 기술학교를 떠나 볼셰비키에 가입했고 수년간 적군의 라디오 방송국을 운영하며 전자기파 패턴을 음파로 변환하는 실험을 진행했다. 1920년 그는 '에테르폰æther-erphon'(우주를 가득 채운 것으로 알려진 미스터리 에테르에서 이름을 따왔으나 나중에 테레민으로 알려진다. 그림 10-12)을 디자인했다. 레닌은 이것을 소련의 발전에 필요한 핵심 기술로 보고 이 전자기기에 열정적인 반응을 보였고, 1922년 3월 테레민과 따로 만나 시연을 보기도 했다.[14]

안드레이 파슈첸코Andrey Pashchenko는 최초의 전자악기 테레민의 오케스트라 곡으로 '미스터리 교향곡Symphonic Mystery'을 작곡했는데, 이것은 1924년 상트페테르부르크에서 처음 공연을 했다. 테레민은 1928년 뉴욕 메트로폴리탄 오페라 하우스에서 '에테르의 음악Music from the Ather'이라는 첫 미국 연주회를 열었고, 그다음 해 미국에 특허를 신청했다. 이후 RCA는 상업적 목적으로 테레민을 생산하기 시작했다.

한편 러시아를 떠나 미국으로 이민 간 실린저는 1929년 테레민과 함께 뉴욕에 스튜디오를 마련해 급성장한 음악과 영화 산업에 쓸 전자기기, 악기를 개발했다. 1929년 실린저는 테레민과 오케스트라를 위한 '최초의 에어폰 소네트First Airphonic Suite'를 작곡했고, 1932년 테레민은 그리스 춤의 뮤즈에서 이름을 딴 전자 댄스플로어 테르프시톤Terpsitone을 완성했

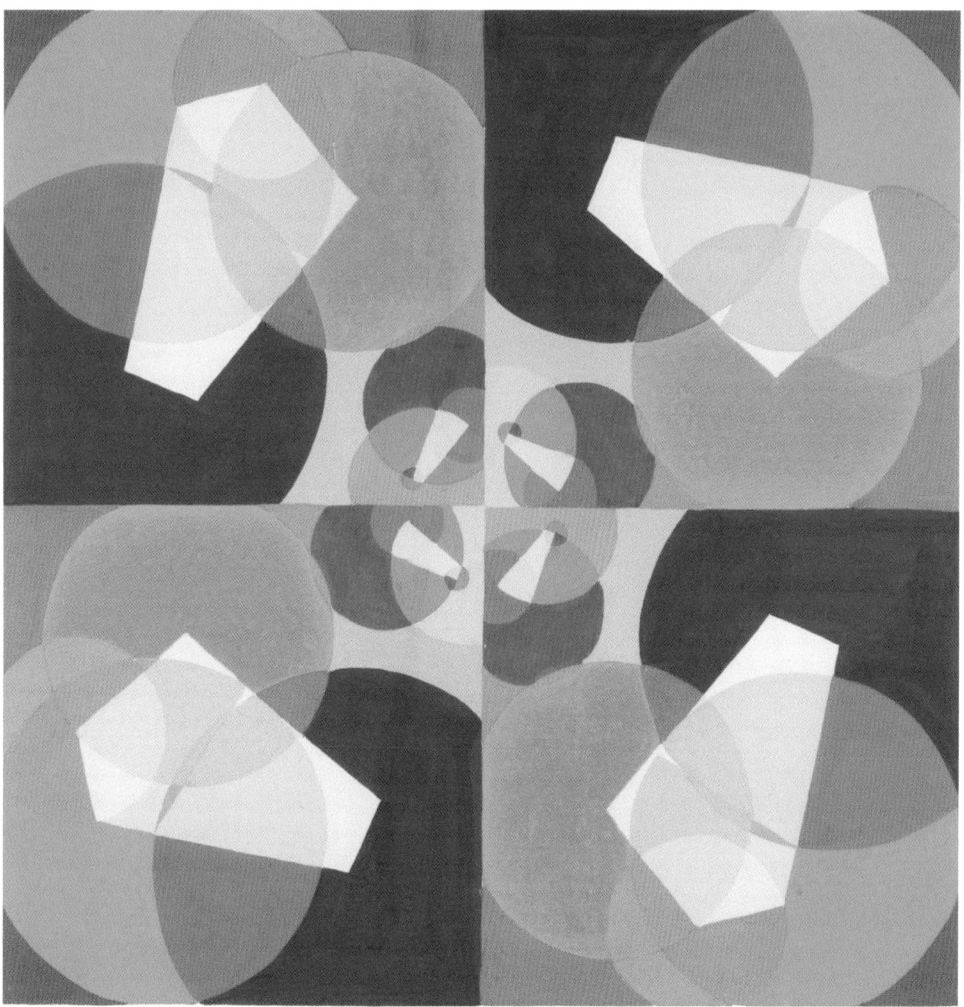

상단

10-10. 조세프 실린저(러시아인, 1895~1943년), '그린 스퀘어', 1934년, 페이퍼보드에 템페라, 30×28cm.

하단

10-11. 조세프 실린저, '수선에 의해 나눠진 영역들*Areas Broken by Perpendiculars*', 1934년, 수채, 22×30.5cm.

다. 이것은 사용자의 춤에 따라 전자음악의 높낮이를 바꾸는 기계다.

실린저는 컬럼비아대학교에서 음악, 수학, 미술사를 가르쳤는데 그의 수학 모형과 그림 패턴은 오늘날 수학박물관에 영구 전시되어 있다. 그는 컬럼비아대학교에서 토미 도시Tommy Dorsey와 조지 거슈윈George Gershwin, 베니 굿맨Benny Goodman을 비롯해 여러 학생을 가르쳤다. 거슈윈은 1932년부터 1936년까지 실린저에게 배우면서 실린저 체계로 '포기와 베스Porgy and Bess'(1935년)를 작곡했다.[15] 테레민은 뉴욕에서 지내는 11년 동안 소련 노동자들을 위해 하급 스파이로도 활동했으나 그런 애국적 헌신에도 불구하고 1938년 소련의 비밀경찰이 그를 납치해 모스크바로 끌고 갔고 그의 음악 커리어는 그렇게 끝이 났다. 노동수용소에서 지낸 후 그는 남은 생애 동안 러시아에서 전기기술자로 일했다.[16] 미국에서는 주로 대중음악가가 테레민의 악기를 사용했으며 대표적으로 1960년대에 비치보이스는 테레민으로 록음악을 작곡했다.

10-12. 1920년경 레온 테레민이 테레민을 연주하는 사진.
테레민의 꼭대기에 있는 수직 안테나는 무선 범위에서 고정된 주파수의 전자기를 방사해 균일한 파장 패턴을 만들어낸다. 인간의 몸은 전기 도체로 작용하기 때문에 레온 테레민이 안테나 근처에서 자신의 손을 올렸다 내렸다 하면 파장 패턴을 방해한다. 전자악기가 이 파장 패턴 변화를 해석해 소리파장(피치)에 변화를 일으키고 그것이 스피커에서 흘러나온다. 이 악기는 한 음을 계속 연주하는 글리산도 주법을 사용하고 손의 움직임에 따라 한 음에서 다른 음으로 소리가 바뀐다. 연주자가 왼손을 수직 루프 앞뒤로 움직여 소리 크기를 조절할 수 있다.
1917년 혁명 이후 러시아 음악가 니콜라이 소콜로프*Nikolai Sokoloff*는 미국으로 이민을 갔고 1918년 오하이오의 클리블랜드 오케스트라의 지휘자가 되었다. 소콜로프는 1929년 11월 그곳에서 조세프 실린저의 '최초의 에어폰 소네트'의 세계 초연을 지휘했는데, 이때 레온 테레민이 테레민 솔로를 맡았다.

미국으로 이민 간 쇤베르크는 캘리포니아 남부에서 음악을 가르쳤는데, 그곳의 새로운 시대 음악가들은 그의 음렬주의를 채택해 냉전 당시의 미국 상황에 맞게 발전시켰다. 라 몬테 영La Monte Young은 1950년대 LA시립대학에서 레너드 스테인Leonard Stein과 함께 공부했고 레너드는 UCLA에서 쇤베르크의 조수로 지내기도 했다. 영은 초창기에 작곡한 곡에 쇤베르크와 베베른의 12음 기법을 사용했다. 1960년대 문화적 혼란에 휩쓸린 그는 아시아의 주제를 채택해 뉴욕으로 옮겨갔는데, 그곳에서 소위 '미니멀 음악'의 창시자이자 권위자로 거듭났다. 영은 제2 빈악파의 음렬주의에 긴 음을 넣어 영원한 느낌을 담고자 했다. 영의 '중국의 4가지 꿈Four Dreams of China'(1962년)에서는 4명의 연주자가 이론상으로 영원히 이어질 수 있는 상당히 긴 음을 연주한다.[17]

2차 세계대전 이후 컴퓨터 기술이 등장하면서 그리스의 건축가이자 음악가인 이안니스 크세나키스Iannis Xenakis는 컴퓨터로 12음 음악을 작곡하기 시작했다. 전쟁 당시 그리스 저항부대에서 활동한 크세나키스는 프랑스에 그리스 보수당 내각이 들어서자 1947년 프랑스로 피신했다. 그는 파리에서 르코르뷔지에의 건축 사무실에서 일했는데 수습으로 시작해 빠르게 중역자리에 올랐다. 1958년 네덜란드의 전자기기 회사 필립스가 브뤼셀 만국전람회 전시장 디자인을 의뢰하자 르코르뷔지에는 크세나키스와 함께 작업을 진행하며 그에게 프로젝트 관리를 맡겼다. 당시 르코르뷔지에와 크세나키스는 전시관을 9개의 쌍곡선 포물면으로 구성한 기하학 모양으로 디자인했다(그림 10-13, 10-14). 이 전시관에서는 전자기기 발전을 강조하는 멀티미디어 행사가 열릴 예정이었다. 이미 악기를 사용하지 않고 생성한 음악소리를 연구하기 시작한 크세나키스는 관람객이 건물에 들어오면 자연스럽게 전자음악을 듣도록 전시관을 디자인했다. 1966년 그는 파리에서 '수학과 자동화한 음악센터Equipe de Mathematique et Automatique Musicales'를 창립했고 컴퓨터 작곡의 기초교재 중 하나인 《체계화한 음악: 작곡의 사상과 수학

나는 좋은 떨림을 느끼고 있어.
그녀는 내게 자극을 주고 있어.
— 비치보이스*Beach Boys*,
'좋은 떨림*Good Vibration*', 1966년.

우측

10-13. 르코르뷔지에(샤를 에두아르 잔느레, 스위스인, 1887~1965년), **이안니스 크세나키스**(그리스인, 1922~2001년), **필립스 전시관, 1958년 브뤼셀 만국박람회.**

하단

10-14. 쌍곡포물면.

격자표면에 형성한 쌍곡포물면은 건축에서 직선 빔만으로 굽은 표면을 만들기 위해 사용한다. 이안니스 크세나키스는 필립스 전시관을 9개의 쌍곡포물면으로 디자인했는데 각 포물면은 안장처럼 굽어 있다.

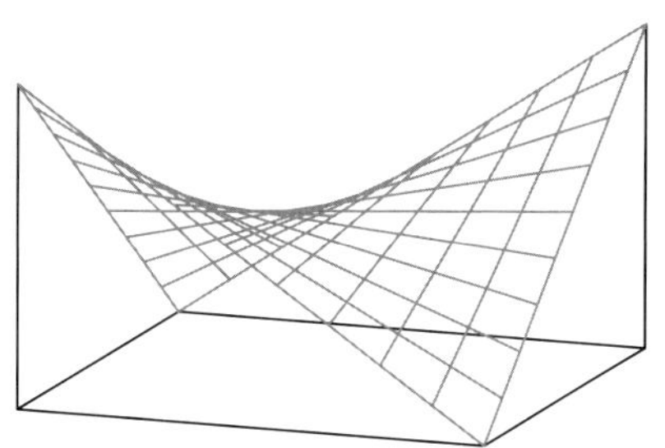

Formalized Music: Thought and Mathematics in Composition》(1971년)을 집필했다.[18]

기계계산 시대의 예술작품

컴퓨터가 20세기 후반의 시각예술에 미친 영향은 1830년대에 발명된 사진이 이후 예술에 미친 영향과 비슷하다. 기기 개발자는 최초로 미적 가능성을 탐구하고 그 뒤 예술가는 새로운 도구를 채택해 기술에 영향을 받은 스타일로 작업을 한다. 19세기 캘러타이프 사진을 개발한 윌리엄 폭스 탤벗William Fox Talbot은 풍경과 정물 사진을 찍어 책의 그림으로 사용했다(《자연의 연필The Pencil of Nature》, 1844년). 그 후 나다르Nadar(가스파르 펠릭스 투르나숑Gaspard-Félix Tournachon)와 줄리아 마거릿 캐머런Julia Margaret Cameron 같은 초상작가가 카메라로 초현실주의자인 에드가르 드가Edgar Degas나 토머스 에이킨스Thomas Eakins의 작품과 유사한 초상화를 찍었다.

1950~1960년대에는 컴퓨터에 전원을 공급하는 데 필요한 진공관과 트랜지스터 값이 비싸고 유지 관리가 어려웠다. 그 크기가 방을 가득 채울 정도로 컸기 때문에 초기 수학자와 컴퓨터공학자가 컴퓨터를 예술도구로 사용하려면 그 커다란 기계를 소유하고 유지할 수 있는 회사나 대학에 재직해야 했다.[19] 막스 빌의 '한 주제의 15가지 변형'(1935~1938년, 7장 그림 7-18 참고) 같은 컴퓨터 프로그램과 알고리즘 예술작품은 모두 작성자(작가)가 구성요소(색과 형태)에 규칙집합을 적용해 변형집합을 생성할 수 있다. 만약 예술가가 컴퓨터 프로그램 결과물로 예측할 수 없는 사건을 얻고자 한다면 색상 같은 자유변수 값을 난수발생기가 결정하도록 내버려두면 된다. 이때 색상은 무작위로 결정된다. 컴퓨터 알고리즘 예술에서 예

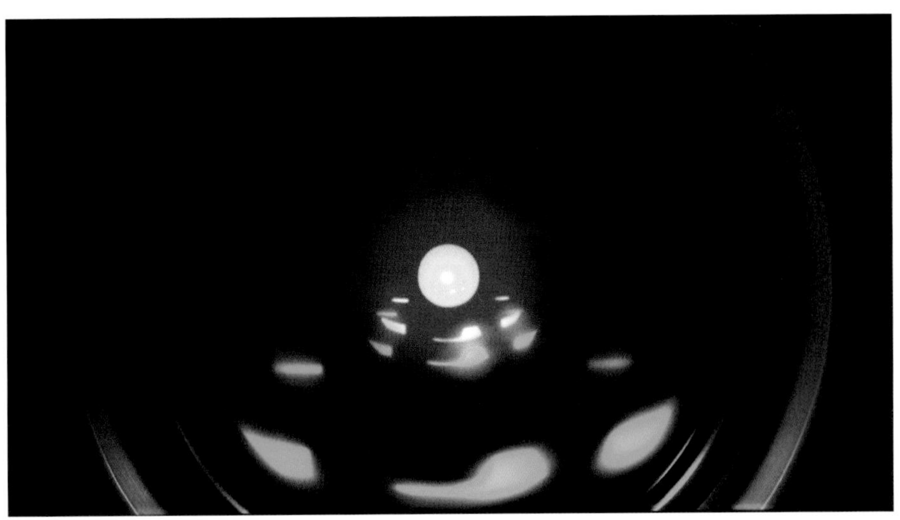

10-15. HAL 9000, 영화 '2001: 스페이스 오디세이*2001: A Space Odyssey***'(1968년)의 별, 감독 스탠리 큐브릭***Stanley Kubrick***, 아서 C. 클라크***Arthur C. Clarke***의 소설 원작.**
HAL은 스스로 학습하도록 프로그래밍한 알고리즘 컴퓨터다. 소설 속 우주선인 디스커버리 원의 모든 시스템을 모니터링하는 HAL은 말하고 듣고 입술을 읽고 얼굴 표정을 인식하고 감정을 나타내고 추론과 체스를 두는 능력을 갖추고 있다. '2001: 스페이스 오디세이'(1968년)의 HAL은 튜링테스트를 통과한 기계다.

술가는 컴퓨터 프로그램이 모든 자유변수 값의 결과를 생성하게 만든 뒤 그중 몇 가지를 미술품으로 택하고 나머지는 버린다.

초기 컴퓨터 예술을 향한 비판은 19세기에 사진을 발명한 뒤 나타난 불만과 유사했다. 사진과 컴퓨터예술 작품은 기계가 만든 것이라서 인간미가 떨어진다는 것이다.[20] 하지만 컴퓨터 예술도 사진처럼 점점 가치를 제대로 평가받기 시작했고, 인간의 한계를 넘어선 정확성과 추상적 아이디어를 시각화하는 소박한 아름다움 같이 그 안에 내재된 성질 또한 진가를 인정받기 시작했다(그림 10-15).

막스 빌의 절친한 친구 막스 벤제Max Bense는 최초로 엔지니어와 예술가가 컴퓨터로 알고리즘 예술품을 창작하도록 도왔다. 벤제는 본대학교에서 1937년 아이슈타인의 상대성 이론과 양자역학을 주제로 물리학 박사학위를 받았지만, 그는 (상당 부분 독학으로) 과학철학과 미학을 연구했다. 1949년 그는 선도적인 응용수학과로 명망이 높던 슈투트가르트공과대학(오늘날의 슈투트가르트대학교) 철학교수로 임용되어 남은 일생을 그곳에서 지냈다. 다작 작가인 벤제는 80권 이상의 철학저서를 집필했는데 이 중에는 여러 판으로 출판한 《미학Aesthetica》(1954~1965년)도 포함되어 있다. 책을 사랑한 그는 20세기 중반의 지적 트렌드를 보편 미학을 향한 자신의 위대한 비전에 담았다.

벤제는 빌의 예술을 분석하고 궁극적으로는 모든 시대의 모든 예술을 색상과 형태 요소로 분석해 예술품을 만드는 정확한 규칙과 작품을 평가하는 공식을 밝혀냄으로써 스위스의 구체미술을 '과학적'으로 만들고 싶어 했다. 1954년 벤제는 저서 《미학》 초판을 출판했는데 여기에 스위스 수학자 안드레아스 스페이저의 주장에 동의하는 내용(7장 참고)을 담았다. 그는 오직 대칭만이 미적 즐거움의 요소라는 조금 과장된 선언을 했다.

1950년대 슈투트가르트공과대학에 컴퓨터가 소개되자 벤제는 2차 세계대전 동안 암호학자로 일한 미국 수학자 클로드 섀넌Claude Shannon의 글을 읽고 그것을 자신의 미적 모형으로 채택했다. 1943년 영국 정부는 앨런 튜링을 워싱턴 DC로 보내 미국 수학자에게 블레츨리 파크의 연구 성과를 알리게 했는데, 이후 2개월 동안 튜링과 섀넌은 주기적으로 만나 언어를 코드로 변환하고자 하는 둘의 공통 관심사를 토론했다. 전쟁이 끝난 뒤 섀넌은 언어 정보를 전자로 전송하기 위해 구두정보를 암호화하는 방법을 설명했다(《통신의 수학이론A Mathematical Theory of Communication》, 1948년). 벤제는 섀넌의 구어 통신 방법을 예술 통신 방법으로 채택했고 이것을 '정보미학Information Aesthetics'이라 명명했다.[21]

그 후 벤제는 자신의 저서에서 대칭성을 측정해 예술작품을 평가하는 정확한 방법을 모색했다. 나아가 하버드의 연구자로 아인슈타인 상대성이론의 수학적 근거를 주제로 논문을 쓴 미국 수학자 조지 데이비드 버코프George David Birkhoff가 스페이저의 이론에 따라 개발한 체계를 도입했다(《상대성과 현대물리학Relativity and Modern Physics》, 루돌프 E. 랭어Rudolph E. Langer 공저, 1923년). 1930년대 초반 안식년 동안 세계 여러 문화의 예술과 음악을 공부한 버코프는 스페이저처럼 물체가 대칭적일수록 아름답다고 주장했다. 그는 물체 실루엣의 대칭 각도를 계산해 그 물체의 아름다움을 수량화하는 방법을 제시했다(《미의 척도Aesthetic Measure》, 1933년, 그림 10-16 참고).

1941년 최초로 내장 프로그램이 작동하는 컴퓨터를 만든 독일 기술자 콘라트 추제Konrad Zuse는 1964년 그라포마트Graphomat를 디자인해 공식이 주어진 경우 그것을 2차원 데카르트 좌표계로 변형해서 그리는 기계를 디자인했다. 이 기계는 기어박스가 펜의 움직임을 제어하는데 종이 위를 미끄러지듯 움직이면서 보이지 않는 격자에 점을 찍기 때문에 '플로터Plotter'라고 불렸다. 에를랑겐의 전자기기 회사 지멘스AG가 새 그라포마트를 구입했을 때, 이 기계의 프로그래밍 업무를 맡은 젊은 수학자가 게오르그 네스Georg Nees였다. 네스는 지멘스의 기술도면 작성 프로그램에 이어 장식 패턴을 생성하는 프로그램을 만들었다. 나중에 그는 "펜이 계속해서 도표를 그리는 것을 보고 '이것은 절대 사라지지 않을 것'이라는 느낌에 전율했다"라고 회상했다.[22]

계산의 철학적 의미에 관심이 있던 네스는 에를랑겐에서 철학대학원 과정을 시작했고 또 슈투트가르트공과대학에서 벤제와 함께 공부했다. 네스는 벤제의 미적 이론을 그라포마트가 생성하는 그림에 적용했으며(그림 10-17) 1969년 최초로 컴퓨터 그래픽 박사학위PhD를 받았다.

한편 1964년 슈투트가르트공과대학도 그라포마트를 구입해 수학과 대학원생 프리더 나케Frieder Nake에게 프로그래밍 작업을 맡겼다. 나케는 이것을 미적 도구로 실험하면서 난수생성기로 그림 프로그램을 작성했다. 1967년 나케는 확률과 난수발생 프로그램의 철학 주제에 중점을 둔 확률이론 논문으로 박사학위를 받았다. 그는 스튜디오 예술가들을 위해

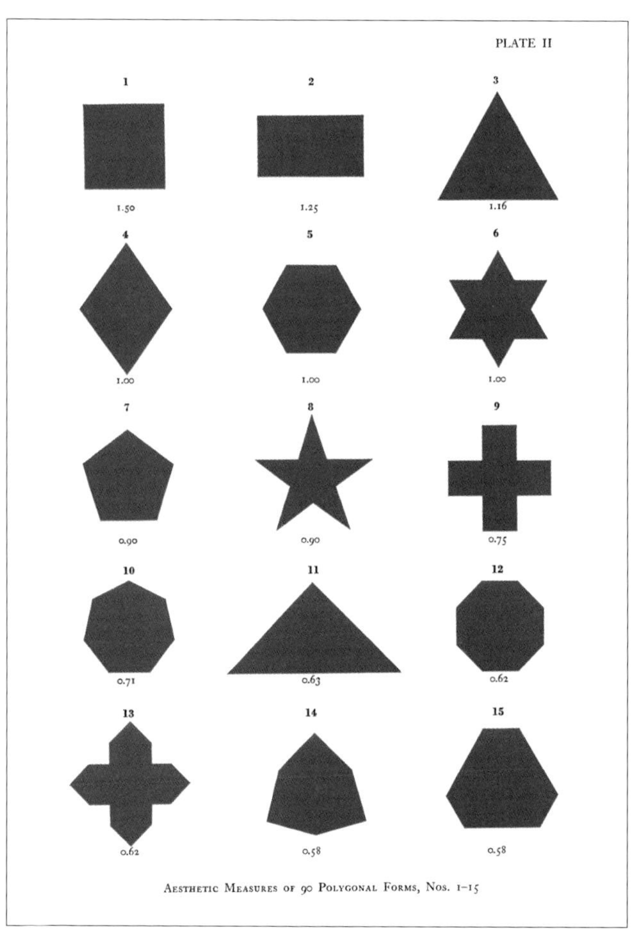

10-16. 조지 D. 버코프, '다각형 형태의 미의 척도*Aesthetic Measure of Polygonal Forms***', 《미의 척도》(1933년).**
버코프는 M=O:C라는 단순한 공식으로 미를 나타냈다. 이 공식은 '어떤 물체를 볼 때 느끼는 미적 즐거움의 양(M)은 그 물체의 질서(O)와 복잡성(C) 비율로 나타낼 수 있다'라고 읽는다. 버코프는 이 공식을 이렇게 설명했다. "미적 물체에 내재하는 질서의 양O을 복잡성의 양C과 비교해 여러 물체의 미적 즐거움의 양M을 구하는 것은 직관적 추산이다."(11–12). 조지 버코프의 '미학의 수학이론과 시와 음악에의 적용*A Mathematical Theory of Aesthetics and Its Application to Poetry and Music*'(Rice Institute Pamphlet 19, no. 3, 1932년) 참고.

디자인한 초기 컴퓨터 프로그램 중 하나인 제너러티브 에스테틱스 I Generative Aesthetics I을 디자인했다. 나케는 벤제가 제시한 가설처럼 내재된 미적 알고리즘을 찾기 위해 파울 클레(《파울 클레의 오마주Hommage à Paul Klee》, 1965년경) 같은 예술가의 작품을 분석했다.

1965년 벤제는 슈투트가르트공학대학 스튜디오 갤러리에서 네스의 컴퓨터 그림 전시회 큐레이터를 맡았다. 또한 그해에 네스와 나케는 함께 슈투트가르트에서 전시회를 열었다(컴퓨터 그래픽 프로그램, 벤델린 니들리히 갤러리Wendelin Niedlich Gallery, 1965년). 1965년에 일어난 이들 사건은 최초의 컴퓨터 아트 전시회로 받아들여졌고 네스가 예측한 대로 컴퓨터 플로터가 아트 스튜디오에 자리를 잡았다. 1960년대 중반 독일 화가 만프레트 모어Manfred Mohr는 플로터를 그림도구로 사용하는 벤제의 미학을 집중적으로 연구해 알고리즘 접근 방식을 채택했고 컴퓨터 언어도 배웠다(그림 10-18).[23]

10-17. 게오르그 네스(독일인, 1926년 출생), '자갈*Schotter*', 1965~1968년. 컴퓨터 그래픽, 플로터 드로잉, 종이에 잉크, 23×13cm.
1943년 독일 물리학자 에어빈 슈뢰딩거는 생물학과 물리학에서 다양한 의미를 지닌 '네겐트로피'(네거티브 엔트로피)라는 용어를 만들었다. 몇 년 후 미국의 정보이론 선구자 클로드 섀넌은 단어 '엔트로피'로 확률변수 값을 모를 때 잃는 정보의 양을 나타냈다(《통신의 수학이론》, 1948년). 막스 벤제는 슈뢰딩거와 섀넌의 용어로 미적 물체가 네겐트로피 과정을 거쳐 질서와 완벽한 정보를 향해 이동한다고 주장했다. 네스는 벤제의 박사 과정 학생으로 있을 때 컴퓨터 프로그램으로 만든 작품, 즉 올라갈수록 무질서하고 내려갈수록 질서가 있는 자갈 그림으로 스승의 네겐트로피 아이디어를 설명했다.

1960년대 초반 미국 산업계와 대학에서 일하던 엔지니어들은 컴퓨터로 생성한 미술품을 실험하기 시작했다. 노키아의 벨연구소 엔지니어 A. 마이클 놀A. Michael Noll은 벤제의 영향을 받은 미술가처럼 그림체를 결정하는 규칙을 분류하는 데 관심을 기울였다. 이를 위해 피터 몬드리안의 '선 구성'(1916~1917년, 6장 그림 6-13 참고) 같은 작품을 분석해 자신의 작품을 만들고자 했다('선 컴퓨터 구성Computer Composition with Lines', 1964년).

헝가리 출신의 기요르기 케페스György Kepes는 1937년 모호이너지의 초청을 받아 미국으로 이주했고 시카고의 신바우하우스에서 학생들을 가르쳤다. 예술과 과학을 연결하는 데 열정적이던 그는 컴퓨터가 문화 차이를 연결하는 도구가 될 것으로 보았다. 1967년 케페스는 그 목적을 달성하기 위해 매사추세츠공대MIT의 현대미술 전공자들이 예술적 기량과 컴퓨터 기술을 동시에 배우도록 '고급시각연구센터Center for Advanced Visual Studies'를 창설했다.

같은 해 뉴욕에서는 스웨덴 출신의 전기기술자 요한 빌헬름 클뤼버Johan Wilhelm(빌리 Billy) Klüver가 화가 로버트 라우셴버그Robert Rauschenberg를 비롯한 10명의 화가(존 케이지 John Cage 포함) 그리고 클뤼버가 일하던 벨연구소 엔지니어 30여 명과 협력해 작품을 만드는 '예술과 과학 실험'E.A.T, Experiments in Art and Technology을 설립했다.[24] 그 결과물이 1966년 10월 맨해튼의 예비군본부에서 전시한 '9번의 밤: 극장과 공학Nine Evenings: Theater and Engineering' 공연 시리즈다. 당시 1만 4,000여 명의 청중은 그들이 실현한 재미있는 아이디어를 볼 수 있었다. 그중 하나는 테니스 게임인데 마이크가 달린 테니스 라켓으로 공을 치면 라켓 줄에서 발생하는 소리가 마이크로 증폭되고, 공을 칠 때마다 천장에 달린 36개의 조명이 1개씩 꺼진다. 공을 36번 치면 무대가 완전히 어두워지면서 공연이 끝난다(로버트 라우셴버그, '오픈 스코어Open Score', 1966년).

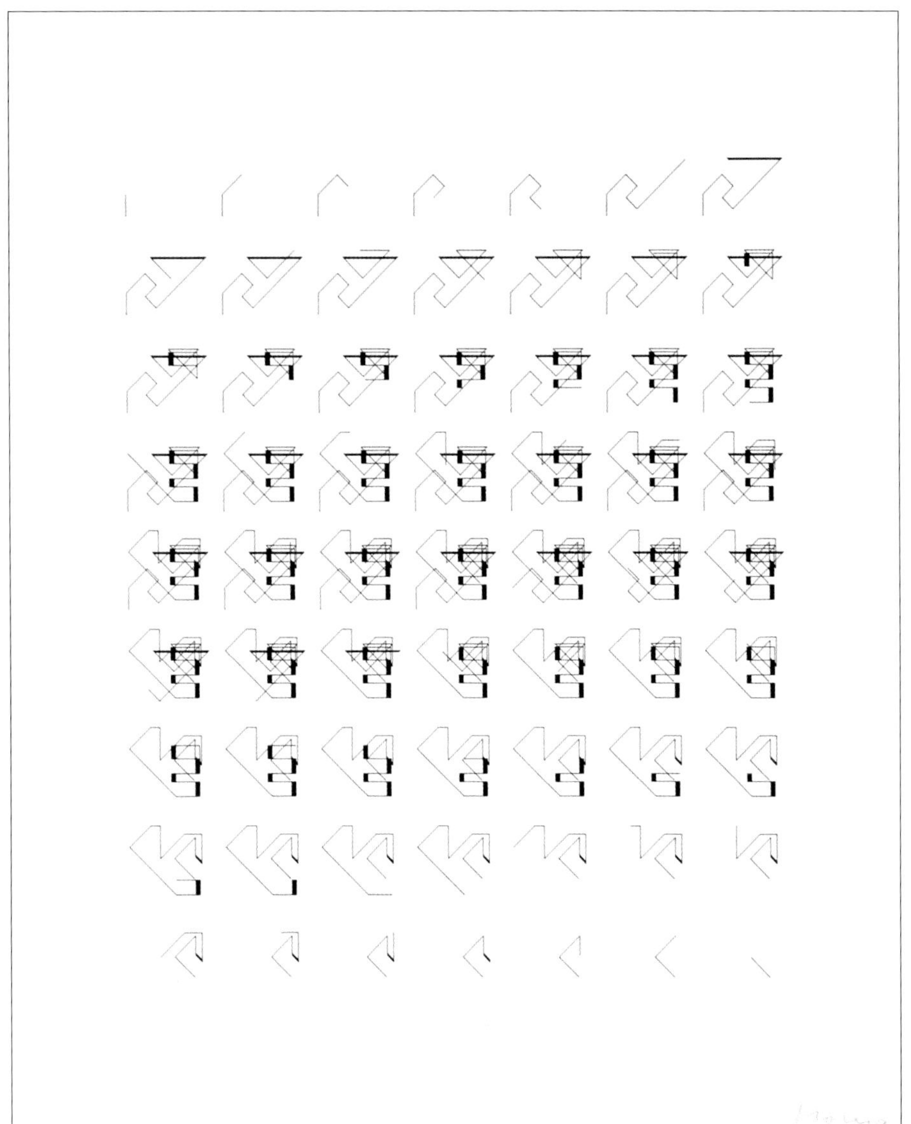

10-18. 만프레트 모어(독일인, 1938년 출생), **'P-26F 논리적 도치***Inversion logique***', 1970년, 플로터 드로잉과 종이에 잉크, 56×46cm.**
만프레트 모어는 이 패턴을 만들 때 수직선과 대각선, 수평선 같은 기호의 어휘를 정하는 것으로 작업을 시작했다. 이어 7개의 열과 9개의 행으로 이뤄진 격자를 만들고 1행 1열(상단 좌측)에 배치할 기호 하나를 무작위로 선택하는 알고리즘을 적었다. 그 후 알고리즘으로 우측 이동한 1행 2열에 추가로 놓을 두 번째 기호를 선택하는 방식으로 진행했다. 선의 길이와 두께도 무작위로 선택했다. 격자 중앙점에 다다르면(5행 4열) 알고리즘에 따라 1개씩 기호를 제거해 마지막 위치(하단 우측)에는 기호 하나만 남는다.

기계적 뮤즈는
온갖 창조 행동 측면으로
자신의 영역을 넓혀간다.

— 존 R. **피어스***John R. Pierce*,
벨연구소 엔지니어,
《**젊은 예술가가 본 기계의 초상***Portrait of the Machine as a Young Artist*》, 1965년.

1960년대 자그레브에서 등장한 예술운동 '새로운 경향New Tendencies'은 컴퓨터 기술의 미적 잠재력을 탐구했고, 1968년 컴퓨터 예술의 국제 플랫폼으로 자리하고자 여러 언어로 출판하는 매거진 〈비트 인터내셔널Bit International〉을 창간했다.[25] 같은 해 벤제는 런던의 현대미술연구소에서 컴퓨터 예술 전시회를 시작했다.[26] 1970년 컴퓨터 예술은 베네치아 비엔날레에 참여했고 파리의 국립현대미술관은 만프레트 모어의 플로터 작품을 전시했다. 1970년대 말 컴퓨터로 생성한 예술작품은 '새로운 미디어'의 예술 전시회에서 흔히 볼 수 있었고, 1990년대에는 '더 싱The Thing'(1991년 창립)이나 '리좀Rhizome'(1996년 창립) 같은 온라인 단체가 고전예술 박물관과 독립적으로 온라인상에서 디지털아트를 전시하고 보존해왔다. 오늘날 전 세계 예술에서 컴퓨터 작품은 사진 작품만큼 보편화했다.[27]

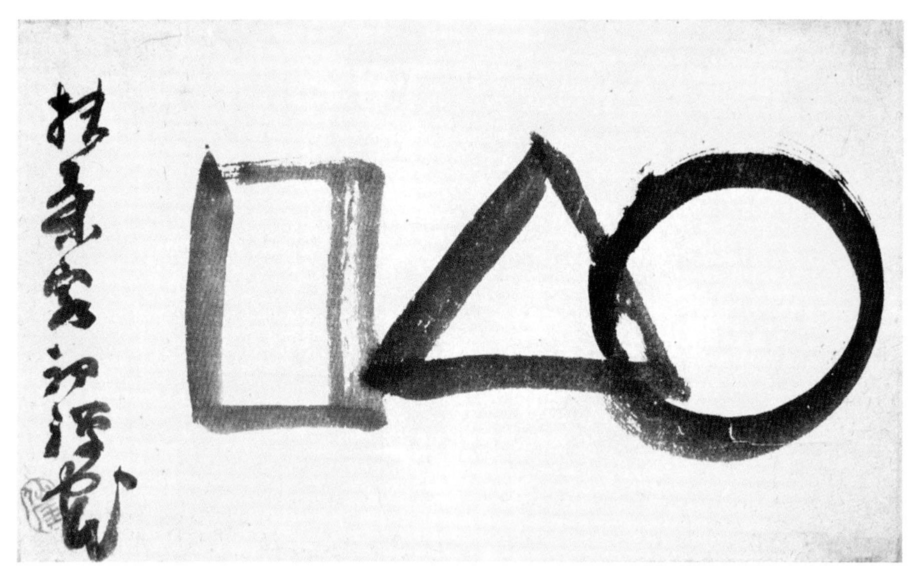

10-19. 센가이 기본(일본인, 1750~1837년), **'무제**(직사각형, 삼각형, 원)**', 에도시대, 19세기 초반, 족자, 종이에 먹물, 28.4×48.1cm.** 선종 승려 센가이 기본이 그린 수묵화. 좌측 글은 센가이의 서명이다. 스즈키는 센가이의 수묵화가 명상에 완벽히 적합하다며 다음과 같이 해석했다. "원은 무한성을 나타낸다. (…) 삼각형은 모든 형태의 시작을 의미한다. (…) 그곳에서 정사각형이 나타난다. 정사각형은 삼각형을 2배로 늘린 것인데 이 2배 과정이 무한히 이뤄지면서 사물의 다양성이 나타난다. 이것을 중국 철학자는 '만물'이라 불렀고 이는 우주를 뜻한다." D. T. 스즈키, 《센가이: 선종의 스승*Sengai: The Zen Master*》, 1971년, 36.

보편주의

19세기 후반 보편주의자의 한 세계관 관점이 철학과 신학을 섞은 문화 연구로 발전했다. 이것은 1893년 시카고세계박람회와 함께 열린 세계종교회의에서 잘 드러났다. 윌리엄 제임스는 신비로운 직관에 따른 지식이 세계 종교를 연결하는 공통부분이라고 선언하며, 자신의 다양한 종교적 경험(1902년)과 믿음이 다른 여러 개개인의 신비한 경험을 수집해 제시했다.

그사이 새로운 정신과의사들은 심리학 용어로 세속적인 인류의 형제애를 설명했고, 서양의 정신요법과 동양의 명상을 혼합한 신경증 치료법을 권장했다. 찰스 다윈은 동물에게 생존과 번식을 위한 내재적 욕구가 있다고 선언했는데(《종의 기원》, 1859년) 지그문트 프로이트는 여기에 동의하며 호모 사피엔스가 문명화한 사회에서 함께 살아가기 위해 자신의 공격성과 욕정을 억누른다고 말했다(《문명 속의 불만》, 1930년).

프로이트는 제임스의 주장에 반박하며 신비한 경험을 심리적으로 설명했다. 그에 따르면 사람이 태내에 있거나 태어나 어머니 품에 안겨 있을 때, 그 환경과 그에 따른 기억에서 자연을 향한 다신론적 갈구가 생긴다고 한다. 프로이트는 다른 일반적인 생각에도 심리적 설명을 제시했다. 전능한 인격적 신성(만능의 신성한 아버지)을 믿는 것은 유아기 시절 부모를 과대평가한 것이 성인 이후까지 이어진 것이며, 사후를 믿는 것은 죽음을 극복하지 못하고 직면하길 거부하는 데서 오는 '기만'이라고 했다(《환상의 미래The Future of an Illusion》, 1927년).

인류의 보편적 세계관을 찾기 위해 노력한 인물 중 하나는 일본 학자 D. T. 스즈키다. 스즈키는 1893년 세계종교회의에서 독일 출신의 미국 철학자이자 출판사 에디터인 폴 카루스Paul Carus를 만났다. 세계종교회의가 끝난 뒤 스즈키는 미국에 머물렀고 1897년부터 카루스와 함께 일했다. 카루스는 스즈키가 번역한 여러 편의 아시아 고전문헌을 출판했고 스즈키는 서양 독자에게 불교를 대중적으로 알리는 책을 썼다.

불교와 도교, 유교를 엮은 그는 반세기 동안 일본·유럽·미국을 돌아다니며 강연했고 1952~1957년에는 뉴욕 컬럼비아대학교에서 동양철학을 가르쳤다. 스즈키는 선종불교에 중점을 두었는데 선종은 명상으로 분노와 갈망이 없는 마음 상태를 유지하고 세상과의 조화를 느끼며 모든 것에 동정심을 보이는 것을 목표로 하는 불교의 한 계파다. 이런 마음 상태를 선 또는 열반이라 부른다(D. T. 스즈키, 《선종불교》, 1956년).

스즈키는 이 고대 가르침을 서양심리학과 결합해 호흡·요가로 분노, 갈망을 통제하고 심리요법으로 조화와 긍휼의 감정을 얻어야 한다고 강조했다. 그는 자연을 복잡한 유기체의 조화로 여기는 동양의 관점과 우주가 단순한 수학구조로 이뤄져 있다는 서양의 관점을 혼합해 18세기 후반의 선종불교 승려 센가이 기본Sengai Gibon의 기하학 형태 수묵화가 우주를 상징한다고 해석했다(그림 10-19).

어떤 이들은 스즈키가 동서양 구분을 단순화하고 불교교리를 대중화해 왜곡했다고 비평했지만(전통 불교는 아시아판 수도원 같은 환경에서 수행한다), 그가 유대·기독교·이슬람 전통이 널리 쇠락하던 무신론 시대에 대중에게 영적·심리적 대안을 제시해 큰 반향을 일으킨 점은 누구도 부인하지 않는다.

미국에서 선종불교를 해석한 앨런 와츠Alan Watts는 1958년 다음과 같이 말했다.

"마원Ma Yuan과 세슈Sesshu의 풍경에 나타나는 예술은 영적인 것과 세속적인 것을 동시에 표현하고 있다. 또한 자연 측면에서 신비로운 것을 전달하는데, 실은 영적인 것과 세속적인 것을 구분조차 하지 않아 인간과 자연의 재통합을 추구하는 서구인에게 선종Zen의 자연주의를 뛰어넘는 매력으로 다가온다. 여기에다 영적인 것과 물질적인 것도 인지하는 것과 인지하지 못하는 것으로 급격하게 분리하는 문화에 심오하고 신선한 느낌을 전달한다."(그림 10-21)[28]

미국과 일본 예술의 동서양 결합

일본과 미국은 원자력 시대가 열렸을 때 가장 즉각적으로 영향을 받았다. 그래서 미국과 일본의 예술가들은 긴박한 심정으로 보편적 세계관 탐색을 표현했다. 1945년 8월 원자폭탄이 자신의 고향 히로시마에 떨어졌을 때 마츠자와 유타카는 23세였다. 당시 그는 아시아 철학과 서양 물리학을 결합한 시집 《지구의 불멸성Immortality of the Earth》(1949년)을 냈다. 도쿄 와세다대학교에서 건축학위를 받고 뉴욕 컬럼비아대학교에서 D. T. 스즈키에게 철학을 배운 그는 일본으로 돌아와 선종불교 진언종에 들어갔다. 진언종은 고대 중국의 현실관을 담은 마법의 정사각형 같은 특정 기하학 도형이 상징이고, 명상과 수행으로 열반에 이르는 것을 목적으로 한다(1장 그림 1-43 참고).

1964년 마츠자와는 마법의 정사각형처럼 기호를 9개 그룹으로 배열한 광고지 'ψ 시체'

우측

10-20. 마츠자와 유타카(일본인, 1922~2006년), **'ψ 시체***Corpse***', 1964년, 프린트한 전단지.**

마츠자와는 이 광고지의 제목에 슈뢰딩거의 파장으로 알려진 ψ를 사용했는데 마츠자와의 글에서는 (이해하기 어렵지만) 그리스 글자 φ(파이)를 사용했다(예를 들어 상단 좌측 정사각형의 두 번째 줄 세 번째 글자). 상단의 작은 3×3 격자 속 숫자(마법의 정사각형 배치)는 전통 패턴과 달리 중앙에 1을 쓰고 그 아래에 2를 썼다. 2부터 시계방향으로 숫자를 읽으면 9까지 이어진다.

411쪽

10-21. 마원(중국인, 1160~1225년), **'일과 후 춤추고 노래하며 돌아오는 농부***Dancing and Singing: Peasants Returning from Work***', 송대, 비단 위에 먹물, 192.5×111cm.**

마원은 농부들 그림 위에 '태양은 밝고 농부들은 행복하다'라고 적었다. 아래에는 농부들이 일을 마치고 노래를 부르면서 춤을 추며 돌아오는데 이는 유교의 사회적 조화를 나타낸다. 또한 이들은 자연과 교감하며(도교) 깨달음(불교)에 이르는 길을 걷고 있다.

5	6	7
4	1	8
3	2	9

를 프린트했는데 거기에는 다음과 같이 적혀 있었다.

"이 문서는 글자 729개로 이뤄져 있다. 이 숫자는 9를 3번 제곱한 것이다."[29]

이 광고지는 읽는 이에게 도해에 집중하면 물체가 사라진다고 상상해보라며 이렇게 말했다.

"무엇이 그 무서운 일을 가능하게 하는가? 바로 '종류의 전능' 법칙이다. 즉, ψ(프사이)에는 물체를 사라지게 하거나 창조하는 능력이 있다. 이것은 너무도 위험한 사실이다."[30]

마츠자와가 제목으로 쓴 ψ는 슈뢰딩거의 ψ파장을 말한다. 인간의 몸이 브라흐마와 결합해 비물질적으로 변화하길 추구하면 그 몸의 움직이는 에너지인 원자는 비물질화하므로(슈뢰딩거의 ψ파장에서 전자와 유사하다) 은유적으로 'ψ 시체'가 된다. 1945년 8월 6일 아침 그라운드제로에 있던 불운한 히로시마 주민들은 말 그대로 증발했고(핵폭탄의 힘이 인체의 원자 사이의 분자결합을 부수었다) 사람들은 먼지 구름(ψ 시체)이 되어 바람에 날아갔다(매장할 수 있는 것조차 남지 않아 'ψ 시체'를 위한 묘지는 없다).

마츠자와의 'ψ 시체' 문구는 사라진 물체의 예술 전시회를 설명하는 글이다. 관람객은 마츠자와의 전시회에 도착해 빈 방에 광고지가 바닥에 흩뿌려진 것을 보았다.

"그 안에는 거의 아무것도 없어 보였다. 무언가가 존재했는지 혹은 아무것도 존재하지 않았는지 감지할 수도 없었다. 그저 무無가 가득했다. 그 '공허' 속에 바닥에는 검붉은 피와 하얀 뼈를 그린 듯한 광고지가 흩어져 있었다."[31]

유적이 우리를 따뜻하고
친절하게 맞아주고,
우리가 유적의 균열과
으깨진 표면에 빠진다는 사실은
진정 물질이 자기 본래의 삶을
되찾고자 하는
복수의 조짐이 아닌가?

— 요시하라 지로,
구타이 선언문, 1956년.

宿雨清畿甸
朝陽麗帝城
豐年人樂業
隴上踏歌行

우측

10-22. 요시하라 지로(일본인, 1905~1972년), '검은 바탕에 빨간색 원*Red Circle on Black*', 1965년, 캔버스에 아크릴, 181.5×227.0cm.

413쪽 상단

10-23. 미야지마 타츠오(일본인, 1957년 출생), 'U-Car(불확실한*Uncertainty* 차)', 1993년, LED, IC, 모터, 배터리.

미야지마는 하이젠베르크의 불확실성 원칙에서 영감을 받아 두 장난감 자동차의 경로가 우연의 요소로 하나로 합쳐지는 숫자의 프로그램을 짰다. 자동차가 속도를 높이면서 차 위에 붉은색과 노란색으로 난수가 나타나는데, 미야지마는 "2대의 차가 공간에서 자유롭고 무질서하게 달릴 때 발생하는 숫자"가 불확실성을 상징하는 패턴을 만든다고 설명한다.

413쪽 하단

10-24. 미야지마 타츠오, '메가 데스', 1999년, LED, IC, 전선, 센서. 1999년 48회 빈비엔날레의 일본전시관에 설치한 사진.

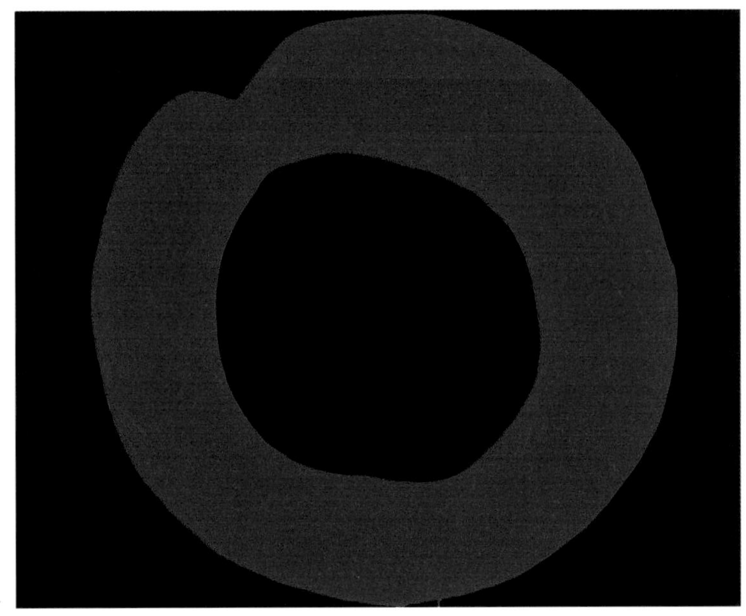

이전 시대 선종불교 승려처럼 마츠자와도 궁극적으로는 나가노현의 산으로 들어가 2006년 죽을 때까지 은둔생활을 했다. 당시 그와 함께하거나 그를 추종한 예술가와 작가를 '열반학파'라고 부른다.

1950년대 중반 일본은 원자폭탄의 파괴력과 전쟁 패배에서 오는 절망적인 분위기, 억압적인 제국주의에서 벗어나 미래의 자유를 낙관하는 분위기로 바뀌었다. 1954년 요시하라 지로는 오타이 지역에 구타이미술협회를 창설했다. 이 단체가 1956년 발표한 선언문에서 요시하라는 무너진 건물의 거친 돌 같은 파괴적인 아름다움을 발견했다고 적었다. 그는 자신의 생애 마지막 10년 동안 선종불교의 깨달음인 '사토리'를 상징하는 원을 그렸다(그림 10-22).

일본의 현대예술가 미야지마 타츠오는 고전 동양철학을 서양 과학과 수학에 혼합한 주제를 다뤘다(그림 10-23). '메가 데스Mega Death'(그림 10-24)에서 하늘의 별처럼 빛나는 별은 불교·도교의 삶과 죽음, 환생의 순환을 상징한다. 숫자가 1에서 9로 천천히 증가하는 것은 인간의 삶을 의미한다. 빛이 꺼지는 것은 죽음을, LED라이트가 다시 켜지는 것은 환생을 뜻한다. 한 개인의 죽음은 비극이 아니라 연속되는 자연의 일부지만 8만 명의 히로시마 주민이 눈 깜짝할 사이에 죽은 것처럼 많은 사람이 동시에 죽는 것은 빛 무리가 한 번에 꺼지는 비극으로 나타냈다.

그림은 특별한
별개의 명상과 사색의 물질로
영성과 평온, 절대성, 일관성을 지닌다.
자동화나 사고가 아니고
염려와 카타르시스가 없으며
우연의 결과가 아니다.
그저 무심함과 무관심, 배려,
초월성을 지닐 뿐이다.

— 애드 라인하르트, 1955년.

한편 뉴욕의 화가 애드 라인하르트Ad Reinhardt는 2차 세계대전 후 예술가들이 자신의 사회적 역할을 재검토해야 한다고 주장했다.[32] 그는 토머스 머튼과 친한 친구였는데 머튼은 1930년대 중반 그와 컬럼비아대학교에서 공부한 후 1941년 켄터키의 트라피스트회 수도원에 들어갔다. 머튼은 AD 500년대 동방정교회의 수도승 위-디오니시우스가 확립한 부정신학 전통에 도교와 불교를 혼합하는 것이 자신의 사명이라고 여겼다.[33] 1959년 그는 스

우측

10-25. 애드 라인하르트(미국인, 1913~1967년), 'T. M.을 위한 작은 그림*Small Painting for T. M.*', 1957년, 캔버스에 유채, 26.7×20.3cm.

라인하르트는 마법의 정사각형 배치를 토대로 짙은 파란색 정사각형 9개로 이뤄진 이 그림을 그렸다. 각 정사각형에는 서로 다른 색조와 표면이 있고 패턴을 간신히 알아볼 수 있다. 머튼은 사소한 이야기를 하지 않도록 권장하는 트라피스트회 수도원에서 수도사로서 오랜 시간 명상했다.

415쪽

10-26. 마크 로스코*Mark Rothko*(미국인, 1903~1970년), '푸른색과 회색*Blue and Grey*', 1962년, 캔버스에 유채, 193×175cm.

스키와 만났고 둘은 이내 현대사회에 적합한 보편적 세계관을 만드는 데 힘을 모았다.[34] 머튼은 가톨릭이 초대교회의 신비주의 영성을 상당 부분 잃었다고 생각했기 때문에 구도자들에게 명상을 하고 자기인식을 증진하라고 촉구했다.

라인하르트는 1944년부터 1952년까지 뉴욕대학교 미술학부에서 아시아 미술을 배우고 아시아와 인도, 극동 지역을 여행했다. 여행 중에 그는 도교처럼 자연을 스스로의 규칙을 따르는 하나의 결합체계로 보는 아시아의 사상 논점을 노트에 가득 기록했다.

"도는 어둡고 미스터리한 것 너머에 있다."[35]

1950년대 후반 그는 아시아와 이슬람 문화의 우상에 기반한 단순한 기하학 모형을 그렸는데, 이것을 천천히 열정적으로 사색함으로써 정신을 정화하려면 명상해야 한다고 주장했다.

1957년 라인하르트는 머튼의 수도원 방에 걸어둘 그림 'T. M.을 위한 작은 그림'(그림 10-25)을 그렸다. 짙은 파란색의 이 그림을 자세히 보면 희미하게 정사각형 9개가 마법의 정사각형 또는 십자가처럼 3×3 격자로 배치되어 있음을 알아챌 수 있다. 머튼은 이 그림을 보고 "가장 종교적이고 독실하며 하느님께 바치는 최고의 예배 같은 작은 그림"이라고

우리가 자아의 편협함으로
세상을 잘못 해석할 때
그 세상은 환상에 불과하다.
현실에 단순하고 직접적으로 접근하고
일상생활의 공허와 평범한 세상의
평온함을 이해하는 것이
오늘날 세계의 선禪
인본주의의 기초다.

— 토머스 머튼, 《불교와 현대세상*Buddhism and the Modern World*》 1967년.

동굴에서 세상을 내다본 그들은
세상을 이해하려 애썼지만
지성은 차츰 명멸했고
정신은 땅거미가 지면서
어둠이 좀먹어갔다.
야만인은 직립하고서야
스스로를 알게 되었다.

— 마크 로스코, '정신의 벽: 과거로부터 탈출*Walls of Mind: Out of the Past*', 1920년대.

당신은 나를 몽상가라고
생각할지도 모르지만
나만 그런 게 아니다.
나는 언젠가 당신이
나와 함께하길 바라고,
세계가 하나가 되어
살아가길 희망한다.

— 존 레논*John Lennon*, '이매진*Imagine*', 1971년.

평가했다.[36]

라인하르트는 1961년부터 1967년 사망할 때까지 3×3 격자 형태의 검정색 정사각형 시리즈를 그렸는데, 이를 일컬어 "순수하고 추상적이고 비대상적이고 시간과 공간의 영향을 받지 않고 변하지 않고 관계를 맺지 않고 무관심한 그림으로 예술 외에는 아무것도 나타내지 않는다(절대로 반예술적이지 않다)"[37]라고 설명했다.

라인하르트와 동시대 미국인들 또한 단순한 기하학 패턴을 사색 물체로 그렸다. 그중 몇몇만 예로 들면 아그네스 마틴Agnes Martin의 금박장식용 격자 유화('회색 돌 IIGrey Stone II', 1961년), 묘비에 기반한 앤 트루잇Anne Truitt의 기하학 조각품('2개Two', 1962년), 리처드 터틀Richard Tuttle이 그린 단명세포와 직물모양의 기하학 형태('8각형 천 2Cloth Octagonal 2', 1967년) 그림이 있다.[38]

마크 로스코는 라인하르트가 제시한 명상 대상, 즉 단순하고 순수한 기하학 모양에 같은 의견을 보였다(그림 10-26). 로스코는 예일대학교에서 동양철학을 공부했으나 2학년 때 철학 수업에서 플라톤을 알고 난 후 서양철학에도 관심을 기울였다. 플라톤 사상에 깊이 빠져든 그는 1920년대 플라톤의 동굴에 관한 시를 썼고, 1930년대에는 노트에 플라톤의 글을 적어두고 자주 참고했다.[39] 플라톤의 동굴에서 빛을 발하는 것은 오직 꺼져가는 모닥불뿐이고 죄수들은 어두운 동굴 벽에 비친 그림자를 보고 일시적이고 물질적인 세상의 본질을 이해하기 위해 노력한다. 만약 죄수들이 족쇄에서 풀려나면 여기저기 다니면서 어떻게든 동굴 입구를 찾아내 눈부신 태양 아래의 자연세계를 처음 보게 될 것이다(플라톤, 《국가론》, 514a~520a).

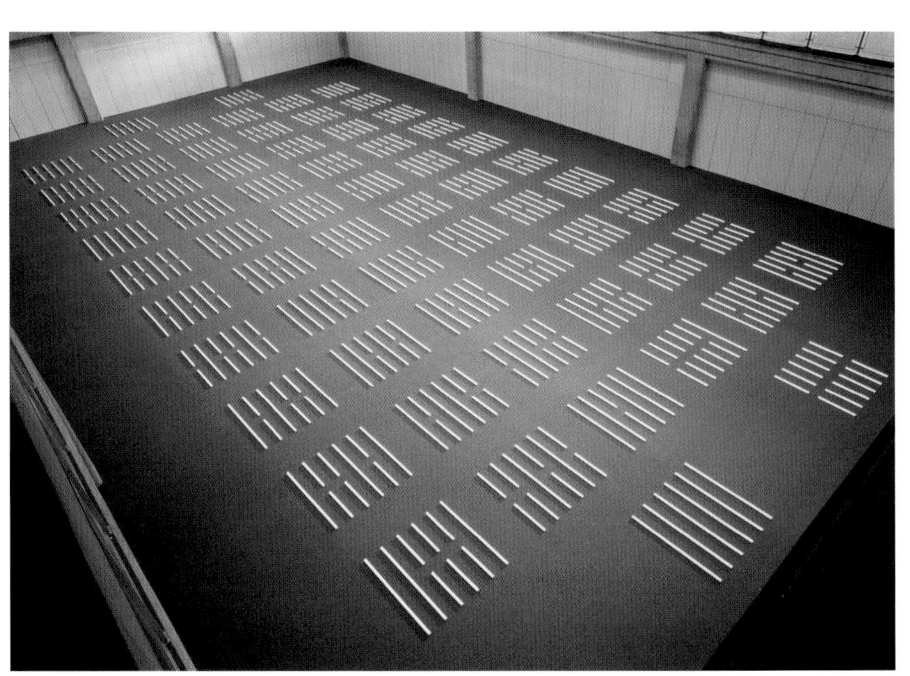

우측

10-27. 월터 드 마리아*Walter de Maria*(미국인, 1935~2013년), '360° 역경/643 조각품*360° I-Ching/643 Sculptures*', 1981년, 막대 576개, 나무, 래커.

417쪽

10-28. 월터 드 마리아, '벼락 치는 들판*The Lightning Field*', 1977년, 스테인리스 막대 400개, 막대 지름 5cm, 막대의 평균 높이 6.27m, 뉴멕시코 케마도*Quemado* 근처.

막대기 400개는 각각 1마일과 1km 거리로 떨어진 격자의 점을 나타내 평평한 평면을 형성한다. 약 80×60ft=5,280ft(1마일), 50×66ft=3,300ft(약 3,280ft=1km)이기 때문에 대략 80×50개의 막대기 직사각형으로 이뤄져 있다.

미국의 작곡가 존 케이지는 컬럼비아대학교에서 3년간 스즈키에게 배웠는데, 가장 중요한 생각은 삶과 예술이 분리되어 있지 않다는 것이었다. 차 한 잔을 만드는 것도 미적 행위이고 모든 소리가 다 음악이다. 케이지는 후자의 요지를 나타내고자 '4분 33초' 솔로 피아노곡을 작곡했다. 이 곡을 연주하는 연주자는 4분 33초 동안 건반을 닫고 의자에 앉아 있는데 이때 청중은 콘서트 홀 주변에서 나는 소리를 듣는다. 또한 그는 《역경》(1장 그림 1-46, 1-47, 1-48 참고)을 작곡 방법으로 채택해 동전을 던져 음의 패턴과 리듬을 결정했다('변화의 음악Music of Changes', 1951년).

케이지는 청중이 음악에 관한 선입견 없이 열린 마음('무엇과도 연관되지 않은 마음')으로 자신의 곡을 듣길 권했다.

"무엇과도 연관되지 않은 열린 마음이 귀와 연결될 때 이 마음은 자유롭게 듣는 행위를 할 수 있다. 소리를 어떤 현상이나 예상에 맞춰 듣는 게 아니라 소리 그대로를 듣는다."[40]

케이지와 동시대에 활동한 리투아니아 출신의 미국 화가 조지 마키우나스George Maciunas는 국제 예술가 단체 플럭서스의 리더로 1950년대 뉴욕대학교에서 예술사를 방대하게 연구했다. 마키우나스는 예술사에 수학 패턴이 포함되어 있다고 확신했고, 600~1600년의 유럽 예술 스타일을 커다란 도해(100×163cm)에 정리한 다음 서로 관련된 점을 연결해 표현했다('예술사 차트History of Art Chart', 1955~1960년).[41]

미국 화가 월터 드 마리아도 라인하르트와 케이지처럼 동양사상, 숫자체계, 기하학 형태를 사색 대상으로 삼는 데 깊은 관심을 보였다(그림 10-27). 뉴멕시코 지방의 방대한 금속 막대기 들판, 즉 '벼락 치는 들판'(그림 10-28)을[42] 찾아간 그는 격자 모서리에 있는 오두막에서 더 이상 다가가지 않는다는 조건 아래 24시간 동안 허가를 받았고, 금속 막대기가 낮과 밤에 해와 달의 빛을 받아 변하는 모습을 관찰했다. 적어도 그는 명상하는 이들이 드물게 느끼는 번쩍이는 통찰을 감지했다. '벼락 치는 들판'에 실제로 벼락(통찰)이 떨어지려면 폭풍우(영감)가 몰아쳐야 하는데 사막 황무지라 이는 흔치 않은 일이다.

양자 신비주의

냉전시대 사람들은 원자폭탄이 터질 때 발생하는 원자력을 두려워하면서도 그것에 매료되었다. 1945년 이후 과학자와 언론인은 아원자 물리학을 다룬 대중서적을 펴냈다. 대부분 명료하고 해설적인 스타일의 글이었지만 코펜하겐학파 일원인 닐스 보어와 베르너 하이젠베르크는 계속해서 그들이 1920~1930년대에 개발한 홍보성 문체로 글을 썼다(8장 참고). 편파적이지 않은 교수가 대안에 동등한 시간을 들여 설명하는 것과 달리 보어와 하이젠베르크는 냉전시대 독자들에게 아원자 영역을 오직 코펜하겐 해석으로만 설명했다.[43]

1945년 영국 정부는 하이젠베르크를 비롯해 히틀러의 (실패한) 폭탄 제작자들을 찾아내 체포했다. 영국 정부는 하이젠베르크를 심문하기 위해 영국에 구금했다가 나중에 영국이 차지한 서독 지역으로 돌아가는 것을 허가했다. 서독의 핵물리학 분야에서 큰 명성을 얻은 하이젠베르크는 카이저 빌헬름 물리연구소(이후 막스 플랑크 물리연구소로 개명)의 연구소장이 되었다. 그는 대중서적에서 코펜하겐 해석이야말로 양자물리학을 설명하는 유일한 해석이라고 선언하며 자신을 그 변혁의 지도자로 칭했다(《물리와 철학: 근대과학의 혁명》, 1959년).[44]

신지론자 헬레나 페트로프나 블라바츠키의 계승자인 뉴에이지 운동 멤버들은 하이젠베르크의 주장과 스타일에서 영감을 받았다.[45] 이들은 하이젠베르크의 선언을 있는 그대로 받아들였고 인간의 의식이 물리세계를 야기한다는 양자 신비주의 교리의 과학적 '증거'로 하이젠베르크의 글을 반복해서 인용했다.[46] 이것은 하이젠베르크의 극단적인 실증주의에서 한 걸음 더 벗어난 것이었다. 전자는 관찰되기 전까지 위치나 속도를 갖지 않는다는 하이젠베르크의 주장을 인간의 의식이 전자의 물리적 현실(시공간 내에서의 위치)을 존재하게 만든다는 터무니없는 결론으로 왜곡한 것이다.

카프라의 《현대 물리학과 동양사상》은
사람들을 열광하게 하지만
결말이 없는 물리학 포르노에 불과하다.
— 조지 존슨George Johnson,
〈뉴욕타임스〉, 2011년 6월 19일.

하이젠베르크는 그런 주장을 한 적이 없지만 많은 신비주의자가 모호한 말로 쓰인 그의 대중 과학도서를 보고 그가 그렇게 주장했다고 생각했다. 이에 따라 1960년대 반문화 사회에서 그는 대단한 인기를 끌었다. 신비주의자는 양자역학에서의 관찰 결과를 인간의 정신과 불교의 순수한 영혼(브라흐마), 물리세계를 야기하는 증거로 여겼다. 하이젠베르크가 1959년에 펴낸 저서에서 부제를 '혁명'으로 정한 점도 반문화 세계 구성원의 심금을 울렸다.[47] 또한 이들은 상호보완성의 상징체계로 도교의 음양기호를 사용한 보어의 여러 글(전자의 파장-입자 이중 본질)에 열광했다.[48] 신비주의자는 부주의하게도 보어와 하이젠베르크의 장황한 주장을 과학의 전당에서 받은 신탁으로 생각했고, 양자물리학을 보편주의자가 오랫동안 찾아온 동양과 서양을 잇는 매개체로 여겼다.[49]

뉴에이지 멤버는 하이젠베르크의 과학 작문 스타일을 자신의 교리를 전파하는 기술로 채택해 물리학과 불교, 도교의 연관성을 놓고 숨 막히는 주장을 펼쳤다. 이전의 신지론자는 학문적 교육을 많이 받지 못해 지식인 사이에서 인기를 얻지 못했으나 물리학자 프리초프 카프라Fritjof Capra가 하이젠베르크의 글을 읽고[50] 인간의 인지가 물리세계를 야기한다는 선언을 담은 책을 출판한 후(《현대 물리학과 동양사상》, 1975년) 학식 있는 청중이 그들을 따르기 시작했다.

오스트리아에서 태어나 빈대학교에서 이론물리학 박사학위를 받은 카프라는 로렌스 버클리 국립연구소에서 아원자 물리학을 연구하기 위해 미국에 왔다. 그는 그곳에서 1975년 창립해 물리학과 철학, 온수욕, LSD(마약의 일종)를 섞은 과학 대학원생들의 모임 '근본 물리 그룹Fundamental Fysiks Group'에 가입했다.[51] 카프라의 《현대 물리학과 동양사상》은 물리학의 뉴에이지 저서에 급류를 열었고 몇몇 지식인은 마치 피에리아 산맥의 신성한 샘에서 흘러내리는 지식의 물을 마신 고대 그리스인처럼 양자역학을 자신의 뮤즈라 여기고 제멋대로 물리학의 범위를 넘어서는 수준까지 억측했다. 이처럼 순진한 사이비 과학 저널리즘의 예로 인도 출신의 미국 의사 디팍 초프라Deepak Chopra의 글이 있다.

"우리 몸을 포함한 물리세계는 관찰자의 반응으로 존재한다. 우리가 우리 몸을 창조하며 우리가 우리의 세상 경험을 창조한다."

그렇기 때문에 초프라는 우리가 인식의 힘으로 '늙지 않는 몸과 정신'의 불멸성을 얻을 수 있다고 주장했다.[52]

인간의 의식이 물리세계를 야기한다는 가설을 뒷받침하는 과학적 증거는 없다. 양자물리학과 동양의 신비주의를 연관짓는 견해는 수천 년간 전해져온 불교와 도교의 금욕적인 전통을 폄하한다.

1945년 이후 뉴에이지 그룹과 마찬가지로 몇몇 시인과 소설가도 코펜하겐 해석을 말 그대로 받아들여 그것을 문학 목표로 삼았다. 미국 문학평론가 N. 캐서린 헤일스N. Katherine Hayles는 이를 두고 다음과 같이 말했다.

"하이젠베르크가 과학을 말한 것처럼 문학은 현실에 관한 것이 아니라 우리가 현실을 두고 무엇을 말할 수 있는가에 관한 것이다."[53]

아주 조금 아는 것은 위험하다.
피에리아 산맥의 샘물을 마시려거든
많이 마시거나
아예 마시지 않는 것이 좋다.
얄팍한 지식은 뇌를 취하게 하고
취한 이는 또다시 취한다.

— 알렉산더 포프*Alexander Pope*, 《비평론*An Essay on Criticism*》, 1711년.

새로운 소설은
무언가를 표현하는 것이 아니라
탐색한다.
새로운 소설은
그 스스로를 탐색한다.

— 알랭 로브그리에*Alain Robbe-Grillet*, 《새로운 소설을 위하여*Pour un nouveau roman*》, 1963년.

헤일스에 따르면 소설가의 역할은 세상 스토리가 아니라 그 소설에 쓴 언어를 반영한 스토리를 말하는 것이다.

1960년대 파리에서는 이 자의식적인 스타일의 문체를 누보로망(새로운 소설)과 연관지었고, 10여 년 후 미국의 토머스 핀천Thomas Pynchon(물리학 학사)은 자기중심적으로 소설의 언어를 반영해 소설 주인공을 표현했다.

"신조어는 무의식적으로 만들어지는 것처럼 보인다. 어딘가에 누구도 조사하지 못한 깊은 곳, 슬로스롭Slothrop의 검은 언어가 꽃 피듯 나타나는 깊은 근원이 존재하는가, 아니면 이름을 짓는 데 열광하는 독일인에게 이전 이름보다 절망적으로 좀 더 나은 이름을 분석해 지어주는 것으로 그를 사로잡았는가?"(《중력의 무지개》, 1973년).[54]

양자 신비주의는 2차 세계대전에서 게르만 문화가 파괴되는 동안 치명적 상처를 입은 절대 영혼의 최후 발악 중 일부였다. 카프라는 오스트리아에서, 초프라는 인도에서 자라고 교육받았는데 두 나라 모두 전통적으로 오랫동안 독일의 이상주의와 불교를 혼합해서 받아들였다. 그러나 2차 세계대전 이후 인구가 크게 유동하던 시기에 두 사람은 모두 실용주의와 경험주의의 토양에서 이상주의가 시들어버린 미국으로 이주했다. 오늘날 대다수 소설가는 이야기를 쓰고 과학기자는 대중에게 정보를 전달하려는 목적으로 해석적인 스타일의 글을 쓴다. 판매기술 같은 코펜하겐학파의 과학저서 스타일과 그것에서 영감을 받은 반문화 그룹의 선정적 스타일은 역사 속으로 희미하게 사라졌다.[55]

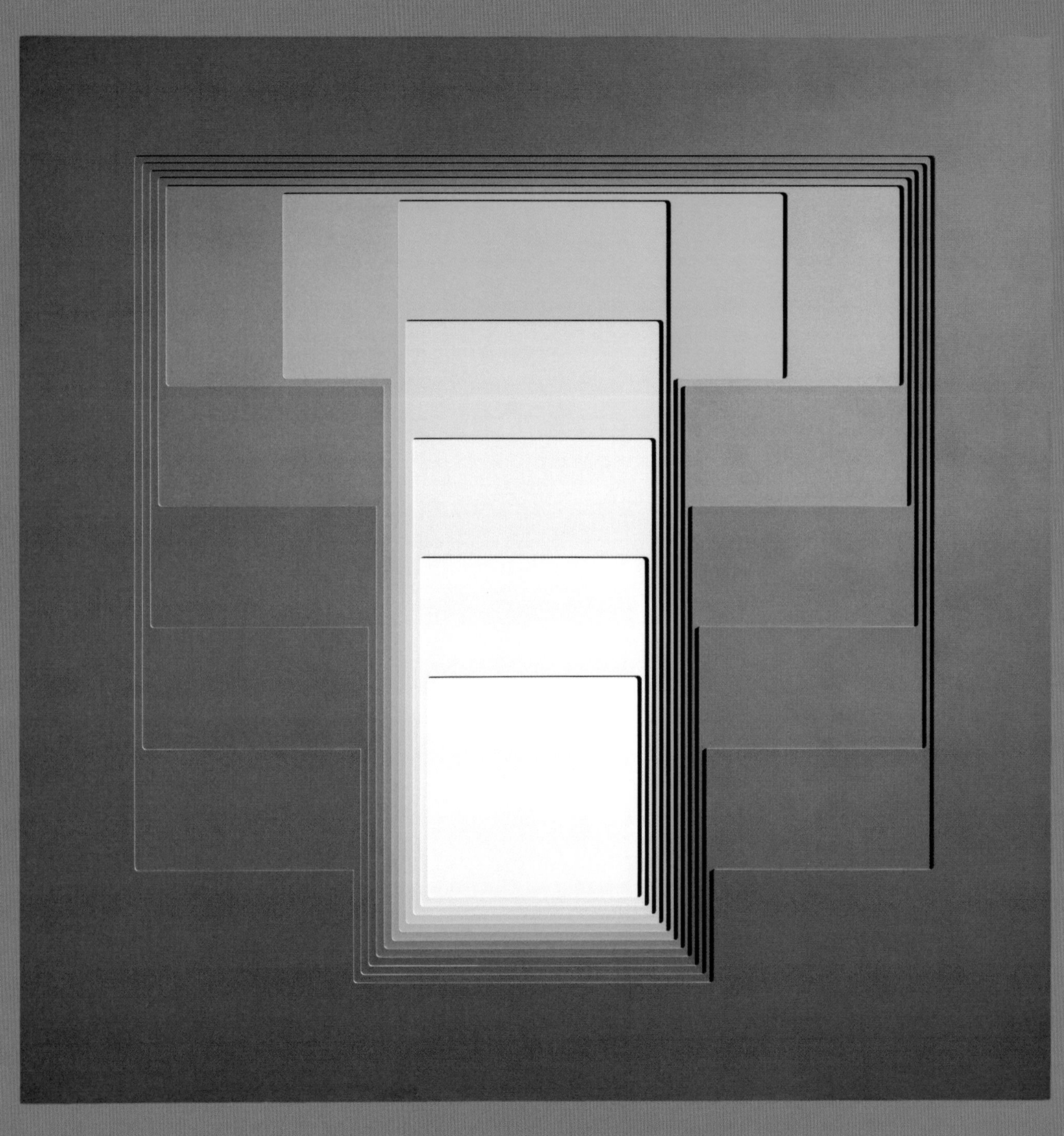

11
2차 세계대전 이후의 기하추상

이제 공리 개념에 따라 전체 수학세계를 살펴보자. (…) 단순한 것부터 복잡한 것까지, 일반적인 것에서 특수한 것에 이르는 구조계층 개념이 수학세계를 체계화하는 원칙이다.
— 니콜라 부르바키 Nicolas Bourbaki, **〈수학구조**The Architecture of Mathematics**〉, 1948년.**

나는 수학적 사고방식에 근간을 둔 예술을 개발할 수 있다고 확신한다. (…)
이 예술은 사물 표면을 나타내는 것이 아니라 그 사물의 근원적 보편구조를 나타낸다.
이 예술은 오늘날 우리가 세계를 바라보는 전체적인 시각을 제시한다.
이 예술은 자연을 묘사하는 것이 아니라 오히려 숨어 있는 패턴을 드러내는 새로운 체계를 창조한다.
— 막스 빌, 〈우리 시대 예술의 수학적 사고방식 The Mathematical Way of Thinking in the Art of our Time**〉, 1949년.**

현대수학과 양자물리학의 활발한 중심지였던 괴팅겐과 베를린, 빈, 코펜하겐은 2차 세계대전의 영향으로 그 힘이 줄어들었다. 다비트 힐베르트가 1930년 괴팅겐대학교에서 은퇴한 후 헤르만 바일이 그 자리를 계승했으나, 그의 아내가 유대인이라 히틀러가 1933년 독일 총리가 되자 그는 미국으로 떠났다. 미국에 온 그는 이미 뉴저지 프린스턴대학교 고등과학연구소에 근무하던 아인슈타인 팀에 합류했다. 괴팅겐대학교에 근무하던 바일의 두 동료 에미 뇌터와 막스 보른은 다른 교수들과 함께 최초로 독일 대학에서 추방되었다. 뇌터는 미국으로 가서 브린모어칼리지에서 가르쳤고 보른은 케임브리지대학교로 갔다.

평화주의 신념을 고수한 루돌프 카르납은 나치 독일에 위협을 느꼈고 1935년 시카고대학교에서 안식처를 찾았다. 1943년 10월 1일 히틀러가 덴마크계 유대인을 체포하라는 명령을 내리자 닐스 보어는 나치에게 점령된 덴마크를 떠나 미국으로 망명했고 원자폭탄을 개발하는 맨해튼 프로젝트에 합류했다.

합리성, 객관성, 보편적 지식을 신뢰하는 분위기가 확산되면서 수학과 과학은 더 발전했지만 이 계몽주의 사상은 전쟁에서 패배해 분열된 독일에서 발생한 것이었다. 서독은 바우하우스 교육 과정을 되살리기 위해 1950년대 울름에 조형대학Hochschule fur Gestaltung을 설립했다. 이 학교는 많은 외국인 학생에게 인기를 끌었지만 독일인은 크게 관심을 보이지 않았다. 이때 드레스덴과 라이프니츠, 베를린 등 융단폭격을 당한 동독 도시의 예술가들은 신표현주의 미술을 개발해 인류가 태곳적 심연 위의 불타는 다리에서 균형을 잡고자 노력하는 미친 세상을 표현했다(그림 11-2).

전쟁으로 피해를 본 모든 사람이 자신감을 잃었으나 완전히 파괴되지 않은 국가의 예술가들은 다소 피해를 본 상태에서도 여전히 계몽주의 사상에 신뢰감을 보내며 기하학적이고 질서정연하며 객관적 추론의 힘을 표현하는 추상예술을 창조했다. 기하학 예술은 전쟁에서 중립으로 남은 스위스, 지배를 받았어도 심한 폭격은 당하지 않은 프랑스, 침략에 맞서 싸운 영국, 군대를 파견했지만 자국 땅에서 전쟁을 벌이지 않은 아메리카대륙(미국, 캐나

11-1. 카를 게르스트너(스위스인, 1930년 출생), **'컬러 사운드 66: 내향성**Color Sound 66: Introversion**', 1988년, 페놀수지 패널에 나이트로 셀룰로스 래커, 119×119cm.**
이 화가는 T모양의 구멍이 있는 12개의 색평면을 겹쳐 균일하게 한 '계단'을 오를 때마다 색조가 한 단계씩 바뀌는 그림을 만들었다. 게르스트너는 이 강렬한 색상을 얻기 위해 심리학자 막스 뤼셔Max Lüscher와 스위스 바젤의 제약회사 시바가이기Ciba-Geigy(오늘날의 노바티스)의 화학자 한스 게르트너Hans Gärtner의 도움을 받아 순수한 10가지 주요 자연색소를 구했다.

11-2. A. R. 펭크*A. R. Penck*(독일인, 1939년 출생), '다리를 건너는 이*Der Ubergang*', 1963년, 린넨에 유채, 94×120cm.

다, 라틴아메리카)에서 시작되었다. 1945년 이후 이들 국가에서 기하추상 예술이 번성했는데 이것은 세계가 원자력 시대에 진입한 뒤 등장한 국제적 정밀과학(특히 물리학) 존경 문화와 공존했다.

취리히의 젊은 예술가 카를 게르스트너가 형태뿐 아니라 색상도 결정할 수 있는 정확한 과정을 구체예술 화풍에 추가하면서 이 예술은 더 높은 수준의 대칭을 달성했다. 통칭 '니콜라 부르바키'라고 불린 파리의 수학자 집단도 독일에서 다비트 힐베르트의 형식주의를 받아들여 프랑스 수학에 자리 잡았던 직관론의 잔재를 제거했다. 부르바키의 인도를 따라 프랑스 작가들은 울리포Oulipo의 기치 아래 형식주의 문체를 추구했고 화가들은 옵티컬 아트Optical Art를 개발했다. 런던의 개념미술 중 하나인 시스템스 아트Systems Art 역시 영국의 사실주의 전통에서 벗어나 순수한 형태와 색의 예술 분야를 창조했다.

라틴아메리카의 상파울루와 리우데자네이루, 부에노스아이레스, 카르카스 등의 구성주의자는 기하추상을 질서 있는 사회적 진보와 연관짓는 예술을 개발했다. 솔 르윗이 이끈 뉴욕의 개념미술가들은 수학적 물체를 만드는 정밀한 규칙을 고안했고 미니멀 아티스트들은 환원주의 지침을 따랐다. 비록 당시 대칭이 과학의 여왕으로 군림했으나 1957년 대자연은 놀라운 예시를 드러냈다. 로버트 스미스슨Robert Smithson은 자연의 심장에 위치한 비대칭에 영감을 받아 자신의 비대칭적 현대화풍 아이콘인 '나선형 방파제Spiral Jetty'(1970년)를 창작했다.

2차 세계대전 이후 스위스의 구체미술

히틀러의 독일, 무솔리니의 이탈리아, 나치가 점령한 프랑스 이들 세 국가에 둘러싸인 스위스의 구체미술가는 자신들의 그림이 혼돈의 한가운데 위치한 질서를 상징한다고 해석했다. 전쟁이 끝난 후 그들은 더 조화로운 유럽 사회에 평화로운 삶을 촉진할 기능적 사물을 디자인했다.[1]

막스 빌은 1945년 이후 스위스의 건축과 그래픽디자인 업계에 군림하며 늘 순수미술과 응용미술 사이의 연속성을 강조했다. 그가 1950년에 남긴 글에도 그런 내용이 잘 드러난다.

"모든 시대마다 예술에서 지적·영적 흐름을 가시적으로 표현하므로 새로운 형태를 만들어내는 디자이너는 의식적으로든 무의식적으로든 현대예술의 흐름에 반응할 수밖에 없다."(그림 11-4)[2]

> *사람은 결과물의 고유한 '내적 필요성'에 따라 간단하게 그것이 '좋은 게슈탈트'인지 알아볼 수 있다.*
>
> — 막스 베르트하이머, 《형태 인지의 구조 법칙*Laws of Organization in Perceptual Forms*》, 1923년.

1950년대 초반 빌은 울름으로 이사했다. 울름 미술학교를 설립한 디자이너 오틀 아이허Otl Aicher와 그의 아내 잉게 숄Inge Scholl의 일을 돕기 위해서였다. 오틀 아이허와 잉게 숄은 1943년 재학 중이던 취리히대학교에서 나치에게 비폭력 저항운동으로 맞서다가(평화주의 전단지 배포) 참수당한 숄의 어린 동생들 한스와 소피를 기리기 위해 학교를 설립했다. 1953년 개교한 이 미술학교의 창립이사 빌은 바우하우스를 참고해 '좋은 형태good form'를 특징으로 하는 교과 과정을 만들었다. 빌은 게슈탈트 심리학에서 '좋은 형태'가 단순한 대칭 형태를 가리킨다는 것을 알고 있었고[3] 전후 윤리적이고 질서 있는 환경을 조성하기 위해 이 용어에 정치적 함축을 담았다.[4]

독일의 패전으로 자존감이 크게 떨어진 상황이었지만 빌의 강력한 명성으로 전 세계 40여 개국에서 유학생이 모여들었다. 상대적으로 현지 학생은 소수만 입학했는데 이는 젊은 독일 예술가가 울름 미술학교에서 가르치는 질서 있는 스타일의 이성적 기초를 별로 신뢰하지 않았음을 보여준다.[5] 빌은 공예에 기반한 접근방식을 부활시키기 위해 노력했지만 아르헨티나 화가 토마스 말도나도Tomás Maldonado와 네덜란드 건축가 한스 구겔로트Hans Gugelot를 위시한 다른 울름 미술학교 교수진은 대량생산에 적합한 기술을 가르쳤다. 이처럼 학교의 사명이 바뀌는 데 반대하던 빌은 1956년 사임한 뒤 취리히로 돌아갔다.[6]

1945년 전쟁이 끝나자 안드레아스 스페이저는 1932년에 출판한 《수학적 사고방식》의 2판을 출간했다. 2판에서 그는 19세기 이전에는 그룹이론이 등장하지 않았으나 자연의 근본법칙을 찾으려는 노력은 항상 대칭 패턴(자연을 구성하는 빌딩블록)을 찾기 위한 노력이었다고 강조했다. 빌의 지인 아드리엔 투렐Adrien Turel은 1949년 스페이저에게 칭찬의 편지를 썼는데, 당시 빌은 자신의 논문 〈우리 시대 예술의 수학적 사고방식〉을 마무리하고 있었다. 빌은 이 논문에 스페이저의 제목뿐 아니라 자연세계의 근본구조를 찾으려는 탐색이 자연의 대칭성을 밝혀냈다는 수학자의 논지도 반영했다.[7]

스페이저처럼 바흐가 대칭 패턴으로 작곡한 것을 참고한 빌은 스위스의 구체미술이 수학에 기반하고 있으며, 이것이 인간의 사고 부분(내재적 논리)과 세계를 이해하고 기본수학의 현실을 탐구하려는 방법(과학의 공리)을 포함한다고 정의했다.

"나는 수학적 사고방식에 근간을 둔 예술을 개발할 수 있다고 확신한다. (…) 시각예술의 주춧돌은 기하학이며 이는 표면이나 공간에서의 형태 배열이다. 수학은 기초 사고방식이고 우리가 주변 세상을 인식하는 데 사용하는 주된 도구다. 또한 수학은 사물과 사물의 관계, 그룹과 그룹의 관계, 움직임과 움직임 사이의 관계에 관한 과학이다."[8]

예를 들면 패턴을 디자인할 때 연속 부분이 어떤 순서를 따라야 하는지 느낄 수 있다. 사람은 무엇이 '좋은' 순서이고 무엇이 '내적으로 적합한' 것인지 안다.

이후 빌은 수학예술과 수학에서 영감을 받은 예술 사이의 중요한 차이점을 설명했다. 후자는 수학을 실행하는 것과 유사한 과정으로 창조하는 예술을 뜻한다.

"수학원칙에 기반을 둔 현대미술은 수학공식 표현이 아니며 예술가는 거의 순수수학을 사용하지 않는다. 오히려 예술가는 고유한 미적 근원이 있는 법칙에 기반해 리듬과 관계 사이의 패턴을 개발한다. 그러한 예술은 개척자의 생각을 바탕으로 새로운 발전이 이뤄지는 수학 발전과 유사하다."[9]

빌은 스페이저의 수학철학 사상을 탐색하는 것 외에도 물리학과 우주론에 수학을 적용하는 방법에 주목했다. 그는 그룹이론을 사용한 로제의 초기작품을 포함해 알리안츠 전시회(7장 그림 7-24)에 '무한성과 유한성Infinite and Finite'(1947년)이라는 제목의 그림을 전시했다. 이 용어는 부피가 유한한 우주가 구의 표면처럼 굽어 경계가 없다는 아인슈타인의 대중화한 우주론에서 차용한 것이다. 빌은 자신의 설명문에서 2차원 물체면서 단 하나의 면으로 이뤄진 뫼비우스 띠와 무한성 등 수학 아이디어들의 예시를 제시했다. 그는 고대 기하학과 현대의 굽은 시공간 같은 수학구조를 나열한 뒤 자연계의 근간에 수학 패턴이 존재하며 인류의 질서 개념도 그곳에서 나온다고 결론지었다.

"다음은 우리의 일상에 아무런 영향을 미치지 않지만 그래도 매우 중요한 것이다. 수학문제의 신비, 공간의 불가해성, 무한성의 거리, 시작과 끝이 모양은 다르지만 서로 합동하는 공간, 정해진 경계선이 없는 한계, 겹쳐 있지만 하나로 결합되지는 않은 것, 하나의 압력으로 변하는 균일성, 힘의 장場, 서로 만나는 평행선, 자기 자신에게로 돌아오는 무한한 선, 모든 사각형의 안정성, 상대성에 영향을 받지 않는 직선, 모든 점에서 직선을 만들 수 있는 타원. 이것은 인간질서의 기저에 있는 기초 패턴으로 우리가 인식하는 모든 구조에 존재한다."[10]

나아가 빌은 우주에 담긴 수학 패턴이 구체미술의 내용이라고 말했다.

"이들 패턴은 현대미술에 새로운 내용을 제시한다. 이 예술은 보통 형식주의 미술로 잘

상단

11-3. 막스 빌, '울름의 도구*Ulmerhocker*', 1954년, 합판.

우측

11-4. 막스 빌, USA 건축전시회*USA baut* 포스터, 공예박물관, 취리히, 1945년.

못 여겨지고 아름다움을 상징하지 않는다. 오히려 이 예술 형태는 생각과 사상, 인식을 구현한다. 이 예술은 사물의 표면이 아닌 그 사물의 근원적 보편구조를 나타내며 오늘날 우리에게 전체적인 세계관을 제시한다. 이 예술은 자연을 묘사하는 것이 아니라 숨어 있는 패턴을 드러내는 새로운 체계를 창조한다."[11]

빌은 스페이저를 따라 구체예술이 물리학과 천문학의 기초 수학 패턴을 구현한 자연을 이해하고 표현한다고 선언했다.

"전통 예술 개념과 우리가 여기에서 설명하는 것의 차이는 아르키메데스법칙과 현대 천체물리학법칙의 차이와 본질적으로 같다."[12]

1951년 빌과 안드레아스 스페이저는 르네상스와 바로크 예술의 저명한 학자 루돌프 뷔트코버와 함께 미술과 건축의 비율을 주제로 밀라노에서 열린 한 컨퍼런스에서 강연을 했다.[13] 바로 이때 1930년대 중반 이후 협업해온 빌과 스페이저가 처음 만난 것으로 알려져 있다. 빌은 수학자들처럼 '수학적 사고방식'을 순수수학(완벽한 구)과 자연에 적용한 수학(시공간 행렬로 나타낸 우주), 디자인에 적용한 수학(좋은 형태의 의자)을 포함해 더 넓은 문화 맥락에서 보았기에 스페이저의 생각에 동의했다. 독일 울름시는 이국적인 이론들을 창시한

11-5. 막스 빌, '아인슈타인 기념비',
1979~1982년, 화강암, 높이 6m.

아인슈타인이 태어난 도시다. 전후 빌은 울름에서 독일 재건을 돕고자 실용적인 응용수학을 적용해 합리적인 가격으로 건축물을 디자인하는 방법을 가르쳤다. 그러던 어느 날 아인슈타인의 생가를 허물고 새로 빌딩을 짓는다는 소식이 들려오자 그곳으로 달려간 빌은 주춧돌을 가져와 자신의 집 정원에 두었다.[14] 수년 후 빌은 시공간 우주론의 아버지인 아인슈타인을 기리기 위한 조각을 디자인했는데, 그때 울름시 행정 담당자들을 설득해 그 조각을 공공장소에 영구적으로 전시할 것을 건의했다(알베르트 아인슈타인 기념비, 1984년, 그림 11-5 참고).

20대의 젊은 화가 카를 게르스트너가 구성주의에 합류한 1950년대 초, 베레나 뢰벤

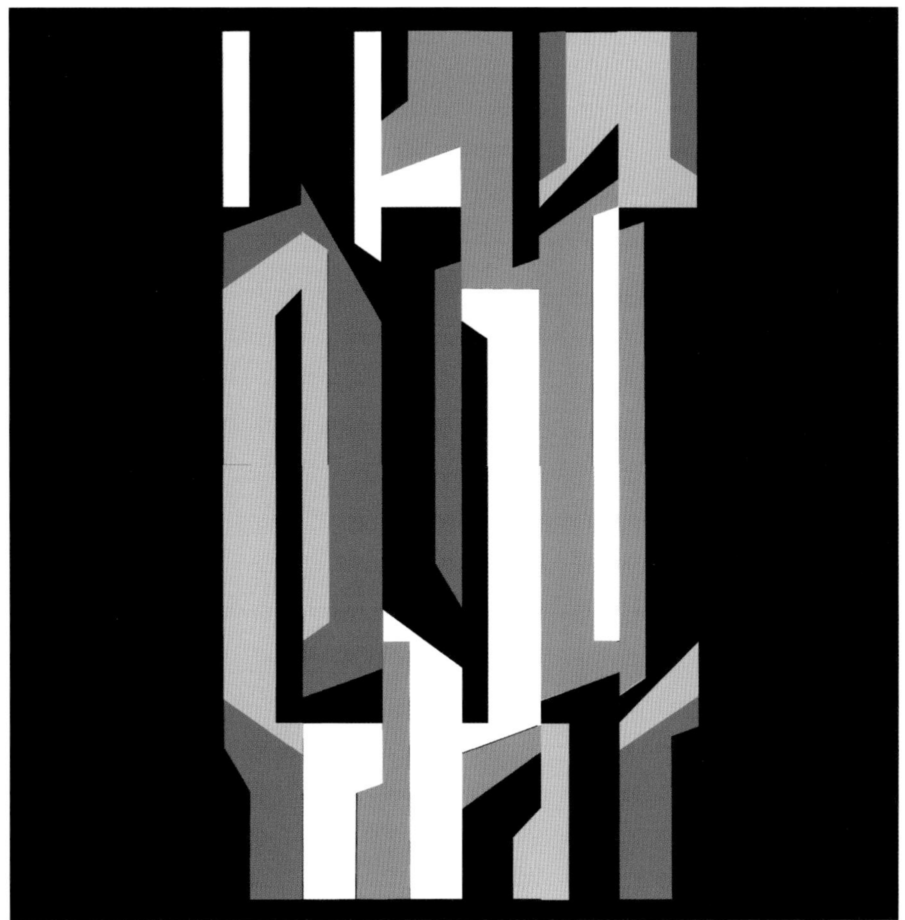

11-6. 카를 게르스트너, '탈관점 1: 직각의 무한한 나선*Aperspective 1: The Endless Spiral of a Right Angle*', 1952~1956년, 12개의 플렉시글라스 패널에 합성수지 페인트, 각각 9×45cm, 100×100cm의 검은색 플렉시글라스 위에 자석으로 고정.

스베르그는 40대였고 카밀 그레저(7장 참고)는 70대였다. 게르스트너는 구성주의 알고리즘과 시각인지, 새로운 우주론에 관심이 있었다.[15] 1952년 게르스트너는 12개의 검은색과 하얀색 유닛을 자석에 고정해 관람객이 그것을 재배치할 수 있게 한 '탈관점 1Aperspective 1'을 만들었다. 이 제목은 모든 기준점(모든 좌표계)에서 자연계를 정확히 설명할 수 있으므로 인간에게는 고유한 관점이 없고 '탈관점적'이라는 아인슈타인의 우주론을 떠올리게 한다. 우주는 경계가 있지만 무한하다는 아인슈타인의 이론과 유사하게 게르스트너는 형태와 색의 패턴이 내적으로 일관성 있는 자신의 미적 체계가 자연의 근본 단일성과 전체성을 상징한다고 보았다.

또한 게르스트너는 이전 세대 구체미술가처럼 형태를 생성하는 규칙을 연구하기 시작했다. 이전 화가들의 작품을 신선한 관점에서 살펴본 그는 빌과 로제, 그레저, 뢰벤스베르그 모두 알고리즘으로 작품 형태를 결정했지만 그들이 눈으로 색을 선택했다는 점에 주목했다. 게르스트너는 화풍을 통일하도록 색을 결정하는 정확한 규칙을 만들어 스위스 구체미술의 영역을 확대하기로 결심했다(그림 11-1).

그는 자신의 첫 실험작인 '진행하는 파란색 원Blue Excentrum'(1956년, 그림 11-7)에서 5개

우측

11-7. 카를 게르스트너, '진행하는 파란색 원', 1956년, 알루미늄으로 된 회전 디스크 위에 열처리 에나멜, 지름 60cm.

431쪽

11-8. 안드레아스 스페이저의 《유한차수 그룹 이론*Die Theorie der Gruppen von endlicher Ordnung*》(1927년) 4판의 권두 그림(1956년).
펠릭스 클라인은 쌍곡선 평면(안장 모양) 이어 붙이기를 보여주기 위해 이 도해를 그렸다(4장 181쪽 박스 참고). 스페이저 채색.

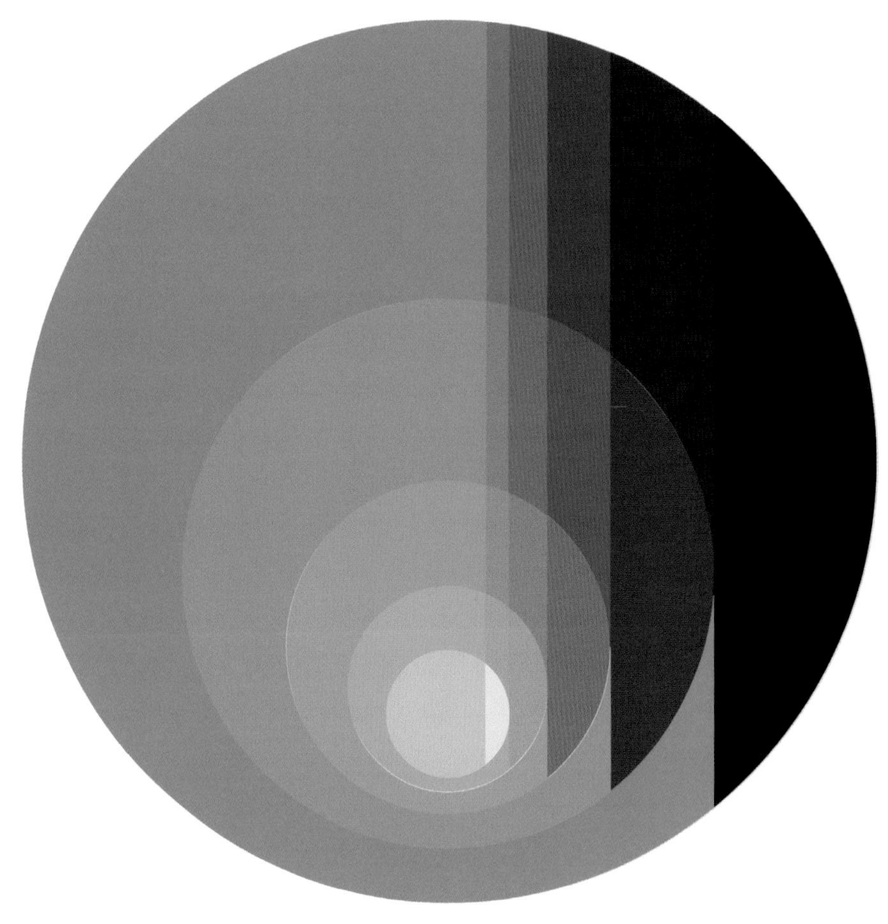

만화경 안에 어떤 물체를 넣으면
아름다운 패턴을 볼 수 있다.
만화경을 돌릴 경우
놀라운 효과가 나타난다.
색상은 더 밝게 빛나고
죽은 사물이 생생하게 보인다.
물질 조각의 이러한 신비로운 변형에서
우리는 예술의 힘을 볼 수 있다.
미적 효과는 물체가 아니라
대칭에서 기인한다.
— 안드레아스 스페이저,
《수학적 사고방식》, 1932년.

의 동심원으로 수직의 밴드패턴을 만들었다. 이때 색은 흰색에서 검은색으로, 강도가 약한 파란색에서 강한 색으로 진행된다. 원 지름은 객관적 측정이 가능해 원의 진행을 정확히 계산할 수 있지만 회색과 파란색의 진행은 정확한 값이 아닌 근사치만 계산할 수 있다. 원의 둘레 같은 측정값은 세월이 흘러도 변하지 않는 진실이지만(기하학의 일부) 색칠한 표면의 색은 그 물감재료가 달라서(화학의 일부) 부정확하며 사람이 인식하는 색은 주관적이다(생리학과 심리학의 일부). 그럼에도 불구하고 게르스트너는 가능한 한 최대로 정확하게 색상의 진행을 계산하고 싶어 했다.

1956년 게르스트너는 연결된 색 형태의 진행 과정을 실험하기 위해 28그룹에 196개 색조가 있는 이동식 팔레트를 사용한 모듈식 시스템을 고안했다(그림 11-9, 11-10). 이 시점에 그는 71세였던 스페이저를 만났는데 스페이저는 게르스트너의 그림이 그룹이론과 일맥상통한 까닭에 그의 작품에 열정적인 반응을 보였다.[16] 이전 세대 구체미술 화가는 이미 스페이저의 논문을 읽었고 이제 게르스트너가 수학용어인 그룹과 순열, 알고리즘, 불변 등으로 자신의 작품을 언급하기 시작했다.

그 이듬해에 스페이저는 1927년 초판을 출간한 《유한차수 그룹이론》 4판(1956년)을 발표

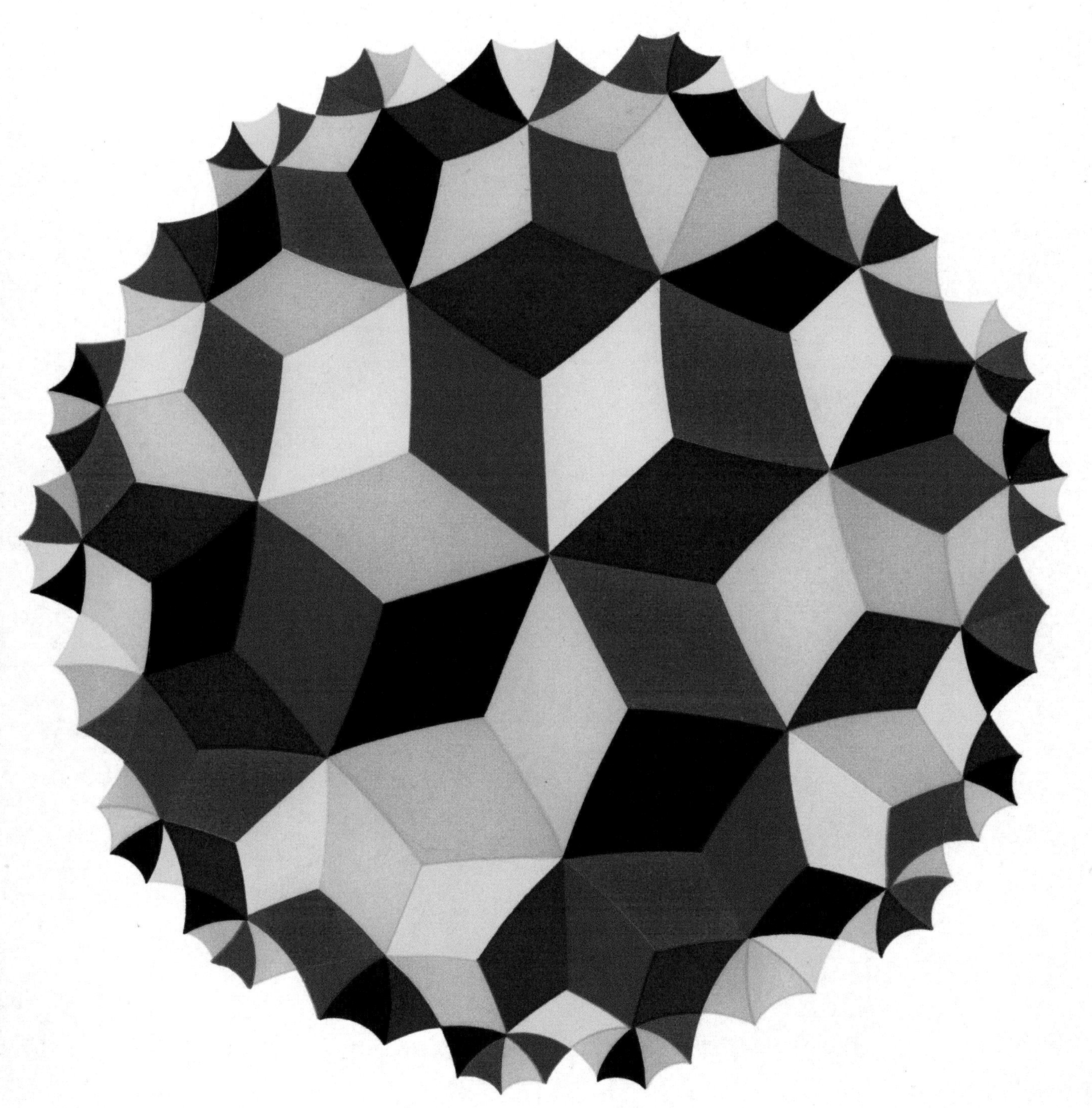

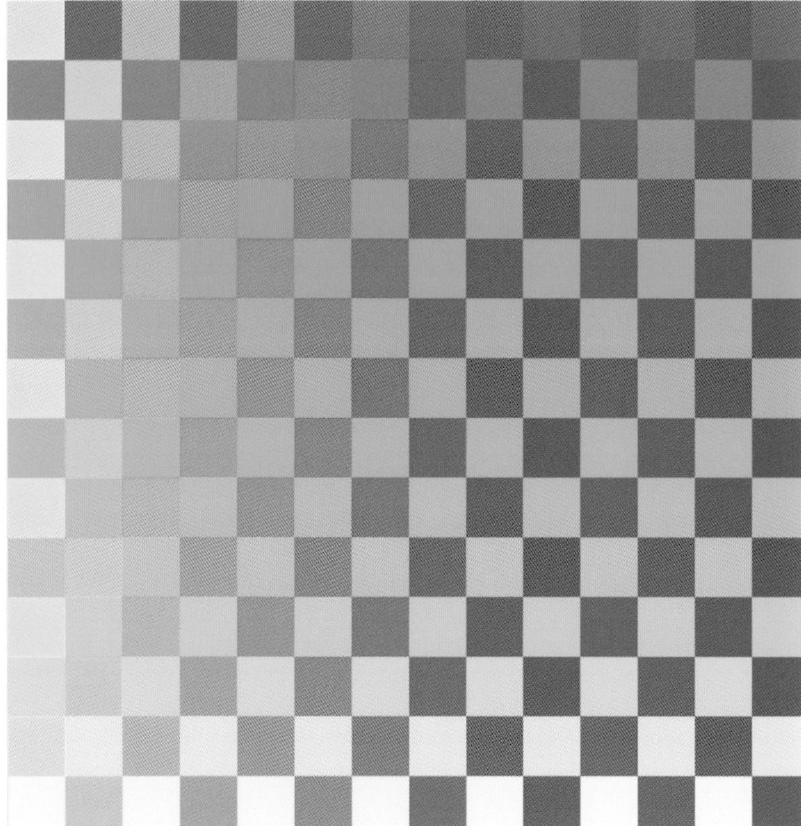

상단

11-9. 카를 게르스트너, '순색을 사용한 다색화*Polychrome of Pure Colors*', 1956~1958년, 플렉시글라스 큐브 위에 프린터 잉크, 각각 3×3cm, 크롬 도금한 메탈 프레임으로 고정, 각각 48×48cm.

정사각형 196개로 이뤄진 게르스트너의 팔레트는 각 7개 정사각형이 28그룹으로 나뉜다. 무수히 많은 배열 중 2가지를 예시로 나타냈다.

하단

11-10. 카를 게르스트너, '순색을 사용한 다색화', 1956~1958년, 플렉시글라스 큐브 위에 프린터 잉크, 각각 3×3cm, 크롬 도금한 메탈 프레임으로 고정, 각각 48×48cm.

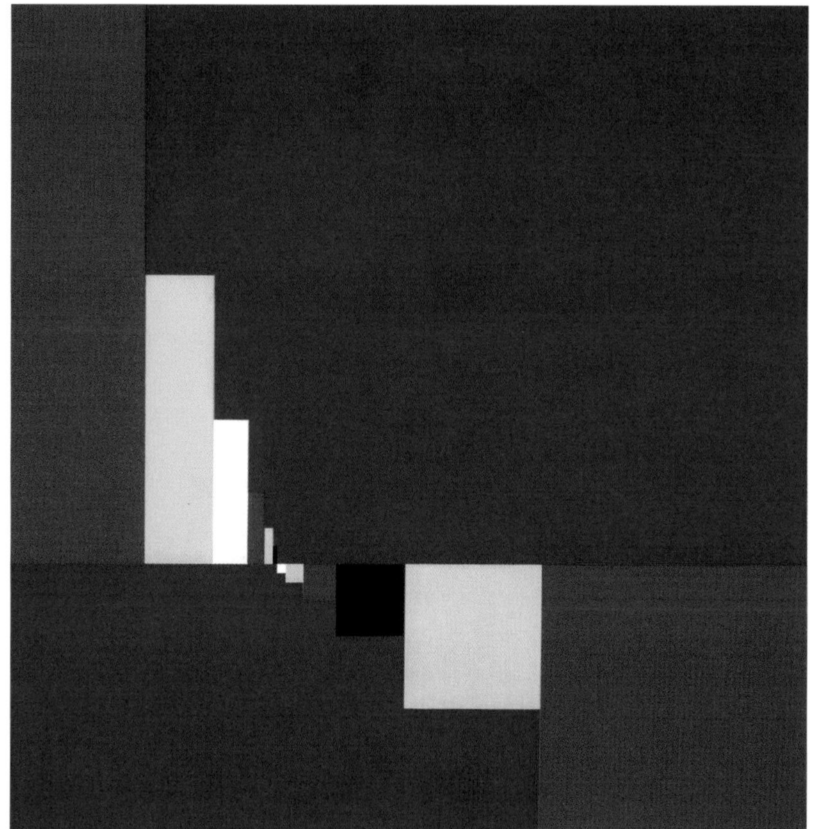

11-11. 카밀 그레저, '수평의 동등성', 1957~1958년, 유채, 96×94.5cm.

했다. 게르스트너와의 만남에서 영향을 받은 듯 스페이저는 비유클리드 공간에 다채로운 색으로 채색한 도해를 권두 그림으로 수록했다(그림 11-8). 또한 책의 종장을 수정해 그런 도해가 현대 예술가에게 "새로운 가능성을 열어주었으면 좋겠다"는 글을 넣어 자신의 희망을 밝혔다.

1957년 게르스트너는 전시회 '냉전시대의 예술? 오늘날의 미술 상태Kalte Kunst? Zum Standort der heutigen Malerei'를 계획했고 빌과 그레저, 로제, 뢰벤스베르그의 작품을 비롯해 자신과 다른 젊은 화가들의 작품을 전시했다. 이 전시회의 카탈로그는 1950년대 후반의 구체미술 개요를 잘 설명하고 있다. 게르스트너는 화가 개개인의 허락을 받고 여러 그림의 '구성 도해'를 그렸다. 카탈로그의 참고문헌에는 스페이저의 《수학적 사고방식》(1932년)과 바일의 《대칭》(1938년)이 들어 있었다.

이전 세대 화가들의 작품은 알고리즘으로 형태의 패턴을 결정했다. 예를 들어 그레저는 '수평의 동등성Equivalence on the Horizontal'(1957~1958년)에서 기본 유닛을 패턴 중앙에 두고(작은 검은색 직사각형과 하얀색 정사각형) 각 유닛의 넓이를 배로 늘리는 방식으로 구성요소를 생성했다. 1946년 작품 '붉은색 정사각형Red Square'(그림 11-12)에서 빌은 관심의 중점을 만든 후(하얀색 정사각형 안에 90도로 회전한 붉은색 정사각형) 공식에 따라 하얀색 바탕을 채색했다(그림 11-13). 게르스트너는 형태 진행을 색 진행과 결합하는 자신의 아이디어를 담은 '진행하는 노란색 원'('진행하는 파란색 원'의 변형, 그림 11-7)을 전시했다.

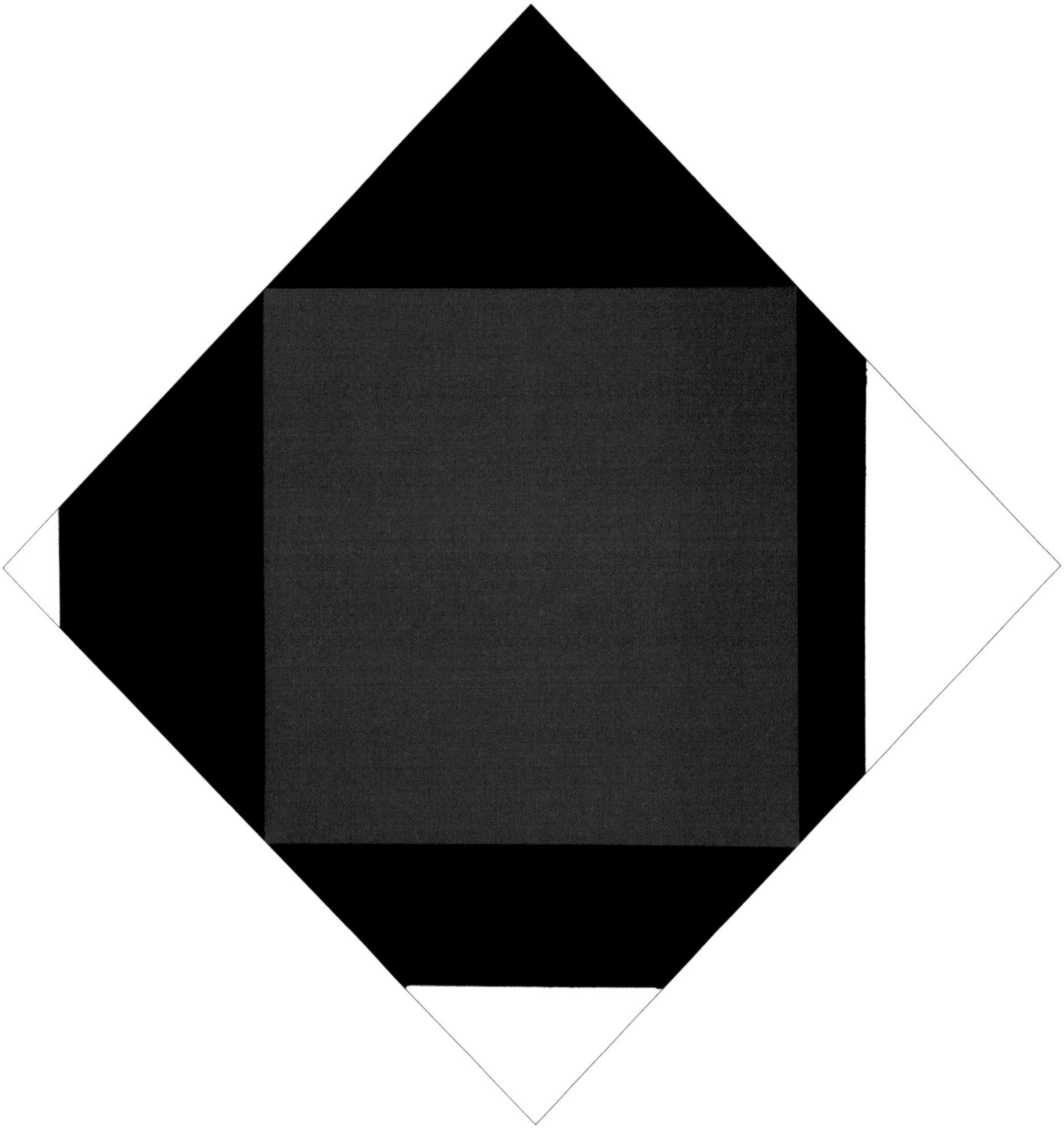

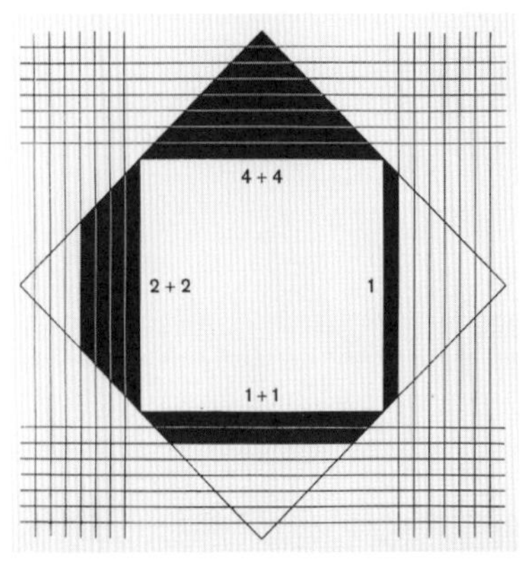

게르스트너와 스페이저는 1970년 스페이저가 사망할 때까지 좋은 관계를 유지했다. 게르스트너는 스페이저가 이슬람식 타일에 그룹이론을 적용한 것에 영감을 받아 '채색한 선Color Lines' 시리즈를 작업했다(그림 11-14). 그는 이 작품을 다음과 같이 설명했다.

"내가 채색한 선을 작업하도록 영감을 준 사람은 안드레아스 스페이저다. 그에게 감사를 전한다. (…) 이슬람의 장식 패턴은 여러 번 회전하고 뒤집고 대체한 다각형으로 이뤄져 있다. 그렇게 많은 다각형이 교차하는 데도 결과적으로 단순한 대칭 모양을 만든다."[17]

게르스트너는 이슬람의 타일 패턴을 따라 하나의 선을 그려 채색한 선을 작업했고 이 선을 '시각의 미궁Visual Labyrinth'이라 불렀다.

그레저와 빌, 뢰벤스베르그는 규칙에 따라 색상을 결정하지 않았다. 그레저의 1974년 작

434쪽 상단

11-12. 막스 빌, '붉은색 정사각형', 1946년, 캔버스에 유채, 대각선 80cm.

434쪽 하단

11-13. 막스 빌의 '붉은색 정사각형'(1946년) 배치도, 카를 게르스트너, '냉전시대의 예술? 오늘날의 미술 상태' (1957년), 그림 21.

카를 게르스트너는 전시회 '냉전시대의 예술? 오늘날의 미술 상태'의 카탈로그에 사용하기 위해 빌의 붉은색 정사각형 배치도를 그렸다.

우측 상단

11-14. 카를 게르스트너, '채색한 선 c-15/ 1-02', 2000년, 아크릴 페인트, 104×104cm.

우측 하단

11-15. 카밀 그레저, '빨간색-초록색 양감 1:1*Red-Green Volume 1:1***', 1974년, 캔버스에 아크릴, 120×120cm.**

436쪽

11-16. 베레나 뢰벤스베르그, '무제', 1978년경, 캔버스에 유채, 75×75cm.

437쪽

11-17. 리하르트 폴 로제, '빨간색 사선이 있는 30개의 체계적인 색 진행*Thirty Systematic Color Series with Red Diagonals***', 1943~1970년, 캔버스에 유채, 165×165cm.**

좌측

11-18. 막스 빌, 뮌헨 올림픽 포스터, 1972년.

439쪽

11-19. 카를 게르스트너, '채색한 나선 아이콘 x65b*Color Spiral Icon x65b*', 2008년, 알루미늄에 아크릴, 지름 104cm.

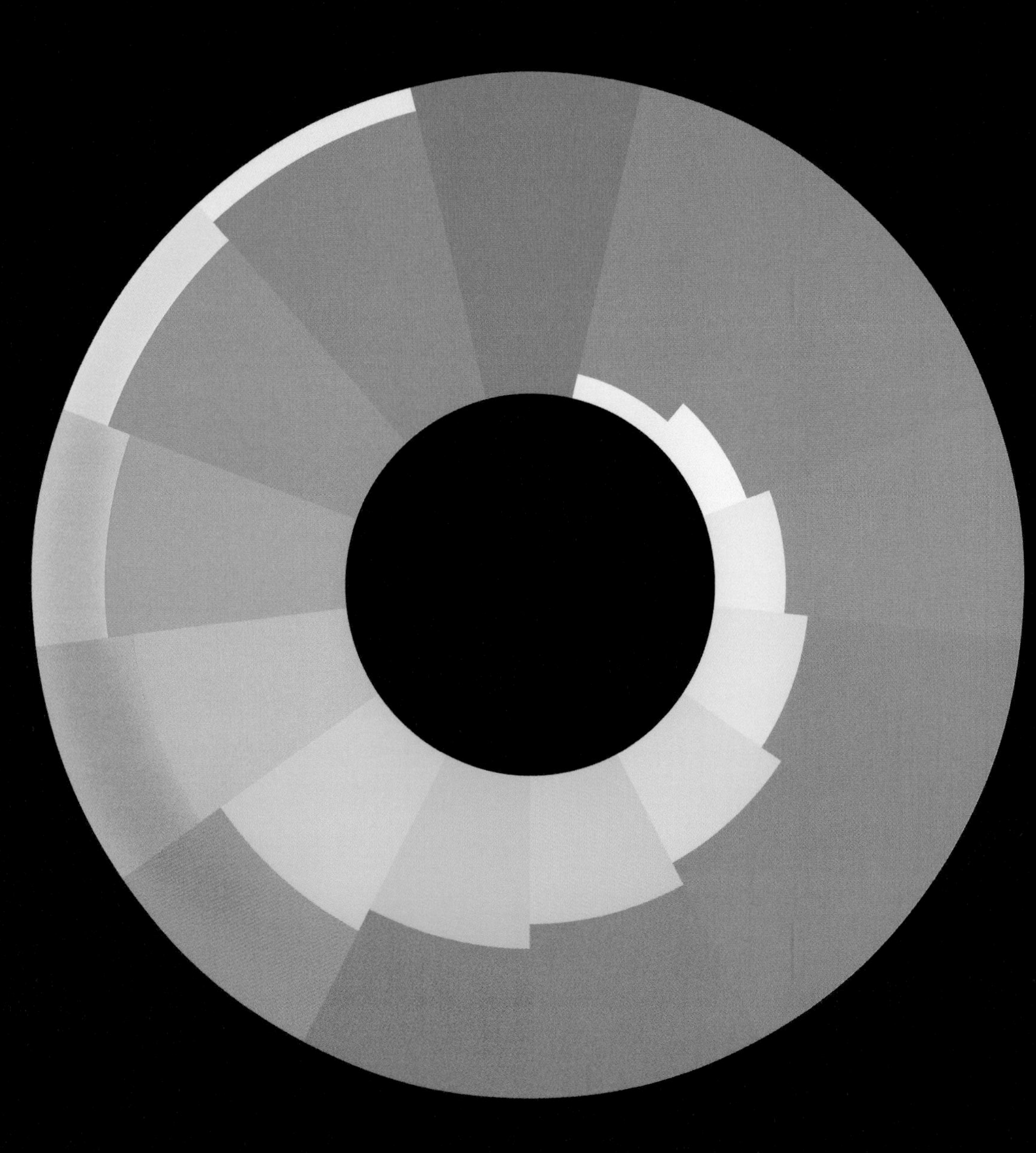

우주 중심에는
훌륭한 구조가 있다. (…)
이것은 대구조라고 할 수 있다. (…)
이 첫 핵 너머에는 '다중구조'라고
불릴 만한 구조가 있다.
이 다중구조는 둘 이상의 대구조가
(어떤 새로운 것도 만들어낼 수 없는)
단순한 병치구조로 놓인 게 아니라
대구조 사이의 관계를 형성하는
하나 이상의 공리로
유기적으로 결합하고 있다. (…)
더 멀리 나아가면 마침내
적절한 정리에 도달한다.
이 중 일반구조에서
완전히 불확정성을 갖는 집합은
더 명확히 특성화한 개성을 얻는다.
— 니콜라 부르바키, 〈수학구조〉, 1948년.

품 '빨간색-초록색 양감'을 보면 그녀가 1950년대의 자신의 스타일을 이어갔음을 알 수 있다. 이 작품에서 정사각형은 제자리를 벗어난 것처럼 보이면서도 엄격한 질서를 유지한다. 뢰벤스베르그는 약간 불규칙한 반복 형태를 거의 모두 단색으로 구성했고(그림 11-16), 빌은 그래픽 아트에서 기하학 형태를 탐구했다(그림 11-18). 오직 로제만 궁극적으로 게르스트너가 주장한 색상 알고리즘을 받아들여 1960년대 중반 자신의 첫 '색 진행' 작품을 완성했다.[18] 로제는 1988년 사망할 때까지 이 화풍을 이어가면서 복잡한 착시현상을 일으키는 작품을 작업했다(그림 11-17). 한편 게르스트너는 계속해서 자신이 개척한 형태와 색상의 정밀한 과정을 혼합하는 방법을 탐구했다(그림 11-19).

프랑스의 형식주의 수학: 니콜라 부르바키

20세기 들어서면서 L. E. J. 브라우어르(6장 참고)와 유사한 직관적 접근방식을 취한 앙리 푸앵카레가 프랑스 수학을 주도했다. 독일의 공리적 접근방식을 경계한 푸앵카레는 프랑스 동료들에게 자신의 직관을 따르라고 권고했다. 푸앵카레는 수학의 공리와 과학이론을 모호한 표현으로 구분하면서 기하학 공리가 영원불변한 수학 영역이 아니라 우리 주변 세계의 공간을 묘사한다고 선언했다. 푸앵카레 관점에서 기하학 공리는 단순한 관례이고 임의적이며 변할 수 있는 규칙에 관한 것이었다.

푸앵카레의 여러 대중도서를 읽은 초현실주의자 마르셀 뒤샹은 기하학과 예술의 전통 사이에서 유사점을 밝혀냈다. 유클리드와 비유클리드 기하학이 수학에서 동등하게 옳은 것처럼 뒤샹은 인상주의와 다다이즘이 예술에서 등등하게 옳다고 주장했다.[19] 미학은 사실이나 거짓 또는 옳고 그름의 문제가 아니라 변덕스러운 의견의 문제다.

뒤샹은 '당신은 나를Tu m''(11-20)에서 여러 전통 회화법을 제시하며 그 관점을 요약했

11-20. 마르셀 뒤샹(프랑스인, 1887~1968년), **'당신은 나를', 1918년, 캔버스에 유채, 병 닦는 솔, 안전핀, 볼트, 69.8×303cm.** 뒤샹은 이 그림의 표면에 몇 가지 실제 물체를 붙여 묘사의 착시 특성을 강조했다. (실제) 안전핀 3개로 중앙-우측의 찢어진 직물 부분을 묘사했는데(가상) 여기에서 (실제) 병 닦는 솔이 튀어나온다.

다. 그는 작품에서 색표와 현실적인 손(간판장이가 그린 손), 3개의 레디메이드가 비춘 그림자(자전거 바퀴, 코르크 마개 스크루, 모자걸이), 불규칙한 미터자의 윤곽을 하단 좌측에 그렸다.[20] 이것은 모두 무엇을 의미할까? 각각의 관찰자는 '당신은 나를'이라는 제목 뒤의 빈 공간에 원하는 단어를 넣어 편한 대로 해석할 수 있다. 이를테면 Tu m'aimes(당신은 나를 사랑한다), Tu m'ennuies(당신은 나를 지겹게 한다) 등이 있다.

1912년 푸앵카레가 사망하고 1916년 페르디낭 드 소쉬르의 《일반언어학 강의》가 출간된 후 형식주의·구조주의 접근방식이 프랑스에서 자리 잡기 시작했다. 1930년대 젊은 수학자 그룹은 다비트 힐베르트의 괴팅겐대학교처럼 형식주의 공리 방법을 적용해 프랑스 수학을 정밀하게 검사할 계획을 세웠다.[21] 초현실주의 시인과 예술가의 아방가르드 정신에서 영감을 받은 이 젊은 수학자들은 마치 음모를 꾸미듯 비밀스럽게 만났다. 독일의 형식주의가 프랑스의 직관주의를 '정복'할 것이라는 희망을 전하기 위해 이 그룹은 프로이센-프랑스 전쟁(1870~1871년)에서 독일군에 패한 프랑스 장군 '니콜라 부르바키'를 그룹 이름으로 택했다.

부르바키는 힐베르트가 수학을 건물에 빗대 은유적으로 묘사한 것을 차용해 수학을 방대한 구조집합 계층으로 설명했다(〈수학구조〉). 나아가 부르바키는 힐베르트의 주장을 넘어 프랑스의 형식주의 혹은 구성주의에 헌신하고자 했다. 힐베르트의 목표는 물리실험실 같은 실제 세계에 자신의 '이론-형태'를 적용하는 것이었지만, 부르바키는 과학과 사회에서 격리된 상아탑에서 순수수학을 연구해야 한다고 주장했다. 또한 힐베르트는 형식주의 방식을 유클리드 기하학처럼 이미 존재하는 수학 분야에 적용해 그 추상구조를 밝히려 했으나, 부르바키는 해석되지 않은 수학구조를 아무런 사전지식 없이 처음부터 디자인하고자 했다. 그뿐 아니라 각 구조는 결말을 위한 목적이 아니며(즉, 다른 주제에 적용되는 것이 아니며) 그 스스로 해석이 가능하다고 주장했다.[22]

1939년부터 부르바키는 엄격한 공리 형식으로 수학 개념을 정리한 여러 권의 책을 출판했고, 유클리드의 《원론》에 경의를 표하기 위해 이를 《수학원론Elements de mathematique》이

둘에서 셋을 뺄 수는 없어.
둘은 셋보다 작으니까.
그러니 10의 자리의 4를 살펴보자.
4개의 10을 3개의 10과
1개의 10으로 분리하고,
다시 1개의 10을
10개의 1로 나누어보자.
그리고 나서 2를 더하면 12가 되지.
이제 12에서 3을 빼면 9가 남지.
이해가 가니?

— 톰 레러Tom Lehrer,
'새로운 수학New Math', 1965년.

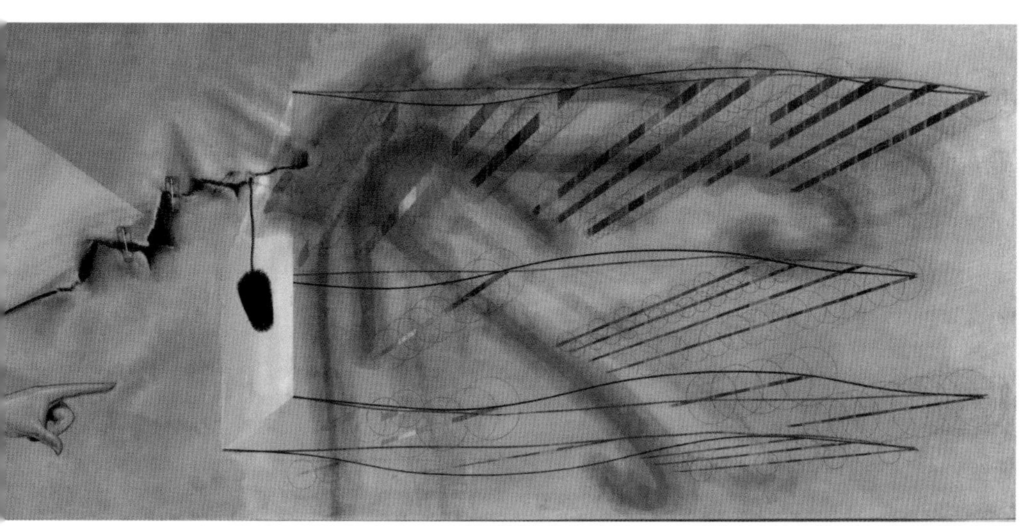

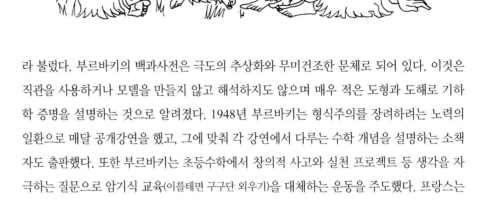

11-21. 모리스 앙리*Maurice Henry*, **'풀밭 위의 구성주의자 오찬***Le dejeuner sur l'herbe structuraliste*', **〈주간 문학***La quinzaine litteraire***〉, 1967년 7월 1일.**
프랑스 만화가 모리스 앙리는 에두아르 마네의 '풀밭 위의 점심식사*Le dejeuner sur l'herbe*'(1862~1863년)를 패러디해 문화인류학에서 클라인 사원군 같은 방법으로 구성주의자들이 원주민 복장을 하고 있는 것을 그렸다(484쪽 박스 참고). (좌에서 우로) 미셸 푸코, 자크 라캉, 클로드 레비스트로스, 롤랑 바르트.

라 불렀다. 부르바키의 백과사전은 극도의 추상화와 무미건조한 문체로 되어 있다. 이것은 직관을 사용하거나 모델을 만들지 않고 해석하지도 않으며 매우 적은 도형과 도해로 기하학 증명을 설명하는 것으로 알려졌다. 1948년 부르바키는 형식주의를 장려하려는 노력의 일환으로 매달 공개강연을 했고, 그에 맞춰 각 강연에서 다루는 수학 개념을 설명하는 소책자도 출판했다. 또한 부르바키는 초등수학에서 창의적 사고와 실천 프로젝트 등 생각을 자극하는 질문으로 암기식 교육(이를테면 구구단 외우기)을 대체하는 운동을 주도했다. 프랑스는 1960년대에 최초로 유치원 교육 과정에 그룹이론을 도입해 숫자가 집합임을 가르쳤으며, 이후 이 개선한 교과 과정(새로운 수학)은 여러 선진국으로 퍼져갔다.[23]

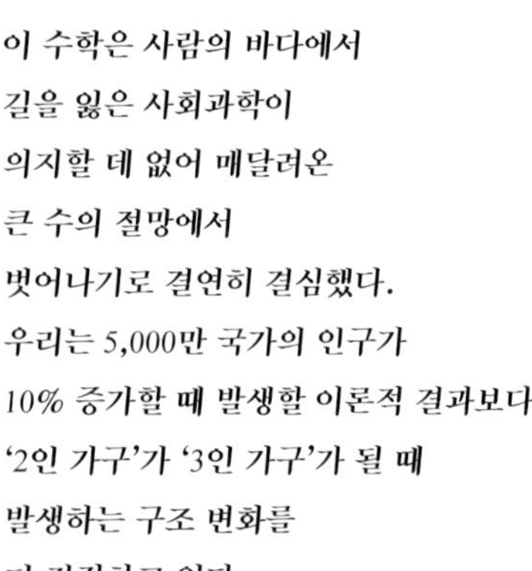
이 수학은 사람의 바다에서
길을 잃은 사회과학이
의지할 데 없어 매달려온
큰 수의 절망에서
벗어나기로 결연히 결심했다.
우리는 5,000만 국가의 인구가
10% 증가할 때 발생할 이론적 결과보다
'2인 가구'가 '3인 가구'가 될 때
발생하는 구조 변화를
더 걱정하고 있다.
— 클로드 레비스트로스, 〈사람의 수학*The Mathematics of Man*〉, 1954년.

부르바키는 순수수학을 일상 문제에 적용하면 안 된다고 주장했지만 2차 세계대전 중 미국에서 이미 그룹이론을 채택해 적용한 인류학자 클로드 레비스트로스(7장 참고)는 1940년대 후반 파리로 돌아와 사회과학에 수학 방법을 적용할 것을 권했다. 레비스트로스는 부르바키가 아닌 소쉬르의 구조언어학 방식을 채택했으나 그 언어 구조주의는 부르바키의 정신에 뿌리를 두고 있다고 주장했다.[24]

프랑스의 다른 지식인도 레비스트로스의 권고에 따라 구조언어학의 수학 방법을 자기 분야에 적용했는데, 이들이 바로 후기 구조주의자다. 정신분석학자 자크 라캉Jacques Lacan과 철학자 미셸 푸코, 문학평론가 롤랑 바르트Roland Barthes는 모두 자기 분야의 추상구조에 중점을 두었다. 특히 라캉은 1950년대에 처음 "정신분석학에 구어와 언어의 기능 및 활용"(1953년, 그림 11-21)을 적용해 신구조주의의 문을 열었다. 프랑스의 문인 모임 울리포는 후기 구조주의자와 달리 직접적으로 부르바키의 수학방법론을 채택했다.

프랑스의 형식주의 문학: 울리포

20세기 중반 프랑스 문학계는 직감에 기반한 작문기법에서 부르바키 정신에 입각한 공리 방법으로 전환했다. 직관주의 프로토콜은 초현실주의자들이 무의식적 대화에서 무의식의 정신이 드러난다고 주장한 신경학자 피에르 자네Pierre Janet의 연구 결과(《심리적 자동성L'automatisme psychologique》, 1889년)를 채택한 것이다. 1919년 초현실주의 시인 앙드레 브르통

André Breton과 필리프 수포Philippe Soupault는 의식적 제어를 멈추고 자신의 말을 편집하지 않은 사고 흐름 그대로 적는 무의식적 작문을 실험하기 시작했다(《자장Les champs magnetiques》, 1919년). 첫 번째 초현실주의 선언에서 브르통은 새로운 작문스타일을 '순수 상태의 초자연적 오토마티즘'이라고 정의했다(《초현실주의 선언Manifeste du surrealisme》, 1924년). 예술가들 역시 종이 위의 펜이 목적 없이 돌아다니게 하는 방식으로 작품을 그리는 유사한 무의식 기법을 고안했다(장·한스 아르프, '무의식 회화Automatic Drawing', 1917~1918년).

프랑수아 르 리요네François Le Lionnais와 레몽 크노Raymond Queneau는 젊은 시절인 1920년대와 1930년대에 우연에 따른 작문법을 실험했다. 이후 르 리요네는 수학과 공학을 공부한 뒤 체스마스터가 되었고, 크노는 반反브르통 팸플릿에 서명한 소설가가 되었다(《시체Une cadavre》, 1930년). 부르바키의 반체제 정신에 동지애를 느낀 르 리요네와 크노는 1960년대에 부르바키에 합류해 형식주의 접근방식(특히 집합이론)으로 문학에 새로운 활력

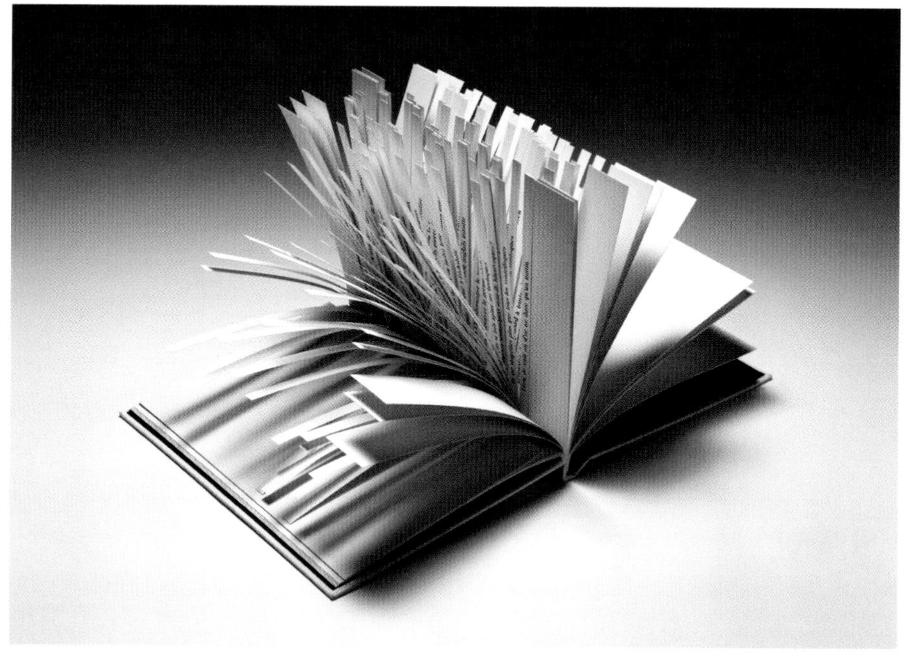

좌측 상단

11-22. 윌리엄 셰익스피어, 《소네트》(런던, 1609년).

소네트 147번
내 사랑은 열병과도 같아
병을 더 오래가게 하는 것을 갈망하고,
병을 더 길게 유지하는 것을 먹는다.
병으로 입맛을 잃은 미각은 즐겁게 하기 어렵고
내 사랑의 병의 의사인 이성은
자신의 처방전을 지키지 않는다고 성을 내며
나를 떠났으니 나는 이제 절망 끝에 인정하게 되었다.
치료받지 않은 열병은 죽음이라는 것을.
고치기엔 늦었고 의사인 이성은 떠나갔으니
끝없는 광증에 빠져 언제나 불안하다.
내 생각과 말은 다 미친 사람의 것과 같고
마구잡이로 진실이 헛되게 표현된다.
나는 그대가 정의롭다 선언하고 찬란하다 생각했으나
그대는 지옥같이 검고 밤같이 어둡구나.

좌측 하단

11-23. 레몽 크노(프랑스인, 1903~1976년), 《100조 편의 시》(1961년).

크노의 시집은 볼프강 아마데우스 모차르트의 '음악 주사위 게임*Musical Dice Game*'(1792년 익명으로 발표)을 떠올리게 한다. 모차르트는 음악 주사위 게임에서 오직 마지막 마디만 정해두었다. 연주자는 주사위 1쌍을 던져서 나온 숫자를 모차르트가 준비해둔 마디와 맞춰 15마디를 채운다. 총 100조가 넘는 16마디 음악을 조합할 수 있고 이는 각각의 완벽한 미뉴에트 형식을 보인다.

445쪽
11-24. 프랑수아 모를레(프랑스인, 1926년 출생), **'전화번호부의 홀수와 짝수 패턴에 따른 정사각형 4만 개의 무작위 분포***Random Distribution of 40,000 Squares, Following the Even and Odd Numbers in a Phone Book*', 1960년, 캔버스에 유채, 100×100cm.

을 불어넣고자 했다. 그들은 문인 모임 '잠재적 문학작업실Ouvroir de Litterature Potentielle'을 만들었는데 이를 줄여서 울리포라고 불렀다. 울리포는 그들의 방법이 그저 구조만 만들어 낸다는 점에서 문학의 '가능성'을 창조한다. 그 골자를 언어로 채우는 것은 창의적인 작가들의 몫으로 본 것이다.[25]

르 리요네와 크노는 형식구조에 의존하는 소네트를 가장 좋아했다. 예를 들어 윌리엄 셰익스피어의 14행 소네트는 ABAB CDCD EFEF GG의 리듬 패턴을 보인다(그림 11-22). 1961년 크노는 울리포 선언서를 10개 소네트로 발표했고 그 각각을 책의 오른쪽 쪽에 인쇄한 뒤 소네트 14행을 잘라 14개 띠를 만들었다(그림 11-23). 크노는 자신의 책 서문에서 이 책을 다음과 같이 묘사했다.

"무엇보다 이 책은 시를 만드는 일종의 기계다."

독자는 띠를 우측이나 좌측으로 옮기는 방식으로 10^{14}(100만 억 또는 100테라) 개의 소네트를 볼 수 있다. 각 소네트는 올바른 구조고 그중 몇 개는 실제로 이해할 수 있다(《100조 편의 시Cent mille milliards de poèmes》, 1961년).

이 실험적이고 잘 계획한 그림은 2가지 필요에 부응하는 것으로 보인다. 첫째, 예술을 더 쉽게 이해하기 위해 예술 '창작'의 일부가 되고 싶어 하는 청중의 요구다. 둘째, 수학자이자 심리학자인 과학자에게 새로운 것을 제시하고자 하는 미학자의 요구다.
— 프랑수아 모를레, '시각예술탐구그룹 선언문', 1962년.

울리포의 시인 자크 벵Jacques Bens은 소네트 형식을 다루며 자신이 쓴 시를 '비합리적 소네트'라고 불렀다. 그의 소네트 14행은 AAB, C, BAAB, C, CDCCD의 리듬 패턴으로 3, 1, 4, 1, 5(31415)행 그룹이 나타난다. 이는 원주율 파이π의 첫 5자리 수다. 울리포 멤버는 수많은 문학규칙을 만들었는데 그중에는 M+n도 있다. 여기에서 M은 명사나 형용사, 동사 같은 임의의 단어를 뜻하고(프랑스어로 mot) n은 임의의 양의 수(nombre)를 의미한다.

이 규칙은 다음의 과정을 거친다. 예를 들어 볼테르Voltaire의 글이 주어질 경우 특정 단어가 나올 때마다 미리 선택해둔 사전의 n번째 단어로 교체한다(예시, 1955년판 르 프티 라루스 사전Le petit Larousse). 크노는 한 번 더 재치를 발휘해 "모든 기하학 명제에서 사용하는 점·선·평면을 탁자, 의자, 컵으로 바꿔도 그 명제는 여전히 유효하다"(4장 참고)라고 말한 다비트 힐베르트의 말에 이 규칙을 적용해보았다. 그는 힐베르트의 《기하학개론The Foundations of Geometry》에서 점·선·평면을 단어, 구절, 단락으로 바꿔 문학의 공리집합을 얻었다(《다비트 힐베르트의 이론에 따른 문학개론The Foundations of Literature after David Hilbert》, 1976년).[26]

프랑스의 옵티컬 아트

2차 세계대전이 끝났을 때 많은 유럽 도시가 혼란에 빠져 있었고 뉴욕은 아직 미술 중심지로 부상하지 못했다. 국제예술 중심지는 여전히 파리였는데 이곳에서 많은 예술가가 후기 초현실주의와 타시즘(얼룩stain을 뜻하는 'tache'에서 유래)이라 불린 초기 몸짓추상Gestural Abstraction 작품을 작업했다. 구체미술의 기하추상은 결코 사라지지 않았고 파리의 몇몇 화가는 1950년대에 부르바키의 월간 공개강연 덕분에 형식주의 수학의 기본 개념을 알고 있었다.

우리는 낭만주의의 '본질'과 관계를 끝냈다.
우리의 본질은 생화학, 천체물리학,
파동역학이다.
우리는 사람의 모든 창조물이
우주의 숨은 구조 같이 형식적이고
기하학적이라고 확신한다.

— 빅토르 바사렐리, 1952년.

좌측 상단

11-25. 빅토르 바사렐리*Victor Vasarely*(헝가리계 프랑스인, 1908~1997년), '바우하우스 A', 1929년, 보드에 유채, 23×23cm.

좌측 하단

11-26. 빅토르 바사렐리, '무제', 1960년경. 스크린프린트, 60×60cm.

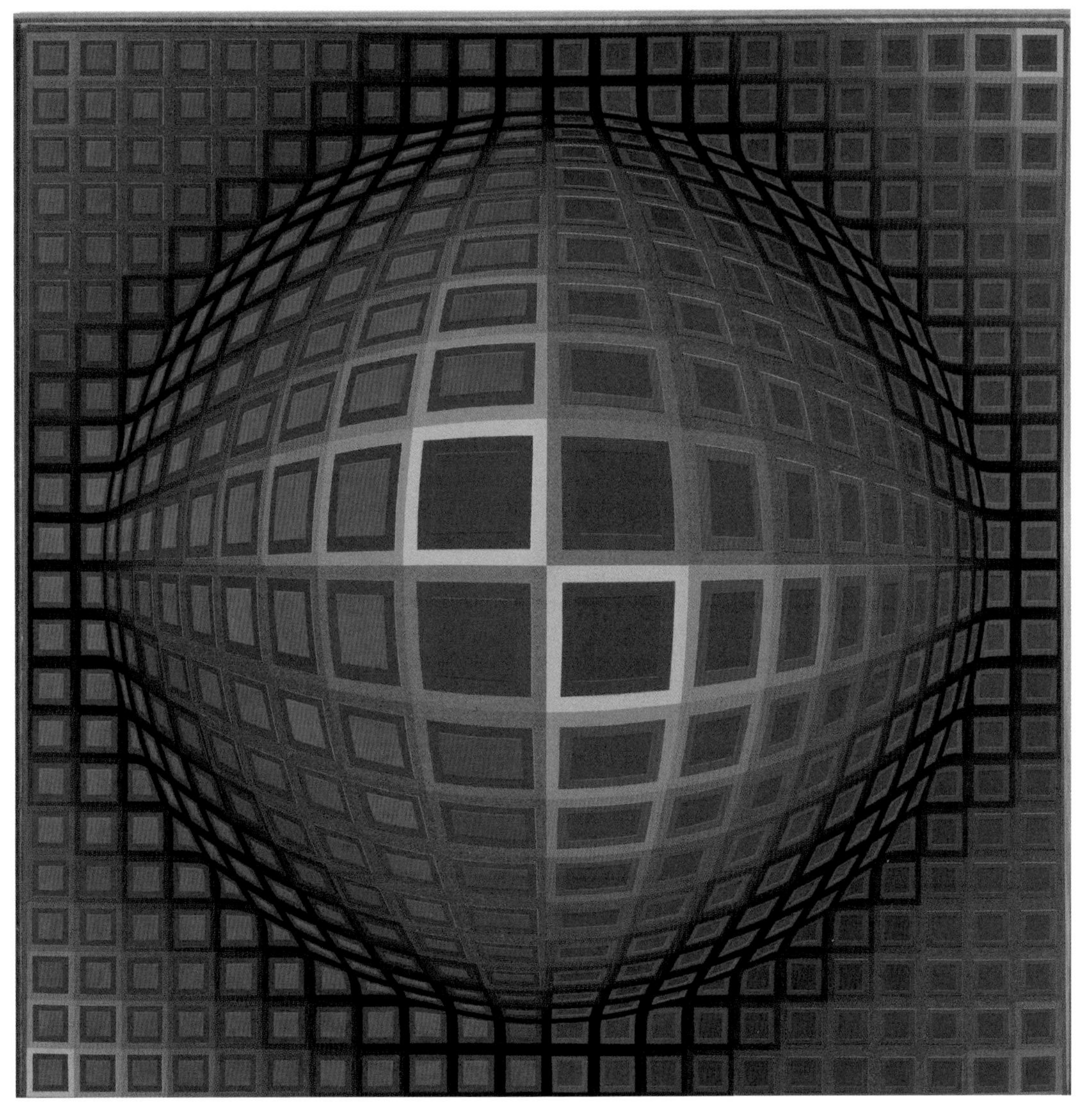

11-27. 빅토르 바사렐리, '베가노르*Vega-Nor*', 1969년, 캔버스에 유채, 200.02×200.02cm.

1944년 드니즈 르네Denise René는 프랑스, 스위스의 구체미술 관련 국제 예술가들과 함께 파리에 갤러리를 열었다('구체예술Art Concret', 1945년). 2년 후 화가 오귀스트 에르뱅Auguste Herbin이 '살롱 데 레알리테 누벨Salon des Realites Nouvelles'을 열었고, 이 살롱 그룹은 10여 년간 전시회와 관련된 저서로 유럽에서 가장 큰 추상미술 토론의 장을 제공했다. 그리고 1949년 잡지 〈오늘의 예술Art d'aujourd'hui〉이 창간되면서 프랑스의 또 다른 기하추상 목소리가 나타났다.

젊은 프랑스 예술가 프랑수아 모를레François Morellet는 1950년 상파울루를 여행하던 중 자신이 찾던 종류의 예술을 만났다. 모를레가 상파울루에 도착했을 때 공교롭게도 막스 빌의 회고전이 막 끝났으나 예술가들은 여전히 그것을 이야기하고 있었다. 이렇게 스위스의 구체미술과 간접적으로 만난 오를레는 이후 논리와 정밀성의 여정에 올랐다.

1950년대 중반 모를레는 모든 작품을 알고리즘으로 창작했고, 미술계에 화제로 떠오른 부르바키의 구조 강연이 한창일 때 그는 파리로 돌아왔다. 모를레는 로마가톨릭 집안에서 자랐으나 성인이 된 후 불교의 명상수행을 탐구했고 러시아의 신지론자 G. I. 구르지예프G. I. Gurdjieff의 이론을 읽었다.[27] 그는 명상 같이 규칙적이고 반복적인 과정으로 작품을 만들 때, 규칙 패턴을 얻으려면 자아를 내려놓고 수동적으로 작업해야 한다고 보았다. 초기에 의지한 우연의 요소가 마음에 들지 않아 그는 주사위를 던지는 것 같은 규칙적인 방법으로 무작위 패턴을 만들기 시작했다. 예를 들어 '정사각형 4만 개의 무작위 분포'(그림 11-24)에서 그는 전화번호부의 홀수와 짝수 패턴에 따라 격자에 빨간색 정사각형과 파란색 정사각형을 배치했다.

모를레가 파리에서 교류하던 예술가들 중에는 헝가리 출신의 빅토르 바사렐리도 있었다. 그는 1920년대 후반 바우하우스의 교과 과정을 본떠 만든 예술학교 뮈헤이(Muhely, '워크숍'을 뜻하는 헝가리어)에서 공부하며 기초 시각언어를 배웠다(그림 11-25). 바사렐리는 파리에서 10여 년간 그래픽 디자이너로 일하면서 자기만의 고유 화풍을 실험했고 그 노력은 1950년대 말레비치에게 헌정하는 검은색과 하얀색의 디자인으로 꽃을 피웠다('말레비치에게 바치는 헌정Tribute to Malevich', 1954년).

하지만 초현실주의자 말레비치가 자신의 형태를 절대영혼에 이르는 여정의 단계로 해석한 것에 반해 바사렐리는 '자연의 내적기하학적 구조'를 표현하는 것을 목표로 했다('노란색 선언문Yellow Manifesto', 1955년). 또한 바사렐리는 관찰자의 지각이 미적 경험의 본질이라고 생각했다.

"움직임은 구성이나 특정 대상이 아니라 눈으로 보고 이해한 것에 의존하며, 스스로를 유일한 창작자로 여긴다."

바사렐리는 전시회 '움직임Le movement'(1955년)의 큐레이터를 맡아 자신을 비롯해 헤수스 라파엘 소토Jesús Rafael Soto, 야코브 아감Yaacov Agam, 장 팅겔리Jean Tinguely와 다른 작가의 옵티컬 아트나 키네틱 아트 작품을 전시했다. 1960년대에는 자신의 작품에 색상을 도입해 명확히 움직이는 비틀린 표면에 색상 패턴을 결합함으로써 극적인 시각적 착시현상을 일으켰다(그림 11-26, 11-27).

449쪽
11-28. 베르나르 브네(프랑스인, 1941년 출생), '포화 3*Saturation 3*', 2002년, 캔버스에 아크릴, 183×183cm.

비록 옵티컬 아트는 국제화했지만 파리는 여전히 옵티컬 아트의 근거지로 남았다. 1961년 아르헨티나의 훌리오 레 파르크Julio Le Parc·호라시오 가르시아 로시Horacio García Rossi·프란시스코 소브리노Francisco Sobrino는 모를레와 바사렐리의 아들 장-피에르 바사렐리(이바랄Yvaral), 프랑스의 조엘 스타인Joël Stein과 함께 시각예술탐구그룹Groupe de Recherche d'Art Visuel을 창립했다. 이름에 드러나듯 이 그룹 예술가는 바사렐리처럼 게슈탈트 심리학 원칙으로 형태와 색의 광학적운동적 영향에 중점을 두고 과학적 접근방식으로 시각효과를 연구했다.

질서정연한 구조는 날아갔다.
— 미셸 세르*Michel Serres*,
《헤르메스 4Hermès IV》, 1977년.

이들은 미학의 엘리트주의를 비난했고 모든 사람에게 있는 망막구조의 고유한 특징으로 관객이 반응한다는 점에서 자신들의 예술은 민주적이라고 선언했다. 관객이 그들의 눈부신 패턴을 볼 때 작품이 완성된다는 말인데, 모를레는 관객 참여가 "우리의 기하학 형태

$-20f_{13} - 6f_{024} - 6f_{135} + 10f_{136}$

$30f_{03} + 15f_{035} + 15f_{036} + 9f_{037} + 30f_{14} - 30f_{04}$

$\lim \delta$ $\quad Z(K,L)$

$-20f_{13} \quad 5f_{024} \quad \frac{1}{3} - 10f_{135} + 10f_{136}$

point $x \in R$

$3f_{246} - 3f_{146} + 3f_{046} \frac{1}{3} - f_{247} + f_{147} - f_{047} + \eta_{20}$

$-4f_{35} - 10f_{36} \quad H(|K| \cup L) \quad 10f_{24} \quad |L|) + 10f_{14} \quad C_q(K,L)$

$H^q(A) + 20f_{02} \quad 4f_{35} \quad H^q(\lim(A))$

$10f_{024} = 240 \quad H_q(|K|,|L|) \quad 228f_{146} - 228f_{046} \quad C_q(K)$

$-76f_{147} + 76f_{047} - 1560f_3 - 312f_{35} + 780f_{36}$

$-312f_{37} + 780f_{24} - 760f_{14} + 760f_{04}$

$H_{q-1}(|L|) \quad C_{q-1}(K)$

$-10f_{03} + 10f_{03} - 3f_{135} \quad \frac{1}{4} f_{035} \quad \frac{1}{12} + \frac{2}{3} f_{136} \quad -5f_0$

$H^q(X,A) \longrightarrow H^q(\lim(X,A))$

$5f_{137} + 5f_{037} + 76f_{246} \quad 78f_{146} + 78f_{046} \quad_{q-1}$

$-76f_{247} + 78f_{14} - 278f_{04} + 5760f_3^* + 228f_{35} \quad (L)$

$-380\lim + (380f_{37} - 380f_{24} + 390(\lim 390f_{04}$

$-10f_{13} + 10f_{03} - 5f_{135} + 5f_{035} + 5f_{136} \quad Z_{q-1}(L)$

$-3f_{137} + 3f_{037} + 760f_3 + 380f_{35} - 380f_{36} \quad \nu_1$

$-228f \quad 380f_{24} + 390f \quad 390f_{04}$

$H^q(Y,B) \longrightarrow H^q(\lim(Y/B))(L)$

$0 \quad 20 \quad +4f \quad -4f \quad +10f$

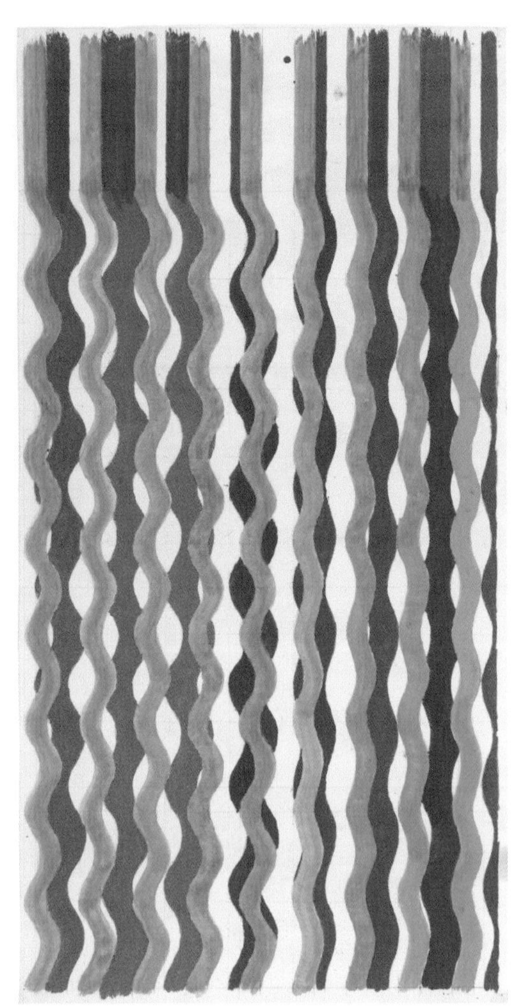

에 마침내 사회적 의미를 부여한다"라고 평가했다.[28]

프랑스 화가 베르나르 브네Bernar Venet는 1976년부터 더 형식주의 접근 방식을 취해 자기 작품구성에서 수학기호를 인쇄기호로 사용하고, 그가 알지 못하는 기호의 의미보다 그 기호가 만들어내는 패턴에 중점을 두었다. 브네는 자신의 '포화Saturation' 시리즈에서(그림 11-28) 수학기호로 된 팰림프세스트Palimpsest를 여러 겹으로 겹친 작품을 만들었다.[29]

부르바키의 종말

부르바키는 가상의 인물이라 불멸의 존재여야 했다. 그러나 슬프게도 그 또한 나이를 먹었다. 1968년 5월 프랑스의 학생과 노동자가 파업을 벌이면서 지식인은 부르바키나 레비스트로스의 추상구조에 관심을 잃었고 사회와 관련된 철학을 요구했다. 1970년대 초반 프랑스 문화계에서는 전반적으로 후기 구조주의가 빠르게 쇠락했는데 구조주의 언어학과 역사적 기원이 다른 부르바키도 대중이 이를 연관지어 바라본 탓에 같이 쇠퇴의 길을 걸었다.

쇠퇴의 또 다른 원인은 후기 구조주의자들이 자신의 지적 영역을 과도하게 확장했다는 데 있다. 부르바키에는 후기 구조주의라는 딱지가 붙어 있었고 결국 특정 후기 구조주의자들이 야기한 분노에 함께 휩쓸렸다.[30] 구조주의는 1910년대에 소쉬르가 자연언어(구어) 단어에 확고한 정의가 있는 것은 아니며, 단어의 의미는 쓰임새에서 비롯된다고 선언하면서 시작되었다. '진실'

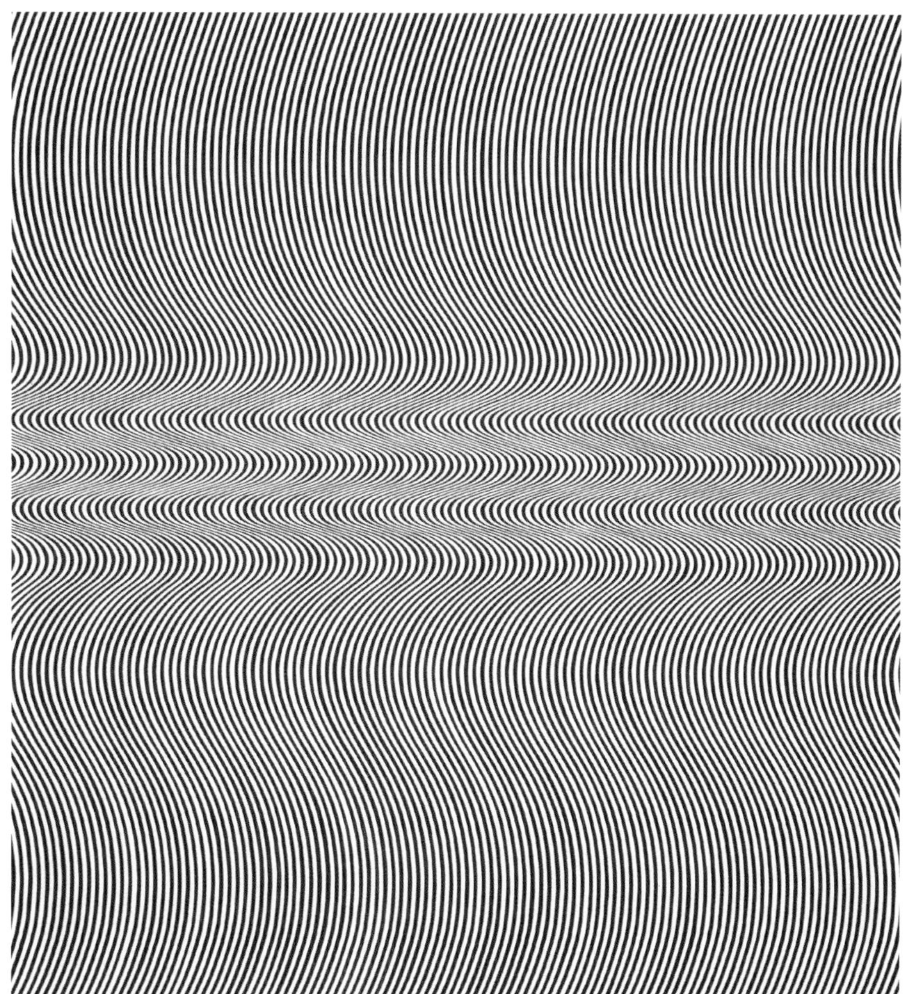

450쪽 상단

11-29. 마이클 키드너(영국인, 1917~2009년), **'단계적인 갈색과 초록색 파동', 1964년, 종이에 구아슈와 연필, 56×29cm.**

450쪽 하단

11-30. 사이먼 토머스(영국인, 1960년 출생), **'플레인라이너*Planeliner*', 2005년, 비드 블라스트 스테인리스 스틸, 지름 60cm, 높이 5.55cm.**
작가는 이 조각품을 다음과 같이 설명했다. "이 조각의 기초 기하학은 단순한 공식이다. 몇 가지 비례하는 요소를 하나로 모아 명확히 표현하는 작품을 생성할 수 있는 일관성 있는 체계다."

좌측 상단

11-31. 브리짓 라일리(영국인, 1931년 출생), **'기류*Current*', 1964년. 콤퍼지션 보드 위에 합성고분자 페인트, 148.1×149.3cm.**

좌측 하단

11-32. 사이먼 토머스(영국인, 1960년 출생), **'크리스털 보주*Orb*', 2010년경, 크리스털, 지름 25cm.**
이 패턴은 구형표면을 등변삼각형으로 나누면서 만들어진다. 각 원은 6개의 삼각형으로 나뉜다.

이나 '법' 같은 용어는 문화의 맥락에서 정의한다. 후기 구조주의자 레비스트로스와 라캉, 푸코, 바르트 등은 소쉬르의 언어 도구를 인류학자와 정신분석학자, 역사학자, 문학평론가들이 연구하는 사회현상 맥락에 적용해 그 문제를 쉽게 해석할 수 있다는 데서 동기를 얻었다.

그렇지만 프랑스의 일부 후기 구조주의자가 소쉬르의 구어언어학 도구를 모든 기호에 적용하면서 수학정리와 과학법칙은 세상을 설명하지 못하는 문화적 관습이라고 선언했는데 이는 도가 지나친 일이었다. 그런 주장을 펼친 후기 구조주의자들은 학계에서 지엽적인 소란을 일으켰고 결국 과학계 전반으로부터 산사태와 같은 비판을 받았다.[31]

영국

런던에서는 평론가 허버트 리드가 1951년 전시회 '성장과 형태Growth and Form'를 열면서 영국에 과정미술이 출현하는 무대를 마련했다. 리드는 영국 식물학자 다시 웬트워스 톰프슨의 고전적인 생물학 분석 과정(《성장과 형태》, 1917년, 2장의 그림 2-42)을 기반으로 (톰프슨의 저서에는 나오지 않지만) 자라나는 유기체와 '자라나는(만들어지는 과정)' 예술작품 사이의 유사점을 발견했다.

11-33. 호아킨 토레스 가르시아(우루과이인, 1874~1949년), '색칠한 나무판자*Wood Planes of Color*', 나무 위에 유채, 43.2×20.3cm.

1950년대 중반 화가 마이클 키드너Michael Kidner는 젊은 화가 장 스펜서Jean Spencer, 맬컴 휴스Malcolm Hughes와 함께 이 생각을 '과정미술'이라 부르는 화풍에 담았다. 개념미술이란 작품을 만드는 과정이 그 작품의 주제가 되는 미술을 말한다.[32] 그들은 서술적 내용 없이 순수한 기하추상 물체를 사용하는 알고리즘을 작성한 뒤 규칙에 따라 작품을 만들었는데, 그중에는 '단계적인 갈색과 초록색 파동Phased Brown and Green Wave'(그림 11-29) 같은 작품이 있다.

1960년대 중반 영국 화가 브리짓 라일리Bridget Riley는 파리의 초기 옵티컬예술그룹을 알지 못하는 상태에서 기하학 화풍을 개발했다. 1965년 뉴욕 현대미술관이 개최한 전시회 '응답하는 눈Responsive Eye'에 모를레, 바사렐리의 작품과 함께 작품을 전시하면서 그녀는 국제무대에 데뷔했다(그림 11-31).[33] 라일리의 작품은 정확한 공식에 따라 그린 것이 아니라 손으로 그린 것이라 프랑스의 옵티컬 아트보다 더 직관적이었다. 1980년대 런던의 왕립예술학교에서 공부한 사이먼 토머스Simon Thomas는 브리스틀대학교 물리학과(1993~1995년)와 수학과(2002년, 그림 11-30, 11-32)에 입주작가로 재직하면서 놀라운 기하학 패턴의 조각품을 만들었다.

구조 아이디어는
구성주의의 초석이자
회화의 초석이다.
그림을 그리는 것은
구조를 구성하는 것이다.

— 호아킨 토레스 가르시아,
《보편적 구성주의*Universalismo Constructivo*》,
1944년.

좌측

11-34. 호아킨 토레스 가르시아, '보편적 구성*Universal Composition*', 1937년, 보드에 유채, 108×85cm.
보편적 구성은 콜럼버스 이전 문화의 기호(태양, 사람, 물고기, 별)와 고대 그리스의 기호(알파와 오메가 글자와 신전), 과학과 수학의 기호(삼각형, 오각형, 나침반, 저울, 숫자)를 포함한다.

하단

11-35. 곤잘로 폰세카 (우루과이인, 1922~1997년), '기하학자의 무덤*For the Geometrician's Grave*', 1970년, 테네시 핑크 대리석, 30.4×50.8×12.7cm.
가죽 띠로 석판 2개를 엮어 책을 만들었는데 책의 '쪽'에는 틈새에서 빠져나오는 기하학 형태가 있다. 이 열린 책은 '기하학자의 무덤'을 위한 묘석 디자인이다.

라틴아메리카

많은 라틴아메리카 예술가가 유럽의 구성주의와 구체미술의 정밀한 화풍, 기하학 미학에 매료되었다. 또한 상파울루와 리우데자네이루, 부에노스아이레스, 카라카스의 정치인은 기하추상미술을 질서정연한 사회적 진보와 연관지었다. 특히 그들은 우루과이의 미술가 호아킨 토레스 가르시아Joaquín Torres García가 프랑스에서 가져온 추상미술에서 영감을 받았다.

토레스 가르시아는 젊은 시절 유럽에서 구성주의를 깊이 공부했다. 1920년대에는 황금분할로 자신의 작품구성에 기하학 구조를 넣었지만 테오 반 두스브르흐와 만난 뒤 데스틸의 격자 형태를 채택했다. 그러나 그들의 원색 팔레트 대신 약한 '어스 톤Earth Tone'을 사용했다(그림 11-33).[34] 1934년 우루과이로 돌아온 토레스 가르시아는 라틴아메리카 버전의 구성주의인 '보편적 구성주의Universalismo Constructivo'를 제안했다. 이 그룹 예술가는 격

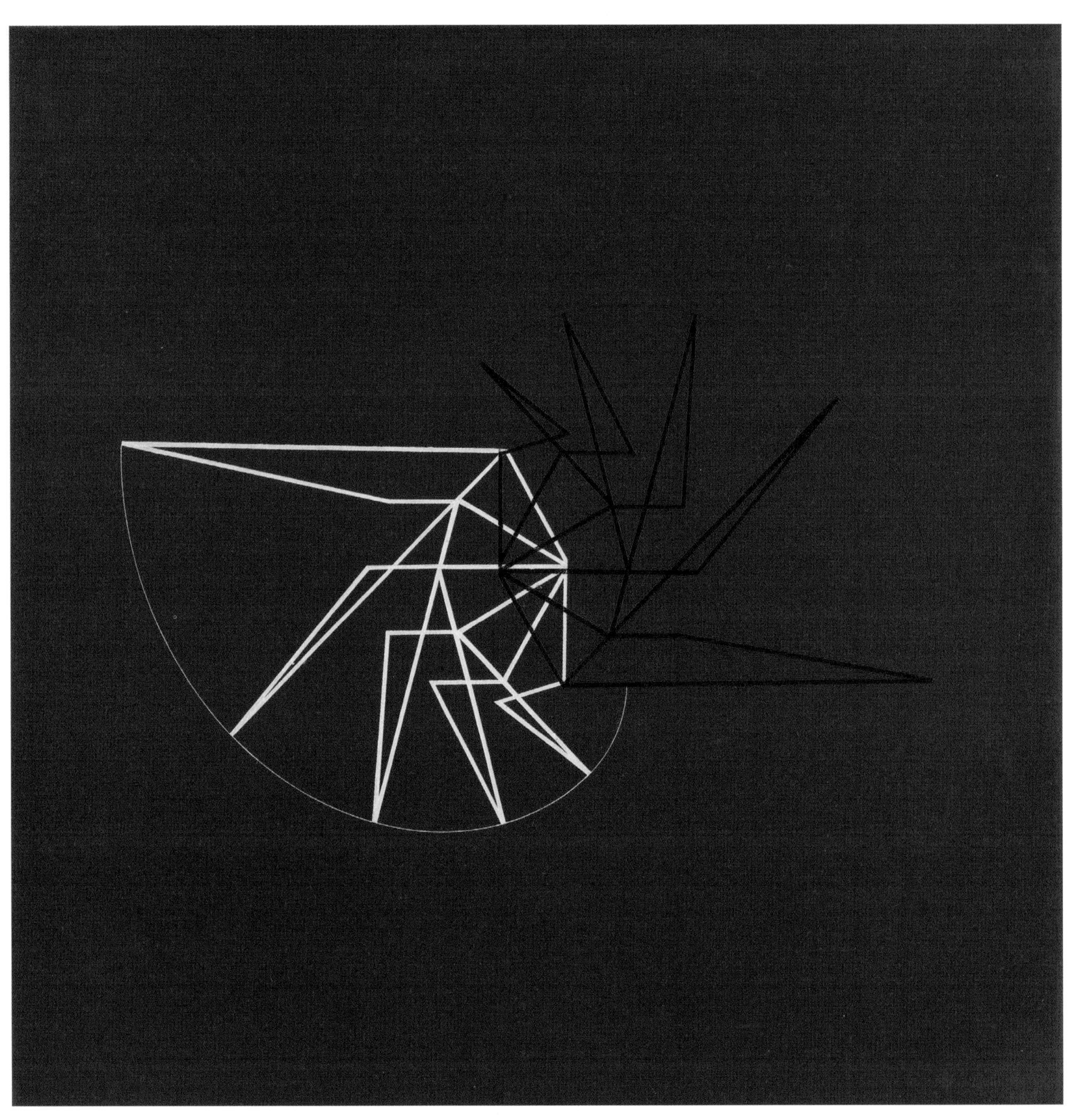

454쪽
11-36. 발데마르 코르데이루
(이탈리아계 브라질인, 1925~1973년), **'가시적인 아이디어', 1956년, 합판에 아크릴, 59.9×60cm.**

좌측 상단
11-37. 오스카르 니에메예르
(브라질인, 1907~2012년), **브라질리아 삼부광장** *Three Powers Plaza***에 위치한 국회의사당, 1956년 디자인, 1960년 개관.**
니에메예르는 이 광장에 브라질 정부의 행정부, 사법부, 입법부 건물이 위치하도록 디자인했다. 이 사진은 입법부(국회) 건물이다. 좌측 반구형 건물은 상원의원 건물이고 우측은 하원의원 건물이며, 두 건물은 직사각형 모양 2개의 오피스 타워로 연결되어 있다.

좌측 하단
11-38. 엘리우 오이티시카(브라질인, 1937~1980년), **'메타구성', 1958년, 보드에 구아슈, 50.5×68cm.**

자를 국제 기호와 상징물로 채웠고 그중에는 콜럼버스 이전 고유문화 기호도 포함되어 있었다(그림 11-34). 토레스 가르시아와 그의 추종자들은 1935년 그의 고향 몬테비데오에서 구성주의미술협회Asociacion Arte Constructivo를 창립했고[35] 1945년에는 미술작업실 엘 탈레르 토레스 가르시아El Taller Torres Garcia를 열었다.

몬테비데오 출신의 곤잘로 폰세카Gonzalo Fonseca는 1940년대에 토레스 가르시아의 작업실에서 공부하고 1950년대에는 유럽에서 수학했다. 그는 콜럼버스 이전의 전통문화와 유럽의 전통문화를 결합해 석상조각을 만들면서 보편적 구성주의의 이상을 추구했다. 폰세카는 퍼즐조각처럼 서로 딱 들어맞는 형태의 조각품을 창작했다(그림 11-35).

1932년 하버드대학교에서 앨프리드 노스 화이트헤드의 지도 아래 박사학위를 취득한 미국의 젊은 논리학자 W. V. 콰인이 상파울루대학교에 합류하면서 이 학교는 1940년대 초

우측
11-39. 줄러 코시체
(헝가리계 아르헨티나인, 1924년 출생),
'양각*Over Relief*', 1948년,
나무상자에 올린 야광 유리관, 아크릴,
플렉시글라스, 65×37.5×17cm.

457쪽
11-40. 토마스 말도나도
(아르헨티나인, 1922년 출생),
'구성 208*Composition 208*', 1951년,
캔버스에 유채, 50.2×50.2cm.

과학의 미학이 오래된 투기적이고
이상주의적인 미학을 대체할 것이다.
이제 아름다운 것의 본질을
계속 이야기할 이유가 없다.
아름다움의 형이상학은
고갈되어 죽었다.
지금 필요한 것은
아름다움의 물리학이다.
— 토마스 말도나도 외,
'창조주의자 선언문*Inventionist Manifesto*',
1946년.

반부터 논리학을 교과 과정에 추가했다. 당시 브라질 정부는 기하추상미술이 브라질의 새로운 산업 환경에 적합하다고 보고 강력하게 지원했다. 1948년 상파울루와 리우데자네이루에 정부 지원을 받는 현대미술관이 문을 열었고, 1951년에는 정부 주도로 국제 미술전시회인 상파울루비엔날레를 개최했다.

상파울루현대미술관Museu de Arte Moderna in Sao Paulo의 초대 관장은 벨기에의 미술평론가 레옹 드강Léon Degand이 맡았다. 그가 큐레이터로서 처음 한 일은 전 세계 95점의 작품을 선보이는 전시회('조형미술에서 추상미술까지Do figurativismo ao abstracionismo', 1949년)를 진행하는 것이었고, 이후 막스 빌의 회고전도 열었다(1950년). 스위스의 여러 구체미술가가 작품을 출품한 1951년 상파울루비엔날레에서는 막스 빌이 최우수상을 받았고 이 세대 브라질 화가들은 다시금 그의 중요성을 깨달았다. 그중 몇몇은 그에게 배우기 위해 울름으로 향하기도 했다.[36]

1952년 발데마르 코르데이루Waldemar Cordeiro가 이끌던 상파울루의 예술가들은 그룹 '루프투라Ruptura'를 만들고 구성주의 화풍을 채택했다.[37] 코르데이루는 이탈리아인 어머니와 브라질인 아버지 사이에서 태어나 이탈리아에서 자랐고 로마에서 미술을 공부한 후 1945년 20세의 나이로 상파울루에 왔다. 완전한 객관성을 달성할 수 있는 예술을 주장한 그는 알고리즘으로 시각적 형태를 만들었다. 그의 작품 '가시적인 아이디어Visible idea'에는 서로를 뒤집은 모양인 하얀색과 검은색의 선형 패턴이 있는데, 그 패턴의 모서리를 따라 곡

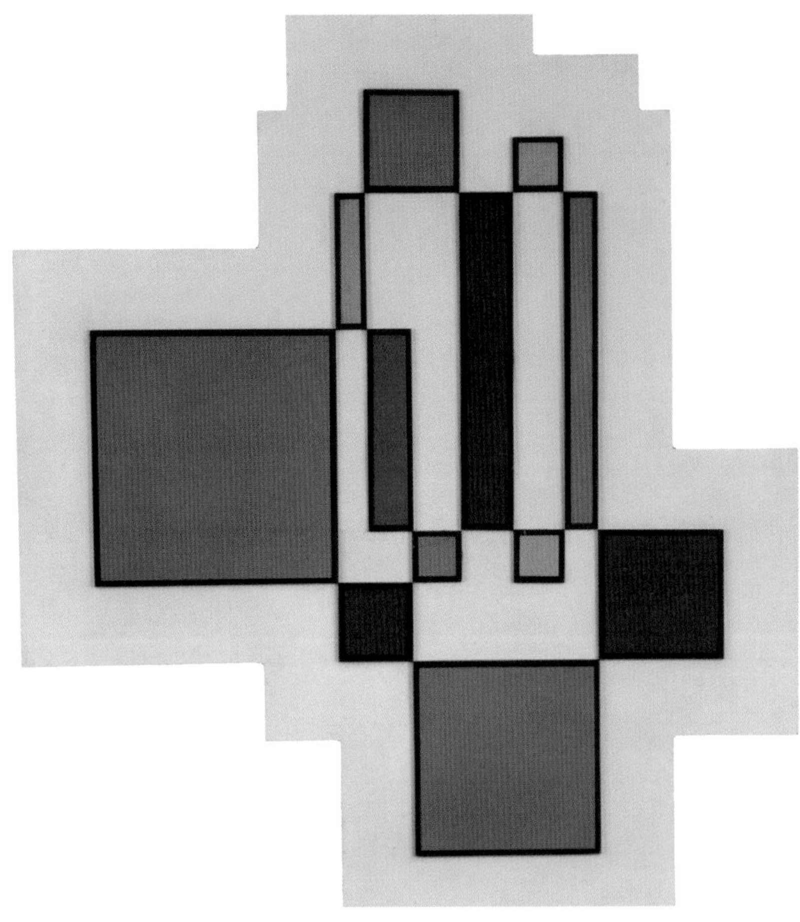

11-41. 로드 로스퍼스
(우루과이인, 1920~1969년), **'빨간색 강조'**,
1957년, 패널 위에 올린 패널에 래커,
69.8×61.9cm.

선이 그려진다(1956년, 그림 11-36).

브라질 구성주의 미학을 가장 극적으로 표현한 것은 건축가 오스카르 니에메예르Oscar Niemeyer와 도시기획자 루시우 코스타Lúcio Costa가 디자인하고 시공한 브라질의 새로운 수도 브라질리아다. 브라질 대통령 주셀리노 쿠비체크Juscelino Kubitschek는 유토피아 비전을 품고 소규모 목장이 위치해 있던 브라질의 황량한 중심 지역에 새로운 수도를 건설했다. 브라질로 이민 온 가난한 체코 출신 어머니와 폴란드인 아버지 사이에서 태어나고 자란 그는 사회적 사명감이 강했다. 1956년 그는 '50년 진보를 5년에'라는 슬로건으로 대통령에 당선되었고, 취임 직후 니에메예르에게 평등한 시민생활을 상징하는 균일한 집과 대중교통수단을 갖춘 미래도시를 의뢰했다. 니에메예르는 강철과 유리, 강화콘크리트로 구성한 국제 스타일의 건물을 디자인하고 4년 만에 완공해 통일된 경관의 매력적인 도시를 만들었다(그림 11-37).[38]

1950년대 후반 브라질리아의 예술가들은 그 형식이 의미에서 자유롭지는 않지만 감정 표현으로 채운 신구조주의 예술을 제안했다. 시인 페레이라 굴라르Ferreira Gullar가 그들의 선언서를 작성했다.

11-42. 헤수스 라파엘 소토(베네수엘라인, 1923~2005년), '색 공간의 모순, 21번*Ambivalence in the Color Space, no. 21*', 1981년, 보드 위에 올린 아크릴, 메탈 패널, 나무, 105×105×16cm.

"예술은 단순한 선험적 개념의 그림이 아니다. (…) 그런 표현에 따르면 신구체미술 화가는 객관성을 피하고 주관적 혼돈에 빠져 있다고 생각할 수 있다. 사실 우리는 사물이 인간의 감정, 정신과 긴밀하게 결합했을 때 나타나는 더 깊은 차원의 객관성을 추구한다."[39]

그 예시로 격자에 정확한 사각형을 삐뚤삐뚤하게 배치해 사각형이 움직이고 이동하는 것 같은 느낌을 주는 엘리우 오이티시카Hélio Oiticica의 작품이 있다('메타구성Metaesquema', 1958년, 그림 11-38).

1차 세계대전 직전 라틴아메리카 국가들을 식민지화할 의도였던 독일은 자국 물리학자들을 부에노스아이레스의 라플라타대학교에 보내 이론물리학 연구소를 만들게 했다. 이 연구소는 1930년대 초반까지 활발하게 활동했다.[40] 라플라타대학교를 졸업한 마리오 붕헤Mario Bunge는 캐나다의 사이먼프레이저대학교에서 물리학 박사 과정을 마치고 아르헨티나의 모교로 돌아와 물리학과 철학을 가르쳤다. 1950년대 붕헤는 고틀로프 프레게와 버트런드 러셀의 이론을 공부하는 여러 그룹을 조직했고, 아르헨티나에서 분석철학과 논리학을 지지하는 첫 지지자 중 하나가 되었다.[41]

당시 아르헨티나의 지식인은 수학과 과학 교육이 경제와 사회 안정을 불러오리라 희망했고, 아르헨티나 예술가는 정밀한 구성주의 스타일로 이성을 향한 신뢰를 표현했다. 그때

460쪽

11-43. 세자르 파테르노스토
(아르헨티나인, 1931년 출생), '토콰푸*T'oqapu*',
1982년, 캔버스에 아크릴, 167.6×167.6cm.
보편적 구성주의 화풍을 추구한 파테르노스토는 안데스문화의 상징주의와 기하추상을 결합해 이 같은 작품을 작업했다. '토콰푸'는 잉카의 케추아어로 '왕의 장식'을 뜻한다.

좌측

11-44. 페루의 '토콰푸' 상의 튜닉, 잉카,
1450~1540년, 양모와 면직물,
90.2×77.15cm.
13세기부터 16세기 초반까지 잉카제국 사람들은 안데스산맥 고지대에 제국을 세우고 해발 9,000ft에 위치한 마추픽추 같은 마을에서 살았다. 그들에게는 글이 없었지만 밧줄의 매듭(퀴푸quipu, 12장 그림 12-10 참고)과 면직물 패턴으로 정보를 기록했다. 이 튜닉의 작은 기하학 직사각형(t'oqapu)은 사회적 지위를 나타내는 부호였을 가능성이 높다. 높은 계층 사람만 이런 패턴으로 장식한 의복을 입었다.

두 추상예술가 그룹 '마디Madi'와 '구체-창조 미술협회Asociacion Arte Concreto-Invencion'가 있었는데, 1944년 두 그룹은 함께 공통 이슈를 담아 잡지 〈아르투로Arturo〉를 출판했다. 이 잡지는 부에노스아이레스에서 10여 년간 창의적인 여러 작품에 영감을 주었다. '마디'의 창시자 화가 줄러 코시체Gyula Kosice는 이 그룹의 선언서에서 마디 예술가들은 "시간이 흘러도 변하지 않는 영원한 가치를 지닌 물체를 구성한다"라고 선언했다.[42] 물리학과 기술에 깊은 관심을 보인 코시체는 1946년부터 가스를 채운 유리관으로 작품을 만들기 시작했고, 작열하는 빛이 비물질적 에너지를 상징한다고 해석했다(그림 11-39).

토마스 말도나도의 '구성 208'(1951년, 그림 11-40) 같이 구체-창조 미술협회 예술가들은 정해진 의미가 없는 물리적(구체적) 사물을 창작했다. 모서리와 평행하게 위치한 이 그림의 내적 분리구조는 실질적(물리적)인 크기와 형태를 강조한다. 말도나도는 '구성 208'에서 완전히 평평한 이미지를 만들고 싶어 했으나 관람객은 붉은색·보라색·베이지색 선이 어두운 초록색, 파란색 '배경' 위에 있는 것으로 보는 경향이 있었다. 형식주의의 거대서사(4장 참고)

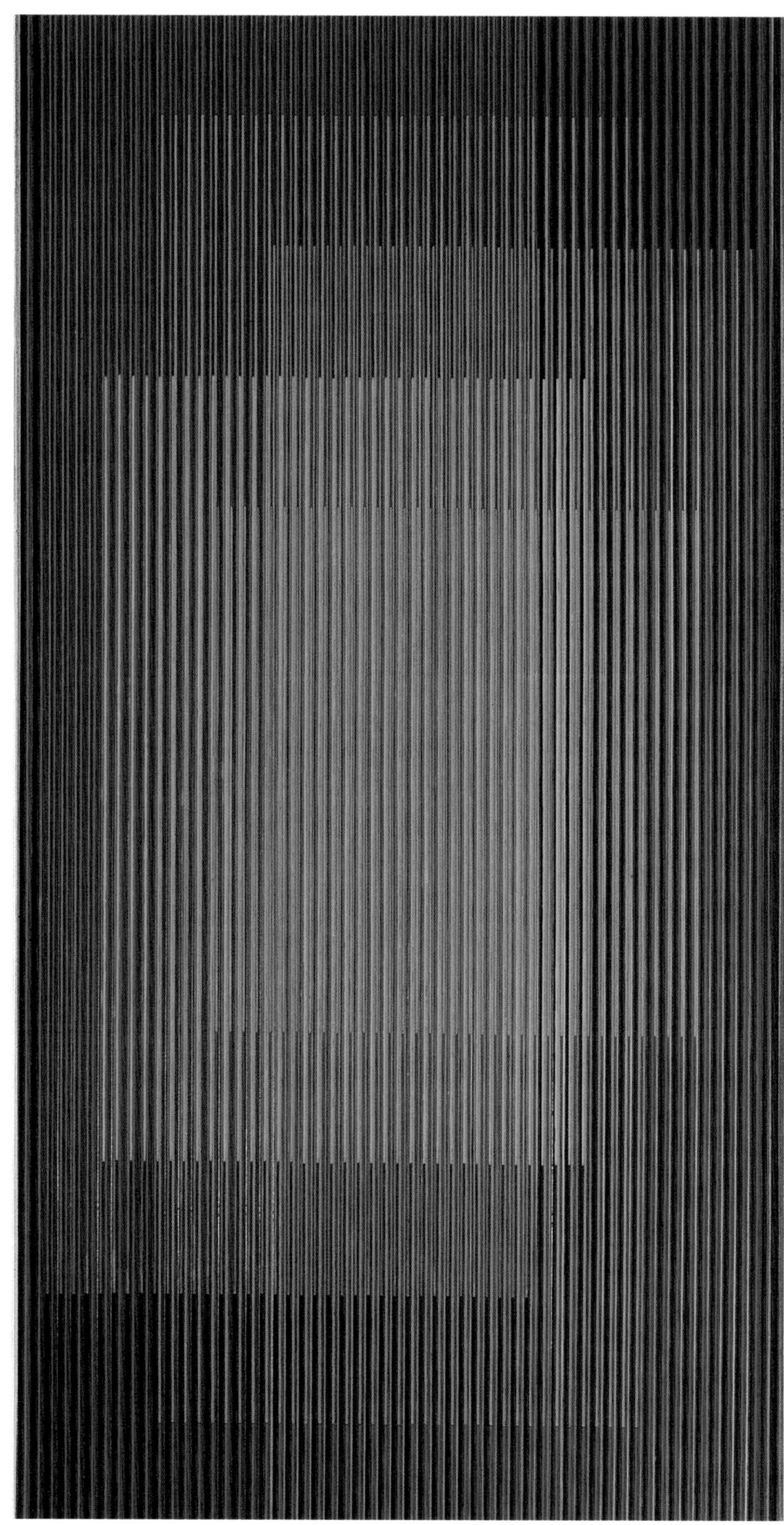

462쪽

11-45. 헤수스 라파엘 소토, '지나갈 수 있는 것' 시리즈 중 '가상의 입체감*Virtual Volume*', 캐나다 왕립은행 토론토 지점 로비에 설치.

우측

11-46. 카를로스 크루즈-디에즈 (베네수엘라인, 1923년 출생), '피지크로미 394번', 1968년, 비닐 페인트, 합판, 카드보드, 플라스틱, 메탈, 121.3×62.2×6.4cm.

를 떠올리게 하는 말도나도의 목적은 그림에서 착시효과를 없애는 데 있었다.

"비구상 예술의 가장 큰 단점은 새로운 착시현상을 만들지도, 확실하게 착시현상을 제거하지도 못하는 것이었다. 그렇기 때문에 우리는 그림의 전통 형식을 부수는 것으로 시작했다."[43]

말도나도는 로드 로스퍼스Rhod Rothfuss와 함께 "착시현상을 확실하게 제거"하기 위해 작업했다. 예를 들어 로스퍼스의 '빨간색 강조Acento Rojo'(그림 11-41)를 보는 관람객은 이 캔버스의 불규칙한 모서리를 보느라 이 그림을 환상의 세계로 향하는 '창문'으로 보는 경우가 적었다.[44] 1948년 말도나도는 유럽으로 떠나 막스 빌을 만났고 두 화가는 곧 공통 관심사에 유대감을 형성했다. 이후에도 그들은 그 관계를 이어갔다. 말도나도는 1954년 울름의 조형대학 교수로 재직했고 그 후 부에노스아이레스와 울름에서 번갈아 지내며 작업하다가 1964~1966년 조형대학 교장으로 재직했다.[45]

하단

11-47. 조지 리키(미국인, 1907~2002년), '3개의 빨간색 선', 1966년, 채색한 철, 유압 장치, 높이 11.2m.

465쪽

11-48. 찰스 비더만(미국인, 1906~2004년), '27번 작, 레드윙', 1968~1969년, 알루미늄 부조에 채색, 104×74.2×20.3cm.

1964년 붕헤의 추종자인 철학자 토마스 모로 심프슨Thomas Moro Simpson은 부에노스아이레스에서 최초로 스페인어로 쓴 논리와 분석철학 서적을 출판했다(《논리 형태와 현실의 중요성 Formas logicas, realidad y significado》, 1964년). 하지만 1966년 아르헨티나에서 발생한 쿠데타로 10여 년간 독재정부가 아르헨티나 시민을 핍박하고 문화생활을 심하게 훼손한 '더러운 전쟁Guerra Sucia'을 겪으면서 예술과 학문의 자유가 끝나고 말았다.

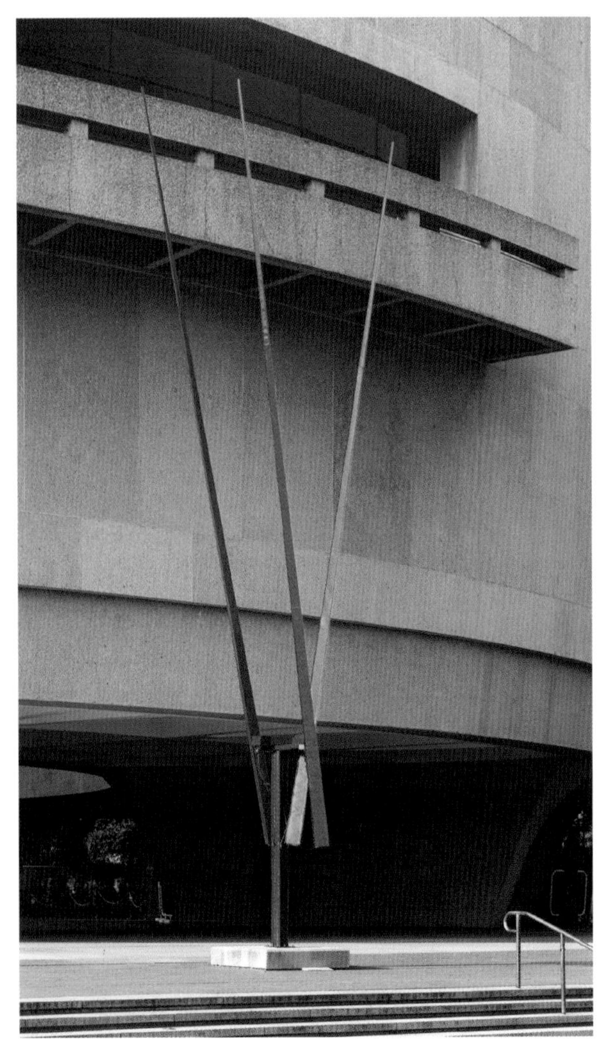

붕헤는 몬트리올로 추방당했고 말도나도는 유럽에 정착했다가 미국으로 갔다. 화가 세자르 파테르노스토César Paternosto 같은 많은 젊은 예술가는 아르헨티나를 떠나 미국으로 망명했다. 1967년 뉴욕에 도착한 파테르노스토는 1970년대에 콜럼버스 이전 직물을 추상 형태에 담아내는 자신만의 스타일을 찾았다(그림 11-43, 11-44).[46] 1983년 민정民政이 들어서고 아르헨티나는 정치적 혼란을 수습했지만 붕헤와 말도나도, 파테르노스토를 포함한 많은 사람이 국외거주자로 남았다.

한편 20세기 초 베네수엘라는 막대한 석유자원으로 부자가 되었지만 카라카스 예술은 고전 형태 그대로 남았다. 헤수스 소토와 카를로스 크루즈-디에즈Carlos Cruz-Diez를 포함한 베네수엘라의 진보적인 예술가들은 종종 파리로 여행했고, 그곳에서 예술적 망명자 그룹 '반체제주의자Los Disidentes'를 조직했다. 1952~1958년 베네수엘라는 마르코스 페레스 히메네스Marcos Pérez Jiménez의 군사독재 정권 아래 경제적·문화적으로 급격히 발전했고, 선견이 있던 건축가 카를로스 라울 빌라누에바Carlos Raúl Villanueva는 카르카스 베네수엘라중앙대학교의 새로운 캠퍼스를 디자인했다.

우측

11-49. 엘스워스 켈리(미국인, 1923년 출생), **'우연의 법칙에 따라 배열한 색의 스펙트럼 VI', 1951년, 색지를 잘라 붙임, 검은색 종이에 연필, 94.6×94.6cm.**

467쪽

11-50. 프랭크 스텔라(미국인, 1936년 출생), **'기를 높이 내걸어라!', 1959년, 캔버스에 에나멜, 308.6×185.4cm.**

빌라누에바의 요청에 따라 소토와 크루즈-디에즈는 1952년 파리에서 귀국해 이 대학 캠퍼스를 위한 공공 미술작품을 작업했다. 또한 빌라누에바는 알렉산더 콜더와 빅토르 바사렐리의 기하학 스타일이 페레스 히메네스의 공업과 기술 비전에 적합하다고 보고 그들에게 조각과 벽화를 의뢰했다.[47] 그 후 정부는 다른 작품도 의뢰했고 덕분에 베네수엘라는 구성주의 화풍 현대미술의 활발한 중심지로 부상했다.[48]

소토의 작품은 그림이 움직이거나 관람자가 움직일 때 그림 모양이 움직인다는 점에서 활동적(키네틱)이라고 할 수 있다. 그의 부조조각 작품이 떠 있는 평면에 드리우는 그림자는 관람자의 위치에 따라 바뀐다(그림 11-42). 또한 소토는 관람자가 주변을 둘러보거나 가로질러 지나가면서 입체감을 느끼도록 여러 색의 금속관을 고정해놓았다('지나갈 수 있는 것Penetrables', 그림 11-45). 크루즈-디에즈는 '피지크로미Physichromie' 시리즈에서 두 면을 각각 다른 색으로 채색해 관람자가 이동하면서 색이 변하는 것을 보도록 수직 띠 모양의 부조를 만들었다(그림 11-46).

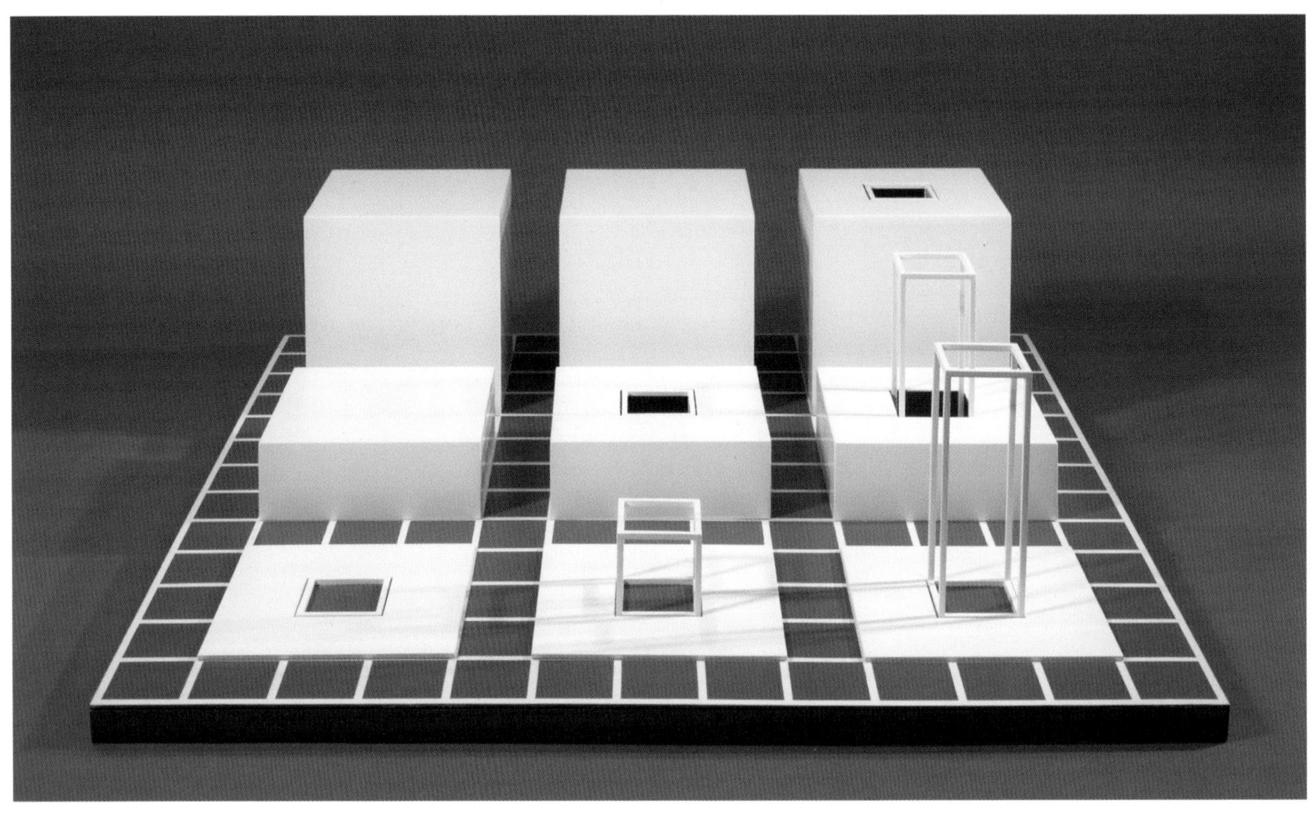

상단
11-51. 솔 르윗(미국인, 1928~2007년), '순차적 프로젝트 1번 C세트*Serial Project no. 1 set C*', 1966~1969년, 알루미늄 위에 열처리 에나멜, 22.9×83.8×83.8cm.

469쪽
11-52. 솔 르윗, '벽화 56*Wall Drawing 56*', 1970년, 정사각형 4개의 혼합 확대본(1971년, 실크스크린), 검정색 연필.
르윗의 알고리즘은 정사각형을 4개의 동일한 부분으로 나눈 다음 상단 좌측부터 시작해 겹친 선을 그리는 것이었다. 수직선, 수평선 우측에서 좌측 방향 대각선, 좌측에서 우측 방향 대각선.

예술가가 예술의 개념 형태를 사용한다는 것은 작업 이전에 모든 준비와 결정을 끝냈고 그 작업의 실행은 형식적인 일이라는 것을 뜻한다.

— 솔 르윗, '개념예술론*Paragraphs on Conceptual Art*', 〈아트포럼*Artforum*〉, 1967년.

북아메리카

1950년대 후반 미국에서는 기하추상에 접근하는 2가지 방법이 등장했다. 하나는 솔 르윗이 이끈 알고리즘 접근법이고 다른 하나는 예술을 언어 그대로(물리적)의 본질로 환원하고자 하는 방식이었다. 이 중에서 후자의 예술가들은 미니멀리스트로 불렸다.[49] 1930년대 파리에서 회화를 공부한 조지 리키George Rickey는 알고리즘 접근방식을 취하면서 페르낭 레제와 아메데 오장팡의 입체파 모임에 가입했다.

2차 세계대전 당시 포격교관으로 복무한 리키는 볼 베어링과 강철을 다루는 기술을 연마했다. 전쟁 후 그는 시카고의 신바우하우스에서 나움 가보의 강의를 들었고 구성주의 미학을 배웠다. 리키는 1950년대까지 원숙한 스타일을 개발했는데 그것은 간단한 선과 평면을 이용한 무동력 키네틱 조각이다. 그의 '3개의 빨간색 선Three Red Lines'(1966년, 그림 11-47)은 삼각형 모양의 강철 날이 산들바람부터 강풍에 이르는 기류에 대응해 커다란 원호를 그리는 방식으로 균형을 잡는다. 리키는 1960년대 후반 러시아 구성주의, 독일 바우하우스 그리고 1945년 이후 국제 기하학 조형의 상세한 역사를 담은 책《구성주의: 기원과 진화Constructivism: Origins and Evolution》(1967년)를 출판했다.

1930년대에 파리에 살던 미국인 찰스 비더만Charles Biederman은 피터 몬드리안의 격자그림(6장 그림 6-23 등)에서 영감을 받아 부조를 창작했다. 프랑스 예술계에서 소외감을 느낀 비

우측

11-53. 멜 보크너(미국인, 1940년 출생), **'42 컬러사진의 투영도: 정육면체의 3축 회전***Projected Plan for 42 Color Photographs: Tri-axial Rotation of a Cube***', 1966년, 종이에 연필.**

471쪽

11-54. 마거릿 케프너(미국인, 1945년 출생), **'마법의 정사각형 25***Magic Square 25***', 2010년, 기록 보존용 잉크젯 프린트, 45.7×45.7cm.** 예술가 마거릿 케프너는 가로·세로 25칸의 마법의 정사각형을 기반으로 이 프린트물을 만들었다. 케프너는 시각적인 5진법을 고안해 마법의 정사각형에 0에서 624의 숫자를 부여했다. 각 정사각형은 하나에서 넷 사이의 사각형으로 구성되어 있다. 사각형 내의 사각형 숫자는 각기 1, 5, 25, 125의 자리를 나타낸다. 또한 회색 음영은 0에서 4 사이의 숫자를 뜻한다. 케프너가 0~624의 숫자체계에 시각부호를 적용했을 때 그녀는 625가지의 고유기호를 얻었고(회색 음영으로 구분) 이것의 패턴을 만들었다. 모든 마법의 정사각형처럼 각각의 행과 열과 주대각선 수의 합은 같다. 이 경우 '마법의 상수'는 7,800이다. 이 특별한 25칸의 정사각형 안에는 25개의 5칸 정사각형이 들어 있고 각각의 작은 정사각형의 행과 열과 대각선의 합은 1,560으로 작은 마법의 상수다. 특정한 5칸 정사각형은 플러스 사인이나 X 모양을 나타내면서도 여전히 마법의 상수는 1,560을 유지한다.

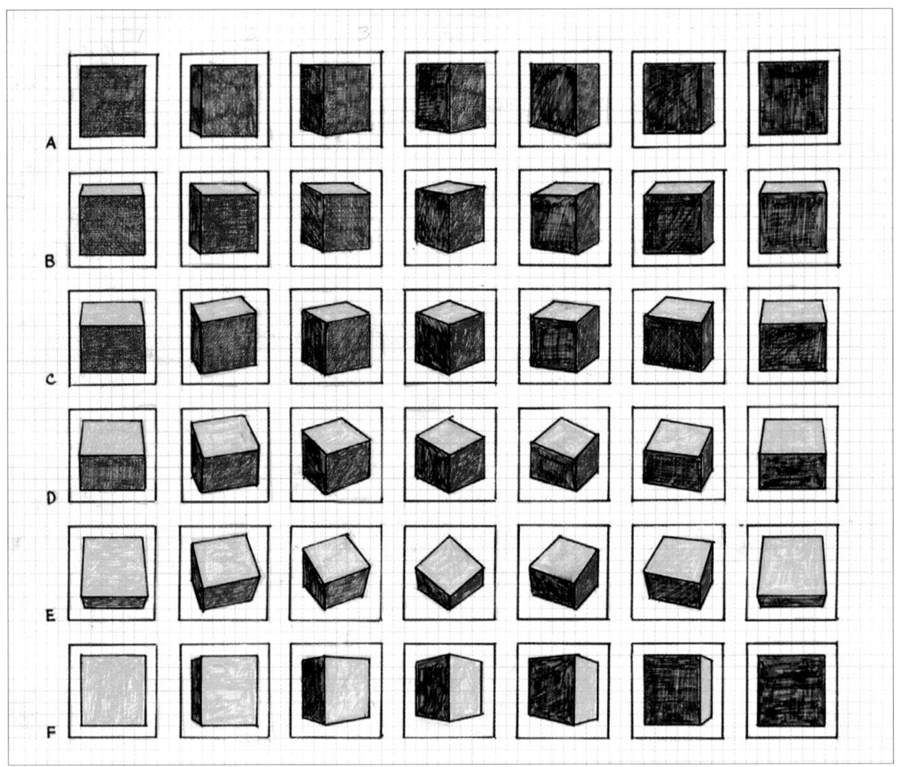

더만은 조국으로 돌아왔지만 시카고와 뉴욕의 예술가 사회에서 여전히 소외감을 느꼈다. 1942년 그는 36세의 나이에 도시생활을 버리고 미네소타주의 레드윙 인근 농장으로 이사해 평생 은둔생활을 했다. 1950년대에 이르러 기법이 원숙해진 그는 밝은 색으로 채색한 수직·수평의 기하학 형태를 중앙에 모은 후 거기에 단색 배경을 배치했다(그림 11-48).

비더만은 데이비드 봄의 대중 물리서 《현대물리학의 인과관계와 기회Causality and Chance in Modern Physics》(1957년)를 읽고 1960년 봄에게 편지를 보냈는데, 이후 둘은 예술과 과학에서의 창의성을 놓고 공통 관심사를 공유하며 10여 년간 편지를 주고받았다.[50] 매카시즘의 광풍이 몰아치던 시대에 미국 물리학계에서 추방된 봄은(8장 참고) 비더만처럼 고립되어 영국에서 일종의 유배생활을 했다. 봄은 물리학의 범위를 넘어선 폭넓은 분야에서 '질서(문화 질서도 포함)' 문제를 생각하던 시기에 비더만과 대화를 시작한 것이었다. 그는 자신의 인생 후반부 동안 전체론적 철학 발전에 전념했다(《전체와 접힌 질서》, 1980년).[51]

젊은 미국 화가 엘스워스 켈리Ellsworth Kelly는 1948년 파리로 건너와 구체미술가가 선호한 규칙 형태를 실험했다('창문Window', 1949년). 장·한스 아르프의 스튜디오에 찾아가 그의 콜라주 작품 '우연의 법칙에 따라 배열한 정사각형Squares Arranged According to the Laws of Chance'(1916~1917년)을 본 뒤 그는 격자 형태 안에서 우연기법을 실험했다(그림 11-49).[52] 1954년 뉴욕으로 돌아온 켈리는 알고리즘으로 미술작품을 만드는 구성주의 미학의 대변자가 되었다.

1950년대에 재스퍼 존스도 명확히 체계적이고 단계적인 접근방식을 채택했다. 존스는

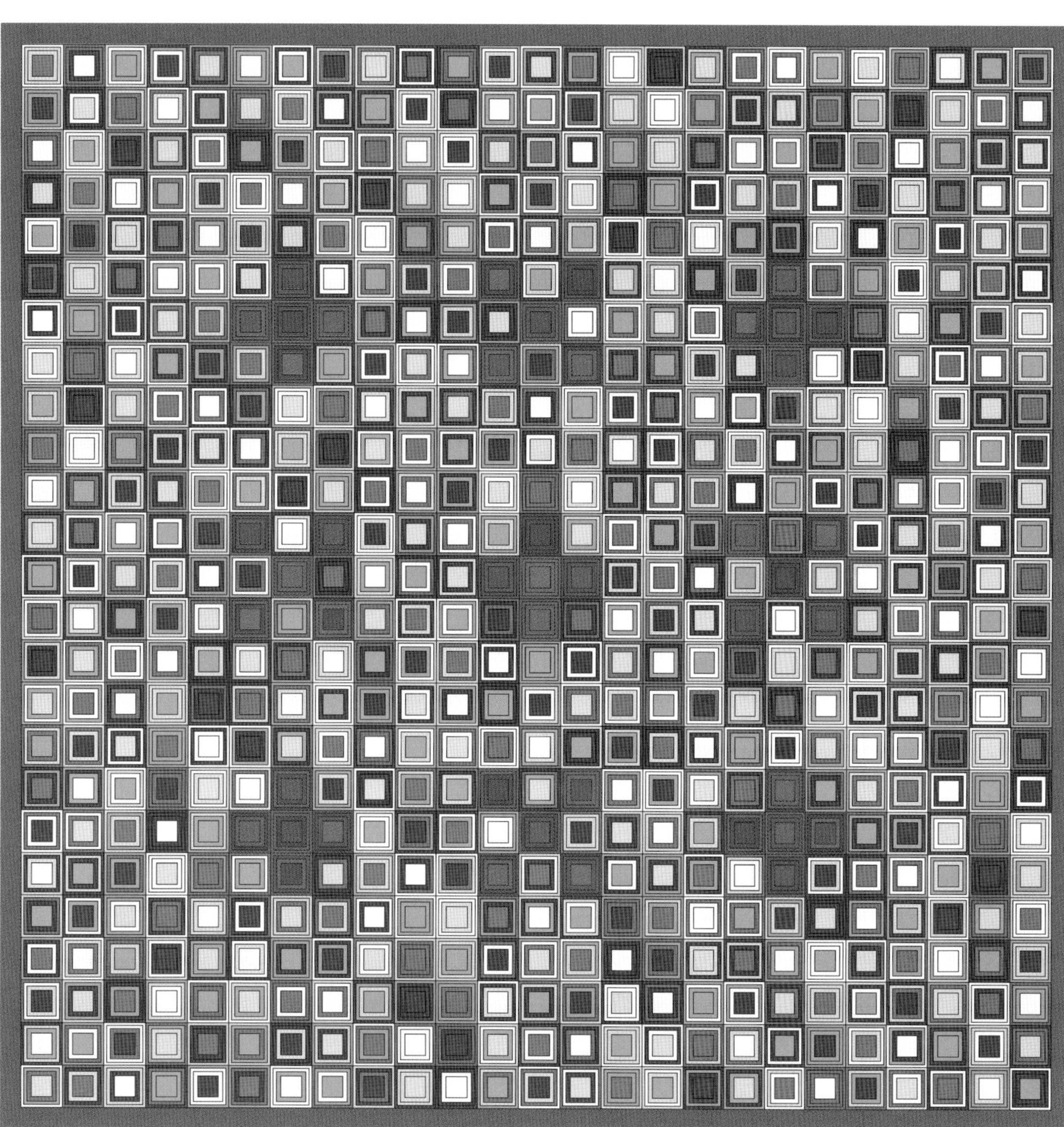

472쪽

11-55. 낸시 홀트(미국인, 1938~2014년),
**'태양 터널', 1973~1976년, 콘크리트파이프,
각각의 바깥지름 2.83m.**

홀트의 조형물 '태양 터널'은 거대한 시멘트 파이프 4개가 나침반 위치에 맞게 놓여 있는 구조다. 하단 우측 사진은 하지점의 일출 때 사진이다. 홀트는 태양빛이 용자리와 페르세우스자리, 비둘기자리, 염소자리 패턴을 만들도록 파이프 위에 구멍을 뚫었다. 이 예술가는 낮에 파이프 안에 서서(하단 좌측) 자신의 발에 별자리가 내려쬐는 느낌을 이렇게 설명했다. "하늘과 땅의 관계가 뒤집혀 하늘이 땅으로 내려온 것 같았다."

상단과 우측

11-56. 찰스 로스(미국인, 1937년 출생),
'별의 축' 중 별의 터널과 시간의 방, 1971년 착공.

별의 축을 관람하기에 가장 좋은 시간은 하늘이 맑은 밤이다. 위 사진은 별의 터널 입구 계단 밑에서 시간경과 노출기법을 사용해 북극성 주위로 별들이 '흐릿하게' 흩어진 모습을 찍은 것이다. 지구가 회전하며 약간 흔들리면서 천천히 축의 방향이 바뀌고 그렇게 2만 6,000년마다 하늘에서 원을 그린다. 지금은 지구의 북극축이 북극성을 가리키는 방향에 위치해 있지만 시간이 지나면 또 다른(혹은 존재하지 않을 수도 있는) '북극성'을 향해 방향을 옮길 것이다. 관람자는 지구축과 평행한 계단을 따라 별의 터널로 올라간다. 2만 6,000년의 사이클이 계단에 새겨져 있고 그것은 그 계단에 해당하는 연도의 북극성 위치를 나타낸다. "별의 축을 창작한 의도는 우주의 움직임을 우리와 연관지어 알게 하는 데 있다. 이 작품 위를 걷는 이들은 지구 축이 이동하는 2만 6,000년의 사이클 전체를 직접 경험할 수 있다."

관람자는 계단 꼭대기에서 삼각형 모양의 시간의 방(우측)에 들어가 삼각형 모양의 창문으로 밤하늘을 본다. 별은 밤새 시계 반대방향으로 원형 패턴을 그리며 나타난다. 로스는 별이 삼각형 좌측에서 우측 변까지 정확히 1시간 동안 이동하기 때문에 삼각형 모양의 창문을 선택했다. 북극성이 '별의 축'이라 삼각형 꼭대기에 위치해 있다.

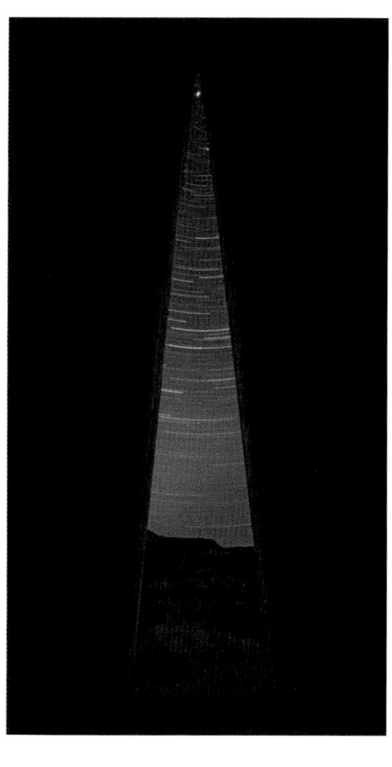

'채색한 숫자'(1958~1959년, 9장 그림 9-32)에서 0부터 9까지의 숫자를 규칙의 내부논리에 따라 일정한 패턴으로 배열했다. 젊은 프랭크 스텔라Frank Stella도 뉴욕의 몸짓추상을 떠나 대칭적, 규칙적인 패턴의 검은색 띠를 체계적으로 그렸다. '기를 높이 내걸어라Die Fahne hoch!'를 포함해 검은색 그림의 단색 시리즈를 창조한 것도 그런 정신에 입각한 것이다. 체계를 수립한 뒤의 작업 과정은 미리 정해둔 것에 따른다. 캔버스 모서리에 띠가 평행하게 놓여 있고 그 띠의 폭은 캔버스 틀의 폭과 같다. 스텔라는 검은색 그림Black Paintings을 작업한 뒤 띠 형태가 알루미늄 그림인 '알루미늄 그림Aluminum Paintings' 시리즈를 작업했다. 1950년대 초반 말도날도와 로스퍼스가 자신들의 캔버스 모양을 만든 것처럼 그도 직사각형 모양의 캔버스가 착시효과를 내는 것을 피하기 위해 캔버스 모서리에 표시를 남겼다(그림 11-50).

스텔라는 '검은색 그림' 시리즈에 죽음과 재난을 암시하는 이름을 붙였다. '기를 높이 내걸어라'를 뜻하는 'Die Fahne hoch!'는 1930년부터 1945년까지 나치의 국가國歌로 쓰였고, '베들레헴의 병원Bethlehem's Hospital'(1959년)은 런던에 있는 세계에서 가장 오래된 정신병원 이름으로 베들레헴이라는 이름 대신 정신이상자의 혼란과 소란을 뜻하는 '미친 사람bedlam'이라는 별명으로 더 잘 알려져 있었다.[53] 또한 '알루미늄 그림' 시리즈에는 중세 페르시아의 대학자 '아비센나Avicenna'(1960년) 같이 역사적 장소나 사람의 이름을 붙였다.

솔 르윗은 미국의 알고리즘 예술가 중에서 가장 체계적인 방법을 사용했다(그림 11-51, 11-52). 그는 1960년대 초반부터 어휘와 작업을 설정한 뒤 그 세팅을 순열로 배치하는 방식으로 작품을 만들었다. 실제로 르윗은 알고리즘 자체를 예술작품으로 여겼다. 그의 관점에서 그 알고리즘을 시행하는 것은 부수적인 것으로 어시스턴트가 해도 되는 것이었다. 1967년 르윗은 알고리즘 미술을 설명하는 용어 '개념미술'을 만들어 사용했다.[54] 르윗은 예술가가 사용하는 구조는 단순해야 한다고 강조했고 숫자와 형태로 하는 작업의 직관적 특성을 강조했다.

"개념미술은 수학이나 철학과 전혀 관계가 없다. 이것은 단순한 산수다.[55] 개념미술가는 이성주의자라기보다 신비론자다. 그들은 중간 단계를 건너뛰어 논리가 이르지 못하는 결론에 이른다."[56]

르윗 주변의 많은 예술가가 알고리즘을 사용한 과정을 탐구했다. 칼 안드레Carl Andre는 가로·세로·높이가 12×12×36인치인 나무판자 9개에 알렉산드르 로드첸코가 '공간구조' 시리즈(1920~1921년, 4장 그림 4-14, 4-15)에서 사용한 체계적인 과정과 유사한 방법으로 '구성요소' 시리즈(1960년)를 작업했다. 멜 보크너는 그룹이론을 변형해 3축 회전한 정육면체 도해를 만들고(그림 11-53, 7장 283쪽 박스와 비교) 미술관 바닥에 돌을 배열했다(3장 그림 3-16). 그는 '순차적 태도Serial Attitude'라는 용어를 만들어 규칙집합을 반복 적용하는 예술가들의 작업방식을 묘사했다(〈순차적 태도〉, 1967년).[57] 때로는 마거릿 케프너Margaret Kepner 같이 수준 높은 수학교육을 받은 르윗 주변의 미국인 예술가가 단순한 산술과 기하학의 범위를 넘어서는 패턴을 고안하기도 했다(그림 11-54).

11-57. 도널드 저드(미국인, 1928~1994년), '무제', 1982~1986년, 100개의 알루미늄 정육면체 설치.

미국의 다른 예술가들은 우주기하학에 알고리즘 접근방식을 적용했다. 1957년 소련이 최초의 유인 인공위성 스푸트니크를 쏘아 올리면서 격렬한 우주경쟁 시대를 열었다. 우주공간이 인기를 끌자 미국인은 미국 남서부의 방대한 사막 관측소를 이용해 대지미술을 만들었다.[58] 나사는 우주공간을 정복하기 위해 첨단 반사경을 장착한 망원경과 우주선을 개발했다. 대지미술은 망원경이 없던 고대에 육안 관측소로 사용하던 건축물을 떠올리게 하는 저차원적 기술의 야외조각물이다. 보통 황무지에 설치하는 이러한 대지미술 작품은 관찰자가 마음 상태를 숙고하고 우주에서 바라본 자신의 위치를 고려하게 만든다.

낸시 홀트Nancy Holt의 '태양 터널Sun Tunnels'(1973~1976년, 유타주 그레이트베이슨사막, 그림 11-55)은 영국의 스톤헨지 같은 선사시대 유적을 연상하게 한다.[59] 찰스 로스Charles Ross는 이집트 피라미드의 목도시흙밤버섯에서 영감을 얻어 '별의 축Star Axis'(1971년 작업 시작, 뉴멕시코, 그림 11-56)을 만들었는데, 이 작품은 지구 축에 맞춰 북극성 방향으로 뻗어간다.[60]

예술작품 형태는
소재(색, 소리, 단어)와 구성이라는
두 근본 전제에서 파생한다.
소재가 일관성 있는 전체로 구조화해
예술 논리와 심오한 의미를 얻는다.

— 니콜라이 타라부킨, 《회화이론*Towards a Theory of Painting*》, 1916년.

미국의 미니멀아트

현대적인 기준에서 어떤 분야의 기초를 한번 공리화하면 그 작업을 완료한 것으로 여기고 거기서 멈춘다. 예를 들어 주세페 페아노와 다비트 힐베르트가 1890년대에 산술과 기하학의 공리 형식을 작성한 이후 수학자들은 좀처럼 이 주제를 다시 연구하지 않았다. 그들은 페아노와 힐베르트의 기존 공리를 개정하거나 기호를 변경할 때만 이 주제를 다시 연구했다.[61]

알렉산드르 로드첸코와 브와디스와프 스체민스키가 형식주의 거대서사를 세우고 예술을 그 본질인 단색 캔버스와 단순한 기하학 고체로 환원했을 때도 1920년대 이후 추상화가는 이 예술 '공리'를 전제로 했다. 정해진 의미가 없는 색과 형태가 예술의 어휘로 자리 잡은 것이다. 예술가들이 색과 형태를 무수히 많은 패턴으로 배열한 까닭에 데스틸과 절대주의, 구체미술, 옵티컬 아트 등 숱한 기하추상 스타일이 생겨났다. 하지만 예술을 물리적, 형식적 본질로 환원하는 과정은 자연적 귀결점에 이르므로 하나의 화풍인 러시아의 구성주의만 존재한다.

더 자세히 말하자면 1960년대까지는 단 하나의 환원주의 스타일이 존재했고 이때 미국의 예술가들은 형식주의의 거대서사를 다시 세워 미니멀아트를 창시했다. 모든 예술가와 평론가가 그 환원 작업의 자연적 결말을 알고 있으면서도 왜 이들은 다시 거대서사를 살펴본 것일까?[62]

2차 세계대전 이후 미국 예술가들은 새로운 세계에서 새롭게 시작하려는 열정의 물결에 휩쓸려 기초미술을 다시 살펴보았다. 유럽은 여전히 혼란스러웠고 난민으로 가득한 뉴욕은 활기찬 지적 중심지로 부상하고 있었다. 그런 상황에서 잭슨 폴록Jackson Pollock과 마크 로스코, 아돌프 고틀리브Adolph Gottlieb, 바넷 뉴먼Barnett Newman은 몸짓추상 화풍을 창시했다. 평론가 해럴드 로젠버그Harold Rosenberg는 이 화풍을 시적으로 설명했지만 그의 경쟁자 클레멘트 그린버그Clement Greenberg는 그들의 형식주의 성격을 강조했다.

1950년대 후반과 1960년대 초반 냉전은 종식되는 듯했고 다음 세대 미국 예술가들은 선배의 작품에 나타났던 전쟁의 비애감에서 벗어나 더 차가운 스타일의 기하추상에 관심을 기울였다. 1960년 들어 많은 난민이 유럽으로 돌아갔으나 파리는 더 이상 예술의 중심지 역할을 하지 못했고, 새로운 정치적·경제적 강대국으로 떠오른 미국 뉴욕이 예술의 중심지로 부상했다. 뉴욕의 예술가와 평론가는 그들이 새로운 시작의 일부라는 느낌에 열정적으로 활동했고, 다시 기초예술에 질문을 던지기 시작했다.[63] 1960년대 예술가와 평론가는 예술의 본질을 찾는 것이 가장 중요하다고 강하게 믿었기 때문에 그 주제를 놓고 격렬하게 논의했다. 결국 그들은 다가오는 전시회나 〈아트포럼〉 기사에서 그 답을 발견했다.

말레비치와 칸딘스키, 몬드리안은
이론을 기반으로 각기 다르게
자신의 예술을 보편화했지만
뉴욕의 예술가들은
플라톤이나 피타고라스의 신비에
거의 의존하지 않는다.
— 로렌스 알로웨이*Lawrence Alloway*,
〈체계적 회화*Systemic Painting*〉, 1966년.

이 철학주의 예술가와
소묘화가, 귀족이 결합한 사람은
우리가 다시 플라톤 아카데미로
되돌아가도록 이끈다.
하지만 그 플라톤 아카데미에는
플라톤이 존재하지 않는다.
— 브라이언 오도허티*Brian O'Doherty*,
〈마이너스 플라톤*Minus Plato*〉, 1966년.

전후 미국은 혁명 이후의 러시아와 역사적 배경이 달랐기에 구성주의와 미니멀아트가 예술을 동일한 요소(형태와 색)로 환원했지만, 미국 예술가와 평론가는 모스크바나 상트페테르부르크, 카잔에서 누구도 들어본 적 없는 '메타예술'을 주장했다. 러시아 구성주의자는 러시아

11-58. '원시구조: 미국과 영국의 젊은 조각가*Primary Structures: Younger American and British Sculptors***', 5번 갤러리, 1966년.**
5번 갤러리에 전시한 도널드 저드의 '무제'(받침대 없이 서 있는 정육면체 4개, 1966), 로버트 모리스의 '무제'(L빔, 1965) 그리고 로버트 그로스베너의 '트란속시나'(천장에 매달린 V형 조각, 1965).
2014년 유대인 미술관 관장 옌스 호프만*Jens Hoffmann*은 1945년 이후 국제화한 기하추상을 뒤늦게 인식했다. "1960년대와 1970년대 사이에 오랫동안 지엽적이고 발달하지 않았다고 여겨져 온 국가들에서 '원시구조' 전과 동시대에 시작된 미니멀리스트 미학을 명백히 드러내는 예술작품을 이 전시회에 출품했다. 그들은 엘리우 오이티시카, 리지아 클라크*Lygia Clark*, 게고*Gego*(게르투르드 골드슈미트*Gertrud Goldschmidt*) 같이 잘 알려진 라틴아메리카 예술가를 비롯해 상대적으로 덜 알려진 아프리카 · 동아시아 · 동유럽 · 중동 · (…) 한국 · 일본을 포함한 예술가다."《기타 주요 구조*Other Primary Structures*》.

혁명의 정치적 격변기를 겪었고 예술을 정해진 의미가 없는 기호로 환원한 후 그 요소(색과 형태)를 새로운 러시아 공산주의 정부를 위한 실용적인 디자인 작업에 적용했다.

미국 미니멀리스트 예술가는 원자폭탄 시대이자 스탈린과 히틀러의 파시즘으로 러시아와 독일 문화가 무너지면서 서양문화가 냉소와 두려움의 시대로 돌입한 냉전시대와 변덕스러운 1960년대를 동시에 살아갔다. 로드첸코와 타틀린은 시각예술을 물리적 본질(캔버스 색상과 철의 형태)로 환원하는 것을 수단으로 삼았으나 미국 미니멀리스트 예술가는 한 단계 더 나아갔다. 그들은 예술의 물리적·형식적 본질은 그 스스로 존재할 뿐 색과 형태를 어떤 의미로든 실용적 업무에 쓰거나 상징주의 언어로 해석하거나 초월적 대상으로 여겨서는 안 된다고 선언했다.

이 과정에서 나타난 '사실' 중심주의는 1945년 이후 서구문화권에 일어난 형이상학적 확신이 부분적으로 드러난 것이다. 또한 현대의 세속적 사상에 만연하던 반형이상학 분위기를 반영하는 것이기도 하다. 몇몇 미니멀리스트 예술가의 목표는 '미니멀리스트 프로그램'을 달성하는 것이었고 이들은 (여러 가지 측면에서) 의미를 제거한 그림과 조각품을 만들고자 했다. 로드첸코와 타틀린을 비롯해 다른 초기형식주의 예술가는 결코 이런 것을 목표로 하지 않았다(4장 참고).[64]

20세기 초 러시아와 폴란드, 독일, 오스트리아, 스위스의 추상예술가는 익명의 대량생산 제품을 만들기는 했지만 그래도 힐베르트가 이끌던 19세기 말의 공리주의 수학자처럼 '시각언어'라는 정해진 의미가 없는 어휘를 도구로 개발해 예술이 항상 그래왔던 것처럼 중요하고 심오한 내용을 전달했다.

미니멀리스트 프로그램을 추구한 미국 예술가들은 고정된 하나의 그룹이 아니었다. 이들 중 주요 인사는 도널드 저드Donald Judd(그림 11-57)와 로버트 모리스Robert Morris, 댄 플래빈Dan Flavin, 칼 안드레 등이지만 미니멀리즘 관련 저서를 보면 수십 명의 다른 예술가도 나온다. 그중 프랭크 스텔라(그림 11-50)와 솔 르윗(그림 11-51, 11-52), 멜 보크너(그림 3-16, 11-53, 11-61)는 미니멀리스트 프로그램보다 다른 것에 더 잘 어울린다고 생각해 이 책의 다른 부분에서 다뤘다.

미니멀리스트 저드, 모리스, 플래빈, 안드레는 서로 다른 변화 관점을 보였지만 미니멀리스트 프로그램을 따른 사람들은 정해진 의미가 없는 예술을 만들려는 열망으로 결속했다. 그들은 "자신의 작품에서 암시하는 내용을 완전히 제거하기 위해 노력했고"[65], "내용 없는 극단적 사실주의로 나아갔으며"[66] "의미 표현을 거부하는" 추상예술을 만들고자 했다.[67] 1960년대 비평가 중에는 추상표현주의의 수석 대변인이자 형식주의자인 클레멘트 그린버그와 그의 젊은 추종자 바버라 로즈Barbara Rose, 로잘린드 크라우스Rosalind Krauss 등 많은 작가와 학문적으로 교육받은 예술가가 있다. 지적 환경에서 활발하게 흐르는 모든 사상처럼 종종 등장한 예술 개념이 철학 개념과 섞였지만, 이 책의 목적이 그 모든 것을 바르게 정의하는 데 있지 않으므로 정해진 의미가 없는 기호의 수학과 예술 역사 주제에만 집중하기로 하자. 미니멀리스트 프로그램을 시작할 때부터 비평가들이 말했듯 기호는 의미를 내포하기 때문에 이 프로그램은 애초에 불가능한 것이었다.[68]

나는 예술이 지하에 감춰둔
수수께끼를 버리고
예리하게 지각하는
장식의 양식으로
바뀌고 있다고 믿는다.
상징화는 줄어들고 있고
우리는 점점 예술이 아닌
심리적으로 냉담한 장식의
상호적 가치관을 강요하고 있다.
— 댄 플래빈, '몇 가지 논평*Some Remarks*',
〈아트포럼〉, 1966년.

미니멀아트 설명은 대부분 스텔라의 '검은색 그림' 시리즈로 시작하지만 스텔라는 미니멀리스트 프로그램을 추구하지 않았다. 그는 자신의 '검은색 그림'에 암시적 제목을 달았으나 이후 '동심 정사각형Concentric Squares'(1962~1963년)과 '비규칙적 다각형Irregular Polygons'(1966~1967년) 시리즈 같이 전경-배경 착시를 만드는 다색화로 옮겨갔다. 아주 짧은 기간만 미니멀리스트 프로그램에 머문 스텔라는 그 짧은 경험에도 불구하고 그럴듯한 말을 남겼다.

"나는 항상 그림의 오래된 가치를 유지하려는 사람들과 논쟁을 벌였다. 그들은 늘 캔버스에서 인문학적 가치를 찾는다. 그들은 그 가치를 정확히 정의하면서 캔버스 위의 그림 외에 다른 것이 있다고 주장한다. 내 그림은 그림에서 볼 수 있는 것이 전부라는 사실에 기반한다. 그것은 진실로 하나의 사물이다. (…) 당신이 보는 것이 보이는 것의 전부다."[69]

11-59. 댄 플래빈(미국인, 1933~1996년), **'V. 타틀린 기념비***Monument for V. Tatlin*', **1969년, 형광등, 243.8×77.5×12.7cm.**
아이 웨이웨이는 희망의 상징인 타틀린의 탑에 경의를 표하며 자신의 '빛의 분수*Fountain of Lights*'에 수천 개의 반짝이는 결정을 만들었는데, 무수히 많은 이 작은 무지개는 마법 같은 분위기를 자아낸다(그림 4-31). 반면 댄 플래빈은 싸늘한 빛을 방출하는 형광등으로 타틀린 기념비를 만들어 '심리적으로 냉담한 장식'의 창고 같은 분위기를 보여준다.

짧은 기간만 미니멀리즘을 옹호한 스텔라와 달리 그와 동시대에 활동한 조각가 도널드 저드와 로버트 모리스는 1966년 뉴욕의 유대인박물관 5번 갤러리에서 열린 전시회 '원시구조Primary Structures'에서 조각을 단순한 직사각형 고체로 환원하며 미니멀리스트 프로그램을 제안했다(그림 11-58). 그는 그림 11-58에 있는 자신의 정육면체 조형물을 정해진 의미가 없는 물리적 물체인 "구체적 물체specific objects"라고 설명했다.[70] 미니멀리스트 프로그램의 대변자 저드는 학문적 교육을 받은 인물이다. 그는 컬럼비아대학교에서 철학 학사학위를 받았고 미술사학 석사 과정도 마쳤다. 실질적인 조각을 훈련받지 않은 저드는 자신의 조각품

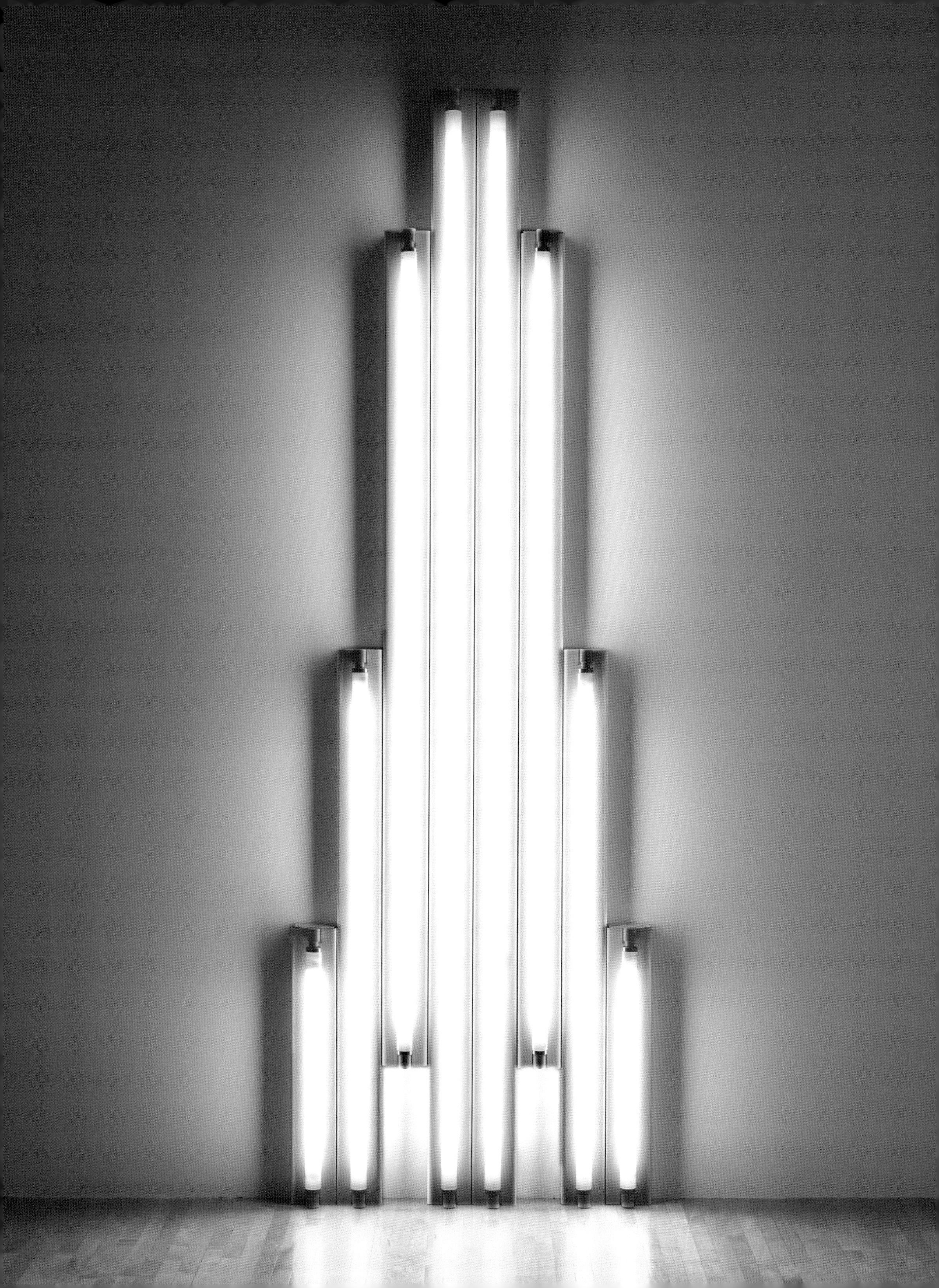

을 공장에서 제작했다. 그는 경력의 오랜 기간 동안 미니멀리스트 프로그램을 일관성 있게 주장했고 수십 년간 공장에서 정육면체를 제조했다. 1980년대에는 100개의 알루미늄 정육면체를 설치하는 것으로 경력의 정점에 다다랐다(그림 11-57).

모리스는 자신의 L 자 조각상 2개(그림 11-58)를 저드의 정해진 의미가 없는 '미술'과 다른 뜻에서 정해진 의미가 없는 '미술용 소품'이라고 선언했다. 유대인박물관 5번 갤러리를 걸으며 관람객은 이들 조각상을 인지한다.[71] 실제로 모리스의 첫 번째 조각상('기둥Column', 1961년)은 그리니치빌리지 저드슨 무용극단의 공연을 위해 만든 소품이었다. 모리스는 무용가로서 관객의 움직임에 민감했고, 뉴욕시립대학교에서 석사학위를 받은 작가로서 게슈탈트 심리학자와 현상학자의 연구를 사용했다. 그중에서도 특히 1962년 영어로 번역한 프랑스 철학자 모리스 메를로퐁티Maurice Merleau-Ponty의 《지각의 현상학》(1945년)을 많이 사용했다.[72] 모리스는 이 전문적인 연구의 전반에 흐르는 주제를 강조하며 자신이 정육면체 같은 물체를 어떻게 보는지 설명했다.

"이 믿음의 본질과 믿음 형성 과정에 '형태 불변성'과 '단순한 것을 향한 성향'의 인지이론이 따른다. 운동감각이 전해주는 신호와 기억의 흔적, 양안시차, 망막, 뇌구조 본질에 관한 현상학적 변수. (…) 단순한 모양이 꼭 그 물체를 경험한 내용도 단순하다는 것을 뜻하지는 않는다."[73]

이내 모리스는 고체 L 자 빔의 단순성에서 더 나아가 착각을 일으키는 표면을 도입했다('무제', 거울에 비친 정육면체Mirrored Cubes, 1965년). 1960년대 후반과 1970년대 초반에는 무작위로 늘어뜨린 펠트 천으로 작품을 만들었는데 이것을 '반反형태'라고 불렀다(〈아트포럼〉, 1968년 4월호).

지식 너머의 미지의 구름과
말을 말로 표현할 수 없는
존재를 향한 갈망인 '신의 침묵',
신학으로 행하는 신비주의자의 활동이
부정의 길로 끝나야 하는 것처럼
'주제'(물체 또는 이미지)를 제거하고
작가의 의도 자리에 우연성을 도입해
작가의 침묵을 추구하는
반예술 지향 예술도 끝나야 한다.
— 수전 손택Susan Sontag,
〈침묵의 미학The Aesthetics of Silence〉,
1967년.

전시회 '원시구조'의 다른 예술가들은 미니멀리스트 프로그램을 고수하지 않았지만 자신의 예술에 의미 있는 연관성을 부여했다. 저드와 모리스는 5번 갤러리의 조각에 이름을 짓지 않았는데 로버트 그로스베너Robert Grosvenor는 검은색 V형 조각이 천장에 매달린 것을 보고 '트란속시나Transoxina'라고 불렀다(그림 11-58). 트란속시나는 하킴 아볼 카셈 피르다우시 투시Hakim Abu'l-Qasim Ferdowsi Tusi가 977~1010년에 집필한 서사시 《샤나메Shahnameh》(페르시아어로 '열왕기'를 뜻함)에 나오는 중앙아시아 이란 유목민의 옛 지명이다.

'원시구조' 전의 예술가 중 일부는 근대미술관의 초대관장 알프레드 H. 바 주니어Alfred H. Barr Jr.가 취득해 1935년부터 뉴욕에 영구적으로 전시해온 '흰색 위의 흰색'(1918년, 4장 그림 4-10 참고)을 보면서 자신들이 로드첸코와 타틀린, 말레비치를 포함한 러시아의 예술적 선조와 소통하고 있다고 여겼다.[74] 댄 플래빈은 카밀라 그레이Camilla Grey가 쓴 《위대한 실험: 러시아의 미술, 1863-1922The Great Experiment: Russian Art, 1863-1922》(1962년)를 읽고 타틀린의 탑(1919년, 그림 4-30 참고)을 기려 벽에 세워둔 전등 시리즈를 만들었다(그림 11-59). 또한 그는 이 시리즈에서 타틀린을 따라 모서리를 활성화하기 시작했다(타틀린의 '모서리 역부조', 1914~1915년 참고, 그림 4-8).[75]

11-60. 칼 안드레(미국인, 1935년 출생), **'동등성 VIII*Equivalent VIII*', 1966년, 120개의 벽돌을 60개씩 2겹으로 쌓은 작품.**
칼 안드레는 자신의 동등성 시리즈에서 120개의 표준 벽돌을 60개씩 2겹으로 쌓아 서로 다른 '동등한' 구성을 만들었다(예를 들면 1줄로 놓인 60개의 벽돌, 2×30 벽돌 직사각형, 3×20 벽돌 직사각형, 4×15 벽돌 직사각형, 5×12 벽돌 직사각형, 6×10 벽돌 직사각형). 1976년 런던 테이트가 '동등성 VIII'(6×10 구조)을 구매하자 〈더 타임스〉의 비평가들은 '이것이 예술인가?'라는 주제로 시끌벅적한 공개토론회를 열었다(1976년 2월 15일자).
사진은 용감한 여행 가이드가 1976년 논란 당시 여행자들에게 '동등성 VIII'을 보여주는 모습이다(자세한 설명은 제임스 마이어*James Meyer*의 《미니멀리즘*Minimalism*》, 2000년, 190~191쪽 참고). 작가의 견해는 칼 안드레의 '벽돌 추상*The Bricks Abstract*'(〈월간 예술 1*Arts Monthly 1*〉, 1976년 10월호, 24) 참고.

빛나는 유리관 작품은 줄러 코시체가 1943년 처음 만들었으나(그림 11-39) 그는 자신이 만든 수제 형광등을 사용했고 플래빈은 일반 규격품 형광등을 구입해서 썼다. 로버트 모리스도 1966년 타틀린의 작품을 감상하고 자신이 러시아 화가의 영향을 받았음을 시인하며 다음과 같이 말했다.

"어쩌면 타틀린은 처음 무언가를 묘사하지 않은 조각을 만들고, 이미지이면서 비이미지인 성질의 재료를 그대로 사용해 자주적 형태를 달성한 최초의 조각가일지도 모른다."[76]

'원시구조' 전의 다른 예술가들은 스스로 유럽에 기반한 추상예술과 거리를 두는 방식으로 "오히려 우스꽝스러운 미국 대 유럽의 양극화"를 촉발했다.[77] 1964년 저드는 이렇게 말했다.

"나는 이전보다 더 신조형주의와 구성주의에 신경을 썼다. 어쩌면 나는 한 번도 그것의 영향을 받지 않았을지도 모른다. 확실히 그것보다 미국에서 일어난 것에서 더 많은 영향을 받았다."[78]

스텔라와 저드는 자신들의 최대 숙적이라 할 수 있는 막스 빌이 유럽과 라틴아메리카에서 굉장히 높게 평가받자 그에게 특히나 더 적대적이었다. 1964년 스텔라는 다음과 같은 말을 남겼다.

"나는 유럽의 모든 기하회화가 일종의 후기 막스빌학파 같아 지루하게 느껴진다. (…) 유럽의 기하화가는 진실로 내가 관계회화라고 부르는 것을 이루려고 노력하고 있다. 그들의 전체 아이디어는 균형에 기반하는데 이는 한 부분에서 어떤 작업을 한 뒤 다른 부분에서 또 다른 작업을 해 균형을 맞춘다. 이제 '새로운 회화'는 대칭적 특성을 보인다. (…) 이것은 비관계적이다. 최근 미국 예술가들은 중도를 택하기 위해 노력하고 있다."[79]

저드는 이런 말을 덧붙였다.

11-61. 멜 보크너(미국인, 1940년 출생), '언어는 명확하지 않다*Language Is Not Transparent*', 1970년, 벽에 칠한 페인트 위에 분필, 182.8×121.9cm.

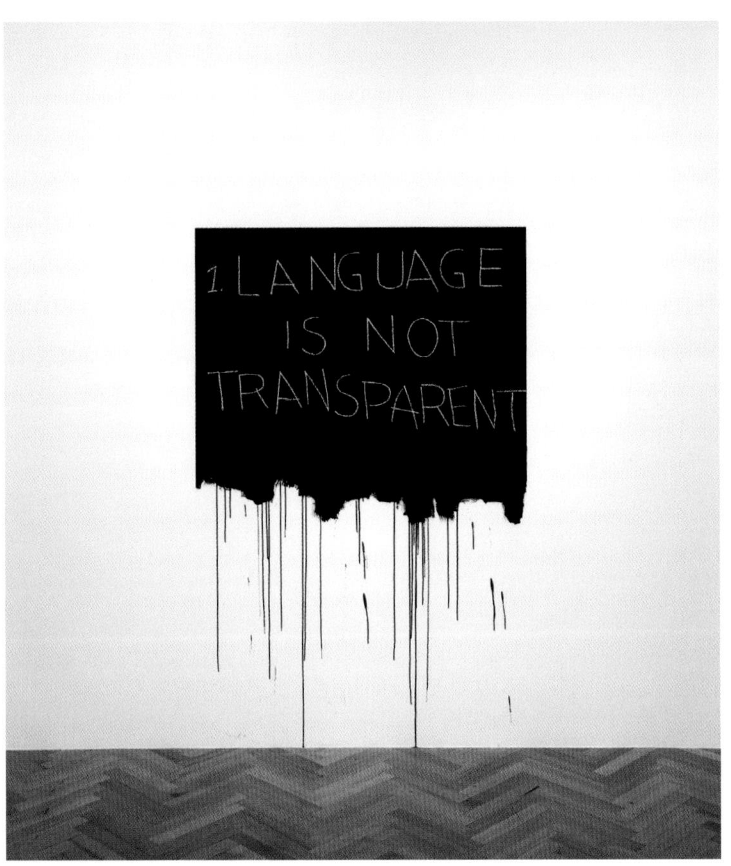

"그 (구성) 효과는 전 유럽의 모든 전통 구조와 가치와 감정을 수반하는 경향이 있다. 그것이 훨씬 더 나빠진 것이라면 그것이 내게 더 잘 어울린다."[80]

미니멀아트는 1960년대 중반 많은 갤러리 전시회에서 하나의 화풍으로 합쳐졌다. 1968년 당시 가장 영향력 있던 현대미술관이 여기에 "오늘날의 '진정한' 예술"이라는 이름을 붙였다. 이 미술관은 미국 예술가 31명의 주요 작품을 전시한 전시회 '진정한 예술: USA, 1948-1968The Art of the Real: USA, 1948–1968'을 열었다. 이어 파리의 그랑 팔레Grand Palais와 취리히의 쿤스트하우스Kunsthaus, 런던의 테이트Tate를 포함한 유럽지역 순회 전시회도 열었다. 이 전시회의 카탈로그를 보면 큐레이터 유진 구센Eugene Goossen이 미니멀리스트 프로그램의 대변자로 나온다.

"오늘날 '진정한' 예술은 어떤 종류의 은유나 상징주의, 형이상학과도 관련이 없다. (…) 관객은 무엇인가를 상징하는 기호를 보는 것이 아니라 사실을 본다."[81]

구센은 추상표현주의와 미니멀아트가 모두 미국 역사의 고유 결과물이며 유럽이나 러시아 예술에 역사적 기반을 두지 않는다고 선언했다가 대서양 양쪽에서 크게 조롱을 당했다.[82, 83]

나는 유럽 예술에 전혀 관심이 없고 그것이 끝났다고 생각한다.
— 도널드 저드, 1964년.

미니멀리스트 프로그램의 비평을 이끈 클레멘트 그린버그는 스텔라와 저드, 모리스의 말을 곧이곧대로 받아들였고 미니멀아트가 무의미하다며 이를 거부했다. 그린버그의 형식주의는 다비트 힐베르트와 페르디낭 드 소쉬르, 러시아의 언어학자 로만 야콥슨(4장 참고)의 유럽식 형식주의·구조주의가 아니라 버트런드 러셀의 논리에 존 러스킨(5장 참고)의 더 직관적인 접근방식을 결합한 로저 프라이의 영미권 논리주의 전통에 기반을 두고 있었다.[84] 프라이나 러스킨 같이 그린버그도 자신의 즉각적이고 주관적인 직관에 의존해 미적 판단을 내리고 "디자인의 감정적 구성요소"를 찾으려 했는데, 프라이의 동료 클라이브 벨Clive Bell은 이 구성요소를 "의미 있는 형태Significant Form"라고 불렀다.[85] 그린버그는 로스코의 브러시 형태와 폴록의 드립페인팅에서는 감정적 구성요소를 직감했으나 스텔라와 저드, 모리스, 안드레의 직사각형과 정육면체에는 의미를 부여하는 형태이자 감정을 전달하는 구성요소인 '의미 있는 형태'가 없었기에 별다른 흥미를 느끼지 못했다. 그린버그의 정의에 따르면 저드나 모리스의 기하학 고체처럼 '원시구조' 전에 전시한 작품(그림 11-58)은 진정한 예술이 아니다.

"문과 탁자, 비어 있는 종이 등 거의 모든 다른 사물을 예술로 여길 수 있듯 미니멀리스트 작품 또한 마찬가지다. (…) 비예술 상태에 가까운 예술은 상상하거나 관념화하기 어렵다."[86]

많은 청중이 그린버그의 주장에 동의했고 벽돌 더미 같이 비예술적 물질로 정해진 의미가 없는 예술을 만들 경우 예술과 비예술 사이의 선이 없어진다고 불평했다(그림 11-60).

처음부터 그린버그의 주장에 동의한 젊은 형식주의자들은 자신이 너무 앞서간다고 여겼다. 컬럼비아대학교에서 미술사 대학원 과정을 공부하던 바버라 로스는 미니멀리즘이 작품을 보는 관람객에게 모든 것을 발견하기 위해 무無에 집중하는 신비주의자의 영적 여정(부정의 길, 1장 참고)과 연관된 일종의 명상 상태에 빠지도록 권장한다는 것을 발견했다.

그녀는 1965년에 발표한 논문 〈ABC 아트ABC Art〉에서 미니멀아트를 역사적 맥락으로 살펴보며 그런 상태를 신비주의적 전통과 관련지어 설명했다.

"내가 말해온 예술은 명확히 거절과 포기의 부정적 예술이다. 오래 지속되어온 이 금욕주의는 주로 사색가와 신비주의자의 것이었다. (…) 신비주의자 같이 이들 예술가는 자신의 작품에서 자아와 개인의 성격을 부정한다. 또한 동양의 승려와 요가 수행자, 서양의 신비주의자가 추구하는 의미 없는 평온이 이어지고 개성이 결여된 공허한 의식의 반최면 상태Semi-Hypnotic를 일으키고자 한다."[87]

다음 해에 하버드대학교 미술사 대학원 과정에서 공부하던 로잘린드 크라우스는 미니멀아트에서 다른 종류의 의미를 발견했다고 적었다. 바로 감각적 암시와 공간적 착시다. 크라우스는 저드의 조각품에서 "놀라울 만큼 오감을 충족하고 관능적" 의미로 채워진 기호를 보았다(〈도널드 저드 작품의 암시와 착각Allusion and Illusion in Donald Judd〉, 1966년).[88] 크라우스는 색칠한 알루미늄과 보라색 에나멜 소재로 만든 '무제'(1965년) 작품을 다음과 같이 묘사했다.

"저드 본인의 평론에 따르면 그는 암시와 착시를 모두 피하는 예술 종류만 받아들이는 것처럼 보인다. 하지만 그의 조각은 회화적 착시는 아니어도 살아 있는 어떤 종류의 착시가 고조되는 것에서 영향력을 얻는다."[89]

크라우스는 '살아 있는 어떤 종류의 착시'를 설명하기 위해 현상론자 메를로퐁티가 움직이는 관찰자가 어떻게 물체를 인지하는지 설명한 것을 인용했다.[90] 크라우스는 높이 4ft에 너비 20ft인 케네스 놀란드Kenneth Noland의 벽화 '중앙을 지나서Across Center'(1965년경)를 다음과 같이 묘사했다.

"사람이 그림 모양의 본질을 전적으로 알 수 없다는 것과 사람의 시각은 항상 개략적이라는 것에서 감동이 연출된다. 이 작품은 전체적으로 착각을 일으키기 쉬우며 관람자가 더 확실하고 설득력 있게 색 하나만 즉각 경험하는 것에서 멀어지게 한다."[91]

이렇게 크라우스는 저드와 놀란드가 미니멀리스트 프로그램의 목표를 달성하지 않았

문화인류학부터 정신분석학과 미술에 적용된 클라인 사원군

1872년 독일의 수학자 펠릭스 클라인은 기하학 도형을 바꾸지 않는 변형을 분리해 유클리드 기하학과 비유클리드 기하학을 연합하려는 노력의 일환으로 사원군 도해를 개발했다(7장 285쪽 박스 참고). 100년 후 클라인의 도해는 러시아 구성주의 '옥토버 그룹October Group' 구성원의 글에 나타나기 시작했고, 이후 그들은 구성주의가 흘러간 길을 따라갔다. 1940년대 조지 브레이너드와 안나 O. 셰퍼드는 인류학에 그룹이론을 도입했고 처음 클라인 사원군 도해로 유물 패턴을 분석했다(그림 7-12 참고). 2차 세계대전 당시 뉴욕에 머물던 유대인 피난민 출신의 인류학자 클로드 레비스트로스는 이들 미국 학자에게 그룹이론을 받아들여 각 사회가 클라인 사원군에 해당하는 대칭구조를 보인다는 자신의 추정에 기반해 필드 데이터를 분석했다(7장 그림 7-13 참고).

1945년 이후 레비스트로스는 파리로 돌아왔다. 파리에 있던 리투아니아의 언어학자 알기르다스 그레마스Algirdas Greimas는 '언어는 대칭구조를 갖는다'는 레비스트로스의 가정(소쉬르의 주장에서 채택)을 기반으로 언어의 의미를 분석하는 도해를 개발했다. 또한 그레마스는 (소쉬르를 넘어) 언어구조가 클라인 사원군에 해당한다는 추가적인(더 광범위한) 가정을 세웠다(《구조의미론Sémantique structurale》, 1966년). 그는 클라인 사원군에 '기호학적 정사각형'이라는 이름을 붙였다. 무의식의 정신(라캉)과 그림(야콥슨), 조각(크라우스)에 담긴 의미는 모두 (클라인이 유클리드 기하학과 비유클리드 기하학에서 모양을 바꾸지 않는 변형을 구별하기 위해 사용한) 4개의 동일한 대칭구조를 갖는다는 (매우 큰) 가정 아래 용어 '기호학적 정사각형'은 1960년대에는 프랑스 지식인 사회에, 1970년대에는 미국 학계에 받아들여졌다.

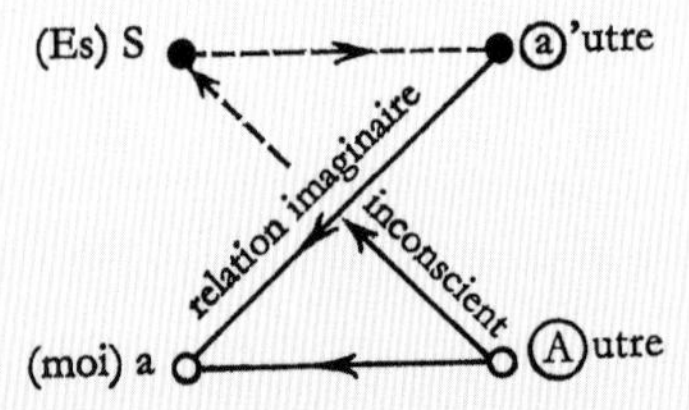

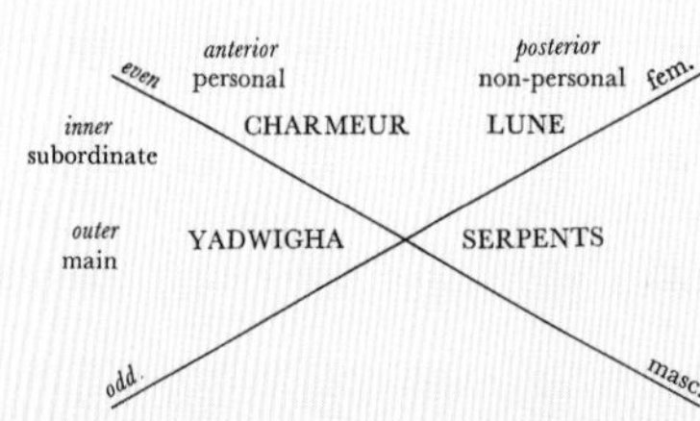

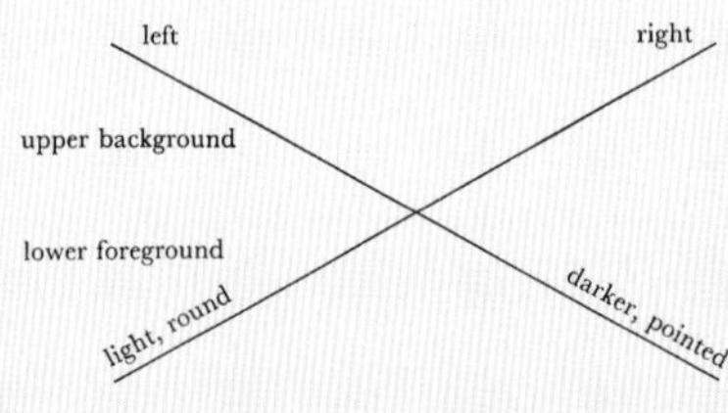

분석철학

11-62. 에스Es(이드id), 자아moi와 다른 부분autre 사이의 관계를 나타낸 자크 라캉의 도해, 《에크리Écrits》(1966년), 53.

'에스'는 심리학에서 사용하는 인간의 원시적 · 본능적 요소가 존재하는 무의식 부분을 뜻한다.

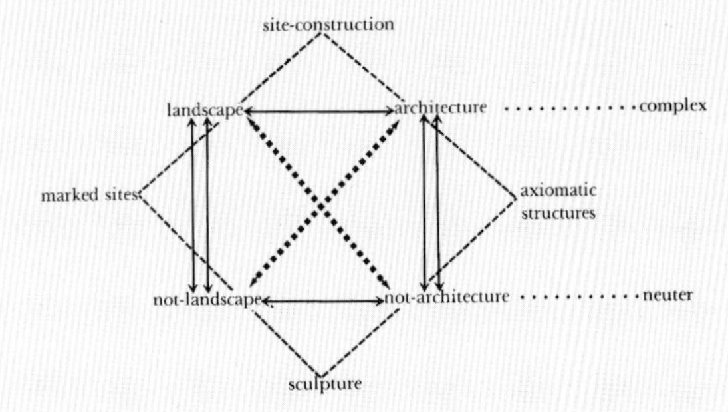

문학

11-63. 앙리 루소Henri Rousseau의 '윌리엄 블레이크와 다른 시인·화가의 언어예술On the Verbal Art of William Blake and Other Poet-Painters'(《링귀스틱 인콰이어리Linguistic Inquiry》, 1970년, 334)에 수록된 '꿈The Dream'(1910년)의 문법 주제(좌측)와 그림 구성(우측)을 분석한 로만 야콥슨의 도해.

막스 빌이 1945년 클라인 사원군을 시각예술에 적용한 것처럼 하버드대학교의 언어학과에 재직하던 야콥슨도 친구이자 컬럼비아대학교의 미술사학과 교수인 마이어 샤피로에게 헌정한 논문에서 그림을 분석하는 데 사원군 도해를 사용했다.

시각예술

11-64. '확장한 분야의 조각Sculpture in the Expanded Field'(《옥토버October》, 8, 1979년: 38)에서 로잘린드 크라우스가 조각의 종류를 분석한 도해.

다(못했다)고 결론을 내렸다.

"심미적 특성을 확장한 맥락 안에서 두 예술가 중 누구도 의미를 완전히 버리지 못했다."[92]

로스와 크라우스가 설명한 미니멀아트의 정서적·지각적 의미 외에도 안나 C. 샤브Anna C. Chave는 모든 예술에는 더 큰 사회적 맥락에서 정치적 의미가 있다고 설명했다. 로스는 미니멀아트를 보고 수도생활 같은 분위기라고 묘사했는데, 샤브는 이것이 단순한 물체를 띄엄띄엄 전시해 정중한 침묵 속에서 관람하는 환경 때문이라고 주장했다. 그러나 이 성당 같은 분위기는 예술가가 배치한 것이 아니라 그 조형물을 설치한 부유한 후원자의 선택이었다.[93] 샤브는 몇몇 미니멀리스트 예술가는 로스가 말한 "자아와 개성을 부인하는" 묘사에 들어맞는다고 했는데 그들은 아그네스 마틴Agnes Martin과 앤 트루잇, 에바 헤스Eva Hess 같은 여성 예술가였다. 샤브는 미니멀리스트를 대부분 저드나 모리스 같이 재료로 힘과 소유의 마초적 미학을 전달하는 남성으로 보았다.[94] 다만 미니멀리스트 조각에서는 작품의 크기가 중요한 영향을 미친다는 규모의 주제에는 동일한 의견을 보였다.[95]

미니멀아트에서는 경제적 의미도 찾을 수 있다. 그림 11-57에서 100개의 알루미늄 정육면체에 누가 대금을 지불한 것일까? 저드는 독일의 미술상 하이너 프리드리히Heiner Friedrich와 그의 미국인 아내 필리파 드 메닐Philippa de Menil이 창립한 '디아예술재단Dia Art Foundation'의 지원을 받아 알루미늄 정육면체를 제작했다.

1938년 베를린에서 태어난 프리드리히는 나치 정권 아래 성장했다.

"어린 시절에 겪은 완전한 파괴 경험이 내게 영구적으로 파괴되지 않는 성질의 작품을

11-65. 로버트 스미스슨(미국인, 1938~1973년), **'성흔이 있는 초록색 키메라', 1961년, 캔버스에 유채, 121.2×144.7cm.**
스미스슨은 고전과 기독교를 뒤섞은 이 괴물을 발명했다. 사자 같은 머리에 불을 내뿜는 그리스 신화 속 괴물 키메라의 손에 십자가에 매달린 예수의 성흔 표시가 남아 있다.

11-66. 로버트 스미스슨(미국인, 1938~1973년), '좌우상의 방', 1965년·2003년에 재구성, 철과 유리, 각각 61×76.2×78.7cm,

창작하고 싶은 욕망이 일게 했다."[96]

뮌헨, 쾰른, 뉴욕의 미술관장으로 재직한 그는 텍사스에 있는 유전개발회사 슐룸베르거Schlumberger의 상속녀 드 메닐을 만났고 둘은 1974년 함께 디아예술재단을 설립했다. 프리드리히는 이탈리아의 파두아를 방문해 초기 르네상스 시대의 (아레나 성당이라고도 알려진) 스크로베니 예배당Scrovegni Chapel을 보고 격렬한 감정에 휩싸였고, 거기서 영감을 받아 예술재단을 설립했다. 성당 내부에는 1305년경 조토Giotto가 예수의 생애와 마리아를 프레스코 화법으로 그린 그림이 있었다. 프리드리히는 은행업으로 돈을 번 사업가 엔리코 스크로베니Enrico Scrovegni가 한 예술가를 후원해 그린 성당 내부의 프레스코화를 순례자들이 영원히 볼 수 있도록 잘 보존한 사실 자체가 자신에게 "디아를 설립하고 개발하는 진실한 통찰을 주었다"고 했다.[97]

프리드리히는 드 메닐의 막대한 재산으로 진정 스크로베니와 메디치 은행가의 전통을 따르는 후원가가 되고자 했다. 그는 저드를 포함한 몇몇 예술가를 선별해 그들이 예술적 비전을 실현하도록 무제한 지원했다. 이 '선택받은' 이들에게는 봉급과 스튜디오가 주어졌고 이후 각자의 이름을 딴 미술관을 약속받았다. 저드도 10여 년간 봉급과 스튜디오 공간을 제공받았는데 1981년 당시 그의 월급은 1만 7,500달러에 달했다. 디아예술재단은 그를 위해 텍사스주 마파에 농장 2개와 러셀 요새(340에이커에 이르는 과거의 군사주둔지)가 포함된 부동산을 구매했고, 그곳을 미술관으로 재단장하는 데 500만 달러를 사용했다. 오늘날 그곳에는 저드의 '100개의 알루미늄 정육면체'(그림 11-57)를 영구 전시한 저드미술관(치나티재단 Chinati Foundation)이 있다.[98]

후원의 힘을 확신한 프리드리히는 관람자를 초월적 영역으로 이끌고 가는 예술의 힘에 영적 비전을 품고 파두아에서 돌아왔다.[99] 저드의 작품에서는 그런 것을 찾을 수 없지만 프리드리히는 그것을 다른 예술가에게서 구했다. 바로 댄 플래빈[100]과 라 몬테 영, 월터 드 마리아(10장 참고)다. 그렇지만 오일 붐이 일어나고 슐룸베르거의 주가가 급락한 1980년대 초반 디아는 여러 문화 프로젝트에서 적자를 보았다. 1985년 프리드리히와 드 메닐은 경매로 작품을 판매하는 한편 예술가 후원금을 삭감했다.

이때 프리드리히에게 배신감을 느낀 저드는("나는 처음부터 그를 불신했다. 문제는 내가 그를 충분히 불신하지 않았다는 점이다."[101]) 소송을 걸겠다고 했고 결국 합의를 거쳐 자신의 모든 작품을 보관할 권리와 추가로 200만 달러의 돈, 텍사스 부지 소유권을 넘겨받았다.[102] 이런 사연으로 부와 권력을 사치스럽게 전시한 저드의 '100개의 알루미늄 정육면체'는 (의도치 않게) 1980년대 서양 자본주의의 상징으로써 재정적인 의미를 갖게 되었다.

좀 더 철학적인 차원에서 예술은 윤리학 기준처럼 선험적으로 정의하는 것이 아니라 문화 내에서 형성되는 것이므로 미니멀리스트 프로그램은 실패할 운명이었다. 저드는 컬럼비아 대학교에서 철학 학사학위를 받았지만[103] 그가 출판한 글에 나타난 관점을 분석해보면 그가 의미론(의미의 이론)을 충분히 이해하지 못했음이 분명하다. 또한 그는 논리실증주의 수업을 들었는데, 그 분야 대변가인 루돌프 카르납은 사실에만 관심을 둔 저드의 관점에 잘 어울리는 반형이상학 관점의 소유자였다.

1960년대에 영미권 철학계에서 이뤄진 의미 관련 논의는 카르납과 완전히 반대에 있는 루트비히 비트겐슈타인 등의 빈학파 주장에 기반을 두었다. 저드의 동료인 재스퍼 존스와 멜 보크너(그림 11-61)는 비트겐슈타인의 언어그림이론(《논리철학 논고》, 1921년)과 언어게임 전문서(《철학적 탐구》, 1953년)를 읽었다.[104] 비트겐슈타인이 말한 언어게임의 기본요점은 언어란 사람들이 사회적 맥락에서 언어기호와 시각기호로 '게임'한 결과이며 이로써 단어와 그림의 의미가 정해진다는 것이다.

로버트 모리스를 포함해 저드와 동시대의 다른 예술가들도 프로이트의 분석심리학과 메를로퐁티의 현상학에서 인간은 의식이 접하는 모든 것에 끝없이 상징적 연관성을 만들기 때문에 예술가가 사물의 의미를 비울 방법은 존재하지 않는다는 것을 배웠다.[105] 누구라도 저드의 정육면체를 포함한 모든 기호로 언어게임을 하거나(비트겐슈타인) 자유로운 연관성을 찾아(프로이트) 그것에 의미를 부여할 수 있다. 혹은 이 기호가 관찰자의 흥미를 끌지 않으면 그것에서 벗어나 다른 생각을 할 수 있다.

저드는 자신의 실증주의 관점을 절대 굽히지 않았고 1994년 임종할 때까지 마파에서 자신의 정육면체들과 지냈다. 그러나 1960년대 후반 모리스와 플래빈을 비롯한 다른 이들은 미니멀리스트 프로그램을 버리고 각기 자신의 길을 찾아 나섰다. 평론가의 세계에도 변화가 찾아왔다. 미니멀리스트를 맹렬하게 비판하던 그린버그를 추종한 젊은 평론가들은 그를 따라 로저 프라이의 영국 형식주의에 등을 돌렸다.

상단 좌측

11-67. 로버트 스미스슨, 유카탄반도의 거울 배치(6), 유카탄, 멕시코, 1969년, 9개의 126-형식의 발색현상 투명도 시리즈 중 6번.

상단 우측

11-68. 로버트 스미스슨, 유카탄반도의 거울 배치(2), 유카탄, 멕시코, 1969년, 9개의 126-형식의 발색현상 투명도 시리즈 중 2번.

11-69. 달의 레이저 역반사체, 100개의 거울로 이뤄진 61×61cm 패널판. 아폴로 11호의 우주비행사들이 1969년 7월 21일 우주에 최초로 역반사체를 놓았다. 이후 아폴로 14호와 15호, 소련의 루노호트(달을 걷는 자) 1호와 2호도 달에 역반사체를 설치했다.

또 다른 형식주의 전통인 러시아의 형식주의와 프랑스의 구조주의는 러시아 혁명 이후 모스크바를 떠나 프라하에 머물다가 1930년대 후반 스칸디나비아로 피신한 로만 야콥슨을 거쳐 미국에 전해졌다. 유대계인 그는 1941년 가까스로 나치를 피해 미국으로 갔다. 그는 1949년부터 1965년까지 하버드대학교의 슬라브 언어학과 교수로 재직했고 이후 1982년 임종할 때까지 MIT의 명예학장을 지냈다. 언어학자 야콥슨과 얀 보두앵 드 쿠르트네, 페르디낭 드 소쉬르의 전통에 따른 형식주의·구성주의는 (프라이의 형식주의와 달리) 러시아 구성주의라는 동일한 문화적 맥락에서 1900년대에 발전했다. 따라서 구성주의 전통에 기반한 미니멀리스트를 분석하는 미술사학자의 관점에서는 몇 가지 언어학 개념을 연구에 포함하는 것이 도움이 된다. 이 같은 이유로 1977년 크라우스는 저서 《조각의 흐름Passages in Sculpture》에서 변화 과정(저서 제목에 포함된 '흐름passages')을 현상학적 접근방식과 구성주의 언어학 방법으로 다뤘다.[106] 1970년대에 다른 미국 미술평론가와 미술사학자도 언어학과 현상학 도구를 받아들였고, 이로써 계몽주의 시대 칸트의 《순수이성비판》(1790년)에 기반한 전통 미술철학인 미학과 대조적인 이론이 활성화되었다. 1970년대 영미권 미술평론가들의 이러한 반미학적 기류는 부분적으로 칸트의 권위를 칭찬함으로써 칸트의 미학에 죽음을 선고한 그린버그를 거부하는 결과를 낳았다.[107]

1976년 크라우스는 잡지 〈옥토버〉를 공동 창립했다. '옥토버'라는 이름은 1928년 세르게이 에이젠슈타인Sergei Eisenstein이 1917년 10월 혁명을 다룬 영화 제목에서 따온 것인데[108], 이후 이 저널은 러시아 형식주의와 소쉬르의 구성주의 아이디어를 대변하는 잡지가 되었다. 클로드 레비스트로스의 지도 아래 소쉬르의 아이디어를 이어받은 구성주의자는 대부분 프랑스계 예술가였다. 그중에는 리투아니아의 언어학자 알기르다스가 '기호학적 정사각형'이라고 이름 지은 클라인 사원군 도해를 자신의 로고로 사용한 미셸 푸코와 자크 라캉, 롤랑 바르트 같은 후기 구성주의자도 포함되어 있었다.[109]

크라우스의 제자 핼 포스터Hal Foster와 베냐민 H. D. 부흐로Benjamin H. D. Buchloh 등이 속한 '옥토버 그룹'이 1970년대 중반 미국 학계로 구성주의를 들여올 당시, 1968년 5월 이후 추상구조 탐색에 흥미를 잃은 프랑스에서는 구성주의가 급락하는 중이었다. 프랑스의 구조주의 언어학을 알고 있던 1970년대 뉴욕 예술계에는 반본질주의 분위기가 자리 잡았고, 예술에 정해진 물리적 본질이 있다고 가정한 미니멀리스트 프로그램은 유행이 지나면서 자리를 잃었다.

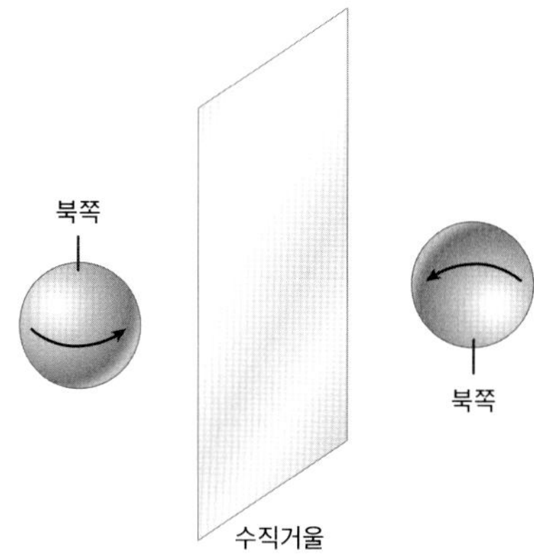

11-70. 회전하는 원자핵과 그 거울상.
좌측의 시계 반대방향으로 회전하는 원자핵이 원래 핵의 모습이고 우측의 시계방향으로 회전하는 것이 수직거울에 비친 모습이다. 회전 방향이 좌우로 바뀌었을 뿐 위아래로는 바뀌지 않는다. 회전하는 물질이 양성 대전체이므로 자기장을 생성하는데, 왼쪽 그림은 북극이 위쪽을 뜻하고 오른쪽 그림은 아래를 뜻한다. 패리티 보존법칙은 거울대칭에서의 불변성과 같다. 따라서 만약 패리티가 보존된다면 거울에 반사된 핵의 행동도 같아야 한다.

비대칭: 로버트 스미스슨

미니멀리스트와 동시대에 활동한 로버트 스미스슨은 기하학을 최소한의 예술이 아니라 의미를 담은 최대한의 것으로 보았다. 이 젊은 예술가는 아주 오래된 질문을 던졌다. 모든 것은 어디에서 오는가? 우리는 어떻게 여기에 왔는가? 이들 질문을 바탕으로 그는 철학과 신학을 공부했다.

"나는 늘 기원과 원시시대 이전의 시작이 궁금했다. (…) 내가 토머스 스턴스 엘리엇 덕분에 가톨릭 교리에 관심을 기울인 1959년과 1960년 이전까지 이들 질문이 뇌리에서 떠나지 않았다."[110]

이 시기에 스미스슨은 유기적 표현주의 화풍으로 신화적·성적·종교적인 주제를 그렸다('성흔이 있는 초록색 키메라Green Chimera with Stigmata', 1961년, 그림 11-65).

스미스슨은 과학기자 마틴 가드너Martin Gardner가 좌-우(거울)대칭 용어로 우주의 기원을 설명한 《양손잡이 우주Ambidextrous Universe》(1964년)를 읽고 영감을 받아 단순한 기하학 형태로 이 주제를 탐구하고자 관심사를 종교에서 과학으로 옮겼다.[111] 예를 들어 스미스슨은 비대칭으로 반사하는 2개 이미지에 존재하는 분자를 표현하기 위해 거울상 표면의 정육면체 1쌍을 만들었다('좌우상의 방Enantiomorphic Chambers', 1964년, 7장 그림 7-4와 비교해 그림 11-66 참고). 스미스슨은 기하학을 공부했고 특히 결정학에 관심이 컸다.[112]

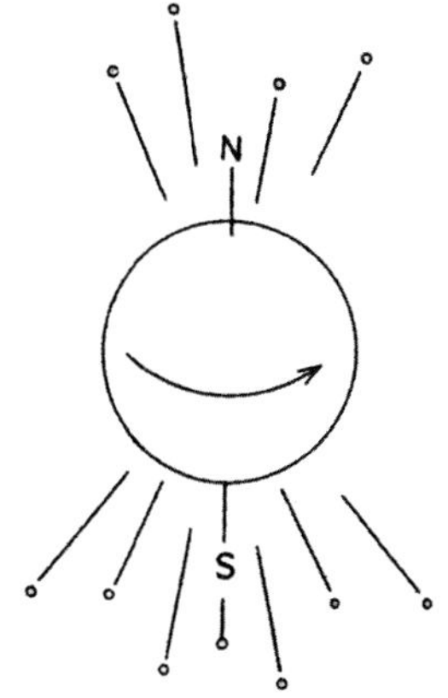

11-71. 회전하는 코발트-60 원자, 마틴 가드너의 《양손잡이 우주》(1964년), 243, 그림 62.
이 도해에서 원자의 자기장 북극은 위를 향해 있다. 실험으로 전자가 남극을 향하는 경우가 더 많다는 것이 밝혀지면서 패리티가 보존되지 않는다는 것을 알아냈다.

스미스슨은 1964년 관심사를 종교에서 과학으로 바꾼 뒤에도 같은 질문을 계속 던졌다. 그는 오스트리아 작가 안톤 에렌츠바이크Anton Ehrenzweig의 글을 읽었는데, 오스트리아 빈에서 미술·정신분석학·게슈탈트 심리학을 공부한 안톤은 1938년 나치가 오스트리아를 점령하자 런던에 정착해 동료 피난민인 에른스트 곰브리치Ernst Gombrich와 루돌프 아른하임 Rudolf Arnheim 그룹에 합류했다.

전체론적 사상가인 에렌츠바이크는 무의식(프로이트)과 반대되는 형태의 결합(게슈탈트 심리학의 남성-여성, 위-아래, 좌-우 등)을 표현하는 예술의 '숨은 질서'를 밝히기 위해 정신분석학과 게슈탈트 심리학을 혼합한 미학을 추구했다(《예술 창조의 심리학The Hidden Order of Art》, 1967년). 에렌츠바이크는 기하추상 예술이 무의식적 정신을 표현하는 능력을 이렇게 설명했다.

"오늘날 추상예술은 이미 매너리즘으로 퇴보했으나 추상예술의 기원이 인간 정신의 무의식에 깊이 위치해 있다는 것은 의심할 여지가 없다. (…) 추상예술에는 고도의 세련미와 기하학적 즐거움이 있고 다른 한편으로 무의식적 정신에 기반한 극단적 비차별화가 극적으로 합해져 있다."[113]

그는 그 퇴보한 '매너리즘'이 무엇인지 말하지 않았지만 그것이 미니멀아트를 의미한다는 것을 알 수 있다. 1967년 에렌츠바이크는 그 퇴보한 '매너리즘'을 설명하는 이유 중 하나를 다음과 같이 제시했다.

"추상 개념을 무의식의 근원에서 분리하는 순간 그것은 진실로 무의미해진다. 그런 추상화는 공허한 '일반화'가 된다. 공허한 일반화를 이루려면 깊은 무의식의 근원과 연결된 닻을 잘라야 한다."[114]

11-72. 프랑스 아미앵 대성당의 미궁 지도, 로버트 스미스슨, '유사-무한성과 작아지는 공간 *The Quasi-Infinities and the Waning of Space*', 〈아트 매거진*Arts Magazine*〉 41, no. 1 (1966): 28-31; 29.

미니멀아트의 삭막한 기하학과 거대 규모는 심오한 분위기를 자아내지만 그 표면을 긁으면 바로 바닥에 이른다. 스미스슨은 '공허한' 기본 표면 밑으로 깊이 들어가 에렌츠바이크의 '무의식적 수준'에 도달함으로써 자연의 태곳적 형태를 상징화하려 했다. 1964년 그는 추상화를 시작한 이유를 설명했다.

"나는 원초적 욕구와 무의식의 깊이에 기반한 이런 종류의 원형原型과 직감적 상황에 관심이 있었다."[115]

모든 사람이
앨버트 마이컬슨과 에드워드 몰리가
고정된 '에테르'에 기반해
지구의 움직임을
감지할 것이라고 기대했다.
이 실험의 부정적인 결과가
사람들을 무척 속상하게 만들었다.
모두가 우젠슝이 베타붕괴 과정에서
좌우대칭을 찾길 기대했다.
자연은 또 다른 놀라움을
불쑥 던져주었다.

— 마틴 가드너,
《양손잡이 우주》, 1964년.

그는 이러한 특성을 찾던 중 동시대에 가장 중요한 2가지 과학적, 수학적 사건과 맞닿았다. 바로 NASA의 달 착륙과 뉴욕 컬럼비아대학교 물리학자들이 자연의 기저에서 비대칭구조를 찾은 일이다. 이 사건을 '패리티법칙의 붕괴Fall of Parity'라고 부른다.

1968년 10월 미국은 최초의 유인탐사선을 발사했고 이후 1968년 12월과 1969년 3월 사람이 달 탐사 임무를 수행했다. 이 탐사를 그토록 크게 홍보한 이유는 초기 식민지 개척자들의 탐험정신을 우주 멀리 떨어진 땅으로 돌려 '최후의 변경'을 정복하려는 데 있었다. 스미스슨은 1969년 인터뷰에서 미국-소련 간 우주경쟁이 보여준 정치적 장관이 우주의 광대함을 사소하게 만들고 있다고 의견을 피력했다.

그는 "이 무한한 공간의 영원한 침묵이 나를 두렵게 한다"라는 말을 남긴 17세기 수학자 블레즈 파스칼을 흠모했는데, 파스칼은 15세기 신비주의자인 추기경 니콜라우스 쿠사누스에게 영향을 받았다. 스미스슨은 다음과 같이 말했다.

"내가 이해하는 우주질서는 '우주 둘레는 어디에나 있고 중심은 어디에도 없다'는 파스칼

11-73. 로버트 스미스슨, '나선형 방파제', 1970년, 진흙, 소금결정, 암석, 물, 길이 457.2m, 너비 4.57m.

의 아이디어에 기반을 둔다. (…) 사람을 달 위에 둘 필요성은 본질적으로 개인적이고 인본주의적 접근방식으로 '의인관'에 따른 것이다. 그들이 파스칼 같이 우주의 무한성을 생각해봤다면 그들도 파스칼처럼 두려움에 휩싸였을 테고, 당신도 알다시피 사람은 공포에 빠졌을 때 비극적 관점을 보인다."[116]

스미스슨은 미국의 우주 프로그램이 (낭만주의 시대 풍경 화가들처럼) 너무 인류에만 중점을 두어 제한적이라고 느꼈다. 그는 쿠사누스와 파스칼의 숭고한 사상, 무한성의 현대수학을 선도한 게오르크 칸토어의 사상에 기반한 광활한 우주에 중점을 두어야 한다고 생각했다(당시 스미스슨은 게오르크 칸토어의 초한수이론 저서를 갖고 있었다).[117] 에드윈 허블Edwin Hubble을 포함한 많은 현대 천문학자도 과학적 우주 탐구를 낭만적이라고 여겼다.[118]

스미스슨이 거울상으로 작업하기 시작한 1964년 미국과 소련의 과학자는 달 표면을 거울처럼 사용해 빛을 반사함으로써 지구와 달 사이의 거리를 측정했다('달을 우주거울로 사용하다

Moon Is Employed as a Space Mirror', 〈뉴욕타임스〉, 1964년 3월 6일). 빛은 어느 정도 달의 암석 표면에 반사되지만 대개는 달 표면에 흡수된다. 달 표면에 빛을 더 잘 반사하는 거울이 있으면 더 많은 양의 빛을 반사할 수 있을 것이다. 이것이 미국 우주비행사들이 달에 특별한 거울을 배치할 계획을 세운 이유다.

1969년 5월이나 6월 달 착륙이 이뤄질 것이라는 들뜬 예측으로 가득 차 있던 1969년 4월 15일, 스미스슨은 12인치 정사각형 거울을 가지고 멕시코 유카탄반도의 외딴 곳으로 탐험에 나섰다. 그는 9곳에 거울을 놓고 하늘로 향하게 했다(그림 11-67, 11-68). 몇 개월 후인 1969년 7월 21일 미국 우주비행사가 달에 착륙했고 그들은 24인치의 정사각형 격자모양 거울 100개를 지구로 향하도록 배치했다(그림 11-69). 나사가 배치한 100개의 거울은 빛이 접근한 경로를 따라 반사하기 때문에 '역반사체'라고 불린다. 각 역반사체는 서로 수직으로 놓인 3개의 거울이 코너를 형성해(이것은 '각면판 반사기corner-reflector' 거울을 형성한다) 받쳐주는 투명한 유리 정육면체다. 지구의 망원경에서 천문학자가 달의 역반사체에 레이저빔을 쏘면 빛이 동일한 경로를 따라 망원경에 돌아온다. 그러면 천문학자는 천체 천문경과 달 표면 사이의 거리를 1인치 이내 오차범위로 측정할 수 있다.

달은 중력 때문에 항상 같은 면으로 지구를 바라본다. 이에 따라 나사의 각면판 반사기는 항상 지구 쪽으로 향해 있고 지구와 달 사이에서 빛을 반사한다. 반면 스미스슨의 거울은 하늘로 향해 있어서 지구의 자전과 함께 '무한한 우주'로 태양빛을 신호등처럼 반사한다.[119] 미국과 소련 과학자들은 누가 최초로 자국 국기를 달에 꽂는가를 경쟁했지만 스미스슨의 우주, 즉 그의 유카탄반도는 공격적인 정복 장소가 아니라 미스터리로 가득한 신비한 '다른 곳elsewhere'이었다.

"다른 곳. 유카탄반도는 말 그대로 다른 곳이었다."[120]

스미스슨은 자연의 거울상 구조와 대칭구조를 다룬 가드너의 글을 읽고 즉각 종교적 주제의 표현주의 화풍을 떠나 우주적 주제를 담은 거울 조각품에 관심을 두었다. 사실 가드너의 《양손잡이 우주》가 부여하는 동기와 책의 가장 중요한 내용은 대칭구조가 아니라 비대칭구조이며, 그는 이 책에서 자연의 위대한 대칭구성의 놀라운 사례를 제시해 패리티법칙을 무너뜨렸다.

과학자들이 질량 보존(앙투안 라부아지에, 1789년)과 에너지 보존(헤르만 폰 헬름홀츠, 1847년), 질량-에너지 보존(알베르트 아인슈타인, 1905년) 법칙을 확증한 이후 대칭성은 과학의 기본원칙으로 여겨져 왔다. 더욱이 에미 뇌터는 많은 보존 법칙이 우주의 질량, 에너지, 질량에너지에 변화를 일으키지 않는 그룹이론의 변형으로 쓰일 수 있음을 증명했고 나아가 자연 깊은 곳에 대칭성이 존재한다는 것을 제시했다(뇌터의 정리, 1918년). 원자 영역에서 보존되는 성질과 대칭성 사이에 유사한 관계가 있는 것이다. 특히 양자 영역에서 일어나는 거울반사의 대칭성도 패리티(동등성) 보존법칙이 성립되는데, 이때 모든 원자의 입자에 짝수 또는 홀수 값이 부여되는 것으로 대칭을 이룬다.

1930년대 과학이 양자 영역에 진입하고 아원자 상호작용의 좌우대칭을 확인한 뒤 과학자들은 대칭이 자연 전체에 나타날 것이라고 기대했다. 그런데 놀랍게도 1950년대 후반 과학자들은 거울대칭성의 예외를 발견했다. 입자물리학에는 세타와 타우라는 두 입자와 관련해 풀리지 않는 퍼즐이 있었다. 동일해 보이는 이 둘의 단 하나 차이점은 하나는 짝수 패리티를 갖는 입자로 분해된다는 것이고 다른 하나는 홀수 패리티를 갖는 입자로 분해된다는 것이었다. 중국 출신의 미국 이론물리학자 리정다오와 양전닝은 세타-타우 퍼즐을 이어서 풀던 중 '서로 같은 입자가 2가지 다른 방법으로 분해되는 것'으로 생각하면 두 입자 문제를 쉽게 풀 수 있음을 발견했다.[121]

그런 일이 일어나려면 패리티의 보존법칙을 버려야 했고 이는 아원자 세계에서 거울대칭이 항상 적용되는 것은 아님을 의미했다.[122] 리정다오와 양전닝은 그 대칭성 붕괴를 상상하지도 못하던 1956년 처음 이 주장을 제시했다. 그리고 1957년 말 이것은 실험으로 확증되었다.

이것을 처음 실험으로 확인한 사람은 컬럼비아대학교에 재직하던 리정다오의 동료이자 베타붕괴 전문가인 우젠슝이었다. 베타붕괴란 원자의 핵이 베타입자라고 불리는 전자를 방출해 붕괴하는 과정을 말한다. 이 과정은 약한 핵력을 수반하는데 약한 핵력은 세타와 타우 입자의 붕괴를 조정한다. 리정다오와 양전닝은 회전하는 핵이 공간의 방향을 정의하는 것을 관찰했고 그 방향을 '북극'이라 불렀다. 그 후 그들은 사고실험을 하며 수직거울에 반사되는 핵 그림을 상상했다. 회전 방향이 반대이므로 회전하는 핵의 모습은 '북쪽'이 남쪽을 향하는 핵이 된다(그림 11-70). 이 핵이 붕괴하면서 방출하는 베타입자(전자)의 분포를 생각해보자. 거울에 비친 핵의 '북쪽'은 남쪽을 향하고, 거울상은 기하학적 방향을 바꾸지 않으므로 만약 이들 입자가 50%는 위를 향하고 50%는 아래를 향하지 않는다면 그것은 베타입자 분포가 아니라는 것을 뜻한다.

몇몇 방사성 붕괴 작용에서 패리티가 보존되지 않는다는 발견은 과학탐구에 수학의 역할이 중요함을 보여준다. 리정다오와 양전닝의 가설은 어떤 작은 상호작용이 발생해 패리티 보존법칙을 위배하도록 만든다는 것이었기에 그들은 원자 붕괴가 작은 힘의 영향을 받는 상황을 찾아야 했다. 코발트-60의 붕괴는 딱 그 조건을 충족했다. 우젠슝은 리정다오와 양전닝에게 코발트 붕괴에 관한 수학적 설명을 배운 뒤 자신의 실험에서 어디를 살펴봐야 하는지 알게 되었다.

가드너는 대칭성이 존재하지 않는 놀랍고 미스터리한 패리티 붕괴에서 영감을 받아 《양손잡이 우주》를 집필했다. 스미스슨의 '나선형 방파제Spiral Jetty'(1970년, 그림 11-73)는 비대칭적이며 그 나선모양은 거울상으로 중첩될 수 없다. 스미스슨이 이 작품을 만들 무렵 그는 원초적이고 전형적인 상징을 추구하고 있었다. 어쩌면 패리티 붕괴를 다룬 가드너의 극적인 설명을 보았을 때 그가 그런 상징을 찾았을지도 모른다. 베타입자가 비대칭적 패턴으로 날아간 방사성 베타붕괴는 물리적 메커니즘의 설명을 찾지 못했다는 점에서 수학으로만 설명 가능한 현상이다. 이 현상은 여전히 수수께끼로 남아 있다.

스미스슨은 '나선형 방파제' 작품을 완성한 뒤 내면에서 "유기체와 결정체 사이에 줄다리기가 이어지는 것을 느꼈다"고 밝혔다. 그중 누가 이겼느냐고 묻자 그는 "내 생각에 그 둘은 서로 만나고 이후 일종의 변증법이 일어나 문제를 해결한다"라고 답했다.[123] 유기체(표현주의적이고 원초적인)와 결정(이지적이고 기하학적인)이 나선 방파제에서 결합해 독실한 순례자들이 따라간 또 다른 비대칭적 길을 기억나게 하는 특별한 장소로 안내한다는 얘기다. 스미스슨은 이 중세성당 입구 안에 있는 미궁을 "정신이 즉각 지나갈" 공간이라고 묘사했다.[124] 그가 말한 미궁(그림 11-72)은 나선형 방파제처럼 하나의 길로 되어 있고 가차 없이 그 중심부로 이어진다(이 미궁은 사람이 헷갈리도록 설계한 것이 아니다). 성당의 미궁은 중세 교구민이 평생 꼭 한번 해보고 싶어 한 예루살렘 성지순례의 축소판이다. 먼 사해의 외딴지역을 여행한 예술적 순례자는 중앙으로 걸어가 지구와 하늘을 바라본다. 그것은 에렌츠바이크가 "굉장히 세련되고 기하학적인 것과 거의 일률적인 것이 극적으로 합선한 것과 같다"라고 적은 것처럼 초월적 순간일 수도 있다.[125]

미국의 미술사학자 제니퍼 L. 로버츠Jennifer L. Roberts는 스미스슨의 나선형 방파제를 4차원적 공간을 표현한 것으로 해석했다. 그녀는 1911년 러시아의 신지론자 페테르 우스펜스키가 쓴 《오르가논》(3장 참고)에서 설명한 절대자의 신비한 영역을 4차원적 공간으로 보았다.[126] 실제로 이것을 뒷받침하는 역사적 증거는 없다.[127] 젊은 시절 종교적 주제에 열광한 스미스슨은 이후 심리학과 문학, 철학을 비롯한 넓은 범위의 지적 주제를 종종 토론했고 오히려 유사과학을 반대하는 입장이었다. 동시대의 과학자와 수학자는 스미스슨을 사로잡은 전통 신학적·철학적 질문에 추측성 답을 주었다. 스미스슨은 이 심오한 주제를 통찰력 있게 논평하기 위해 "하느님의 존재를 느끼게 하는" 것과 "놀라운 미스터리를 인지하게 하는" 것을 다루며 수학세계를 설명한 가드너의 주장을 받아들였다.

"나 또한 이 '완전히 다른' 영역을 믿는다. 우리 우주는 무한소의 섬만큼 작은 영역이다. 나는 나 자신을 플라톤적 의미에서 신비론자라고 부른다."[128]

12
수학과 예술에서의 컴퓨터

유클리드 이후 수학 증명에는 2가지 목적이 있었다.
이는 어떤 명제가 참이라는 것을 증명하는 것과 왜 그것이 참인지 설명하는 것이다.
미래에는 이 2가지 인식론적 기능이 분리될 수 있다.
미래에는 컴퓨터가 증명 부분을 맡고 수학자가 인간이 이해하도록 설명하는 일을 맡을 가능성이 크다.
— 다나 매켄지*Dana Mackenzie*,
'대체 여기서 유클리드의 이름 아래 무슨 일이 일어나고 있는가?', 〈사이언스〉, 2005년.

컴퓨터 사용이 가능해진 1950년대 이후 수학자들은 언젠가 이 영혼 없는 기계가 단순히 빛과 같은 속도로 계산하는 것을 넘어 정리를 증명하는 작업도 해낼지 궁금해 했다. 1976년 미국 수학자 케네스 아펠Kenneth Appel과 독일의 볼프강 하켄Wolfgang Haken이 컴퓨터의 도움을 받아 지난 한 세기 동안 풀리지 않던 4색 정리 추론을 증명하면서 이것이 실제로 일어났다. 그 후 다른 컴퓨터의 도움을 받은 정리가 잇따랐고 수학에서 컴퓨터의 역할이 무엇이고 무엇이 올바른 증명인지 논의가 이뤄지기 시작했다. 1980년대에 이르자 과학자들은 컴퓨터로 방대한 데이터를 수집·분석했으며 수학자 브누아 망델브로는 프랙탈 기하학을 발명했다. 예술가들도 스튜디오에서 컴퓨터그래픽과 디지털사진, 컴퓨터 애니메이션 작업을 하게 되었다.

소진 증명

케네스 아펠과 볼프강 하켄은 경우의 수를 줄이는 방식으로 4색 정리를 증명했다. 그들은 명제를 유한한 수의 경우로 나누고 각각 따로 증명한 모든 경우를 '소진Exhaustion'하는 방식으로 증명했다. 예를 들어 유클리드는 무한한 수의 소수가 있음을 증명하기 위해 소진 증명을 사용했다(1장 44쪽 박스 참고). 정수는 소수나 복합수 중 하나여야 하고 소수이면서 복합수인 정수는 존재하지 않는다. 그러므로 그는 2가지 경우를 증명해야 했다. 만약 가능한 경우가 별로 없다면 유클리드처럼 손으로 증명할 수 있겠지만 수백수천 가지의 경우가 가능하다면 모든 것을 일일이 손으로 계산할 수 없다. 평생이 걸려도 부족할지 모른다. 그런데 컴퓨터가 등장하면서 상황은 달라졌다.

1852년 영국인 프랜시스 구드리Francis Guthrie가 지도를 색칠하던 중 4개의 색만으로 인접하는 모든 나라를 서로 다른 색으로 칠할 수 있음을 발견하면서 '4색 정리' 연구가 시작

12-1. 에릭 J. 헬러*Eric J. Heller***(미국인, 1946년 출생), '지수로 나타낸 전자흐름***Exponential Electron Flow***', 2000년경, 디지털 프린트.**
물리학자이자 예술가인 에릭 J. 헬러는 전자가 흐르게 두고(우측 상단에서) 그 전자가 울퉁불퉁한 돌출부 위를 이동하며 나뭇가지처럼 퍼져가게 했다. 그 후 전자흐름을 흑백사진으로 찍고 포토샵으로 색상을 넣었다.

되었다. 그는 자신의 형제인 수학자 프레더릭에게 4가지 색으로 모든 지도를 색칠할 수 있는지 물었고, 그 추측이 수학 문헌에 등장하기 시작했다. 그러나 이것은 지난 100여 년간 풀리지 않은 문제 중 가장 널리 알려진 문제로 남았다. 직관적으로 이 정리는 어떤 평면을 지도 같이 근접한 구역으로 나눌 때, 최대 4가지 색으로 서로 접하는 지역을 다른 색으로 칠할 수 있다고 명시한다(그림 12-2).

4색 정리 증명이 어려웠던 이유는 이것을 모든 평면(모든 가능한 지도)에 적용해야 했기 때문이다. 즉, 상상 가능한 모양으로 수없이 나뉘는 엄청난 평면에 적용할 수 있어야 했다. 아펠과 하켄이 이 결과를 증명한 방법은 가장 단순한 반례가 없음을 증명하는 것이었다. 다시 말해 최소화할 수 없는 5색 지도가 존재하지 않는다는 것이었다. 아펠과 하켄은 1972년 이 정리를 여러 경우로 나누는 것부터 연구를 시작했다. 이들은 1936년에 정의한 경우의 집합에 해당하는 모든 가능한 지도를 알아내고 분리해야 했다. 이후 프로그램을 작성해 각 경우에 사용하되 4색만으로 칠할 수 있고(각 경우는 전형적으로 평면이 나뉘는 경우다) 5색이 필요하지 않은 것을 시험했다. 이 시험을 위해 4년 동안 컴퓨터 알고리즘을 적용하면서 1,200시간 동안 10억 개 이상의 계산을 수행했다. 또한 많은 경우를 직접 손으로 분석했다.

12-2. 영국, 스코틀랜드, 웨일스 지도, 윌리엄 페이든*William Faden*, **《패터슨의 지리서***Paterson's Book of the Roads***》**(1801년), 7.
영국의 행정구역을 노란색, 분홍색, 파란색, 초록색으로 칠했다.

아펠과 하켄이 컴퓨터로 4색 정리를 증명했다고 발표했을 때 상당한 논란이 일어났다.[1] 실제로 이 증명은 수학계에서 일반적으로 받아들인 후인 2004년 영국 수학자 조르주 공티에Georges Gonthier가 특수 제작한 또 다른 컴퓨터 프로그램으로 확인했다. 당시 몇몇 사람은 수학자가 작성한 알고리즘(컴퓨터 프로그램)을 증명으로 여겨야 하며 컴퓨터의 역할은 단순히 기계적인 계산을 수행하는 것뿐이라고 주장했다. 또한 컴퓨터는 전기와 기계부품으로 구성된 '물체'에 불과하고 고장 날 위험이 있다고 우려한 사람도 있었다. 다른 이들은 미적 측면에서 반대를 표하며 컴퓨터의 도움을 떠나 소진 증명에는 "우아한 주장의 간결성과 단순함이 결여되어 있다"고 주장했다.[2] 소진 증명법은 '폭력 증명법'이라는 별명을 얻기도 했다.

1998년 더 오래되고 두 번째로 유명한 수학문제를 컴퓨터를 이용한 소진법으로 증명했다. 1611년 요하네스 케플러는 눈Snow에 관한 책을 저술했는데 그는 작은 얼음구를 만들며 이런 질문을 했다.

"공 모양을 공간 안에 가장 조밀하게 배열하는 방법은 무엇인가?"

그는 같은 모양의 구들이 최소한의 공간만 차지하도록 두는 것이 가장 높은 밀도를 달성하는 방법이라고 설명했다. 대형 상자에 들어 있는 첫 번째 층이 격자모양이라고 가정해 보자. 다음 층 공은 아래층 공 바로 위에 올리는 것(그림 12-3의 A)과 아래 층 4개 공이 만든 움푹 들어간 공간에 놓는 것(그림 12-3의 B, 식료품점 주인이 오렌지를 쌓는 방법) 중 어느 쪽에 올려야 더 많이 넣을 수 있을까? 케플러는 후자가 최대 밀도를 달성한다고 믿었지만 그것을 증명할 수는 없었다. 이 추측을 증명하기 어려운 이유는 단순히 상자에 오렌지 같은 공 모양 물건을 깔끔하게 쌓는 것뿐 아니라, 그 상자를 흔드는 등 수많은 가능한 방법으로 만들 수 있는 구체의 모든 가능한 배열(규칙적 또는 불규칙적)을 적용해야 하기 때문이다.

소진 증명은 다른 모든 경우가 오렌지를 쌓는 방법보다 더 낮은 밀도를 보인다는 것을 증명해야 한다. 1953년 컴퓨터 기술을 막 사용하기 시작할 무렵 헝가리 수학자 라슬로 페예시 토트László Fejes Tóth는 모든 경우의 밀도를 (매우 크지만) 유한한 수의 계산으로 구했고, 이론상으로 케플러의 추측을 소진법으로 증명할 수 있음을 보여주었다. 엔지니어들이 방대한 양의 계산을 위해 속도가 빠른 프로그래밍 파워와 메모리를 갖춘 컴퓨터를 개발한 뒤 미국 수학자 토머스 헤일스Thomas Hales는 케플러의 추측을 증명하기 위해 프로그램을 짜고 실행하는 것을 포함해 여러 단계에 걸친 증명 계획을 개발했다. 1998년 헤일스는 자신이 케플러의 추측을 증명했다고 선언했고 250쪽에 이르는 설명문과 3기가바이트에 달하는 대량의 컴퓨터 계산식을 포함한 전체 증명을 인터넷에 게시했다.

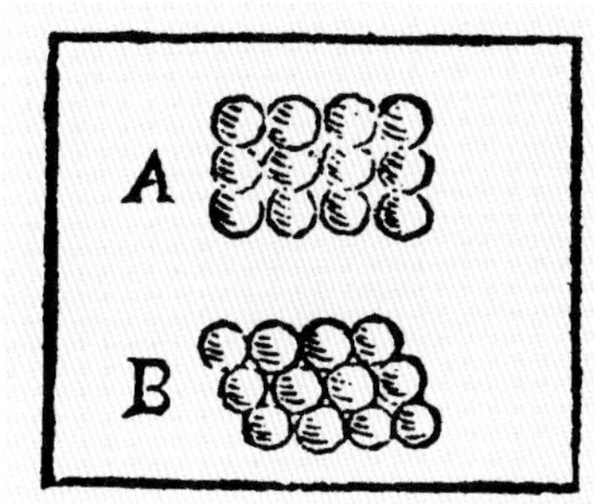

12-3. 요하네스 케플러, 《6각형의 눈 결정*Strena, seu, de Nive Sexangula*》(1611년).
케플러는 눈에 관한 짧은 저서에서 구체(공 모양의 알갱이)를 상자에 담아 도해(B)에 나타낸 최대 밀도를 달성하는 방법을 제시했다. "모든 알갱이가 같은 평면에서 4개의 이웃과 닿을 뿐 아니라 위 4개와 아래 4개까지 총 12개가 서로 접촉하고 압력이 주어지면서 구형 알갱이가 마름모꼴로 변형된다. 이 배치는 8면체나 피라미드와도 유사하다. 알갱이는 최대한 타이트하게 뭉치고 다른 어떤 배열보다 더 많은 알갱이를 상자에 담을 수 있다."
《6각형의 눈 결정》(1966년), 영어 번역본 15.
컴퓨터가 등장해 필요한 도움을 주기 전까지 어떤 수학자도 케플러의 추측을 증명할 수 없었다.

헤일스의 증명 이야기로 컴퓨터와 인터넷이 수학 문화에 미치는 영향을 엿볼 수 있다.[3] 전 세계 수학자가 즉각 이 증명을 다운받아 검토를 시작했고 그 반응은 인터넷이 보급되기 이전인 1976년의 4색 정리 증명보다 훨씬 더 빨랐다. 프린스턴대학교와 프린스턴 고등연구기관이 함께 발행하는 저명한 수학 저널 〈수학연보Annals of Mathematics〉 편집자는 평소와 달리 헤일스에게 즉시 연락해 독립 심사관들이 이 증명을 검토한 뒤 증명의 개요를 출판해 주겠다고 제안했다.

약 4년간의 집중적인 검토 끝에 헝가리 수학자 가보르 페예시 토트Gábor Fejes Tóth(라슬로 페예시 토트의 아들)가 이끄는 심사관들은 2003년 이 증명이 99% 확실하지만 수십억 개의 컴퓨터 계산을 모두 확인하지는 못했다고 발표했다. 〈수학연보〉 편집자 로버트 맥퍼슨Robert MacPherson에게 99% 확실하다는 것은 '충분히 좋은 게 아니었다.' 어쩌면 이것은 수학과 과학의 차이점인지도 모른다.

그는 헤일스에게 이런 글을 보냈다.

"내 관점에서 심사관들의 의견은 좋지 않은 소식이오."[4]

헤일스는 어떤 직관에(읽는 이의 정신에)도 의존하지 않고 기계가 증명을 읽고 쓰도록 모든 논리 단계를 명확히 글로 명시한다는 점에서 완전히 공식화한 케플러 추측의 증명과제를 함께할 동료들을 모으는 방식으로 대응했다. 헤일스는 이 막대한 작업을 수행하기 위해 인터넷으로 연결된 국제 연구협력자들을 모집했고 이들이 20년 정도면 공식화한 증명을 완성할 것이라고 추산했다. 그쯤이면 헤일스가 증명한 케플러의 추론을 자동화한 증명-검증 소프트웨어로 검수해 오랫동안 이어진 의심을 제거할 수 있을 것이었다.[5]

오늘날 헤일스와 그의 동료들이 개발한 구체를 효율적으로 구체에 넣는 수학(오렌지가 아닌 원자 단위에서)은 나노테크놀로지 분야에서 정보를 저장하는 콤팩트디스크를 디자인하거나 전 세계에 쉽게 전송하도록 데이터를 압축하는 기술에 쓰이고 있다.

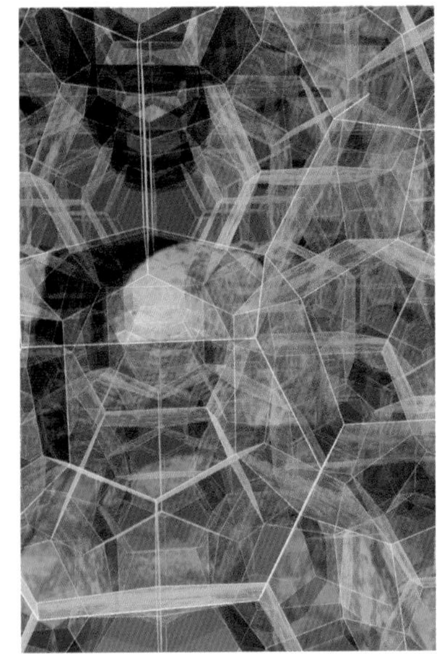

컴퓨터 시각화

컴퓨터는 소진법으로 수학자의 증명 과정을 돕는 것 외에도 우주기하학을 탐구하는 데 쓰였다. 1887년 아일랜드 수학자 로드 켈빈Lord Kelvin은 세포가 (비누거품 같은) 최소한의 표면적을 갖도록 최적의 방식으로 공간을 채우는 방법을 연구했다. 모든 거품의 벽이 최소한의 표면적을 갖는 상태에서 변형되면 아주 작은 변형도 전체 면적을 늘린다. 켈빈은 최적 분할이 하나의 균일한 모양과 같은 부피를 갖는 벌집 모양의 14면 다면체, 즉 깎은 정8면체일 것이라고 추측했다. 6개의 정사각형 면과 8개의 6각형 면으로 구성된 이 정8면체는 켈빈구조로 알려져 있다.

그런데 1993년 더블린 트리니티대학의 아일랜드 물리학자 데니스 웨이어Denis Weaire는 대학원생 제자 로버트 펠란Robert Phelan과 함께 컴퓨터 시뮬레이션으로 더 나은 거품 형태를 발견했다. 그들은 다른 형태의 두 거품으로 구성된 웨이어-펠란 구조를 발견했는데(그림 12-4, 12-5) 이것은 켈빈이 제안한 구조의 표면적보다 약 0.3% 작다. 건축가들은 웨이어-펠란 구조로 2008베이징올림픽의 국립경기장(새 둥지Bird's Nest)에 접하도록 지은 국립아쿠아틱스센터의 반투명한 거품 같은 벽을 설계했다('물 정육면체', 그림 12-6 참고).

1960년대 후반 미국 수학자 토머스 밴코프Thomas Banchoff는 4차원 이상의 공간을 모델링(시각화)하기 위해 컴퓨터 그래픽을 사용하기 시작했다. 우선 컴퓨터가 2차원 스크린에 이미지를 생성한다. 건물 같은 3차원 물체를 모델링할 때 3차원 공간의 모든 점은 3개 숫자로 이뤄진 좌표가 된다. 이어 컴퓨터가 3차원 행렬을 회전시키고 3차원 공간에서 본 건물을 2차원에 투영해 나타낸다. 유사하게 4차원 물체는 4개의 숫자로 이뤄진 좌표로 구성되며 컴퓨터

상단

12-4. 존 M. 설리번*John M. Sullivan*(미국인, 1963년 출생), '거품 분할: 웨이어-펠란*Foamy Partition: Weaire-Phelan*', 1995~1999년, 컴퓨터 그래픽, 55.8×83.8cm.

베를린기술대학에서 수학 교수로 재직하던 존 설리번은 웨이어-펠란 구조가 켈빈의 추측을 누르고 동일한 부피의 셀로 공간을 채울 때 최소한의 넓이를 갖는다는 것을 증명한 팀의 일원이었다. 하지만 이들도 이 형태가 진정 최적화한 것인지 증명하지 못했다. 존 M. 설리번, '웨이어-펠란의 동일한 부피 거품과 켈빈 거품의 비교', 〈Forma 2〉, no. 3(1996년), 233-42. 설리번은 컴퓨터로 웨이어-펠란 공간을 시각화한 후 수학 패턴(거품 안에서 보이는)에 색을 칠하고 디자인을 변경해 웨이어-펠란 구조에서 영감을 받은 거품 분할 그림을 그렸다.

하단 좌측

12-5. 웨이어-펠란 구조.

하단 우측

12-6. 국립아쿠아틱스센터('물 정육면체*Water Cube*'), 2008년, 중국, 베이징. 건축가: 오스트리아의 건설회사 PTW, 중국 국가건설공학부, 중국 국제 건설디자인.

이 '물 정육면체'의 오른쪽에 인접해 있는 것이 새 둥지다.

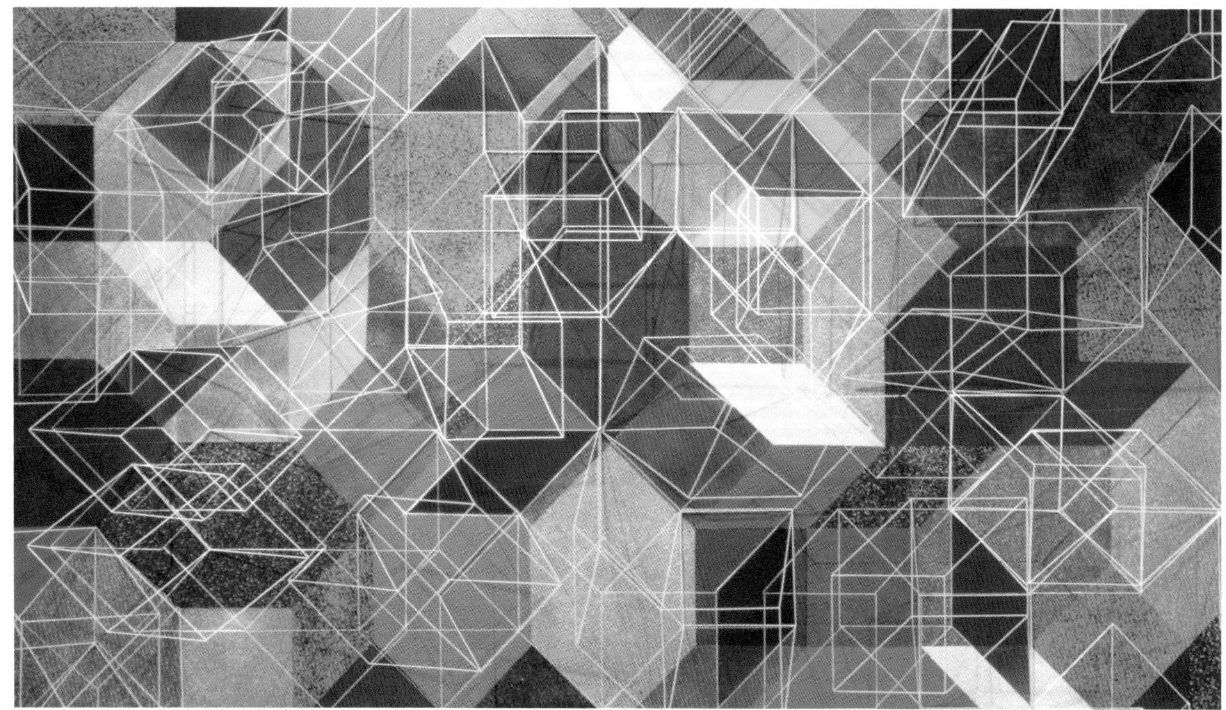

가 4차원 행렬을 회전시켜 주어진 3차원 공간의 시각에서 투영되는 2차원 이미지를 컴퓨터 스크린에 나타낸다(그림 12-7). 이 과정을 반복해 더 상위 차원 물체를 2차원으로 나타낼 수 있다.

에드윈 A. 애벗은 《평평한 나라》(1884년)에서 더 높은 차원에 있는 존재들과의 환상적인 만남을 그렸다(4장 그림 4-2). 오늘날 애벗의 동화는 밴코프가 관찰한 것처럼 컴퓨터 시각화로 실재가 되었다(《3차원을 넘어: 기하학과 컴퓨터 그래픽과 더 높은 차원Beyond the Third Dimension: Geometry, Computer Graphics, and Higher Dimensions》, 1990년). 토니 로빈Tony Robbin은 1970년대 뉴욕의 패턴회화그룹 창립 멤버로 그는 밴코프의 모형을 보고 컴퓨터 그래픽으로 4차원 물체를 시각화할 수 있음을 깨달았다. 그 후 로빈은 정육면체와 다른 4차원 공간의 고체를 그렸으나 이를 20세기 초반 이전의 신비주의와 연관짓지는 않았다(그림 12-8).

1970년대 IBM에서 일하던 한 수학자가 프랙탈 기하학을 개발하고 난 이후, 컴퓨터는

상단

12-8. 토니 로빈(미국인, 1943년 출생), **'4차원'**(확대), **1980~1981년, 캔버스에 유채, 철사, 2.56×8.9m×38cm.**

흔히 상위 차원의 물체를 시각화하려면 더 낮은 차원의 표면에 그 물체의 '그림자'를 드리우면 될 거라고 상상한다. 예를 들어 선형원근법(2장 102쪽 박스 참고)에서 투사된 3차원 정육면체는 정육면체의 그림자가 드리운 것이라고 생각할 수 있다. 로빈이 4차원에서 하려한 것은(위 이미지는 전체 그림 확대본이다) 3차원 공간의 관람객에게 4차원 정육면체(하이퍼큐브) 모습을 떠올리게 하는 것이다. 이 예술가는 처음에 2차원 평면을 다채롭게 그린 뒤 그 위에 채색한 막대로 만든 3차원 입체구조를 올려놓았다. 평면과 투명한 구조물 형태는 모두 하이퍼큐브(4차원 정육면체)에서 나왔다. 그의 목적은 관람객이 이런 방법으로 잠깐이나마 초공간을 느껴보게 하는 데 있다. 28ft 폭의 벽화 앞뒤를 왔다 갔다 하는 동안 관람객은 끊임없이 변화하는 색의 평면과 구조, 그림자로 이뤄진 다채로운 막대의 미로를 보게 된다.

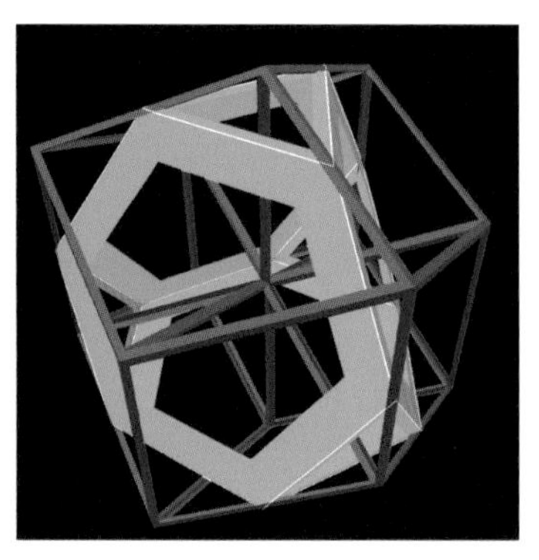

좌측

12-7. 데이비드 세르본*Davide Cervone***(미국인, 1962년 출생), 하이퍼큐브, 2002년, 토머스 밴코프와 찰스 M. 스트라우스***Charles M. Strauss***가 만든 컴퓨터 애니메이션 〈하이퍼큐브: 프로젝션과 슬라이싱***Hypercube: Projections and Slicing***〉의 2002년판 스틸 샷.**

토머스 밴코프와 함께 연구한 데이비드 세르본은 1978년 영화 〈하이퍼큐브: 프로젝션과 슬라이싱〉의 2002년 버전을 작업하던 중 이 이미지를 만들었다. 1978년 영화는 밴코프가 컴퓨터 과학자 찰스 M. 스트라우스와 협력해서 만든 것으로 4차원 정육면체가 3차원 공간에서 움직이는 것을 표현했다.

우주기하학을 시각화하는 가장 극적이고 영향력 있는 도구로 부상했다(이 장 524쪽 '프랙탈 기하학' 참고).

매듭

역사적으로 매듭은 실용적인 목적이나 장식 패턴으로 사용했다(그림 12-9, 12-10, 12-11, 12-12, 12-13). 19세기 수학자는 줄이 교차하는 횟수에 따라 매듭을 분류했고, 20세기 첫 10여 년 동안에는 위상기하학 관점에서 매듭을 연구했다(6장 참고). L. E. J. 브라우어르가 증명한 것처럼 평면 차원은 어떤 수도 될 수 있으므로 위상기하학자는 다차원 매듭을 연구했다. 20세기 초반 수학자들은 그룹이론으로 이슬람 타일 패턴처럼 매듭을 포함한 모자이크 세공을 연구하기도 했다(7장 그림 7-9 참고). 그들은 고리를 다 묶은 매듭을 3차원 공간에서 연구해(그림 12-15) 한 매듭에서 다른 매듭으로 변형해도 변하지 않는 특징을 분리하려 했다.

매듭 위상기하학은 최근 다차원우주 평면에서 진동하는 것으로 추정하던 에너지 가

상단

12-9. 켈트족 매듭.

켈트족 매듭은 폐쇄된 형태, 즉 하나의 줄을 묶는 것으로 '무한한 매듭'이라 불린다. 수학자들은 이런 종류의 매듭을 가장 많이 연구한다(그림 12-15). 무한한 매듭의 줄은 꼬인 길을 따라 위아래를 반복적으로 지나고, 처음 시작점으로 연결돼 다시 같은 경로를 지나간다. 이 그림은 무한한 매듭 2개를 섞어서 만든 것이다.

우측

12-10. 퀴푸*Quipu*(결승結繩 문자), 잉카시대 1400~1532년경, 페루의 콘도레스 호수에서 발견, 무명 끈, 펜던트 끈 길이는 평균 약 38cm.

잉카인은 퀴푸('매듭'을 뜻하는 케추아어)처럼 매듭진 밧줄에 정보를 기록해 수학적-논리적 의미를 담았다. 전령은 퀴푸로 부호화한 숫자 메시지를 잉카제국 전역으로 전달했다. 곡선 끈이 퀴푸의 중심 끈이고 거기에 다른 매듭이 방사하는 모양으로 매달려 있다. 전령은 중심 끈을 나선형으로 말아 운반했다.

수학사학자 마르시아 아셔*Marcia Ascher*와 로버트 아셔*Robert Ascher*는 《잉카 수학: 퀴푸 코드*Mathematics of the Incas: Code of the Quipu*》(1981년)에서 잉카인의 소수 체계와 대수를 기호로 나타내는 체계를 분류했다. 인류학자 게리 어튼*Gary Urton*과 캐리 J. 브레진*Carrie J. Brezine*은 '고대 페루의 퀴푸 회계법*Khipu Accounting in Ancient Peru*'(〈사이언스〉, 309, Aug. 12, 2005: 1,065-7)에서 잉카의 회계법을 조사했다.

503쪽

12-11. 카이-로*Chi-rho* 쪽, 《켈스의 서*Book of Kells*》, 800년경.

800년경 켈트족 수도승이 만든 이 문헌은 중세시대 말기와 근대 초기까지 더블린 북쪽의 켈트사원에 보관되어 있었다. 이 책은 마태와 마가, 누가, 요한이 쓴 《신약성서》의 4복음서를 담고 있다. 마태는 책을 그리스도의 계보를 적는 것으로 시작했는데, 그것이 끝나고 이 첫 장에서는 그리스도의 생애를 설명했다(마태복음 1:18). 그리스도의 이름은 그리스어로 **ΧΡΙΣΤΟΣ**이며 이것을 **X**(카이)와 **P**(로)로 축약해 '카이-로*Chi-rho*'가 되었다. 채색한 커다란 **P**가 쪽의 대부분을 차지하고 오른쪽 아래 작게 **X**가 위치해 있다. 두 글자 모두 호화스럽게 매듭으로 장식했다.

h generatio

504쪽

12-12. 알브레히트 뒤러, '중앙에 둥근 메달을 단 자수 패턴; 6가지 매듭 시리즈 중 3번째 매듭 *Embroidery Pattern with Round Medallion in Its Center; Third Knot from the series Six Knots*', 우드컷*Woodcut*, 27.3×21.4cm.

르네상스 시대에 이 독일 미술가는 금속에 상세한 일러스트를 새겨 넣었다. 오직 뒤러만 나무에 그런 복잡한 패턴을 양각할 수 있었다. 그가 새겨 넣은 이미지는 레오나르도 다빈치가 그린 그림이지만 다빈치의 그림은 소실되었다.

좌측

12-13. 베라 몰나르*Vera Molnar***(헝가리계 프랑스인, 1924년 출생), '뒤러에게 헌정: 400개 바늘을 교차하는 실***Homage to Dürer: 400 Needles Crossed by a Thread***', 1989년·2004년, 가공하지 않은 광목에 아크릴, 자른 바늘, 실 길이 약 40m(한 번 매듭), 84×84cm.**

베라 몰나르는 헝가리에서 파리로 이주했고 1968년 최초로 컴퓨터를 사용한 예술가 중 하나다. 수학에 관심이 많았던 몰나르는 400개 바늘 패턴을 커다란 5×5 격자에 작업했다. 5×5 격자는 각각 바늘 16개가 있는 20개의 작은 4×4 격자로 이뤄져 있다. 천에 바늘을 박은 후 모든 바늘에 실이 통과하도록 꿰어 알브레히트 뒤러의 6개 매듭에 헌정하는 작품을 만들었다.

닥에 적용되고 있다. 또한 매듭이론은 20여 가지 아미노산이 각각 고유 순서로 구성된 단백질 연구에 응용할 수 있다. 아미노산이 곧은 사슬모양으로 연결되면 밀리초 안에 아미노산 사슬이 매듭(그림 12-14)이나 종이접기처럼(아래 참고) 접혀 단백질이 최종적으로 3차원 형태를 띤다. 20세기 초 생물학자가 단백질 연구를 시작했을 때 그들은 20가지의 다른 아미노산으로 구성된 단백질이 취할 수 있는 경우의 수가 너무 많아 종이와 손으로 그 구조를 분석하는 것은 비현실적인 일이라고 여겼다. 예를 들어 아미노산 5개로 이뤄진 단백질은 20^5(3,200,000)가지 가능한 구조로 꼬이고 접힐 수 있다.[6] 일반적인 단백질은 아미노산 5개가 아니라 수백 개 아미노산으로 이뤄져 있는데, 가령 혈액 단백질인 헤모글로빈은 아미노산 사슬이 574개다. 그렇지만 컴퓨터가 등장하면서 단백질 모델링이 가능해졌고 오늘날 수학자, 컴퓨터과학자, 분자생물학자 들은 현대생물학의 주요 미스터리인 단백질 결합을 속속 밝히고 있다.

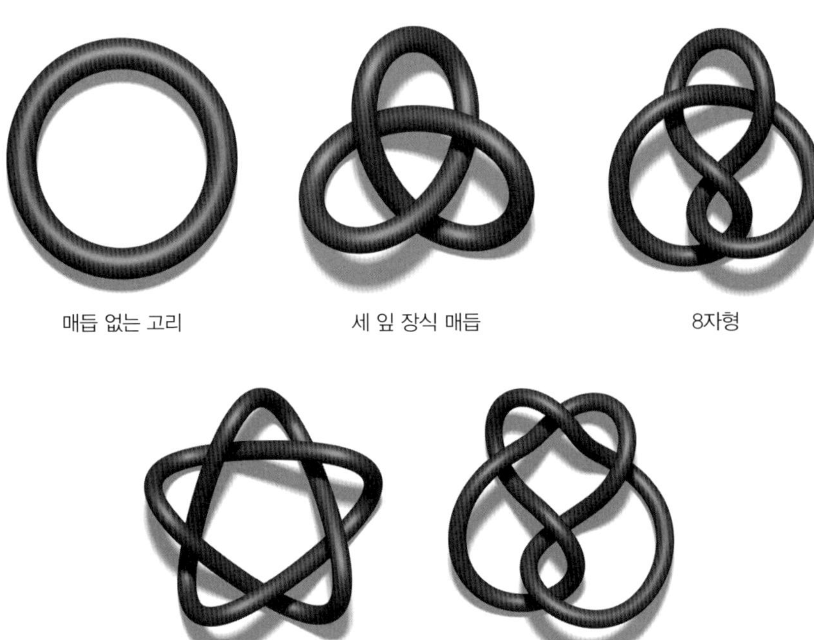

우측 상단

12-14. 율리안 보스 안드레아*Julian Voss-Andreae*(독일인, 1970년 출생), **'사이클로비올라신***Cycloviolacin***', 2007년, 파우더 코팅한 금속 마케트***maquette*, **76×86×61cm.**

독일 예술가 율리안 보스 안드레아는 구멍 난 마름모꼴 막대기로 아미노산을 상징하는 이 보라색 단백질 구조를 만들었다. 아미노산 사슬은 교차하고 꼬여 매듭을 형성하는데 이것이 단백질 '사이클로비올라신'이다. 이것은 2006년 호주 브리즈번의 퀸즐랜드대학교 생물학과 교수 데이비드 크레이크*David Craik*가 질병 퇴치처럼 인간에게 이롭게 쓸 단백질을 찾기 위해 호주의 정글과 숲을 탐색하던 중 발견한 천연의 보라색 단백질이다.

우측 하단

12-15. 3차원 공간의 폐쇄된 루프의 매듭.

네트워크

네트워크 연구는 18세기 스위스 수학자 레온하르트 오일러Leonhard Euler가 제기한 문제에서 시작되었다. 프로이센의 쾨니히스베르크(오늘날 러시아의 칼리닌그라드)를 가로지르는 프레겔강에는 섬 2개가 있다. 그 두 섬을 가로질러 다리 7개가 도시를 연결한다(그림 12-16). 오일러는 다음과 같이 물었다. 모든 다리를 한 번씩 지나면서 도시 반대편으로 건너갈 수 있을까? 오일러는 다리의 네트워크 그래프를 만들어 이 문제를 분석하는 기법을 개발했고 그런 길이 존재하지 않는다는 것을 증명했다(《쾨니히스베르크의 다리 7개The Seven Bridges of Königsberg》, 1735년).

19세기 철도가 발달하면서 최적 여행경로를 찾는 문제가 부상했고 이것은 실내게임의 주제이기도 했다. 1930년대 빈 수학자 카를 멩거Karl Menger가 최적 배달경로를 찾는 것을 '배달원 문제das Botenproblem'로 설명하면서 이 문제는 수학계로 들어왔다. 곧 '순회 세일즈맨 문제'로 불린 이것은 도시와 그 도시 사이의 거리가 주어졌을 때 모든 도시를 한 번씩 방문하고 원래 시작한 도시로 돌아오는 가장 짧은 경로를 찾는 문제다.

네트워크 수학은 20세기 후반과 21세기 초반에 항공사 비행경로와 마이크로칩의 전기회로망을 디자인하는 등 여러 분야에 적용하면서 극적으로 발전했다. 1989년 인터넷이 열리고 1996년 구글이 검색엔진 서비스를 개시하면서 수학자들은 방대한 가상공간에 존재하는 사물 사이의 최적경로를 설정하는 문제에 직면했다(그림 12-17, 12-19, 12-20, 12-21, 12-22, 12-23).

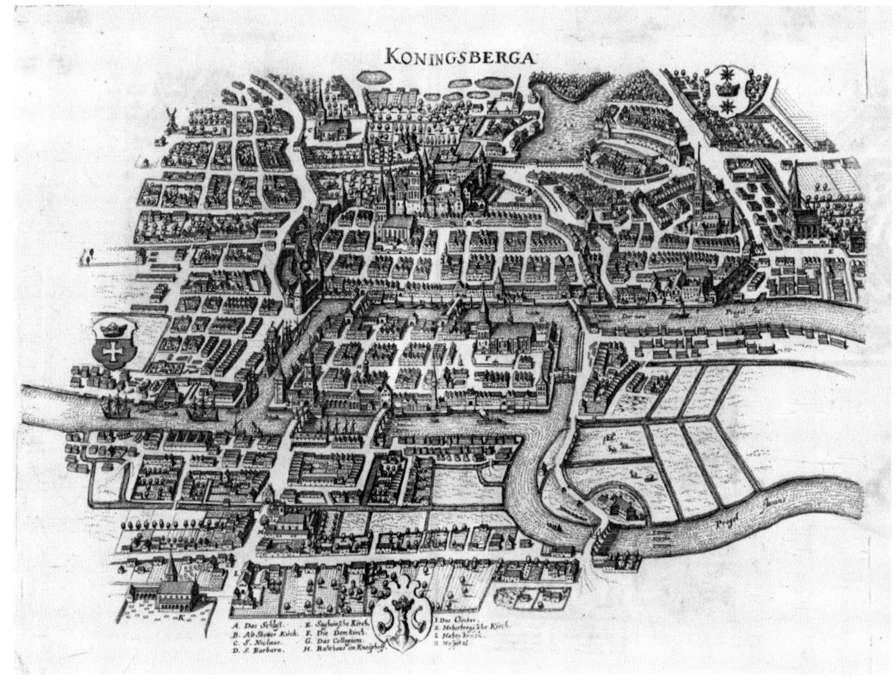

12-16. '쾨니히스베르크의 다리 7개', 마르틴 차일러*Martin Zeiller*(독일인, 1589~1661년)의 지도.

우측 상단

12-17. 헤라르트 카리스*Gerard Caris*
(네덜란드인, 1925년 출생), '다면체의 네트워크 구조 #2*Polyhedral Net Structure #2***', 1972년, 철사, 카드보드, 린넨, 아크릴, 152×150×110cm.**

우측 하단

12-18. 로버트 보슈*Robert Bosch*
(미국인, 1963년 출생), '이것은 매듭인가?*Knot?***', 2006년, 디지털 프린트, 86.3×86.3cm.**

미국 수학자 로버트 보슈는 5,000개 도시의 순회 세일즈맨 문제의 해답을 놓고 이 연속하는 선을 그렸다. 멀리 떨어지면 이 이미지는 회색 바탕에 켈트족 매듭 문양의 검은색 선이 있는 것처럼 보인다(그림 12-9). 가까이 다가가면 '회색'으로 보이던 것이 실제로는 연속하는 하얀색 선이 검은색 바탕 위에 그려진 것임을 알 수 있다. 하얀색 선은 결코 겹치지 않으므로 매듭이라기보다 네트워크라고 할 수 있다. 그래서 제목의 대답은 "아니다"이다.

509쪽

12-19. 나히드 라자*Naheed Raza*
(영국인, 1980년 출생), '1마일의 끈*Mile of String***', 2009년, 끈, 지름 약 50cm.**

나히드 라자는 유니버시티칼리지런던 수학과의 입주 미술가로 지내던 중 이 조각품을 만들었다. 그녀는 그곳에서 복잡계와 카오스이론을 연구하던 스티븐 비숍*Steven Bishop*과 함께 협업했다. 라자는 자신의 작품을 이렇게 설명했다. "'1마일의 끈'은 1마일 길이의 끈 하나로 만든 3차원 작품이다. 그 길이에 달하는 이 끈은 온전히 스스로의 장력으로 프랙탈 같은 복잡한 형태를 형성한다. 외부 윤곽을 따라갈 수는 있지만 대부분의 형태는 손으로 닿을 수 없는 동굴 같은 내부에 숨어 있다. 촉각적인 이 작품은 우리 내면의 만지고자 하는 욕망을 불러일으킨다. 동시에 무한해 보이는 세부 디테일은 우리에게 이것을 완전히 이해할 능력이 없음을 인정하게 한다. 이것은 공간적 카오스와 아인슈타인의 뒤틀린 시공간, DNA의 불가사의한 구조, 우리의 현재 능력으로 이해할 수 없는 방식으로 형성되는 단백질을 떠올리게 한다."

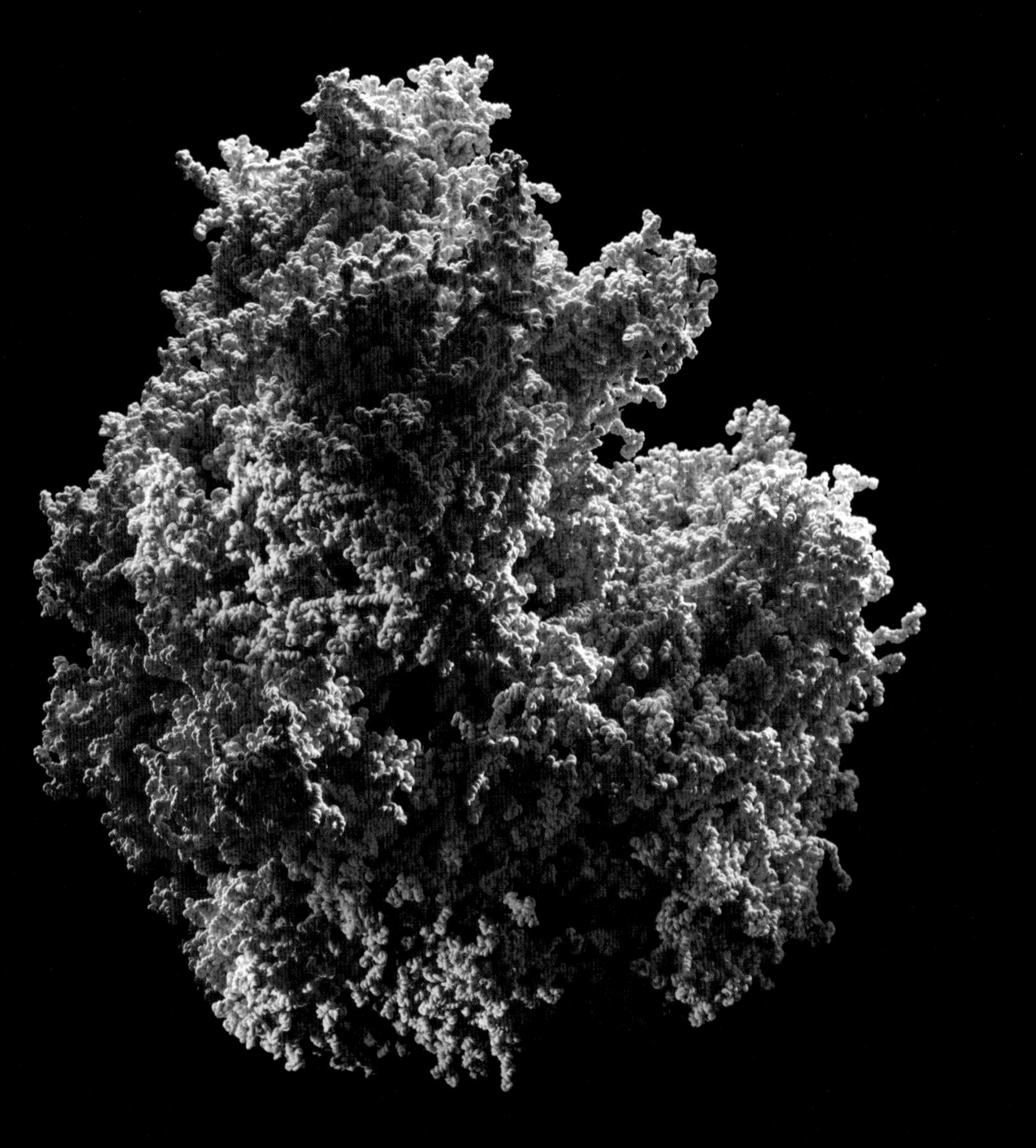

상단

12-20. 인터넷 지도, 2012년.

이 지도는 인터넷의 라우팅 정보를 수집해 나무 모양의 인터넷 네트워크를 생성하려 한 장기 프로젝트의 결과물이다. 이 이미지는 뉴저지주 서머싯시에 있는 인터넷 매핑회사 루메타*Lumeta*의 테스트 컴퓨터에 등록했다고 밝힌 45만 개 이상의 인터넷 연결 네트워크 중 가장 짧은 루트를 나타낸다. 각 마디는 작은 네트워크의 컴퓨터 집합이거나 수천 개 호스트를 갖춘 대기업 네트워크다. 각각의 중간 마디는 라우터를 나타낸다. 이 지도는 목적지를 향한 모든 경로가 아니라 단 하나의 최단거리 경로만 나타낸 것이다.

하단

12-21. 찰스 M. 슐츠*Charles M. Schultz*, 《피너츠》, 1963년.

구골*googol*은 10^{100}(1 뒤에 0이 100개 있는 수다)이다. 수학적으로 이 숫자는 매우 크지만 유한하다는 것 외에 특별히 중요한 점은 없다. 인터넷 검색엔진 구글의 이름은 'googol'을 잘못 적은 것에서 비롯되었다. 이 회사의 사명은 '전 세계 정보를 정리하고 어디서나 접근 가능한 유용한 정보를 제공하는 것'이다. 즉, 구글은 매우 크지만 유한한 양의 정보를 처리한다.

찰스 M. 슐츠는 확실히 슈로더와 루시가 결혼할 확률이 구골 분의 1이라고 말하려 했던 것 같지만 그것을 반대로 말했다. 만약 어떤 사건이 일어날 확률이 1분의 구골이라면 그것은 확실하게 일어난다는 뜻이다. 만약 루시가 숫자를 제대로 세어보았다면 그 기회를 잡을 수 있었을 것이다

12-22. 파스칼 동비, '구글_검은색_하얀색*Google_Black_White*', 2008년, 프레임에 렌티큘러, 패널 4개 각각 1.80×1.10m.

작가의 설명은 다음과 같다. "나는 검색엔진(구글)으로 검은색, 흰색 등을 검색해 그것에 해당하는 수천 가지 사진을 다운받았다. 스스로 이미지를 선택한 게 아니라 인터넷 검색을 창작 과정에 사용한 것이다. 내가 관심을 보인 것은 개별적 이미지가 아니며 그 모든 이미지를 극도로 축적하는 것과 그것이 창조해내는 여러 가지 시각적 공간이었다." 안타깝게도 동비의 부적격한 팔림프세스트*Palimpsestus* 작품 '구글_검은색_하얀색'은 의도치 않게 구글 검색으로 사진을 복사해 붙이는 작가들이 일반적으로 충분한 정보를 얻지 못한다는 메시지를 전달한다.

그저 단 하나의 단어였다.
소크라테스. 그는 그 자신을 검색했고
(…) 마커스(구글의 소프트웨어 엔지니어)는
"이걸 조금 설명해드릴게요.
여기 숫자가 보입니다.
이 숫자는 검색엔진이 1조 이상의
웹페이지를 검색해 447만 개의 결과를
0.1초 만에 찾았다는 것을 뜻합니다.
(…) 구글은 지식을 모으고 있고
여기 플라톤 당신이 말하듯
지식은 그 자체로 좋은 것입니다"라고
말했다. "구글이 정보를 모으고 있군."
플라톤이 부드럽게 말했다.
"구글이 지식을 모으고 있는지는
명확하지 않네."

— 리베카 뉴버거 골드스타인 *Rebecca Newberger Goldstein*, 《플라톤, 구글에 가다》, 2014년.

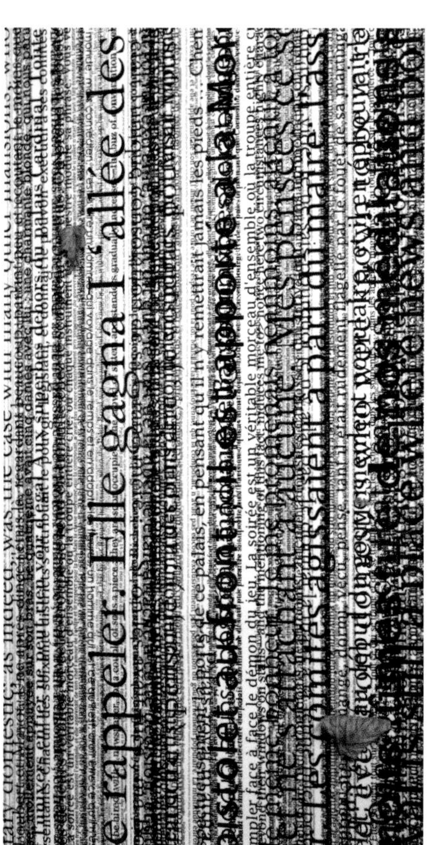

12-23. 파스칼 동비*Pascal Dombis* (프랑스인, 1965년 출생), 'Text(e)-Fil(e)s'(프랑스식 영어로 '텍스트 파일'), 2010년, 프린트 설치*Print installation*, 252×1.30m.

파스칼 동비는 파리 팔레 루아얄*Palais-Royal*의 갈리 드 발루아*Galerie de Valois*에 이 글자들을 모았다. 이 건물은 프랑스 혁명 이후 많은 철학자와 작가에게 인기가 있던 카페 거리에 위치해 있다. 동비는 볼테르, 루소*Rousseau*, 벡포드*Beckford*, 디드로*Diderot*, 디킨스*Dickens*, 발자크*Balzac*, 플로베르*Flaubert*, 보들레르*Baudelaire*, 장 콕토*Jean Cocteau*, 앙드레 브르통이 팔레 루아얄에 관해 적은 글을 바닥에 붙였다. 이 건물의 관람객은 하나의 글을 계속 따라가며 읽어도 좋고 인터넷을 검색하듯 여러 글을 이어서 읽어도 괜찮다.

종이접기

AD 1세기 중국에서 발명한 종이는 이슬람 상인들의 손을 거쳐 천천히 유럽으로 전해졌다. 종이가 전해지는 곳마다 사람들은 종이를 접어 패턴을 만들었다. 하지만 17세기 일본인이 종이접기(그림 12-24)를 개발하기 전까지 이것은 형식화하지 않았다. 20세기 종이접기의 달인인 요시자와 아키라는 마을 어른들이 아이들을 즐겁게 해주려고 배우던 종이접기(오리가미)를 전 세계적인 예술 형태로 바꿔놓았다.

종이접기는 정확한 규칙에 따라 기하학 패턴을 만들어내기 때문에 수학자도 여기에 관심을 보였고, 1991년 일본 수학자 후지타 후미아키는 종이접기에 6개 공리가 존재한다는 '오리가미 공리'를 발표했다. 첫 번째 공리는 평평한 종이표면 위의 모든 2점을 곧게 접는 방법은 단 하나만 존재한다는 것이다. 그런데 일본의 종이접기 달인 하토리 코시로는 후지타의 6개 공리에 포함되지 않은 접기 방식이 있음을 지적했고, 결국 이것까지 포함해 총 7개의 공리가 되었다(《후지타-하토리 공리》, 1991년).

종이접기의 공리화에 고무된 수학자들은 접거나 꺾거나 주름을 잡아 만든 패턴을 설명하는 알고리즘을 작성했다(그림 12-25, 12-26, 12-27). 에릭 드메인Erik Demaine은 종이접기 관련 논문으로 컴퓨터공학 박사학위를 받았다. 그는 일직선이 아니라 곡선으로 접는 것을 연구했고(그림 12-28) 그의 연구는 단백질이 어떻게 접히는지 설명하는 데 직접 인용되었다.[7] 드메인은 수학자, 분자생물학자와 광범위하게 협력해 이 중대한 퍼즐을 풀기 위해 노력했다. 그들이 정답을 찾을 수 있을까? 드메인은 이렇게 말했다.

"나는 낙천주의자다. 분명 이것을 내 생애 동안 해결할 수 있을 거라고 믿는다."[8]

그들은 단백질 접기를 완전히 이해한 후 특정 질병을 유발하는 바이러스를 잡는 단백질을 정확히 디자인하는 것을 목표로 하고 있다.

종이접기는 작고 타이트하게 담기는 구조를 디자인하는 데 적용하는 것은 물론 필요에 따라 원래 크기로 펼칠 수 있어야 한다. 예를 들어 관상동맥에 사용하려고 디자인한 홈이 난 스테인리스강 튜브는 접힌 상태에서 삽입한다. 환자의 동맥에 다다르면 이 강철 종이접

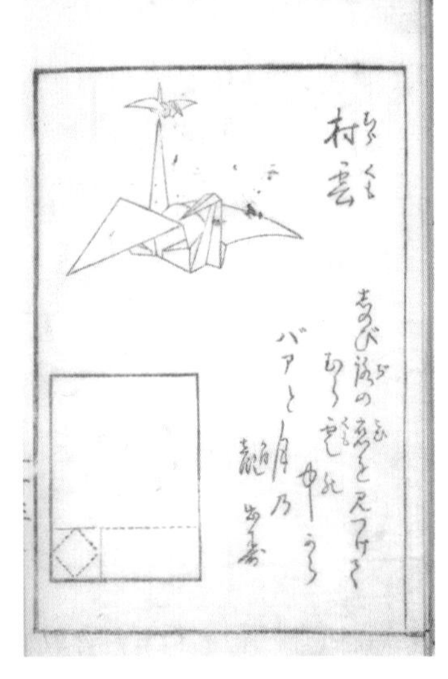

상단

12-24. '센바주루 오리카타(1,000개의 종이학을 접는 법)', 요시노야 타메하치, 1797년.

이 책은 아래의 평평한 종이를 접어 위의 학을 어떻게 만드는지 설명한다. 우측 상단의 일본어 글귀는 '무라 쿠모(드문드문 떠 있는 구름)'인데 이는 종이접기 학의 이름이고, 아래 글귀는 무라 쿠모 학이 어떻게 날개를 펼쳐(실제 날개와 종이 날개) 소리를 내는지 설명한다.

우측

12-25. 고란 콘제보트*Goran Konjevod*(크로아티아계 미국인, 1973년 출생), '파동*Wave*', 2006년, 종이.

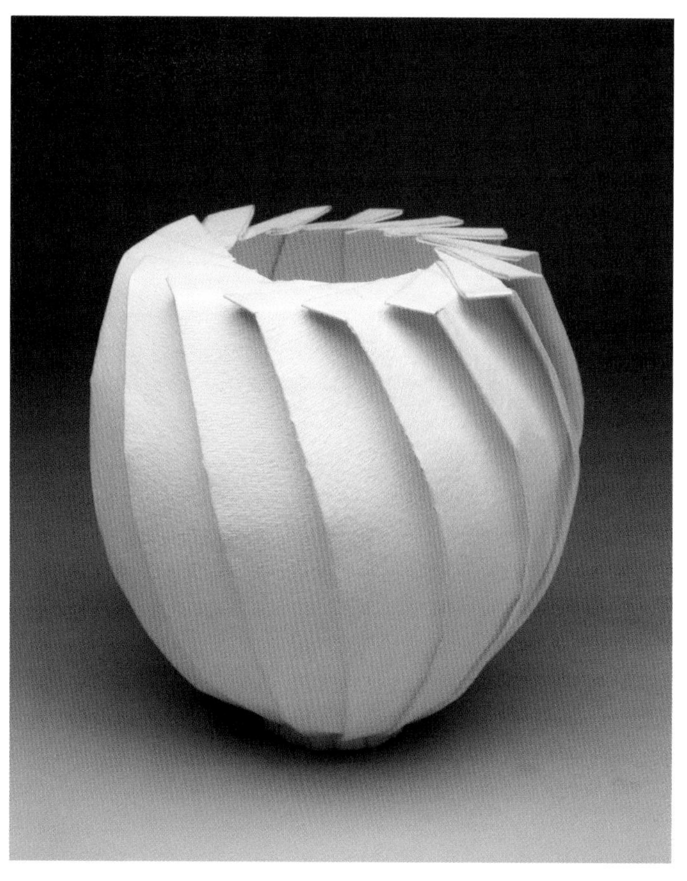

상단

12-26. 크리스티나 부르치크*Krystyna Burczyk*(폴란드인, 1959년 출생), **'정밀한 정사각형***Just Squares*', **2009년, 종이, 지름21cm.**

1983년 크리스티나 부르치크는 크라쿠프의 야기엘론스키대학교에서 순수수학 학위를 받고 종이접기를 시작했다. 그녀는 수학교사로 재직하며 종이접기가 학생들이 기하학 구조를 상상하는 데 큰 도움을 준다는 것을 발견했다. 부르치크는 각각 21×21cm인 정사각형 종이 210개로 '정밀한 정사각형'을 만들었다. "수학의 관점에서 이 모형은 특별할 것 없는 12면체로 아르키메데스의 고체 중 하나다. 가장 단순한 모형(접음선의 수 최소화)을 탐색하다가 이 모형을 만들게 되었다. 같은 맥락에서 이 모형은 접음선이 하나도 없으니 극소모형이다."

우측 상단

12-27. 로버트 J. 랭*Robert J. Lang*(미국인, 1961년 출생), **'테를 두른 냄비 15***Rim Pot 15*', **2008년, 100% 면 수채 종이를 자르지 않고 15면의 다각형으로 만든 것***One uncut 15-sided polygon of 100% cotton watercolor paper*, **높이 20.3cm.**

NASA의 제트추진연구소에서 근무하는 물리학자 로버트 J. 랭은 종이접기의 수학적 성질을 탐구했다.

우측 하단

12-28. 에릭 드메인(캐나다계 미국인, 1981년 출생), **마틴 드메인**(미국인, 1942년 출생), **'무제(0264)', 어스 톤 시리즈, 2012년. 미템트 색지, 높이 48.2cm.**

컴퓨터과학자 에릭 드메인은 종이접기 수학을 연구했을 뿐 아니라 아버지인 예술가 마틴 드메인과 함께 이 종이접기 조각품을 만들었다. 이 작품은 뉴욕의 첼시 갤러리에서 열린 전시회 '곡선주름 조각*Curved Crease Sculpture*'에 전시했다(Invoices Gallery, 2012년). 그들은 작가노트에 이렇게 적었다. "우리는 조각(특히 종이접기나 유리불기)부터 공연예술, 비디오, 마술에 이르는 여러 가지 매개를 탐구한다. 우리의 예술작품은 수학과의 연관성을 탐구해 수학으로 해결하지 못한 문제에 영감을 불어넣고 이해하며 이상적으로 해결하는 것을 목적으로 한다."

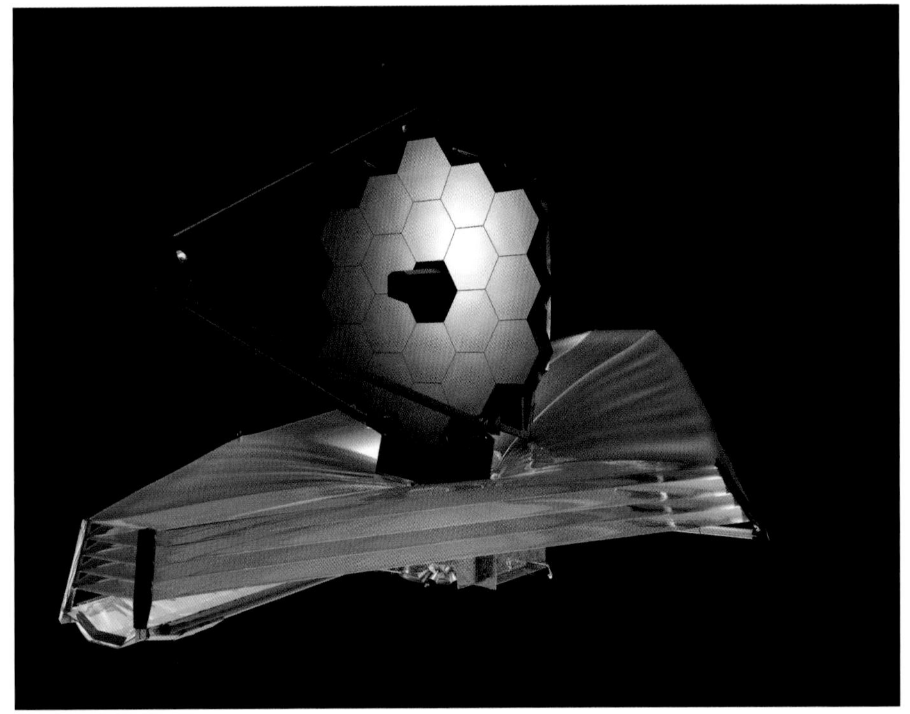

기 구조는 스프링의 영향으로 열리고 스텐트는 단단하게 좁아진 동맥을 열어준다. 심장의학 외에 NASA의 엔지니어들도 2018년 시작할 예정인 허블 우주망원경 프로젝트의 다음 과제로 종이접기를 연구하고 있다. 이 우주망원경은 단단하게 접힌 상태로 작은 로켓에 담겨 지구를 떠난다(그림 12-29). 지구에서 93만 마일 거리의 궤도에 오르면(달 궤도의 4배) 나비가 고치에서 탈피하듯 강철 고치를 벗고 5년간의 임무를 시작한다(그림 12-30).

상단 좌측

12-29. 제임스 웹 우주망원경*James Webb Space Telescope***의 발사 배치.**

상단 우측

12-30. 2018년 발사 예정인 제임스 웹 우주망원경 모형.

NASA와 ESA(유럽우주기구), CSA(캐나다우주국)는 1960년대 아폴로 프로그램 당시 NASA 책임자였던 제임스 웹에게 경의를 표하는 의미로 프로젝트를 그의 이름으로 명명했다. 이 제임스 웹 우주망원경의 중심 거울은 금으로 코팅한 육각형 모양의 금속 베릴륨으로 구성되어 있는데, 각 베릴륨은 직경이 6.5m로 허블 우주망원경 수집 영역의 약 5배에 달한다. 뒤틀림으로 발생하는 왜곡을 피하려면 거울을 일정 온도로 유지해야 하기 때문에 5겹의 선실드*Sunshield*(회색)와 태양 전지판을 탑재해 햇빛이 거울에 부딪히는 것을 완전히 방지했다. 이 망원경은 높은 적색 이동*red-shift* 물체에서 나오는 적외선을 관측하고 수집하는 것이 목적이며, 특히 우주에서 새로 형성되는 첫 별이나 은하계에서 내뿜는 적외선을 관측하기를 희망하고 있다.

재귀적 알고리즘

17세기 이후 수학자들은 반복 적용되는 알고리즘을 연구했다. 이런 알고리즘은 처음 숫자에 적용해 결과값을 얻으면 그 결과값에 다시 반복 적용해 새로운 결과값을 얻는 과정을 반복한다. 예를 들어 $x^2+1=y$라는 공식은 x를 제곱하고 1을 더해 y를 구하는 식이다. 만약 x=1이라고 가정하면 $(1\times1)+1=2$이므로 y=2다. 그다음으로 2를 x에 대입해 두 번째 반복*iteration*을 진행할 수 있다. 그러면 x=2고 y=5다(그림 12-31). 변수를 제곱하는 과정을 반복할 경우 숫자가 빠르게 커지기 때문에 몇 번 반복하고 나면 손으로 계산하기에 터무니없을 정도로 큰 숫자가 나온다. 그러나 컴퓨터가 등장한 후 수학자들은 반복적인 알고리즘을 좀 더 쉽게 연구할 수 있게 되었다.

1880년대 초 게오르크 칸토어는 어떤 집합을 정의할 때 그 집합요소를 생성하는 반복 과정을 이용할 수 있음을 발견했다. 예를 들어 0과 1 사이의 모든 무한한 숫자의 집합을 포함하는 무한한 선분을 찾을 수 있다. 먼저 0과 1사이의 선을 동일한 길이의 세 부분으로 나누고 가운데 점을 포함한 개집합(중간선에서 양끝 점을 제외한 모든 점을 포함하는 집합)을 제거한다. 남아 있는 다른 두 선분에도 같은 과정을 반복하고 이 과정을 무한 반복한다(그림 12-32 참고).

이 세 부분 중 중간집합은 '칸토어 집합' 혹은 '칸토어 먼지Cantor Dust'로 알려져 있다. 이들 집합은 무한한 과정에서 제거되지 않은 0에서 1 사이의 모든 점을 포함한다.[9] 선분 길이는 단계마다 감소하지만 여전히 칸토어의 점의 집합은 모든 단계에서 무한대를 기수로 갖는다. 칸토어의 먼지를 생성하는 반복 알고리즘은 전체구조가 선분 하나의 구조와 같기 때문에 자가유사 패턴을 만들어낸다. 칸토어가 1차원 공간의 선 위 점의 용어로 중간의 3분의 1 선을 정의한 후, 20세기 수학자들은 칸토어 먼지의 2차원('시에르핀스키 카펫Sierpiński Carpet', 그림 12-33)과 3차원('멩거 스펀지Menger Sponge', 그림 12-34) 버전을 정의했고 이것은 예술가들에게 영감을 주었다(그림 12-37, 12-38).

1904년 스웨덴 수학자 헬게 폰 코흐Helge von Koch는 반복 알고리즘으로 '코흐 눈송이 Koch Snowflake'라는 또 다른 모양을 만들었다. 이 알고리즘은 정삼각형으로 시작한다. 양변을 3분의 1로 나누고 그 3분의 1과 3분의 2 지점을 지나는 또 다른 정삼각형 하나를 그린다. 이 과정을 무한히 반복한다(그림 12-35). 큰 규모의 구조가 작은 규모에서도 나타난다는 점에서 코흐 눈송이도 칸토어의 먼지처럼 자가유사적이다. 이들 도형은 주어진 한 점에서는 국소적으로 자가유사적이지만 전체적으로는 그렇지 않다(즉, 코흐 눈송이 안에는 폐곡선 형태의 '눈송이'가 존재하지 않는다).

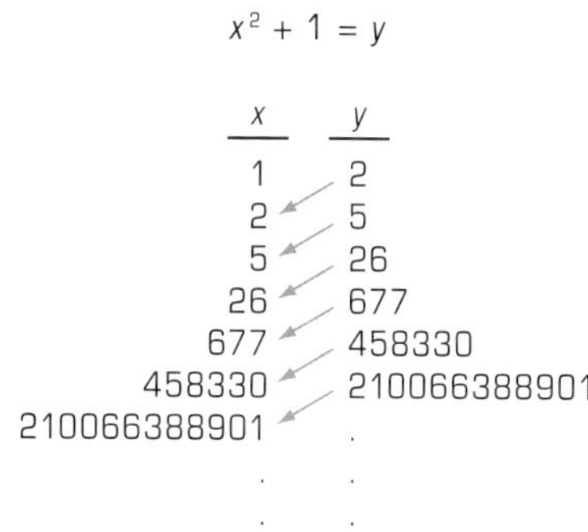

$x^2 + 1 = y$
x y
1 2
2 5
5 26
26 677
677 458330
458330 210066388901
210066388901

12-31. 재귀 알고리즘.

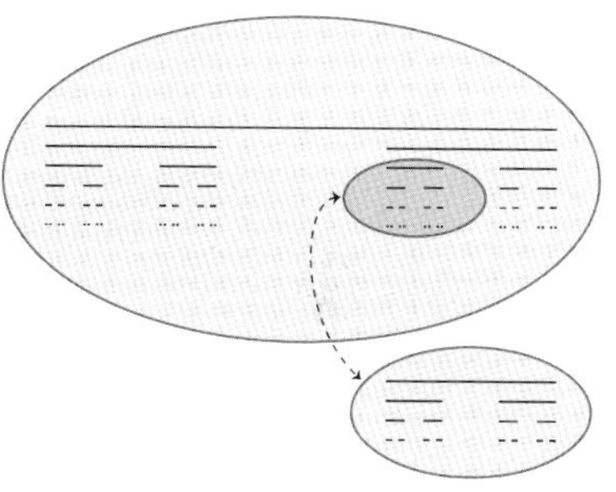

12-32. 칸토어의 3등분 집합 중 중간집합 또는 '칸토어 먼지'.
칸토어는 이 집합을 정의하기 위해 그 집합 요소를 만드는 과정을 제시했다. 주어진 선을 3개로 나누고 그 중간 부분을 제거한 뒤 이 과정을 나머지 두 선분에 적용한다. 그림은 첫 6단계 구성을 나타낸다. 이 과정은 자가유사성을 유지하는데 모든 부분집합은 그 앞뒤 단계와 구조가 같다.

그림 12-35에서는 코흐 규칙을 5번을 적용했다. 코흐는 비록 종이와 연필의 물리적 한계로 자신의 규칙을 많이 시도해볼 수 없었지만, 사고실험으로 이 과정을 무한 반복할 때 어떤 결과가 나타날지 상상해보았다. 그 결과는 작은 스케일에서 원하는 대로 자기유사 구조를 만들어낼 수 있다는 것이었다. 또한 그는 현미경으로 한 점을 확대해서 봐도 모든 규모에서 같은 패턴이 일어날 수 있다고 추측했다.

20세기 프랑스 수학자 가스통 줄리아Gaston Julia는 복소수에 관심을 기울였다. 복소수는 a+bi 형태로 쓰고 'a 더하기 b 곱하기 i'라고 읽는다. 여기에서 i는 $\sqrt{-1}$(-1의 제곱근으로 허수를 뜻한다)이다. 줄리아는 복소수 기하학을 연구하면서 복소수로 구성된 평면에서 반복 알고리즘을 사용하면 어떤 일이 일어날지 의문을 품고 계산을 반복할 때마다 약간씩 달라지게 만들었다. 즉, 자가유사 성질을 갖지 않는 반복 알고리즘을 적용할 경우 어떤 일이 일어날지 연구한 것이다. 수백, 수백만 번 반복하면 어떤 패턴이 나타날까?

줄리아는 이 문제를 쉽게 다루기 위해 복소수를 갖는 간단한 대수 활동을 연구했으나 계산식이 여전히 너무 길었다. 줄리아는 1차 세계대전 이후인 1918년부터 이 주제를 다룬 논문을 출판했지만 진정 깊은 연구는 2차 세계대전 당시 컴퓨터가 등장한 후에야 가능해졌다. 전 세계가 반복함수를 탐험하게 해줄 도구를 기다리는 동안 줄리아와 동시대에 활동한 독일의 초현실주의자 막스 에른스트Max Ernst는 허수(마이너스 1의 제곱근)를 사랑의 은유로 사용했다(그림 12-36).[10]

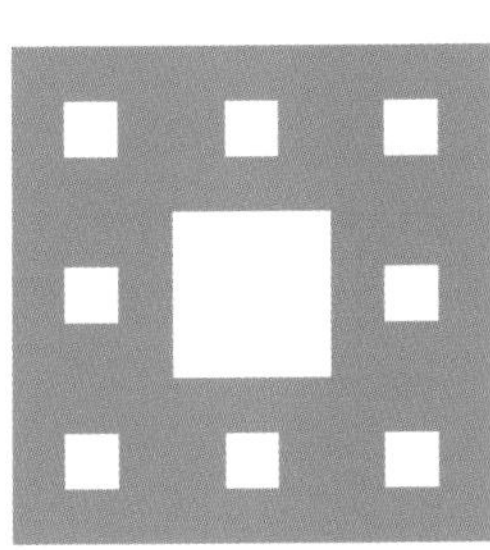
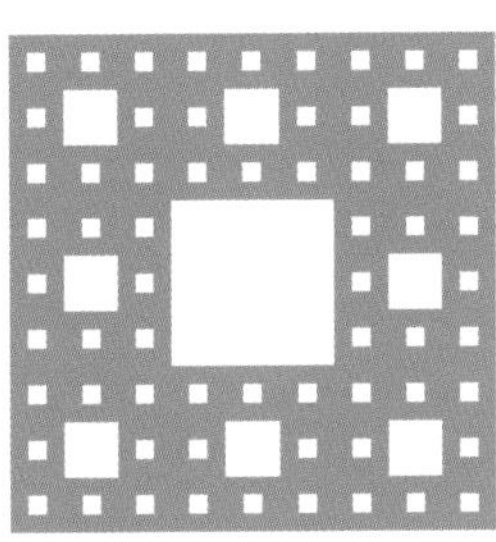
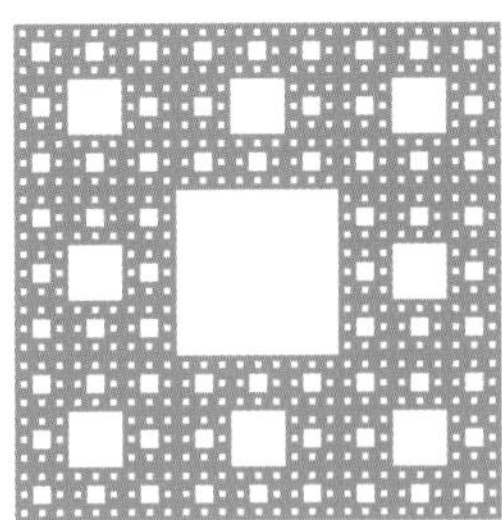

12-33. 시에르핀스키 카펫.
폴란드 수학자 바츠와프 시에르핀스키*Wacław Sierpiński*는 칸토어의 중간집합을 1차원 선에서 2차원 평면으로 확장해 시에르핀스키 카펫을 만들었다. 폴란드 르부프대학교(오늘날 우크라이나의 리비프)에서 수학교수로 재직하던 32세의 시에르핀스키는 1914년 1차 세계대전 발발 당시 러시아의 가족을 방문하고 있었다. 제정러시아 당국은 그와 그의 가족이 폴란드인이라는 이유로 포로로 붙잡아 뱟카에 수용했다. 모스크바의 기술집합론 수학자인 드미트리 예고로프와 니콜라이 루진(3장 참고)은 시에르핀스키와 그의 가족이 피난하도록 도와주었고, 모스크바에서 지내던 1916년 시에르핀스키는 자신의 '카펫'을 발견했다. 1918년 전쟁이 끝나자 시에르핀스키는 폴란드로 귀국해 1960년대에 은퇴할 때까지 바르샤바대학교에서 수학을 가르쳤다.

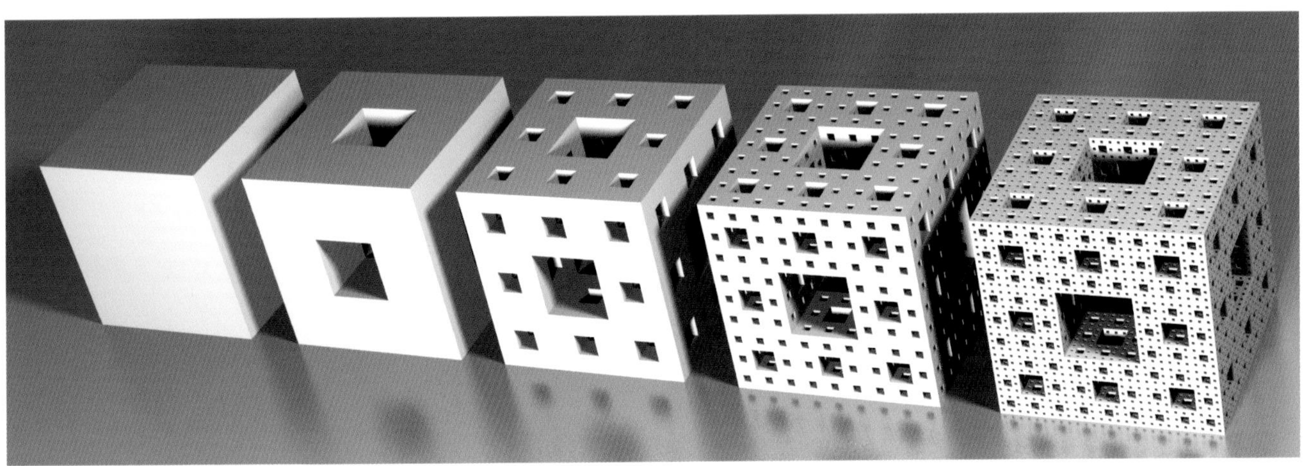

12-34. 멩거 스펀지.
순회 세일즈맨 문제를 수학에 도입한 오스트리아 수학자 카를 멩거는 칸토어 먼지의 3차원 버전을 발견했다. 1924년 빈에서 수학 박사학위를 받은 멩거는 L. E. J. 브라우어르의 초청으로 암스테르담대학교에서 교직을 시작했다. 이곳에서 브라우어르와 위상기하학을 논의하던 중 그는 자신의 '스펀지'를 발견했다. 1920년대에 멩거는 빈학파의 활동적인 구성원이었고 1930년대에는 미국으로 이민해 1946년부터 1971년까지 일리노이공과대학에서 학생들을 가르쳤다. 또한 이웃하던 시카고대학교의 루돌프 카르납과 함께 《통합과학 국제 백과사전》을 작업했다.

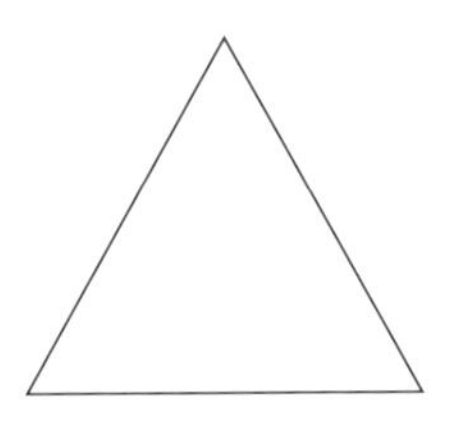

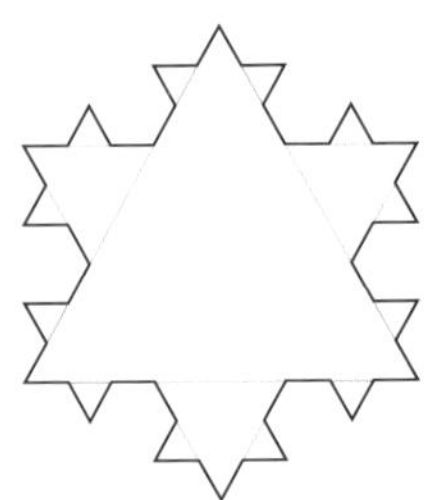
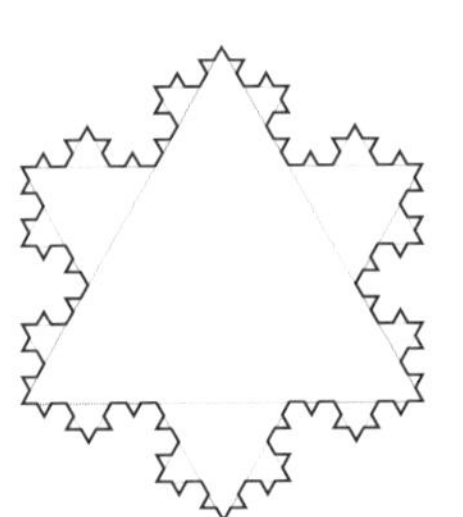
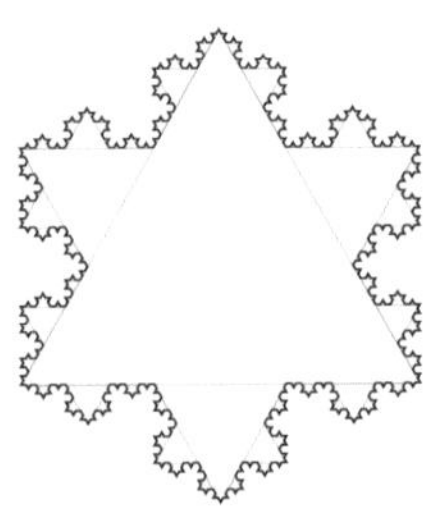

12-35. 코흐 눈송이.
코흐 눈송이를 만드는 첫 5단계를 나타냈다. 이 단계를 반복적으로 적용할 때 어떠한 모양이 될지 상상해볼 수 있다.

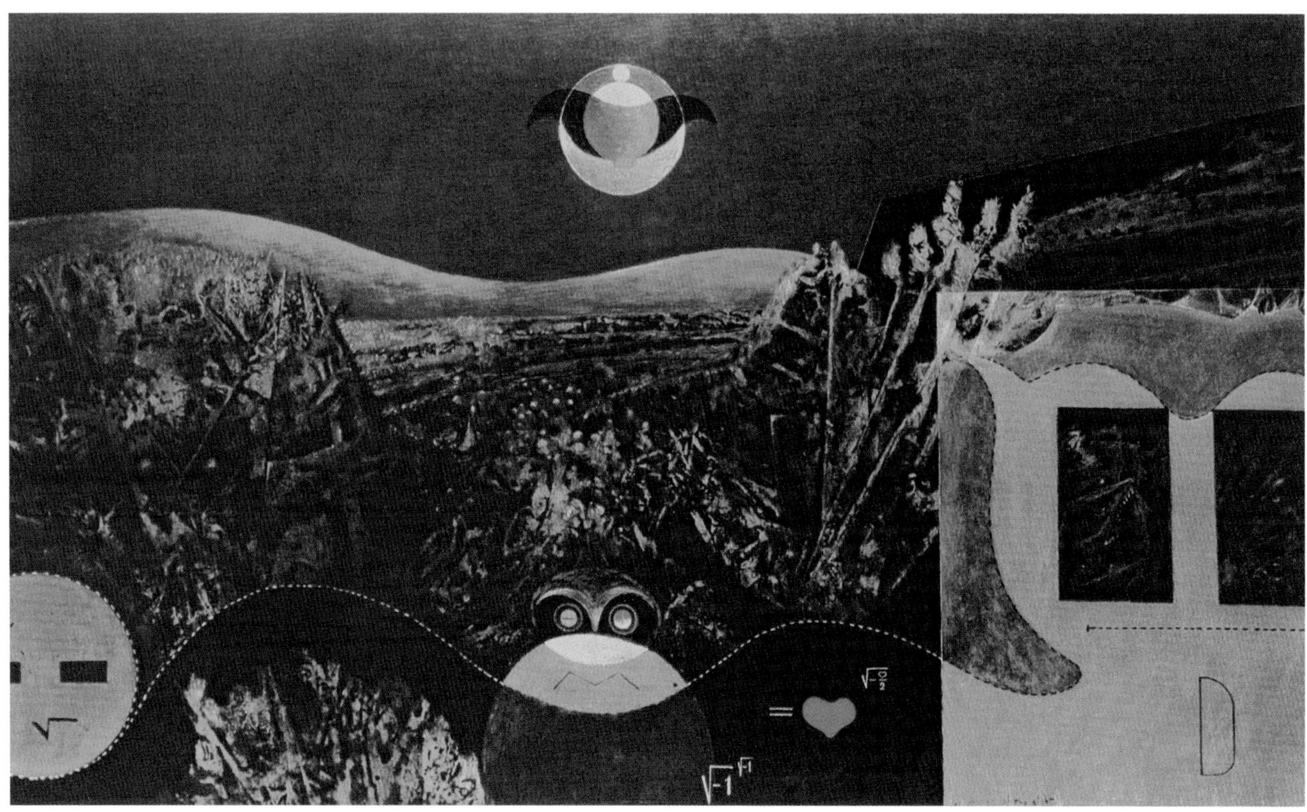

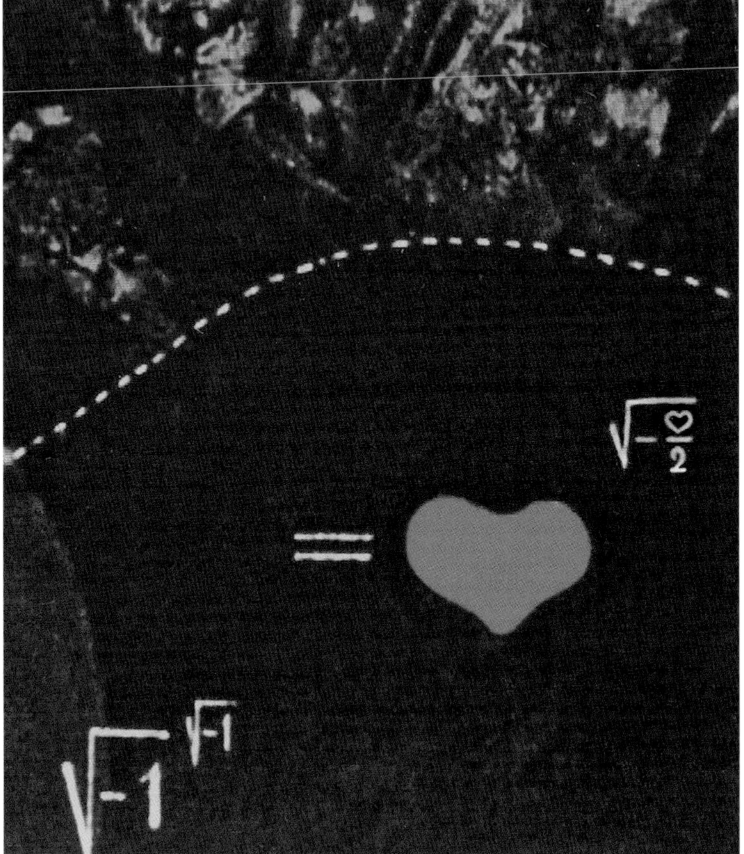

상단과 좌측(확대본)

12-36. 막스 에른스트(독일인, 1891~1976년), **'밤의 단계***Phases of the Night***', 1946년, 캔버스에 유채, 91.5×162.5cm.**

1946년 막스 에른스트는 미국 예술가 도로시아 태닝*Dorothea Tanning*과 결혼했고, 이 커플은 애리조나주 플래그스태프 주변에 정착했다. 에른스트는 이곳에서 이 그림을 작업했다. 이 그림에서는 로맨스(빨간색 하트)를 허수(−1의 제곱근)와 같다고 표시했다. 올빼미 같은 생물이 바라보고 있는 달빛 아래 사막은 허구적인 영역을 증폭한 것 같다. 그런 이유로 허수 i의 i 제곱을 사용해 등식이 성립하게 했다. 사랑 또한 급증하기에 하트(사랑)와 부부(2명)의 함수를 지수로 갖는다. 이 그림의 제목은 어떤 파동이나 다른 리드미컬한 진동 단계를 암시할 수도 있지만, 에른스트는 한 사람의 남편으로서 '밤의 단계'가 조화를 이루길 원했다.

518쪽

12-37. 장 클로드 메이노*Jean Claude Meynard***(프랑스인, 1951년 출생), '과잉***Exces***', 2001년, 플랙시글라스에 디지털 패턴, 120×120cm.**

519쪽

12-38. 실비 돈모어*Sylvie Donmoyer***(프랑스인, 1959년 출생), '멩거 스펀지 반추***Reflections on a Menger Sponge***', 2010년경, 디지털 프린트***Digital print***, 30.4×30.4cm.**

12-39. 랄프 베커*Ralf Baecker*
(독일인, 1977년 출생), '공간 계산*Rechnender Raum***', 2007년, 끈, 너도밤나무, 고무 밴드 등.**
컴퓨터과학을 공부한 랄프 베커는 쾰른미디어대학에서 미술을 공부했다. 이 미술가는 막대와 전선, 금속 추로 움직이는 이 거대한 조각을 완전하게 작동하는 컴퓨터로 만들었다. 베커는 막대와 추의 움직임을 볼 수 있는 외벽이 계산을 수행해 외부에서 보이지 않는 내부 상자로 계산값을 보내는 콘라트 추제의 고전적 컴퓨터를 기리기 위해 '공간 계산'이라고 명명했다. 베커의 공간 계산은 내부 작용을 볼 수 있는 것 같지만 실제로 계산 과정은 내부에 감춰져 있다.

1960년대 컴퓨터과학자들은 어떤 단순한 재귀규칙(자가유사성을 보존하지 못하는 규칙)이 복잡한 (카오스 같은) 체계의 행동으로 이어지고, 줄리아가 추측한 것처럼 그 역동적 체계는 초기 조건에 민감하다는 것을 확인했다. 두 용어 '복잡'하다는 것과 '카오스 같은'은 모두 자가유사성을 갖지 않는 재귀체계를 일컫는 데 혼용하지만 그 알고리즘을 반복 적용해 발생하는 것은 완전히 결과론적이다. '카오스 같은'은 (결정론적) 패턴의 명백한 무작위성을 가리킨다.

1960년대 독일의 콘라트 추제(그라포마트 발명가, 10장 참고)와 미국의 에드워드 프레드킨 Edward Fredkin은 만약 공간이 이산량의 점으로 이뤄져 있고 시간을 초단위로 나눠 떨어뜨려 구성한다면 이론적으로 모든 우주를 거대한 하나의 재귀 시스템 모형으로 나타낼 수 있다고 주장했다.[11] 추제는 우주를 3차원 점의 격자로 설명했고(《공간 계산Rechnender Raum》, 1969년) 독일 예술가 랄프 베커는 이것에서 영감을 받아 자신의 공간 계산을 작업했다('공간 계산' 2007년, 그림 12-39).

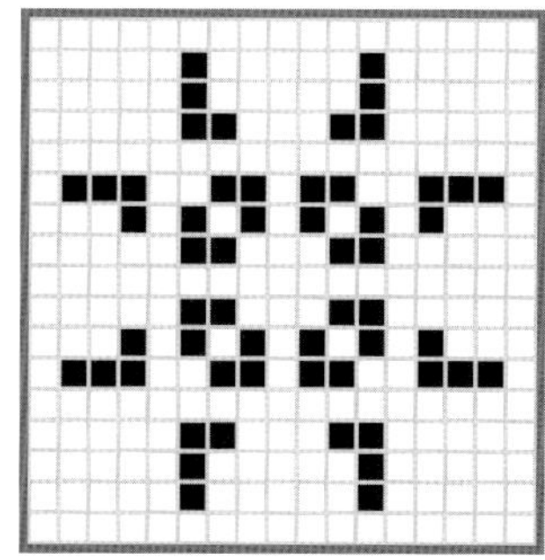

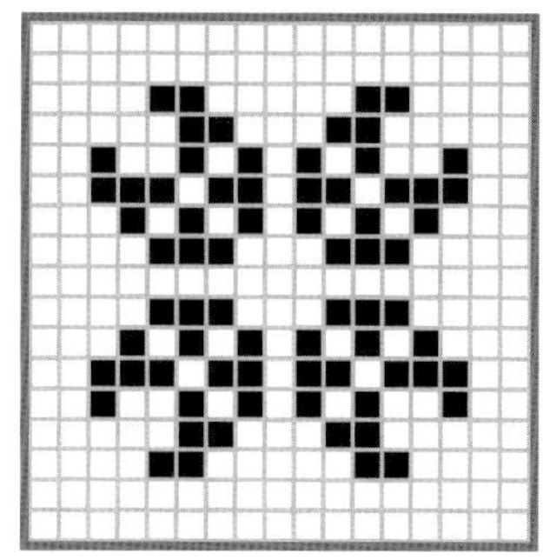

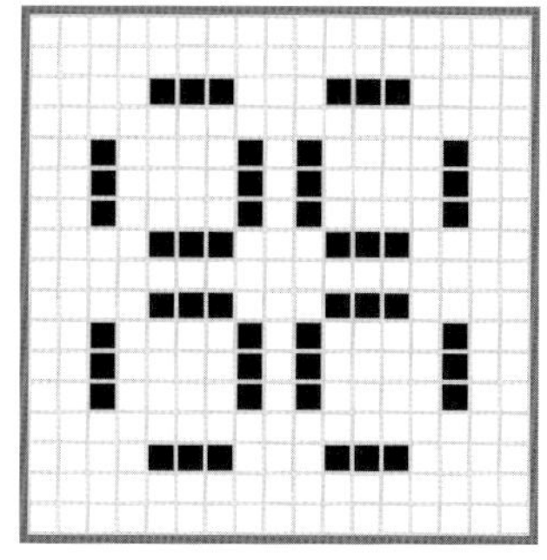

12-40. 존 호턴 콘웨이(영국인, 1937년 출생), **'생명게임', 1970년, 세포 자동자.**

생명게임은 무한한 2차원 세포격자로 만든 세포 자동자다. 이 게임 내의 세포는 죽었거나(하얀색) 살아 있다(검은색). 플레이어는 처음에 살아 있는 세포(검은색) 패턴을 정하고 게임 내의 세상이 진화하는 것을 관찰한다. 세포는 주변의 8개 세포에 반응해 변하는데 그 규칙은 다음과 같다.

살아 있는 세포 주변에 살아 있는 세포가 2개 미만이면 그 세포는 죽는다.

살아 있는 세포 주변에 살아 있는 세포가 2개 또는 3개면 그 세포는 살아남는다.

살아 있는 세포 주변에 살아 있는 세포가 3개 초과면 그 세포는 죽는다.

죽은 세포 주변에 정확히 살아 있는 세포 3개가 있으면 그 세포는 살아난다.

이후의 단계에서도 같은 규칙을 반복적으로 적용해 시계가 똑딱이듯 규칙적인 리듬을 만들어낸다. 이 예시는 초기 대칭 패턴 2개가 두 단계에 걸쳐 맥박이 뛰는 것 같은 패턴을 만들어내는 것을 나타낸다(바다의 해파리나 우주공간의 펄서*pulsar* 같은 패턴).

영국 수학자 존 호턴 콘웨이John Horton Conway는 재귀 알고리즘이 세포분열 같은 유기적 과정과 유사하다고 느꼈다. 영어에서 단어 '세포Cell'는 유기체의 기본단위인 살아 있는 세포를 의미하기도 하지만 세포 자동자Cellular Automaton의 기본단위인 컴퓨터의 셀이기도 하다. 이 우연의 일치를 이용해 콘웨이는 '생명게임The Game of Life'(1970년)이라는 재치 있는 이름의 컴퓨터게임을 개발했다(세포 자동자란 셀의 격자로 구성한 컴퓨터체계로 각 셀의 상태와 그 주변 셀 상태의 규칙에 따라 새로운 상태로 변경되는 것을 말한다).

플레이어는 세포 자동자의 초기 조건을 정하고 컴퓨터 자동자 셀의 색(검은색 또는 흰색)이 그 주변 셀에 미치는 영향을 단순한 '전이규칙'으로 정해 게임을 시작할 수 있다. 시계가 째깍거릴 때마다 셀은 규칙에 따라 검은색이나 흰색으로 바뀌고, 마치 현미경으로 보는 살아 있는 미생물처럼 이상한 모양으로 보인다. 미국 예술가 레오 빌라리얼Leo Villareal은 가장 단순한 전이규칙조차 예측할 수 없는 패턴(그림 12-40)을 만들어내는 이 게임에서 영감을 받아 생명게임을 대규모 조형물에 적용했다(그림 12-43, 12-44).

미국 수학자 에드워드 로렌츠(로렌츠의 다양체 창시자, 8장 그림 8-32 참고)는 기후 패턴도 이와 유사하게 작은 초기변수 값의 변화에 매우 민감하다는 것을 발견했다. 그는 최초의 기후 복합모형을 만들어 적용했다('브라질에서 나비가 날갯짓을 하면 텍사스에서 토네이도가 일어날까?', 1972년).

물리학자이자 수학자인 스티븐 울프럼Stephen Wolfram(수학자와 과학자가 폭넓게 사용하는 컴퓨터 프로그램 매스매티카Mathematica 개발자)은 추제와 프레드킨, 콘웨이 등의 발자취를 따라가며 자연계의 기본단위에 단순한 규칙(결정화, 세포분열)을 반복 적용한 결과로 자연계 대상(눈송이, 식물, 동물)이 생겨나기 때문에 자연계를 컴퓨터로 모형화할 수 있다고 주장했다. 울프럼은 자연계 대상을 생성하는 규칙(자연모형의 컴퓨터 프로그램)을 제시하는 한편 이것으로 자연계를 가장 잘 묘사할 수 있다고 했다(《새로운 종

12-41. 리처드 퍼디*Richard Purdy*(미국인, 1956년 출생), **'198', 2005년, 나무에 납화, 50.8×81.2cm.**
스티븐 울프럼의 《새로운 종류의 과학》(2002년)에서 영감을 받은 리처드 퍼디는 198의 2진수로 나타내 세포 자동자와 연관짓는 단순한 규칙으로 이 작품 패턴을 생성했고 두꺼운 임파스토*impasto*로 손 그림을 그렸다.

규칙 90:

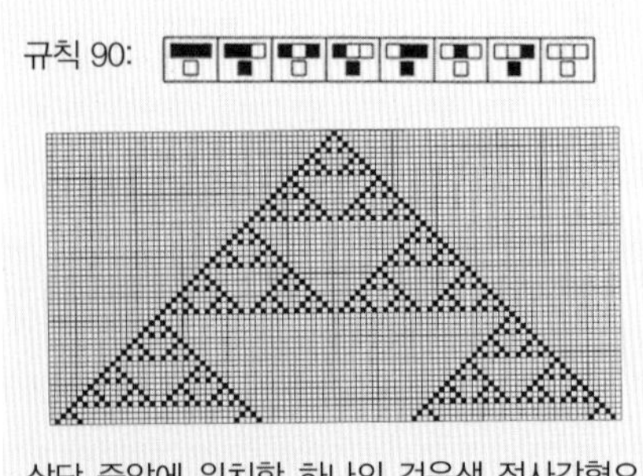

상단 중앙에 위치한 하나의 검은색 정사각형으로 시작해 규칙 90번을 50회 적용한 그림

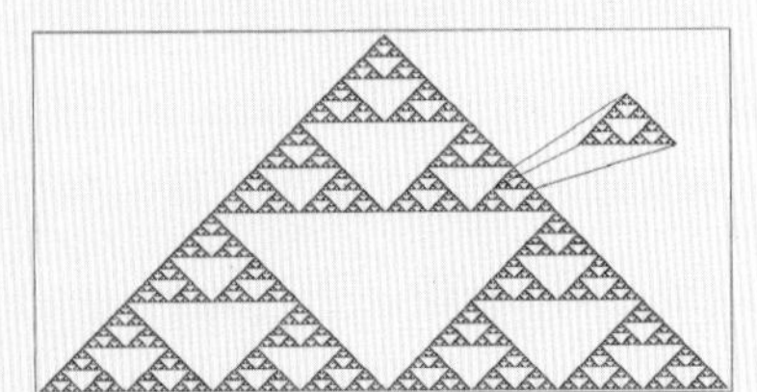

규칙 90번을 500회 적용한 그림. 이 규칙은 자기유사적인 프랙탈 패턴을 만들어낸다.

규칙 110:

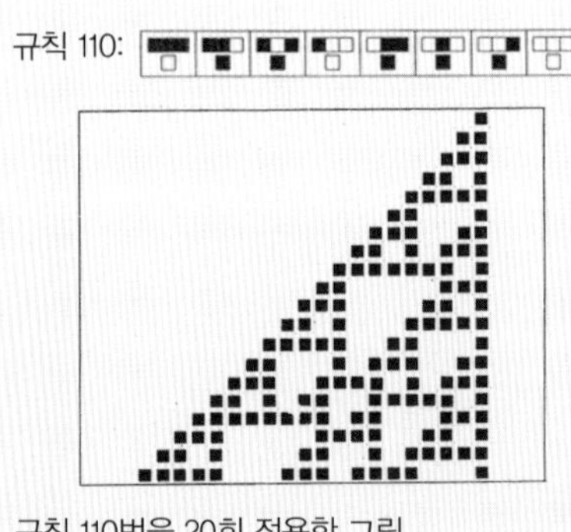

규칙 110번을 20회 적용한 그림.

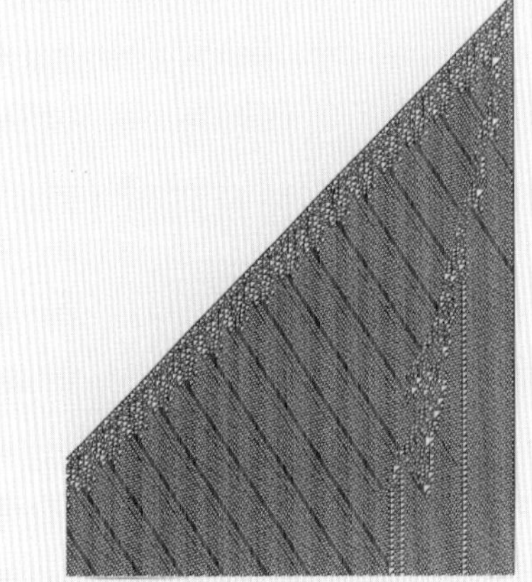

규칙 110번을 700회 적용한 그림.

12-42. 스티븐 울프럼, 《새로운 종류의 과학》(2002년), 25, 26, 32, and 33.
규칙: 위 세 세포(중앙, 좌측, 우측)의 색 패턴(검은색 또는 흰색)이 다음 줄 중앙 세포의 색을 결정한다.

523쪽 상단

12-43. 레오 빌라리얼(미국인, 1967년 출생), '다중우주*Multiverse***', 2008년, 백색 LED, 커스텀 소프트웨어, 일렉트릭 하드웨어, 길이 60.96m.**
존 콘웨이의 생명게임처럼 빌라리얼의 다중우주도 세포로 이뤄진 격자다. 콘웨이의 최종 제품은 휴대할 수 있는 오락기였다. 빌라리얼의 격자는 그 규모를 극적으로 키워 LED를 세포로 사용하는 방식으로 기존 건축물에 적용했다. 이 작품은 보행자가 평행한 여러 경로를 걸어가는 것과 마찬가지로 평행한 우주가 존재한다는 가능성에서 영감을 얻은 은유적 다중우주를 보여준다.

523쪽 하단

12-44. 레오 빌라리얼, '만灣의 조명*The Bay Lights***', 2013년. 백색 LED, 커스텀 소프트웨어, 일렉트릭 하드웨어, 길이 2.9km**
세포 자동자 격자를 만들기 위해 빌라리얼은 다리를 현수 케이블에 연결하는 수직 강철 지지 케이블에 하얀색 LED를 배치했다. 이 컴퓨터 시스템에 세포의 초기조건(LED 조명 상태)을 입력하면 정해진 규칙에 따라 시간이 흐르면서 각 세포 상태가 변한다. 그 결과 다리를 건너면서 케이블이 오르락내리락하는 것처럼 보이는 추상 패턴이 만들어진다. 빌라리얼은 날씨와 조수, 교량 교통량을 반영하는 규칙을 정의했다. 샌프란시스코 해안가에서 볼 수 있는 이 깜빡이는 불빛은 다리를 지나가는 운전자들이 혼란스러워하지 않도록 그들의 각도에서는 보이지 않게 배치했다.

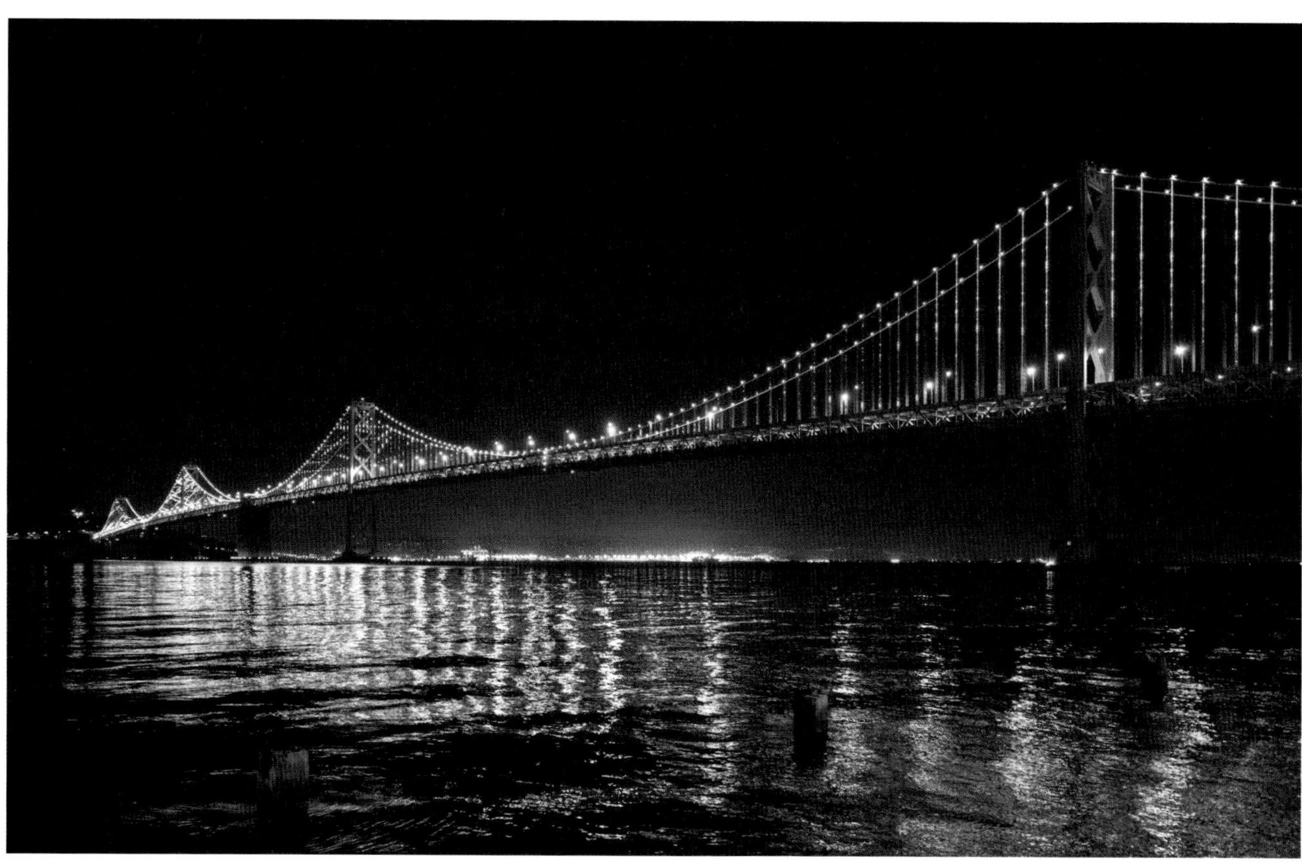

류의 과학A New Kind of Science》, 2002년). 그는 자신의 그래픽 관련 논문에서 복잡한 패턴을 생성하는 단순한 패턴의 예시를 제시했고 많은 예술가가 이것을 사용했다(그림 12-41, 12-42).

프랙탈 기하학

1970년대에 브누아 망델브로는 재귀 알고리즘을 반복 적용해 만든 역동적이고 유기적인 체계의 복잡한 패턴을 묘사하기 위해 그가 '프랙탈'이라 명명한('부러진' 조각을 뜻하는 라틴어 fractus) 새로운 종류의 기하학을 개발했다.

망델브로는 바르샤바의 유대인 가정에서 태어났고 1936년 그의 가족은 나치를 피해 파리로 떠났다. 당시 콜레주드프랑스에서 수학교수로 재직하며 부르바키 그룹의 일원이던 그의 숙부 숄렘 망델브로Szolem Mandelbrot가 조카의 교육을 책임졌다. 2차 세계대전이 발발한 후 그의 가족은 프랑스 남부의 작은 농장마을 튈로 이주했고 망델브로는 청소년기(1940~1944년)를 나치에게 발각되지 않기 위해 도망을 다니며 보냈다. 망델브로는 이 시기에 "지혜에 따라 살고 누구를 신뢰해야 하는지 배우는 경험을 했다"고 회상했다. 전쟁이 끝난 뒤 파리로 돌아온 그는 1945~1947년 가스통 줄리아와 함께 에콜폴리테크니크에서 공부했고 1952년 파리대학교(소르본대학교)에서 수학 박사학위를 받았다.

망델브로는 점점 프랑스 수학에 군림하던 부르바키학파의 엄격한 형식주의가 자신과 맞지 않는다고 생각했다. 부르바키의 추상적 형식주의와 반대로 망델브로는 그림을 기하학

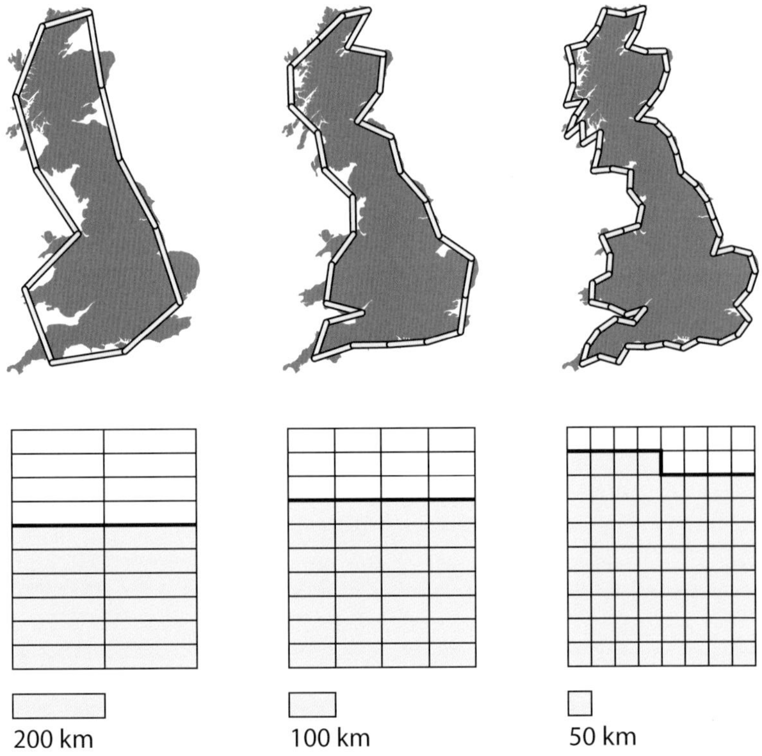

12-45. 여러 단위로 영국의 해안선을 측정한 결과.
루이스 프라이 리처드슨은 단위가 감소하면서 불규칙한 형태의 길이가 무제한으로 증가하는 것을 관찰했다. 예를 들어 영국 해안선을 200km 자로 측정한 뒤 자를 반으로 잘라 다시 측정하면 그 길이가 크게 증가한다. 측정단위가 200km일 때 해안선 길이는 12단위로 총 2,400km다. 만약 단위가 100km면 해안가 길이는 28단위로 총 2,800km가 된다. 단위가 50km면 해안선은 68단위로 총 3,400km다.

구조를 시각화한 것으로 보았다. 결국 망델브로는 1958년 아내, 아들과 함께 프랑스를 떠나 미국으로 이주했다. 34세인 그는 뉴욕주 북부에 있는 IBM의 왓슨연구소에서 일했고 그곳에서 자가유사성의 무작위 과정과 알고리즘을 공부해 이 둘을 깊이 연관지었다.

그는 영국 수학자 루이스 프라이 리처드슨Lewis Fry Richardson이 지적한 200km, 100km, 50km 단위 측정에 관한 독특한 사실을 연구했다. 이것은 국가의 국경 길이는 사용하는 단위에 따라 변한다는 내용이다(그림 12-45). 망델브로는 대표적인 논문 〈영국 해안은 얼마나 긴가?How Long Is the Coast of Britain?〉(1967년)에서 불규칙한 물체를 측정하는 경우, 가령 영국 같이 국경이 해안선으로 이뤄진 국가의 길이를 측정할 때는 '코흐 곡선'을 사용해야 한다고 주장했다. 코흐 눈송이는 유한한 넓이의 공간을 둘러싸지만 그 둘레는 무한하다(그림 12-46). 망델브로는 해안가나 코흐 눈송이 같은 물체는 길이가 아니라 거칠기(복잡성)를 측정해야 한다고 보았다.

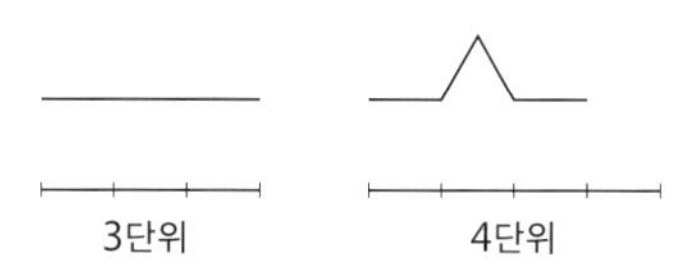

12-46. 코흐 눈송이의 무한한 둘레.
코흐 눈송이의 각 면은 3단위 길이다. 매번 반복할 때마다 그 3단위 길이가 4단위가 되기 때문에 이 과정을 무한히 이어가면 둘레가 무한하게 증가한다.

학생 시절이던 1940년대에 망델브로는 줄리아가 재귀 과정을 공부한다는 말을 듣고 함수의 모든 전개 단계를 그린 뒤, 이것이 어떤 극한 모양으로 전개되는지 상상해보았다. 이는 재귀함수의 수많은 반복 그래프를 투명한 종이에 그린 다음 이 층들을 함께 덮었을 때 어떤 모양이 나타나는지 보는 것과 같다. 망델브로는 컴퓨터로 이 작업을 수행했는데 1970년대에 이르자 줄리아의 재귀적 알고리즘을 수천 회 이상 수행하고 그 값을 그래프로 그릴 수 있을 정도로 컴퓨터 기술이 발전했다. 그 결과로 생성된 이미지는 동적 시스템에서 패턴이 시간에 따라 변화하는 것을 시각화한 것이다(그림 12-47).

줄리아는 작은 변화부터 막대한 변화까지, 느린 변화부터 빠른 변화까지 다양한 범위의 변화 패턴을 묘사하기 위해 수백 가지 재귀 알고리즘을 작성했다. 망델브로는 이 작업을 통합해 줄리아의 모든 패턴을 묘사할 수 있는 하나의 마스터 방정식을 개발했고, 이 방정식으로 묘사하는 모든 패턴집합은 '망델브로 집합'이라 불렸다. 컴퓨터 프로그래머의 도움을 받아 자신의 마스터 방정식을 반복 적용한 그는 점점 더 작은 단위에서 볼 때 자가유사성을 유지하는 패턴을 만들어냈다(그림 12-48).

유클리드 기하학의 전형적인 이미지인 원이 움직임이 없고 영원한 대칭을 시각화하는 것처럼, 동적으로 변화하는 패턴을 시각화한 망델브로 집합은 동적 변화 패턴을 시각화하는 프랙탈 기하학의 전형적인 이미지다. 망델브로는 1975년 프랑스에서 《프랙탈: 형태, 가능성, 범위Les objets fractals: Forme, hasard, et dimension》를 출간해 최초로 프랙탈 연구를 시작했고 1977년 영어번역판이 나오면서 연구는 더욱 확장되었다.

영국 수학자 로저 펜로즈가 기술한 것처럼 망델브로 집합은 플라톤 영역에 존재하는 추상적 개체의 훌륭한 예시다.

"망델브로 집합으로 알려진 컴퓨터 그림을 본 적 있는가? 이것은 마치 멀리 떨어진 세상을 여행하는 듯한 느낌을 준다. 당신의 감지기기를 켜서 모든 종류의 구조를 갖춘 놀랍도록 복잡한 구성을 살펴보고 이것이 무엇인지 맞혀보라. (…) 굉장히 정교하고 인상적이지 않

상단

12-47. 줄리아 집합.

527쪽

12-48. '망델브로 집합'의 일부.
이 컴퓨터 그래픽은 망델브로가 발견한 소위 '망델브로 집합'(상단 좌측)의 수학적 물체의 일부다. 컴퓨터의 줌인 기능은 마치 현미경처럼 이 집합을 점진적으로 더 자세한 부분으로 확대한다.

은가! 하지만 그 그림을 구성하는 방정식만 보고는 누구도 이런 종류의 패턴이 생성될 것이라고 예상할 수 없었을 것이다. 이제 이 풍경은 그저 누군가의 상상 속에만 존재하는 것이 아니다. 모두 다 같은 패턴을 보고 있다. 당신은 컴퓨터를 사용해 어떤 것을 탐색하겠지만 이것은 실험 장치로 무언가를 탐색하는 것과 전혀 다르지 않다."[12]

유클리드 기하학과 마찬가지로 프랙탈 기하학도 단순하고 재귀적인 과정을 반복 적용해 우주와 생명 형태를 형성하는 방식으로 자연계에 구현되어 있다. 물결구름이나 액체의 흐름 같이 복잡한 패턴이 다수의 단순한 상호작용에서 일어난다는(창발) 점에서 자연은 '창발 시스템Emergent System'이라 불린다(그림 12-49, 12-50). 산은 수천 년에 걸쳐 융기와 침강을 반복한 암석이 밀집하면서 구조가 얽힌다. 망델브로에 따르면 산은 그것을 생성하는 단순한 재귀적 알고리즘으로 가장 잘 설명할 수 있다(그림 12-51, 12-52).

일부 명망 있는 수학자는 프랙탈 기하학에 비관적 견해를 보였는데, 여기에 망델브로는 독특하게도 자신의 책을 일반 대중을 대상으로 한 수정판으로 출판하는 방식으로 반응했다(《자연의 프랙탈 기하학》, 3판, 1982년). 망델브로는 1920년대에 하이젠베르크가 시작한 과학 저널리즘에 자기 홍보적 문체로 글을 썼고(8장 참고) 프랙탈 기하학을 "유클리드가 제쳐놓은 형태"라고 묘사했다.[13] 그의 책은 '무정형'의 나무, 산, 구름 들의 수학구조를 나타내는 그림

우측

12-49. 키스 타이슨*Keith Tyson* **(영국인, 1969년 출생), '구름 연출: 커피 안의 구름** *Cloud Choreography: Clouds in Your Coffee***', 2009년, 알루미늄에 유채, 지름 122cm.**

529쪽

12-50. 키스 타이슨, '구름 연출: 핼리팩스*Cloud Choreography: Halifax***', 2009년, 알루미늄에 아크릴, 198×198cm.**

으로 가득 차 있다.

이 수정본이 비평가의 비평을 막지는 못했으나[14] 대중은 프랙탈 기하학에 큰 관심을 보였다.[15] 그의 저서 《프랙탈Les objets fractals》은 부르바키의 형식주의 접근방식이 쇠퇴하고, 프랑스 철학자 장 프랑수아 리오타르Jean-Francois Lyotard가 망델브로를 가리켜 새로운 "포스트모던 과학la Science Postmoderne"을 창조하는 데 기여할 수학자라고 예고한 시기에 파리에서 출판되었다.[16] 당대 과학사학자들은 프랙탈 기하학의 혁명적 본질을 과하게 강조하는 망델브로의 주장을 무비판적으로 받아들인 리오타르를 심하게 비판했다.[17]

1985년 뮌헨의 독일문화원은 '카오스 안의 아름다움Schonheit im Chaos'이라는 극적인 제목의 전시회를 열어 컴퓨터그래픽 프랙탈 이미지와 자연의 프랙탈 패턴 사진을 전시했다. 그 전시회의 큐레이터인 독일 수학자 하인츠 오토 파이트겐Heinz-Otto Peitgen은 망델브로의 과장된 문체를 채택했다. 이 전시회는 독일을 순회한 후 46개 국가의 독일문화원 지부에서도 전시해 엄청난 대중적 관심을 불러일으켰다. 예를 들어 뉴욕 독일문화원에서 전시회를 연 후(전시회 영어명 '카오스의 경계선Frontiers of Chaos') 뉴욕 현대미술관은 프랙탈 관련 현대예술가들의 작품을 정리해 전시회를 열었다. 이 전시회에서는 앨리스 양Alice Yang이 큐레이터를 맡았다('이상한 끌개: 카오스의 흔적들Strange Attractors: Signs of Chaos', 1989년).

시간이 지나면서 예술가들은 동적 시스템이 진화해가는 집합을 '끌개Attractor'라고 불렀다. 만약 동적 시스템이 카오스 상태라면 그 시스템의 어트랙터는 프랙탈 구조를 갖는데

상단

12-51. 엘리엇 포터*Eliot Porter*(미국인, 1901~1990년), '얼음 결정, 블랙 아일랜드, 맥머도만, 남극*Ice Crystals, Black Island, McMurdo Sound, Antarctica*', 1975년 12월 17일, 다이 인히비션 프린트*Dye inhibition print*, 21.59×26cm.

531쪽

12-52. 찰스 브라운*Charles Brown*(미국인, 1954년 출생), '스위스의 몬테로사*Monte Rosa, Switzerland*', 2011년, 잉크젯 프린트, 50.8×50.8cm.

구름은 구체가 아니고 산은 원뿔이 아니며
해안선은 원형이 아니다.
나무껍질은 부드럽지 않고 번개는 직선으로 움직이지 않는다.

— 브누아 망델브로,
《자연의 프랙탈 기하학》, 1982년.

이것을 두고 수학자들은 '이상하다'라고 표현한다. 프랙탈 기하학의 문맥에서 파이트겐과 양은 완전히 일반적이고(전혀 이상하지 않고) 질서정연한(예측 가능한) 재귀적 알고리즘을 적용한 결과 분명하게 무작위적 패턴이 나오는 것을 나타내고자 '카오스'라는 용어를 사용했다.

과학, 기술, 예술의 재귀 알고리즘

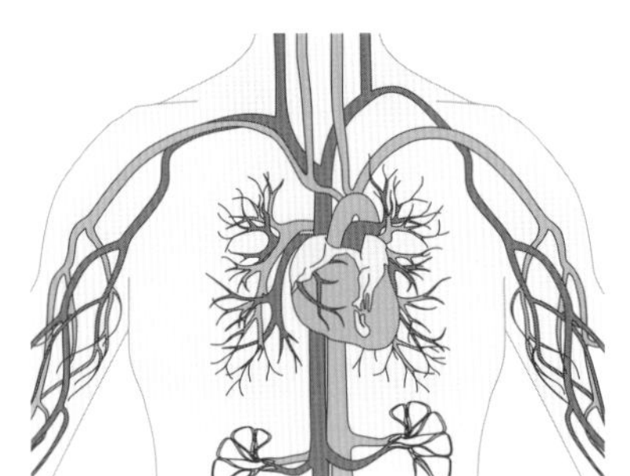

12-53. 사람의 심혈관계.

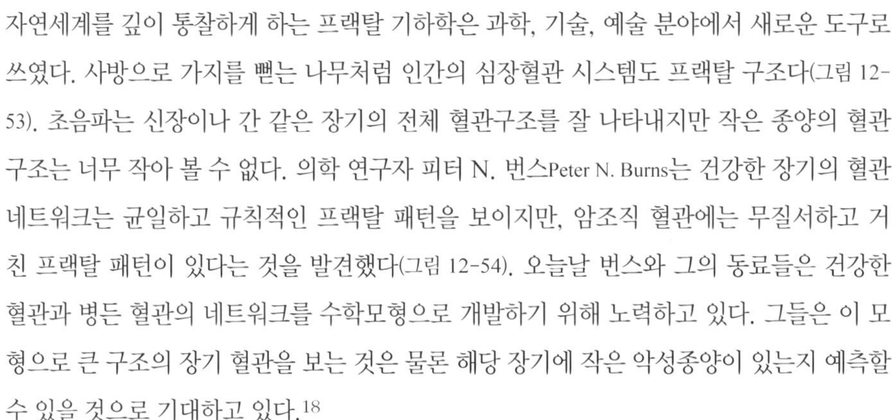

자연세계를 깊이 통찰하게 하는 프랙탈 기하학은 과학, 기술, 예술 분야에서 새로운 도구로 쓰였다. 사방으로 가지를 뻗는 나무처럼 인간의 심장혈관 시스템도 프랙탈 구조다(그림 12-53). 초음파는 신장이나 간 같은 장기의 전체 혈관구조를 잘 나타내지만 작은 종양의 혈관구조는 너무 작아 볼 수 없다. 의학 연구자 피터 N. 번스Peter N. Burns는 건강한 장기의 혈관 네트워크는 균일하고 규칙적인 프랙탈 패턴을 보이지만, 암조직 혈관에는 무질서하고 거친 프랙탈 패턴이 있다는 것을 발견했다(그림 12-54). 오늘날 번스와 그의 동료들은 건강한 혈관과 병든 혈관의 네트워크를 수학모형으로 개발하기 위해 노력하고 있다. 그들은 이 모형으로 큰 구조의 장기 혈관을 보는 것은 물론 해당 장기에 작은 악성종양이 있는지 예측할 수 있을 것으로 기대하고 있다.[18]

1990년대에 미국 천문학자 네이선 코언Nathan Cohen은 프랙탈 형태의 안테나(그림 12-55)가 다이폴 형태(토끼 귀)의 직선과 원의 선분으로 만든 안테나보다 작으면서도 더 넓은 주파수 범위를 갖는다는 것을 발견했다. 휴대전화와 노트북컴퓨터, 전화, 이메일, GPS 등은 여러 기능을 제공하는데 각 기능은 서로 다른 무선 주파수로 고유의 안테나에 수신한다. 코언은 다중주파수를 수신하는 데 가장 효율적인 모양은 시에르핀스키 카펫 같이 프랙탈 패턴의 안테나라는 것을 증명했다. 오늘날 프랙탈 형태의 안테나는 스마트폰과 다른 무선기

A

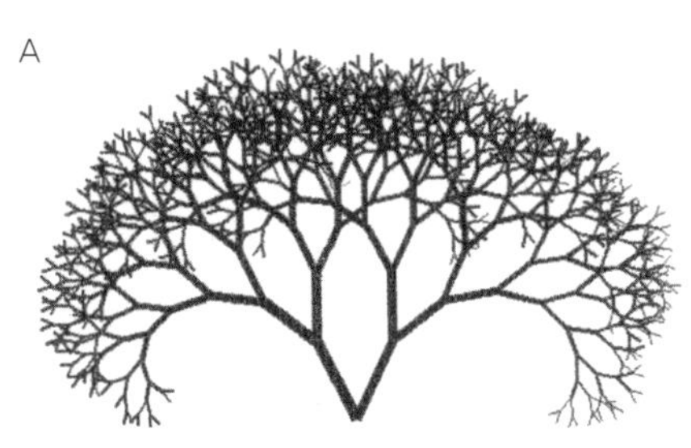

B

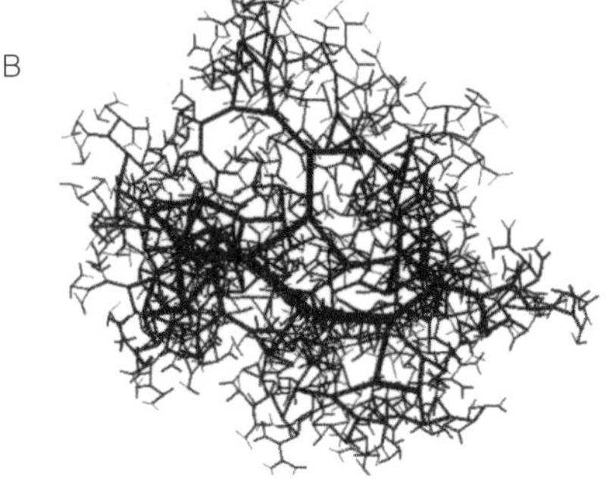

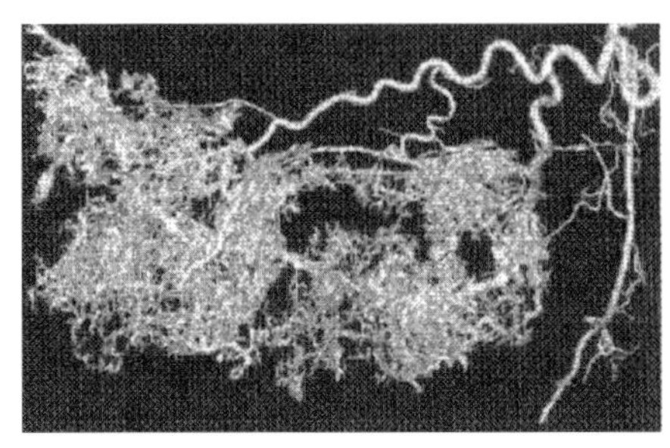

12-54. 건강한 세포와 병든 세포의 프랙탈 모양 혈관 패턴.
A. 컴퓨터로 생성한 신장의 혈관 수상구조 모형(좌측)과 건강한 토끼의 신장.
B. 컴퓨터로 생성한 종양의 혈관 수상구조 모형(좌측)과 암에 걸린(세포종) 쥐의 종양.

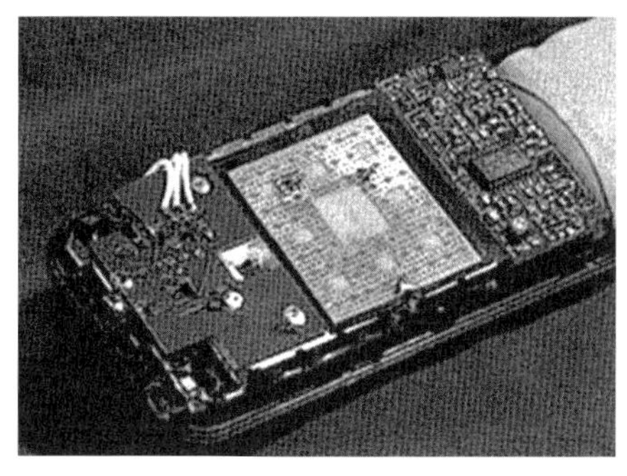

12-55. (좌측) 정사각형 시에르핀스키 카펫 모양의 휴대전화 안테나(그림 12-33 참고).
(우측) 삼각형 시에르핀스키 카펫 모양의 프랙탈 안테나.

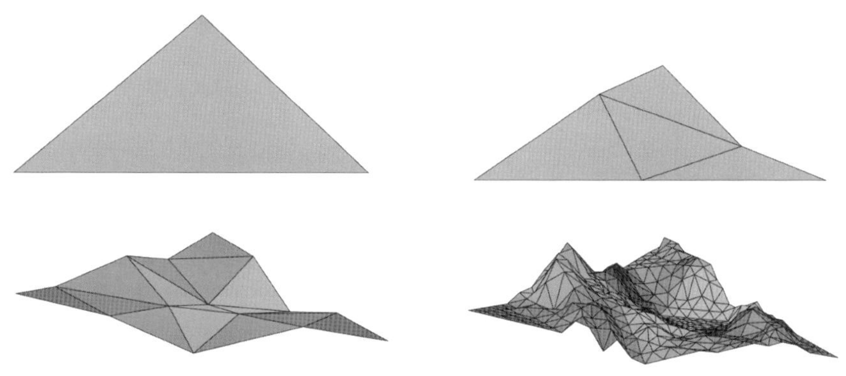

12-56. 3차원 컴퓨터 시뮬레이션.
만화영화 제작자는 각 반복마다 무작위 변화를 일으키는 컴퓨터 프로그램으로 몇 초 만에 큰 삼각형의 면을 작은 삼각형으로 잘라내 이러한 산을 만들 수 있다. 이 프로그램은 자연이 산을 만드는 본질적으로 단순하고 재귀적인 과정(퇴적작용과 결정화)을 흉내 내 실제 같은 산을 만들어낸다. 이전에 손으로 그린 만화영화는 평평한 평면을 겹쳐 깊이를 모방했고 2차원 격자에서 좌우로 움직이는 방식으로 움직임을 흉내 냈다. 하지만 컴퓨터 시뮬레이션으로 만든 산은 3차원에서 만들기 때문에 제작자들이 공간을 움직이는 사람의 관점에서 산을 보여준다.

12-57. '여러 해상도에서 바라본 행성*Planets at Different Resolutions*', 알랭 푸르니에*Alain Fournier*, 돈 푸셀*Don Fussell*, 로렌 카펜터*Loren Carpenter*의 〈추계적 모형의 컴퓨터 랜더링*Computer Rendering of Stochastic Models*〉
프랙탈 기하학으로 일종의 무작위(추계적) 과정에 발생하는 모든 자연물체의 모형을 만들 수 있다. 이 그림은 재귀적 알고리즘을 점점 더 여러 번 적용할수록 행성의 광활한 땅덩어리가 개략적인 모습(낮은 해상도)에서 더 자세한 모습(높은 해상도)으로 변해가는 것을 나타낸다.
작가는 개략적인 버전은 원사遠寫에 더 좋고 자세한 사진은 근접 촬영에 좋다고 제안했다. 카펜터와 그의 동료들은 1982년 이 논문을 발표했는데 같은 해에 카펜터는 이 기술로 〈스타트렉 II〉의 인공행성을 만들었다. 3명의 젊은 영상제작자는 자신들의 논문을 이런 절제된 표현으로 마무리했다. "컴퓨터그래픽에서 사용하는 모델링 기법을 쉽게 다루고 싶다면 현실세계의 추계적 과정의 중요성을 인식하길 추천한다."

기에 표준형으로 쓰이고 있다.[19]

1890년대에 영화(활동사진)를 만들기 시작했을 때 만화영화 제작자는 모든 장면의 프레임에 맞는 그림을 그리느라 짧은 장면까지도 수백여 장의 그림을 그려야 했다. 만화가는 이 작업을 처리할 때 여러 종류의 동물과 풍경을 간단한 형태로 윤곽을 그려 작업했다(그림 12-58). 1970년대 들어 신세대 제작자들은 고전적인 방법에 컴퓨터를 적용해 단순하고 평평한 2차원 평면(모니터 스크린)에서 움직이는 프로그램을 만들었다.

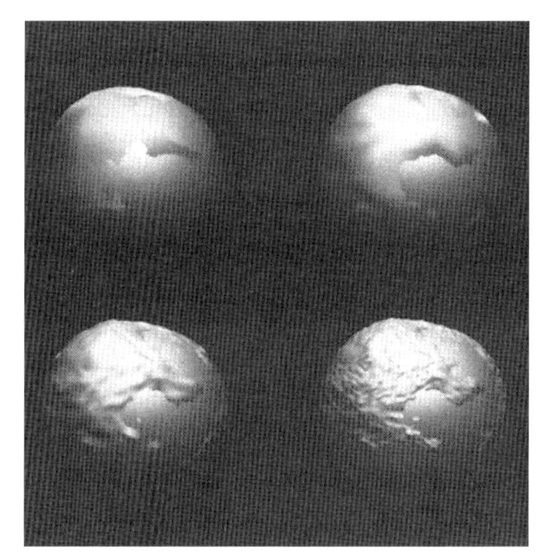

1978년 영화 제작자로 일한 로렌 카펜터는 프랙탈 기하학이 컴퓨터 그래픽에 미치는 막대한 영향력을 깨달았다. 카펜터는 3차원 공간에 복잡한 물체를 그릴 때 피라미드 같이 단순한 기하학 형태로 산을 그리고 각각의 삼각

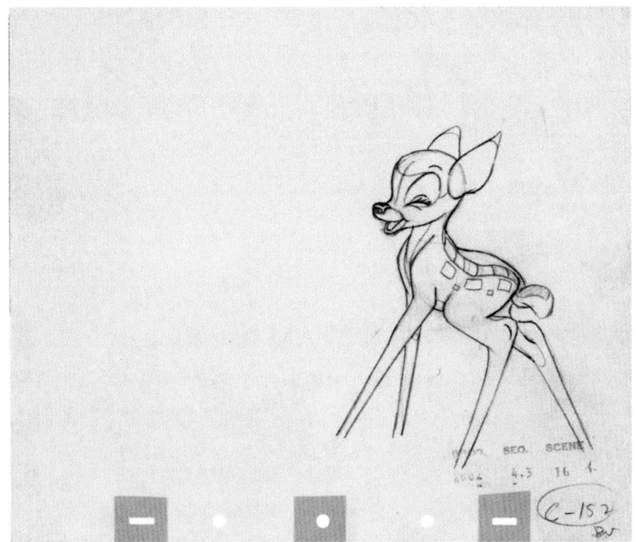

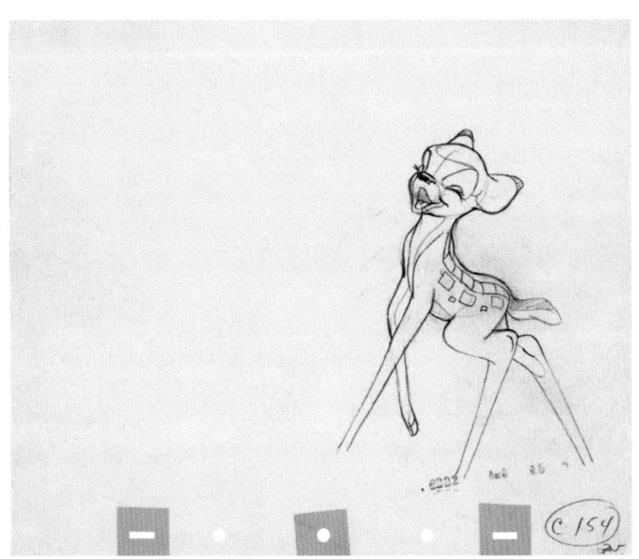

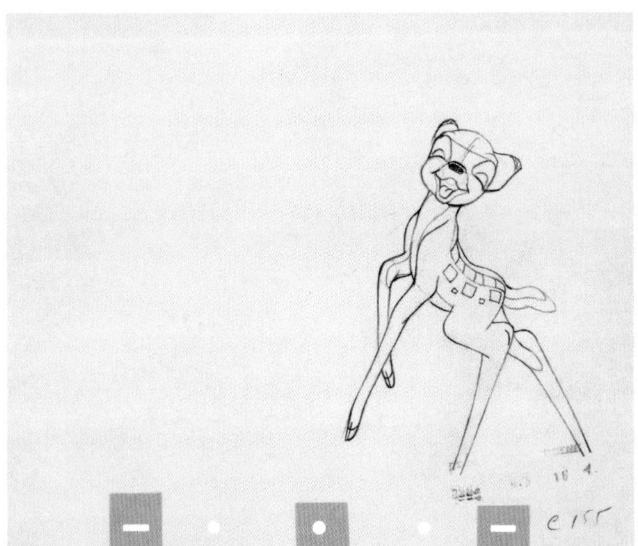

12-58. 프랭크 토머스*Frank Thomas*(미국인, 1912~2004년), **애니메이션 영화 〈밤비***Bambi*〉**, 1942년, 애니메이션 페이퍼에 연필.**

프랭크 토머스는 걸어 다니는 밤비의 장면을 만화영화로 만들기 위해 특수 책상 위에 유리관을 설치하고 그 뒤에 광원을 둔 다음, 반투명한 만화종이를 올려 유리관으로 종이를 볼 수 있게 했다. 이들 종이는 바닥에 있는 페그 구멍*peg hole*으로 고정했다. 토머스는 캐릭터가 감독이 결정한 모습을 유지하면서 올바르게 동작을 표현하고 있는지 확인하기 위해 도면을 뒤집었다. 그는 중요한 장면만 그리고 나머지 중간 장면은 그의 조수들이 그렸기 때문에 각각 조금씩 달랐다.

1942년 월트디즈니가 출시한 영화 〈밤비〉는 1923년 오스트리아 작가 펠릭스 잘텐*Felix Salten*의 소설 《밤비: 숲 속의 삶*Bambi: Eine Lebensgeschichte aus dem Walde*》에 기반한 영화였다. 1차 세계대전 이후 독일 낭만주의가 부활하던 시기에 《밤비》를 쓴 잘텐은 숲의 왕자가 동물 친구를 사냥꾼으로부터 지켜주는 자연 속의 목가적인 삶을 묘사했다. 빈의 저명한 유대인 가문 출신인 잘텐은 1930년대 나치당이 부흥하면서 그 자신이 밤비처럼 고향에서 사냥을 당했다. 1936년 히틀러는 소설 《밤비》를 독일에서 절판시켰고 1938년 오스트리아가 나치 독일에 합병되자 잘텐은 빈을 탈출해 취리히로 떠났다. 그렇게 망명생활을 하던 중 그는 1945년 사망했다.

한편 디즈니는 성인이 된 용감한 젊은 사슴 이야기를 담은 영화(오스트리아 원작의 우울한 모습과 달리 더 사랑스럽게 묘사했다)를 2차 세계대전 도중 개봉해 평화를 지키고자 자녀를 바다 건너 전쟁터로 보낸 미국인 관객의 사랑을 받았다.

형 면을 작은 삼각형으로 나눈 다음 이 과정을 반복했다(그림 12-56). 카펜터는 1980년 샌프란시스코의 루카스필름에 입사해 〈스타트렉 II: 칸의 역습〉(1982년)에서 인공행성을 만들었는데, 〈스타트렉〉은 최초의 CG 화면을 담은 영화로 남았다(그림 12-57). 컴퓨터그래픽 분야는 재빨리 프랙탈 기하학을 받아들였고 특수효과에 혁신이 일어나면서 제작자들은 〈주라기 공원〉(1992년, 그림 12-59)의 공룡같이 살아 있는 것처럼 보이는 생물을 만들어냈다.

수학자와 엔지니어, 과학자 들은 일반적으로 데이터를 시각화할 때 컴퓨터그래픽 프로그램을 사용한다. 특히 컴퓨터그래픽을 좋아하는 이들은 수학이나 과학을 연구하다가 예술로 관심을 돌리기도 했다.[20] 1980년대부터는 전문적이고 기술적인 조직과 기업(특히 수학자, 물리학자, 컴퓨터과학자가 소속된 집단)의 구성원들이 CG 이미지를 생성하고 업무 맥락에서 예술을 다루는 것이 일반화했다. 미국 수학자 조지 W. 하트George W. Hart는 1990년대에 목각 장식품을 만들어 다면체 형태를 탐구했다. 새로운 컴퓨터그래픽 기술이 발전하자 하트는 그림 12-60의 체인링크로 만든 구형 같이 손으로 조각할 수 없는 복잡한 다면체의 3차원 물체를 컴퓨터로 '프린트'해 탐구했다.[21]

1980년대에 개인용 컴퓨터가 출시되자 수학자와 예술가는 프로그래밍을 배우는 것으로 연

12-59. 〈주라기 공원〉(1993년), 1990년 마이클 크라이튼*Michael Crichton* 원작소설, 스티븐 스필버그*Steven Spielberg* 감독.
영화에서 수십 년 동안 화석 뼈를 발굴해온 2명의 미국인 고생물학자(샘 네일과 로라 던)는 눈앞에서 살아 있는 브라키오사우루스를 보게 된다. 그들 옆에 있는 하얀색 셔츠를 입은 억만장자 사업가(리처드 아텐보로)는 복제한 공룡으로 가득한 선사시대 주제의 공원인 '주라기 공원'을 지었다. 이전의 〈고질라〉(일본, 1954년) 같은 공룡 영화는 사람이 공룡 분장을 하고 연기했지만, 〈주라기 공원〉의 브라키오사우루스는 컴퓨터로 만들었다. 〈주라기 공원〉은 1993년 아카데미에서 시각효과상을 받았다.

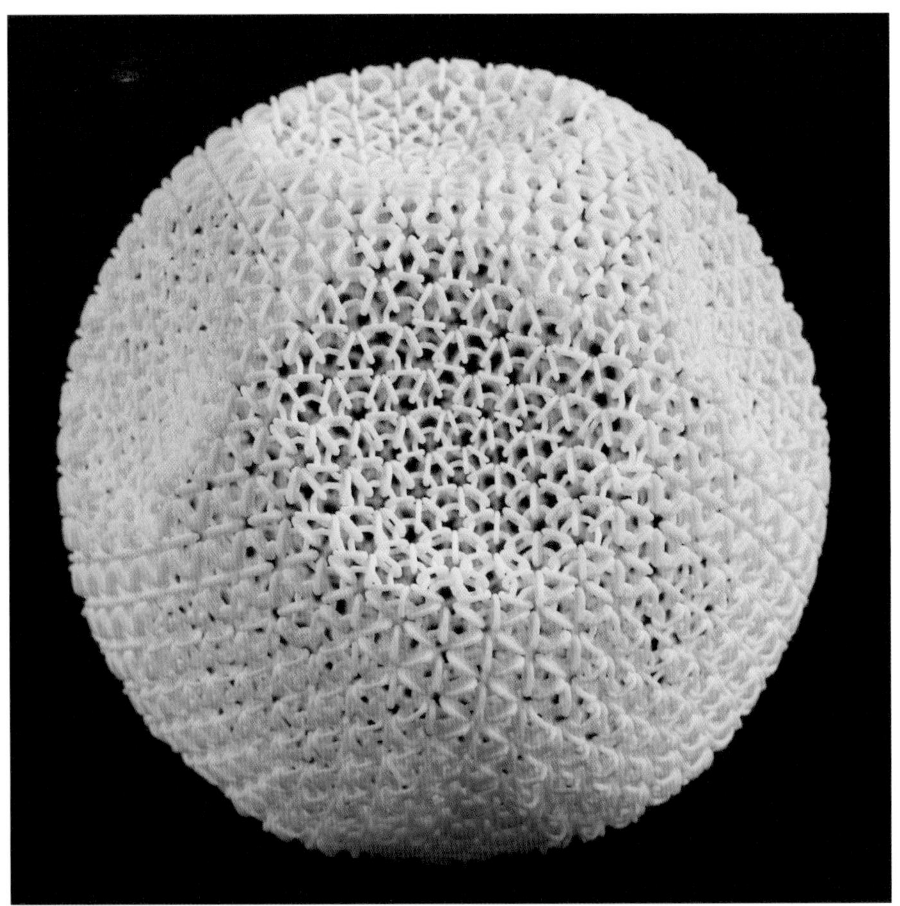

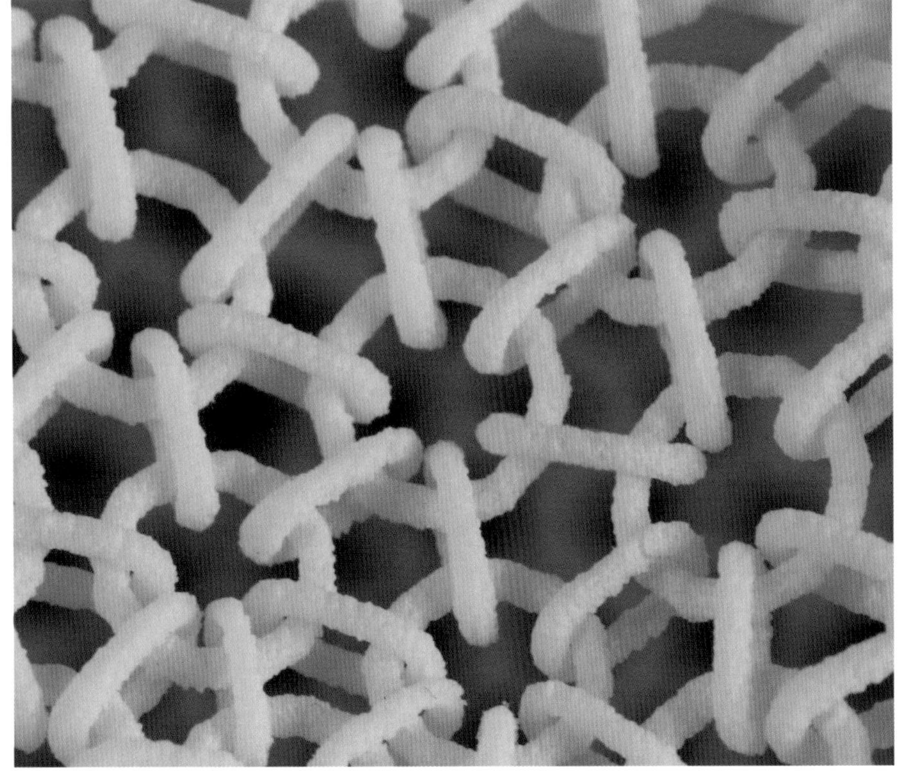

좌측 상단, 하단(확대)

12-60. 조지 W. 하트(미국인, 1955년 출생), **'공과 사슬***Ball and Chain***', 2009년, 나일론, 3차원 프린팅, 지름 15.2cm.**

사슬 연결로 형성된 이 구체는 공정 과정(3D 프린팅)을 거쳐 얇은 재질(나일론)을 천천히 최종 형태로 겹겹이 쌓아 올리는 식으로 만들었다. 작가(컴퓨터과학자)는 체인링크 구형을 묘사하는 디지털 파일을 만들었고 그 후 제작업체가 작품을 제조했다. 이 구체를 돌리면 구체 자체의 무게로 인해 단면이 붕괴된다.

537쪽

12-61. 가와구치 요이치로(일본인, 1952년 출생), **'축제***Festival***', 1991년, 컴퓨터그래픽.**

539쪽 상단

12-62. 마르틴 되르바움(독일인, 1971년 출생), '입력 I(Col de la Forclaz)', 오브젝트 클레인 A *Objekt klein A* 시리즈, 2005년, 알루디본드·디아섹에 크로미라 프린트*Chromira Print*, 75×134cm.

539쪽 하단

12-63. 마르틴 되르바움, '찻잎 점*Tea Leaf Prophecy*, 30° N-120° E 시리즈', 2008년, 소머셋 벨벳 페이퍼에 아이리스 프린트, 33×50cm.

구나 작품활동을 시작했다. 일본의 컴퓨터 애니메이션 작가 가와구치 요이치로는 진화하는 유기적 형태의 추상작품을 만들기 위해 프로그램을 작성했다(그림 12-61). 1982년 그는 이런 글을 남겼다.

"나는 자연계 동식물의 형태, 색, 움직임에서 영감을 받아 컴퓨터그래픽으로 상상을 뛰어넘는 작업을 한다."[22]

1988년 울프럼연구소가 첫 버전을 발표한 매스매티카와 어도비가 1990년 선보인 포토샵 첫 버전을 비롯해 규격화한 컴퓨터 소프트웨어 프로그램 상품이 등장했다. 이들 프로그램은 컴퓨터그래픽 프린터와 함께 지속적으로 업데이트가 이뤄졌고 폭넓은 응용 프로그램을 갖춘 컴퓨터는 사용하기 쉬운 미적 도구로 자리 잡았다. 독일 미술가 마르틴 되르바움Martin Dörbaum은 컴퓨터에 가상의 3차원 세계를 디자인한 뒤 3차원 공간을 2차원 공간으로 옮겨 카메라를 사용하지 않은 '사진'을 만들었다. 되르바움은 이런 과정으로 빛이 적어 일반 사진기로는 찍을 수 없는 밤에 움직이는 물체의 사진을 찍었다(그림 12-62, 12-63).

에릭 J. 헬러는 하버드대학교 물리학과와 화학과 교수로 재직하면서 대규모와 소규모의 돌발중첩파를 연구했다. 돌발중첩파(이상파랑 또는 킬러파랑)는 보통 멀리 떨어진 바다의 심해 표면에서 일어나는데 예측할 수 없는 이 거대한 파랑은 원양 정기선을 위협하기도 한다. 이와 유사하게 전자파가 반도체에 흐를 때 회로가 교차하는 곳에서 돌발중첩파가 일어나면 기기가 원활하게 작동하지 않는다.

헬러는 물리학을 연구하는 것 외에 파동 패턴의 실험데이터 이미지를 포토샵과 편집 프로그램으로 세련되고 색채감 있게 만들었다(그림 12-1). 20세기 후반 들어 수학자와 과학자, 예술가 들은 점차 컴퓨터를 강력한 새로운 도구로 받아들이기 시작했다.

13
탈근대 시대의 플라톤주의

자연을 가장 일반적이고 가장 단순하게 묘사하는 데 실제로 사용하는 방정식은 매우 우아하고 예리하다. (…) 이 아름다운 방정식이 자연과 아무런 관련도 없다고 말하는 회의론자가 있다. 그들이 맞을 수도 있다. 그러나 그들이 맞는다면 이 방정식이 우리가 이미 알고 있는 많은 물리학 이론을 이토록 우아하고 광범위하게 설명하는 것은 이상한 일이다.

— 에드워드 위튼*Edward Witten*, 〈끈이론 관점*Viewpoints on String Theory*〉, 2003년.

2차 세계대전이 끝난 뒤 게르만 전역의 학계가 파괴되었다. 덩달아 수학 통합과 자연 전체성의 철학적 기반도 무너졌다. 오늘날 학계는 여전히 칸트와 헤겔의 저서를 연구하지만 그저 역사적 문헌으로 연구할 뿐이다. 독일은 더 이상 베를린이나 빈, 코펜하겐의 커피하우스에서 이상주의를 논하지 않았고 이것은 죽은 철학으로 전락했다.

두 독일계 유대인 테오도르 아도르노와 막스 호르크하이머는 최초로 이처럼 통합된 세계관 상실로 나타난 사회적, 문화적 결과를 예리하게 분석했다. 이를 '포스트모더니즘'이라 부른다.[1] 전쟁 기간 동안 망명자로 지낸 아도르노와 호르크하이머는 고국으로 돌아와 원자폭탄의 막대한 후유증을 앓던 세계를 이렇게 묘사했다.

"가장 광범위하게 사상이 진보한 시기로 여겨진 계몽주의 시대에는 항상 인간이 공포에서 벗어나 자기 자신의 주인으로 살아가는 것을 목적으로 했다. 그런데 그 계몽주의 시대를 거친 인류는 성공한 재난으로 빛나고 있다."[2]

아도르노와 호르크하이머는 수학과 과학의 경이적인 진보를 불러온 계몽주의 시대의 이성이 아우슈비츠와 히로시마에 가해진 압도적인 힘에 기여했는지 의문을 품었다. 인간이 과학을 추구하는 이유는 지구와 그 거주민을 지배하려는 눈먼 욕구에 이끌려서일까? 아도르노와 호르크하이머는 추상물체나 논리 개념(2+2=4)은 중립적이지도, 영원하지도 않지만 세계관을 나타내며 그렇기 때문에 계급투쟁 도구로 쓰인다고 주장했다. 이것은 도스토옙스키의 《지하 생활자의 수기》와도 상통한다(그림 13-1).

13-1. 윌리엄 블레이크(영국인, 1757~1827년), '옛적부터 항상 계신 이*Ancient of Days*', 《유럽, 예언*Europe, a Prophecy*》(1824년)의 권두 그림, 1794년, 종이에 에칭, 수채, 구아슈, 23.4×16.8cm.
낭만주의 시대의 시인 윌리엄 블레이크는 과학과 수학이 인간 이성의 범위와 한계를 넘어 재앙으로 향할 힘을 제공한다고 경고했다. 블레이크의 신화적 이야기 《유럽, 예언》은 이러한 정서와 서양의 창조신화를 다루고 있는데, 블레이크는 이성과 법을 상징하고자 자신이 창작한 그림 '옛적부터 항상 계신 이(태고인)'를 표지로 사용했다. 태고인의 상대는 예언자 로스로 그는 불합리성과 상상력을 상징하는 존재다. 그는 자신의 아들을 전쟁터로 보내면서 불길한 시를 낭송하며 이야기를 마무리한다.

"그리고 모든 자연을 격렬하게 뒤흔드는 외침과 함께 그의 아들들은 피의 투쟁에 나섰다."

1950년대 초부터 프랑크푸르트암마인의 사회과학연구소에서 일을 시작한 아도르노와 호르크하이머는 서양문화의 잔재에서 탈출하는 방법으로 자기관찰을 택했다. 이 학파는 프랑크푸르트의 비판이론학파로 알려졌다. 두 사람은 불안정한 1960년대에 루돌프 카르납이 사실이 아닌 것을 상상하고, 더 나은 세상을 바라보는 대신 사실에만 중점을 두는 편협한 사고를 한 탓에 정밀과학 언어가 사회에서 멀어졌다고 주장하며 논리적 실증주의를 비난했다.

만약 총통(히틀러)이 원한다면
2 더하기 2는 5다.

— 헤르만 괴링, 1938년경.

13-2. 살아 있는 인간 두뇌의 정중시상면을 교차하는 신경섬유, 확산 자기공명영상으로 재구성.
독일 컴퓨터과학자 토마스 슐츠*Thomas Schultz*는 수직평면(정중시상면)으로 교차해 뇌를 좌반구와 우반구로 나누는 신경섬유 이미지를 만들었다. 이것은 두뇌 중앙의 대칭구조로 뇌 아래쪽과 피질 사이에서 중계소 역할을 하는 시상부를 통과하는 신경경로다. 이때 신경섬유는 모든 방향으로 돌출되어 있다. 슐츠는 양전하를 띠는 모든 구체는 회전할 때(수소원자의 양성자, 태양계의 행성) 전자기장을 생성하면서 북-남 방향으로 회전하는 막대자석처럼 양-음 극을 나타낸다는 이론에 기반해 MRI기법으로 이 이미지를 만들었다.
인체의 일부(이 경우에는 머리)가 강한 전자기장이 발생하는 커다란 원형자석 안에 들어가면 뇌의 모든 수소원자의 양성자 극축은 (뇌에 해를 가하지 않으면서) 전자기장의 양-음 극에 맞춰진다. 이어 전파가 두뇌를 통과하면 잠시 모든 원자자석을 정렬 상태에서 떼어낸다. 이 전파가 지나간 뒤 각 양성자는 전자기장에 다시 공명해 방향을 잡는다. 이 양성자는 움직이면서 위치를 나타내는 전파신호를 내뿜으며 아주 작은 무선송신기 역할을 한다.
인간의 뇌에는 신경세포 수천억 개가 있고 각 세포는 10억 단위의 수소원자를 포함한다. 각각의 수소원자가 신호를 보내기 때문에 그 엄청난 신호를 기록하려면 슈퍼컴퓨터가 필요하다. 방사선 전문의는 이 데이터로 전자공명영상을 만드는데 이는 연조직의 수소원자 밀도를 나타내는 중요한 역할을 한다. 슐츠는 (물 분자 안의) 수소원자가 조직을 통과하면서 (확산) 신경섬유에 달라붙는 것을 기록하는 확산 MRI기법을 사용했다.

1950년대 수학과 과학의 중심은 유럽에서 미국으로 옮겨갔다. 당시 미국은 독일식 이론적 접근방식을 기피했다. 프린스턴과 보스턴, 뉴욕, 시카고에 배경이 다양한 다국적 수학자와 과학자 공동체가 만들어졌고 이들은 아주 오래된 질문을 다시 던졌다. 인류는 어떻게 세상을 아는가? 만물은 무엇으로 이뤄져 있는가?

1950년대 생물학자들은 '렘수면(REM, 급속 안구 운동 수면)'이라 불리는 꿈과 관련된 뇌파 패턴을 발견한 후, 인지철학을 논의한 것이 아니라 뇌과학에 관심을 기울였고 주요 정신질환에 효과적인 약을 처음 개발했다(클로르프로마진, 상표 '소라진Thorazine'). 1980년대에는 양성자방출단층촬영술PET과 자기공명영상(MRI, 그림 13-2) 같은 비외과적 영상도구를 개발해 살아 있고 의식이 있는 인간의 뇌가 어떻게 작용하는지 관찰하게 되었다. 뇌과학에서 이들 영상도구는 천문학의 망원경 만큼이나 중요한 역할을 한다. 또한 젊은 연구자들은 로켓을 이용해 대기권 위로 쏘아올린 우주망원경(그림 13-3)이 수집한 데이터와 아원자 영역을 탐험하는 입자가속기로 우주론을 철학 영역에서 천체물리학 영역으로 바꿔놓았다.

오늘날 전 세계에는 포스트모더니즘의 본질과 관련해 많은 상반된 견해가 존재하지만 여기에 2가지 특징이 있다는 데는 대부분 동의한다.

첫째, 사실성과 확실성 같은 용어는 객관적인 실체를 지칭하는 것이 아니라 인간의 사

13-3. 조시아 맥엘헤니(미국인, 1966년 출생), **'마지막 산란면***Last Scattering Surface***', 2006년, 핸드 블론 글라스, 크롬 플레이트 알루미늄, 전기 조명, 철 케이블, 리깅***rigging***, 지름 3m, 바닥에서 15.2cm 위에 걸림.**
조시아 맥엘헤니는 우주학자 데이비드 웨인버그*David Weinberg*와 협력해 무한한 밀도의 점이 태곳적에 형성되었다가 확장되는, 다시 말해 빅뱅 때의 우주 창조를 묘사한 이 구형 조각품을 만들었다. 새로운 우주 초기에는 (가시광선을 포함한) 모든 전자기 방사선 형태가 밀집된 플라즈마에서 자유롭게 움직이지 못하고 흩어져 있었을 것이다. 그러나 약 38만 년 전 원시 플라즈마가 확장되고 얇아지면서 빛이 직선경로를 따라 빛나게 되었다(어두운 내부 구체에서 나오며 빛을 발하는 크롬 막대로 표현).
이 과정은 지구에서 흐린 날 태양을 볼 수 없는 것과 유사하다. 햇빛은 구름을 통과하지 못해 사방으로 퍼져가며 수증기를 이루는 물방울을 튕겨내다가 구름 가장자리, 즉 '마지막 산란면'에 이르고 이후 맑은 난기류에서 직선 경로를 따라 지구로 빛을 발하며 떨어진다. (불투명한) 구름 표면을 뚫고 나오는 빛만 관찰할 수 있듯 천문학자도 (불투명한) 태곳적 플라즈마의 마지막 산란면을 뚫고 나오는 빛의 광선만 관찰이 가능하다. 우주론자는 38만 년 전 우주의 마지막 산란면에서 나온 광자를 기록해 빛의 지도를 만들었다(이 데이터는 나사가 2001년 발사한 인공위성 윌킨슨 극초단파 이방성 탐색기WMAP로 수집했다). 지도는 이 오래된 빛의 강도가 살짝 변한 것을 밝혀냈는데(내부 구체의 얼룩진 빛으로 표현) 이는 팽창하는 물질의 밀도와 온도가 변화한 것에 기인한다. 억겁의 시간 동안 중력을 농축한 이들 질량이 빅뱅 이후 13.8억 년이 지난 오늘날의 우주의 별과 은하를 형성했다(조각 끝 반짝이는 유리로 표현).

고체계 내에서만 의미가 있다는 점이다. 수학은 역사적으로 확실성 개념이 가장 깊게 뿌리 내린 과학이다. 수학자들은 1,000년 동안 플라톤의 전통에 따라 시공간 밖에 존재하는 것이 확실해 보이는 영원하고 완벽한 추상물체 영역을 묘사해왔다. 그 고유한 역사를 볼 때 수학은 포스트모더니즘 비평에 크게 영향을 받지 않았지만 프랑크푸르트학파 같이 몇몇 포스트모더니즘 사상가는 수학의 사실성과 확실성에 의문을 제기했다.

둘째, 포스트모더니즘 세계관은 하나의 통합된 수학도, 자연의 전체성도 존재하지 않고 모든 수학적·과학적 지식을 포함해 단일의 자율적 구조는 존재하지 않는다는 것을 포함한다. 18세기 괴델의 불완전성 증명이 순수수학의 완전한 공리구조가 존재하지 않는다는 것을 증명한 것과 양자역학의 코펜하겐 해석이 통합된 자연의 수학적 설명을 방해한 후, 관찰의 역할을 두고 논의가 시작되었고 이는 오늘날까지 이어져왔다.

모든 것은 흐르고 그 어떤 것도 머물지 않는다.
— 헤라클레이토스, BC 6세기 말.

표준모형과 초대칭성 탐색

1919년 일반상대성 이론을 확증한 후 아인슈타인은 중력과 전자기학을 통합하는 연구를 시작했고, 1955년 사망할 때까지 이 달성하기 어려운 목적을 이루고자 연구를 이어갔다. 한편 1920년대 물리학자들은 원자핵 안에서 작용하는 다른 2가지 근본적인 힘을 발견했다. 바로 강한 핵력과 약한 핵력이다(그림 13-4).

대칭수학이라 할 수 있는 그룹이론은 물리학 법칙을 변형하지 않으면서 규모에 변화를 일으키는 변형을 구분하기 때문에 오늘날 물리학자들은 그룹이론으로 이 4가지 힘을 통합하려 노력하고 있다. 1954년 중국계 미국인 물리학자 양첸닝과 미국 물리학자 로버트 L. 밀스Robert L. Mills는 리군Lie Group으로 강한 핵력을 묘사했다. 1960년대 미국의 스티븐 와인버그Steven Weinberg와 셸던 글래쇼Sheldon Glashow, 파키스탄의 압두스 살람Abdus Salam은 그룹이론으로 전자기력을 약한 핵력과 통합하는 데 성공했다.

19세기 말과 20세기 초 과학자들은 전자(1897년)와 양성자(1911년), 중성자(1932년) 등 일반 물질로 이뤄진 원자입자를 발견했다. 그리고 강력한 입자가속기를 개발한 1950년대에는 수십 개의 일반적이지 않은 원자입자를 발견하기 시작했다. 1964년 일본 물리학자 니시지마 가즈히코와 미국 물리학자 머리 겔만Murray Gell-Mann은 독립적으로 쿼크와 렙톤(경입자)으로 이뤄진 기본입자가 있음을 알면 이 증가하는 수의 입자를 단순한 도식으로 정리할 수 있다고 제안했다. 그들은 쿼크와 렙톤은 대칭 패턴이며 오늘날까지 알려진 물질을 정리한 표준모형에 이 입자를 나타낼 수 있다고 했다(그림 13-5).[3]

2차 세계대전 이후 몇 가지 경쟁적인 양자역학 해석이 등장하면서 단결했던 코펜하겐학파가 무너지기 시작했다. 1950년대에 미국 물리학자 휴 에버렛Hugh Everett은 소위 '평행세계'라 불리는 다중세계 해석을 제시했다. 그는 우리가 사는 세상 외에도 다른 비슷한 세상(우리의 우주와 비슷한 다른 우주들)이 평행한 시간과 공간에 존재한다고 주장했다. 예를 들어 전자가 원자에 흡수될 가능성이 50%인 양자실험을 시행하면 하나의 우주에서는 전자가 흡수되고 다른 우주에서는 전자가 흡수되지 않고 지나간다. 그렇기 때문에 한 관찰자는 자기 세상에서 전자가 원자에 흡수되는 것을 보고, 다른 평행우주의 관찰자는 아무것도 관찰할 수 없다. 에버렛은 이 다중우주가 미세한 세계에서 결정론 개념을 복원할 수 있다고 보고 다른 세계의 존재를 제안했다(〈양자역학의 상대적 상태 정립Relative State Formulation of Quantum Mechanics〉, 1957년, 그림 13-6, 12장 그림 12-43 참고).

1970년대에는 양자역학의 철학적 토대를 활발히 연구했고,[4] 1980년대에는 새로운 세대 물리학자들이 양자역학과 고전역학을 모두 사용해 자연계를 매끄럽고 완전하게 설명하려 노력했다. 그들은 드브로이-봄 해석을 오늘날의 봄역학으로 해석했으며 끈이론을 비롯한 경쟁 해석 또한 재해석했다.[5] 끈 이론가는 쿼크나 전자 같은 아원자 입자가 1차원적 선 형태(끈)로 질량에너지보다 더 낮은 단계를 구성한다는 가설을 세웠다. 이 가설적 끈이 10차원

545쪽

13-4. 매튜 리치*Matthew Ritchie*
(영국인, 1964년 출생), '4가지 힘*The Four Forces***',**
2008년, 린넨에 유채와 마커,
각각 223.5×195.6cm.
이 작가는 자연의 4가지 힘을 상징하는 그림을 그렸다. 상단 좌측에서 시계방향으로 각기 전자기력, 강한 핵력, 약한 핵력, 중력을 나타낸다.

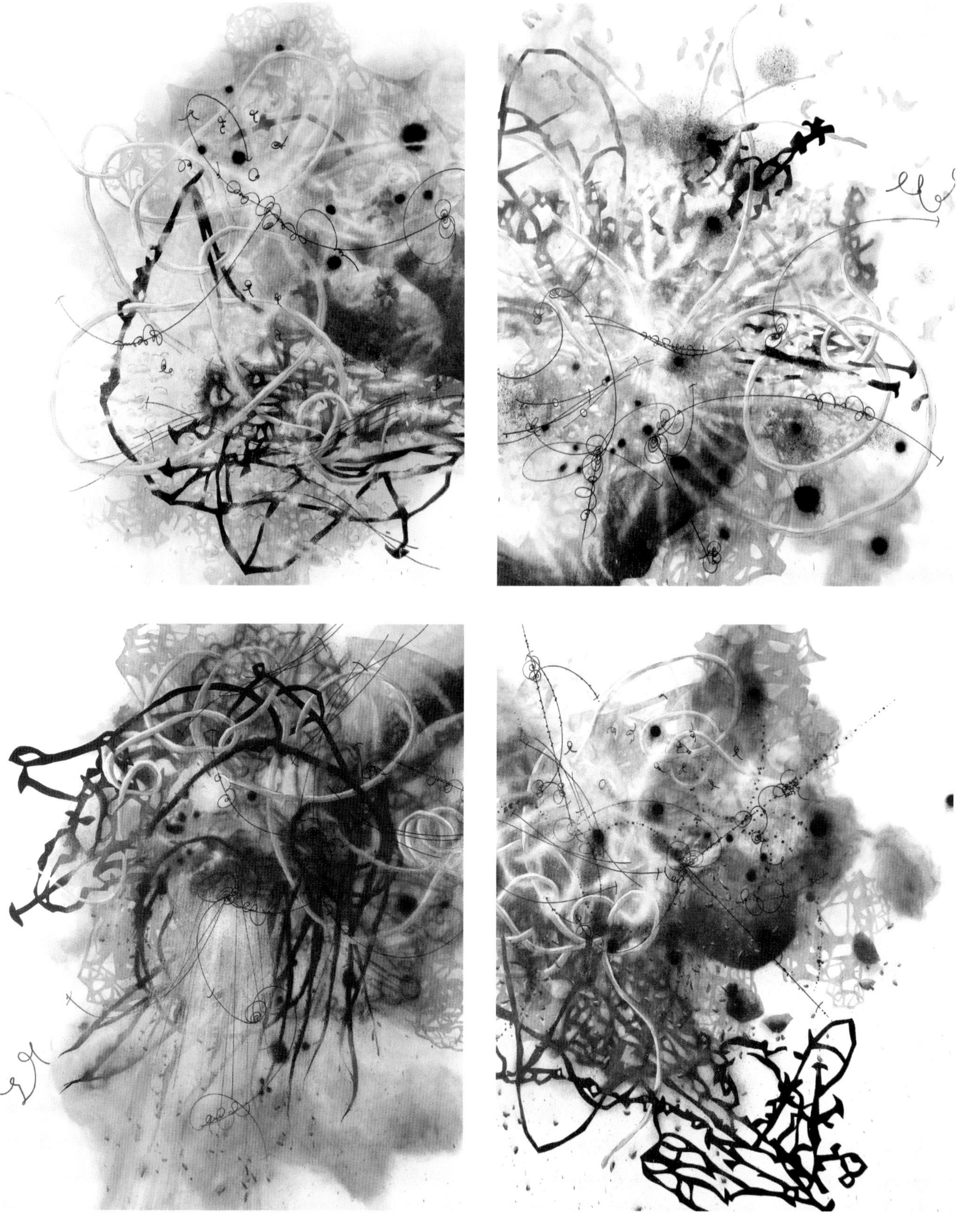

서로 접근했다가 두 갈래로 나뉘거나
교차하거나 서로를 무시하고 지나가는,
수 세기 동안 이어져온
이 시간의 흐름은
모든 가능성을 담고 있다.
우리는 그 대부분의 시간흐름 속에
존재하지 않는다.
몇몇 흐름에는 당신이 존재하지만
나는 존재하지 않고,
다른 흐름에서는 내가 존재하지만
당신이 존재하지 않는다.
그리고 또 다른 흐름에서는
둘 모두 존재한다.
지금 이 시간의 흐름에는
운 좋게도 당신이 내 앞으로 찾아왔다.
다른 흐름에서 당신은 정원 너머에
내가 죽어 있는 것을 발견한다.
또 다른 흐름에서 나는 지금과 같은
말을 하지만 그곳의 나는
오류이자 귀신이다.

— 호르헤 루이스 보르헤스,
《끝없는 갈림길이 있는 정원The Garden of Forking Paths》, 1941년.

까지 진동한다는 그들의 주장은 더 높은 차원의 공간을 향한 관심을 다시 불러일으켰다.

과학역사에는 밝혀지지 않은 자료(예를 들어 밤하늘 행성의 움직임)로 연구를 시작해 데이터를 수학적으로 분석한 다음, 그들이 찾아낸 패턴을 설명하는 이론을 공식화하는 경우가 매우 많다(가령 케플러의 행성운동법칙). 그다음에는 그 수학모형으로 관찰 가능한 결과를 예측한 뒤 관찰로 이론을 확증하거나 반박한다. 미세 규모에만 존재한다는 이 가설적 끈은 단 한 번도 관찰되지 않았고 밝혀지지 않은 자료마저 존재하지 않으며 오직 수학적 설명만 존재한다.

물리학자들은 한 끈의 크기와 수소원자 크기의 비율이 수소원자 크기와 태양계 크기의 비율과 같다고 추산했다. 미국 물리학자 에드워드 위튼Edward Witten 같은 끈 이론가는 실험물리학자가 실험을 디자인하는 데 사용하는 수학공식으로 끈의 존재를 확증하거나 배제한 결과를 관찰할 수 있다.

역사적으로 과학자는 보통 아폴로니오스의 원뿔곡선으로 행성의 타원형 궤도를 설명한 케플러처럼 존재하는 수학으로 자신의 데이터를 설명했다. 그러나 위튼과 그의 동료들은 그 순서를 뒤집어 자신이 직접 필요한 수학을 연구했고, 이후 수학자들이 위튼의 수학이론을 다른 목적에 사용하기도 했다. 1990년 위튼은 최초로 필즈상을 받은 물리학자가 되었다(필즈상은 수학계의 노벨상이다).[6]

1930년 영국 물리학자 폴 디락Paul Dirac은 대칭논리에 근거해 음전하를 띠는 전자는 상호보완적인 '쌍둥이' 양전하를 띠는 전자를 갖는다고 주장했다. 미국 물리학자 칼 앤더슨Carl Anderson은 1932년 양전자를 관찰해 자연의 대칭성이 깊은 수준에서도 존재한다는 것을 확

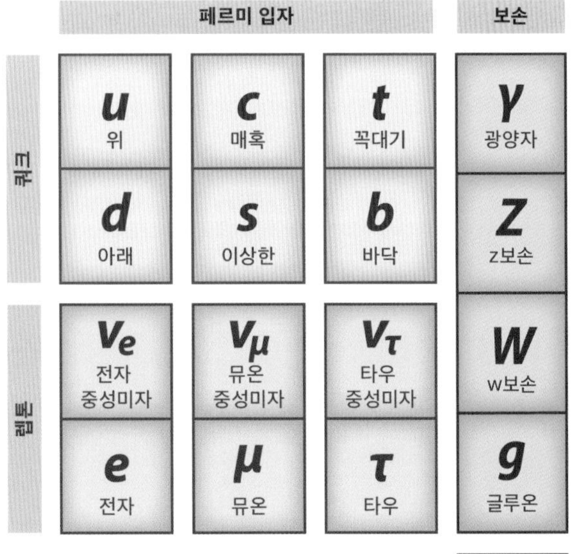

13-5. 기초입자의 표준모형.
표준모형은 알려진 기초입자가 어떻게 구성되어 있고 힘으로 다른 입자와 어떻게 작용하는지 설명하는 이론적 도표다. 이 표는 쿼크 6개와 렙톤 6개로 3세대 물질을 나타낸다. 여기에는 힘을 운반하는 입자인 보손*boson* 4개도 포함되어 있는데 각 보손은 나눌 수 없는 단위인 에너지 '양자'를 전달한다. 추가로 영국 물리학자 피터 힉스*Peter Higgs*의 이름을 딴 '보손'이 있다. 이것은 힘을 전달하는 것이 아니라 입자에 질량을 부여하는 역할을 한다.
위, 아래를 지정하는 표준모형의 가장 가벼운 쿼크 3개가 결합해 원자핵의 양성자나 중성자를 만든다. 이 3개의 쿼크그룹에서 물리학자들은 제임스 조이스의 《피네간의 경야*Finnegan's Wake*》에 나오는 구절 "머스터 마크를 위한 3개의 쿼크"를 떠올렸고 결국 이것을 '쿼크'라고 명명했다.
3개의 쿼크는 전자와 함께 주기율표의 모든 원소를 형성한다. 이들 쿼크는 강한 핵력으로 함께 뭉치고 글루온의 영향으로 옮겨져 양성자(양전하)와 중성자(전기적 중성)를 형성한다. 이때 음전하를 띤 전자가 핵을 둘러싸 양성자와 음전자 사이의 인력으로 원자를 구성한다. 광양자(빛의 입자)는 전자기력을 운반한다(중력은 이 표에 포함되어 있지 않다).
따라서 우리가 알고 있는 원자는 표준모형의 몇 가지 기본입자로 만들어진다. 초기 우주에 풍부했던 다른 입자는 오늘날 희귀해졌다. 물리학자가 그 입자를 관찰하려면 입자가속기로 희귀 입자를 만들거나 희귀한 입자가 우주공간에서 지구의 대기로 날아오길 바라며 지구의 대기에서 '우주선*Cosmic Rays*'을 연구하는 방법밖에 없다.

증했다. 더 나아가 끈이론은 우주에 '초대칭'이라 불리는 특성이 있다고 주장했다. 초대칭성은 알려진 모든 종류의 입자(표준모형에 포함된 모든 입자)에 짝을 이루는 입자가 존재한다는 것을 뜻한다. 물리학자들은 지금은 그 짝을 보기 어렵지만 초기 우주에는 흔하게 나타났을 것이라는 가설을 세웠다.

연구자들은 초기 우주를 구성한 종류의 플라즈마를 재창조해 짝 입자를 관찰하려 한다. 물리학자는 분자가속기에서 두 양자빔이 반대방향으로 가속하게 했는데 이것이 서로 정면충돌하면서 원시적인 플라즈마가 만들어졌다(그림 13-7). 과학자는 시카고 근교의 페르미연구소 가속기로 그런 플라즈마를 이전에도 만들었지만 짝 입자는 알려진 대응 입자보다 더 무거워 감지하기가 어렵다고 보고 있다.

오늘날 세상에서 가장 강력한 가속기는 유럽원자핵공동연구소CERN에 있는 대형강입자충돌기LHC다. CERN은 유럽의 12개 국가가 핵에너지를 평화롭게 사용하는 방법을 연구하기 위해 1954년 제네바 근처의 프랑스-스위스 국경에 설립한 연구소다. 2010년 3월 CERN은 LHC로 이전의 모든 충돌기 에너지를 훨씬 뛰어넘는 충돌을 만들어냈다. 양성자 같은 강입자는 3개의 쿼크로 이뤄진 복합입자다. LHC는 양자를 충돌시키기 전에 양성자 속도를 빛의 속도의 99.999999%까지 가속할 힘을 보유하고 있다.

13-6. 쿠사마 야요이(일본인, 1929년 출생), **'영원소멸의 여파***Aftermath of Obliteration of Eternity***', 2009년, 설치 작품.**
어두운 거울의 방에 수면 위로 150개의 등이 놓여 있다. 각 등의 불빛은 무한 반사하면서 각도와 크기가 조금씩 달라지는 또 다른 세계를 만들어낸다.

물리학자의 과제는
근원적이고 단순한
실제 대칭을 보는 것이다.
— 스티븐 와인버그, 1985년 인터뷰.

13-7. 금 원소의 핵 대 핵 정면충돌, STAR*Solenoidal Tracker at RHIC* 공동연구. 브룩헤븐국립연구소의 RHIC는 빅뱅에서 1마이크로초가 지난 후의 온도와 밀도를 갖는 물질을 만들 수 있다. RHIC는 (197개의 양성자와 중성자를 갖는) 금 같은 큰 원자의 핵인 중이온을 충돌시켜 그런 결과를 얻는다. 빛의 속도에 가까운 속도로 정면충돌하면 핵은 여러 기본입자로 분해되고 과학자는 STAR 같은 도구로 그 분해된 핵을 연구한다. 솔레노이드*Solenoid* 원리에 따라 STAR은 전기가 동심원 원통에 흐르면서 그 축에 자기장을 만들고 가속기의 빛의 경로에 오른다. 종합적인 세부작업에 특수화한 STAR은 최대 6,000개 입자의 정확한 경로 위치를 찾아내고 1초당 1,000번의 충돌 내용을 자세히 기록할 정도로 빠르게 메모리를 정리한다.

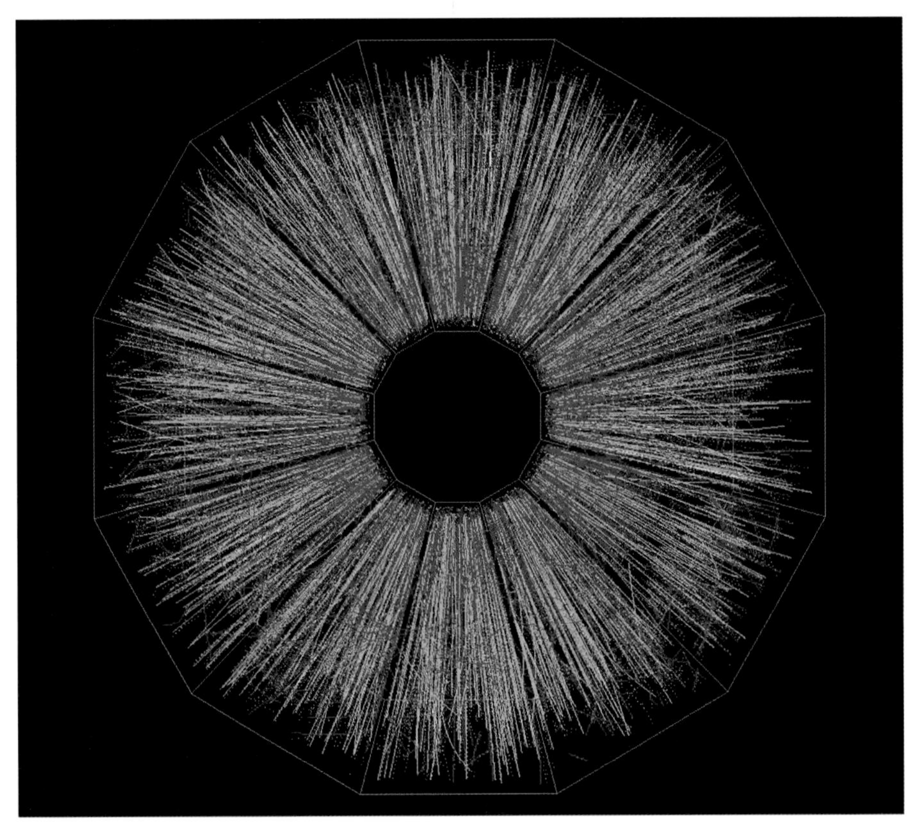

끈 이론가들은 LHC가 짝 입자를 만들어 자연의 대칭성을 확인해줄 것이라고 예측하고 있다. 끈이론의 목표는 자연의 힘을 통합하고 초대칭성을 확인하는 것 외에 빛의 속도와 전자의 질량, 중력상수를 포함해 지금 우주를 구성하는 12가지 값을 설명하는 것이다.

"우리는 작은 성단이다"

아인슈타인은 인간이 하나가 되는 자연계 통일을 추구했다. 이 관점은 역사 속에서 피타고라스의 범신론과 스피노자의 '신·자연'을 향한 믿음, 독일 낭만주의의 생철학 그리고 '우주적 종교성'이라 불리는 자연이 구현하는 수학패턴을 찾고자 한 아인슈타인의 믿음으로 표현되었다.[7] 일종의 열정과 마찬가지로 그 감정은 목표 추구에 필요한 에너지를 제공할 수도 있고 통제를 벗어날 수도 있다. 프로이트가 말했듯 말이 기수를 내동댕이칠 수도 있다.[8] 근대에는 흘러넘치던 낭만주의 정서가 이성을 안장에서 내동댕이치는 일이 많이 일어났다.

포스트모던 시기에 보편화가 가능한 진리를 배척했음에도 불구하고 오늘날 여전히 통합을 추구하는 새로운 징후가 존재한다. 2차 세계대전 이후 확실한 과학적 돌파구가 나타나자 많은 생물학자와 천문학자는 이것을 인간의 모든 삶의 형태가 우주와 연합한다는 의미로 해석하는 현상을 관찰했다. 그들은 세포핵 DNA의 이중나선구조(1953년)와 미토콘드리아의 DNA 매핑이 분자적 차원에서 호모 사피엔스 종이 서로 연결되어 있음을 보여주는 것과 생명나무의 모든 지구 유기체가 서로 연결되어 있다는 것을 결정적 증거로 제시했다. 생물학자 에드워드 O. 윌슨Edward O. Wilson은 이것이 인류의 세속적 창조신화, 즉 '진화의 서사시'를 제시한다고 보았다(《인간의 본질On Human Nature》, 1978년, 그림 13-8).[9]

1945년 이후 최초의 대규모 핵융합 실험에서 성공을 거뒀다.[10] 이 핵실험으로 태곳적 폭발인 빅뱅이 원소의 근원임을 확인했다. 주기율표의 92가지 원소는 모두 우주를 만든 이 폭발과 이후의 항성 융합 과정(두 원자의 핵이 융합해 더 큰 핵을 형성하는 융합 과정)에서 만들어졌다. 각각 1개의 양성자와 2개의 양성자를 갖는 수소와 헬륨은 빅뱅 결과로 생겼다.

탄소(6개)와 질소(7개), 칼슘(20개) 같은 경원소의 핵은 항성의 열핵에서 융합했다. 융합 과정에서 철 같이 무거운 원소가 형성되면(26개) 그 항성은 불안정해진다. 만약 충분한 질량을 갖추면 붕괴하면서 폭발하는데 이때 발생하는 초신성은 코발트부터 우라늄에 이르는(각각 27개, 92개) 모든 중금속의 핵을 수 초 내에 형성하기에 충분한 에너지를 생산한다. 지구에 92가지 원소가 존재한다는 것은 우리 태양계가 초신성의 잔재로 형성되었다는 결정적인 증거다. 인간의 몸은 말 그대로 '작은 성단'이며 이는 인류가 원자적 수준에서 우주와 연결되었다는 것을 의미한다.

수학계에도 이와 비슷한 세계관이 존재했다. 철학적 플라톤주의자 마틴 가드너를 포함해 이들에게는 숫자와 기하학 형태를 자연계에 구현한다는 것이 (산술과 기하학 차원에서) 물리적 세계와 비물리적인 수학세계 사이에 통일성(동형이성)이 존재한다는 것을 의미한다.[11]

우리는 작은 성단이다.
10억 년 된 탄소다. 우리는 특별하다.

— 조니 미첼*Joni Mitchell*,
'우드스탁*Woodstock*', 1969년.

우리 DNA의 질소, 치아의 칼슘,
혈액의 철분, 사과파이의 탄소는
모두 붕괴하는 별 안에서 만들어졌다.
우리는 별의 잔해로 만들어졌다.

— 칼 세이건*Carl Sagan*,
〈코스모스: 사적 여정Cosmos: A Personal Voyage〉의 진행자, 1980년.

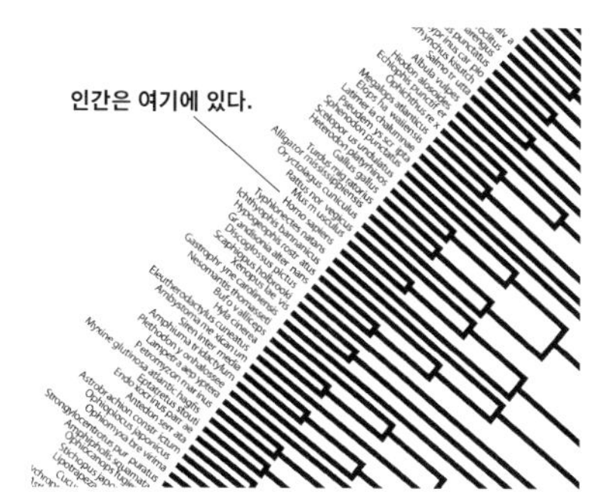

13-8. 방사형 생명나무, 2009년, 데이비드 힐스*David Hillis*, 데릭 츠비켈*Derrick Zwickl*, 로빈 구텔*Robin Gutell*, 텍사스대학교 오스틴캠퍼스. 생물학자들은 오늘날 지구에 900만 종의 생물이 존재한다고 보는데, 그중 공식적인 설명과 이름이 붙은 것은 약 170만 종이다. 그 170만 종 중 3,000종의 표본에서 유전물질을 분석해 이 생명나무를 만들었다. 3,000종은 주요 생물군에서 추출했는데 이 중에는 고세균류(가장 단순한 형태로 체내 세포막이 없음)와 세균(가장 큰 그룹), 진행생물(핵이 있는 세포로 이뤄진 생물로 식물과 동물과 균류 포함)이 포함되어 있다. 중앙은 생명의 근원을 의미하고(지구상 모든 생명의 최후의 공통 조상) 3,000개의 바깥 가지는 종족의 상호관계성을 나타낸다.

우리는 우주 안에 있고, 우주는 우리 안에 있다.

— 닐 디그래스 타이슨, '코스모스: 스페이스타임 오디세이' 내레이터, 2014년.

'진실', 진실과 확실성

수학은 오랜 역사에 걸쳐 진실이나 확실성과 가장 밀접하게 연관이 있던 과학이다. 이에 따라 2차 세계대전 이후 다른 과학 분야를 휩쓴 포스트모던의 문화적 상대주의 논쟁에서 벗어났다. 20세기 초반 브라우어르와 푸앵카레는 기하학이 사회적 관례임을 강조했다(6장 참고). 브라우어르와 푸앵카레 시대에 이것은 소수의 견해였으나 1945년 이후 많은 수학자가 문화적 상대주의 기조 아래 정신 의존적 수학을 묘사했다. 예를 들어 헝가리계 미국인 수학물리학자 유진 위그너Eugene Wigner는 인간의 발명(수학)이 자연에 구현된 것을 설명할 수 없다는 점을 발견했다(〈자연과학에서의 수학의 불합리한 유효성The Unreasonable Effectiveness of Mathematics in the Natural Sciences〉, 1960년).

이 관점에서 달이 구체를 구현한다는 사실은 식물학자가 뉴욕 센트럴파크의 나무뿌리 네트워크가 뉴욕시 지하철 시스템과 동일한 형태임을 발견하는 것만큼이나 놀라운 일이다. 1938년부터 1978년까지 뉴욕대학교 수학교수로 재직한 모리스 클라인Morris Kline은 수학적 상대주의의 또 다른 지지자로 여러 세대의 수학도에게 수학은 인간의 발명이라고 가르쳤다. 그가 집필한《수학의 확실성: 불확실성 시대의 수학Mathematics: The Loss of Certainty》서론에서 클라인은 다음과 같이 선언했다.

"이제 1800년대의 위대한 수학이자 인간의 자랑, 보편적으로 받아들이는 절대적 추론이 오만한 착각이었다는 것이 명확히 드러났다."[12]

인류문화에 이런 소름끼치는 손실을 초래한 원인은 무엇일까? 클라인은 다비트 힐베르트와 버트런드 러셀이 기초수학을 논의한 것에서 이것이 시작되었다고 보고 그들을 비난했다.

"가장 확실한 기초과학에 관한 의견 차이는 놀랍고 점잖게 말해 당황스럽다. 현재의 수학 상태를 말하자면 지금까지 깊이 자리 잡고 널리 명성을 얻어온 수학의 진리와 논리적 완전성은 조롱받고 있다."[13]

그렇지만 클라인의 충격적 선언을 뒷받침하는 역사적 증거가 없으니 걱정하지 않아도 된다. 실제로 기초수학 논의의 역사는 그의 주장과 반대의 결론을 향했다. 힐베르트와 러셀은 수학의 영원한 진리와 확실성을 믿었기 때문에 올바른 수학의 토대를 구분했다(4장, 5장 참고).

1981년 수학역사를 다룬《수학적 경험The Mathematical Experience》에서 두 수학자 필립 J. 데이비스Philip J. Davis와 루벤 허시Reuben Hersh는 이와 유사하게 수학을 과학이 아닌 인문학 중 하나로 묘사했다.

"수학은 이상적이고 선재先在하며 영원한 실재를 연구하는 것이 아니다. 또한 만들어진 기호와 공식을 사용한 체스 같은 게임도 아니다. (…) 수학은 이념이나 종교, 예술 형태와 유사하다. 수학은 인간의 의미를 다루며 문화적 맥락 안에서만 이해할 수 있다."[14]

550쪽

13-9. 게성운, NGC 1952년.

게성운은 지구에서 6,500광년 떨어진 황소자리에 위치하고 6광년의 폭을 지녔다. 이것은 AD 1054년 7월 4일 발생한 거대한 별의 폭발인 초신성의 잔재다. 중국과 일본의 천문학자들이 이 초신성을 기록했다(당시 유럽은 암흑기였다). 별이 붕괴할 때 그 별의 원자핵도 함께 부서지고 극도로 짙은 핵을 형성한다. 이 핵은 본질적으로 직경 30km에 이르는 거대한 원자핵이다. 양성자와 중성자가 융합할 때 양성자는 전하를 잃고 이 거대한 핵은 중성자 고체인 '중성자 성星'이 된다. 중성자는 인력이 강하기 때문에 빛이 자기극을 통해서만 중심부에서 빠져나가고 2개의 쌍둥이 등대 불빛처럼 회전하면서 방출된다(게성운의 중성자성은 AD 1054년부터 1초에 3번씩 회전해왔다). 폭발 도중 원자가 분출되는데 이때 대변동 시 생성된 중원소가 우주로 방출된다. 이 잔재물의 외부색은 오늘날에도 남아 있으며 우리는 이것으로 대기를 구성하던 원소를 알 수 있다. 초록색은 황, 빨간색은 산소를 나타낸다. 중앙의 파란색 빛은 회전하는 핵 중심의 소용돌이치는 전자에서 발생한다.

이 논지는 역사적으로 모든 문화에서 왜 2 더하기 2가 4라고 여겼는지 설명하기 어려운데, 이들은 그 문제를 다루지 않았다.

과학의 확실성에 관심을 기울인 1980년대 이후 수학자들은 직관의 역할과 컴퓨터 사용, 엄격성이 필요한 수준의 문제를 다루며 제대로 된 증명을 구성하는 것에 중점을 두었다. 컴퓨터로 증명의 확실성을 얻으려면 여러 가지 알고리즘을 사용해야 하고(많은 전산시간이 필요하고) 오늘날의 디지털 세상에서는 확실성에 높은 비용이 따른다.

1994년 이스라엘 수학자 도론 자일베르거Doron Zeilberger는 유클리드 공리방식의 엄격한 논리는 과거의 산물로 남을 것이라고 예측했다. 그는 미래에 컴퓨터로 교정하는 수학자는 대개 전산시간이 매우 짧거나 거의 필요치 않을 것이며, 막대한 컴퓨터 전산시간이 필요한 절대적 확실성을 더는 요구하지 않으리라고 내다봤다.

"절대진리 비용이 점점 더 늘어나면서 우리는 옛 방식의 확실성에서 몇 가지 중요한 결과만 얻을 것이다. 전산에 필요한 비용을 우려하지 않을 만큼 정밀하지 않은 수학으로 탈바꿈할 가능성이 높다."[15]

미국 수학자 조지 E. 앤드루스George E. Andrews는 이렇게 대답했다.

"1993년 여름, 수학이 여러 학문의 토대를 부숴버린 아찔한 상대주의의 영향을 받지 않을 것이라고 극단적으로 믿고 있었다. (…) 그 후 내 동료이자 일류 수학자인 도론 자일베르거의 글을 보게 되었다. 그의 미래론에 확실한 논거가 있을 것이라 기대한다. 그렇다면 그가 주장하는 패러다임 변화의 증거는 무엇인가? 이 시점에서 나는 짜증이 나는 것을 넘어 공포에 빠졌다."[16]

앤드루스와 다른 이들이 자일베르거의 선언에 보인 반응으로 미뤄보건대 '구식의 확실성'을 제거한 새로운 수학세계는 아직 멀리 있는 듯하니 안심해도 좋다.

기술과 진리가 급변하는 현재의 분위기에서 최근 증명이론 연구 중 두드러지는 것은 수학에 확실성이 깊이 뿌리박혔다는 분명하게 드러나지 않은 가설이다. 다행히 현대수학은 자신의 한계를 확실하게 밝혀내고 증명할 수 있다. 이 우수한 정밀함과 정확성은 무엇보다 예술가들이 수학적 방법과 개념을 지속적으로 받아들이도록 영감을 제공하는 원천이다.

수학의 확실성은 수학과 자연계가 모든 과학과 기술의 기저를 이루는 현대문명에 고유한 위치를 제공하기 때문에 수학자들은 이것을 보존하고 지키기 위해 바짝 경계하고 있다. 플라톤주의의 가설에서 확정한 변하지 않고 한결 같은 수학의 성질은 2,500년 동안 수학철학의 근거였다. 수학은 (사물이 자연계에 구현되어 있지만 직접 상호작용하지는 않는다는 점에서) 시간과 공간 밖에 존재하는 비물리적이고 추상적인 사물을 묘사하며 인류는 명상으로 이 물체를 알아냈다. 현대사상에 팽배한 비형이상학 분위기를 반영해 많은 수학자가 이 플라톤주의 전제를 받아들여 철학의 영향을 추구하지 않고 실용적인 연구를 진행했다. 더 많이 사색하는 사람은 '수학이 어디에서 오는가?'를 생각해볼 수 있다. 대답할 수 없는 이 질문은

554쪽

13-10. 에릭 J. 헬러(미국인, 1946년 출생), **'트랜스포트 2*Transport 2*', 2000년경, 디지털프린트.**

이 이미지는 전자가 중심에서 모든 방향으로 방출되어 펼쳐지면서 가지를 형성하는 이미지를 나타낸 것이다.

분명 경외를 불러일으키는 수수께끼다.

또한 수학의 객관적 확실성은 신뢰받는다는 점에서 실천수학의 명확성에 기반한다고 할 수 있다. 수학의 개념과 증명은 수백만 명이 반복적으로 엄격하게 검사해왔다. 뉴턴이 자신의 생애 말기에 사색한 것처럼 수학의 오랜 역사 곳곳에는 수학으로 진실의 바다를 잠깐 경험한 이들이 존재한다.

"세상이 나를 어떻게 여길지 나는 알지 못한다. 때때로 내가 눈앞에 발견하지 못한 위대한 진리의 바다가 놓여 있는 것도 모르고 해변에서 부드러운 조약돌이나 예쁜 조개껍데기를 찾고 있는 사내아이 같다고 느낀다."[17]

주석

1. 산수와 기하학

1. 사람과 동물의 숫자 인식은 Stanislas Dehaene의 저서 *The Number Sense: How the Mind Creates Mathematics*(New York: Oxford University Press, 1997)와 그의 글 'Single-Neuron Arithmetic', Science 297, no. 5587(Sept. 6, 2002): 1562-1653 참조.
2. Thomas Wynn의 "The Intelligence of Later Acheulean Hominids", Man 14, no. 3(1979): 371-91 참조; 그는 약 140만 년에서 160만 년 전부터 대칭 모양 도구를 사용해왔다는 오래된 추정치로 이 주제를 다뤘다. 최근 케냐에서 호모 에렉투스가 만든 대칭 모양 손도끼를 발굴해 그 날짜는 176만 년 정도 미뤄졌다. Christopher J. Lepre 등의 "An Earlier Origin for the Acheulian", Nature 477(Sept. 1, 2011): 82-85. 'Acheulian'은 'Acheulean'의 대안적 철자다.
3. 2차원 형태 인식은 뇌의 중심에 위치한 측두엽 하단에서 처리하고, 3차원 형태는 대뇌피질의 정수리에서 처리해 인식한다. 모양과 형태의 지각 진화에 관한 실험 데이터 설명은 Stephen M. Kosslyn의 *Image and Brain: The Resolution of the Imagery Debate*(Cambridge, MA: MIT Press, 1994)와 Thomas Wynn의 "Evolutionary Developments in the Cognition of Symmetry", *Embedded Symmetries: Natural and Cultural*, Dorothy K. Washburn 편집(Albuquerque: University of New Mexico Press, 2004), 27-46 참조.
4. M. Kohn과 S. Mithen의 "Handaxes: Product of Sexual Selection?", *Antiquity* 73(1999): 518-26 참조.
5. 인류학자 Ellen Dissanayake는 자신의 저서 *Homo Aestheticus: Where Art Comes from and Why*(New York: Free Press, 1992)에서 이 이론을 제안했다.
6. 그림 1-6의 플루트를 발견한 이야기는 Nicholas J. Conrad, Maria Malina, Susanne C. Munzel의 저서 참조. "New Flutes Document the Earliest Musical Tradition in Southwestern Germany", *Nature* 460, no. 7256(2009): 737-40.
7. 역사학자들은 보통 린드 파피루스의 51 문제로 이집트인이 특정 삼각형의 넓이를 구하는 방법을 알고 있었을 것으로 결론짓지만, 그들이 그 방법을 증명할 수 있었는지는 알려지지 않았다. Edward J. Gillings의 *Mathematics in the Time of the Pharaohs*(Cambridge, MA: MIT Press, 1972), 138-39 참조.
8. *Proclus, A Commentary on the First Book of Euclid's Elements*(AD 5세기), 65. 3-7, 352. 13, Glenn R. Morrow 번역(Princeton, NJ: Princeton University Press, 1992), 52, 113. 탈레스의 모든 글은 남아 있지 않다. 그러나 역사학자 헤로도토스(BC 484-424년경)와 플라톤, 아리스토텔레스가 남긴 증언에서 그의 사상을 재구성해볼 수 있다. 아리스토텔레스의 제자 에우데모스는 수학역사와 관련된 책을 남겼는데 이것은 현대에 전해지지 않았지만 프로클로스 시대에는 전해졌고, 그는 AD 5세기 유클리드의 《원론》에 관한 평론을 적었다.
9. 이것과 탈레스의 다른 정리는 Thomas Heath의 *A History of Greek Mathematics*(Oxford, England: Clarendon, 1921), 1:130-37 참조.
10. Charles H. Kahn의 *Anaximander and the Origins of Greek Cosmology*(New York: Columbia University Press, 1994) 참조.
11. 성경의 천지창조에 나타나는 상징주의는 Katherine H. Tachau의 "God's Compass and *Vana Curiositas*: Scientific Study in the Old *Bible Moralisée*", *Art Bulletin* 80, no. 1(1998): 7-33 참조.
12. 디오게네스 라에르티오스는 *Lives of Eminent Philosopher*(AD 3세기 초반)에서 프로타고라스를 인용했다.: 9:2, R. D. Hicks 번역(Cambridge, MA: Harvard University Press, 1950), 465.
13. *Plato's Theology*(Ithaca, NY: Cornell University Press, 1942), 35에 수록된 August Nauck의 Critias, *Fragment 1, Tragicorum Graecorum fragmenta*(1856)(Frederich Solsen 번역) 참조.
14. 소크라테스에 따르면 아테네인은 아낙사고라스의 자연이론을 알고 있었고 드라크마(고대 그리스의 은화) 하나로 그 필사본을 구해볼 수 있었다고 한다. Plato, *Apology of Socrates*(BC 395-87년경), 26d-e, Michael C. Stokes 번역(Warminster, England: Aris and Phillips, 1997), 61.
15. 아낙사고라스는 소아시아에 있는 람프사쿠스로 피난해 철학학교를 조직했다. 아낙사고라스의 재판 관련 설명은 A. E. Taylor의 "On the Date of the Trial of Anaxagoras", *Classical Quarterly* 11(Apr. 1917): 81-8과 J. Mansfield의 "The Chronology of Anaxagoras's Athenian Period and the Date of his Trial", *Mnemosyne* 32(1979): 39-60, 33(1980): 17-95 참조.
16. Plato, *Apology of Socrates*, 26d, 영문 번역본 61.
17. 고전학자 Walter Burkert가 피타고라스정리를 비롯해 그와 연관된 다른 많은 수학적 업적이 그의 추종자들 작품임을 증명하기 전인 BC 4세기부터 20세기 중반까지 피타고라스정리는 피타고라스가 발견한 것으로 여겨졌다. Burkert의 *Lore and Science in Ancient Pythagoreanism* 참조. E. Minar 번역(1962년 첫 독어 번역본을 영어로 번역; Cambridge). Burkert는 "The Later Non-Aristotelian Tradition and Its Sources, Speusippus, Xenocrates, and Heraclides Ponticus."(53-83)라고 명명한 책의 한 장에서 플라톤의 조카이자 학파를 이어받은 Speusippus와 Xenocrates가 플라톤 사후 플라톤과 동시대에 활동한(BC 4세기) 피타고라스의 추종자들이 피타고라스정리와 다른 수학적 아이디어(음악의 수학구조, 구의 대칭성과 조화)를 BC 6세기의 피타고라스에게 돌려 스승의 수학적 우주론에 역사와 권위를 부여하려 했음을 증명했다. 이처럼 피타고라스와 그의 추종자들이 이 고대사상의 한 부분을 구성하면서 피타고라스학파라 불렸다. 이 복잡하게 얽힌 고대문헌에 관한 현대적 관점은 Charles Kahn의 *Pythagoras and the Pythagoreans: A Brief History*(Indianapolis, IN: Hackett: 2001)와 Christoph Riedweg의 *Pythagoras: His Life, Teaching and Influence*, Steven Redall 번역(Ithaca, NY: Cornell University Press, 2007) 참조.
18. *Greek Mysteries: the Archeology and Ritual of Ancient Greek Secret Cults*, Michael B. Cosmopoulos 편집(London: Routledge, 2003), 25-49에 수록된 Christiane Sourvinou-Inwood의 "Festivals and Mysteries: Aspects of the Eleusinian Cult" 참조.
19. 아르키타스의 모든 개요서 부분과 그 진위성 토론 및 번역본은 Carl A. Huffman의 *Archytas of Tarentum: Pythagorean, Philosopher, and Mathematician King*(Cambridge: Cambridge University Press, 2005) 참조.
20. 플라톤은 《국가론》(530d)에서 음악에 관한 아르키타스의 문장을 인용하며 이것이 피타고라스의 화성학 중 일부라고 설명했다. 이후 플라톤은 에르의 전설을 말하는데 이에 따르면 한 병사가 고정된 별, 5개의 (알려진) 행성, 태양, 달 그리고 다른 움직이는 천체를 지탱하는 동심원 모양의 8개 구로 이뤄진 우주구조와 세이렌이 8노트를 동일한 음높이로 불러 음계를 만들어내는 것을 보았다고 전해진다. Republic(BC 380-67), 616-17, *The Republic of Plato*, F. M. Cornford 번역(Oxford, England: Clarendon, 1941/rpt. 1955), 345-46.
21. 플라톤은 《티마이오스》(BC 366-360), 35a-36b에서 세계적 영혼은 피타고라스의 온음계로 알려진 조화로운 구절로 나뉜다고 설명했다. *Plato's Cosmology: The Timaeus of Plato*, F. M. Cornford 번역(London: Kegan Paul, Trench, Trubner, 1937), 54-57.
22. 플라톤의 《국가론》(BC 380-67), 620, 번역본 350. 플라톤이 10번 법칙에서 설명하는 것 참조. "(영혼 속) 변화가 더 중대하고 불공평할 때 그런 행동은 사람들이 '하데스'라고 부르는 깊은 곳으로 향한다. (…) 신에게 버림받았다고 믿는 아이나 젊은이여, 더 악해지는 이들은 악한 영혼을 향해 나아가고 선해지는 사람은 선한 영혼을 향해 나아간

다. 삶과 죽음에서 사람은 자신의 행동에 부합하는 것을 경험한다. 신의 심판에서 너 그리고 그 누구도 운 좋게 빠져나갔다고 자랑할 수 없을 것이다." 904c-d, Robert Mayhem 번역, *Plato, Laws* 10(Oxford, England: Clarendon, 2008), 36 수록.

23. 폴리클레이토스의 소실된 표준율을 재구성하려는 노력은 *Polykleitos, the Doryphoros, and Tradition*, Warren G. Moon 편집(Madison: University of Wisconsin Press, 1995), 19-24에 수록된 J. J. Pollitt의 "The Canon of Polykleitos and Other Canons" 참조.
24. 플라톤의 대화에서 수학적 물체의 논의는 *Mathematics and Necessity: Essays in the History of Philosophy*, T. Smiley 편집(Oxford: Oxford University Press, 1999), 1-81 중 특히 7장 "The Metaphysics of Mathematical Objects", 33-35에 수록된 M. F. Burnyeat의 "Plato on Why Mathematics Is Good for the Soul" 참조. 아리스토텔레스 시대부터 학자들은 일반적으로 수학적 물체를 가리켜 '매개체'라고 불렀는데 이는 플라톤이 말한 물체의 간접적 표현이다. Burnyeat는 자신의 에세이에서 결국 플라톤이 그 물체의 존재론적 지위를 불확실한 상태로 남겨뒀다고 주장한다.
25. Plato, *Timaeus*(BC 366-60), 29e, 번역본 33.
26. 우주 질서는 그것이 "놀라운 지성과 지혜로 통치되고 있음"을 증명한다. *Philebus*(BC 360-47), 28d-30d, *The Dialogues of Plato*, B. Jowett 번역(Oxford, England: Clarendon, 1871), 3:175-78.
27. 원자론은 Andrew Pyle의 *Atomism and Its Critics: Problem Areas Associated with the Development of the Atomic Theory of Matter from Democritus to Newton*(Bristol, England: Thoemmes Press, 1995) 참조.
28. 플라톤에 따르면 신성한 이성에는 반드시 영혼이 있으며 따라서 살아 있는 우주에도 세계영혼이 있다고 한다. 플라톤은 음악적 조화와 영혼의 조화 사이에 유사점이 있다고 가정하며 피타고라스학파의 조화이론, 즉 필로라우스 비율로 세계영혼을 구성했다(the Pythagorean diatonic scale; Timaeus, 36a-b).
29. Aristotle, Physica(BC 4세기), *The Works of Aristotle*, R. P. Hardie, R. K. Gaye 번역, W. D. Ross 편집(Oxford, England: Clarendon, 1930/rpt. 1970), 2: bk. 2, 193b-94b.
30. Aristotle, *Metaphysica*(BC 4세기), *The Works of Aristotle*, W. D. Ross 번역 및 편집(Oxford, England: Clarendon, 1908/rpt. 1972), 8: bk. delta, 1072b.
31. 그리스 철학에서 유클리드의 위치는 Ian Mueller의 *Philosophy of Mathematics and Deductive Structure in Euclid's Elements*(Cambridge, MA: MIT Press, 1981) 참조.
32. *The Thirteen Books of Euclid's Elements*, Thomas Heath 번역, 2판(Cambridge: Cambridge University Press, 1926), 1:153-55. 이 책에 수록된 유클리드의 인용구는 모두 히스의 번역본에서 인용했다.
33. 피타고라스의 삼원수는 3-4-5와 5-12-13과 9-12-15처럼 피타고라스정리가 성립되는 세 수의 집합을 나타낸다. 1900년 독일 수학역사학자 Moritz Cantor는 (그림 1-9 같은) 이집트 측량사가 농지 넓이를 구할 때 줄에 피타고라스 삼원수 패턴으로 매듭을 지었을 것이라고 추측했다. 칸토어는 그 추측을 뒷받침하는 고대 증거가 없음을 인정했지만 역사학자들은 부주의하게 그것을 사실로 제시했다. Moritz Cantor, *Vorlesungen uber Geschichte der Mathematik*(1900; rpt. New York: Johnson, 1965), 1:105-6. 칸토어의 추측을 부정한 역사학자들의 명단은 Richard J. Gillings의 "The Pythagorean Theorem in Ancient Egypt", *Mathematics in the Time of the Pharaohs*(Cambridge, MA: MIT Press, 1972), 부록 5 참조. 추가로 역사학자들은 오랫동안 BC 1800년경 이집트의 이웃인 바빌론(오늘날의 이라크)에서 피타고라스 삼원수를 생성하는 법을 고안했다고 믿어왔다. 이 추측을 뒷받침하는 증거로는 19세기에 발굴된 세로줄에 숫자를 담고 있는 고대 바빌론의 점토판 문서가 있다(Plimpton 322 in the G. A. Plimpton Collection, Columbia University Library, New York). 2002년 Eleanor Robson은 이 플림프턴 322번이 거의 완전하게 잘못 해석되었음을 증명했다. Robson의 "Words and Pictures: New Light on Plimpton 322", *American Mathematics Monthly* 109(Feb. 2002): 105-19 참조.
34. Otto Neugebauer의 *The Exact Sciences in Antiquity*(Copenhagen: E. Munksgaard, 1951), 96 참조.
35. 오랫동안 바빌론 수학자는 그리스 수학자의 선구자로 여겨져 왔으나 오늘날에는 수학으로 사회를 정리하고 세계를 이해하려 한 각 문화의 고유성을 보려는 노력이 이어지고 있다. 가령 2010년 두 과학역사학자 Alexander Jones와 Christine Proust는 자신들이 주최한 설형문자 점토판 전시회를 '피타고라스 이전: 고대 바빌론의 수학 문화'라고 명명해 바빌론인이 그리스 수학의 중요 요소를 발견했다는 것을 암시했다(Institute for the Study of the Ancient World, New York University, Nov. 12_Dec. 16, 2010). Eleanor Robson은 저서 *Mathematics in Ancient Iraq: A Social History*(Princeton, NJ: Princeton University Press, 2008)에서 그 접근방식으로 BC 4000년부터 설형문 점토판이 사라지기 시작한 BC 2세기 말의 토착 메소포타미안 문화까지 중동의 수학역사를 추적했다.
36. 에우독서스 모형에 영향을 미친 고대 주요 자료에는 아리스토텔레스의 Metaphysics(BC 4세기), bk. lambda ch. 8, 심플리치우스(AD 490-560)가 남긴 On Aristotle on the Heavens, 491-97 평론이 있다. 19세기 후반 이탈리아 역사학자 Giovanni V. Schiaparelli는 이 두 자료로 에우독서스 모형을 정밀하게 재구성했고 이는 한 세기 이상 올바른 것으로 여겨졌다(*Le Sfere omocentriche de Eudosso, de Callip ed di Aritotele*, 1875). 에우독서스는 우주가 동심원 모양의 27개 크리스털로 이뤄진 구로 구성되어 있다고 믿었다. 별은 우주 공간에서 움직이지 않게 '고정되어' 있고 그 안에서 토성, 목성, 화성, 수성, 태양, 달이 (잘못된 순서로) 지구를 중심으로 돈다고 믿었다. 아리스토텔레스는 에우독서스 모형을 지지하며 이를 확장해 총 55개의 구체를 포함하게 했다. Schiaparelli의 재구성에 따르면 에우독서스 모형은 4가지 구로 각 행성을 움직이게 해 그 일간·연간 움직임과 역행 움직임을 구현한다는 점에서 매우 독특하다. 태양과 달은 각각 3개의 구를 필요로 하므로 총 27개의 구가 필요하다. 지난 20여 년 동안 역사학자는 일련의 논문으로 Schiaparelli의 19세기 모형에 질문을 던져 의심을 불러일으켰고 결국 심플리치우스 자료의 신뢰성에 의문이 불거졌다. 다음 문헌 참조. Henry Mendell의 "Reflections on Eudoxus, Callipus and their Curves: Hippopedes and Callippopeds", Centaurus 40(1998): 177-275; Henry Mendell의 "The Trouble with Eudoxus", *Ancient and Medieval Traditions in the Exact Sciences*, Patrick Suppes, J. Moravcsik, Henry Mendel 편집(Stanford, CA: CSLI, 2000), 59-138; Ido Yavetz의 "On the Homocentric Spheres of Eudoxus", *Archive for History of Exact Sciences* 15(1998): 67-114; Ido Yavetz의 "On Simplicius' Testimony Regarding Eudoxan Lunar Theory", *Science in Context* 16(2003): 319-30.
37. 알렉산드리아 도서관은 로마황제 율리우스 카이사르(BC 48)와 아우렐리우스(AD 3세기)의 공격을 받으면서 손상을 입었다. 무너져가는 로마제국에서 기독교를 지지한 테오도시우스 황제가 이교도 건물의 파괴를 명령하면서 더 무너졌고(AD 391) 마침내 아랍이 이집트를 점령해 최후를 맞았다(AD 642). Mostafa El-Abbadi의 *The Life and Fate of the Ancient Library of Alexandria*(Paris: Unesco/UNDP, 1990), 특히 145-78 참조.
38. 유클리드의《원론》번역사는 Heath의 *Greek Mathematics*, 1:206-12 참조. 프톨레마이오스의《알마게스트》번역사는 G. J. Toomer가 번역한 *Ptolemy's Almagest*(New York: Springer, 1984), 2-3 참조.
39. 알렉산드리아의 디오판토스(AD 3세기)는 종종 '대수학의 아버지'라 불리지만 그는 자신을 유명하게 만든 일반 방식을 실제로 사용하지 않았다. Thomas Heath는 그리스 수학의 대수학 요소를 연구한 논문에서 이런 결론을 내렸다. "우리는 디오판토스의 연구 성과가 교과서에 나오는 일반 공식과 그에 해당하는 예제로 쓰여 있지 않다는 것을 안다. 체계적으로 정리한 개별 규칙과 제약은 찾을 수 없으므로 여기저기 흩어진 그의 전체 연구 결과를 모아 최선의 방법으로 공식을 만들어야 한다." Thomas Heath의 *Diophantus of Alexandria: A Study in*

the History of Greek Algebra(Cambridge: Cambridge University Press, 1885/rpt. 1910), 58.

40. 도덕성과 수학을 결합한 플라톤주의는 다음 문헌 참조. M. F. Burnyeat의 "Platonism and Mathematics: A Prelude to a Discussion"(1987), *Mathematics and Metaphysics in Aristotle/Mathematik und Metaphysik bei Aristoteles*, Andreas Graeser 편집(Bern, Switzerland: Paul Haupt, 1987), 213-40; Andrew Barker의 "Ptolemy's Pythagoreans, Archytas, and Plato's Conception of Mathematics", *Phronesis* 39, no. 2(1994): 113-35; Burnyeat의 "Plato on Why Mathematics Is Good for the Soul", 1-81.
41. Walter Hamilton이 번역한 *Plato, Phaedrus and the Seventh and Eighth Letters*의 The Seventh Letter, 341 CD(Harmondsworth, England: Penguin, 1973), 136.
42. Leonardo Taran의 Speusippus of Athens(Leiden, the Netherlands: Brill, 1981), 150-51에 수록된 Speusippus, Fragments 44(Aristotle, *Metaphysica*, 1091 A29-B3)와 46(Aristotle, *Metaphysica*, 1075 A31-B1): 파편 44와 46은 Aristotle, *Metaphysica*(BC 4세기) 8: bk. 3(n. 30)에서 번역했다.
43. Plato, *Republic*(BC 380-67), 500c, 번역본 204.
44. Aristotle, *Nicomachean Ethics*(BC 4세기), bk. 10, 1177, line 30 to 1178, line 2, in Works, 9(n. 30).
45. *Parmenides*(BC 380-67) 142a, F. M. Cornford가 번역한 *Plato and Parmenides*(London: Kegan Paul, Trench, Trubner, 1939), 129에 수록.
46. 플로티노스는 플라톤이 일자를 가리켜 "존재 이상의 존재"(《국가론》, 509b)라고 언급한 것을 인용한 후 일자가 형언할 수 없다고 추론한 파르메니데스와 플라톤의 주장에 동의했다. "'존재 이상의 존재'란 일자가 어떤 특정한 것이 아님을 의미한다. 이것은 일자에 긍정적 태도를 보이는 것도 아니고 그 이름을 말하지도 않으며 그저 모든 것은 '존재'가 아니라는 것을 뜻한다. 하지만 그 의미대로라면 일자는 결코 이해할 수 없다. 그 한없는 성질을 이해하려는 것은 터무니없는 일이다." Plotinus, *Ennead*(AD 253-70), 5:6, A. H. Armstrong 번역(Cambridge, MA: Harvard University Press, 1984), 173.
47. 프로클로스는 다음과 같은 글을 남겼다. "그러므로 자신의 이해력을 사용하는 영혼은 형태에 관한 생각을 거울 같이 상상에 투영한다. 그리고 영혼 안의 생각은 상상 속에서 그림 형태로 표현된다. 그런 방법으로 영혼이 그림 안의 자신을 돌아볼 기회가 생긴다. (…) 영혼은 그 자신 안에 있는 원과 삼각형과 하나로 된 모든 사물을 본다. 그렇게 보는 것을 닮고 그 다양성을 감싸 안으며 접근 불가능한 장소와 신의 성지에 존재하는 비밀스럽고 형언할 수 없는 형태를 보면서 꾸밈없는 신성한 아름다움을 발견한다. 그 무엇보다 부분이 없는 원과 확대되지 않는 삼각형을 포함해 통일성을 회복한 지식의 모든 물체를 보고자 한다." Proclus, *Commentary*, 113.
48. 중세와 현대 논쟁의 유사점은 W. V. Quine의 "On What There Is", *From a Logical Point of View*(Cambridge, MA: Harvard University Press, 1953), 1-19, 특히 14-15 참조.
49. Augustine, De doctrina christiana(On Christian doctrine, 396년경 집필을 시작해 426년 완성). D. W. Robertson이 번역한 *On Christian Doctrine*(Indianapolis, IN: Bobbs-Merrill, 1958), 75에 수록.
50. Augustine, *De ordine*(On Order)(AD 386), 16:44, Silvano Borruso가 번역한 *On Order*(South Bend, IN: St. Augustine's Press, 2007), 107-9에 수록.
51. "어거스틴: 그런데 당신은 자기 몸의 눈으로 그런 점과 선, 너비를 본 적 있는가?
에보디오: 아니, 본 적 없소. 그런 것은 유형의 것이 아니오.
어거스틴: 그러나 만약 유형의 것을 몸의 눈으로 보는 것이, 그것이 현실에 유사하게 존재하기 때문이라면 무형의 것을 보는 것은 형태가 없는 영혼일 것이다."
St. Augustine: De quantitate animae(The greatness of the soul; AD 387-88), 13:22, Joseph M. Colleran이 번역한 *St. Augustine: The Greatness of the Soul*(Westminster, MD: Newman, 1950) 39에 수록.
52. Augustine, *De ordine*, 15:42, 번역본 105-7.
53. Augustine, *Quantitate*, 16:27, 번역본 46.
54. Needham은 전 기독교적 자연철학이라 불리는 자신의 관점을 이렇게 정리했다. "여기서 채택한 관점은 모든 인류가 자연현상을 연구한다는 점에서 잠재적으로 동등하다. 근대과학의 에큐메니즘은 모두가 사용할 수 있는 세계 공통어를 포함하고 고대와 중세 과학은 (명백한 민족적 특징이 있지만) 자연계와 관련이 있으므로 같은 에큐메니즘적 자연철학을 포함한다. 모든 사람이 이런 사상을 키워왔고 앞으로도 키울 것이며, 물이 바다를 덮은 것처럼 모든 이가 협동하는 연방세계가 인간사회에 조직되고 통합되리라고 가정한다." Joseph Needham의 "The Roles of Europe and China in the Evolution of Ecumenical Science"(1964), *Science and Civilization in China*(Cambridge: Cambridge University Press, 2004), 7: part 2, 42. Needham은 생물학자로 사회생활을 시작했고 자신의 종교를 과학적 · 기계론적 세계관과 혼합하려 노력했다. 그 결과 범심론 또는 자신이 "스피노자 사상을 수정한 것"이라고 부른 사상에 속했다. Needham의 "Mechanistic Biology and the Religious Consciousness", *Science, Religion, and Reality*, Joseph Needham 편집(New York: Macmillan, 1925), 219-58 참조; 인용구는 259에 수록.
55. Shen Kangshen, John N. Crossley, Anthony W. -C. Lun이 번역한 *The Nine Chapters on the Mathematical Art: Companion and Commentary*(Oxford: Oxford University Press; Beijing: Science Press, 1999) 참조. 또한 Karine Chemla, Guo Shuchun이 번역한 *Les neuf chapitres: Le classique mathematique de la Chine ancienne et ses commentaries*(Paris: Dunod, 2004) 참조.
56. Chemla 자신이 개정한 중국수학을 여러 편의 논문 모음집을 포함해 다양한 출판물로 제시했다. Karine Chemla의 *La valeur de l'exemple: perspectives chinoises*(Saint-Denis, France: Presses Universitaires de Vincennes, 1997)와 Karine Chemla, D. Herper, M. Kalinowsi의 *Divination et rationalite en Chine ancienne*(Saint-Denis, France: Presses Universitaires de Vincennes, 1999). 그녀는 자기 역할의 핵심을 다음 글에 요약했다. "Generality above Abstraction: The General Expressed in Terms of the Paradigmatic in Mathematics in Ancient China", *Science in Context* 16(2003): 413-58.
57. J. Needham과 W. Ling이 번역한 Needham, China, 3:23(n. 54).
구고정리(피타고라스정리) 번역은 지난 수십 년 동안 중국수학에서 일반적으로 발생한 문제였다. Shen Kangshen, John N. Crossley, Anthony W. -C. Lun은 1999년 《구장산술》 번역본에서 '구고'를 '직각삼각형'으로 번역했다. Mary Tiles는 그 번역을 리뷰하며 "이 번역은 중국인이 각과 삼각형 개념으로 이 정리를 사용한 것인지 논란이 있음을 흐리게 한다. '구'와 '고'는 직각자의 두 변을 말하지만 이는 기하학에서 직각삼각형을 의미하지 않는다. 특히 각도는 다루지 않는다"라고 불평했다. *Philosophy East and West* 52, no. 3(2002): 386-89; 인용구는 388에 있다.
58. Sabetai Unguru가 1975년 발표한 글에서 수학문화 역사를 언급한 "On the Need to Rewrite the History of Greek Mathematics", *Archive for History of Exact Sciences* 15(1975): 67-114 참조. Needham 이후의 학자는 그의 연구 성과를 칭찬하는 에세이와 그렇지 않은 에세이를 모은 몇 개의 기념 모음집 참조. *Chinese Science: Explorations of an Ancient Tradition*, Shigeru Nakayama, Nathan Sivin 편집(Cambridge, MA: MIT Press, 1973)과 Needham의 70세 생일 기념집, 1995년 그의 사후에 발표된 2개의 헌정 모음집이 있다. *Beyond Joseph Needham: Science, Technology, and Medicine in East and Southeast Asia*, Morris Low 편집(Chicago: University of Chicago Press, 1999)은 중국 이외의 다른 동양과학에 중점을 둔다. 그리고 S. Irfan Habib과 Dhruv Raina가 편찬한 *Situating the History of Science: Dialogues with Joseph Needham*(New York: Oxford University Press, 1999) 참조. 비서양수학 개요는 Marcia Ascher의 *Mathematics Elsewhere: An Exploration of*

Ideas across Cultures(Princeton, NJ: Princeton University Press, 2002) 참조.

59. 이 관점은 Joseph Needham의 다음 참조. Joseph Needham의 "Human Law and the Laws of Nature", Needham, China, 2:518-83; A. C. Graham의 "China, Europe, and the Origins of Modern Science", *Chinese Science; Explorations of an Ancient Tradition*, Shigeru Nakayama와 Nathan Sivin 편집(Cambridge, MA: MIT Press, 1973), 45-69, esp. 55-58; 또한 같은 호에 수록된 Kiyosi Yabuuti의 "Chinese Astronomy: Development and Limiting Factors", 91-103 참조. 특히 92-94 참조.
60. 문화역사학자 D. L. Hall과 R. T. Ames는 동양의 '미적 질서'를 서양의 '논리적 질서'와 대조하면서 유교의 독특한 질서 개념을 설명했다. *Thinking Through Confucius*(Albany, NY: State University of New York Press, 1987), esp. "The Primacy of Aesthetic Order", 132-38 참조.
61. Chuang Tzu의 The Writings of Chuang Tzu, bk. 14, The Revolution of Heaven(BC 300), *The Tao te ching; The Writings of Chuang-tzu; The Thai-shan Tractate of Actions* 참조, James Legge 번역(Taipei: Book World, 1891/1963 rpt.), 393.
62. 동양 종교와 그리스 신화 사이의 관계는 F. M. Cornford의 "Tao, Rta, and Asha", in *From Religion to Philosophy: A Study in the Origins of Western Speculation*(1912; Mineola, NY: Dover, rpt. 2004), 172-77과 Wilhelm Halbfass의 "The Philosophical View of India in Classical Antiquity", *India and Europe: An Essay in Understanding*, n. t.(번역본 *Indien und Europa, Perspektiven ihrer geistigen Begegnung*, 1981; Albany, NY: State University of New York Press, 1988), 2-23 참조. 신플라톤주의와 인도철학은 Paul Hacker의 "Cit and Nous", *Neoplatonism and Indian Thought*, R. Baine Harris 편집(Norfolk, VA: International Society for Neoplatonic Studies, 1982), 161-80 참조. 플로티노스 논문의 개요는 같은 호에 수록된 Albert M. Wolters의 "A Survey of Modern Scholarly Opinion on Plotinus and Indian Thought", 293-308 참조. 고대 기독교와 불교 사이에 존재하는 연결 관련 논문의 개요는 Zacharias P. Thundy의 *Buddha and Christ: Nativity Stories and Indian Traditions*(Leiden, the Netherlands: Brill, 1993), 1-17 참조. Halbfass, Hacker, Wolters, Thundy 모두 대표적인 동양사상과 신비주의 사이에 사상 교류가 있었을지도 모른다고 의심한다. 오직 위대한 고전학자 F. M. Cornford만 조심스럽게 낙관적 견해를 보였다.
63. "그 시기 이전과 이후에도 이집트에서 영혼의 환생 교리를 빌려온 그리스 작가들이 있다." George Rawlinson과 Francis R. B. Godolphin이 편집 및 번역한 *The Greek Historians: The Complete and Unabridged Historical Works of Herodotus*(New York: Random House, 1942), 1:141에 수록된 Herodotus, *The Persian Wars*(BC 4세기), bk. 2:123.
64. "그에 따라 알렉산드로스의 역사학자 Clitarchus는 12번째 책에서 인도의 벌거벗은 수행자들이 죽음을 멸시한다고 적었다." Diogenes Laertius의 *Lives and Opinions of Eminent Philosophers*(AD 3세기), I:6, C. D. Yonge 번역(London: Henry G. Bohn, 1853), 8.
65. "그(플로티노스)는 28세가 되던 해 철학을 공부하려는 충동을 느꼈고 추천을 받아 알렉산드리아의 교사들에게 배웠다.(…) 그는 인도인 사이에 유행한 페르시아 철학을 공부하길 갈망했다. 고르디아스 황제가 페르시아 원정을 계획하면서 그는 군대에 들어가 원정길에 올랐다." Porphyry, *Vita Poltini*(Life of Plotinus; early third century AD), 3:5ff, A. H. Armstrong 번역, *Plotinus*(Cambridge, MA: Harvard University Press, 1966), 9에 수록.
66. Pseudo-Dionysius the Areopagite, *On Divine Names*(ca. AD 500), V:5-6, *The Works of Dionysius the Areopagite*, John Parker 번역(Merrick, NY: Richwood, 1897-99/rpt. 1976), 1:77-78.
67. Pseudo-Dionysius the Areopagite, *The Heavenly Hierarchy*(ca. AD 500), I:3, Works of Dionysius, 2:3.
68. 같은 책, 2:1.
69. Thierry of Chartres, *Tractatus de sex dierum operibus*(12세기), *Commentaries on Boethius by Thierry of Chartres and Others of His School*, Nikolaus M. Haring 편집 Haring(Toronto: Pontifical Institute of Medieval Studies, 1971), 568, sec. 30; Peter Ellard 번역, *The Sacred Cosmos: Theological, Philosophical, and Scientific Conversations in the Early Twelfth Century School of Chartres*(Scranton, NY: University of Scranton Press, 2007), 15에 수록.
70. Thierry, *Tractatus*, 568, sec. 31, 번역본 108-9 참조.
71. 5세기 신비주의자 위-디오니시우스는 3명의 신원이 섞인 생 드니 성당의 수호성인이다. (1) AD 1세기 성 바울을 통해 개종한 디오니시우스 아레오파기타(사도행전 17:34); (2) AD 250년경 순교한 파리의 주교 생 드니; (3) AD 5세기에 살았던 (익명의) 동방정교회 수도승 위-디오니시우스로 그는 1세기 '디오니시우스 아레오파기타'의 계보를 잇는다는 뜻으로 이 가명을 택했다. 생 드니 성당은 7세기에 건설되었고 9세기에 이르러 디오니시우스(1)와 생 드니(2) 전설이 섞여 파리의 주교가 성 바울의 도움으로 개종했다는 명성을 얻었다. 결국 '드니'라는 이름이 '디오니시우스'에서 유래했다는 우연의 일치로 두 역사적 위인을 하나로 인식하게 되었다. 1940년대 에르빈 파노프스키는 이렇게 설명하며 세 사람을 구별했다.
    814년 비잔틴제국 황제 미카엘 2세는 카롤루스 대제Charlemagne 루도비쿠스 경건왕에게 5세기 신비주의자 위-디오니시우스의 원본 그리스어 원고를 전해주었다. 그는 이것이 개종한 디오니시우스/드니(1/2)가 쓴 것이라고 믿었기에 생 드니 성당 도서관에 보관했고 이후 라틴어로 번역했다. 이것이 쉬제가 읽은 책이다. 쉬제는 저자를 잘못 알고 있었지만 그 부분은 그가 받은 영향과 관련이 없다. 파노프스키는 쉬제를 천국을 반영하기 위해 성소를 멋지게 장식해야 한다는 클뤼니파 상속자로 보았고, 더 단조로운 인테리어를 지지하는 시토회의 비난에 대항하고자 위-디오니시우스의 글을 인용했다. Abbot Suger의 *On the Abbey of St.-Denis and Its Art Treasures* 참조, Erwin Panofsky 번역 및 편집(Princeton, NJ: Princeton University Press, 1946). 저자를 포함한 대부분의 역사학자는 쉬제에 관한 파노프스키의 관점에 동의한다. 위-디오니시우스의 글이 쉬제에게 미친 영향은 "쉬제는 어떤 의미에서도 위-디오니시우스의 추종자가 아니다"라고 한 Peter Kidson의 "Panofsky, Suger, and St-Denis", *Journal of the Warburg and Courtauld Institutes* 50(1987), 1-17 참조. 또한 위-디오니시우스의 글을 경시한 Lindy Grant의 *Abbot Suger of St-Denis: Church and State in Early Twelfth-Century France*(London: Longman, 1998), 270-71 참조.
72. Suger, *On the Abbey*, 73-75.
73. "그러므로 내가 하느님 집의 아름다움에 기뻐할 때 여러 색색 돌의 사랑스러움이 나를 외적 돌봄에서 멀어지게 하고, 가치 있는 명상은 내가 여러 성스러운 덕목에 비춰보고 비물질적인 것을 물질적으로 바꾸게 한다. 그 후 나는 나 자신이 지상의 진흙탕에도 완전히 존재하지 않고 천상의 순수함 속에도 존재하지 않으며 기이한 우주의 어떤 부분에 거주하는 것처럼 느낀다. 그리고 하느님 은혜로 나는 신비스러운 방법으로 낮은 곳에서 높은 곳으로 이동한다." Suger, *On the Abbey*, 63-65.
74. 이것은 중세 사학자 Sumner McNight Crosby가 "Crypt and Choir Plans of St. Denis", *Gesta: International Center of Medieval Art* 5(1966): 4-8에서 제시한 흥미로운 사안이다.
75. Aristotle, *Nicomachean Ethics*(BC 4세기), bk. 5, sec. 7, Martin Oswald 번역(Indianapolis: Bobbs-Merrill, 1962), 131.
76. Thomas Aquinas, *Summa Theologiae*(A treatise on theology; 1265-73), Fathers of the English Dominican Province 번역(Westminster, MD: Christian Classics, 1911/rpt. 1981), 2:105.
77. David Topper와 Cynthia Gillis의 "Trajectories of Blood: Artemisia Gentileschi and Galileo's Parabolic Path", *Woman's Art Journal* 17(Spring-Summer 1996), 10-13 참조.
78. Johannes Kepler, *Harmonices Mundi*(Harmony of the world; 1619), 5:7, E. J. Aiton, A. M. Duncan과 J. V. Field 번역(Philadelphia: American Philosophical Society, 1997), 446.
79. 중력상수는 물리적 상수다. 과학자는 중력상수나 빛의 속도 같은 물

리적 상수가 모든 우주에서 동일하며 시간이 흘러도 변하지 않는다고 믿는다. 중력은 무게를 아는 두 균일한 구 사이의 인력을 측정한 변치 않는 절댓값이다. 중력이 매우 작아 측정하기 어려웠던 까닭에 뉴턴은 만유인력을 설명할 때 중력의 힘은 알지 못했지만 언젠가 그것이 밝혀지리라고 확신했다. 영국 과학자 Henry Cavendish가 중력상수를 처음 측정했다(*Philosophical Transactions*, 1798).

80. 예를 들어 Robert Boyle은 1662년 기체의 부피와 압력 사이에 역관계가 존재한다는 수학공식을 썼다(vp=c, 부피v에 압력p을 곱한 값은 항상 상수 c와 같다). 예를 들어 온도가 일정할 때 부피가 절반으로 줄어들면 압력은 2배가 된다. 원자론이 등장한 2세기 후 과학자들은 왜 기체의 부피와 압력이 이런 관계를 갖는지 물리적으로 설명했다. 컨테이너에 담긴 기체 분자는 사방으로 무작위로 움직이며 벽에 부딪힌다. 만약 절반의 부피로 압축할 경우 벽에 2배 더 많이 부딪혀 압력이 2배로 증가한다.
81. Isaac Newton, *Philosophiae Naturalis Principia Mathematica*(Mathematical principles of natural philosophy; 1687), 이 인용구는 뉴턴의 "General Scholium" 2판 번역본(1713)에 수록되어 있다. 이것은 라틴어 원본을 Andrew Motte가 1729년 번역하고 Florian Cajori가 감수한 뒤 R. T. Crawford가 편집한 *Sir Isaac Newton's Mathematical Principles of Natural Philosophy and His System of the World*(Berkeley: University of California Press, 1947), 547에서 찾아볼 수 있다.
82. 같은 책.
83. Charles Darwin, *The Descent of Man and Selection in Relation to Sex*(1871), 2판(New York: Appleton, 1883), 623.
84. 갈릴레오 사건의 학자들 의견은 Ernan McMullin이 편집한 *The Church and Galileo*(Notre Dame, IN: University of Notre Dame Press, 2005)의 글 참조.
85. Johannes Kepler, *Harmonices Mundi*, 146.
86. Stillman Drake가 번역한 *Discoveries and Opinions of Galileo*(Garden City, NY: Doubleday, 1957), 237-38에 수록된 Galileo Galilei, *The Assayer*(1623).
87. Galileo Galilei, *Dialogue Concerning the Two Chief World Systems*(1632), Stillman Drake 번역(New York: Modern Library, 2001), 118. 갈릴레오가 종교재판에 고발된 사안 중 일부는 그가 주장한 것에서 기인하는데 다음 글에서 찾아볼 수 있다. "그가 사람과 신성한 지성이 기하학 형태를 이해하는 것 사이에 어떤 동등성이 존재한다고 잘못된 주장을 한 것"(Special Commission Report on the Dialogue, Sept. 1632), Maurice A. Finocchiaro 번역, *The Galileo Affair: A Documentary History*(Berkeley: University of California Press, 1989), 222 수록.
88. 갈릴레오가 미친 영향은 다음 참조. 예를 들어 Anthony Blunt는 *Borromini*(London: Penguin, 1979), 47에서 "Borromini는 젊은 시절 갈릴레오의 글을 깊이 연구했고 나는 Borromini가 갈릴레오 덕분에 자연을 이해하게 되었다고 믿는다"라고 적었다. 더 근래의 문헌으로는 John Hendrix의 *The Relation between Architectural Forms and Philosophical Structures in the Work of Francesco Borromini in Seventeenth-Century Rome*(Lewiston, NY: Mellen, 2002) 중 45, 93, 121 참조. 케플러가 Borromini에게 미친 영향도 제시했다. John G. Hatch, "The Science behind Francesco Borromini's Divine Geometry", *Visual Arts Publications* 4(Jan. 1, 2002): 127-39 참조. 도해 외 돔 형태의 기본 기하학은 Julia M. Smyth-Pinney의 "Borromini's Plans for Sant'Ivo alla Sapienza", *Journal of the Society of Architectural Historians* 59, no. 3(Sept. 2000): 312-37 참조.
89. Newton, *Principia*, 544. 또한 James E. Force와 Richard H. Popkin이 편집한 *Essays on the Context, Nature, and Influence of Isaac Newton's Theology*(Dordrecht, the Netherlands: Kluwer, 1990), 75-102에 수록된 James E. Force의 "Newton's God of Dominion: The Unity of Newton's Theological, Scientific, and Political Thought" 참조.

2. 비율

1. Vitruvius, *On Architecture*(BC 1세기), 3.1.3, *Vitruvius, Ten Books on Architecture*, Ingrid D. Rowland 번역(Cambridge: Cambridge University Press, 1999), 47.
2. Judith V. Field, *Piero della Francesca: A Mathematician's Art*(Oxford: Oxford University Press, 2005), 122-23 참조.
3. 《원론》이 나오기 이전에도 그리스 수학에서 비율을 도구로 썼지만 일반적으로 에우독서스가 제안한 것으로 여겨지는 비율이론을 처음 제시한 사람은 유클리드다. 유클리드와 에우독서스의 비율이론은 '같은 비율'이라는 정의에 기초한다(*Elements*, book 5). Ken Saito의 "Phantom Theories of pre-Eudoxean Proportion", *Science in Context* 16, no. 3(2003): 331-47 참조.
4. 캄파누스는 한 정리(*Elements*, book 14, proposition 10)를 논평했는데 그의 시대에 이 정리는 유클리드의 것으로 알려져 있었지만 오늘날 그렇지 않다는 것이 밝혀졌다. 그러나 그가 언급한 것은 비율을 다루는 (진짜) 유클리드의 다른 어떤 정리에도 적용 가능하므로 이 부분은 크게 중요하지 않다. 이 인용구의 라틴어 원본은 파치올리(Venice, 1509)의 캄파누스 번역본 편집판 137v 참조. 영어 번역본은 Albert van der Schoot가 쓴 글 "The Divined Proportion" 참조. *Mathematics and the Divine: A Historical Study*, T. Koetsier, L. Bergmans 편집(Amsterdam: Elsevier, 2005), 655-72 수록; 인용구는 662 참조.
5. 르네상스 전기작가 바사리는 파치올리가 출판한 피에로의 *De quinque corporibus regularibus*가 표절이라고 불평했다. "마에스트로 루카는 피에로 사후 자기 수중에 들어온 작품을 자신의 것이라고 주장하며 이 책들의 소유권을 주장했다." Giorgio Vasari의 *Lives of the Most Eminent Painters, Sculptors, and Architects*(1550/enlarged 1568), Gaston du C. de Vere 번역(London: Philip Lee Warner, 1912-15), 3:22, 1509년. 이 책들은 50여 년간 여러 판으로 출판되었다. 당시 저작권과 표준적인 사용 방침이 명확하지 않아 원저자 혼동이 일어났다. 어쩌면 파치올리는 무죄추정의 혜택을 입었을지도 모른다. 또 다른 16세기 저자 Daniele Barbaro는 저서 *La pratica della perspettiva*(1569)를 집필하며 자신이 피에로의 *De prospectiva pingendi* 일부를 인용했다고 밝혔다. 한편 파치올리는 *Summa de Arithmetica*(1494)에서 Piero의 *Trattato d'abaco*에 수록된 여러 문제를 밝히지 않고 차용했다.
6. 유클리드의 비율이 수학문헌에 쓰인 완전한 연대순 리스트는 Roger Herz-Fischler의 A *Mathematical History of Division in Extreme and Mean Ratio*(Waterloo, Ontario: Wilfrid Laurier University Press, 1987), 164-70, 부록 1 참조.
7. Adolf Zeising, *Neue Lehre von den Proportionen des menschlichen Korpers, aus einem bisher unerkannt gebliebenen, die ganze Natur und Kunst durchdringenden morphologischen Grundgesetze entwickelt und mit einer vollstandigen historischen Uebersicht der bisherigen Systeme begleitet*(이제까지 인지하지 못했고 모든 자연과 예술의 형태학 법칙이 스며든 인체의 새로운 비율체계; A new system of proportions of the human body, which was until now unrecognized, and of the fundamental morphological law which permeates all of nature and art; Leipzig, Germany: R. Weigel, 1854), v.
8. 여러 물체에서 황금비를 찾았다고 주장한 연구가 통계 데이터를 잘못 사용한 것을 다룬 Roger Fischler의 "How to Find the 'Golden Number' without Really Trying", *Fibonacci Quarterly* 19(1981): 406-11 참조.
9. 황금비와 관련해 잘못된 역사적 주장은 George Markowsky의 "Misconceptions about the Golden Ratio", *College Mathematics Journal* 23(1992): 2-19 참조. 황금비의 유사과학은 Martin Gardner의 "The Cult of the Golden Ratio", *Skeptical Inquirer* 18, no. 3(1994): 243-47 참조.
10. 학자들은 한 세기 후에도 1.618 비율이 미적 즐거움을 준다는 페히너의 (존재하지 않는) 주장을 증명하거나 반박하기 위해 연구했다. 예를 들어 영국의 셰필드할램대학교 물리학 교수 Tony Collyer와 공학교

수 Alex Pathan은 "The Pyramids, the Golden Section, and 2π", *Mathematics in School* 29, no. 5(2000): 2-5에서 황금률을 지지하는 주장을 했다. 미국 오하이오주 마이애미대학교의 두 심리학자 Susan T. David와 John C. Jahnke는 "Unity and the Golden Section: Rules for Aesthetic Choice?", *American Journal of Psychology* 104, no. 2(1991): 257-77에서 황금률을 반박했다.

11. 다음 사례 참조. 기자 피라미드의 기울기와 아테네 파르테논의 신상 안치소 등이 황금률을 사용했다고 증명한 것으로 알려진 Friedrich Rober의 *Die aegyptischen Pyramiden in ihren ursprunglichen Bildungen: nebst einer Darstellung der proportionalen Vernaltnisse im Parthenon zu Athen*(Egyptian pyramids in their original buildings, next to a presentation of the proportional relations of the Parthenon in Athens; Dresden: Woldemar Turk, 1855) 참조. Rober에 관해서는 많은 것이 알려지지 않았다. 기자의 쿠푸왕 피라미드에서 기하학 패턴을 발견하기 위한 노력은 Roger Herz-Fischler의 *The Shape of the Great Pyramid*(Waterloo, Ontario: Wilfrid Laurier University Press, 2000) 참조.
12. 티르슈는 이렇게 말했다. "우리는 형태의 다양성과 양립할 수 있고 여러 조건에서 증명된 법칙을 찾고 있다. 독일 사상가 차이징이 황금률을 짚어내면서 그런 법칙을 발견하는 데 한 발 더 다가섰다. (…) 모든 시대의 훌륭한 작품을 조사해보면 전체 건물이 기본 형태를 반복하며 개별적인 부분은 항상 기본 형태를 갖추고 있다. 무수히 많은 형태가 존재하는데 이것은 그 자체로는 아름답지도 추하지도 않다. 주요 모형의 세분화한 부분을 반복하면서 조화가 나타난다." "Die Proportionen in der Architektur", *Handbuch der Architektur*, Josef Durm 편집(Darmstadt, Germany: Diehl, 1883), 38-77; 인용구는 39에 수록.
13. 1883년 9월 27일 야코프 부르크하르트가 아우구스트 티르슈에게 보낸 편지. Burckhardt, *Briefe*, Max Burckhardt 편집(Basel, Switzerland: Schwabe, 1974), 8:156 수록.
14. Heinrich Wolfflin의 "Zur Lehre von den Proportionen", *Deutsche Bauzeitung* 23, no. 46(1889): 278. 티르슈는 뵐플린의 역규준선reverse regulating lines에 시큰둥한 답변을 보냈다. 두 사람은 건축 분석을 수학적으로 더 복잡하게 만들었고(*mathematisch verwickelter*) 다소 독단적이기도 했다. *Deutsche Bauzeitung* 23, no. 55(July 6, 1889): 328. 하지만 뵐플린은 그런 반응에도 단념하지 않고 역규준선을 사용했다.
15. Heinrich Wolfflin의 *Renaissance und Barock*(Munich: T. Ackermann, 1888), 55. Wolfflin은 이 책의 독일어 원본 주석에서 아우구스트 티르슈를 출처로 인정했지만(55, note 2) Kathrin Simon의 영문판에서는 누락했다. *Renaissance and Baroque*(Ithaca, NY: Cornell University Press, 1966).
16. 그림 2-25는 부르크하르트가 재현한 티르슈의 16가지 르네상스 도해 중 하나다. 이들 작품은 각기 "*Nach A. Thiersch*"(After A. Thiersch) 라는 크레디트 라인을 담고 있다. James Palmes가 번역한 영문판에서는 크레디트 라인을 누락했다. *The Architecture of the Italian Renaissance*, Peter Murray 편집(Chicago: University of Chicago Press, 1985), 70-76.
17. 부르크하르트는 차이징의 *Neue Lehre von den Proportionen*(1854)과 티르슈의 "Die Proportionen in der Architektur"(1883)를 모두 인용했다. *Geschichte der Renaissance in Italien*, 3판, Heinrich Holtzinger(Stuttgart, Germany: Ebner and Seubert, 1891), 98-99; James Palmes가 번역하고 Peter Murray가 편집한 영문판 제목은 *The Architecture of the Italian Renaissance*(Chicago: University of Chicago Press, 1985)였다. 70 참조. 부르크하르트는 1868년 이 책 초판을 출판했고 1878년 직접 출판한 마지막 판인 2판을 출판했다(그는 1897년 세상을 떠났다). 그런데 1891년 출판한 3판의 편집자 Heinrich Holtzinger는 서론에서 3판에 추가한 비율의 내용은 부르크하르트가 직접 쓰고 포함하도록 요청한 것이며 그 요청에 따라 티르슈의 도해를 수록했다고 명시했다. *Renaissance in Italien*(1891), vi.
18. Burckhardt, *Renaissance in Italien*, 98-99, 영문판 70.
19. 예를 들어 뵐플린은 1914년 뮌헨 아카데미에서 독일 르네상스 건축을 주제로 강의하면서 티르슈의 공로를 평가했고 그 내용을 1941년 출판한 에세이 전집에 수록했다. Heinrich Wolfflin, *Gedanken zur Kunstgeschichte*(Basel, Switzerland: Schwabe, 1941), 115.
20. Heinrich Wolfflin, *Kunstgeschichtliche Grundbegriffe*(1915), 6판(Munich: Bruckmann, 1923), 199-202.
21. Dietrich Neumann, "Teaching the History of Architecture in Germany, Austria, and Switzerland: *'Architekturgeschichte' vs. 'Bauforschung'*", *Journal of the Society of Architectural Historians* 3(2002): 370.
22. 엘람은 플로리다의 새러소타에 있는 Ringling School of Art and Design의 그래픽 디자인 부서장이다.
23. Harald Siebenmorgen의 *Die Anfange der "Beuroner Kunstschule", Peter Lenz und Jakob Wuger, 1850-1875: Ein Beitrag zur Genese der Formabstraktion in der Moderne*(Sigmaringen, Germany: Jan Thorbecke, 1983), 162 참조.
24. Siebenmorgen은 *Beuroner Kunstschule*, 180에서 렌츠가 블레싱에게 보낸 편지를 인용했다.
25. Charles Henry, "Introduction a une esthetique scientifique", *Revue contemporaine* 2(Aug. 25, 1885): 441-69. 앙리는 이 책에서 차이징과 페히너가 기록한 비율 관련 글(444)과 파치올리가 쓴 황금률(453) 내용을 다뤘다.
26. Charles Henry, "Correspondance"(편집자에게 보내는 편지), *Revue philosophique* 29(1890): 332-36; 인용구는 332에 수록되어 있다. 쇠라가 황금률에 무관심한 반응을 보인 것은 Roger Herz-Fischler의 "An Examination of Claims regarding Seurat and 'The Golden Number'", *Gazette des Beaux-Arts* 125(1983): 109-12 참조.
27. Édouard Schuré, *Les grands inities: Esquisse de l'histoire secrete des religions*(Paris: Perrin, 1889).
28. 모리스 드니는 자신과 쇠라가 보이론과 맺은 계약 내용을 일기에 기록했다(Paris: La Colombe, 1957), 1:191ff. 또한 드니는 *Paul Serusier, sa vie, son oeuvre*(Paris: Floury, 1942), 74-93에서 이 주제를 다뤘다. 드니가 Serusier를 다룬 논문은 Paul Serusier의 *ABC de la peinture*(1921)와 합쳐져 37-112로 출판했다. *Suivi d'une etude sur la vie et l'oeuvre de Paul Serusier par Maurice Denis*(Paris: Floury, 1942). 나비파와 보이론 예술가의 관계는 Annegret Kehrbaum의 *Die Nabis und die Beuroner Kunst*(Hildesheim, Germany: Olms, 2006) 참조.
29. Denis, *Serusier*, 76.
30. 렌츠는 1860년대와 1870년대 사이에 황금률을 받아들였고 나비파가 그를 방문한 1890년대에는 더 이상 황금률을 사용하지 않았다. 가령 렌츠의 저서 *Asthetik der Beuroner Schule*(Vienna: Braumuller, 1898; 프랑스어 번역본 *L'Esthetique de Beuron*, Paul Serusier 번역(Paris: Bibliotheque de l'Occident, 1905)에서 렌츠는 황금률을 언급하지 않았다.
31. Maurice Denis, "Definition du neo-traditionnisme"(1890), in *Theories, 1890-1910: Du symbolisme et de Gauguin vers un nouvel ordre classique*(Paris: Bibliotheque de l'Occident, 1912), 1.
32. Paul Serusier, *ABC de la peinture*(Paris, Floury, 1921/rpt. 1942), 15-20.
33. 기카는 그 만남을 자신의 회고록에서 다뤘다. *The World Mine Oyster: Memoirs*(London: Heinemann, 1961), 302-3.
34. Salvador Dali, *50 secretos "magicos" para pintar*(Barcelona: Luis de Caralt, 1951). 영문판 제목 *50 Secrets of Magic Craftsmanship*, Haakon Chevalier 번역(New York: Dial Press, 1948), 5.
35. 스페인 피게레스의 Centre d'Estudis Dalinians, Fundacio Gala-Salvador Dali에 보존된 달리의 서재에 다음과 같은 기카의 책이 있다. *Esthetique des proportions dans la nature et dans les arts*(The aesthetic of proportions in nature and the arts; 1927); *Essai sur le rythme*(Essay on rhythm; 1938), Le Nombre d'or(1931)의 영문판 *The Geometry of Art and Life*(1946); 또한 기카의 *A Practical Handbook of Geometrical Composition and Design*(1952) 참조.
36. 달리는 파치올리의 *La divina proporcion*(Buenos Aires: Losada, 1946)

스페인어 번역본을 가지고 있었다. 달리가 파치올리의 저서를 자세히 읽었다는 것은 그가 기카의 책에 나오지 않는 레오나르도의 *Divina Proportione*(1509) 일러스트레이션을 재현한 것에서 알 수 있다. 또한 달리는 *Divina Proportione*에는 나오지만 기카의 책에는 없는 알파벳의 기하학 디자인을 *50 Secretos*의 표지로 사용했다.

37. 기카는 달리에게 12면체가 진정 우주를 상징한다는 확신을 불어넣었다. "대우주와 소우주에 해당하는 고체를 주제로 당신이 내게 전해준 문제: 대우주는 분명 플라톤이 《티마이오스》에서 우주의 위대한 설계자를 나타내는 데 사용한 12면체가 분명하다. God arranging with Art(*le Dieu arrangeant avec art*)." 1940년대 기카가 달리에게 보낸 프랑스어 편지. 날짜 불명. Centre d'Estudis Dalinians, Fundacio Gala-Salvador Dali, Figueres, Spain.
38. 르코르뷔지에가 복사한 기카의 *Esthetique des proportions dans la nature et dans les arts*(Aesthetics of proportion in nature and the arts, 1927)는 파리의 Foundation Le Corbusier에 보존되어 있다. Roger Herz-Fischler는 르코르뷔지에의 그림과 글을 기준으로 그가 가르슈 빌라부터 황금률을 사용한 연대기를 작성했다. "Le Corbusier's 'Regulating Lines' for the Villa at Garches(1927) and Other Early Works", *Journal of the Society of Architectural Historians* 43(1984): 53-59. 또한 Roger Herz-Fischler의 "The Early Relationship of Le Corbusier to the 'Golden Number'", *Environment and Planning B* 6(1979): 95-103 참조. 기카는 몇 년 뒤 황금률과 관련된 두 번째 책에서 르코르뷔지에의 가르슈 빌라를 담았고 티르슈의 '유추법칙law of analogy'을 묘사했다. Matila Ghyka, "Le Corbusier and P. Jenneret, Regulating Lines, Villa at Garches"(1927), Matila Ghyka, *L'nombre d'or: Rites et rythmes pythagoriciens dans le developpement de la civilisation occidentale*(Paris: Gallimard, 1931) 수록. 그림은 156-157에 있다. 티르슈를 칭찬하는 기카의 글은 11에 있다.
39. 모듈러를 개발하는 데 참여한 여러 수학자를 자세히 설명한 내용은 Judi Loach의 "Le Corbusier and the Creative Use of Mathematics" 참조. *British Journal for the History of Science* 31(1998): 185-215.
40. Carla Marzoli의 *Studi sulle proporzioni: Mostra bibliografica*, exh. cat. (Milan: La Bibliofila, 1951) 참조; 또한 Rudolf Wittkower의 "International Congress on Proportion in the Arts" 참조. *Burlington Magazine* 94, no. 587(1952): 52, 55에 수록. 몇 년 후 비트코버는 비율의 역사를 글로 쓰면서 르코르뷔지에가 모듈러를 전시한 밀라노 회의가 파탄이 났다고 적으며 황금률과 거리를 두었다. "The Changing Concept of Proportion", *Daedalus* 89, no. 1(1960): 199-215.
41. Le Corbusier, *L'Unite d'habitation de Marseille*(Souillac, France: Mulhouse, 1950), 26, 44.
42. 잎차례 설명은 John H. Conway와 Richard K. Guy의 "Phyllotaxis" 참조. *The Book of Numbers*(New York: Springer, 1996), 113-24 수록.
43. 하지만 집요한 신화는 매우 느리게 사라져갔다. 2001년 듀크대학교는 황금률을 사용했다고 잘못 알려진 J. S. Bach를 연구한 이에게 음악 박사학위를 수여했다. Tushaar Power, *J. S. Bach and the Divine Proportion*(PhD diss., Duke University, 2001).

3. 무한대

1. 과학적 세계관에서의 추상예술 기원 설명은 Lynn Gamwell의 *Exploring the Invisible: Art, Science, and the Spiritual*(Princeton, NJ: Princeton University Press, 2002) 참조.
2. 피타고라스가 2의 제곱근을 처음 발견했다고 주장한 가장 오래된 문헌은 3세기 신플라톤주의자 이암블리코스의 저서 *On the Pythagorean Life*다. 그는 피타고라스학파의 금기를 어기고 감히 무리수를 말하는 이는 먼 바다에 던져졌다는 이야기도 남겼다. 그보다 이전의 문헌이 존재하지 않아 이 무리수 이야기에서 사실과 허구를 구별할 수 없다. Walter Burkert의 *Lore and Science*(1장, n. 17), 454-65 참조. 역사학자 D. H. Fowler는 3세기 이전의 더 오래된 2의 제곱근 기록이 없는 것 자체가 무리수 발견이 플라톤과 유클리드 시대의 결과물임에도 사람들이 크게 놀라지 않았다는 것을 뜻한다고 주장했다. *The Mathematics of Plato's Academy: A New Reconstruction*(Oxford, England: Clarendon, 1999), 356-69 참조.
3. 4차원 기하학은 18세기 프랑스 수학자 조제프 루이 라그랑주가 발견했는데 그는 자신의 경력 내내 뉴턴과 라이프니츠의 미적분을 개선하려고 노력했다. 라그랑주는 적의 탑을 향해 쏜 대포알처럼 3차원 공간에서 움직이는 점을 설명하려면 공간 내의 대포알 위치뿐 아니라 시간 내의 위치도 알아야 한다고 지적했다. 결국 그는 네 번째인 '시간' 변수를 3차원 '공간' 변수와 합쳐 사건의 3차원적 장소와 시간을 나타내는 4차원계를 만들었다(*Theory of Analytic Functions*, 1797).
4. 가령 David Eugene Smith의 *A Source Book in Mathematics*(New York: McGraw Hill, 1929), 527-29에 수록된 Arthur Cayley의 "On Some Theorems of Geometry of Positions"(1846) 참조. 또한 Mark Kormes가 번역한 Hermann Grassman의 *Die lineale Ausdehnungslehre*(*Source Book*, 684-96. 1844) 참조.
5. Edith Dudley Sylla의 "The Emergence of Mathematical Probability from the Perspective of the Leibniz-Jacob Bernoulli Correspondence" 참조. *Perspectives on Science* 6, nos.1 and 2(1998): 41-76 수록.
6. George Boole의 *His Life and Work*(Dublin: Boole Press, 1985), 44-72에 수록된 Desmond MacHale의 "Early Mathematical Work" 참조.
7. 연속체 가설을 증명하려는 노력의 역사는 Paul J. Cohen의 *Set Theory and the Continuum Hypothesis*(New York: W. A. Benjamin, 1966) 참조.
8. *Nicholas of Cusa on Learned Ignorance: A Translation and Appraisal of De Docta Ignorantia*, Jasper Hopkins 번역(Minneapolis: Banning Press, 1985), 5절에 수록된 De Docta Ignorantia(학습된 무지)(1440) 참조.
9. 같은 책, 33절. 번역본 62.
10. 같은 책, 63절. 번역본 75−76.
11. 다른 세상을 향한 니콜라우스와 브루노의 믿음은 Steven J. Dick의 *Plurality of Worlds: The Extraterrestrial Life Debate from Democritus to Kant*(Cambridge: Cambridge University Press, 1982) 참조. 특히 23-43과 61-105 참조.
12. 뉴턴은 1713년 출판한 《프린키피아Principia》 2판에 'Scholium'이라 명명한 메모를 수록했는데, 여기서 그는 일상의 흔한 시공간 개념은 '의식할 수 있는 물체'와 관련되므로 수학의 시공간 개념과 구분했다. "절대적이고 진실하며 수학적인 시간과 (…) 절대적 공간은 그 본질상 어떠한 외부의 것과도 관련을 맺지 않는다." Newton, *Principia*, 6(1장 n. 81 참조).
13. Titus Lucretius Carus의 *De rerum natura*(BC 1세기), Cyril Bailey 번역(Oxford, England: Clarendon, 1947), bk. 2, lines 216-93: "이것은 시간과 공간 내의 방향이 정해지지 않은 첫 시작의 미약한 뒤틀림(클리나멘)으로 야기된다(lines 289-93)."
14. 1701년 11월 4일 부베가 라이프니츠에게 보낸 편지. 라이프니츠의 *Korrespondiert mit China: Der Briefwechsel mit den Jesuitenmissionaren*(1689-1714)에 수록. Rita Widmaier 편집(Frankfurt am Main, Germany: Vittorio Klostermann, 1990), 147-70.
15. Gottfried Leibniz의 *Remarks on Chinese Rites and Religion*(1708), Henry Rosemont와 Daniel J. Cook 번역(LaSalle, IL: Open Court, 1994), 섹션 9, 73-74 참조.
16. 라이프니츠는 요아킴 부베뿐 아니라 당시 베이징을 떠나 휴가 중이던 예수회 선교사 Claudio Filippo Grimaldi를 만났다. 이후 라이프니츠는 Grimaldi나 다른 선교사와 주기적으로 서신을 주고받으며 중국철학을 교류했다. Franklin Perkins의 *Leibniz and China: A Commerce of Light*(Cambridge: Cambridge University Press, 2004), 114ff 참조.
17. G. W. Leibniz의 *Writings on China* 48절에 수록된 *Discourse on the Natural Theology of the Chinese*(1716) 참조. Daniel J. Cook과 Henry Rosemont 번역(LaSalle, IL: Open Court, 1994), 116.
18. G. W. F. Hegel의 철학사 강의록에 포함된 "Oriental Philosophy"(1816)

참조. E. S. Haldane과 Frances H. Simson 번역(London: Routledge and Kegan Paul, 1974), 1:125. 독일 낭만주의 시대의 플라톤주의 주제는 Douglas Hedley와 Sarah Hutton이 편찬한 *Platonism at the Origins of Modernity: Studies on Platonism and Early Modern Philosophy*, 269-82에 수록된 Douglas Hedley의 "Platonism, Aesthetics, and the Sublime at the Origins of Modernity" 참조.

19. 독일 낭만주의가 인도를 보는 시각은 Halbfass의 "Hegel" and "Schelling and Schopenhauer", *India and Europe*, 84-99와 100-20(1장 n. 62) 참조.

20. 이와 함께 초기 현대예술의 초자연적 주제에 관한 방대한 문헌이 있다. 그중 1983년 출판한 Linda Dalrymple Henderson의 획기적인 저서 *The Fourth Dimension and Non-Euclidean Geometry in Modern Art*(Princeton, NJ: Princeton University Press, 1983)와 2차 수정판(Cambridge, MA: MIT, 2013) 참조. 또한 Henderson이 해당 주제를 정리한 문헌 참조. "The Image and Imagination of the Fourth Dimension in Twentieth-Century Art and Culture", *Configurations* 17, nos. 1-2(Winter 2009): 131-60.

21. 칸토어가 집합이론을 개발한(수학적 동기를 제외한) 심리적 · 철학적 동기는 I. Grattan-Guinness의 *History and Philosophy of Logic*(1982), 3:33-53에 수록된 "Psychology in the Foundations of Logic and Mathematics: The Cases of Boole, Cantor, and Brouwer" 참조. Jose Ferreiros의 "The Motives behind Cantor's Set Theory: Physical, Biological, and Philosophical Questions"도 참조. *Science in Context* 17, no. 2(2004): 49-83 수록.

22. William Ewald가 번역 및 편찬한 *From Kant to Hilbert: A Source Book in the Foundations of Mathematics*(Oxford, England: Clarendon, 1996), 2:878-920에 수록된 Georg Cantor의 *Grundlagen einer allgemeinen Mannigfaltigkeitslehre: Ein mathematisch-philosophischer Versuch in der Lehre des Unendlichen*(Foundations of a general theory of manifolds: A mathematico-philosophical investigation into the theory of the infinite; 1883) 참조; 인용구는 896에 수록. 책 말미의 주석 6번(918)에 칸토어는 플라톤, 스피노자, 라이프니츠를 향한 자신의 친근감을 나타냈다.

23. 같은 책 893.

24. 칸토어의 정신병 관련 내용은 그의 전기작가 Joseph Warren Dauben의 *Georg Cantor: His Mathematics and Philosophy of the Infinite*(Cambridge, MA: Harvard University Press, 1979) 참조. 특히 136과 284 참조.

25. 미타그레플레르는 1884년 칸토어에게 보낸 편지에서 그렇게 요청했고 이 편지는 공개되지 않은 채 스웨덴 스톡홀름의 Institut Mittag-Leffler에 보관되어 있다. Dauben, *Cantor*, 126, 331, note 17.

26. 게오르크 칸토어가 1884년 9월 22일 미타그레플레르에게 보낸 편지: *Georg Cantor: Briefe*, H. Meschkowski, W. Nilson 편집(Berlin: Springer, 1991), 202.

27. 같은 편지.

28. "Ich nenne im Anschluß an Leibniz die einfachen Elemente der Natur, aus deren Zusammensetzung in gewissem Sinne die Materie hervorgeht, *Monaden* oder *Einheiten*"(라이프니츠처럼 나는 사물의 복합체를 구성하는 자연의 기본요소를 모나드 또는 단위라고 부른다) 게오르크 칸토어, "Uber verschiedene Theoreme aus der Theorie der Punktmengen in einem n-fach ausgedehnten stetigen Raume Gn", *Acta Mathematica* 7(1885): 105–24, *Gesammelte Abhandlungen mathematischen und philosophischen Inhalts*, E. Zermelo 편집(Berlin: Julius Springer, 1932), 261-76 수록; 인용구는 275.

29. 1883년 10월 6일 게오르크 칸토어가 빌헬름 분트에게 보낸 편지. *Briefe*, 142.

30. 1884년 11월 16일 칸토어가 미타그레플레르에게 보낸 편지. *Briefe*, 224.

31. 같은 책. 칸토어는 다음 해에 출판한 논문에서 비슷한 주장을 했다. "Auf diesem Standpunkt ergibt sich als die erste Frage, woran aber weder Leibniz noch die Spateren gedacht haben, welche *Machtigkeiten* jenen beiden Materien in Ansehung ihrer Elemente, sofern sie als Mengen von *Korper*-resp. *Athermonaden* zu betrachten sind, zukommen; in dieser Beziehung habe ich mir schon vor Jahren die *Hypothese* gebildet, daß die *Machtigkeit* der *Korpermaterie* diejenige ist, welche ich in meinen Untersuchungen die erste *Machtigkeit* nenne, daß dagegen die Machtigkeit der Athermaterie die *zweite* ist."(이 관점에서 라이프니츠나 그의 추종자들이 생각하지 못한 첫 번째 문제가 발생한다. 그것은 두 물질이 형체가 있는 모나드와 에테르 모나드의 양일 때 어떤 기수를 따르느냐 하는 것이다. 이 측면에서 물질적인 물체의 기수는 내 논문에서 첫 번째 기수라 부르는 수를 따르고, 에테르 물질의 기수는 2기수가 된다.) Cantor, "Uber verschiedene Theoreme", 276.

32. Benoit B. Mandelbrot, *The Fractal Geometry of Nature*(San Francisco: W. H. Freeman, 1977/rev. ed. 1982), 1.

33. Benoit B. Mandelbrot, "Fractal Events and Cantor Dusts", *Fractal Geometry*, 74-82.

34. Cantor와 Gutberlet가 주고받은 서신은 Georg Cantor의 "Mitteilungen zur Lehre vom Transfiniten"(1887), *Gesammelte Abhandlungen*, 396-98 참조.

35. "Uber im absoluten Geiste ist immerdar die ganze Reihe im actualen Bewußtsein"; C. Gutberlet, "Das Problem des Unendlichen", *Zeitschrift fur Philosophie und philosophische Kritik* 88(1886): 179-223; 인용구는 206에 있다.

36. 칸토어는 1887년 출판한 무한대 관련 논문의 서론에 예수교가 칸토어의 절대적 무한성 개념을 지지했다는 Cardinal Franzelin의 편지 일부를 인용했다: Georg Cantor, "Mitteilungen zur Lehre vom Transfiniten"(1887), *Gesammelte Abhandlungen*, 378-439; 인용구는 399-400에 있다.

37. 나는 자주 인용되는 크로네커의 구절을 그의 출판 논문이나 기록에서 찾지 못했다. 크로네커의 친구로 미국 수학자인 헨리 B. 파인은 크로네커의 사망기사를 보고(1892년 4월 20일) 크로네커가 비슷한 발언을 했다고 알려주었다. "나는 그가 '신은 숫자와 기하학을 만들었다. 하지만 사람은 함수를 만들었다'라고 말한 것을 들었다." "Kronecker and his Arithmetical Theory of Algebraic Equations", *Bulletin of the New York Mathematical Society*(today *Bulletin of the American Mathematical Society*) 1(1892): 183. 수학의 추상화가 1900년 극에 이르렀을 때 수학계의 우려는 Jeremy J. Gray의 "Anxiety and Abstraction in Nineteenth-Century Mathematics", *Science in Context* 17, no. 1-2(2004): 23-47 참조.

38. 모스크바 수학협회는 Alexander Vucinich의 *Science in Russian Culture*(Palo Alto, CA: Stanford University Press, 1963), 2:352-56 참조.

39. Nikolai Bugayev, "Les mathematiques et la conception du monde au point de vue philosophie scientifique"(1897), 러시아어 원본 번역, *Verhandlungen des ersten internationalen Mathematiker-Kongresses in Zurich von 9 bis 11 August 1897*, Fernand Rudio 편집(Leipzig, Germany: Teubner, 1898), 221.

40. 같은 책, 217. 또 S. S. Demidov의 "N. V. Bougaiev et la creation de l'ecole de Moscou de la theorie des fonctions d'une variable reelle", *Mathemata, Boethius series: Texte und Abhandlungen zur Geschichte der exakten Wissenschaft* 12(Stuttgart, Germany: Steiner, 1985), 651-73 참조.

41. Vucinich의 *Science in Russian Culture*, 2:512, 45번 메모 참조.

42. Charles E. Ford, "Dmitrii Egorov: Mathematics and Religion in Moscow", *Mathematical Intelligencer* 13, no. 2(1991): 28 참조.

43. 플로렌스키의 초상화는 Nicoletta Misler가 파벨 플로렌스키를 소개하면서 쓴 *Beyond Vision: Essays on the Perception of Art* 참조. Wendy Salmond 편집, Nicoletta Misler 번역(London: Reaktion, 2002), 13-28.

44. Graham Priest, Richard Routley, Jean Norman이 편집한 *Paraconsistent Logic: Essays on the Inconsistent*(Munich: Philosophia, 1989),

3-75에 수록된 Graham Priest와 Richard Routley의 "The History of Paraconsistent Logic" 참조.

45. *The Pillar and Ground of the Truth*(1914)에 수록된 파벨 플로렌스키의 "Letter Two: Doubt", Boris Jakim 번역(Princeton, NJ: Princeton University Press, 1997), 24 참조.

46. 같은 책. 파벨 플로렌스키, "Letter Four: The Light of Truth", in *The Pillar*, 67.

47. 루진은 플로티노스를 "현실적인 세계관에 필수적인 깊은 논리 지식에 숙달한 신비주의자"로 묘사했다(1909년 4월 12일 루진이 플로렌스키에게 보낸 편지). Loren Graham과 Jean-Michel Kantor가 이 편지를 번역해 자신들의 저서 *Naming Infinity: A True Story of Religious Mysticism and Mathematical Creativity*(Cambridge, MA: Harvard University Press, 2009), 93에 수록했다.

48. 루진은 칸토어가 무한대의 두 번째 차원을 나타내기 위해 사용한 알레프원(II Class)을 포함한 숫자를 논의하며 다음과 같이 적었다. "우선 심리학을 생각해보자. 우리의 정신은 자연수가 객관적으로 존재한다고 여긴다. 우리의 정신은 자연수 전체가 객관적으로 존재한다고 여긴다. 마침내 우리는 모든 II Class(알레프원)의 초한수 전체가 객관적으로 존재한다고 여긴다." Graham과 Kantor 번역. "Appendix: Luzin's Personal Archives", *Naming Infinity*, 207. 그레이엄과 칸토어는 플로렌스키와 루진이 동방정교회의 'Name Worship' 종파가 신의 존재는 인간의 마음에 달려 있다고 믿었다고 주장한다. 기독교의 신비주의 전통에서 하느님의 '존재' 개념은 Bernard McGinn의 *The Presence of God: A History of Western Christian Mysticism*(New York: Crossroad, 1991), xiii-xx에 수록된 "The Nature of Mysticism: A Heuristic Sketch" 참조.

49. 루진은 다음과 같이 말했다. "우리는 이 같은 것을 바란다. 우리가 객관적으로 존재하는 모든 자연수와 알레프원(II Class)의 모든 초한수를 직시한다고 가정하면 우리는 그 알레프원의 모든 초한수와 각각 연결되고 나아가 그 정의인 '이름'과 균일하게 연결된다." 그레이엄과 칸토어의 "Luzin's Archives", *Naming Infinity*, 207에 번역되어 수록.

50. 독일 문화권에서 추상예술이 발생한 내용 설명은 Lynn Gamwell의 "German and Russian Art of the Absolute: A Warm Embrace of Darwin", *Exploring the Invisible*, 93-109(n. 1) 참조.

51. 러시아 모더니즘에서 수학의 역할은 Anke Niederbudde의 *Mathematische Konzeptionen in der russischen Moderne: Florenskij, Chlebnikov, Charms*(Munich: Otto Sagner, 2006) 참조. Niederbudde는 파벨 플로렌스키와 벨레미르 흘레브니코프, 부조리주의 시인 다닐 카름스가 작품에서 사용한 무한대 · 원근법 · 측정 · 숫자 · 기호의 존재론적 상태와 관련된 주제에 중점을 두었다.

52. 신경학 전문의 Kulbin은 이 전제를 지지한 실험심리학을 잘 알고 있었다. Kulbin의 임상논문에는 다음의 논문이 있다. *Chuvstvitelnost: Ocherki po psikhometrii i klinicheskomu primeneniiu eia dannykh*(Sensation: Studies in psychometry and the clinical application of its data; Saint Petersburg, 1903).

53. 크루체니크는 1959년 Nikolay Khardzhiev와 인터뷰 도중 자움의 기원을 이렇게 설명했고 이후 Gerald Janecek가 자신의 저서 *Zaum: The Transrational Poetry of Russian Futurism*(San Diego, CA: San Diego State University, 1996), 49에서 그 문구를 번역해 인용했다.

54. 이 조어의 번역문은 Gerald Janecek의 "*Zaum*: A Definition", *Zaum*, 1-3 참조.

55. P. D. Ouspensky, *Tertium Organum: The Third Canon of Thought, a Key to the Enigmas of the World*(1911), Claude Bragdon과 Nicholas Bessaraboff 번역(New York: Alfred A. Knopf, 1968), 236.

56. Kruchenykh, "New Ways of the Word"(1913), Anna Lawton과 Herbert Eagel 번역, *Russian Futurism through Its Manifestos, 1912-1928*(Ithaca, NY: Cornell University Press, 1988), 70 수록. 이 책에서 저자가 사용한 'Peter Ouspensky'라는 이름 대신 크루체니크의 소논문을 번역한 번역가는 'P. Uspensky'(인용구는 70에 있다)나 'Petr Uspenski'(309 말미 주석에 있다)라고 적었다.

57. Kruchenykh, "Declaration of the Word as Such"(1913), Lawton과 Eagel의 *Russian Futurism*, 68 수록.

58. Gerald Janecek는 자움에 관한 해박한 연구 논문에서 자움 시의 예시를 모아 정리했다.

59. 영국 예술사학자 존 밀너는 저서 *Kazimir Malevich and the Art of Geometry*(New Haven, CT: Yale University Press, 1996)에서 말레비치가 피타고라스 도형, 피보나치수열, 4차원 기하학, 황금률에 기반한 비율 체계가 중세 연금술사나 근대 신지론자가 사용한 도형을 포함해 여러 기하학 물체와 관계가 있을 가능성을 논의했다. 그러나 그는 모호한 일반론적 관점에서 글을 썼고 어디에서도 기하학 도형이 정확히 말레비치의 작품과 연결되는지 설명하지 않았다. 나아가 그는 반복적으로 말레비치가 기하학으로 숨은 의미를 상징화하려 했다고 할 뿐 독자에게 그 비밀을 발설하지 않았다.

60. Andrei Nakov의 *Kazimir Malewicz: Catalogue raisonne*(Paris: Adam Biro, 2002) F390-F481(1913-15)에서 '초이성적'과 '비논리적'이라는 용어를 사용한 작품 참고. 1915년에는 신지론자들의 '4차원fourth dimension'을 많이 언급했다. 그 후 S421-S455(1915-18) 작품에서 볼 수 있듯 제목에 '우주의' 등의 용어가 포함되었다. 말레비치와 신지론은 Jean Clair의 "Malevitch, Ouspensky, et l'espace neo-platonicien", in *Malevitch, 1878-1978*, Jean-Claude Marcade 편집(Lausanne, Switzerland: L'age d'homme, 1979), 15-30 참조.

61. 러시아의 성상과 아방가르드의 관계는 다음 문헌 참조. Margaret Betz의 "The Icon and Russian Modernism", *Artforum* 15, no. 10(1977): 38-45; R. Milner-Gulland의 "Icons and the Russian 'Modern Movement'" Icons 88; Sarah Smyth와 Stanford Kingston이 편찬한 *To Celebrate the Millennium of the Christianization of Russia, an Exhibition of Russian Icons in Ireland*, Sarah Smyth, Stanford Kingston 편집(Dublin: Veritas, 1988), 85-96; Andrew Spira의 *The Avant-Garde Icon: Russian Avant-Garde Art and the Russian Icon Painting Tradition*(Hampshire, England: Lund Humphries, 2008).

62. Kazimir Malevich, *Chapitre de l'autobiographie du peintre*(Chapter from the painter's autobiography; 1933), Dominique Moyen과 Stanislas Zadora가 러시아어를 불어로 번역. Marcade, *Malevitch 1878-1978*, 164(n. 60) 수록. 플로렌스키는 미학과 신학을 섞은 여러 논문 중 하나에서 만약 러시아정교의 성상을 반대로 배치한 것이 우리 눈에 세련되지 않아 보인다면 이는 화가들이 일상세계를 자연적으로 표현하려 노력했다고 가정하는 우리가 예술에 조예가 없는 것이라고 주장했다. 플로렌스키에 따르면 성상화가는 공간이 비논리적인(뒤집힌) 초자연적 영역을 현실적으로 묘사하고자 노력했다. Pavel Florensky, "Reverse Perspective"(first published posthumously in Russian in 1967) in the collection of his essays, *Beyond Vision*, 201-72(n. 43).

63. 말레비치 화풍에 관한 간략한 사건 설명은 Christina Lodder의 "The Transrational in Painting: Kazimir Malevich, Algoism, and *Zaum*", *Forum for Modern Language Studies: The International Avant-Garde* 32, no. 2(1996): 119-36 참조. 러시아 전위주의자들의 알고이즘과 작가이자 영국의 논리학자인 루이스 캐롤의 난센스 비교는 Nikolai Firtich의 "Worldbackwards: Lewis Carroll, Aleksei Kruchenykh and Russian Algoism", *Slavic and East European Journal* 48, no. 4(2004): 593-606 참조.

64. Malevich, *Chapitre de l'autobiographie*, 168.

65. 1913년 크루체니크와 말레비치, 마츄신이 '태양 너머의 승리'를 준비하기 위한 회의록. 그들은 이 회의록을 'Pervy Vserossiysky Siezd Bayachey Budushchego(poetov-futuristov)(최초의 러시아 미래파 시인들의 회의)'라고 명명해 출판했다. *Zhurnal za 7 dney*(Pb), no. 28(1913): 606; Gerald Janacek의 *Zaum*, 111에 번역 수록.

66. Aleksei Kruchenykh, *Victory over the Sun*(1913), 1막 1장, in *Victory over the Sun: The World's First Futurist Opera*, Rosamund Bartlett 번역, Rosamund Bartlett과 Sarah Dadswell 편집(Exeter, England: Uni-

versity of Exeter Press, 2012), 26. 이 책은 원본 러시아어 오페라 대본의 복사본과 영어 번역본을 포함하고 있다.

67. 같은 책, 4장, 번역본 36.

68. 같은 책. John Bowlt는 말레비치가 개발한 기호(검은 정사각형과 원)는 단순히 은유물이 아니라 오페라 대본의 주제와 일치하는 개기일식을 묘사한다고 제시했다. Bowlt의 "Darkness and Light: Solar Eclipse as a Cubo-Futurist Metaphor", in *Victory over the Sun*, Bartlett 번역, 65-77 참조.

69. Charlotte Douglas의 *Swans of Other Worlds: Kazimir Malevich and the Origins of Abstraction in Russia*(Ann Arbor, MI: UMI Research Press, 1980), 3과 Charlotte Douglas의 *Kazimir Malevich*(New York: Abrams, 1994), 21-22 참조. 화가의 카탈로그 레조네를 편찬한 Andrei Nakov는 실제로 그림을 그린 때가 아니라 그림을 마음속에서 상상한 때를 기점으로 작품을 기록한 말레비치의 못된 버릇이 정확한 연대기를 만들고자 하는 학자들의 노력을 좌절시켰다고 불평했다. *Malewicz: catalogue raisonne*, 37.

70. A.von Riesen은 말레비치의 러시아 원고를 독일어로 번역해 *Die gegenstandslose Welt*라는 제목으로 Bauhausbucher 11에서 출판했다(Munich: Albert Langen, 1927). 러시아 원문이 소실된 1959년에는 Howard Dearstyne이 독일어 번역본을 영어로 번역해 *The Non-Objective World*라고 출판했다(Chicago: Paul Theobald, 1959), 68, 76. 아직 러시아 원문이 남아 있던 시절 Charlotte Douglas는 말레비치가 사용한 용어 oshchushchenie는 말레비치 작품이 감정과 관계가 있다는 잘못된 느낌을 주는 '기분feeling'보다 '감각sensation'으로 번역해야 한다고 주장했다. *Swans of Other Worlds*, 57-58. 나는 말레비치의 방대한 문헌이 굉장히 시적이라 용어의 의미를 정해놓으면 안 된다고 생각한다. 때로 말레비치는 감각이 아니라 감정적으로 느끼는 기분을 적고 있다. 말레비치가 감각을 글로 적을 때(지각 가능한 수준 이하의)는 정신기능(직관)이 잠재의식에 가까운 물리적 자극에 중점을 두어 그 감각을 느끼고 이를 캔버스에 나타내려(상징화하려) 한 것을 볼 수 있다. 말레비치가 상징화한 생리학적 감각은 Paul Crowther와 Isabel Wunsche가 편집한 *Meanings of Abstract Art: Between Nature and Theory*(New York: Routledge, 2012), 47-63에 수록된 Christina Lodder의 "Man, Space, and the Zero of Form: Kazimir Malevich's Suprematism and the Natural World" 참조.

71. Pavel Florensky, *Iconostasis*, Donald Sheehan and Olga Andrejev 번역(Crestwood, NY: St. Vladimir's Seminary Press, 1996), 63.

72. 말레비치에게 미친 쇼펜하우어의 영향은 introduction to Kazimir Malevich, *The World as Non-Objectivity: Unpublished Writings 1922-25* 참조. Xenia Glowacki-Prus와 Edmund T. Little 번역, Troels Andersen 편집(Copenhagen: Borgen, 1976), 7-10.

73. Malevich, *Non-Objective World*, 68.

74. Malevich, *World as Non-Objectivity*, 354.

75. Alexander Benois, "Posledniaia futuristicheskaia vystavka", *Rech*'(Jan. 9, 1916) 3, Jane A. Sharp의 소논문 "The Critical Reception of the 0,10 Exhibition: Malevich and Benau"에 번역 수록. *The Great Utopia: The Russian and Soviet Avant-Garde*, 1915-1932(New York: Guggenheim Museum, 1992), 39-52; 인용구는 42에 수록. 'Alekandr Benau'는 'Alexander Benois'의 다른 표기법이다.

76. 1915년, 1920년, 1924년, 1929년, 1930년 말레비치의 검은 정사각형 버전; Nakov, Malewicz: catalogue raisonne, 37. 또한 그는 여러 가지 다른 맥락에서 50여 가지의 검은 정사각형 변형을 작업했다. Nakov's 카탈로그 레조네 205-18에 있는 번호 S-113에서 S-174 참조.

77. Hubertus Gassner가 편집한 *Das schwarze Quadrat: Hommage an Malewitsch*의 전시회 카탈로그 참조(Ostfildern, Germany: Hatje Cantz, 2007). 이 전시회는 현대 슬로베니아의 예술그룹인 IRWIN이 말레비치에게 헌정하는 소름끼치는 작품을 포함한다. 그들은 설치 예술작품 Corpse of Art(2003; 184-85, fig. 121)에서 관 속에 누운 말레비치의 유해를 재현했다(한 예술가가 직접 관 속에 누워 죽은 연기를 했다). 모노크롬화 기원으로서의 말레비치의 검은 정사각형은 Yve-Alain Bois의 "Malevitch, le carre, le degre zero", *Macula* 1(1976): 28-49 참조. 공식 기록으로 말레비치의 그림은 모노크롬화가 아니고 하얀 배경 위의 검은 정사각형이다. 첫 모노크롬화를 그린 영예는 알렉산드르 로드첸코에게 갔다(4장 참조).

78. Adolphe Quetelet, *Sur l'homme et le developpement de ses facultes, ou Essai de physique sociale*(Paris: Bachelier, 1835), 12. 19세기에 확률론으로 자유의지를 지키려던 광범위한 노력은 Theodore M. Porter의 "Statistical Law and Human Freedom", in *The Rise of Statistical Thinking, 1820-1900*(Princeton, NJ: Princeton University Press, 1986), 151-92 참조.

79. 이 인용구는 Quetelet의 에세이 *Essai de physique sociale*(1835)를 1842년 R. Knox가 영어로 번역해 *A Treatise on Man and the Development of His Faculties*라고 명명한 논문의 서문에서 가져온 것이다(Edinburgh: William and Robert Chambers, 1842). x 참조.

80. Pavel A. Nekrasov, *Filosofiia i logika nauki o massovikh proiavleniiakh chelovecheskoi deiatelnosti(Peresmotr osnovanii sotsialnoi fiziki Ketle)*,인간행동 집단현상 연구의 철학과 논리, Quetelet의 사회 물리학 리뷰); Moscow: Universitetskaia tipografiia, 1902). 또한 Eugene Seneta의 "Statistical Regularity and Free Will: L. A. J. Quetelet and P. A. Nekrasov", *International Statistical Review/Revue Internationale de Statistique* 71, no. 2(2003): 319-34 참조.

81. Nekrasov's *Filosofiia*(1902) in the Berlin journal *Jahrbuch uber die Fortschritte der Mathematik* 33(1902): 236에 수록된 러시아 수학자 Dmitrii M. Sincov의 리뷰 참조. 또한 Sincov는 다른 러시아 학자가 Nekrasov의 논문에 반응한 것을 리뷰로 남겼는데 그들의 공통적인 의견은 다음과 같다. "자유의지 같은 형이상학적 교리를 증명하는 것은 거의 불가능하다ganz unmoglich."; *Jahrbuch uber die Fortschritte der Mathematik* 34(1903): 66.

82. Ayda Ignez Arruda의 "On the Imaginary Logic of N. A. Vasil'ev"(1977) 참조. Ayda Ignez Arruda, N. da Costa와 R. Chuanqui가 편집한 *Non-Classical Logic, Model Theory and Computability*(Amsterdam: North Holland, 1977), 3-24에 수록; 또한 Valentin A. Bazhanzov의 "The Fate of One Forgotten Idea: N. A. Vasiliev and His Imaginary Logic", *Studies in Soviet Thought* 39, nos. 3-4(1990): 333-42에 수록.

83. Friedrich Engels, *Dialectics of Nature*(1883), Clemens Dutt 번역 및 편집(New York: International Publishers, 1940), 309.

84. 플로렌스키의 추방과 처형에 관한 세부 내용은 그레이엄과 칸토어의 *Naming Infinity*, 144-45(n. 47) 참조. 또한 Eugene Seneta의 "Mathematics, Religion, and Marxism in the Soviet Union in the 1930s", *Historia Mathematica* 31, no. 3(2004), 337-67 참조.

85. 새로운 정신과학자이자 칠레의 정신분석가인 Ignacio Matte Blanco는 만약 신생아가 그 어머니를 모든 가능한 지식의 출처로 본다면 "우리는 어머니의 가슴에 모든 잠재력이 있다고 보거나 모든 가능한 지식의 종류와 같은 기수를 갖는다고 볼 수 있다"는 점에서 프로이트의 무의식적 정신이 무한집합이라는 (설득력 떨어지는) 논문을 썼다. *The Unconscious as Infinite Sets*(London: Duckworth, 1975), 180.

86. Friedrich Schleiermacher, *On Religion: Speeches to Cultured Despisers*(1799), Richard Crouter 번역(Cambridge: Cambridge University Press, 1988), 139-40.

4. 형식주의

1. 독일과 프랑스 과학의 차이점과 그 과학을 예술로 표현하는 방식의 차이점은 Lynn Gamwell의 "The French Art of Observation"과 *Exploring the Invisible*, 57-109(3장)의 "German and Russian Art of the Absolute" 참조.

2. Plato, *Timaeus*(BC 366-60), 33b, in *Dialogues*, 번역 3: 452(chap. 1, n. 26).

3. John Ruskin, *Modern Painters*(London: Smith, Elder, 1846), 2:193.
4. 영국의 비판에 중점을 둔 형식주의의 논의는 Arnold Isenberg의 "Formalism", in *Aesthetics and the Theory of Criticism*(Chicago: University of Chicago Press, 1973), 22-35 참조. 또한 Richard Wollheim의 "On Formalism and Pictorial Organization", *Journal of Aesthetics and Art Criticism* 59, no. 2(2001): 127-37 참조.
5. L. E. J. Brouwer, "Intuitionism and Formalism"(1912), Arnold Dresden 번역, *Bulletin of the American Mathematical Society* 20, no. 2(1913): 81-96; 인용구는 83 수록.
6. 평행 공준을 증명하려는 시도는 Boris A. Rosenfeld의 "The Theory of Parallels" 참조. *A History of Non-Euclidean Geometry: Evolution of the Concept of Geometric Space*, Abe Shenitzer 번역(New York: Springer, 1988), 35-109 수록.
7. 비유클리드 기하학의 발견 역사는 Marvin Jay Greenberg의 *Euclidean and Non-Euclidean Geometries: Development and History*(New York: W. H. Freeman, 1993) 특히 869-74 참조. Farkas Bolyai의 교재 부록으로 실린 Bolyai의 원본 출판물 복사본과 논평은 Jeremy J. Gray의 *Janos Bolyai, Non-Euclidean Geometry, and the Nature of Space*(Cambridge, MA: Burndy Library, 2004) 참조.
8. 보여이는 유클리드의 5번 공준을 플레이페어 공준 형태로 연구하는 것을 택했다. "선 바깥에 위치한 점에서 그 선에 접하지 않은 선을 그리는 방법은 무한히 많다." Harolde E. Wolfe, *Introduction to Non-Euclidean Geometry*(Bloomington, IN: Indiana University Press, 1941), 24.
9. Immanuel Kant, *Critique of Pure Reason*(1781), A84/B116 to A92/B124, Norman Kemp Smith 번역(London: Macmillan, 1929), 120-25.
10. 같은 책.
11. Hermann von Helmholtz, "On the Origin and Meaning of Geometrical Axioms"(1876), Edmund Atkinson 번역, in *Ewald, Kant to Hilbert*, 2:668-70(chap. 3, n. 22).
12. 헬름홀츠의 친구이자 전기작가인 Leo Konigsberger가 이 사건을 기록해 *Hermann von Helmholtz*(1905)에 남겼다. Frances A. Welby 번역 Welby(New York: Dover, 1905/rpt. 1965), 254-67. 리만은 1854년 괴팅겐의 교수들에게 이것을 박사 논문(*Habilitationsschrift*)으로 제출했다.
13. Hermann von Helmholtz, "Uber die Tatsachen, die der Geometrie zugrunde liegen"(On the facts underlying geometry; 1868), Helmholtz의 *Wissenschaftliche Abhandlungen*(Leipzig, Germany: Johann Ambrosia Barth, 1883), 2:618-39 수록; 인용구 619 수록.
14. Thomas Heath는 다음과 같은 기록을 남겼다. "유클리드는 모든 직각이 같다는 사실을 직접 공준으로 주장하길 선호했다. 그의 공준은 도형의 불변성이나 공간의 동일성과 동등한 것으로 여겨야 한다." Heath, *Greek Mathematics*, 1:375(chap. 1, n. 9).
15. 이것이 Heath의 비판이다. *Greek Mathematics*, 1:375.
16. David Hilbert, *Grundlagen der Geometrie*(Foundations of geometry; 1899), E. J. Townsend 번역. 영문 제목 *The Foundation of Geometry*(LaSalle, IL: Open Court; London: Kegan Paul, Trench, Trubner, 1902/rpt. 1962), 4.
17. 헤르만 바일은 힐베르트의 부고기사에 그 인용구를 실었다. "David Hilbert and His Mathematical Work", *Bulletin of the American Mathematical Society* 50(1944), 612-54; 인용구는 635에 수록. 바일은 Otto Blumenthal에게 힐베르트의 말을 전해 들었다고 하고 Blumentha는 그 일화를 상술하며 힐베르트가 1891년부터 그런 얘기를 해왔다고 회상했다. David Hilbert, *Gesammelte Abhandlungen*(Berlin: Springer, 1970), 3:403 수록.
18. Hilbert, *Grundlagen der Geometrie*, 4-5.
19. Gottlob Frege, "The Concept of Number", in his *Die Grundlagen der Arithmetik*(1884), J. L. Austin 번역, *The Foundations of Arithmetic*(Oxford, England: Blackwell, 1953), 67-99.
20. Cantor, *Grundlagen einer allgemeinen Mannigfaltigkeitslehre*, 896 (3장 참조, n. 22).
21. 1903년 11월 7일 다비트 힐베르트가 고틀로프 프레게에게 보낸 편지. Frege, *Philosophical and Mathematical Correspondence*, Hans Kaal 번역, Brian McGuinness 편집(Oxford, England: Blackwell, 1980), 52 수록. 또한 Jose Ferreiros의 "Hilbert, Logicism, and Mathematical Existence", *Synthese* 170, no. 1(2009): 33-70, 특히 55-59 참조.
22. 수학에서 플라톤주의 주제와 관련된 일련의 논문 중에는 W. V. Quine의 "Success and Limits of Mathematics"(1978), in *Theories and Things*(Cambridge, MA: Harvard University Press, 1981), 148-55와 *Mathematics, Matter, and Method: Philosophical Papers*, 2판(Cambridge: Cambridge University Press, 1979), 1:60-78에 수록된 Hilary Putnam의 "What Is Mathematical Truth?" 참조. Quine-Putnam의 플라톤주의와 Benacerraf의 반플라톤주의 논의는 Mark Balaguer의 *Platonism and Anti-Platonism in Mathematics*(Oxford: Oxford University Press, 1998) 참조.
23. Plato, *Seventh Letter*, 136(1장, n. 41 참조).
24. Paul Bernays, "Uber den Platonismus in der Mathematik", in *Abhandlungen zur Philosophie der Mathematik*(Darmstadt, Germany: Wissenschaftliche Buchgesellschaft, 1976), 62-78; 인용구는 65 참조.
25. Stephen Laurence와 Cynthia Macdonald가 편집한 *Contemporary Readings in the Foundations of Metaphysics*(Oxford, England: Blackwell, 1998), 11-21에 수록된 Peter van Inwagen의 "The Nature of Metaphysics" 참조.
26. Bertrand Russell, "Reflections on my Eightieth Birthday"(1952), *Portraits from Memory and Other Essays*(London: George Allen and Unwin, 1956), 53 수록.
27. Peter Renz, "Mathematical Proof: What It Is and What It Ought to Be", *The Two-Year College Mathematical Journal* 12, no. 2(1981): 83-103; 인용구는 101에 수록.
28. 나아가 데이비스는 이런 말을 남겼다. "플라톤주의는 수학이 중요한 역할을 한 피타고라스 신비주의 종교에서 자라났기에 그 점이 크게 놀랍지 않다." E. Brian Davies의 "Let Platonism Die", *European Mathematical Society Newsletter* 64(June 2007): 24-25 참조; 인용구는 24에 수록.
29. 추상물체의 존재론과 관련된 문헌의 개요는 Harty Field의 "Mathematical Objectivity and Mathematical Objects" 참조. Laurence and Macdonald, *Foundations of Metaphysics*, 387-403(n. 25 참조) 수록.
30. David Corfield, *Towards a Philosophy of Real Mathematics*(Cambridge: Cambridge University Press, 2003).
31. Johann Friedrich Herbart, *Uber philosophisches Studium(1807), Samtliche Werke*(Leipzig, Germany: Leopold Voss, 1850), 2:373-463 수록.
32. 헤르바르트의 *Uber philosophisches Studium*(1807)을 포함해 그의 철학에 관한 리만의 방대한 메모는 괴팅겐의 리만 박물관에 보관되어 있다. Erhard Scholtz의 "Herbart's Influence on Bernhard Riemann", *Historia Mathematica* 9(1982), 413-40 참조. 리만이 헤르바르트에게 관심을 표한 것의 더 자세한 내용은 다음 문헌 참조. Laugwitz의 *Bernhard Riemann*, 1826-1866에 수록된 Detlef Laugwitz의 "The Role of Herbart's Philosophy"; Abe Shenitzer가 번역한 *Turning Points in the Conception of Mathematics*(Basel, Switzerland: Birkhauser, 1999), 287-92; Jeremy Grey의 *Plato's Ghosts: The Modernist Transformation of Mathematics*(Princeton, NJ: Princeton University Press, 2008), 83-86과 91-93.
33. 독창적인 비문은 *Grundlagen der Geometrie*(Foundations of geometry; 1899) 참조. 힐베르트는 다음과 같은 이마누엘 칸트의 말을 인용했다. "모든 인간의 지식은 직관으로 시작해 개념으로 이어지고 사상으로 끝난다."(*Critique of Pure Reason*, 1781).
34. 칸트는 (미적, 윤리적 가치를 포함한) 모든 가치 판단이 주관적이라고 묘사했다. "사람의 마음을 내 위 별 같은 하늘과 내면의 도덕률로 채우고 사람이 그것을 더 자주, 꾸준히 되돌아볼수록 그 어느 때

보다 새롭고 놀라며 경외하게 된다. 나는 그것이 마치 모호하게 베일 뒤에 숨어 있거나 내 지경 너머의 초월적 공간에 존재하는 것처럼 그것을 찾을 필요가 없다. 내 눈앞에 있는 그것은 내 존재를 인식하는 것과 직접 연결되어 있다." Immanuel Kant, *Critique of Practical Reason*(1788), Mary Gregor 번역(Cambridge: Cambridge University Press, 1997), 133.

35. 힐베르트는 1900년 파리의 국제수학자회의에서 강연하던 도중 이 선언문을 낭독했고 수학학계에 23가지 주요 문제를 새로운 세기의 도전과제로 제시했다. David Hilbert, "Mathematical Problems"(1901), Mary Winston Newsom 번역, *Bulletin of the American Mathematical Society* 8(July 1902): 437-79; 인용구는 478에 수록.
36 같은 책, 479.
37. Johann Friedrich Herbart, *Kurze Encyklopadie der Philosophie aus praktischen Gesichtspunkten entworfen*(Halle, Germany: Schwetschke, 1831), sec. 72, 124-25.
38. Hermann von Helmholtz가 과학을 주제로 진행한 유명한 강의에 수록된 "On the Physiological Causes of Harmony in Music"(1857), E. Atkinson 번역(London: Longmans, Green, 1893/rpt. 1904), 53-93; 인용구는 92 참조.
39. 예를 들어 힐베르트는 다음과 같이 적었다. "증명의 엄격함이 간결함의 적이라는 것은 잘못된 믿음이다. 반대로 우리는 수많은 예시로 엄격한 방법이 더 단순하고 쉽게 이해할 수 있는 방법임을 확인했다." Hilbert, "Mathematical Problems", 441. 1900년 그가 20세기의 23가지 주요 문제를 정리할 때 실은 24번째 문제가 있었다. 그것은 증명이 그 자체로 가장 단순한 형태라는 것을 증명하는 문제인데 그는 그것을 연설에서 빠뜨렸고 이후 출판한 문제 목록에서도 제외했다. 이 문제는 수학사학자 Rudiger Thiele가 최근 힐베르트의 메모에서 찾아내기 전까지 숨겨져 있었다. Rudiger Thiele의 "Hilbert's Twenty-Fourth Problem", *American Mathematical Monthly* 110(Jan. 2003): 1-24 참조.
40. Alexander Vucinich의 "Probability Theory", in his *Science in Russian Culture*, 2:336-43(chap. 3, n. 38) 참조.
41. 19세기에 연구한 생물 진화와 언어 '진화' 사이의 유사점은 Stephen G. Alter의 *Darwinism and the Linguistic Image: Language, Race, and Natural Theology in the Nineteenth Century*(Baltimore: Johns Hopkins University Press, 1999) 참조.
42. 오늘날 어원학 정보를 제공하는 사전을 보면 인도-유럽어족 모국어에서 재구성한 단어는 별표로 표시되어 있다.
43. 보두앵은 다음과 같은 글을 남겼다. "음성학 법칙은 기상학에서 일반화한 법칙에 비견할 수 있다." "Phonetic Laws"(1910) Edward Stankiewicz 번역, *A Baudouin de Courtenay Anthology: The Beginnings of Structural Linguistics*(Bloomington: Indiana University Press, 1972), 276 수록.
44. 보두앵은 특히 알렉세이 크루체니크의 조어에 관심이 있었다. Gerald Janecek의 "Baudouin de Courtenay versus Kruchenykh", *Russian Literature* 10(1981): 17-30 참조.
45. Andrey Bely, "Lyrical Poetry and Experiment"(1909), Steven Cassedy 번역, *Selected Essays of Andrey Bely*(Berkeley: University of California Press, 1985), 222-73 수록(이 모음집의 모든 논문은 벨리의 1910년 《상징주의》 저서에 수록된 것이다). 벨리는 이들 도해를 '기하학 모양'(260)과 '통계 모양'(265)이라고 불렀다.
46. 벨리의 전통에 따라 통계학을 시에 적용한 역사는 체코 평론가 Jiří Levý의 "Mathematical Aspects of the Theory of Verse"(1969) 참조. Lubomir Doležel과 Richard Bailey가 편집한 *Statistics and Style*(New York: Elsevier, 1969), 95-112 수록.
47. Velimir Khlebnikov, epigraph to "Artists of the World!"(1919). Paul Schmidt 번역 *Collected Works of Velimir Khlebnikov*(Cambridge, MA: Harvard University Press, 1987), 1:364 수록.
48. Khlebnikov, *Collected Works*, 1:365.
49. 같은 책, 1:365, 367.
50. Velimir Khlebnikov, *The Burial Mound of Sviatagor*(1908), *Collected Works*, 1:234 수록. Sviatagor는 러시아 신화 속 영웅의 이름이다. 나는 이 소설의 러시아 원본을 찾지 못했다. 번역가가 '기하학적 측정'이라고 번역한 것으로 보아 흘레브니코프가 '기하학'을 쓴 것이 틀림없다. 흘레브니코프가 로바첸스키의 기하학을 신비주의의 상징으로 사용한 것의 논의는 Henryk Baran의 "Xlebnikov's Poetic Logic and Poetic Illogic", in *Velimir Chlebnikov*, Nils Ake Nilsson 편집(Stockholm: Almqvist and Wiksell, 1985), 7-25 참조. 그는 흘레브니코프가 초기에 반대되는 용어('시적 비논리')를 사용한 것 그리고 1917년 10월과 1차 세계대전 이후 그가 신중하게 '시적 논리'를 구성한 것을 비교했다.
51. 타틀린과 로드첸코의 예술에 관한 종합적인 연구는 Christina Lodder의 *Russian Constructivism*(New Haven, CT: Yale University Press, 1983) 참조.
52. David Burliuk, "Cubism(Surface-Plane)"(1912), in *Russian Art of the Avant Garde: Theory and Criticism, 1902-1934*, John Bowlt 번역(New York: Viking, 1976), 70.
53. 같은 책, 70, 73.
54. 같은 책, 77.
55. 타틀린의 역부조 작품의 상세한 카탈로그는 Anatolij Strigalev와 Jurgen Harten이 편집한 *Vladimir Tatlin: Retrospektive*(Cologne, Germany: DuMont, 1993) 참조. 인벤토리 번호 inv. nos. 340-62는 245-553에 수록되어 있고 인벤토리 번호 391-92는 257-58 참조.
56. Viktor Shklovskii, "On Faktura and Counter-Reliefs"(1920), Eugenia Lockwood가 번역하고 Larissa Alekseevna Zhadova가 편집한 *Tatlin*(New York: Rizzoli, 1988), 341-42 수록; 인용구는 341에 수록. 또한 재질('*Faktura*')은 Benjamin H. D. Buchloh의 "From *Faktura* to Factography", *October* 30(Autumn 1984) 참조: 82-119, 특히 85-95 참조; Maria Gough의 "*Faktura*: The Making of the Russian Avant-Garde", *RES: Anthropology and Aesthetics* 36(Autumn 1999): 32-59 참조.
57. Sergei K. Isakov, "On Tatlin's Counter-Reliefs"(1915), Eugenia Lockwood 번역, in Zhadova, *Tatlin*, 333-35; 인용구는 334에 수록.
58. 로드첸코의 경력은 Magdalena Dabrowski의 "Aleksandr Rodchenko: Innovation and Experiment" 참조. Magdalena Dabrowski, Leah Dickerman, Peter Galassi가 편집한 *Aleksandr Rodchenko*(New York: Museum of Modern Art, 1998), 18-49 수록.
59. 이 논쟁의 자세한 내용은 Christina Lodder의 "Towards a Theoretical Basis: Fusing the Formal and Utilitarian" 참조. *Russian Constructivism*, 73-108 수록. 1919년 로드첸코는 이미 혁명적 그룹인 *Zhivskul'ptarkh*에서 활발하게 활동했는데 이 그룹의 이름은 회화를 뜻하는 '*zhivopis*'와 조각을 뜻하는 '*skulptura*', 건축을 뜻하는 '*arkhitektura*'를 혼합해 만든 것이다: 그는 이 그룹의 키오스크를 디자인했다: "오직 미래만이 우리의 목표다."(1919) *Zhivskul'ptarkh* 설명은 Kestutis Paul Zygas의 *Form Follows Form: Source Imagery of Constructivist Architecture, 1917-25*(Ann Arbor, MI: UMI Research Press, 1981), 14-23 참조. 로드첸코의 키오스크는 Victor Margolin의 *The Struggle for Utopia: Rodchenko, Lissitzky, Moholy-Nagy, 1917-1946*(Chicago: University of Chicago Press, 1997), 16-20 참조.
60. Aleksandr Rodchenko,"The Famous Theorem of Cantor"(1920). Jamey Gambrell이 번역하고 Alexander N. Lavrentiev가 편집한 *Aleksandr Rodchenko: Experiments for the Future: Diaries, Essays, Letters, and Other Writings*(New York: Museum of Modern Art, 2005), 102 수록. 로드첸코는 칸토어의 정리를 다루며 A. Solonovich의 "Equation of the World Revolution", *Klich*, no. 3(Moscow, 1917)을 인용했다. 행성과 태양과 별은 구별되는 물리적 물체이므로 그것이 많이 존재해도 여전히 셀 수 있다. 그러나 로드첸코는 선분에 위치한 점은 셀 수 없을 만큼 많다는 것을 몰랐던 것 같다.
61. Malevich, *Non-Objective World*, 68(3장 n. 70 참조).
62. 오늘날 로드첸코의 공간 구조물 중 여러 가지가 소실되었지만 1920년대에 그는 그 모든 구조물의 그림과 사진을 남겼다. 이 자료는 Michael

Eldred와 Gerlinde Weber-Niesta가 번역하고 Krystyna Gmurzynska와 Mahias Rastorfer가 편집한 *Alexander Rodchenko: Spatial Constructions/Raumkonstruktionen*(Ostfildern, Germany: Hatje Cantz, 2002)에서 다시 제작했는데, 이는 뒤스부르크의 Wilhelm Lehmbruck Museum에서 로드첸코의 공간 구조물 전시회의 카탈로그로 사용했다. 2002년 로드첸코재단의 허가를 받아 소실된 원본을 한정판으로 재생산했고 이 책에 삽화로 썼다.

63. Benjamin H. D. Buchloh는 자신의 소논문 "The Primary Colors for the Second Time: A Paradigm Repetition of the Neo-Avant-Garde"(October 27, Summer 1986: 41-52)에서 로드첸코의 3가지 모노크롬화('붉은색', '푸른색', '노란색')를 3폭짜리 그림이라고(triptych) 잘못 묘사했다. 제임스 메이어도 '셋으로 나뉜 구조'로 설명하는 실수를 했다. "monochrome triptych *Pure Colors*: *Red, Blue, and Yellow*" in *Minimalism*(London: Phaidon, 2000), 19. 만약 로드첸코의 목적이 회화를 가장 단순한 형태로 회귀하는 것이었다면 그의 종점은 3개 부분이 있는 3폭짜리 그림이 아닐 것이다. 그는 우선 자신의 모노크롬화 3점을 전시했다. 5×5=25(모스크바, 1921)는 5명의 예술가가 각각 5개의 작품을 전시해 총 25개의 예술 작품을 전시한 전시회였다. 로드첸코는 이 전시회 카탈로그에 '붉은색'(1921), '노란색'(1921), '푸른색'(1921), '선'(1920), '정사각형'(1921)의 총 5개 작품을 수록했다. 원본 러시아 전시회 카탈로그 복사본은 John Milner의 *The Exhibition 5×5=25: Its Background and Significance*(Budapest: Helikon, 1992) 참조. 로드첸코의 1921년 그림에서 시작된 모노크롬화의 역사는 Thierry de Duve의 "The Monochrome and the Blank Canvas" 참조. *Kant after Duchamp*(Cambridge, MA: MIT Press, 1996), 199-279 수록.

64. 로드첸코는 마야코프스키 사후 10주년인 1940년 자신의 1921년 모로크롬화를 두고 이렇게 선언했다. "Working with Mayakovsky"(1940), in *Rodchenko, Experiments for the Future*, 214-30; 인용구는 228 참조.

65. Nikolai Tarabukin, *Ot mol'beria k mashine*(From the easel to the machine; 1923), Christina Lodder 번역, Francis Frascina와 Charles Harrison 편집, *Modern Art and Modernism: A Critical Anthology*(New York: Harper & Row, 1982), 139 수록. 이 소논문과 타라부킨이 남긴 다른 4가지 논문(1916년 작성하고 1923년 모스코바에서 출판한 "Pour une theorie de la peinture" 포함)은 Gerard Conio가 불어로 번역해 자신의 저서 *Depassements constructivistes: Taraboukine, Axionov, Eisenstein*(Lausanne, Switzerland: L'age d'homme, 2011)에 수록했다.

66. 예를 들어 로드첸코는 1919년 상당히 우울한 화가의 선언을 남겼다. "내 기법이 도약하기 시작하면 회화에서 모든 '–주의'(예, 형식주의)가 무너진다. 수채화풍 회화에 장례 종이 울리면서 마지막 '–주의'가 영원히 잠들게 된다. 마지막 희망과 사랑 또한 무너지며 나는 죽은 진실의 집을 떠난다." Rodchenko, Experiments for the Future, 84에 수록된 전시회 *10th State Exhibition: Non-Objective Creation and Suprematism*(Moscow, 1919)의 카탈로그에 수록. 또한 토대를 뒤엎는 것은 파괴를 수반하므로 타라부킨이 관찰한 것처럼 부정적 아우라를 만들어 낼 수 있다. "60여 년 전 파리 전시회에서 마네의 캔버스가 처음 등장해 당시 파리의 예술계에 완벽한 혁명을 불러일으켰을 때 회화의 토대에서 첫 번째 돌이 제거되었다. 아주 근래까지 우리는 회화 형태의 전체적인 발전을 그런 형태의 완벽을 향해 나아가는 전진적 과정으로 보는 편향된 자세를 지니고 있었다. 근래의 발전을 감안할 때 우리는 한편으로는 회화의 유기체가 그 구성요소로 꾸준히 분해되어가는 것을 느끼고, 다른 한편으로는 회화가 전형적인 예술형태로 퇴행하는 것을 느낀다." Tarabukin, *Ot mol'beria k mashine*, 135.

67. 스체민스키와 코브로가 결합을 탐구한 것은 프랑스 역사학자 Yve-Alain Bois의 "Strzeminski and Kobro: In Search of Motivation", in *Painting as Model*(Cambridge, MA: MIT Press, 1990), 123-55 참조. Bois는 그들이 결합을 탐구한 '동기'를 설명하면서 그 탐구가 모더니즘이라는 (본질주의) 원죄를 저질렀다고 묘사한 반면 폴란드 역사학자 Andrzej Turowski는 자신의 논문에서 두 예술가, 특히 코브로를 옹호했다. "Theoretical Rhythmology, or the Fantastic World of Katarzyna Kobro", Alina Kwiatkowska 번역, *Katarzyna Kobro, 1898-1951*(Łodz, Poland: Museum Sztuki; Leeds, England: Henry Moore Institute, 1998), 83-88 수록.

68. Władysław Strzeminski, "L'art moderne en Pologne"(1934), Antoine Budin 번역, 스체민스키와 코브로, *L'Espace uniste: Ecrits du constructivisme polonaise*(Lausanne, Switzerland: L'age d'homme, 1977), 148 수록.

69. 이 문단의 모든 인용구는 스체민스키의 "B=2; to read..."(1924)에서 인용한 것이다. Joanna Holzman과 Piotr Graff와 Michael Trevelyans 번역, *Constructivism in Poland, 1923 to 1936*(Cambridge, England: Kettle's Yard Gallery, 1973), 33-36 수록.

70. Henri Poincare, review of David Hilbert, *Grundlagen der Geometrie*(1899), in *Bulletin des sciences mathematiques* 26(1902): 249-72; 인용구는 252 참조.

71. Freeman Dyson, *The Scientist as Rebel*(New York: New York Review Books, 2006), 9.

72. 수학역사학자 Herbert Mehrtens는 1990년 수학이 근대문화 출현에서 차지하는 역할을 연구하는 논문에서 힐베르트를 순수한 형식주의자로 묘사한다. *Modern-Sprache-Mathematik: Eine Geschichte des Streits um die Grundlagen der Disziplin und des Subjekts formaler Systeme* (Frankfurt am Main, Germany: Suhrkamp, 1990). Mehrtens의 논문은 근대적이던(*die Moderne*) 힐베르트가 이끈 이들과 근대주의를 반대한 (*die Gegenmoderne*) 펠릭스 클라인이 이끈 이들 사이의 갈등으로 근대수학이 발생했다고 주장한다. 근대주의자는 수학의 주제를 의미를 부여하지 않은 언어('*Sprache*')로 여겼고 이에 반대하는 이들은 수학을 이상적인 추상물체에 관한 것으로 여겼다. Mehrtens에 따르면 그 전쟁에서 근대주의자가 이겼다. 나는 힐베르트가 (수학의 근본 주제를 연구할 때는) Mehrtens가 정의하는 근대주의자였고, 그가 집합이론적 플라톤주의자로서 일관성이 추상물체의 존재를 수반한다고 믿었다는 점에서는 Mehrtens의 반근대주의자라고 본다.

73. 힐베르트가 수학적 물리학에 기여한 것은 다음 문헌 참조. Lewis Pyenson의 "Physics in the Shadow of Mathematics: The Gottingen Electron-Theory Seminar of 1905", *Archive for History of Exact Sciences* 21, no. 1(1979): 55-89; Leo Corry의 *David Hilbert and the Axiomatization of Physics(1898-1918)*. Corry는 자신의 저서 From Grundlagen Der Geometrie to Grundlagen Der Physik(Dordrecht: Kluwer, 2004)에서 힐베르트가 물리학의 수학적인 내용을 분리하고 이론물리학에서 가능한 한 모순적인 부분을 피하려 한 것에 중점을 두었다.

74. 전시회 5×5=25에 전시한 로드첸코의 작품을 부정적으로 비평한 예시는 1920년대 러시아 평론가들이 남긴 글을 들 수 있다. Aleksandr Lavrent'ev의 "On Priorities and Patents", in Dabrowski, *Rodchenko*, 58(n. 58) 참조.

75. 1920년과 1926년 사이 모스크바에서 일어난 이론과 실천의 혼합은 Maria Gough의 *The Artist as Producer: Russian Constructivism in Revolution*(Berkeley: University of California Press, 2005) 참조. Gough는 '형식주의와 기능주의의 실패'(191)로 이론과 실천의 혼합을 잘 설명했다.

76. 1925년 5월 4일 로드첸코가 스테파노바에게 보낸 편지. *Rodchenko, Experiments for the Future*, 168-69(n. 60)에 수록. 또한 Christina Kiaer의 "Rodchenko in Paris" 참조. *Imagine No Possessions: The Socialist Objects of Russian Constructivism*(Cambridge, MA: MIT Press, 2005), 198-240 수록.

77. 타틀린의 '제3인터내셔널 기념탑' 개념과 디자인은 Norbert Lynton의 *Tatlin's Tower: Monument to Revolution*(New Haven, CT: Yale University Press, 2009), 81-106 참조. 러시아 문화에서 나선 형태의 상징주의와 타틀린이 클레브니코프의 숫자점('시간의 리듬')을 알게 된 경위는 Christina Lodder의 "Tatlin's Monument to the Third International as a Symbol of Revolution" 참조. *The Documented Image: Visions in Art History*, Gabriel Weisberg, Laurinda Dixon 편집(Syracuse, NY:

Syracuse University Press)에 수록.

78. Nikolai Punin, *Pamyatnik tret'ego internatsionala*(Saint Petersburg: Otdela Izobrazitel' nylch Iskusstv, N. K. P., 1920), Christina Lodder 번역, in her essay, "Tatlin's Monument", 279.
79. Charlotte Douglas, "Kazimir Malevich", in *Kazimir Malevich*, Phyllis Freeman 편집(New York: Abrams, 1994), 34.
80. Paul Bernays, "On Platonism in Mathematics"(1935), in *Philosophy of Mathematics: Selected Reading,* Paul Benacerraf, Hilary Putnam 편집(Englewood Cliffs, NJ: Prentice Hall, 1964), 274-86.
81. 루돌프 카르나프는 추상물체를 언급하는 실천수학자와 물리학자를 "주일에 스스로 고백하는 높은 도덕률과 전혀 다른 일상을 사는 이들과 같다"라고 묘사했다. "Empiricism, Semantics, and Ontology"(1950), *Philosophy of Mathematics*, 214 수록. 카르나프는 같은 문헌에서 추상물체의 존재를 인정하긴 하지만 여전히 W. V. Quine(250, n. 6)이 '플라톤주의 현실주의자'라고 부르는 것에 발끈했는데, 그것을 받아들이면 자신이 '플라톤의 형이상학적 보편성(형태) 원칙'을 받아들이는 것이라고 여겼다.
82. David Hilbert, "Uber das Unendliche"(On the infinite), *Mathematische Annalen* 95, no. 1(1926): 161-90; 인용구는 170 참조.

5. 논리

1. Plato, Cratylus(ca. 380-67 BC), in *Dialogues*, 번역, 2:260(1장, n. 26 참조).
2. 같은 책, 2:265-67.
3. Aristotle, *Metaphysica*, 8:9(1장, n. 30 참조).
4. 라이프니츠는 방대한 데이터를 분류하려 했는데 그는 이 데이터를 모아 여러 권의 백과사전으로 만들 계획이었다. 그는 간헐적으로 수십 년간 이 과제를 수행했으나 실패했다. 학회에는 전문가의 고언을, 귀족들에게는 백과사전 발행에 필요한 자금을 요청했으나 1716년 사망할 때까지 이 작업을 완수하지 못했다. 라이프니츠의 백과사전 과제는 Maria Antognazza의 *An Intellectual Biography*(Cambridge: Cambridge University Press, 2009), 92-100과 233-62와 529-31 참조.
5. 라이프니츠는 이 라틴어구를 1677년 프랑스 학자 Jean Gallois에게 보내는 편지에서 썼고, 그 편지는 재인쇄되어 Louis Courturat, *La Logique de Leibniz*(Hildesheim, Germany: Olms, 1901/rpt. 1961), 90, n. 3에 수록되었다.
6. Lewis Carroll, *The Game of Logic*(London: Macmillan, 1887), xiii. 이 보드게임은 작은 카드(약 4인치×6인치), 붉은색과 회색 패들(종이 디스크로 약 0.5인치 지름), 1896년 날짜가 적힌 봉투로 이뤄져 있다. 이 보드게임은 책과 함께 팔렸는데(책의 뒤표지에 게임 쪽지를 담은 봉투가 붙어 있었다) 자세한 삽화와 설명은 Robin Wilson의 전기인 *Lewis Carroll in Numberland: His Fantastical, Mathematical, Logical Life*(New York: Norton, 2008), 175-83 참조.
7. 프레게가 '개념적 표기법'이라 부른 그의 상징주의는 다른 논리학자들이 받아들이지 않았다. 이 책에서 나는 주세페 페아노가 고안한 기호를 사용했는데 페아노의 기호가 기본기호로 받아들여져 이후 버트런드 러셀과 앨프리드 노스 화이트헤드는 *Principia Mathematica*(1910-13)를 집필할 때 그 기호를 사용했다.
8. 철학적 질문으로 언어에 관한 질문을 다룬 논문은 Richard M. Rorty의 "Metaphysical Difficulties of Linguistic Philosophy" 참조. Richard M. Rorty가 편집한 *The Linguistic Turn: Recent Essays in Philosophical Method*(Chicago: University of Chicago Press, 1967), 1-39 수록.
9. 러셀이 프레게에게 보낸 편지(1902), Jean van Heijenoort가 편집한 *From Frege to Godel: A Source Book in Mathematical Logic, 1879-1931*(Cambridge, MA: Harvard University Press, 1967), 124-25 수록.
10. 프레게는 수정한 공리를 *Grundgesetze der Arithmetik*(Basic laws of arithmetic; Jena, Germany: H. Pohle, 1903) 2권의 부록으로 넣어 출판했다. 러셀은 프레게의 체계에 모순이 있음을 증명했으나 프레게의 정리(산술을 논리로 환원하는 것을 증명한 정리)는 문제가 있는 그 공리를 사용하지 않았기에 영향을 받지 않았다.
11. 수학을 논리에 기초하도록 수정하려는 러셀의 노력은 C. W. Kilmister의 "A Certain Knowledge? Russell's Mathematics and Logical Analysis" 참조. Ray Monk와 Anthony Palmer가 편집한 *Bertrand Russell and the Origins of Analytical Philosophy*(Bristol, England: Thoemmes, 1996), 269-86 수록.
12. G. E. Moore, *Principia Ethica*(Cambridge: Cambridge University Press, 1903/rpt. 1929), 188.
13. 당시의 환원주의 분위기에서 미국 논리학자 Henry M. Sheffer는 '또는(∨)'과 '그리고(∧)' 같은 기초 개념이 'nor(둘 다 아니다)', (|,'셰퍼 스트로크')로 환원될 수 있음을 증명했다. 프랑스 논리학자 Jean Nicod는 논리적 미적분을 셰퍼 스트로크로 나타낸 하나의 규칙과 하나의 공리로 표현할 수 있다는 것을 증명했다. H. M. Sheffer, "A Set of Five Independent Postulates for Boolean Algebras, with Application to Logical Constants", *Transactions of the American Mathematical Society* 14(1913): 481-88; Jean Nicod, "A Reduction in the Number of Primitive Propositions of Logic", *Proceedings of the Cambridge Philosophical Society* 19(1916-19): 32-41.
14. 이 3가지 공리가 순수하게 논리적 공리는 아니라는 주장은 Rudolf Carnap, "The Logistic Foundations of Mathematics"(1931) 참조. Paul Benacceraf와 Hilary Putnam이 편집한 *The Philosophy of Mathematics; Selected Reading*(Cambridge: Cambridge University Press, 1983)41-52 수록.
15. 이 방식의 자세한 내용은 David Bostock의 *Russell's Logical Atomism*(Oxford: Oxford University Press, 2012) 참조.
16. 프라이와 프랑스의 관계는 Mary Ann Caws와 Sarah Bird Wright의 "Roger Fry's France" 참조. *Bloomsbury and France: Art and Friends*(Oxford: Oxford University Press, 2000), 303-25 수록.
17. 러셀이 프라이와 사도를 설명한 것은 *The Autobiography of Bertrand Russell*(Boston: Little, Brown, 1967-69), 1:84 참조. 프라이는 논문 〈Do We Exist?〉에서 McTaggart 같은 이상주의자가 자신의 아이디어를 확신할 수 있다고 믿는 것을 비판했다. 지식은 "그 자신이 주시하는 것 외에는" 얻을 수 없다. 프라이는 "나는 버티(버트런드 러셀)가 한때는 그러했다고 생각한다"라고 했다. 이후 프라이는 자신의 고유 관점을 나타냈다. "내가 생각할 때 분자의 원자 배열처럼 견고하고 일관성 있게 기억과 감각이 배열되어 자아를 형성한다는 것이 더 타당해 보인다." 이처럼 프라이는 지식이 감각 데이터로 구성된다는 러셀과 무어의 관점에 동의했고 러셀의 원자 비유를 인용했다. Christopher Green은 자신의 *Art Made Modern: Roger Fry's Vision of Art* 서론에서 출판하지 않은 프라이의 원고를 "그의 사도적 논문 중 하나"라고 말했다(Christopher Green 편집, London: Courtauld Institute of Art, 1999, 16). 날짜가 적히지 않은 이 문헌은 Modern Archive of King's College, Cambridge에 보관되어 있다. "Papers for the Apostles, 1887-89", inv. no. "Fry AI"(per a letter to the author from Christopher Green, May 1, 2004). 그러나 프라이가 러셀을 1890년 이후 알게 되었으므로 그 논문을 1887-89년 이전에 썼다고 보기는 어렵다. 이 논문은 러셀과 무어가 논리적 원자주의를 활발히 논의한 1890년대 후반이나 1903년 9월 18일 *Times Literary Supplement*가 러셀의 *Principles of Mathematics*를 리뷰한 후 분석적 세계관이 대중의 관심을 받은 뒤 작성했을 가능성이 크다.
18. 1890년대에 프라이는 알리스를 위해 드레스를 디자인했다(Russell, *Autobiography*, 1:115). 알리스는 처음에 자기 여동생의 결혼을 비난했지만 1903년 베런슨은 러셀의 철학을 읽었다(1903년 3월 22일 베런슨이 러셀에게 보낸 편지). 1904년 베런슨은 러셀의 집에 게스트로 묵었고(1904년 7월 20일 러셀이 Lowes Dickenson에게 보낸 편지, Russell, *Autobiography*, 1:289), 1905년 러셀은 프라이의 집에 게스트로 묵었다(Russell, *Autobiography*, 1:272). 프라이와 러셀은 그들

각자의 결혼생활이 끝난 후에도 같은 사교모임에서 활동했다. 이 둘은 1910-11년 영국 정치인 Philip Morrell의 부인인 Ottoline Morrell과 동시에 불륜관계를 맺기도 했다(Frances Spaulding, *Roger Fry: Art and Life*(Berkeley: University of California Press, 1980, 141-43 참조). 1920년대 초반에는 프라이가 러셀의 초상화를 그렸다(*Portrait of Bertrand Russell, Earl Russell,* ca. 1923, National Portrait Gallery, London).

19. 프라이가 매거진과 오랫동안 맺어온 관계는 Caroline Elam의 "'A More and More Important Work': Roger Fry and *The Burlington Magazine*", Burlington Magazine 145, no. 1200(2003): 142-52 참조.
20. 1908년 8월 3일 클라이브 벨에게 보낸 편지에서 울프는 *Principia Ethica*를 이해하고자 하는 그녀의 결심을 밝혔다. "나는 가톨릭 성당 첨탑 위에 집을 짓고자 결심한 근면 성실한 곤충처럼 무어의 책을 등반하고 있다." Virginia Woolf, *The Letters of Virginia Woolf,* Nigel Nicolson 편집(New York: Harcourt Brace Jovaovich, 1975), 1:340; 347, 352, 375에서 울프가 무어에 관해 추가적으로 언급한 내용 참고. 울프는 러셀도 잘 알고 있었는데 그녀는 1908년 8월 12일 버네사 벨에게 보낸 편지에서 "버티 러셀 부부"에게 "내 취향에 맞지 않는 구식 재치"가 있어서 그들의 초대를 거절했다고 묘사한다(Woolf, Letters, 1:351; 1:358과 1:365에서 러셀을 언급한 것 참조).
21. Anon., "The New Symbolic Logic", *Times Literary Supplement*, 321.
22. Bertrand Russell, "Mysticism and Logic"(1901), in Mysticism and Logic, 1-32(3장 n. 8).
23. 러스킨과 프라이의 비교는 Jacqueline V. Falkenheim의 *Roger Fry and the Beginnings of Formalist Art Criticism*(Ann Arbor, MI: UMI Research Press, 1980), 52-54 참조. Falkenheim은 영국 '형식주의 예술비평'의 기원을 예술사회에만 국한해 다뤘고(Ruskin, Walter Pater, and James McNeill Whistler) 논리에서 형식주의가 발전한 것은 언급하지 않았다(Russell and Whitehead).
24. Roger Fry, "An Essay in Aesthetics"(1909), in his *Vision and Design* (London: William Clowes, 1920), 11-25; 인용구는 14-15 참조.
25. Roger Fry, "Mantegna as a Mystic", *Burlington Magazine* 8, no. 32(1905): 87-98; 인용구는 90-91 참조.
26. 같은 책, 98.
27. 프라이가 세잔을 형식주의와 신비주의를 섞어 설명한 것은 Maud Lavin의 "Roger Fry, Cezanne, and Mysticism", *Arts Magazine* 58(Sept. 1983): 98-101 참조. 프라이와 영국의 사회주의자이자 힌두교 신비주의를 연구한 에드워드 카펜터의 관계는 Linda Dalrymple Henderson, "Mysticism as the 'Tie that Binds': The Case of Edward Carpenter and Modernism", *Art Journal* 46, no. 1(1987): 29-37 참조.
28. Roger Fry, "An Essay in Aesthetics"(1909), in *Vision and Design*, 11-25; 인용구는 25 참조. 영국 분석철학가 Richard Wollheim은 프라이가 '형태'를 마치 예술작품의 객관적 성질인 것처럼 묘사했다고 주장했다. 하지만 Wollheim의 주장은 프라이가 '형태' 발견을 주관적 경험이라 묘사한 것과 불일치한다. 프라이의 '형태'는 그의 객관적 예술 평론에 기반하지 않는다. Wollheim, "On Formalism and Pictorial Organization", *Journal of Aesthetics and Art Criticism* 59, no. 2(2001): 127-37 참조.
29. Roger Fry, *Second Post-Impressionist Exhibition*(London: Ballantyne, 1912), 14.
30. Roger Fry, "An Essay in Aesthetics"(1909).
31. Clive Bell, *Art*(London: Chatto and Windus, 1914), 8.
32. 같은 책, 25.
33. Roger Fry, book review of Clive Bell, *Art*, 1914, in Reed, *Roger Fry Reader*, 128.
34. William James, "The Stream of Thought", *The Principles of Psychology*(New York: H. Holt, 1890), 1:224-90.
35. 1905년 프로이트는 다음과 같이 남겼다. "그를 좋게 만들려고 하는 사람들은 얼마나 강력한 저항을 받는지에 놀라고, 환자가 자신의 불편한 부분을 없애려는 의도를 통해 보이는 것처럼 완전하고 전체적으로 심각하지 않다는 것을 배운다. 문인이자 의사이기도 한 Arthur Schnitzler 또한 자신의 Paracelsus에서 그런 정보를 잘 표현했다." "Fragment of an Analysis of a Case of Hysteria"(1905), *Standard Edition of the Complete Psychological Works of Sigmund Freud*, James Strachey 번역(London: Hogarth Press, 1953-74), 7:44.
36. 버지니아 울프와 영국 분석철학에 관한 많은 문헌 중 몇 가지를 추천하면 다음과 같다. S. P. Rosenbaum, "The Philosophical Realism of Virginia Woolf"(1971), in *English Literature and British Philosophy*, S. P. Rosenbaum 편집(Chicago: University of Chicago Press, 1971), 316-56; 핀란드 분석철학자 Jaakko Hintikka 또한 이 주제를 연구했다. "Virginia Woolf and Our Knowledge of the External World", *Journal of Aesthetics and Art Criticism* 38(Fall 1978-80): 5-14; Deborah Esch, "'Think of a kitchen table': Hume, Woolf, and the Translation of an Example", in *Literature as Philosophy: Philosophy as Literature*, Donald G. Marshall 편집(Iowa City: University of Iowa Press, 1987), 272-76과 Ann Banfield, *The Phantom Table: Woolf, Fry, Russell and the Epistemology of Modernism*(New York: Cambridge University Press, 2000) 참조.
37. Virginia Woolf, *To The Lighthouse*(1927; New York: Harcourt, Brace and World, 1955), 125.
38. 같은 책, 127
39. 같은 책, 128.
40. James Johnson Sweeney가 헨리 무어를 인터뷰한 내용, "Henry Moore", *Partisan Review* 14, no. 2(1947): 180-85; 인용구는 182 참조.
41. 1950년대 후반에 작성했을 가능성이 큰 날짜가 적히지 않은 노트, *Henry Moore: Writings and Conversations*, Alan Wilkinson 편집(London: Lund, Humphries, Aldershot, 2002), 114.
42. Henry Moore, "Contemporary English Sculptors: Henry Moore", *Architectural Association Journal*(1930), in *Henry Moore on Sculpture: A Collection of the Sculptor's Writings and Spoken Words*, Philip James 편집(London: Macdonald, 1966), 57.
43. A. M. Hammacher의 *The Sculpture of Barbara Hepworth*, translated from Dutch by James Brockway(New York: Abrams, 1968), 15 참조.
44. 헨리 무어의 조각 유산은 Christa Lichtenstern의 *Henry Moore: Work, Theory, Impact* 참조. Fiona Elliot과 Michael Foster 번역(London: Royal Academy of Arts, 2008), 286-402.
45. 다음 문헌 참조. Alan G. Wilkinson의 "The 1930s: Constructive Forms and Poetic Structures", in *Barbara Hepworth: A Retrospective*, Penelope Curtis, Alan G. Wilkinson 편집(London: Tate, 1994), 31-77; Norbert Lynton의 "The 1930s: London", in his *Ben Nicholson*(London: Phaidon, 1993), 76-171.
46. Theo van Doesburg, "Vers la peinture blanche"(1929), in *Art Concret*(Apr. 1930): 11. 니컬슨은 1934년 예술가 선언을 시작하면서 자연계가 마음에 의존해 존재한다는 영국 물리학자 Arthur Eddington의 주장을 인용했다. "우리가 사는 우주는 우리 정신의 창조물이다. (…) 만약 우리가 자연의 어떤 것을 안다면 그것은 종교적 경험으로 얻은 것임에 틀림없다." 여기에 더해 니컬슨은 "내 관점에서 회화와 종교적 경험은 같다. 우리 모두가 찾는 것은 무한대를 이해하고 실현하려는 것이다. 무한대는 완전하지 않고 시작과 끝이 없으며 모든 사물에 무한히 주어지는 개념이다." *Unit 1: The Modern Movement in English Architecture, Painting, and Sculpture*, Herbert Read 편집(London: Cassell, 1934), 89.
47. 리드는 보링거의 *Formproblem der Gotik*(1912)를 *Forms in Gothic*(1927)이라는 제목 아래 영어로 번역했는데 이 논문의 주제는 중세 시대의 전쟁과 가뭄을 추상화하는 것이다.
48. 특히 Herbert Read의 *The Meaning of Art*(London: Faber and Faber, 1931), 148-53 참조.
49. Roger Fry, review of Herbert Read's *Art Now*(1933), *Burlington Mag-*

azine 64(1934): 242, 245; 인용구는 242 참조.

50. 엘리엇은 자신이 1914년 크리스마스 휴가를 러셀의 *Principia Mathematica*에 몰두하면서 보냈다고 기록했다. Robert Sencourt, T. S. Eliot: A Memoir(London: Garnstone, 1971), 49.
51. Russell, *Autobiography*, 2:9-10(n. 17 참조).
52. 엘리엇은 '사랑' 개념 같은 추상적 아이디어는 사과나 오렌지 같은 물리적 물체만큼이나 실재하는 것이라고 주장하며 러셀을 인용했다. "만약 우리가 파스칼과 버트런드 러셀의 수학에서 어떤 개념을 받아들일 수 있다면 우리는 수학자들이 자신의 감각에 직접 영향을 미치는 물체(우리가 그것을 물체라고 받아들일 수 있다면)를 다루는 것도 수용할 수 있다." "The Perfect Critic", in Eliot, *The Sacred Wood: Essays on Poetry and Criticism*(London: Methuen, 1920/rpt. 1950), 9. 엘리엇은 러셀의 *Mysticism and Logic: and Other Essays*(1917)를 리뷰하며 러셀이 "놀랍도록 명료하게 논리적 관점을 설명한 것"을 칭찬했다. "Style and Thought", *Nation*(Mar. 23, 1918): 768-70; 인용구는 768 참조.
53. T. S. Eliot, "Hamlet and His Problems", in *Sacred Wood*, 95-103; 인용구는 100 참조.
54. T. S. Eliot, "Commentary", *Criterion* 6(1927): 291.
55. 이 교우관계가 깨지게 된 것은 문학사학자 Robert H. Bell의 글에서 볼 수 있다. 1917년 러셀은 비비언 엘리엇에게 성적 관계를 암시하는 행동을 했는데, 이를 1917년 아일랜드 배우 Miles Malleson의 부인 Colette O'Neil에게 보내는 편지에서 묘사했다. 비비언은 러셀의 애정을 거부했고 1919년 초 T. S. 엘리엇과 비비언 엘리엇은 러셀에게 편지를 보내 그들에게 더 이상 연락하지 말 것을 통보했다. "Bertrand Russell and the Eliots", *American Scholar* 52(1983): 309-25.
56. 러셀이 엘리엇의 "The Waste Land"에 미친 영향은 Keith Green의 "'These fragments I have shored against my ruins': Russell and Modernism", in *Bertrand Russell, Language and Linguistic Theory*(London: Continuum, 2007), 144-61 참조.
57. 1962년 캐나다 문학학자 Hugh Kenner는 19세기 후반과 20세기 초반의 문학역사가 "같은 시기의 수학역사와 유사하다"는 것을 발견했다. "Art in a Closed Field"(1962), in *Learners and Discerners: A Newer Criticism*, Robert Sholes 편집(Charlottesville: University Press of Virginia, 1964), 110-33; 인용구는 112 참조. Kenner는 조이스의 《율리시스》를 "폐집합에서 요소를 선택해 닫힌 공간 안에 배열해 만든 패턴 예술 작품"의 예시라고 묘사했다(114). 또한 그는 "이 시대의 우세한 지적 지식은 일반 숫자이론과 유사하다"(122)라고 했다. 하지만 이런 일반적인 발언을 넘어 그가 생각하는 '숫자이론'(산술)의 발전이 무엇인지는 말하지 않았다. 어쩌면 그는 프레게가 *Grundgesetze der Arithmetik*(1893)에서 산술을 공리화한 것을 생각했는지도 모른다.
58. James Joyce, *A Portrait of the Artist as a Young Man*(New York: B. W. Huebsch, 1916), 241.
59. 조이스는 1921년 10월 7일 자신의 편집자에게 보내는 편지에서 '모자이크'를 사용해 갤러리를 묘사했다. *Letters of James Joyce*, Stuart Gilbert 편집(New York: Viking, 1957), 172.
60. 조이스는 《율리시스》를 작업한 메모에서 공리(비유클리드) 수학에 관심을 보였고 Nikolai Lobachevsky와 Bernhard Riemann을 언급했다. *Joyce's Ulysses Notesheets in the British Museum*, Phillip E. Herring 편집(Charlottesville: University Press of Virginia, 1972), 474, notesheet "Ithac_13", lines 87-88.
61. 조이스는 버트런드 러셀의 Introduction to Mathematics(1919)를 여러 번 언급했다. notesheet "Page 30 'Ithaca,'" lines 26-38, in *Joyce's Notes and Early Draft for Ulysses: Selections from the Buffalo Collection*, Phillip E. Herring 편집(Charlottesville: University Press of Virginia, 1977), 109-11. 조이스의 《율리시스》에 관한 수학문헌은 다음과 같다. Richard E. Madtes, *The "Ithaca" Chapter of Joyce's* Ulysses(Ann Arbor, MI: UMI Research Press, 1983), esp. chap. 2, "The Rough Notes"; Patrick A. McCarthy, "Joyce's Unreliable Catechist: Mathematics and the Narration of 'Ithaca,'" *English Literary History* 51, no. 3(1984): 605-18; Joan Parisi Wilcox, "Joyce, Euclid, and 'Ithaca,'" *James Joyce Quarterly* 28, no. 3(1991): 643-49; Mario Salvadori and Myron Schwartzman, "Musemathematics: The Literary use of Science and Mathematics in Joyce's *Ulysses*", *James Joyce Quarterly* 29, no. 2(1992): 339-55; 이 주제의 개요는 T. J. Rice, "Appendix A: Joyce, Mathematics, and Science", in *Joyce, Chaos and Complexity*, T. J. Rice 편집(Urbana: University of Illinois Press, 1997), 141-44 참조.
62. James Joyce, *Ulysses*(1922; Paris: Shakespeare and Co., 1926), 660.

6. 직관주의

1. Ralph Waldo Emerson, "The Transcendentalist", Robert E. Spiller와 Alfred R. Ferguson이 편집한 1841년 강의록 Boston; in *The Collected Works of Ralph Waldo Emerson*(Cambridge, MA: Belknap, 1971) 1:201과 207 수록.
2. Frederik van Eeden, "The Theory of Psycho-Therapeutics", *Medical Magazine* 1, no. 3(1892): 232-57. 반 에덴에 따르면 그와 van Renterghem은 Charcot, Liebeault, Bernheim과 같은 방법을 사용했지만 이 네덜란드인은 서커스 공연자의 '최면술'에 부정적이라 그 용어 대신 자신들의 방법을 '연상심리학'이라 불렀다(233). 반 에덴은 자신의 방법을 "잠자는 상태에서 환자가 정신의 연상 작용으로 스스로를 치유하게 인도하는 단순하고 명료한 방법"이라고 묘사했다(234).
3. Albert Willem van Renterghem, "L'evolution de la psychotherapie en Hollande", in *Deuxieme Congres Internationale de L'Hypnotisme, Paris, 1900,* Edgar Berillon, Paul Farez 편집(Paris: Vigot, 1902), 54-62 참조. Van Renterghem은 낭시에서 개발한 방법을 쓰는 네덜란드 의사가 많다는 것을 알고 나서 낭시의 학교가 "내 나라의 공식적인 학문의 장"(la science officielle dans mon pays; 62)이 될 것이라고 예측했다.
4. 회의에서 있었던 강연의 자세한 설명은 Henri F. Ellenberger, *The Discovery of the Unconscious; the History and Evolution of Dynamic Psychiatry*(New York: Basic Books, 1970), 758-61 참조.
5. 파리 주재원이던 한 미국인은 Edouard Manet가 "다른 인상파 화가보다 조금 덜 미쳤다"라고 보고했다. Anon, *Art Journal* 6(1880): 189.
6. Frederik van Eeden, "Vincent van Gogh(November 1890)", in his *Studies*(Amsterdam: W. Versluys, 1894-97), 2:100-108; 인용구는 108 참조. 20여 년 후 반 에덴은 여전히 반 고흐의 예술을 병적 현상이라고 표현했다. "de decadenten als van Gogh en de Franschen"(the decadents like Van Gogh and the French); van Eeden, entry of Jan. 8, 1909, *Dagboek: 1878-1923*, H. W. van Tri 편집(Culemborg, the Netherlands: Tjeenk Willink-Noorduijn, 1971), 2:952.
7. Frederik van Eeden, "A Study of Dreams", *Proceeding of the Society for Psychical Research* 67, no. 26(1913): 413-61 참조.
8. Frederik van Eeden, *Happy Humanity*(Garden City, NY: Doubleday, Page, 1912), 89. 반 에덴은 1890년대 중반 미국에서 순회강연을 한 뒤 미국 독자들을 위해 이 책을 영어로 집필했다.
9. 마누리가 수학을 연구하는 방식은 그의 제자 바우어가 받아들이면서 간접적으로만 알려져 있다. 바우어의 전기작가가 그들의 방식을 묘사했다. Walter P. van Stigt, *Brouwer's Intuitionism*(Amsterdam: Elsevier, 1990), esp. "Brower's Philosophy", 147-92; 그리고 Dirk van Dalen, *Mystic, Geometer, Intuitionist: The Life of L. E. J. Brouwer*(Oxford, England: Clarendon, 1999), 특히 "Mathematics and Mysticism", 41-79 참조.
10. L. E. J. Brouwer, *Life, Art, and Mysticism*(1905), in *L. E. J. Brouwer, Collected Works*, A. Heyting 편집(Amsterdam: North Holland, 1975), 1:6.
11. Frederik van Eeden, *Redekunstige grondslag van verstandhouding*(Logical foundation of understanding; 1897), in his *Studies*, 3: 5-84(n. 6 참조).

12. 브라우어르는 van Eeden의 서적 *The Joyous World*에 관해 논평을 쓰고 그의 제자의 신문에 투고했는데(*Studenten-weekblad Delft*, Oct. 6, 1904), 그의 전기작가 van Dalen이 이를 인용했다. *Mystic, Geometer, Intuitionist*, 64.
13. 브라우어르의 전기작가는 그가 *Life, Art, and Mysticism*을 집필하면서 Böhme와 Eckhart의 글을 참고했다는 데 동의한다. Walter P. Stigt, *Brouwer's Intuitionism*(Amsterdam: North Holland, 1990), 30; and van Dalen, *Mystic, Geometer, Intuitionist*, 68 참조. 브라우어르는 Böhme나 Eckehart의 이름으로 인용하지는 않았지만 그의 언어는 그들의 신비주의 전통을 반영하고 있다. in Brouwer, Collected Works, 1:89에서 특히 "Transcendent Truth" in *Life, Art, and Mysticism in Brouwer* 참조. 또한 브라우어르는 이 1905년 글부터 자신의 영적 실체를 가리키는 데 '카르마'라는 용어를 사용했다. 10여 년 후에는 지혜를 얻는 방법을 논의하면서 힌두교 종교서적을 장황하게 제시했다. *Bhagavad-Gita*(ca. 800 BC); L. E. J. Brouwer, "Consciousness, Philosophy and Mathematics"(1948), in Brouwer, *Collected Works*, 1:486.
14. L. E. J. Brouwer, "Consciousness, Philosophy, and Mathematics"(1948), in *Brouwer, Collected Works*, 1:480-84; 인용구는 480 참조.
15. 같은 책, 480. 시간 지각이 직관주의 수학의 초석이라 믿은 브라우어르 얘기는 Grattan-Guinness의 "Psychology in the Foundations of Logic and Mathematics", 43-46(3장, n. 21) 참조.
16. 반 에덴은 프로이트의 편지를 주간지 *De Amsterdammer*(Jan. 17, 1915)에 출판했다. *Freud, Standard Edition*, 14:301-2(chap. 5, n. 35) 영문 번역본 참조. 프로이트가 1915년 출판한 논문 "Thoughts for the Times on War and Death"는 *Standard Edition*, 14:274-300에서 볼 수 있다.
17. 반 에덴은 1892년 영국 정신의학학회에서 웰비를 만났다(van Eeden, *Dagboek*, 1:500; n. 6). 그들은 웰비가 1912년 사망할 때까지 공통 관심사인 기호의 세 구조에 관해 서신을 나누었다. 반 에덴의 웰비를 향한 관점은 *Happy Humanity*, 84-87(n. 8) 참조.
18. 퍼스와 웰비의 관계는 *Semiotic and Significs: The Correspondence between Charles S. Peirce and Lady Victoria Welby*, Charles S. Hardwick, James Cook 편집(Bloomington: Indiana University Press, 1977) 참조.
19. 반 에덴은 스훈마르케스를 만났다. entry of July 3, 1904, *Dagboek*, 2:592. 1905년 반 에덴은 스훈마르케스의 글에 관해 논문을 썼다(entry of Sept. 27, 1905, Dagboek, 2:625).; 스훈마르케스와 만나 대화한 반 에덴은 그의 탐구심 넘치는 사고방식을 높게 평가했다(entry of Mar. 14, 1906, *Dagboek*, 2:647). 반 에덴과의 첫 만남 이후 스훈마르케스는 1911-12년 미국 미드빌 유니테리언 신학교Meadville Unitarian Theological Seminary에서 공부한 뒤, 네덜란드로 돌아와 반 에덴의 월든과 브라우어르의 오두막 근처인 라렌Laren에 정착해 반 에덴의 사회에 합류했다(entry of July 5, 1915, *Dagboek*, 3:1145).
20. Van Eeden, entries of Oct. 22 and Nov. 27, 1915, *Dagboek*, 3:1466 and 1471.
21. 반 에덴이 1918년 3월 13일 강연한 서론은 L. E. J. 브라우어르의 "Intuitive Significs" 참조. Walter P. van Stigt 번역. van Stigt, *Brouwer's Intuitionism*, 416-17의 부록 4 참조. 인용구는 417 참조(n.9).
22. Van Eeden, entry of July 27, 1915, *Dagboek*, 3:1451.
23. 같은 책, entry of July 5, 1915, *Dagboek*, 3:1450.
24. 같은 책, entry of Dec. 12, 1893, *Dagboek*, 1:264. 반 에덴은 Toorop의 *Les Rodeurs*(The prowlers)(1891)를 구입했다. Musee Kroller-Muller, Otterlo. 이 그림은 Victorine Hefting, *Jan Toorop, 1858-1928*에서 다시 인쇄했다. *Impressionniste, symboliste, pointilliste*(Paris: Institut Neerlandais, 1977), n. p., cat. no. 44.
25. Robert P. Welsh는 '시계초'를 Spoor-Mondrian-Sluyters의 1909 전시회에 전시했을지도 모른다고 봤다. Welsh의 *Catalogue Raisonne of the Naturalistic Works*(until Early 1911), vol. 1 of *Piet Mondrian: Catalogue Raisonne*(Munich: Prestel, 1998), 1:213-14 참조.
26. 기도(*Devotion*, 1908)는 Spoor-Mondrian-Sluyters의 1909년 전시회에 전시한 것이 분명하다. Welsh, *Catalogue raisonne*, 1:418-19.
27. C. L. Dake, "Schilderkunst: drie avonturiers in het Stedelijk Museum", *De Telegraaf*(Jan. 8, 1909), Hans Janssen and Joop M. Joosten 번역, in "1908-1910", in *Mondrian, 1892-1914: The Path to Abstraction*, Hans Janssen 편집(Fort Worth, TX: Kimbell Art Museum, 2002), 128-38.
28. Van Eeden, entry of Jan. 8, 1909, *Dagboek*, 2:952(n. 6).
29. "몬드리안은 급격한 감소의 간단한 예제다."(*Mondriaan een typisch geval van eenvoudig acuut verval*), Frederik van Eeden, "Gezondheid en Verval in Kunst", *Op de Hoogte: Maandschrift voor de Huiskammer* 6, no. 2(Feb. 1909): 79-85; 인용구는 84 참조. 근대예술에 관한 반 에덴의 관점은 Michael White의 "'Dreaming in the Abstract': Mondrian, Psychoanalysis and Abstract Art in the Netherlands", *Burlington Magazine* 148, no. 1235(2006): 98-106 참조. 나는 반 에덴이 근대예술을 정신질환으로 여긴 관점이 독일 정치기자 막스 노르다우의 1892년 글 Entartung(Degeneration) 때문이라는 마이클 화이트의 주장에 반대한다. 반 에덴은 노르다우의 좁은 식견과 반지성주의를 받아들이기엔 굉장히 교양 있는 사람이었고, 모든 역사적 증거를 볼 때 반 에덴은 베스트셀러 *L'uomo di genio*(Man of genius)의 작가 체사레 롬브로소와 1889년 파리만국박람회에서 만난 뒤 그의 아이디어에 영향을 받은 것으로 보인다. 롬브로소는 반 에덴의 공동체에서 존경받는 기둥 같은 역할을 했고 튜린대학교에서 20여 년 이상 정신의학과 의법학교수로 재직했으나, 노르다우는 지그문트 프로이트나 윌리엄 제임스 같은 반 에덴의 동료들에게 인정받지 못했다. 1886년 젊은 프로이트가 파리에 머물 때 소개장을 받아 노르다우를 만났지만 프로이트는 첫 만남 이후 그를 "자만하고 멍청해 그에게 교제를 청하지 않았다"고 했다. Ernest Jones, *The Life and Work of Sigmund Freud*(New York: Basic Books, 1953), 1:188. 제임스는 노르다우를 "롬브로소의 추종자로 그 스승의 주제를 극단적으로 받아들인다"라고 묘사했다. William James, *The Varieties of Religious Experience: A Study in Human Nature*(1902), in his *Writings, 1902-1910*(New York: Library of America, 1987), 24. 반 에덴은 롬브로소 외에도 존 러스킨("truth-to-nature")에게 영감을 받았고 예술가가 자연색을 정확히 카피하지 않으면 그것을 타락(*indicator der decadence*)과 현저한 축소의 암시로 본 러스킨의 관찰방식을 지지했다. van Eeden, entry of Jan. 8, 1909, *Dagboek*, 2:952.
30. 프랑스와 오스트리아의 정신분석학이 네덜란드에서 급속도로 퍼진 것은 Ilse N. Bulhof, "Psychoanalysis in the Netherlands", *Comparative Studies in Society and History* 24, no. 4(1982): 572-88 참조. 반 에덴은 프로이트 미학으로 전향한 후 몬드리안의 예술에 관한 글을 적지 않았다. 정신분석학 측면에서 몬드리안의 예술을 다룬 논의는 Peter Gay의 *Art and Act: On Causes in History-Manet, Gropius, Mondrian*(New York: Harper & Row, 1976) 참조. Peter Gay는 정신분석 자격증이 있는 문화역사학자로 자신의 저서에서 '역사의 원인' 중 하나가 예술가의 개인적인 생활, 특히 문란한 성생활이나 몬드리안처럼 성적 관계가 부족한 것에서 기인한다고 봤다. Gay에 따르면 몬드리안의 비스듬히 누운 수평/여성의 선과 직립하는 남성/수직의 선은 그의 억제된 성생활을 표현한 것으로 이해할 수 있다(210-26). 또 다른 정신분석 관점은 Pieter van der Berg의 "Mondrian: Splitting of Reality and Emotion", in *Dutch Art and Character: Psychoanalytic Perspectives on Bosch, Breughel, Rembrandt, Van Gogh, Mondrian*, Joost Baneke 편집(Amsterdam: Swets and Zeitlinger, 1993), 117-20 참조. Gay처럼 정신분석자격증이 있는 예술사학자 Donald Kuspit는 서로 성격이 반대인 두 네덜란드인(반 고흐와 몬드리안)의 예술을 (프로이트에 따라) 승화한 성적 본능이거나 변화하는 물체(영국 소아과의사 Donald Winnicott)라는 주장의 예시로 삼았다. Kuspit, "Art: Sublimated Expression or Transitional Expression? The Examples of Van Gogh and Mondrian", *Art Criticism* 9, no. 2(1994): 64-80.
31. Michel Seuphor(필명 F. L. Berckelaers), *Piet Mondrian: Life and*

Work(New York: Abrams, 1956), 53 참조. 몬드리안은 자신만의 특징적 스타일을 달성한 후 자신의 커리어를 돌아보며 다음과 같은 말을 남겼다. "내 존재는 내 작품이 정의한다. 그러나 그 작품들을 시작할 때 품은 위대한 이상에 비하면 나는 아무것도 아니다." 1934년 몬드리안이 Seuphor에게 보낸 편지. Seuphor, Mondrian(1956), 58에 수록.

32. Rudolf Steiner, *Theosophy*(1909), Elizabeth Douglas Shields 번역(Chicago: Rand McNally, 1910), 211-12.
33. 몬드리안은 그 강의를 적은 사본을 평생 갖고 있었다. 그 사본의 표지는 소실되었지만 여러 문헌에 다양한 제목으로 남아 있다. R. P. Welsh, "Mondrian and Theosophy", in *Piet Mondrian, 1872-1944*(New York: Guggenheim Museum, 1971), 39 참조. 몬드리안이 갖고 있던 버전은 Rudolf Steiner의 것으로 보인다. *Theosofie*(Amsterdam: Theosofische Uitgevers Maatschappij, 1909).
34. Steiner, *Theosophy*, 178-94.
35. Seuphor, *Mondrian*, 54-58.
36. Helena Petrovna Blavatsky, *Isis Unveiled: A Master-Key to the Mysteries of Ancient and Modern Science and Theology*(New York: Bouton, 1877), 2:270.
37. 몬드리안은 이런 말을 남겼다. "입체파는 강한 조형적 표현력을 보이는 구성요소 덕분에 기존 예술보다 더 큰 일치성을 달성하지만 자연적 외관이 분열한 성질 때문에 일치성을 잃는다. (…) 그러나 자연을 더 인지하고 더 순수하게 인지하는 방법을 배운 뒤 회화가 추상화했다." "Neo-plasticism in Painting", *De Stijl* 1(1917): 3, reprinted in *De Stijl: Extracts from the Magazine*, R. R. Symonds 번역, Hans L. C. Jaffe 편집(London: Thames and Hudson, 1970), 54, 88.
38. 몬드리안은 스케치북에 이 글을 적었는데 그의 친구 Michel Seuphor가(필명 Fernand Berckelaers) "Piet Mondrian, 1914-18", *Magazine of Art* 45, no. 5(1952): 217에서 그 글을 인용했다. 1952년 몬드리안의 재산 유언 집행자 Harry Holtzman이 이것과 다른 스케치북을 갖고 있다가 *Two Mondrian Sketchbooks*(1912-1944)로 출판했다. Robert P. Welsh와 J. M. Joosten 편집(Amsterdam: Meulenhoff, 1969).
39. James Clerk Maxwell, "On Faraday's Lines of Force"(1856), *Transactions of the Cambridge Philosophical Society* 10(1864): 30.
40. Van Eeden, entry of July 15, 1915, *Dagboek*, 3:1445.
41. M. H. J. Schoenmaekers, *Beginselen der Beeldenden Wiskunde*(Bussum, the Netherlands: van Dishoek, 1916), 56.
42. 1914년 신지론 학회지 *Theosophia*가 이 논문의 초기 버전 "Neo-plasticism in Painting"을 거절했다. Carel Blotkamp, *Mondrian: Art of Destruction*(London: Reaktion, 1995), 107 참조.
43. Piet Mondrian, "A Dialogue on Neo-plasticism", *De Stijl* 2, no. 5(1919), in Jaffe, *De Stijl: Extracts*, 124.
44. Theo van Doesburg, "Kunst-kritiek", Eenheid(Nov. 6, 1915), quoted in *De Stijl: The Formative Years, 1917-1922*, Charlotte I. Loab and Arthur L. Loab 번역, Carel Blotkamp 편집(Cambridge, MA: MIT Press, 1986), 8.
45. Van Doesburg to Anthony Kok, Feb. 7, 1916, in *Theo van Doesburg. 1883-1931*, Evert van Straaten 편집(The Hague: Staatsuitgeverij, 1983), 56.
46. 반 두스브르흐의 논문 내용은 White, "Mondrian, Psychoanalysis", 103-4(n. 29) 참조.
47. 1916년 2월 7일 반 두스브르흐가 Anthony Kok에게 보낸 편지. Michael White 번역. White, "Mondrian, Psychoanalysis", 104에서 인용.
48. 1921년 2월 23일 몬드리안이 슈타이너에게 보낸 편지. 몬드리안은 프랑스어로 편지를 썼지만 독일어로 번역해 Rudolf Steiner, *Wenn die Erde Mond wird: Wandtafelzeichnungen zu Vortragen 1919-1924*, Walter Kugler 편집(Cologne, Germany: DuMont, 1992), 151에 수록했다.
49. 1917년 봄 몬드리안이 반 두스브르흐에게 보낸 편지. Carla van Spluntren 번역. Rudolf W. D. Oxenaar, "Van der Leck and De Stijl: 1916-1920", in *De Stijl, 1917-1933*에 수록; *Visions of Utopia*, Mildred Friedman 편집(Oxford, England: Phaidon, 1982), 73.
50. 오우드의 소논문은 〈데스틸〉 창간호에 실렸다. Oud, "The Monumental Townscape", *De Stijl* 1, no. 1(1917), in Jaffe, *De Stijl: Extracts*, 95-96(n. 37).
51. Vilmos Huszar, "Iets over Die Farbenfibel van W. Ostwald", *De Stijl* 1, no. 10(1918): 113-18. 데스틸 편집장이 추천한 책 중에는 W. Ostwald의 저서 3권도 있었다. *Die Farbenfibel(1917)*과 *Die Harmonie der Farben(1918)*은 *De Stijl* 2, no. 6(1919): 72에 수록되고 *Mathematische Farbenlehre(1918)*는 *De Stijl* 3, no. 1(1919): 12에 수록되었다.
52. Wilhelm Ostwald, "Die Harmonie der Farben", *De Stijl* 3, no. 7(1920): 60-62.
53. Piet Mondrian, "Neo-plasticism in painting", De Stijl 1, no. 3(1917): 29-30, in Jaffe, *De Stijl: Extracts*, 55.
54. 오스트발트의 시스템은 10여 년간 디자이너들이 사용하다가 그가 1932년 사망한 뒤 사용하지 않았다. 그의 시스템은 색조를 검은색과 흰색으로만 구분했기 때문에 너무 많은 제약이 따랐다.
55. Gino Severini, "La peinture de l'avant garde", *De Stijl* 1(1917), published in segments 18ff, 27ff, 45ff, 59ff, 94ff, and 118ff.
56. 1918년 6월 22일 반 두스브르흐가 Anthony Kok에게 보낸 편지. Blotkamp, *DeStijl: The Formative Years*, 30(n. 44)에서 인용.
57. 같은 책.
58. Piet Mondrian, "Neo-plasticism in Painting", *De Stijl* 1(1917): 29. 스훈마르케스의 책 제목인 *Beginselen der Beeldenden Wiskunde*는 보통 영어로 조형주의 수학Plastic Mathematics이라고 번역한다. 네덜란드어로 beeldenden은 '형태를 만드는'이라는 의미이므로 '조형주의 수학'은 형태를 만들어내는 수학 개체(선, 점, 평면)를 뜻한다. *beeldenden*은 독일어로 '형태'를 뜻하는 *Gestaltung*으로 번역하고 프랑스어로는 '조형'을 뜻하는 *plastique*로 번역한다. 몬드리안이 사용한 *De nieuwe beelding*은 영어로 '신조형주의'라고 번역하는데 위와 비슷하게 새로운 형태를 만드는 것을 의미한다. 독일어와 프랑스어로는 각각 *die neue Gestaltung*(독일어)과 *le neo-plasticisme*(프랑스어)이라고 번역한다.
59. 종교심리학 관련 초창기 논문 "Obsessive Actions and Religious Practices"(1907; Dutch translation, 1914)에서 프로이트는 반복적인 종교의식을 "일반적인 강박신경증" 증상으로 묘사한다. 그는 반 에덴이 냉소주의로 본 것을 과학적 영혼의 성숙한 금욕으로 보았다(불멸에 현혹되지 않고 죽음을 마주하는 것). 반 에덴은 자신의 저서 *Dagboek*에서 프로이트에 관한 여러 의견을 기록했는데 1910년 7월 31일 이미 프로이트가 잔인할 정도로 자기 환자들의 종교적인 믿음 또는 '고귀하거나 순수한 감정fijnere of hoogere gevoelens'에 배려가 부족하다고 불평하기도 했다(2:1111).
60. 과학과 종교 사이의 균형은 Luc Bergmans의 "Science and the House of God in the City of Light", in *Utopianism and the Sciences, 1880-1930*, M. G. Kemperink, Leonicke Vermeer 편집(Leuven, Belgium: Peeters, 2010), 144-57 참조.
61. 반 에덴, 1918년 5월 22일과 1918년 7월 24일 기록, *Dagboek*, 4:1671-72와 4:1689-90.
62. 반 에덴과 브라우어르가 1926년 프로젝트를 포기한 후 보수적인 마누리가 그 프로젝트를 이어갔다. Luc Bergmans, "Gerrit Mannoury and His Fellow Significians on Mathematics and Mysticism", in *Mathematics and the Divine: A Historical Study*, Teun Koetsier, Luc Bergmans 편집(Amersterdam: Elsevier, 2005), 550-68.
63. 오늘날의 직관주의는 다음 논문집 참조. *One Hundred Years of Intuitionism, 1907-2007*, Markus van Atten 편집(Basel, Switzerland: Birkhauser, 2008).

7. 대칭성

1. 시간 팽창은 질량이 빛의 속도에 다다를 때 그 '고유시간'이 느려진다는 것을 의미한다.

2. 아인슈타인 시대 과학자들은 중력은 오직 끌어당기기만 하는 힘이고 전자기력은 끌어당기고 밀어내는 힘이라고 믿었다. 1998년 천문학자들은 어떤 알려지지 않은 반중력 효과(다크 포스라고 불리는)가 우주 팽창을 가속화하는 듯한 징후를 발견했는데 이는 중력이 밀어내는 힘이기도 하다는 것을 의미한다.
3. 스페이저와 바일의 논문에 밀접한 관계가 있음을 논의한 것은 다음 참조. Patricia Radelet-de Grave, "Andreas Speiser(1885-1970) et Hermann Weyl(1885-1955), scientifiques, historiens et philosophes des sciences", *Revue philosophique de Louvain* 94, no. 3(Aug. 1996): 502-35.
4. 스페이저의 삶과 이 문구의 정보는 안드레아스 스페이저의 조카로 수학자이자 물리학자인 데이비드 스페이저의 인터뷰에 기반한다(2008년 3월 9일, Arlesheim, Switzerland). 그는 그룹이론과 소립자이론을 전공했고 그의 아내 루스 스페이저는 헤르만 바일의 딸이다.
5. Robert Vischer가 도입한 예술적 공감과 동정 개념은 *On the Optical Sense of Form: A Contribution to Aesthetics*(1873)에서 주장했고 이후 1894년 뮌헨에서 실험심리연구소를 설립한 Theodor Lipps가 개발했다. Vischer, Lipps, Wolfflin의 관계는 다음 참조. Harry Francis Mallgrave와 Eleftheries Ikonomou의 "The Psychology of Form and Style Transformations: Heinrich Wolfflin and Adolf Goller", *Empathy, Form, and Space: Problems in German Aesthetics, 1873-1893*, Harry Francis Mallgrave 번역(Santa Monica, CA: Getty Center for the History of Art, 1994), 39-56 수록.
6. 뵐플린은 1942년 자서전에서 이 문장을 썼는데 해당 자서전은 빈의 Osterreichische Akademie der Wissenschaften에 보관되어 있다. 무명의 번역가가 프랑스어로 번역한 문장이 *Relire Wolfflin*, Joan Hart 편집(Paris: Musee du Louvre, 1995), 148에 실렸다. 뵐플린과 게슈탈트 심리학의 관계는 Friedrich Sander의 "Gestaltpsychologie und Kunsttheorie", in *Ganzheitspsychologie: Grundlagen, Ergebnisse, Anwendungen*, Friedrich Sander, Hans Volkelt 편집(Munich: C. H. Beck'sche, 1962), 383-403 참조.
7. 스페이저는 이렇게 말했다. "내가 학생들과 함께 보낸 시간과 (…) 뵐플린의 수업을 들으며 때때로 시간을 확인한 것은 시간이 빨리 흐르길 바라서가 아니라 수업이 끝날까 봐 두려웠기 때문이다." Andreas Speiser, *Die mathematische Denkweise*(Zurich: Rascher, 1932), 96.
8. Rosalind Kraus는 대칭 시스템을 분석한 뵐플린의 접근방식에서 유사성을 발견했지만 뵐플린의 그 예술사학적 방식을 수학의 그룹이론과 연결짓지는 않았다. "뵐플린을 예술사학적 구성주의의 아버지로 받아들이면 그의 '예술사학 원칙'이 특정 법칙을 따른다는 것을 깨닫게 된다. 형식주의 언어나 시스템을 구성하는 반대되는 것들의 양극성 집합으로 예술은 그 스스로의 역사를 써내려간다. 이 반대되는 것들(닫힌 것 · 열린 것, 평면 · 곡면, 단일성 · 다양성, 명확함 · 불명확함)은 스타일을 드러내거나 인식 가능한 규칙을 구성한다." Krauss, "Representing Picasso", *Art in America* 68, no. 10(Dec. 1980): 90-96; 인용구는 93 참조.
9. Hermann Weyl, *Symmetry*(Baltimore: Washington Academy of Sciences, 1938); 이 책은 다음 제목으로 재판되었다. *Symmetry*(Princeton, NJ: Princeton University Press, 1952).
10. 1987년 스페인 수학자 Jose Maria Montesinos는 Muller의 분석에 이어 알함브라 궁전의 2차원 평면타일에서 가능한 모든 17가지 패턴을 확인했다. Montesinos, *Classical Tessellation and Three-fold Manifolds*(Berlin: Springer, 1987) 참조.
11. 에스헤르의 타일 패턴 탐구는 Doris Schattschneider의 *M. C. Escher: Visions of Symmetry*(New York: Abrams, 2004), 특히 44-52와 342-46 참조.
12. Max Wertheimer, "Untersuchungen zur Lehre von der Gestalt", *Psychologie Forschung* 4(1923): 301-50; Willis D. Ellis는 이 논문의 발췌 버전을 번역했다. "Laws of Organization in Perceptual Forms", in *A Source Book of Gestalt Psychology*(London: Kegan Paul, Trench, Trubner, 1938), 71-88 참조.
13. Jean Piaget, an autobiographic statement, "Jean Piaget", in *History of Psychology as Autobiography*, Edwin G. Boring 편집(Worcester, MA: Clark University Press, 1952), 4: 242-43.
14. 그들의 관계는 Arthur I. Miller, "Albert Einstein and Max Wertheimer: A Gestalt Psychologist's View of the Genesis of Special Relativity Theory", *History of Science* 13, no. 2(1975): 75-103 참조.
15. 그 교류관계는 John H. Flavell의 *The Developmental Psychology of Jean Piaget*(Princeton, NJ: Van Nostrand, 1963), 259에 묘사되어 있다.
16. Jean Piaget, *Le developpement de la notion de temps chez l'enfant*(아이들의 시간 개념 발달)(Paris: Presses Universitaires de France, 1946)와 *Les notions de mouvement et de vitesse chez l'enfant*(아이들의 움직임과 속도 개념)(Paris: Presses Universitaires de France, 1946).
17. 피아제의 업적은 다음 문헌 참조. Harry Beilin, "Piaget's Enduring Contribution to Developmental Psychology", *Developmental Psychology* 28(1992): 191-204; 그리고 John H. Flavell, "Piaget's Legacy", *Psychological Science* 7, no. 4(July 1996): 200-203. 피아제의 연구가 수학적 지각을 이해하는 데 미친 중요성은 Gisele Lemoyne과 Mireille Favreau의 "Piaget's Concept of Number Development: Its Relevance to Mathematics Learning", *Journal for Research in Mathematical Learning* 12, no. 3(1981): 179-96 참조.
18. Allianz는 Rudolf Koella, "El grupo de artistas Allianz y los Concretos de Zurich", in *Suiza Constructiva*, Patricia Molins 편집(Madrid: Museo Nacional Reina Sofia, 2003), 54-57 참조.
19. 스위스의 구성주의 예술과 그래픽 디자인은 Richard Hollis의 *Swiss Graphic Design: The Origins and Growth of an International Style, 1920-1965*(New Haven, CT: Yale University Press, 2006) 참조. Lohse가 그래픽 디자이너로 활동한 경력은 Richard Paul의 *Lohse Konstruktive Gebrauchsgrafik*, Richard Paul Lohse Foundation, Christof Bignens, Jorg Sturtzebecher 편집(Ostfildern-Ruit, Germany: Hatje Cantz, 1999) 참조.
20. 빌의 바우하우스 교육 과정은 Jakob Bill, *Max Bill am Bauhaus*(Bern, Switzerland: Benteli, 2008) 참조.
21. 아인슈타인의 상대성이론 대중화는 Gerald Holton의 "Einstein's Influence on Our Culture", in *Einstein, History, and Other Passions*(Woodbury, NY: American Institute of Physics, 1995), 3-21 참조.
22. 라이프치히의 Karlfried von Durckheim이 게슈탈트 심리학 수업을 맡았다. Hannes Meyer to Mayor Hesse of Dessau, Aug. 16, 1930, in Hans M. Wingler, *The Bauhaus: Weimar, Dessau, Berlin, Chicago*(Cambridge, MA: MIT Press, 1969), 163-65.
23. 프랑스 역사학자 Mars Ducourant는 빌이 스페이저의 그룹이론을 채택한 것이 1946년부터라고 명시했지만 그 날짜를 증명하는 어떤 역사적 증거도 제시하지 않았다. "Art, sciences et mathematiques: De la Section d'Or a l'Art Concret", in *Art Concret*(Paris: Espace de l'Art Concret, 2000), 45-54 참조. 특히 52 참조. 나는 본문에 제시한 증거에 기반해 빌이 처음 그룹이론을 채택한 것이 그보다 10여 년 앞섰다고 본다.
24. 라 로슈의 컬렉션은 오늘날 바젤의 Kunstmuseum이 보유한 현대회화의 가장 중요한 작품들이다.
25. 스페이저는 브라크와의 대화를 회상하며 다음과 같은 말을 남겼다. "한번은 브라크가 내게 자신이 젊었을 때 관찰한 그림의 원근법이 관찰자의 관심을 배경으로 돌린다는 것을 발견했다고 말했다. 그는 원근법을 반대 방향으로 사용하는 방법을 고안했다. 그 효과는 그의 1905년 그림부터 드러났고 이후 피카소와 협력해 물체가 그림에서 전경으로 빠져나오는 듯 보이는 입체파 화풍을 일으켰다. 이것은 명확히 수학적 원칙이며 극도로 유익한 효과를 낸다." Andreas Speiser, "Symmetry in Science and Art", *Daedalus*(Winter 1960): 191-98; 인용구는 198 참조.
26. 르코르뷔지에는 "현대건축의 명석한 창작자이자(*dem genialen Schopfer*) 공간 형태와 수학법칙의 디자이너"라는 설명과 함께 그 학위

를 받았다. *Universitat Zurich: Bericht uber das akademische Jahr, 1932-33*(Zurich: Orell Fussli, 1933), 63. 스페이저는 르코르뷔지에가 이상적인 비율을 찾도록 격려했지만 황금률에 보이는 관심은 말리려고 했다. 르코르뷔지에는 나선으로 회전한다고 (잘못) 알려진 행성의 움직임에서 황금률(약 1.618)을 찾을 수 있을 거라고 추측했다. 스페이저는 르코르뷔지에에게 요하네스 케플러가 행성 이동이 타원형 궤적이라고 한 것을 알려주었다(Kepler's *First Law of Planetary Motion*, 1609). Speiser to Le Corbusier, June 13, 1954, Foundation Le Corbusier, Paris.

27. 르코르뷔지에가 1925년부터 1950년대까지 스페이저와 주고받은 서신이나 그의 방대한 저서를 보면 그가 그룹이론에 관심을 표한 적이 없음을 알 수 있다. Foundation Le Corbusier, Paris.
28. 투렐은 1930년대 중반부터 빌과 친밀하게 지적 동료로 지냈다. 빌은 1936년 취리히 전시회에 투렐 부인의 남동생이자 조각가인 Hanns Welthi의 작품을 전시했다. *Zeitprobleme in der Schweizer Malerei und Plastik*, catalogue of an exhibition held June13-July 22, 1936(Zurich: Kunsthaus, 1936), 40. 투렐은 스페이저와 교류하며 스페이저가 그의 저서 *Die mathematische Denkweise*(스페이저가 라울 라 로슈에게 헌정한 저서) 중 장식 패턴을 다룬 장("On Symmetry in Ornament")을 읽었다. Turel to Speiser, Nov. 28, 1949, Adrien Turel Stiftung, Zurich, MS 25. 투렐의 편지는 스페이저의 저서 2판을 출간했을 때 쓴 것이며 (이후의 연락에서) 투렐은 오랫동안 스페이저의 아이디어에 보여 온 관심을 표현했다. 특히 1952년 6월 27일과 1955년 3월 20일 투렐이 스페이저에게 보낸 편지 참조. 수학과 예술의 역사, 철학에 관한 스페이저의 관점은 투렐의 지적 추구에서 중심이 되었다.
29. 내가 데이비드 스페이저와 진행한 인터뷰에 기반, 2008년 3월 9일.
30. Speiser, *Die mathematische Denkweise*, 16(n. 7).
31. 같은 책, 21.
32. Max Bill, "Konkrete Gestaltung", in *Zeitprobleme in der Schweizer Malerei und Plastik*(Zurich: Kunsthaus, 1936), 9.
33. 슈미트의 발언은 정기간행물 *Abstrakt/Konkret* 1(1944)에 수록되었다 (n. p.).
34. 빌은 디자인 사업을 홍보하는 관리자인 동시에 슈미트의 동료로 종종 슈미트를 프리랜서 카피라이터로 고용했다. 이 내용은 내가 막스 빌의 아들 Jakob Bill과 2008년 3월 10일 취리히에서 진행한 인터뷰에 기반했다. 슈미트의 형제이자 건축가인 Hans Schmidt는 바우하우스를 졸업했고 빌의 친구였다.
35. 그레저의 알고리즘적 방법은 그가 완성한 그림의 데생과 도안에 드러난다. *Camille Graeser: Vom Entwurf zum Bild: Entwurfszeichnungen und Ideenskizzen, 1938-1978*, Richard W. Gassen, Vera Hausdorff 편집 (Cologne, Germany: Wienand, 2009).
36. 내가 2008년 3월 11일 취리히에서 카미유그레저재단의 관리위원 Vera Hausdorff와 진행한 인터뷰에 기반한다.
37. 로제가 (그룹이론을 사용한 방법 외에) 자신의 색과 형태를 달성한 기법은 다음 참조. Hans Joachim Albrecht, "Farbensinn und konstruktive Logik: Color Sense and Constructive Logic", Maureen Oberli-Turner 번역, in *Richard Paul Lohse: Drucke: Dokumentation und Werkverzeichnis/Prints: Documentation and catalogue raisonne*, Johanna Lohse James and Felix Wiedler 편집(Ostfildern, Germany: Hatje Cantz, 2009), 34-45.
38. Richard Paul "Standard, Series, Module: New Problems and Tasks of Painting", in *Module, Proportion, Symmetry, Rhythm,* Gyorgy Kepes 편집(New York: George Braziller, 1966), 142.
39. 이 점은 로제의 그래픽디자인 전시회의 카탈로그 레조네 배치도에서 찾아볼 수 있다. *Lohse: Konstruktive Gebrauchsgraphik*(n. 19). 이 카탈로그는 로제의 미술작품과 그래픽 미술작품 6쌍, 대면 페이지에 프린트한 작품[Concretion 1(12)과 Giedion-Welcker's *Poetes a l'ecart*(13)의 표지 포함]의 유사성을 보여주는 것으로 시작한다.

8. 1차 세계대전 이후의 유토피아 세계관

1. Felix Klein, "Festrede zum 20 Stiftungstage der Gottinger Vereinigung zur Forderung der angewandten Physik und Mathematik", *Jahresbericht der Deutschen Mathematiker-Vereinigung* 27(1918): 217-28; 인용구는 217 참조.
2. Oswald Spengler, *The Decline of the West*(1918), Charles Francis Atkinson 번역(New York: Knopf, 1957), 1:21.
3. 같은 책, 1:85.
4. 같은 책, 1:88.
5. 더 나은 미래를 예견하며 현세를 해석하는 '유토피아' 관념 변화는 Fredric Jameson의 "Utopia as Method, or the Uses of the Future", in *Utopia/Dystopia: Conditions of Historical Possibility*, Michael D. Gordin, Helen Tilley, Gyan Prakash 편집(Princeton, NJ: Princeton University Press, 2010), 21-44 참조.
6. Gottlob Frege, review of Husserl, Philosophie der Arithmetik(1891), in *Zeitschrift fur Philosophie und philosophische Kritik* 103(1894): 313-32; 332에서 인용; Hans Kaal 번역 "Review of E. G. Husserl, Philosophie der Arithmetik I", in Collected Papers on Mathematics, Logic, and Philosophy, Brian McGuinness 편집(New York: Blackwell, 1984), 195-209; 209에서 인용.
7. 이러한 후설의 사상적 특성은 그가 초현실주의 화가 르네 마그리트의 총애를 받게 했다. Caroline Joan S. Picart, "Memory, Pictoriality, and Mystery:(Re)presenting Husserl via Magritte and Escher", *Philosophy Today* 41(1997): 118-26 참조.
8. 키르케고르의 헤겔 비평은 David L. Rozema의 "Hegel and Kierkegaard on Conceiving the Absolute", *History of Philosophy Quarterly* 9, no. 2(1992): 207-24 참조.
9. 니체의 콩트 비평은 Patrik Aspers의 "Nietzsche's Sociology", *Sociological Forum* 22, no. 4(2007): 474-99 참조.
10. 독일 학계 분위기 묘사는 Fritz K. Ringer의 *The Decline of the German Mandarins: The German Academic Community, 1890-1933*(Cambridge, MA: Harvard University Press, 1969), esp. 200-52와 367-449 참조.
11. 이 주제에 관한 브라우어르의 논문과 그에 따른 힐베르트의 응답을 엮어 재판했다. *The Debate on the Foundations of Mathematics in the 1920s,* Paolo Mancosu 편집(New York: Oxford University Press, 1998).
12. 바일의 저술에 따르면 "모든 경우에 증명 과정이 아닌 확립 과정이 지식이 그 권위를 세우는 궁극적 근원으로 남는다. 이것이 '진실을 경험하는 것'이다." Weyl, *Das Kontinuum*(1918), Stephen Pollard and Thomas Bole 번역, *The Continuum*(Kirksville, MO: Thomas Jefferson University Press, 1987), 119 참조.
13. 영혼 여행을 회상한 헤르만 바일의 "Erkenntnis und Besinnung(ein Lebensruckblick)"(1954), in *Gesammelte Abhandlungen*, Komaravolu Chandrasekharan 편집(Berlin: Springer, 1968), 4:631-49; 647 참조; T. L. Saaty와 F. J. Weyl 번역 "Insight and Reflection(a Review of My Life)"(1954), *The Spirit and Uses of the Mathematical Sciences*(New York: McGraw-Hill, 1955), 281-301 수록; 298 참조. 바일은 같은 논문의 다른 부분에서 "모든 영적 경험에서 내게 가장 큰 행복을 준 것은 1905년 아직 학생이었을 때 힐베르트의 훌륭한 대수적 수이론 보고서를 공부한 것, 1992년 에크하르트를 탐독한 것, (…) 여기서 나는 신성한 세계에 입문하는 나 자신을 발견했다"라고 저술했다(299 참조).
14. Hermann Weyl, *Raum, Zeit, Materie: Vorlesungen über allgemeine Relativitätstheorie*(1918), 2판(Berlin: Springer, 1919), 227.
15. David Hilbert, "Neubegrundung der Mathematik"(New foundation of mathematics; 1922), in Hilbert, *Gesammelte Abhandlungen*, 3:157-77; 160 참조(4장, n. 17 참조). 바이마르공화국이 브라우어르를 바라보는 태도가 변한 것을 묘사한 내용은 Dennis E. Hesseling의 *Gnomes in*

the Fog: The Reception of Brouwer's Intuitionism in the 1920s(Basel, Switzerland: Birkhauser, 2003); 특히 브라우어르와 바일의 관계는 222-24 참조.

16. Hermann Weyl, "The Current Epistemological Situation in Mathematics"(1925-27), Benito Muller 번역, in Mancosu, *From Brower to Hilbert,* 140.
17. David Hilbert, "Die Grundlagen der Mathematik"(The foundations of mathematics; 1927), in van Heijenoort, *From Frege to Godel*, 475(5장, n. 9).
18. Rudolf Carnap, *Der Raum: Ein Beitrag zur Wissenschaftslehre*(Space: A contribution to scientific theory; Berlin: Reuther and Reichard, 1922).
19. Moritz Schlick, "Meaning and Verification", *Philosophical Review* 44(1936), Schlick에서 재발행, *Gesammelte Aufsatze*, 1926-1936(Vienna: Gerold, 1938), 341.
20. Rudolf Carnap, Hans Hahn, and Otto Neurath, *Wissenschaftliche Weltauffassung: Der Wiener Kreis*(A scientific worldview: The Vienna Circle; 1929), n. t., in Otto Neurath, *Empiricism and Sociology*(Dordrecht, the Netherlands: Reidel, 1973), 299-318; 306 참조.
21. Max Jammer, *The Conceptual Development of Quantum Mechanics*(New York: McGraw-Hill, 1966), 특히 166-80 참조; and *The Philosophy of Quantum Mechanics: The Interpretations of Quantum Mechanics in Historical Perspective*(New York: Wiley, 1974).
22. Paul Forman, "Weimar Culture, Causality, and Quantum Theory, 1918-1927: Adaptation by German Physicists and Mathematicians to a Hostile Intellectual Environment", *Historical Studies in the Physical Sciences* 3(1971): 1-115; and Forman, "*Kausalitat, Anschaulichkeit, and Individualitat,* or How Cultural Values Prescribed the Character and Lessons Ascribed to Quantum Mechanics", in *Society and Knowledge,* Nico Stehr와 Volker Meja 편집(New Brunswick, NJ: Transaction, 1984), 333-47.
23. 하랄드 회프딩은 대학에서 생리학교수 Bohr의 아버지 Christian Bohr와도 막역한 사이였다. 키르케고르에 관한 보어의 자세한 지식을 알고 싶다면 Jammer의 *Conceptual Development of Quantum Mechanics,* 172-76 참조.
24. 그럼에도 불구하고 키르케고르에 따르면 사람은 (수학의) 추상적이지만 논리적인 시스템을 하나의 완성된 형태로 공식화할 수 있다. 키르케고르의 수학과 과학 지식 분리는 아래 참조. Harald Høffding, *Søren Kierkegaard som filosof*(1892), Albert Dorner und Christof Schrempf가 독일어로는 *Søren Kierkegaard als Philosoph*라고 번역(Stuttgart, Germany: Frommann, 1896), 67; and Harald Høffding, "Søren Kierkegaard", in *A History of Modern Philosophy*, B. E. Meyer 번역(London: Macmillan, 1908), 2:285-89, 특히 2:287 참조.
25. "An das System konnte man erst denken, wenn man auf die abgeschlossene Existenz zuruckblicken konnte-das wurde aber voraussetzen, daß man nicht mehr existierte!" Høffding in *Kierkegaard som filosof*, 69.
26. 보어는 이것을 1962년 인터뷰에서 상기했고 Gerald Holton이 상세히 인용했다. "The Roots of Complementarity", Daedalus 99(Fall 1970): 1015-55 수록; 1034-35 참조. James에 관한 Bohr의 자세한 지식은 Jammer의 *Conceptual Development of Quantum Mechanics*, 176-79 참조.
27. William James to F. C. S. Schiller, Oct. 26, 1904, in *The Letters of William James*, Henry James 편집(Boston: Atlantic Monthly Press, 1920), 2:216.[James wrote the preface to Høffding's *The Problems of Philosophy*(1905), which was Galen M. Fisher's English translation of Høffding's Filosofiske problemer(1902).] James는 Høffding의 The Problems of Philosophy(1905)를 위한 서문을 써주었는데, 그것은 Galen M. Fisher의 Høffding's *Filosofiske problemer*(1902) 영어 번역본이었다.
28. Erwin Schrodinger, "The Present Situation in Quantum Mechanics"(1935), John D. Trimmer 번역, in *Quantum Theory and Measurement*, John Wheeler와 Woyciech Hubert Zurek 편집(Princeton, NJ: Princeton University Press, 1983), 152-67; (the quote is on) 157 참조. 슈뢰딩거는 자신의 방정식으로 시간의 흐름에 따른 물질 파동을 묘사했다. 이때 파동은 자연계의 물리적 물체다. 그러나 보어에게 그 방정식은 확률분포를 뜻하며 수학세계에 존재하는 추상물체를 나타낸다. 오늘날 물리학자와 과학철학자는 또다시 슈뢰딩거의 Ψ파동을 자연계에서의 독립체로 본다. *The Wave Function: Essays on the Metaphysics of Quantum Mechanics*, Alyssa Ney, David Z. Albert 편집(Oxford: Oxford University Press, 2013) 참조.
29. Niels Bohr, "The Quantum Postulate and the Recent Developments in Atomic Theory"(1927), n. t., *Nature* 121, no. 3050,(1928): 580-90, Bohr, *Atomic Theory and the Description of Nature*에서 재판 발행(Cambridge: Cambridge University Press, 1934), 52-91; 단어는 54 참조.
30. Forman, "Weimar Culture", 1-115 참조; Forman, "*Kausalitat, Anschaulichkeit, and Individualitat*", 333-47 참조. Forman은 이렇게 저술했다. "기이할 정도로 갑자기 독일 수학 사회는 수학 분석을 세운 그 기반이 얼마나 불확실했는지 또 그 구조를 세우는 방법이 얼마나 불확실했는지 느끼기 시작했다. 이제 종교와 유사한 열의를 보이는 상당수의 독일 수학자가 L. E. J 브라우어르의 기준에 응답하고 '직관주의' 이름 아래 대략 충분하던 수학의 완벽한 재건설, 진취성의 재정의를 외쳐댔다." Forman, "Weimar Culture", 60.
31. Hermann Weyl, *Raum, Zeit, Materie: Vorlesungen über allgemeine Relativitätstheorie*(1918), 4번째 편집(Berlin: Springer, 1921), 283. 바일은 이 1921년 판을 낭만주의 기록(Romantic note)에서 끝냈다. "누구든 가로질러온 지면을 되돌아보는 자는 (…) 틀림없이 얻은 자유의 감정에 압도당할 것이다. 마음을 묶은 사슬은 풀어졌다. 이성은 분명 인간이자 생존을 위해 고군분투하는 극히 인간적인 존재다. 모든 실망과 실수에도 불구하고 아직 세상을 꾸려나갈 지성을 따르는 이성은 우리 모두의 의식의 중심으로 한줄기 빛과 진실의 삶 그 자체로 현상을 이해하는 데 확신이 생기는 것을 느낀다. 우리의 귀는 한때 피타고라스와 케플러가 꿈꾼 면들의 조화에서 오는 몇몇 기본화음에 사로잡혀 있다.(284)" Forman은 Weyl을 이렇게 묘사했다. "바일에게 양자이론은 사후 이론적 설명과도 같다. 그것을 받아들이는 것은 자신의 지적 · 감정적 성향에 해당하는 시대정신과 접촉한 후 현실화한다는 것을 뜻한다." Paul Forman, "The Reception of an Acausal Quantum Mechanics in Germany and Britain", in *Weimar Culture and Quantum Mechanics*, Cathyrn Carson 편집, Alexei Kojevnikov, and Helmuth Trischler(London: Imperial College Press, 2011), 221-60; 226 참조.
32. 키르케고르의 변증법 지식 개념은 회프딩의 "Søren Kierkegaard", 2:28 참조(n. 24 참조). 키르케고르에 관한 보어의 자료는 Jammer의 *Conceptual Development of Quantum Mechanics*, 172-76 참조. 그가 자세히 연구한 '상보성complementarity' 개념을 두고 사학자 Gerald Holton은 Jammer의 의견에 동의했다. "이제 키르케고르의 개념이 보어의 이론적 · 철학적 배경에서 물리학 배경으로 직접 이어졌음을 증명하는 것은 불필요해졌다. 더 나아가는 것은 어리석은 일이다. 모든 사람이 해야 할 일은 회프딩과 키르케고르의 해석에서 보어의 1912-13년 원자모형과 1927년 연구를 보며 그들을 열린 마음으로 허락하는 것이다." Holton, "Roots of Complementarity", 1042(n. 26 참조).
33. 보어의 용어 '상보성'은 양자역학의 여러 철학적 퍼즐의 원천으로 물리학자들이 코펜하겐 해석으로 교육받은 이래 오늘날까지 논쟁 중인 부분이기도 하다. 현재의 교착 상태를 향한 관점은 철학적 비동의다. 아원자 범위를 거시세계를 나타내는 데서 기인한 용어로 묘사해야 할 논리적 이유는 없다. Steven Weinberg(노벨물리학상 수상자, 1979)의 저술에 따르면 "양자역학의 철학과 쓰임은 전혀 무관하기 때문에 측정의 의미에 관한 깊은 질문은 사실 공허하다. 고대물리학이 통제하던 세상에서 진화한 언어의 제한을 받는 것은 아닐까 하는 추측이 생기기

시작했다." *Dreams of a Final Theory: The Search for the Fundamental Laws of Physics*(New York: Pantheon, 1992), 84.

34. Forman이 이 상황을 설명했다. "내 결론은 양자역학과 그것이 놓인 철학구조 또는 그것이 암시하는 세계관은 거의 아무런 연관이 없다는 것이다. 물리학자는 스스로에게 허락하고 다른 이들에게 허락받았다. 이론을 자신이 생각하기에 더 나은 대로, 그들의 문화 환경이 허락하는 한 그들이 원하는 대로 바꾸는 것을 말이다." Forman, *"Kausalitat, Anschaulichkeit, and Individualitat"*, 344.

35. Bohr, "Quantum Postulate"; 인용구는 580과 54(n. 29) 참조. 객관성을 향한 하이젠베르크의 변화하는 태도는 Cathyrn Carson의 "Objectivity and the Scientist: Heisenberg Rethinks", *Science in Context* 16, nos. 1-2(2003): 243-69 수록, 특히 247-49 참조.

36. Max Jammer, *Conceptual Development of Quantum Mechanics*, 198.

37. "The contemplation of the world sub specie aeterni(from the viewpoint of eternity) is its contemplation as a limited whole." Ludwig Wittgenstein, *Tractatus Logico-Philosophicus*(6.45), C. K. Ogden 번역(London: Kegan Paul, Trench, Trubner, 1922), 187.

38. 이것은 막스 야머가 *Conceptual Development of Quantum Mechanics*, 180, 197-200에서 제시한 가설이다.

39. 1927년 원본 논문에서 용어를 소개할 때 하이젠베르크는 본문에 내내 'Ungenauigkeit(불확정성)'을 썼지만 부록에서는 'Unsicherheit(불확실성)'을 소개했다. Uber den anschaulichen Inhalt der quantentheoretischen Kinematik und Mechanik", *Zeitschrift fur Physik* 43, no. 3-4(1927): 172-98; Unsicherheit(불확실성)은 197, 198에 나온다. Carl Eckart와 Frank C. Hoyt가 하이젠베르크의 책을 번역할 때(*The Physical Principles of the Quantum Theory, 1930) Ungenauigkeit*와 *Unsicherheit* 둘 다 영어의 표준어인 '불확실성'으로 표현했다.

40. Heisenberg, "Uber den Inhalt der quantentheoretischen Mechanik", 197. John A. Wheeler와 W. H. Zurek 번역 "The Physical Content of Quantum Kinematics and Mechanics" in Wheeler and Zurek, *Quantum Theory and Measurement*, 62-86; 83 참고(n. 28).

41. 물리학 결정론의 개요는 John Earman의 *Primer on Determinism*(Dortrecht: Reidel, 1986) 참고. 그의 최신작 "Aspects of Determinism in Modern Physics", in *Philosophy of Physics*, Jeremy Butterfield와 John Earman 편집(Amsterdam: North-Holland, 2007), 2:1369-1434 참고. 코펜하겐학파의 몇몇 구성원은 동전 던지기가 (고전 역학의 관점에서) 서로 독립된 사건이고 전자의 경우는 (양자역학 관점에서) 서로 엮인 사건이라고 주장했다. 1950년대 드브로이-봄 해석이 보여준 바에 따르면 하나의 가능성 이론이 두 영역을 통제하는데 아인슈타인의 예측이 그 예다. 아인슈타인은 "양자역학의 완성된 외형 기술을 성취하려는 노력을 계속하면 양적통계이론은 미래물리학의 큰 틀 안에서, 고전역학에서의 통계역학과 대략 비슷한 위치에 놓일 것이다"라고 했다. Einstein, "Reply to Criticisms"(1949), in *Albert Einstein: Philosopher-Scientist*, Paul Arthur Schilpp 편집(LaSalle, IL: Open Court, 1949/rpt. 1970), 672.

42. Høffding, "Kierkegaard", 2:287(n. 24 참고).

43. 같은 책, 2:286-87.

44. 같은 책, 2:287. Jamer가 명시하길 "회프딩의 지식 문제 논의는 이후 양자역학의 특정 개념적 특성을 예시하는 역할을 했다." Jammer, *Conceptual Development of Quantum Mechanics*, 173.

45. Bohr, "Quantum Postulate"; 인용구는 580과 53-54에 나온다(n. 29 참고).

46. Niels Bohr, "The Quantum of Action and the Description of Nature"(1929), in Bohr, *Atomic Theory*, 92-101; 100-1의 인용구(n. 29) 참고. 보어는 물리학을 생물학에 적용해온 점과 양자물리학이 삶의 기원의 이화학적 설명을 불가능하게 만들었다는 점을 확신했다. "더 풍부한 생물학적 문제는 (우리가 판단하기에) 같은 조건 아래 외부자극에 따른 반응에 유기체가 적응하는 자유와 힘에 관한 것 (…) 삶과 죽음의 구분 같은 원초적인 문제의 이해를 벗어난 원자 현상 묘사의 인과모델을 제한하는 데 있다." Niels Bohr, "The Atomic Theory and the Fundamental Principles Underlying the Description of Nature"(1929), in Bohr, *Atomic Theory*, 102-19; 인용구는 118-19 참조. 보어는 여기서 에른스트 마흐를 모방했다. "전체 과학의 기초, 특히 물리학에서 엄청난 확신을 갖고 생물학 분야의 위대한 다음 해명을 기다리고 있다."(8장 그림 8-4 참조).

47. Max Born, "Gibt es physikalische Kausalitat?" *Vossische Zeitung*, Apr. 12, 1928, 9.

48. 분류 실수의 논리는 Bernard Harrison의 "Category Mistakes and Rules of Language", *Mind* 74, no. 295(1965): 309-25 참조.

49. 1924년 4월 29일 알베르트 아인슈타인이 막스 보른에게 보낸 편지. *The Born-Einstein Letters: Correspondence between Albert Einstein and Max and Hedwig Born from 1916 to 1955*, Irene Born 번역(London: Macmillan, 1971), 82 수록. 코펜하겐학파의 불화에도 불구하고 영국 수학자 John Conway와 그의 벨기에 동료 Simon B. Kochen이 2006년 사람들에게 자유의지가 있으면 특정 소립자의 위치는 쉽게 가늠할 수 없음을 명백히 증명했듯, 비한정성과 자유의지 사이의 연결고리는 수학 연구의 중요한 주제로 남아 있다. "진정으로 약간의 자유의지가 있는 실험자가 존재한다면 소립자는 틀림없이 이 가치 있는 것을 그들끼리 공유할 것이다." John Conway and Simon B. Kochen, "The Free Will Theorem", *Foundations of Physics* 36, no. 10(2006): 1441-73; 인용구는 1441 참조. 2010년 4명의 수학자와 물리학자가 Conway와 Kochen의 정리는 세상의 결정모델에만 적용된다며 즉각 반박했다. Sheldon Goldstein, Daniel V. Tausk, Roderich Tumulka, and Nino Zanghi, "What Does the Free Will Theorem Actually Prove?" *Notices of the American Mathematical Association*, Dec. 2010, 1451-53.

50. 보어-아인슈타인의 토론 설명은 David Lindley의 *Uncertainty: Einstein, Heisenberg, Bohr, and the Struggle for the Soul of Science*(New York: Doubleday, 2007) 참조; Manjit Kumar, *Quantum: Einstein, Bohr, and the Great Debate about the Nature of Reality*(New York: Norton, 2008) 참조. 보어의 과학철학을 철학자들이 토론한 것은 *Niels Bohr and Contemporary Philosophy*, Jan Faye와 Henry J. Folse 편집(Dordrecht, the Netherlands: Kluwer, 1994) 참조. 특히 Don Howard는 논문 "What Makes a Classical Concept Classical? Toward a Reconstruction of Niels Bohr's Philosophy of Physics"(201-29)에 이렇게 저술했다. "물리철학 분야에서 닐스 보어의 영향력과 위상을 물리학자의 입지와 견주던 그리 멀지 않은 시절이 있었다. 그러나 1985년 보어 탄생 100주년에 이뤄진 증명에서 우리가 그의 철학적 관점을 제대로 이해했는가 하는 절망적 징후가 나타났다."(201) 참조.

51. Erwin Schrodinger, "The Fundamental Idea of Wave Mechanics", Nobel Lecture, Dec. 12, 1933, in *Nobel Lectures, Physics 1922-1941* (Amsterdam: Elsevier, 1965), 305-16; 인용구는 309 참조.

52. 솔베이 회의에서 있었던 드브로이의 발표와 파울리의 답변 설명은 Guido Bacciagaluppi와 Antony Valentini의 *Quantum Theory at the Crossroads: Reconsidering the 1927 Solvay Conference*(Cambridge: Cambridge University Press, 2009) 참조. 두 작가는 드브로이의 이론이 틀렸다고 주장하는 파울리의 이의를 두고 논쟁한다(212-20).

53. John von Neumann, *Mathematical Foundations of Quantum Mechanics*(1932), Robert T. Beyer 번역(Princeton, NJ: Princeton University Press, 1955), 325.

54. 이 시점에서 Forman의 "Acausal Quantum Mechanics", 221-60(n. 31). 참조.

55. 봄의 모델의 세부사항은 James T. Cushing의 *Quantum Mechanics: Historical Contingency and the Copenhagen Hegemony*(Chicago: University of Chicago Press, 1994), 42-75 참조; 그리고 David Z. Albert, *Quantum Mechanics and Experience*(Cambridge, MA: Harvard University Press, 1994), 134-79 참조.

56. 파울리의 비평글은 "Remarques sur le probleme des parametres cache dans la mechanique quantique et sur la theorie de l'onde pilote"(1952), in *Louis de Broglie: Physicien et Penseur*(Paris: Michel, 1953), 33-42

참조.

57. 융과 파울리의 합동 간행물 *Naturerklarung und Psyche* 참조(The explanation of nature and psyche; 1952), *The Interpretation of Nature and the Psyche* 같은 단정한 이름으로 번역. 융의 수필과 함께 "Synchronicity: An Acausal Connecting Principle", R. F. C. Hall 번역; 그리고 Wolfgang Pauli, "The Influence of Archetypal Ideas on the Scientific Theories of Kepler", Priscilla Silz 번역(London: Routledge and Kegan Paul, 1955). 파울리와 융의 관계는 그들의 서신이 증명한다. *Wolfgang Pauli und C. G. Jung: Ein Briefwechsel, 1932-1958*, C. A. Meier 편집(Berlin: Springer, 1992) 참조. 파울리는 1958년 사망할 때까지 융의 사상에 지속적으로 관심을 보였다. 그는 취리히의 막스 빌의 이웃이었고 1940년대 후반에서 1950년대까지 예술가의 집을 자주 방문해 융에 관해 이야기했다. Author interview with Jakob Bill, Mar. 10, 2008, Zurich.
58. Wolfgang Pauli, "Das Ganzheitsstreben in der Physik" 파울리가 바젤대학교 물리학 교수이자 스위스의 물리학자인 Markus Fierz에게 이른 1953년 서신으로 보낸 논문(1912−2006)(Pauli Letter Collection at CERN, Geneva, inv. no. PLC 0092107), in Kalervo Vihtori Laurikainen, *Beyond the Atom: the Philosophical Thought of Wolfgang Pauli*, Carol Westerlund가 핀란드어로 번역(Berlin: Springer, 1988). 파울리의 서신 독어 원문은 90-93 참조; 인용구는 91 참조; Eugene Holman이 영어 번역한 인용구는 207 참조.
59. Pauli, "Remarques", 42(n. 56) 참조.
60. Wolfgang Pauli, *"Wissenschaft und das abendlandische Denken"*(Science and Western thought; 1955), in Laurikainen, *Wolfgang Pauli*, 96-103. 인용구 독어 원문은 209-15 참조; Eugene Holman의 영어 번역본은 213-15 참조.
61. 봄은 자신과 John Wheeler의 지도 아래 1950년 프린스턴대학교에서 물리학 박사학위를 받은 브라질 물리학자 Jayme Tiomno가 제안한 상파울루대학교 교수직을 받아들였다. 1951년 10월 브라질로 떠난 봄은 상파울루 공항에 도착했을 때 미국 당국이 자신의 여권을 몰수하자 그의 연구에 지지를 보내고 환영하는 브라질의 시민이 되었다. 비록 브라질은 마르크스주의를 공식적으로 금지했으나 브라질 공산당의 일원인 Oscar Niemeye나 상파울루대학교에서 봄의 동료였던 브라질 물리학자 Mario Schonberg 같은 많은 지성인이 그를 지지했다. 봄은 Mario Bunge와 대화하기 위해 아르헨티나로 여행하기도 했다. 봄의 인생은 F. David Peat의 *Infinite Potential: The Life and Times of David Bohm*(Reading, MA: Helix, 1997) 참조.
62. 야머가 묘사한 것처럼 "이른 1950년대에 코펜하겐학파의 양자역학 철학은 거의 의심조차 꺼려한 독재였다." Jammer, *Philosophy of Quantum Mechanics*, 250(n. 21) 참조. 학문정치 때문에 거절당한 봄은 Olival Freire Jr.의 "Science and Exile: David Bohm, the Cold War, and a New Interpretation of Quantum Mechanics", *Historical Studies in the Physical and Biological Sciences* 36, no. 1(2005): 1-34 참조. 매카시즘으로 인해 봄이 거절당했다고 보는 소수의 견해는 Russell Olwell의 "Physical Isolation and Marginalization in Physics: David Bohm's Cold War Exile", *Isis* 90, no. 4(1999): 738-56 참조.
63. John Stewart Bell, *Speakable and Unspeakable in Quantum Mechanics*(Cambridge: Cambridge University Press, 1987), 160.
64. 포먼의 논지에 관한 찬반과 최근 관점은 Carson의 *Weimar Culture and Quantum Mechanics* 참조(n. 31).
65. 보어와 아인슈타인 사이의 철학적 논쟁은 Jammer의 *Philosophy of Quantum Mechanics*, 특히 109-58 참조.
66. Erwin Schrodinger, "Die gegenwartige Situation in der Quantenmechanik", *Naturwissenschaften* 23(Nov. 1935): 807-12; John D. Trimmer가 "The Present Situation in Quantum Mechanics"로 번역, in *Wheeler and Zurek, Quantum Theory and Measurement* 참조(n. 28).
67. George Johnson, *A Shortcut through Time: The Path to the Quantum Computer*(New York: Knopf, 2003), 특히 42-50, 141-54 참조.
68. 리시츠키의 유대인풍 탐구는 John Bowlt의 "From the Pale of Settlement to the Reconstruction of the World"와 Ruth Apter-Gabriel의 "El Lissitzky's Jewish Works" 참조. 두 에세이 모두 *Tradition and Revolution: The Jewish Renaissance in Russian Avant-Garde Art*, 1912-1928, Ruth Apter-Gabriel 편집(Jerusalem: Israel Museum, 1987), 43-60, 101-24 참조; Margolin, *Struggle for Utopia*, 22-37 참조(4장, n. 59).
69. John Bowlt, "Malevich and His Students", *Soviet Union* 5, part 2(1978), 258-59 참조.
70. 검은색 정사각형 배지를 단 학생들 사진은 Aleksandra Shatskikh의 *Vitebsk: the Life of Art*, Katherine Foshko Tsan 번역(New Haven, CT: Yale University Press, 2007), 138, fig. 111 참조. 비텝스크에 위치한 말레비치의 그룹은 Christina Lodder의 "International Constructivism and the Legacy of UNOVIS in the 1920s: El Lissitzky, Katarzyna Kobro and Władysław Strzeminski"(2003), in *Constructivist Strands in Russian Art 1914-1937*(London: Pindar, 2005), 537-58 참조.
71. The details of Chagall's departure are recounted by Shatskikh in *Vitebsk*, 108-47.
72. El Lissitzky, "Suprematism in World Construction", UNOVIS 1(1920), in Sophie Lissitzky-Kuppers, *El Lissitzky: Life, Letters, Text*(London: Thames and Hudson, 1968/rev. ed. 1980), 331.
73. 이 어린이 책 복사판이 존재한다. El Lissitzky, *Pro dva kvadrata* (About two squares; 1922; Cambridge, MA: MIT Press, 1991), Christiana van Manen이 영어로 번역했다. 러시아 아방가르드의 다른 어린이 책은 Eveny Steiner, *Stories for Little Comrades: Revolutionary Artists and the Making of Early Soviet Children's Books*, Jane Ann Miller 번역(Seattle: University of Washington Press, 1999). 리시츠키의 출판하지 않은 수많은 스케치 묘사, *Four Arithmetic Operations*(34-39) 참조.
74. El Lissitzky, "Proun"(1920-21), *De Stijl* 5-6(1922), John E. Bowlt 번역, *El Lissitzky: Ausstellung*(Cologne, Germany: Galerie Gmurzynska, 1976)으로 재발행, 63 참조; 이 글은 1920-21년 집필했고 1924년 10월 23일 Moscow Institute of Artistic Culture에서 강연에 사용했다. 리시츠키의 작품 속 수학은 Yve-Alain Bois의 "Lissitzky, Malevich, et la question de l'espace", in *Suprematisme*(Paris: Galerie Jean Chauvelin, 1977), 29-46 참조; 그리고 Esther Levinger의 "El Lissitzky's Art Games", *Neohelicon* 14, no. 1(Dec. 1987): 177-191 참조.
75. 리시츠키의 "K. und *Pangeometrie*" 토론은 Alan C. Birnholz의 "Time and Space in the Art and Thought of El Lissizsky", *Structurist*, no. 15-16(1975-76): 89-96 참조; 그리고 Yve-Alain Bois, "From ¬ ∞ to 0 to + ∞: Axonometry, or Lissitzky's Mathematical Paradigm", in *El Lissitzky, 1890-1941: Architect, Painter, Photographer, Typographer*, Caroline de Bie et al. 편집(Eindhoven, the Netherlands: Municipal van Abbemuseum, 1990), 27-33 참조.
76. 많은 러시아의 지성인이 독일인 슈펭글러의 우파적 정치성향 때문에 그를 멀리했으나 그럼에도 불구하고 그는 러시아에서 굉장히 인기가 있었다. 러시아 예술비평가 타라부킨과 슈펭글러의 애증관계는 Maria Gough의 "Tarabukin, Spengler, and the Art of Production", *October 93*(Summer 2000): 78-108 참조.
77. El Lissitzky, "Proun"(1920-21), 67(n. 74 참조).
78. 같은 책, 67과 70.
79. Christina Lodder는 리시츠키의 정치적 목표를 자신의 저서에 묘사했다. "El Lissitzky and the Export of Constructivism", in *Situating El Lissitzky: Vitebsk, Berlin, Moscow*, Nancy Perloff and Brian Reed 편집(Los Angeles: Getty Research Institute, 2003), 27-46.
80. El Lissitzky and Ilya Ehrenburg, "The Blockade of Russia Moves Towards Its End"(1922), in *The Tradition of Constructivism*, Stephen Bann 편집(New York: Viking, 1974), 53-57; 인용구는 55 참조. 근대예술에서 용어 '구성주의'의 사용 역사는 Bann의 이 책 xxv-xlix, 서문 참고. 구성주의의 국제화는 *Von Kandinsky bis Tatlin/From Kandinsky to Tatlin: Constructivism in Europe*, Kornelia von Berswordt-Wallrabe

편집(Schwerin, Germany: Staatliches Museum, 2006) 참고.

81. Theo van Doesburg, "Elementarism: Fragment of a Manifesto", *De Stijl* 7, no. 78(1926-27), in Jaffe, *De Stijl: Extracts*, 213-16; the quote is on 214(6장, n. 37 참고).

82. 같은 책.

83. Doris Wintgens Hotte, "Van Doesburg Tackles the Continent: Passion, Drive, and Calculation", in *Van Doesburg and the International Avant-Garde: Constructing a New World*, Gladys Fabre와 Doris Wintgens Hotte 편집(London: Tate, 2009), 10-19 참고. 반 두스브르흐의 국제적 야망을 펼치는 데 잡지 〈데스틸〉이 어떤 역할을 했는지는 Krisztina Passuth, "*De Stijl* and the East-West Avant-Garde: Magazines and the Formation of International Networks", also in *Van Doesburg*(2009), 20-27 참조.

84. Laszlo Moholy-Nagy, *The New Vision: Abstract of an Artist*(New York: Wittenborn, 1946), 70.

85. 전쟁 중의 여러 '유토피아' 개념은 *Central European Avant-Gardes: Exchange and Transformation, 1910-1930*, Timothy Benson 편집(Los Angeles: Los Angeles County Museum of Art, 2002) 참조. 그리고 *Modernism 1914-1939, Designing a New World*, Christopher Wilk 편집(London: Victoria and Albert Museum, 2006) 참조.

86. Bruno Taut, *Die Stadtkrone*(Jena, Germany: Diederichs, 1919), 68.

87. 러시아와 바이마르공화국의 예술교육은 Christina Lodder의 "The VKhUTEMAS and the Bauhaus", in *The Avant-Garde Frontier: Russia Meets the West 1910-1930*, Gail Harrison Roman, Virginia Hagelstein Marquardt 편집(Gainesville: University Press of Florida, 1992), 196-240 참조.

88. 반 두스브르흐의 독일 체류는 Sjarel Ex의 "'De Stijl' und Deutschland, 1918-1922: Die Ersten Kontakte", in *Konstruktivistische Internationale Schopferische Arbeitsgemeinschaft, 1922-1927: Utopien fur eine*, Bernd Finkeldey et al. 편집(Stuttgart, Germany: G. Hatje, 1992), 73-80 참조. 특히 반 두스브르흐가 1919년 Antony Kok에게 보낸 바이마르의 그림이 그려진 엽서 참조. 이 엽서에는 그로피우스가 바우하우스를 지은 곳인 Henry van der Velde building, Staatliche Hochschule fur bildende Kunst, Weimar 사진이 그려져 있었다. 반 두스브르흐는 은유적으로 Hochschule의 이름을 엽서 그림의 건물 앞면에 'DE STIJL'이라고 가로질러 썼다(76).

89. Theo van Doesburg, "Towards a Newly Shaped World", in Joost Balijeu, *Theo van Doesburg*(New York: Macmillan, 1974): 113-14 수록; 114 참조.

90. Walter Gropius to the Italian architect Bruno Zevi, Nov. 3, 1952, in Bruno Zevi, *Poetica dell'architettura neo-platica*(Turin: Einaudi, 1953/rpt. 1974): 229-30; Balijeu가 영어로 번역, *Theo van Doesburg*, 41.

91. 이텐이 마즈나즈난을 받아들인 것은 Magdalena Droste의 *The Bauhaus 1919-1933, Reform and Avant-Garde*(Cologne, Germany: Taschen, 2006), 25; 그리고 Eva Forgacs, *The Bauhaus Idea and Bauhaus Politics*, John Batki 번역(Budapest: Central European University Press, 1995), 51 참조.

92. 바우하우스 초기의 표현주의와 구성주의 경향은 Magdalena Droste의 "Aneignung und Abstoßung: Expressive und Konstruktive Tendenzen am Weimar Bauhaus", in *Bauhaus-Ideen um Itten, Feininger, Klee, Kandinsky: Vom Expressiven zum Konstruktiven*, Brigitte Salmen 편집(Murnau, Germany: Schlossmuseum Murnau, 2007), 11-31 참조. 그로피우스가 그의 유토피아 비전과 실행을 조율하려 한 시도는 Peter Muller의 "Mental Space in a Material World: Idealized Reality in the Weimar Director's Office", in *Bauhaus: A Conceptual Model*, Bauhaus Archiv Berlin, Stiftung Bauhaus Dessau, and Klassik Stiftung Weimar 편집, n. t.(Ostfildern-Ruit, Germany: Hatje Cantz, 2009), 153-56 참조.

93. 전화로 주문한 이 그림은 Brigid Doherty의 "Laszlo Moholy-Nagy's Constructions in Enamel, 1923", in *Bauhaus, 1919-1933: Workshops for Modernity*, Leah Dickerman and Barry Bergdoll 편집(New York: Museum of Modern Art, 2009), 130-33 참조.

94. 1920년대 러시아 예술가 리시츠키와 나움 가보는 (프랑스 저서 Bios를 읽어) 프랑스의 생채공학 용어에 유창했다. Die Gesetze der Welt(1923), 리시츠키는 저자에게 편지를 써서 만나기를 요청했다. 1924년 3월 10일 리시츠키가 소피 리시츠키-쿠퍼스에게 보낸 편지. El Lissitzky, 46(n. 72) 참조. 가보도 프랑스와 Ernst Kallai의 생물학 관련 글에 관심을 표했다. Martin Hammer와 Christina Lodder의 *Constructing Modernity: The Art and Career of Naum Gabo*(New Haven, CT: Yale University Press, 2000), 282-83 참조.

95. Oliver A. I. Botar, "Laszlo Moholy-Nagy's New Vision and the Aestheticization of Scientific Photography in Weimar Germany", *Science in Context* 17, no. 4(2004): 525-56 참조.

96. *Point and Line to Plane*(1926)에 나오는 칸딘스키의 수학 사용은 Christopher Short, "The Role of Mathematical Structure, Natural Form, and Pattern in the Art Theory of Wassily Kandinsky: The Quest for Order and Unity", in *Meanings of Abstract Art: Between Nature and Theory*, Paul Crowther, Isabel Wunsche 편집(New York: Routledge, 2012), 64-80 참조.

97. Boris Groys의 *The Total Art of Stalinism: Avant-Garde, Aesthetic Dictatorship, and Beyond*, Charles Rougle 번역(Princeton, NJ: Princeton University Press, 1992) 참조. 리시츠키가 1925년 말 선전과 자유행동, 아방가르드의 허술한 실험체계, 스탈린주의의 서체 통제 사이에 긴장이 있다고 주장한 Margarita Tupitsyn도 참조. *El Lissitzky: Beyond the Abstract Cabinet; Photography, Design, Collaboration*(New Haven, CT: Yale University Press, 1999). Yve-Alain Bois는 러시아의 정치적 방향 변화가 리시츠키의 공간 표현에서 초기작과 후기작을 다르게 만들었다고 주장한다. (초기) 절대주의 화가였던 리시츠키는 프룬에서 직선 원근법의 환각을 비판하며 독특함이 부족한 부등각 투영도법 관점을 채택했다. 하지만 (후기) 스탈린주의자 리시츠키는 환각을 받아들이고 선전용 합성사진을 만들었다. "El Lissitzky: Radical Reversibility", *Art in America* 76, no. 4(1988): 161-81.

98. 서양예술을 향한 스탈린 시대의 소련 관점은 the collection of documents *Russian and Soviet Views of Modern Western Art: 1890s to Mid-1930s*, Charles Rougle 번역, Ilia Dorontchenkov 편집(Berkeley: University of California Press, 2009), 특히 305-7 참조.

99. Walter Gropius, *Program of the Staatliche Bauhaus in Weimer*(1919), Wolfgang Jabs and Basil Gilbert 번역, in Wingler, *Bauhaus*, 31(7장 n. 22).

100. Hannes Meyer, *Bauhaus: Zeitschrift fur Bau und Gestaltung Schriftleitung*(Dessau, Germany: Bauhaus, 1928), 4:12-13.

101. Rudolf Carnap, "*Wissenschaft und Leben*" 독일 데사우의 바우하우스에서 1929년 10월 15일에 한 강의. 카르납이 직접 쓴 강의노트는 Rudolf Carnap Papers에 보관되어 있다(RC 110-07-49), Archives for Scientific Philosophy, University of Pittsburgh. Quoted by permission of the University of Pittsburgh. All rights reserved.

102. 마이어의 바우하우스와 카르납의 비엔나학파의 관계는 Peter Galison이 연대기로 기록했다. 자세한 것은 아래 참조. "Aufbau/Bauhaus: Logical Positivism and Architectural Modernism", *Critical Inquiry* 16(Summer 1990): 709-52. Galison은 두 그룹의 목표가 평행적이었다고 주장한다(논리학자는 원리체계 배제, 건축가는 장식 배제). 그러나 1929년까지 장식은 아방가르드 건축에서 멀리 사라졌었다. 사실 카르납과 마이어의 목표는 같았다. 바로 형이상학을 배제하는 것이다.

103. Naum Gabo and Antoine Pevsner, *The Realist Manifesto*(1920), in Herbert Read and Leslie Martin, *Gabo: Constructions, Sculpture, Paintings, Drawings, Engravings*(Cambridge, MA: Harvard University Press, 1957), 가보의 러시아 원문(150)과 영어 번역문 포함(151-52) 참조. "Constructive Art: An Exchange of Letters between Naum Gabo and Herbert Read", *Horizon* 10, no. 55(1944): 60-61.

104. Jane Beckett, "*Circle*: The Theory and Patronage of Constructivist Art of the Thirties", in *Circle: Constructive Art in Britain 1934-40*, Jeremy Lewison 편집(Cambridge, England: Kettle's Yard Gallery, 1982), 11-19 참조.
105. Christian Zervos, "Mathematiques et l'art abstrait", *Cahiers d'art*(1936): 4-20; 인용구는 4 참조.
106. 같은 책, 6.
107. Charles Morris, "Science, Art, and Technology", *Kenyon Review* 1, no. 4(1939): 409-23; 인용구는 422-23 참조.

9. 수학의 불완전성

1. 같은 해 강철계의 거물 카를 비트겐슈타인이 사망했고 그는 아들 루트비히에게 막대한 재산을 물려주었다. 금욕적인 삶을 선호한 젊은 비트겐슈타인은 모든 재산을 기부했다.
2. 비트겐슈타인의 논문 첫 독일어판 제목은 *Logisch-Philosophische Abhandlung*(논리적-철학적 논문)이다. Wilhelm Ostwald 편집, *Annalen der Naturphilosophie* 14(1921). C. K. Ogden은 그 논문을 영어로 번역해 양면에 영어와 독일어 본문을 두고 라틴어 제목을 선호한 영국인의 취향을 반영해 *Tractatus Logico-Philosophicus*라고 명명했다(London: Kegan Paul, Trench, Trubner, 1922).
3. 1918-19년 러셀은 일련의 논문을 출판했고 그중 "Philosophy of Logical Atomism"에서 자신이 비트겐슈타인에게 빚을 지고 있음을 인정했다. 그런데 의미의 그림 이론은 비트겐슈타인 버전이 더 큰 영향을 미쳤다.
4. Ludwig Wittgenstein, *Tractatus Logico-Philosophicus*(6.522), 번역본 187. 1901년 러셀은 신비주의와 관련해 논문을 출판했는데 여기에서 어떻게 수학자가 신비스러운 직관, 즉 순수한 인지로 궁극적인 현실의 질서를 알 수 있는지 설명했다("Mysticism and Logic", 1901, in *Mysticism and Logic*, 1-32, 3장, n. 8 참조). 비트겐슈타인이 자신의 *Tractatus*를 쓰기 전 러셀의 논문을 읽었는지는 명확하지 않다. 이 주제에 관한 러셀과 비트겐슈타인의 접근방식을 비교한 것은 Brian McGuiness의 "The Mysticism of the Tractatus", *Philosophical Review* 75(1966): 305-28 참조.
5. Wittgenstein, *Tractatus Logico-Philosophicus*(6.21과 6.3), 번역본, 151.
6. 같은 책(6.545), 번역본, 187.
7. 같은 책(7), 번역본, 89.
8. Ludwig Wittgenstein, "A Lecture on Ethics"(1929-30), *Philosophical Review* 74, no. 1(1965): 3-12; 인용구는 8 참조.
9. Wittgenstein, *Tractatus*(6.4311), 번역본 185.
10. 실증론자가 형이상학을 공격했을 때 비트겐슈타인이 한 반박은 Christopher Hoyt의 "Wittgenstein and Religious Dogma", *International Journal for Philosophy of Religion* 61, no. 1(2007): 39-49 참조.
11. 비트겐슈타인의 철학과 1928년 브라우어르의 철학의 관계는 다음 문헌 참조. Mathieu Marion, "Wittgenstein and Brouwer", *Synthese* 137, no. 1/2(2003): 103-27. Hesseling, *Gnomes in the Fog*, 특히 190-98 참조(4장, n. 15).
12. 독일 낭만주의에 비트겐슈타인이 미친 영향은 M. W. Rowe의 "Wittgenstein's Romantic Inheritance", *Philosophy* 69, no. 269(1994): 327-51 참조. 비트겐슈타인이 헤겔이나 셸링의 글을 읽었다는 증거는 없지만 그들의 낭만주의 철학을 표현하는 괴테의 글을 읽은 것은 확실하다. M. W. Rowe, "Goethe and Wittgenstein", *Philosophy* 66, no. 257(1991): 283-30 참조.
13. Ludwig Wittgenstein, *Philosophische Untersuchungen/Philosophical Investigations*(1953), G. E. M. Anscombe 번역, 2판(Oxford, England: Blackwell, 1958/rpt. 1998), n. p. 비트겐슈타인은 성 어거스틴이 언어의 본질을 말한 것을 인용하며 이 책을 시작했다(*Confessions*, 1:8).
14. 비트겐슈타인 사후 수집해 출판한 메모에서 그는 자주 생철학을 언급했다. Wittgenstein, *Vermischte Bemerkungen: Culture and Value*, Peter Winch 번역, G. H. von Wright 편집(Oxford, England: Blackwell, 1980/2판 1997) 참조. 니체에 관한 언급은 9, 59 참조. 키르케고르에 관한 언급은 31, 32, 38, 53 참조. 쇼펜하우어에 관한 언급은 19, 26, 34, 36, 71 참조.
15. Wittgenstein, *Culture and Value*, 56e.
16. Rudolf Carnap, *The Logical Syntax of Language*(1934), Amethe Smeaton 번역(New York: Harcourt, Brace, 1937), 222.
17. Paul Bernays, "Axiomatische Untersuchung des Aussagen-Kalkuls der *Principia Mathematica*", *Mathematische Zeitschrift* 25(1926): 305-20; Emil L. Post, "Introduction to a General Theory of Elementary Propositions", *American Journal of Mathematics* 43(1921), 163-85.
18. 괴델의 증명을 설명한 것은 Ernst Nagel과 James R. Newman의 고전서인 *Godel's Proof*(New York: New York University Press, 1958) 참조. 괴델의 전기는 John W. Dawson의 *Logical Dilemmas: The Life and Work of Kurt Godel*(Wellesley, MA: A. K. Peters, 1997) 참조.
19. 이 문단에 요약한 입체파의 기원에 관한 논의는 Lynn Gamwell의 "Looking Inward: Art and the Human Mind", in *Exploring the Invisible*,129-47(3장, n. 1) 참조.
20. Cezanne to Emile Bernard, Apr. 15, 1904, in *Paul Cezanne, Correspondance*, John Rewald 편집(Paris: B. Grasset, 1978), 296.
21. 수학과 예술에서 자기언급의 주제는 Douglas Hofstader의 저서 *Godel, Escher, Bach: An Eternal Golden Braid*(New York: Basic Books, 1979)에 근거한다. 만약 누군가가 이 주제에 역사적으로 접근해 세 사람을 바꾸려 한다면 그것은 괴델과 마그리트, 쇤베르크일 것이다.
22. De Chirico read Giovanni Papini, *Il crepuscolo dei filosofi*(The crucible of philosophy): *Kant, Hegel, Schopenhauer, Comte, Spencer, Nietzsche*(Milan: Societa Editrice Lombarda, 1906). Papini는 예술과 문학 관련 글을 쓰는 젊은이로 몇 년 뒤 아방가르드 잡지 *Lacerba*에서 미래파에 관한 글을 썼다.
23. Friedrich Nietzsche, *Ecce Homo*(1888), in *Basic Writings of Nietzsche*, Walter Kaufmann 번역(New York: Modern Library, 1968), 764.
24. 데 키리코와 그의 형제 Andrea de Chirico(1909년 Alberto Salvinio로 개명)가 예술과 문학에서 암호를 주제로 사용한 것은 Keala Jewell의 *The Art of Enigma: The De Chirico Brothers and the Politics of Modernism*(University Park: Pennsylvania State University Press, 2004) 참조.
25. 이 구절은 니체의 시 "Ariadne's Lament"에서 인용했다. *The Portable Nietzsche*, Walter Kaufmann 번역(New York: Penguin, 1968), 345.
26. 니체는 말했다. "내 생각에 사람('인류'의 의미에서, 여기서는 아리아드네를 가리킴)은 쾌활하고 용감하며 독창적인 동물로 지구에 비할 다른 동물이 없다. 사람은 어떤 미궁에서도 길을 찾아낸다." Friedrich Nietzsche, *Beyond Good and Evil*(1886), in *Writings of Nietzsche*, Kaufmann 번역, 426.
27. Michael R. Taylor는 *Giorgio de Chirico and the Myth of Ariadne*(London: Merrell, 2002)에서 데 키리코가 아리아드네를 주제로 만든 작품을 기록했다.
28. 마그리트의 젊은 시절이 그의 예술에 미친 영향을 정신분석학적으로 분석한 것은 Ellen Handler Spitz의 "Testimony through Painting", in her *Museums of the Mind: Magritte's Labyrinth and Other Essays*(New Haven, CT: Yale University Press, 1994), 26-36 참조. 프랑스의 정신분석가 Jacques Roisin의 *Ceci n'est pas une biographie de Magritte*(Brussels: Alice, 1998), esp. "Les eaux profondes"(Deep waters), 56-76 참조.
29. 마그리트는 도스토옙스키, 니체, 세잔에 관한 논문과 Elie Faure의 *Les constructeurs*(Paris: G. Cres, 1914)를 읽었다.
30. 르네 마그리트와 평론가 Louis Jean Scutenaire는 공저자로 집필한 논문 "L'Art Bourgeois", *London Bulletin*, no. 12(Mar. 15, 1939: 13-14)에서 헤겔과 니체, 프로이트를 다뤘다.
31. 이 중요한 1923년의 날은 *Rene Magritte: Catalogue Raisonne*, David

Sylvester 편집(London: Philip Wilson, 1992), 1:39 참조.

32. 마그리트는 Guillaume Apollinaire, Carlo Carra, Maurice Raynal, Andre Salmon, Ardengo Soffici, Louis Vauxcelles 같은 작가들의 논평을 담은 booklet 12 *opere di Giorgio de Chirico*(Rome: Valori Plastici, 1919)를 얻었다. 소피치는 자신의 논평에서 데 키리코의 기하학 사용을 15세기의 직선원근법 대가인 파울로 우첼로와 비교했다.

33. 마그리트가 직선원근법을 파괴한 것은 Jean Clair의 "Seven Prolegomenae to a Brief Treatise on Magrittian Tropes", *October* 8(Spring 1979): 89-110 참조.

34. 1966년 5월 23일 마그리트가 푸코에게 보낸 편지, *Ecrits Completes*, Andre Blavier 편집(Paris: Flammarion, 1979), 639-40.

35. Michel Foucault, *Ceci n'est pas une pipe*(This is not a pipe; 1968; Montpellier: Fata Morgana, 1973). 현상학 · 실존주의 관점에서 마그리트 논의는 다음 참조; Martin Jay, "In the Empire of the Gaze: Foucault and the Denigration of Vision in Contemporary French Thought", in *Foucault: A Critical Reader*, David Couzens Hoy 편집(Oxford, England: Blackwell, 1986), 175-204. Jay는 자신의 저서에서 마그리트가 구분한 유사함resemblance과 비유similitude의 차이를 푸코가 해석한 것에 의문을 제기했다. Gary Shapiro, "Pipe Dreams: Eternal Recurrence and Simulacrum in Foucault's Ekphrasis of Magritte", *Word and Image* 13, no. 1(1997): 69-76. 기호학의 창시자라는 관점에서의 마그리트는 다음 참조: Charles Sanders Peirce(1839-1914), Andre de Tienne, "Ceci n'est-il pas un signe? Magritte sous le regard de Peirce", in *Magritte au Risque de la Semiotique*, Nicole Everaert-Desmedt 편집(Brussels: Facultes Universitaires Saint-Louis, 1999). 영국의 분석철학적 관점, 특히 비트겐슈타인의 관점으로 논의한 마그리트는 Suzi Gablik의 *Magritte*(Greenwich, CT: New York Graphic Society, 1970) 참조.

36. 미국 수학자 William Goldbloom Bloch은 보르헤스의 이야기 뒤에 숨은 수학을 다루었다. *The Unimaginable Mathematics of Borges' Library of Babel*(Oxford: Oxford University Press, 2008).

37. H. S. M. Coxeter, "Crystal Symmetry and Its Generalization", *Transactions of the Royal Society of Canada* 51, ser. 3, sec. 3(1957): 1-13.

38. Doris Schattschneider는 에스헤르와 콕세터의 만남을 문서로 기록했다. A Two-Way Inspiration", in *The Coxeter Legacy*, C. Davis, E. Eller 편집(Providence, RI: American Mathematical Society/Fields Institute, 2006), 255-80.

39. 1960년 5월 28일 에스헤르가 그의 아들 George에게 보낸 편지, F. H. Bool과 J. B. Kist, J. L. Locher, F. Wierda의 M. C. *Escher: His Life and Complete Graphic Work*(New York: Abrams, 1982), 100-101 수록.

40. 1958년 12월 5일 에스헤르가 콕세터에게 보낸 편지; Coxeter의 논문 "The Non-Euclidean Symmetry of Escher's Picture *Circle Limit III*", *Leonardo* 12(1979): 19 수록.

41. 예를 들어 콕세터의 "Escher's *Circle Limit III*"의 19-25와 32 참조.

42. Edmund Husserl, *Ideen zu einer reinen Phanomenologie und phanomenologischen Philosophie*(Halle, Germany: Max Niemeyer, 1913/ rpt. 1922), 211. 다비드 테니르스는 화랑 그림 10개를 그려 자신의 후원자이자 남부 네덜란드 지역(오늘날의 벨기에)의 총독이던 레오폴드 빌헬름 대공의 예술 수집품을 그림으로 남겼다. 또한 테니르스는 레오폴드 빌헬름이 수집한 1,300여 점의 르네상스와 바로크 시대 수집품 중 가장 소중한 243개 작품을 담은 그림 극장*Theatrum Pictorium* 삽화를 넣은 카탈로그를 만들었다. 이들 작품은 오늘날의 빈 Kunsthistorisches 박물관의 중요한 소장품이다. 내가 아는 바로는 후설이 *Ideen*에게 편지를 보낼 당시 드레스덴의 Gemaldegalerie가 테니르스의 화랑 그림을 갖고 있지 않아 그 작품을 유럽의 다른 박물관에서 빌려왔을 가능성이 높다. 테니르스가 레오폴드 빌헬름의 수집품을 기록한 역사는 다음 참조: Ernst Vegelin van Claerbergen, David Teniers 편집, *the Theater of Painting*(London: Courtauld Institute Art Gallery, 2006); 10가지 화랑 그림 리스트는 65에 수록.

43. 비트겐슈타인은 1928년 브라우어르의 강의를 들은 후 1929년부터 1944년까지 수학철학과 관련해 방대한 글을 썼다. 철학자들은 보통 비트겐슈타인이 1928년부터 브라우어르의 반플라톤주의 관점을 채택했다고 여기지만 근래 연구에 따르면 그가 처음부터 플라톤주의자였다는 가설이 우세하다. Hilary Putnam, "Was Wittgenstein *Really* an Anti-Realist about Mathematics?" in *Wittgenstein in America*, Timothy McCarthy와 Sean C. Stidd 편집(Oxford, England: Clarendon, 2001), 140-94.

44. Wittgenstein, *Philosophical Investigations*(2-3 참조), 6(n. 13).

45. 같은 책(67절), 36.

46. 게임이론 발전의 역사적 문맥은 Giorgio Israel과 Ana Millan Gasca의 "The Theory of Games: A New Mathematics for the Social Sciences" 참조. *The World as a Mathematical Game: John von Neumann and Twentieth Century Science*(Basel, Switzerland: Birkhauser, 2009), 128-33 수록. 이탈리아 원본을 McGilvay가 번역.

47. Wittgenstein, *Philosophical Investigations*(133 참조), 57.

48. 존스와 비트겐슈타인의 얘기는 Peter Higginson의 "Jasper's Non-Dilemma: A Wittgensteinian Approach", *New Lugano Review* 10(1976): 53-60 참조. 존스가 사용한 어휘는 다음 참조; Esther Levinger, "Jasper Johns's Painted Words", *Visible Language* 23, nos. 2-3(1989): 280-95; Harry Cooper, "Speak, Painting: Word and Device in Early Johns", *October* 127(Winter 2009): 49-76.

49. 존스가 사용한 숫자는 Roberta Bernstein의 "Numbers" 참조. *Jasper Johns: Seeing with the Mind's Eye*(San Francisco: San Francisco Museum of Modern Art, 2012), 44-55 수록.

50. 예술과 언어 사학자인 Charles Harrison과 Fred Orton의 *A Provisional History of Art and Language*(Paris: E. Fabre, 1981), 20 수록.

51. 같은 책, 22.

52. 같은 책, 21.

53. 램스던, 번은 이론예술과 분석협회 회의록을 *Art-Language* 1, no. 3(June 1970): 1에 수록했다.

54. 코수스는 자신의 논문 "Art after Philosophy"에서 에어의 1950년 저서를 광범위하게 이용했다. *Studio International* 178, no. 915(Oct. 1969): 134-37, 178; and no. 916(Nov. 1969): 160-61.

55. 에어 외에도 코수스의 다른 출처로는 마르셀 뒤샹이 있다. 그는 1967년 출판한 인터뷰에서 "모든 것이 유의어의 반복이다"라고 선언했다. "빈의 논리학자들은 모든 것이 (내가 이해하는 선에서는) tautology, 즉 전제를 반복하는 유의어의 반복체계임을 증명했다. 수학에는 단순한 정리부터 복잡한 전제까지 다양하게 존재하지만 모든 것이 첫 정리에 포함된다. 형이상학 또한 유의어 반복이고 종교도 유의어 반복이며 블랙커피를 뺀 모든 것이 유의어 반복인데, 감각은 관리되기 때문이다!" Pierre Cabanne, *Entretiens avec Marcel Duchamp*(Paris: Belfond, 1967), 204.

56. Kosuth, "Art after Philosophy", 136. *Studio International*의 보조편집자 해리슨은 코수스를 초청했는데 이후 코수스는 Conceptual Art의 대변인이 되었다.

57. 아트 앤 랭귀지Art and Language는 여전히 그룹으로 존재했고 Charles Harrison, Michael Baldwin, Mel Ramsden이 이 그룹에서 활동했다. 그들이 근래 발표한 논문 중 10월학파와의 논쟁을 다룬 Art and Language, "Voices Off: Reflections on Conceptual Art", *Critical Inquiry* 33, no. 1(2006): 113-35 참조.

58. *Geijutsu Kurabu*, no. 8(Apr. 1974): 42-67; Reiko Tomii, "Concerning the Institutionalism of Art: Conceptualism in Japan", *Global Conceptualism: Points of Origin, 1950s-1980s*, Luis Camnitzer, Jane Farver, Rachel Weiss 편집(New York: Queens Museum of Art, 1999), 16, 27, n. 6과 n. 10.

59. 러셀과 중국은 Eric Hayot의 "Bertrand Russell's Chinese Eyes", 참조. *Modern Chinese Literature and Culture* 18, no. 1(2006): 132-39 수록.

60. Simon Leung과 Janet Kaplan의 "Pseudo-Languages: A Conversation with Wenda Gu, Xu Bing, and Jonathan Hay", 참조. *Art Journal* 58,

no. 3(Fall 1999): 90 수록.

61. 같은 책.

62. Gao Minglu, "Seeking a Model of Universalism: The *United Nations* Series and Other Works", 참조. *Wenda Gu: Art from Middle Kingdom to Biological Millennium*, Mark H. C. Bessire 편집(Cambridge, MA: MIT Press, 2003), 20-29 수록.

63. 쉬빙의 중국어 사용은 Liu Yuedi의 "Calligraphic Expression and Contemporary Chinese Art: Xu Bing's Pioneer Experiment", 참조. *Subversive Strategies in Contemporary Chinese Art*, Mary Bittner Wiseman, Liu Yuedi 편집(Leiden, the Netherlands: Brill, 2011), 87-108 수록.

10. 계산

1. 튜링의 짧은 경력은 1954년 그가 영국에서 동성애로 유죄판결을 받은 후 41세에 자살했을 때 끝났다. 영국 정부는 튜링에게 교도소와 성욕을 제거하는 에스트로겐 주사 주입 중 하나를 선택하길 제안했다. 세계적인 마라톤 선수이기도 한 튜링(최고기록 2시간 36분)은 물리적 부작용이 극심한 주사를 선택했고 2년 후 시안 중독으로 죽었다. 영국은 1967년 동성애를 합법화했고 2013년 튜링은 사후 사면을 받았다. 튜링의 삶과 죽음은 옥스퍼드대학교 수학교수 Andrew Hodges의 전기 참고. 참고로 호지스 교수는 동성애 해방운동 기간인 1970년대에 인권운동가로 활동했다. Hodges, *AlanTuring: The Enigma*는 Morten Tyldum이 감독한 영화 *The Imitation Game*(2014년)의 원작이 되었다. 자신이 구한 나라의 명령으로 죽임을 당한 튜링의 모순적인 삶에 많은 예술적 반응이 있었다. 그 요약을 보려면 Michael Olinick, "Artists Respond to Alan Turing", *Math Horizons* 19, no. 4(Apr. 2012): 5-9 참조.

2. Martin Davis는 컴퓨터 기술과 무관하게 발전했지만 컴퓨터 구성에 쓰인 수학역사를 에필로그에서 강조했다. *The Universal Computer: The Road from Leibniz to Turing*(New York: Norton, 2000), 209 참조.

3. Arnold Schoenberg, "Composition with Twelve Tones(I)"(1941), Leo Black이 번역하고 Leonard Stein이 편집한 *Style and Idea: Selected Writings of Arnold Schoenberg*(London: Faber and Faber, 1941/rpt. 1975): 214-25 수록; 인용구는 225 참조.

4. 예를 들어 1938년 프린스턴대학교 음악학부 교수이자 1943년 수학과 교수였던 미국 작곡가 Milton Babbit(1916-20)은 다른 사람들이 작곡한 12가지 음악을 분석하고 자신만의 곡을 만들기 위해 이론을 적용했다. Milton Babbitt의 "Some Aspects of Twelve-Tone Composition", *The Score* 12(1955년 6월): 53-61 참조.

5. Schoenberg, "Composition with Twelve Tones", 220 참조.

6. Rudolf Stephan, "Schoenberg and Bach", Walter Frisch 번역, in *Schoenberg and His World*, Walter Frisch 편집(Princeton, NJ: Princeton University Press, 1999), 126-40 참조.

7. Edward Rothstein, *Emblems of Mind: The Inner Life of Music and Mathematics*(New York: Random House, 1995) 참조.

8. Joan Allan Smith의 *Schoenberg and His Circle*(London: Collier Macmillan, 1986), 174 참조. Allen Shawn, *Arnold Schoenberg's Journey*(New York: Farrar, Straus, and Giroux, 2002), 44-47, 93. Shawn은 다음과 같은 글을 남겼다. "높은 불안감 지수와 그가 1909-1913년 작곡한 음악작품에 특정 문학적 주제가 있던 것을 볼 때 쇤베르크의 개인적 삶이 어떠했는지 이해하는 것은 어렵지 않다."(47).

9. 쇤베르크의 시각예술은 Thomas Zaunschirm이 편집한 *Arnold Schoenberg, das bildnerische Werk/Arnold Schoenberg, Paintings and Drawings*(Klagenfurt, Austria: Ritter, 1991) 참조.

10. Theodor Adorno, *Philosophy of New Music*(1949), Robert Hullot Kentor 번역(Minneapolis: University of Minnesota Press, 2006), 35. 아도르노는 "기다림의 독백에는 매일 밤 악몽에 사로잡혀 자신이 사랑하는 남자를 찾지만 그가 죽은 것을 발견하는 여주인공이 있다. 그녀는 정신분석 환자를 의자에 앉히듯 음악으로 자리에 앉는다."; 37. 다음 문헌 참조; Lewis Wickes, "Schoenberg, *Erwartung*, and the Reception of Psychoanalysis in Musical Circles in Vienna until 1910-1911", *Studies in Music* 23(1989): 88-106; Alexander Carpenter, "Schoenberg's Vienna, Freud's Vienna: Re-examining the Connections between the Monodrama *Erwartung* and the early history of Psychoanalysis", *Musical Quarterly* 93, no. 1(2010), 144-81.

11. 쇤베르크가 유대교로 다시 돌아온 뒤 그의 후기작품은 Kenneth H. Marcus, "Judaism Revisited: Arnold Schoenberg in Los Angeles", *Southern California Quarterly* 89, no. 3(2007): 307-25 참조.

12. 1927년 소련 정부는 러시아 혁명 10주년 기념을 위해 실린저에게 '10월'이라는 제목의 작품을 의뢰했다.

13. 실린저의 과학, 수학, 음악의 융합은 Warren Brodsky, "Joseph Schillinger(1895-1943): Music Science Promethean", *American Music* 21, no. 1(Spring 2003): 45-73 참조. 실린저의 교재는 사후 *The Mathematical Basis of the Arts*(New York: Philosophical Library, 1948)로 출판되었다.

14. 테레민이 레닌과 함께한 회의는 Albert Glinsky, *Theremin: Ether Music and Espionage*(Urbana: University of Illinois Press, 2000), 28-31 참조.

15. Paul Nauert의 "Theory and Practice in Porgy and Bess: The Gershwin-Schillinger Connection", *Musical Quarterly* 78, no. 1(1994): 9-33 참조.

16. 테레민의 기괴하고 극적인 삶은 Glinsky의 *Theremin* 참조.

17. 뉴욕의 디아재단 창립이사 Heiner Friedrich는 뉴욕 소호지구의 한 빌딩(Harrison Street 6번지)에서 영의 공연에 자금을 제공하겠다고 제안했다. 디아재단은 이 건물을 개조해 드림하우스Dream House라고 명명했고 1979년부터 1985년까지 영과 그의 파트너 Marian Zazeela의 주거 및 공연 공간으로 아낌없이 지원했다. 디아재단 측에서 1985년 주가하락으로 자금을 회수한 뒤 공연은 중단되었다. Phoebe Hoban, "Medicis for a Moment", *New York Magazine* 18, no. 46(1985): 56-57 참조.

18. James Harley, Xenakis: *His Life in Music*(New York: Routledge, 2004) 참조.

19. 초기에 중점을 둔 컴퓨터아트 역사는 Barbara Nierhoff-Wielk의 "*Ex machina*-the Encounter of Computer and Art: A Look Back", in *Ex Machina-Fruhe Computergrafik bis 1979*(Bremen, Germany: Kunsthalle Bremen, 2007), 20-57 참조.

20. Grant Taylor, "Soulless Usurper: Reception and Criticism of Early Computer Art", Hannah B.와 Douglas Kahn이 편집한 *Mainframe Experimentalism: Early Computing and he Foundations of Digital Arts*(Berkeley: University of California Press, 2012), 17-37 참조.

21. Higgins와 Kahn의 *Mainframe Experimentalism*, 65-89에서 Christof Klutsch의 "Information Aesthetics and Stuttgart School" 참조. 또한 벤제는 언어학을 차용해 1950년대에 언어를 위한 컴퓨터 모형을 채택했다. 1957년 미국의 놈 촘스키는 인간은 언어를 만들어내는 보편적인 문법 알고리즘 집합을 타고나기 때문에 언어구조가 존재한다는 가설을 세웠다(*Syntactic Structures*, 1957). 벤제는 촘스키의 생성문법 이론을 그가 '생성미학'이라 부르는 이론으로 변형했다. 촘스키와 그의 학생들이 MIT에서 (상당히 성공적으로) 내재한 언어 알고리즘을 연구할 때 벤제와 그의 학생들은 슈투트가르트에서 내재한 미적 알고리즘을 발견하고자 노력했으나 크게 성공하지 못했다. 막스 벤제의 '정보미학'이 독일에서 받은 평가는 Peter Krapp이 번역한 *Grey Room* 29(Fall 2007): 110-33과 Claus Pias, "Hollerith 'Feathered Crystal': Art, Science, and Computing in the Era of Cybernetics" 참조. 이 논문은 '아름다움을 프로그래밍한다Programmierung des Schonen'라는 슬로건을 채택할 정도로 기술을 열렬히 환영한 벤제와 예술의 목적은 2차 세계대전 이후 상처받은 독일 사회를 치유하는 것이라고 주장한 Joseph Bueys라는 두 반대되는 인물이 1970년에 대립한 악명 높은 사건을 다뤘다.

22. *Georg Nees, Kunstliche Kunst: Die Anfange*(Bremen, Germany: Kunsthalle Bremen, 2005)의 Georg Nees, "Kunstliche Kunst: Wie man

sie verstehen kann"(인공 예술: 어떻게 이해할 수 있는가), n. p.; *Ex Machina*, 428에서 인용.

23. 벤제의 작품에서 영감을 받은 현대작가의 작품 전시회는 그가 독일 지식인 계층에 여전히 영향력이 있음을 시사한다. *Bense und die Kunste*(Karlsruhe, Germany: Zentrum fur Kunst und Medientechnologie, 2010) 참조.
24. 1945년 이후 예술과 기술에 관한 논쟁에서 Kepes와 Klüver의 역할은 Anne Collins Goodyear, "Gyorgy Kepes, Billy Kluver, and American Art of the 1960s: Defining Attitudes towards Science and Technology", *Science in Context* 17, no. 4(2004): 611-35 참조.
25. 자그레브의 컴퓨터아트는 Margit Rosen이 편집한 *A Little-Known Story about a Movement, a Magazine, and the Computer's Arrival in Art: New Tendencies and Bit International, 1961-1973*(Cambridge, MA: MIT Press, 2011) 참조.
26. Jasia Reichardt가 큐레이트한 *Cybernetic Serendipity: The Computer and the Arts*(London: Institute of Contemporary Art, 1968) 참조. Paul Brown, Charlie Gere, Nicholas Lambert, Catherine Mason이 편집한 *White Heat Cold Logic: British Computer Art*(Cambridge, MA: MIT Press, 2009)도 참조. 벤제는 1969년 하노버에 있는 Kubus를 위해 내일의 전야제Computerkunst를 기획했다.
27. 컴퓨터아트 개요는 Christiane Paul, *Digital Art*(London: Thames and Hudson, 2003)와 Rachel Green, *Internet Art*(London: Thames and Hudson, 2004), Woldn Lieser, *Digital Arts: Neue Wege in der Kunst*(Potsdam, Germany: H. F. Ullmann, 2010) 참조.
28. Alan Watts, "Square Zen, Beat Zen, and Zen", *Chicago Review* 12, no. 2(1958): 3-11; 인용구는 5-6 참조.
29. 마츠자와는 1964년 'Ψ 시체' 전단지를 *Han Bunmei Ten*(1965년의 반문명 전시회)에 참석한 방문객에게 배포했다. Reiko Tomii가 일본어를 영어로 번역 Camnitzer, Farver, Weiss, *Global Conceptualism*, 19에 수록(9장, n. 58 참조).
30. 같은 책.
31. 같은 책.
32. 라인하르트의 정치적 견해는 *Art as Art: The Selected Writings of Ad Reinhardt*의 "Art and Politics" 섹션에서 날짜가 적혀 있지 않은 작가의 글 참조. Barbara Rose 편집(New York: Viking), 171-81.
33. 부정신학과 세속사회와의 관련성은 벨기에 가톨릭 신학자 Louis Dupre, "Spiritual Life in a Secular Age", *Daedalus* 111(1982): 21-31 참조.
34. 머튼은 "Wisdom in Emptiness: A Dialogue by Daisetz T. Suzuki and Thomas Merton", *Zen and the Birds of Appetite*(New York: New Directions, 1968) 99-138에서 그들의 관계를 설명했다.
35. 날짜가 적혀 있지 않은 애드 라인하르트의 노트 *Art as Art*, 108에 수록. 라인하르트는 다른 메모에서 'Black'에 관한 인용문을 수집했다. "'The Tao is dim and dark'(Lao Tzu, BC 4세기), (…) 'The divine dark'(Meister Eckhardt, AD 14세기), 'Dark night of the soul'(of Saint John of the Cross, AD 16세기)" 98.
36. 1957년 11월 23일 머튼이 라인하르트에게 보낸 편지. Thomas Merton Study Center, Bellarmine College, Louisville, Kentucky. 이 편지와 다른 편지는 Joseph Mashek이 "애드 라인하르트가 토머스 머튼에게 보내는 편지와 그가 받은 답신 2장"에 수록했다. *Artforum* 17(1978년 12월) : 23-27; 인용구는 24 참조.
37. Ad Reinhardt, "The Black Square Paintings"(1961), Art as Art, 82-83; 인용구는 83 참조. 라인하르트 예술의 의미는 *Ad Reinhardt*(New York: Rizzoli, 1991) 11-33에 수록된 Yve-Alain Bois의 "The Limit of Almost" 참조. 라인하르트가 종교를 대한 태도는 *Ad Reinhardt*(London: Reaktion, 2008) 86-91에 수록된 Michael Corris의 "Neither Sacred nor Secular" 참조.
38. 아시아 미술이 라인하르트 시대 미국 예술가들에게 미친 영향은 Bert Winter-Tamaki, The Asian Dimensions of Post-war Abstract Art: Calligraphy and Metaphysics", 145-97과 Alexandra Monroe가 편집한 *The Third Mind: American Artists Contemplate Asia*(New York: Guggenheim Museum, 2009)에 수록된 Alexandra Monroe, "Buddhism and the Neo-Avant-Garde: Cage Zen, Beat Zen, and Zen", 199-273 참조.
39. James Breslin은 마크 로스코의 기록 보관소가 소장한 "The Scribble Book"에서 로스코의 시를 그의 전기 *Mark Rothko: A Biography*(Chicago: University of Chicago Press, 1993) 44에 수록해 출판했다. Breslin에 따르면 로스코의 친구 Sally Avery는 로스코가 1930년대에 플라톤을 자주 언급했다고 회상했다(244). David Anfam은 1940년대 로스코가 플라톤에게 보인 관심사에 관해 Buffie Anderson이 비슷하게 기억하는 것을 전달했다. David Anfam, *Mark Rothko: The Works on Canvas: Catalogue raisonne*(New Haven, CT: Yale University Press, 1998), 98 수록.
40. John Cage, "Composition as Process"(1958), *Silence: Lectures and Writings*(Middletown, CT: Wesleyan University Press, 1961), 18-57; 인용구는 23에 수록.
41. Maciunas의 *Learning Machines: From Art History to a Chronology of Fluxus*(Berlin: Vice Versa, 2003), 13-15와 85-113에 수록된 Astrit Schmidt-Burkhardt, "Mapping Art History" 참조. 그런 차트를 만든 이전 시대의 예시로는 Alfred J. Barr의 "Diagram of Stylistic Evolution from 1890 to 1935(1890년부터 1935년까지 스타일 진화도)"가 있는데, 이 작품은 *Cubism and Abstract Art*(New York: Museum of Modern Art, 1935)의 표지로 쓰였다.
42. 드 마리아는 예술 후원자 Heiner Friedrich에게 "선택받은 이들"(11장 참조) 중 하나로 '벼락 치는 들판'의 설치자금은 디아재단이 지원했다. Hoban, "Medicis for a Moment". 56(n. 17) 참조.
43. 1945년 이후의 대중과학 저널리즘에 보인 1920-1930년대 독일 물리학자들의 태도의 기원은 Cathryn Carson의 "Who wants a Postmodern Physics?" *Science in Context* 8, no. 4(1995): 635-55 수록. 특히 644ff 참조.
44. 하이젠베르크는 이렇게 말했다. "코펜하겐 해석의 모든 반대자는 어떤 한 가지에 동의한다. 그들은 고전물리학의 실재 개념으로 돌아가는 것이 바람직하다고 하지만, 좀 더 일반적인 철학 용어로 물질주의의 존재론에 접근하는 것이 바람직하다. 우리가 관찰하는지와 관계없이 돌과 나무는 존재한다. 같은 의미로 가장 작은 부분이 존재하는 객관적 현실세계에 관한 생각으로 돌아가는 것을 선호한다. 그러나 이것은 원자 현상의 본질 때문에 불가능하거나 적어도 가능하지 않다." *Physics and Philosophy: The Revolution in Modern Science*(London: George Allen and Unwin, 1959), 115. 이 책은 하이젠베르크가 스코틀랜드의 세인트앤드루스대학교에서 1955년 후반부터 1956년 초에 (영어로) 시행한 물리학 지식의 역사수업 내용을 담고 있다.
45. 신지론과 뉴에이지 운동 사이의 연관성은 Olav Hammer, *Claiming Knowledge: Strategies of Epistemology from Theosophy to the New Age*(Leiden, the Netherlands: Brill, 2001) 참조. 1920년대에 막스 플랑크는 신비주의가 부상한다며 이렇게 불평했다. "진보를 위해 많은 일이 일어나고 있는 우리 시대에 다양한 형태의 신비주의, 정신주의, 신지학 그리고 음지에 있는 기적과 관련된 신념과 이름이 과학적 측면의 방어적 노력에도 불구하고 교육을 받았거나 받지 못한 대중에게 그 어느 때보다 더 깊이 침투했다." *Vortrage und Erinnerungen*(Darmstadt, Germany: Wissenschaftliche Buchgesellschaft, 1949/rpt. 1975)에 수록된 Max Planck, "Kausalgesetz und Willensfreiheit"(1923), 139-68 참조; 인용구는 162−63 참조. 신지학 창시자인 블라바츠키의 발자취를 따라 1차 세계대전 이후 신지론자들은 신비주의를 지지하기 위해 과학의 권위를 추구했다. 오스트리아의 신지론자 루돌프 슈타이너는 모든 독일인의 영혼에 역동적인 삶의 힘을 일으켜야 한다고 촉구했고(*Appeal to the German People and the Civilized World, 1919*) 독일 물리학자 Max van Laue는 슈타이너가 '과학의 영성화'를 가르친다며 불평했다."(*'Vergeistigung' der Naturwissenschaft*); Max van Laue, "Steiner und die Naturwissenschaft", Deutsche Revue 47(1922): 41-

49; 인용구는 41 참조. 1922년 미국의 신지론자 앨리스 베일리는 과학 느낌이 나는 제목의 *The Consciousness of the Atom*(New York: Lucifer Press)을 집필해 "물질과 의식 관계에 관한 과학적 증언"을 발표하겠다고 선언했고(5) 2차 세계대전 때는 뉴에이지 운동을 시작했다(*Discipleship in the New Age*, 1944).

46. 이 현상의 자세한 설명은 다음 참조. Victor J. Stenger, *Physics and Psychics: The Search for a World Beyond the Senses*(Amherst, NY: Prometheus, 1990); Stenger, *The Unconscious Quantum: Metaphysics in Modern Physics and Cosmology*(Amherst, NY: Prometheus, 1995).
47. Finn Aaerud가 편집한 *Niels Bohr: Collected Works*,(Amsterdam: Elsevier, 1999)에 수록된 Niels Bohr, "Biology and Atomic Physics"(1937), 10:49-62; 인용구는 60 참조.
48. 덴마크 정부는 1947년 보어에게 기사 작위를 수여했고 이때 보어는 "대립적인 것은 상호보완적이다*contraria sunt complementa*"라는 라틴어 격언과 음양 문양이 들어간 문장을 디자인했다. Bohr의 전기작가 Arara Pais는 보어가 1920–1930년대 상보성 연구를 마친 후 삶의 후반기에 철학에 관심을 기울였기 때문에 그의 원자론 연구는 철학(동양 또는 서양)에 영향을 받지 않았다고 기재했다. Pais의 *Niels Bohr's Times: in Physics, Philosophy, and Polity*(Oxford, England: Clarendon, 1991), 424 참조.
49. Fritjof Capra는 *The Tao of Physics: An Exploration of the Parallels between Modern Physics and Eastern Mysticism*(Berkeley, CA: Shambhala, 1975), 144에서 보어의 문장을 사용했다.
50. Capra는 *Tao of Physics* 전반에 걸쳐 하이젠베르크를 직접 인용했다. 10, 18, 28, 45, 50, 53, 67, 140, 264 참조.
51. 근본 물리 그룹의 역사는 David Kaiser, *How the Hippies Saved Physics: Science, Counterculture, and the Quantum Revival*(New York: Norton, 2011) 참조.
52. Deepak Chopra, *Ageless Body, Timeless Mind: The Quantum Alternative to Growing Old*(New York: Random House, 1993), 5.
53. N. Katherine Hayles, *The Cosmic Web: Scientific Field Models and Literary Strategies in the Twentieth Century*(Ithaca, NY: Cornell University Press, 1984), 84에 수록. 코펜하겐 해석이 문학에 미친 영향은 Susan Strehle의 *Fiction in the Quantum Universe*(Chapel Hill, NC: University of North Carolina Press, 1992); Maureen DiLonardo Troiano, *New Physics and the Modern French Novel*(New York: P. Lang, 1995)과 Elisabeth Emter, *Literatur und Quantentheorie: Die Rezeption der modernen Physik in Schriften zur Literatur und Philosophie deutschsprachiger Autoren, 1925-1970*(Berlin: Walter de Gruyter, 1995) 참조. 냉전 기간 동안 많은 문학적 인물이 실존주의의 창시자 마르틴 하이데거가 1950년대에 촉진한 코펜하겐 해석에서 영감을 받았다. 이 철학자는 1927년부터 물리학 발전을 따라갔고 그의 저서 Being and Time이 독일에서 출간되었다. 그해에 하이젠베르크는 Uncertainty Principle을 출판했다. 1935년 하이데거와 하이젠베르크는 Todtnauberg에서 철학자로서의 은퇴를 놓고 오랜 시간 대화를 나눴다. 하이데거와 하이젠베르크의 관계는 Cathyrn Carson, "Modern or Anti-modern Science? Weimar Culture, Natural Science, and the Heidegger-Heisenberg Exchange" 참조; *Carson, Weimar Culture and Quantum Mechanics*, 523-42 수록(8장, n.31).
54. Thomas Pynchon, *Gravity's Rainbow*(New York: Viking, 1973), 391 수록.
55. 유감스럽게도 완전하지는 않다. 최근 양자 신비주의에 관한 발표는 2004년 제작한 다큐멘터리 스타일의 미국 영화 *What the Bleep Do We Know?* 참고. 물리학자 Lisa Randall은 양자 신비주의를 그녀의 저서 *Knocking on Heaven's Door: How Physics and Scientific Thinking Illuminate the Universe and the Modern World*(New York:Ecco, 2011)에서 "과학자의 골칫거리"로 묘사했다(10).

11. 2차 세계대전 이후의 기하추상

1. Richard Paul Lohse는 자신의 작품에서 동등한 부분을 비계급적 순서로 배열했다는 점에서 "민주적"이라고 표현했다. "연속원칙은 급진적으로 민주적인 원칙이다." Hans Joachim Albrecht et al., *Richard Paul Lohse: Modulare und serielle Ordnungen, 1943-84/ Ordes modulaires et seriels, 1943-84/ Modular and Serial Orders, 1943-84*(Zurich: Waser, 1984), 142. Lohse의 반파시즘 정서는 1934년 취리히로 피난을 떠난 독일 화가 Irmgard Burchard와 결혼생활을 하면서(1936-1939년) 더 강해졌다. Lohse의 작품에 담긴 사회적 의미는 Felix Wiedler의 "Die soziale Substanz innerhalb des Multiplikativen/The Social Substance within the Multiplicative Aspect", Jane Thorley Wiedler 번역, in *Lohse: Drucke*, 46-62(7장 n. 37) 참조.
2. Max Bill, *Form: Eine Bilanz uber die Formentwicklung um die Mitte des XX. Jahrhunderts/A Balance Sheet of Mid-Twentieth-Century Trends in Design/Un bilan de l'evolution de la forme au milieu du XXe siecle*(Basel, Switzerland: Karl Werner, 1952), 11.
3. Max Wertheimer는 자신의 저서에서 '좋은 게슈탈트*gute Gestalt*'라는 용어를 썼다. in "Untersuchungen zur Lehre von der Gestalt", *Psychologische Forschung*, K. Koffka, W. Kohler, M. Wertheimer 편집(Berlin: Springer, 1923), 4:326.
4. 1949년 디자인 매거진 *Werk*의 편집자들은 해당 호의 주제로 '좋은 형태gute Form'를 채택했는데, 이때 막스 빌이 "Schonheit aus Funktion und als Funktion"(기능의 아름다움과 아름다움으로서의 기능)을 투고했다. Werk 36, no. 8(1949): 272-74. 같은 해 빌은 전시회 *Die gute Form*(Zurich: Kunstgewerbemuseum, 1949)을 주최했다. Claude Lichtenstein의 "Theorie und Praxis der guten Form: Max Bill und das Design", in *Max Bill: Aspekte seines Werkes*(Sulgen, Switzerland: Niggli, 2008), 144-57 참조.
5. Herbert Lindinger의 "Ulm: Legend and Living Idea" 참조. *Ulm Design, 1953-1968: The Morality of Objects*, David Britt 번역, Herbert Lindinger 편집(Cambridge, MA: MIT Press, 1990), 9-13 수록. 울름의 학생은 거의 절반이 외국인이었는데 당시 독일의 다른 대학의 외국인 비율이 10% 남짓이던 것과 상당히 대조적이다. 알제리, 아르헨티나, 오스트리아, 벨기에, 브라질, 캐나다, 칠레, 콜롬비아, 핀란드, 프랑스, 영국, 그리스, 헝가리, 인도, 인도네시아, 이스라엘, 일본, 멕시코, 네덜란드, 뉴질랜드, 노르웨이, 페루, 폴란드, 남아프리카공화국, 대한민국, 스웨덴, 스위스, 태국, 트리니다드섬, 터키, 미국, 베네수엘라, 베트남, 유고슬라비아의 학생이 울름으로 유학을 왔다.
6. 울름 미술학교는 조형Hochschule을 산업과 연결하려는 시도에 어느 정도 성공했지만 1968년 5월 전 유럽을 휩쓴 프랑스 파업의 영향과 학생들의 강력한 요구에 부딪혀 재정적으로 무너졌고 그해 문을 닫았다.
7. 1949년 11월 28일 투렐이 스페이저에게 보낸 편지. Adrien Turel Stiftung, Zentralbibliothek Zurich, MS 25.
8. Max Bill, "Die mathematische Denkweise in der Kunst unserer Zeit" (The mathematical way of thinking in the art of our time), in *Antoine Pevsner, Georges Vantongerloo, Max Bill*(Zurich: Kunsthaus, 1949), n. p.; 이 논문은 잡지 *Werk* 36, no. 3(1949)에 등재되었다.
9. 같은 글.
10. 같은 글.
11. 같은 글.
12. 같은 글.
13. 이 학회는 Leon Battista Alberti의 건축십서(1452년 완성, 1485년 출판)부터 르코르뷔지에의 모듈러(1946)에 이르는 수학도형을 특징으로 하는 비율 역사 전시회에 맞춰 열렸다. Marzoli, *Studi sulle proporzioni*(2장 n. 40) 참조.
14. 빌의 두 번째 부인 Angela Thomas가 이 사건을 기억해 자신이 큐레이트한 전시회 카탈로그에 실었다(Studen, Switzerland: Fondation Saner, 1993), 36. 스위스 예술사학자 Margaret Staber도 1950년대 후

반 울름에서 빌의 학생이었을 때를 회상하며 그가 그녀에게 아인슈타인과 프로이트에 관한 작은 책을 주었다고 했다. *Ein Briefwechsel A. Einstein-Sigmund Freud, Warum Krieg?*(Paris: Internationales Institut fur geistige Zusammenarbeit, 1933); 내가 2008년 3월 12일 취리히에서 Staber와 인터뷰한 것에 기반.

15. Der *Geist der Farbe: Karl Gerstner und seine Kunst*, Henri Stierlin 편집(Stuttgart, Germany: DVA, 1981) 참조; Dennis Q. Stephenson이 번역하고 Henri Stierlin이 편집한 영문판은 *The Spirit of Colors: The Art of Karl Gerstner*(Cambridge, MA: MIT Press, 1981)로 출판되었다. 다른 옛 예술가들처럼 게르스트너는 그래픽디자이너로 일했다. Karl Gerstner: Ruckblick auf 5×10 Jahre Graphik Design, Manfred Kroplien 편집(Ostfilden-Ruit, Germany: Hatje Cantz, 2001); 영문판 *Karl Gerstner: Review of 5×10 Years of Graphic Design*, Tas Skorupa와 John St. Southward 번역, Manfred Kroplien 편집(Ostfilden-Ruit, Germany: Hatje Cantz, 2001).
16. 내가 2008년 3월 8일 스위스 Schonenbuch에서 게르스트너를 인터뷰한 것에 기반.
17. Karl Gerstner, "Sketches for the Color Lines", *24 Facsimile Pages from a Sketchbook*(Zurich: Editions Pablo Stahli, 1978), n. p.
18. 로제는 그림 11-17을 1943-70년에 작업했다며 자신이 색 진행을 수십 년 전부터(즉, 게르스트너보다 이전에) 했다고 주장했다. 또 다른 예시로 로제가 *Six Continuous Color Bands with Equal Quantities*(Foundation H. and R. Rupf, Kunsthalle Bern 컬렉션)의 날짜를 1950-69년으로 제시한 것이 있다. 이 날짜가 일반적이지 않게 긴 것은(각각 26년과 19년) 로제가 작품 날짜를 적을 때 처음 구상한 때부터 실제로 작품을 완성한(수십 년 후) 시기를 적었기 때문이다. 나는 서류를 검증할 수는 있어도 사람의 마음을 읽지는 못하므로 로제의 그림을 완성한 날짜를 기반으로 적었다. 특히 로제가 색 진행을 시작한 것을 실제로 색 진행 작품을 그린 날짜를 기준으로 적었다. 그 결과 1960년대 중반 이전에는 그런 작품을 발견할 수 없었다. 1967년 전시회에 전시한 1942년부터 1967년 사이에 작업한 30여 점에는 색 진행을 적용한 그림이 없었다(*Richard Paul Lohse*, exhibition at Galerie Denise Rene, Paris, Nov. 4-Dec. 4, 1967). 1960년대 중반의 추가 증거로는 로제의 그래픽아트가 있다(그는 그 작품에서 순수미술 작품처럼 색과 형태 패턴을 꾸준히 사용했다). 로제의 그래픽아트 작품에서도 1960년대 중반 이전에는 색 진행이 보이지 않는다. *Richard Paul Lohse: Catalogue raisonne*(Ostfildern-Ruit, Germany: Hatje Cantz, 1999), vol. 1(graphic art) 참조. 로제는 그림을 완성한 날짜보다 훨씬 더 이전에 그것을 구상했다고 적었다. 그러나 그런 작품은 그가 사망하고 3년이 지난 후 1985년 전시회까지 발표되지 않아 그가 남긴 1960년대 이전의 날짜를 독립적으로 검증할 방법이 없다. *Richard Paul Lohse, Zeichnungen: Dessins, 1935-1985: Hans-Peter Riese, Friedrich W. Heckmanns, Richard Paul Lohse*(Baden, Germany: LIT, 1986).
19. 푸앵카레의 유명한 작품 중 몇몇은 20세기 초반 파리에서 잘 알려져 있었다. Henri Poincare의 *La science et l'hypothese*(1902), *Science et methode*(1904), *La Valeur de la science*(1908). 뒤샹과 푸앵카레 얘기는 Craig Adcock의 "Conventionalism in Henri Poincare and Marcel Duchamp", *Art Journal* 44, no. 3(1984): 249-58 참조. 뒤샹은 재미 삼아 과학과 수학 기호를 뒤틀어 난센스 문제를 즐겨 만든 냉소주의자다. 다음 문헌 참조. *Craig Adcock, Marcel Duchamp's Notes from the Large Glass: An N-Dimensional Analysis*(Ann Arbor, MI: UMI Research Press, 1983); Linda Dalrymple Henderson, *Duchamp in Context: Science and Technology in the Large Glass and Related Works*(Princeton, NJ: Princeton University Press, 1998).
20. 뒤샹이 *Tu m'*에서 사용한 그림 방식 분석은 카를 게르스트너가 도형을 그림의 중요 부분으로 사용한 것 참조. Gerstner, *Marcel Duchamp: Tu m'*, John S. Southard 번역(Ostfildern-Ruit, Germany: Hatje Cantz, 2001).
21. 부르바키에게 미친 힐베르트의 영향은 Leo Corry의 *Modern Algebra and the Rise of Mathematical Structure*(Basel, Switzerland: Birkhauser, 1996) 참조. Corry는 힐베르트의 형식주의학파와 그들이 부르바키가 수학의 본질을 구성주의 위계로 바라본 시각에 미친 영향을 다룬 뒤, 그 그룹이 실제로 힐베르트가 고안한 공리 시스템을 사용하지 않았다고 주장했다. 수학사학자 J. S. Bell은 부르바키의 구성주의는 힐베르트의 구성주의에서 온 것이 아니라 프랑스의 구성주의 언어학에서 영향을 받았다고 주장했지만 그 가설을 지지하는 역사적 증거는 제시하지 않았다. Bell, "Category Theory and the Foundations of Mathematics", *British Journal of the Philosophy of Science* 32(1981): 349-58.
22. 근대 공리에 관한 힐베르트와 부르바키의 인식 차이는 Leo Corry의 "The Origins of Eternal Truth in Modern Mathematics: Hilbert to Bourbaki and Beyond", *Science in Context* 10, no. 2(1997): 253-96 참조.
23. 부르바키의 역사를 삽화로 설명한 Maurice Mashaal의 Bourbaki: *A Secret Society of Mathematicians*, translated from French by Anna Pierrehumbert(Providence, RI: American Mathematical Society, 2006) 참조.
24. 이 공통적인 관측의 역사적 기반은 David Aubin의 저서에 잘 나타나 있다. "The Withering Immortality of Nicolas Bourbaki: A Cultural Connector at the Confluence of Mathematics, Structuralism, and the Oulipo", *Science in Context* 10, no. 2(1997): 297-342. Aubin은 부르바키가 언어적 구성주의에서 직접 영향을 받거나 영향을 준 것이라고 주장하는 대신 부르바키가 프랑스 문화에 미친 역할을 '문화적 연결자' 개념을 도입해 설명했다. 그렇지만 프랑스의 수학자이자 역사학자인 Jean-Michel Kantor는 부르바키와 레비스트로스의 언어적 구성주의 사이의 역사적 연관성을 강하게 논쟁하며 레비스트로스와 그의 주변 지식인이 부르바키를 인용해 자신의 사회과학에 수학적 권위를 부여했다고 주장했다. Kantor, "Bourbaki's Structures and Structuralism", *Mathematical Intelligencer* 33, no. 1(2011): 1 참조.
25. 울리포 형성은 Warren Motte의 저서 참조. *Oulipo: A Primer of Potential Literature*, Warren Motte 번역 및 편집(Lincoln: University of Nebraska Press, 1986), 1-22. 리요네와 크노는 Marcel Duchamp, Max Ernst, Lucio Fontana, and Joan Miro 등 파타피직스의 창시자 알프레드 자리Alfred Jarry를 추종하는 화가와 작가 그룹인 대학 내 작은 모임으로 울리포를 결성했다. 1898년 자리는 파타피직스를 "허구적인 해법의 과학"이라고 정의하며 이성만으로는 현실의 물리를 완전하게 설명하지 못하는 과학자들의 무능을 강조했다. 자리는 고대 원자론자 루크레티우스의 클리나멘(서로 부딪히는 원자들의 무작위 흐름; 3장 참조)을 시적 창의성의 핵심 특징으로 보았다. 자리가 사용한 루크레티우스의 문헌은 다음 참조. Andrew Hugill, *Pataphysics: A Useless Guide*(Cambridge, MA: MIT Press, 2012), 15-16. 또한 Steve McCaffery는 *Prior to Meaning: The Protosemantic and Poetics*(Chicago: Northwestern University Press, 2001)에서 다음과 같이 남겼다. "자리의 파타피직스적 전략은 원자적 존재론을 사용하지 않지만 클리나멘과 비슷한 방법을 사용한다."(24; 2-22 참조).
26. 크노의 *Les fondements de la litterature d'apres David Hilbert*(1976)는 *La bibliotheque oulipienne*(Paris: Editions Seghers, 1990), 1:35-48에 3번 분책fascicle으로 출판되었다.
27. 구르지예프는 1915년부터 1918년까지 러시아에서 Peter Ouspensky를 가르쳤지만 1917년 10월 혁명 이후 러시아에서 영적인 내용을 가르칠 수 없었다. 1923년 그는 프랑스의 퐁텐블로-아봉으로 가서 인류의 조화로운 발전을 위한 연구소Institute for the Harmonious Development of Man를 설립하고 파리에 정착해 1949년 사망할 때까지 자신의 사상을 가르쳤다. 구르지예프의 제자 Ouspensky의 기록에 따르면 Morellet는 예술가들이 예술에 수학적으로 접근해야 하며 관찰자의 지성과 영혼에 영향을 미치는 것을 목적으로 해야 한다는 구르지예프의 관점에 관심을 기울였다. Peter Ouspensky, *In Search of the Miraculous*, n.t.(New York: Harcourt, Brace, 1949), 27 참조.
28. Francois Morellet, "Discours de la methode", in *Francois Morellet: Discours de la methode*(Mainz, Germany: Galerie Dorothea van der

Koelen, 1996), 6.

29. Thierry Lenain and Thomas McEvilley, *Bernar Venet*(Paris: Flammarion, 2007) 참조.

30. 부르바키와 구성주의의 연관성 그리고 그 둘의 쇠락은 Aubin의 "Bourbaki: A Cultural Connector", 297–342(n. 24) 참조.

31. 과학이 객관적 현실을 다루지 못한다는 프랑스의 후기 구조주의 비평은 다음 참조. Alan Sokal과 Jean Bricmont의 Impostures intellectuelles(Paris: Odile Jacob, 1997); 영문 번역본 *Fashionable Nonsense: Postmodern Philosophers' Abuse of Science*(London: Profile Books, 1998); Steven Weinberg의 *Facing Up: Science and Its Cultural Adversaries*(Cambridge, MA: Harvard University Press, 2001). 프랑스 후기 구조주의와 근대 수학사의 연관성은 Vladimir Tasić의 *Mathematics and the Roots of Postmodern Thought*(Oxford: Oxford University Press, 2001) 참조. 세르비아의 소설가 Tasić이 주장한 명확한 설명은 미국 수학자 Michael Harris가 후기 구조주의자의 논쟁을 정리한 것에서 볼 수 있다. *Notices of the American Mathematical Society* 50, no. 4(Aug. 2003): 790-99.

32. 영국 예술평론가 Lawrence Alloway는 뉴욕의 예술을 표현하기 위해 1966년 독립적으로 '체계적 회화'라는 용어를 만들었다. Lawrence Alloway, "Introduction", in *Systemic Painting*(New York: Solomon R. Guggenheim Museum, 1966), 11-21.

33. 라일리의 '기류'(그림 11-31)는 William C. Seitz가 큐레이트한 '응답하는 눈'(New York: Museum of Modern Art, 1965) 카탈로그 표지로 쓰였다. 1965년 전시회에서 라일리의 '기류'가 받은 평가와 관객의 반응은 다음 참조. Pamela M. Lee, "Bridget Riley's Eye/Body Problem", in *Chronophobia: On Time in the Art of the 1960s*(Cambridge, MA: MIT Press, 2004), 154-214.

34. 반 두스브르흐가 1928년 토레스 가르시아를 만났을 때 그는 프랑스의 비객관적 예술 그룹 구체미술Art Concret을 관장하던 중 그로피우스의 수업을 피해 독일로 이동하는 중이었다. 이 심통 사나운 네덜란드인은 자신의 우루과이 출신 제자와 충돌했고 1930년 토레스 가르시아는 그와 관계를 끊고 파리의 라이벌이자 비객관적 그룹인 *Cercle et Carre*를 도왔다. *Antagonistic Link: Joaquin Torres Garcia, Theo van Doesburg*, Jorge Castillo 편집(Amsterdam: Institute of Contemporary Art, 1991).

35. 이 예술가의 선언문은 손으로 쓴 77쪽의 책으로 재출간되었다. Joaquin Torres-Garcia, *La tradicion del hombre abstracto: Doctrina Constructivista*(Montevideo, Uruguay: 1938).

36. 예를 들어 Mary Vieira(브라질, 1927-2001; 1952-54년 울름 재학)와 Geraldo de Barros(브라질, 1924-1998; 1950년대 울름 재학)가 있다. 브라질의 구성주의는 *Arte Constructiva no Brazil/Constructive Art in Brazil*, Aracy Amaral 편집(Sao Paulo, Brazil: DBA Melhoramentos, 1998) 참조. 막스 빌이 라틴아메리카에 미친 영향은 다음 참조. Maria Amalia Garcia, "Max Bill and the Map of Argentina: Brazilian Concrete Art", in *Building on a Construct: The Adolpho Leirner Collection of Brazilian Constructive Art*, Hector Elea, Mari Carmen Ramirez 편집 (Houston: Museum of Fine Arts, 2009), 53-68.

37. Hector Elea, "Waldemar Cordeiro: From Visible Ideas to the Invisible Work", in *Building on a Construct*, Elea, Ramirez 편집, 128-55 참조.

38. Guilherme Wisnik, "Brasilia: Die Stadt als Skulptur/Brasilia: the City as Sculpture", in *Das Verlangen nach Form: Neoconcretismo und zeitgenossische Kunst aus Brasilien*(Berlin: Akademie der Kunste, 2010), 77-83(독일어); 276-80(영어) 참조. 막스 빌의 구체미술은 니에메예르의 기하학 형태 언어에 영향을 주었지만 빌은 니에메예르의 건축이 차갑고 비인간적("antisocial barbarity")이라고 평가했다(280).

39. *Manifesto neoconcreto*(1959), excerpts in Ferreira Gullar, *Etapas da arte contemporanea: Do cubismo ao neoconcretismo*(Sao Paulo, Brazil: Nobel, 1985), 242-43.

40. Lewis Pyenson, *Cultural Imperialism: German Expansion Overseas, 1900-1930*(New York: P. Lang, 1985), 139-246 참조.

41. Jorge J. E. Gracia, "Philosophical Analysis in Latin America", *History of Philosophy Quarterly* 1, no. 1(1984): 111-22 참조.

42. Gyula Kosice, "Del manifesto de la escuela", *Arte madi universal* 0(1947): n. p.

43. Tomas Maldonado, "Lo abstracto y lo concreto en el arte moderno", *Arte Concreto* 1(1946): 5-7; 인용구는 7 참조. 말도나도의 아르헨티나 기하학 예술은 Omar Calabrese의 "Tomas Maldonado, le arti e la cultura come totalita/Tomas Maldonado, the Arts and Culture as a Totality" 참조. Dominique Ronayne의 영문 번역본은 *Tomas Maldonado*(Milan: Skira, 2009), 12-31 수록.

44. 첫 캔버스 설명은 다음 참조. Rhod Rothfuss, "El marco: Un problema de la plastica actual"(The frame: A problem for literal painting), *Arturo* 1, no. 1(1944): n. p.

45. 말도나도가 울름 교과 과정에 기여한 내용은 다음 참조. William S. Huff, "Albers, Bill, e Maldonado, il corso fondamentale della scuola di design di Ulm(HfG)/Albers, Bill, and Maldonado, the Basic Course of the Ulm School of Design(HfG)", 밀란의 Language Consulting Congressi가 번역한 이탈리아본은 *Tomas Maldonado*(Milan: Skira, 2009), 104-21 수록.

46. Cesar Paternosto는 고대 안데스 문화의 석조건물이나 직물을 볼 때 추상적 시각이 있었으며, 그것은 오늘날 서양 추상예술의 고대 형태와 같다고 주장했다. Paternosto, *Piedra abstracta: La escultura inca, una vision contemporanea*(Abstract stone: Inca sculpture, contemporary vision; Buenos Aires: Fondo de Cultura Economica, 1989) 참조.

47. 베네수엘라의 현대 예술가 Alessandro Balteo Yazbeck(1972년생)은 1950년대 스타일로 카라카스의 기하추상적이고 제도화한 예술작품을 만든다. Kaira M. Cabanas, "If the Grid Is the New Palm Tree of Latin American Art", *Oxford Art Journal* 33, no. 3(2010): 365-83.

48. Francine Birbragher-Rozencwaig, "La pintura abstracta en Venezuela 1945-1965" 참조, *Embracing Modernity: Venezuelan Geometric Abstraction*, Francine Birbragher-Rozencwaig, Maria Carlota Perez 편집(Miami: Frost Art Museum, 2010), 9-14 수록. 이 시대 소토의 역할은 Estrellita B. Brodsky가 편집한 *Soto: Paris and Beyond, 1950-1970*(New York: Grey Art Gallery, New York University, 2012) 참조.

49. Nana는 그런 비슷한 구분을 하면서 나와 마찬가지로 알고리즘 방법이 무한한 방향으로 뻗어가며 환원적 방법이 단 하나의 종점을 갖는다고 주장한다. Last, "Systematic Inexhaustion", *Art Journal* 64, no. 4(2005): 110-21 참조.

50. David Bohm과 Charles Biederman의 *Bohm-Biederman Correspondence: Creativity in Art and Science*, Paavo Pylkkanen 편집(New York: Routledge, 1999) 참조.

51. Olival Freire Jr.는 1960년대에 봄의 물리학적 사고가 진화했음을 가장 잘 나타내는 것이 비더만에게 보낸 편지라고 주장했다. Friere의 "Causality in Physics and in the History of Physics: A Comparison of Bohm's and Forman's Paper" 참조, *Weimar Culture and Quantum Mechanics*, Carson 편집, 397-411 수록. 특히 404-9(8장, n. 31) 참조.

52. 켈리가 확률을 사용한 것은 Yve-Alain Bois의 "Kelly in France: Anti-composition in the Many Guises" 참조, Mary Yakush가 편집한 *Ellsworth Kelly: The Years in France*, 1948-1954(Washington, DC: National Gallery of Art, 1992), 9-36 수록. 특히 23-26 참조.

53. 스텔라의 검은색 그림 시리즈 이름은 Brenda Richardson의 "Titles" 참조. *Frank Stella: The Black Paintings*(Baltimore: Baltimore Museum of Art, 1976), 3-11 수록. 또한 Anna C. Chave의 "Minimalism and the Rhetoric of Power", *Arts Magazine* 64, no. 5(1990): 44-63 참조.

54. Sol LeWitt, "Paragraphs on Conceptual Art", *Artforum* 5, no. 10(1967) : 79-83; 인용구는 80 참조.

55. 같은 글.

56. Sol Lewitt, "Sentences on Conceptual Art", *Art-Language* 1, no. 1(1969): 11.

57. 멜 보크너는 "일련번호는 방법이지 스타일이 아니다"라는 문장으로 자신의 논문을 시작했다. "The Serial Attitude", *Artforum*(Dec. 1967): 73-77; 인용구는 73 참조. 그는 순차적 태도의 역사를 조사해 알브레히트 뒤러의 '멜랑콜리아 I'에서 4의 마법의 정사각형(1514년, 2장 그림 2-16 배경)을 삽화로 채택했다. 그리고 미국 철학자 Josiah Royce(1855-1916)와 심리학자 J. J. Gibson(1904-79), 쇤베르크, 비트겐슈타인, 솔 르윗의 글을 인용했다. 역사학자 Peter Lowe는 반 두스브르흐도 '산술구성'(6장 그림 6-24)을 작업할 때 순차적 태도를 채택했다고 제시했다. "La composition arithmetique-unpas vers la composition serielle dans la peinture de Theo van Doesburg", in *Theo van Doesburg*, Serge Lemoine 편집(Paris: Philippe Sers, 1990), 228-33. 보크너 작품의 수학적 주제에 관한 논의는 *Mel Bochner: Thought Made Visible*, Richard Field 편집(New Haven, CT: Yale University Art Gallery, 1995), 75-106에 수집한 소논문 참조.
58. 미국-소련의 우주경쟁과 무관한 발전에서 영감을 얻은 비미국적 대지미술은 다음 참조. Mel Gooding, *Song of the Earth*(London: Thames and Hudson, 2002); Philipp Kaiser와 Miwon Kwon이 편집한 *Ends of the Earth: Land Art to 1974*(Los Angeles: Los Angeles Museum of Contemporary Art, 2012)는 영국, 독일, 네덜란드, 아이슬란드, 이스라엘, 일본, 미국의 대지예술을 다룬다.
59. *Nancy Holt: Sightlines*, Alena J. Williams 편집(Berkeley, CA: University of California Press, 2011) 참조.
60. Thomas McEvilley and Klaus Ottmann, *Charles Ross: The Substance of Light*(Santa Fe, NM: Radius, 2012) 참조.
61. 한 예시는 Henry M. Sheffer와 Jean Nicod가 논리에 사용한 기호를 간략화한 것이다(5장, n.13 참조).
62. 1945년 이후 로드첸코와 다른 예술가의 재활용 예술 자료는 *Theory of the Avant-Garde*(1974)인데 독일 문학평론가 Peter Burger는 20세기 초 "역사적 아방가르드" 예술이 기점이었다고 주장했다. 예를 들어 러시아의 구성주의자는 색과 형태는 비주얼 예술의 물리적 본질이라고 주장했지만 1950년 이후 미니멀아트를 포함한 "신아방가르드" 운동은 그것이 장황하다고 생각했다. "여기서 사용한 역사적 아방가르드 운동의 개념은 주로 다다이즘과 초기 초현실주의에 주로 적용되지만, 동일하게 10월 혁명 이후 러시아의 아방가르드에도 적용된다. 그러한 운동 사이에 약간의 중요한 차이점이 있으나 공통적으로 이전 예술의 개별적인 회화기법과 절차를 부정하는 것이 아니라 기존 예술 전체를 부정함으로써 전통과 과격한 방법으로 단절한다." Peter Burger, *Theory of the Avant-Garde*(1974), Michael Shaw 번역(Minneapolis: University of Minnesota Press, 1984), 109, n. 4. Burger는 어떤 화풍이 '아방가르드'라고 불리려면 과거와 급진적으로 단절해야 하며 단 한 번만 그렇게 할 수 있다고 말했다. 예술사학자 Benjamin H. D. Buchloh는 신아방가르드 예술가는 다른 시공간에 살기 때문에 반복적인 활동이 아니라 또 다른 시대를 나타내는 창의적인 재활용을 하는 것이라고 반박했다. Buchloh에 따르면 이브 클라인의 붉은색 · 파란색 · 노란색(1951)은 로드첸코의 붉은색, 파란색, 노란색(1921)의 재탕이 아니라는 얘기다. Buchloh, "Primary Colors for the Second Time"(4장, n. 63 참조). Buchloh의 응수는 특정한 몇몇 예제에 적용되고(나는 이브 클라인의 경우 그가 옳지 않다고 생각한다) Burger의 주장은 힐베르트학파나 러시아의 구성주의처럼 (단 하나의) 종점을 갖는 환원주의를 다룰 때 적용된다.
63. James Meyer의 history of this era, *Minimalism: Art and Polemics in the Sixties*(New Haven, CT: Yale University Press, 2001)에서 Meyer는 연도별로 예술과 전시회, 논평의 상세한 요약을 제공한다.
64. James Lawrence는 미니멀아트에서의 무의미를 러시아 아방가르드의 복잡한 내용과 대조했다. "Back to Square One" 참조. Charlotte Douglas와 Christina Lodder가 편집한 *Rethinking Malevich*(London: Pindar, 2007), 294-313 수록. 특히 307-13 참조.
65. Meyer, *Minimalism*, 184.
66. 같은 책, 185.
67. 같은 책, 187.
68. 의미이론의 전반적 개요는 David Lewis의 "General Semantics", *Synthese* 22, nos. 1-2(1970): 18-67 참조. 나는 언어철학자로서 의미이론이 2가지 주제를 망라한다고 명시하면서 이 주제를 설명했다. "첫째, 기호는 세계의 특성과 연관된 추상적·의미론적 체계를 가능한 언어나 문법으로 설명한다. 둘째, 그 추상적·의미론적 체계 중 특정한 것을 한 사람이나 어떤 모집단이 사용했을 때 나타나는 심리적·사회적 사실을 묘사한다."(19).
69. Bruce Glaser, "Questions to Stella and Judd"(1964). 1964년 2월 뉴욕의 WBAI에서 방영한 Frank Stella와 Donald Judd의 인터뷰. Lucy Lippard 편집. *Art News* 65(Sept. 1966) 출판. 55-61 참조; 인용구는 58 참조.
70. "작품에 무언가 비교하고 분석하고 고민하게 만드는 것을 많이 담아낼 필요는 없다. 그 작품 전체로 작품 전체의 질이 흥미로운 것이다." Donald Judd, "Specific Objects", *Arts Yearbook* 8(1965), in Donald Judd, *Complete Writings, 1959-1975*(Halifax: Nova Scotia College of Art and Design, 1975), 181-89; 인용구는 187 참조.
71. "정육면체나 피라미드 같은 간단한 정다면체에서는 물체를 전체 느낌으로 움직이지 않아도 게슈탈트가 일어날 수 있다. 관찰자가 그것을 보았을 때 그들은 즉각 자기 마음속 패턴이 그 사물의 존재적 사실과 일치한다고 '믿는다.'" Robert Morris, "Notes on Sculpture: Part I", *Artforum* 4, no. 6(Feb.1966): 42-44; 인용구는 44 참조. 그의 글이 학문적 논조를 띠는 이유는 당시 모리스가 Hunter College에서 브랑쿠시에 관한 석사학위 논문을 마치고 있었다는 것으로 이해할 수 있다.
72. 메를로퐁티가 미니멀아트에 미친 영향은 다음 참조. Alex Potts, "The Phenomenological Turn", in *The Sculptural Imagination*(New Haven, CT: Yale University Press, 2000), 207-34. 메를로퐁티가 근래의 예술사학에서 차지하는 위치는 다음 참조; Brendan Prendeville, "Merleau-Ponty, Realism, and Painting: Psychophysical Space and the Space of Exchange", *Art History* 22(Sept. 1999): 364-88; Amelia Jones, "Meaning, Identity, Embodiment: The Uses of Merleau-Ponty's Phenomenology in Art History", in *Art and Thought*(Oxford, England: Blackwell, 2003), 71-90.
73. Morris, "Notes on Sculpture: Part I", 44; '모양의 불변성'과 '간소화 편향' 같은 용어는 게슈탈트 심리학자 Wolfgang Kohler가 도입한 것이다.
74. Barr는 1927-28년 모스크바를 여행한 후 러시아 아방가르드에 강한 관심을 보였다. 1935년 말레비치의 '흰색 위의 흰색'을 얻은 그는 그것을 자신의 주요 전시회인 *Cubism and Abstract Art*(1936년 3월 2일부터 4월 19일까지)에서 가장 중요한 위치에 전시했다. 그 세부적인 내용은 다음 참조. Sybil Gordon Kantor의 *Alfred H. Barr, Jr. and the Intellectual Origins of the Museum of Modern Art*(Cambridge, MA: MIT Press, 2002), 181-83. 1980년 스텔라는 말레비치의 '흰색 위의 흰색'이 "우리가 계속 발전하도록 하며 아이디어의 중점이 되는 비견할 수 없는 중요한 작품"이라고 인정했다. Maurice Tuchman이 스텔라를 인터뷰한 내용. "The Russian Avant-Garde and the Contemporary Artist", in *The Avant-Garde in Russia, 1910-30*(Los Angeles: Los Angeles County Museum of Art, 1980), 120 수록.
75. 이 시기에는 구성주의가 소련연방과 미국에서 모두 억압받아 잘 알려지지 않았다. 러시아 출신 나움 가보가 2차 세계대전 이전과 이후에 자신의 고향과 서양에서 받은 대우를 예시로 사용한 Benjamin H. D. Buchloh의 "Cold War Constructivism" 참조, *Reconstructing Modernism: Art in New York, Paris, and Montreal, 1945-1964*, Serge Guilbaut 편집(Cambridge, MA: MIT Press, 1990), 85-112 수록.
76. Morris, "Notes on Sculpture: Part I", 43. 미니멀리즘 사회에서 러시아 전통에 관심을 보인 다른 예술가 중에는 "프랭크 스텔라는 구성주의자다. 그는 동일한 별개의 것을 합쳐 그림을 그린다"라고 생각한 Carl Andre가 있다. Carl Andre and Hollis Frampton, *12 Dialogues, 1962-63*, Benjamin H. D. Buchloh 편집(Halifax: Nova Scotia College of Art and Design, 1980), 37. 예술사학자 Maria Gough는 스텔라의 초

기 "직역주의" 작품(1958-62)과 Andre의 "Frank Stella is a Constructivist"(*October* 119, Winter 2007: 94-120)에 그 관점을 확대해서 분석했다. Andre에게 로드첸코와 타틀린의 조각은 "후기 입체파 작품처럼 1950년대의 반초자연주의를 대체하는 훌륭한 방법"이었다. Andre, interview with Tuchman, "Russian Avant-Garde and the Contemporary Artist", 120. 구성주의와 미니멀주의의 관계는 다음 참조. Hal Foster, "Some Uses and Abuses of Russian Constructivism", in *Art into Life: Russian Constructivism, 1914-1932*, Richard Andrews 편집(New York: Rizzoli, 1990), 241-53. 르윗은 말했다. "만약 역사적 선례를 찾고자 한다면 러시아 역사로 거슬러 올라가라. (…) 1960년대 러시아와 미국의 시야가 같았던 중요한 부분은 가장 기초적인 형태를 찾는 것이었다." LeWitt, interview with Tuchman, "Russian Avant-Garde and the Contemporary Artist", 119.

77. Elisabeth C. Baker in "Judd the Obscure", *Artnews* 67, no. 2(1968): 45 참조.
78. Glaser, "Questions to Stella and Judd", 58(n. 69).
79. 같은 책, 55.
80. 같은 책, 56. 10여 년 후에도 저드는 여전히 러시아인을 인정하지 않았다. Donald Judd, "On Russian Art and Its Relation to my Work", in Judd, *Complete Writings*, 114-18(n. 70 참조).
81. Eugene Goossen, *The Art of the Real: USA, 1948-1968*(New York: Museum of Modern Art, 1968), 7, 11.
82. *The Art of the Real*의 전시회 카탈로그에 긴 참고문헌 목록이 있었지만 Artforum의 편집장 Philip Leider는 구센이 논문을 쓸 때 "전체 목록에서 단 하나의 비판이라도 읽어본 것인지 의문스럽다"라고 투덜거렸다. "Review of *The Art of the Real*, Museum of Modern Art", *Artforum* 7, no. 1(Sept. 1968): 65. 파리 *Tel Quel*의 편집자 Marcelin Pleynet는 미니멀주의의 성패가 달린 복잡한 철학 문제를 다뤘다. 이런 문제는 구센이 다루지 못한 미세한 부분으로 특히 미니멀리즘 예술가가 사물에서 의미를 제거하기 위해 시도하는 '원시적 시도'를 다뤘다. "Peinture et 'realite,'" *L'enseignement de la peinture*(Paris: Seuil, 1971), 163-85. 또한 많은 역사학자가 '미니멀리즘'(환원주의)의 편향이 1960년대 미국의 예술에만 국한된 것이 아니었음에 주목했다. 다음 참조. *Minimalism in Germany: The Sixties/Minimalismus in Deutschland: Die 1960er Jahre*, Renate Wiehager 편집(Ostfildern: Hatje Cantz, 2012). 미니멀리즘을 향한 구센의 맹목적 우월주의는 이내 MOMA의 부유한 인사들이 자신의 정치적 안건을 위해 전시회를 이용한다는 불만을 불러일으켰다. Michael Kimmelman, "Revisiting the Revisionists: The Modern, Its Critics, and the Cold War", in *The Museum of Modern Art at Mid-Century: At Home and Abroad*, John Szarkowski 편집(New York: Museum of Modern Art, 1994), 38-55.
83. 같은 글, 7-8.
84. 내가 알기로 그린버그는 자신의 글에서 야콥슨이나 소쉬르를 인용한 적이 없다. 그린버그의 *Collected Essays and Criticism*(Chicago: University of Chicago Press, 1986-1995)에서 그가 로저 프라이를 다룬 여러 가지 논의는 다음 글 참조. "Review of an Exhibition of Hans Hofmann and a Reconsideration of Mondrian's Theories"(1945), in 2:18; "Review of *Eugene Delacroix: His Life and Work* by Charles Baudelaire"(1947), 2:156; "T. S. Eliot: The Criticism, the Poetry"(1950), 3:66; "Cezanne and the Unity of Modern Art"(1951), 3:84; "The Early Flemish Masters"(1960), 4:102. 종종 그린버그는 프라이와 의견이 달랐지만 "프라이는 가장 독단적일 때도 여전히 어느 정도 진실을 말했다"(4:102)라고 평했다. 그린버그는 영국 비평을 읽는 사람들이 일반적으로 잘못 생각하는 것처럼 불안해하고 스스로를 의심하는 프라이를 과장된 클라이브 벨과 구분하려 하지 않았다. 예를 들어 Victor Burgin과 Charles Harrison은 프라이와 벨이 같은 것을 주장한다고 여기고 그들을 함께 예술 역사의 쓰레기통에 던져버렸다. Frances Spalding, "Roger Fry and His Critics in a Postmodernist Age", *Burlington Magazine* 128, no. 1000(1986): 490.
85. Bell, *Art*, 8(5장, n. 31 참조).
86. Clement Greenberg, "Recentness of Sculpture", in *American Sculpture of the Sixties*, Maurice Tuchman 편집(Los Angeles: Los Angeles County Museum of Art, 1967), 24-26; 인용구는 25 참조. 그린버그가 1945년 이후 미국의 변화하는 정치적 바람에 대응한 것은 다음 참조; Francis Frascina, "Institutions, Culture, and America's 'Cold War Years': The Making of Greenberg's *Modernist Painting*", *Oxford Art Journal* 26, no. 1(2003): 71-97.
87. Barbara Rose, "ABC Art", *Art in America* 53, no. 5(1965): 57-69; 인용구는 69 참조. 미니멀리즘을 영적으로 해석한 바버라의 견해는 여러 논평가와 역사학자가 채택했다. 사실주의자의 말을 고지식하게 해석하던 James Meyer조차 그녀의 주장에 동의하며 다음과 같이 남겼다. "미니멀아트는 정확히 그 고유의 '소통이 부재한' 방식으로 소통한다." Meyer, *Minimalism*, 187(n. 63). Meyer는 여기에서 침묵이 많은 것을 시사한다고 주장한 Theodor Adorno를 인용했다. Adorno, *Aesthetic Theory*, C. Lenhardt 번역(London: Routledge and Kegan Paul, 1984), 7. Lucy Lippard는 일본에서 열린 미니멀 예술 전시회의 카탈로그에서 동양의 예술을 (자아가 없고 사색적인) 뉴욕의 미니멀리즘(도덕주의적이고 금욕적인)과 구분했다. "The Cult of the Direct and the Difficult", *Two Decades of American Painting*(Tokyo: National Museum of Modern Art, 1966), 10-12(일본어 번역본); reprinted in Lippard, *Changing: Essays in Art Criticism*(New York: Dutton, 1971), 112-19.
88. Rosalind Krauss, "Allusion and Illusion in Donald Judd", *Artforum* 4, no. 9(May 1966): 25-26; 인용구는 26 참조.
89. 같은 글, 26.
90. "우리가 현실에서 인지하는 삶의 시각은 기하학적이지도 사진 같지도 않다." Merleau-Ponty, "Cezanne's Doubt", 참조. Hubert L. Dreyfus와 Patricia Allen Dreyfus가 1964년 영문으로 번역; *Sense and Non-sense*(Evanston, IL: Northwestern University Press, 1964), 9-25; 인용구는 14 참조. 1964년 문학평론가 Susan Sontag은 예술가나 작가가 현실적이고 산문적인 작품을 만들고자 한다면 그것을 해석하는 것은 저자의 의도를 벗어나는 것이므로 해석해서는 안 된다고 선언했다. "평론의 역할은 작품이 무엇을 의미하는지 설명하는 게 아니라 이것이 무엇이고 어떻게 그러한지 설명하는 것이다." Sontag, "Against Interpretation"(1964), in *Against Interpretation and Other Essays*(New York: Farrar, Straus, and Giroux, 1966), 3-14.
91. Krauss, "Allusion and Illusion", 26.
92. 같은 책, 26. 예술가 Robert Smithson은 1965년 에세이 "Donald Judd"에서 저드의 작품이 환상으로 가득 차 있다고 묘사했다. *Writings of Robert Smithson*, Nancy Holt 편집(New York: New York University Press, 1979), 21-23 수록. Smithson은 "표면에 내재한 묘한 구체성이 기본구조를 완전히 둘러싸고 있다. (…) 중요한 현상은 항상 '사실'의 핵심구조가 기본적으로 부족하다는 점이다. 어떤 이가 그 표면의 긴장을 더 이해하려 할수록 그것은 더 어려워진다."(22-23) 저드의 작품이 환상에 불과하다고 느낀 또 다른 평론가로는 Elisabeth C. Baker가 있다. 그녀는 "숙고할수록 피상적인 면에서 점점 벗어난다"라고 묘사하며 "수학적 설계도 너무 단순해서 그것이 무엇인지 알고 난 후에는 전혀 특별한 것이 없다고 느끼게 된다. 그럼에도 불구하고 이들 작품은 불가사의하다"라고 했다. "Judd the Obscure", 45(n. 77 참조).
93. Heiner Friedrich, Philippa de Menil, Giuseppe Panza를 포함한 미니멀아트의 주요 거장의 종교적 관점은 Anna C. Chave의 "Revaluing Minimalism: Patronage, Aura, and Place", *Art Bulletin* 90, no. 3(2008): 466-86 참조.
94. Chave, "Minimalism and the Rhetoric of Power", 44-63(n. 53).
95. 1967년 10월 7일부터 1968년 1월 7일까지 열린 전시회 *Scale as Content: Ronald Bladen, Barnett Newman, Tony Smith*는 Ronald Bladen의 22ft 높이에 24ft 너비를 가진 X 모양의 검은색 알루미늄 조각(The X, 1967-68)과 Barnett Newman의 26ft 높이의 부서진 오벨리스크(1967), Tony Smith의 24×48×34ft 사이즈의 연기(1967)를 전시했다; Lucy

Lippard, "Escalation in Washington", *Art International* 12, no. 1(1968), reprinted in Lippard, Changing, 237-54(n. 87 참조).

96. Phoebe Hoban이 하이너를 인터뷰한 것으로 "Medicis for a Moment", 54 인용(10장, n. 17 참조).

97. Michael Kimmelman과의 인터뷰; "The Dia Generation", *New York Times Magazine*, Apr. 6, 2003에서 인용.

98. Hoban, "Medicis for a Moment", 57-58; and Marianne Stockebrand, *Chianti: The Vision of Donald Judd*(Marfa, TX: Chianti Foundation, in association with Yale University Press, 2010).

99. 성당 느낌이 나는 전시물을 주문한 부유한 후원자의 예로는 Friedrich와 Philippa de Menil이 있다. 이들은 1979년 수피교(무슬림)식으로 혼례를 치렀고 뉴욕주 북부의 수니교 사회를 지원했다. 미니멀아트의 또 다른 주요 후원자로는 Friedrich의 조언을 받은 이탈리아인 Giuseppe Panza가 있는데 그에게는 구세계 종교를 향한 열망이 있었다. Anna C. Chave, "Revaluing Minimalism"(n. 93 참조). 디아와 판사의 커넥션에 관해서는 Rosalind Krauss의 "The Cultural Logic of the Late Capitalist Museum", *October* 54(Fall 1990): 3-17 참조.

100. 플래빈은 1961년 전구를 일상적인 물체에 매다는 방식으로 조각적 '성상'을 만들기 시작했다. 그는 자신의 작품을 가리켜 "내 성상은 비잔틴의 장엄한 예수와는 다르다. 이것은 말하지 못하고 이름도 없으며 영광스럽지 않다"라고 했다. 1962년 8월 9일의 메모; 이 노트는 플래빈이 이후 그 문구를 인용해온 문장에서만 확인할 수 있다. *Dan Flavin: Three Installations in Fluorescent Light*(Cologne, Germany: Kunsthalle Koln, 1973), 83. After being chosen by Friedrich and collected by Panza, 오늘날 플래빈의 작품은 상당수 Villa Varese에 있다. *Dan Flavin: The Complete Lights, 1961-1996*, Michael Govan, Tiffany Bell 편집(New York: Dia Art Foundation, 2004). Anna C. Chave는 빛과 영적인 것을 연관지은 것은 후원자들의 요구였고 예술가의 결정이 아니었다고 주장했다. "Revaluing Minimalism."

101. Phoebe Hoban이 저드를 인터뷰한 내용, "Medicis for a Moment", 58 인용.

102. 그 합의는 저드가 관장하는 비영리 Chianti재단의 형태로 이뤄졌다. 1994년 2월 13일 〈뉴욕타임스〉에 실린 저드의 사망 기사 참조; Kimmelman의 "Dia Generation"(n. 97) 참조.

103. 저드는 1953년 컬럼비아대학교에서 철학 학사학위를 받았고 이때 형이상학, 인식론, 플라톤, 데카르트, 스피노자, 논리실증주의 수업을 들었다. *Donald Judd*, Nicholas Serota 편집(New York: D. A. P., 2004), 247의 연대표와 David Raskin, *Donald Judd*(New Haven, CT: Yale University Press, 2012), 130, 29번 메모 참조.

104. 비트겐슈타인이 존스에게 미친 영향은 9장 n.49 참조. 멜 보크너의 *On Certainty: The Wittgenstein Illustrations*(1991)는 비트겐슈타인에게 영감을 받아 작업한 여러 작품 중 하나다.

105. 저드도 현상학을 배우지 않았고 1949년에서 1950년에 Merleau-Pont와 함께 파리에서 수학한 Arthur Danto가 1951년(저드가 학부생일 때) 컬럼비아대학교의 철학교수로 재임했다.

106. 크라우스는 다음과 같이 남겼다. "근대 조각 역사는 2가지 사상의 발전과 동시에 일어났다. 바로 현상학과 구조적 언어학으로 이 두 학문에서는 의미를 어떤 존재 형태가 그 반대되는 것의 잠재적 경험을 수반하는 식으로 이해한다. 동시성은 항상 내포한 순차적인 경험을 포함한다." Rosalind Krauss, *Passages in Modern Sculpture*(Cambridge, MA: MIT Press, 1977), 4-5. 이후 크라우스는 이 접근방식들을 자신의 글에 결합하고자 했다. David Carrier's intellectual biography, *Rosalind Krauss and American Philosophical Art Criticism: From Formalism to Beyond Postmodernism*(Westport, CT: Praeger, 2002).

107. Diarmuid Costello, "Greenberg's Kant and the Fate of Aesthetics in Contemporary Art Theory", *Journal of Aesthetics and Art Criticism* 65, no. 2(2007): 217-28. Costello는 다른 논문에서 칸트의 예술철학을 재고해야 한다고 주장했다. Costello, "Kant after LeWitt; Towards an Aesthetics of Conceptual Art", in *Philosophy and Conceptual Art*, Peter Goldie, Elisabeth Schellekens 편집(Oxford, England: Clarendon, 2007), 92-115. 칸트의 "이것이 아름답다"라는 유행이 지난 계몽주의 시대의 판단 대신 "이것이 아트다"라고 선언한 그린버그에게 공감하는 평가와 칸트의 "순수한 미적 판단"에 긍정적인 관점은 Thierry de Duve의 *Clement Greenberg entre les Lignes*(Paris: Dis Voir, 1996) 참조.

108. Annette Michelson과 Douglas Crimp와 Joan Copec의 *October: The First Decade, 1976-86*(Cambridge, MA: MIT Press, 1987), ix 서론.

109. 알기르다스는 그룹이론으로 인류학적 의미를 분석한 레비스트로스의 발걸음을 따라 클라인 사원군을 도구로 사용해 언어학적 의미를 분석했다. *Semantique structurale: recherche de methode*(Paris: Presses Universitaires de France, 1966), 영어 번역본 *Structural Semantics: An Attempt at a Method*(Lincoln: University of Nebraska Press, 1984). 알기르다스는 1968년 Francis Rastier와 이 정사각형을 더욱 발전시켰다. 두 사람은 그 도형의 역사에 무지한 채 자신들의 기호학적 사각형을 가리켜 "수학의 클라인 그룹과 심리학의 피아제 그룹이라 불리는 구조를 (언어적) 모형과 비교할 수 있게 한다"라고 남겼다. "The Interaction of Semiotic Constraints", *Yale French Studies* 41(1968), reprinted in *On Meaning: Selected Writings in Semiotic Theory*(Minneapolis: University of Minnesota Press, 1987), 49-50. 실제로 후기 구성주의 글에서는 클라인 사원군의 의미론적 정사각형의 기원이 빠져 있다. 그 예로 일반적인 출처로 쓰이는 *Semiotics: The Basics*(London: Routledge, 2007)가 있는데 이 글을 쓴 Daniel Chandler는 "의미론의 정사각형은 학문적 철학의 대칭의 '논리적 정사각형'에서 채택했다"(106)라고 잘못 설명한다. 이 307쪽에 달하는 대학언어학 교과서에서 학생들은 펠릭스 클라인이나 그룹이론을 전혀 배우지 않는다.

110. Paul Cummings가 로버트 스미스슨을 인터뷰한 내용, "Interview with Smithson for the Archives of American Art/Smithsonian Institution"(1972)으로 출판. Holt, *Writings of Smithson*, 148(n. 92) 참고.

111. 스미스슨은 Martin Gardner의 *Ambidextrous Universe*(New York: Basic Books, 1964)를 갖고 있었다. 다음 참조 "Catalogue of Robert Smithson's Library: Books, Magazines, Records", in *Robert Smithson*(Los Angeles: Museum of Contemporary Art, 2004), 249-63. 여러 예술사학자는 *Ambidextrous Universe*가 스미스슨의 기폭제 역할을 했다고 보았다. Ann Reynolds, *Robert Smithson: Learning from New Jersey and Elsewhere*(Cambridge, MA: MIT Press, 2003), 252, fn. 111; Jennifer L. Roberts, *Mirror-Travels: Robert Smithson and History*(New Haven, CT: Yale University Press, 2004), 52-53; Thomas Crow, "Cosmic Exile: Prophetic Turns in the Life and Art of Robert Smithson", in *Robert Smithson*(Los Angeles: Museum of Contemporary Art, 2004), 52; Linda Dalrymple Henderson, "Space, Time, and Space-time: Changing Identities of the Fourth Dimension in Twentieth-Century Art", in *Measure of Time*, Lucinda Barnes 편집(Berkeley: University of California, 2007), 87-101.

112. 스미스슨이 결정학에 보인 관심은 Larisa Dryansky의 "La carte cristalline: Cartes et cristaux dans l'oeuvre de Robert Smithson", *Les cahiers du musee national d'art moderne* 110(2009-10): 62-85 참조.

113. Anton Ehrenzweig, *The Hidden Order of Art: A Study in the Psychology of Artistic Expression*(Berkeley: University of California Press, 1967), 128-29.

114. 같은 책.

115. 1972년 7월 14-19일 로버트 스미스슨과 구술사의 인터뷰, Archives of American Art, Smithsonian Institution.

116. Dennis Wheeler가 스미스슨을 인터뷰한 내용, Smithson Papers, Archives of American Art, New York(1969), interview 2, reel 3833, frame 1132 수록; *Robert Smithson: The Collected Writings*, Jack Flam 편집(Berkeley: University of California Press, 1996), 210-11 수록.

117. 스미스슨은 칸토어의 1887년 논문 "Contributions to the Theory of the Transfinite"를 Dover가 재배포한 것을 가지고 있었다. "Catalogue of Smithson's Library"(n. 111).

118. Edwin Hubble, *The Realm of the Nebula*(New Haven, CT: Yale University Press, 1936). 스미스슨은 Hubble 책의 1958년판을 갖고 있었다. "Catalogue of Smithson's library."

119. 예술사학자 Jennifer L. Roberts는 스미스슨의 *Yucatan Mirror-Displacement* 시리즈와 비슷한 관찰을 했다. "이 거울들의 놀라운 점은 스미스슨이 각 거울이 다른 거울에 평행하도록 설치한 그 섬세함이다. 이것은 마치 하나의 정교한 도구가 특정 주파수를 받거나 하늘의 특정 부분을 관찰하도록 조정해둔 것처럼 보인다." Jennifer L. Roberts, "Landscapes of Indifference: Robert Smithson and John Lloyd Stephens in Yucatan", *Burlington Magazine* 82, no. 3(2000): 556. 저자는 스미스슨이 배치한 거울이 '하나의 정교한 도구'처럼 기능하는 것이 아니라 그가 그 도구에 맞춰 거울을 배치했다고 본다.

120. Dennis Wheeler가 스미스슨을 인터뷰한 내용, Smithson Papers, Archives of American Art, New York(1970), interview 4, reel 3833, frame 1177; in Flam, *Smithson: Writings*, 230.

121. Tsung-Dao Lee와 Chen Ning Yang, "Question of Parity Conservation in Weak Interactions", *Physical Review* 104(1956): 254-58.

122. Gardner, "The Fall of Parity", *Ambidextrous Universe*, 237-53(n. 111) 참조.

123. Paul Cummings가 스미스슨을 인터뷰한 내용, "Interview with Smithson for the Archives of American Art/Smithsonian Institution"(1972), in Holt, *Writings of Smithson*, 290(n. 92) 참조.

124. Robert Smithson, "The Quasi-Infinities and the Waning of Space", *Arts Magazine* 41, no. 1(Nov. 1966): 29.

125. Ehrenzweig, *Hidden Order of Art*, 128-29(n. 113).

126. Roberts에 따르면 "스미스슨은 신비로운 4차원 공간을 제한된 인간적인 제약에서 벗어나 자신의 종교적 그림에서 탐구한 치명적 모순과 역설을 해결할 공간으로 보았다." *Mirror-Travels: Robert Smithson and History*, 56(n. 111). In 2007, *The Fourth Dimension and Non-Euclidean Geometry in Modern Art*(1983)의 저자 Linda Dalrymple Henderson은 Roberts의 나선형 방파제 해석에 신빙성을 더했다. Henderson, "Space, Time, and Space-Time", 98-99(n. 111) 참조.

127. 스미스슨과 우스펜스키는 신지론의 몰락을 가속화한 신경과학 발전을 기준으로 반세기 정도 떨어진 시점에 살았다(3장 '절대자의 종말' 참조). 스미스슨이 자신의 예술을 이 오래된 사고방식에 기반했다는 증거가 있는가? Roberts는 다음과 같이 주장했다. "스미스슨이 우스펜스키의 글을 읽었다는 증거는 없지만 다른 문헌에서 관련 주제에 관한 우스펜스키의 사상을 간접적으로 습득했을 것이다. 그는 분명 말레비치의 글을 읽었다(말레비치는 우스펜스키에게 큰 영향을 받았다)."(*Mirror-Travels*, 54) 스미스슨이 읽은 다른 '서적'은 가드너의 *Ambidextrous Universe*에 "The Fourth Dimension"이라는 제목의 장에 나온다. Roberts는 스미스슨이 "비대칭을 해결할 '초월적 세상'"에 관심이 있었다고 한다(*Mirror-Travels*, 52). 하지만 그런 서적을 읽은 것이 스미스슨이 초공간 신비주의에 빠졌다는 증거는 되지 못한다. Roberts는 우스펜스키가 초공간을 "유창하게 지지한다"며 그가 "4차원에 관해 영향력 있는 길을 남겼다"라고 묘사했다(*Mirror-Travels*, 54). 가드너는 우스펜스키를 다음과 같이 묘사했다. "우스펜스키의 추측은 소수만 공유하는 내용이 섞여 있고 과학에서 멀리 떨어져 있기 때문에 이 책에서 논의할 가치를 찾지 못한다."(*Fads and Fallacies*, 215).

128. Martin Gardner, *The Whys of a Philosophical Scrivener*(New York: W. Morrow, 1983), 330; 326-42 참조.

12. 수학과 예술에서의 컴퓨터

1. 예를 들어 미국 예술가 Thomas Tymoczko는 컴퓨터로 4색 정리를 증명하는 것을 두고 이렇게 불평했다. "(4색 정리는) 수학에 실증적 실험을 도입한다. (…) 수학을 자연과학과 분리하는 철학적 문제를 일으킨다." Tymoczko, "The Four-Color Theorem and its Philosophical Significance", *Journal of Philosophy* 76, no. 2(1979): 57-83; 인용구는 58 참조.

2. Robin Wilson의 *Four Colors Suffice: How the Map Problem was Solved* (Princeton, NJ: Princeton University Press, 2002) 참조.

3. 전자미디어가 증명론에 미친 영향은 Arthur Jaffe의 "Proof and the Evolution of Mathematics", *Synthese* 111(1997): 133-46 참조.

4. Robert MacPherson의 2003년 보고서, Hales의 웹사이트에 투고, Flyspeck Fact Sheet: http://code.google.com/p/flyspeck/wiki/FlyspeckFactSheet(May 10, 2015).

5. Thomas C. Hales의 "Historical Overview of the Kepler Conjecture", *Discrete and Computational Geometry* 36, no. 1(2006): 5-20 참조; 그리고 Tomaso Aste와 Denis Weaire의 *The Pursuit of Perfect Packing*(Bristol, PA: Institute of Physics, 2000) 참조.

6. 단백질은 아미노산 사슬로 구성되어 있다. 아미노산에는 총 20개의 다른 종류가 있다. 따라서 아미노산 5개로 구성된 사슬은 각각 5개의 위치에 20개의 가능성이 있으므로 단백질의 수는 $20 \times 20 \times 20 \times 20 \times 20 = 20^5 = 3,200,000$이다. 각각 3,200,000가지의 5개 아미노산 단백질은 독립적으로 다각화가 가능한 매개변수가 있는 독립언어 시스템이다. 가령 각각의 5개 아미노산은 그 이웃에 300가지의 다른 각도로 회전할 수 있고 또 각각 150개의 다른 각도로 엮는 곁사슬이 있다. 이들 변수는 단백질이 접힐 수 있는 숫자를 기하급수적으로 늘린다. Lila M. Gierasch와 Jonathan King이 편집한 *Protein Folding: Deciphering the Second Half of the Genetic Code*(Washington, DC: American Association for the Advancement of Science, 1990) 참조.

7. Jane S. Richardson과 David C. Richardson, "The Origami of Proteins", in Gierasch and King, *Protein Folding*, 5-16 참조.

8. Margaret Wertheim의 "Scientist at Work: Erik Demaine, Origami as the Shape of Things to Come", *Science Times* section of the *New York Times*, Feb. 15, 2005 참조.

9. Georg Cantor, "Uber unendliche, lineare Punktmannigfaltigkeiten"(무한한 선형 점-다양체 혹은 세트), *Mathematische Annalen* 21(1883): 545-91.

10. 연구하지 못한 많은 수학과 에로티시즘 주제는 H. von Hug-Hellmuth의 "Einige Beziehungen zwischen Erotik und Mathematik"(수학과 에로티시즘의 어떤 관계) *Imago* 4(1915): 52-68 참고. Von Hug-Hellmuth는 빈의 정신분석의였고 *Imago*에서 그의 편집자는 지그문트 프로이트였다. Von Hug-Hellmuth는 성욕이 여러 형태로 승화할 수 있다는 말로 자신의 논문을 시작했으며 이어 숫자의 상징주의와 피타고라스, 플라토닉 우주론 형성에 관한 토의를 썼다. 막스 에른스트의 물리학 영향은 Gavin Parkinson의 "Quantum Mechanics and Particle Physics: Matta, Wolfgang Paalen, Max Ernst" 참조. *Surrealism, Art, and Modern Science: Relativity, Quantum Mechanics, Epistemology*(New Haven, CT: Yale University Press, 2008), 145-76 수록, 특히 168-72 참조.

11. Konrad Zuse, *Rechnender Raum: Schriften zur Datenverarbeitung* (Braunschweig: Vieweg, 1969), *Calculating Space*로 번역(MIT Technical Translation AZT-70-164-GEMIT; Cambridge, MA: MIT, 1970); Edward Fredkin, "Digital Mechanics", *Physica D. Nonlinear Phenomena* 45(1990): 254-70.

12. Interview with Roger Penrose in *Omni* 8(June 1986): 67-73; 인용구는 70 참조.

13. "Euclid와 비교할 때 (…) 자연은 단순히 수준만 높은 것이 아니라 완전히 다른 차원의 복합성을 드러낸다. 자연 형태의 구분 가능한 길이 규모는 사실상 무한대다. 이에 따라 유클리드가 '무정형' 형태학을 연구하기 위해 '무형태'로 남겨둔 형태를 연구하는 데 큰 어려움이 따른다." Mandelbrot, *Fractal Geometry*, 1(3장, n. 32 참조).

14. 미국 물리학자 Leo P. Kadanoff는 망델브로의 프랙탈 기하학은 안정적인 기초이론이 부족하다고 불평했다. "프랙탈 연구는 대부분 다소 피상적이고 나아가 약간 무의미한 것 같다." Kadanoff, "Fractals: Where's the Physics?" *Physics Today* 39, no. 2(1986): 6-7. 미국 수학자 Steven G. Krantz는 이렇게 저술했다. "새 과학의 일별 또는 자연

을 새롭게 분석하는 언어를 제공했다는 그들(프랙탈 그림 영상)의 주장에 나는 이 분야에서 이뤄낸 프랙탈이론의 어떠한 기여도 비본질적인 것이라고 말하고 싶다. 짧게 말하면 임금님은 벌거숭이다(즉, 프랙탈 이론이 좋다고 믿은 것은 잘못된 믿음이었다)." Krantz, "Fractal Geometry", *Mathematical Intelligencer* 11, no. 4(1989): 12-16; 인용구는 16 참조; 같은 호에 실린 망델브로의 답변(17-19) 또한 참조.

15. Mandelbrot, *Fractal Geometry*. 책에 보인 대중의 반응에는 *Scientific American* 253, no. 2(Aug. 1985)의 표지를 장식한 프랙탈 모양에 보인 반응이 포함되어 있었다. A. K. Dewdney는 자신의 기사에 다음과 같이 저술했다. "컴퓨터의 현미경 줌은 수학의 가장 복잡한 물체를 자세히 보기 위함이다."(16-24). 브레멘대학교의 수학자 Heinz-Otto Peitgen과 물리학자 Peter Richter는 1986년 삽화가 풍부하게 들어간 책 *The Beauty of Fractals*(Berlin: Springer, 1986)를 출판했다. 1987년에는 과학 저널리스트 James Gleick이 베스트셀러 *Chaos: Making a New Science*(New York: Viking, 1987)를 출간했다.
16. "En s'interessant aux indecidables, aux limites de la precision du controle, aux quanta, aux conflits a information non complete, aux '*fracta*,' aux catastrophes, aux paradoxes pragmatiques, la science postmoderne fait la theorie de sa propre evolution comme discontinue, catastrophique, non rectifiable, paradoxale."(논증 불능, 정밀제어의 한계, 양자, 부정확한 정보의 대립, '프랙탈', 재앙 그리고 실용적 역설을 스스로 고려할 때 포스트모던 과학은 그들의 진화를 불연속적이고 재앙적이며 수정할 수 없고 역설적이라고 설명한다). Jean-Francois Lyotard, *La condition postmoderne: Rapport sur le savoir*(Paris: Minuit, 1979), 97.
17. 리오타르의 *science postmoderne*에 관한 통렬한 비판은 Jacques Bouveresse의 *Rationalite et cynisme*(Paris: Minuit, 1984), 125-30 참조; Alan Sokal과 Jean Bricmont의 *Impostures intellectuelles*(Paris: Odile Jacob, 1997), 123-26 참조. *la science postmoderne*의 이해는 Amy Dahan Dalmedico의 "Chaos, Disorder, and Mixing: A New Fin-de-Siecle Image of Science?" in *Growing Explanations: Historical Perspectives on Recent Science*, M. Norton Wise 편집(Durham: Duke University Press, 2004), 67-94 참조.
18. Raffi Karshafian, Peter N. Burns, Mark R. Henkelman의 "Transit Time Kinetics in Ordered and Disordered Vascular Trees", *Physics and Medicine and Biology* 48(2003): 3225-37 참조.
19. Nathan Cohen, Robert G. Hohlfeld의 "Self-Similarity and the Geometric Requirements for Frequency Independence in Antennae", *Fractals* 7, no. 1(1999): 79-84 참조.
20. 1950년대부터 2008년까지 예술작품 컴퓨터그래픽 프린트의 역사적 개요는 Debora Wood의 *Imaging by Numbers: A Historical View of the Computer Print*(Evanston, IL: Mary and Leigh Block Museum of Art, 2008) 참조.
21. 미국인 물리학자 Richard P. Taylor는 바닥에 수평으로 놓여 있는 캔버스에 페인트를 줄줄 부어 만들어진 드립페인팅 작품에서 프랙탈 패턴을 찾았다고 보고했다. 그에 따르면 이 프랙탈 패턴은 폴록의 드립페인팅에 한정되며 그의 작품이 진품인지 판단할 때도 쓸 수 있으리라고 추측했다. Richard P. Taylor, Adam P. Micolich, David Jonas, "Fractal Analysis of Pollock's Drip Paintings", *Nature* 399, no. 6735(June 3, 1999): 422; Richard P. Taylor, Adam P. Micolich, and David Jonas, "Fractal Expressionism", *Physics World* 12(Oct. 1999): 25-28. 예술계는 Pollock/Krasner재단에서 Taylor를 고용해 프랙탈 분석으로 특정 그림들이 진품인지 아닌지 판단하게 한 2006년 이전에는 그를 인정하지 않았다. 이것은 Claude Cernuschi, Andrzej Herczynski, David Martin이 다음에 요약했다. "Abstract Expressionism and Fractal Geometry", in *Pollock Matters*, Ellen G. Landau와 Claude Cernuschi 편집(Chestnut Hill, MA: McMullen Museum of Art, 2007), 91-104. 이들 작가는 비교적 Taylor의 (주장) 발견에 부정적인 예술계 전문가들의 의견에 무게를 실었지만 프랙탈 패턴의 미래 연구에는 긍정적인 말로 마무리했다. "예술사학자들은 그런 학문에 의지하는 것에 고무될지도 모른다."(101).
22. Yoichiro Kawaguchi, "A Morphological Study of the Form of Nature," *Computer Graphics* 16 (1982): 223-42.

13. 탈근대 시대의 플라톤주의

1. 문화역사학자의 관례에 따라 나는 용어 '근대'를 자연에 인류가 인지할 수 있는 패턴이 담겨 있다는 확신에 근거한 르네상스의 고전적 관점과 뉴턴의 계몽주의 그리고 칸트와 헤겔의 독일 이상주의를 촉진한 갈릴레오와 케플러가 자연에 적용한 수학이 소생한다는 의미로 사용한다. 또한 용어 '포스트모던'은 이 고전적 시점이 사라진 2차 세계대전 이후의 시대를 의미하는 것으로 쓴다.
2. Theodor W. Adorno and Max Horkheimer, *Dialectic of Enlightenment: Philosophical Fragments*(1947), Edmund Jephcott 번역, Gunzelin Schmid Noerr 편집(Palo Alto, CA: Stanford University Press, 2002), I. Jay Bernstein의 "Adorno on Disenchantment: The Skepticism of Enlightenment Reason", in *German Philosophy since Kant*, Anthony O'Hear 편집(Cambridge: Cambridge University Press, 1999), 305-28 참조.
3. 대부분의 물리학자에게 아원자 입자를 옥텟octets으로 분류하는 것이 표준모형으로 알려졌지만, 차트(표)를 고안해 1969년 노벨물리학상을 수상한 겔만은 잘못된 판단으로 이 차트를 '팔도설Eightfold Way'로 불러 '양자신비주의'를 독려했다. 이는 불교에서 열반에 이르는 팔도설을 암시한다. 유대인 겔만이 그런 길을 걸을 리 없지 않겠는가(10장 참조). Murray Gell-Mann과 Yuval Ne'eman의 *The Eightfold Way*(New York: W. A. Benjamin, 1964) 참조. 또한 겔만의 여러 페이퍼를 포함한 "The Eightfold Way: A Theory of Strong Interaction Symmetry", *California Institute of Technology Synchrotron Laboratory Report CTSL-20*(1961), 11-57 참조.
4. 1970년대를 아우르는 양자역학의 대안적 해석 요약은 Olival Freire Jr.의 "The Historical Roots of 'Foundations of Physics' as Fields of Research, 1950-1970", *Foundations of Physics* 34, no. 11(2004): 1741-60 참조.
5. 2000년대를 아우르는 양자역학의 대안적 해석 요약은 Brian Greene의 *The Fabric of the Cosmos: Space, Time, and the Structure of Reality*(New York: Vintage, 2004), 202-16 참조. 보헤미안 작업공 논의는 *Bohmian Mechanics and Quantum Theory*, James Cushing 편집, Arthur Fine, and Sheldon Goldstein(Dordrecht, the Netherlands: Kluwer, 1996) 참조. Detlef Durr, Sheldon Goldstein, and Nino Zanghi, *Quantum Physics without Quantum Philosophy*(New York: Springer, 2013) 참조.
6. 이 특수 상황은 두 미국 수학자 Arthur Jaffe와 Frank Quinn이 수학과 이론물리학 합병을 제안하도록 이끌었다. 예를 들면 그동안 받아들여진 엄격한 수학 기준을 바꿔 덜 공식적인 형태로 글을 쓰는 물리학자의 연구결과를 수학저널에서 출판하도록 허락하는 것 같은 변화가 있다. 또한 이들은 물리학에서 사용하는 분업을 수학자들이 받아들여 이론수학(수학적 발견의 추측 단계)과 실험수학(엄격한 증명으로 추측 확인)으로 나눌 것을 제안했다. Arthur Jaffe와 Frank Quinn의 "Theoretical Mathematics: Towards a Cultural Synthesis of Mathematics and Theoretical Physics", *Bulletin of the American Mathematical Society* 29, no. 1(1993): 1-13 참조. 이들의 제안은 수학과 물리학 분리에 관한 Israel Kleiner와 Nitsa Movshowitz-Hadar의 역사적 관점 반영을 촉진했다. "Proof: A Many-Splendored Thing", *Mathematical Intelligencer* 19, no. 3(1997): 16-26 참조.
7. Albert Einstein, "Religion and Science", *New York Times Magazine*, Nov. 9, 1930, 6장.
8. 프로이트는 자아가 이드(원초아)를 움직이게 한다는 것을 묘사하기 위해 은유를 사용했다. "자아가 기능적으로 중요하다는 것은 일반적으로 그것에 양도된 운동성을 컨트롤할 수 있다는 사실에서 드러난다. 이것

과 이드의 관계는 우월한 힘으로 말고삐를 잡아야 하는 말 등에 탄 사람과 같다. 차이가 있다면 말을 탄 사람은 자신의 힘으로 그렇게 하는 것이고, 자아는 빌린 힘으로 그렇게 하는 것이라는 점이다. 비유는 좀 더 나아갈 수 있다. 종종 말을 탄 사람은 그가 말의 한 부분은 아니지만 그것이 어디로 가야 하는지 리드해야 한다. 마찬가지로 자아는 이드의 의지가 자신의 것인 양 변화시키는 습성이 있다." Freud, "The Ego and the Id"(1923), in *Standard Edition*, 19:25(5장, n. 35) 참조.

9. "현재 많은 사람이 주장하는 법칙이 널리 받아들여지고 있지만 물리학부터 사회과학까지, 이 세계부터 보이는 우주 속 다른 세계까지, 우주의 시작으로 거슬러 올라가는 회상에서도 원인과 연속체를 형성하는 것을 완전히 증명할 수 없다는 점에서 진화 서사는 신화다. (…) 진화 서사시는 아마 영원히 최고의 미신일 것이다." E. O. Wilson, *On Human Nature*(Cambridge, MA: Harvard University Press, 1978), 192와 201.
10. 대규모의 성공적인 핵융합 실험은 1952년 11월 1일 수 메가톤급의 폭발(수소폭탄)이었다.
11. Martin Gardner, *Philosophical Scrivener*, 300; 326-42 참조. 또한 11장, n. 128 참조.
12. Morris Kline, *Mathematics: The Loss of Certainty*(New York: Oxford University Press, 1980), 6.
13. 같은 책. 수학에 상대주의로 접근하는 또 다른 예는 *New Directions in the Philosophy of Mathematics*, Thomas Tymoczko 편집(Boston: Birkhauser, 1986) 참조; (철학자인) 편집자는 이 책의 서문에 수학을 흐름이 계속 바뀌는 지식 집합체(영원하고 특정 진실을 담고 있는 개체와 반대)로 보고 생산과 소통을 맞추는 데 초점을 두어 '유사경험주의'라는 접근으로 모든 논문을 엮었다고 서술했다(xvi). 또 다른 상대주의 관점은 Philip Kitcher의 "Mathematical Naturalism"(1988), in *History and Philosophy of Modern Mathematics*, William Aspray, Philip Kitcher 편집, Minnesota Studies in the Philosophy of Science 11(Minneapolis: University of Minnesota Press, 1988), 293-325 참조.
14. Philip J. Davis and Reuben Hersh, *The Mathematical Experience*(Boston: Birkhauser, 1998), 410.
15. Doron Zeilberger, "Theorems for a Price: Tomorrow's Semi-Rigorous Mathematical Culture", *Mathematical Intelligencer* 4, no. 4(1994): 11-14; 인용구는 14 참조.
16. George E. Andrews, "The Death of Proof? Semi-Rigorous Mathematics? You've Got to Be Kidding!" *Mathematical Intelligencer* 4, no. 4(1994): 16-18; 인용구는 16 참조. 스코틀랜드 수학자 Jonathan Borwein은 높은 가능성의 그 결과는 실험수학 분야에서 이미 받아들여지고 있다고 지적했다. Borwein et al., "Making Sense of Experimental Mathematics", *Mathematical Intelligencer* 18, no. 4(1996): 12-18 참조.
17. Newton이 David Brewster(1781-1868)의 *Memoirs of the Life, Writings, and Discoveries of Sir Isaac Newton*(Edinburgh: T. Constable, 1855), 2:407에서 인용했다.

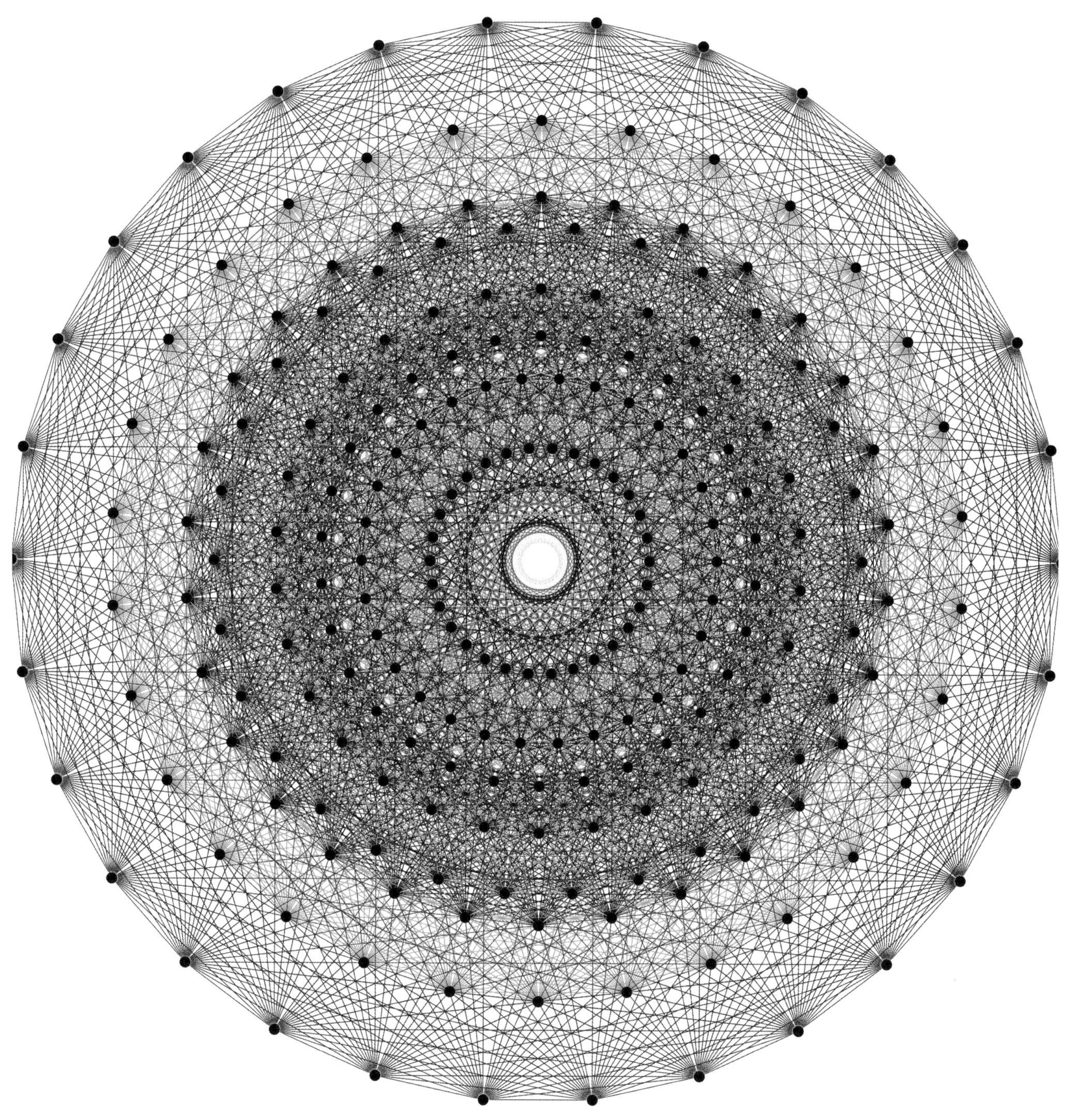

E-8 대칭 그룹 루트 시스템의 컴퓨터 생성 이미지*A computer-generated image of the root system of the symmetry group E-8*, 2007년.

E-8은 57차원 객체의 248차원 대칭 그룹이다. 2007년 3월 국제 수학자 팀이 E-8이 대칭 그룹으로 작용할 수 있는 모든 방법을 계산했다고 발표했다. E-8 대칭 그룹은 최근 문자열 이론에 응용되며 주목받았다. 수학자들은 대개 혼자 일하거나 소수와 함께 하지만, 이 프로젝트는 4년에 걸쳐 18명의 수학자들이 참여했고, 슈퍼컴퓨터로 77시간 작업해 만들어낸 결과다. 제프리 아담스*Jeffrey Adams*(메릴랜드 대학교), 댄 바르바쉬*Dan Barbasch*(코넬 대학교), 포코 두 클록스*Fokko du Cloux*(리옹 대학교), 마크 반 리우원*Marc van Leeuwen*(푸아티에 대학교), 존 스템브리지*John Stembridge*(미시간 대학교), 피터 트라파*Peter Trapa*(유타 대학교), 데이비드 보건*David Vogan*(MIT) 등이 참여했다.

사진 제공

※아래와 같이 약자로 표기함.
ArtRes-Art Resource, New York
Bridgeman-Bridgeman Images
CF-Chris Focht
Escher-www.mcescher.com
Met-Metropolitan Museum of Art, New York
MOMA-Museum of Modern Art/Scala/Art Resource, New York
Tate-Tate, London
Vatican-Photographic Archives of the Vatican Museums

1-7 Bridgeman; 1-5 Asia Society, New York; 1-9 Met/ArtRes; 1-12 ⓒ Sandro Vannini/Corbis; 1-17 Scala/ArtRes; 1-20 Michael Christoph; 1-23, 1-30 CF; 1-31 Zev Radovan, Jerusalem; 1-41 Scala/ArtRes; 1-50 Norihiro Ueno; 1-54, 1-55 Achim Bednorz, Cologne; 1-57 Sonia Halliday; 1-52, 1-59 Achim Bednorz, Cologne; 1-60 P. Zigrossi, Vatican; 1-67 Alinari/ArtRes; 1-79 Achim Bednorz, Cologne; 2-1 Scala/ArtRes; 2-3 René-Gabriel Ojéda ⓒ RMN-Grand Palais/ArtRes; 2-9 Scala/ArtRes; 2-10 Scala/Ministero per i Beni e le Attività culturali/ArtRes; 2-12 Stapleton Collection/Bridgeman; 2-14 ⓒ National Gallery, London/ArtRes; 2-17 Ari Magg, Reykjavik; 2-15 Bridgeman; 2-31 Adélaïde Beaudoin ⓒ RMN-Grand Palais/ArtRes; 2-33 National Gallery of Art, Washington, DC; 2-34 Olivier Martin-Gambier; 2-39 Eija Hartemaa; 2-40 ⓒ Tate; 2-41 © Tim Fitzharris/Minden Pictures/Corbis; 2-42 ⓒ 145/Burazin/Ocean/Corbis; 2-43 Spencer Hansen, Bryan Tarnowski; 3-1 Tom Loonan; 3-35 ⓒ Malcolm Lightner/Corbis; 3-36 ⓒ Mike ver Sprill; 4-5 Dagli Orti/ArtRes; 4-9, 4-10 MOMA; 4-20 Tom Van Eynde; 4-23 CF; 4-27 ⓒ Tate; 4-28, 4-32 MOMA; 5-2 Alfredo Dagli Orti/ArtRes; 5-11 Courtesy of the Getty's Open Content Program; 5-14 Biff Henrich; 5-15, 5-18 ⓒ Tate; 6-4 CF; 6-12 MOMA; 6-18, 6-19, 6-20 CF; 6-23 Erich Lessing/ArtRes; 6-25, 7-6 CF; 7-11 Escher; 7-12, 7-13, 7-16 CF; 8-3 Joerg P. Anders/bpk Berlin/ArtRes; 8-2 Jean-Claude Planchet ⓒ CNAC/MNAM/Dist. RMN-Grand Palais/ArtRes; 8-5, 8-7 Stephen White, London; 8-10 MOMA; 8-13 Åsa Lundén; 8-14 MOMA; 8-27 ⓒ Tate; 9-4 Museum Associates/LACMA/ArtRes; 9-5 Met/ArtRes; 9-6 Scala/ArtRes; 9-8 Escher; 9-10 Klassik Stiftung Weimar; 9-11 ⓒ National Gallery, London/ArtRes; 9-13 ⓒ Vatican; 9-15 Herscovici/ArtRes; 9-14 MOMA; 9-17 ADAGP/ArtRes; 9-19, 9-20 Escher; 9-21 Erich Lessing/ArtRes; 9-22, 9-23, 9-24 Escher; 9-30 Tom Van Eynde; 9-29 bpk, Berlin/ArtRes; 9-31 Erich Lessing/ArtRes; 9-32 Biff Henrich; 9-33 Jennie Carter; 9-36, 9-37 Graham S. Haber; 10-13 Ralph Alberto; 10-16 CF; 10-21 Bridgeman; 10-24 Shigeo Anzai; 10-26 Robert Bayer, Basel; 10-27 Tord Lund; 10-28 John Cliett; 11-2 ⓒAnne Gold, Aachen; 11-3 Museum für Gestaltung Zürich, Designsammlung, Jaggy and U. Romito, ⓒZHdk; 11-4 Museum für Gestaltung Zürich, Plakatsammlung, ⓒZHdk; 11-5 Nadja Wollinsky/Stadtarchiv Ulm; 11-23 CF; 11-26 Bridgeman; 11-28 Archives Bernar Venet, New York; 11-31 MOMA; 11-34 Philippe Migeat ⓒ CNAC/MNAM/Dist. RMN-Grand Palais/ArtRes; 11-36 Mark Morosse; 11-37 De Agostini Picture Library/Bridgeman; 11-46 Rick Hall; 11-48 Minneapolis Institute of Arts; 11-49 MOMA; 11-50 ⓒ Whitney Museum of American Art; 11-51 Ellen Page Wilson; 11-52 R. J. Phil; 11-58 Rudolf Burckhardt ⓒ The Jewish Museum, New York/ArtRes; 11-57 Florian Holzherr, 2002; 11-62, 11-63, 11-64 CF; 11-65 ⓒ Christie's Images/Bridgeman; 11-73 Gianfranco Gorgoni; 12-2 www.davidrumsey.com; 12-6 Eric Gregory Powell; 12-10 Gary Urton; 12-12 MOMA; 12-17 John Baggen; 12-23 Andreas von Lintel; 12-41, 12-42 James Ewing; 13-3 Tom Van Eynde; 13-4 Jeremy Lawson.

이미지 저작권

6쪽 카를 게르스트너, '빛을 잉태한 어둠', ⓒ Karl Gerstner. Collection of Esther Grether, Basel, Switzerland.

0-1. '둔황 별자리표'(확대), ⓒ The British Library Board, Or.8210/S.3326 R.2.(8).

0-2. '태양계의 기하학적 구조 도해', The New York Public Library for the Performing Arts, Astor, Lenox, and Tilden Foundations.

0-3. '고양이 눈 성운의 광륜', Courtesy of Stefan Binnewies and Josef Popsel, Capella Observatory, Mount Skinakas, Crete, Greece.

0-4. '고양이의 눈 성운의 중심부', NASA, ESA, HEIC, and The Hubble Heritage Team (STScI/AURA).

1. 산수와 기하학

1-1. '창세기의 천지창조 이야기' 그림, Osterreichische Nationalbibliothek, Vienna, Bildarchiv, Codex 2554, fol. 1v.

1-2. 비대칭 도구, ⓒ 1971 Cambridge University Press. Used with permission.

1-3. 대칭구조를 가진 손도끼, Courtesy of Thomas Wynn.

1-4. 원형 대칭 도구, Courtesy of Thomas Wynn.

1-5. 저장 용기, Asia Society, New York, Mr. and Mrs. John D. Rockefeller III Collection of Asian Art, 1979. 125.

1-6. 플루트, Bridgeman Images.

1-7. 후기 구석기 시대 동굴 벽에 그려진 들소, Bridgeman Images.

1-8. 러시아 성기르 지역에 매장된 크로마뇽인, Institute of Archaeology, Moscow.

1-9. 메나 고분, Met/ArtRes.
상단 Griffith Institute, University of Oxford, inv. inv. no. T807.
중단 Griffith Institute, University of Oxford, inv. no. Mond 11. 22.
하단 Metropolitan Museum of Art, New York, Rogers Fund.

1-10. 린드 파피루스 스크롤, ⓒ The Trustees of the British Museum, acc. no. 10057r.

1-12. 조세르왕의 계단 피라미드, ⓒ Sandro Vannini/Corbis.

1-15. 음악 속의 조화로운 비율, Music Division, The New York Public Library for the Performing Arts, Astor, Lenox, and Tilden Foundations.

1-16. 표도르 브로니코프, '피타고라스교의 떠오르는 해 찬양', State Tretyakov Gallery Moscow.

1-17. 아르고스의 폴리클레이토스, '도리포로스', Museo Archeologico Nazionale, Naples.

1-18. '플라톤 아카데미', Museo Archeologico Nazionale, Naples, inv. no 124545.

1-19. 플라톤의 입체(상단 우측)와 요하네스 케플러(상단 좌측), Music Division, The New York Public Library for the Performing Arts, Astor, Lenox, and Tilden Foundations.

1-20. 루네 밀츠, '플라톤의 입체들', Courtesy of the artist and the Galerie Angelika Harthan, Stuttgart. ⓒ 2014 VG Bild-Kunst, Bonn/Artists Rights Society, New York.

1-21. 존 돌턴, '원소', Chemical Heritage Foundation, Othmer Library of Chemical History, Philadelphia.

1-23. 벤 샨, '피타고라스 아카데미', Collection of Anita and Arthur Kahn, New York.

1-24. 루네 밀츠, '에라토스테네스의 체', Courtesy of the artist and the Galerie Angelika Harthan, Stuttgart. ⓒ 2014 VG Bild-Kunst, Bonn/Artists Rights Society, New York.

1-30. 이집트 덴데라 신전에 있는 12궁도, 《Description de l'Egypte, ou recueil des observations et des recherches qui ont ete faites en Egypte pendant l'expedition de l'armee francaise》(Paris, Panckoucke, 1821-1829). Special Collections, Binghamton University Libraries, Binghamton University, State University of New York.

1-31. 이스라엘 이즈레엘 골짜기의 베트 알파 회당에 위치한 12궁도, Zev Radovan, Jerusalem.

1-33. 《메카닉스 매거진》 2의 표지, Rare Book and Manuscript Library, University of Pennsylvania.

1-34. '파르네세 아틀라스', Museo Archeologico Nazionale, Naples.

1-35. 프톨레마이오스의 우주모형, Rare Books Division, The New York Public Library, Astor, Lenox, and Tilden Foundations.

1-38. '산수의 의인화', Houghton Library, Harvard University, Typ 520. 03. 736.

1-39. 유클리드의 《원론》, ⓒ The British Library Board, MS Add. 23387, fol. 28.

1-40. 레자 사르한기, 로버트 파타우어, '부차니의 7각형', Courtesy of the artists.

1-41. 산드로 보티첼리, '공부하는 성 아우구스티누스', Church of Ognissanti, Florence.

1-42. 《주비산경》의 구고정리, Needham Research Institute, Cambridge, England.

1-43. 주희의 하도낙서, Needham Research Institute, Cambridge, England.

1-47. 주희, 《역경》에서 괘를 나누는 표, Needham Research Institute, Cambridge, England.

1-48. 64괘를 만드는 분리표, Needham Research Institute, Cambridge, England.

1-49. 범관, '계산행려도', National Palace Museum, Taipei, Taiwan, Republic of China.

1-50. 미야지마 타츠오, '끊임없는 변화, 만물과의 연결, 영원한 지속', Museum of Contemporary Art, Tokyo, Courtesy of the artist and Shiraishi Contemporary Art Inc.

1-51. 유클리드의 《원론》, National Library of Australia.

1-52. 로만 베로스트코, '무지의 구름', Courtesy of the artist.

1-53. 12세기 아랍어판 유클리드의 《원론》, The British Library, Burney 275, f. 293r. ⓒ The British Library Board.

1-54. 프랑스의 샤르트르 대성당 서쪽면, Achim Bednorz, Cologne.

1-55. 샤르트르 대성당 서쪽면의 남문, Achim Bednorz, Cologne.

1-56. 성 데니스 성당의 지붕이 달린 복도, Achim Bednorz, Cologne

1-57. 성 데니스 성당의 복도에 위치한 성 바울이 채색된 유리창, Sonia Halliday

1-59. 게르하르트 리히터, '영원을 향한 창문', Achim Bednorz, Cologne

1-60. 토마스 스트루스, '콜론 성당', Courtesy of the artist and Marian Goodman Gallery, New York. ⓒ Thomas Struth.

1-61. 라파엘로, '아테네 학당', ⓒ Musei Vaticani, Vatican City.

1-66. 갈릴레오 갈릴레이, 발사체의 포물선 궤적에 관한 메모, Biblioteca Nazionale Centrale di Firenze, Manoscritti Galileiani 72, f. 116v.

1-67. 아르테미시아 젠틸레스키, '홀로페우스의 머리를 베는 유디트', Ufizzi, Florence.

1-68. 로버트 훅의 매달린 사슬, Art and Architecture Collection, Miriam and Ira D. Wallach Division of Art, Prints, and Photographs. The New York Public Library, Astor, Lenox, and Tilden Foundations.

1-69. 니콜라스 코페르니쿠스, 《De Revolutionibus Oribium Coelestium》, Science, Industry & Business Library, The New York Public Library, Astor, Lenox, and Tilden Foundations.

1-70. 요하네스 케플러, 《Mysterium Cosmographicum》, Rare Books Division, The New York Public Library, Astor, Lenox, and Tilden

Foundations.

1-75. 높은 산꼭대기에서 여러 속력으로 발사된 발사체의 경로, Science, Industry & Business Library, The New York Public Library, Astor, Lenox, and Tilden Foundations.

1-76. 아이작 뉴턴, 《Philosophiæ Naturalis Principia Mathematica》, Edmond Halley(London: Royal Society, 1687). Rare Books Division, The New York Public Library, Astor, Lenox, and Tilden Foundations.

1-77. 프란체스코 보로미니의 산티보 알라 사피엔차 실내 투시도 및 도면, Domenico Barriere, 《Opera del Cavaliere Francesco Borromino》(Rome: Giannini, 1720), vol. 1, plate 8. The Pierpont Morgan Library, New York.

1-79. 프란체스코 보로미니의 산티보 알라 사피엔차의 돔, Achim Bednorz.

1-80. 로랑 드 라 이르의 추종자, '기하학 풍자', Toledo Museum of Art, purchased with funds from the Libbey Endowment, gift of Edward Drummond Libbey, 1964. 124.

1-81. 조반니 프란체스코 바르비에리, '마리아의 승천'의 천사 그림, Private collection.

2. 비율

2-1. 레오나르도 다빈치, 비트루비안 맨, Accademia di Belle Arti, Venice.

2-2. 알브레히트 뒤러, 비율의 남자, 《Vier Bucher von menschlicher Proportion》(Nuremberg, 1528), Trustees of the National Library of Scotland, Edinburgh.

2-3. 레오나르도 다빈치의 성당 디자인, Codex Ashburnham(complement to MSB), fol. 93v. Bibliotheque de l'Institut de France, Paris.

2-4. 원과 내접하는 다각형을 만드는 법, 레온 바리스타 알베르티, 《De Re Aedificatoria》(Florence, Nicolaus Laurentii, 1485), Art and Architecture Collection, Miriam and Ira D. Wallach Division of Art, Prints, and Photographs. The New York Public Library, Astor, Lenox and Tilden Foundations.

2-5. 안드레아 팔라디오, 빌라 카프라 '라 로톤다'의 도면과 절단면, 《I Quattro Libri dell'Architettura》(Venice: Dominico de' Franceschi, 1570), bk. 2, 19).

2-7. 이븐 알하이삼, '눈 해부도', 《Opticæ Thesaurus: Alhazeni Arabis Libri Septem》 7, Rare Books Division, The New York Public Library, Astor, Lenox, and Tilden Foundations.

2-8. 레온 바티스타 알베르티, 《De Pictura》, Art and Architecture Collection, Miriam and Ira D. Wallach Division of Art, Prints, and Photographs. The New York Public Library, Astor, Lenox, and Tilden Foundations.

2-9. 피에로 델라 프란체스카, '예수 책형', Galleria Nazionale delle Marche, Urbino.

2-10. 레오나르도 다빈치, '최후의 만찬', Santa Maria delle Grazie, Milan.

2-11. 피에로 델라 프란체스카, 《Trattato d'abaco》, Biblioteca Medicea Laurenziana, Florence, MS Ashburnham 359, 108r.

2-12. 알브레히트 뒤러, 선원근법을 사용해 류트를 그리는 법, 〈Underweysung der Messung mit dem Zirckel und Richtscheyt〉(Treatise on measurement with compass and straightedge; Nüremberg, 1525).

2-13. 레오나르도 다빈치, 원근법 도해, Scritti Letterari di Leonardo da Vinci/The Literary Works of Leonardo da Vinci(London: Sampson Low, Marston, Searle, and Rivington, 1881), 1:63.University of Toronto Library.

2-14. 한스 홀바인, '대사들', National Gallery, London.

2-15. 클로드 카훈, '자화상', The Detroit Institute of Arts, Albert and Peggy de Sale Charitable Trust, and the DeRoy Photographic Acquisition Endowment Fund.

2-16. 실비 돈무아예, '마방진 정물화', Courtesy of the artist.

2-17. 올라퍼 엘리아슨, 프로스트 액티비티, Reykjavik Art Museum, Iceland. Courtesy Reykjavik Art Museum.

2-18. 에드가 윌러와 만프레트 스타더의 '스턴트 시티', Courtesy of the artists.

2-19. 유클리드의 《원론》 첫 출판본 권두, Rare Books Division, The New York Public Library, Astor, Lenox, and Tilden Foundations.

2-20. 야코포 데 바르바리, '루카 파치올리', Museo e Gallerie di Capodimonte, Naples.

2-22. 안이 빈 12면체, 《Divina Proportione》(Venice: Paganius, 1509).

2-23. 사람의 비율(상단 좌측), 헬레니즘 또는 로마 시대의 메디치 비너스 동상(하단 좌측), 마르부르크의 성 엘리자베스 성당(우측), 《Neue Lehre von den Proportionen des menschlichen》(Leipzig, Germany: R. Weigel, 1854).

2-24. 아테네 파르테논의 도면, 어거스트 티에시, 《Handbuch der Architektur 4, no. 1》(Darmstadt, Germany: Diehl, 1883).

2-25. 로마의 성베드로 대성당, 어거스트 티에시, 《Geschichte der Renaissance in Italien, 3rd ed.》(Stuttgart: Ebner and Seubert, 1891).

2-26. '칸첼레리아'라고 알려진 리자리오 궁전의 최상층, 《Renaissance und Barock》(Renaissance and Baroque; Munich: T. Ackermann, 1888).

2-27. 산타 마리아 노벨라 성당, 플로렌체, 하인리히 빌플리, 《Zur Lehre von den Proportionen》(Deutsche Bauzeitung 23, 1889).

2-28. 'A. 차이징의 연구에 따른 인간의 비율 측정', 에른스트 노이페르트, 《Bauentwurfslehre》(Berlin: Bauwelt, 1936). Used with permission.

2-29. 피터 렌츠(데시데리우스 신부), 남자와 여자의 비율체계, Archive of the Benedictine Abbey of St. Martin of Beuron, Germany.

2-30. 모리스 드니, '보이론의 수도승들', Musee departemental Maurice Denis-Le Prieure, Saint Germain-en- Laye, France. ⓒ 2014 Artists Rights Society, New York.

2-31. 폴 세뤼지에, '황금 원통', Musee des Beaux-Arts, Rennes.

2-32. 살바도르 달리, '최후의 성찬식', National Gallery of Art, Washington, DC, Chester Dale Collection, 1963.10.115. ⓒ 2014 Salvador Dali, Fundacio Gala-Salvador Dali/Artists Rights Society, New York.

2-33. National Gallery of Art, Washington, DC.

2-34. 르코르뷔지에와 그의 사촌 피에르 잔느레, 메종 라 로쉬, Foundation Le Corbusier, Paris. ⓒ 2014 F.L.C./ADAGP, Paris/Artists Rights Society, New York.

2-35. 르코르뷔지에, 모듈러, Used with permission. ⓒ 2014 F.L.C./ADAGP, Paris/Artists Rights Society, New York.

2-36. 편모가 있는 해양미생물과 배의 프로펠러, General Research Division, The New York Public Library for the Performing Arts, Astor, Lenox, and Tilden Foundations.

2-37. 양귀비와 식탁용 소금통, General Research Division, The New York Public Library for the Performing Arts, Astor, Lenox, and Tilden Foundations.

2-38. 프란츠 사버 루츠, '물고기와 체펠린 비행기의 부피', Courtesy of the artist, andc Klaus Tschira Stiftung, Heidelberg.

2-39. 마리오 메르츠, '숫자의 비행', Courtesy of Turku Energia.

2-40. 마리오 메르츠, '피보나치 테이블', Tate, London.

2-41. 해바라기의 잎차례, Tim Fitzharris/Minden Pictures/Corbis

2-42. 노틸러스 조개, 145/Burazin/Ocean/Corbis.

2-43. 헤더 한센, '엠프티드 제스쳐'의 움직임으로 생성되는 그림들, Courtesy of the artist and Ochi Gallery, Ketchum, ID.

3. 무한대

3-1. 이브 탕기, '무한한 가분성', Albright-Knox Art Gallery, Buffalo, NY, Room of Contemporary Art Fund, 1945. ⓒ 2015 Estate of Yves Tanguy/Artists Rights Society, New York.
3-4. 아르키메데스의 소진법, 《Opera Omnia》(Basel, Switzerland: Hervagius, 1544), Houghton Library, Harvard University.
3-7. '메르카토르 도법을 사용한 세계지도', David Rumsey Map Collection, inv. no. 2741.015. ⓒ 2000 by Cartography Associates.
3-9. 양휘의 삼각형, Needham Research Institute, Cambridge, England.
3-10. 아그네스 데네스, '파스칼의 삼각형', Collection of The Ohio State University, 1980.017.000. Courtesy of the artist and the Wexner Center for the Arts.
3-11. 순수한 소리파동과 복합 소리파동, 《Le Monde Physique》(Paris: Hachette, 1882), 1:635.
3-16. 멜 보크너, '5를 나누는 4가지 방법', Courtesy of the artist.
3-19. 파울 클레, '무한대와 동일', Museum of Modern Art, New York, acquired through the Lillie P. Bliss Bequest. ⓒ 2014 Artists Rights Society, New York.
3-20. 지평선 너머를 바라보는 남자, 《L'Atmosphere: Météorologie Populaire》(Paris: Hachette, 1888), 163.
3-21. 호계삼소, National Palace Museum, Taipei, Taiwan, Republic of China.
3-22. 고트프리드 라이프니츠의 《역경》 사본, Bibliothek-Niedersachsische Landesbibliothek, Hannover, LBr 105, fol. 27f.
3-24. 알렉세이 크루체니크, n. p.
3-25. '블라디미르의 성모', State Tretyakov Gallery, Moscow.
3-26. 카지미르 말레비치, '모스크바의 영국인', Stedelijk Museum, Amsterdam.
3-27. 카지미르 말레비치, '산술-숫자의 과학', Library of Congress, Washington, DC.
3-28. 카지미르 말레비치, '태양 너머의 승리' 2막 장면 6, Saint Petersburg State Museum of Theater and Music.
3-29. 카지미르 말레비치, '태양 너머의 승리' 2막 장면 5, Saint Petersburg State Museum of Theater and Music.
3-30. 카지미르 말레비치, '검은 정사각형', ⓒ State Tretyakov Gallery, Moscow.
3-31. 0,10(НОЛЬ–ДЕСЯТЬ), Museum of Modern Art, New York, acquired through the generosity of the Orentreich Family Foundation.
3-32. 0,10(제로–텐), 마지막 미래파 전, David King Collection, London.
3-33. 자신의 레닌그라드 아파트에 정장 안치된 말레비치, David King Collection, London.
3-34. 아돌프 케틀레의 정규분포, 《Lettres sur la théorie des probabilités, appliquée aux sciences morales et politiques》(Brussels: M. Havez, 1846), 396.
3-35. 콘스탄틴 브랑쿠시, '끝없는 기둥', Targu Jiu Complex, Romania. ⓒ 2014 ADAGP, Paris/Artists Rights Society, New York. ©Malcolm Lightner/Corbis.
3-36. '빛의 헌사', ⓒ Mike ver Sprill.

4. 형식주의

4-1. 알렉산드로 로드첸코, '붉은색', ⓒ A. Rodchenko and V. Stepanova Archive, Moscow. ⓒ Estate of Aleksandr Rodchenko/RAO, Moscow/VAGA, New York.
4-2. 에드윈 A. 애벗, 《Flatland: A Romance of Many Dimensions》, illus. by the author (London: Seeley & Co., 1884).
4-3. '뮌헨의 선술집', Engraving by Schinlels. Bibliothèque des Arts Décoratifs, Paris.
4-4. '생명나무', 에른스트 헤켈, 《Anthropogenie, oder Entwicklungsgeschichte des Menschen》(Leipzig, Germany: Engelmann, 1874).
4-5. '언어나무', 에른스트 헤켈, 《Anthropogenie, oder Entwicklungsgeschichte des Menschen》(Leipzig, Germany: Engelmann, 1874).
4-6. 《상징주의Символизм》의 구절 선율에 나타나는 안드레이 벨리의 강조 패턴 도표, 《Символизм》(Symbolism; Moscow: Musaget, 1910).
4-7 안드레이 벨리의 운율패턴, 《Символизм》(Symbolism; Moscow: Musaget, 1910).
4-8. 블라디미르 타틀린, Russian State Archive of Literature and Art, Moscow, inv. no. 998-1-3623-3.
4-9. 알렉산드르 로드첸코, '추상화 80번'(검은색 위의 검은색), Museum of Modern Art, New York, gift of the artist, through Jay Leyda. 114.1936. ⓒ Estate of Aleksandr Rodchenko/RAO, Moscow/ VAGA, New York.
4-10. 카지미르 말레비치, '절대주의 작품: 흰색 위의 흰색', Museum of Modern Art, New York.
4-11. 알렉산드르 로드첸코, '공간구조 12번', A. Rodchenko and V. Stepanova Archive, Moscow. ⓒ Estate of Aleksandr Rodchenko/RAO, Moscow/ VAGA, New York.
4-12. 알렉산드르 로드첸코, '공간구조 11번', ⓒ A. Rodchenko and V. Stepanova Archive, Moscow. ⓒ Estate of Aleksandr Rodchenko/RAO, Moscow/VAGA, New York.
4-13. 알렉산드르 로드첸코, '공간구조 13번', A. Rodchenko and V. Stepanova Archive, Moscow. ⓒ Estate of Aleksandr Rodchenko/RAO, Moscow/VAGA, New York.
4-14. 알렉산드르 로드첸코, '공간구조 20번', A. Rodchenko and V. Stepanova Archive, Moscow. ⓒ Estate of Aleksandr Rodchenko/RAO, Moscow/ VAGA, New York.
4-15. 알렉산드르 로드첸코, '공간구조 21번', A. Rodchenko and V. Stepanova Archive, Moscow. ⓒ Estate of Aleksandr Rodchenko/RAO, Moscow/ VAGA, New York.
4-16. 알렉산드르 로드첸코, '푸른색', ⓒ A. Rodchenko and V. Stepanova Archive, Moscow. ⓒ Estate of Aleksandr Rodchenko/ RAO, Moscow/VAGA, New York.
4-17. 알렉산드르 로드첸코, '노란색', ⓒ A. Rodchenko and V. Stepanova Archive, Moscow. ⓒ Estate of Aleksandr Rodchenko/ RAO, Moscow/VAGA, New York.
4-18. 도로시아 록번, '스스로를 만드는 그림: 근접성', The Museum of Modern Art, New York.
4-19. 앤서니 맥콜, '숨결', Courtesy of the artist.
4-20. 조시아 맥엘헤니, '체코의 모더니즘을 비추고 반영한 무한성', ⓒ Josiah McElheny. Donald Young Gallery, Chicago, and Andrea Rosen Gallery, New York.
4-21. 브와디스와프 스체민스키, '우니즘 구성 10번', Muzeum Sztuki w Łodzi, Poland.
4-22. 가타르치나 코브로, '공간 구성 3번', Muzeum Sztuki w Łodzi, Poland.
4-23. 가타르치나 코브로, 브와디스와프 스체민스키, 《Composition of Space: Calculations of a Spatio-Temporal Rhythm》(Łódz: a.r., 1931).
4-24. 브와디스와프 스체민스키, 활자체, Muzeum Sztuki w Łodzi, Poland.
4-25. 가타르치나 코브로, 보육원 디자인, Muzeum Sztuki w Łodzi, Poland.
4-26. 브와디스와프 스체민스키, '건축구조 9c', Muzeum Sztuki w Łodzi, Poland.
4-27. 나움 가보, '물리학과 수학 연구소를 위한 기념비의 첫 스케치', Tate, London, inv. no. T02156. ⓒ Nina and Graham Williams.

- 4-28. 알렉산드르 로드첸코, '노동자 클럽의 모형', Museum of Modern Art, New York. ⓒ Estate of Aleksandr Rodchenko/RAO, Moscow/VAGA, New York.
- 4-29. 알렉산드르 로드첸코, '라이카를 입은 여인', ⓒ A. Rodchenko and V. Stepanova Archive, Moscow/c Estate of Aleksandr Rodchenko/RAO, Moscow/VAGA, New York.
- 4-30. 블라디미르 타틀린, (실현되지 않은) '제3인터내셔널 기념탑', Museum of Modern Art, New York, gift of the Judith Rothchild Foundation.
- 4-31. 아이 웨이웨이, '빛의 근본', installation view at the Louisiana Museum of Modern Art, Humlebæk, Denmark. Collection Faurschou Foundation, Copenhagen, Denmark.

5. 논리

- 5-1. '크레타의 미궁', Kunsthistorisches Museum, Vienna.
- 5-2. '동물의 이름을 짓는 아담', Museo Nazionale del Bargello, Florence. Alfredo Dagli Orti/ArtRes.
- 5-3. 대 피테르 브뢰헬, '바벨탑', Kunsthistorisches Museum, Vienna.
- 5-6. 윈슬로 호머, '칠판', National Gallery of Art, Washington, DC.
- 5-7. 존 테니엘, Rare Books Library, Columbia University, New York.
- 5-9. 알프레드 노스 화이트헤드, 버트런드 러셀, 《Principia Mathematica》(Cambridge: Cambridge University Press, 1910), Institute Archives and Special Collections, Massachusetts Institute of Technology.
- 5-10. 《Logicomix》(New York: Bloomsbury, 2009), 170, Used with permission.
- 5-11. 안드레아 만테냐, '동방박사의 경배', J. Paul Getty Museum, Los Angeles, inv. 85.PA.417.
- 5-12. 폴 세잔, '과일 접시 정물화', Museum of Modern Art, New York, fractional gift of Mr. and Mrs. David Rockefeller.
- 5-13. 버네사 벨, '버지니아 울프', ⓒ National Portrait Gallery, London.
- 5-14. 헨리 무어, '옆으로 누운 사람', Albright-Knox Art Gallery, Buffalo, New York, Room of Contemporary Art Fund, 1939. ⓒ The Henry Moore Foundation, 2015.
- 5-15. 바버라 헵워스, '상', Tate, London.
- 5-16. 너대니얼 프리드먼, '삼엽형 무늬 토르소: 빛이 내리는 협곡', Courtesy of the artist.
- 5-17. 바버라 헵워스, '3가지 형태', ⓒ Tate, London.
- 5-18. 벤 니컬슨, '1934'(부조), ⓒ Tate, London. ⓒ 2014 Angela Verren Taunt/All rights reserved/DACS, London/ Artists Rights Society, New York.

6. 직관주의

- 6-1. 피터 몬드리안, '시계초', Gemeentemuseum, The Hague.
- 6-2. 빈센트 반 고흐, '까마귀가 있는 밀밭', Van Gogh Museum, Amsterdam (Vincent van Gogh Foundation), in. no. s149V/1962 F779.
- 6-3. 한 쌍의 유선도, 찰스 요셉 미나드, 《Tableaux graphiques et cartes figuratives》(Paris: Regnier et Dourdet, 1870), 28. Ecole Nationale des Ponts et Chaussees, Paris, fol. 10975.
- 6-4. 테베의 룩소르 신전, 《Description de l'Égypte, ou recueil des observations et des recherches qui ont été faites en Égypte pendant l'expédition de l'armée française》(Paris: Panckoucke, 1821–1829년), sec. A, vol. 3, plate 4-5. Special Collection, Binghamton University Library, State University of New York.
- 6-6. 짐 샌본, '킬키 카운티 클레어, 아일랜드', Courtesy of the artist.
- 6-8. 피터 몬드리안, '진화', Gemeentemuseum, The Hague.
- 6-9. 알렉스 그레이, '신학자: 자신과 주변 환경을 둘러싼 시간과 공간의 천을 엮는 인간과 신의 의식의 결합', Courtesy of the artist. ⓒ 1986 Alex Grey.
- 6-10. 피터 몬드리안, '거대한 누드화', Gemeentemuseum, The Hague. ⓒ 2015 Mondrian/Holtzman Trust.
- 6-11. 십자가, M. H. J. 스훈마르케스, 《Beginselen der Beeldende Wiskunde》(Bussum, the Netherlands: van Dishoeck, 1916).
- 6-12. 피터 몬드리안, '부두와 바다 5', Museum of Modern Art, New York, Mrs. Simon Guggenheim Fund. ⓒ 2015 Mondrian/ Holtzman Trust.
- 6-13. 피터 몬드리안, '선 구성'(두 번째 상태), Kroller-Muller Museum, Otterlo, the Netherlands.
- 6-14. 피터 몬드리안, '구성', Solomon R. Guggenheim Museum, New York, Founding Collection, 49.1229.
- 6-15. 테오 반 두스부르흐, '구성 III', Kroller-Muller Museum, Otterlo, the Netherlands.
- 6-16. 바르트 반 데르 레크, '구성 IV', Kroller-Muller Museum, Otterlo, the Netherlands. ⓒ 2014 Pictoright Amsterdam/Artists Rights Society, New York.
- 6-17. 조르주 반통겔루, '구의 구성', L'art et son avenir(Antwerp, Belgium: De Sikkel, 1924), 11. ⓒ 2014 ProLitteris, Zurich/Artists Rights Society, New York.
- 6-18. 표준 회색 색표와 24개의 표준색, 빌헬름 오스트발트, 《Farbkunde》(Leipzig, Germany: S. Hirzel, 1923).
- 6-19. 같은 색조의 삼각형, 빌헬름 오스트발트, 《Farbkunde》(Leipzig, Germany: S. Hirzel, 1923).
- 6-20. 같은 색조의 원, 빌헬름 오스트발트, 《Farbkunde》(Leipzig, Germany: S. Hirzel, 1923).
- 6-21. 피터 몬드리안, '6 그리드 구성 : 컬러 마름모꼴 구성', Kroller-Muller Museum, Otterlo, the Netherlands.
- 6-22. 빌모스 후사르, '데스틸 구성', 로고 디자인, Gemeentemuseum, The Hague.
- 6-23. 피터 몬드리안, '빨간색과 파란색과 노란색을 사용한 구성', Kunsthaus, Zurich. ⓒ 2015 Mondrian/Holtzman Trust.
- 6-24. 테오 반 두스브르흐, '산술구성', Kunstmuseum, Winterthur, Permanent loan from a private collection, 2001. ⓒ Schweizerisches Institut fur Kunstwissenschaft, Lutz Hartmann.
- 6-25. 프리드리히 반 에덴, 야프 론돈, 《Het Godshuis in de Lichtstad》(Amsterdam: W. Versluys, 1921).

7. 대칭성

- 7-1. 막스 빌, 《한 주제의 15개의 변형》 시리즈의 6판 표지들, ⓒ 2014 ProLitteris, Zurich/Artists Rights Society, New York.
- 7-2. 로버트 훅, 《Micrographia; or, Some Physiological Description of Minute Bodies Made by Magnifying Glasses with Observations and Inquiries Thereupon》(London: Royal Society, 1665), Rare Books and Manuscripts, The New York Public Library, Astor, Lenox, and Tilden Foundations.
- 7-3. 르네 쥐스트 아위, 《Traité de minéralogie》(Paris: Louis Libraire, 1801).
- 7-6. 하인리히 뵐플린, 《Kunstgeschichtliche Grundbegriffe》(Munich: Bruckmann, 1915).
- 7-7. 테베의 네크로폴리스의 천장 패턴, 에밀 프리세 다벤, 《Histoire de l'art égyptien d'après les monuments depuis les temps les plus reculés jusqu'à la domination romaine》(Paris: Bertrand, 1878), Art & Architecture Collection, Miriam and Ira D. Wallach Division of Art, Prints and Photographs, The New York Public Library, Astor, Lenox, and Tilden Foundations.
- 7-8. 이집트 고분의 천장, 안드레아스 스페이저, 《Die mathematische

Denkweise》(Basel, Switzerland: Birkhauser, 1945), Used with the permission of Springer Science and Business Media, Heidelberg.

7-9. 이슬람식 타일 패턴, 안드레아스 스페이저, 《Die mathematische Denkweise》(Basel, Switzerland, Birkhauser, 1945), Springer Science and Business Media, Heidelberg. Used with permission.

7-10. 마우리츠 코르네리우스 에스헤르, '알함브라의 모자이크를 본 후 그린 그림', Collection of Michael S. Sachs, Inc. ⓒ 2009 The M. C. Escher Company, The Netherlands. All rights reserved.

7-11. 마우리츠 코르네리우스 에스헤르, '하늘과 물 I', ⓒ 2009 The M. C. Escher Company, The Netherlands. All rights reserved.

7-12. 안나 O. 셰퍼드, 《The Symmetry of Abstract Design with Special Reference to Ceramic Decoration》(Washington, DC: Carnegie Institution, 1948), Used with permission.

7-13. 클로드 레비스트로스의 결혼관계 도형, 《Les structures élémentaires de la parenté》(1949), Used with permission.

7-16. 전자기장 도해, 제임스 클러크 맥스웰, 《A Treatise on Electricity and Magnetism》(Oxford, England: Clarendon, 1873).

7-17. 막스 빌, '변형', ⓒ max, binia + jakob bill foundation. ⓒ 2014 ProLitteris, Zurich/Artists Rights Society, New York.

7-18. 막스 빌, '한 주제의 15가지 변형', 《Max Bill, Maler, Bildhauer, Architekt》(Paris: Editions des Chroniques du Jour, 1938), ed. Thomas Buchsteiner and Otto Letze(Ostfildern-Ruit: Hatje Cantz, 2005년), Used with permission. ⓒ 2014 ProLitteris, Zurich/Artists Rights Society, New York.

7-19. 파울 클레, 《Pädagogisches Skizzenbuch》, Bauhausbücher 2(Munich: Albert Langen, 1925), 6. Avery Architectural and Fine Arts Library, Columbia University, New York. ⓒ 2014 Artists Rights Society, New York.

7-20. 막스 빌, 무제, X=X(Zurich: Allianz, 1942), Art and Architecture Collection, Miriam and Ira D. Wallach Division of Art, Prints, and Photographs. The New York Public Library, Astor, Lenox, and Tilden Foundations. ⓒ 2014 ProLitteris, Zurich/Artists Rights Society, New York.

7-21. 막스 빌, 정사각형 4개의 전개, Kunstmuseum, Winterthur, Donated by Frawa AG, 1969. ⓒ Schweizerisches Institut fur Kunstwissenschaft, Lutz Hartmann. ⓒ 2014 ProLitteris, Zurich/ Artists Rights Society, New York.

7-22. 막스 빌의 작품이 전시된 6번 갤러리, Konkrete Kunst(Basel, Switzerland: Kunsthalle, 1944), 56. ⓒ 2014 ProLitteris, Zurich/Artists Rights Society, New York.

7-23. 카밀 그레저, '빨간색-노란색-파란색 전개', Camille Graeser Stiftung, Zurich. ⓒ 2014 ProLitteris, Zurich/Artists Rights Society, New York.

7-24. 리하르트 폴 로제, '구체화 I', ⓒ Richard Paul Lohse Foundation, Zurich. ⓒ 2014 ProLitteris, Zurich/Artists Rights Society, New York.

7-25. 베레나 뢰벤스베르그, '무제', Private collection. ⓒ Henrietta Coray Loewensberg, Zurich.

7-26. 막스 빌, 'Vom Sinn der Begriffe in der neuen Kunst: Die Richtungen innerhalb der Konkrete Kunst', 《Abstrakt/ Konkret 6》(1945)n.p. ⓒ 2014 ProLitteris, Zurich/Artists Rights Society, New York.

7-27. 리하르트 폴 로제, 《Poètes à l'écart》(Anthologie der Abseitigen, Bern, Switzerland: Benteli, 1946년). ⓒ Richard Paul Lohse Foundation, Zurich. ⓒ 2014 ProLitteris, Zurich/Artists Rights Society, New York.

7-28. 막스 빌, '정사각형 5개의 진행', ⓒ max, binia + jakob bill foundation. ⓒ 2014 ProLitteris, Zurich/Artists Rights Society, New York.

8. 1차 세계대전 이후의 유토피아 세계관

8-1. 루트비히 미스 반데어로에, '유리 고층건물 모형', Bauhaus-Archiv, Berlin.

8-2. 오토 딕스, '저널리스트 실비아 폰 하르덴의 초상화', Musee National d'Art Moderne, Centre Georges Pompidou, Paris. ⓒ 2014 VG Bild-Kunst, Bonn/Artists Rights Society, New York.

8-3. 게오르게 그로스, '사회의 기둥', Nationalgalerie, Staatliche Museen, Berlin.

8-4. 가시범위, 에른스트 마흐의 《Beiträge zur Analyse der Empfindungen》(La Salle, IL: Open Court, 1897).

8-5. 안토니 곰리, '양자 구름 XXXVIII'(아기), ⓒ The artist. Courtesy of the artist.

8-6. 윌리엄 제임스의 '사고의 흐름'에 나타낸 인식의 흐름 도해, 《The Principles of Psychology》(New York: H. Holt, 1890).

8-7. 안토니 곰리, '양자 구름 V', ⓒ The artist. Courtesy of the artist.

8-8. 엘 리시츠키, '프룬', Solomon R. Guggenheim Museum, New York, gift of the Estate of Katherine S. Dreier, 53.1343. ⓒ 2014 Artists Rights Society, New York.

8-9. 엘 리시츠키, '두 정사각형의 6가지 구성: 절대주의자의 이야기', Museum of Modern Art, New York, gift of the Judith Rothchild Foundation. ⓒ 2014 Artists Rights Society, New York. To all, all children Do not read. Take paper, rods, blocks. Lay out, color, build. Here are two squares.

8-10. 라슬로 모호이너지, '니켈 구성', Museum of Modern Art, New York, gift of Sibyl Moholy-Nagy. ⓒ 2014 VG Bild-Kunst, Bonn/Artists Rights Society, New York.

8-11. 얀 반 에이크, '성 바르바라', Avery Architectural and Fine Arts Library, Columbia University, New York.

8-12. '도시의 왕관'의 동쪽 면, Avery Architectural and Fine Arts Library, Columbia University, New York.

8-13. 조시아 맥엘헤니, '도시의 왕관', 2007년, installation at the Moderna Museet, Stockholm. Courtesy of the artist and Andrea Rosen Gallery, New York, and Donald Young Gallery, Chicago, ARG# MJ2007-001.

8-14. 라슬로 모호이너지, '에나멜 3의 구성', Museum of Modern Art, New York, gift of Philip Johnson in memory of Sibyl Moholy-Nagy. ⓒ 2014 VG Bild-Kunst, Bonn/Artists Rights Society, New York.

8-15. 라슬로 모호이너지, New Bauhaus Books, trans. Daphne M. Hoffman(New York: Norton, 1938).

8-16. 라슬로 모호이너지, Bauhausbücher 14(Munich: A. Langen, 1929), ⓒ 2014 VG Bild-Kunst, Bonn/Artists Rights Society, New York.

8-17. 라슬로 모호이너지, '운동구성 체계', Bauhaus-Archiv, Berlin. ⓒ 2014 VG Bild-Kunst, Bonn/Artists Rights Society, New York.

8-18. 파울 클레(스위스인, 1879–1940년), 《Pädagogisches Skizzenbuch》, Bauhausbücher 2(Munich: Albert Langen, 1925), Avery Architectural and Fine Arts Library, Columbia University, New York. ⓒ 2014 Artists Rights Society, New York.

8-19. 바실리 칸딘스키, 《Punkt und Linie zu Fläche: Beitrag zur Analyse der malerischen Elemente》, Bauhausbücher 9(Munich: Albert Langen, 1926), Avery Architectural and Fine Arts Library, Columbia University, New York. ⓒ 2014 ADAGP, Paris/Artists Rights Society, New York.

8-20 오스카 슐레머, 《Vivos voco 5》, no. 8–9(1926), General Research Division, The New York Public Library, Astor, Lenox, and Tilden Foundations.

8-21. 수학모형, 마르틴 실링, 《Catalog mathematischer Modelle》(Leipzig, Germany: Martin Schilling, 1911).

8-22. 《Deutsches Museum》(Leipzig, Germany: B. G. Teubner, 1907).

8-23. 수학모형, 마르틴 실링, 《Catalog mathematischer Modelle》(Leipzig, Germany: Martin Schilling, 1911).
8-24. 수학모형, 마르틴 실링, 《Catalog mathematischer Modelle》(Leipzig, Germany: Martin Schilling, 1911).
8-25. 헨리 무어, '현으로 된 엄마와 아이', The Henry Moore Foundation, LH 186F.
8-26. 바버라 헵워스, '펠라고스', ⓒ Tate, London.
8-27. 나움 가보, '공간구성'(크리스털), Tate, London, inv. no. T06978. ⓒ Nina and Graham Williams.
8-28. 라슬로 모호이너지, George Eastman House, Rochester, New York. ⓒ 2014 VG Bild-Kunst, Bonn/Artists Rights Society, New York.
8-29. 만 레이, '공식, 푸앵카레연구소, 파리', J. Paul Getty Museum, Los Angeles. ⓒ Man Ray Trust/ADAGP/Artists Rights Society, New York.
8-31. 막스 빌, '중앙으로 지나가는 등고선', ⓒ max, binia + jakob bill foundation. ⓒ 2014 ProLitteris, Zurich/Artists Rights Society, New York.
8-32. 헌케 오싱가, 베른트 크라우스코프, '코바늘로 뜨개질한 로렌츠 다양체', Courtesy of the artists.
8-34. 앨런 베넷, '3중 클라인 병', The Science Museum, London.
8-35. 히로시 스기모토, '수학 모형 0012', ⓒ Hiroshi Sugimoto. Courtesy Pace Gallery, New York.
8-36. 히로시 스기모토, '수학 모형 0009', ⓒ Hiroshi Sugimoto. Courtesy Pace Gallery, New York.
8-37. 라슬로 모호이너지, Bauhaus-Archiv, Berlin. ⓒ 2014 VG Bild-Kunst, Bonn/Artists Rights Society, New York. Moholy-Nagy took the photograph and designed the typography for the cover of this brochure.

9. 수학의 불완전성

9-1. 르네 마그리트, '인간의 조건', National Gallery of Art, Washington, DC, Gift of the Collectors' Committee. ⓒ 2014 C. Herscovici/Artists Rights Society, New York.
9-2. '우리가 자동차를 보고 자동차라고 말할 때의 머릿속 현상', 《Der Mensch Gesund und Krank》(Zurich: Albert Muller, 1939).
9-4. 르네 마그리트, '이미지의 반역', Los Angeles County Museum of Art, purchased with funds from the Mr. and Mrs. William Preston Harrison Collection. ⓒ 2014 C. Herscovici/Artists Rights Society, New York.
9-5. 마르틴 숀가우어, '악마에게 고문당하는 성 안토니우스', Metropolitan Museum of Art, New York, gift of Felix M. Warburg and family.
9-6. 히에로니무스 보스, '성 안토니우스의 유혹', ⓒ Museo Nacional del Prado, Madrid.
9-8. 마우리츠 코르넬리우스 에스헤르, '그리는 손', ⓒ The M. C. Escher Company, The Netherlands. All rights reserved.
9-9. 조르조 데 키리코, '자화상', Private collection, courtesy of the Fondazione Giorgio e Isa de Chirico, Rome. ⓒ 2014 SIAE, Rome/Artists Rights Society, New York.
9-10. 구스타프 슐체, '프리드리히 니체의 초상', Klassik Stiftung Weimar, Goethe-und-Schiller Archiv, GSA 101/18.
9-11. 티티안, '바커스와 아리아드네', National Gallery, London.
9-12. 조르조 데 키리코, '이상한 시간의 즐거움과 수수께끼', Private collection; courtesy of the Fondazione Giorgio e Isa de Chirico, Rome. ⓒ 2014 SIAE, Rome /Artists Rights Society, New York.
9-13. '잠자는 아리아드네', Galleria delle Statue, Musei Vaticani, Vatican City.
9-14. 조르조 데 키리코, '위대한 형이상학적 인테리어', Museum of Modern Art, New York, gift of James Thrall Soby. ⓒ 2014 SIAE, Rome/Artists Rights Society, New York.
9-15. 르네 마그리트, '경탄의 시대', Private collection. ⓒ 2014 C. Herscovici/Artists Rights Society, New York.
9-16. 르네 마그리트, '말과 이미지'(확대), 《5La revolution surrealiste 5》 no. 12. Museum of Modern Art, New York. ⓒ 2014 C. Herscovici/Artists Rights Society, New York.
9-17. 르네 마그리트, '2가지 미스터리', Private collection. ⓒ 2014 C. Herscovici/Artists Rights Society, New York.
9-18. 마그리트의 '이것은 파이프가 아니다' 그림에 대한 미셸 푸코의 도해, 《Les cahiers du chemin 2》(1968), ⓒ 1973, Fata Morgana.
9-19. 마우리츠 코르넬리우스 에스헤르, '원의 극한 I', ⓒ 2009 The M. C. Escher Company, The Netherlands. All rights reserved.
9-20. 마우리츠 코르넬리우스 에스헤르, '화랑', ⓒ The M. C. Escher Company, The Netherlands. All rights reserved.
9-21. 다비드 테니르스(아들), '레오폴드 빌헬름 대공, 자신의 브뤼셀 갤러리', Kunsthistorisches Museum, Vienna.
9-22. 마우리츠 코르넬리우스 에스헤르, '올라가기와 내려가기', ⓒ 2009 The M. C. Escher Company, The Netherlands. All rights reserved.
9-23. 마우리츠 코르넬리우스 에스헤르, '전망대', ⓒ 2009 The M. C. Escher Company, The Netherlands. All rights reserved.
9-24. 마우리츠 코르넬리우스 에스헤르, '폭포', ⓒ The M. C. Escher Company, The Netherlands. All rights reserved.
9-25. 불가능한 계단, 《British Journal of Psychology 49》 no. 1(1958).
9-29. 구스타프 클림트, '마가레트 스톤보로 비트겐슈타인', Neue Pinakothek, Munich.
9-30. 조시아 맥엘헤니, '아돌프 로의 장식과 범죄', ⓒ Josiah McElheny. Donald Young Gallery, Chicago, and Andrea Rosen Gallery, New York.
9-31. 재스퍼 존스, '무엇에 따르면', Los Angeles County Museum of Art. ⓒ Jasper Johns/VAGA, New York.
9-32. 재스퍼 존스, '채색한 숫자', Albright-Knox Art Gallery, Buffalo, New York, gift of Seymour H. Knox Jr., 1959. ⓒ 2015 Jasper Johns/VAGA, New York.
9-33. 이안 번, '어떤 물체도 다른 물체의 존재를 암시하지 않는다', Art Gallery of New South Wales, Sydney, Rudy Komon Memorial Fund 1990. ⓒ Used with permission.
9-34. 구웬다, '몰락한 왕조의 신화, C 시리즈 #5, 초월', ⓒ Gu Wenda.
9-35. 구웬다, '중국의 기념물: 천국의 사원', Installation commissioned by the Asia Society, New York, and installed in PS1 Contemporary Art Center, composed of pseudo-Chinese, Hindi, Arabic, English text made of human hair curtains collected from all over the world, 12 Ming-style chairs, 2 Ming-style tables. ⓒ Gu Wenda.
9-37. 쉬빙, '살아 있는 언어', Commissioned by the Arthur M. Sackler Gallery, Smithsonian, Washington, DC, 2001; shown here in its installation in the atrium of the Pierpont Morgan Gallery, New York, 2011. Xu Bing Studio and The Pierpont Morgan Library, New York.

10. 계산

10-1. 로만 베로스트코, '장식한 맨체스터 범용 튜링기계', Courtesy of the artist.
10-2. 로만 베로스트코, '장식한 맨체스터 범용 튜링기계', Courtesy of the artist.
10-3. (좌측) 크리스 매든, Used with permission.
(우측) 데이비드 사이프레스, 《New Yorker》, Aug. 8, 2004. Used with permission.
10-4. 짐 샌본, '크립토스', Central Intelligence Agency; Langley, Virginia. Courtesy of the artist.
10-5. 기초집합과 그 집합의 역행, 자리바꿈과 역자리바꿈, 《Style and

Idea: Selected Writings of Arnold Schoenberg》, ed. Leonard Stein, trans. Leo Black(London: Faber and Faber, 1941/rpt. 1975).

10-6. 아널드 쇤베르크, '기다림' 세트 디자인, Arnold Schoenberg Center, Vienna, inv. no. 169.

10-7. 아널드 쇤베르크, '운명을 결정하는 손' 세트 디자인, Arnold Schoenberg Center, Vienna, inv. no. 176.

10-8. 바흐의 2부 자리바꿈, 8번, 《The Schillinger System of Musical Composition》(New York: Carl Fischer, 1941).

10-9. 시간에 따른 음높이의 진행, 《The Schillinger System of Musical Composition》(New York: Carl Fischer, 1941).

10-10. 조세프 실린저, '그린 스퀘어', Smithsonian American Art Museum, Washington, DC, gift of Mrs. Joseph Schillinger.

10-11. 조세프 실린저, '수선에 의해 나눠진 영역들', Smithsonian American Art Museum, Washington, DC, gift of Mrs. Joseph Schillinger.

10-12. 1920년경에 레온 테레민이 테레민을 연주하는 사진. ⓒ Hulton-Deutsch Collection/Corbis.

10-13. 르코르뷔지에, 이아니스 크세나키스, 필립스 전시관, Foundation Le Corbusier, Paris. ⓒ 2015 F.L.C./ADAGP, Paris/Artists Rights Society, New York.

10-15. HAL 9000, ⓒ Turner Entertainment Co. A Warner Bros. Entertainment Company. All rights reserved.

10-16. 조지 D. 버코프, '다각형 형태의 미의 척도', 《Aesthetic Measure》(Cambridge, MA: Harvard University Press, 1933).

10-17. 게오르그 네스, '자갈', Kunsthalle Bremen, Germany.

10-18. 만프레트 모어, 'P-26F 논리적 도치', Courtesy of the artist.

10-19. 센가이 기본, '무제(직사각형, 삼각형, 원)', Idemitsu Museum of Arts, Tokyo.

10-20. 마츠자와 유타카, 'ψ 시체', Queens Museum of Art, New York, inv. no. 1999. 6.

10-21. 마원, '일과 후 춤추고 노래하며 돌아오는 농부', National Palace Museum, Beijing, China.

10-22. 요시하라 지로, '검은 바탕에 빨간색 원', Hyogo Prefectural Museum of Art, Kobe. ⓒ Yoshihara Shinichiro.

10-23. 미야지마 타츠오, 'U-Car', SCAI The Bathhouse, Tokyo, Japan.

10-24. 미야지마 타츠오, '메가데스', Courtesy of the Japan Foundation, SCAI The Bathhouse, Tokyo, Japan.

10-25. 애드 라인하르트, 'T. M.을 위한 작은 그림', The Abbey of Gethsemani, Trappist, Kentucky. ⓒ 2014 Estate of Ad Reinhardt/Artists Rights Society, New York.

10-26. 마크 로스코, '푸른색과 회색', Foundation Beyeler, Riehen/Basel, Beyeler Collection. ⓒ 1998 Kate Rothko Prizel and Christopher Rothko/Artist Rights Society, New York.

10-27. 월터 드 마리아, '360° 역경/643 조각품', Installation at Moderna Museet, Stockholm, 1989년, Collection Dia Art Foundation, New York. ⓒ Dia Art Foundation, New York.

10-28. 월터 드 마리아, '벼락이 치는 들판', ⓒ Dia Art Foundation, New York.

11. 2차 세계대전 이후의 기하추상

11-1. 카를 게르스트너, '컬러 사운드 66: 내향성', Courtesy of the artist.

11-2. A. R. 펭크, '다리를 건너는 이', Courtesy of the artist, Ludwig Forum, Aachen, and Ludwig Stiftung, Aachen. ⓒ 2014 VG Bild-Kunst, Bonn/Artists Rights Society, New York.

11-3. 막스 빌, '울름의 도구', Museum fur Gestaltung Zurich, Designsammlung. ⓒ ZHdk. ⓒ 2014 ProLitteris, Zurich/Artists Rights Society, New York.

11-4. 막스 빌, USA 건축전시회 포스터, Museum fur Gestaltung Zurich, Plakatsammlung. ⓒ ZHdk. ⓒ 2014 ProLitteris, Zurich/Artists Rights Society, New York. 389.

11-5. 막스 빌, '아인슈타인 기념비', Ulm, Germany, ⓒ 2014 ProLitteris, Zurich/Artists Rights Society, New York.

11-6. 카를 게르스트너, '탈관점 1: 직각의 무한한 나선', Courtesy of the artist.

11-7. 카를 게르스트너, '진행하는 파란색 원', Courtesy of the artist.

11-8. 안드레아스 스페이저, 《Die Theorie der Gruppen von endlicher Ordnung》(1927) 4th ed.(Basel, Switzerland: Birkhauser, 1956). Springer Science and Business Media, Heidelberg. Used with permission.

11-9. 카를 게르스트너, '순색을 사용한 다색화', Courtesy of the artist.

11-10. 카를 게르스트너, '순색을 사용한 다색화', Courtesy of the artist.

11-11. 카밀 그레저, '수평의 동등성', Kunstmuseum, Winterthur. Camille Graeser Stiftung, Zurich. ⓒ 2014 ProLitteris, Zurich/Artists Rights Society, New York.

11-12. 막스 빌, '붉은색 정사각형', ⓒ max, binia +jakob bill foundation. ⓒ 2014 ProLitteris, Zurich/ Artists Rights Society, New York.

11-13. 막스 빌의 '붉은색 정사각형'(1946년) 배치도, 《Kalte Kunst? Zum Standort der heutigen Malerei》(Teufen, Switzerland: Arthur Niggli, 1957).

11-14. 카를 게르스트너, '채색한 선 c-15/ 1-02', Courtesy of the artist.

11-15. 카밀 그레저, '빨간색-초록색 양감 1:1', Camille Graeser Stiftung, Zurich. ⓒ 2014 ProLitteris, Zurich/ Artists Rights Society, New York.

11-16. 베레나 뢰벤스베르그, '무제', Private Collection. ⓒ Henrietta Coray Loewensberg, Zurich.

11-17. 리하르트 폴 로제, '빨간색 사선이 있는 30개의 체계적인 색 진행', ⓒ Richard Paul Lohse Foundation, Zurich. ⓒ 2014 ProLitteris, Zurich/Artists Rights Society, New York.

11-18. 막스 빌, 뮌헨 올림픽 포스터, Museum fur Gestaltung Zurich, Plakatsammlung. ⓒ ZHdk. ⓒ 2014 ProLitteris, Zurich/ Artists Rights Society, New York.

11-19. 카를 게르스트너, '채색한 나선 아이콘 x65b', Collection of Esther Grether, Basel, Switzerland.

11-20. 마르셀 뒤샹, '당신은 나를', Yale University Art Gallery, gift of the Estate of Katherine S. Dreier. ⓒ 2014 Succession Marcel Duchamp/ADAGP, Paris/Artists Rights Society, New York.

11-21. 모리스 앙리, '풀밭 위의 구성주의자 오찬', 《La quinzaine littéraire》(July 1, 1967). Used with permission.

11-22. 윌리엄 셰익스피어, 《Sonnets》(London, 1609). Beinecke Rare Book and Manuscript Library, Yale University.

11-23. 레몽 크노, 《Cent mille milliards de poèmes》(Paris: Gallimard, 1961).

11-24. 프랑수아 모를레, '전화번호부의 홀수와 짝수 패턴을 따른 정사각형 4만 개의 무작위 분포', Courtesy of the artist. ⓒ 2014 ADAGP, Paris/Artists Rights Society, New York.

11-25. 빅토르 바사렐리, '바우하우스 A', Collection Michele Vasarely, formerly Musee de Gordes, France. ⓒ 2014 ADAGP, Paris/Artists Rights Society, New York.

11-26. 빅토르 바사렐리, '무제', National Gallery of Victoria, Melbourne, Australia.

11-27. 빅토르 바사렐리, '베가노르', Albright-Knox Art Gallery, Buffalo, New York, gift of Seymour H. Knox Jr. 1969. ⓒ 2014 ADAGP, Paris/ Artists Rights Society, New York.

11-28. 베르나르 브네, '포화 3', Private collection, Seoul, South Korea. ⓒ 2014 ADAGP, Paris/Artists Rights Society, New York.

11-29. 마이클 키드너, '단계적인 갈색과 초록색 파동', ⓒ Tate, London.

11-30. 사이먼 토머스, '플레인라이너', Courtesy of the artist.

11-31. 브리짓 라일리, '기류', Museum of Modern Art, New York, Philip Johnson Fund. ⓒ Bridget Riley 2015. All rights reserved, courtesy Karsten Schubert, London.

11-32. 사이먼 토머스, '크리스털 보주', Courtesy of the artist.

11-33. 호아킨 토레스 가르시아, '색칠한 나무판자', Carmen Thyssen-Bornemisza Collection on deposit at Museo Thyssen-Bornemisza, Madrid. ⓒ 2014 Alejandra, Aurelio, and Claudio Torres.
11-34. 호아킨 토레스 가르시아, '보편적 구성', Musee National d'Art Moderne, Centre Georges Pompidou, Paris. ⓒ 2014.
11-35. 곤잘로 폰세카, '기하학자의 무덤', Courtesy of Caio Fonseca.
11-36. 발데마르 코르데이루, '가시적인 아이디어', Private collection. ⓒ Waldemar Cordeiro Estate.
11-37. 오스카 니에메예르, 브라질리아 삼부광장에 위치한 국회의사당, De Agostini Picture Library/Bridgeman.
11-38. 엘리우 오이티시카, '메타구성', Museum of Modern Art, New York, purchased with funds given by Patricia Phelps de Cisneros in honor of Paulo Herkenhoff. ⓒ 2009 Projeto Helio Oiticica.
11-39. 줄러 코시체, '양각', Courtesy of the artist.
11-40. 토마스 말도나도, '구성 208', Private collection. ⓒ Tomas Maldonado.
11-41. 로드 로스퍼스, '빨간색 강조', Collection of Diane and Bruce Halle, Phoenix, Arizona.
11-42. 헤수스 라파엘 소토, '색 공간의 모순, 21번', Atelier Soto and Sicardi Gallery. ⓒ Sicardi Gallery, Houston, Texas. ⓒ 2014 ADAGP, Paris/Artists Rights Society, New York.
11-43. 세자르 파테르노스토, '토콰푸', Courtesy of the artist and the Museo de Arte Contemporaneo Esteban Vicente, Segovia, Spain.
11-44. 페루의 토콰푸 상의 튜닉, ⓒ Dumbarton Oaks, Pre-Columbian Collection, Washington, DC.
11-45. 헤수스 라파엘 소토, '가상의 입체감', Atelier Soto and Sicardi Gallery. ⓒ Sicardi Gallery, Houston, Texas. ⓒ 2014 ADAGP, Paris/Artists Rights Society, New York.
11-46. 카를로스 크루즈-디에즈, '피지크로미 394번', Blanton Museum of Art, University of Texas at Austin, gift of Irene Shapiro, 1986.
11-47. 조지 리키, '3개의 빨간색 선', Hirshhorn Museum and Sculpture Garden, Washington, DC. ⓒ Estate of George Rickey/VAGA, New York.
11-48. 찰스 비더만, '27번 작, 레드윙', Minneapolis Institute of Arts, gift of funds from Mr. and Mrs. John E. Andrus III in memory of Faye Cole Andrus, inv. no. 74.53. ⓒ Charles Biederman.
11-49. 엘스워스 켈리, '우연의 법칙에 따라 배열된 색의 스펙트럼 VI', Museum of Modern Art, purchased with funds given by the Edward John Noble Foundation, the Herbert and Nanette Rothschild Fund, and Mrs. Pierre Matisse. ⓒ Ellsworth Kelly.
11-50. 프랭크 스텔라, '기를 높이 내걸어라!', Whitney Museum of American Art, New York; gift of Mr. and Mrs. Eugene M. Schwartz and purchased with funds from the John I. H. Baur Purchase Fund, the Charles and Anita Blatt Fund, Peter M. Brant, B. H. Friedman, the Gilman Foundation, Inc., Susan Morse Hilles, The Lauder Foundation, Frances and Sydney Lewis, the Albert A. List Fund, Philip Morris Inc., Sandra Payson, Mr. and Mrs. Albrecht Saalfield, Mrs. Percy Uris, Warner Communications Inc., and the National Endowment for the Arts, 75.22. © 2014 Frank Stella/Artists Rights Society, New York.
11-51. 솔 르윗, '순차적 프로젝트 1번 C세트', The Pace Gallery, New York. ⓒ 2014 The LeWitt Estate/ Artists Rights Society, New York.
11-52. 솔 르윗, '벽화 56', LeWittt Collection, Chester, Coneticut. ⓒ 2014 The LeWitt Estate/Artists Rights Society, New York.
11-53. 멜 보크너, '42 컬러사진의 투영도: 정육면체의 3축 회전', Courtesy of the artist.
11-54. 마거릿 케프너, '마법의 정사각형 25', Courtesy of the artist.
11-55. 낸시 홀트, '태양 터널', Great Basin Desert, Utah. Courtesy of the artist. ⓒ Nancy Holt/ VAGA, New York.
11-56. 찰스 로스, '별의 축', New Mexico, ⓒ Charles Ross 2011. ⓒ Charles Ross/VAGA, New York.
11-57. 도널드 저드, '무제', Collection of the Chinati Foundation, Marfa, Texas. ⓒ Judd Foundation/VAGA, New York.
11-58. '원시적 구조: 미국과 영국의 젊은 조각가'가 열린 5번 갤러리, The Jewish Museum, New York. ⓒ Judd Foundation/VAGA, New York.
11-59. 댄 플라빈, 'V. 타틀린 기념비', Museum of Contemporary Art, Los Angeles, gift of Lenore S. and Bernard A. Greenberg. ⓒ 2014 Stephen Flavin/Artists Rights Society, New York.
11-60. 칼 안드레, '동등성 VIII', ⓒ 2011 Tate, London.
11-61. 멜 보크너, '언어는 명확하지 않다', Courtesy of the artist.
11-62. 에스, 자아와 다른 부분 사이의 관계를 나타낸 자크 라캉의 도해, 《Ecrits》(Paris: Editions du Seuil, 1966년), ⓒ Editions du Seuil 1966. Used with permission.
11-63. 앙리 루소의 '윌리엄 블레이크와 다른 시인·화가의 언어예술'(《Linguistic Inquiry》, 1970). Used with permission.
11-64. '확장된 분야의 조각'(《October》, 1979), Used with permission.
11-65. 로버트 스미스슨, '성흔이 있는 초록색 키메라', ⓒ The Holt-Smithson Fundation/VAGA, New York. Courtesy James Cohen Gallery, New York and Shanghai.
11-66. 로버트 스미스슨, '좌우상의 방', The Holt-Smithson Foundation/VAGA, New York. Courtesy James Cohen Gallery, New York and Shanghai.
11-67. 로버트 스미스슨, 유카탄 반도의 거울 배치(6), Solomon R. Guggenheim Museum, New York. ⓒ The Holt-Smithson Fundation/VAGA, New York. Courtesy James Cohen Gallery, New York and Shanghai.
11-68. 로버트 스미스슨, 유카탄 반도의 거울 배치(2), Solomon R. Guggenheim Museum, New York. ⓒ The Holt-Smithson Fundation/VAGA, New York. Courtesy James Cohen Gallery, New York and Shanghai.
11-69. 달의 레이저 역반사체, Lunar and Planetary Institute of NASA, image AS14-67-9386.
11-71. 회전하는 코발트-60 원자, 마틴 가드너, 《The Ambidextrous Universe》(New York: Basic Books, 1964년).
11-72. 프랑스 아미앵 대성당의 미궁의 지도, 로버트 스미스슨, '유사-무한성과 작아지는 공간', 《아트 매거진Arts Magazine》 41, no. 1 (1966년).
11-73. 로버트 스미스슨, '나선형 방파제', extending into the Great Salt Lake, Utah. Dia Center for the Arts, New York. ⓒ The Holt-Smithson Foundation/VAGA, New York. Courtesy James Cohen Gallery, New York and Shanghai.

12. 수학과 예술에서의 컴퓨터

12-1. 에릭 J. 헬러, '지수로 나타낸 전자흐름', Courtesy of the artist.
12-2. 영국, 스코틀랜드, 웨일즈 지도, 윌리엄 페이든, 《Paterson's Book of the Roads》(London: William Faden, 1801), 7. David Rumsey Map Collection, inv. no. 2014. 007. ⓒ 2000 Cartography Associates.
12-3. 요하네스 케플러, 《Strena, seu, de Nive Sexangula》(Frankfurt-am-Main, Germany: Godfrey Tampach, 1611).
12-4. 존 M. 설리번, '거품의 분할: 웨이어-펠란', Courtesy of the artist.
12-6. 국립아쿠아틱스센터('물 정육면체'), Eric Gregory Powell.
12-8. 토니 로빈, '4차원', Courtesy of the artist.
12-10. 퀴푸, Gary Urton, Centro Mallqui, Museo Leymebamba, Peru.
12-11. 카이-로 쪽, Illuminated manuscript on vellum. The Board of Trinity College, Dublin, MS 58 fol. 34r.
12-12. 알브레히트 뒤러, '중앙에 둥근 메달을 단 자수 패턴', Metropolitan Museum of Art, New York, George Khuner Collection, gift of Mrs. George Khuner.

12-13. 베라 몰나르, '뒤러에게 헌정: 400개의 바늘을 교차하는 실', Digital Art Museum, Berlin.
12-14. 율리안 보스 안드레아, '사이클로비올라신', Courtesy of the artist.
12-16. '쾨니히스베르크의 다리 7개', 마르틴 차일러, 《Topographiae Prussiæ et Pomerelliæ》(Frankfurt am Main, Germany: M. Merian, 1649), Rare Books Division, The New York Public Library, Astor, Lenox, and Tilden Foundations.
12-17. 헤라르트 카리스, '다면체의 네트워크 구조 #2', Zentrum fur Kunst und Medientechnologie, Karlsruhe. ⓒ 2014 Pictoright Amsterdam/Artists Rights Society, New York.
12-18. 로버트 보슈, '이것은 매듭인가?', Courtesy of the artist.
12-19. 나히드 라자, '1마일의 끈', Courtesy of the artist.
12-20. 인터넷 지도, Lumeta, Somerset, New Jersey.
12-21. 찰스 M. 슐츠, 《피너츠》, ⓒ 1963. Peanuts Worldwide LLC. Dist. by Universal Uclick. Used with permission. All rights reserved.
12-22. 파스칼 동비, '구글_검은색_하얀색', ⓒ Pascal Dombis.
12-23. 파스칼 동비, 'Text(e)~Fil(e)s', in the Galerie de Valois, Palais-Royal, Paris. ⓒ Pascal Dombis.
12-24. '센바주루 오리카타(1,000개의 종이학을 접는 법)', 요시노야 타메하치, Princeton University Library, Department of Rare Books and Special Collections.
12-25. 고란 콘제보트, '파동', Courtesy of the artist.
12-26. 크리스티나 부르치크, '정밀한 정사각형', Courtesy of the artist.
12-27. 로버트 J. 랭, '테를 두른 냄비 15', Courtesy of the artist.
12-28. 에릭 드메인, 마틴 드메인, '무제(0264)', Courtesy of the artists.
12-29. 제임스 웹 우주망원경의 발사 배치, NASA, Arianespace, ESA, and NASA.
12-30. 2018년 발사예정인 제임스 웹 우주망원경의 모형. NASA, the European Space Agency, and the Canadian Space Agency.
12-36. 막스 에른스트, '밤의 단계', ⓒ 2014 ADAGP, Paris/Artists Rights Society, New York.
12-37. 장 클로드 메이노, '과잉', Courtesy of the artist.
12-38. 실비 돈모어, '멩거 스펀지 반추', Courtesy of the artist.
12-39. 랄프 배커, '공간 계산', Courtesy of the artist. ⓒ Ralf Baecker.
12-41. 리처드 퍼디, '198', Nancy Hoffman Gallery, New York.
12-42. 스티븐 울프럼, 《A New Kind of Science》(Champaign, IL: Wolfram Media, 2002년), 25, 26, 32, and 33. ⓒ Stephen Wolfram.
12-43. 레오 빌라리얼, '다중우주', Site-specific installation: National Gallery of Art, Washington, DC. Courtesy of the artist and Gering & Lopez Gallery, New York.
12-44. 레오 빌라리얼, '만灣의 조명', Site-specific installation on the San Francisco–Oakland Bay Bridge, California. Courtesy of the artist and Gering & Lopez Gallery, New York.
12-49. 키스 타이슨, '구름 연출: 커피 안의 구름', ⓒ Keith Tyson. Courtesy Pace Gallery, New York.
12-50. 키스 타이슨, '구름 연출: 핼리팩스', ⓒ Keith Tyson. Courtesy Pace Gallery, New York.
12-51. 엘리엇 포터, '얼음 결정, 블랙 아일랜드, 맥머도만, 남극', ⓒ 1990 Amon Carter Museum, Fort Worth, Texas, Bequest of the artist, 1990. 51.521.2.
12-52. 찰스 브라운, '스위스의 몬테로사', Courtesy of the artist.
12-54. 건강한 세포와 병든 세포의 프랙털 모양의 혈관 패턴, Raffi Karshafian, Peter N. Burns, and Mark R. Henkelman, "Transit Time Kinetics in Ordered and Disordered Vascular Trees," 《Physics in Medicine and Biology》 48(2003): 3225–37; images are on 3231–2. Used with permission.
12-55. (좌측) 정사각형 시에르핀스키 카펫 모양의 휴대전화 안테나, Courtesy Fractal Antenna Systems, Bedford, Massachusetts.
(우측) 삼각형 시에르핀스키 카펫 모양의 프랙털 안테나, Nathan Cohen and Robert G. Hohlfeld, "Self-Similarity and the Geometric Requirements for Frequency Independence in Antennae," 《Fractals》 7, no.1 (1999): 79–84. ⓒ 2011 World Scientific Publishing Company. Used with permission.
12-57. '여러 해상도에서 바라본 행성', Alain Fournier, Don Fussell, and Loren Carpenter "Computer Rendering of Stochastic Models", 《Communications of the ACM(Association for Computing Machinery)》 25, no. 26 (1982): 381, fig. 17. Used with permission.
12-58. 〈밤비〉, ⓒ Disney.
12-59. 〈주라기 공원〉, ⓒ Universal Studios Licensing LLC.
12-60. 조지 W. 하트, '공과 사슬', Courtesy of the artist.
12-61. 가와구치 요이치로, '축제', Courtesy of the artist.
12-62. 마르틴 되르바움, '입력 I', Courtesy of the artist.
12-63. 마르틴 되르바움, '찻잎 점', Courtesy of the artist.

13. 탈근대 시대의 플라톤주의

13-1. 윌리엄 블레이크, '옛적부터 항상 계신 이', Whitworth Art Gallery, The University of Manchester.
13-2. 살아 있는 인간 두뇌의 정중시상면을 교차하는 신경섬유, Thomas Schultz, University of Bonn, Germany.
13-3. 조시아 맥엘헤니, '마지막 산란면', ⓒ Josiah McElheny. Courtesy Donald Young Gallery, Chicago, and Andrea Rosen Gallery, New York, ARG# MJ2006-007.
13-4. 매튜 리치, '4가지 힘', ⓒ Matthew Ritchie. Courtesy Andrea Rosen Gallery, New York.
13-6. 쿠사마 야요이, '영원소멸의 여파', Courtesy of the artist. ⓒ Yayoi Kusama.
13-7. 금 원소의 핵 대 핵 정면충돌, Solenoidal Tracker at RHIC(STAR) Collaboration, Relativistic Heavy Ion Collider (RHIC), Brookhaven National Laboratory on Long Island, New York.
13-8. 방사형 생명나무, David Hillis, Derrick Zwickl, and Robin Gutell, University of Texas at Austin.
13-9. 게성운, NASA, ESA, Jeff Hester and Allison Loll, Arizona State University.
13-10. 에릭 J. 헬러, '트랜스포트 2', Courtesy of the artist.

인명 찾아보기

저자소개

지은이 린 갬웰*Lynn Gamwell*

린 갬웰은 뉴욕 SVASchool of Visual Art에서 예술, 과학, 수학사를 가르치고 있다. 저서로는 《보이지 않는 것에 대한 탐구: 예술, 과학, 영적세계Exploring the Invisible: Art, Science, and the Spiritual》가 있다.

옮긴이 김수환

미네소타대학교 수학 학사, 응용수학 석사 졸업을 했으며 앨버타대학교 통계학 박사과정에 있다. 기업체와 잡지 등에서 다년간 번역 관련 일을 했다. 현재 번역에이전시 엔터스코리아에서 전문번역가로 활동하고 있다. 주요 역서로는 《통계적으로 생각하기: 빅데이터 세상을 꿰뚫어 보는 힘》, 《미적분으로 바라본 하루: 일상 속 어디에나 있는 수학 찾기》 등이 있다.

수학과 예술

2019년 5월 22일 초판 1쇄 | 2020년 9월 11일 2쇄 발행
지은이·린 갬웰 | 옮긴이·김수환

펴낸이·김상현, 최세현 | 경영고문·박시형
책임편집·최세현 | 디자인·김애숙, 정아연 | 교열·이새별

마케팅·양근모, 권금숙, 양봉호, 임지윤, 조히라, 유미정 | 디지털콘텐츠·김명래 | 경영지원·김현우, 문경국 | 해외기획·우정민, 배혜림 | 국내기획·박현조
펴낸곳·㈜쌤앤파커스 | 출판신고·2006년 9월 25일 제406-2006-000210호 | 주소·서울시 마포구 월드컵북로 396 누리꿈스퀘어 비즈니스타워 18층
전화·02-6712-9800 | 팩스·02-6712-9810 | 이메일·info@smpk.kr

ISBN 978-89-6570-767-7 (03410)

• 이 책의 국립중앙도서관 출판시도서목록은 서지정보유통지원시스템 홈페이지(http://seoji.nl.go.kr)와 국가자료공동목록시스템(http://www.nl.go.kr/kolisnet)에서 이용하실 수 있습니다.(CIP제어번호:CIP 2019012717)
• 잘못된 책은 구입하신 서점에서 바꿔드립니다. • 책값은 뒤표지에 있습니다.